U0053431

深智數位
股份有限公司

深智數位
股份有限公司

洪錦魁簡介

一位跨越電腦作業系統與科技時代的電腦專家，著作等身的作家。

- ❑ **DOS 時代**他的代表作品是 IBM PC 組合語言、C、C++、Pascal、資料結構。
- ❑ **Windows 時代**他的代表作品是 Windows Programming 使用 C、Visual Basic。
- ❑ **Internet 時代**他的代表作品是網頁設計使用 HTML。
- ❑ **大數據時代**他的代表作品是 R 語言邁向 Big Data 之路。
- ❑ **人工智慧時代**他的代表作品是機器學習基礎數 / 微積分 + Python 實作

作品曾被翻譯為**簡體中文**、**馬來西亞文**，英文，近年來作品則是在**北京清華大學**和**台灣深智**同步發行：

1：C、Java、Python、C#、R 最強入門邁向頂尖高手之路王者歸來

2：OpenCV 影像創意邁向 AI 視覺王者歸來

3：Python 網路爬蟲：大數據擷取、清洗、儲存與分析王者歸來

4：演算法邏輯思維 + Python 程式實作王者歸來

5：matplotlib 從 2D 到 3D 資料視覺化

6：網頁設計 HTML+CSS+JavaScript+jQuery+Bootstrap+Google Maps 王者歸來

7：機器學習彩色圖解 + 基礎數學、基礎微積分 + Python 實作王者歸來

8：Excel 完整學習、Excel 函數庫、Excel VBA 應用王者歸來

9：Python 操作 Excel 最強入門**邁向辦公室自動化之路**王者歸來

10：Power BI 最強入門 – **大數據視覺化** + **智慧決策** + **雲端分享**王者歸來

他的多本著作皆曾登上天瓏、博客來、Momo 電腦書類暢銷排行榜第 1 名，他的著作最大的特色是，所有程式語法或是功能解說會依特性分類，同時以實用的程式範例做解說，不賣弄學問，讓整本書淺顯易懂，讀者可以由他的著作事半功倍輕鬆掌握相關知識。

C# 最強入門邁向頂尖高手之路 王者歸來

序

約 20 年前 Microsoft 公司推出了 C# 1.0 版，筆者就曾經想提筆撰寫，一直忙碌而耽擱至今，這 20 年來整個 C# 的介面與功能已經完全翻新，如今終於完稿內心是喜悅的。

多次和資訊教育界閒談，大家公認 C# 是非常重要的程式語言，也是資訊科系的學生或是工程師必備的程式語言。閒聊中大家也一至獲得結論，C# 不容易學習，許多人學習 C# 都感到很辛苦，原因如下：

1： 市面上的書籍沒有從 C# 基礎語法開始介紹。

2： 大都使用舊語法解說 C#，C# 已經進化到最上層語句觀念 (Top-level statement)，幾乎沒有任何書籍介紹或說明。

3： C# 其實是物件導向語言，國內書籍書籍內容對於 C# 語言物件導向觀念講解太粗淺。

4： C# 是博大精深的程式語言，市面上書大多是在讀者尚未了解 C# 的觀念與精神時，就使用視窗程式做介紹，所造就的只是不紮實的結果。

5： C# 經過 20 年的發展，已經進化到 10.0 版，許多新的語法，書籍皆沒有介紹，買了一些書辛苦好幾個月閱讀，好像書中內容都會了，學完也無法進入 C# 實戰世界，一到網路看專家所寫的程式通通不懂。

為此，去年筆者決心將 20 多年來學習與認識 C# 的心得，撰寫成本書，這是一本完全翻轉國內學習 C# 的書籍，因為國內的 C# 書籍，在讀者對 C# 完全不了解的情況，一開始就介紹如何撰寫視窗程式設計，成了未來學習障礙。這本書則是從最新語法的 C# 程式設計入門開始、然後講解物件導向程式設計、系統資源、高階語法。總共花了 28 個章節介紹 C# 語法與基本應用，當讀者了解這些內容後，第 29 章才開始介紹視窗程式設計、檔案輸入與輸出、語音與影片、LINQ、MDI、多表單設計等進階應用，全書有 38 個主題。本書特色如下：

1： 國內第一本使用最新 C# 語法，完整介紹入門到物件導向程式設計。

2： 國內第一本依序介紹基礎語法、物件導向、視窗設計、語音與影片、LINQ、大型程式的多表單、MDI 表單設計、高階應用的 C#。

3： C# 內容最廣，功能介紹最完整。

4： 章節最廣，共 38 個章節。

5： 程式實例最多，共有 1025 個程式實例。

讀者不僅可以從本書學會 C# 基礎語法，例如：輸入與輸出、程式流程控制、迴圈、陣列、函數、… 等，更可以從本書籍內容學會下列 C# 新語法的觀念：

- ❑ 認識最新語法：最上層語句
- ❑ using 指示詞與陳述式的用法
- ❑ 實值資料與參照資料
- ❑ ? 與 null
- ❑ ?? 與 ??= 運算子
- ❑ var 宣告
- ❑ object、dynamic 資料類型
- ❑ 裝箱 (Boxing) 與拆箱 (Unboxing) 的記憶體說明
- ❑ 獨家解說 C# 元組 Tuple 意義與應用
- ❑ 隱式 (implicit) 與顯示 (explicit) 強制轉換資料類型。
- ❑ 匿名資料 Anonymous Type、匿名陣列 Anonymous、Array 匿名方法 Anonymous Method
- ❑ 表達式主體方法 Expression-bodied Method
- ❑ 自行定義方法 Extension Method
- ❑ 列舉 (enum)、結構 (struct)、類別 (class) 與物件
- ❑ 靜態類別、靜態方法與靜態欄位
- ❑ 物件的建構、屬性與封裝
- ❑ 欄位 (field) 與屬性 (property) 的關係
- ❑ 繼承與多型

- ❑ 靜態綁定 (static binding)、動態綁定 (dynamic binding)
- ❑ 分層繼承 (Hierarchical Inhertance)、多層次繼承 (Multi-Level Inhertance)
- ❑ 繼承 IS-A 和 HAS-A 關係、聚合 (Aggregation) 和組合 (Composition)
- ❑ 執行期的多型 (Runtime Polymorphism) 和向上轉型 (Upcasting)
- ❑ 抽象類別、使用場合、專題實作與應用
- ❑ 介面 (Interface)、虛擬介面方法 (Virtual interface method)
- ❑ 索引子 indexer
- ❑ 委　派 Delegate、Multicast delegate、Generic delegate、Func delegate、Action delegate、Predicate delegate
- ❑ Lambda
- ❑ 集合與泛型集合
- ❑ 認識 IEnumerable、IComparer、ICollection、IDictionary
- ❑ 程式除錯與異常管理
- ❑ 視窗設計：認識 object sender 和 EventArgs e 參數
- ❑ 事件 (event) 與共用事件、滑鼠事件、鍵盤事件
- ❑ Items Collection Editor
- ❑ 靜態與動態影像
- ❑ 水平 / 垂直壓縮與解壓縮影像
- ❑ 認識、讀取與輸出 Rich Text Format 格式檔案、設計文書編輯程式
- ❑ 檔案輸入與輸出
- ❑ 語音與影片
- ❑ 獨家指出 C# 語法的缺點與改良此缺點的實例

為了讀者學習 C# 可以實作應用，本書講解語法時，同時輔助許多專案實作的應用，讀者可以從本書學會下列專題實例：

- ❑ BMI 指數系統
- ❑ 銀行貸款系統
- ❑ 咖啡館銷售管理系統
- ❑ 飛舞的蝴蝶
- ❑ 旅館或民宿訂房系統
- ❑ 卡拉 OK、電子琴程式

寫過許多的電腦書著作，本書沿襲筆者著作的特色，程式實例豐富，相信讀者只要遵循本書內容必定可以在最短時間精通 C# 設計，編著本書雖力求完美，但是學經歷不足，謬誤難免，尚祈讀者不吝指正。

洪錦魁 2023-02-15

jiinkwei@me.com

教學資源說明

教學資源有**教學投影片**(內容超過 2000 頁)、**本書實例**、**習題解答以及相關附錄的電子書**。

本書習題實作題約 259 題均有習題解答，如果您是學校老師同時使用本書教學，歡迎與本公司聯繫，本公司將提供習題解答。請老師聯繫時提供**任教學校**、**科系**、**Email**、和**手機號碼**，以方便本公司業務單位協助您。

註 教學資源不提供給一般讀者，請原諒。

讀者資源說明

請至本公司網頁 https://deepwisdom.com.tw/ 下載本書程式實例與習題所需的相關檔案，以及相關目錄資源，這些目錄以 Word 檔案呈現。

註 讀者資源附有本書偶數題的習題解答。

臉書粉絲團

歡迎加入：**王者歸來電腦專業圖書系列**

歡迎加入：**iCoding 程式語言讀書會**(Python, Java, C, C++, C#, JavaScript, 大數據，人工智慧等不限)，讀者可以不定期獲得本書籍和作者相關訊息。

歡迎加入：**穩健精實 AI 技術手作坊**

目錄

第 4 章 運算式與運算子

第 5 章 位元運算

第 6 章　輸入與輸出

第 7 章　程式的流程控制

第 8 章　程式的迴圈設計

第 9 章 陣列

第 10 章 字元和字串的處理

第 11 章 集合

第 12 章　函數的應用

第 13 章　C# 結構 struct 資料

第 14 章　列舉 enum

第 15 章 日期和時間

第 16 章 類別與物件

第 17 章 物件的建構、屬性與封裝

第 18 章 繼承 (Inhertance) 與多型 (Polymorphism)

第 23 章 元組 (Tuple)

第 24 章 程式除錯與異常處理

第 25 章 正則表達式 Regular Expression

第 26 章　委派 (Delegate)

第 27 章　Lambda 表達式

第 28 章　事件 (Event)

第 29 章 基礎 Windows 視窗設計

第 30 章 基礎控制項設計

第 33 章 建立功能表和工具列

第 34 章 常用對話方塊的應用

第 35 章 檔案的輸入與輸出

第 36 章 語音與影片

第 37 章 LINQ 查詢語言

第 38 章 大型程式 - 多表單的設計

第 1 章

C# 和 Visual Studio

C# 可以念成 C Sharp，這也是本書的主體內容。

1-1 認識 C#

1-1-1　C# 的起源

C# 是由美國微軟 (Microsoft) 公司在 2000 年推出基於 .NET 框架的程式語言，這是一個物件導向 (Object-Oriented) 的程式語言，主要是由 C 和 C++ 衍生而來，C# 繼承了 C 和 C++ 的強大功能，但是也去除了一些複雜性，目前已是 C 語言家族中一個功能強大、廣受喜歡的程式語言。

當前發表了這個程式語言主要是希望可以取代 Java，不過每個程式語言各有特色，C# 和 Java 彼此競爭共存了超過 20 年了。

註　由於期待 C# 可以取代 Java，又希望可以像 Visual Basic 一樣方便好用，因此，儘管此語言是由 C 和 C++ 衍生，其實也受 Visual Basic 和 Java 影響。

1-1-2　認識 C# 的開發者

C# 的開發者是安德斯 · 海爾斯伯格 Anders Hejlsberg(1960 年 12 月，-)，原籍丹麥的計算機專家，早期在丹麥擁有 Poly Data 公司，在這裡他編寫了 Compass Pascal 編譯程式核心，後來改名 Poly Pascal。

上述圖片取材自下列網址

https://zh.wikipedia.org/zh-tw/%E5%AE%89%E5%BE%B7%E6%96%AF%C2%B7%E6%B5%B7%E5%B0%94%E6%96%AF%E4%BC%AF%E6%A0%BC#/media/File:Anders_Hejlsberg_at_PDC2008.jpg

1986 年**安德斯．海爾斯伯格**認識了 Borland 公司的創辦人 Philippe Kahn，然後將 Compass Pascal 編譯程式核心授權給 Borland 公司，同時加入了 Borland 公司，成為首席研發設計師。期間使用了 Compass Pascal 編譯程式核心，Borland 公司成功地發表了當時廣為計算機科學界使用的 Turbo Pascal 和 Delphi。

註 筆者也曾經在約 1994 年撰寫 "**Turbo Pascal 入門與應用徹底剖析** "，香港經銷商告知這本著作是當時香港資訊人員考試的指定教材。

1996 年**安德斯．海爾斯伯格**加入微軟公司，據說微軟創辦人比爾蓋茲也加入了挖角行動，在這裡他獲得了充分的資源與支持，先後主持了 **Visual J++**、**.Net**、**C#** 和 **TypeScript** 的開發。

註 1997 年微軟公司開發了 J++，當年發表時，受到 Sun 公司控訴違反 Java 開發平台的中立性，對微軟提出訴訟。在 2000 年 6 月 26 日，微軟公司發表了 C#，主要是取代 Visual J++。

1-2 認識 .NET

1-2-1 .NET 是什麼

.NET 可以念成 dot net，簡單的說 .NET 是一個框架，也就是一個跨平台的程式開發環境，此平台支援目前我們所可能會用的系統，例如：Windows、Mac OS、Linux 等。在這平台上我們可以開發 C#、C++、Visual Basic、F#、Java、… Python 等程式，然後可以在不同平台上執行。

1-2-2 .NET 的版本演變

Microsoft 公司從 2002 年 1 月開始，發表了 .NET Framework 1.0，讀者可以參考下表：

註 下表示針對 C# 程式語言做相對應的說明。

版本	發表日期	.NET 框架版本	Visual Studio 版本
C# 1.0	2002 年 1 月	.NET Framework 1.0	Visual Studio .NET 2002
C# 2.0	2006 年 6 月	.NET Framework 2.0	Visual Studio 2005
C# 3.0	2007 年 11 月	.NET Framework 3.0	Visual Studio 2008
C# 4.0	2010 年 4 月	.NET Framework 4.0	Visual Studio 2010
C# 5.0	2012 年 8 月	.NET Framework 4.5	Visual Studio 2012/2013
C# 6.0	2015 年 7 月	.NET Framework 4.6	Visual Studio 2015
C# 7.0	2017 年 3 月	.NET Framework 4.6.2	Visual Studio 2017
C# 8.0	2019 年 9 月	.NET Framework 4.8	Visual Studio 2019
C# 9.0	2020 年 9 月	.NET 5	
C# 10.0	2021 年 11 月	.NET 6 / .NET 6.1	Visual Studio 2022

註 .NET 目前是由微軟員工透過 .NET 基金會方式開發，在 MIT(美國麻省理工學院) 認證下發行。

1-2-3 認識 .NET Framework、.NET Core、.NET

❑ .NET Framework

所謂的 .NET Framework 是一個軟體框架，在這個框架下，可以將你所設計的 C#、C++、Visual Basic 電腦程式編譯，只要你適當的使用此框架所提供的 API，你不必研究記憶體的使用、硬體的底層操作，程式就可以在 Windows 作業系統上執行。

.NET Framework 從 2002 年 1 月開始發行，最後一個版本是 2019 年 9 月發表的 4.8 版，未來也將永久停留在 4.8 版，Microsoft 公司已經承諾會持續安全更新。

註 .NET 基金會建議，如果已經在 Framework 開發的軟體，不需遷移至新版的 .NET，但是如果是新開發者，建議使用最新版的 .NET 開發，筆者撰寫這本書時是 .NET 6。依照基金會規劃，.NET 的版本發表時程如下：

.NET 7：2022 年 11 月，發表時程已經有延誤。

.NET 8：2023 年 11 月。

❑ NET Core

.NET Core 開發的目標是跨平台，一個跨 Windows、Mac OS、Linux 的應用程式開發框架，未來也會支援 FreeBSD(這是一種開放原始碼的 Unix 系統) 和 Alpine(一種以安全為理念的 Linux 系統)。.NET Core 本身包含了 .NET Framework 的類別函式庫，但

是和 .NET Framework 不同的是，.NET Core 採用套件化 (Packages) 方式管理，應用程式只需要安裝所需要的套件即可。下列是 .NET Core 開發的版本細節。

版本	發表日期	Visual Studio 版本
.NET Core 1.0	2016 年 6 月 27 日	Visual Studio 2015
.NET Core 2.0	2017 年 8 月 14 日	Visual Studio 2017
.NET Core 3.0	2019 年 9 月 23 日	Visual Studio 2019 Version 16.3
.NET Core 3.1	2019 年 12 月 3 日	Visual Studio 2019 Version 16.4
.NET 5	2020 年 11 月 10 日	Visual Studio 2019 Version 16.8
.NET 6	2021 年 11 月 8 日	Visual Studio 2022 Version 17.0
.NET 7	計畫 2022 年 11 月	有延誤
.NET 8	計畫 2023 年 11 月	

❑ .NET

.NET Core 的下一個版本稱 .NET 5，筆者寫這本書時最新版本是 .NET 6，讀者可以想成這是跨平台的開發環境。

1-3 C# 從編譯到執行的觀念

1-3-1 傳統程式從編譯報執行

一般程式語言在不同的作業系統會有不同的**編譯器** (compiler)，程式在撰寫完成後，使用編譯器編譯程式時會依據不同的作業系統產生不同的機器碼，所產生的機器碼只能在所屬的作業系統下執行，無法在不同的作業系統環境執行。

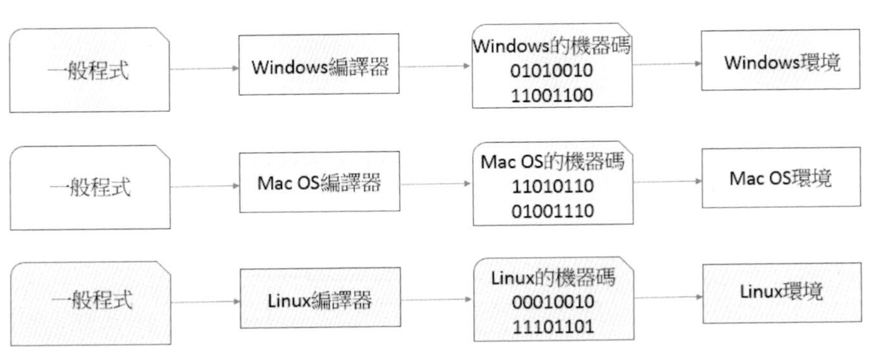

一般程式語言在不同環境編譯與執行圖

1-3-2　認識微軟 .NET 的跨平台觀念

在微軟 .NET 跨平台的構想中，編譯程式 (Compiler) 會將程式轉譯為通用的**中繼語言** (CIL，Common Intermediate Language)，其實作業系統仍無法執行此中繼語言 (CIL)，未來需將此中繼語言交給**通用語言執行** (CLR，Common Language Runtime)，將中繼語言轉成適當平台的機器碼，可以參考下圖解說：

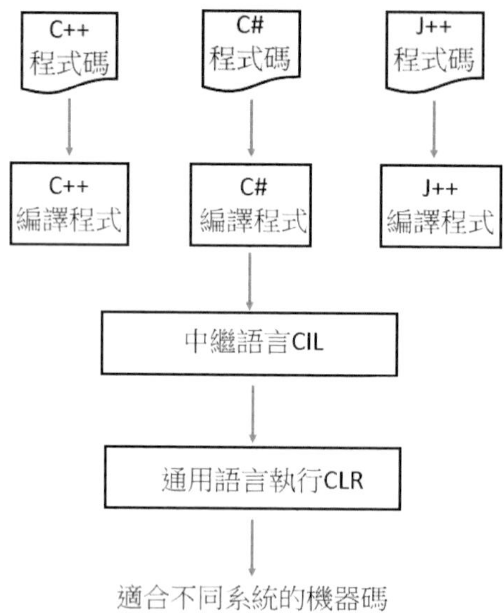

Microsoft 中 C# 的中繼語言是 MSIL(Microsoft Intermediate Language)，所以我們可以使用下圖更完整的表達上述觀念。

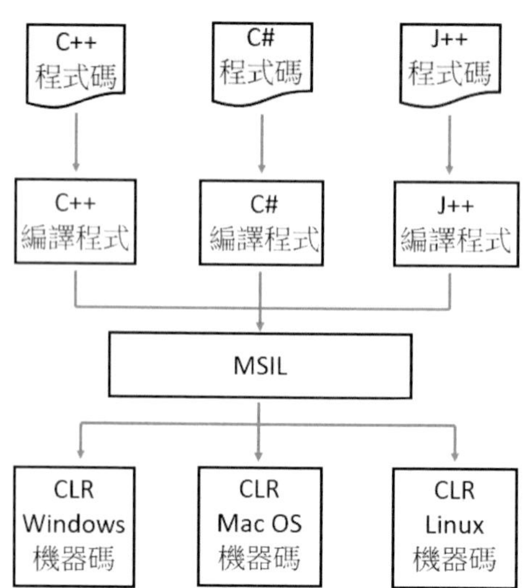

1-4 認識 / 下載 / 安裝 Visual Studio

Visual Studio 是一個智慧型的整合環境系統，最讓人喜歡的是 IntelliSense **智能感知**功能，除了協助偵錯、解釋錯誤原因、協助校正、同時具有智慧協助撰寫程式碼功能，甚至在複雜的類別設計中，我們只要寫了物件名稱，Visual Studio 會判斷你的想法，自動協助撰寫代碼，同時自動列出你可能需要的屬性或方法，有了這個智能感知功能，讓我們在學習 C# 的路上，倍感親切、得心應手。

1-4-1 認識 Visual Studio 的版本

筆者撰寫此書時是 Visual Studio 2022，此 Visual Studio 2022 的版本有下列 3 種。

Visual Studio Community 2022：這是免費的版本，也是本書撰寫的主要依據。

Visual Studio Professional 2022：專業版，需要付費購買。

Visual Studio Enterprise 2022：這是企業版，需要付費購買。

下列是 Microsoft 公司提供各版本功能的差異。

支援的功能	Visual Studio 社群 免費下載	Visual Studio Professional 購買	Visual Studio Enterprise 購買
⊕ 支援的使用案例	●●●○	●●●●	●●●●
開發平台支援[2]	●●●●	●●●●	●●●●
⊕ 整合式開發環境	●●●○	●●●○	●●●●
⊕ 進階偵錯和診斷	●●○○	●●○○	●●●●
⊕ 測試工具	●○○○	●○○○	●●●●
⊕ 跨平台開發	●●○○	●●○○	●●●●
⊕ 共同作業工具和功能	●●●●	●●●●	●●●●

如需更進一步了解差異，建議可以參考下列微軟公司的網址。

https://visualstudio.microsoft.com/zh-hant/vs/compare/

1-4-2　下載 Visual Studio

有關下載 Visual Studio 的知識請參考附錄 A-1。

1-4-3　安裝 Visual Studio

有關安裝 Visual Studio 的知識請參考附錄 A-2。

1-4-4　安裝 Visual Studio 其他模組

使用 Visual Studio 久了，有時候需要做進階功能設計，可能發現當初沒有安裝這些模組，此時可以參考附錄 A-3，安裝 Visual Studio 其他模組。

1-4-5　解除安裝 Visual Studio

如果感覺自己未來不需要使用 Visual Studio 了，想要解除安裝，這樣可以釋回記憶體空間，此時可以參考附錄 A-4。

1-5 認識方案、專案和程式

1-5-1　認識方案、專案和程式

早期的電腦環境系統單純，不用考慮作業系統平台，一個程式語言只供一個作業系統使用，因此程式設計就是設計一個程式，沒有**方案** (Solution)、**專案** (Project) 的觀念。現今的程式設計考量到解決多平台的觀念，同時一個工作是由多個程式組織而成，因此有了**方案** (Solution) 與**專案** (Project) 的觀念，而我們設計的程式則是在專案下面，整體觀念如下：

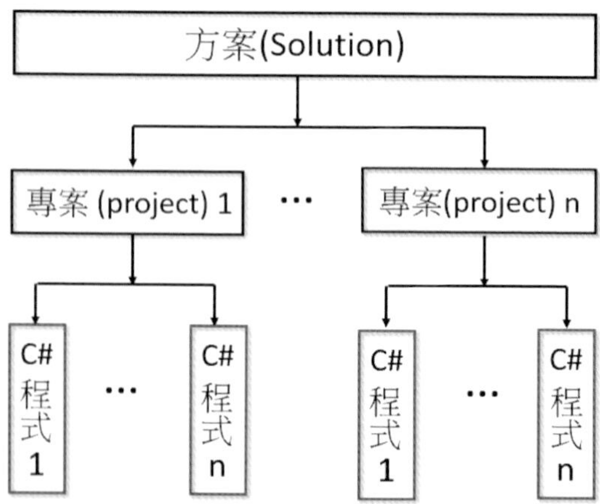

上述圖表相當於說明下列觀念，一個**方案**就是我們程式設計的目標，此**方案**可以由多個**專案**組成，而每一個**專案**又是可以由多個**程式**組成，這本書是介紹 C#，所以一個專案是由一到多個 **C# 程式**所組成。

這一本書主要是介紹 **C# 程式設計**，所以我們會從一個**方案**只有一個**專案**，而這一個**專案**只有一個 **C# 程式**說起，然後本書將逐步帶領讀者跨入使用 C# 設計完美的方案。

1-5-2　方案、專案和 C# 程式的預設名稱

下列是**方案**、**專案**和 C# 的預設名稱。

方案的預設名稱：.sln。

專案的預設名稱：.csproj。

C# 的預設名稱：.cs。

1-5-3　本書所設計的方案重點

本書是 C# 的入門到進階設計的書籍，主要介紹下列兩大類的程式設計：

1：主控台應用程式

2：Windows Forms 應用程式

1-6　主控台的應用程式類別

主控台的應用程式大體上分 .NET Framework 4.8 和 .NET 6.0，這 2 種主控台應用程式的差異如下：

❑ .NET Framework

適用 Windows 平台，目前架構是 .NET Framework 4.8，如前所述這是微軟公司所支援的最後一個版本，但是未來也將持續支援。

```
using System;
using System.Collections.Generic;
using System.Linq;
using System.Text;
using System.Threading.Tasks;

namespace proj1_1
{
    0 個參考
    internal class Program
    {
        0 個參考
        static void Main(string[] args)
        {
        }
    }
}
```

- ❑ .NET 6.0

適用跨平台，可以看到下列 C# 的預設程式碼。

```
// See https://aka.ms/new-console-template for more information
Console.WriteLine("Hello, World!");

```

從上述可以看到採用了 .NET 6.0，新版 C# 程式架構因為採用了 C# 10.0，整個程式碼簡潔許多，這將是本書撰寫的主要依據。上述程式碼簡潔許多，這種簡潔語法稱**最上層語句** (top-level statement)。

1-7 本書的專案內容

本書在撰寫時主要會建立下列 2 種不同型態的專案。

1：**主控台應用程式**：這時可以得到使用命令列，輸入與輸出文字內容。

2：**Windows Forms 應用程式**：可以得到視窗的控制項，或是稱表單，執行輸入與輸出。

這本書的內容會先帶領讀者在主控台應用程式觀念下學習 C#，當讀者有一定的 C# 基礎後，然後才講解視窗設計。

1-8 建立、關閉與開啟方案實例

這一節會介紹建立、關閉與開啟方案的步驟。

1-8-1　建立主控台應用程式 .NET Framework 4.8 方案

方案實例 ch1_1.sln：建立主控台應用程式 .NET Framework 4.8 方案。

1：啟動 Visual Studio。

2：請點選建立新的專案。

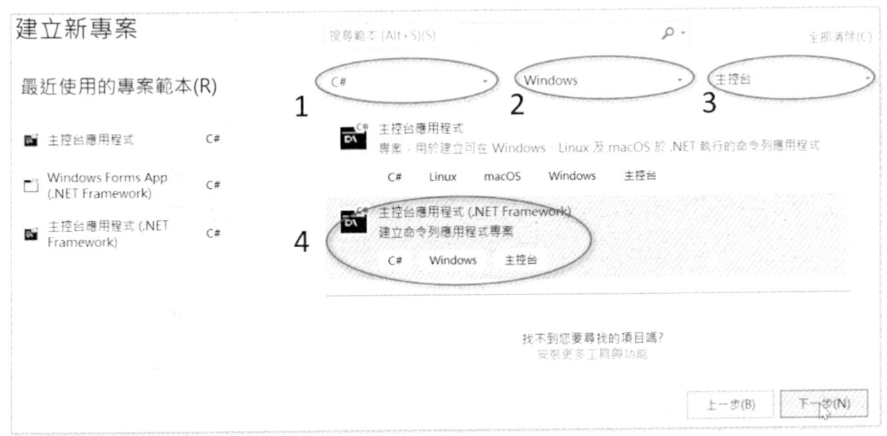

3：上述步驟 1 選擇 **C#**，步驟 2 選擇 **Windows**，步驟 3 選擇**主控台**，步驟 4 請選擇**主控台應用程式 (.NET Framework)**，然後按右下方的**下一步**鈕。

預設情況，輸入專案名稱和方案名稱會同步使用相同名稱，這時我們可以使用方案的副檔名 sln，專案的副檔名是 csproj 做區隔，因為這是 C# 入門的書籍，剛開始筆者用不同的名稱，讀者可以更容易區隔。未來筆者還會解說使用相同名稱的差異。

上述有一個**將解決方案與專案置於相同目錄中**核對框，為了有所區隔，筆者使用預設，也就是不設定此框，讓解決方案與專案放在不同目錄。**註**：本書前半段程式實例選擇將方案與專案放在不同目錄，後半段程式實例則使用方案與專案在相同的目錄。

在上述對話方塊請分別設定**專案名稱**是 **proj1_1**、**位置**是 **D:\C#\ch1**、**解決方案名稱**是 **ch1_1**、**架構**是 **.NET Framework 4.8**。

4：然後按**建立**鈕，可以得到下列 **ch1_1 方案**，如下所示。

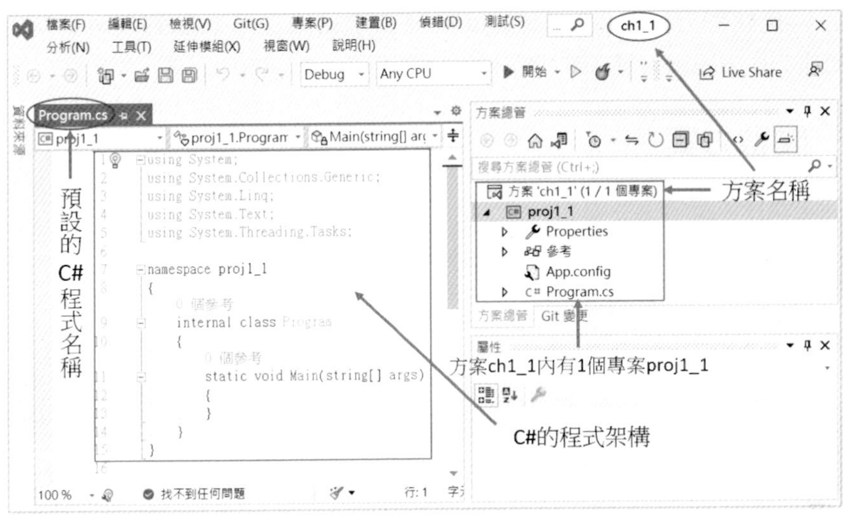

註 上述建立方案 ch1_1 成功後，會在步驟 3 所選的資料夾 ch1 下方建立以方案名稱命名的資料夾 ch1_1，所有的方案內容皆是在此資料夾內，此部分將在 1-10-1 解說。

在上述 Visual Studio 視窗右邊可以看到**方案總管**視窗，由此視窗可以知道**方案** ch1_1 內有 1 個專案，專案名稱是 proj1_1，在此專案 proj1_1 內系統自動產生下列檔案。

Properties：可以由此設定專案的相關屬性。

參考：下面有 App.config，這是可以設定相關組態資訊。

Programs.cs：這是 C# 程式的預設檔案名稱，其中 C# 的副檔名是 cs。Programs 是預設的主要檔案名稱，未來我們可以更改此名稱。

1-8-2　關閉方案

執行**檔案 / 關閉方案**，可以關閉目前 Visual Studio 視窗的方案。

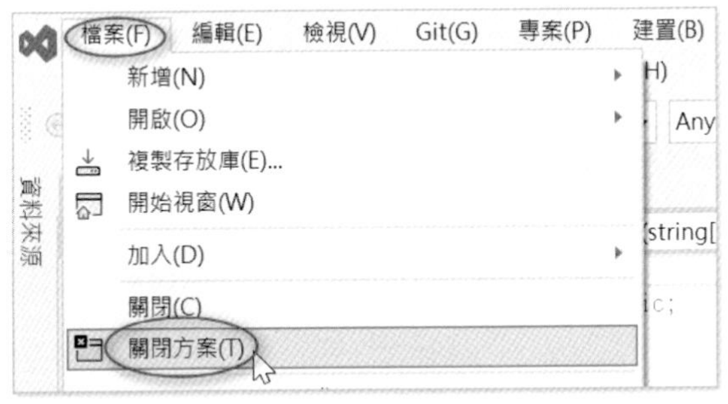

這時只是關閉方案，Visual Studio 視窗並未結束，可以看到沒有資料的 Visual Studio 和執行作業視窗。註：執行作業視窗畫面可以參考下一小節。

1-8-3　開啟方案

下列是執行作業視窗的畫面。

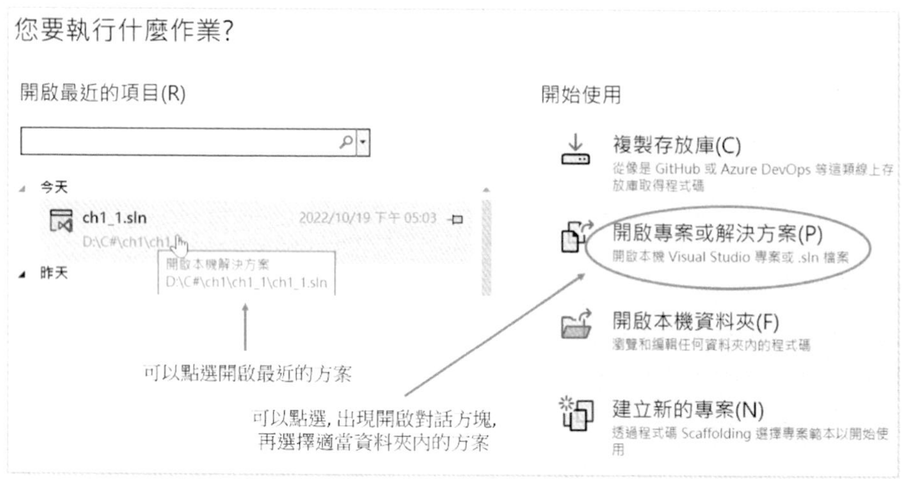

見到上述執行作業視窗畫面後，可以使用 2 種方式開啟方案。

❑　開啟最近的方案

基本上可以在執行作業視窗看到最近使用的方案，讀者可以點選此方案，就可以開啟所點選的方案，例如：此時點選 ch1_1.sln，就可以開啟此 ch1_1.sln 方案。

❑　開啟資料夾內的方案

如果是比較舊的方案，在最近開啟項目內找不到，這時可以按**開啟專案或解決方案**鈕，可以看到**開啟專案 / 解決方案**對話方塊，然後可以選擇適當的資料夾，再選擇方案，最後按**開啟**鈕。

1-9　建立 .NET 6.0 的方案

前一節已經介紹建立主控台應用程式 .NET Framework 4.8 方案，這一節將講解建立 .NET 6.0 的方案。

1-9-1 建立主控台應用程式 .NET 6.0 方案

方案實例 ch1_2.sln：建立主控台應用程式 .NET 6.0 方案。

1：啟動 Visual Studio。

2：請點選**建立新的專案**。

3：上述語言請選擇 C#，平台選擇 Windows，專案類型請選擇主控台，請選擇**主控台應用程式**，然後按右下方的**下一步**鈕。

4：上述分別設定**專案名稱**是 proj1_2、位置是 D:\C#\ch1、解決方案名稱是 ch1_2，然後按下一步鈕。

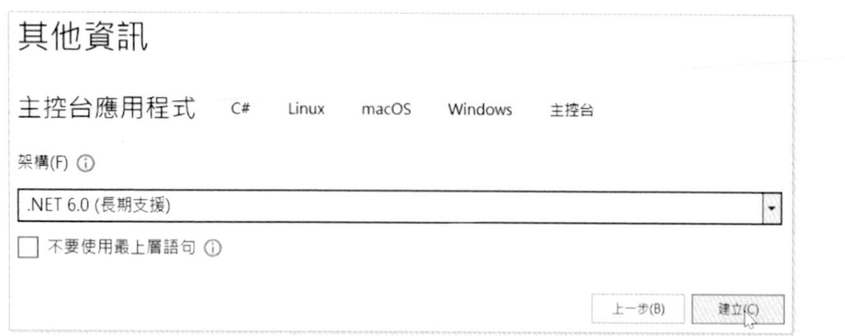

5：請選擇 .NET 6.0 架構。註：.NET 常常改版，讀者可以選擇閱讀此書時的最新 Visual Studio 版本，函後按**建立**鈕，可以得到下列 **.NET 6.0** 的 Visual Studio 視窗。

從上述視窗左邊的 Program.cs 可以看到 .NET 6.0 的架構已經和先前架構有很大的簡化與改良，這種架構稱**最上層語句** (Top-level Statement)，下一章會繼續解說**最上層語句**，這將是本書的重點。

1-9-2 建立 Windows Forms 方案

方案實例 ch1_3.sln：建立主控台應用程式 Windows Forms 專案。

1：啟動 Visual Studio。

2：請點選**建立新的專案**。

3：上述語言請選擇 **C#**，平台選擇 **Windows**，專案類型請選擇**桌面**，請選擇 **Windows Forms 應用程式**，然後按右下方的**下一步**鈕。

4：上述分別設定專案名稱是 proj1_3、位置是 D:\C#\ch1、解決方案名稱是 ch1_3，然後按下一步鈕，接著架構請選擇 .NET 6.0，如下所示。

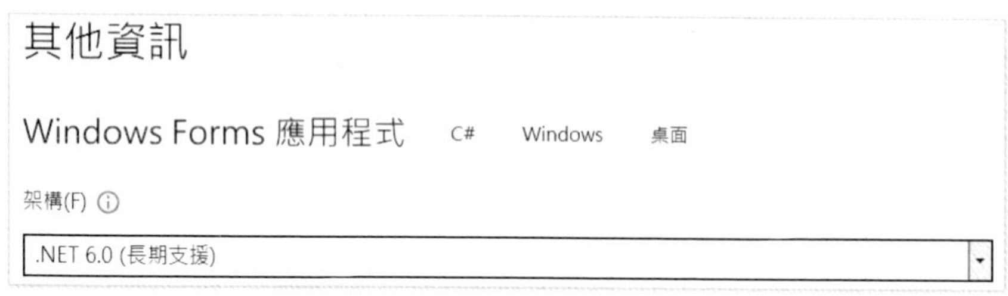

5：請按右下方的建立鈕，就可以以建立 Windows Forms 的方案了。

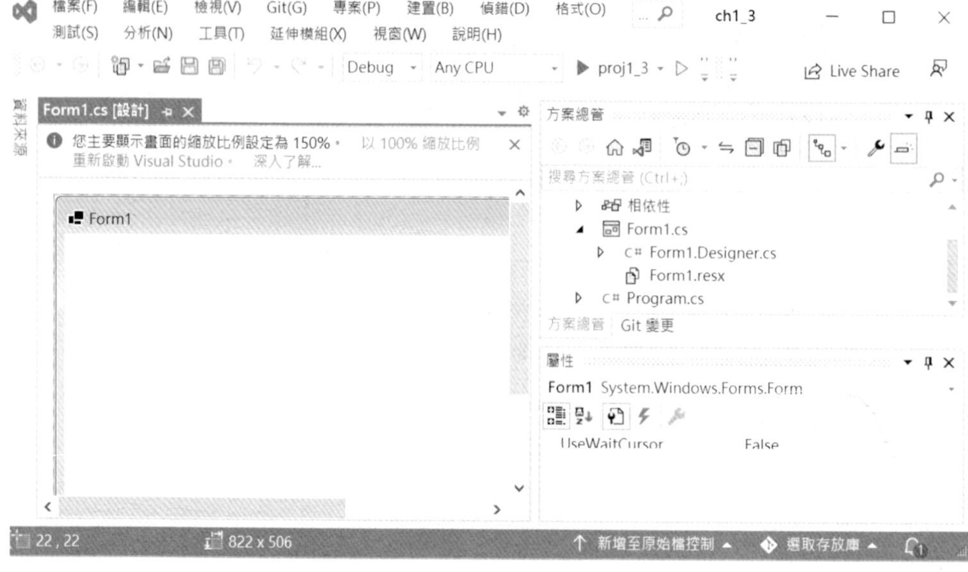

上述是設計視窗程式，當讀者熟悉 C# 後，筆者將完整介紹這方面的知識。

1-10 檢視方案資料夾

1-10-1 檢視 .NET Framework 4.8 的 ch1_1 方案

這一節將檢視 .NET Framework 4.8 的 ch1_1 方案，讀者可以了解建立方案完成後，在資料夾內有哪些檔案產生，下列是 ch1_1 資料夾的內容。

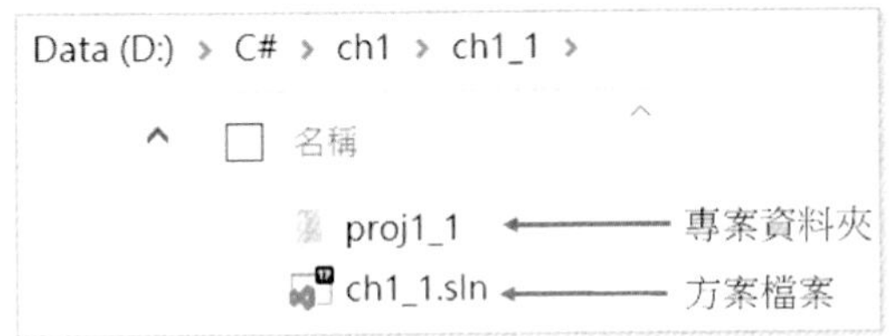

從上述可知 ch1_1.sln 是方案檔案，proj1_1 是專案資料夾，請點選 proj1_1 進入 proj1_1 專案資料夾，可以看到下列內容。

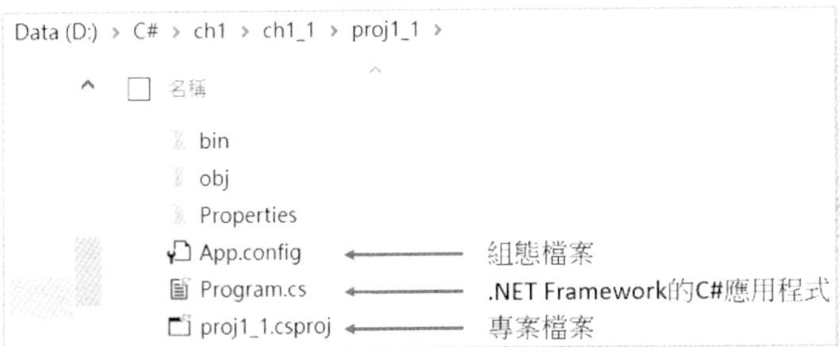

1-10-2　檢視建立主控台應用程式 .NET 6.0 的 ch1_2 方案

這一節將檢視主控台應用程式 .NET 6.0 的 ch1_2 方案，讀者可以了解建立方案完成後，在資料夾內有哪些檔案產生，下列是 ch1_2 資料夾的內容。

從上述可知 ch1_2.sln 是方案檔案，proj1_2 是專案資料夾，請點選 proj1_2 進入 proj1_2 專案資料夾，可以看到下列內容。

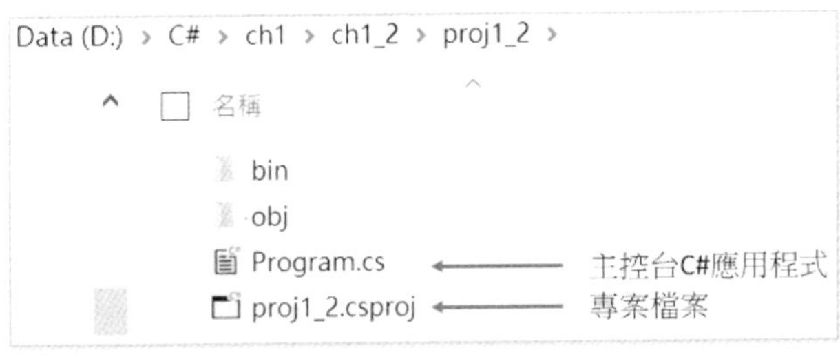

1-10-3　檢視 Windows Forms 的 ch1_3 方案

這一節將檢視 Windows Forms 的 ch1_3 方案，讀者可以了解建立方案完成後，在資料夾內有哪些檔案產生，下列是 ch1_3 資料夾的內容。

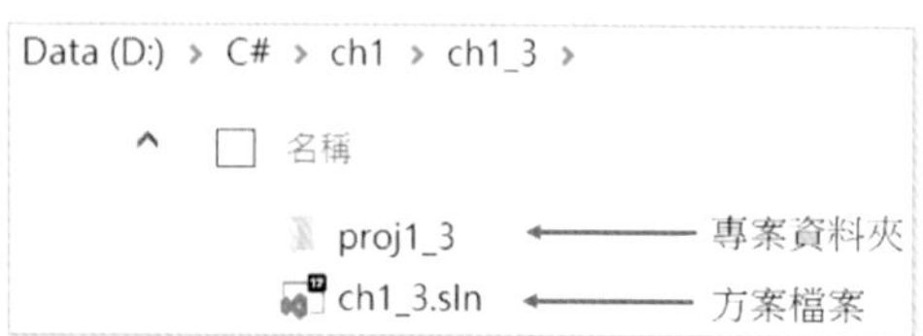

從上述可知 ch1_3.sln 是方案檔案，proj1_3 是專案資料夾，請點選 proj1_3 進入 proj1_3 專案資料夾，可以看到下列內容。

上述幾個重要的程式說明如下：

Form1.cs：視窗的邏輯類的程式，主要是存放控件的處理方法。

Form1.Designer.cs：視窗控件的名字和屬性皆是存儲在這裡。

Form1.resx：視窗的資源，例如：視窗的圖示，此圖示會出現在這裡。

Program.cs：是專案程式的入口。

讀者目前如果感覺上述描述不易瞭解，無所謂，因為未來會用程式實例解說。

1-10-4　方案和專案有相同的名稱

前面建立方案時為了讓讀者區隔方案和專案，所以筆者讓方案與專案使用不同的名稱，下列是改為讓方案與專案使用相同的名稱實例。

方案實例 ch1_4.sln：重新設計 ch1_2.sln，建立主控台應用程式 .NET 6.0 方案，但是讓方案與專案有相同的名稱。

1：啟動 Visual Studio。

2：請點選**建立新的專案**。

3：上述語言請選擇 **C#**，平台選擇 **Windows**，專案類型請選擇**主控台**，請選擇**主控台應用程式**，然後按右下方的**下一步**鈕。

設定新的專案

主控台應用程式 C# Linux macOS Windows 主控台

專案名稱(J)

ch1_4

位置(L)

D:\C#\ch1

解決方案名稱(M)

ch1_4

將解決方案與專案置於相同目錄中(D)

上一步(B) 下一步(N)

4：上述分別設定**專案名稱**是 ch1_4、**位置**是 D:\C#\ch1、**解決方案名稱**是 ch1_4，然後按下一步鈕。註：專案名稱和方案名稱皆是 ch1_4。

其他資訊

主控台應用程式　C#　Linux　macOS　Windows　主控台

架構(F)

.NET 6.0 (長期支援)

不要使用最上層語句

上一步(B)　建立(C)

5：請選擇 .NET 6.0 架構。註： .NET 常常改版，讀者可以選擇閱讀此書時的最新 Visual Studio 版本。上述按**建立**鈕，可以得到 **.NET 6.0** 的 Visual Studio 視窗。

如果我們現在檢視 D:\C#\ch1\ch1_4 資料夾，可以看到下列畫面。

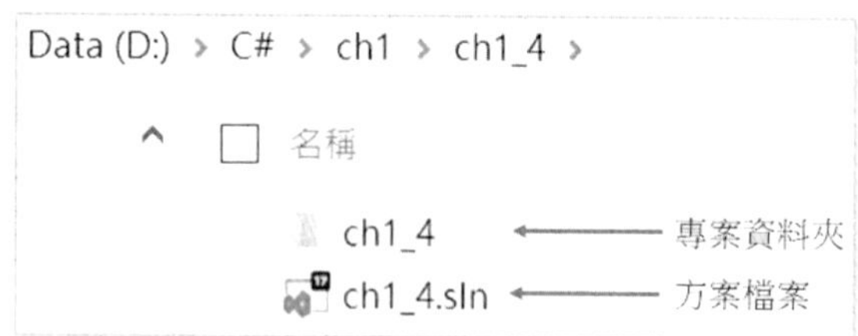

從上述可以看到 ch1_4.sln 是方案檔案，ch1_4 是專案資料夾，請點選 ch1_4 進入 ch1_4 專案資料夾，可以看到下列內容。

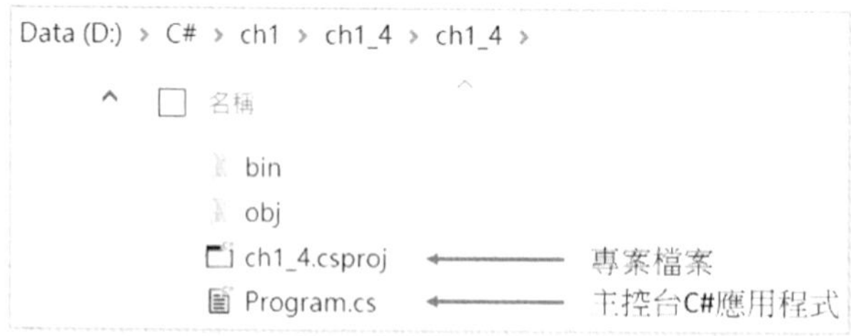

- 也就是我們在不同層次的資料夾可以看到 ch1_4.sln 和 ch1_4.csproj，最後必須用副檔名判別是方案檔案或是專案檔案。

1-10-5　方案和專案在相同的資料夾

下列是改為讓方案與專案使用相同的名稱和在相同的資料夾實例。

方案實例 ch1_5.sln：重新設計 ch1_4.sln，建立主控台應用程式 .NET 6.0 方案，但是讓方案與專案有相同的名稱和在相同的資料夾。

1：啟動 Visual Studio。

2：請點選建立新的專案。

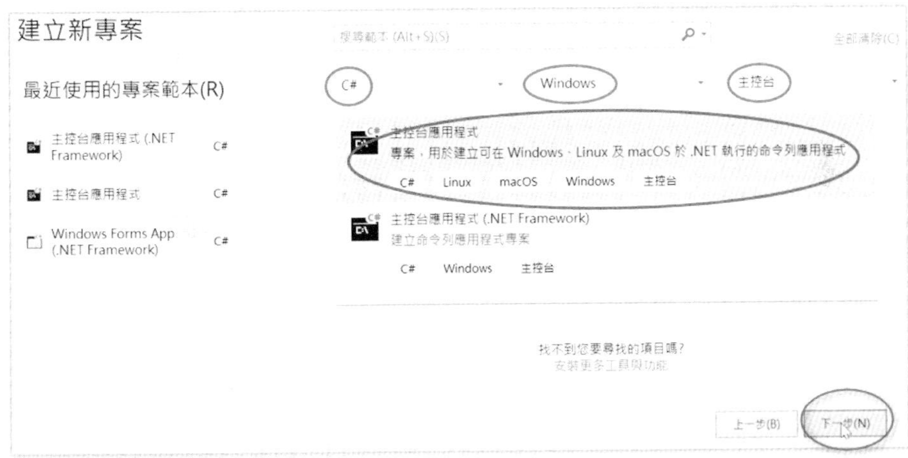

3：上述語言請選擇 C#，平台選擇 Windows，專案類型請選擇主控台，請選擇主控台應用程式，然後按右下方的下一步鈕。

設定新的專案

主控台應用程式　C#　Linux　macOS　Windows　主控台

專案名稱(J)

ch1_5

位置(L)

D:\C#\ch1

解決方案名稱(M)

☑ 將解決方案與專案置於相同目錄中(D)

上一步(B)　下一步(N)

4：上述分別設定**專案名稱**是 ch1_5、**位置**是 D:\C#\ch1、**解決方案名稱**是 ch1_5，請設定**將解決方案與專案置於相同目錄中**核對框時，解決方案名稱會變為無法更改，然後按**下一步**鈕。**註**：專案名稱和方案名稱皆是 ch1_5。

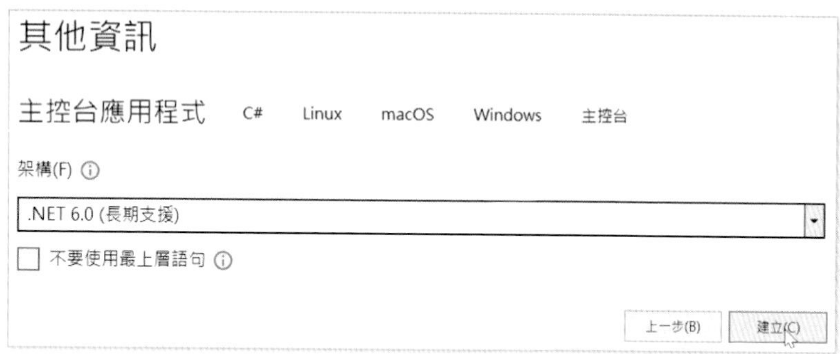

5：請選擇 .NET 6.0 架構。註： .NET 常常改版，讀者可以選擇閱讀此書時的最新 Visual Studio 版本。上述按**建立**鈕，可以得到 .NET 6.0 的 Visual Studio 視窗。

如果我們現在檢視 D:\C#\ch1\ch1_5 資料夾，可以看到下列畫面。

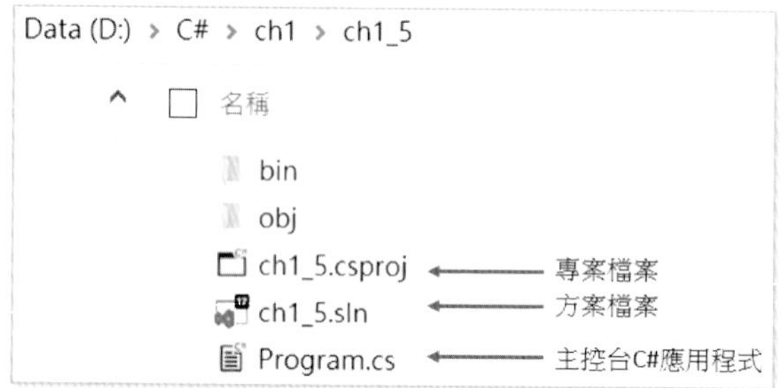

從上述可以看到 ch1_5.sln 是方案檔案，ch1_5.csproj 是專案檔案，這時將不再有 ch1_5 專案資料夾。**註**：其實程式如果單純，例如：一個方案內只有一個專案，這也是簡化資料夾的方式。

在撰寫本書時，筆者讓專案與方案有相同的名稱，前半段專案與方案是不同目錄，後半段則使用相同的目錄，讀者可以自行體會。

第 2 章

設計我的第一個 C# 程式

2-1 解析 .NET Framework 的 C# 語言結構

2-1-1 先前準備工作

請參考 1-8-1 節建立方案 ch2_1，此方案的專案名稱是 proj2_1，可以得到下列 .NET Framework 4.8 的 C# 語言結構如下：

表示可以針對此區塊做編輯

```
using System;
using System.Collections.Generic;
using System.Linq;
using System.Text;
using System.Threading.Tasks;

namespace proj2_1
{
    0 個參考
    internal class Program
    {
        0 個參考
        static void Main(string[] args)
        {
        }
    }
}
```

預設使用專案名稱當作命名空間的名稱

2-1-2 匯入命名空間的類別

在建立 .NET Framework 4.8 的 C# 語言後，可以在程式前面看到下列 Visual Studio 自動建立的匯入命名空間 (namespace) 類別。

```
using System;
using System.Collections.Generic;
using System.Linq;
using System.Text;
using System.Threading.Tasks;
```

上述程式碼其實是關鍵字 using 加上類別所組成，然後類別右邊加上分號 ";"，上述程式碼實際上是用 using 關鍵字匯入了 5 個設計 C# 時常用的類別，這是 using 指示詞的用法，using 另一種用法是應用在陳述式，未來 34-3-3 節還會說明。在這裡 using 關鍵字有 2 個好處，分別如下：

❑ 方便引用類別

假設我們設計一個類別 MyClass.Testing.Sample 類別，此類別內有方法 A，如果沒有使用 using 關鍵字匯入此類別，在程式內部引用類別 A 時，需使用下列程式碼：

```
MyClass.Testing.Sample.A
```

如果在程式前面使用 using，未來程式碼可以直接 A，即可以引用如下：

```
using MyClass.Test.Sample
    ...
A
```

❑ 避免名稱衝突

假設有 MyClass.Testing.SampleA 和 MyClass.Testing.SampleB 類別，這兩個類別均有 Test 類別，如果我們使用下列方式引用類別：

```
using MyClass.Testing.SampleA;
using MyClass.Testing.SampleB;
```

未來在程式設計使用 Test 類別時，會有名稱衝突的問題，這時可以使用下列方式引用類別：

```
using ma = MyClass.Testing.SampleA;
using mb = MyClass.Testing.SampleB;
```

未來可以用 ma.Test 表示引用 MyClass.Testing.Sample 的類別 Test 和 mb.Test 表示引用 MyClass.Testing.SampleB 的類別 Test。

2-1-3 C# 的基本結構

下列是 Visual Studio 自動建立的 C# 程式碼基本結構。

```
namespace proj2_1
{
    0 個參考
    internal class Program
    {
        0 個參考
        static void Main(string[] args)
        {
        }
    }
}
```

上述 namespace proj2_1，proj2_1 是命名空間的名稱，Visual studio 預設情況會使用專案名稱 proj2_1 當作命名空間的名稱，這個名稱是可以修改的。上述預設程式碼內有中文，表示可以在這些中文字位置增加程式碼。其實我們可以將 C# 程式結構用下圖表示：

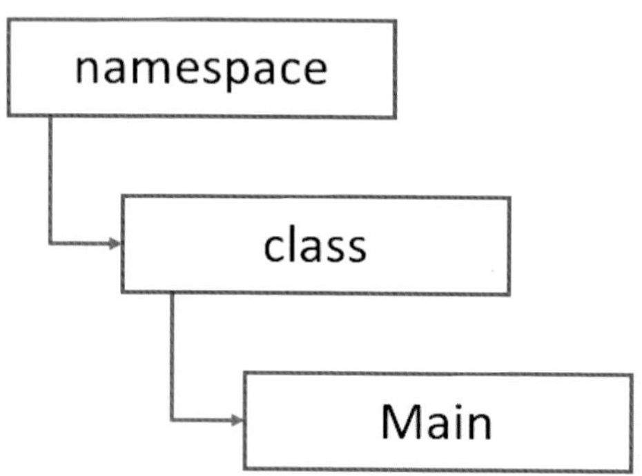

如果讀者觀察 C# 程式，可以看到程式碼是有縮排設計，這個縮排設計可以讓整個程式的結構更完整。**註**：從上述預設看到一個程式有一個自訂的命名空間 (namespace)，在實際的複雜程式設計時，一個 C# 是可以有多個命名空間。

2-1-4　類別 class

類別的關鍵字是 class，在物件導向程式設計的觀念中，一個命名空間內可以有多個類別，我們可以依據程式的功能自行為此類別命名。

```
    internal class Program
    {
        0 個參考
        static void Main(string[] args)
        {
        }
    }
}
```

在 Visual Studio 預設環境下，一個命名空間有一個類別，目前預設的類別名稱是 Program，讀者也可以自行編輯類別名稱。

2-1-5　Main( ) 函數

C# 是從 C/C++ 語言衍生而來，C/C++ 語言的入口點是 Main( ) 函數，對於 C# 而言則是一個專案的入口點，不過 C# 語言對於此入口點有下列特性：

1：必須在一個類別內。

2：必須是靜態 static 宣告。

3：Main( ) 可以不回傳結果，也就是回傳 void。也可以回傳整數 (int 類別)，正常執行結果則是回傳 0。

4：在 C/C++ 語言中 main( ) 的 m 是小寫，在 C# 語言中 Main( ) 的 M 是大寫。

```
static void Main(string[] args)
{
}
```

2-1-6　方案 ch2_2 - C# 程式的體驗

請參考 1-8-1 節建立方案 ch2_2，此方案的專案名稱是 proj2_2，同時在 Main( ) 函數內增加下列程式碼：

```
Console.WriteLIne("我的 .NET Framework 4.8程式");
```

註1 C# 指令用 ";" 當作結尾字元。

註2 WriteLine( ) 函數，可以將雙引號內的資料當作字串輸出，同時輸出後換行，未來如果有輸出，可以在下一行輸出。

上述程式輸入後可以看到程式左邊有黃色的框線標記，此標記區是紀錄自己設計尚未儲存的程式碼，Visual Studio 自行產生的程式碼是不帶標記的，此時畫面內容如下：

```
static void Main(string[] args)
{
    Console.WriteLine("我的 .NET Framework 4.8程式");
}
```

程式設計後，可以按圖示，或是執行**檔案 / 儲存** Program.cs 儲存此檔案，這時黃色框線標記變為綠色長條標記，可以得到下列結果。

```
static void Main(string[] args)
{
    Console.WriteLine("我的 .NET Framework 4.8程式");
}
```

2-1-7　執行方案

程式建立完成後，可以同時按 Ctrl + F5 或是執行**偵錯 / 啟動但不偵錯**指令，執行此方案。

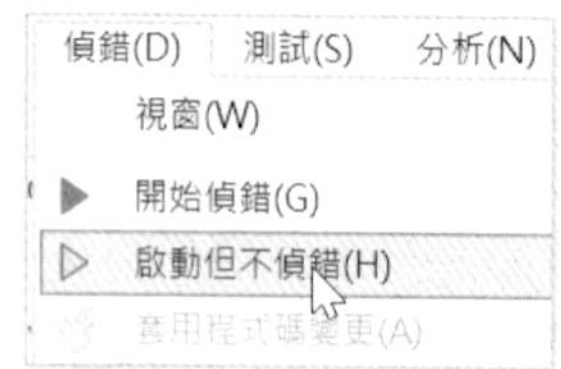

在 Visual Studio 視窗下方的輸出視窗，可以看到組件此專案的訊息。

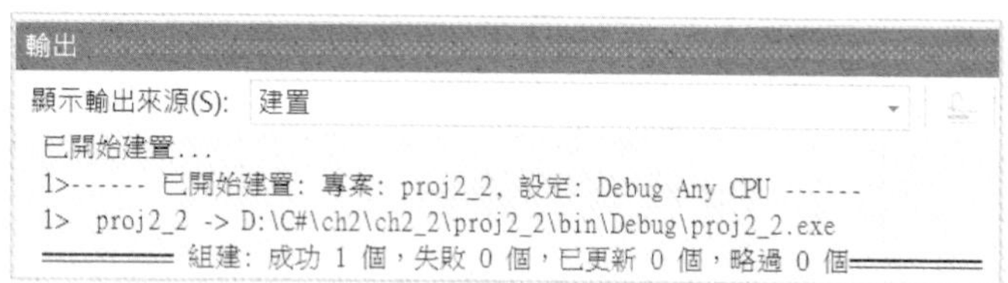

從上述可以看到**成功 1 個**，**失敗 0 個**，此外，會有一個命令列的視窗，輸出下列程式執行的結果。

2-2 解析 .NET 6.0 的 C# 語言結構

Visual Studio 2022 版的 .NET 6.0 支援 C# 10，在此版本下的 C#，簡化許多，本節將作說明，這也是本書未來主要的 C# 程式結構。

2-2-1 準備方案 ch2_3

請參考 1-9-1 節建立方案 ch2_3，此方案的專案名稱是 proj2_3，程式名稱是 Programs.cs，可以得到下列 .NET 6.0 的 C# 語言結構如下：

按Ctrl + 點選可以獲得新C#語法相關的說明

Program.cs

proj2_3

// See https://aka.ms/new-console-template for more information

.WriteLine("Hello, World!");

全域 using 指示詞

點選可以看到隱藏的using匯入類別

從上述可以看到程式碼簡化許多，這類程式碼稱**最上層語句** (Top-level statements)，這類程式碼相當於是脫掉 Program 類別和 Main( ) 方法的外殼，省略了外層直接撰寫程式碼，所以在最上層語句下，C# 的程式結構如下：

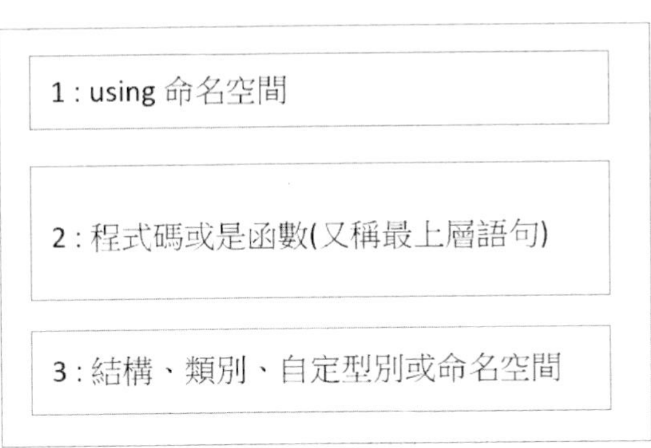

1 : using 命名空間
2 : 程式碼或是函數(又稱最上層語句)
3 : 結構、類別、自定型別或命名空間

上述 1 或是 3 是選項，2 則是必要的，如果將 2 和 3 順序顛倒，編譯時會有錯誤。本書前 28 章所述內容皆是採用**最上層語句** (又稱最上層陳述式)，所以 1 和 3 皆是省略。對於上述程式 Programs.cs 而言，下列陳述式就是稱**最上層語句**。

```
1  // See https://aka.ms/new-console-template for more information
2  Console.WriteLine("Hello, World!");
```

註1 舊版的 C# 程式仍可以在 C# 10.0 內執行。

註2 從第 3 章起至 28 章前我們所設計的程式，就是稱最上層語句。

註3 專案預設的程式名稱是 Programs.cs，cs 是 C# 預設的程式副檔名。

2-2-2　網址參考與註解符號

前一小節的 "//" 符號是程式的註解，其右邊的文字串不會被編譯，程式第 1 行主要是告知讀者按住 Ctrl + 點選此超連結可以進入微軟公司的說明網頁。

註1 C 語言的程式註解 "/* … */" 在 C# 仍是可以使用。

註2 /* … */ **註解還有一個好處是可以執行多列註解，當有** "/*" 符號時，此區間內容會被註解，直到碰到 "*/" 符號，整個註解才算結束，可以參考下列實例。

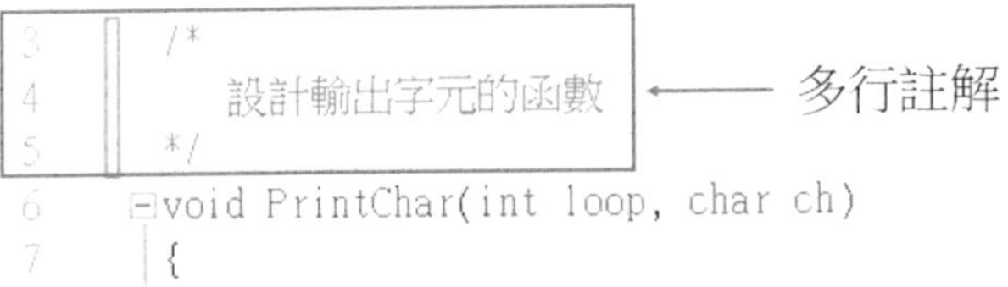

/*
設計輸出字元的函數
*/
void PrintChar(int loop, char ch)
{
多行註解

上述相當於 3 ~ 5 行皆是註解。

2-2-3　隱性的 using 匯入命名空間

在 C# 8.0 (含) 以前，C# 前方預設是需要使用 using 匯入類別到命名空間，C# 10.08.0 (9.0 起) 表面上是省略了此部分，其實不是省略，只是用隱含方式存在，如果點選程式左上方的圖示{，此圖示稱**全域 using 指示詞**，可以看到 C# 10.0 隱性所匯入的類別。

從上述可以看到隱性的 using 匯入命名空間的宣告，已經是用檔案方式存在，此檔案名稱是 proj2_3.GlobalUsings.g.cs，下列是此檔案所在資料夾。

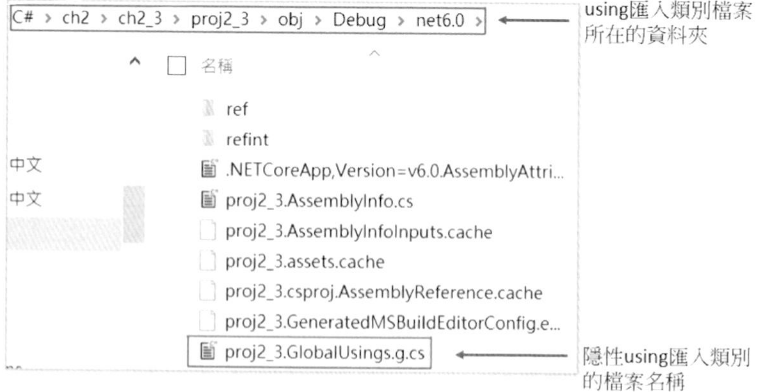

如果在要在 Visual Studio 顯示此檔案內容，步驟如下：

1：在方案總管視窗點選工具列的**顯示所有檔案圖示**。

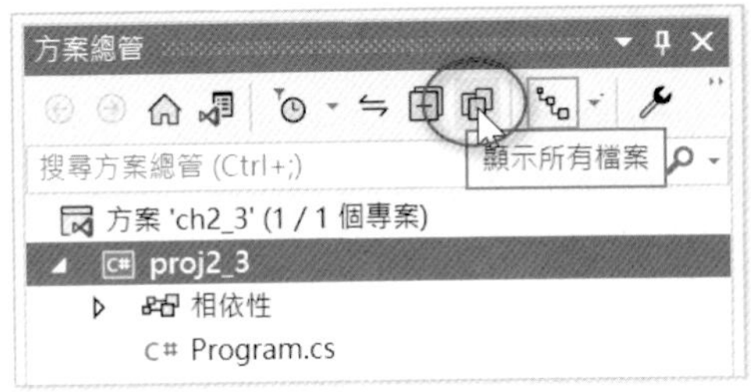

2：請點選展開 obj。

3：請點選展開 Debug。

4：請點選展開 net6.0。

5：就可以看到 proj2_3.GlobalUsing.g.cs 檔案，請點選此檔案。

從上述我們看到 C# 10 雖然簡化了程式的設計，但只是用隱性全域 global using 方式，將常用類別匯入命名空間，這個動作會在程式編譯的時候處理。如果我們在程式要使用 using 匯入命名空間，需要將此 using 寫在程式前面，如下所示：

```
using System.Text;                              // 寫在程式前面
  …
Console.WriteLine("…");
```

註1 Console 是 System 命名空間的 Console 類別，所以也可以寫成 System.Console.WriteLine( )。

註2 未來程式設計時，如果所使用類別的命名空間在預設環境沒有導入，則需使用 using 先導入此命名空間。

2-2-4　Main( ) 不見了

在 2-1-5 節筆者敘述，C# 是從 C/C++ 語言衍生而來，C/C++ 語言的入口點是 Main( ) 函數，但是在 .NET 6.0 環境下發現新版的 C# 預設程式同時也省略了 Main( )。

註 其實從 C# 9.0 開始就已經不需要再主控台的應用程式內寫 Main( ) 方法。

對於小型的應用程式，可以將讀者要寫的程式碼降到最低，在這種情況下，編譯程式會產生程式的應用類別和 Main( ) 方法的進入點。讀者可能會感到奇怪，那如何定義程式的進入點？在微軟的官方文件敘述，一個專案必須有一個最上層檔案，通常這是指 Program.cs，所以程式的進入點就是此檔案的開頭指令。相當於程式編譯時會依據 Program.cs 的內容自動產生應用類別，同時由此程式產生進入點。

2-2-5　轉換成 Program.Main 樣式程式

在 Visual Studio 視窗程式碼左邊可以看到圖示，如下所示：

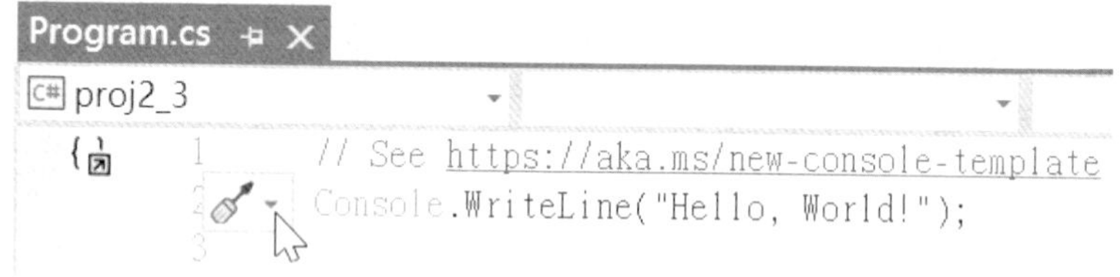

請點選再選擇**轉換成 'Program.Main' 樣式程式**，可以看到原始的 C# 程式樣貌。

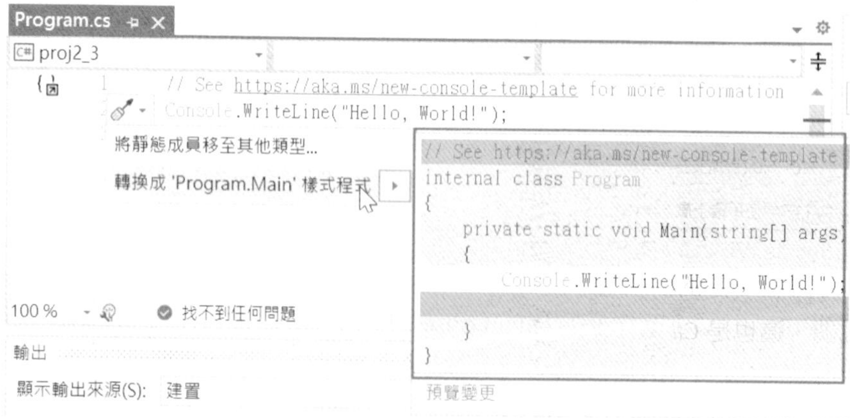

2-2-6 執行 C# 的方案

程式建立完成後，執行方式和 2-1-7 節步驟相同。可以同時按 Ctrl + F5 或是執行**偵錯 / 啟動但不偵錯**指令，執行此方案。在 proj2_3 專案的 Program.cs 程式第 2 行已經有預設的 Console.WriteLine( ) 的輸出，執行此方案後可以得到下列結果。

```
Microsoft Visual Studio 偵錯主控台
Hello, World!

D:\C#\ch2\ch2_3\proj2_3\bin\Debug\net6.0\proj2_3.exe
按任意鍵關閉此視窗…
```

註 建議使用啟動但不偵錯指令執行 C# 方案，可以節省偵錯的時間。

2-3 不使用最上層語句 (Top-level statements)

在 Visual Studio 環境下設計 C# 10 的程式，我們看到了簡化的 C# 預設程式碼，其實在建立 C# 方案時，可以勾選**不要使用最上層語句**核對框，可以恢復 C# 程式預設碼為含有 Main( ) 入口的程式碼。

請參考 1-9-1 節建立 .NET 方案 ch2_4.sln，但是在步驟 4，設定**不要使用最上層語句**的核對框，如下所示：

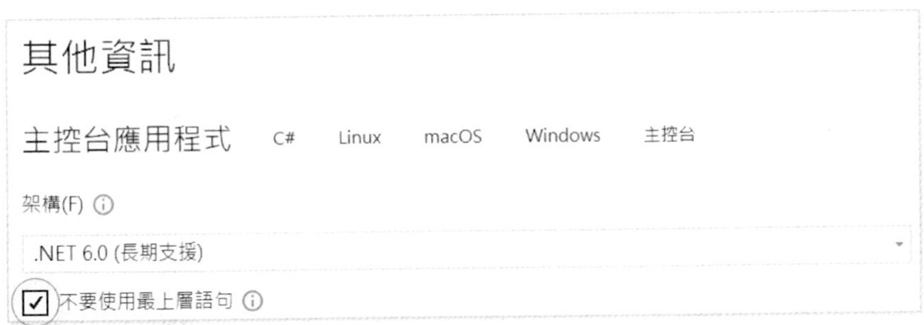

然後按右下方的**建立**鈕，可以得到同樣是 C# 程式，變成預設有 Main( ) 入口的 C# 程式碼，這也是 C# 9(不含) 以前預設的程式架構，如下所示：

```
Program.cs
ch2_4                ch2_4.Program               Main(string[] args)
namespace ch2_4
{
    0 個參考
    internal class Program
    {
        0 個參考
        static void Main(string[] args)
        {
            Console.WriteLine("Hello, World!");
        }
    }
}
```

從上述可以看到預設含有 Main( ) 入口的預設程式碼，本書基本上採用最新的語法設計，所以大大增進學習效率。

2-4 認識 C# 的可執行檔案

請參考 ch2_3.sln 的執行結果畫面。

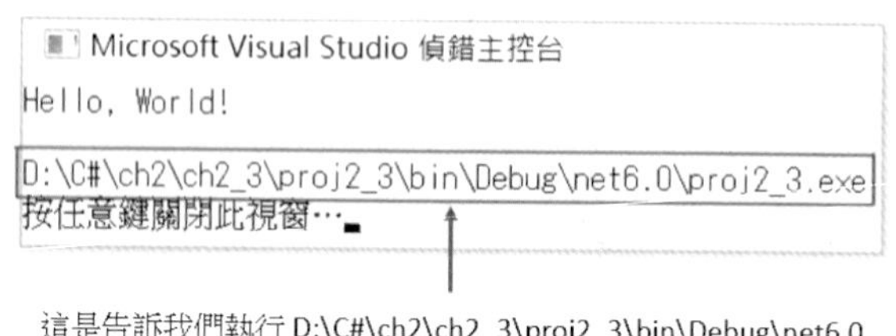

如果開啟檔案總管進入指定資料夾可以看到 proj2_3.exe 檔案，這是可執行檔案。

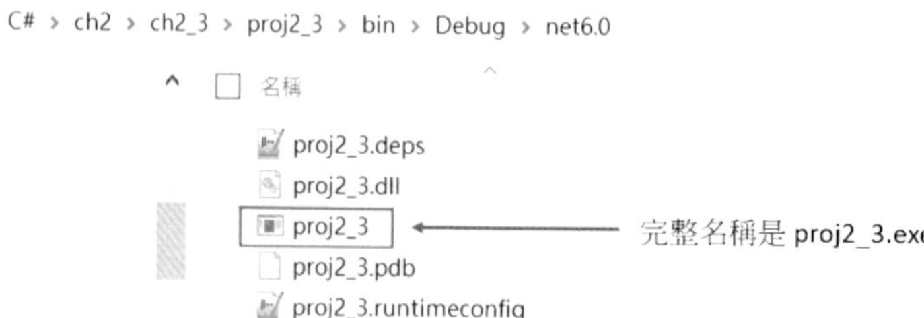

其實我們可以點選此 proj2_3 即可以在主控台執行此程式，可是如果讀者真的點選 proj2_3 執行此程式時，只是主控台只是閃一下就結束了。為了可以讓程式可以在此

環境下執行程式，可以在程式末端增加下列兩行，讓畫面凍結。

```
Console.WriteLine("Press any key to exit.");        // 輸出字串
Console.ReadKey( );                                  // 等待輸入
```

註 未來 6-3-2 節還會正式說明 Console.ReadKey( ) 函數，現在讀者只要知道這個函數是等待鍵盤輸入，這可以有凍結螢幕畫面的效果。

方案 ch2_5.sln：凍結畫面重新設計 ch2_3.sln。

```
// project proj2_5
Console.WriteLine("Hello, World!");

Console.WriteLine("Press any key to exit.");
Console.ReadKey();
```

執行結果

```
D:\C#\ch2\ch2_5\proj2_5\bin\Debug\net6.0\proj2_5.exe
Hello, World!
Press any key to exit.
```

按一下任意鍵後可以得到下列結果。

```
Microsoft Visual Studio 偵錯主控台
Hello, World!
Press any key to exit.

D:\C#\ch2\ch2_5\proj2_5\bin\Debug\net6.0\proj2_5.exe
按任意鍵關閉此視窗…
```

再按一次任意鍵，才可以關閉上述主控台視窗。不過未來讀者如果直接啟動 proj2_5.exe 時，可以看到畫面凍結，如下所示：

```
D:\C#\ch2\ch2_5\proj2_5\bin\Debug\net6.0\proj2_5.exe
Hello, World!
Press any key to exit.
```

上述按任意鍵此畫面就會結束，**註**：未來本書所有實例，基本上是省略上面兩行讓畫面凍結的敘述。

習題實作題

註 本章的習題解答是讓方案與專案有相同的名稱，未來章節也將如此。

方案 ex2_1.sln：請設計主控台應用程式，使用 .NET Framework 4.8 輸出下列資料。(2-1 節)

```
C:\WINDOWS\system32\cmd.exe
明志工專
機械系
一年級
洪錦魁
請按任意鍵繼續 . . .
```

方案 ex2_2.sln：請設計主控台應用程式，使用 .NET 6.0 輸出下列資料。(2-2 節)

```
Microsoft Visual Studio 偵錯主控台
    *
   ***
  *****
 *******
*********

D:\C#\ex\ex2_2\ex2_2\bin\Debug\net6.0\ex2_2.exe
按任意鍵關閉此視窗…
```

第 3 章

資料類型與變數

學習程式語言最基礎的工作是認識資料類型，這一節會介紹 C# 的資料類型，同時也介紹設定變數的觀念。

3-1 變數名稱的使用

所謂的**識別字** (identifier) 是指建立一個名稱，這個名稱可以應用在變數、常數、函數、類別等。如果應用在變數就稱變數名稱，如果應用在常數就稱常數名稱，如果應用在函數就稱函數名稱等。這一節主要是講解變數，所以稱變數名稱。

3-1-1 認識 C# 語言的變數

程式設計時，所謂的**變數** (variable) 就是將記憶體內，某個區塊保留，供未來程式放入資料使用。早期使用 Basic 設計程式時是不需事先宣告變數，雖然方便，但也造成程式除錯的困難，因為如果變數輸入錯誤，會被視為是新的變數。而 C# 語言事先宣告變數，讓我們可以方便有效的管理及使用變數，減少程式設計時語意的錯誤，需要事先宣告變數的程式語言又稱**靜態語言**。

為了讓程式可以容易閱讀，建議使用有意義名稱當作變數名稱，例如：用 salary 當作薪資的變數名稱。C# 語言對變數名稱的使用是有一些限制的，它必須以下列 4 種字元做開頭：

1：大寫字母

2：小寫字母

3：底線（ _ ）

4：中文字，不過在國際化趨勢下，不建議使用。

至於變數名稱的組成則是由下列 5 種字元所構成：

1：大寫字母

2：小寫字母

3：底線（ _ ）

4：阿拉伯數字 0 ～ 9

5：中文字，不過在國際化趨勢下，不建議使用。

Microsoft 官方手冊建議的命名習慣如下：

1：結構、類別、方法、函數名稱首字母大寫。

2：使用容易辨別的識別碼，例如：HorizontalAlignment 比 AlignmentHorizontal 更容易閱讀。

3：勿使用底線。

4：避免使用與關鍵字相同的識別碼。

5：勿使用縮寫字，例如：GetWindow 要比 GetWin 要好。

實例 1：下列均是合法的變數名稱：

```
SUM
Hung
_fg
x5
y61
```

實例 2：下列均是不合法的變數名稱：

```
sum,1          // 變數名稱不可有","符號
3y             // 變數名稱不可由阿拉伯數字開頭
x$2            // 變數名稱不可含有"$"符號
```

另外要注意，在 C# 語言中大寫字母和小寫字母代表不同的變數。

實例 3：下列三個字串，分別代表三個不同的變數。

```
sum
Sum
SUM
```

有關變數使用的另一限制是，有些字為**系統保留字** (又稱**關鍵字** Key word)，這些字在 C# 編譯程式中代表特別意義，所以不可使用這些字為變數名稱。

abstract	event	namespace	static
as	explicit	new	string
base	extern	null	struct
bool	false	object	switch
break	finally	operator	this
byte	fixed	out	throw
case	float	override	true
catch	for	params	try
char	foreach	private	typeof
checked	goto	protected	uint
class	if	public	ulong
const	implicit	readonly	unchecked
continue	in	ref	unsafe
decimal	int	return	ushort
default	interface	sbyte	using
delegate	internal	sealed	virtual
do	is	short	void
double	lock	sizeof	volatile
else	long	stackalloc	while
enum			

表 3-1：C# 語言的關鍵字

註 如果真的想用關鍵字當作變數名稱，可以在變數名稱前面加上 @ 字元。

3-1-2　認識不需事先宣告變數的程式語言

有些程式語言的變數在使用前不必宣告它的資料類型，這樣可以用比較少的程式碼完成更多工作，增加程式設計的便利性，這類程式在執行前不必經過編譯 (compile) 過程，而是使用**直譯器** (interpreter) 直接直譯 (interpret) 與執行 (execute)，這類的程式語言稱**動態語言** (dynamic language)，有時也可稱這類語言是**文字碼語言** (scripting language)，例如：Python、Perl、Ruby。動態語言執行速度比經過編譯後的靜態語言執行速度慢，所以有相當長的時間動態語言只適合作短程式的設計，或是將它作為準備資料供靜態語言處理，在這種狀況下也有人將這種動態語言稱**膠水碼** (glue code)，但是隨著軟體技術的進步，直譯器執行速度越來越快，已經可以用它執行複雜的工作了。

3-2 變數的宣告

3-2-1 基本觀念

在前一節中已經說過，任何變數在使用前一定要先宣告，變數的宣告語法是由變數的資料類型與變數名稱所組成，語法如下：

```
資料類型 變數名稱;
```

實例 1：若是想將 i，j，k 三個數宣告為整數，則下列的宣告方式均是合法的。

方法 1：各變數間用逗號 "," 宣告用 ";" 結束。

```
int i, j, k;
```

方法 2：i 和 j 之間用 "," 號間隔，所以是合法的。

```
int i,
j, k;
```

方法 3：分成 3 次宣告，每一次宣告完成皆是用 ";" 做結束，所以是合法宣告。

```
int i;
int j;
int k;
```

經上述宣告後，記憶體內會產生位址，供未來程式使用，如下所示：

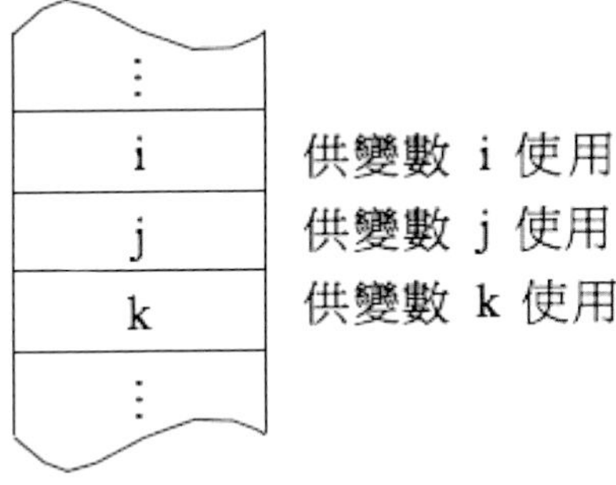

另外，你也可以在宣告變數的同時，設定變數的值。

實例 2：將 i 宣告成整數，並將其設定成 7。

int i = 7;

宣告變數時，也可以直接設定公式。

實例 3：宣告變數 s = a + b;

int a = 5;
int b = 10;
int s = a + b;

3-2-2　var 變數的宣告

如果程式設計初尚未決定變數的類型，可以使用 var 先宣告，未來編譯程式可以由賦值了解應該此變數的類型。

實例 1：使用 var 宣告變數。

var x = 100;　　　　// 回傳 .NET資料類型變數 System.Int32
var y = 5.5;　　　　// 回傳 .NET資料類型變數 System.Double

註1 var 的觀念也可以應用在其他資料類型，例如：字元、字串、結構 (struct)、類別 … 等。

註2 C# 還有一個特有資料型態稱匿名資料型態，也是使用 var 宣告，細節可以參考 3-16 節。

3-2-3　GetType( )

當使用 var 宣告變數後，有時我們可能不知道此變數的資料類型，或是有些函數的回傳值，我們可能不知道回傳值的資料類型，這時可以使用函數 GetType( ) 回傳變數的 .NET 資料類型。

方案 ch3_1.sln：了解變數的資料類型。**註**：本章起筆者將方案與專案用同一名稱，因此可執行檔案的名稱將變為 ch3_1.exe。

```
// ch3_1
var x = 100;
var y = 5.5;
Console.WriteLine(x.GetType());
Console.WriteLine(y.GetType());
```

執行結果

```
Microsoft Visual Studio 偵錯主控台
System.Int32
System.Double

D:\C#\ch3\ch3_1\ch3_1\bin\Debug\net6.0\ch3_1.exe
按任意鍵關閉此視窗…
```

← 可執行檔案路徑

上述回傳的資料類型是 .NET 資料類型，下一節會說明。

3-3 基本資料類型

C# 語言的基本資料類型有：

int：整數，可參考 3-4 節。

float：單精度浮點數，可參考 3-5 節。

double：雙倍精度浮點數，可參考 3-5 節。

decimal：高精度十進位浮點數，可參考 3-5 節。

char：字元，可參考 3-6 節。

string：字串，可以參考 3-7 節。

bool：布林值，可以參考 3-8 節。

object：物件類型，可以參考 3-9 節。

dynamic：動態資料類型，可以參考 3-10 節。

下列幾節將分別說明。

註 上述資料類型屬於 System 命名空間。

3-4 整數資料類型

3-4-1 整數基本觀念

最常見的整數是 int，此外還有其他整數的觀念，可以參考下表：

C#	.NET 類型	長度	值的範圍
sbyte	System.Sbyte	8	-128 ~ 127
byte	System.Byte	8	0 ~ 255
short	System.Int16	16	-32768 ~ 32767
ushort	System.UInt	16	0 ~ 65535
int	System.Int32	32	-2,147,483,648 ~ 2,147,483,647
uint	System.UInt32	32	0 ~ 4,294,967,295
long	System.Int64	64	-9,223,372,036,854,775,808 ~ 9,223,372,036,854,775,807
ulong	System.Uint64	64	0 ~ 18,446,744,073,709,551,615

表 3-2：C# 整數資料類型表

註1 上述長度單位是**位元** (bit)，8 個位元等於 1 個**位元組** (byte)。

註2 上述 3-2 表最左欄位，是 C# 的資料類型，也可以稱是 .NET 的別名。例如：整數在 C# 的資料類型是 int，其實在 System 命名空間下，其類別名稱是 System.Int32。程式設計時 int 宣告變數和用 System.Int32 宣告變數意義是一樣的，這個觀念可以應用到其他資料欄位。

短整數 (short) 長度是 16 位元，相當於是 2 個位元組。**整數** (int) 長度是 32 位元，相當於是 4 個位元組，可以用下圖表示：

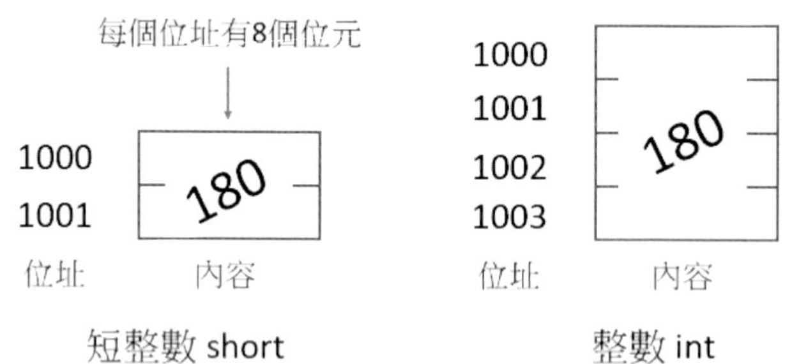

宣告 int 整數，其語法如下：

```
int 整數變數;                // 也可以使用sbyte … ulong關鍵字宣告其他類型的整數
```

此外，也可以在宣告整數時設定整數變數的初值，其實 C# 語言是鼓勵程式設計師在宣告變數時，同時設定變數的初值，當然沒有給初值程式也不會錯誤。

實例 1：系列整數 int 的宣告。

```
int i = 1;          // 宣告整數 i = 1
int x, y;           // 宣告整數x和y但是沒有給初值
```

在上述整數宣告中，如果加上 "u"，例如：ushort、uint、ulong，代表此整數一定是正整數。**註**：byte 也是正整數。

值得注意的是，整數 int 宣告，由於所佔記憶體空間是 32 位元，因此，其最大值是 2147483647，如果你有一指令如下：

```
int x = 2147483647;
x = x + 1;
```

經上述指令後，x 並不是 2147483648， 而是-2147483648， 通常又稱此種情況為**溢位** (overflow)，所以所選擇的變數容量一定要很小心。

方案 3_2.sln：用程式真正了解短整數溢位的觀念，同時認知 int 與 System.Int32 觀念是相同的。

```
1  // ch3_2
2  int x1, x2, x3;
3  x1 = 2147483647;
4  x2 = x1 + 1;
5  x3 = x1 - 1;
6  Console.WriteLine("x1 = " + x1);
7  Console.WriteLine("x2 = " + x2);
8  Console.WriteLine("x3 = " + x3);
9  System.Int32 x4 = 10;
10 Console.WriteLine("x4 = " + x4);
```

執行結果

```
Microsoft Visual Studio 偵錯主控台
x1 = 2147483647
x2 = -2147483648
x3 = 2147483646
x4 = 10

D:\C#\ch3\ch3_2\ch3_2\bin\Debug\net6.0\ch3_2.exe
按任意鍵關閉此視窗…
```

上述程式執行結果完全驗證了前面整數表 3-2 的觀念，原 x1 是 int 整數，值是 2147483647，常理推知，若將 x 值加 1，x 值應變成 2147483648，但由程式可知 i 值變成-2147483648，這就是**溢位**的觀念。

註 上述第 9 行使用 .NET 類型定義變數，這和使用 int 宣告變數用法相同，這個觀念可以應用在其他資料型態。

3-4-2　整數常數的屬性

每個表 3-2 的整數類型表皆有 MinValue 和 MaxValue 屬性，此屬性可以顯示該整數類型的最小值和最大值。

專案 ch3_3.sln：列出整數 int 和長整數 long 的最小值和最大值。

```
// ch3_3
int minx = int.MinValue;
int maxx = int.MaxValue;
long minlx = long.MinValue;
long maxlx = long.MaxValue;
Console.WriteLine("int MinValue = " + minx);
Console.WriteLine("int MaxValue = " + maxx);
Console.WriteLine("long MinValue = " + minlx);
Console.WriteLine("long MaxValue = " + maxlx);
```

執行結果

```
Microsoft Visual Studio 偵錯主控台
int MinValue = -2147483648
int MaxValue = 2147483647
long MinValue = -9223372036854775808
long MaxValue = 9223372036854775807

D:\C#\ch3\ch3_3\ch3_3\bin\Debug\net6.0\ch3_3.exe
按任意鍵關閉此視窗…
```

3-4-3　不同進位的整數常數

C# 語言的整數常數除了我們從小所使用的 10 進位，也有 2 進位和 16 進位，程式設計時 10 進位和我們的習慣用法並沒有太大的差異。下列是 2 進位系統、10 進位系統和 16 進位系統的轉換表。

10 進位系統	16 進位系統	2 進位系統
0	0	00000000
1	1	00000001
2	2	00000010
3	3	00000011
4	4	00000100
5	5	00000101
6	6	00000110
7	7	00000111
8	8	00001000
9	9	00001001

10 進位系統	16 進位系統	2 進位系統
10	A	00001010
11	B	00001011
12	C	00001100
13	D	00001101
14	E	00001110
15	F	00001111
16	10	00010000

10 進位是我們熟知的系統，其他進位系統基本觀念如下：

- ❑ **16 進位系統**：數字到達 16 就進位，所以單一位數是在 0 ~ 15 之間，其中 10 用 A 表示，11 用 B 表示，12 用 C 表示，13 用 D 表示，14 用 E 表示，15 用 F 表示，到達 16 就進位。
- ❑ **2 進位系統**：數字到達 2 就進位，所以單一位數是在 0 ~ 1 之間，到達 2 就進位。

在 C# 語言中，凡是以 0b 或 0B 為開頭的整數都被視為 2 進位數字。

實例 1：說明 2 進位 0b110001 和 0B1110 的 10 進位值。

```
0b110001 等於10進位的49
0B1110 等於10進位的14
```

在 C# 語言中，凡是以 0x 或 0X 開頭的整數，皆被視為 16 進位整數。

實例 2：說明 16 進位 0x1A 和 0x20 的 10 進位值。

```
0x1A 等於10進位的 26
0x20 等於10進位的 32
```

在 16 進位的表示法中，例如：0x1A 和 0x1a 意義一樣的。

專案 ch3_4.sln：分別列出 2 進位和 16 進位值的設定，加總後輸出。

```
// ch3_4
int x1 = 0b110001;
int x2 = 0B1110;
int total;
total = x1 + x2;
Console.WriteLine($"x1    = {x1}");
Console.WriteLine($"x2    = {x2}");
Console.WriteLine($"Total = {total}");
int y1 = 0x1A;
int y2 = 0X20;
```

```
11 total = y1 + y2;
12 Console.WriteLine($"y1    = {y1}");
13 Console.WriteLine($"y2    = {y2}");
14 Console.WriteLine($"Total = {total}");
```

執行結果

```
Microsoft Visual Studio 偵錯主控台
x1    = 49
x2    = 14
Total = 63
y1    = 26
y2    = 32
Total = 58

D:\C#\ch3\ch3_4\ch3_4\bin\Debug\net6.0\ch3_4.exe
按任意鍵關閉此視窗…
```

註 第 6 行的 WriteLine( ) 函數內參數字串前方有 $ 字元，在這種狀況，可以使用大括號內含變數，就可以輸出變數內容，其他行的 WriteLine( ) 觀念一樣。

在 C# 的 16 進位整數觀念中 0x1A 和 0x1a 觀念是一樣的，本書所附的專案 ch3_4_1.sln，就是將第 9 行的 0x1A 改為 0x1a，讀者可以載入執行，可以獲得一樣的結果。

3-4-4　數位分隔號

比較長的數字，不容易理解，這時可以使用 "_" 當作數位分隔號，適度使用數位分隔號可以讓表達的數字比較容易理解。

專案 ch3_5.sln：將數位分隔號應用在 2 進位和 10 進位資料。

```
// ch3_5
int x1 = 0b1_0011_0001;
int x2 = 0B10_1110;
int total;
total = x1 + x2;
Console.WriteLine($"x1    = {x1}");
Console.WriteLine($"x2    = {x2}");
Console.WriteLine($"Total = {total}");
int y1 = 1_000_111;
int y2 = 5_333_666;
total = y1 + y2;
Console.WriteLine($"y1    = {y1}");
Console.WriteLine($"y2    = {y2}");
Console.WriteLine($"Total = {total}");
```

執行結果

```
Microsoft Visual Studio 偵錯主控台
x1    = 305
x2    = 46
Total = 351
y1    = 1000111
y2    = 5333666
Total = 6333777

D:\C#\ch3\ch3_5\ch3_5\bin\Debug\net6.0\ch3_5.exe
按任意鍵關閉此視窗…
```

3-4-5 整數常數的後綴字元

如果一個整數常數後綴字元是 u 或 U，表示此值的類型是 uint 或 ulong，C# 編譯程式會由數值大小判斷此值的類型，如果此值是在 uint 可以容納的範圍則此值的資料類型是 uint，否則此值是 ulong。

如果一個整數常數後綴字元是 l(小寫的 L) 或 L，表示此值的類型是 long 或 ulong，C# 編譯程式會由數值大小判斷此值的類型，如果此值是在 long 可以容納的範圍則此值的資料類型是 long，否則此值是 ulong。**註**：英文字 l(小寫的 L) 容易和阿拉伯數字 1 混淆，所以建議使用 L。

3-4-6 sizeof( )

函數 sizeof( ) 可以回傳資料類型的記憶體大小，所回傳的單位是位元組 (byte)。**註**：參數不可以使用變數名稱，必須是資料類型。

方案 ch3_6.sln：列出系列整數資料所需的記憶體大小。

```
// ch3_6

Console.WriteLine($"byte的長度  = {sizeof(byte)}");
Console.WriteLine($"short的長度 = {sizeof(short)}");
Console.WriteLine($"int的長度   = {sizeof(int)}");
Console.WriteLine($"uint的長度  = {sizeof(uint)}");
Console.WriteLine($"long的長度  = {sizeof(long)}");
Console.WriteLine($"ulong的長度 = {sizeof(ulong)}");
```

執行結果

```
Microsoft Visual Studio 偵錯主控台
byte的長度  = 1
short的長度 = 2
int的長度   = 4
uint的長度  = 4
long的長度  = 8
ulong的長度 = 8

D:\C#\ch3\ch3_6\ch3_6\bin\Debug\net6.0\ch3_6.exe
按任意鍵關閉此視窗…
```

3-5 浮點數資料類型

程式設計時，如果需要比較精確的記錄數值的變化，需使用小數點以下數值時，則建議使用浮點數宣告此變數，例如：平均成績、溫度、里程數…等。在其它高階語言中，人們習慣稱此數為實數，浮點數有 2 種，float 是浮點數、double 是雙倍精度浮點數，另外 C# 又多了一般程式語言沒有的 decimal 類型的浮點數。

3-5-1　浮點數基本觀念

由於 double(雙倍精確度浮點數) 和 float(一般浮點數) 之間，除了容量不一樣之外，其它均相同，所以在此節我們將其合併討論，下表 3-3 是浮點數資料類型的觀念。

C#	.NET 類型	長度	數值範圍	精確度
float	System.Single	32	$\pm 1.5 \times 10^{-45} \sim \pm 3.4 \times 10^{38}$	~6-9 位數
double	System.Double	64	$\pm 5.0 \times 10^{-324} \sim \pm 1.7^{308}$	~15-17 位數
decimal	System.Decimal	128	$\pm 1.0 \times 10^{-28} \sim \pm 7.9228 \times 10^{28}$	28-29 位數

表 3-3：C# 浮點數資料類型表

註 上述長度單位是**位元** (bit)，8 個位元等於 1 個**位元組**。

上述資料類型 decimal 精確度更高，特色是由小數點右邊的數位數目決定數值的精確度，此類型的資料常被用在**財務程式**、**貨幣金額** (例如：$350.00) 或利率 (例如：2.5%)。此外，decimal 的變數另一個特色是會保留小數點右邊的 0，讀者可以參考下一小節的專案 ch3_7。下列是浮點數與雙倍精度浮點數的說明。

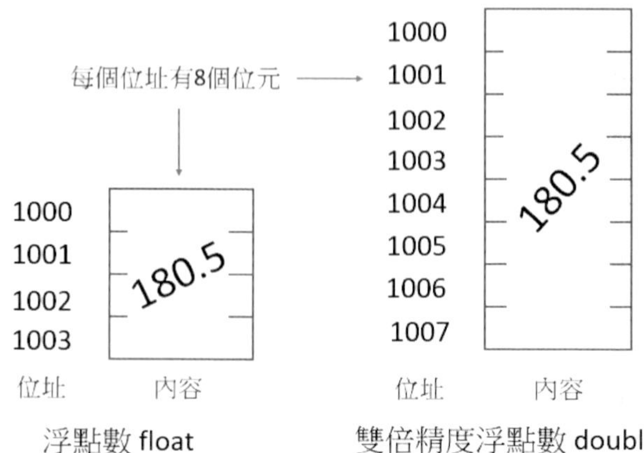

另外，若是有一個數字是 0.789，我們可以省略 0，而直接將它改寫成 .789。

3-5-2 浮點數常數的屬性

每個表 3-3 的浮點數類型表皆有 MinValue 和 MaxValue 屬性，此屬性可以顯示該整數類型的最小值和最大值。

專案 ch3_6_1.sln：列出浮點數 float、double 和 decimal 的最小值和最大值。

```
// ch3_6_1
Console.WriteLine($"float   的最大值 : {float.MaxValue}");
Console.WriteLine($"float   的最小值 : {float.MinValue}");
Console.WriteLine($"double  的最大值 : {double.MaxValue}");
Console.WriteLine($"double  的最小值 : {double.MinValue}");
Console.WriteLine($"decimal 的最大值 : {decimal.MaxValue}");
Console.WriteLine($"decimal 的最小值 : {decimal.MinValue}");
```

執行結果

```
Microsoft Visual Studio 偵錯主控台
float   的最大值 : 3.4028235E+38
float   的最小值 : -3.4028235E+38
double  的最大值 : 1.7976931348623157E+308
double  的最小值 : -1.7976931348623157E+308
decimal 的最大值 : 79228162514264337593543950335
decimal 的最小值 : -79228162514264337593543950335

D:\C#\ch3\ch3_6_1\ch3_6_1\bin\Debug\net6.0\ch3_6_1.exe
按任意鍵關閉此視窗…
```

3-5-3 浮點數常數的後綴字元

如果一個含小數點的常數沒有後綴字元，或是 沒有 D 或 d 後綴字元，表示此常數是一個**雙倍精度浮點數**。

實例 1：設定 pi 是 3.14159。

```
double pi = 3.14159;        // 沒有後綴字元，所以3.14159是雙倍精度浮點數
```

如果一個含小數點的常數，後綴字元是 F 或 f，則此常數是**浮點數**。下列會有錯誤產生，因為 3.14159 是雙倍精度浮點數，浮點數變數 pi 空間不足。

```
float pi = 3.14159;         // 錯誤！
```

我們可以改寫如下：

```
float pi = 3.14159F;        // 正確
```

或

float pi = 3.14159f;　　　　　　// 正確

如果一個含小數點的常數，後綴字元是 M 或 m，則此常數是 decimal 常數，如前所述 decimal 變數特色是會保留小數點右邊的 0。

專案 ch3_7.sln：認識 float、double 和 decimal 數字。

```
// ch3_7
float pi1 = 3.14159265359000f;
double pi2 = 3.14159265359000;
decimal pi3 = 3.14159265359000m;
Console.WriteLine($"float pi1   = {pi1}");
Console.WriteLine($"double pi2  = {pi2}");
Console.WriteLine($"decimal pi3 = {pi3}");
```

執行結果

```
Microsoft Visual Studio 偵錯主控台
float pi1   = 3.1415927
double pi2  = 3.14159265359
decimal pi3 = 3.14159265359000

D:\C#\ch3\ch3_7\ch3_7\bin\Debug\net6.0\ch3_7.exe
按任意鍵關閉此視窗…
```

從上述執行結果，讀者可以看到浮點數 pi1 輸出 7 位的有效位數。雙倍精度浮點數可以保留 15 位的有效位數，所以可以輸出所有位數。decimal 變數可以保留 29 位有效位數，所以 pi3 可以保留了右邊的 3 個 0。

3-5-4　科學記號表示法

實例 1：若有一數字是 123.456，則我們可以將它表示為：

1.23456E2

或

0.123456e3

或

123456E-3

在上例的科學記號表示中，大寫 E 和小寫 e 意義是一樣的。

專案 ch3_8.sln：科學記號表示法的應用。

```
// ch3_8
double d = 0.535e2;
Console.WriteLine(d);

float f = 123.45E-2f;
Console.WriteLine(f);

decimal m = 1.2300000E6m;
Console.WriteLine(m);

double ff = 123456E-3;
Console.WriteLine(ff);
```

執行結果

```
Microsoft Visual Studio 偵錯主控台
53.5
1.2345
1230000.0
123.456

D:\C#\ch3\ch3_8\ch3_8\bin\Debug\net6.0\ch3_8.exe
按任意鍵關閉此視窗…
```

3-5-5 數位分隔號

3-4-4節整數數位分隔號的觀念也可以應用在浮點數，比較長的數字，不容易理解，這時可以使用 "_" 當作數位分隔號，適度使用數位分隔號可以讓所表達的數字比較容易理解。

專案 ch3_9.sln：將數位分隔號應用在浮點數。

```
// ch3_9
float f = 50_666.8f;
Console.WriteLine(f);
double d = 3.1_415_926;
Console.WriteLine(d);
decimal money = 123_456.50m;
Console.WriteLine(money);
```

執行結果

```
Microsoft Visual Studio 偵錯主控台
50666.8
3.1415926
123456.50

D:\C#\ch3\ch3_9\ch3_9\bin\Debug\net6.0\ch3_9.exe
按任意鍵關閉此視窗…
```

3-5-6　sizeof( )

3-4-6 節所介紹的 sizeof( ) 函數也可以應用在取得浮點數的長度，所回傳的單位是位元組 (byte)。註：sizeof( ) 函數的參數不可以使用變數名稱，必須是資料類型。

方案 ch3_10.sln：列出系列浮點數資料所需的記憶體大小。

```
// ch3_10
Console.WriteLine($"float長度   = {sizeof(float)}");
Console.WriteLine($"double長度  = {sizeof(double)}");
Console.WriteLine($"decimal長度 = {sizeof(decimal)}");
```

執行結果

```
Microsoft Visual Studio 偵錯主控台
float長度   = 4
double長度  = 8
decimal長度 = 16

D:\C#\ch3\ch3_10\ch3_10\bin\Debug\net6.0\ch3_10.exe
按任意鍵關閉此視窗…
```

3-5-7　認識 float 和 double 的 NaN 和無限大

雙倍精度浮點數或是浮點數的運算也可以產生下列 3 種常數：

Double.NaN：非數值　　// 也可應用在 float

Double.PositiveInfinity：正無限大∞　　// 也可應用在 float

Double.NegativeInfinity：負無限大 −∞　　// 也可影用在 float

方案 3_11.sln：輸出非數值、正無限大∞和負無限大 −∞ 。

```
// ch3_11
double x = 0.0 / 0.0;
Console.WriteLine(x);
Console.WriteLine(Double.NaN);
double inf = 5.0 / 0.0;
Console.WriteLine(inf);
Console.WriteLine(double.PositiveInfinity);
double ninf = -5.0 / 0.0;
Console.WriteLine(ninf);
Console.WriteLine(double.NegativeInfinity);
```

執行結果

```
Microsoft Visual Studio 偵錯主控台
非數值
非數值
∞
∞
-∞
-∞

D:\C#\ch3\ch3_11\ch3_11\bin\Debug\net6.0\ch3_11.exe
按任意鍵關閉此視窗…
```

3-6 字元資料類型

字元是指單引號之間的符號，如下所示：

' '

下表 3-4 是字元資料類型的觀念。

C#	.NET 類型	長度	數值範圍
char	System.Char	16	Unicode 0 ~ 65535

表 3-4：C# 字元資料類型表

宣告字元變數可以使用 char 關鍵字，每一個 char 所宣告的變數，所佔據的記憶體空間是 16 位元，也可以稱 2 個位元組 (byte)。因為 $2^{16} = 65536$，所以每個字元 char，可代表 65536 個不同的值。在 C# 語言系統中，這 65536 個不同的值是依據 Unicode UTF-16 字元，值的範圍則是在 0 ~ 65535 之間。 其中前 256 個不同的值是根據 ASCII 碼的值排列的，而這些碼的值包含小寫字母、大寫字母、數字、標點符號及其它一些特殊符號，讀者可以參考附錄 B。

宣告字元變數需使用 char 關鍵字，其語法如下：

```
char 字元變數;
```

實例 1：下列是系列宣告一字元變數 x。

```
char x1 = 'A';                // 設定字元變數x1，同時設定內容是'A'
var x2 = 'B';                 // 設定字元變數x2，同時設定內容是'B'
```

註 未來第 10 章會介紹更多字元資料的應用。

3-6-1　使用 sizeof( ) 函數列出字元長度

專案 ch3_12.sln：使用 sizeof( ) 函數列出字元長度。

```
// ch3_12
Console.WriteLine(sizeof(char));
```

執行結果

```
Microsoft Visual Studio 偵錯主控台
2

D:\C#\ch3\ch3_12\ch3_12\bin\Debug\net6.0\ch3_12.exe
按任意鍵關閉此視窗…
```

3-6-2　設定字元的常值

設計 C# 程式時可以使用下列方式建立 char 值。

- 字元常值：'A'。
- Unicode 的序列值：'\u' 後面接 4 個 16 進位值。
- 16 進位序列值：'\x' 後面接 4 個 16 進位值。

'\u' 與 '\x' 使用上仍有區別，對於字元 A 而言，Unicode 的 10 進位碼值是 65，16 進位碼值是 '\u0041' 或是 '\x0041'。在使用 16 進位序列值時可以省略數值前的 00，例如下列是允許的。

```
'\x41'            // 允許
```

在使用 Unicode 的序列值時，下列是不允許的。

```
'\u41'            // 不允許
```

實例 1：宣告一字元變數 x，將其碼值設為 16 進位的 '\u0041'。

```
char x = '\u0041';
```

或是

```
char x = '\x0041';
```

或是

```
char x = '\x41';
```

專案 ch3_13.sln：設定字元的應用。

```
1 // ch3_13
2 char x1 = 'A';
3 char x2 = '\u0042';
4 char x3 = '\x0043';
5 Console.WriteLine($"x1 = {x1}");
6 Console.WriteLine($"x2 = {x2}");
7 Console.WriteLine($"x3 = {x3}");
8 char x4 = '\x44';                    // 另一種寫法
9 Console.WriteLine("{0} {1} {2} {3}", x1, x2, x3, x4);
```

執行結果

```
Microsoft Visual Studio 偵錯主控台
x1 = A
x2 = B
x3 = C
A B C D

D:\C#\ch3\ch3_13\ch3_13\bin\Debug\net6.0\ch3_13.exe
按任意鍵關閉此視窗…
```

上述程式第 9 行主要是讓讀者體會，如果要在同一行輸出多個變數的另一種方法，在大括號內的數值參數可以指定所對應的變數位置。

3-6-3　輸出一般符號

在使用 C# 時，如果想要輸出中文字常用的符號，只要知道此符號的 Unicode 碼，也可以直接使用上述方案 ch3_13.sln 的觀念輸出。

方案 ch3_13_1.sln：輸出星號，實心星號的 Unicode 是 '\u2605'，空心星號的 Unicode 是 '\u2606。

```
// ch3_13_1
char x1 = '\u2605';
char x2 = '\u2606';
Console.WriteLine("{0} {1}", x1, x2);
```

執行結果

```
Microsoft Visual Studio 偵錯主控台
★ ☆

D:\C#\ch3\ch3_13_1\ch3_13_1\bin\Debug\net6.0\ch3_13_1.exe
按任意鍵關閉此視窗…
```

3-6-4 逸出字元 (Escape character)

另外在 Unicode 的字元內，有一些無法列印字元，這些字元的特性是含有 "\" 符號，例如：'\0'，我們又稱這些字元為**逸出字元** (Escape character)，下列是這些字元表。

整數值	逸出字元	Unicode 序列值	字元名稱
0	'\0'	'\u0000'	空格 (null space)
7	'\a'	'\u0007'	響鈴 (bell ring)
8	'\b'	'\u0008'	退格 (backspace)
9	'\t'	'\u0009'	標識 (tab)
10	'\n'	'\u000A'	換行 (newline)
12	'\f'	'\u000C'	送表 (form feed)
13	'\r'	'\u000D'	回車 (carriage return)
34	'\"'	'\u0022'	雙引號（double quote）
39	'\''	'\u0027'	單引號（single quote）
92	'\\'	'\u005C'	倒斜線（back slash）

表 3-5：逸出字元表

方案 ch3_14.sln：測試逸出字元 '\n' 可以換行輸出，'\t' 可以類似按 Tab 鍵標記新位置輸出。

```
// ch3_14
char x1 = 'A';
char x2 = '\u0042';
char x3 = '\x0043';
char x4 = '\x44';                    // 另一種寫法
Console.WriteLine("{0}\t{1}\t{2}\t{3}", x1, x2, x3, x4);
Console.WriteLine("{0} {1} \n{2} {3}", x1, x2, x3, x4);
Console.WriteLine("{0} {1} \u000A{2} {3}", x1, x2, x3, x4);
```

執行結果

C# 程式設計師有時還是會習慣組合回車字元 ('\r') 和換行字元 ('\n')，產生輸出換行的效果。讀者可以參考本書所附方案 ch3_14_1.sln。

```
// ch3_14_1
char x1 = 'A';
char x2 = '\u0042';
char x3 = '\x0043';
char x4 = '\x44';                    // 另一種寫法
Console.WriteLine("{0}\t{1}\t{2}\t{3}", x1, x2, x3, x4);
Console.WriteLine("{0} {1} \r\n{2} {3}", x1, x2, x3, x4);
Console.WriteLine("{0} {1} \u000D\u000A{2} {3}", x1, x2, x3, x4);
```

3-7 字串資料類型

字串 string 是由 1 到多個字元所組成，在 C# 觀念中這是**參照資料型別** (Reference Type)，字串沒有 NULL('\0') 結尾字元。在 C# 定義中字串的關鍵字是 string，這是 System.String 在 .NET 中的別名，如果要設定字串可以用雙引號 (")，將字串放在兩個雙引號之間即可。

註1 儘管是參照資料類型，但是仍可以用 "=="(相等) 或 "!="(不相等) 做字串的比較，細節可以參考方案 ch7_1.sln。

註2 字串內容是不可變的，如果我們更改設定字串變數內容，編譯程式實際是執行下列 2 個動作：

1：將新的記憶體內容指派給字串變數。

2：原先存放內容的記憶體空間會被系統回收。

實例 1：系列字串設定實例。

```
string str1 = "I like C#";                 // 設定字串I like C#
var str2 = "I like C#"          ;          // 設定字串I like C#
```

註 未來第 10 章會介紹更多字串資料的應用。

3-7-1 字串內含有逸出字元

若是字串內有逸出字元，必須多加一個 "\" 字元。

實例 1：假設有一個字串是 This is James's ball。

```
string str1 = "This is James\'s ball";          // 設定字串This is James's ball
```

實例 2：含逸出字元的字串宣告。

```
string str1 = "D:\\Python\\ch1";                 // 設定字串D:\Python\ch1
```

3-7-2　@ 字元與字串

一個字串如果內部有逸出字元，若是在字串雙引號左邊加上 @ 字元，可以防止逸出字元被轉譯。

實例 1：假設有一個字串是 This is James's ball。

```
string str1 = @"This is James's ball";          // 設定字串This is James's ball
```

實例 2：含逸出字元的字串宣告。

```
string str1 = @"D:\Python\ch1";                 // 設定字串D:\Python\ch1
```

方案 ch3_15.sln：字串設定與輸出。

```
// ch3_15
string str1 = "I like C#";
var str2 = "I like C#";
string str3 = "This is James\'s ball";
string str4 = @"This is James's ball";  // 另一種寫法
string str5 = "D:\\Python\\ch3";
string str6 = @"D:\Python\ch3";          // 另一種寫法
Console.WriteLine(str1);
Console.WriteLine(str2);
Console.WriteLine(str3);
Console.WriteLine(str4);
Console.WriteLine(str5);
Console.WriteLine(str6);
```

執行結果

```
I like C#
I like C#
This is James's ball
This is James's ball
D:\Python\ch3
D:\Python\ch3

D:\C#\ch3\ch3_15\ch3_15\bin\Debug\net6.0\ch3_15.exe
按任意鍵關閉此視窗…
```

3-7-3　撰寫多行字串

如果要撰寫多行字串語法如下：

```
string @str = " ";                    // 空格內的字串有多行
```

方案 ch3_16.sln：撰寫多行字串的實例，讀者要留意第 2 ~ 4 行之間跨行的字串。

```
1 // ch3_16
2 string str = @"My name is Jiin-Kwei Hung.
3 I was born in Hsinchu.
4 I graduated from Ming-Chi Institute of Technology.";
5 Console.WriteLine(str);
```

執行結果

```
Microsoft Visual Studio 偵錯主控台
My name is Jiin-Kwei Hung.
I was born in Hsinchu.
I graduated from Ming-Chi Institute of Technology.

D:\C#\ch3\ch3_16\ch3_16\bin\Debug\net6.0\ch3_16.exe
按任意鍵關閉此視窗…
```

3-8 布林值資料類型

在 C# 定義中布林值 (boolean) 的關鍵字是 bool，下表 3-6 是布林值資料類型的觀念，長度單位是位元。

C#	.NET 類型	長度	數值範圍
bool	System.Boolean	8	true 或是 false

表 3-6：C# 布林值資料類型表

方案 ch3_17.sln：布林值資料的設定與輸出。

```
// ch3_17
bool check1 = true;
bool check2 = false;
Console.WriteLine(check1);
Console.WriteLine(check2);
```

執行結果

```
Microsoft Visual Studio 偵錯主控台
True
False

D:\C#\ch3\ch3_17\ch3_17\bin\Debug\net6.0\ch3_17.exe
按任意鍵關閉此視窗…
```

3-9 object 資料類型

3-9-1 object 資料類型

object 資料類型是 System.Object 在 .NET 中的別名，這是**參照資料類型** (Reference Type)，堆疊空間儲存的是 32 位元物件的位址，此位址指向所儲存的資料內容可以是：整數、浮點數、… 、字串等，甚至未來會介紹陣列 (array)、… 、類別 (class) 等。下列是一個 object x 儲存 100 的記憶體圖形。

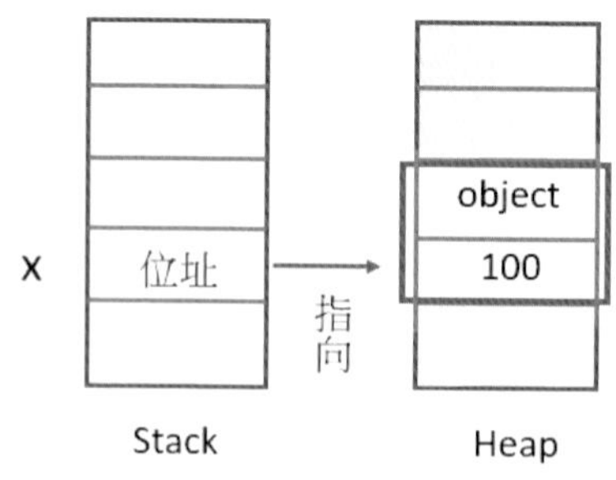

註 這一章我們介紹了 C# 所提供的資料類型，除了字串和 object 外，皆是實值的資料類型，所謂的**實值資料類型**是當我們宣告實值資料類型的變數時，編譯程式會配置一個固定的記憶體空間儲存此變數。因為每一個變數皆是獨立的，所以變數內容不會互相影響。所謂的**參照資料類型**，是變數指向一個記憶體空間，如果設定兩個參照類型的變數相等，其實是指這兩個參照變數指向相同的記憶體位址，未來記憶體位址內容變更時，這兩個變數內容將同步變更，未來讀者學習更多 C# 知識時，筆者會以實例解說，例如可以參考 16-4 節。

3-9-2 Value Type 資料類型

所謂實值資料類型，這類資料是使用堆疊空間儲存，例如：int、double … 等，皆屬 Value Type 資料類型。下列是一個 int x 儲存 100 的記憶體圖形。

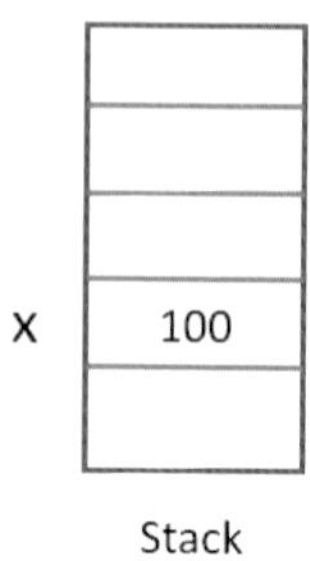

3-9-3 裝箱 (Boxing)

程式設計時可以將任何類型的實值指派給 object 資料類型的變數，如果將一個實值資料類型轉換成 object 資料類型稱**裝箱** (Boxing)，例如：

```
int x = 100;
object o = x;
```

這個在 C# 編譯程式中的動作稱**裝箱** (Boxing)，主要原理是一般來說值 (value) 的資料是儲存在堆疊空間 (Stack)，當將資料轉成參考資料時是將值儲存在堆積空間 (Heap)，然後堆疊空間有一個記憶體儲存該值的位址，這就是參考資料的意義。例如：當將 x 值 100 設定給 object o 時，此 100 是儲存在堆積記憶體空間，在堆疊記憶體空間有一個 o，此 o 所儲存的是堆積空間內 object 100 內容所在位址，可以參考下列圖示說明。

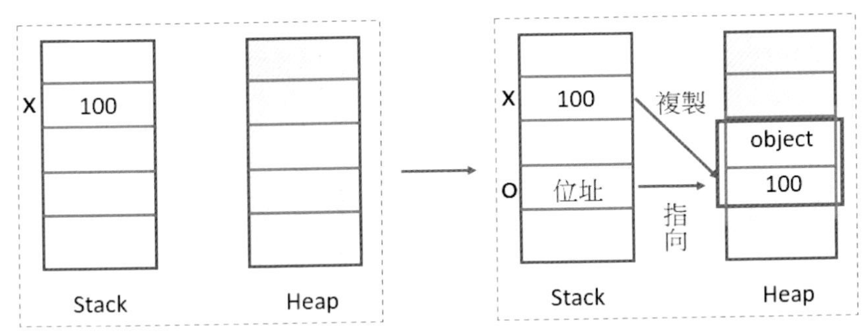

裝箱(Boxing)

3-9-4 拆箱 (Unboxing)

如果將 object 資料類型轉換成數值資料類型，稱**拆箱** (Unboxing)，例如：

```
int x = 100;
object o = x;          // 將實值資料類型轉成object類型，稱裝箱(Boxing)
int y = (int) o;       // 將object資料類型轉成int類型，稱拆箱(Unboxing)
```

這個在 C# 編譯程式中的動作稱**拆箱** (Unboxing)，主要原理是將堆積空間 object 100 內容拷貝至堆疊空間 y 內，y 位址所存的就是 100 的內容，可以參考下列圖示說明。

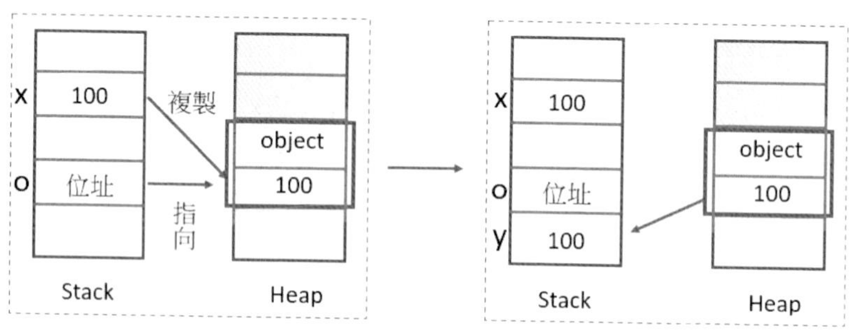

拆箱(Unboxing)

3-9-5　拆箱 / 裝箱與泛型

對於一般讀者而言可以體會拆箱與裝箱的便利，當讀者逐步變身 C# 高手，需考慮到設計程式的績效時，如果程式頻繁使用拆箱 / 裝箱，會發現程式效能變的比較差，C# 提供泛型功能可以比較有效率處理這類的問題，讀者可以參考 21-1-2 節和 21-2-1 節會做實例解說。

3-10　dynamic 資料類型

關鍵字 dynamic 資料類型動態是一種資料，在編譯階段 (compile-time) 不對此變數名稱做資料類型的檢查，直到程式執行階段 (run-time) 才對此變數做資料類型的檢查，定義動態變數是使用 dynamic，方法如下：

```
dynamic myVar = 5;
```

C# 編譯程式在編譯階段是將此動態變數當作 object 變數做編譯，實際執行階段 (run-time) 時才可以知道此變數的資料型態。

方案 ch3_18.sln：輸出動態變數的資料型態。

```
// ch3_18
dynamic myVar = 5;
Console.WriteLine(myVar.GetType());
```

執行結果

```
Microsoft Visual Studio 偵錯主控台
System.Int32

D:\C#\ch3\ch3_18\ch3_18\bin\Debug\net6.0\ch3_18.exe
按任意鍵關閉此視窗…
```

動態變數可以在執行階段 (run-time) 由所設定的值即時更改資料型態。

方案 ch3_19.sln：更改動態變數的資料類型，同時輸出。

```
// ch3_19
dynamic dyVar = 50;
Console.WriteLine($"值 : {dyVar,-10}, Type: {dyVar.GetType()}");

dyVar = "DeepMind";
Console.WriteLine($"值 : {dyVar,-10}, Type: {dyVar.GetType()}");

dyVar = true;
Console.WriteLine($"值 : {dyVar,-10}, Type: {dyVar.GetType()}");
```

執行結果

```
Microsoft Visual Studio 偵錯主控台
值 : 50         , Type: System.Int32
值 : DeepMind   , Type: System.String
值 : True       , Type: System.Boolean

D:\C#\ch3\ch3_19\ch3_19\bin\Debug\net6.0\ch3_19.exe
按任意鍵關閉此視窗…
```

動態資料也可以和其他資料使用隱式轉換，可以參考下列實例。

方案 ch3_20.sln：動態資料與隱式轉換的觀察。

```
// ch3_20
dynamic dyVar = 5;
int i = dyVar;
Console.WriteLine($"i : {i.GetType()}, dyVar : {dyVar.GetType()}");

dyVar = "C# and Python";
string s = dyVar;
Console.WriteLine($"s : {i.GetType()}, dyVar : {dyVar.GetType()}");
```

執行結果

```
Microsoft Visual Studio 偵錯主控台
i : System.Int32, dyVar : System.Int32
s : System.Int32, dyVar : System.String

D:\C#\ch3\ch3_20\ch3_20\bin\Debug\net6.0\ch3_20.exe
按任意鍵關閉此視窗…
```

註 未來在第 12 章函數章節還會有 dynamic 資料類型的實例解說。

3-11 變數的預設值 default

定義變數時可以使用 default 設定預設值，觀念如下：

```
int x1 = default(int);                // 定義x1整數變數的預設值
float x2 = default(float);            // 定義x2浮點數變數的預設值
char x3 = default(char);              // 定義x3字元變數的預設值
bool x4 = default(bool);              // 定義x4布林值變數的預設值
```

有關上述變數的預設值可以參考下表 3-7。

資料類型	預設值
整數類型資料	0
浮點數類型資料	0.0
bool	false
字元	'\0'
string	null
object	null

表 3-7：C# 的 default 預設值

上述 null 是 Nullable 資料類型，更多觀念將在 3-14 節解說，代表是空值。

方案 ch3_21.sln：驗證不同資料的預設值。

```
// ch3_21
int x1 = default(int);
double x2 = default(double);
char x3 = default(char);
bool x4 = default(bool);
string x5 = default(string);
object x6 = default(object);
Console.WriteLine($"int    預設值 = {x1}");
Console.WriteLine($"double 預設值 = {x2}");
Console.WriteLine($"char   預設值 = {x3}");
Console.WriteLine($"bool   預設值 = {x4}");
Console.WriteLine($"string 預設值 = {x5}");
Console.WriteLine($"object 預設值 = {x6}");
```

執行結果

```
Microsoft Visual Studio 偵錯主控台
int    預設值 = 0
double 預設值 = 0
char   預設值 =
bool   預設值 = False
string 預設值 =
object 預設值 =

D:\C#\ch3\ch3_21\ch3_21\bin\Debug\net6.0\ch3_21.exe
按任意鍵關閉此視窗…
```

註 上述第 4 行預設的字元是空格 ('\0')，所以第 10 行沒有看到輸出資料。第 6 和 7 行的 x5 和 x6 是 null，列印是沒有內容，主要是應用在程式 if 的條件判斷，有關 if 的更多細節將在第 7 章解說。

3-12 資料類型的轉換

目前我們已經學習了整數類型資料，例如：sbyte、byte、…、ulong(可以參考 3-4-1 節)。浮點數類型資料，例如：float、double、decimal(可以參考 3-5-1 節)。以及字元資料 char，可以參考 3-7 節。這些資料可以互相轉換，這就是所謂的資料類型的轉換。所以資料類型的轉換觀念是將一種資料類型轉換成另一種資料類型，有**隱式轉換** (implicit conversion) 和**顯示轉換** (explicit conversion) 等 2 種轉換方式。

3-12-1 隱式轉換

所謂的**隱式轉換**是指不需要宣告就可以進行轉換，這種轉換編譯程式不需進行檢查。轉換的特色是可以從比較小的容量資料類型，轉移到比較大的容量資料類型，在轉換過程資料不會遺失。下列是**隱式轉換表**：

來源資料類型	目的資料類型
sbyte	short、int、long、float、double、decimal、decimal
byte	short、ushort、int、uint、long、ulong、float、double、decimal
short	int、long、float、double、decimal
int	long、float、double、decimal
char	ushort、int、uint、long、ulong、float、double、decimal
float	double、decimal
long	float、double、decimal
ulong	float、double、decimal

表 3-8：隱式資料類型轉換表

專案 ch3_22.sln：將 byte、short 和 char 轉換成 int 整數的應用。

```
// ch3_22
byte by = 123;
int x = by + 1;              // 隱式轉換, byte轉int
Console.WriteLine($"x = {x}");
short sh = 18;
x = sh;                      // 隱式轉換, short轉int
Console.WriteLine($"x = {x}");
```

```
8  char ch = 'A';
9  x = ch;                    // 隱式轉換, char轉int
10 Console.WriteLine($"x = {x}");
```

執行結果

```
Microsoft Visual Studio 偵錯主控台
x = 124
x = 18
x = 65

D:\C#\ch3\ch3_22\ch3_22\bin\Debug\net6.0\ch3_22.exe
按任意鍵關閉此視窗…
```

從上述第 8 ~ 9 行可以看到字元 'A' 將轉成 65，這是類似將字元轉成 Unicode 碼值。

3-12-2　顯示轉換

顯示轉換又稱**強制轉換**，這種轉換需要**轉換運算子** (casting operator)，也就是在程式碼中使用下列語法轉換：

```
變數 = (新資料類型) 變數或運算式     // 新資料類型就是casting operator
```

這類轉換是強制轉換，轉換的特色是可以從比較大的容量資料類型，轉移到比較小的容量資料類型，在轉換過程有時會造成資料遺失，下列是顯示可以轉換的資料類型表。

來源資料類型	目的資料類型
sbyte	byte、ushort、uint、ulong、char
byte	sbyte、char
short	sbyte、byte、ushort、uint、ulong、char
ushort	sbyte、byte、short、char
int	sbyte、byte、short、ushort、uint、ulong、char
uint	sbyte、byte、short、ushort、int、char
long	sbyte、byte、short、ushort、int、uint、long、char
char	sbyte、byte、short
float	sbyte、byte、short、ushort、int、uint、long、ulong、char、decimal
double	sbyte、byte、short、ushort、int、uint、long、ulong、char、float、decimal
decimal	sbyte、byte、short、ushort、int、uint、long、ulong、char、float、double

表 3-9：顯示資料類型轉換表

專案 ch3_23.sln：使用顯示轉換將 float 和 double 轉換成 int。

```
// ch3_23
double d = 12345.6789;
int x = (int)d;          // double 轉成 int
Console.WriteLine($"x = {x}");
float f = 1234.567F;
x = (int)f;              // float 轉成 int
Console.WriteLine($"x = {x}");
```

執行結果

```
Microsoft Visual Studio 偵錯主控台
x = 12345
x = 1234

D:\C#\ch3\ch3_23\ch3_23\bin\Debug\net6.0\ch3_23.exe
按任意鍵關閉此視窗…
```

從浮點數 double 或是雙倍精度浮點數 double 轉換成整數 int 的顯示轉換中，讀者可以看到小數點部分被捨去了。

註 6-5-3 節筆者會介紹使用 Convert 類別相關的數值轉換函數。

3-13 const 常數變數

3-2 節筆者介紹了變數的觀念，變數是可以更改內容的。這一節將介紹 const 常數變數，此常數變數特色如下：

- 以 const 開頭。
- 建立此常數變數時需給與初值。
- 未來此常數變數值不可以修改。

const 常數變數的資料類型可以是 sbyte、byte、short、ushort、int、uint、long、ulong、float、double、decimal、char、string、bool 等。

實例 1：定義 const 常數變數 pi 為 3.14159。

```
const double PI = 3.14159;
```

方案 ch3_24.sln：輸出半徑是 10 的圓面積。

```
// ch3_24
const double PI = 3.14159;
double r = 10.0;
double area = PI * r * r;
Console.WriteLine($"圓面積 = {area}");
```

執行結果

```
Microsoft Visual Studio 偵錯主控台
圓面積 = 314.159

D:\C#\ch3\ch3_24\ch3_24\bin\Debug\net6.0\ch3_24.exe
按任意鍵關閉此視窗…
```

3-14 ? 與 null

C# 語言其實是鼓勵程式設計師在宣告變數時，同時宣告變數的初值。

在 .NET 的架構下，有 System.Nullable 類別，此類別有提供 null 值。如果宣告實值的變數時，不想設定初值，可以先設定為 null，這時變數宣告需搭配 ? 符號，就可以設定是 null(Nullable 結構)，但下列是錯誤是敘述：

```
int x = null;                    // 少了 ?
```

如果宣告資料類型加上 ?，則表示此類的變數可以是 null，這代表是 null(空) 的值，所以下列是正確的敘述。

```
int? x = null;
```

上述觀念可以應用在除了 string 以外的其他資料類型，因為 string 是屬參照資料類型，本身就是可以空的類型，例如：下列是正確的。

```
string x = null;                 // string本身就是可以空(null)的類型
```

未來讀者還會學許多參照資料類型，要想設定這些變數的初值是 null，可以參考字串方式直接宣告即可。

3-15 實值資料類型與參照資料類型

3-9-1 節筆者有將實值資料類型與參照資料類型作解說，下列是所有 C# 資料的分類整理：

實值資料類型

下列系統預設資料類型 int、long、float、double、decimal、char、bool 皆是實值資料類型，另外，自訂資料類型 struct(第 13 章)、enum(第 14 章)、DateTime(第 15 章) 也是實值資料類型。

參照資料類型

系統預設的 string、object 和陣列皆算是參照資料類型。此外，自訂資料類型 class(第 16 章)、interface(第 20 章)、delegate(第 26 章) 則算是參照資料類型。

3-16 匿名資料類型 Anonymous Type

匿名資料型態是一種唯讀資料，其內容不可更改，使用 var 宣告，下列是宣告實例。

```
var score = new { Math = 80, Physics = 92, English = 95};
```

未來可以在 score 和各考科間使用逗號 "." 連結取得資料。

方案 ch3_25.sln：匿名資料的應用。

```
// ch3_25
var stu = new { ID = 1, Name = "Jiin-Kwei Hung" };
var score = new { Math = 80, Physics = 92, English = 95 };
var sum = score.Math + score.Physics + score.English;
Console.WriteLine($"編號:{stu.ID} 姓名:{stu.Name} 總分是:{sum}");
```

執行結果

```
Microsoft Visual Studio 偵錯主控台
編號:1 姓名:Jiin-Kwei Hung 總分是:267

D:\C#\ch3\ch3_25\ch3_25\bin\Debug\net6.0\ch3_25.exe
按任意鍵關閉此視窗…
```

匿名資料內也可以有匿名資料，可以參考下列說明：

```
var stu = new
{
    ID = 1,
    Name = "Jiin-Kwei Hung",
    score = new { Math = 80, Physics = 92, English = 95 }
};
```

上述 stu 是一個匿名資料類型的變數，score 則是 stu 之內的匿名資料，使用方式可以參考下列實例。

方案 ch3_26.sln：匿名資料內有匿名資料的實例。

```
// ch3_26
var stu = new
{
    ID = 1,
    Name = "Jiin-Kwei Hung",
    score = new { Math = 80, Physics = 92, English = 95 }
};
var sum = stu.score.Math + stu.score.Physics + stu.score.English;
Console.WriteLine($"編號:{stu.ID} 姓名:{stu.Name} 總分是:{sum}");
Console.WriteLine("各科成績如下 : ");
Console.WriteLine($"數學 : {stu.score.Math}");
Console.WriteLine($"物理 : {stu.score.Physics}");
Console.WriteLine($"英文 : {stu.score.English}");
```

執行結果

```
Microsoft Visual Studio 偵錯主控台
編號:1 姓名:Jiin-Kwei Hung 總分是:267
各科成績如下 :
數學 : 80
物理 : 92
英文 : 95

D:\C#\ch3\ch3_26\ch3_26\bin\Debug\net6.0\ch3_26.exe
按任意鍵關閉此視窗…
```

習題實作題

方案 ex3_1.sln：列出不同類型整數的 .NET 類型。(3-4 節)

```
Microsoft Visual Studio 偵錯主控台
C#       .NET類型
sbyte  = System.SByte
byte   = System.Byte
short  = System.Int16
ushort = System.UInt16
int    = System.Int32
uint   = System.UInt32
long   = System.Int64
ulong  = System.UInt64

D:\C#\ex\ex3_1\ex3_1\bin\Debug\net6.0\ex3_1.exe
按任意鍵關閉此視窗…
```

方案 ex3_2.sln：：列出不同類型浮點數的 .NET 類型。(3-5 節)

```
Microsoft Visual Studio 偵錯主控台
C#        .NET類型
float   = System.Single
double  = System.Double
decimal = System.Decimal

D:\C#\ex\ex3_2\ex3_2\bin\Debug\net6.0\ex3_2.exe
按任意鍵關閉此視窗…
```

方案 ex3_3.sln：請建立 2 個字串，可以輸出下列結果。(3-7 節)

```
Microsoft Visual Studio 偵錯主控台
Column 1        Column 2        Column 3
Row 1
Row 2
Row 3

D:\C#\ex\ex3_3\ex3_3\bin\Debug\net6.0\ex3_3.exe
按任意鍵關閉此視窗…
```

方案 ex3_4.sln：列出洪錦魁的 10 進位 Unicode 碼值。(3-12 節)

```
Microsoft Visual Studio 偵錯主控台
洪的 Unicode = 27946
錦的 Unicode = 37670
魁的 Unicode = 39745

D:\C#\ex\ex3_4\ex3_4\bin\Debug\net6.0\ex3_4.exe
按任意鍵關閉此視窗…
```

方案 ex3_5.sln：擴充 ch3_21.sln，增加列出圓面積。(3-12 節)

```
Microsoft Visual Studio 偵錯主控台
圓面積 = 314.159
圓周長 = 62.8318

D:\C#\ex\ex3_5\ex3_5\bin\Debug\net6.0\ex3_5.exe
按任意鍵關閉此視窗…
```

第 4 章

運算式與運算子

4-1 程式設計的專有名詞

這一節筆者將講解程式設計的相關專有名詞，未來讀者閱讀一些學術性的程式文件時，方便理解這些名詞的含義。

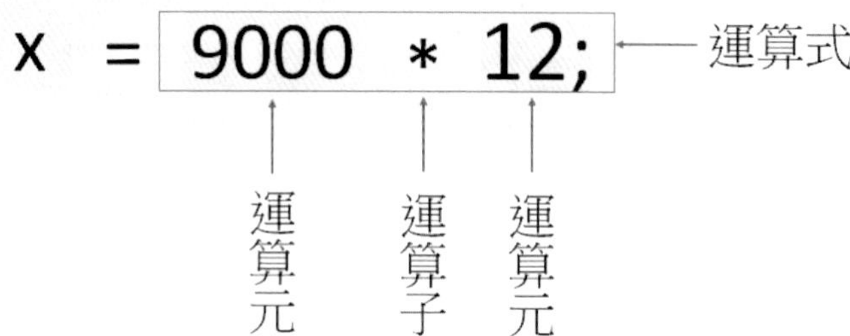

4-1-1 程式碼

一個完整的指令稱程式碼，例如：若是有一個指令如下：

```
x = 9000 * 12;
```

上述整個敘述稱**程式碼**或是稱**指令**。

4-1-2 運算式 (Expression)

使用 C# 語言設計程式，難免會有一些運算，這些運算就稱**運算式**，運算式是由**運算子** (operator) 和**運算元** (operand) 所組成。

例如：若是有一個指令如下：

```
x = 9000 * 12;
```

上述等號右邊 "9000 * 12" 就稱**運算式**。

4-1-3 運算子 (Operator) 與運算元 (Operand)

和其它的高階語言一樣，等號 (=)、加 (+)、減 (-)、乘 (*)、除 (/)、求餘數 (%)、遞增 (++) 或是遞減 (--) … 等，是它的基本運算符號，這些運算符號又稱**運算子** (operator)。未來學習更複雜的程式時，還會學習關係與邏輯運算子。

簡單的說**運算子** (operator) 指的是運算式操作的符號，**運算元** (operand) 指的是運算式操作的資料，這個資料可以是常數、也可以是變數。

例如：若是有一個指令如下：

```
x = 9000 * 12
```

上述 "*" 就是所謂的**運算子**，上述 "9000" 和 "12" 就是所謂的**運算元**。

例如：若是有一個指令如下：

```
x = y * 12
```

上述 "*" 就是所謂的**運算子**，上述 "y" 和 "12" 就是所謂的**運算元**。至於等號左邊的 x 也稱**運算元**。

4-1-4 運算元也可以是一個運算式

例如：若是有一個指令如下：

```
y = x * 8 * 300
```

"x * 8" 是一個運算式，計算完成後的結果稱**運算元**，再將此運算元乘以 300(運算元)。

4-1-5 指定運算子 (Assignment Operator)

在程式設計中所謂的**指定運算子** (assignment operator)，就是 "=" 符號，這也是程式設計最基本的操作，基本觀念是將等號右邊的運算式 (expression) 結果或運算元 (operand) 設定給等號左邊的變數。

變數 = 運算式 或 運算元;

實例 1：指定運算子的應用 1。

```
x = 120;
```

x 就是等號左邊的變數，120 就是所謂**運算元**。

實例 2：指定運算子的應用 2。

```
z = x * 8 * 300;
```

z 就是等號左邊的變數，"x * 8 * 300" 就是所謂運算式。

4-1-6　C# 語言可以一次指定多個運算子有相同的值

C# 語言可以一次指定多個變數有相同的值。

方案 ch4_0.sln：一次設定多個變數有相同的值，可以參考第 3 行。

```
1 // ch4_0
2 int a, b, c;
3 a = b = c = 0;          // 多個變數的設定
4 Console.WriteLine($"a = {a}");
5 Console.WriteLine($"b = {b}");
6 Console.WriteLine($"c = {c}");
```

執行結果

```
Microsoft Visual Studio 偵錯主控台
a = 0
b = 0
c = 0

D:\C#\ch4\ch4_0\ch4_0\bin\Debug\net6.0\ch4_0.exe
按任意鍵關閉此視窗…
```

4-1-7　單元運算子 (Unary Operator)

在程式設計時，有些運算符號只需要一個運算子就可以運算，這類運算子稱**單元運算子**。例如：+ + 是遞增運算子，-- 是遞減運算子，下列是使用實例：

i++

或

i--

上述 ++(執行 i 加 1) 或 --(執行 i 減 1)，由於只需要一個運算元即可以運算，這就是所謂**單元運算子**，有關上述運算式的說明與應用後面小節會做實例解說。

4-1-8　二元運算子 (Binary Operator)

若是有一個指令如下：

x = y * 12

對乘法運算符號而言，它必須要有 2 個運算子才可以執行運算，我們可以用下列語法說明。

operand operator operand

y 是左邊的運算元 (operand)，乘法 "*" 是運算子 (operator)，12 是右邊的運算元 (operand)，類似需要有 2 個運算子才可以運算的符號稱**二元運算子** (binary operator)。其實同類型的 +、-、*、/ 或 %… 等皆算是二元運算子。

4-1-9 三元運算子 (Ternary Operator)

在程式設計時，有些運算符號 (? :) 需要三個運算子就可以運算，這類運算子稱三元運算子。例如：

e1 ? e2 : e3

上述 e1 必須是布林值，觀念是如果 e1 是 true 則傳回 e2，如果是 false 則傳回 e3，有關上述運算式的說明與應用後面章節會做實例解說。

4-2 算術運算

4-2-1 基礎算數運算符號

C# 語言算術運算基本符號如下：

1：加號

C# 語言符號是 "+"，主要功能是將兩個值相加。

實例 1：有一 C# 語言指令如下：

s = a + b;
假設執行前，a = 10，b = 15，s = 20
則執行完後，a = 10，b = 15，s = 25

註1 執行加法運算後，原變數值 a, b 不會改變。

註2 "+" 加號也可以執行字串連接，未來 10-4-5 節會有更詳細說明。

2：減號

C# 語言符號 "-"，主要功能是將第一個運算元的值，減去第二個運算元的值。

實例 2：有一 C# 語言指令如下：

s = a- b;
假設執行前，a = 1.8，b = 2.3，s = 1.0
則執行完後，a = 1.8，b = 2.3，s =-0.5

註 執行減法運算後，原變數值 a, b 不會改變。

3：乘號

C# 語言符號 "*"，主要功能是將兩個運算元的值相乘。

實例 3：有一 C# 語言指令如下：

s = a * b;
假設執行前，a = 5，b = 6，s = 10
則執行完後，a = 5，b = 6，s = 30

註 執行乘法運算後，原變數值 a, b 不會改變。

4：除號

C# 語言符號是 "/"，主要功能是將第一個運算元的值除以第二個運算元的值。

實例 4：有一 C# 語言指令如下：

s = a / b;
假設執行前，a = 2.4，b = 1.2，s = 0.5
則執行完後，a = 2.4，b = 1.2，s = 2.0

註 執行除法運算後，原變數值 a, b 不會改變。

5：餘數

C# 語言符號是 "%"，主要功能是將第一個運算元的值除以第二個運算元，然後求出餘數。**註**：這個符號只適用兩個運算元皆是整數。

實例 5：有一 C# 語言指令如下：

s = a % b;

假設執行前，a = 5，b = 4，s = 3

則執行完後，a = 5，b = 4，s = 1

註 執行求餘數運算後，原變數值 a, b 不會改變。

方案 4_1.sln：加、減、乘、除與求餘數的應用。

```
// ch4_1
int s, a, b;
a = 10;
b = 15;
s = a + b;
Console.WriteLine($"s = a + b = {s}");
a = (int) 1.8;
b = (int) 2.3;
s = a - b;
Console.WriteLine($"s = a - b = {s}");
a = 5;
b = 6;
s = a * b;
Console.WriteLine($"s = a * b = {s}");
a = (int) 2.4;
b = (int) 1.1;
s = a / b;
Console.WriteLine($"s = a / b = {s}");
a = 5;
b = 4;
s = a % b;
Console.WriteLine($"s = a % b = {s}");
```

執行結果

```
Microsoft Visual Studio 偵錯主控台
s = a + b = 25
s = a - b = -1
s = a * b = 30
s = a / b = 2
s = a % b = 1

D:\C#\ch4\ch4_1\ch4_1\bin\Debug\net6.0\ch4_1.exe
按任意鍵關閉此視窗…
```

4-2-2　負號 (-) 運算

除了以上五種基本運算元之外，C# 語言還有一種運算子，負號 (-) 運算子。這個運算符號表達方式和減號 (-) 一樣，但是意義不同，前面已經說過減號運算符號，一定要有兩個運算元搭配，而這個運算子只要一個運算元就可以了，由於它具有此特性，所以又稱這個運算符號是**單元** (unary) 運算子。

實例 1：有一 C# 語言指令如下，下列變數 a 的左邊是負號。

s =-a + b;

假設被執行前，a = 5，b = 10，s = 2

則執行完這道指令後，a = 5，b = 10，s = 5

註 前面範例一樣，運算元本身在執行時值不改變。

方案 ch4_2.sln：負號的運算。

```
// ch4_2
int a = 5;
int b = 10;
int s = -a + b;
Console.WriteLine($"-a + b = {s}");
```

執行結果

```
Microsoft Visual Studio 偵錯主控台
-a + b = 5

D:\C#\ch4\ch4_2\ch4_2\bin\Debug\net6.0\ch4_2.exe
按任意鍵關閉此視窗…
```

4-2-3　運算子優先順序

在前述 4-2-2 節的實例中，有一個很有趣的現象，為什麼我們不先執行 a + b，然後再執行這個負號運算符號？

其實原因很簡單，那就是各個不同的運算符號，有不同的執行優先順序。以下是上述 6 種運算符號的執行優先順序。

符號	優先順序
負號 (-)	高優先順序
乘 (*)、除 (/)、餘數 (%)	中優先順序
加 (+)、減 (-)	低優先順序

有了以上概念之後，相信各位就應該了解 ch4_2.sln 的實例，為什麼最後的結果是 5 了吧！

實例 1：有一 C# 語言指令如下：

s = a * b % c;

假設執行前 a = 5，b = 4，c = 3，s = 3

則執行後 a = 5，b = 4，c = 3，s = 2

在上述實例中，又產生了一個問題，到底是要先執行 a * b 或是 b % c，在此又產生了一個觀念，那就是，在處理有相同優先順序的運算時，它的規則是由左向右運算。

方案 ch4_3：數學運算優先順序的應用。

```
// ch4_3
int s, a, b, c;
a = 5;
b = 4;
c = 3;
s = a * b % c;
Console.WriteLine($"s = a * b % c = {s}");
s = a * b / c;
Console.WriteLine($"s = a * b / c = {s}");
```

執行結果

```
Microsoft Visual Studio 偵錯主控台
s = a * b % c = 2
s = a * b / c = 6

D:\C#\ch4\ch4_3\ch4_3\bin\Debug\net6.0\ch4_3.exe
按任意鍵關閉此視窗…
```

當然運算順序，也可藉著其它的符號而更改，這個符號就是左括號 " (" 和右括號 ") "。

實例 2：有一 C 語言指令如下：

s = a * b + c;

假設我們想先執行 b + c 運算，則在程式設計時，我們可以將上述運算式改成：

s = a * (b + c);

方案 ch4_4：使用括號更改數學運算的優先順序。

```
// ch4_4
int s, a, b, c;
a = 5;
b = 4;
c = 3;
s = a * b % c;
Console.WriteLine($"s = a * b % c = {s}");
s = a * (b % c);
Console.WriteLine($"s = a * (b % c) = {s}");
s = a * b / c;
Console.WriteLine($"s = a * b / c = {s}");
s = a * (b / c);
Console.WriteLine($"s = a * (b / c) = {s}");
```

執行結果

```
Microsoft Visual Studio 偵錯主控台
s = a * b % c = 2
s = a * (b % c) = 5
s = a * b / c = 6
s = a * (b / c) = 5

D:\C#\ch4\ch4_4\ch4_4\bin\Debug\net6.0\ch4_4.exe
按任意鍵關閉此視窗…
```

4-2-4　程式碼指令太長的分行處理

有時候在設計 C# 語言時，單一程式碼指令太長，想要分行處裡，該如何？其實 C# 每一行的指令是用 ";" 結尾，因此你可以隨時分行，當分行時 Visual Studio 會智慧性處理你的程式碼。

方案 ch4_5.sln：認識 C# 的指令太長的分行處理，假設想將第 6 行分行處理，請將滑鼠游標移到第 6 行 % 符號左邊。

```
1  // ch4_5
2  int s, a, b, c;
3  a = 5;
4  b = 4;
5  c = 3;
6  s = a * b % c;
7  Console.WriteLine($"s = a * b % c + = {s}");
```

請按 Enter 鍵，可以得到第 6 行已經分行，如下所示：

```
1  // ch4_5
2  int s, a, b, c;
3  a = 5;
4  b = 4;
5  c = 3;
6  s = a * b
7      % c;
8  Console.WriteLine($"s = a * b % c + = {s}");
```

請儲存上述結果。

執行結果　可以得到下列依舊是正確的結果。

```
Microsoft Visual Studio 偵錯主控台
s = a * b % c + = 2

D:\C#\ch4\ch4_5\ch4_5\bin\Debug\net6.0\ch4_5.exe
按任意鍵關閉此視窗…
```

上述觀念也可以應用在 Console.WriteLine( ) 輸出方法內，這時 Visual Studio 會自動處理字串讓程式符合編譯規則。

方案 ch4_6.sln：認識 C# 的指令太長的分行處理，假設想將第 7 行分行處理，請將滑鼠游標移到第 7 行 % 符號左邊。

```
1  // ch4_6
2  int s, a, b, c;
3  a = 5;
4  b = 4;
5  c = 3;
6  s = a * b % c;
7  Console.WriteLine($"s = a * b % c = {s}");
```

請按 Enter 鍵，可以得到第 7 行已經分行，如下所示：

```
1  // ch4_6
2  int s, a, b, c;
3  a = 5;
4  b = 4;
5  c = 3;
6  s = a * b % c;
7  Console.WriteLine($"s = a * b " +
8      $"% c = {s}");
```

請儲存上述結果。

執行結果 可以得到下列依舊是正確的結果。

```
Microsoft Visual Studio 偵錯主控台
s = a * b % c = 2

D:\C#\ch4\ch4_6\ch4_6\bin\Debug\net6.0\ch4_6.exe
按任意鍵關閉此視窗…
```

4-3 不同資料類型混合應用

4-3-1 整數和字元混合使用

有時也可能會將整數 (int) 和字元 (char) 混用，它的處理原則是，先將字元轉換成它所對應的整數值，然後進行運算。

實例 1：有一 C# 語言指令如下：

i = 'a' - 'A';

假設 i 是整數，則在進行運算時，電腦首先將 'a' 轉換成 Unicode 碼 97，然後將 'A' 轉換成 Unicode 碼 65，所以運算完後 i 的值是 32。

方案 ch4_7.sln：整數和字元混合使用。

```
// ch4_7
int i;
i = 'a' - 'A';
Console.WriteLine($"i = 'a' - 'A' = {i}");
```

執行結果

```
Microsoft Visual Studio 偵錯主控台
i = 'a' - 'A' = 32

D:\C#\ch4\ch4_7\ch4_7\bin\Debug\net6.0\ch4_7.exe
按任意鍵關閉此視窗…
```

4-3-2 開學了學生買球鞋

假設學生腳的尺寸是 7.5，可是百貨公司只售 7 或 8 尺寸的球鞋，現在櫃檯小姐建議學生購買 8 號尺寸的球鞋。

方案 ch4_8.sln：開學買球鞋程式。

```
// ch4_8
int size;
double foot = 7.5;        // 腳的尺寸
size = (int)foot + 1;
Console.WriteLine($"你的腳尺寸是      : {foot}");
Console.WriteLine($"你購買鞋子尺寸是 : {size}");
```

執行結果

```
Microsoft Visual Studio 偵錯主控台
你的腳尺寸是      : 7.5
你購買鞋子尺寸是 : 8

D:\C#\ch4\ch4_8\ch4_8\bin\Debug\net6.0\ch4_8.exe
按任意鍵關閉此視窗…
```

4-4 遞增和遞減運算式

C# 語言提供了兩個一般高階語言所沒有的運算式，一是遞增，它的表示方式為 "++"。另一個遞減，它的表示方式為 "--"。

"++" 會主動將某個運算元加 1。

"--" 會主動將某個運算元減 1。

實例 1：有一 C# 語言指令如下：

```
i++;
```

假設執行前 i = 2，則執行後 i = 3。

實例 2：有一 C# 語言指令如下：

```
i--;
```

假設執行前 i = 2，則執行後 i = 1。

++ 和 -- 還有一個很特殊的地方， 就是它們既可放在運算元之後， 例如： i++，這種方式，我們稱**後置 (postfix) 運算**，如上述兩個例子所示。然而你也可以將它們放在運算元之前，例如：++i，這種運算方式，我們稱**前置 (prefix) 運算**。

實例 3：有一 C# 語言指令如下：

```
++i;
```

假設執行前 i = 2，則執行後 i = 3。

實例 4：有一 C# 語言指令如下：

```
--i;
```

假設執行前 i = 2，則執行後 i = 1。

從上述範例得知，好像前置運算和後置運算，兩者並沒有太大的差別，其實不然，它們之間仍然是有差別的。

所謂的前置運算，是指在使用這個運算元之前先進行加一或減一的動作。至於後置運算，則是指在使用這個運算元之後才進行加一或減一的動作。

實例 5：有一 C# 語言指令如下：

s = ++i + 3;

假設執行這道指令前 s = 3，i = 5，則執行這道指令時，電腦會先做 i 加 1， 所以 i 變為 6，然後再進行加算，所以 s 的值是 9。

實例 6：有一 C# 語言指令如下：

s = 3 + i++ ;

假設執行這道指令前 s = 3，i = 5，則執行這道指令時，電腦會先執行 3 + i， 所以 s 值是 8，然後 i 本身再加 1，所以 i 值是 6。

方案 ch4_9.sln：前置運算與後置運算的應用。

```
// ch4_9
int i, s;
i = 5;
s = ++i + 3;
Console.WriteLine($"s = ++i + 3 = {s}");
i = 5;
s = 3 + i++;
Console.WriteLine($"s = 3 + i++ = {s}");
```

執行結果

```
Microsoft Visual Studio 偵錯主控台
s = ++i + 3 = 9
s = 3 + i++ = 8

D:\C#\ch4\ch4_9\ch4_9\bin\Debug\net6.0\ch4_9.exe
按任意鍵關閉此視窗…
```

4-5 複合運算式

4-5-1 複合運算式基礎

假設有一運算指令如下：

i = i + 1;

在 C# 語言中可以將上述運算式改寫成：

```
i += 1;
```

這種運算式稱複合運算式，由於這種運算式，對 +、-、*、/、% 等基本算術運算皆有效，所以我們可將上述運算式，寫成以下表達式：

```
e1 op= e2;
```

其中，e1 表示運算元，e2 也是運算元，而 op 則是 +、-、*、/、% 等運算子右邊再加上等號。上述的意義就相當於：

```
e1 = (e1) op (e2);
```

請注意，e2 運算式的括號不可遺漏，下面是這種運算式符號的使用表格。

複合運算式	基本運算式
i += j;	i = i + j;
i-= j;	i = i- j;
i *= j;	i = i * j;
i /= j;	i = i / j;
i %= j;	i = i % j;

實例 1：有一 C# 語言指令如下：

```
a *= c;
```

假設執行前 a = 3，c = 2，則執行後 c = 2，a = 6。

使用這種運算時，有一點必須注意，假設有一指令如下：

```
a += c * d;
```

則 C# 在編譯時會將上述表達式，當做下列指令，然後執行。

```
a = a + (c * d);
```

實例 2：有一 C# 語言指令如下：

```
a * = c + d;
```

假設執行前，a = 3，c = 2，d = 4，由於上述表達式相當於 a = a * (c + d)，其中 c + d 等於 6，3 * 6 = 18，所以最後可得 a = 18。

專案 ch4_10.sln：複合運算式基礎觀念的應用。

```
// ch4_10
int a = 5;
a += 9;
Console.WriteLine($"a += 9 : {a}");
a -= 4;
Console.WriteLine($"a -= 4 : {a}");
a *= 2;
Console.WriteLine($"a *= 2 : {a}");
a /= 4;
Console.WriteLine($"a /= 4 : {a}");
a %= 3;
Console.WriteLine($"a %= 3 : {a}");
```

執行結果

```
Microsoft Visual Studio 偵錯主控台
a += 9 : 14
a -= 4 : 10
a *= 2 : 20
a /= 4 : 5
a %= 3 : 2

D:\C#\ch4\ch4_10\ch4_10\bin\Debug\net6.0\ch4_10.exe
按任意鍵關閉此視窗…
```

方案 ch4_11.sln：複合運算式的應用。

```
// ch4_11
int a, c, d;
a = 3;
c = 2;
a *= c;
Console.WriteLine($"a *= c = {a}");
a = 3;
d = 4;
a *= c + d;
Console.WriteLine($"a *= c + d = {a}");
```

執行結果

```
Microsoft Visual Studio 偵錯主控台
a *= c = 6
a *= c + d = 18

D:\C#\ch4\ch4_11\ch4_11\bin\Debug\net6.0\ch4_11.exe
按任意鍵關閉此視窗…
```

4-5-2　新版 C# 空合併賦值運算式

在 C# 8 以後新增 "??=" 複合運算式，這個符號稱 Null-coalescing assignment，中文可以解釋為**空合併賦值**，假設有一個程式片段如下：

x ??= 0;

上述可以解釋為，如果 x 是 null，則設定 x 等於 0。

方案 ch4_11_1.sln：認識 "??=" 運算式，如果 x 或 y 是 null，則該值是 0。

```
// ch4_11_1
int? x = null;
int? y = 5;
Console.WriteLine($"x = {x ??= 0}");
Console.WriteLine($"x = {x}");
Console.WriteLine($"y = {y ??= 0}");
Console.WriteLine($"y = {y}");
```

執行結果

```
Microsoft Visual Studio 偵錯主控台
x = 0
x = 0
y = 5
y = 5

D:\C#\ch4\ch4_11_1\ch4_11_1\bin\Debug\net6.0\ch4_11_1.exe
按任意鍵關閉此視窗…
```

其實依據複合運算式的觀念，可以用下列公式表達 "x ?? = 0"：

x = x ?? 0;

如果將上述公式改為設定給變數 z，可以得到下列公式。

z = x ?? 0;

這個公式可以解釋為，如果 x 是 null 則 z 是 0，否則 z 是 x 原值，對上述公式而言 x 值將不會更改。

方案 ch4_11_2.sln：?? 運算式的應用。

```
// ch4_11_2
int? x = null;
int? y = 5;
int? z1, z2;
z1 = x ?? 0;
Console.WriteLine($"x  = {x}");
Console.WriteLine($"z1 = {z1}");
```

```
z2 = y ?? 0;
Console.WriteLine($"y  = {y}");
Console.WriteLine($"z2 = {z2}");
```

執行結果

```
Microsoft Visual Studio 偵錯主控台
x  =
z1 = 0
y  = 5
z2 = 5

D:\C#\ch4\ch4_11_2\ch4_11_2\bin\Debug\net6.0\ch4_11_2.exe
按任意鍵關閉此視窗…
```

4-6 專題 – 圓周率 / 計算圓柱體積

4-6-1 圓周率

圓周率 PI 是一個數學常數，常常使用希臘字 π 表示，在計算機科學則使用 PI 代表。它的物理意義是圓的周長和直徑的比率。歷史上第一個無窮級數公式稱萊布尼茲公式，表達的就是圓周率，它的計算公式如下：

$$\mathrm{PI} = 4 * (1 - \frac{1}{3} + \frac{1}{5} - \frac{1}{7} + \frac{1}{9} - \frac{1}{11} + \cdots)$$

萊布尼茲 (Leibniz)(1646 - 1716 年) 是德國人，在世界數學舞台佔有一定份量，他本人另一個重要職業是律師，許多數學公式皆是在各大城市通勤期間完成。數學歷史有一個 2 派說法的無解公案，有人認為他是微積分的發明人，也有人認為發明人是牛頓 (Newton)。

方案 ch4_12.sln：計算下列公式的圓周率，這個級數要收斂到我們熟知的 3.14159 要相當長的時間，下列是簡易程式設計。

```
// ch4_12
double pi;
pi = 4 * (1 - 1.0 / 3 + 1.0 / 5 - 1.0 / 7 + 1.0 / 9);
Console.WriteLine($"pi = {pi}");
```

執行結果

```
Microsoft Visual Studio 偵錯主控台
pi = 3.3396825396825403

D:\C#\ch4\ch4_12\ch4_12\bin\Debug\net6.0\ch4_12.exe
按任意鍵關閉此視窗…
```

4-6-2 計算圓柱體積

方案 ch4_13.sln：假設圓柱半徑是 20 公分，高度是 30 公分，請計算此圓柱的體積。圓柱體積計算公式是圓面積乘以圓柱高度。(2-6 節)

```
// ex4_13
double r = 20.0;
double pi = 3.1415926;
double height = 30.0;
double volumn = pi * r * r * height;
Console.WriteLine($"圓柱體積是 {volumn} 立方公分");
```

執行結果

```
Microsoft Visual Studio 偵錯主控台
圓柱體積是 37699.1112 立方公分

D:\C#\ch4\ch4_13\ch4_13\bin\Debug\net6.0\ch4_13.exe
按任意鍵關閉此視窗…
```

習題實作題

方案 ex4_1.sln：計算一天工作 8 小時，時薪是 160 元，一年工作 300 天，可以賺多少錢？如果每個月花費是 9000 元，請計算每年可以儲存多少錢。(4-2 節)

```
Microsoft Visual Studio 偵錯主控台
每年可以賺 384000 元
每年可以存 276000 元

D:\C#\ex\ex4_1\ex4_1\bin\Debug\net6.0\ex4_1.exe
按任意鍵關閉此視窗…
```

方案 ex4_2.sln：假設 a、b、c、d、x、y、z 皆是整數， x 是 10，y 是 18，z 是 5，請求下列運算結果。(4-2 節)

(a) a = x + y;　　(b) b = 2 * x + 3 - z;

(c) c = y * z + 20 / y;　　(d) d = -x + z - 3;

```
Microsoft Visual Studio 偵錯主控台
a = 28
b = 18
c = 91
d = -8

D:\C#\ex\ex4_2\ex4_2\bin\Debug\net6.0\ex4_2.exe
按任意鍵關閉此視窗…
```

方案 ex4_3.sln：假設 a、b、c、d、x、y、z 皆是雙倍精度浮點數 double，重新設計前一個程式。(4-2 節)

```
Microsoft Visual Studio 偵錯主控台
a = 28
b = 18
c = 91.1111111111111
d = -8

D:\C#\ex\ex4_3\ex4_3\bin\Debug\net6.0\ex4_3.exe
按任意鍵關閉此視窗…
```

方案 ex4_4.sln：假設 a、b、c、d、e 和 x 是雙倍精度浮點數且其值是 3.5，y 是整數且其值是 4，求下列運算結果。(4-3 節)

```
Microsoft Visual Studio 偵錯主控台
a = 7.5
b = -7.5
c = -9.125
d = 17.8
e = -16

D:\C#\ex\ex4_4\ex4_4\bin\Debug\net6.0\ex4_4.exe
按任意鍵關閉此視窗…
```

方案 ex4_5.sln：一個幼稚園買了 100 個蘋果給學生當營養午餐，學生人數是 23 人，每個人午餐可以吃一顆，請問這些蘋果可以吃幾天，然後第幾天會產生蘋果不夠供應，同時列出少了幾顆。(4-3 節)

```
Microsoft Visual Studio 偵錯主控台
蘋果可以吃 4 天
第 5 天會產生蘋果不足
蘋果會不足 15

D:\C#\ex\ex4_5\ex4_5\bin\Debug\net6.0\ex4_5.exe
按任意鍵關閉此視窗…
```

方案 ex4_6.sln：假設 x、y 和 z 皆是整數，且值都是 5，求下列運算 x 的結果。(4-5 節)

(a) x += y + z++ ;　　　　(b) x += y + ++z ;

```
Microsoft Visual Studio 偵錯主控台
(a) x = 15
(b) x = 16

D:\C#\ex\ex4_6\ex4_6\bin\Debug\net6.0\ex4_6.exe
按任意鍵關閉此視窗…
```

方案 ex4_7.sln：與前一個程式相同，假設 x、y 和 z 皆是整數，且值都是 5，求下列運算 x 的結果。(4-5 節)

(a) x-= ++y + z--;　　(b) x *= y- z--;　　(c) x /= 2 + y++- z++;

```
Microsoft Visual Studio 偵錯主控台
(a) x = -6
(b) x = 0
(c) x = 2

D:\C#\ex\ex4_7\ex4_7\bin\Debug\net6.0\ex4_7.exe
按任意鍵關閉此視窗…
```

方案 ex4_8.sln：參考 4-6-1 節的觀念擴充計算下列圓周率值。(4-6 節)

(a)： $PI = 4 * (1 - \frac{1}{3} + \frac{1}{5} - \frac{1}{7} + \frac{1}{9} - \frac{1}{11})$

(b)： $PI = 4 * (1 - \frac{1}{3} + \frac{1}{5} - \frac{1}{7} + \frac{1}{9} - \frac{1}{11} + \frac{1}{13})$

註：上述級數要收斂到我們熟知的 3.14159 要相當長的級數計算。

```
Microsoft Visual Studio 偵錯主控台
pi的值4*(1-1.0/3+1.0/5-1.0/7+1.0/9-1.0/11) = 3.3396825396825403
pi的值4*(1-1.0/3+1.0/5-1.0/7+1.0/9-1.0/11+1.0/13) = 3.2837384837384844

D:\C#\ex\ex4_8\ex4_8\bin\Debug\net6.0\ex4_8.exe (處理序 8484) 已結束，出現代碼 0。
按任意鍵關閉此視窗…
```

方案 ex4_9.sln：尼拉卡莎 (Nilakanitha) 級數，是由印度天文學家尼拉卡莎發明，也是應用於計算圓周率 PI 的級數，此級數收斂的數度比萊布尼茲集數更好，更適合於用來計算 PI，它的計算公式如下：(4-6 節)

$$PI = 3 + \frac{4}{2*3*4} - \frac{4}{4*5*6} + \frac{4}{6*7*8} - \cdots$$

請分別設計下列級數的執行結果。

(a)： $PI = 3 + \frac{4}{2*3*4} - \frac{4}{4*5*6} + \frac{4}{6*7*8} - \cdots$

(b)： $PI = 3 + \frac{4}{2*3*4} - \frac{4}{4*5*6} + \frac{4}{6*7*8} - \frac{4}{8*9*10} \cdots$

```
Microsoft Visual Studio 偵錯主控台
pi的值3 + 4.0/(2*3*4) - 4.0/(4*5*6) + 4.0/(6*7*8) = 3.145238095238095
pi的值3 + 4.0/(2*3*4) - 4.0/(4*5*6) + 4.0/(6*7*8) - 4.0/(8*9*10) = 3.1396825396825396

D:\C#\ex\ex4_9\ex4_9\bin\Debug\net6.0\ex4_9.exe (處理序 22460) 已結束，出現代碼 0。
按任意鍵關閉此視窗…
```

第 5 章

位元運算

這一章主要是講解 C# 的位元運算，為了讀者可以方便了解位元運算的執行結果，所以本章會先介紹將數值轉成字串的方法 Convert.ToString( )。

5-1 Convert.ToString( ) 方法

Convert.ToString( ) 方法是屬於 System 命名空間的 Convert 類別，這個方法可以將指定的數值轉成相等的字串。常用語法如下：

```
Convert.ToString(Int value, int toBase)                    // 回傳字串
```

上述第 1 個參數是 int，也可以是其他數值資料型態。第 2 個參數 toBase 表示要轉換的底數，筆者使用 int 表示可以轉換成 2、8、10 或 16 進位的底數。

方案 ch5_1.sln：分別將 100 轉換成 2、8 和 16 進位輸出。

```
1  // ch5_1
2  int x = 100;
3  Console.WriteLine($"{x}的2進位  : {Convert.ToString(x, 2)}");
4  Console.WriteLine($"{x}的2進位  : {Convert.ToString(x, toBase: 2)}");
5  Console.WriteLine($"{x}的8進位  : {Convert.ToString(x, 8)}");
6  Console.WriteLine($"{x}的8進位  : {Convert.ToString(x, toBase: 8)}");
7  Console.WriteLine($"{x}的16進位 : {Convert.ToString(x, 16)}");
8  Console.WriteLine($"{x}的16進位 : {Convert.ToString(x, toBase: 16)}");
```

執行結果

```
Microsoft Visual Studio 偵錯主控台
100的2進位  : 1100100
100的2進位  : 1100100
100的8進位  : 144
100的8進位  : 144
100的16進位 : 64
100的16進位 : 64

D:\C#\ch5\ch5_1\ch5_1\bin\Debug\net6.0\ch5_1.exe
按任意鍵關閉此視窗…
```

上述程式的第 4、6 和 8 行，Convert.ToString( ) 方法的第 2 個參數，筆者使用下列方式：

```
toBase : 2
```

其實可以省略 "toBase :"，直接寫要轉換的底數，例如第 3、5 和 7 行，不過寫上 "toBase :" 可以讓初學者對整個 Convert.ToString( ) 方法比較容易了解。

5-2 位元運算基礎觀念

5-2-1 基礎位元運算

所謂的位元運算是指一連串二進位數字間的一種運算，C# 語言所提供的位元運算子如下所示：

符號	意義
&	相當於 AND 運算
|	相當於 OR 運算
^	相當於 XOR 運算
~	求位元補數運數
<<	位元左移
>>	位元右移

5-2-2 複合式位元運算

此外，我們也可以將下列複合運算式應用在位元運算上。

```
(e1) op= (e2);
```

實例 1：x &= y;

相當於

```
x = x & y;
```

實例 2：x >>= 5;

相當於

```
x = x >> 5;
```

下列是複合運算式表。

複合運算式	基本運算式
i &= j;	i = i & j;
i |= j;	i = i | j;
i ^= j;	i = i ^ j;
i >>= j;	i = i >> j;
i <<= j;	i = i << j;

5-3 & 運算子

在位元運算符號的定義中，& 和英文 AND 意義是一樣的，& 的基本位元運算如下所示：

a	b	a & b
0	0	0
0	1	0
1	0	0
1	1	1

在上述運算式中，a 和 b 可以是 int、uint、long 或是 ulong 整數。若是 int 整數變數 a 的值是 25 ，則它在系統中真正的值如下所示：

a = 0000 0000 0000 0000 0000 0000 0001 1001

假設另一 int 整數變數 b 的值是 77，則它在系統中真正的值是：

b = 0000 0000 0000 0000 0000 0000 0100 1101

實例 1：假設 a、b 的變數值如上所示，且有一指令如下：

a & b

可以得到下列結果。

```
a    0000 0000 0000 0000 0000 0000 0001 1001
b    0000 0000 0000 0000 0000 0000 0100 1101
---------------------------------------------
a&b  0000 0000 0000 0000 0000 0000 0000 1001
```

可以得到最後的值是 9。

方案 ch5_2.sln：& 位元運算的基本應用。

```
// ch5_2
int a = 25;
int b = 77;
int c = a & b;
Console.WriteLine($"a     = {Convert.ToString(a,2)}");
Console.WriteLine($"b     = {Convert.ToString(b,2)}");
Console.WriteLine($"a & b = {Convert.ToString(c,2)}");
Console.WriteLine($"a & b = {c}");
uint x = 0b_1111_1000;
uint y = 0b_1001_1101;
uint z = x & y;
Console.WriteLine($"x     = {Convert.ToString(x, 2)}");
Console.WriteLine($"y     = {Convert.ToString(y, 2)}");
Console.WriteLine($"x & y = {Convert.ToString(z, 2)}");
```

執行結果

```
Microsoft Visual Studio 偵錯主控台
a     = 11001
b     = 1001101
a & b = 1001
a & b = 9
x     = 11111000
y     = 10011101
x & y = 10011000

D:\C#\ch5\ch5_2\ch5_2\bin\Debug\net6.0\ch5_2.exe
按任意鍵關閉此視窗…
```

方案 ch5_3.sln：另一個簡易 運算子的應用。在前面實例，所有的運算元皆是以變數表示，其實我們也可以利用整數來當做運算元。另外，這個實例也使用複合運算子。

```
// ch5_3
int a, b;
a = 35;
b = a & 7;
Console.WriteLine($"a & 7 (10進位) = {b}");
a &= 7;
b = a;
Console.WriteLine($"a & 7 (10進位) = {b}");
```

執行結果

```
Microsoft Visual Studio 偵錯主控台
a & 7 (10進位) = 3
a & 7 (10進位) = 3

D:\C#\ch5\ch5_3\ch5_3\bin\Debug\net6.0\ch5_3.exe
按任意鍵關閉此視窗…
```

5-4 | 運算子

在位元運算符號的定義中，| 和英文的 or 意義是一樣的，它的基本位元運算如下所示：

a	b	a | b
0	0	0
0	1	1
1	0	1
1	1	1

實例 1：假設 a = 3 和 b = 8 則執行 a | b 之後結果如下所示：

```
a    0000 0000 0000 0000 0000 0000 0000 0011
b    0000 0000 0000 0000 0000 0000 0000 1000
---------------------------------------------
a|b  0000 0000 0000 0000 0000 0000 0000 1011
```

可以得到執行結果是 11(十進位值)。

方案 5_4.sln：基本 | 運算。

```
// ch5_4
int a, b;
a = 32;
b = a | 3;
Console.WriteLine($"a | 3 (10進位) = {b}");
b |= 7;
Console.WriteLine($"b | 7 (10進位) = {b}");
uint x = 0b_1010_0000;
uint y = 0b_1001_0001;
uint z = x | y;
Console.WriteLine($"x     = {Convert.ToString(x, 2)}");
Console.WriteLine($"y     = {Convert.ToString(y, 2)}");
Console.WriteLine($"x | y = {Convert.ToString(z, 2)}");
```

執行結果

```
Microsoft Visual Studio 偵錯主控台
a | 3 (10進位) = 35
b | 7 (10進位) = 39
x     = 10100000
y     = 10010001
x | y = 10110001

D:\C#\ch5\ch5_4\ch5_4\bin\Debug\net6.0\ch5_4.exe
按任意鍵關閉此視窗…
```

上述前 7 行程式執行說明如下：

```
a = 32   0000 0000 0000 0000 0000 0000 0010 0000
     3   0000 0000 0000 0000 0000 0000 0000 0011
-------------------------------------------------
b = a|7  0000 0000 0000 0000 0000 0000 0010 0011 =35
     7   0000 0000 0000 0000 0000 0000 0000 0111
-------------------------------------------------
b |= 7   0000 0000 0000 0000 0000 0000 0010 0111 =39
```

5-5 ^ 運算子

在位元運算符號的定義中，^ 和英文的 xor 的意義是一樣的，它的基本位元運算如下所示：

a	b	a ^ b
0	0	0
0	1	1
1	0	1
1	1	0

實例 1：假設 a = 3 和 b = 8 則執行 a ^ b 之後結果如下所示：

```
  a  0000 0000 0000 0000 0000 0000 0000 0011
  b  0000 0000 0000 0000 0000 0000 0000 1000
---------------------------------------------
a^b  0000 0000 0000 0000 0000 0000 0000 1011
```

可以得到執行結果是 11(十進位值)。

方案 5_5：基本 ^ 運算子的程式應用。

```
// ch5_5
int a, b;
a = 31;
b = 63;
Console.WriteLine($"a ^ b (10進位) = {a^b}");
uint x = 0b_1111_1000;
uint y = 0b_0001_1100;
uint z = x ^ y;
Console.WriteLine($"x     = {Convert.ToString(x, 2)}");
Console.WriteLine($"y     = {Convert.ToString(y, 2)}");
Console.WriteLine($"x ^ y = {Convert.ToString(z, 2)}");
```

執行結果

```
Microsoft Visual Studio 偵錯主控台
a ^ b (10進位) = 32
x      = 11111000
y      = 11100
x ^ y = 11100100

D:\C#\ch5\ch5_5\ch5_5\bin\Debug\net6.0\ch5_5.exe
按任意鍵關閉此視窗…
```

上述程式前 5 行執行說明如下：

```
a = 31  0000 0000 0000 0000 0000 0000 0001 1111
b = 63  0000 0000 0000 0000 0000 0000 0011 1111
   a^b  0000 0000 0000 0000 0000 0000 0010 0000  =32
```

5-6 ~ 運算子

這個位元運算子相當於求 1 的補數，和其它運算子不同的是，它只需要一個運算子，它的基本運算格式下所示：

a	~a
1	0
0	1

也就是說，這個運算會將位元 1 轉變為 0，位元 0 改變成 1。

實例 1：假設 a = 7 則執行 ~a 之後結果如下所示：

```
a    0000 0000 0000 0000 0000 0000 0000 0111
~a   1111 1111 1111 1111 1111 1111 1111 1000
```

方案 ch5_6.sln：～ 運算子的基本運算。

```
// ch5_6
int a, b;
a = 7;
b = ~a;
Console.WriteLine($"a 的 1 補數 (10進位) = {b}");
Console.WriteLine($"a 的 1 補數 (16進位) = {Convert.ToString(b,16)}");
uint x = 0b_0000_1111_0000_1111_0000_1111_0000_1100;
uint y = ~x;
Console.WriteLine($"x = {Convert.ToString(x, 2)}");
Console.WriteLine($"y = {Convert.ToString(y, 2)}");
```

執行結果

```
Microsoft Visual Studio 偵錯主控台
a 的 1 補數 (10進位) = -8
a 的 1 補數 (16進位) = fffffff8
x = 11110000111100001111000011100
y = 111100001111000011110000111110011

D:\C#\ch5\ch5_6\ch5_6\bin\Debug\net6.0\ch5_6.exe
按任意鍵關閉此視窗…
```

5-7 << 運算子

這是位元左移的運算子，它的執行情形如下所示：

實例 1：假設有一個變數 a = 7，則執行 a << 1 之後結果如下所示：

a	0000 0000 0000 0000 0000 0000 0000 0111
a << 1	0000 0000 0000 0000 0000 0000 0000 1110

所以最後 a 的值是 14。從以上實例中，其實也可以看到，這個指令兼具有將變數值乘 2 的功能。

方案 5_7.sln：位元左移的基本程式運算。

```
// ch5_7
int a, b;
a = 7;
b = a << 1;
Console.WriteLine($"a 的 (2進位)    = {Convert.ToString(a, 2)}");
Console.WriteLine($"a << 1 (2進位) = {Convert.ToString(b, 2)}");
b = a << 3;
Console.WriteLine($"a << 3 (2進位) = {Convert.ToString(b, 2)}");

uint x = 0b_1100_1001_0000_0000_0000_0000_0001_0001;
Console.WriteLine($"x       = {Convert.ToString(x, 2)}");
uint y = x << 4;
Console.WriteLine($"x << 4 = {Convert.ToString(y, 2)}");
```

執行結果

```
Microsoft Visual Studio 偵錯主控台
a 的 (2進位)    = 111
a << 1 (2進位) = 1110
a << 3 (2進位) = 111000
x       = 11001001000000000000000000010001
x << 4 = 10010000000000000000000100010000

D:\C#\ch5\ch5_7\ch5_7\bin\Debug\net6.0\ch5_7.exe
按任意鍵關閉此視窗…
```

上述第 7 行左移 3 個位元的說明如下：

a	0000 0000 0000 0000 0000 0000 0000 0111
a << 3	0000 0000 0000 0000 0000 0000 0011 1000 =56

5-8 >> 運算子

這是一個位元右移的運算子，它的執行情形如下所示：

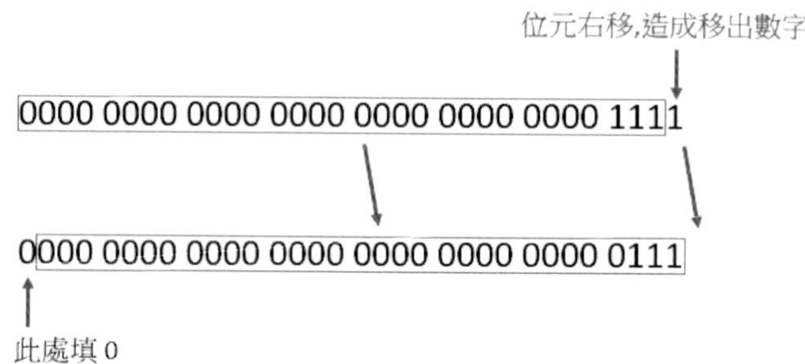

實例 1：假設有一個變數 a = 14，則執行 a >> 1 之後結果如下所示：

a	0000 0000 0000 0000 0000 0000 0000 1110
a >> 1	0000 0000 0000 0000 0000 0000 0000 0111

所以最後 a 的值是 7。從以上實例中，其實也可以看到，如果變數值是偶數，這個指令兼具有將變數值除 2 的功能。

方案 ch5_8.sln：位元右移的基本程式運算。

```
// ch5_8
int a, b;
a = 14;
```

```
b = a >> 1;
Console.WriteLine($"a 的 (2進位)     = {Convert.ToString(a, 2)}");
Console.WriteLine($"a >> 1 (2進位) = {Convert.ToString(b, 2)}");
b = a >> 3;
Console.WriteLine($"a >> 3 (2進位) = {Convert.ToString(b, 2)}");

uint x = 0b_1001;
Console.WriteLine($"x        = {Convert.ToString(x, 2)}");
uint y = x >> 2;
Console.WriteLine($"x >> 2 = {Convert.ToString(y, 2)}");
```

執行結果

```
Microsoft Visual Studio 偵錯主控台
a 的 (2進位)    = 1110
a >> 1 (2進位) = 111
a >> 3 (2進位) = 1
x       = 1001
x >> 2 = 10

D:\C#\ch5\ch5_8\ch5_8\bin\Debug\net6.0\ch5_8.exe
按任意鍵關閉此視窗…
```

5-9 運算子優先順序

4-2-3 節筆者有介紹運算子優先順序，現在我們學得更多運算子，下表 5-1 是將目前所學運算子的優先順序做完整列表說明，位置高表示有高優先。

符號	運算類型	同等級順序
( ) 、, 、++ 、-- 、->	運算式	左到右
sizeof 、! 、- 、~	一元	由右到左
* 、/ 、%	乘、除與求餘數	左到右
+ 、-	加減法	左到右
<< 、>>	位元移動	左到右
&	位元 AND	左到右
^	位元互斥 XOR	左到右
|	位元 OR	左到右
= 、+= 、-= 、*= 、/= 、<<= 、>>= 、&= 、^= 、|=	簡單和複合運算	右到左
,	循序求值	左到右

表 5-1：運算子優先順序

習題實作題

方案 ex5_1.sln：輸出 10000 的 2 進位、8 進位和 16 進位值。(5-1 節)

```
Microsoft Visual Studio 偵錯主控台
1000的2進位   : 1111101000
1000的8進位   : 1750
1000的16進位  : 3e8

D:\C#\ex\ex5_1\ex5_1\bin\Debug\net6.0\ex5_1.exe
按任意鍵關閉此視窗…
```

方案 ex5_2.sln：計算數值 a=25 和 b=77 的 運算子，同時輸出 2 進位、8 進位、10 進位和 16 進位值。(5-3 節)

```
Microsoft Visual Studio 偵錯主控台
a & b (2進位)  = 1001
a & b (8進位)  = 11
a & b (10進位) = 9
a & b (16進位) = 9

D:\C#\ex\ex5_2\ex5_2\bin\Debug\net6.0\ex5_2.exe
按任意鍵關閉此視窗…
```

方案 ex5_3.sln：計算數值 a=17 向左移動 5 個位元的 2 進位、8 進位、10 進位和 16 進位值。(5-7 節)

```
Microsoft Visual Studio 偵錯主控台
a << 5 的 (2進位)  = 1000100000
a << 5 的 (8進位)  = 1040
a << 5 的 (10進位) = 544
a << 5 的 (16進位) = 220

D:\C#\ex\ex5_3\ex5_3\bin\Debug\net6.0\ex5_3.exe
按任意鍵關閉此視窗…
```

方案 ex5_4.sln：計算數值 a=17 向右移動 3 個位元的 2 進位、8 進位、10 進位和 16 進位值。(5-8 節)

```
Microsoft Visual Studio 偵錯主控台
a >> 3 的 (2進位)  = 10
a >> 3 的 (8進位)  = 2
a >> 3 的 (10進位) = 2
a >> 3 的 (16進位) = 2

D:\C#\ex\ex5_4\ex5_4\bin\Debug\net6.0\ex5_4.exe
按任意鍵關閉此視窗…
```

第 6 章

輸入與輸出

其實前面章節所有的實例皆有輸出，筆者直接使用 Console.WriteLine( )，這一節則是對此做一個比較完整的解說。常用的輸出方法有 Write( ) 和 WriteLine( )，這兩個輸出最大的差異在使用 WriteLIne( ) 後，會自動加上分行符號，所以下一次輸出時可以在下一行輸出。

6-1 Console.WriteLine( )

寫一個程式最重要就是要完美的輸出，讓使用者可以獲得想要的資訊，前面章節筆者已經用了約 80 個程式實例講解 C# 的基礎語法，每個程式皆有輸出，這一節則是對常用的 WriteLine( ) 用法做一個完整的說明。

註 Console.WriteLine( ) 是 System 命名空間。

6-1-1 輸出字串

在 WriteLine( ) 內，如果沒有參數，可以輸出空白行，跳行輸出。

方案 ch6_1.sln：跳行輸出的應用。

```
// ch6_1
Console.WriteLine("Hello, 早安");
Console.WriteLine();
Console.WriteLine("Hello, 再見");
```

執行結果

```
Microsoft Visual Studio 偵錯主控台
Hello, 早安

Hello, 再見

D:\C#\ch6\ch6_1\ch6_1\bin\Debug\net6.0\ch6_1.exe
按任意鍵關閉此視窗…
```

6-1-2 參數是字串和物件

當有多個參數時彼此用逗號 "," 分隔，第 1 個參數是字串，此字串內使用大括號標記要格式化的資料，大括號內將要格式化的資料用數字標記，此數字從 0 開始起算，數字會對應字串後面的參數，整個說明如下：

Console.WriteLine("{0} 的數學考試得 {1} 分", name, score);

方案 ch6_2.sln：參數是字串和物件的應用。

```
// ch6_2
string name = "洪錦魁";
int score = 90;
Console.WriteLine("{0} 的數學考試得 {1} 分", name, score);
```

執行結果

```
Microsoft Visual Studio 偵錯主控台
洪錦魁 的數學考試得 90 分

D:\C#\ch6\ch6_2\ch6_2\bin\Debug\net6.0\ch6_2.exe
按任意鍵關閉此視窗…
```

6-1-3 字串插補 (String Interpolation)

前面章節的實例已經有許多實例採用此方法了，所謂的字串插補觀念是字串左邊增加 "$" 字元，然後將要輸出的變數放在大括號內。相較於前一小節方法，這個方法便利許多，這是 C# 6.0 後的功能，也是筆者設計 C# 程式比較喜歡的方法。

方案 ch6_3.sln：使用字串插補觀念重新設計 ch6_2.sln 方案。

```
// ch6_3
string name = "洪錦魁";
int score = 90;
Console.WriteLine($"{name} 的數學考試得 {score} 分");
```

執行結果

```
Microsoft Visual Studio 偵錯主控台
洪錦魁 的數學考試得 90 分

D:\C#\ch6\ch6_3\ch6_3\bin\Debug\net6.0\ch6_3.exe
按任意鍵關閉此視窗…
```

6-1-4 格式化數字的輸出

有關格式化數字的字元符號可以參考下表。

字元	說明	實例
C 或 c	貨幣格式輸出	-123 輸出 (-NT$123.00)
Dn 或 dn	10 進位輸出 , n 是輸出位數	-123 輸出-123
E 或 e	科學符號輸出	-123.45f 輸出-1.2345E+002
Fn 或 fn	含小數位數輸出 , n 是輸出位數	-123.45f 輸出-123.45
G 或 g	一般格式顯示數值 (預設)	-123 輸出-123
N 或 n	含小數，同時有千分位	-123 輸出-123.00
P 或 p	含小數、百分比，同時有千分位	-123.45 輸出-12,345.00 %
X 或 x	16 進位顯示	123 輸出 FFFFFF85

表 6-1：格式化數字輸出的字元表

方案 ch6_4.sln：格式化輸出的整體應用。

```
// ch6_4
Console.WriteLine(
    "(C) Currency: . . . . . . . . . {0:C}\n" +
    "(C) Currency: . . . . . . . . . {1:C}\n" +
    "(D) Decimal:. . . . . . . . . . {0:D}\n" +
    "(E) Scientific: . . . . . . . . {2:E}\n" +
    "(F) Fixed point:. . . . . . . . {2:F}\n" +
    "(G) General:. . . . . . . . . . {0:G}\n" +
    "    (default):. . . . . . . . . {0} (default = 'G')\n" +
    "(N) Number: . . . . . . . . . . {0:N}\n" +
    "(P) Percent:. . . . . . . . . . {2:P}\n" +
    "(X) Hexadecimal:. . . . . . . . {0:X}\n",
    -1234, 1234, -1234.567f);
```

執行結果

```
Microsoft Visual Studio 偵錯主控台
(C) Currency: . . . . . . . . . -NT$1,234.00
(C) Currency: . . . . . . . . . NT$1,234.00
(D) Decimal:. . . . . . . . . . -1234
(E) Scientific: . . . . . . . . -1.234567E+003
(F) Fixed point:. . . . . . . . -1234.57
(G) General:. . . . . . . . . . -1234
    (default):. . . . . . . . . -1234 (default = 'G')
(N) Number: . . . . . . . . . . -1,234.00
(P) Percent:. . . . . . . . . . -123,456.70%
(X) Hexadecimal:. . . . . . . . FFFFFB2E


D:\C#\ch6\ch6_4\ch6_4\bin\Debug\net6.0\ch6_4.exe (處理序 1136)
按任意鍵關閉此視窗…
```

註 本實例原創意來自 Microsoft 公司官方網站。

第 4 章的方案 ch4_12.sln 是計算圓周率，當時尚未介紹格式化輸出，有了這一小節的觀念，現在可以修訂該程式了。

方案 ch6_5.sln：重新設計方案 ch4_12.sln，使用小數點 3、4 和 5 位格式化輸出圓周率。

```
// ch6_5
double pi;
pi = 4 * (1 - 1.0 / 3 + 1.0 / 5 - 1.0 / 7 + 1.0 / 9);
Console.WriteLine($"pi = {pi:F3}");
Console.WriteLine($"pi = {pi:F4}");
Console.WriteLine($"pi = {pi:F5}");
```

執行結果

```
Microsoft Visual Studio 偵錯主控台
pi = 3.340
pi = 3.3397
pi = 3.33968

D:\C#\ch6\ch6_5\ch6_5\bin\Debug\net6.0\ch6_5.exe
按任意鍵關閉此視窗…
```

6-1-5 格式化日期與時間的輸出

假設現在日期是 2022 年 10 月 31 日，時間是 03:54:46，則有關格式化日期與時間的字元符號可以參考下表。

字元	說明	實例
d	短日期 Short date	2022/10/31
D	長日期 Long date	2022 年 10 月 31 日
t	短時間 Short time(不含秒)	下午 03:54
T	長時間 Long time(含秒)	下午 03:54:46
f	完整日期 / 短時間	2022 年 10 月 31 日 下午 03:54
F	完整日期 / 長時間	2022 年 10 月 31 日 下午 03:54:46
g	一般日期 / 短時間	2022/10/31 下午 03:54
G	一般日期 / 長時間 (**這是預設**)	2022/10/31 下午 03:54:46
M	月份	10 月 31 日
Y	年份	2022 年 10 月

表 6-2：格式化日期或時間輸出的字元表

方案 ch6_6.sln：輸出今天日期與時間。

```
// ch6_6
DateTime today = DateTime.Now;
Console.WriteLine(
            "(d) Short date: . . . . . . . . {0:d}\n" +
            "(D) Long date:. . . . . . . . . {0:D}\n" +
            "(t) Short time: . . . . . . . . {0:t}\n" +
            "(T) Long time:. . . . . . . . . {0:T}\n" +
            "(f) Full date/short time: . . {0:f}\n" +
            "(F) Full date/long time:. . . {0:F}\n" +
```

```
10              "(g) General date/short time:. {0:g}\n" +
11              "(G) General date/long time: . {0:G}\n" +
12              "    (default):. . . . . . . . {0} (default = 'G')\n" +
13              "(M) Month:. . . . . . . . . . {0:M}\n" +
14              "(Y) Year: . . . . . . . . . . {0:Y}\n",
15              today);
```

執行結果

```
Microsoft Visual Studio 偵錯主控台
(d) Short date: . . . . . . . 2022/10/31
(D) Long date:. . . . . . . . 2022年10月31日
(t) Short time: . . . . . . . 下午 03:54
(T) Long time:. . . . . . . . 下午 03:54:46
(f) Full date/short time: . . 2022年10月31日 下午 03:54
(F) Full date/long time:. . . 2022年10月31日 下午 03:54:46
(g) General date/short time:. 2022/10/31 下午 03:54
(G) General date/long time: . 2022/10/31 下午 03:54:46
    (default):. . . . . . . . 2022/10/31 下午 03:54:46 (default = 'G')
(M) Month:. . . . . . . . . . 10月31日
(Y) Year: . . . . . . . . . . 2022年10月


D:\C#\ch6\ch6_6\ch6_6\bin\Debug\net6.0\ch6_6.exe (處理序 7832) 已結束，
按任意鍵關閉此視窗…
```

註1 本實例原創意來自 Microsoft 公司官方網站。

註2 程式第 11 行的 "G" 字元是預設。

上述程式 DateTime.Now 是 System 命名空間，DateTime.Now 可以回傳目前電腦的日期和時間，未來第 15 章會做 DataTime 更完整的解說。

6-1-6　格式化預留輸出空間與對齊方式

程式設計時有時會想要預留輸出的空間，例如：輸出預留 5 格空間，有時會想要輸出靠左對齊，有時會想要輸出靠右對齊，假設變數是 num，預留 3 格空間，這時可以使用下列格式：

```
{num, 3}            // 預留3格空間，num是靠右對齊
{num,-3}            // 預留3格空間，num是靠左對齊
```

註 如果預留空間不足，則此預留空間將被忽略，變數內容可以完整顯示。

方案 ch6_6_1.sln：格式化整數，靠左與靠右對齊。

```
// ch6_6_1
int num = 5;
Console.WriteLine($"靠右對齊 :{num, 3}");
Console.WriteLine($"靠左對齊 :{num,-3}");
```

執行結果

```
Microsoft Visual Studio 偵錯主控台
靠右對齊 :    5
靠左對齊 :5

D:\C#\ch6\ch6_6_1\ch6_6_1\bin\Debug\net6.0\ch6_6_1.exe
按任意鍵關閉此視窗…
```

上述觀念也可以應用到 float 或 double 等浮點數觀念，可以參考下列實例。

方案 ch6_6_2.sln：格式化雙倍精度浮點數，靠左與靠右對齊。

```
// ch6_6_2
double num = 5.12345;
Console.WriteLine($"靠右對齊 :{num,10}");
Console.WriteLine($"靠左對齊 :{num,-10}");
```

執行結果

```
Microsoft Visual Studio 偵錯主控台
靠右對齊 :    5.12345
靠左對齊 :5.12345

D:\C#\ch6\ch6_6_2\ch6_6_2\bin\Debug\net6.0\ch6_6_2.exe
按任意鍵關閉此視窗…
```

在格式化輸出中，也可以應用 6-1-4 節的格式化字元，例如在含小數點的輸出格式化字元是 Fn，n 是小數點位數，假設變數是 num，預留 10 格空間，小數部分預留 2 位空間，這時可以使用下列格式：

```
{num, 10:F2}      // 預留10格空間，小數部分留2位，num是靠右對齊
{num,-10:F2}      // 預留10格空間，小數部分留2位，num是靠左對齊
```

方案 ch6_6_3.sln：格式化雙倍精度浮點數，小數部分留 2 位，靠左與靠右對齊。

```
// ch6_6_3
double num = 5.12345;
Console.WriteLine($"靠右對齊 :{num,10:F2}");
Console.WriteLine($"靠左對齊 :{num,-10:F2}");
```

執行結果

```
Microsoft Visual Studio 偵錯主控台
靠右對齊 :       5.12
靠左對齊 :5.12

D:\C#\ch6\ch6_6_3\ch6_6_3\bin\Debug\net6.0\ch6_6_3.exe
按任意鍵關閉此視窗…
```

6-1-7　格式化貨幣符號輸出

6-1-6 節的觀念也可以應用在貨幣符號的輸出，貨幣符號的格式化字元是 C 或 c，下列將直接用程式實例解說。

方案 ch6_6_4.sln：貨幣符號輸出的應用。

```
1 // ch6_6_4
2 double bill = 123.5;
3 double tax = bill * 0.05;
4 double total = bill + tax;
5 Console.WriteLine($"bill\t{bill,10:C2}");
6 Console.WriteLine($"tax\t{tax,10:C2}");
7 Console.WriteLine(("").PadRight(18, '-'));
8 Console.WriteLine($"Total\t{total,10:C2}");
```

執行結果

```
Microsoft Visual Studio 偵錯主控台
bill     NT$123.50
tax        NT$6.18
------------------
Total    NT$129.68

D:\C#\ch6\ch6_6_4\ch6_6_4\bin\Debug\net6.0\ch6_6_4.exe
按任意鍵關閉此視窗…
```

上述程式第 7 列有格式化函數，PadRight(18, '-')，這是字串 String 的方法，第 1 個參數是數量，第 2 個參數是輸出字元，整個功能是輸出 18 個 "-" 字元。

6-1-8　主控台輸出顏色控制

C# 的 System.Console 命名空間內有 ForegroundColor 和 BackgroundColor 屬性，可以分別設定輸出文字的前景顏色和背景顏色，如下所示：

```
Console.ForegroundColor = ConsoleColor.Blue;        // 設定前景是藍色
Console.BackgroundColor = ConsoleColor.Yellow;      // 設定背景是黃色
```

幾個重要顏色值如下：

Black：黑色	Blue：藍色	Cyan：青色	DarkBlue：深藍色
DarkCyan：深青色	DarkGray：深灰色	DarkGreen：深綠色	DarkMagenta：紫色
DarkRed：深紅色	DarkYellow：深黃色	Gray：灰色	Green：綠色
Magenta：品紅色	Red：紅色	White：白色	Yellow：黃色

方案 ch6_6_5.sln：設定輸出前景是藍色，背景是黃色。

```
// ch6_6_5
Console.ForegroundColor = ConsoleColor.Blue;
Console.BackgroundColor = ConsoleColor.Yellow;
Console.WriteLine("洪錦魁\t");
Console.WriteLine("明志工專\t");
Console.WriteLine("University of Mississippi");
```

執行結果

Microsoft Visual Studio 偵錯主控台

洪錦魁
明志工專
University of Mississippi

D:\C#\ch6\ch6_6_5\bin\Debug\net6.0\ch6_6_5.exe
按任意鍵關閉此視窗…

6-1-9 設計主控台視窗大小

Console.SetWindowSize(int32 x, int32 y) 可以設定主控台視窗大小，x 是字元行數，y 是字元列數。

方案 ch6_6_6.sln：設計主控台視窗大小是 50 行，8 列。

```
// ch6_6_6
Console.ForegroundColor = ConsoleColor.Blue;
Console.BackgroundColor = ConsoleColor.Yellow;
Console.SetWindowSize(50, 8);  // 設定寬 50, 高 8
Console.WriteLine("洪錦魁\t");
Console.WriteLine("明志工專\t");
Console.WriteLine("University of Mississippi");
```

執行結果

6-1-10 取得與設定游標位置

Console.CursorLeft 可以取得與設定游標 x 軸方向的位置，也可稱行位置，最左邊是第 0 行。Console.CursorTop 可以取得與設定游標 y 軸方向的位置，也可稱列位置，最上邊是第 0 列。

方案 ch6_6_7.sln：輸出程式執行初游標位置。

```
// ch6_6_7
int xCur = Console.CursorLeft;
int yCur = Console.CursorTop;
Console.WriteLine($"游標在第 {xCur} 行, 第 {yCur} 列");
```

執行結果

```
Microsoft Visual Studio 偵錯主控台
游標在第 0 行, 第 0 列

D:\C#\ch6\ch6_6_7\bin\Debug\net6.0\ch6_6_7.exe
按任意鍵關閉此視窗…
```

從上述程式可以得到程式執行初游標是在第 0 行第 0 列，程式設計時可以使用設定 Console.CursorLeft 和 Console.CursorTop 屬性控制輸出資料的位置，也可以使用 SetCursorPosition(x, y) 設定游標的位置，x 代表行，y 代表列。

方案 ch6_6_8.sln：使用 2 種方式在不同位置輸出字串 "C#" 和 "Python" 字串。

```
// ch6_6_8
Console.CursorLeft = 10;
Console.CursorTop = 2;
Console.WriteLine("C#");
Console.SetCursorPosition(12, 3);
Console.WriteLine("Python");
```

執行結果

```
Microsoft Visual Studio 偵錯主控台


          C#
            Python

D:\C#\ch6\ch6_6_8\bin\Debug\net6.0\ch6_6_8.exe
按任意鍵關閉此視窗…
```

6-2 Console.Write( )

這是標準輸出，使用觀念和 Console.WriterLine( ) 相同，但是資料輸出完，不會自動將上分行符號，所以下一次輸出時仍在同一行輸出。

方案 ch6_7.sln：Console.Write( ) 的基礎應用。

```
// ch6_7
Console.Write("洪錦魁\t");
Console.Write("明志工專\t");
Console.Write("University of Mississippi");
```

執行結果

```
Microsoft Visual Studio 偵錯主控台
洪錦魁  明志工專        University of Mississippi
D:\C#\ch6\ch6_7\ch6_7\bin\Debug\net6.0\ch6_7.exe
按任意鍵關閉此視窗…
```

6-3 Console.Read( )/Console.ReadKey( )/Console.ReadLine( )

這 3 個方法皆是屬於 System 命名空間，目的是執行輸入，我們可以讀取輸入的內容，意義如下：

Console.Read( )：讀取螢幕輸入的第 1 個字元，按 Enter 此讀取可以結束。

Console.ReadKey( )：這個方法常被用再按一下任意鍵，讓程式繼續。

Console.ReadLine( )：用字串方式讀取整行輸入。

6-3-1 Console.Read( )

Console.Read( ) 可以讀取螢幕輸入的第 1 個字元，即使輸入多個字元也只讀取第 1 個字元，輸入完請按 Enter 鍵，才會執行讀取工作，當讀取字元時會依 Unicode 碼值儲存此字元。

方案 ch6_8.sln：讀取字元，然後輸出此字元的 16 進位和 10 進位碼值。

```
// ch6_8
int x;
Console.Write("請輸入字元 : ");
x = Console.Read();
Console.WriteLine($"字元16進位 : {x:x}");
Console.WriteLine($"字元10進位 : {x}");
```

執行結果 分別輸入英文單字和中文字做測試。

```
Microsoft Visual Studio
請輸入字元 : A
字元16進位 : 41
字元10進位 : 65

D:\C#\ch6\ch6_8\ch6_8\bi
按任意鍵關閉此視窗…
```

```
Microsoft Visual Studio
請輸入字元 : Ab
字元16進位 : 41
字元10進位 : 65

D:\C#\ch6\ch6_8\ch6_8\bi
按任意鍵關閉此視窗…
```

```
Microsoft Visual Studio
請輸入字元 : 洪
字元16進位 : 6d2a
字元10進位 : 27946

D:\C#\ch6\ch6_8\ch6_8\bi
按任意鍵關閉此視窗…
```

註 上述筆者故意輸入 Ab，其實只讀取到 A 字元。

使用 Console.Read( ) 需要留意的是，即使只輸入一個字元，當我們按下 Enter 鍵執行讀取時，Enter 鍵此動作相當於產生回車字元 (carriage return)'\r'(10 進位 13 或是 16 進位 0xD) 和換行字元 (new line)'\n'(10 進位 10 或 16 進位 0xA)，這 2 個字元會遺留在輸入緩衝區。這個部分可以用 Console.Read( ) 再次讀取做驗證，如果不想要使用這 2 個字元也可以用 Console.ReadLine( ) 讀取，也可以稱清除。

方案 ch6_8_1.sln：認識回車字元 (carriage return) 和換行 (new line) 字元。

```
// ch6_8_1
int x;
Console.Write("請輸入字元 : ");
x = Console.Read();
Console.WriteLine($"字元16進位 : {x:x}");
Console.WriteLine($"字元10進位 : {x}");
x = Console.Read();
Console.WriteLine($"字元16進位 : {x:x}");
Console.WriteLine($"字元10進位 : {x}");
x = Console.Read();
Console.WriteLine($"字元16進位 : {x:x}");
Console.WriteLine($"字元10進位 : {x}");
```

執行結果

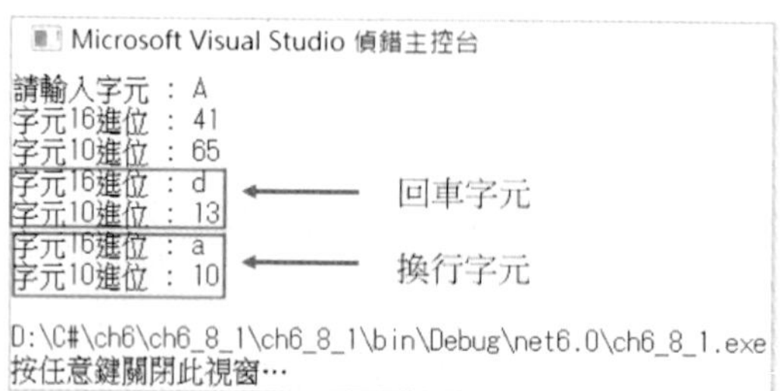

從上述可以看到我們只輸入一個字元 A，然後按 Enter 鍵，但是使用 Console.Read( ) 可以讀取字元 3 次，多了回車字元和換行字元。

6-3-2　Console.ReadKey( )

Console.ReadKey( ) 可以讀取螢幕輸入，常被用在告知使用者按下任意鍵，程式可以繼續執行。

方案 ch6_9.sln：按一下任意鍵，程式可以繼續執行。

```
// ch6_9
Console.WriteLine("國內頂尖科技大學");
Console.WriteLine("(按任意鍵可以繼續)");
Console.ReadKey();
Console.WriteLine("明志科技大學");
```

執行結果

```
D:\C#\ch6\ch6_9\ch6_9\bin\Debug\net6.0\ch6_9.exe
國內頂尖科技大學
(按任意鍵可以繼續)
```

```
Microsoft Visual Studio 偵錯主控台
國內頂尖科技大學
(按任意鍵可以繼續)
明志科技大學

D:\C#\ch6\ch6_9\ch6_9\bin\Debug\net6.0\ch6_9.exe
按任意鍵關閉此視窗…
```

6-3-3 Console.ReadLine( )

Console.ReadLine( ) 會用字串讀取螢幕整行螢幕輸入，可以參考下列語法。

```
strs = Console.ReadLine( );              // 所讀取的資料是字串
```

方案 ch6_10.sln：輸入字串的實例。

```
// ch6_10
string school;
Console.Write("請輸入畢業學校 : ");
school = Console.ReadLine();
Console.WriteLine($"你畢業的學校是 {school}");
```

執行結果

```
Microsoft Visual Studio 偵錯主控台
請輸入畢業學校 : 明志工專
你畢業的學校是 明志工專

D:\C#\ch6\ch6_10\ch6_10\bin\Debug\net6.0\ch6_10.exe
按任意鍵關閉此視窗…
```

註 需留意是 ReadLine( ) 是讀取整行輸入，所以如果輸入含多個單字的整句，直到按 Enter 鍵，整行會被讀取，可以參考下列執行結果。

```
Microsoft Visual Studio 偵錯主控台
請輸入畢業學校 : 明志工專 密西西比大學
你畢業的學校是 明志工專 密西西比大學

D:\C#\ch6\ch6_10\ch6_10\bin\Debug\net6.0\ch6_10.exe
按任意鍵關閉此視窗…
```

在 6-3-1 節使用 Console.Read( ) 讀取字元 (回傳是字元的 Unicode 碼值)，輸入緩衝區內仍有當我們按下 Enter 鍵執行讀取時，遺留在輸入緩衝區的**回車字元** '\r' 和**換行字元**，這時可以使用 Console.ReadLine( ) 讀取，這相當於清除輸入緩衝區字元，所以可以不必有回傳值，指令如下：

```
Console.ReadLine( );
```

未來在 10-3 節還會有更進一步的實例解說。

6-4 其他常用的螢幕方法

下列是常見的螢幕方法：

Console.Beep( ) 可以播放嗶聲。

Console.Clear( ) 可以清除視窗文字。

方案 ch6_11.sln：使用 Console.Beep( ) 和 Console.Clear( )，擴充設計方案 ch6_9.sln，讀者可以聽到嗶聲，然後視窗畫面被清除。

```
// ch6_11
string school;
Console.Write("請輸入頂尖科技大學 : ");
school = Console.ReadLine();
Console.WriteLine("(按任意鍵可以繼續)");
Console.ReadKey();
Console.Beep();
Console.Clear();
Console.WriteLine($"國內頂尖科技大學 : {school}");
```

執行結果

```
D:\C#\ch6\ch6_11\ch6_11\bin\Debug\net6.0\ch6_11.exe
請輸入頂尖科技大學 ： 明志科技大學
(按任意鍵可以繼續)
```

```
Microsoft Visual Studio 偵錯主控台
國內頂尖科技大學 ： 明志科技大學

D:\C#\ch6\ch6_11\ch6_11\bin\Debug\net6.0\ch6_11.exe
按任意鍵關閉此視窗…
```

6-5 資料的轉換

從 6-3 節可以看到使用 Console.ReadLine( ) 時，所讀取的資料是字串，這時即使輸入數字，此數字也會被視為字串，這時我們可以使用下列 3 種方式執行將字串轉為數字。

1：使用 Parse( ) 方法。

2：使用 TryParse( ) 方法。

3：使用 Convert 類別的方法。

6-5-1 讀取資料使用 Parse( ) 轉換

Parse( ) 是 System 命名空間，功能是將字串轉換成數字，這時語法如下：

變數 = 資料類型.Parse(字串);

資料類型是回傳的數字類型，可以是 int(也可用 Int32)、long(也可用 Int64)、ulong(也可用 UInt64)、float(也可用 Single)、double(也可用 Double)、decimal(也可用 Decimal)。

註 如果字串不是正規的數字，例如：25P、A56、… 等皆會造成 Parse( ) 轉換錯誤。

程式實例 ch6_12.sln：讀取資料，然後執行資料轉換的應用。

```
1 // ch6_12
2 string name, score;
3 int sc;
4 Console.Write("請輸入姓名 : ");
5 name = Console.ReadLine();
6 Console.Write("請輸入成績 : ");
7 score = Console.ReadLine();
8 sc = int.Parse(score);
9 Console.WriteLine($"{name} 成績是 {sc}");
```

執行結果

```
Microsoft Visual Studio 偵錯主控台
請輸入姓名 : 洪錦魁
請輸入成績 : 90
洪錦魁 成績是 90

D:\C#\ch6\ch6_12\ch6_12\bin\Debug\net6.0\ch6_12.exe
按任意鍵關閉此視窗…
```

專案 ch6_12_1.sln 是將第 8 行的 int 改為 Int32 的實例，可以得到相同的執行結果。

```
8 sc = Int32.Parse(score);
```

方案 ch6_13.sln：使用雙倍精度浮點數重新設定 ch6_12.sln 的成績 sc。

```
// ch6_13
string name, score;
double sc;
Console.Write("請輸入姓名 : ");
name = Console.ReadLine();
Console.Write("請輸入成績 : ");
score = Console.ReadLine();
sc = Double.Parse(score);
Console.WriteLine($"{name} 成績是 {sc}");
```

執行結果 與 ch6_12.sln 相同。

6-5-2 讀取資料使用 TryParse( ) 轉換

C# 有提供 TryParse( ) 函數，可以執行相同將字串轉換成數字的功能，功能與 Parse( ) 一樣，但是呼叫方式不一樣，其語法如下：

資料類型.TryParse(字串, out 資料類型 變數);

上述可以將字串轉換的結果設定給 TryParse( ) 內的第 2 個參數，也就是變數，第 2 個參數 out 是表示這是回傳值宣告，12-6-4 節會對 out 做更多說明。

註 如果字串不是正規的數字，例如：25P、A56、… 等皆會造成 TryParse( ) 轉換錯誤。

方案 ch6_14.sln：使用 TryParse( ) 重新設計 ch6_12.sln。

```
1 // ch6_14
2 string name, score;
3 Console.Write("請輸入姓名 : ");
4 name = Console.ReadLine();
5 Console.Write("請輸入成績 : ");
6 score = Console.ReadLine();
7 Int32.TryParse(score, out int sc);
8 Console.WriteLine($"{name} 成績是 {sc}");
```

執行結果 與 ch6_12.sln 相同。

上述程式第 7 行，第 2 個參數是 "out int sc"，這是因為本程式未宣告 sc 變數，如果在程式宣告了 sc 變數，則可以將此參數改寫為 "out sc"，有關此設定讀者可以參考 ch6_14_1.sln，如下所示：

```
// ch6_14_1
string name, score;
int sc;
Console.Write("請輸入姓名 : ");
name = Console.ReadLine();
Console.Write("請輸入成績 : ");
score = Console.ReadLine();
Int32.TryParse(score, out sc);
Console.WriteLine($"{name} 成績是 {sc}");
```

6-5-3　Convert 類別的方法

C# 的 Convert 類別所提供的方法功能很多，除了可以執行字串轉成數字，也可以執行不同類型數字的轉換，下列是常見的轉換方法：

C# 類別	Convert 類別的方法	說明
char	ToChar(參數)	將參數轉換成字元
short	ToInt16(參數)	將參數轉換成 16 位元短整數
uint	ToUInt16(參數)	將參數轉換成 16 位元無號整數
int	ToInt32(參數)	將參數轉換成 32 位元整數
uint	ToUInt32(參數)	將參數轉換成 32 位元無號整數
long	ToInt64(參數)	將參數轉換成 64 位元長整數

C# 類別	Convert 類別的方法	說明
ulong	ToUInt64(參數)	將參數轉換成 64 位元無號長整數
float	ToSingle(參數)	將參數轉換成 32 位元浮點數
double	ToDouble(參數)	將參數轉換成 64 位元雙倍精度浮點數
decimal	ToDecimal(參數)	將參數轉換成 128 位元高精度幅點數
DateTime	ToDateTime(參數)	將參數轉換成日期格式

在上述方法中，如果參數是字串，就可以將字串轉成指定的數值。如果參數是不同類型的數值，就可以強制轉換成指定的數值。

方案 ch6_15.sln：將字串轉數字的應用，請輸入姓名和數學和物理的成績，然後輸出平均分數。

因為math和phy是 int 類型，
所以必需用2.0，結果才會是double類型

```
// ch6_15
string name;
int math, phy;
double average;
Console.Write("請輸入姓名 : ");
name = Console.ReadLine();
Console.Write("請輸入數學成績 : ");
math = Convert.ToInt32(Console.ReadLine());
Console.Write("請輸入物理成績 : ");
phy = Convert.ToInt32(Console.ReadLine());
average = (math + phy) / 2.0;
Console.WriteLine($"{name} 你的平均成績是 {average}");
```

執行結果

```
Microsoft Visual Studio 偵錯主控台
請輸入姓名 : 洪錦魁
請輸入數學成績 : 99
請輸入物理成績 : 98
洪錦魁 你的平均成績是 98.5

D:\C#\ch6\ch6_15\ch6_15\bin\Debug\net6.0\ch6_15.exe
按任意鍵關閉此視窗…
```

方案 ch6_16.sln：擴充修改 ch6_15.sln，除了說明字串轉換成數值外，也說明雙倍精度浮點數轉換成整數的應用。

因為math和phy是double類型，
所以可以用2，結果也是double類型

```
// ch6_16
string name;
double math, phy;
int average;
Console.Write("請輸入姓名 : ");
name = Console.ReadLine();
Console.Write("請輸入數學成績 : ");
math = Convert.ToDouble(Console.ReadLine());
Console.Write("請輸入物理成績 : ");
phy = Convert.ToDouble(Console.ReadLine());
Console.WriteLine($"{name} 你的平均成績是 {(math+phy)/2}");
average = Convert.ToInt32((math + phy) / 2);
Console.WriteLine($"{name} 你的平均成績是 {average}");
```

執行結果

```
Microsoft Visual Studio 偵錯主控台
請輸入姓名 : 洪錦魁
請輸入數學成績 : 98
請輸入物理成績 : 99
洪錦魁 你的平均成績是 98.5
洪錦魁 你的平均成績是 98

D:\C#\ch6\ch6_16\ch6_16\bin\Debug\net6.0\ch6_16.exe
按任意鍵關閉此視窗…
```

在 6-3-1 節使用 console.Read( ) 讀取字元時，所讀取字元是用 Unicode 碼儲存，如果要顯示字元可以用 Convert.ToChar(字元碼)，將字元碼轉換成字元。

方案 ch6_16_1.sln：使用 Console.Read( ) 讀取字元，然後輸出此字元 10 進位和 16 進位的 Unicode 碼值和此字元。

```
// ch6_16_1
Console.Write("請輸入字元 : ");
int c = Console.Read();
Console.WriteLine($"你輸入字元的10進位 Unicode 碼值是 : {c}");
Console.WriteLine($"你輸入字元的16進位 Unicode 碼值是 : {c:X}");
Console.WriteLine($"你輸入的字元是 : {Convert.ToChar(c)}");
```

執行結果

```
Microsoft Visual Studio 偵錯主控台
請輸入字元 : A
你輸入字元的10進位 Unicode 碼值是 : 65
你輸入字元的16進位 Unicode 碼值是 : 41
你輸入的字元是 : A

D:\C#\ch6\ch6_16_1\ch6_16_1\bin\Debug\net6
按任意鍵關閉此視窗…
```

```
Microsoft Visual Studio 偵錯主控台
請輸入字元 : 魁
你輸入字元的10進位 Unicode 碼值是 : 39745
你輸入字元的16進位 Unicode 碼值是 : 9B41
你輸入的字元是 : 魁

D:\C#\ch6\ch6_16_1\ch6_16_1\bin\Debug\net6
按任意鍵關閉此視窗…
```

如果輸入中文字，這個程式也可以獲得此中文字的 10 進位或是 16 進位的 Unicode 碼值。

6-6 日期格式的轉換

Convert.ToDateTime( ) 函數可以將符合日期時間格式的一般字串，轉成標準日期時間格式的字串。

方案 ch6_17.sln：日期格式字串的轉換，在這個程式讀者應該學習，如何表達日期格式。註：如果日期格式錯誤，此程式將輸出錯誤訊息然後終止執行。

```
// ch6_17
string dstring, ost;
DateTime dt;
dstring = "05/01/2024";
dt = Convert.ToDateTime(dstring);
```

```
Console.WriteLine($"{dstring} 轉換結果 {dt}");
dstring = "Fri Apr 28, 2023";
dt = Convert.ToDateTime(dstring);
Console.WriteLine($"{dstring} 轉換結果 {dt}");
dstring = "06 July 2023 10:30:30 AM";
dt = Convert.ToDateTime(dstring);
Console.WriteLine($"{dstring} 轉換結果 {dt}");
dstring = "18:30:50.005";
dt = Convert.ToDateTime(dstring);
Console.WriteLine($"{dstring} 轉換結果 {dt}");
dstring = "Wed, 10 May 2023 14:30:50 GMT";
dt = Convert.ToDateTime(dstring);
Console.WriteLine($"{dstring} 轉換結果 {dt}");
```

執行結果

```
Microsoft Visual Studio 偵錯主控台
05/01/2024 轉換結果 2024/5/1 上午 12:00:00
Fri Apr 28, 2023 轉換結果 2023/4/28 上午 12:00:00
06 July 2023 10:30:30 AM 轉換結果 2023/7/6 上午 10:30:30
18:30:50.005 轉換結果 2022/11/1 下午 06:30:50
Wed, 10 May 2023 14:30:50 GMT 轉換結果 2023/5/10 下午 10:30:50

D:\C#\ch6\ch6_17\ch6_17\bin\Debug\net6.0\ch6_17.exe (處理序 19404)
按任意鍵關閉此視窗…
```

6-7 Math 類別

Math 類別是屬於 System 命名空間，本節將分成 3 小節介紹數學相關常數與方法。

6-7-1 Math 類別的數學常數

Math 類別的數學常數有下列 2 個。

Math.E：這是自然對數底 e，代表值是 2.718281828459045。

Math.PI：圓周率，代表值是 3.141592653589793。

方案 ch6_18.sln：輸出 Math.E 和 Math.PI。

```
// ch6_18
Console.WriteLine($"Math.E  = {Math.E}");
Console.WriteLine($"Math.PI = {Math.PI}");
```

執行結果

```
Microsoft Visual Studio 偵錯主控台
Math.E  = 2.718281828459045
Math.PI = 3.141592653589793

D:\C#\ch6\ch6_18\ch6_18\bin\Debug\net6.0\ch6_18.exe
按任意鍵關閉此視窗…
```

6-7-2　Math 類別的三角函數

在三角函數的應用中，所有的參數皆是以弳度為度量，C# 語言 Math 類別包含下列常見的各種三角函數。

正弦函數：Math.Sin(double x)

餘弦函數：Math.Cos(double x)

正切函數：Math.Tan(double x)

反正弦函數：Math.Asin(double x)

反餘弦函數：Math.Acos(double x)

反正切函數：Math.Atan(double x)

雙曲線正弦函數：Math.Sinh(double x)

雙曲線餘弦函數：Math.Cosh(double x)

雙曲線正切函數：Math.Tanh(double x)

上述 x 是需宣告為雙倍精度浮點數 double，其意義是弧度，假設角度是 x，可以使用下列公式將角度轉成弧度。

弧度 = x * 2 * pi / 360

註 pi 圓周率，可以使用前一小節的 Math.PI 代替。

方案 ch6_19.sln：計算 30 度角度的 sin( )、cos( ) 和 tan( ) 的值。

```
// ch6_19
double x = 30;
double radian = x * 2 * Math.PI / 360;
Console.WriteLine($"sin(x) = {Math.Sin(radian):F2}");
Console.WriteLine($"cos(x) = {Math.Cos(radian):F2}");
Console.WriteLine($"Tan(x) = {Math.Tan(radian):F2}");
```

執行結果

```
Microsoft Visual Studio 偵錯主控台
sin(x) = 0.50
cos(x) = 0.87
Tan(x) = 0.58

D:\C#\ch6\ch6_19\ch6_19\bin\Debug\net6.0\ch6_19.exe
按任意鍵關閉此視窗…
```

6-7-3　Math 類別常用的方法

下列是常見的數學方法：

Math.Abs(x)

計算 x 的絕對值，x 資料類型可以是整數或是浮點數，例如：Math.Abs(-5)=5。

Math.Ceiling(double x)

傳回大於 x 的最小整數，例如：Math.Ceiling(3.5) = 4。

Math.Floor(double x)

傳回小於 x 的最大整數，例如：Math.Floor(3.9) = 3。

Math.Truncate(double x)

刪除小數位數。例如：Math.Truncate(3.5) = 3。

Math.Sqrt(double x)

開根號，例如：Math.Sqrt(4) = 2.0。

Math.Max(x1, x2)

回傳相同類型資料的較大值，例如：Math.Max(5, 10) = 10。

Math.Min(x1, x2)

回傳相同類型資料的較小值，例如：Math.Max(5, 10) = 5。

Math.Pow(double x, double y)

回傳 x 的 y 次方，例如：Math.Pow(2.0, 3.0) = 8.0。

Math.Log(double x)

回傳自然對數或稱底數 e 的對數，例如：Math.Log(Math.E) = 1.0。

Math.Log2(double x)

回傳底數 2 的對數，例如：Math.Log(8.0) = 3.0。

Math.Log10(double x)

回傳底數 10 的對數，例如：Math.Log(100.0) = 2.0。

Math.Round(double x) 或 Math.Round(double x, int y)

這是採用演算法則的 Bankers Rounding 觀念，如果處理位數左邊是**奇數則使用四捨五入**，如果處理位數左邊是**偶數則使用五捨六入**，例如：Round(1.5)=2，Round(2.5)=2。處理小數時，**第 2 個參數**代表取到小數第幾位，小數位數的下一個小數位數採用 "5" 以下捨去，"51" 以上進位，例如：Round(2.15,1)=2.1，Round(2.25,1)=2.2，Round(2.151,1)=2.2，Round(2.251,1)=2.3。

方案 ch6_20.sln：基礎數學方法實例。

```
// ch6_20
Console.WriteLine($"Math.Abs(-5) = {Math.Abs(-5)}");
Console.WriteLine($"Math.Ceiling(3.5) = {Math.Ceiling(3.5)}");
Console.WriteLine($"Math.Floor(3.9) = {Math.Floor(3.9)}");
Console.WriteLine($"Math.Truncate(3.5) = {Math.Truncate(3.5)}");
Console.WriteLine($"Math.Sqrt(4) = {Math.Sqrt(4)}");
Console.WriteLine($"Math.Max(5, 10) = {Math.Max(5, 10)}");
Console.WriteLine($"Math.Min(5, 10) = {Math.Min(5, 10)}");
Console.WriteLine($"Math.Pow(2.0, 3.0) = {Math.Pow(2.0, 3.0)}");
Console.WriteLine($"Math.Log(Math.E) = {Math.Log(Math.E)}");
Console.WriteLine($"Math.Log2(8.0) = {Math.Log2(8.0)}");
Console.WriteLine($"Math.Log10(100.0) = {Math.Log10(100.0)}");
Console.WriteLine($"Math.Round(47.5) = {Math.Round(47.5)}");
Console.WriteLine($"Math.Round(48.5) = {Math.Round(48.5)}");
Console.WriteLine($"Math.Round(2.15,1) = {Math.Round(2.15,1)}");
Console.WriteLine($"Math.Round(2.25,1) = {Math.Round(2.25,1)}");
Console.WriteLine($"Math.Round(2.151,1) = {Math.Round(2.151,1)}");
Console.WriteLine($"Math.Round(2.251,1) = {Math.Round(2.251,1)}");
```

執行結果

Microsoft Visual Studio 偵錯主控台

```
Math.Abs(-5) = 5
Math.Ceiling(3.5) = 4
Math.Floor(3.9) = 3
Math.Truncate(3.5) = 3
Math.Sqrt(4) = 2
Math.Max(5, 10) = 10
Math.Min(5, 10) = 5
Math.Pow(2.0, 3.0) = 8
Math.Log(Math.E) = 1
Math.Log2(8.0) = 3
Math.Log10(100.0) = 2
Math.Round(47.5) = 48
Math.Round(48.5) = 48
Math.Round(2.15,1) = 2.2
Math.Round(2.25,1) = 2.2
Math.Round(2.151,1) = 2.2
Math.Round(2.251,1) = 2.3

D:\C#\ch6\ch6_20\ch6_20\bin\Debug\net6.0\ch6_20.exe
按任意鍵關閉此視窗…
```

6-8 專題 – 複利 / 殘值 / 到月球 / 點的距離 / 貸款 / 圓周率 / 雞兔同籠

6-8-1 銀行存款複利的計算

方案 ch6_21.sln：銀行存款複利的計算，假設目前銀行年利率是 1.5%，複利公式如下：

本金和 = 本金 * (1 + 年利率)n　　　　　# n是年

你有一筆 5 萬元，請計算 5 年後的本金和，計算到小數第 2 位。

```
// ch6_21
int year = 5;
double money = 50000 * Math.Pow((1 + 0.015), year);
Console.WriteLine($"{year} 年後本金和是 {money:F2}");
```

執行結果

```
Microsoft Visual Studio 偵錯主控台
5 年後本金和是 53864.20

D:\C#\ch6\ch6_21\ch6_21\bin\Debug\net6.0\ch6_21.exe
按任意鍵關閉此視窗…
```

6-8-2 價值衰減的計算

方案 ch6_22.sln：有一個品牌車輛，前 3 年每年價值衰減 15 ，請問原價 100 萬的車輛 3 年後的殘值是多少。

```
// ch6_22
int year = 3;
double car = 1000000 * Math.Pow((1 - 0.15), year);
Console.WriteLine($"經過 {year} 後車輛殘值是 {car:F2}");
```

執行結果

```
Microsoft Visual Studio 偵錯主控台
經過 3 後車輛殘值是 614125.00

D:\C#\ch6\ch6_22\ch6_22\bin\Debug\net6.0\ch6_22.exe
按任意鍵關閉此視窗…
```

6-8-3 計算地球到月球所需時間

馬赫 (Mach number) 是音速的單位，主要是紀念奧地利科學家恩斯特馬赫 (Ernst Mach)，一馬赫就是一倍音速，它的速度大約是每小時 1225 公里。

方案 ch6_23.sln：從地球到月球約是 384400 公里，假設火箭的速度是一馬赫，設計一個程式計算需要多少天、多少小時才可抵達月球。**註**：這個程式省略分鐘數。

```
// ch6_23
int dist = 384400;                    // 地球到月亮的距離
int speed = 1225;                     // 1馬赫速度, 每小時1225公里
int total_hours = dist / speed; // 計算小時數
int days = total_hours / 24;      // 商 - 計算天數
int hours = total_hours % 24;     // 餘數 - 計算小時數
Console.WriteLine($"總共需要 {days} 天 {hours} 小時");
```

執行結果

```
Microsoft Visual Studio 偵錯主控台
總共需要 13 天 1 小時

D:\C#\ch6\ch6_23\ch6_23\bin\Debug\net6.0\ch6_23.exe
按任意鍵關閉此視窗…
```

6-8-4 計算座標軸 2 個點之間的距離

有 2 個點座標分別是 (x1, y1)、(x2, y2)，求 2 個點的距離，其實這是國中數學的畢氏定理，基本觀念是直角三角形兩邊長的平方和等於斜邊的平方。

$$a^2 + b^2 = c^2$$

所以對於座標上的 2 個點我們必需計算相對直角三角形的 2 個邊長，假設 a 是 (x1-x2) 和 b 是 (y1-y2)，然後計算斜邊長，這個斜邊長就是 2 點的距離，觀念如下：

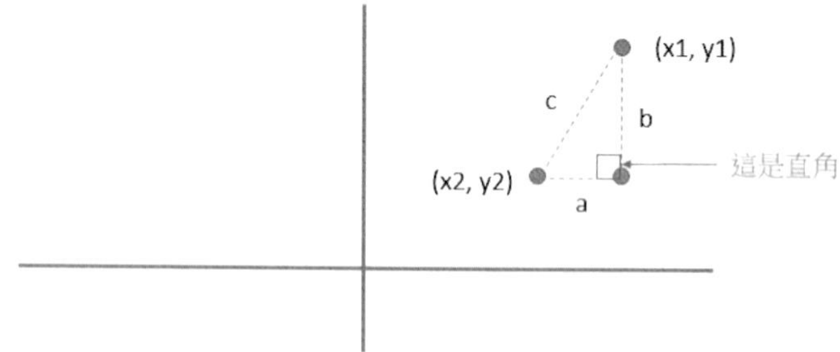

計算公式如下：

$$\sqrt{(x1 - x2)^2 + (y1 - y2)^2}$$

可以將上述公式轉成下列電腦數學表達式。

$$dist = ((x1 - x2)^2 + (y1 - y2)^2) ** 0.5$$ # ** 0.5相當於開根號

在人工智慧的應用中，我們常用點座標代表某一個物件的**特徵** (feature)，計算 2 個點之間的距離，相當於可以了解物體間的相似程度。如果距離越短代表相似度越高，距離越長代表相似度越低。

方案 ch6_24.sln：有 2 個點座標分別是 (1, 8) 與 (3, 10)，請計算這 2 點之間的距離，輸出到小數第 3 位。

```
// ch6_24
double x1 = 1;
double y1 = 8;
double x2 = 3;
double y2 = 10;
double dist = Math.Pow(Math.Pow(x1-x2, 2) + Math.Pow(x1-x2, 2), 0.5);
Console.WriteLine($"2個點的距離是 {dist:F3}");
```

執行結果

```
Microsoft Visual Studio 偵錯主控台
2個點的距離是 2.828

D:\C#\ch6\ch6_24\ch6_24\bin\Debug\net6.0\ch6_24.exe
按任意鍵關閉此視窗…
```

6-8-5 房屋貸款問題實作

方案 ch6_25.sln：每個人在成長過程可能會經歷買房子，第一次住在屬於自己的房子是一個美好的經歷，大多數的人在這個過程中可能會需要向銀行貸款。這時我們會思考需要貸款多少錢？貸款年限是多少？銀行利率是多少？然後我們可以利用上述已知資料計算每個月還款金額是多少？同時我們會好奇整個貸款結束究竟還了多少貸款本金和利息。在做這個專題實作分析時，我們已知的條件是：

貸款金額：用 loan 當變數

貸款年限：用 year 當變數

年利率：用 rate 當變數

然後我們需要利用上述條件計算下列結果：

每月還款金額：用 monthlyPay 當變數

總共還款金額：用 totalPay 當變數

處理這個貸款問題的數學公式如下：

$$每月還款金額 = \frac{貸款金額 * 月利率}{1 - \frac{1}{(1 + 月利率)^{貸款年限*12}}}$$

在銀行的貸款術語習慣是用年利率，所以碰上這類問題我們需將所輸入的利率先除以 100，這是轉成百分比，同時要除以 12 表示是月利率。可以用下列方式計算月利率，筆者用 monthrate 當作變數。

```
monthrate = rate / (12*100)                    # 第5列
```

為了不讓求每月還款金額的數學式變的複雜，筆者將分子 (第 10 列) 與分母 (第 11 列) 分開計算，第 12 列則是計算每月還款金額，第 13 列是計算總共還款金額。

```
1  // ch6_25
2  Console.Write("請輸入貸款金額 : ");
3  int loan = Convert.ToInt32(Console.ReadLine());
4  Console.Write("請輸入年限 : ");
5  int year = Convert.ToInt32(Console.ReadLine());
6  Console.Write("請輸入貸款金額 : ");
7  double rate = Convert.ToDouble(Console.ReadLine());
8  double monthrate = rate / (12 * 100);
9  // 計算每月還款金額
10 double molecules = loan * monthrate;
11 double denominator = 1 - (1 / Math.Pow(1 + monthrate, (year * 12)));
12 double monthlyPay = molecules / denominator;     // 每月還款金額
13 double totalPay = monthlyPay * year * 12;        // 總共還款金額
14 Console.WriteLine($"每月還款金額 {Math.Truncate(monthlyPay)}");
15 Console.WriteLine($"總共還款金額 {Math.Truncate(totalPay)}");
```

執行結果

```
Microsoft Visual Studio 偵錯主控台
請輸入貸款金額 : 6000000
請輸入年限 : 20
請輸入貸款金額 : 2.0
每月還款金額 30353
總共還款金額 7284720

D:\C#\ch6\ch6_25\ch6_25\bin\Debug\net6.0\ch6_25.exe
按任意鍵關閉此視窗…
```

6-8-6　使用反餘弦函數計算圓周率

前面程式實例筆者使用 3.1415926 代表圓周率 PI，這個數值已經很精確了，其實我們也可以使用下列反餘弦函數 acos( ) 計算圓周率 PI。

acos(-1)

當將 PI 設為雙倍精度浮點數時，可以獲得更精確的圓周率 PI 值。

方案 ch6_26.sln：使用反餘弦函數 acos( ) 計算圓周率 PI。

```
// ch6_26
double pi;
pi = Math.Acos(-1);
Console.WriteLine($"PI = {pi}");
```

執行結果

```
Microsoft Visual Studio 偵錯主控台
PI = 3.141592653589793

D:\C#\ch6\ch6_26\ch6_26\bin\Debug\net6.0\ch6_26.exe
按任意鍵關閉此視窗…
```

6-8-7 雞兔同籠 – 解聯立方程式

古代孫子算經有一句話，" 今有雞兔同籠，上有三十五頭，下有百足，問雞兔各幾何？"，這是古代的數學問題，表示有 35 個頭，100 隻腳，然後籠子裡面有幾隻雞與幾隻兔子。雞有 1 隻頭、2 隻腳，兔子有 1 隻頭、4 隻腳。我們可以使用基礎數學解此題目，也可以使用迴圈解此題目，這一小節筆者將使用基礎數學的聯立方程式解此問題。

如果使用基礎數學，將 x 代表 chicken，y 代表 rabbit，可以用下列公式推導。

chicken + rabbit = 35　　　　相當於---- >　　x + y = 35
2 * chicken + 4 * rabbit = 100　　相當於---- >　　2x + 4y = 100

經過推導可以得到下列結果：

x(chicken) = 20　　　　# 雞的數量
y(rabbit) = 15　　　　# 兔的數量

整個公式推導，假設 f 是腳的數量，h 代表頭的數量，可以得到下列公式：

x(chicken) = 2h – f / 2
y(rabbit) = f / 2 – h

方案 ch6_27.sln：請輸入頭和腳的數量，本程式會輸出雞的數量和兔的數量。

```
// ch6_27
Console.Write("請輸入頭的數量 : ");
int h = Convert.ToInt32(Console.ReadLine());
Console.Write("請輸入腳的數量 : ");
int f = Convert.ToInt32(Console.ReadLine());
int chicken = 2 * h - f / 2;
int rabbit = f / 2 - h;
Console.WriteLine($"雞有 {chicken} 隻, 兔有 {rabbit}");
```

執行結果

```
Microsoft Visual Studio 偵錯主控台
請輸入頭的數量 : 35
請輸入腳的數量 : 100
雞有 20 隻, 兔有 15

D:\C#\ch6\ch6_27\ch6_27\bin\Debug\net6.0\ch6_27.exe
按任意鍵關閉此視窗…
```

習題實作題

方案 ex6_1.sln：重新設計 ex4_8.sln，圓周率輸出到小數第 5 位。(6-1 節)

```
Microsoft Visual Studio 偵錯主控台
pi的值4*(1-1.0/3+1.0/5-1.0/7+1.0/9-1.0/11) = 3.33968
pi的值4*(1-1.0/3+1.0/5-1.0/7+1.0/9-1.0/11+1.0/13) = 3.28374

D:\C#\ex\ex6_1\ex6_1\bin\Debug\net6.0\ex6_1.exe (處理序 15972)
按任意鍵關閉此視窗…
```

方案 ex6_2.sln：重新設計 ex4_9.sln，圓周率輸出到小數第 8 位。(6-1 節)

```
Microsoft Visual Studio 偵錯主控台
pi的值3 + 4.0/(2*3*4) - 4.0/(4*5*6) + 4.0/(6*7*8) = 3.14523810
pi的值3 + 4.0/(2*3*4) - 4.0/(4*5*6) + 4.0/(6*7*8) - 4.0/(8*9*10) = 3.13968254

D:\C#\ex\ex6_2\ex6_2\bin\Debug\net6.0\ex6_2.exe (處理序 13284) 已結束，出現代碼
按任意鍵關閉此視窗…
```

方案 ex6_3.sln：請使用一個 Console.WriteLine( ) 可以分 2 行輸出現在日期與現在時間。(6-2 節)

```
D:\C#\ex\ex6_3\ex6_3\bin\Debug\net6.0\ex6_3.exe
現在日期是 : 2022/11/1
現在時間是 : 下午 09:26:24.

請按任意鍵繼續 . . .
```

方案 ex6_4.sln：請輸入華氏溫度，這個程式可以轉成攝氏溫度，華氏溫度轉攝氏溫度公式如下：(6-5 節)

攝氏溫度 = (華氏溫度 – 32) * 5 / 9

```
Microsoft Visual Studio 偵錯主控台
請輸入華氏溫度 : 104
華氏溫度 104 等於攝氏溫度 40

D:\C#\ex\ex6_4\ex6_4\bin\Debug\net6.0\ex6_4.exe
按任意鍵關閉此視窗…
```

註1 攝氏溫度 (Celsius，簡稱 C) 的由來是在標準大氣壓環境，純水的凝固點是 0 度、沸點是 100 度，中間劃分 100 等份，每個等份是攝氏 1 度。這是紀念瑞典科學家安德斯 · 攝爾修斯 (Anders Celsius) 對攝氏溫度定義的貢獻，所以稱攝氏溫度 (Celsius)。

註2 華氏溫度 (Fahrenheit，簡稱 F) 的由來是在標準大氣壓環境，水的凝固點是 32 度、水的沸點是 212 度，中間劃分 180 等份，每個等份是華氏 1 度。這是紀念德國科學家丹尼爾 · 加布里埃爾 · 華倫海特 (Daniel Gabriel Fahrenheit) 對華氏溫度定義的貢獻，所以稱華氏溫度 (Fahrenheit)。

方案 ex6_5.sln：請輸入攝氏溫度，這個程式可以轉成華氏溫度，攝氏溫度轉華氏溫度公式如下：(6-5 節)

華氏溫度 = 攝氏溫度 * (9 / 5) + 32

```
Microsoft Visual Studio 偵錯主控台
請輸入攝氏溫度 : 31
攝氏溫度 31 等於攝氏溫度 87.8

D:\C#\ex\ex6_5\ex6_5\bin\Debug\net6.0\ex6_5.exe
按任意鍵關閉此視窗…
```

方案 ex6_6.sln：請輸入半徑，然後可以輸出圓面積和周長 (輸出到小數第 3 位)，圓周率需用 Math.PI。(6-7 節)

```
Microsoft Visual Studio 偵錯主控台
請輸入半徑 : 10
半徑是 10 的面積是 314.159
半徑是 10 的面積是 62.832

D:\C#\ex\ex6_6\ex6_6\bin\Debug\net6.0\ex6_6.exe
按任意鍵關閉此視窗…
```

方案 ex6_7.sln：重新設計**方案** ch6_21.sln，假設期初本金是 100000 元，假設年利率是 2%，這是複利計算，請問 10 年後本金總和是多少？**註**：請捨去小數點。(6-8 節)

```
Microsoft Visual Studio 偵錯主控台
10 年後本金和是 121899

D:\C#\ex\ex6_7\ex6_7\bin\Debug\net6.0\ex6_7.exe
按任意鍵關閉此視窗…
```

方案 ex6_8.sln：重新設計**方案** ch6_21.sln，請將**年利率**和**存款年數**改為從螢幕輸入，輸出金額捨去小數相當於單位是元。(6-8 節)

```
Microsoft Visual Studio 偵錯主控台
請輸入年利率 % : 1.5
請輸入年數     : 5
5 年後本金和是 : 53864

D:\C#\ex\ex6_8\ex6_8\bin\Debug\net6.0\ex6_8.exe
按任意鍵關閉此視窗…
```

方案 ex6_9.sln：地球和月球的距離是 384400 公里，假設火箭飛行速度是每分鐘 250 公里，請問從地球飛到月球需要多少天、多少小時、多少分鐘，請捨去秒鐘。(6-8 節)

```
Microsoft Visual Studio 偵錯主控台
需要 1 天 25 小時 37 分鐘

D:\C#\ex\ex6_9\ex6_9\bin\Debug\net6.0\ex6_9.exe
按任意鍵關閉此視窗…
```

方案 ex6_10.sln：地球和月球的距離是 384400 公里，請將火箭飛行速度改為從螢幕輸入，請計算地球到月球的分鐘數，請捨去秒鐘。(6-8 節)

```
Microsoft Visual Studio 偵錯主控台
請輸入火箭速度每分鐘公里數： 400
地球到月球所需分鐘數 ： 961

D:\C#\ex\ex6_10\ex6_10\bin\Debug\net6.0\ex6_10.exe
按任意鍵關閉此視窗…
```

方案 ex6_11.sln：地球和月球的距離是 384400 公里，請將速度 speed 改為從螢幕輸入馬赫數，程式會將速度馬赫數轉為公里 / 小時，然後才開始運算。註：1 馬赫等於每小時 1225 公里。(6-8 節)

```
Microsoft Visual Studio 偵錯主控台
請輸入火箭速度馬赫數： 3
總共需要 4 天, 8 小時

D:\C#\ex\ex6_11\ex6_11\bin\Debug\net6.0\ex6_11.exe
按任意鍵關閉此視窗…
```

方案 ex6_12.sln：請計算 2 個點座標 (1, 8) 與 (3, 10)，距座標原點 (0, 0) 的距離。(6-8 節)

```
Microsoft Visual Studio 偵錯主控台
座標(1, 8) 點與座標原點(0, 0)的距離是 8.062
座標(3, 10)點與座標原點(0, 0)的距離是 10.440

D:\C#\ex\ex6_12\ex6_12\bin\Debug\net6.0\ex6_12.exe
按任意鍵關閉此視窗…
```

方案 ex6_13.sln：假設病毒繁殖速度是每小時以 0.2 倍速度成長，假設原病毒數量是 100，1 天候病毒數量是多少，請捨去小數位。(6-8 節)

```
Microsoft Visual Studio 偵錯主控台
1 天後病毒數量 ： 7949

D:\C#\ex\ex6_13\ex6_13\bin\Debug\net6.0\ex6_13.exe
按任意鍵關閉此視窗…
```

方案 ex6_14.sln：假設一架飛機起飛的速度是 v，飛機的加速度是 a，下列是飛機起飛時所需的跑道長度公式。(6-8 節)

$$\text{distance} = \frac{v^2}{2a}$$

請輸入飛機時速 (公尺 / 秒) 和加速速 (公尺 / 秒)，然後列出所需跑道長度 (公尺)。

```
Microsoft Visual Studio 偵錯主控台
請輸入加速度 a ： 3
請輸入速度   v ： 80
所需跑道長度 1066.7

D:\C#\ex\ex6_14\ex6_14\bin\Debug\net6.0\ex6_14.exe
按任意鍵關閉此視窗…
```

第 7 章

程式的流程控制

一個程式如果是按部就班從頭到尾，中間沒有轉折，其實是無法完成太多工作。程式設計過程難免會需要轉折，這個轉折在程式設計的術語稱**流程控制**，本章將完整講解 C# 語言 if、switch、break … 等，相關敘述的流程控制。另外，與程式流程設計有關的**關係運算子**與**邏輯運算子**也將在本章做說明，因為這些是 if 敘述流程控制的基礎。

這一章起逐步進入程式設計的核心，對於一個初學電腦語言的人而言，最重要就是要有正確的程式流程觀念，不僅要懂而且要靈活運用，本章用了近 30 個程式範例，相信必可對讀者有所幫助。

7-1 關係運算子

C# 語言所使用的關係運算子有：

- >：大於
- >=：大於或等於
- <：小於
- <=：小於或等於

上述四項關係運算子有相同的優先執行順序。另外，C 語言有兩個測試是否相等的關係運算子：

- == ：等於
- != ：不等於

關係運算子	說明	實例	說明
>	大於	a > b	檢查是否 a 大於 b
>=	大於或等於	a >= b	檢查是否 a 大於或等於 b
<	小於	a < b	檢查是否 a 小於 b
<=	小於或等於	a <= b	檢查是否 a 小於或等於 b
==	等於	a == b	檢查是否 a 等於 b
!=	不等於	a != b	檢查是否 a 不等於 b

上述關係運算子的運算式是真會傳回 True，如果運算式是偽會傳回 False。

方案 ch7_1.sln：關係運算子的實例。

```
// ch7_1
Console.WriteLine($"10 > 8      : {10 > 8}");
Console.WriteLine($"18 <= 10    : {8 <= 10}");
Console.WriteLine($"10 > 20     : {10 > 20}");
Console.WriteLine($"10 < 5      : {10 < 5}");
string str1 = "Abc";
string str2 = "AAA";
Console.WriteLine($"Abc == AAA : {str1 == str2}");
Console.WriteLine($"Abc != AAA : {str1 != str2}");
```

執行結果

```
Microsoft Visual Studio 偵錯主控台
10 > 8     : True
18 <= 10   : True
10 > 20    : False
10 < 5     : False
Abc == AAA : False
Abc != AAA : True

D:\C#\ch7\ch7_1\ch7_1\bin\Debug\net6.0\ch7_1.exe
按任意鍵關閉此視窗…
```

7-2 邏輯運算子

C# 所使用的邏輯運算子：

- &&：相當於邏輯符號 AND
- ||：相當於邏輯符號 OR
- !：相當於邏輯符號 NOT

下面是邏輯運算子 && 的圖例說明：

&&	真	偽
真	真	偽
偽	偽	偽

邏輯運算子和關係運算子一樣，如果運算結果是**真**則回傳 True，若是運算結果是偽則傳回 False。

方案 ch7_2.sln：邏輯運算子實例。

```
// ch7_2
Console.WriteLine($"(10 > 8) && (20 >= 10) : {(10 > 8) && (20 >= 10)}");
Console.WriteLine($"(10 > 8) && (10 > 20)  : {(10 > 8) && (10 > 20)}");
Console.WriteLine($"(10 > 8) || (20 > 10)  : {(10 > 8) || (20 > 10)}");
Console.WriteLine($"(10 < 8) || (10 > 20)  : {(10 < 8) || (10 > 20)}");
Console.WriteLine($"!(10 > 8)              : {!(10 > 8)}");
Console.WriteLine($"!(10 < 8)              : {!(10 < 8)}");
```

執行結果

```
Microsoft Visual Studio 偵錯主控台
(10 > 8) && (20 >= 10) : True
(10 > 8) && (10 > 20)  : False
(10 > 8) || (20 > 10)  : True
(10 < 8) || (10 > 20)  : False
!(10 > 8)              : False
!(10 < 8)              : True

D:\C#\ch7\ch7_2\ch7_2\bin\Debug\net6.0\ch7_2.exe
按任意鍵關閉此視窗…
```

7-3 完整 C# 運算子優先順序表

講解至此節，已經解說了大部分的運算子，下表 7-1 是運算子優先順序總結整理，位置高有高優先順序。

符號	運算類型	同等級順序
( )、,、++、--、->	運算式	左到右
sizeof、!、-、~	一元	由右到左
*、/、%	乘、除與求餘數	左到右
+、-	加減法	左到右
<<、>>	位元移動	左到右
<、>、<=、>=	關係運算式	左到右
==、!=	等式運算式	左到右
&	位元 AND	左到右
^	位元互斥 XOR	左到右
|	位元 OR	左到右
&&	邏輯 AND	左到右
||	邏輯 OR	左到右
? :	條件運算式	右到左
=、+=、-=、*=、/=、<<=、>>=、&=、^=、|=	簡單和複合運算	右到左
,	循序求值	左到右

表 7-1：運算子優先順序

實例 1：假設有一關係運算式如下：

a > b + 2

由於 "+" 號優先順序較 ">" 號高，所以上式也可以表示為 a > (b + 2) 在設計程式時，若一時記不清楚算術運算子的優先順序時最好的方法是，一律用括號區別，如上式所示。此外，當了解運算子優先順序後，我們也可以簡化方案 ch7_2.sln 的設計。

方案 ch7_3.sln：重新設計方案 ch7_2.sln，將 2 ~ 5 行簡化，不使用小括號。

```
1  // ch7_3
2  Console.WriteLine($"10 > 8 && 20 >= 10 : {10 > 8 && 20 >= 10}");
3  Console.WriteLine($"10 > 8 && 10 > 20  : {10 > 8 && 10 > 20}");
4  Console.WriteLine($"10 > 8 || 20 > 10  : {10 > 8 || 20 > 10}");
5  Console.WriteLine($"10 < 8 || 10 > 20  : {10 < 8 || 10 > 20}");
```

執行結果

```
Microsoft Visual Studio 偵錯主控台
10 > 8 && 20 >= 10 : True
10 > 8 && 10 > 20  : False
10 > 8 || 20 > 10  : True
10 < 8 || 10 > 20  : False

D:\C#\ch7\ch7_3\ch7_3\bin\Debug\net6.0\ch7_3.exe
按任意鍵關閉此視窗…
```

7-4 if 敘述

這個 if 敘述的基本語法如下：

```
if (條件判斷)
{
    程式碼區塊;
}
```

上述觀念是如果條件判斷是真 (True)，則執行程式碼區塊，如果條件判斷是偽 (False)，則不執行程式碼區塊。如果程式碼區塊只有一道指令，可將上述語法包圍程式碼區塊的左大括號和右大括號省略，寫成下列格式。

```
if (條件判斷)
    程式碼區塊;
```

可以用下列流程圖說明這個 if 敘述：

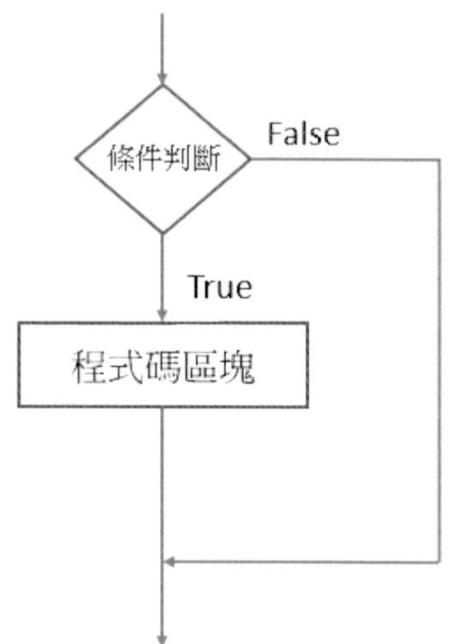

方案 ch7_4.sln：if 敘述的基本應用。

```
1  // ch7_4
2  int age;
3  Console.Write("請輸入年齡 : ");
4  age = Convert.ToInt32(Console.ReadLine());
5  if (age < 20)
6  {
7      Console.WriteLine("你年齡太小");
8      Console.WriteLine("需滿20歲才可以購買菸酒");
9  }
```

執行結果

```
Microsoft Visual Studio 偵錯主控台
請輸入年齡 : 18
你年齡太小
需滿20歲才可以購買菸酒

D:\C#\ch7\ch7_4\ch7_4\bin\Debug\net
按任意鍵關閉此視窗…
```

```
Microsoft Visual Studio 偵錯主控台
請輸入年齡 : 20

D:\C#\ch7\ch7_4\ch7_4\bin\Debug\net
按任意鍵關閉此視窗…
```

上述第 5 行的 (age < 20) 就是一個條件判斷，如果是判斷是真 (True) 才會執行第 7 和 8 行。

方案 ch7_5.sln：測試條件判斷的程式碼區塊只有 1 行，可以省略大括號。

```
// ch7_5
int age;
Console.Write("請輸入年齡 : ");
age = Convert.ToInt32(Console.ReadLine());
if (age < 20)
    Console.WriteLine("需滿20歲才可以購買菸酒");
```

執行結果 與方案 ch7_4.sln 相同。

7-5 if … else 敘述

程式設計時更常用的功能是條件判斷為真 (True) 時執行某一個程式碼區塊，當條件判斷為偽 (False) 時執行另一段程式碼區塊，此時可以使用 if … else 敘述，它的語法格式如下：

```
if (條件判斷)
{
    程式碼區塊 1;
}
else
{
    程式碼區塊 2;
}
```

上述觀念是如果條件判斷是 True，則執行程式碼區塊 1，如果條件判斷是 False，則執行程式碼區塊 2。**註**：上述程式碼區塊 1 或是 2，若是只有一道指令，可以省略大括號。

可以用下列流程圖說明這個 if … else 敘述：

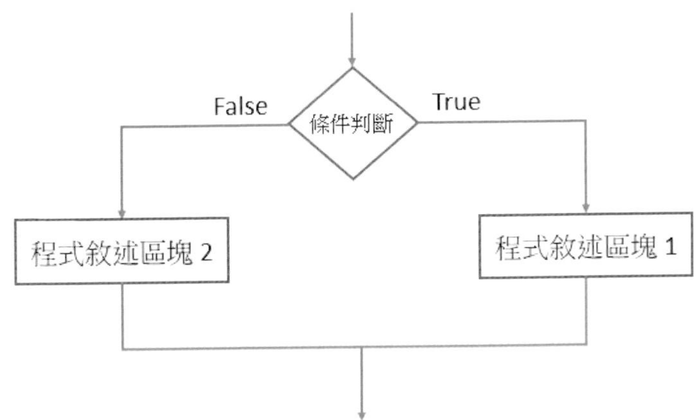

方案 ch7_6.sln：重新設計方案 ch7_4.sln，多了年齡滿 20 歲時 " 歡迎購買菸酒 " 字串的輸出。

```
// ch7_6
int age;
Console.Write("請輸入年齡 : ");
age = Convert.ToInt32(Console.ReadLine());
if (age < 20)
{
    Console.WriteLine("你年齡太小");
    Console.WriteLine("需滿20歲才可以購買菸酒");
}
else
    Console.WriteLine("歡迎購買菸酒");
```

執行結果

```
Microsoft Visual Studio 偵錯主控台
請輸入年齡 : 18
你年齡太小
需滿20歲才可以購買菸酒

D:\C#\ch7\ch7_6\ch7_6\bin\Debug\net
按任意鍵關閉此視窗…
```

```
Microsoft Visual Studio 偵錯主控台
請輸入年齡 : 20
歡迎購買菸酒

D:\C#\ch7\ch7_6\ch7_6\bin\Debug\net
按任意鍵關閉此視窗…
```

7-6 if … else if … else 敘述

這是一個多重判斷，程式設計時需要多個條件作比較時就比較有用，例如：在美國成績計分是採取 A、B、C、D、F … 等，通常 90-100 分是 A，80-89 分是 B，70-79 分是 C，60-69 分是 D，低於 60 分是 F。C# 程式語言可以用這個敘述，很容易就可以完成這個工作。這個敘述的基本語法如下：

```
if ( 條件判斷 1 )
{
    程式碼區塊 1;
}
else if ( 條件判斷 2)
{
    程式碼區塊 2;
}
  …
else
{
    程式碼區塊 3;
}
```

在上面語法格式中，若是程式碼區塊只有一道指令，可以省略大括號刪除。另外，else 敘述可有可無，不過一般程式設計師，通常會加上此一部份，以便敘述有錯時，更容易偵測錯誤。這道 if … else if … else 敘述的流程結構如下所示：

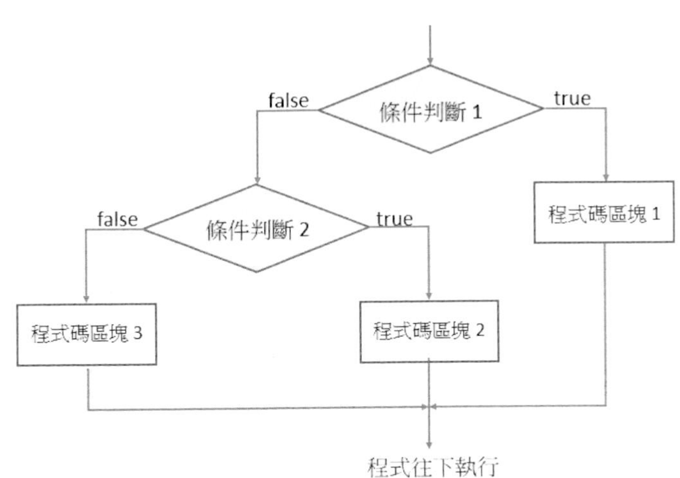

方案 ch7_7.sln：請輸入數字分數，程式將回應 A、B、C、D 或 F 等級。

```
// ch7_7
int sc;
Console.Write("請輸入分數 : ");
sc = Convert.ToInt32(Console.ReadLine());
if (sc >= 90)
    Console.WriteLine(" A ");
else if (sc >= 80)
    Console.WriteLine(" B ");
else if (sc >= 70)
    Console.WriteLine(" C ");
else if (sc >= 60)
    Console.WriteLine(" D ");
else
    Console.WriteLine(" F ");
```

執行結果

這個程式的流程圖如下：

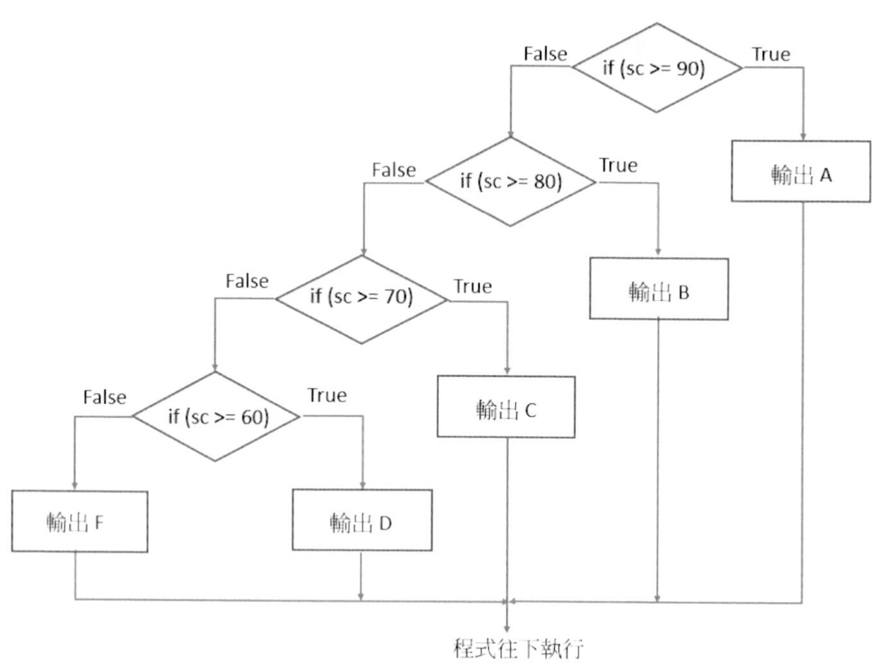

方案 ch7_8.sln：這個程式會要求輸入字元，然後會告知所輸入的字元是大寫字母、小寫字母、阿拉伯數字或特殊字元。

```
1  // ch7_8
2  int ch;
3  Console.Write("請輸入字元 : ");
4  ch = Console.Read();
5  if ((ch >= 'A') && (ch <= 'Z'))
6      Console.WriteLine("這是大寫字元");
7  else if ((ch >= 'a') && (ch <= 'z'))
8      Console.WriteLine("這是小寫字元");
9  else if ((ch >= '0') && (ch <= '9'))
10     Console.WriteLine("這是數字");
11 else
12     Console.WriteLine("這是特殊字元");
```

執行結果

```
Microsoft Visu
請輸入字元 : K
這是大寫字元

D:\C#\ch7\ch7_8\
按任意鍵關閉此視
```

```
Microsoft Visu
請輸入字元 : m
這是小寫字元

D:\C#\ch7\ch7_8\
按任意鍵關閉此視
```

```
Microsoft Visu
請輸入字元 : 7
這是數字

D:\C#\ch7\ch7_8\
按任意鍵關閉此視
```

```
Microsoft Visu
請輸入字元 : $
這是特殊字元

D:\C#\ch7\ch7_8\
按任意鍵關閉此視
```

註 上述程式第 5、7、9 列是比較完整的寫法，也可以省略括號，如下所示：

```
if (ch >= 'A' && ch <='Z")    // 第 5 列
```

7-7 與流程控制有關的特殊運算式

7-7-1　e1 ? e2 : e3 特殊運算式

在 if 的敘述應用中，我們經常看到下列敘述：

```
if (a>b)
        c = a;
else
        c = b;
```

很顯然，上面敘述是求較大值運算，其執行情形是比較 a 是否大於 b，如果是，則令 c 等於 a，否則令 c 等於 b。C# 語言提供了我們一種特殊運算元，可讓我們簡化上面敘述。

```
e1 ? e2 : e3
```

它的執行情形是，如是 e1 為真，則執行 e2，否則執行 e3。若我們想將求兩數最大值運算，以這種特殊運算表示，則其指令寫法如下：

```
c = (a > b) ? a : b
    -------   -   -
       ↑      ↑   ↑
      e1     e2  e3
```

註 也有程式設計師將此特殊運算式稱簡潔版的 if … else 敘述。

方案 ch7_9.sln：請輸入 2 個數字，然後使用 e1 ? e2 : e3 特殊運算式，得到較大值。

```
// ch7_9
Console.Write("請輸入數字 : ");
int a = int.Parse(Console.ReadLine());
Console.Write("請輸入數字 : ");
int b = int.Parse(Console.ReadLine());
int c = (a > b) ? a : b;
Console.WriteLine($"較大值是 {c}");
```

執行結果

```
Microsoft Visual Stud
請輸入數字 : 5
請輸入數字 : 9
較大值是 9

D:\C#\ch7\ch7_9\ch7_9\
按任意鍵關閉此視窗…
```

```
Microsoft Visual Stud
請輸入數字 : 8
請輸入數字 : 3
較大值是 8

D:\C#\ch7\ch7_9\ch7_9\
按任意鍵關閉此視窗…
```

7-7-2　?? 特殊運算式

這個運算式的敘述如下：

```
e1 ?? e2
```

觀念是如果 e1 不是 null，就回傳 e1 的值，如果 e1 是 null 就回傳 e2 的值。

例如：可以參考下列語法片段：

```
string filename = GetFileName( );
   …
string fn = filename ?? "default.txt"
```

上述觀念是如果 filename 不是 null，fn 就等於 filename。如果 filename 是 null，fn 就等於 "default.txt"。

7-8 switch 敘述

儘管 if … else if … else 可執行多種條件判斷的敘述，但是 C# 語言有提供 switch 指令，這個指令可以讓程式設計師更方便執行多種條件判斷，switch 指令讓使用者可以更容易了解程式邏輯，它的使用語法如下：

```
switch ( 變數 )
{
        case 選擇值 1:
                程式區塊 1;
        break;
            case 選擇值 2:
            程式區塊 2;
        break;
        …
default：
        程式區塊 3; // 上述條件都不成立時，則執行此道指令
        break;
}
```

註 上述 case 的**選擇值**必須是數字或字元。

C# 語言在執行此道指令時，會先去 case 中找出與變數條件相符的選擇值，當找到時，C# 語言就會去執行與該 case 有關的程式區塊，直到碰上 break 或是遇到 switch 敘述的結束符號，才結束 switch 動作。下圖是 switch 敘述的流程圖。

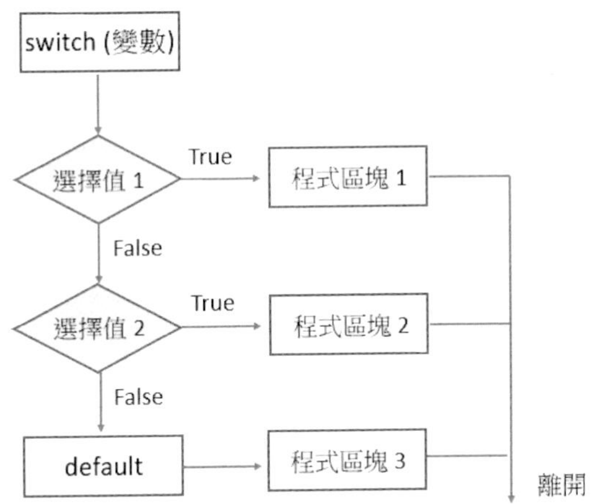

在使用 switch 時，你必須要知道下列事情：

1：若是某一個 case 的程式區塊結束前沒有加上 break，則 C# 語言在執行完這個 case 敘述後，會繼續往下執行。

2：switch 的 case 值只能是整數或是字元。

3：default 敘述句可有可無。

方案 ch7_10.sln：螢幕功能的選擇。請輸入任意數字，本程式會將你所選擇的字串列印出來。

```
// ch7_10
Console.WriteLine("1. Access     ......  ");
Console.WriteLine("2. Excel      ......  ");
Console.WriteLine("3. Word       ......  ");
Console.Write("請選擇 ==> ");
int i = int.Parse(Console.ReadLine());
switch (i)
{
    case 1:
        Console.WriteLine("Access 是資料庫軟體");
        break;
    case 2:
        Console.WriteLine("Excel 是試算表軟體");
        break;
    case 3:
        Console.WriteLine("Word 是文書處理軟體");
        break;
    default: Console.WriteLine("選擇錯誤");
        break;
}
```

執行結果

```
Microsoft Visual Studio 偵錯主控台
1. Access    ......
2. Excel     ......
3. Word      ......
請選擇 ==> 1
Access 是資料庫軟體

D:\C#\ch7\ch7_10\ch7_10\bin\Debug\
按任意鍵關閉此視窗…
```

```
Microsoft Visual Studio 偵錯主控台
1. Access    ......
2. Excel     ......
3. Word      ......
請選擇 ==> 4
選擇錯誤

D:\C#\ch7\ch7_10\ch7_10\bin\Debug\
按任意鍵關閉此視窗…
```

上述程式的 switch 敘述流程如下：

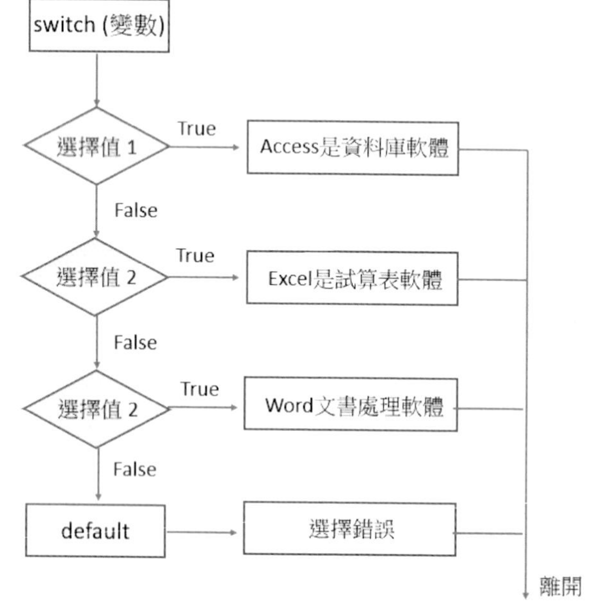

方案 ch7_11.sln：重新設計方案 ch7_10.sln，輸入 a 或 A 顯示 Access 是資料庫軟體，輸入 b 或 B 顯示 Excel 是試算表軟體，輸入 c 或 C 顯示 Word 文書處理軟體。輸入其他字元，顯示選擇錯誤。

```
// ch7_11
Console.WriteLine("A. Access     ......  ");
Console.WriteLine("B. Excel      ......  ");
Console.WriteLine("C. Word       ......  ");
Console.Write("請選擇 ==> ");
int i = Console.Read();
switch (i)
{
    case 'a':
    case 'A':
        Console.WriteLine("Access 是資料庫軟體");
        break;
```

```
        case 'b':
        case 'B':
            Console.WriteLine("Excel 是試算表軟體");
            break;
        case 'c':
        case 'C':
            Console.WriteLine("Word 是文書處理軟體");
            break;
        default:
            Console.WriteLine("選擇錯誤");
            break;
    }
```

執行結果

```
Microsoft Visual Studio 偵錯主控台
A. Access    ......
B. Excel     ......
C. Word      ......
請選擇 ==> a
Access 是資料庫軟體

D:\C#\ch7\ch7_11\ch7_11\bin\Debug\
按任意鍵關閉此視窗…
```

```
Microsoft Visual Studio 偵錯主控台
A. Access    ......
B. Excel     ......
C. Word      ......
請選擇 ==> A
Access 是資料庫軟體

D:\C#\ch7\ch7_11\ch7_11\bin\Debug\
按任意鍵關閉此視窗…
```

7-9 goto 敘述

幾乎所有的電腦語言都含有這個指令，這是一個無條件的跳越指令，但是幾乎所有的結構化語言，都建議讀者不要使用這個指令。因為這個指令會破壞程式的結構性，記得筆者在美國讀研究所時，教授就明文規定凡是含有 goto 令的程式，成績一律打 8 折。

goto 敘述在執行時，後面一定要加上**標題** (label)，標題是一個符號位址，也就是告訴 C# 語言，直接跳到標題位置執行指令。當然程式中，一定要含有標題這個敘述，標題的寫法和變數一樣，但是後面要加上冒號 ":"。

例如：有一個指令如下：

```
begin:
    …
    if (i > j)
        goto stop;
    goto begin;
    …
stop:
```

這段敘述主要說明，如果 i 大於 j 則跳到 stop 位址，否則跳到 begin 位址。另外，在使用 goto 時必須要注意，這個 goto 指令，只限在同一程式段落內跳，不可跳到另一函數或副程式內。

方案 ch7_12.sln：goto 指令的運用，本程式會要求使用者輸入兩個數字，如果第一個數字大於第二個數字則利用 goto 指令中止程式的執行，否則程式會利用 goto 指令再度要求輸入兩個整數。

```
// ch7_12
int x, y;
int index = 1;
programrepeat:
    Console.WriteLine($"第 {index} 次輸入");
    Console.Write("請輸入數字 : ");
    x = int.Parse(Console.ReadLine());
    Console.Write("請輸入數字 : ");
    y = int.Parse(Console.ReadLine());
    if (x > y)
        goto programstop;
    index++;
    goto programrepeat;
programstop:
    Console.WriteLine("程式結束");
```

執行結果

```
Microsoft Visual Studio 偵錯主控台
第 1 次輸入
請輸入數字 : 2
請輸入數字 : 5
第 2 次輸入
請輸入數字 : 5
請輸入數字 : 2
程式結束

D:\C#\ch7\ch7_12\ch7_12\bin\Debug\net6.0\ch7_12.exe
按任意鍵關閉此視窗…
```

7-10 專題 – BMI 指數 / 閏年計算 / 生肖系統 / 火箭升空

7-10-1 BMI 指數計算

BMI(Body Mass Index) 指數又稱身高體重指數 (也稱身體質量指數)，是由比利時的科學家凱特勒 (Lambert Quetelet) 最先提出，這也是世界衛生組織認可的健康指數，它的計算方式如下：

$$BMI = 體重(Kg) / (身高)^2(公尺)$$

如果 BMI 在 18.5 – 23.9 之間，表示這是健康的 BMI 值。請輸入自己的身高和體重，然後列出是否在健康的範圍，中國官方針對 BMI 指數公布更進一步資料如下：

分類	BMI
體重過輕	BMI < 18.5
正常	18.5 <= BMI AND BMI < 24
超重	24 <= BMI AND BMI < 28
肥胖	BMI >= 28

方案 ch7_13.sln：人體健康體重指數判斷程式，這個程式會要求輸入身高與體重，然後計算 BMI 指數，由這個 BMI 指數判斷體重是否肥胖。

```
// ch7_13
Console.Write("請輸入身高(公分) : ");
int height = int.Parse(Console.ReadLine());
Console.Write("請輸入體重(公斤) : ");
int weight = int.Parse(Console.ReadLine());
double bmi = (double)weight / Math.Pow(height / 100.0, 2);
if (bmi >= 28)
    Console.WriteLine("體重肥胖");
else
    Console.WriteLine("體重不肥胖");
```

執行結果

```
Microsoft Visual Studio 偵錯主控台
請輸入身高(公分) : 160
請輸入體重(公斤) : 65
體重不肥胖

D:\C#\ch7\ch7_13\ch7_13\bin\Debug\
按任意鍵關閉此視窗…
```

```
Microsoft Visual Studio 偵錯主控台
請輸入身高(公分) : 160
請輸入體重(公斤) : 75
體重肥胖

D:\C#\ch7\ch7_13\ch7_13\bin\Debug\
按任意鍵關閉此視窗…
```

7-10-2 計算閏年程式

方案 ch7_14.sln：測試某年是否閏年 (Leap year)，請輸入任一年份，本程式將會判斷這個年份是否閏年。

```
// ch7_14
Console.Write("請輸入測試年份 : ");
int year = int.Parse(Console.ReadLine());
int rem400 = year % 400;
int rem100 = year % 100;
int rem4 = year % 4;
if (((rem4 == 0) && (rem100 != 0)) || (rem400 == 0))
    Console.WriteLine($"{year} 是閏年");
else
    Console.WriteLine($"{year} 不是閏年");
```

執行結果

```
Microsoft Visual Studio 偵錯主控台
請輸入測試年份 : 2020
2020 是閏年

D:\C#\ch7\ch7_14\ch7_14\bin\Debug\
按任意鍵關閉此視窗…
```

```
Microsoft Visual Studio 偵錯主控台
請輸入測試年份 : 2022
2022 不是閏年

D:\C#\ch7\ch7_14\ch7_14\bin\Debug\
按任意鍵關閉此視窗…
```

閏年的條件是首先要可以被 4 整除 (相當於沒有餘數)，這個條件成立時，還必須符合，它除以 100 時餘數不為 0 或是除以 400 時餘數為 0，當兩個條件皆符合才算閏年。因此，由程式第 7 行判斷所輸入的年份是否閏年。

7-10-3　成績判斷輸出適當的字串

方案 ch7_15.sln：依據輸入英文成績，然後輸出評語。

```
// ch7_15
Console.Write("請輸入成績 : ");
int i = Console.Read();
switch (i)
{
    case 'a':
    case 'A':
        Console.WriteLine("Excellent");
        break;
    case 'b':
    case 'B':
        Console.WriteLine("Good");
        break;
    case 'c':
    case 'C':
        Console.WriteLine("Pass");
        break;
    case 'd':
    case 'D':
        Console.WriteLine("Not good");
        break;
    case 'f':
    case 'F':
        Console.WriteLine("Fail");
        break;
    default:
        Console.WriteLine("輸入錯誤");
        break;
}
```

執行結果

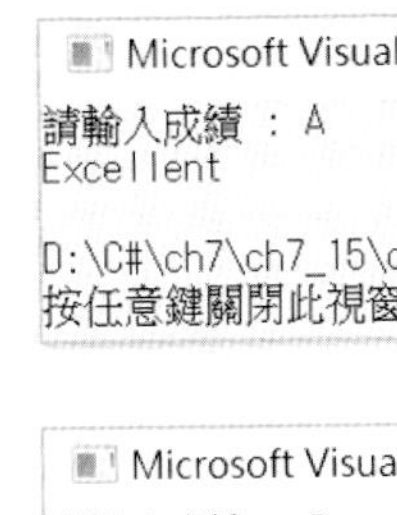

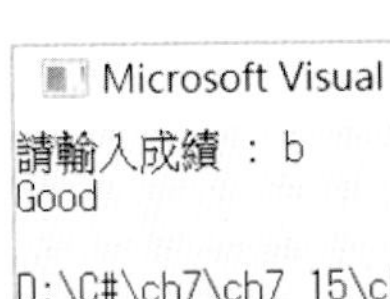

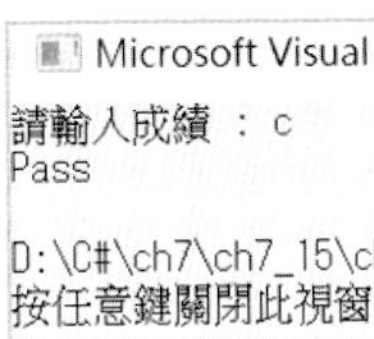

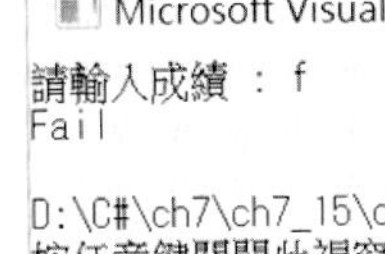

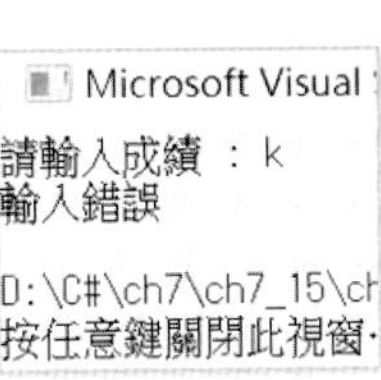

7-10-4 12 生肖系統

在中國除了使用西元年份代號，也使用鼠、牛、虎、兔、龍、蛇、馬、羊、猴、雞、狗、豬，當作十二生肖，每 12 年是一個週期，1900 年是鼠年。

方案 ch7_16.sln：請輸入你出生的西元年 19xx 或 20xx，本程式會輸出相對應的生肖年。

```
// ch7_16;
Console.Write("請輸入西元出生年 : ");
int year = int.Parse(Console.ReadLine());
year -= 1900;
int zodiac = year % 12;
if (zodiac == 0)
    Console.WriteLine("你的生肖是 : 鼠");
else if (zodiac == 1)
    Console.WriteLine("你的生肖是 : 牛");
else if (zodiac == 2)
    Console.WriteLine("你的生肖是 : 虎");
else if (zodiac == 3)
    Console.WriteLine("你的生肖是 : 兔");
else if (zodiac == 4)
    Console.WriteLine("你的生肖是 : 龍");
else if (zodiac == 5)
    Console.WriteLine("你的生肖是 : 蛇");
else if (zodiac == 6)
    Console.WriteLine("你的生肖是 : 馬");
else if (zodiac == 7)
    Console.WriteLine("你的生肖是 : 羊");
else if (zodiac == 8)
    Console.WriteLine("你的生肖是 : 猴");
else if (zodiac == 9)
    Console.WriteLine("你的生肖是 : 雞");
else if (zodiac == 10)
    Console.WriteLine("你的生肖是 : 狗");
else
    Console.WriteLine("你的生肖是 : 豬");
```

執行結果

```
Microsoft Visual Studio 偵錯主控台
請輸入西元出生年 : 1961
你的生肖是 : 牛

D:\C#\ch7\ch7_16\ch7_16\bin\Debug\
按任意鍵關閉此視窗…
```

```
Microsoft Visual Studio 偵錯主控台
請輸入西元出生年 : 2012
你的生肖是 : 龍

D:\C#\ch7\ch7_16\ch7_16\bin\Debug\r
按任意鍵關閉此視窗…
```

7-10-5　火箭升空

地球的天空有許多人造衛星，這些人造衛星是由火箭發射，由於地球有地心引力、太陽也有引力，火箭發射要可以到達人造衛星繞行地球、脫離地球進入太空，甚至脫離太陽系必須要達到宇宙速度方可脫離，所謂的宇宙速度觀念如下：

◆　第一宇宙速度

所謂的第一宇宙速度可以稱環繞地球速度，這個速度是 7.9km/s，當火箭到達這個速度後，人造衛星即可環繞著地球做圓形移動。當火箭速度超過 7.9km/s 時，但是小於 11.2km/s，人造衛星可以環繞著地球做橢圓形移動。

◆　第二宇宙速度

所謂的第二宇宙速度可以稱脫離速度，這個速度是 11.2km/s，當火箭到達這個速度尚未超過 16.7km/s 時，人造衛星可以環繞太陽，成為一顆類似地球的人造行星。

◆　第三宇宙速度

所謂的第三宇宙速度可以稱脫逃速度，這個速度是 16.7km/s，當火箭到達這個速度後，就可以脫離太陽引力到太陽系的外太空。

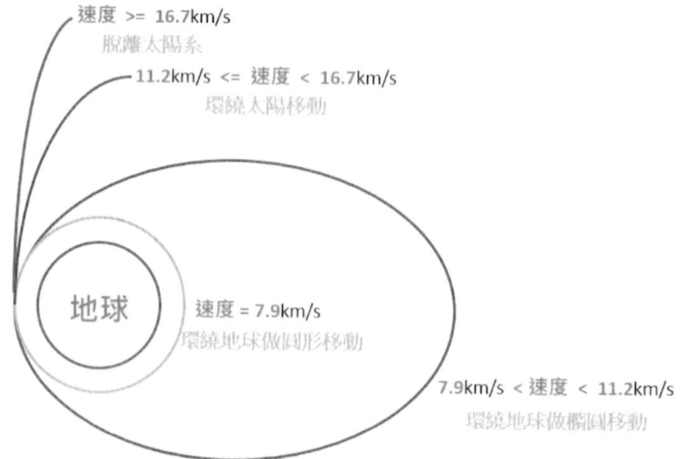

方案 ch7_17.sln：請輸入火箭速度 (km/s)，這個程式會輸出人造衛星飛行狀態。

```
// ch7_17;
Console.Write("請輸入火箭速度 : ");
double v = double.Parse(Console.ReadLine());
if (v < 7.9)
    Console.Write("你人造衛星無法進入太空");
else if (v == 7.9)
    Console.Write("人造衛星可以環繞地球作圓形移動");
else if (v > 7.9 && v < 11.2)
    Console.Write("人造衛星可以環繞地球作橢圓形移動");
else if (v >= 11.2 && v < 16.7)
    Console.Write("人造衛星可以環繞太陽移動");
else
    Console.Write("人造衛星可以脫離太陽系");
```

執行結果

```
Microsoft Visual Studio 偵錯主控台
請輸入火箭速度 : 7.9
人造衛星可以環繞地球作圓形移動
D:\C#\ch7\ch7_17\ch7_17\bin\Debug\
按任意鍵關閉此視窗…
```

```
Microsoft Visual Studio 偵錯主控台
請輸入火箭速度 : 9.9
人造衛星可以環繞地球作橢圓形移動
D:\C#\ch7\ch7_17\ch7_17\bin\Debug\
按任意鍵關閉此視窗…
```

```
Microsoft Visual Studio 偵錯主控台
請輸入火箭速度 : 11.8
人造衛星可以環繞太陽移動
D:\C#\ch7\ch7_17\ch7_17\bin\Debug\
按任意鍵關閉此視窗…
```

```
Microsoft Visual Studio 偵錯主控台
請輸入火箭速度 : 16.7
人造衛星可以脫離太陽系
D:\C#\ch7\ch7_17\ch7_17\bin\Debug\
按任意鍵關閉此視窗…
```

7-10-6　簡易的人工智慧程式 - 職場性向測驗

有一家公司的人力部門錄取了一位新進員工，同時為新進員工做了英文和社會的性向測驗，這位新進員工的得分，分別是英文 60 分、社會 55 分。

公司的編輯部門有人力需求，參考過去編輯部門員工的性向測驗，英文是 80 分，社會是 60 分。

行銷部門也有人力需求，參考過去行銷部門員工的性向測驗，英文是 40 分，社會是 80 分。

如果你是主管，應該將新進員工先轉給哪一個部門？

這類問題可以使用座標軸分析，我們可以將 x 軸定義為英文，y 軸定義為社會，整個座標說明如下：

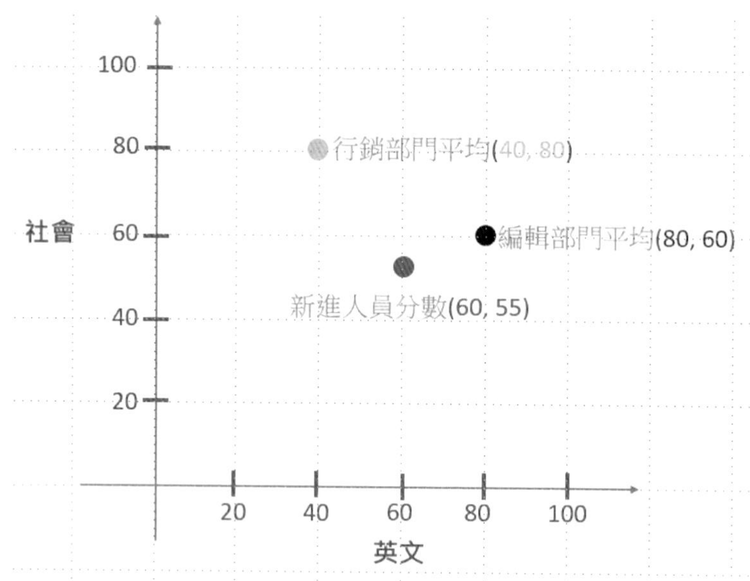

方案 ch7_18.sln：判斷新進人員比較適合在哪一個部門。

```
// ch7_18
int market_x = 40;          // 行銷部門英文成績
int market_y = 80;          // 行銷部門社會成績
int editor_x = 80;          // 編輯部門英文成績
int editor_y = 60;          // 編輯部門社會成績
int employ_x = 60;          // 新進人員英文成績
int employ_y = 55;          // 新進人員社會成績
double m_dist, e_dist;      // 行銷距離, 編輯距離
m_dist = Math.Pow(Math.Pow(market_x - employ_x, 2) +
         Math.Pow(market_y - employ_y, 2), 0.5);
e_dist = Math.Pow(Math.Pow(editor_x - employ_x, 2) +
         Math.Pow(editor_y - employ_y, 2), 0.5);
Console.WriteLine($"新進人員與編輯部門差異 : {e_dist:F2}");
Console.WriteLine($"新進人員與行銷部門差異 : {m_dist:F2}");
if (m_dist > e_dist)
    Console.WriteLine("新進人員比較適合編輯部門");
else
    Console.WriteLine("新進人員比較適合行銷部門");
```

執行結果

```
Microsoft Visual Studio 偵錯主控台
新進人員與編輯部門差異 : 20.62
新進人員與行銷部門差異 : 32.02
新進人員比較適合編輯部門

D:\C#\ch7\ch7_18\ch7_18\bin\Debug\net6.0\ch7_18.exe
按任意鍵關閉此視窗…
```

7-10-7 輸出每個月有幾天

方案 ch7_19.sln：這個程式會要求輸入月份，然後輸出該月份的天數。**註**：假設 2 月是 28 天。

```
// ch7_19
Console.Write("請輸入月份 : ");
int month = int.Parse(Console.ReadLine());
switch (month)
{
    case 2:
        Console.WriteLine($"{month} 月份有 28 天");
        break;
    case 1:
    case 3:
    case 5:
    case 7:
    case 8:
    case 10:
    case 12:
        Console.WriteLine($"{month} 月份有 31 天");
        break;
    case 4:
    case 6:
    case 9:
    case 11:
        Console.WriteLine($"{month} 月份有 31 天");
        break;
    default:
        Console.WriteLine("輸入錯誤 !");
        break;
}
```

執行結果

```
Microsoft Visual Studio 偵錯主控台
請輸入月份 : 2
2 月份有 28 天

D:\C#\ch7\ch7_19\ch7_19\bin\Debug\r
按任意鍵關閉此視窗…
```

```
Microsoft Visual Studio 偵錯主控台
請輸入月份 : 7
7 月份有 31 天

D:\C#\ch7\ch7_19\ch7_19\bin\Debug\
按任意鍵關閉此視窗…
```

```
Microsoft Visual Studio 偵錯主控台
請輸入月份 : 11
11 月份有 31 天

D:\C#\ch7\ch7_19\ch7_19\bin\Debug\
按任意鍵關閉此視窗…
```

```
Microsoft Visual Studio 偵錯主控台
請輸入月份 : 20
輸入錯誤 !

D:\C#\ch7\ch7_19\ch7_19\bin\Debug\
按任意鍵關閉此視窗…
```

7-10-8 is 和 is not 關鍵字

關鍵字 is 或是 is not 可以執行資料類型的檢查，同時回傳 true 或是 false。

方案 ch7_20.sln：執行輸入資料類型是字串的檢查。

```
// ch7_20
Console.Write("請輸入數字 : ");
var num = Console.ReadLine();
if (num is null)
    Console.WriteLine($"{num} 是null");
else
    Console.WriteLine($"{num} 不是null");

if (num is string)
    Console.WriteLine($"{num} 是字串");
else
    Console.WriteLine($"{num} 不是字串");

Console.WriteLine($"num is not string : {num is not string}");
```

執行結果

```
Microsoft Visual Studio 偵錯主控台
請輸入數字 : 32
32 不是null
32 是字串
num is not string : False

D:\C#\ch7\ch7_20\ch7_20\bin\Debug\net6.0\ch7_20.exe
按任意鍵關閉此視窗…
```

習題實作題

方案 ex7_1.sln：設計絕對值程式。(7-3 節)

```
Microsoft Visual Studio 偵錯主控台
請輸入整數值 : -5
絕對值是 5

D:\C#\ex\ex7_1\ex7_1\bin\Debug\net
按任意鍵關閉此視窗…
```

```
Microsoft Visual Studio 偵錯主控台
請輸入整數值 : 5
絕對值是 5

D:\C#\ex\ex7_1\ex7_1\bin\Debug\net
按任意鍵關閉此視窗…
```

方案 ex7_2.sln：有一個圓半徑是 20，圓中心在座標 (0,0) 位置，請輸入任意點座標，這個程式可以判斷此點座標是不是在圓內部。(7-5 節)

提示：可以計算點座標距離圓中心的長度是否小於半徑。

```
Microsoft Visual Studio 偵錯主控台
請輸入 x 座標 : 10
請輸入 y 座標 : 10
(10, 10) 在圓內

D:\C#\ex\ex7_2\ex7_2\bin\Debug\net
按任意鍵關閉此視窗…
```

```
Microsoft Visual Studio 偵錯主控台
請輸入 x 座標 : 21
請輸入 y 座標 : 21
(21, 21) 不在圓內

D:\C#\ex\ex7_2\ex7_2\bin\Debug\net
按任意鍵關閉此視窗…
```

方案 ex7_3.sln：使用者可以先選擇華氏溫度與攝氏溫度轉換方式，然後輸入一個溫度，可以轉換成另一種溫度。(7-5 節)

方案 ex7_4.sln：簡化 ch7_8.sln 的 if 條件判斷的設計。 (7-6 節)

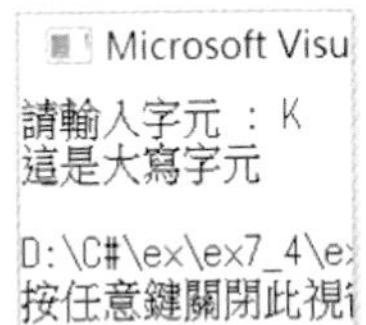

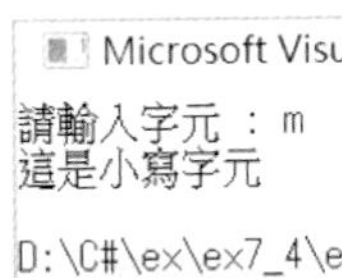

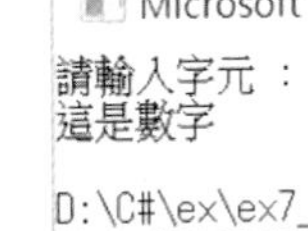

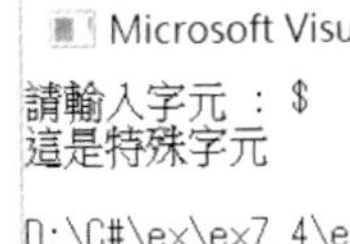

方案 ex7_5.sln：有一地區的票價收費標準是 100 元。(7-6 節)

- ❑ 但是如果小於等於 6 歲或大於等於 80 歲，收費是打 2 折。
- ❑ 但是如果是 7-12 歲或 60-79 歲，收費是打 5 折。

請輸入歲數，程式會計算票價。

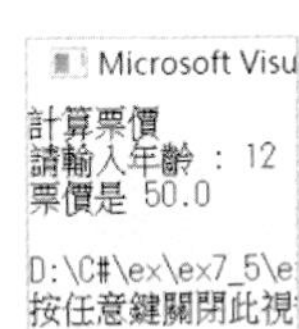

方案 ex7_6.sln：假設麥當勞打工每週領一次薪資，工作基本時薪是 160 元，其它規則如下：

- ❑ 小於 40 小時 (週)，每小時是基本時薪的 0.8 倍。
- ❑ 等於 40 小時 (週)，每小時是基本時薪。
- ❑ 大於 40 至 50(含) 小時 (週)，每小時是基本時薪的 1.2 倍。
- ❑ 大於 50 小時 (週)，每小時是基本時薪的 1.6 倍。

請輸入工作時數，然後可以計算週薪。(7-6 節)

```
Microsoft Visual Studio 偵錯主控台
請輸入本周工作時數 : 20
本週薪資 = 3200
D:\C#\ex\ex7_6\ex7_6\bin\Debug\net
按任意鍵關閉此視窗…
```

```
Microsoft Visual Studio 偵錯主控台
請輸入本周工作時數 : 40
本週薪資 = 8000
D:\C#\ex\ex7_6\ex7_6\bin\Debug\net
按任意鍵關閉此視窗…
```

```
Microsoft Visual Studio 偵錯主控台
請輸入本周工作時數 : 45
本週薪資 = 10800
D:\C#\ex\ex7_6\ex7_6\bin\Debug\net
按任意鍵關閉此視窗…
```

```
Microsoft Visual Studio 偵錯主控台
請輸入本周工作時數 : 60
本週薪資 = 19200
D:\C#\ex\ex7_6\ex7_6\bin\Debug\net
按任意鍵關閉此視窗…
```

方案 ex7_7.sln：假設今天是星期日，請輸入天數 days，本程式可以回應 days 天後是星期幾。註：請用 if … else if … else 設計。(7-6 節)

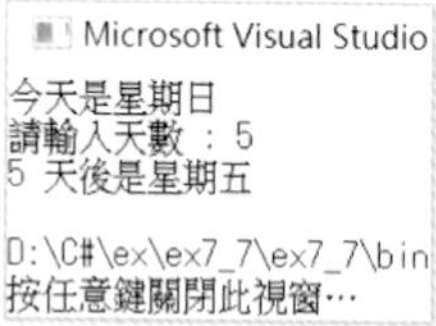

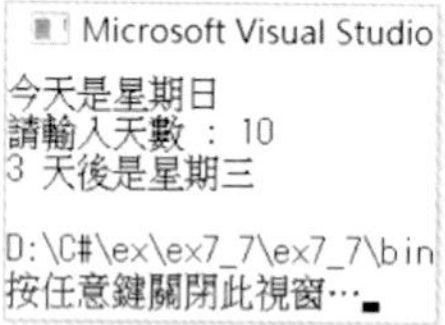

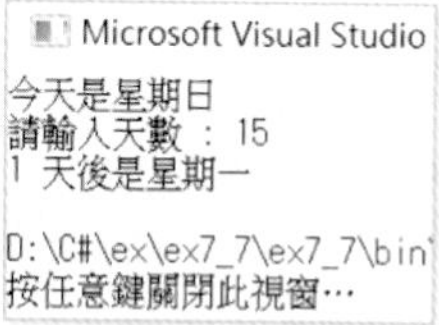

```
Microsoft Visual Studio
今天是星期日
請輸入天數 : 5
5 天後是星期五

D:\C#\ex\ex7_7\ex7_7\bin
按任意鍵關閉此視窗…
```

```
Microsoft Visual Studio
今天是星期日
請輸入天數 : 10
3 天後是星期三

D:\C#\ex\ex7_7\ex7_7\bin
按任意鍵關閉此視窗…
```

```
Microsoft Visual Studio
今天是星期日
請輸入天數 : 15
1 天後是星期一

D:\C#\ex\ex7_7\ex7_7\bin
按任意鍵關閉此視窗…
```

方案 ex7_8.sln：請重新設計方案 ch7_9.sln，改為輸出較小值。(7-7 節)

```
Microsoft Visual Studio 偵錯主控台
請輸入數字 : 5
請輸入數字 : 9
較小值是 5

D:\C#\ex\ex7_8\ex7_8\bin\Debug\net
按任意鍵關閉此視窗…
```

```
Microsoft Visual Studio 偵錯主控台
請輸入數字 : 8
請輸入數字 : 3
較小值是 3

D:\C#\ex\ex7_8\ex7_8\bin\Debug\net
按任意鍵關閉此視窗…
```

方案 ex7_9.sln：假設今天是星期日，請輸入天數 days，本程式可以回應 days 天後是星期幾。註：請用 switch 設計。(7-8 節)

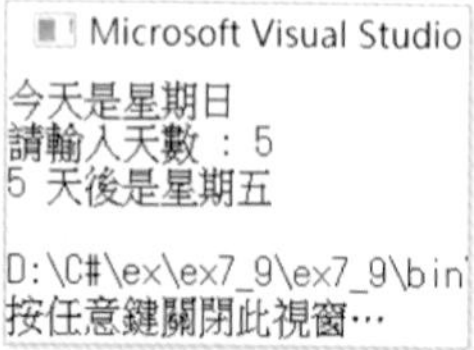

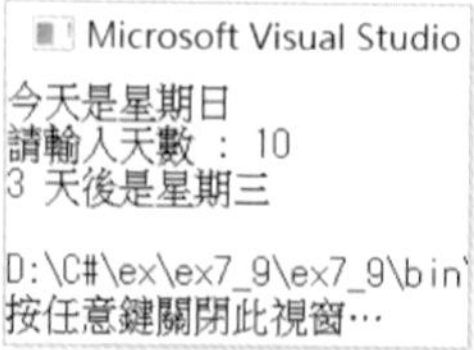

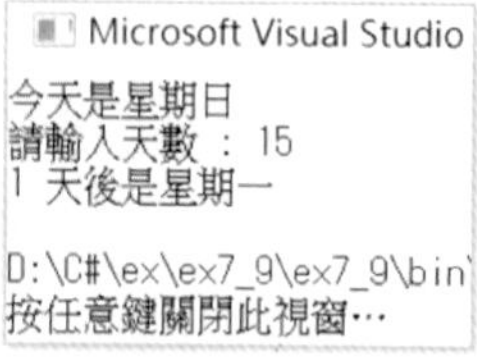

```
Microsoft Visual Studio
今天是星期日
請輸入天數 : 5
5 天後是星期五

D:\C#\ex\ex7_9\ex7_9\bin
按任意鍵關閉此視窗…
```

```
Microsoft Visual Studio
今天是星期日
請輸入天數 : 10
3 天後是星期三

D:\C#\ex\ex7_9\ex7_9\bin
按任意鍵關閉此視窗…
```

```
Microsoft Visual Studio
今天是星期日
請輸入天數 : 15
1 天後是星期一

D:\C#\ex\ex7_9\ex7_9\bin
按任意鍵關閉此視窗…
```

方案 ex7_10.sln：擴充設計方案 ch7_13.sln，列出 BMI 和中國 BMI 指數區分的結果表。(7-10 節)

```
Microsoft Visual Studio
請輸入身高(公分) : 160
請輸入體重(公斤) : 60
BMI = 23.44 體重正常

D:\C#\ex\ex7_10\ex7_10\b
按任意鍵關閉此視窗…
```

```
Microsoft Visual Studio
請輸入身高(公分) : 160
請輸入體重(公斤) : 65
BMI = 25.39 體重超重

D:\C#\ex\ex7_10\ex7_10\b
按任意鍵關閉此視窗…
```

```
Microsoft Visual Studio
請輸入身高(公分) : 160
請輸入體重(公斤) : 75
BMI = 29.30 體重肥胖

D:\C#\ex\ex7_10\ex7_10\b
按任意鍵關閉此視窗…
```

方案 ex7_11.sln：三角形邊長的要件是 2 邊長加起來大於第三邊，請輸入 3 個邊長，如果這 3 個邊長可以形成三角形則輸出三角形的周長。如果這 3 個邊長無法形成三角形，則輸出這不是三角形的邊長。(7-10 節)

```
Microsoft Visual Studio 偵錯主控台
請輸入邊長 1 : 3
請輸入邊長 2 : 3
請輸入邊長 3 : 3
三角形周長是 9.00

D:\C#\ex\ex7_11\ex7_11\bin\Debug\n
按任意鍵關閉此視窗…
```

```
Microsoft Visual Studio 偵錯主控台
請輸入邊長 1 : 3
請輸入邊長 2 : 3
請輸入邊長 3 : 9
這不是三角形

D:\C#\ex\ex7_11\ex7_11\bin\Debug\n
按任意鍵關閉此視窗…
```

方案 ex7_12.sln：請修改方案 ch7_18.sln，將新進人員的考試成績改為由螢幕輸入，然後直接列出比較適合的部門。(7-10 節)

```
Microsoft Visual Studio 偵錯主控台
請輸入英文成績 : 60
請輸入社會成績 : 55
新進人員與編輯部門差異 : 20.62
新進人員與行銷部門差異 : 32.02
新進人員比較適合編輯部門

D:\C#\ex\ex7_12\ex7_12\bin\Debug\net6.0\ex7_12.exe
按任意鍵關閉此視窗…
```

方案 ex7_13.sln：請輸入月份，這個程式會輸出此月份的英文。(7-10 節)

```
Microsoft Visual Studio 偵錯主控台
請輸入月份 : 7
7 月份英文是 July

D:\C#\ex\ex7_13\ex7_13\bin\Debug\n
按任意鍵關閉此視窗…
```

```
Microsoft Visual Studio 偵錯主控台
請輸入月份 : 13
月份輸入錯誤

D:\C#\ex\ex7_13\ex7_13\bin\Debug\n
按任意鍵關閉此視窗…
```

方案 ex7_14.sln：請輸入一個字元，這個程式可以判斷此字元是不是英文字母。(7-10 節)

```
Microsoft Visual Studio 偵錯主控台
請輸入字元 : K
 K 是字母

D:\C#\ex\ex7_14\ex7_14\bin\Debug\n
按任意鍵關閉此視窗…
```

```
Microsoft Visual Studio 偵錯主控台
請輸入字元 : %
 % 不是字母

D:\C#\ex\ex7_14\ex7_14\bin\Debug\n
按任意鍵關閉此視窗…
```

第 8 章

程式的迴圈設計

假設現在要求讀者設計一個 1 加到 10 的程式，然後列印結果，讀者可能用下列方式設計這個程式。

方案 ex8_1.sln：從 1 加到 10，同時列印結果。

```
// ch8_1
int sum = 1 + 2 + 3 + 4 + 5 + 6 + 7 + 8 + 9 + 10;
Console.WriteLine($"總和 = {sum}");
```

執行結果

```
Microsoft Visual Studio 偵錯主控台
總和 = 55

D:\C#\ch8\ch8_1\ch8_1\bin\Debug\net6.0\ch8_1.exe
按任意鍵關閉此視窗…
```

現在假設要求各位從 1 加至 100 或是 1000，此時，若是仍用上面方法設計程式，就顯得很不經濟了，幸好 C# 語言提供了我們解決這類問題的方式，這也是本章的重點。

8-1 for 迴圈

8-1-1 單層 for 迴圈

for 迴圈 (loop) 的語法如下：

```
for (運算式1; 運算式2; 運算式3)
{
    迴圈主體
}
```

上述各運算式的功能如下：

- 運算式 1：設定迴圈指標的初值。
- 運算式 2：這是關係運算式，條件判斷是否要離開迴圈控制敘述。
- 運算式 3：更新迴圈指標。

上述，運算式 1 和運算式 3 是一般設定敘述。而運算式 2 則是一道關係運算式，如果此條件判斷關係運算式是真 (true) 則迴圈繼續，如果此條件判斷關係運算式是偽 (false)，則**跳出迴圈**或是稱**結束迴圈**。另外，若是**迴圈主體**只有一道指令，可將大括號省略，否則我們應繼續擁有大括號。由於 for 迴圈各運算式功能不同，所以也可以用下列表達式取代。

```
for (設定迴圈指標初值; 條件判斷; 更新迴圈指標)
{
    迴圈主體
}
```

下列是 for 迴圈的流程圖。

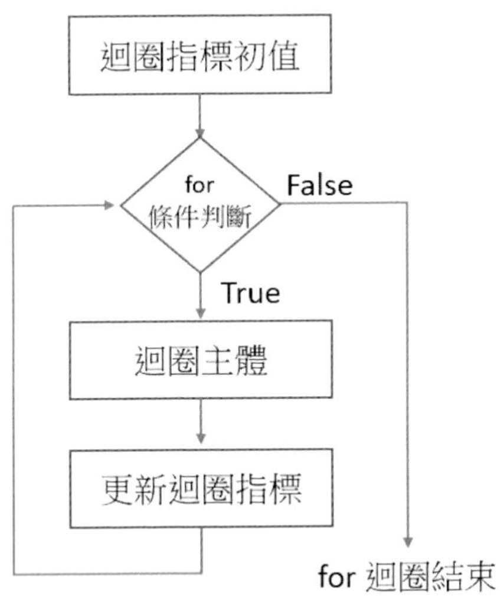

當然，在上述 3 個運算式中，任何一個皆可以省略，但是分號 (;) 不可省略，如果不需要運算式 1 和運算式 3，那麼把它省略不寫就可以了，如方案 ch8_3.sln 所示。

方案 ch8_2.sln：從 1 加到 100，並將結果列印出來。

```
// ch8_2
int sum = 0;
int i;
for (i = 1; i <= 100; i++)
    sum += i;
Console.WriteLine($"總和 = {sum}");
```

執行結果

```
Microsoft Visual Studio 偵錯主控台
總和 = 5050

D:\C#\ch8\ch8_2\ch8_2\bin\Debug\net6.0\ch8_2.exe
按任意鍵關閉此視窗…
```

上述實例的 for 迴圈流程如下：

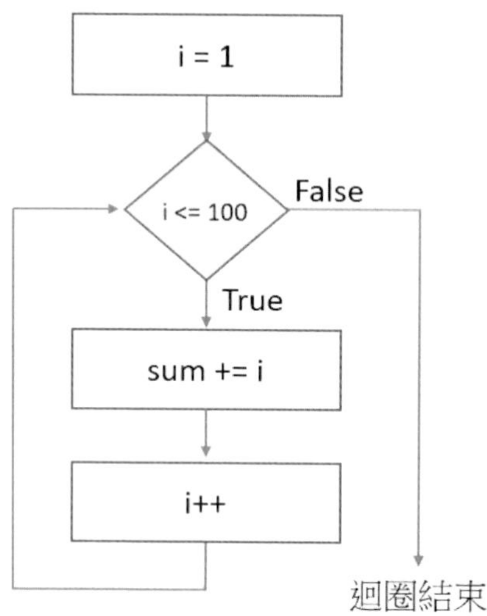

富有變化，是 C# 語言最大的特色，使用同樣的控制敘述，配合不同的運算子，卻可得到同樣的結果，下面程式範例將充份說明這個觀念。

方案 ch8_3.sln：重新設計從 1 加到 100，並將結果列印出來

```
// ch8_3
int sum = 0;
int i = 1;
for ( ; i <= 100; )
    sum += i++;
Console.WriteLine($"總和 = {sum}");
```

執行結果 與 ch8_2.sln 相同。

上述的程式範例中，for 敘述的運算式 1 被省略了，但是我們在 for 的前一列已經設定 i = 1 了，這是合法的動作。另外，運算式 3 的指令也省略了，但是這並不代表，我們沒有運算式 3 的動作，在此程式中，我們只是把運算式 3 和迴圈主體融合成一個指令罷了。

```
sum += i++;                    // 這是迴圈主體
```

上述相當於：

```
sum = sum + i;
i = i + 1;
```

所以，以上方案 ch6_3.sln 仍能產生正確結果。

方案 ch8_4.sln：從 1 加到 9，並將每一個加法後的值列印出來。

```
// ch8_4
int sum = 0;
Console.WriteLine(" i      總和    ");
Console.WriteLine(("").PadRight(16, '-'));
for ( int i=1; i <= 9; i++)
{
    sum += i;
    Console.WriteLine($" {i}       {sum}");
}
```

執行結果

```
Microsoft Visual Studio 偵錯主控台
 i      總和
----------------
 1       1
 2       3
 3       6
 4       10
 5       15
 6       21
 7       28
 8       36
 9       45

D:\C#\ch8\ch8_4\ch8_4\bin\Debug\net6.0\ch8_4.exe
按任意鍵關閉此視窗…
```

上述程式的 for 迴圈觀念的流程如下：

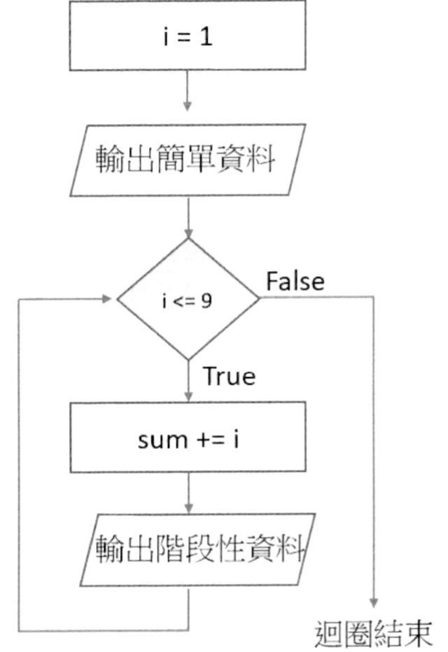

方案 ch8_5.sln：列出從 97 至 122 間所有 ASCII 字元。

```
1  // ch8_5
2  int i;
3  for (i = 97; i <= 122; i++)
4      Console.Write($"{i}={Convert.ToChar(i)}\t");
```

執行結果

```
Microsoft Visual Studio 偵錯主控台
97=a    98=b    99=c    100=d   101=e   102=f   103=g   104=h   105=i   106=j   107=k   108=l   109=m   110=n   111=o
112=p   113=q   114=r   115=s   116=t   117=u   118=v   119=w   120=x   121=y   122=z
D:\C#\ch8\ch8_5\ch8_5\bin\Debug\net6.0\ch8_5.exe (處理序 22368) 已結束，出現代碼 0。
按任意鍵關閉此視窗…
```

上述程式第 4 列的 \t，主要是設定依據鍵盤 Tab 鍵的設定位置輸出資料。

8-1-2　for 敘述應用到無限迴圈

在 for 敘述中如果條件判斷，也就是運算式 2 不寫的話，那麼這個結果將永遠是真，所以下面寫法將是一個無限迴圈。

```
for (運算式1; ; 運算式3)
{
    …
}
```

或是

```
for ( ; ; )
{
    …
}
```

如果程式掉入無限迴圈，其實就是一個錯誤。如果要設計讓程式在無限迴圈中，也必需在特定情況讓此程式甦醒離開此無限迴圈，無限迴圈常用在 2 個地方：

1：讓程式暫時中斷。註：其實我們可以使用 C# 語言的 Thread.Sleep( ) 方法執行此功能，8-8 節會解釋 Thread.Sleep( ) 函數。

2：猜謎遊戲，答對才可以離開無限迴圈。

本章 8-5 節會有無限迴圈的實例解說，此外如果程式設計錯誤掉入無限迴圈陷阱，可以使用同時按 Ctrl + C 鍵離開無限迴圈。

8-1-3 雙層或多層 for 迴圈

和其它高階語言一樣，for 迴圈也可以有雙層迴圈存在。所謂的雙層迴圈控制敘述就是某個 for 敘述是在另一個 for 敘述裡面，其基本語法觀念如下所示：

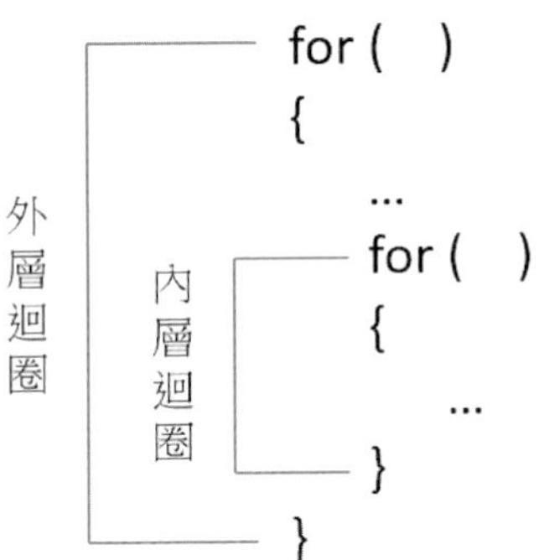

如果我們以下列符號代表迴圈。

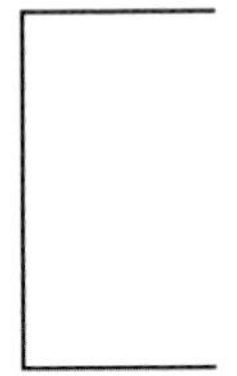

下列各種複雜的迴圈是允許的。

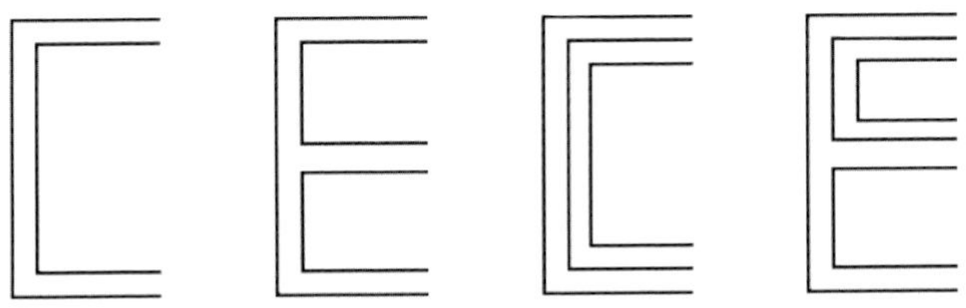

使用迴圈時有一點要注意的是，迴圈不可有交叉的情形，也就是兩個迴圈不可有交叉產生。例如下列複雜迴圈是不允許的。

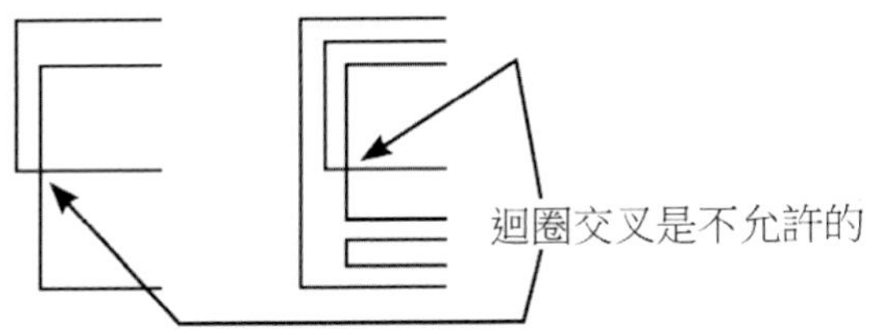

註 我們也可以將多層次的迴圈稱**巢狀迴圈** (nested loop)。

方案 ch8_6.sln：利用雙層 for 迴圈敘述，列印 9×9 乘法表。

```
// ch8_6
int i, j, result;

for (i = 1; i <= 9; i++)
{
    for (j = 1; j <= 9; j++)
    {
        result = i * j;
        Console.Write($"{i}*{j}={result,-3}");
    }
    Console.WriteLine("");
}
```

執行結果

```
Microsoft Visual Studio 偵錯主控台
1*1=1  1*2=2  1*3=3  1*4=4  1*5=5  1*6=6  1*7=7  1*8=8  1*9=9
2*1=2  2*2=4  2*3=6  2*4=8  2*5=10 2*6=12 2*7=14 2*8=16 2*9=18
3*1=3  3*2=6  3*3=9  3*4=12 3*5=15 3*6=18 3*7=21 3*8=24 3*9=27
4*1=4  4*2=8  4*3=12 4*4=16 4*5=20 4*6=24 4*7=28 4*8=32 4*9=36
5*1=5  5*2=10 5*3=15 5*4=20 5*5=25 5*6=30 5*7=35 5*8=40 5*9=45
6*1=6  6*2=12 6*3=18 6*4=24 6*5=30 6*6=36 6*7=42 6*8=48 6*9=54
7*1=7  7*2=14 7*3=21 7*4=28 7*5=35 7*6=42 7*7=49 7*8=56 7*9=63
8*1=8  8*2=16 8*3=24 8*4=32 8*5=40 8*6=48 8*7=56 8*8=64 8*9=72
9*1=9  9*2=18 9*3=27 9*4=36 9*5=45 9*6=54 9*7=63 9*8=72 9*9=81

D:\C#\ch8\ch8_6\ch8_6\bin\Debug\net6.0\ch8_6.exe (處理序 1476)
按任意鍵關閉此視窗…
```

上述程式流程如下：

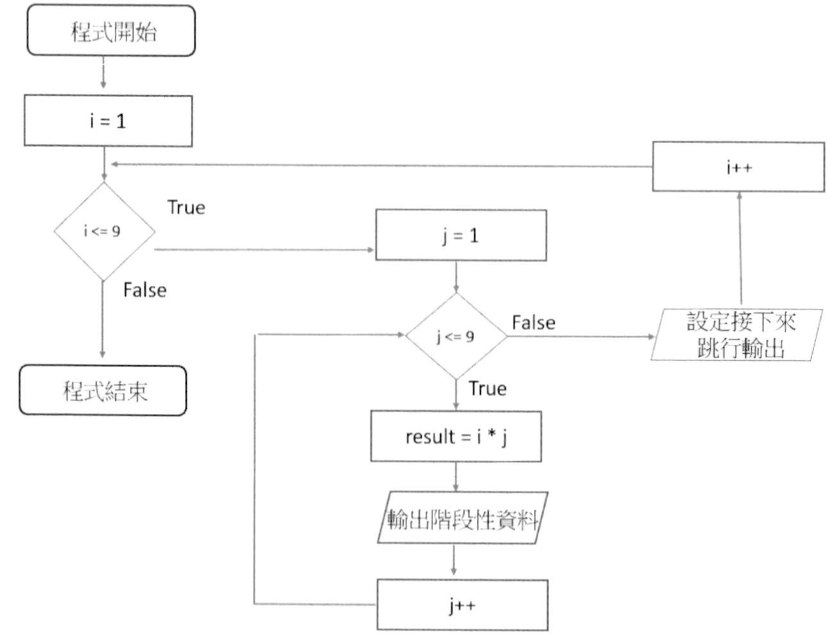

方案 ch8_7.sln：利用 != 來控制 for 迴圈，執行列印 9×9 乘法表。

```
// ch8_7
int i, j, result;

for (i = 1; i != 10; i++)
{
    for (j = 1; j != 10; j++)
    {
        result = i * j;
        Console.Write($"{i}*{j}={result,-3}");
    }
    Console.WriteLine("");
}
```

執行結果 與 ch8_6.sln 相同。

方案 ch8_8.sln：繪製樓梯。

```
// ch8_8
int i, j;

Console.WriteLine("  ");     // 最上方留空白
for (i = 1; i <= 10; i++)
{
    for (j = 1; j <= i; j++)
        Console.Write("AA");
    Console.WriteLine();     // 跳行輸出
}
```

執行結果

```
Microsoft Visual Studio 偵錯主控台

AA
AAAA
AAAAAA
AAAAAAAA
AAAAAAAAAA
AAAAAAAAAAAA
AAAAAAAAAAAAAA
AAAAAAAAAAAAAAAA
AAAAAAAAAAAAAAAAAA
AAAAAAAAAAAAAAAAAAAA

D:\C#\ch8\ch8_8\ch8_8\bin\Debug\net6.0\ch8_8.exe
按任意鍵關閉此視窗…
```

8-1-4 for 迴圈指標遞減設計

前面的 for 迴圈是讓迴圈指標以遞增方式處理，其實我們也可以設計讓迴圈指標以遞減方式處理。

方案 ch8_9.sln：以遞減方式重新設計 ch8_2.sln，計算 1 – 100 的總和。

```
// ch8_9
int sum = 0;
int i;
for (i = 100; i >= 1; i--)
    sum += i;
Console.WriteLine($"總和 = {sum}");
```

執行結果 與方案 ch8_2.sln 相同。

註 迴圈指標的遞減設計觀念，也可以應用在未來會介紹的 while 和 do … while 迴圈。

8-2 while 迴圈

while 迴圈功能幾乎和 for 迴圈相同，只是寫法不同。

8-2-1 單層 while 迴圈

while 迴圈的語法如下：

```
運算式1;
while ( 運算式2 )
{
    迴圈主體
    運算式3;
}
```

上述各運算式的功能如下：

- 運算式 1：設定迴圈指標的初值。
- 運算式 2：這是關係運算式，條件判斷是否要離開迴圈控制敘述。
- 運算式 3：更新迴圈指標。

上述，運算式 1 和運算式 3 是一般設定敘述。而運算式 2 則是一道關係運算式，如果此條件判斷關係運算式是真 (true) 則迴圈繼續，如果此條件判斷關係運算式是偽 (false)，則跳出迴圈或是稱結束迴圈。另外，若是**迴圈主體和更新迴圈指標可以用一道**指令表達，可將大括號省略，否則我們應繼續擁有大括號。由於 while 迴圈各運算式功能不同，所以也可以用下列表達式取代。

設定迴圈指標初值;
while (條件判斷)
{
    迴圈主體
    更新迴圈指標;
}

下列是 while 迴圈的流程圖。

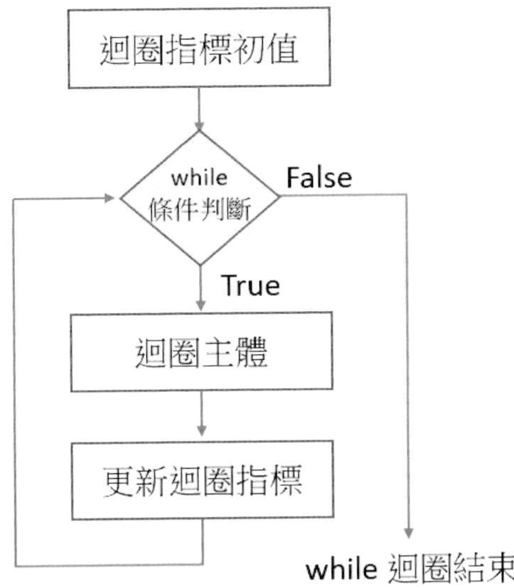

其實上述 while 迴圈流程圖和 for 迴圈流程圖功能是類似的，只是語法表達方式不相同。至於在程式設計時，究竟是要使用 for 或是 while，則視各人習慣而定。

方案 ch8_10.sln：使用 while 迴圈，從 1 加到 10，並將結果列印出來。

```
// ch8_10
int i, sum;

i = 1;
sum = 0;
while (i <= 10)
    sum += i++;
Console.WriteLine($"總和 = {sum}");
```

執行結果

```
Microsoft Visual Studio 偵錯主控台
總和 = 55

D:\C#\ch8\ch8_10\ch8_10\bin\Debug\net6.0\ch8_10.exe
按任意鍵關閉此視窗…
```

上述範例的流程圖如下：

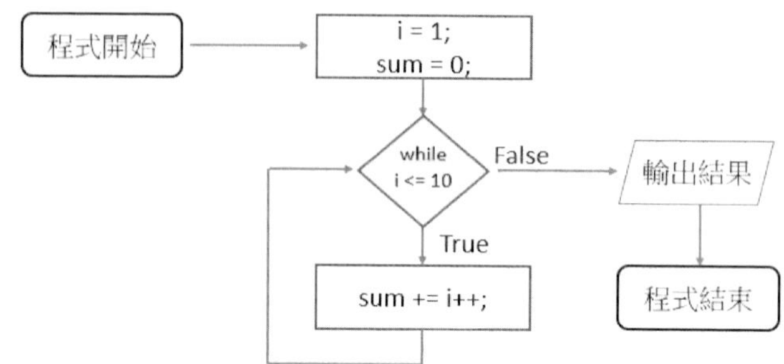

方案 ch8_11.sln：將所輸入的數字，相反列印出來。

```
// ch8_11
int digit, num;

Console.Write("請輸入任意整數\n===> ");
num = int.Parse(Console.ReadLine());
Console.WriteLine("整數的相反輸出");
while (num != 0)
{
    digit = num % 10;
    num = num / 10;
    Console.Write($"{digit}");
}
```

執行結果

```
Microsoft Visual Studio 偵錯主控台
請輸入任意整數
===> 365
整數的相反輸出
563
D:\C#\ch8\ch8_11\ch8_11\bin\Debug\net6.0\ch8_11.exe
按任意鍵關閉此視窗…
```

8-2-2 while 敘述應用到無限迴圈

使用 while 敘述建立無限迴圈時，可以使用 while (true)，如下所示：

```
while ( true )
{
  …
}
```

註 本章 8-5 節會有這方面的應用實例。

8-2-3 雙層或多層 while 迴圈

和 for 迴圈一樣，while 迴圈也可以有雙層迴圈存在。所謂的雙層迴圈控制敘述就是某個 while 敘述是在另一個 while 敘述裡面，其基本語法觀念如下所示：

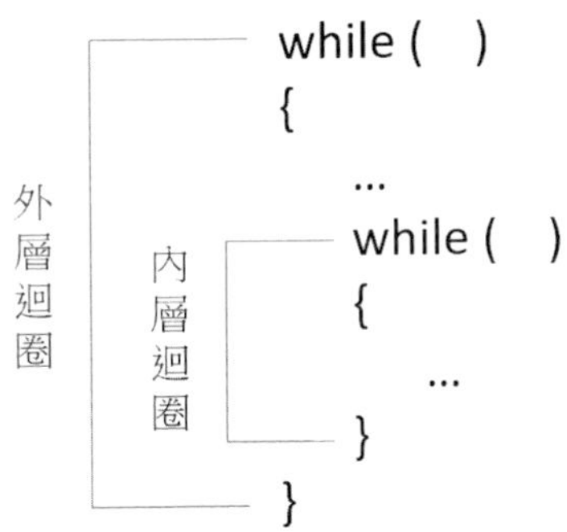

與 for 迴圈一樣，在使用多層 while 迴圈時，下列情況是允許的。

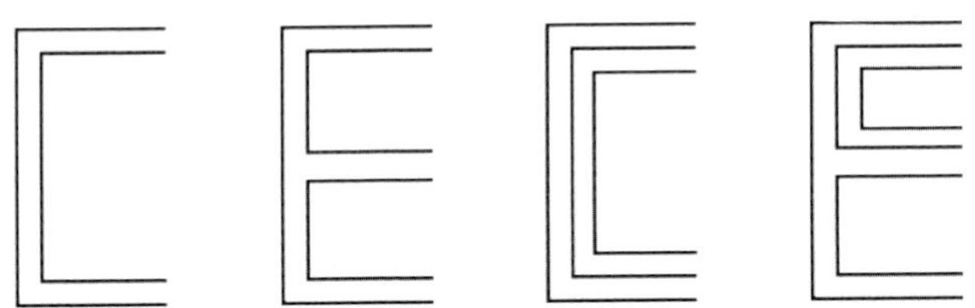

與 for 多層迴圈一樣，在設計迴圈時，不可有交叉情形，如下所示：

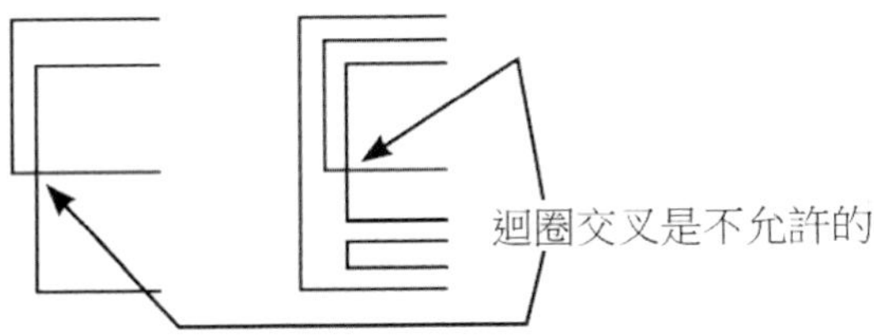

方案 ch8_12.sln：使用雙層 while 迴圈，列印 9×9 乘法表。

```
// ch8_11
int digit, num;

Console.Write("請輸入任意整數\n===> ");
num = int.Parse(Console.ReadLine());
Console.WriteLine("整數的相反輸出");
while (num != 0)
{
    digit = num % 10;
    num = num / 10;
    Console.Write($"{digit}");
}
```

執行結果　可以參考方案 ch8_6.sln。

上述程式流程如下：

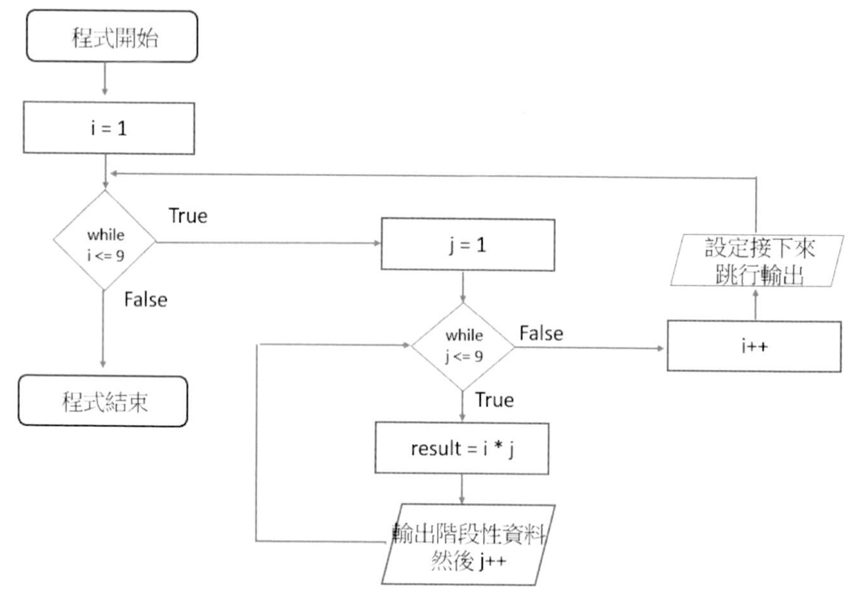

方案 ch8_13.sln：繪製三角形。

```
// ch8_13
int i, j;
i = 5;
while (i <= 9)
{
    j = 1;
    while (j++ <= (9 - i))
        Console.Write(" ");
    j = 9;
    while ((j++ - i) < i)
        Console.Write("A");
    i++;
    Console.WriteLine();
}
```

執行結果

```
Microsoft Visual Studio 偵錯主控台
    A
   AAA
  AAAAA
 AAAAAAA
AAAAAAAAA

D:\C#\ch8\ch8_13\ch8_13\bin\Debug\net6.0\ch8_13.exe
按任意鍵關閉此視窗…
```

8-3 do … while 迴圈

8-3-1 單層 do … while 迴圈

for 和 while 迴圈在使用時，都是將條件判斷的敘述放在迴圈的起始位置。C# 語言的第 3 種迴圈 do … while，會在執行完迴圈的主體之後，才判斷迴圈是否要結束。do … while 的使用語法如下：

```
運算式1;
do {
        迴圈主體
        運算式3;
} while ( 運算式2 );
```

上述各運算式的功能如下：

- ❑ 運算式 1：設定迴圈指標的初值。
- ❑ 運算式 2：這是關係運算式，條件判斷是否要離開迴圈控制敘述。
- ❑ 運算式 3：更新迴圈指標。

上述，運算式 1 和運算式 3 是一般設定敘述。而運算式 2 則是一道關係運算式，如果此條件判斷關係運算式是真 (true) 則迴圈繼續，如果此條件判斷關係運算式是偽 (talse)，則**跳出迴圈**或是稱**結束迴圈**。由於 do while 迴圈各運算式功能不同，所以也可以用下列表達式取代。

```
設定迴圈指標初值;
do {
        迴圈主體
        更新迴圈指標;
} while ( 條件判斷 );
```

下列是 while 迴圈的流程圖。

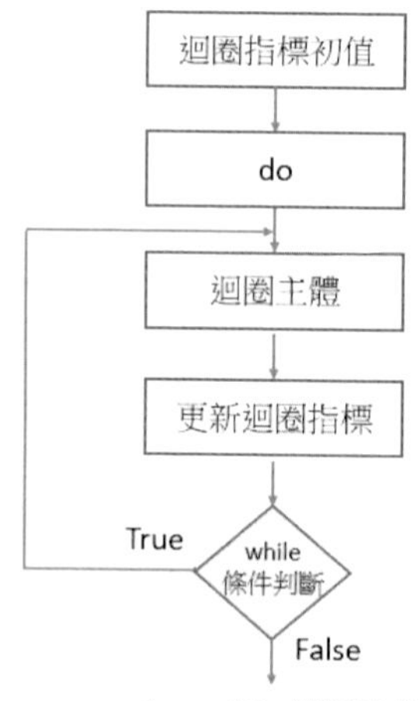

方案 ch8_14.sln：利用 do … while 執行 1 加到 100，並將結果列印出來。

```
// ch8_14
int i = 1;
int sum = 0;

do {
    sum += i++;
} while (i <= 100);
Console.WriteLine($"總和 = {sum}");
```

執行結果

```
Microsoft Visual Studio 偵錯主控台
總和 = 5050

D:\C#\ch8\ch8_14\ch8_14\bin\Debug\net6.0\ch8_14.exe
按任意鍵關閉此視窗…
```

上述程式流程如下：

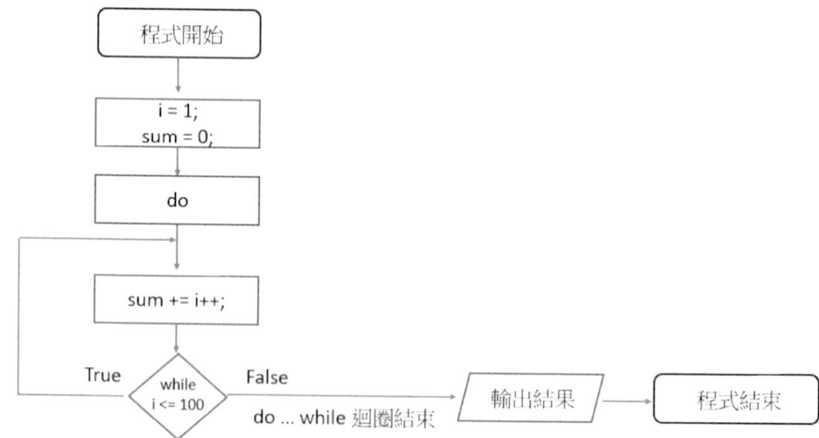

8-3-2 do … while 敘述的無限迴圈

使用 do … while 敘述建立無限迴圈時，可以使用 while 的括號內設定 1 即可，如下所示：

```
do {
    …
} while ( true );
```

本章 8-5 節會有無限迴圈的應用實例。

8-3-3 雙層或多層 do … while 迴圈

do … while 迴圈和先前二節所提的 for 和 while 迴圈一樣，你也可以利用此迴圈設計雙層迴圈，此時其格式如下：

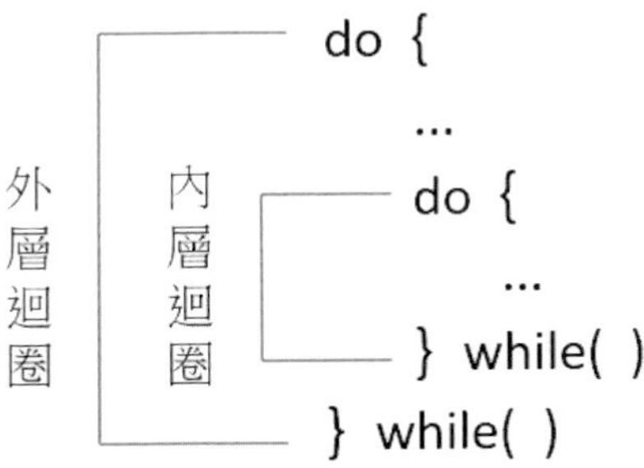

至於其它雙層迴圈的使用細節，例如：迴圈不可交叉，和前面的 for 和 while 雙層迴圈類似。

方案 ch8_15.sln：使用 do … while 迴圈繪製樓梯。

```
// ch8_15
int i = 1;
int j;
do {
    j = i;
    do {
        Console.Write("  ");
    } while (j++ <= 9);
    j = 1;
    do {
        Console.Write("AA");
    } while (j++ < i);
    Console.WriteLine();
} while (i++ <= 9);
```

執行結果

```
Microsoft Visual Studio 偵錯主控台
                   AA
                  AAAA
                 AAAAAA
                AAAAAAAA
               AAAAAAAAAA
              AAAAAAAAAAAA
             AAAAAAAAAAAAAA
            AAAAAAAAAAAAAAAA
           AAAAAAAAAAAAAAAAAA
          AAAAAAAAAAAAAAAAAAAA

D:\C#\ch8\ch8_15\ch8_15\bin\Debug\net6.0\ch8_15.exe
按任意鍵關閉此視窗…
```

8-4 迴圈的選擇

至今筆者介紹了 C# 語言的 3 種迴圈，其實只要一種迴圈可以完成工作，表示也可以使用其他二種迴圈完成工作，至於在現實工作環境應該要使用哪一種迴圈，其實沒有一定標準，讀者可以依據自己的習慣使用這三種迴圈之一種，下列是這 3 種迴圈的基本差異。

迴圈特色	for 迴圈	while 迴圈	do … while 迴圈
預知執行迴圈次數	是	否	否
條件判斷位置	迴圈前端	迴圈前端	迴圈末端
最少執行次數	0	0	1
更新迴圈指標方式	for 敘述內	迴圈主體內	迴圈主體內

筆者多年使用迴圈的習慣，如果已經知道迴圈執行的次數，筆者會使用 for 迴圈。如果不知道迴圈執行的次數，則比較常使用 while 迴圈。至於 do … while 迴圈則比較少用。

8-5 break 敘述

break 敘述的用法有兩種，第一個是在 switch 敘述中扮演將 case 敘述中斷的角色，讀者可以參考 7-8 節。另一個則是扮演強迫一般迴圈指令，for、while、do … while，迴圈中斷。

實例 1：有一個 for 迴圈指令片段如下：

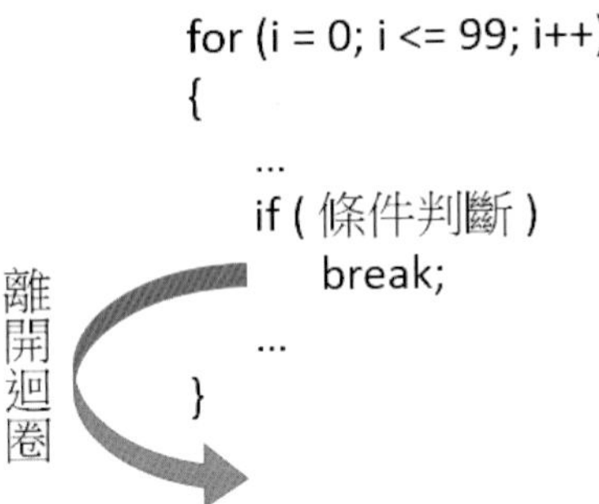

從上面敘述我們可以知道，原則上迴圈將執行 100 圈，但是，如果條件判斷成立，則不管敘述已經執行幾圈了，將立即離開這個迴圈敘述。上述雖然舉了 for 迴圈實例，但是可以同時應用在 while 和 do … while 迴圈，如下所示：

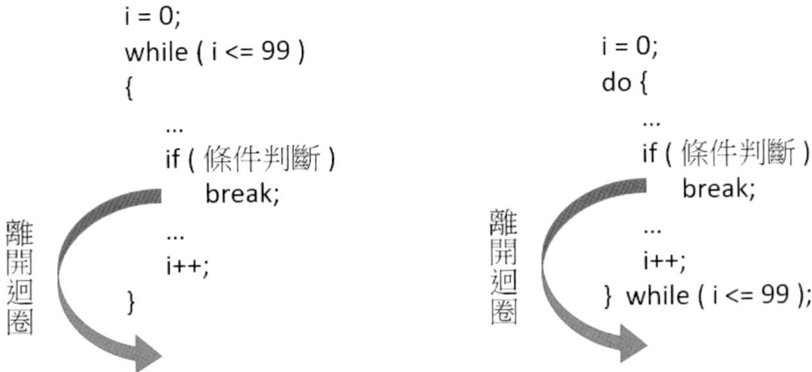

方案 ch8_16.sln：for 迴圈和 break 指令的應用。原則上這個程式將執行 100 次，但是我們在迴圈中，設定迴圈指標如果大於等於 5 則執行 break，所以這個迴圈只能執行 5 次就中斷了。

```
// ch8_16
int i;

for (i = 1; i <= 100; i++)
{
    Console.WriteLine($"迴圈索引 {i}");
    if (i >= 5)
        break;
}
```

執行結果

```
Microsoft Visual Studio 偵錯主控台
迴圈索引 1
迴圈索引 2
迴圈索引 3
迴圈索引 4
迴圈索引 5

D:\C#\ch8\ch8_16\ch8_16\bin\Debug\net6.0\ch8_16.exe
按任意鍵關閉此視窗…
```

方案 ch8_17.sln：無限迴圈和 break 的應用。這個程式會要求你猜一個數字，直到你猜對 while 迴圈才結束，本程式要猜的數字在第 9 行設定。

```
1  // ch8_17
2  int i;
3  int count = 1;
4
5  while ( true )
6  {
7      Console.Write("輸入欲猜數字 : ");
8      i = int.Parse(Console.ReadLine());
9      if (i == 5)    // 設定欲猜數字
10         break;
11     count++;
12 }
13 Console.WriteLine($"花 {count} 次猜對");
```

執行結果

```
Microsoft Visual Studio 偵錯主控台
輸入欲猜數字 : 8
輸入欲猜數字 : 3
輸入欲猜數字 : 5
花 3 次猜對

D:\C#\ch8\ch8_17\ch8_17\bin\Debug\net6.0\ch8_17.exe
按任意鍵關閉此視窗…
```

8-6 continue 敘述

continue 和 break 敘述類似，但是 continue 敘述是令程式重新回到迴圈起始位置然後往下執行，而忽略 continue 和迴圈終止之間的程式指令。

實例 1：有一個 for 迴圈指令片段如下：

回到迴圈起始位置

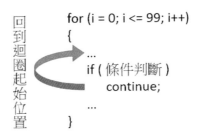

```
for (i = 0; i <= 99; i++)
{
    ...
    if ( 條件判斷 )
        continue;
    ...
}
```

從上面敘述我們可以知道，迴圈將完整執行 100 圈，但是，如果條件判斷成立，則不執行 continue 後面至迴圈結束之間的指令，也就是無法完整執行 for 迴圈內的所有指令 100 圈。

註 若是想將 continue 敘述應用在 while 和 do … while 敘述時，必須將迴圈指標寫在 if 條件判斷前，這樣才不會掉入無限迴圈的陷阱中，如下所示：

方案 ch8_18.sln：for 和 continue 指令的應用，實際上這個迴圈應執行 101 執行，但是因為 continue 的關係，我們只列印這個索引值 5 次。此外，這個程式也會列出迴圈執行次數。

```
// ch8_18
int i;
int counter = 0;

for (i = 0; i <= 100; i++)
{
    counter++;
    if (i >= 5)
        continue;
    Console.WriteLine($"索引是 {i}");
}
Console.WriteLine($"迴圈執行次數 {counter}");
```

執行結果

```
Microsoft Visual Studio 偵錯主控台
索引是 0
索引是 1
索引是 2
索引是 3
索引是 4
迴圈執行次數 101

D:\C#\ch8\ch8_18\ch8_18\bin\Debug\net6.0\ch8_18.exe
按任意鍵關閉此視窗…
```

方案 ch8_19.sln：利用 for 敘述和 continue 指令，計算 2 + 4 + … + 100。

```
// ch8_19
int i;
int sum = 0;

for (i = 2; i <= 100; i++)
{
    if ((i % 2) != 0)
        continue;
    sum += i;
}
Console.WriteLine($"總和是 {sum}");
```

執行結果

```
Microsoft Visual Studio 偵錯主控台
總和是 2550

D:\C#\ch8\ch8_19\ch8_19\bin\Debug\net6.0\ch8_19.exe
按任意鍵關閉此視窗…
```

8-7 隨機數 Random 類別

C# 的 System 命名空間內有 Random 類別，這個類別可以產生隨機數。

8-7-1 建立隨機數物件

要產生隨機數首先要建立隨機數物件，語法如下：

```
Random rnd = new Random( );                    // rnd就是隨機數物件
```

註　上述是物件導向宣告類別物件的觀念，目前讀者只要會用就好，未來還會針對此語法做完整的解說。

8-7-2　隨機數方法 Next( )

有了前一小節的隨機數物件 rnd 後，就可以用此物件呼叫 Next( ) 隨機數方法，在物件導向的方法觀念，Next( ) 的用法有下列幾種。

Next( )：回傳 0(含) ~ 2147483647 (不含) 之間的整數值。

Next(max)：回傳 0(含) ~ max (不含) 之間的整數值。

Next(min, max)：回傳 min(含) ~ max (不含) 之間的整數值。

NextDouble( )：回傳 0.0(含) ~ 1.0(不含) 之間的浮點數值。

註 上述 min、max 皆是 int 資料類型。

方案 ch8_20.sln：產生整數的隨機數。

```
// ch8_20
Random rnd = new Random();
int i, r;
Console.WriteLine("產生 5 筆 0 ~ 2147483647(不含) 隨機數");
for (i = 0; i < 5; i++)
{
    r = rnd.Next();
    Console.Write($"{r}\t");
}
Console.WriteLine();
Console.WriteLine("產生 8 筆 0 ~ 6(不含) 的隨機數");
for (i = 0; i < 8; i++)
{
    r = rnd.Next(6);
    Console.Write($"{r}\t");
}
Console.WriteLine();
Console.WriteLine("產生 8 筆 1 ~ 7(不含) 的隨機數");
for (i = 0; i < 8; i++)
{
    r = rnd.Next(1, 7);
    Console.Write($"{r}\t");
}
```

執行結果

```
Microsoft Visual Studio 偵錯主控台
產生 5 筆 0 ~ 2147483647(不含) 隨機數
1832358140      285260753       1739567999      483011693       483352416
產生 8 筆 0 ~ 6(不含) 的隨機數
2       3       1       2       0       4       2       2
產生 8 筆 1 ~ 7(不含) 的隨機數
2       4       2       6       5       4       1       1
D:\C#\ch8\ch8_20\ch8_20\bin\Debug\net6.0\ch8_20.exe (處理序 21604) 已結束
按任意鍵關閉此視窗…
```

方案 ch8_21.sln：產生 5 筆 0 ~ 1.0 之間的隨機數。

```
// ch8_21
Random rnd = new Random();
int i;
double r;
Console.WriteLine("產生 5 筆 0 ~ 1.0(不含) 隨機數");
for (i = 0; i < 5; i++)
{
    r = rnd.NextDouble();
    Console.WriteLine($"{r}\t");
}
```

執行結果

```
Microsoft Visual Studio 偵錯主控台
產生 5 筆 0 ~ 1.0(不含) 隨機數
0.37977901790298496
0.32922781932603573
0.8973230456661597
0.8983783933518168
0.4280110074061573

D:\C#\ch8\ch8_21\ch8_21\bin\Debug\net6.0\ch8_21.exe
按任意鍵關閉此視窗…
```

8-7-3　隨機數的種子植

基本上每次執行前兩小節的隨機數實例時，皆可以獲得不一樣的隨機數，如果想要每次執行皆獲得一樣的隨機數，在建立隨機數物件時，需設定隨機數的種子植，語法如下：

Random rnd = new Random(int seed);

上述 seed 是**種子植**，資料型態是 int，設定以後未來可以獲得一樣的隨機數。在一些數據實驗中，我們期待每次使用的隨機數皆是一樣，方便追蹤數據變化，這時可以使用種子值，固定產生出來的隨機數。

方案 ch8_22.sln：使用種子值 100，建立 5 筆隨機數，讀者可以重複執行此程式，皆可以會得一樣的隨機數。

```
// ch8_22
Random rnd = new Random(100);
int i, r;
Console.WriteLine("產生 5 筆 0 ~ 2147483647(不含) 隨機數");
for (i = 0; i < 5; i++)
{
    r = rnd.Next();
    Console.Write($"{r}\t");
}
```

執行結果 下列是執行 2 次的結果。

```
Microsoft Visual Studio 偵錯主控台
產生 5 筆 0 ~ 2147483647(不含) 隨機數
2080427802      341851734       1431988776      1938005744      761513014
D:\C#\ch8\ch8_22\ch8_22\bin\Debug\net6.0\ch8_22.exe (處理序 4860) 已結束，
按任意鍵關閉此視窗…
```

```
Microsoft Visual Studio 偵錯主控台
產生 5 筆 0 ~ 2147483647(不含) 隨機數
2080427802      341851734       1431988776      1938005744      761513014
D:\C#\ch8\ch8_22\ch8_22\bin\Debug\net6.0\ch8_22.exe (處理序 19396) 已結束
按任意鍵關閉此視窗…
```

8-8 休息方法

C# 語言在 System.Threading 命名空間內有休息方法 Thread.Sleep( )，執行時可以讓此程式在指定時間內休息，然而 CPU 和其他程序仍可以正常執行。此方法語法如下：

```
Thread.Sleep(int32);
```

上述 int32 用 1000 代表 1 秒，其他值依此類推。

方案 ch8_23.sln：產生 1 ~ 7(不含) 的骰子值，每一秒輸出一個。

```
// ch8_23
//using System.Threading;  已經隱性匯入
Random rnd = new Random();
int i, r;
Console.WriteLine("產生 5 筆 1 ~ 6 的骰子值");
for (i = 0; i < 5; i++)
{
    r = rnd.Next(1,7);        // 產生 1 ~ 6
    Console.WriteLine($"{r}");
    Thread.Sleep(1000);
}
```

執行結果

```
Microsoft Visual Studio 偵錯主控台
產生 5 筆 1 ~ 6 的骰子值
3
4
6
3
1

D:\C#\ch8\ch8_23\ch8_23\bin\Debug\net6.0\ch8_23.exe
按任意鍵關閉此視窗…
```

註 因為 System.Threading 命名空間也已經被隱性匯入，可以參考 2-2-3 節，所以程式第 2 行可以省略此匯入動作。

8-9 專題 – 計算成績 / 圓周率 / 歐幾里德演算法 / 國王的麥粒 / 計時器

8-9-1 計算平均成績和不及格人數

方案 ch8_24.sln：請輸入班級人數及班上 C# 語言考試成績，本程式會將全班平均成績和不及格人數列印出來。

```
// ch8_24
int i, score;
int sum = 0;                    // 總分
int fail_count = 0;             // 不及格人數
double ave = 0;                 // 平均成績
Console.Write("輸入學生人數 ==> ");
int num = int.Parse(Console.ReadLine());
for (i = 1; i <= num; i++)
{
    Console.Write("輸入成績 : ");
    score = int.Parse(Console.ReadLine());
    sum += score;
    if (score < 60)
        fail_count++;
}
ave = (double) sum / num;
Console.WriteLine($"平均成績是 : {ave:F2}");
Console.WriteLine($"不及格人數 : {fail_count}");
```

執行結果

```
Microsoft Visual Studio 偵錯主控台
輸入學生人數 ==> 4
輸入成績 : 88
輸入成績 : 100
輸入成績 : 59
輸入成績 : 60
平均成績是 : 76.75
不及格人數 : 1

D:\C#\ch8\ch8_24\ch8_24\bin\Debug\net6.0\ch8_24.exe
按任意鍵關閉此視窗…
```

8-9-2 猜數字遊戲

方案 ch8_17.sln 是一個猜數字遊戲，所猜數字是筆者自行設定，這一節將改為所猜數字由隨機數產生。

方案 ch8_25.sln：猜數字 1 ~ 10(含) 的遊戲，同時列出猜幾次才答對。

```
// ch8_25
int i;
int count = 1;
int ans;

Random rnd = new Random();
ans = rnd.Next(1, 11);        // 設定欲猜數字
while (true)
{
    Console.Write("輸入欲猜數字 : ");
    i = int.Parse(Console.ReadLine());
    if (i > ans)
        Console.WriteLine("請猜小一點!");
    else if (i < ans)
        Console.WriteLine("請猜大一點!");
    else
        break;
    count++;
}
Console.WriteLine($"花 {count} 次猜對");
```

執行結果

```
Microsoft Visual Studio 偵錯主控台
輸入欲猜數字 : 5
請猜大一點!
輸入欲猜數字 : 8
花 2 次猜對

D:\C#\ch8\ch8_25\ch8_25\bin\Debug\net6.0\ch8_25.exe
按任意鍵關閉此視窗…
```

8-9-3 認識歐幾里德演算法

歐幾里德是古希臘的數學家，在數學中歐幾里德演算法主要是求最大公因數的方法 (Great Common Divisor)，也稱最大公約數。這個方法就是我們在國中時期所學的輾轉相除法，這個演算法最早是出現在歐幾里德的幾何原本。這一節筆者除了解釋此演算法也將使用 Python 完成此演算法。

8-9-3-1 土地區塊劃分

假設有一塊土地長是 40 公尺寬是 16 公尺，如果我們想要將此土地劃分成許多正方形土地，同時不要浪費土地，則最大的正方形土地邊長是多少？

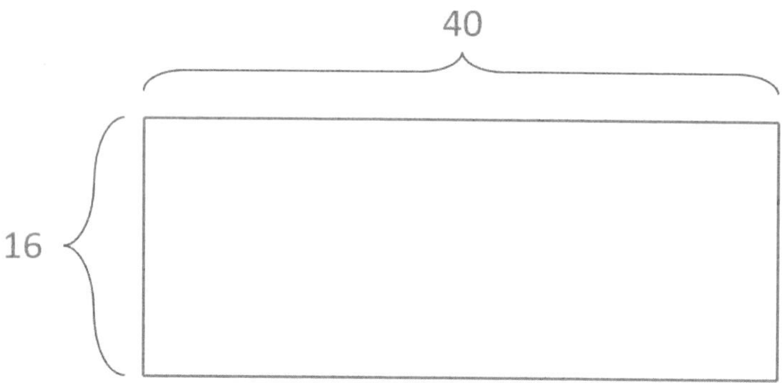

其實這類問題在數學中就是最大公因數的問題，土地的邊長就是任意 2 個要計算最大公因數的數值。上述我們可以將較長邊除以短邊，相當於 40 除以 16，可以得到餘數是 8，此時土地劃分如下：

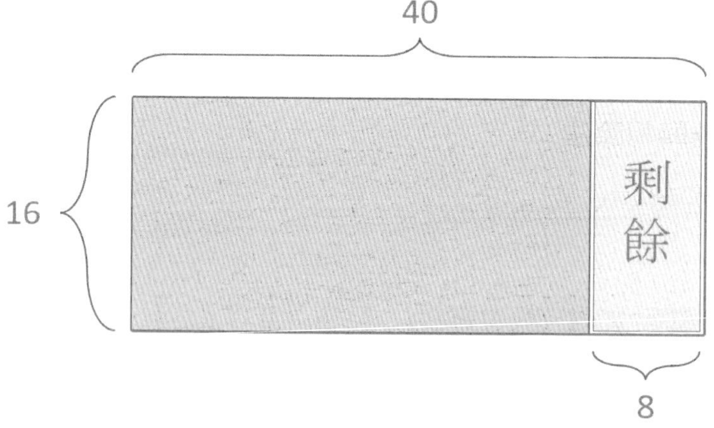

如果餘數不是 0，將剩餘土地執行較長邊除以較短邊，相當於 16 除以 8，可以得到商是 2，餘數是 0。

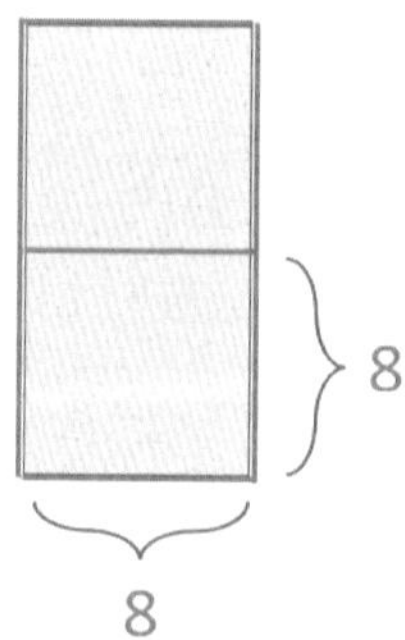

現在餘數是 0，這時的商是 8，這個 8 就是最大公因數，也就是土地的邊長，如果劃分土地可以得到下列結果。

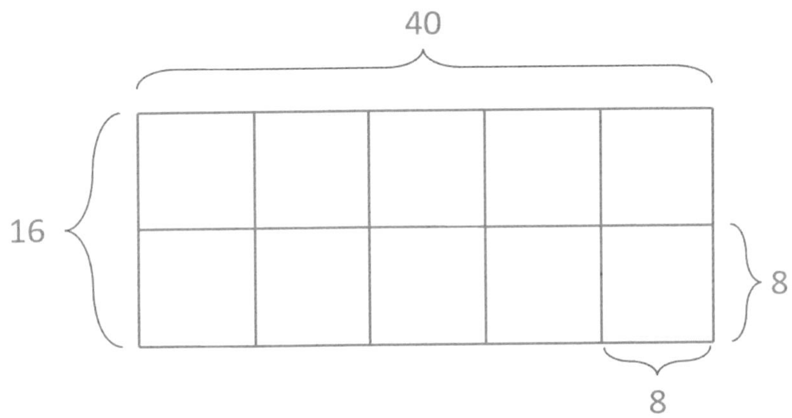

也就是說 16 x 48 的土地，用邊長 8(8 是最大公因數) 劃分，可以得到不浪費土地條件下的最大土地區塊。

8-9-3-2 輾轉相除法

輾轉相除法就是歐幾里德演算法的原意，有 2 個數使用輾轉相除法求最大公因數，步驟如下：

1：計算較大的數。

2：讓**較大的數**當作**被除數**，**較小的數**當作**除數**。

3：兩數相除。

4：兩數相除的餘數當作下一次的除數，原除數變被除數，如此循環直到餘數為 0，當餘數為 0 時，這時的除數就是最大公因數。

假設兩個數字分別是 40 和 16，則最大公因數的計算方式如下：

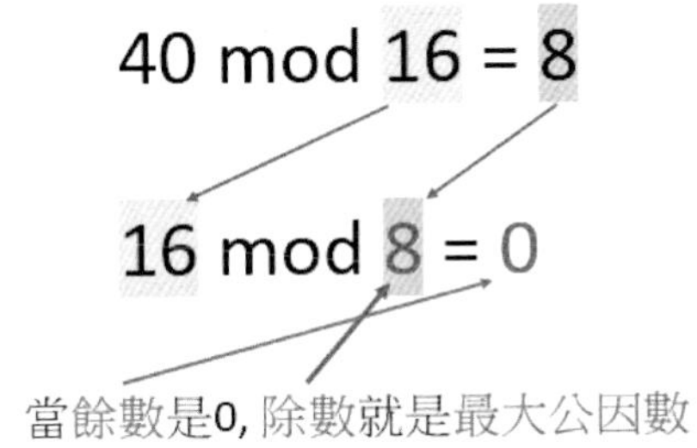

方案 ch8_26.sln：利用輾轉相除法球最大公約數。

```
// ch8_26
int tmp;

Console.Write("請輸入第 1 個正整數 ==> ");
int i = int.Parse(Console.ReadLine());
Console.Write("請輸入第 2 個正整數 ==> ");
int j = int.Parse(Console.ReadLine());
while (j != 0)
{
    tmp = i % j;
    i = j;
    j = tmp;
}
Console.WriteLine($"最大公因數是 {i}");
```

執行結果

```
Microsoft Visual Studio 偵錯主控台
請輸入第 1 個正整數 ==> 16
請輸入第 2 個正整數 ==> 40
最大公因數是 8

D:\C#\ch8\ch8_26\ch8_26\bin\Debug\net6.0\ch8_26.exe
按任意鍵關閉此視窗…
```

8-9-4　計算圓周率

在 4-6-1 節筆者有說明計算圓周率的知識，筆者使用了萊布尼茲公式，當時筆者也說明了此級數收斂速度很慢，這一節我們將用迴圈處理這類的問題。我們可以用下列公式說明萊布尼茲公式：

這是減號, 因為指數(i+1)是奇數

$$\text{pi} = 4\left(1 - \frac{1}{3} + \frac{1}{5} - \frac{1}{7} + \cdots + \frac{(-1)^{i+1}}{2i-1}\right)$$

這是加號, 因為指數(i+1)是偶數

其實我們也可以用一個加總公式表達上述萊布尼茲公式，這個公式的重點是 (i + 1) 次方，如果 (i + 1) 是奇數可以產生分子是-1，如果 (i + 1) 是偶數可以產生分子是 1。

$$4\sum_{i=1}^{n}\frac{(-1)^{i+1}}{2i-1}$$

如果 i + 1是奇數分子結果是 -1
如果 i + 1是偶數分子結果是 1

方案 ch8_27.sln：使用萊布尼茲公式計算圓周率，這個程式會計算到 1 百萬次，同時每 10 萬次列出一次圓周率的計算結果。

```
// ch8_27
int x = 1000000;
int i;
double pi = 0.0;

for (i = 1; i <= x; i++)
{
    pi += 4 * (Math.Pow(-1, (i + 1)) / (2 * i - 1));
    if (i % 100000 == 0)
        Console.WriteLine($"當 i = {i,7} 時 PI = {pi:F19}");
}
```

執行結果

```
Microsoft Visual Studio 偵錯主控台
當 i =  100000 時 PI = 3.1415826535897197758
當 i =  200000 時 PI = 3.1415876535897617750
當 i =  300000 時 PI = 3.1415893202564642017
當 i =  400000 時 PI = 3.1415901535897439167
當 i =  500000 時 PI = 3.1415906535896920282
當 i =  600000 時 PI = 3.1415909869230147500
當 i =  700000 時 PI = 3.1415912250182609355
當 i =  800000 時 PI = 3.1415914035897172241
當 i =  900000 時 PI = 3.1415915424786509114
當 i = 1000000 時 PI = 3.1415916535897743245

D:\C#\ch8\ch8_27\ch8_27\bin\Debug\net6.0\ch8_27.exe
按任意鍵關閉此視窗…
```

註 上述程式必須將 pi 設為雙倍精度浮點數，如果只是設為浮點數會有誤差。從上述可以得到當迴圈到 40 萬次後，此圓周率才進入我們熟知的 3.14159xx。

8-9-5 雞兔同籠 – 使用迴圈計算

方案 ch8_28.sln：6-8-7 節筆者介紹了雞兔同籠的問題，該問題可以使用迴圈計算，我們可以先假設雞 (chicken) 有 0 隻，兔子 (rabbit) 有 35 隻，然後計算腳的數量，如果所獲得腳的數量不符合，可以每次增加 1 隻雞。

```
// ch6_28
int chicken = 0;
int rabbit;
while (true)
{
    rabbit = 35 - chicken;
    if (2 * chicken + 4 * rabbit == 100)
    {
        Console.WriteLine($"雞有 {chicken} 隻, 兔有 {rabbit} 隻");
        break;
    }
    chicken++;
}
```

執行結果

```
Microsoft Visual Studio 偵錯主控台
雞有 20 隻，兔有 15 隻

D:\C#\ch8\ch8_28\ch8_28\bin\Debug\net6.0\ch8_28.exe
按任意鍵關閉此視窗…
```

8-9-6　國王的麥粒

方案 ch8_29.sln：古印度有一個國王很愛下棋，打遍全國無敵手，昭告天下只要能打贏他，即可以協助此人完成一個願望。有一位大臣提出挑戰，結果國王真的輸了，國王也願意信守承諾，滿足此位大臣的願望，結果此位大臣提出想要麥粒的要求，內容大意如下：

第 1 個棋盤格子要 1 粒---- 其實相當於 2^0

第 2 個棋盤格子要 2 粒---- 其實相當於 2^1

第 3 個棋盤格子要 4 粒---- 其實相當於 2^2

第 4 個棋盤格子要 8 粒---- 其實相當於 2^3

第 5 個棋盤格子要 16 粒---- 其實相當於 2^4

...

第 64 個棋盤格子要 xx 粒---- 其實相當於 2^{64}

國王聽完哈哈大笑的同意了，管糧的大臣一聽大驚失色，不過也想出一個辦法，要贏棋的大臣自行到糧倉計算麥粒和運送，結果國王沒有失信天下，贏棋的大臣無法取走天文數字的所有麥粒，這個程式會計算到底這位大臣要取走多少麥粒。

```
// ch8_29
ulong sum = 0;
ulong wheat;
int i;
for (i = 0; i < 64; i++)
{
    if (i == 0)
        wheat = 1;
    else
        wheat = (ulong) Math.Pow(2, i);
    sum += wheat;
}
Console.WriteLine($"麥粒總共 = {sum}");
```

執行結果

```
Microsoft Visual Studio 偵錯主控台
麥粒總共 = 18446744073709551615

D:\C#\ch8\ch8_29\ch8_29\bin\Debug\net6.0\ch8_29.exe
按任意鍵關閉此視窗…
```

8-9-7 離開無限迴圈與程式結束 Ctrl + C 鍵

設計程式不小心進入無限迴圈時，可以使用同時按鍵盤的 Ctrl + C 鍵離開無限迴圈，此程式同時將執行結束。

方案 ch8_30.sln：請輸入任意值，本程式會將這個值的絕對值列印出來。此外，本程式第 4 ~ 11 列的 while (true) 是一個無窮迴圈，若想中止此程式執行，你必須同時按 Ctrl 和 C 鍵。

```
1  // ch8_30
2  int i;
3
4  while ( true )
5  {
6      Console.Write("請輸入任意值 ==> ");
7      i = int.Parse(Console.ReadLine());
8      if (i < 0)
9          i = -i;
10     Console.WriteLine($"絕對值是 {i}");
11 }
```

執行結果

```
Microsoft Visual Studio 偵錯主控台
請輸入任意值 ==> 98
絕對值是 98
請輸入任意值 ==> -55
絕對值是 55
請輸入任意值 ==>
D:\C#\ch8\ch8_30\ch8_30\bin\Debug\net6.0\ch8_30.exe
按任意鍵關閉此視窗…
```

8-9-8 銀行帳號凍結

方案 ch8_31.sln：在現實生活中我們可以使用網路進行買賣基金、轉帳等操作，在進入銀行帳號前會被要求輸入密碼，密碼輸入 3 次錯誤後，此帳號就被凍結，然後要求到銀行櫃台重新申請密碼，這個程式是模擬此操作。

```
// ch8_31
int i;
int password;

for (i = 1; i <= 3; i++)
{
    Console.Write("請輸入密碼 : ");
    password = int.Parse(Console.ReadLine());
    if (password == 12345)
    {
        Console.WriteLine("密碼正確，歡迎進入系統");
        break;
    }
    else
        if (i == 3 && password != 12345)
        Console.WriteLine("密碼錯誤 3 次，請至櫃台重新申請密碼");
}
```

執行結果

```
Microsoft Visual Studio 偵錯主控台
請輸入密碼 : 12345
密碼正確，歡迎進入系統

D:\C#\ch8\ch8_31\ch8_31\bin\Debug\net
按任意鍵關閉此視窗…
```

```
Microsoft Visual Studio 偵錯主控台
請輸入密碼 : 13333
請輸入密碼 : 22222
請輸入密碼 : 55555
密碼錯誤 3 次，請至櫃台重新申請密碼

D:\C#\ch8\ch8_31\ch8_31\bin\Debug\net
按任意鍵關閉此視窗…
```

8-9-9　自由落體

方案 ch8_32.sln：有一顆球自 100 公尺的高度落下，每次落地後可以反彈到原先高度的一半，請計算第 10 次落地之後，共經歷多少公尺？同時第 10 次落地後可以反彈多高。

```
// ch8_32
double height, dist;
int i;
height = 100;
dist = 100;
height = height / 2;          // 第一次反彈高度
for (i = 2; i <= 10; i++)
{
    dist += 2 * height;
    height = height / 2;
}
Console.WriteLine($"第10次落地行經距離 {dist:F3}");
Console.WriteLine($"第10次落地反彈高度 {height:F3}");
```

執行結果

```
Microsoft Visual Studio 偵錯主控台
第10次落地行經距離 299.609
第10次落地反彈高度 0.098

D:\C#\ch8\ch8_32\ch8_32\bin\Debug\net6.0\ch8_32.exe
按任意鍵關閉此視窗…
```

上述程式 height 是反彈高度的變數，每次是原先的一半高度，所以第 10 行會保留反彈高度。球的移動距離則是累加反彈高度，因為反彈會落下，所以第 9 行需要乘以 2，然後累計加總。

8-9-10　羅馬數字

羅馬數字 1 ~ 10 的 Unicode 碼值是 0x2160 ~ 0x2169，如下所示：

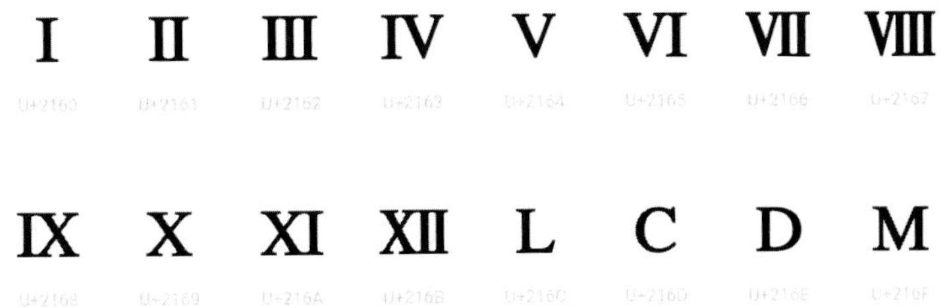

表 10-2：羅馬數字與 Unicode 碼對應表

有關更多阿拉伯數字與 Unicode 字元碼的對照表，讀者可以參考下列 Unicode 字符百科的網址。

https://unicode-table.com/cn/sets/arabic-numerals/

方案 ch8_33.sln：列出羅馬數字 1 ~ 10，這個程式的另一個重點是使用 6-5-3 節介紹的 Convert.ToChar( ) 方法將 16 進位數字轉換成 Unicode 字元。

```
// ch8_33
int i;
Console.WriteLine("Unicode是16進位");
for (i = 0x2160; i <= 0x2169; i++)
    Console.Write($"{i:X}={Convert.ToChar(i)}\t");
```

執行結果

```
Microsoft Visual Studio 偵錯主控台
Unicode是16進位
2160=Ⅰ 2161=Ⅱ 2162=Ⅲ 2163=Ⅳ 2164=Ⅴ 2165=Ⅵ 2166=Ⅶ 2167=Ⅷ 2168=Ⅸ 2169=Ⅹ
D:\C#\ch8\ch8_33\ch8_33\bin\Debug\net6.0\ch8_33.exe (處理序 9784) 已結束，出現代碼
按任意鍵關閉此視窗…
```

8-9-11 計時器設計

方案 ch8_34.sln：設計 10 秒計時器，時間到會產生嗶聲。

```
// ch8_34
for (int i = 10; i > 0; i--)
{
    Console.SetCursorPosition(0, 0);   // 固定位置輸出計時秒數
    Console.WriteLine($"計時器秒數 : {i} ");
    Thread.Sleep(1000);                // 休息 1 秒
}
Console.WriteLine("計時結束");
Console.Beep();
```

執行結果 下方左圖是計時過程，右邊是執行結果。

```
D:\C#\ch8\ch8_34\bin\Debug\net6.0\ch8_34.exe
計時器秒數 : 6
```

```
Microsoft Visual Studio 偵錯主控台
計時器秒數 : 1
計時結束

D:\C#\ch8\ch8_34\bin\Debug\net6.0\
按任意鍵關閉此視窗…
```

習題實作題

方案 ex8_1.sln：參考方案 ch8_5.sln，列出大寫 A 至 Z 之間的英文字母。(8-1 節)

```
Microsoft Visual Studio 偵錯主控台
65=A    66=B    67=C    68=D    69=E    70=F    71=G    72=H    73=I    74=J    75=K    76=L    77=M    78=N    79=O
80=P    81=Q    82=R    83=S    84=T    85=U    86=V    87=W    88=X    89=Y    90=Z
D:\C#\ex\ex8_1\ex8_1\bin\Debug\net6.0\ex8_1.exe (處理序 17548) 已結束，出現代碼 0。
按任意鍵關閉此視窗…
```

方案 ex8_2.sln：請輸入起點值和終點值，起點值必須小於終點值，然後計算之間的總和。(8-1 節)

```
Microsoft Visual Studio 偵錯主控台
請輸入起點整數 : 1
請輸入終點整數 : 10
總和 = 55

D:\C#\ex\ex8_2\ex8_2\bin\Debug\net
按任意鍵關閉此視窗…
```

```
Microsoft Visual Studio 偵錯主控台
請輸入起點整數 : 10
請輸入終點整數 : 12
總和 = 33

D:\C#\ex\ex8_2\ex8_2\bin\Debug\net
按任意鍵關閉此視窗…
```

方案 ex8_3.sln：請輸入一個數字，這個程式可以測試此數字是不是質數，質數的條件如下。(8-1 節)

- 2 是質數。
- n 不可以被 2 至 n-1 的數字整除。

註 質數的英文是 Prime number，prime 的英文有強者的意義，所以許多有名的職業球員喜歡用質數當作背號，例如：Lebron James 是 23，Michael Jordan 是 23，Kevin Durant 是 7。

```
Microsoft Visual Studio 偵錯主控台
請輸入大於 1 的整數做質數測試 : 2
2 是質數

D:\C#\ex\ex8_3\ex8_3\bin\Debug\net
按任意鍵關閉此視窗…
```

```
Microsoft Visual Studio 偵錯主控台
請輸入大於 1 的整數做質數測試 : 12
12 不是質數

D:\C#\ex\ex8_3\ex8_3\bin\Debug\net
按任意鍵關閉此視窗…
```

```
Microsoft Visual Studio 偵錯主控台
請輸入大於 1 的整數做質數測試 : 13
13 是質數

D:\C#\ex\ex8_3\ex8_3\bin\Debug\net
按任意鍵關閉此視窗…
```

```
Microsoft Visual Studio 偵錯主控台
請輸入大於 1 的整數做質數測試 : 17
17 是質數

D:\C#\ex\ex8_3\ex8_3\bin\Debug\net
按任意鍵關閉此視窗…
```

方案 ex8_4.sln：請將本金、年利率與存款年數從螢幕輸入，然後計算每一年的本金和。(8-1 節)

```
Microsoft Visual Studio 偵錯主控台
請輸入存款本金 : 50000
請輸入存款年數 : 5
請輸入年利率 : 0.015
第 5 年本金和 : 50749
第 5 年本金和 : 51511
第 5 年本金和 : 52283
第 5 年本金和 : 53068
第 5 年本金和 : 53864

D:\C#\ex\ex8_4\ex8_4\bin\Debug\net6.0\ex8_4.exe
按任意鍵關閉此視窗…
```

方案 ex8_5.sln：假設你今年體重是 50 公斤，每年可以增加 1.2 公斤，請列出未來 5 年的體重變化。(8-1 節)

```
Microsoft Visual Studio 偵錯主控台
第 1 年體重 : 51.2
第 2 年體重 : 52.4
第 3 年體重 : 53.6
第 4 年體重 : 54.8
第 5 年體重 : 56.0

D:\C#\ex\ex8_5\ex8_5\bin\Debug\net6.0\ex8_5.exe
按任意鍵關閉此視窗…
```

方案 ex8_6.sln：請用雙層 for 迴圈輸出下列結果。(8-1 節)

```
Microsoft Visual Studio 偵錯主控台
123456789
12345678
1234567
123456
12345
1234
123
12
1

D:\C#\ex\ex8_6\ex8_6\bin\Debug\net6.0\ex8_6.exe
按任意鍵關閉此視窗…
```

方案 ex8_7.sln：請用雙層 for 迴圈輸出下列結果。(8-1 節)

```
Microsoft Visual Studio 偵錯主控台
        1
       21
      321
     4321
    54321
   654321
  7654321
 87654321
987654321

D:\C#\ex\ex8_7\ex8_7\bin\Debug\net6.0\ex8_7.exe
按任意鍵關閉此視窗…
```

方案 ex8_8.sln：至少需有一個 while 迴圈，列出阿拉伯數字中前 20 個質數。(8-2 節)

```
Microsoft Visual Studio 偵錯主控台

 2 是第  1 個質數
 3 是第  2 個質數
 5 是第  3 個質數
 7 是第  4 個質數
11 是第  5 個質數
13 是第  6 個質數
17 是第  7 個質數
19 是第  8 個質數
23 是第  9 個質數
29 是第 10 個質數
31 是第 11 個質數
37 是第 12 個質數
41 是第 13 個質數
43 是第 14 個質數
47 是第 15 個質數
53 是第 16 個質數
59 是第 17 個質數
61 是第 18 個質數
67 是第 19 個質數
71 是第 20 個質數

D:\C#\ex\ex8_8\ex8_8\bin\Debug\net6.0\ex8_8.exe
按任意鍵關閉此視窗…
```

方案 ex8_9.sln：使用 while 迴圈設計此程式，假設今年大學學費是 50000 元，未來每年以 5% 速度向上漲價，多少年後學費會達到或超過 6 萬元，學費不會少於 1 元，計算時可以忽略小數位數。(8-2 節)

```
Microsoft Visual Studio 偵錯主控台

經過 4 年學費會超過60000

D:\C#\ex\ex8_9\ex8_9\bin\Debug\net6.0\ex8_9.exe
按任意鍵關閉此視窗…
```

方案 ex8_10.sln：請擴充設計 ex8_2.sln，這個程式會使用 do … while 迴圈增加檢查起點值必須小於終點值，如果起點值大於終點值會要求重新輸入。(8-3 節)

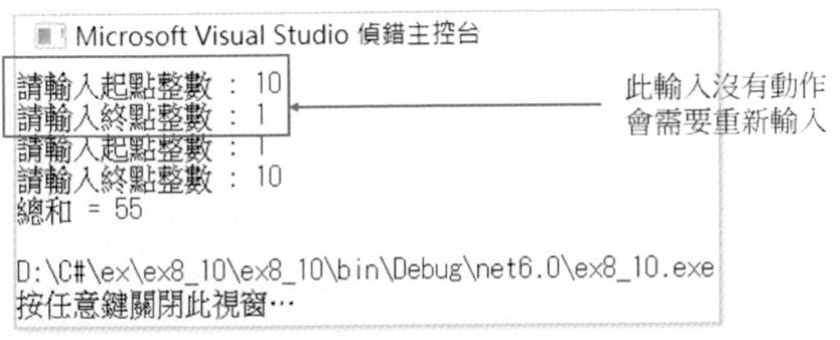

方案 ex8_11.sln：在程式設計時，我們可以在 while 迴圈中設定一個輸入數值當作迴圈執行結束的值，這個值稱哨兵值 (Sentinel value)。本程式會計算輸入值的總和，哨兵值是 0，如果輸入 0 則程式結束。(8-5 節)

```
Microsoft Visual Studio 偵錯主控台
請輸入一個數值 : 5
請輸入一個數值 : 6
請輸入一個數值 : 7
請輸入一個數值 : 0
輸入總和 = 18

D:\C#\ex\ex8_11\ex8_11\bin\Debug\net6.0\ex8_11.exe
按任意鍵關閉此視窗…
```

方案 ex8_12.sln：使用 while 和 continue，設計列出 1 .. 10 之間的偶數。(8-6 節)

```
Microsoft Visual Studio 偵錯主控台
2
4
6
8
10

D:\C#\ex\ex8_12\ex8_12\bin\Debug\net6.0\ex8_12.exe
按任意鍵關閉此視窗…
```

方案 ex8_13.sln：計算數學常數 e 值，它的全名是 Euler's number，又稱歐拉數，主要是紀念瑞士數學家歐拉，這是一個無限不循環小數，我們可以使用下列級數計算 e 值。

這個程式會計算到 i=10，同時列出不同 i 值的計算結果，輸出結果到小數第 15 位。(8-9 節)

```
Microsoft Visual Studio 偵錯主控台
當 i =  1 時 e = 2.000000000000000
當 i =  2 時 e = 2.500000000000000
當 i =  3 時 e = 2.666666666666667
當 i =  4 時 e = 2.708333333333333
當 i =  5 時 e = 2.716666666666666
當 i =  6 時 e = 2.718055555555555
當 i =  7 時 e = 2.718253968253968
當 i =  8 時 e = 2.718278769841270
當 i =  9 時 e = 2.718281525573192
當 i = 10 時 e = 2.718281801146385

D:\C#\ex\ex8_13\ex8_13\bin\Debug\net6.0\ex8_13.exe
按任意鍵關閉此視窗…
```

方案 ex8_14.sln：輸出 26 個大寫和小寫英文字母。(8-9 節)

```
Microsoft Visual Studio 偵錯主控台
A B C D E F G H I J K L M N O P Q R S T U V W X Y Z
a b c d e f g h i j k l m n o p q r s t u v w x y z

D:\C#\ex\ex8_14\ex8_14\bin\Debug\net6.0\ex8_14.exe
按任意鍵關閉此視窗…
```

方案 ex8_15.sln：輸出 100 至 999 之間的水仙花數，所謂的水仙花數是指一個三位數，每個數字的立方加總後等於該數字，例如：153 是水仙花數，因為 1 的 3 次方加上 5 的 3 次方再加上 3 的 3 次方等於 153。(8-9 節)

```
Microsoft Visual Studio 偵錯主控台
153
370
371
407

D:\C#\ex\ex8_15\ex8_15\bin\Debug\net6.0\ex8_15.exe
按任意鍵關閉此視窗…
```

方案 ex8_16.sln：設計程式可以輸出字母三角形。(8-9 節)

```
Microsoft Visual Studio 偵錯主控台
         A
        ABA
       ABCBA
      ABCDCBA
     ABCDEDCBA
    ABCDEFEDCBA
   ABCDEFGFEDCBA
  ABCDEFGHGFEDCBA
 ABCDEFGHIHGFEDCBA
ABCDEFGHIJIHGFEDCBA

D:\C#\ex\ex8_16\ex8_16\bin\Debug\net6.0\ex8_16.exe
按任意鍵關閉此視窗…
```

方案 ex8_17.sln：設計數字三角形，讀者可以輸入三角形高度。(8-9 節)

```
Microsoft Visual Studio 偵錯主控台
請輸入三角形高度 = 5
    1
   121
  12321
 1234321
123454321

D:\C#\ex\ex8_17\ex8_17\bin\Debug\net
按任意鍵關閉此視窗…
```

```
Microsoft Visual Studio 偵錯主控台
請輸入三角形高度 = 8
       1
      121
     12321
    1234321
   123454321
  12345654321
 1234567654321
123456787654321

D:\C#\ex\ex8_17\ex8_17\bin\Debug\net6.0\ex8_17.exe
按任意鍵關閉此視窗…
```

方案 ex8_18.sln：請擴充設計 ch8_34.sln，增加輸入秒數功能。(8-9 節)

```
D:\C#\ex\ex8_18\bin\Debug\net6.0\ex8_18.exe
請輸入秒數 : 10
```

```
Microsoft Visual Studio 偵錯主控台
計時器秒數 : 1
計時結束

D:\C#\ex\ex8_18\bin\Debug\net6.0\e
按任意鍵關閉此視窗…
```

第 9 章

陣列

9-1 一維陣列

9-1-1 基礎觀念

如果我們在程式設計時，是用變數儲存資料各變數間沒有互相關聯，可以將資料想像成下列圖示，筆者用散亂方式表達相同資料型態的各個變數，在真實的記憶體中讀者可以想像各變數在記憶體內並沒有依次序方式排放。

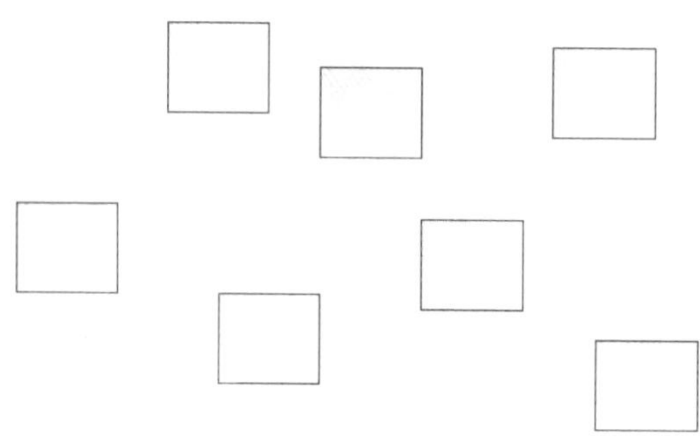

如果我們將相同型態資料組織起來形成陣列 (array)，可以將資料想像成下列圖示，讀者可以想像各變數在記憶體內是依次序方式排放：

當資料排成陣列後，我們未來可以用索引值 (index) 存取此陣列特定位置的內容，在 C# 語言的索引是從 0 開始，所以第 1 個元素的索引是 0，第 2 個元素的索引是 1，可依此類推，所以如果一個陣列若是有 n 筆元素，此陣列的索引是在 0 和 (n-1) 之間。

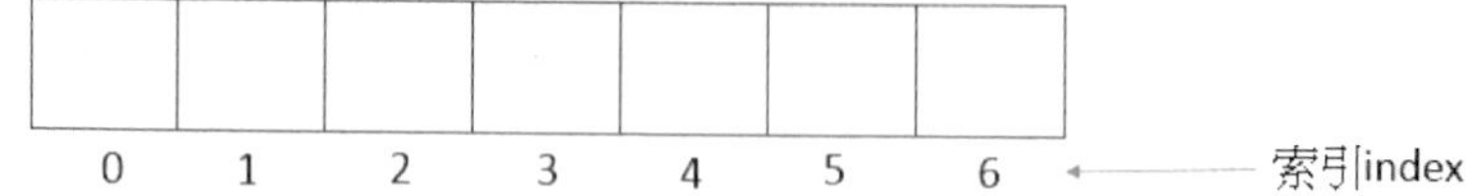

從上述說明我們可以得到，陣列本身是種結構化的資料型態，主要是將相同型態的變數集合起來，以一個名稱來代表。存取陣列資料值時，則以陣列的索引值 (index) 指示所要存取的資料。

9-1-2　陣列的宣告

陣列的使用和其它的變數一樣，使用前一定要先宣告，以便編譯程式能預留空間供程式使用，陣列宣告時可以同時宣告陣列資料類型和長度 (或稱**大小**)，宣告的語法如下：

```
資料類型[ ] 陣列變數名稱 = new 資料類型[陣列長度];
```

上述 new 關鍵字主要是為陣列名稱配置記憶體空間，也可以稱是建立一個**實體** (Instance)，一般常用的陣列資料型態有整數，浮點數和字元，有關字元資料型態，我們將留到第 10 章討論。上述宣告觀念基本上是宣告陣列資料類型與陣列**長度**，同時配置記憶體空間，但是不設定陣列元素內容，未來讀者有需求再於程式內自行設定陣列元素內容。

實例 1：宣告整數陣列 sc，此陣列長度是 5。

```
int[ ] sc = new int[5];                    // 宣告整數陣列，陣列長度是5，建議使用
```

或是也可以用先宣告陣列資料，然後再宣告陣列長度，也就是分兩行方式宣告上述陣列。**註**：這個只是讓讀者了解可以用下列方式宣告，建議使用上述方式即可。

```
int[ ] sc;                                 // 宣告整數陣列
sc = new int[5];                           // 為整數陣列配置5個元素空間
```

表示宣告一個長度為 5 的一維整數陣列，長度為 5 相當於是陣列內有 5 個元素，陣列名稱是 sc。此外，此宣告沒有設定初值，編譯程式會自動設定陣列初值是 0。在 C# 語言中，陣列第一個元素的索引值一定是 0，下面是 sc 宣告的圖示說明：

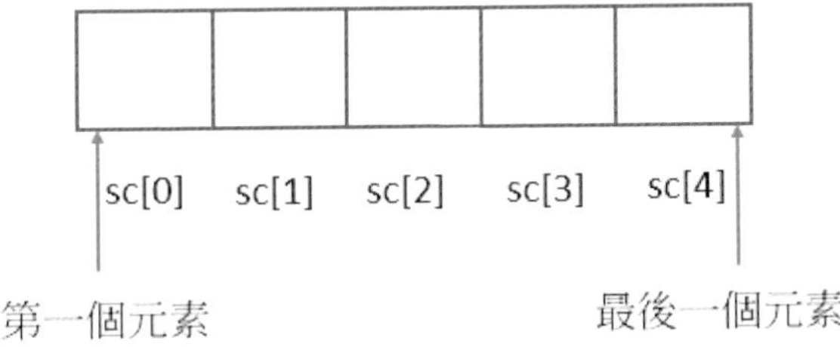

註 索引是放在中括號內，讀者可以將上述看作是一個記憶體，sc 是指向一個記憶體位址，這也符合第 3-14 節所述，陣列是一個參照類型的資料。

上述是宣告整數陣列，也可以應用到宣告浮點數、字元或是字串陣列，如下所示：

```
float[ ] data1 = new float[5];          // 宣告浮點數陣列
double[ ] data2 = new double[5];        // 宣告雙倍精度浮點數陣列
char[ ] data3 = new char[5];            // 宣告字元陣列
string[ ] data4 = new string[5];        // 宣告字串陣列
```

本章所述的陣列是以處理數值資料為主，第 10 章所述的陣列則是處理字元和字串內容。

方案 ch9_1.sln：陣列宣告方法 1，宣告整數陣列類型與長度的基礎實例。

```
// ch9_1
int[] sc = new int[5];              // 宣告陣列類型與長度
sc[0] = 5;
sc[1] = 10;
sc[2] = 15;
sc[3] = 20;
sc[4] = 25;
for (int i = 0; i < 5; i++)
    Console.Write($"{sc[i]}\t");
```

執行結果

```
Microsoft Visual Studio 偵錯主控台
5       10      15      20      25
D:\C#\ch9\ch9_1\ch9_1\bin\Debug\net6.0\ch9_1.exe
按任意鍵關閉此視窗…
```

方案 ch9_2.sln：驗證整數陣列宣告未給初值，陣列元素的預設值是 0。

```
// ch9_2
int[] sc = new int[5];              // 宣告陣列類型與長度

for (int i = 0; i < 5; i++)         // 輸出陣列初值
    Console.Write($"{sc[i]}\t");
```

執行結果

```
Microsoft Visual Studio 偵錯主控台
0       0       0       0       0
D:\C#\ch9\ch9_2\ch9_2\bin\Debug\net6.0\ch9_2.exe
按任意鍵關閉此視窗…
```

9-1-3　陣列宣告與初值設定

這個宣告觀念基本上是宣告陣列時，同時設定陣列元素的初值，在這種宣告格式下，雖然沒有指出陣列長度，但是我們可以由陣列元素的初值數量得知陣列的長度，此種方法的語法如下：

資料類型[ ] 陣列變數名稱 = {值1, 值2, … , 值n};

實例 2：宣告整數陣列 sc，同時設定陣列元素的初值分別是 5、10、15、20 和 25。

```
int[ ] sc = {5, 10, 15, 20, 25};            // 宣告整數陣列，同時設定初值，建議使用
```

或是也可以用下列分兩行方式宣告上述陣列，這個只是讓讀者了解可以用下列方式宣告，建議使用上述方式即可。

```
int[ ] = sc;                                // 宣告整數陣列
sc = new int[ ] {5, 10, 15, 20, 25};        //為整數陣列配置空間和設定初值
```

上述宣告中，雖然沒有明確指出陣列 sc 的長度是多少，但是我們只宣告 5 個元素，所以可以知道此陣列 sc 的長度是 5。

方案 ch9_3.sln：宣告陣列類型與設定陣列初值的基礎實例。

```
// ch9_3
int[] sc = { 5, 10, 15, 20, 25 };     // 陣列宣告與設定初值
for (int i = 0; i < 5; i++)
    Console.Write($"{sc[i]}\t");
```

執行結果

```
Microsoft Visual Studio 偵錯主控台
5       10      15      20      25
D:\C#\ch9\ch9_2\ch9_2\bin\Debug\net6.0\ch9_2.exe
按任意鍵關閉此視窗…
```

註 C 語言不做陣列邊界檢查的觀念，如果存取陣列內容的索引超出陣列範圍，超出的部分顯示的是記憶體的殘值。C# 語言則會做陣列邊界檢查，如果存取陣列內容的索引超出陣列範圍，會有錯誤產生。

如果要宣告其他資料類型同時設定初值，方法相同，下列是宣告字串陣列同時設定初值的實例：

```
string[ ] city = {"台北", "新竹", "竹東"};
```

未來在方案 ch9_31.sln 會有字串實例解說。

9-1-4　讀取一維陣列的輸入

設計陣列時，有時候也需使用鍵盤輸入陣列內容，具體作法可以參考下列實例。

方案 ch9_4.sln：輸入學生人數及學生成績，然後輸出全班的平均成績。

```
// ch9_4
int[] score = new int[10];
int sum = 0;
int num;
double ave;

Console.Write("請輸入學生人數 ==> ");
num = int.Parse(Console.ReadLine());
for (int i = 0; i < num; i++)
{
    Console.Write("請輸入分數 ==> ");
    score[i] = int.Parse(Console.ReadLine());
    sum += score[i];
}
ave = (double)sum / num;
Console.WriteLine($"平均分數是 {ave}");
```

執行結果

```
Microsoft Visual Studio 偵錯主控台
請輸入學生人數 ==> 4
請輸入分數 ==> 58
請輸入分數 ==> 66
請輸入分數 ==> 87
請輸入分數 ==> 60
平均分數是 67.75

D:\C#\ch9\ch9_4\ch9_4\bin\Debug\net6.0\ch9_4.exe
按任意鍵關閉此視窗…
```

上述程式是直接輸入學生人數，如果我們一開始不知道學生人數，也可以使用輸入 0 當做輸入結束，這個 0 在程式語言觀念中稱哨兵值 (Sentinel value)。

方案 ch9_5.sln：不知道學生人數，以輸入 0 當做輸入成績結束，重新設計 ch9_4.sln。

```
// ch9_5
int[] score = new int[10];
double ave;
int sum = 0;
int i = 0;

Console.WriteLine("輸入成績 0 代表結束");
do {
    Console.Write("請輸入分數 ==> ");
    score[i] = int.Parse(Console.ReadLine());
    sum += score[i];
} while (score[i++] > 0);
ave = (double) sum / (i-1);
Console.WriteLine($"平均分數是 {ave}");
```

執行結果

```
Microsoft Visual Studio 偵錯主控台
輸入成績 0 代表結束
請輸入分數 ==> 58
請輸入分數 ==> 66
請輸入分數 ==> 87
請輸入分數 ==> 60
請輸入分數 ==> 0
平均分數是 67.75

D:\C#\ch9\ch9_5\ch9_5\bin\Debug\net6.0\ch9_5.exe
按任意鍵關閉此視窗…
```

9-1-5　一維陣列的實例應用

方案 ch9_6.sln：找出陣列的最大值。

```
// ch9_6
int[] arr = { 76, 32, 88, 45, 65 };
int mymax = arr[0];          // 暫時設定最大值

for ( int i = 0; i < 5; i++ )
{
    if (mymax < arr[i])
        mymax = arr[i];
}
Console.WriteLine($"最大值 = {mymax}");
```

執行結果

```
Microsoft Visual Studio 偵錯主控台
最大值 = 88

D:\C#\ch9\ch9_6\ch9_6\bin\Debug\net6.0\ch9_6.exe
按任意鍵關閉此視窗…
```

上述程式是先假設第 0 個元素是最大值，然後再做比較。

方案 ch9_7.sln：順序搜尋法，請輸入要搜尋的值，這個程式會輸出是否找到此值，如果找到會輸出相對應索引陣列結果。

```
// ch9_7
int num;
bool notFound = true;             // false 代表沒找到
int[] arr = { 76, 32, 88, 45, 65, 76, 76, 88 };

Console.Write("請輸入陣列的搜尋值 : ");
num = int.Parse(Console.ReadLine());
for (int i = 0; i < 8; i++)
    if (arr[i] == num)
    {
        Console.WriteLine($"arr[{i}] = {num}");
        notFound = false;
    }
if (notFound)
    Console.WriteLine("沒有找到");
```

執行結果

```
Microsoft Visual Studio
請輸入陣列的搜尋值 : 76
arr[0] = 76
arr[5] = 76
arr[6] = 76

D:\C#\ch9\ch9_7\ch9_7\bi
按任意鍵關閉此視窗…
```

```
Microsoft Visual Studio
請輸入陣列的搜尋值 : 55
沒有找到

D:\C#\ch9\ch9_7\ch9_7\bi
按任意鍵關閉此視窗…
```

```
Microsoft Visual Studio
請輸入陣列的搜尋值 : 88
arr[2] = 88
arr[7] = 88

D:\C#\ch9\ch9_7\ch9_7\bi
按任意鍵關閉此視窗…
```

9-1-6　一維陣列的方法

常見的一維陣列方法如下：

Average( )：回傳平均值。

Max( )：回傳最大值。

Min( )：回傳最小值。

Sum( )：回傳總和。

方案 ch9_7_1.sln：Max( )、Min( ) 和 Sum( ) 方法的應用。

```
// ch9_7_1
int[] arr = { 76, 32, 88, 45, 65 };
Console.WriteLine($"最大值 : {arr.Max()}");
Console.WriteLine($"最小值 : {arr.Min()}");
Console.WriteLine($"總和   : {arr.Sum()}");
Console.WriteLine($"平均   : {arr.Average()}");
```

執行結果

```
Microsoft Visual Studio 偵錯主控台
最大值 : 88
最小值 : 32
總和   : 306
平均   : 61.2

D:\C#\ch9\ch9_7_1\ch9_7_1\bin\Debug\net6.0\ch9_7_1.exe
按任意鍵關閉此視窗…
```

9-1-7　object 陣列

3-9 節有介紹 object 資料類型，這個資料類型可以儲存不同的資料，C# 也允許建立 object 陣列，這時陣列可以儲存不同的資料。

方案 ch9_7_2.sln：object 陣列的應用。

```
1 // ch9_7_2
2 object[] ball = { "James", 38, 36, 35, 26, 28 };
3 int score = 0;
4 for (int i = 1; i < ball.Length; i++)
5     score += (int)ball[i];
6 Console.WriteLine($"{ball[0]} 前 5 場得分總計 {score}");
```

執行結果

```
Microsoft Visual Studio 偵錯主控台
James 前 5 場得分總計 163

D:\C#\ch9\ch9_7_2\ch9_7_2\bin\Debug\net6.0\ch9_7_2.exe
按任意鍵關閉此視窗…
```

註 上述程式第 4 行 ball.Length，Length 是陣列的屬性，此屬性記錄陣列的資料元素個數，上述程式第 2 行沒有指明 ball 陣列元素個數，使用 Length 屬性，可以讓程式撰寫迴圈次數時更便利，更多細節可以參考 9-6-1 節。

9-2 二維陣列

其實二維陣列 (Two Dimensional Array) 就是一維陣列的擴充，如果我們將一維陣列想像成一度空間，則二維陣列就是二度空間，也就是平面。

9-2-1 基礎觀念

假設有 6 筆散亂的資料，如下所示：

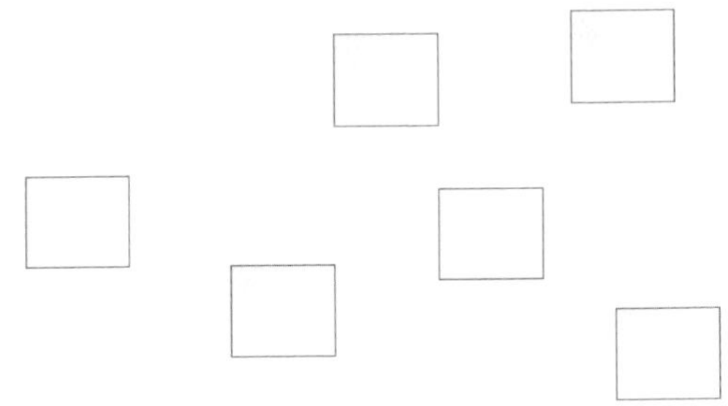

如果我們將相同型態資料組織起來形成 2x3 的二維陣列，可以將資料想像成下列圖示：

	第 1 行	第 2 行	第 3 行
第 1 列	[0,0]	[0,1]	[0,2]
第 2 列	[1,0]	[1,1]	[1,2]

當資料排成二維陣列後，我們未來可以用 [row][column] 索引值，通常 column 可以縮寫為 col，所以整個可以寫成是 [row][col]，也可以想成是 [列][行] 索引值，存取此二維陣列特定位置的內容。二維陣列的使用和其它的變數一樣，使用前一定要先宣告，以便編譯程式能預留空間供程式使用，二維陣列 (Two Dimensional Array) 宣告語法如下：

```
資料類型[ , ] 變數名稱 = new 資料類型[列數][行數];
```

上述變數名稱右邊有連續的兩個中括號內代表這是二維陣列，中括號內分別是指二維陣列內列 (row) 的元素的個數和行 (column) 的元素個數。

實例 1：宣告整數的 2x3 二維陣列。

```
int[ ] sc = new int[2][3];
```

9-2-2　二維陣列的初值設定

9-1-3 節筆者有介紹一維陣列初值的設定，C# 語言也允許你宣告二維陣列時直接設定二維陣列的初值，設定二維陣列初值的語法如下：

```
資料型態[ ] 變數名稱 = {[第 1 列的初值],
                        [第 2 列的初值],
                        …
                        [第 n 列的初值]};
```

實例 1：假設有一個考試成績如下：

學生座號	第 1 次考試	第 2 次考試	第 3 次考試
1	90	80	95
2	95	90	85

請宣告上述考試成績的初值。

```
Int[ , ] sc = {{90, 80, 95},
               {95, 90, 85}};
```

程式設計時有時候也可以看到有人使用下列方式設定二維陣列的初值。

```
Int[ , ] sc = {{90, 80, 95}, {95, 90, 85}};            // 不鼓勵，會比較不清楚
```

方案 ch9_8.sln：列出學生各次考試成績的應用。

```
1  // ch9_8
2  int[,] sc = {{ 90, 80, 95},
3               { 95, 90, 85}};
4  for (int i = 0; i < 2; i++)
5      for (int j = 0; j < 3; j++)
6          Console.WriteLine($"學生{i+1}的第{j+1}次考試成績是 {sc[i,j]}");
```

執行結果

```
Microsoft Visual Studio 偵錯主控台
學生1的第1次考試成績是 90
學生1的第2次考試成績是 80
學生1的第3次考試成績是 95
學生2的第1次考試成績是 95
學生2的第2次考試成績是 90
學生2的第3次考試成績是 85

D:\C#\ch9\ch9_8\ch9_8\bin\Debug\net6.0\ch9_8.exe
按任意鍵關閉此視窗…
```

上述程式第 6 行，在 console.WriteLine( ) 函數內有 i+1 和 j+1，這是因為陣列是從索引 0 開始，而學生座號與考試編號是從 1 開始，所以使用加 1，比較符合題意。此外，讀者需要留意同一行的 sc[I, j]，這是存取二維陣列第 i 列 (row)、第 j 行 (column) 的元素內容。

9-2-3 二維陣列的實例應用

方案 ch9_9.sln：二維陣列宣告的目的有很多，特別是若是你在設計電玩程式時，若想設計大型字體或圖案，你可以利用設定二維陣列初值方式，設計此字體或是圖案。例如，假設我想設計一個圖案 " 洪 "，則我們可依下列方式設計。

```
// ch9_9
int[,] num = {
        { 1,1,0,0,0,0,0,1,1,0,0,0,1,1,0,0 },
        { 0,1,1,0,0,0,0,1,1,0,0,0,1,1,0,0 },
        { 0,0,1,1,0,1,1,1,1,1,1,1,1,1,1,1 },
        { 0,0,0,0,0,0,0,1,1,0,0,0,1,1,0,0 },
        { 1,1,1,1,0,0,0,1,1,0,0,0,1,1,0,0 },
```

```
        { 0,0,0,0,0,1,1,1,1,1,1,1,1,1,1,1 },
        { 0,0,1,1,0,0,0,1,1,0,0,0,1,1,0,0 },
        { 0,1,1,0,0,0,1,1,0,0,0,0,0,1,1,0 },
        { 1,1,0,0,0,1,1,0,0,0,0,0,0,0,1,1 }
};
for (int i = 0; i < 9; i++)
{
    for (int j = 0; j < 16; j++)
        if (num[i, j] == 1)
            Console.Write("*");
        else
            Console.Write(" ");
    Console.WriteLine("");
}
```

執行結果

```
Microsoft Visual Studio 偵錯主控台
**      **   **
 **     **   **
  ** ***********
        **   **
****    **   **
     ***********
  **   **   **
 **   **     **
**   **       **

D:\C#\ch9\ch9_9\ch9_9\bin\Debug\net6.0\ch9_9.exe
按任意鍵關閉此視窗…
```

9-2-4　二維陣列與匿名陣列

匿名陣列也可以用二維陣列方式表示，可以參考下列實例。

方案 ch9_9_1.sln：建立二維匿名陣列同時輸出。

```
// ch9_9_1
var c = new[]
{
  new[]{1,2,3,4},
  new[]{5,6,7,8}
};
for (int i = 0; i < c.Length; i++)
{
    for (int j = 0; j < c[i].Length; j++)
        Console.Write($"{c[i][j]}\t");
    Console.WriteLine();
}
```

執行結果

```
Microsoft Visual Studio 偵錯主控台
1       2       3       4
5       6       7       8

D:\C#\ch9\ch9_9_1\ch9_9_1\bin\Debug\net6.0\ch9_9_1.exe
按任意鍵關閉此視窗…
```

對讀者而言是需留意取得二維匿名陣列的方式，可參考第 10 行的 c[i][j]。

9-2-5 二維陣列的應用解說

二維陣列或是多維陣列常用於處理電腦影像。有一個位元影像圖如下，下圖是 12 x12 點字的矩陣，所代表的是英文字母 H：

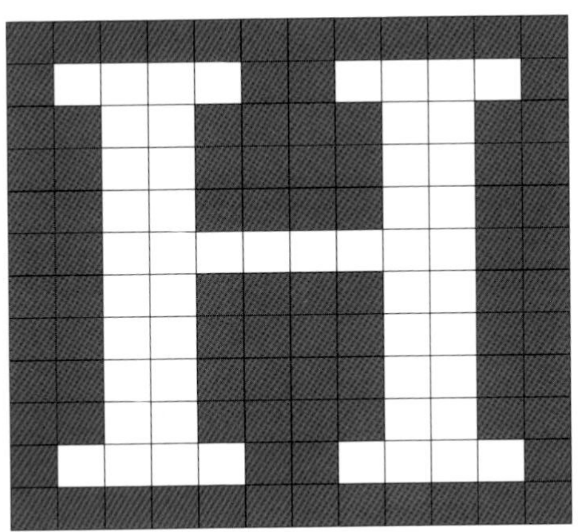

上述每一個方格稱像素，每個圖像的像素點是由 0 或 1 組成，如果像素點是 0 表示此像素是黑色，如果像素點是 1 表示此像素點是白色。在上述觀念下，我們可以用下列表示電腦儲存此英文字母的方式。

0	0	0	0	0	0	0	0	0	0	0	0
0	1	1	1	1	0	0	1	1	1	1	0
0	0	1	1	0	0	0	0	1	1	0	0
0	0	1	1	0	0	0	0	1	1	0	0
0	0	1	1	0	0	0	0	1	1	0	0
0	0	1	1	1	1	1	1	1	1	0	0
0	0	1	1	0	0	0	0	1	1	0	0
0	0	1	1	0	0	0	0	1	1	0	0
0	0	1	1	0	0	0	0	1	1	0	0
0	0	1	1	0	0	0	0	1	1	0	0
0	1	1	1	1	0	0	1	1	1	1	0
0	0	0	0	0	0	0	0	0	0	0	0

因為每一個像素是由 0 或 1 組成，所以稱上述為位元影像表示法，雖然很簡單，缺點是無法很精緻的表示整個影像。因此又有所謂的灰階色彩的觀念，可以參考下圖。

上述圖雖然也稱黑白影像，但是在黑與白色之間多了許多灰階色彩，因此整個影像相較於位元影像細膩許多。在電腦科學中灰階影像有 256 個等級，使用 0 ~ 255 代表灰階色彩的等級，其中 0 代表純黑色，255 代表純白色。這 256 個灰階等級剛好可以使用 8 個位元 (Bit) 表示，相當於是一個位元組 (Byte)，下列是 10 進制數值與灰階色彩表。

10進位值	灰階色彩實例
0	
32	
64	
96	
128	
160	
192	
224	
255	

若是使用上述灰階色彩，可以使用一個二維陣列代表一個影像，我們將這類色彩稱 GRAY 色彩空間。

9-3 更高維的陣列

9-3-1 基礎觀念

C# 語言也允許有更高維的陣列存在，不過每多一維表達方式會變得更加複雜，程式設計時如果想要遍歷陣列就需要多一層迴圈，下列是 2x2x3 的三維陣列示意圖。

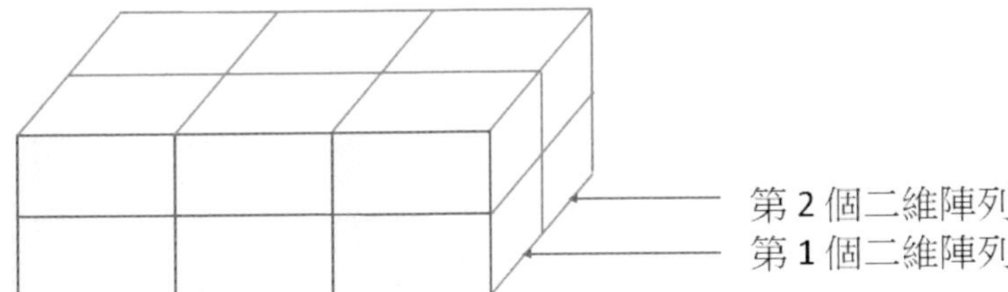

下列是三維陣列各維度位置參考圖。

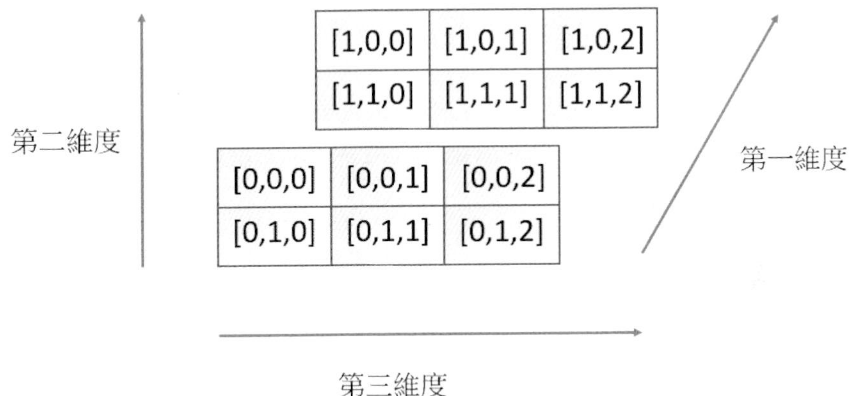

下列是索引相對三維陣列的維度參考圖。

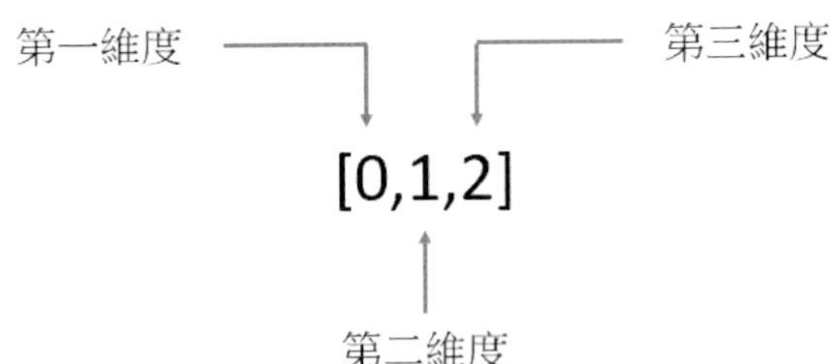

方案 ch9_10.sln：有一個 3 維陣列，找出此陣列的最大元素。

```
// ch9_10
int mymax = 0;
int[,,] sc = {{{ 1,2,3},
               { 4,5,6}},
              {{ 7,8,9},
               { 10,11,12}},
             };
for (int i = 0; i < 2; i++)
    for (int j = 0; j < 2; j++)
        for (int k = 0; k < 3; k++)
            if (mymax < sc[i,j,k])
                mymax = sc[i,j,k];
Console.WriteLine($"最大值是 {mymax}");
```

執行結果

```
Microsoft Visual Studio 偵錯主控台
最大值是 12

D:\C#\ch9\ch9_10\ch9_10\bin\Debug\net6.0\ch9_10.exe
按任意鍵關閉此視窗…
```

9-3-2　三維或更高維陣列的應用解說

如果是黑白影像，可以使用一個二維陣列代表，可以參考 9-2-4 節。彩色是由 R(Red)、G(Green)、B(Blue) 三種色彩所組成，每一個色彩是用一個二維陣列表示，相當於可以用 3 個二維陣列代表一張彩色圖片。

更多細節讀者可以參考筆者所著的 **OpenCV 影像創意邁向 AI 視覺王者歸來**。

9-4　匿名陣列

在前面我們所建立的陣列所宣告的資料類型非常明確，我們在 3-16 節有介紹匿名資料類型 (anonymous type)，當將陣列資料使用 var 以陣列形式做宣告，就是所謂的匿名陣列，這時所宣告的資料可以是任意類型。

方案 ch9_11.sln：匿名陣列資料設定與輸出，這個實例使用匿名陣列設定 2 種不同資料，然後使用 for 和 foreach 迴圈輸出。

```
// ch9_11
var aInt = new[] { 1, 10, 100, 1000 };                  // int[]
var bString = new[] { "C#", "洪錦魁", "王者歸來" }; // string[]
for (int i = 0; i < aInt.Length; i++)
    Console.WriteLine(aInt[i]);
foreach (var b in bString)
    Console.WriteLine(b);
```

執行結果

```
Microsoft Visual Studio 偵錯主控台
1
10
100
1000
C#
洪錦魁
王者歸來

D:\C#\ch9\ch9_11\bin\Debug\net6.0\ch9_11.exe
按任意鍵關閉此視窗…
```

3-16 節筆者有介紹匿名資料類型，我們也可以擴充該資料類型為匿名陣列。

方案 ch9_11_1.sln：匿名資料類型陣列的建立與輸出。

```
// ch9_11_1
var stu = new[]
{
    new { Id = 1, Name = "James", Age = 22 },
    new { Id = 2, Name = "Kevin", Age = 20 },
    new { Id = 3, Name = "John", Age = 21 }
};
foreach (var s in stu)
    Console.WriteLine($"{s.Id} : {s.Name} : {s.Age}");
for (int i = 0; i < stu.Length; i++)
    Console.WriteLine($"{stu[i].Id} : {stu[i].Name} : {stu[i].Age}");
```

執行結果

```
Microsoft Visual Studio 偵錯主控台
1 : James : 22
2 : Kevin : 20
3 : John : 21
1 : James : 22
2 : Kevin : 20
3 : John : 21

D:\C#\ch9\ch9_11_1\bin\Debug\net6.0\ch9_11_1.exe
按任意鍵關閉此視窗…
```

9-5 foreach 遍歷陣列

在前面幾小節我們遍歷陣列元素時，都是使用第 8 章所述的 for 迴圈，其實 C# 語言還提供一個迴圈關鍵字 foreach，可以方便我們遍歷陣列，這個關鍵字特別適合我們不知道陣列元素個數，可以用此方法迭代陣列元素內容，此語法如下：

```
foreach (資料類型 變數 in 集合物件) // 陣列也算是一種集合物件
```

變數的資料類型需與集合物件相同，關鍵字 foreach 主要是用變數迭代所有的集合物件，在迭代過程也可以使用 break 中斷此迭代。其實 C# 的程式設計師更是喜歡使用 foreach 關鍵字遍歷陣列，讀者可以參考下列實例。

方案 ch9_12.sln：foreach 遍歷一維陣列的應用。

```
// ch9_12
int[] num = { 7, 8, 9, 1, 3, 5, 2, 4, 6 };
foreach (int n in num)
{
    Console.Write($"{n} ");
}
```

執行結果

```
Microsoft Visual Studio 偵錯主控台
7 8 9 1 3 5 2 4 6
D:\C#\ch9\ch9_12\ch9_12\bin\Debug\net6.0\ch9_12.exe
按任意鍵關閉此視窗…
```

迴圈關鍵字 foreach 也可以應用在二維或更高維的陣列，可以參考下列實例。

方案 ch9_13.sln：foreach 遍歷二維陣列的應用。

```
// ch9_13
int[,] num = new int[,] {{ 6, 66 },
                         { 2, 22 },
                         { 5, 55 }};
foreach (int n in num)
    Console.Write($"{n} ");
```

執行結果

```
Microsoft Visual Studio 偵錯主控台
6 66 2 22 5 55
D:\C#\ch9\ch9_13\ch9_13\bin\Debug\net6.0\ch9_13.exe
按任意鍵關閉此視窗…
```

上述由於二維陣列是在連續的記憶體空間，所以可以使用遍歷陣列 foreach 關鍵字，使用一個迴圈就可以遍歷，讓整個程式簡潔許多，此二維陣列記憶體空間觀念如下：

(0, 0)	(0, 1)
(1, 0)	(1, 1)
(2, 0)	(2, 1)

二維陣列

(0, 1)
(0, 2)
(1, 0)
(1, 1)
(2, 0)
(2, 1)

記憶體

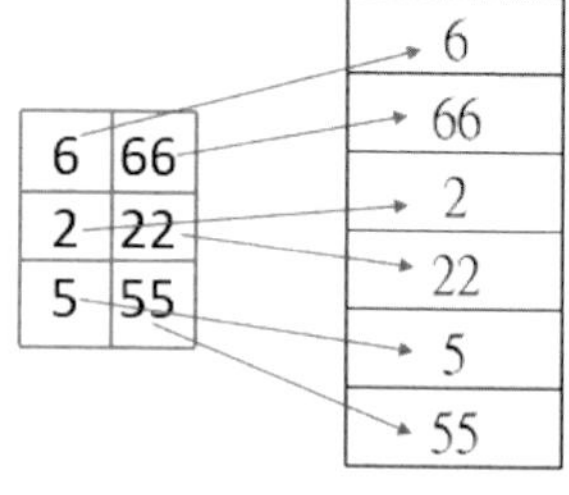

記憶體

上述是二維陣列在記憶體實際存放對照圖，有了上述觀念讀者應該了解可以遍歷二維陣列的原因。

9-6 Array 類別

C# 中陣列其實是 System 命名空間 Array 類別衍生而來的物件，因此可以將 Array 類別想成是支援陣列操作的類別，此類別提供許多方法，可以更方便我們操作陣列。

9-6-1 Array 類別的屬性

常見 Array 類別的屬性如下：

Array.Length：陣列的元素個數。

Array.Rank：陣列的維度。

方案 ch9_14.sln：列出陣列元素個數和維度。

```
// ch9_14
int[] num1 = { 1, 2, 3, 4, 5 };
int[,] num2 = new int[,] {{ 6, 66 },
                          { 2, 22 },
                          { 5, 55 }};
Console.WriteLine($"num1 的元素個數 = {num1.Length}");
Console.WriteLine($"num1 的陣列維度 = {num1.Rank}");
Console.WriteLine($"num2 的元素個數 = {num2.Length}");
Console.WriteLine($"num2 的陣列維度 = {num2.Rank}");
```

執行結果

```
Microsoft Visual Studio 偵錯主控台
num1 的元素個數 = 5
num1 的陣列維度 = 1
num2 的元素個數 = 6
num2 的陣列維度 = 2

D:\C#\ch9\ch9_14\ch9_14\bin\Debug\net6.0\ch9_14.exe
按任意鍵關閉此視窗…
```

9-6-2 Array 類別的方法

下列是 Array 類別常用的方法。

方法	說明
Clear( )	將陣列內容清除，也就是設為預設值。(9-6-3 節)
Copy( )	將某陣列範圍的元素複製到另一陣列內。(9-6-4 節)
GetLength( )	取得指定維度的元素個數。(9-6-5 節)
GetLowerBound( )	取得指定維度第一個元素的索引。(9-6-5 節)
GetUpperBound( )	取得指定維度最後一個元素的索引。(9-6-5 節)
GetValue( )	取得指定索引的值。(9-6-6 節)
SetValue( )	設定指定索引的內容。(9-6-6 節)
IndexOf( )	回傳指定值在陣列第一次出現的索引。(9-6-7 節)
Reverse( )	將陣列元素位置反轉。(9-6-8 節)
Sort( )	將一維陣列元素排序。(9-6-8 節)
BinarySearch( )	在已經排序的陣列中，執行二元搜尋法。(9-6-9 節)

表 9-1：Array 類別常用的方法

9-6-3　清除陣列內容 Clear( )

所謂的清除 (clear) 是指將陣列內容改為宣告時資料類型預設內容，此方法的語法如下：

```
Array.Clear(array, index, length);
```

array 是要清除的陣列，index 是清除的起始索引，length 是要清除的元素數量，若是省略 index 和 length 則是清除所有陣列元素。

方案 ch9_15.sln：使用 Clear( ) 函數的實例。

```
// ch9_15
int[] num = { 1, 2, 3, 4, 5 };
Console.WriteLine("使用Clear前的陣列內容");
foreach (int n in num)
    Console.Write($"{n} ");
Console.WriteLine();
Array.Clear(num);         // 使用Array類別的Clear()
Console.WriteLine("使用Clear後的陣列內容");
foreach (int n in num)
    Console.Write($"{n} ");
```

執行結果

```
Microsoft Visual Studio 偵錯主控台
使用Clear前的陣列內容
1 2 3 4 5
使用Clear後的陣列內容
0 0 0 0 0
D:\C#\ch9\ch9_15\ch9_15\bin\Debug\net6.0\ch9_15.exe
按任意鍵關閉此視窗…
```

9-6-4　Copy( ) 方法

Copy( ) 方法的語法如下：

Array.Copy(srcArray, dstArray, length);

將 srcArray 陣列的第一個元素複製到 dstArray 陣列的第一個元素，複製長度由 length 設定。

方案 ch9_16.sln：將 src 陣列前 3 個元素複製到 dst 陣列。

```
// ch9_16
int[] src = new int[] { 1, 2, 3, 4, 5 };
int[] dst = new int[5];

Array.Copy(src, dst, 3);
foreach (int value in dst)
    Console.Write($"{value} ");
```

執行結果

```
Microsoft Visual Studio 偵錯主控台
1 2 3 0 0
D:\C#\ch9\ch9_16\ch9_16\bin\Debug\net6.0\ch9_16.exe
按任意鍵關閉此視窗…
```

方案 ch9_17.sln：將將 src 陣列後 3 個元素複製到 dst 陣列索引 1 開始。

```
// ch9_17
int[] src = new int[] { 1, 2, 3, 4, 5 };
int[] dst = new int[5];

Array.Copy(src, 2, dst, 1, 3);
foreach (int value in dst)
    Console.Write($"{value} ");
```

執行結果

```
Microsoft Visual Studio 偵錯主控台
0 3 4 5 0
D:\C#\ch9\ch9_17\ch9_17\bin\Debug\net6.0\ch9_17.exe
按任意鍵關閉此視窗…
```

9-6-5　GetLength( )/GetLowerBound( )/GetUpperBound( )

GetLowerBound( ) 和 GetUpperBound( ) 常被用在測試索引是否超出界線，這 3 個方法的語法如下：

arr.GetLength(dim)：獲得指定維度的元素數量。

arr.GetLowerBound(dim)：獲得最低索引。

arr.GetUpperBound(dim)：獲得最高索引。

上述 arr 是 Array 物件，參數 dim 代表指定維度，0 代表第 1 維度，1 代表第 2 維度，依此類推。

方案 ch9_18.sln：使用 GetLength( )/GetLowerbound( )/GetUpperBound( ) 方法獲得二維的 row 和 column 數量，以及第 2 維度陣列元素數量與索引資料。

```
// ch9_18
int[,] arr = new int[,] {{ 6, 66 },
                         { 2, 22 },
                         { 5, 55 }};
Console.WriteLine($"row 和 column 數量");
Console.WriteLine($"row 數量    : {arr.GetLength(0)}");
Console.WriteLine($"column 數量 : {arr.GetLength(1)}");
Console.WriteLine("第 2 維度資料");
Console.WriteLine($"元素數量    : {arr.GetLength(1)}");
Console.WriteLine($"第1個索引   : {arr.GetLowerBound(1)}");
Console.WriteLine($"最後1個索引 : {arr.GetUpperBound(1)}");
```

執行結果

```
Microsoft Visual Studio 偵錯主控台
row 和 column 數量
row 數量    : 3
column 數量 : 2
第 2 維度資料
元素數量    : 2
第1個索引   : 0
最後1個索引 : 1

D:\C#\ch9\ch9_18\ch9_18\bin\Debug\net6.0\ch9_18.exe
按任意鍵關閉此視窗…
```

9-6-6　SetValue( )/GetValue( )

SetValue( ) 是設定陣列特定索引內容，GetValue( ) 是取得陣列特定索引內容，語法如下：

arr.SetValue(value, index)：設定 index 位置的內容是 value。

arr.GetValue(index)：取得 index 位置的內容。

上述 arr 是 Array 物件。

方案 ch9_19.sln：SetValue( ) 和 GetValue( ) 方法的實例。

```
// ch9_19
int[] arr = new int[10];
int index = 5;           // 索引
int value = 8;           // 設定值
```

```
Console.WriteLine("原始陣列內容");
foreach (int i in arr)
    Console.Write($"{i} ");
arr.SetValue(value, index);
Console.WriteLine("\n目前陣列內容");
foreach (int i in arr)
    Console.Write($"{i} ");
Console.WriteLine($"\n索引 {index} 內容 = {arr.GetValue(index)}");
```

執行結果

```
Microsoft Visual Studio 偵錯主控台
原始陣列內容
0 0 0 0 0 0 0 0 0 0
目前陣列內容
0 0 0 0 0 8 0 0 0 0
索引 5 內容 = 8

D:\C#\ch9\ch9_19\ch9_19\bin\Debug\net6.0\ch9_19.exe
按任意鍵關閉此視窗…
```

9-6-7　IndexOf( )

這個方法可以回傳指定值的索引，其語法如下：

Array.IndexOf(array, value)

上述是回傳 array 陣列內 value 值第一次出現的索引。

方案 ch9_20.sln：使用 IndexOf( ) 方法找出數值 8 第一次索引的應用。

```
// ch9_20
int[] array = { 3, 8, 9, 8, 7 };
int value = 8;
int idx = Array.IndexOf(array, value);
Console.WriteLine($"資料 {value} 第 1 次出現索引是 {idx}");
```

執行結果

```
Microsoft Visual Studio 偵錯主控台
資料 8 第 1 次出現索引是 1

D:\C#\ch9\ch9_20\ch9_20\bin\Debug\net6.0\ch9_20.exe
按任意鍵關閉此視窗…
```

9-6-8　Reverse( )/Sort( )

Array.Reverse( ) 可以反轉陣列，Array.Sort( ) 則是將陣列排序。

方案 ch9_21.sln：反轉陣列與陣列排序。

```
// ch9_21
int[] array = { 3, 8, 9, 2, 7 };
Console.WriteLine("原始陣列");
foreach (int i in array)
    Console.Write($"{i} ");
Array.Reverse(array);
Console.WriteLine("\n反轉陣列");
foreach (int i in array)
    Console.Write($"{i} ");
Array.Sort(array);
Console.WriteLine("\n陣列排序");
foreach (int i in array)
    Console.Write($"{i} ");
```

執行結果

```
Microsoft Visual Studio 偵錯主控台
原始陣列
3 8 9 2 7
反轉陣列
7 2 9 8 3
陣列排序
2 3 7 8 9
D:\C#\ch9\ch9_21\ch9_21\bin\Debug\net6.0\ch9_21.exe
按任意鍵關閉此視窗…
```

9-6-9　BinarySearch( )

在已經排序的陣列中，執行二元搜尋法，二分搜尋法是演算法領域很重要的搜尋法，在搜尋前需將資料排序，可以讓搜尋的效率變高，假設有 n 筆資料要搜尋，搜尋的時間複雜度是 O(log n)。此方法的基礎語法如下：

```
int idx = Array.BinarySearch(arr, value);                // value是搜尋值
```

如果找到會回傳索引值，如果找不到會回傳負值。

方案 ch9_21_1.sln：二分搜尋法的實例。

```
// ch9_21_1
int[] data = { 90, 40, 30, 20, 50 };
Array.Sort(data);
Console.WriteLine("陣列內容如下 ...");
foreach (int i in data)
    Console.WriteLine(i);
Console.Write("元素 50 索引 : " + Array.BinarySearch(data, 50));
```

執行結果

```
Microsoft Visual Studio 偵錯主控台
陣列內容如下 ...
20
30
40
50
90
元素 50 索引 : 3
D:\C#\ch9\ch9_21_1\ch9_21_1\bin\Debug\net6.0\ch9_21_1.exe
按任意鍵關閉此視窗…
```

方案 ch9_24.sln 會解釋二分搜尋法對整個搜尋績效的貢獻。

9-7 不規則陣列

9-7-1 基礎觀念

請再參考一下二維陣列宣告，如下所示：

```
int[ , ] sc = {{90, 80, 95},
               {32, 21, 43},
               {95, 90, 85}};
```

上述二維陣列經過宣告後，陣列長度是固定的。另外，也可以看到二維陣列其實就是陣列內有陣列。C# 語言其實接受陣列內的陣列長度不一樣，也就是可以接受下列格式的二維陣列：

```
{{90, 80, 95},
 {32, 21},
 {95, 90, 85, 87}};
```

上述每一列的長度不一樣，稱為**不規則陣列** (Jagged Array) 或是稱**鋸齒陣列**。

9-7-2 宣告不規則陣列

假設想要宣告陣列內有長度是 3、2 或是 4 的不規則陣列 sc，其宣告如下：

```
int[ ][ ] sc = new int[3][ ];
sc[0] = new int[3];
sc[1] = new int[2];
sc[2] = new int[4];
```

未來可以用下列方法設定 sc[1] 列的元素內容。

```
sc[1][0] = 32;
sc[1][1] = 21;
```

方案 ch9_22.sln：宣告不規則陣列，設定內容和輸出整個不規則陣列內容。

```
1  // ch9_22
2  int[][] sc = new int[3][];
3  sc[0] = new int[3];
4  sc[1] = new int[2];
5  sc[2] = new int[4];
6
7  sc[1][0] = 32;
8  sc[1][1] = 21;
9  for (int i = 0; i < sc.Length; i++)
10 {
11     for (int j = 0; j < sc[i].Length; j++)
12         Console.Write($"{sc[i][j], 5}");
13     Console.WriteLine();
14 }
15 Console.WriteLine("Hello, World!");
```

執行結果

```
Microsoft Visual Studio 偵錯主控台
    0    0    0
   32   21
    0    0    0    0
Hello, World!

D:\C#\ch9\ch9_22\ch9_22\bin\Debug\net6.0\ch9_22.exe
按任意鍵關閉此視窗…
```

上述程式重點是用陣列屬性 Length 獲得每一個陣列的長度，讀者可以參考第 9 和 11 行。

9-7-3　宣告不規則陣列與設定初值

下列是宣告不規則陣列與設定初值的方法有 3 種。

方法 1：宣告不規則陣列，同時初始化每一列。

```
int[ ][ ] sc = new int[3][ ];
sc[0] = new int[ ] {90, 80, 95};
sc[1] = new int[ ] {32, 21};
sc[2] = new int[ ] {95, 90, 85, 87};
```

方法 2：宣告不規則陣列時，直接用 new 完成初始化。

```
int[ ][ ] sc = new int[ ][ ]
{
      sc[0] = new int[ ] {90, 80, 95},
      sc[1] = new int[ ] {32, 21},
      sc[2] = new int[ ] {95, 90, 85, 87}
}
```

方法 3：不設定宣告陣列長度，直接用 new 做初始化。

```
Int[ ][ ] sc =
{
      new int[ ] {90, 80, 95},
      new int[ ] {32, 21},
      new int[ ] {95, 90, 85, 87}
}
```

方案 ch9_23.sln：使用方法 1 宣告不規則陣列同時設定初值，最後輸出此不規則陣列。

```
// ch9_23
int[][] sc = new int[3][];
sc[0] = new int[] { 90, 80, 95 };
sc[1] = new int[] { 32, 21 };
sc[2] = new int[] { 95, 90, 85, 87 };

for (int i = 0; i < sc.Length; i++)
{
    for (int j = 0; j < sc[i].Length; j++)
        Console.Write($"{sc[i][j],5}");
    Console.WriteLine();
}
```

執行結果

```
Microsoft Visual Studio 偵錯主控台
   90   80   95
   32   21
   95   90   85   87

D:\C#\ch9\ch9_23\ch9_23\bin\Debug\net6.0\ch9_23.exe
按任意鍵關閉此視窗…
```

方案 ch9_23_1.sln 是使用方法 2 建立相同的不規則陣列，同時輸出相同的結果，下列是程式碼的前 7 行。

```
// ch9_23_1
int[][] sc = new int[][]
{
    new int[] { 90, 80, 95 },
    new int[] { 32, 21 },
    new int[] { 95, 90, 85, 87 }
};
```

方案 ch9_23_2.sln 是使用方法 3 建立相同的不規則陣列，同時輸出相同的結果，下列是程式碼的前 7 行。

```
// ch9_23_2
int[][] sc =
{
    new int[] { 90, 80, 95 },
    new int[] { 32, 21 },
    new int[] { 95, 90, 85, 87 }
};
```

9-7-4　不規則陣列與匿名陣列

9-7-3 節筆者中規中距建立了含初值的不規則二維陣列，下列實例是使用匿名陣列方式處理，讀者可以參考。

方案 ch9_23_2.sln：建立含初值的不規則二維匿名陣列，同時輸出。

```
// ch9_23_3
var sc = new[]                              // 匿名二維陣列資料是整數
{
    new[] { 90, 80, 95 },
    new[] { 32, 21 },
    new[] { 95, 90, 85, 87 }
};
for (int i = 0; i < sc.Length; i++)         // 輸出匿名二維陣列
{
    for (int j = 0; j < sc[i].Length; j++)
        Console.Write($"{sc[i][j],5}");
    Console.WriteLine();
}
var school = new[]                          // 匿名二維陣列資料是字串
{
    new[] { "明志科技大學", "明志工專"},
    new[] { "Mississippi", "Kentucky", "USA" }
};
for (int i = 0; i < school.Length; i++)     // 輸出匿名二維陣列
{
    for (int j = 0; j < school[i].Length; j++)
        Console.Write($"{school[i][j]}  ");
    Console.WriteLine();
}
```

執行結果

```
Microsoft Visual Studio 偵錯主控台
  90   80   95
  32   21
  95   90   85   87
明志科技大學  明志工專
Mississippi  Kentucky  USA

D:\C#\ch9\ch9_23_3\ch9_23_3\bin\Debug\net6.0\ch9_23_3.exe
按任意鍵關閉此視窗…
```

9-8 排序原理與實作

在前面 9-6-8 節有介紹 Sort( ) 方法可以執行排序，在電腦科學的演算法中，排序是一個很重要的領域，這一節將解說排序原理。

歷史上最早擁有排序概念的機器是由美國赫爾曼 – 何樂禮 (Herman Hollerith) 在 1901-1904 年發明的基數排序法分類機，此機器還有打卡、製表功能，這台機器協助美國在兩年內完成了人口普查，赫爾曼 – 何樂禮在 1896 年創立了電腦製表紀錄公司 (CTR，Computing Tabulating Recording)，此公司也是 IBM 公司的前身，1924 年 CTR 公司改名 IBM 公司 (International Business Machines Corporation)。

9-8-1 排序的觀念與應用

在電腦科學中所謂的排序 (sort) 是指可以將一串資料依特定方式排列的演算法。基本上，排序演算法有下列原則：

1：輸出結果是原始資料位置重組的結果，

2：輸出結果是遞增的序列。

註 如果不特別註明，所謂的排序是指將資料從小排到大的遞增排列。如果將資料從大排到小也算是排序，不過我們必須註明這是從大到小的排列通常又將此排序稱反向排序 (Reversed sort)。

下列是數字排序的圖例說明。

6 1 5 7 3 9 4 2 8

↓ 排序

1 2 3 4 5 6 7 8 9

排序另一個重大應用是可以方便未來的搜尋，例如：臉書用戶約有 20 億，當我們登入臉書時，如果臉書帳號沒有排序，假設電腦每秒可以比對 100 個帳號，如果使用一般線性搜尋帳號需要 20000000 秒 (約 231 天) 才可以判斷所輸入的是否正確的臉書帳號。如果帳號資訊已經排序完成，使用二分法 (時間計算是 log n) 所需時間只要約 0.3 秒即可以判斷是否正確臉書帳號。

註 所謂的二分搜尋法 (Binary Search)，首先要將資料排序 (sort)，然後將搜尋值 (key) 與中間值開始比較，如果搜尋值大於中間值，則下一次往右邊 (較大值邊) 搜尋，否則往左邊 (較小值邊) 搜尋。上述動作持續進行直到找到搜尋值或是所有資料搜尋結束才停止。有一系列數字如下，假設搜尋數字是 3：

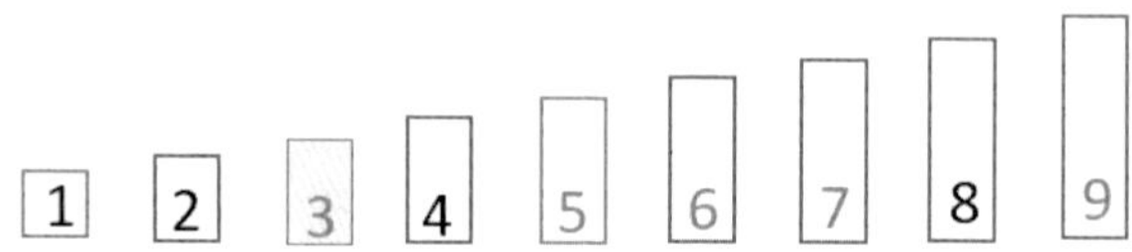

第 1 步是將數列分成一半，中間值是 5，由於 3 小於 5，所以往左邊搜尋。

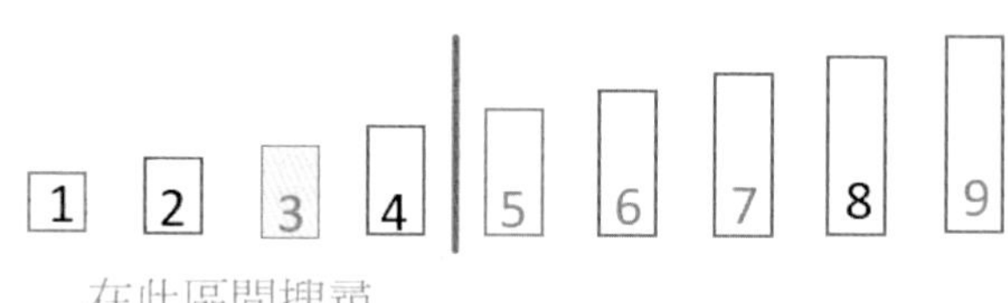

第 2 步，目前數值 1 是索引 0，數值 4 是索引 3，"(0 + 3) // 2"，所以中間值是索引 1 的數值 2，由於 3 大於 2，所以往右邊搜尋。

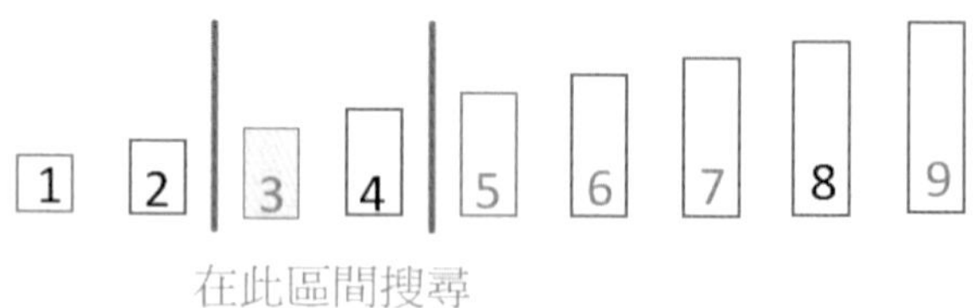

第 3 步，目前數值 3 是索引 2，數值 4 是索引 3，"(2 + 3) // 2"，所以中間值是索引 2 的數值 3，由於 3 等於 3，所以找到了。

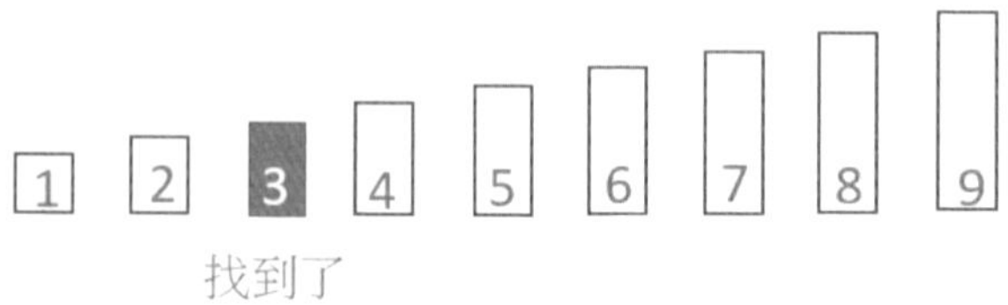

上述每次搜尋可以讓搜尋範圍減半，當搜尋 log n 次時，搜尋範圍就剩下一個數據，此時可以判斷所搜尋的數據是否存在，所以搜尋的時間複雜度是 O(log n)。

方案 ch9_24.sln：假設臉書電腦每秒可以比對 100 個帳號，計算臉書辨識 20 億用戶登入帳號所需時間。

```
// ch9_24
double x = 2000000000.0;
double sec;
sec = Math.Log2(x) / 100;
Console.WriteLine($"臉書辨識20億用戶所需時間 --> {sec:F5} 秒");
```

執行結果

```
Microsoft Visual Studio 偵錯主控台
臉書辨識20億用戶所需時間 --> 0.30897 秒

D:\C#\ch9\ch9_24\ch9_24\bin\Debug\net6.0\ch9_24.exe
按任意鍵關閉此視窗…
```

9-8-2 排序實作

上一小節筆者介紹了排序的重要性，這一小節將講解排序的程式設計。

方案 ch9_25.sln：泡沫排序 (Bubble Sort) 的程式設計，這個程式會將陣列 num 的元素，由小到大排序。

```
// ch9_25
int tmp;
int[] num = { 3, 6, 7, 5, 9 };          // 欲排序數字

for (int i = 1; i < num.Length; i++)
{
    for (int j = 0; j < (num.Length - 1); j++)
        if (num[j] > num[j + 1])
        {
            tmp = num[j];
            num[j] = num[j + 1];
            num[j + 1] = tmp;
        }
    Console.Write($"loop {i} ");
    foreach (int n in num)              //  輸出每一列暫時排序結果
        Console.Write($"{n,4}");
    Console.WriteLine("");
}
```

執行結果

```
Microsoft Visual Studio 偵錯主控台
loop 1   3   6   5   7   9
loop 2   3   5   6   7   9
loop 3   3   5   6   7   9
loop 4   3   5   6   7   9

D:\C#\ch9\ch9_25\ch9_25\bin\Debug\net6.0\ch9_25.exe
按任意鍵關閉此視窗…
```

上述程式的 num 陣列有 5 筆資料，若是想將第一筆調至最後，或是將最後一筆調至最前面必須調 4 次，所以程式第 5 行至 18 行的外部迴圈必須執行 4 次。排序方法的精神是將兩相鄰的數字做比較，所以 5 筆資料也必須比較 4 次，因此內部迴圈第 7 行至 13 行必須執行 4 次，觀念如下：

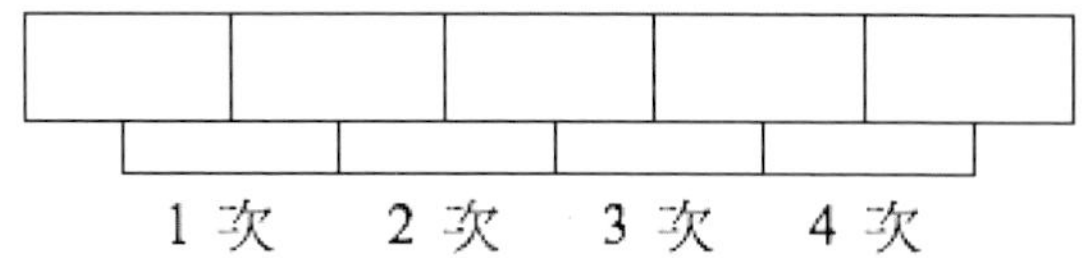

這個程式設計的基本觀念是將陣列相鄰元素作比較，由於是要從小排到大，所以只要發生左邊元素值比右邊元素值大，就將相鄰元素內容對調，由於是 5 筆資料所以每次迴圈比較 4 次即可。上述所列出的執行結果是每個外層迴圈的執行結果，下列是第一個外層迴圈每個內層迴圈的執行過程與結果。

3 6 7 5 9 ← 原始數據
3 6 7 5 9　第 1 次內層比較
3 6 7 5 9　第 2 次內層比較
3 6 5 7 9　第 3 次內層比較
3 6 5 7 9　第 4 次內層比較

下列是第二個外層迴圈每個內層迴圈的執行過程與結果。

3 6 5 7 9 ← 第二次外層迴圈數據
3 6 5 7 9　第 1 次內層比較
3 5 6 7 9　第 2 次內層比較
3 5 6 7 9　第 3 次內層比較
3 5 6 7 9　第 4 次內層比較

下列是第三個外層迴圈每個內層迴圈的執行過程與結果。

3 5 6 7 9 ← 第三次外層迴圈數據
3 5 6 7 9　第 1 次內層比較
3 5 6 7 9　第 2 次內層比較
3 5 6 7 9　第 3 次內層比較
3 5 6 7 9　第 4 次內層比較

下列是第四個外層迴圈每個內層迴圈的執行過程與結果。

```
3 5 6 7 9  ←——  第四次外層迴圈數據
[3 5]6 7 9      第 1 次內層比較
3[5 6]7 9       第 2 次內層比較
3 5[6 7]9       第 3 次內層比較
3 5 6[7 9]      第 4 次內層比較
```

由上可知真的達到兩陣列內容對調的目的了，同時小索引有比較小的內容。

上述排序法有一個缺點，很明顯程式只排兩個外層迴圈就完成排序工作，但是上述程式仍然執行 4 次迴圈。我們可以使用一個布林值變數 sorted 解決上述問題，詳情請看下一個程式。

方案 ch9_26.sln：改良的泡沫排序法，注意：本程式宣告陣列時，程式第 4 行，並不註明陣列長度。本程式的設計原則是，如果在排序過程中，沒有執行資料對調工作 (程式 10 行至 16 行)，則表示已經排序排好了，因此程式的 sorted 值將保持 true，程式 17 行偵測 sorted 值，如果 sorted 值為 true，表示排序完成，所以離開排序迴圈。

```
1  // ch9_26
2  int tmp;
3  bool sorted;
4  int[] num = { 3, 6, 7, 5, 9 };        // 欲排序數字
5
6  for (int i = 1; i < num.Length; i++)
7  {
8      sorted = true;
9      for (int j = 0; j < (num.Length - 1); j++)
10         if (num[j] > num[j + 1])
11         {
12             tmp = num[j];
13             num[j] = num[j + 1];
14             num[j + 1] = tmp;
15             sorted = false;
16         }
17     if (sorted)
18         break;
19     Console.Write($"loop {i} ");
20     foreach (int n in num)             //  輸出每一列暫時排序結果
21         Console.Write($"{n,4}");
22     Console.WriteLine("");
23 }
```

執行結果

```
Microsoft Visual Studio 偵錯主控台
loop 1     3   6   5   7   9
loop 2     3   5   6   7   9

D:\C#\ch9\ch9_26\ch9_26\bin\Debug\net6.0\ch9_26.exe
按任意鍵關閉此視窗…
```

上述程式最關鍵的地方在於如果內部迴圈第 10 行至 16 行沒有執行任何陣列相鄰元素互相對調，代表排序已經完成，此時 sorted 值將保持 true，因此第 17 行的 if 敘述會促使離開第 6 行至 23 行間的迴圈。否則只要有發生相鄰值對調，第 15 行 sorted 值就被設為 false，此時只要外部迴圈執行次數不超過 4 次，就必須繼續執行。

9-9 專題 – Fibonacci 數列 / 魔術方塊 / 不規則陣列

9-9-1 Fibonacci 數列

Fibonacci 數列的起源最早可以追朔到 1150 年印度數學家 Gopala，在西方最早研究這個數列的是義大利科學家費波納茲李奧納多 (Leonardo Fibonacci)，他描述兔子生長的數目時使用這個數列，描述內容如下：

1：最初有一對剛出生的小兔子。

2：小兔子一個月後可以成為成兔。

3：一對成兔每個月後可以生育一對小兔子。

4：兔子永不死去。

下列上述兔子繁殖的圖例說明。

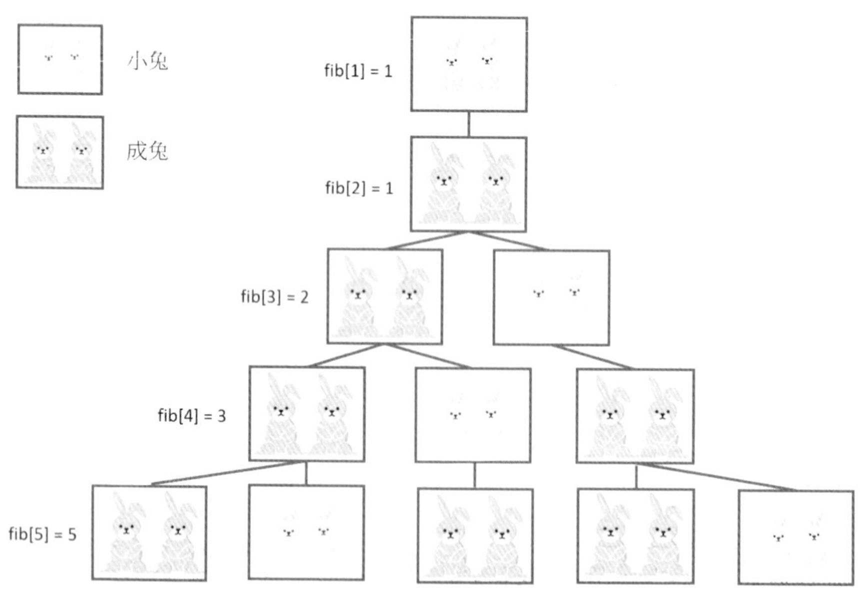

後來人們將此兔子繁殖數列稱費式數列，費式數列數字的規則如下：

1： 此數列的第一個值是 0，第二個值是 1，如下所示：

fib[0] = 0

fib[1] = 1

2： 其它值則是前二個數列值的總和

fib[n] = fib[n-1] + fib[n-2]，for n> = 2

最後費式數列值應該是 0, 1, 1, 2, 3, 5, 8, 13, 21, 34, …

方案 ch9_27.sln：使用迴圈產生前 10 個費式數列 Fibonacci 數字。

```
1  // ch9_27
2  int[] fib = new int[10];
3
4  fib[0] = 0;
5  fib[1] = 1;
6  for (int i = 2; i <= 9; i++)
7      fib[i] = fib[i - 1] + fib[i - 2];
8  Console.WriteLine("fibonacci 數列數字如下");
9  for (int i = 0; i <= 9; i++)
10     Console.Write($"{fib[i],3}");
```

執行結果

```
Microsoft Visual Studio 偵錯主控台
fibonacci 數列數字如下
  0  1  1  2  3  5  8 13 21 34
D:\C#\ch9\ch9_27\ch9_27\bin\Debug\net6.0\ch9_27.exe
按任意鍵關閉此視窗…
```

由於要獲得 10 個 fibonacci 數字，相當於 fib[0] ~ fib[9]，所以程式第 6 行設計 i <= 9，相當於 i > 9 時此迴圈將結束。

9-9-2 二維陣列乘法

二維陣列相乘很重要一點是，左側陣列的**行數**與右測陣列的**列**數要相同，才可以執行陣列相乘。下列是陣列數據代入的計算實例，假設 A 與 B 陣列數據如下：

$$A = \begin{pmatrix} 1 & 0 & 2 \\ -1 & 3 & 1 \end{pmatrix} \qquad B = \begin{pmatrix} 3 & 1 \\ 2 & 1 \\ 1 & 0 \end{pmatrix}$$

下列是各元素的計算過程：

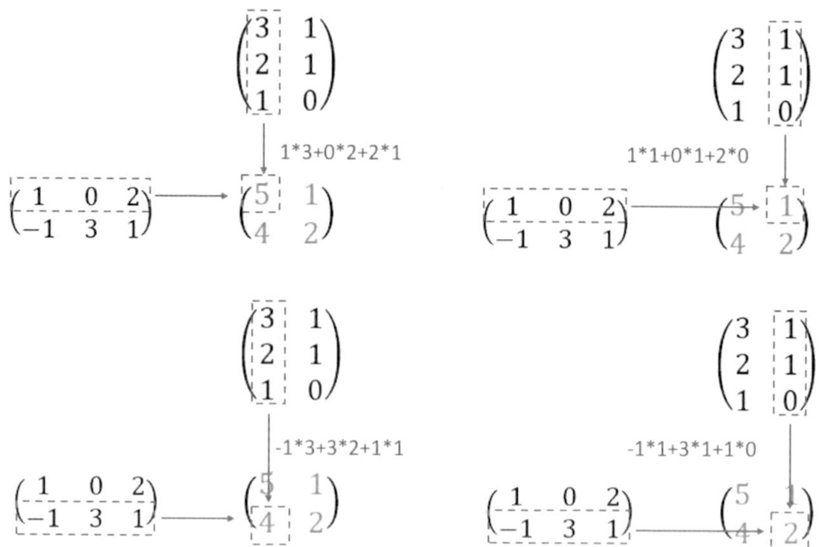

計算過程與結果如下：

$$AB = \begin{pmatrix} 1*3+0*2+2*1 & 1*1+0*1+2*0 \\ -1*3+3*2+1*1 & -1*1+3*1+1*0 \end{pmatrix} = \begin{pmatrix} 5 & 1 \\ 4 & 2 \end{pmatrix}$$

方案 ch9_28.sln：二維陣列乘法運算，這一題兩個陣列皆是 3 x 3 的陣列。

```
// ch9_28
int tmp;
int[,] num1 = new int[,] {{ 2, 5, 6},
                          { 8, 5, 4},
                          { 3, 8, 6}};
int[,] num2 = new int[,] {{ 56,8, 9},
                          { 76,55,2},
                          { 6, 2, 4}};
int[,] num3 = new int[3,3] ;
for (int i = 0; i < 3; i++)      /* 執行相乘 */
    for (int j = 0; j < 3; j++)
    {
        tmp = 0;
        tmp += num1[i,0] * num2[0,j];
        tmp += num1[i,1] * num2[1,j];
        tmp += num1[i,2] * num2[2,j];
        num3[i,j] = tmp;
    }
Console.WriteLine("列出相乘結果");
for (int i = 0; i < 3; i++)
    Console.WriteLine($"{num3[i,0],3} {num3[i,1],3} {num3[i,2],3}");
```

執行結果

```
Microsoft Visual Studio 偵錯主控台
列出相乘結果
528 303  52
852 347  98
812 476  67

D:\C#\ch9\ch9_28\ch9_28\bin\Debug\net6.0\ch9_28.exe
按任意鍵關閉此視窗…
```

9-9-3 4 x 4 魔術方塊

方案實例 ch9_29.sln：4×4 魔術方塊 (Magic blocks) 的應用，所謂的魔術方塊就是讓各行的值總和，等於各列的值總和，以及等於兩對角線的總和。一般我們將求 4×4 的魔術方塊分成下列步驟：

1：設定魔術方塊的值，假設起始值是 1，則原來方塊內含值的分佈應如下所示：

1	2	3	4
5	6	7	8
9	10	11	12
13	14	15	16

當然各個相鄰元素間的差值，並不一定是 1，而起始值也不一定是 1。例如， 我們可以設定起始值是 4，各個相鄰元素的差值是 2，則原來方塊內含值分佈如下：

4	6	8	10
12	14	16	18
20	22	24	26
28	30	32	34

2：求最大和最小值的總和，這個例子的總和是 34 + 4=38。

3：以 38 減去所有對角線的值，然後將減去的結果放在原來位置，如此就可獲得魔術方塊。

34	6	8	28
12	24	22	18
20	16	14	26
10	30	32	4

```
// ch9_29
int[,] magic = new int[,] {{ 4, 6, 8, 10},
                           { 12,14,16,18},
                           { 20,22,24,26},
                           { 28,30,32,34}};
int sum;            // 最小值與最大值之和

sum = magic[0,0] + magic[3,3];
for (int i = 0, j = 0; i < 4; i++, j++)
    magic[i,j] = sum - magic[i,j];
for (int i = 0, j = 3; i < 4; i++, j--)
    magic[i,j] = sum - magic[i,j];
Console.WriteLine("最後的魔術方塊如下 :");
for (int i = 0; i < 4; i++)
{
    for (int j = 0; j < 4; j++)
        Console.Write($"{magic[i,j], 5}");
    Console.WriteLine("");
}
```

執行結果

```
Microsoft Visual Studio 偵錯主控台
最後的魔術方塊如下 :
   34    6    8   28
   12   24   22   18
   20   16   14   26
   10   30   32    4

D:\C#\ch9\ch9_29\ch9_29\bin\Debug\net6.0\ch9_29.exe
按任意鍵關閉此視窗…
```

9-9-4　基礎統計

假設有一組數據，此數據有 n 筆資料，我們可以使用下列公式計算它的平均值 (Mean)、變異數 (Variance)、標準差 (Standard Deviation，縮寫 SD，數學符號稱 sigma)。

❑ 平均值

指的是系列數值的平均值，其公式如下：

$$\bar{x} = \frac{1}{n}\sum_{i=1}^{n} x_i = \frac{x_1 + x_2 + \cdots + x_n}{n}$$

❑ 變異數

變異數的英文是 variance，從學術角度解說變異數主要是描述系列數據的離散程度，用白話角度變異數是指所有數據與平均值的偏差距離，其公式如下：

$$\text{variance} = \frac{1}{n}\sum_{i=1}^{n}(x_i - \overline{x})^2$$

❑ 標準差

標準差的英文是 Standard Deviation，縮寫是 SD，當計算變異數後，將變異數的結果開根號，可以獲得平均距離，所獲得的平均距離就是標準差，其公式如下：

$$\text{standard deviation} = \sqrt{\frac{1}{n}\sum_{i=1}^{n}(x_i - \overline{x})^2}$$

由於統計數據將不會更改，所以可以用陣列儲存處理。

方案 ch9_30.sln：計算 5,6,8,9 的平均值、變異數和標準差。

```
// ch9_30
int[] data = { 5, 6, 8, 9 };
int n = 4;
double means = 0;                    // 平均值
double var = 0; var = 0;             // 變異數
double dev = 0; dev = 0;             // 標準差

for (int i = 0; i < n; i++)          // 計算平均值
    means += ((double)data[i] / n);

for (int i = 0; i < n; i++)          // 計算變異數和標準差
{
    var += Math.Pow(data[i] - means, 2);
    dev += Math.Pow(data[i] - means, 2);
}
Console.WriteLine($"平均值 = {means:F2}", means);
var = var / n;
Console.WriteLine($"變異數 = {var:F2}");
dev = Math.Pow(dev / 4, 0.5);
Console.WriteLine($"標準差 = {dev:F2}");
```

執行結果

```
Microsoft Visual Studio 偵錯主控台
平均值 = 7.00
變異數 = 2.50
標準差 = 1.58

D:\C#\ch9\ch9_30\ch9_30\bin\Debug\net6.0\ch9_30.exe
按任意鍵關閉此視窗…
```

9-9-5　不規則陣列的專題

方案 ch9_31.sln：深智公司的營業資料如下，其中日本分公司沒有銷售軟體和書籍，韓國公司沒有銷售書籍，請輸出下業績表，列出各分公司的銷售統計，和深智公司的業績總計。

分公司	國際證照	文具	軟體	書籍
台灣	500	150	200	300
日本	1200	300		
韓國	120	80	150	

```
// ch9_31
int[][] re =
{
    new int[] { 500, 150, 200, 300 },
    new int[] { 1200, 300 },
    new int[] { 120, 80, 150 }
};
string[] co = { "台灣分公司", "日本分公司", "韓國分公司" };
int[] subtotal = new int[3];        // 分公司業績加總
int total = 0;
Console.WriteLine("\t\t證照   文具   軟體   書籍");
for (int i = 0; i < re.Length; i++)
{
    Console.Write($"{co[i]}     ");
    for (int j = 0; j < re[i].Length; j++)
        Console.Write($"{re[i][j],6}");
    Console.WriteLine();
}
Console.WriteLine();
for (int i = 0; i < re.Length; i++)
{
    for (int j = 0; j < re[i].Length; j++)
    {
        subtotal[i] += re[i][j];
        total += subtotal[i];
    }
    Console.WriteLine($"{co[i],-11}業績總計(單位:萬) {subtotal[i]:C}元");
}
Console.WriteLine($"\n深智公司業績總計(單位:萬) : {total:C}元");
```

執行結果

```
Microsoft Visual Studio 偵錯主控台
                證照  文具  軟體  書籍
台灣分公司       500   150   200   300
日本分公司      1200   300
韓國分公司       120    80   150

台灣分公司      業績總計(單位:萬) NT$1,150.00元
日本分公司      業績總計(單位:萬) NT$1,500.00元
韓國分公司      業績總計(單位:萬) NT$350.00元

深智公司業績總計(單位:萬) : NT$6,520.00元

D:\C#\ch9\ch9_31\ch9_31\bin\Debug\net6.0\ch9_31.exe
按任意鍵關閉此視窗…
```

這個程式第 8 行使用了字串陣列，如下所示：

```
string[ ] co = {"台灣分公司", "日本分公司", "韓國分公司"};
```

其實如果仔細看，可以看到除了使用 string[ ] 定義字串陣列，陣列內容是字串，其餘皆整數陣列觀念一致，筆者將在下一章介紹更多字串的知識。

習題實作題

方案 ex9_1.sln：請參考 ch9_2.sln 建立整數陣列 sc，此陣列有 5 筆資料，請輸出下列結果。(9-1 節)

```
Microsoft Visual Studio 偵錯主控台
sc[0] = 5
sc[1] = 10
sc[2] = 15
sc[3] = 20
sc[4] = 25

D:\C#\ex\ex9_1\ex9_1\bin\Debug\net6.0\ex9_1.exe
按任意鍵關閉此視窗…
```

方案 ex9_2.sln：擴充 ch9_5.sln，增加列印學生人數。(9-1 節)

```
Microsoft Visual Studio 偵錯主控台
輸入成績 0 代表結束
請輸入分數 ==> 58
請輸入分數 ==> 66
請輸入分數 ==> 87
請輸入分數 ==> 60
請輸入分數 ==> 0
平均分數是 67.75
學生人數是 4人

D:\C#\ex\ex9_2\ex9_2\bin\Debug\net6.0\ex9_2.exe
按任意鍵關閉此視窗…
```

方案 ex9_3.sln：將程式 ch9_6.sln 擴充增加列出最大值索引。(9-1 節)

```
Microsoft Visual Studio 偵錯主控台
最大值      = 88
最大值索引 = 2

D:\C#\ex\ex9_3\ex9_3\bin\Debug\net6.0\ex9_3.exe
按任意鍵關閉此視窗…
```

方案 ex9_4.sln：將程式 ch9_6.sln 改為找出最小值和最小值索引。(9-1 節)

```
Microsoft Visual Studio 偵錯主控台
最小值       = 32
最小值索引 = 1

D:\C#\ex\ex9_4\ex9_4\bin\Debug\net6.0\ex9_4.exe
按任意鍵關閉此視窗…
```

方案 ex9_5.sln：一週平均溫度如下：(9-1 節)

星期日	星期一	星期二	星期三	星期四	星期五	星期六
25	26	28	23	24	29	27

請設計程式，列出星期幾是最高溫，同時列出溫度。

```
Microsoft Visual Studio 偵錯主控台
最高溫度是在星期五，溫度是 29 度

D:\C#\ex\ex9_5\ex9_5\bin\Debug\net6.0\ex9_5.exe
按任意鍵關閉此視窗…
```

方案 ex9_6.sln：深智公司各季業績表如下：(9-1 節)

產品	第 1 季	第 2 季	第 3 季	第 4 季
書籍	200	180	310	210
國際證照	80	120	60	150

使用 2 個一維陣列觀念，請輸入上述業績，然後分別列出書籍總業績、國際證照總業績和全部業績。

```
Microsoft Visual Studio 偵錯主控台
書籍總業績         = NT$900.00
國際證照總業績 = NT$410.00
全部業績            = NT$1,310.00

D:\C#\ex\ex9_6\ex9_6\bin\Debug\net6.0\ex9_6.exe
按任意鍵關閉此視窗…
```

方案 ex9_7.sln：重新設計 ch9_9.sln，陣列元素 1 用實心方塊 Unicode 碼是 0x25A0，陣列元素 0 用空白 Unicode 碼是 0x3000，可以得到下列結果。(9-2 節)

方案 ex9_8.sln：輸出鑽石外形。(9-2 節)

方案 ex9_9.sln：使用二維陣列觀念設計 ex9_6.sln。(9-2 節)

```
Microsoft Visual Studio 偵錯主控台
書籍總業績         = NT$900.00
國際證照總業績     = NT$410.00
全部業績           = NT$1,310.00

D:\C#\ex\ex9_9\ex9_9\bin\Debug\net6.0\ex9_9.exe
按任意鍵關閉此視窗…
```

方案 ex9_10.sln：氣象局紀錄了台北過去一週的最高溫和最低溫度。(9-2 節)

溫度	星期日	星期一	星期二	星期三	星期四	星期五	星期六
最高溫	30	28	29	31	33	35	32
最低溫	20	21	19	22	23	24	20
平均溫							

請使用二維陣列紀錄上述溫度，最後將平均溫度填入上述二維陣列，同時輸出過去一週的最高溫和最低溫。

```
Microsoft Visual Studio 偵錯主控台
最高溫 = 35.0
最低溫 = 19.0
平均溫 = 25.0   24.5   24.0   26.5   28.0   29.5   26.0
D:\C#\ex\ex9_10\ex9_10\bin\Debug\net6.0\ex9_10.exe (處理序
按任意鍵關閉此視窗…
```

方案 ex9_11.sln：兩張影像相加，可以創造一張影像含有兩張影像的特質，假設有兩張影像如下：(9-3 節)

執行上述影像相加，可以得到下列結果。

請建立兩張三維陣列的影像，下列是影像 1：

30	50	77
60	120	43
90	90	20

R

98	74	45
66	31	190
32	200	150

G

81	66	81
222	80	100
74	180	77

B

下列是影像 2：

80	77	90
120	32	100
190	86	120

R

60	10	100
70	50	77
80	40	32

G

60	100	80
70	120	90
80	200	100

B

請將上述影像相加，如果某元素相加結果大於 255，則取 255，可以得到下列結果。

```
Microsoft Visual Studio 偵錯主控台
新影像 R
110     127     167
180     152     143
255     176     140
新影像 G
158     84      145
136     81      255
112     240     182
新影像 B
141     166     161
255     200     190
154     255     177

D:\C#\ex\ex9_11\ex9_11\bin\Debug\net6.0\ex9_11.exe
按任意鍵關閉此視窗…
```

方案 ex9_12.sln：在影像處理過程，0 是黑色，255 是白色，相當於將彩色影像的像素值變高會讓影像色彩變淡，有一個影像如下，請將每個像素值加 50，如果大於 255，則取 255。(9-3 節)

下列是三維影像陣列：

30	50	77
60	120	43
90	90	20

R

98	74	45
66	31	190
32	200	150

G

81	66	81
222	80	100
74	180	77

B

下列是執行結果。

```
Microsoft Visual Studio 偵錯主控台
新影像 R
80      100     127
110     170     93
140     140     70
新影像 G
148     124     95
116     81      240
82      250     200
新影像 B
131     116     131
255     130     150
124     230     127

D:\C#\ex\ex9_12\ex9_12\bin\Debug\net6.0\ex9_12.exe
按任意鍵關閉此視窗…
```

方案 ex9_13.sln：有一個陣列數字如下：

3, 8, 10, 22, 19, 17, 9, 6, 10, 15

請輸入數字，然後輸出此數字第一次出現所在索引，如果找不到則輸出 " 找不到此數字 "。

```
Microsoft Visual Studio
請輸入搜尋數字 : 10
10 的索引是 : 2

D:\C#\ex\ex9_13\ex9_13\b
按任意鍵關閉此視窗…
```

```
Microsoft Visual Studio
請輸入搜尋數字 : 18
找不到此數字

D:\C#\ex\ex9_13\ex9_13\b
按任意鍵關閉此視窗…
```

方案 ex9_14.sln：參考 ch9_22.sln，輸出不規則陣列的元素個數和陣列維度，然後輸出子陣列的元素個數、最低和最高索引。(9-7 節)

```
Microsoft Visual Studio 偵錯主控台
sc的元素個數 : 3
sc陣列的維度 : 1

sc[0] 的元素個數 : 3
sc[0] 的最低索引 : 0
sc[0] 的最高索引 : 2

sc[1] 的元素個數 : 2
sc[1] 的最低索引 : 0
sc[1] 的最高索引 : 1

sc[2] 的元素個數 : 4
sc[2] 的最低索引 : 0
sc[2] 的最高索引 : 3


D:\C#\ex\ex9_14\ex9_14\bin\Debug\net6.0\ex9_14.exe
按任意鍵關閉此視窗…
```

方案 ex9_15.sln：將 ch9_26.sln 泡沫排序法改為從大到小排序，然後使用 Reverse( ) 將排序結果反轉。(9-8 節)

```
Microsoft Visual Studio 偵錯主控台
從大排到小
loop 1    6   7   5   9   3
loop 2    7   6   9   5   3
loop 3    7   9   6   5   3
loop 4    9   7   6   5   3
Reverse陣列, 從小排到大
   3   5   6   7   9
D:\C#\ex\ex9_15\ex9_15\bin\Debug\net6.0\ex9_15.exe
按任意鍵關閉此視窗…
```

方案 ex9_16.sln：在 9-9-2 節有一個 2x3 陣列和 3x2 陣列相乘，筆者是用筆實作，請用程式完成此乘法。(9-9 節)

```
Microsoft Visual Studio 偵錯主控台
列出相乘結果
  5   1
  4   2

D:\C#\ex\ex9_16\ex9_16\bin\Debug\net6.0\ex9_16.exe
按任意鍵關閉此視窗…
```

方案 ex9_17.sln：重新設計 ex9_29.sln，4x4 魔術方塊的起始值與差值從螢幕輸入。(7-5 節)

```
Microsoft Visual Studio 偵錯主控台
輸入 4 * 4 魔術方塊起始值 : 5
輸入差值                  : 2
起初的魔術方塊如下 :
   5   7   9  11
  13  15  17  19
  21  23  25  27
  29  31  33  35
最後的魔術方塊如下 :
  35   7   9  29
  13  25  23  19
  21  17  15  27
  11  31  33   5

D:\C#\ex\ex9_17\ex9_17\bin\Debug\n
按任意鍵關閉此視窗…
```

方案 ex9_18.sln：奇數矩陣魔術方塊的應用，下列是 3x3 矩陣產生步驟 (這個觀念可以應用到所有奇數矩陣)：(9-9 節)

1：在第一列的中間位置，設定值為 1。然後，將下一個值放在它的東北方。

	1	

2：因為上述超過列的界限，所以我們將這個值，改放在該行最大列的位置，如下所示：

	1	
		2

3：然後將下一個值放在它的東北方，因為上述超過行的界限，所以我們將這個值，改放在該列最小行的位置，如下所示：

	1	
3		
		2

4：然後將下一個值放在它的東北方，若是東北方已經有值，則將這個值，改放在原先值的下方。

	1	
3		
4		2

5：若是東北方是空值，則存入這個值，緊接著我們可以存入值 6

	1	6
3	5	
4		2

6：若是東北方即超過行的界限也超過列的界限，則將值放在原先值的下方。

	1	6
3	5	7
4		2

```
Microsoft Visual Studio 偵錯主控台
3 * 3 魔術方塊
   8   1   6
   3   5   7
   4   9   2

D:\C#\ex\ex9_18\ex9_18\bin\Debug\net6.0\ex9_18.exe
按任意鍵關閉此視窗…
```

方案 ex9_19.sln：建立 0-10 之間的 Pascal 三角形，所謂的 Pascal 三角形是第 2 層以後，每個數字是正左上方和正右上方的和。(9-9 節)

```
Microsoft Visual Studio 偵錯主控台
請輸入Pascal三角形大小 (0 - 10) : 5
                    1
                 1     1
              1     2     1
           1     3     3     1
        1     4     6     4     1
     1     5    10    10     5     1

D:\C#\ex\ex9_19\ex9_19\bin\Debug\net6
按任意鍵關閉此視窗…
```

```
Microsoft Visual Studio 偵錯主控台
請輸入Pascal三角形大小 (0 - 10) : 8
                             1
                          1     1
                       1     2     1
                    1     3     3     1
                 1     4     6     4     1
              1     5    10    10     5     1
           1     6    15    20    15     6     1
        1     7    21    35    35    21     7     1
     1     8    28    56    70    56    28     8     1

D:\C#\ex\ex9_19\ex9_19\bin\Debug\net6.0\ex9_19.exe
按任意鍵關閉此視窗…
```

第 10 章
字元和字串的處理

3-6 節筆者介紹了**字元** (char) 的觀念，3-7 節說明了**字串** (string)，這一章將針對字元和字串相關操作做完整的說明。

10-1 字元 Char 類別

3-6 節筆者簡單的介紹了字元資料類型，在該節我們使用 char 宣告字元變數，此關鍵字 char 是 .NET System.Char 結構類型，可以參考下表。

C# 類型	範圍	大小	.NET 類別
char	U+0000 到 U+FFFF	16 位	System.Char

註 上述範圍欄位 U+ 代表是 Unicode 碼值的範圍。

上述我們可以看到 C# 類型是 char，其實也可以用 Char 或 System.Char 宣告變數，C# 是一個物件導向程式語言，所以也可以稱 char 或 Char 是宣告物件變數。

方案 ch10_1.sln： 使用 char、Char 和 System.Char 宣告變數。註：其實 Char 和 System.Char 是一樣的，因為 C# 最新上層語句已經隱性使用 using System，所以 Char 可以省略 System。

```
// ch10_1
char ch1 = 'A';
Char ch2 = 'B';
System.Char ch3 = 'C';
Console.WriteLine($"{ch1}\t{ch2}\t{ch3}");
```

執行結果

註 習慣上 C# 程式設計師還是喜歡使用 char 關鍵字宣告字元。

10-2 字元 Char 類別常用的方法

10-2-1 與字元有關的方法

Char 類別內主要是處理字元有關的方法，這些方法可以方便程式設計師未來設計程式決策時使用，下列是常用的方法列表。

方法	說明
IsDigit( )	是不是十進位數字，可以參考下列備註。(10-2-2 節)
IsLetter( )	是不是大寫或是小寫英文字母。(10-2-2 節)
IsLetterOrDigit( )	是不是十進位數字或是英文字母。(10-2-2 節)
IsNumber( )	是不是數字，可以參考下列備註。(10-2-2 節)
IsLower( )	是不是小寫英文字母。(10-2-3 節)
IsUpper( )	是不是大寫英文字母。(10-2-3 節)
IsSymbol( )	是不是符號。(10-2-4 節)
IsSeparator( )	是不是分隔符號字元，例如：\u0020 字元。
IsWhiteSpace( )	是不是空白字元，例如：' '。(10-2-4 節)
IsPunctuation( )	是不是標點符號，例如：'.' 或 ',' 字元。(10-2-5 節)

表 10-1：常用 Char 類的方法

表 10-1 如果是真則回傳 True，如果是偽則回傳 False。

備註：IsDigit( ) 是指 0-9 之間的阿拉伯數字，IsNumber( ) 除了 0-9 之間的阿拉伯數字還包括羅馬數字 (例如 :" **X** " 是羅馬符號的 10)，更多相關知識可以複習 8-9-10 節。

10-2-2 判斷數字和字母的方法

方案 ch10_2.sln：用 IsDigit( )、IsLetter( ) 和 IsNumber( ) 方法，執行數字和字母的判別。

```
// ch10_2
char a = '5';
Console.WriteLine($"isDigit({a})是Digit    : {Char.IsDigit(a)}");
a = 'A';
Console.WriteLine($"isLetter({a})是字母    : {Char.IsLetter(a)}");
a = '\u2162';              // 羅馬數字 3 的 Unicode 碼
Console.WriteLine($"isDigit({a})是Digit    : {Char.IsDigit(a)}");
Console.WriteLine($"isNumber({a})是Number : {Char.IsNumber(a)}");
```

執行結果

```
Microsoft Visual Studio 偵錯主控台
isDigit(5)是Digit    : True
isLetter(A)是字母    : True
isDigit(Ⅲ)是Digit    : False
isNumber(Ⅲ)是Number : True

D:\C#\ch10\ch10_2\ch10_2\bin\Debug\net6.0\ch10_2.exe
按任意鍵關閉此視窗…
```

方法 IsLetterOrDigit( ) 則是可以判斷是不是字母或數字。

10-2-3　判斷大小寫字母的方法

方案 ch10_3.sln：用 IsUpper( )、IsLower( ) 方法，執行大小寫字母的判別。

```
// ch10_3
char a = 'A';
Console.WriteLine($"isUpper({a})是大寫字母 : {Char.IsUpper(a)}");
Console.WriteLine($"isLower({a})是小寫字母 : {Char.IsLower(a)}");
a = 'a';
Console.WriteLine($"isUpper({a})是大寫字母 : {Char.IsUpper(a)}");
Console.WriteLine($"isLower({a})是小寫字母 : {Char.IsLower(a)}");
a = '@';
Console.WriteLine($"isUpper({a})是大寫字母 : {Char.IsUpper(a)}");
Console.WriteLine($"isLower({a})是小寫字母 : {Char.IsLower(a)}");
```

執行結果

```
Microsoft Visual Studio 偵錯主控台
isUpper(A)是大寫字母 : True
isLower(A)是小寫字母 : False
isUpper(a)是大寫字母 : False
isLower(a)是小寫字母 : True
isUpper(@)是大寫字母 : False
isLower(@)是小寫字母 : False

D:\C#\ch10\ch10_3\ch10_3\bin\Debug\net6.0\ch10_3.exe
按任意鍵關閉此視窗…
```

10-2-4　判斷符號方法

方法 IsSymbol( ) 可以判斷是不是符號，所謂的符號是指貨幣符號、數學運算子、箭號、幾何符號、數位格式 (例如：上標或是下標) 等。

方法 IsWhiteSpace( ) 可以判斷是不是泛空白字元，所謂的泛空白字元是指空字元、換行字元、下一行字元等。

方案 ch10_4.sln：用 IsSymbol( )、IsWhiteSpace( ) 方法，執行符號 (Symbol) 和泛空白字元 (White Space) 的判別。

```
// ch10_4
char a = '$';
Console.WriteLine($"{a} 是Symbol     : {Char.IsSymbol(a)}");
Console.WriteLine($"{a} 是WhiteSpace : {Char.IsWhiteSpace(a)}");
a = ' ';
Console.WriteLine($"{a} 是Symbol     : {Char.IsSymbol(a)}");
Console.WriteLine($"{a} 是WhiteSpace : {Char.IsWhiteSpace(a)}");
a = '@';
Console.WriteLine($"{a} 是Symbol     : {Char.IsSymbol(a)}");
Console.WriteLine($"{a} 是WhiteSpace : {Char.IsWhiteSpace(a)}");
a = '+';
Console.WriteLine($"{a} 是Symbol     : {Char.IsSymbol(a)}");
Console.WriteLine($"{a} 是WhiteSpace : {Char.IsWhiteSpace(a)}");
```

執行結果

```
Microsoft Visual Studio 偵錯主控台
$ 是Symbol      : True
$ 是WhiteSpace : False
  是Symbol      : False
  是WhiteSpace : True
@ 是Symbol      : False
@ 是WhiteSpace : False
+ 是Symbol      : True
+ 是WhiteSpace : False

D:\C#\ch10\ch10_4\ch10_4\bin\Debug\net6.0\ch10_4.exe
按任意鍵關閉此視窗…
```

10-2-5　判斷是不是標點符號

IsPunctuation( ) 方法可以判斷是不是標點符號 (Punctuation marks)，例如：','、'.'、… 等。

方案 ch10_4_1.sln：判斷是不是標點符號的應用。

```
// ch10_4_1
char a = '$';
Console.WriteLine($"{a} 是標點符號 : {Char.IsPunctuation(a)}");
a = '.';
Console.WriteLine($"{a} 是標點符號 : {Char.IsPunctuation(a)}");
a = ',';
Console.WriteLine($"{a} 是標點符號 : {Char.IsPunctuation(a)}");
a = ';';
Console.WriteLine($"{a} 是標點符號 : {Char.IsPunctuation(a)}");
```

執行結果

```
Microsoft Visual Studio 偵錯主控台
$ 是標點符號 : False
. 是標點符號 : True
, 是標點符號 : True
; 是標點符號 : True

D:\C#\ch10\ch10_4_1\ch10_4_1\bin\Debug\net6.0\ch10_4_1.exe
按任意鍵關閉此視窗…
```

10-3　字元陣列與字串

前一章我們介紹了陣列，大部分陣列元素皆是使用整數為例，其實陣列元素也可以是字元，下列是陣列元素是字元宣告方式實例。

```
char[ ] str = {'H', 'u', 'n', 'g'};
```

方案 ch10_5.sln：建立字元陣列，然後使用迴圈輸出此陣列。

```
// ch10_5
char[] name = { 'H', 'u', 'n', 'g' };
foreach (char c in name)
    Console.Write($"{c}");
Console.WriteLine();
for (int i = 0; i < name.Length; i++)
    Console.Write($"{name[i]}");
```

執行結果

```
Microsoft Visual Studio 偵錯主控台
Hung
Hung
D:\C#\ch10\ch10_5\ch10_5\bin\Debug\net6.0\ch10_5.exe
按任意鍵關閉此視窗…
```

上述我們了解了字元陣列的意義，其實上述字元陣列可以使用字串取代，如下所示：

string name = "Hung";

經過上述宣告後，甚至我們可以使用 name[0] 代表 'H'，name[1] 代表 'u'，…，其他觀念可以依此類推，所以也可以說字元陣列就是字串，讀者可以參考下列實例。

方案 ch10_6.sln：驗證字元陣列就是字串。

```
// ch10_6
string name = "Hung";
Console.WriteLine($"{name}");
for (int i = 0; i < 4; i++)
    Console.Write($"{name[i]}");
```

執行結果

```
Microsoft Visual Studio 偵錯主控台
Hung
Hung
D:\C#\ch10\ch10_6\ch10_6\bin\Debug\net6.0\ch10_6.exe
按任意鍵關閉此視窗…
```

從上述方案 ch10_5.sln 和 ch10_6.sln 可以看到字串可以取代字元陣列了，所以一般程式設計時很少會使用字元陣列。

註 在 C/C++ 語言，字串的特色是有結尾字元 '\0'，C# 的字串則是沒有結尾字元 '\0'(Null)，所以 C# 的字串可以包含任意數量的 Null 字元 ('\0')。

方案 ch10_7.sln：輸入字元然後輸出此字元的 10 進位和 16 進位 Unicode 碼，然後程式會詢問是否繼續，如果輸入 'Y 或 'y" 表示繼續，輸入其他字元則程式結束。

```
1  // ch10_7
2  string ans;
3  Console.WriteLine("輸入字元轉成 Unicode 碼值");
4  do
5  {
6      Console.Write("請輸入字元 : ");
7      int c = Console.Read();
8      Console.ReadLine();                    // 清除緩衝區的 回車和換行字元
9      Console.WriteLine($"字元{Convert.ToChar(c)}的10進位 Unicode 碼值是 : {c}");
10     Console.WriteLine($"字元{Convert.ToChar(c)}的16進位 Unicode 碼值是 : {c:X}");
11     Console.Write("是否繼續 ?(y/n) : ");
12     ans = Console.ReadLine();              // 讀取字串
13 } while (ans[0] == 'Y' || ans[0] == 'y');  // 檢查是否繼續
```

執行結果

```
Microsoft Visual Studio 偵錯主控台

輸入字元轉成 Unicode 碼值
請輸入字元 : A
字元A的10進位 Unicode 碼值是 : 65
字元A的16進位 Unicode 碼值是 : 41
是否繼續 ?(y/n) : y
請輸入字元 : 洪
字元洪的10進位 Unicode 碼值是 : 27946
字元洪的16進位 Unicode 碼值是 : 6D2A
是否繼續 ?(y/n) : n

D:\C#\ch10\ch10_7\ch10_7\bin\Debug\net6.0\ch10_7.exe
按任意鍵關閉此視窗…
```

上述第 8 行主要是讀取遺留在輸入緩衝區的回車和換行字元，因為這兩個字元沒有用處，所以不設定回傳變數。第 12 行是讀取字串放在變數 ans，然後第 13 行是取得 ans 字串的第 1 個字元檢查是否 'Y' 或 'y'，如果是擇迴圈繼續。

10-4 字串 String 類別

String 是屬於 System 命名空間的類別。

10-4-1 基礎觀念

3-7 節有介紹字串資料類型，其實字串就是由多個字元組成。在該節我們使用 string 宣告字元變數，此關鍵字 string 是 .NET System.String 結構類型，所以我們也可以用 System.String 或 String 宣告字串變數。

方案 ch10_8.sln：使用 string、String 或 System.String 宣告變數。

```
// ch10_8
string str1 = "明志工專";
String str2 = "明志科技大學";
System.String str3 = "台塑企業";
Console.WriteLine($"{str1}");
Console.WriteLine($"{str2}");
Console.WriteLine($"{str3}");
```

執行結果

```
Microsoft Visual Studio 偵錯主控台
明志工專
明志科技大學
台塑企業

D:\C#\ch10\ch10_8\ch10_8\bin\Debug\net6.0\ch10_8.exe
按任意鍵關閉此視窗…
```

註 習慣上 C# 程式設計師還是喜歡使用 string 關鍵字宣告字串。

10-4-2　字串的屬性 Length

方案 ch10_9.sln：輸入字串，然後程式會回應字串長度。

```
// ch10_9
string str;

Console.Write("請輸入任意字串 : ");
str = Console.ReadLine();
Console.WriteLine($"字串長度是 : {str.Length}");
```

執行結果

```
Microsoft Visual Studio 偵錯主控台
請輸入任意字串 : I like C#.
字串長度是 : 10

D:\C#\ch10\ch10_9\ch10_9\bin\Debug\net6.0\ch10_9.exe
按任意鍵關閉此視窗…
```

10-4-3　定義 null 或空字串

C# 可以宣告字串為 null 或空字串。

```
string s1 = null;
string s2 = "";
```

空字串也可以使用下列方式宣告。

string s3 = System.String.Empty;

因為 System 已經被隱性 using 導入，所以也可以省略 System，讀者可以用下列實例自行測試。

方案 ch10_10.sln：分別宣告 null、空字串和 System.String.Empty，然後輸出。

```
// ch10_10
string str1 = null;
string str2 = "";
string str3 = System.String.Empty;
Console.WriteLine($"str1 = {str1}");
Console.WriteLine($"str2 = {str2}");
Console.WriteLine($"str3 = {str3}");
```

執行結果

```
Microsoft Visual Studio 偵錯主控台
str1 =
str2 =
str3 =

D:\C#\ch10\ch10_10\ch10_10\bin\Debug\net6.0\ch10_10.exe
按任意鍵關閉此視窗…
```

10-4-4　const 關鍵字應用到字串

3-11 節 const 關鍵字也可以應用在定義不可變更的字串變數。

方案 ch10_11.sln：將 const 關鍵字應用在未來不想變更的字串變數。

```
// ch10_11
const string str1 = "明志工專";
const string str2 = "University of Mississippi";
Console.WriteLine($"{str1}\n{str2}");
```

執行結果

```
Microsoft Visual Studio 偵錯主控台
明志工專
University of Mississippi

D:\C#\ch10\ch10_11\ch10_11\bin\Debug\net6.0\ch10_11.exe
按任意鍵關閉此視窗…
```

10-4-5　字串連接 "+" 符號

加法符號 "+" 在字串的應用中可以執行字串的連接。

方案 ch10_12.sln：字串連接的應用。

```
// ch10_12
string str1 = "明志工專";
string str2 = "University of Mississippi";
string str3 = "我的母校" + str1;
string str4 = "留學美國" + str2;
Console.WriteLine(str3 + ' ' + str4);
```

執行結果

```
Microsoft Visual Studio 偵錯主控台
我的母校明志工專 留學美國University of Mississippi

D:\C#\ch10\ch10_12\ch10_12\bin\Debug\net6.0\ch10_12.exe
按任意鍵關閉此視窗…
```

10-4-6　字串參考

在 C# 程式觀念中字串內容是不可變的，如果修改了字串的動作，其實編譯程式是使用新的字串處理。

方案 ch10_13.sln：字串參考與 "+=" 符號的應用。

```
// ch10_13
string str1 = "Deepmind ";
string str2 = ": Deepen your mind.";
str1 += str2;
Console.WriteLine(str1);
```

執行結果

```
Microsoft Visual Studio 偵錯主控台
Deepmind : Deepen your mind.

D:\C#\ch10\ch10_13\ch10_13\bin\Debug\net6.0\ch10_13.exe
按任意鍵關閉此視窗…
```

上述原先指派給 str1 的物件舊記憶體會被釋回，也就是編譯程式會執行記憶體回收。

註1 上述程式也可以看到 "+=" 符號也可以應用在字串運算，"+" 是加號。

註2 C# 在修改字串時實際是建立新的字串，因此建立字串參考時，該字串仍將指向原始物件。

方案 ch10_14.sln：字串參考與修改字串內容。

```
// ch10_14
string str1 = "Deepmind ";
string str2 = str1;
str1 += ": Deepen your mind";
Console.WriteLine(str2);
```

執行結果

```
Microsoft Visual Studio 偵錯主控台
Deepmind

D:\C#\ch10\ch10_14\ch10_14\bin\Debug\net6.0\ch10_14.exe
按任意鍵關閉此視窗…
```

上述執行第 3 行時 str2 是參考 str1 物件的位址，但是執行第 4 行後 str1 是建立新字串，但是 str2 仍是參考原始物件，所以 str2 的內容沒有同步變更。

10-5 字串 String 類別常用的方法

String 類別的方法在使用時會建立一個新物件回傳，原始字串內容則不更改。

10-5-1 與字串有關常用的方法

String 類別內主要就是處理字串，這些方法可以方便程式設計師未來設計相關應用時使用，可以參考下列表 10-2。

方法	說明
ToLower( )	將字串改為全部小寫。(10-5-2 節)
ToUpper( )	將字串改為全部大寫。(10-5-2 節)
ToTitleCase( )	將字串改為首字母大小。(10-5-3 節)
Concat( )	字串結合。(10-5-4 節)
Compare( )	字串比較。(10-5-5 節)
CompareTo( )	字串比較。(10-5-5 節)
Equals( )	字串比較。(10-5-5 節)
Substring( )	字串擷取。(10-5-6 節)
IndexOf( )	回傳第一次出現字串的索引位置。(10-5-7 節)
LastIndexOf( )	回傳最後出現字串的索引位置。(10-5-7 節)
Contains( )	回傳是否包含特定字串。(10-5-8 節)
Replace( )	字串取代功能。(10-5-9 節)
Split( )	字串分割。(10-5-10 節)
Trim( )	刪除前後空白字元。(10-5-11 節)
Remove( )	移除字元。(10-5-12 節)
StartsWith	回傳是否字串是由某內容開始。(10-5-13 節)
EndsWith( )	回傳是否字串是由某內容結束。(10-5-13 節)

方法	說明
Format( )	格式化字串。(10-5-14 節)
Insert( )	插入字串。(10-5-15 節)
PadLeft( )	左邊填充字元。(10-5-16 節)
PadRight( )	右邊填充字元。(10-5-16 節)

表 10-2：常用 String 類的方法

10-5-2　更改字串字母大小寫

更改字串字母大小寫幾個相關的方法如下：

txt.ToLower( )：將字串全部改為小寫。

txt.ToUpper( )：將字串全部改為大寫。

上述方法是由字串物件引用，可以更改字串 txt 的大小寫，可以參考下列實例。

方案 ch10_15.sln：將字串改為大小寫的應用。

```
// ch10_15
string str = "a TAle oF tWo citIes";
// 轉為小寫字母
string str1 = str.ToLower();
Console.WriteLine($"\"{str}\" 轉成小寫 : {str1}");

// 轉為大寫字母
string str2 = str.ToUpper();
Console.WriteLine($"\"{str}\" 轉成大寫 : {str2}");
```

執行結果

```
Microsoft Visual Studio 偵錯主控台
"a TAle oF tWo citIes" 轉成小寫 : a tale of two cities
"a TAle oF tWo citIes" 轉成大寫 : A TALE OF TWO CITIES

D:\C#\ch10\ch10_15\ch10_15\bin\Debug\net6.0\ch10_15.exe
按任意鍵關閉此視窗…
```

從上述可以看到，字串是一段句子也可以執行轉換。

10-5-3　首字母大寫的轉換

C# 提供字串內單字的首字母大寫的轉換，不過在執行轉換前需要使用 System.Globalization 類別的 TextInfo 類別建立文化特性物件，其語法如下：

```
TextInfo textInfo = new CultureInfo("en-US", false).TextInfo;
```

上述 textInfo 是可以自行命名的文化特性物件，CultureInfo( ) 方法則是設定建立方式，"en-US" 是建立美國文化特性的名稱，然後可以得到文化特性物件 textInfo，才可以由此物件呼叫 ToTitleCase( ) 執行首字母大寫轉換，這個轉換的基礎語法如下：

textInfo.ToTitleCase( )：將字串改為首字母大寫。

註1 未來 15-4 節會有更多 CultureInfo 類別的介紹。

註2 台灣文化特性名稱是 "zh-TW"。

方案 ch10_16.sln：將字串內的單字改為首字母大寫。

```
// ch10_16
using System.Globalization;

string str = "a TAle oF tWo citIes";
TextInfo textInfo = new CultureInfo("en-us", false).TextInfo;
// 轉為小寫字母
string str1 = textInfo.ToTitleCase(str);
Console.WriteLine($"\"{str}\" 轉成首字母大寫 : {str1}");
```

執行結果

```
Microsoft Visual Studio 偵錯主控台
"a TAle oF tWo citIes" 轉成首字母大寫 : A Tale Of Two Cities

D:\C#\ch10\ch10_16\ch10_16\bin\Debug\net6.0\ch10_16.exe (處理序
按任意鍵關閉此視窗…
```

上述字串 A Tale Of Two Cities 是著名小說雙城記的英文名稱，這個功能主要是可以讓字串內的單字首字母大寫。

10-5-4　字串結合 Concat( )

String.Concat( ) 方法可以將系列字串結合，然後回傳結合字串。

方案 ch10_17.sln：字串結合的應用。

```
// ch10_17
string str1 = "I like";
string str2 = " Ice";
string str3 = " Cream";
string str4 = String.Concat(str1, str2, str3);
Console.WriteLine(str4);
```

執行結果

```
Microsoft Visual Studio 偵錯主控台
I like Ice Cream

D:\C#\ch10\ch10_17\ch10_17\bin\Debug\net6.0\ch10_17.exe
按任意鍵關閉此視窗…
```

註 其實字串結合可以使用 "+" 符號或許更方便，讀者可以參考 10-4-5 節。

10-5-5　字串比較

字串比較有 3 個方法，分別是 Compare( )、CompareTo( ) 和 Equals( )，Compare( ) 方法的基礎語法如下：

```
int rtn = String.Compare(str1, str2);   // 比較時大小寫是為不同字母
int rtn = String.Compare(str1, str2, ignoreCase);
```

上述如果 ignoreCase 是 true 則比較時會忽略大小寫。如果是 false，則會將大小寫視為不一樣，這是預設。比較是依照 Unicode 碼做比較，回傳值規則如下：

1：str1 的 Unicode 碼小於 str2。

0：str1 和 str2 的 Unicode 碼相同。

-1：str1 的 Unicode 碼大於 str2。

方案 ch10_18.sln：用 String.Compare( ) 執行字串的比較。

```
// ch10_18
string str1 = "Abc";
string str2 = "abc";
int result1 = String.Compare(str1, str2);
int result2 = String.Compare(str1, str1);
int result3 = String.Compare(str2, str1);
Console.WriteLine($"{result1}, {result2}, {result3}");
int result4 = String.Compare(str1, str2, false);    // 這是預設
int result5 = String.Compare(str1, str2, true);
Console.WriteLine($"{result4}, {result5}");
```

執行結果

```
Microsoft Visual Studio 偵錯主控台
1, 0, -1
1, 0

D:\C#\ch10\ch10_18\ch10_18\bin\Debug\net6.0\ch10_18.exe
按任意鍵關閉此視窗…
```

CompareTo( ) 方法是由字串物件引用，其基礎語法如下：

```
int rtn = str1.CompareTo(str2);
```

方案 ch10_19.sln：用 CompareTo( ) 方法執行字串的比較。

```
// ch10_19
string str1 = "Abc";
string str2 = "abc";
int result1 = str1.CompareTo(str2);
int result2 = str1.CompareTo(str1);
Console.WriteLine($"{result1}, {result2}");
```

執行結果

```
Microsoft Visual Studio 偵錯主控台
1, 0

D:\C#\ch10\ch10_19\ch10_19\bin\Debug\net6.0\ch10_19.exe
按任意鍵關閉此視窗…
```

Equals( ) 方法則是可以比較兩個字串是否相同，其基礎語法如下：

bool rtn = String.Equals(str1, str2); // 回傳是布林值

如果字串內容不同回傳 False，如果字串內容相同則回傳 True。

方案 ch10_20.sln：Equals( ) 方法的應用。

```
1 // ch10_20
2 string str1 = "Abc";
3 string str2 = "abc";
4 bool result1 = String.Equals(str1, str2);   // 不同字串比較
5 bool result2 = String.Equals(str1, str1);   // 相同字串比較
6 bool result3 = str1 == str2;                // 不同字串比較
7 Console.WriteLine($"{result1}, {result2}, {result3}");
```

執行結果

```
Microsoft Visual Studio 偵錯主控台
False, True, False

D:\C#\ch10\ch10_20\ch10_20\bin\Debug\net6.0\ch10_20.exe
按任意鍵關閉此視窗…
```

註 也可以使用 "==" 做字串的比較，可以參考第 6 行。

10-5-6 字串擷取 Substring( )

所謂的字串擷取是從一個字串中取得子字串，其基礎語法如下：

string result = txt.Substring(startIndex);

string result = txt.Substring(startIndex, length);

上述回從字串 txt 的 startIndex 索引開始取得 length 長度回傳，如果省略 length 則回傳從 startIndex 索引到結束的字串。

方案 ch10_21.sln：SubString( ) 方法的應用。

```
// ch10_21
string str = "Hello, World!";
string str1 = str.Substring(2);
string str2 = str.Substring(2, 6);
Console.WriteLine(str1);
Console.WriteLine(str2);
```

執行結果

```
Microsoft Visual Studio 偵錯主控台
llo, World!
llo, W

D:\C#\ch10\ch10_21\ch10_21\bin\Debug\net6.0\ch10_21.exe
按任意鍵關閉此視窗…
```

10-5-7　回傳字串出現的索引位置

方法 IndexOf( ) 可以回傳字串第一次出現的索引位置，其基礎語法如下：

```
int idx = txt.IndexOf(str);
```

上述可以回傳 str 字串在 txt 字串第一次出現的索引位置，如果找不到會回傳 -1。

方案 ch10_22.sln：回傳字串第一次出現索引的應用。

```
// ch10_22
string str = "Ice cream";
int result1 = str.IndexOf("cream");
Console.WriteLine(result1);
int result2 = str.IndexOf("Cream");
Console.WriteLine(result2);
```

執行結果

```
Microsoft Visual Studio 偵錯主控台
4
-1

D:\C#\ch10\ch10_22\ch10_22\bin\Debug\net6.0\ch10_22.exe
按任意鍵關閉此視窗…
```

方法 LastIndexOf( ) 則是回傳最後一次出現字串的索引位置。

方案 ch10_23.sln：輸出第一次出現和最後一次出現字元的索引應用。

```
// ch10_23
string str = "Icecream";

int index1 = str.IndexOf('c');
Console.WriteLine(index1);
int index2 = str.LastIndexOf('c');
Console.WriteLine(index2);
```

執行結果

```
Microsoft Visual Studio 偵錯主控台
1
3

D:\C#\ch10\ch10_23\ch10_23\bin\Debug\net6.0\ch10_23.exe
按任意鍵關閉此視窗…
```

10-5-8 回傳是否包含特定字串 Contains( )

方法 Contains( ) 可以回傳是否包含特定字串，如果有包含則回傳 True，如果沒有包含則回傳 False，此方法的基礎語法如下：

```
bool rtn = txt.Contains(str);              // txt是要搜尋的字串
```

方案 ch10_24.sln：Contains( ) 方法的應用。

```
// ch10_24
string str = "I love ice cream";

bool rtn1 = str.Contains("ice cream");
Console.WriteLine(rtn1);
bool rtn2 = str.Contains("冰淇淋");
Console.WriteLine(rtn2);
```

執行結果

```
Microsoft Visual Studio 偵錯主控台
True
False

D:\C#\ch10\ch10_24\ch10_24\bin\Debug\net6.0\ch10_24.exe
按任意鍵關閉此視窗…
```

10-5-9 字串取代 Replace( )

方法 Replace( ) 可以執行字串取代功能，此方法的基礎語法如下：

```
string result = txt.Replace(oldValue, newValue);
```

上述 txt 字串內的 oldValue 會被 newValue 取代。

方案 ch10_25.sln：字串取代的應用。

```
// ch10_25
string str = "I like Python.";

string rtn = str.Replace("Python", "C#");
Console.WriteLine(rtn);
```

執行結果

```
Microsoft Visual Studio 偵錯主控台
I like C#.

D:\C#\ch10\ch10_25\ch10_25\bin\Debug\net6.0\ch10_25.exe
按任意鍵關閉此視窗…
```

10-5-10　字串分割 Split( )

方法 Split( ) 可以依據分割字，將字串分割成字串陣列，此方法基礎語法如下：

```
string[ ] result = txt.Split(separator);              // separator是分割的字
```

方案 ch10_26.sln：依據空白字元將字串分割成字串陣列。

```
// ch10_26
string text = "C# is a language developed by Microsoft";

string[] result = text.Split(" ");
Console.Write("字串陣列結果 : ");
foreach (String str in result)
    Console.Write(str + ", ");
```

執行結果

```
Microsoft Visual Studio 偵錯主控台
字串陣列結果 : C#, is, a, language, developed, by, Microsoft,
D:\C#\ch10\ch10_26\ch10_26\bin\Debug\net6.0\ch10_26.exe (處理
按任意鍵關閉此視窗…
```

筆者一直覺得 C# 語言在輸入函數設計，一次只能讀取一個元素是最大的敗筆，遺漏了可以同一行讀取多個變數的函數，造成輸入的不便利。例如：以 Python 為例，下列指令 input( ) 函數可以讀取字串，使用 eval( ) 可以拆分所讀取的字串為 3 個變數。

```
n1, n2, n2 = eval(input("請輸入3個數字 : "))              // Python函數與語法
```

使用者可以輸入 3 個數字，各數字間用逗號隔開即可，上述相關細節，可以參考筆者所著 Python 最強入門邁向頂尖高手之路王者歸來，4-5 節。在 C# 我們可以使用 Split( )，設計這個方法。

方案 ch10_26_1.sln：設計可以一行讀取多筆數字的程式。

```
// ch10_26_1
Console.Write("請輸入 3 個數字 : ");
string dataString = Console.ReadLine();      // 讀取字串
string[] data = dataString.Split(",");       // 用逗號拆分字串
int n1 = int.Parse(data[0]);
int n2 = int.Parse(data[1]);
int n3 = int.Parse(data[2]);
Console.WriteLine($"總和 = {n1 + n2 + n3}");
```

執行結果

```
Microsoft Visual Studio 偵錯主控台
請輸入 3 個數字 : 8, 10, 12
總和 = 30

D:\C#\ch10\ch10_26_1\bin\Debug\net6.0\ch10_26_1.exe
按任意鍵關閉此視窗…
```

10-5-11 刪除字串前後的空白字元 Trim( )

方法 Trim 可以刪除字串前後的空白字元，其基礎語法如下：

string result = txt.Trim( );

方案 ch10_27.sln：刪除字串前後空白字元。

```
// ch10_27
string txt = "    DeepMind    ";
string result = txt.Trim();
Console.WriteLine($"原始字串 : /{txt}/");
Console.WriteLine($"結果字串 : /{result}/");
```

執行結果

```
Microsoft Visual Studio 偵錯主控台
原始字串 : /    DeepMind    /
結果字串 : /DeepMind/

D:\C#\ch10\ch10_27\ch10_27\bin\Debug\net6.0\ch10_27.exe
按任意鍵關閉此視窗…
```

10-5-12 移除字串指定內容 Remove( )

方法 Remove( ) 可以移除字串擷取是從 startIndex 索引開始，其基礎語法如下：

string result = txt.Remove(startIndex);
string result = txt.Remove(startIndex, length);

上述會從字串 txt 的 startIndex 索引開始移除 length 長度回傳，如果省略 length 則移除從 startIndex 索引到結束的內容回傳。

方案 **ch10_28.sln**：字串移除的應用。

```
// ch10_28
string str = "Chocolate";
string result1 = str.Remove(3);
Console.WriteLine(result1);
string result2 = str.Remove(3, 2);
Console.WriteLine(result2);
```

執行結果

```
Microsoft Visual Studio 偵錯主控台
Cho
Cholate

D:\C#\ch10\ch10_28\ch10_28\bin\Debug\net6.0\ch10_28.exe
按任意鍵關閉此視窗…
```

10-5-13　字串是否由特定內容開始或結尾

偵測字串是否由特定內容開始或結尾的基礎語法如下：

```
bool rtn = txt.StartsWith(value);          // 偵測字串是否起始內容是value
bool rtn = txt.Endswith(value);            // 偵測字串是否結尾內容是value
```

方案 **ch10_29.sln**：偵測字串開始與結束是否為特定內容。

```
// ch10_29
string str = "CIA Mark told CIA Linda that the secret USB had given to CIA Peter";
bool result1 = str.StartsWith("CIA");
Console.WriteLine($"Starts with CIA : {result1}");
bool result2 = str.EndsWith("CIA");
Console.WriteLine($"Ends with CIA   : {result2}");
```

執行結果

```
Microsoft Visual Studio 偵錯主控台
Starts with CIA : True
Ends with CIA   : False

D:\C#\ch10\ch10_29\ch10_29\bin\Debug\net6.0\ch10_29.exe
按任意鍵關閉此視窗…
```

10-5-14　格式化字串 Format( )

主要是將輸出資料用 Format( ) 方法格式化，未來可以將此格式化的字串當作輸出方法 WriteLine( ) 或 Write( ) 的參數，此方法的基礎語法如下：

```
string strFormat = String.Format( … );
```

方案 ch10_30.sln：格式化字串的實例。

```
// ch10_30

int number = 5;
string fruit = "oranges";
string strFormat1 = String.Format("There are {0} {1}.", number, fruit);
Console.WriteLine(strFormat1);
string strFormat2 = String.Format($"There are {number} {fruit}.");
Console.WriteLine(strFormat2);
```

執行結果

```
Microsoft Visual Studio 偵錯主控台
There are 5 oranges.
There are 5 oranges.

D:\C#\ch10\ch10_30\ch10_30\bin\Debug\net6.0\ch10_30.exe
按任意鍵關閉此視窗…
```

10-5-15　插入字串 Insert( )

方法 Insert( ) 可以在字串內插入另一個字串，此方法的基礎語法如下：

string result = txt.Insert(index, value);

上述相當於在 index 索引位置插入 value 內容。

方案 ch10_31.sln：方法 Insert( ) 的應用。

```
// ch10_31
string text = "最強入門";
string str1 = text.Insert(0, "C# ");
string str2 = str1.Insert(7, "邁向頂尖高手之路");
Console.WriteLine(str2);
```

執行結果

```
Microsoft Visual Studio 偵錯主控台
C# 最強入門邁向頂尖高手之路

D:\C#\ch10\ch10_31\ch10_31\bin\Debug\net6.0\ch10_31.exe
按任意鍵關閉此視窗…
```

10-5-16　填充字元

有左邊填充 PadLeft( ) 和右邊填充 PadRight( ) 兩種填充方式，基礎語法如下：

string result = txt.PadLeft(totalWidth);　　　　　// 左邊填充空白字元
string result = txt.PadLeft(totalWidth, paddingChar);

string result = txt.PadRight(totalWidth);　　　　// 右邊邊填充空白字元
string result = txt.PadRight(totalWidth, paddingChar);

上述 totalWidth 是填充後的字元長度，paddingChar 則是填充的字元，如果省略 paddingChar 則是填充空白字元。

方案 ch10_32.sln：填充字元的應用。

```
// ch10_32
string school = "明志工專";
string str1 = school.PadLeft(9, '☆');
Console.WriteLine($"最強專校 : {str1}");
string str2 = str1.PadRight(14, '★');
Console.WriteLine($"最強專校 : {str2}");
```

執行結果

```
Microsoft Visual Studio 偵錯主控台
最強專校 : ☆☆☆☆☆明志工專
最強專校 : ☆☆☆☆☆明志工專★★★★★

D:\C#\ch10\ch10_32\ch10_32\bin\Debug\net6.0\ch10_32.exe
按任意鍵關閉此視窗…
```

10-5-17　IsNullOrEmpty( ) 和 IsNullOrWhiteSpace( )

IsNullOrEmpty 可以測試是不是 Null 字串或是空字串 (Empty)，所謂的 Null 字串是將字串設為 null，所謂的空字串是將字串設為 Empty 或是 ""。這個方法會回傳布林值，如果是回傳 True，否則回傳 False。

IsNullOrSpace( ) 方法除了有 IsNullOrEmpyt( ) 的測試功能，還多了可以測試是不是空白字元組成的字串。

上述方法的基礎語法如下：

bool rtn = String.IsNullOrEmpty(str);
bool rtn = String.IsNullOrWhitespace(str);

方案 ch10_33.sln：測試 IsNullOrEmpty( ) 方法。

```
// ch10_33
string str1 = "AI時代";
string str2 = null;
string str3 = "";
string str4 = String.Empty;
Console.WriteLine(String.IsNullOrEmpty(str1));
Console.WriteLine(String.IsNullOrEmpty(str2));
Console.WriteLine(String.IsNullOrEmpty(str3));
Console.WriteLine(String.IsNullOrEmpty(str4));
```

執行結果

```
Microsoft Visual Studio 偵錯主控台

False
True
True
True

D:\C#\ch10\ch10_33\ch10_33\bin\Debug\net6.0\ch10_33.exe
按任意鍵關閉此視窗…
```

方案 ch10_34.sln：測試 IsNullOrWhiteSpace( ) 方法。

```
// ch10_34
string str1 = "AI時代";
string str2 = null;
string str3 = "";
string str4 = String.Empty;
string str5 = "    ";
Console.WriteLine(String.IsNullOrWhiteSpace(str1));
Console.WriteLine(String.IsNullOrWhiteSpace(str2));
Console.WriteLine(String.IsNullOrWhiteSpace(str3));
Console.WriteLine(String.IsNullOrWhiteSpace(str4));
Console.WriteLine(String.IsNullOrWhiteSpace(str5));
```

執行結果

```
Microsoft Visual Studio 偵錯主控台

False
True
True
True
True

D:\C#\ch10\ch10_34\ch10_34\bin\Debug\net6.0\ch10_34.exe
按任意鍵關閉此視窗…
```

10-6 StringBuilder 類別

使用 String 類別建立字串時，字串內容是不可變的，所以讀者如果觀察 10-5 節方法，可以發現原字串內容是保持不變，但是因為每次執行特定方法後，有新字串產生，如果頻繁使用會大大增加系統的負荷。C# 提供了另一種字串類別 StringBuilder，這個類別最大特色是字串宣告後，未來可以更改字串的內容，如果頻繁更動字串內容，這類的方法可以增加系統效率。

10-6-1　建立 StringBuilder 字串變數

StringBuilder 類別是在 System.Text 命名空間內，所以在宣告此類別前需要使用 using 引用此命名空間。

```
using System.Text;
```

基礎宣告 StringBuilder 字串變數方法如下：

```
StringBuilder strBuilder = new StringBuilder(str);              // 不設定字串容量
StringBuilder strBuilder = new StringBuilder(str, capacity);    // 設定字串容量
```

上述 strBuilder 是字串變數名稱，str 是字串內容，capacity 是指字串容量，如果省略則使用預設長度 16，如果容量不夠時會自動翻倍。如果增加了 capacity 參數，則表示會設定此字串的容量。

方案 ch10_35.sln：宣告 StringBuilder 字串變數，然後輸出。

```
1  // ch10_35
2  using System.Text;
3
4  StringBuilder strBuilder1 = new StringBuilder("DeepMind");
5  Console.WriteLine(strBuilder1);
6  StringBuilder strBuilder2 = new StringBuilder("Deepen your mind", 32);
7  Console.WriteLine(strBuilder2);
```

執行結果

```
Microsoft Visual Studio 偵錯主控台
DeepMind
Deepen your mind

D:\C#\ch10\ch10_35\ch10_35\bin\Debug\net6.0\ch10_35.exe
按任意鍵關閉此視窗…
```

上述第 6 行是設定字串變數的容量是 32。

註 在 2-2-1 節筆者介紹了最上層語句的觀念，當時將 C# 的程式結構分為 3 段：

1：using 命名空間

2：最上層語句

3：結構、類別、自訂型別或命名空間

上述程式第 2 行就是程式結構的第 1 段，using 命名空間，未來第 13 章起則會完整描述第 3 段結構 (struct)、類別 (class)、自訂型別或命名空間。

10-6-2 StringBuilder 字串變數的屬性

StringBuilder 字串的屬性有下列幾種：

Length：字串長度。

Capacity：字串容量。

Chars[ ]：取得指定位置的字元，表示可以用索引取得字串的字元。

MaxCapacity：最大字串容量，這是整數 Int32 的最大值。

方案 **ch10_36.sln**：認識 StringBuilder 字串變數的屬性。

```
// ch10_36
using System.Text;

StringBuilder strBuilder = new StringBuilder("War and Peace");
int len = strBuilder.Length;
int cap = strBuilder.Capacity;
int maxCap = strBuilder.MaxCapacity;
Console.Write("原始字串       : ");
for (int i = 0; i < len; i++)
    Console.Write(strBuilder[i]);
Console.WriteLine();
Console.WriteLine($"字串長度       : {len}");
Console.WriteLine($"字串容量       : {cap}");
Console.WriteLine($"字串最大容量 : {maxCap}");
```

執行結果

```
Microsoft Visual Studio 偵錯主控台
原始字串     : War and Peace
字串長度     : 13
字串容量     : 16
字串最大容量 : 2147483647

D:\C#\ch10\ch10_36\ch10_36\bin\Debug\net6.0\ch10_36.exe
按任意鍵關閉此視窗…
```

10-7 StringBuilder 類別常用的方法

StringBuilder 的方法主要是更改物件的內容，而不會回傳物件。

10-7-1 與字串有關常用的方法

下列是 StringBuilder 常用的方法。

方法	說明
ToString( )	將 StringBuilder 物件轉為 String 字串。(10-7-2 節)
Clear( )	清除字串。(10-7-3 節)
Append( )	將指定內容加到物件末端。(10-7-4 節)
Insert( )	將指定內容插入物件。(10-7-5 節)
Replace( )	用指定內容取代物件部分內容。(10-7-6 節)

表 7-3：StringBuilder 類常用的方法

10-7-2　將 StringBuilder 字串轉為 String 字串 ToString( )

同樣是字串，但是 StringBuilder 字串與 String 字串是有差異的，可以參考 10-6 節，這個方法可以將 StringBuilder 字串轉為 String 字串，此方法的語法如下：

```
strBuilder.ToString( );                    // strBuilder是StringBuilder物件
```

方案 ch10_37.sln：將 StringBuilder 字串轉為 String 字串，然後輸出。

```
// ch10_37
using System.Text;

StringBuilder strBuilder = new StringBuilder("War and Peace");
Console.WriteLine($"StringBuilder類的字串輸出 : {strBuilder}");
String str = strBuilder.ToString();
Console.WriteLine($"String類的字串輸出 : {str}");
```

執行結果

```
Microsoft Visual Studio 偵錯主控台
StringBuilder類的字串輸出 : War and Peace
String類的字串輸出 : War and Peace

D:\C#\ch10\ch10_37\ch10_37\bin\Debug\net6.0\ch10_37.exe
按任意鍵關閉此視窗…
```

10-7-3　清除字串 Clear( )

方法 Clear( ) 可以清除 StringBuilder 字串，但是此字串仍存在，只是改為長度是 0，沒有內容的字串，此方法的語法如下：

```
strBuilder.Clear( )                // strBuilder是StringBuilder物件
```

方案 ch10_38.sln：清除字串 Clear( ) 的應用。

```
// ch10_38
using System.Text;

StringBuilder strBuilder = new StringBuilder("War and Peace");
Console.WriteLine($"字串內容 : {strBuilder}");
Console.WriteLine($"字串長度 : {strBuilder.Length}");
strBuilder.Clear();
Console.WriteLine("執行Clear()後");
Console.WriteLine($"字串內容 : {strBuilder}");
Console.WriteLine($"字串長度 : {strBuilder.Length}");
```

執行結果

```
Microsoft Visual Studio 偵錯主控台
字串內容 : War and Peace
字串長度 : 13
執行Clear()後
字串內容 :
字串長度 : 0

D:\C#\ch10\ch10_38\ch10_38\bin\Debug\net6.0\ch10_38.exe
按任意鍵關閉此視窗…
```

10-7-4　將指定內容加到物件末端 Append( )

這個方法可以將指定內容加到 StringBuilder 物件末端，Apped( ) 方法基礎語法如下：

```
strBuilder.Append(str);              // strBuilder是StringBuilder物件
```

上述會將 str 加到 strBuilder 物件末端，如果 str 是字元，可以增加第 2 個整數 Int32 參數，註明字元重複次數 (repeats)，此時語法如下。

```
strBuilder.Append(ch, repeats);      // 將ch字元重複repeats次
```

方案 ch10_39.sln：Append( ) 方法的應用。

```
// ch10_39
using System.Text;

StringBuilder novel = new StringBuilder("War and Peace");
StringBuilder star = new StringBuilder("★★★★★");
StringBuilder result1 = new StringBuilder("");
result1.Append(star);
result1.Append(novel);
result1.Append(star);
Console.WriteLine(result1);
// 另一種方式處理 Append() 方法
StringBuilder result2 = new StringBuilder("");
Console.WriteLine(result2.Append(star).Append(novel).Append(star));
```

執行結果

```
Microsoft Visual Studio 偵錯主控台
★★★★★War and Peace★★★★★
★★★★★War and Peace★★★★★

D:\C#\ch10\ch10_39\ch10_39\bin\Debug\net6.0\ch10_39.exe
按任意鍵關閉此視窗…
```

10-7-5　將指定內容插入物件 Insert( )

Insert( ) 方法的用法有許多，最常見的應用是在指定索引插入字串，此時語法如下：

```
strBuilder.Insert(offset, char[ ] str);
```

經過上述插入後，字串 strBuilder 內容會更新。

方案 ch10_40.sln：5 顆星評鑑 War and Peace 小說的應用，這個程式使用了 Insert( ) 和 Append( ) 方法。

```
// ch10_40
using System.Text;

StringBuilder novel = new StringBuilder("War and Peace");
Console.WriteLine($"原始字串 : {novel}");
novel.Insert(0, "☆☆☆☆☆");    // 使用 Insert()
Console.WriteLine($"第 1 次插入結果 : {novel}");
novel.Append("★★★★★");       // 使用 Append()
Console.WriteLine($"第 2 次插入結果 : {novel}");
```

執行結果

```
Microsoft Visual Studio 偵錯主控台
原始字串 : War and Peace
第 1 次插入結果 : ☆☆☆☆☆War and Peace
第 2 次插入結果 : ☆☆☆☆☆War and Peace★★★★★

D:\C#\ch10\ch10_40\ch10_40\bin\Debug\net6.0\ch10_40.exe
按任意鍵關閉此視窗…
```

10-7-6　內容取代 Replace( )

內容取代是指可以新字元或是新字串取代舊字元或是就字串，此方法的用法如下：

```
strBuilder.Replace(oldChar, newChar);        // 所有oldChar用newChar取代
strBuilder.Replace(oldStr, newStr);          // 所有oldStr用newStr取代
```

此外，也可以使用下列方式指定取代位置和長度，而不是全部取代。

strBuilder.Replace(oldChar, newChar, Int32, Int32);

strBuilder.Replace(oldStr, newStr, Int32, Int32);

上述第 1 個 Int32 是指在這個索引位置，第 2 個 Int32 是長度，也就是在指定位置指定長度區間，如果出現 oldChar/oldStr 則用 newChar/newStr 取代。

方案 ch10_41.sln：將全部工專改為科技大學。

```
// ch10_41
using System.Text;

var sentence = "明志工專和台北工專";
var strBuilder = new StringBuilder(sentence);
Console.WriteLine($"原始字串 : {strBuilder}");
strBuilder.Replace("工專", "科技大學");
Console.WriteLine($"取代結果 : {strBuilder}");
```

執行結果

```
Microsoft Visual Studio 偵錯主控台
原始字串 : 明志工專和台北工專
取代結果 : 明志科技大學和台北科技大學

D:\C#\ch10\ch10_41\ch10_41\bin\Debug\net6.0\ch10_41.exe
按任意鍵關閉此視窗…
```

程式實例 ch10_42.sln：將索引 5 開始和長度是 9 的子字串，內容有工專，改為科技大學。

```
// ch10_42
using System.Text;

var sentence = "明志工專/台北工專/高雄工專/雲林工專";
var strBuilder = new StringBuilder(sentence);
Console.WriteLine($"原始字串 : {strBuilder}");
strBuilder.Replace("工專", "科技大學", 5, 9);
Console.WriteLine($"取代結果 : {strBuilder}");
```

執行結果

```
Microsoft Visual Studio 偵錯主控台
原始字串 : 明志工專/台北工專/高雄工專/雲林工專
取代結果 : 明志工專/台北科技大學/高雄科技大學/雲林工專

D:\C#\ch10\ch10_42\ch10_42\bin\Debug\net6.0\ch10_42.exe
按任意鍵關閉此視窗…
```

註 上述程式筆者故意使用 var 宣告，這是提醒讀者可以使用這類方式宣告。

10-8 專題 – 字元分類 / 模擬帳號輸入 / 輸出鍵值 / 計算字元數

10-8-1 判斷是不是輸入英文字母

在 6-3-1 節筆者有說明 Console.read( ) 方法，如果使用者按下 Ctrl + Z 組合鍵會回傳-1，下列程式會利用這個特性讓程式離開迴圈。

方案 ch10_43.sln：使用鍵盤輸入字元，這個程式會判斷是不是英文字母，每次輸入字元後請按 Enter 鍵，程式才可以做輸入字元的判斷，要結束程式請按 Ctrl+Z 組合鍵。

```
// ch10_43
Console.WriteLine("英文字母分類測試");
int input;
char ch;
while ((input = Console.Read()) != -1)
{
    if (input != 13 && input != 10)
    {
        ch = Convert.ToChar(input);            // 轉成字元
        Console.WriteLine($"{ch} 是英文字母 : {Char.IsLetter(ch)}");
    }
}
```

執行結果

```
Microsoft Visual Studio 偵錯主控台
英文字母分類測試
A
A 是英文字母 : True
k
k 是英文字母 : True
9
9 是英文字母 : False
^Z

D:\C#\ch10\ch10_43\ch10_43\bin\Debug\net6.0\ch10_43.exe
按任意鍵關閉此視窗…
```

10-8-2 模擬輸入帳號和密碼

方案 ch10_44.sln：這個程式會先設定帳號 account 和密碼 password，然後要求你輸入帳號和密碼，然後針對輸入是否正確回應相關訊息。

```
// ch10_44
string account = "hung";
string password = "kwei";
string acc;
string pwd;

Console.Write("請輸入帳號 : ");
```

```
acc = Console.ReadLine();
Console.Write("請輸入密碼 : ");
pwd = Console.ReadLine();
if (String.Equals(account,acc))
{
    if (String.Equals(password, pwd))
        Console.WriteLine("歡迎進入Deepmind系統");
    else
        Console.WriteLine("密碼錯誤");
}
else
    Console.WriteLine("帳號錯誤");
```

執行結果

```
Microsoft Visual Studio
請輸入帳號 : hung
請輸入密碼 : kwei
歡迎進入Deepmind系統

D:\C#\ch10\ch10_44\ch10_
按任意鍵關閉此視窗…
```

```
Microsoft Visual Studio
請輸入帳號 : hung
請輸入密碼 : kkk
密碼錯誤

D:\C#\ch10\ch10_44\ch10_
按任意鍵關閉此視窗…
```

```
Microsoft Visual Studio
請輸入帳號 : kkk
請輸入密碼 : kwei
帳號錯誤

D:\C#\ch10\ch10_44\ch10_
按任意鍵關閉此視窗…
```

10-8-3 建立字串陣列然後輸出鍵值

方案 ch10_45.sln：這個程式會建立字串陣列，元素是用字典方式呈現，除了會先輸出所建立的陣列，也會輸出字典的鍵值。

```
// ch10_45
string[] info = { "Name: 洪錦魁", "Title: 作者",
                  "Age: 47", "居住地: 台北", "Gender: M"};
int idx = 0;                                    // 索引

Console.WriteLine("最初字串陣列內容 :");
foreach (string s in info)                      // 輸出原字串陣列
    Console.WriteLine(s);

Console.WriteLine("輸出鍵值 :");
foreach (string s in info)
{
    idx = s.IndexOf(": ");                      // 計算索引
    Console.WriteLine("    {0}", s.Substring(idx + 2));
}
```

執行結果

```
Microsoft Visual Studio 偵錯主控台
最初字串陣列內容 :
Name: 洪錦魁
Title: 作者
Age: 47
居住地: 台北
Gender: M
輸出鍵值 :
    洪錦魁
    作者
    47
    台北
    M

D:\C#\ch10\ch10_45\ch10_45\bin\Debug\net6.0\ch10_45.exe
按任意鍵關閉此視窗…
```

10-8-4　計算句子各類字元數

方案 ch10_46.sln：計算句子內的英文字母、空白字元和標點符號的數量。

```
// ch10_46
using System.Text;

int nChars = 0;                 // 定義字母數
int nWhitespace = 0;            // 定義空白字元數
int nPunctuation = 0;           // 定義標點符號數
StringBuilder strb = new StringBuilder("Deepmind is deepen your mind.");

for (int idx = 0; idx < strb.Length; idx++)
{
    char ch = strb[idx];
    if (Char.IsLetter(ch)) { nChars++; continue; }
    if (Char.IsWhiteSpace(ch)) { nWhitespace++; continue; }
    if (Char.IsPunctuation(ch)) nPunctuation++;
}
Console.WriteLine($"句子內容 : {strb}");
Console.WriteLine($"字母數量 : {nChars}");
Console.WriteLine($"空白字元 : {nWhitespace}");
Console.WriteLine($"標點符號 : {nPunctuation}");
```

執行結果

```
Microsoft Visual Studio 偵錯主控台

句子內容 : Deepmind is deepen your mind.
字母數量 : 24
空白字元 : 4
標點符號 : 1

D:\C#\ch10\ch10_46\ch10_46\bin\Debug\net6.0\ch10_46.exe
按任意鍵關閉此視窗…
```

10-8-5　字串比較與 object

Object 資料類型也有比較方法 ReferenceEquals( )，可以比較兩個參考位址是否相同，下列將用實例解說。

方案 ch10_47.sln：字串值內容比較與參考位址內容比較。

```
// ch10_47
string a = "DeepMind";
string b = "Deep";
b += "Mind";
Console.WriteLine(a == b);
Console.WriteLine(object.ReferenceEquals(a, b));
```

執行結果

```
Microsoft Visual Studio 偵錯主控台

True
False

D:\C#\ch10\ch10_47\ch10_47\bin\Debug\net6.0\ch10_47.exe
按任意鍵關閉此視窗…
```

上述 a 和 b 因為不是相同位址，所以經過 ReferenceEquals( ) 比較得到 False。

習題實作題

方案 ex10_1.sln：請輸入字元，這個程式會回應字元的類別，有大寫字母、小寫字母、阿拉伯數字或標點符號等 4 種類別，如果輸入其他字元則不理會，按 Ctrl+Z 可以結束程式。(10-2 節)

```
Microsoft Visual Studio 偵錯主控台
字元分類測試
A
A 是大寫字母
k
k 是小寫字母
9
9 是數字
,
, 是標點符號
^Z

D:\C#\ex\ex10_1\ex10_1\bin\Debug\net6.0\ex10_1.exe
按任意鍵關閉此視窗…
```

方案 ex10_2.sln：模擬建立銀行密碼，一般銀行帳號會規定密碼長度在 6 ~10 字元，如果太少或是太多會回應建立密碼失敗。(10-4 節)

```
Microsoft Visual Studio
請建立密碼 : 123456789ab
密碼長度超出限制

D:\C#\ex\ex10_2\ex10_2\b
按任意鍵關閉此視窗…
```

```
Microsoft Visual Studio
請建立密碼 : kwei
密碼長度太短

D:\C#\ex\ex10_2\ex10_2\b
按任意鍵關閉此視窗…
```

```
Microsoft Visual Studio
請建立密碼 : jiinkwei
建立密碼成功

D:\C#\ex\ex10_2\ex10_2\b
按任意鍵關閉此視窗…
```

方案 ex10_3.sln：有一個上課時間表 time 陣列如下：

09:00 – 09:50

10:00 – 10:50

11:00 – 11:50

課程名稱 course 陣列如下：

AI 數學

Python

現代物理

請分別建立上述陣列，然後將上述陣列結合輸出下列結果。(10-5 節)

```
Microsoft Visual Studio 偵錯主控台
我今天的課表
09:00 - 09:50    AI 數學
10:00 - 10:50    Python
11:00 - 11:50    現代物理

D:\C#\ex\ex10_3\ex10_3\bin\Debug\net6.0\ex10_3.exe
按任意鍵關閉此視窗…
```

方案 ex10_4.sln：請輸入會議起始和結束時間，然後輸入會議主題，這個程式會將輸入資料組合起來，其中時間換會議主題間會有 5 個空格。(10-5 節)

```
Microsoft Visual Studio 偵錯主控台
請輸入會議起始時間 : 09:00
請輸入會議結束時間 : 11:00
請輸入會議      主題 : C# 研討會
今天的會議如下 :
09:00 - 11:00     C# 研討會

D:\C#\ex\ex10_4\ex10_4\bin\Debug\net6.0\ex10_4.exe
按任意鍵關閉此視窗…
```

方案 ex10_5.sln：有一個陣列如下：(10-5 節)

```
string[ ] car = {"bmw", "benz", "nissan"};
```

請將上述字串轉為首字母大寫輸出。

```
Microsoft Visual Studio 偵錯主控台
Bmw
Benz
Nissan

D:\C#\ex\ex10_5\ex10_5\bin\Debug\net6.0\ex10_5.exe
按任意鍵關閉此視窗…
```

方案 ex10_6.sln：試寫一個程式讀取鍵盤輸入的字串，最後列出 a、b、c 字母各出現的次數。(10-5 節)

```
Microsoft Visual Studio 偵錯主控台
請輸入英文單字 : banana
字母 a 出現 3 次
字母 b 出現 1 次
字母 c 出現 0 次

D:\C#\ex\ex10_6\ex10_6\bin\Debug\n
按任意鍵關閉此視窗…
```

```
Microsoft Visual Studio 偵錯主控台
請輸入英文單字 : cairo
字母 a 出現 1 次
字母 b 出現 0 次
字母 c 出現 1 次

D:\C#\ex\ex10_6\ex10_6\bin\Debug\n
按任意鍵關閉此視窗…
```

方案 ex10_7.sln：有系列檔案如下：(10-5 節)

chtest.cs、wr.docx、pyth.py、chtry.cs、wd.docx、ph.py

請輸出 C# 檔案。

```
Microsoft Visual Studio 偵錯主控台
chtest.cs
chtry.cs

D:\C#\ex\ex10_7\ex10_7\bin\Debug\net6.0\ex10_7.exe
按任意鍵關閉此視窗…
```

方案 ex10_8.sln：請輸入檔案路徑，然後將此路徑依照 "\" 字元拆解，然後輸出。(10-5 節)

```
Microsoft Visual Studio 偵錯主控台
請輸入檔案路徑 : C:\C#\ch10\ex10_8.cs
C:
C#
ch10
ex10_8.cs

D:\C#\ex\ex10_8\ex10_8\bin\Debug\net6.0\ex10_8.exe
按任意鍵關閉此視窗…
```

方案 ex10_9.sln：請輸入書籍名稱和顆星數，然後輸出結果。(10-7 節)

```
Microsoft Visual Studio 偵錯主控台
請輸入書籍名稱 : C#最強入門
請輸入顆星數   : 5
感謝評鑑
★★★★★ C#最強入門 ★★★★★

D:\C#\ex\ex10_9\ex10_9\bin\Debug\net6.0\ex10_9.exe
按任意鍵關閉此視窗…
```

第 11 章

集合

程式設計時會需要群組物件，這時有兩種方式可以群組物件：

建立物件陣列，主要是用在建立和處理固定數目的物件，可以參考第 9 ~ 10 章。

建立物件集合，主要是可以動態處理物件數目，這將是本章的主題。

11-1 認識 .NET 的集合

.NET 的集合種類有下列 3 種：

System.Collections 類別：傳統的集合，這也是本章的主題。

System.Collections.Generic 類別：泛型類別。

System.Collections.Concurrent 類別：與執行緒有關的類別。

11-2 System.Collections 命名空間

在 System.Collections 命名空間內常用的類別如下：

ArrayList：動態陣列，11-3 節介紹。

Hashtable：哈希表，11-4 節介紹。

11-3 動態陣列 ArrayList

ArrayList 是在 System.Colletions 命名空間下，可以想成是 Array 的升級類別，此類別的特色如下：

ArrayList 陣列的容量可以動態增減。

ArrayList 可以有不同的元素資料型態，這些資料型態統稱是 Object。

ArrayList 陣列是一維。

11-3-1 建立 ArrayList 物件

有 3 種方式建立 ArrayList 物件。

方法 1

使用 new 關鍵字建立 ArrayList 物件，例如：要建立 arrList 物件，語法如下：

```
ArrayList arrList = new ArrayList( );
```

上述是建立 ArrayList 物件 arrList，暫時沒有元素，未來可以增加元素。

方法 2

將一個指定集合內容複製到此 ArrayList 物件內，原始語法觀念如下：

```
ArrayList arrList = new ArrayList(ICollection);
```

註 ICollection 代表已經定義的集合，這類集合內容是可以編輯更改的，更多細節會在 22-2-1 節解說。在這裡可以將此類的集合當作 ArrayList 的參數，可以參考下列實例。

```
int[ ] arr = {1, 2, 3};
ArrayList arrList = new ArrayList(arr);
```

上述建立了 ArrayList 物件 arrList，此物件內容是 {1, 2, 3}。

方法 3

建立 ArrayList 物件時，同時指定元素的個數，下列是設定元素個數是 n。

```
ArrayList arrList = new ArrayList(n);
```

11-3-2　ArrayList 的屬性

ArrayList 的常用屬性如下：

Capacity：設定或是取得 ArrayList 物件的元素個數的容量。

Count：獲得 ArrayList 物件的元素個數。

IsFixedSize：如果是 true 表示有固定大小，否則是 false。

IsReadOnly：如果是 true 表示是唯讀，否則是 false。

Item[ ]：由索引獲得指定元素。

11-3-3　ArrayList 的方法

ArrayList 的常用方法如下：

Add( )：在物件末端增加元素，可以參考 11-3-6 節。

AddRange( )：在物件末端增加物件，可以參考 11-3-6 節。

Insert( )：在物件指定索引位置插入元素，可以參考 11-3-7 節。

Contains( )：回傳元素是否存在，可以參考 11-3-8 節。

Clear( )：清除所有元素，可以參考 11-3-9 節。

Remove( )：刪除第一個相符的元素，可以參考 11-3-9 節。

RemoveAt( )：刪除指定索引的元素，可以參考 11-3-9 節。

RemoveRange( )：刪除指定範圍的元素，可以參考 11-3-9 節。

IndexOf( )：回傳元素第一次出現索引，用法和 10-5 節的 String 類別方法相同，可以參考 11-3-10 節。

LastIndexOf( )：回傳最後出現字串的索引位置，用法和 10-5 節的 String 類別方法相同，可以參考 11-3-10 節。

Sort( )：元素排序，可以參考 11-3-11 節。

Reverse( )：元素反轉排列，可以參考 11-3-11 節。

11-3-4　最初化 ArrayList 物件元素內容

11-3-1 節的方法 1 可以建立 ArrayList 物件，我們可以在物件末端增加大括號，然後直接建立 ArrayList 物件的內容。

方案 ch11_1.sln：建立 James 的 3 場得分，然後輸出結果。

```
// ch11_1
using System.Collections;

ArrayList arrList = new ArrayList
                    {"James", 36, 28, 31 };
for (int i = 0; i < arrList.Count; i++)
    Console.Write($"{arrList[i]}\t");
```

執行結果

```
Microsoft Visual Studio 偵錯主控台

James   36      28      31
D:\C#\ch11\ch11_1\ch11_1\bin\Debug\net6.0\ch11_1.exe
按任意鍵關閉此視窗…
```

上述第 4 和 5 行也可以改寫如下，讀者可以參考 ch11_1_1.sln。

```
1  // ch11_1_1
2  using System.Collections;
3
4  ArrayList arrList = new() {"James", 36, 28, 31 };
5  for (int i = 0; i < arrList.Count; i++)
6      Console.Write($"{arrList[i]}\t");
```

當建立 ArrayList 物件後，此物件元素的資料型態是 Object，例如：元素 "James" 或是元素 36 皆是 Object，即使是 36、28 或 31 直覺看是整數也皆是 Object，如果要進行元素內容的算術運算，需要使用 Convert.ToInt32( )，將 Object 轉成 int。

方案 ch11_2.sln：計算 James 前 3 場的總得分。

```
// ch11_2
using System.Collections;

ArrayList arrList = new ArrayList
                    {"James", 36, 28, 31 };
int total = 0;
for (int i = 1; i < arrList.Count; i++)
    total += Convert.ToInt32(arrList[i]);
Console.Write($"{arrList[0]} 前 {arrList.Count - 1} 場得分 : {total} ");
```

執行結果

```
Microsoft Visual Studio 偵錯主控台

James 前 3 場得分 : 95
D:\C#\ch11\ch11_2\ch11_2\bin\Debug\net6.0\ch11_2.exe
按任意鍵關閉此視窗…
```

11-3-5 遍歷 ArrayList 物件

方案 ch11_1.sln 使用 for 關鍵字遍歷物件，我們也可以使用 foreach 關鍵字遍歷物件，如下所示：

```
foreach (var x in arrList)
    …
```

因為 arrList 物件元素資料型態是 object，在設定 x 的資料類型時可使用 var 或 object。

方案 ch11_3.sln：使用 foreach (var …) 遍歷 ArrayList 物件。

```
// ch11_3
using System.Collections;

ArrayList arrList = new ArrayList
                    {"James", 36, 28, 31 };
foreach (var x in arrList)
    Console.Write($"{x}\t");
```

執行結果

```
Microsoft Visual Studio 偵錯主控台
James   36      28      31
D:\C#\ch11\ch11_3\ch11_3\bin\Debug\net6.0\ch11_3.exe
按任意鍵關閉此視窗…
```

另外，因為 ArrayList 類別預設物件元素是 Object 物件，所以也可以將 var 用 Object 取代，讀者可以參考 ch11_3_1.sln。

```
// ch11_3_1
using System.Collections;

ArrayList arrList = new ArrayList
                    {"James", 36, 28, 31 };
foreach (Object x in arrList)
    Console.Write($"{x}\t");
```

11-3-6 增加元素 Add( ) 和 AddRange( )

方法 Add( ) 可以在 ArrayList 物件末端增加元素內容。

方案 ch11_4.sln：擴充設計 ch11_1.sln，使用 Add( ) 方法增加 33 與 26。

```
// ch11_4
using System.Collections;

ArrayList arrList = new ArrayList
                    {"James", 36, 28, 31 };
arrList.Add(33);
arrList.Add(26);
foreach (var x in arrList)
    Console.Write($"{x}\t");
```

執行結果

```
Microsoft Visual Studio 偵錯主控台
James   36      28      31      33      26
D:\C#\ch11\ch11_4\ch11_4\bin\Debug\net6.0\ch11_4.exe
按任意鍵關閉此視窗…
```

方法 AddRange( ) 可以在 ArrayList 物件元素末端增加也是 ArrayList 物件內容。

方案 ch11_4_1.sln：擴充設計 ch11_4.sln，將 33 和 26 建立成 ArrayList 物件，然後使用 AddRange( ) 方法新物件。

```
// ch11_4_1
using System.Collections;

ArrayList arrList = new ArrayList
                    {"James", 36, 28, 31 };
ArrayList scList = new ArrayList
                    { 33, 26 };
arrList.AddRange(scList);
foreach (var x in arrList)
    Console.Write($"{x}\t");
```

執行結果

```
Microsoft Visual Studio 偵錯主控台
James   36      28      31      33      26
D:\C#\ch11\ch11_4_1\bin\Debug\net6.0\ch11_4_1.exe
按任意鍵關閉此視窗…
```

11-3-7 插入元素 Insert( )

插入元素 Insert( ) 方法的基礎語法如下：

Insert(int index, Object object);

上述是在 index 索引位置插入 object 物件。

方案 ch11_5.sln：插入元素的應用。

```
// ch11_5
using System.Collections;

ArrayList xList = new ArrayList();
for (int i = 0; i < 10; i++)     // 建立 xList
    xList.Add(i);
Console.WriteLine("輸出所建立的 xList");
foreach (int i in xList)          // 輸出 xList
    Console.Write(i + " ");
xList.Insert(5, 15);             // 在索引5插入15
Console.WriteLine();
Console.WriteLine("輸出插入物件後的 xList");
foreach (var x in xList)         // 輸出新xList
    Console.Write(x + " ");
```

執行結果

```
Microsoft Visual Studio 偵錯主控台
輸出所建立的 xList
0 1 2 3 4 5 6 7 8 9
輸出插入物件後的 xList
0 1 2 3 4 15 5 6 7 8 9
D:\C#\ch11\ch11_5\ch11_5\bin\Debug\net6.0\ch11_5.exe
按任意鍵關閉此視窗…
```

11-3-8　是否包含此元素 Contains( )

Contains( ) 方法可以回傳是否包含此元素，假設物件是 arrList，此語法如下：

```
bool rtn = arrList.Contains(item);                // item是搜尋元素
```

如果 arrList 有此 item 回傳 true，如果沒有此 item 則回傳 false。

方案 ch11_6.sln：這個程式基本上會要求輸入一種水果，如果水果已經存在則輸出 " 這個水果已經有了 "，如果水果不存在則將此水果加入水果清單，然後輸出新的水果清單。

```
// ch11_6
using System.Collections;

ArrayList fruits = new() { "Apple", "Banana", "Watermelon" };
Console.Write("請輸入水果 : ");
string fruit = Console.ReadLine();
if (fruits.Contains(fruit))
    Console.WriteLine("這個水果已經有了");
else
{
    fruits.Add(fruit);
    Console.WriteLine("謝謝提醒,已經加入水果清單, 新水果清單如下 : ");
    foreach (var fru in fruits)
        Console.Write(fru + ", ");
}
```

執行結果

```
Microsoft Visual Studio
請輸入水果 : Banana
這個水果已經有了

D:\C#\ch11\ch11_6\ch11_6\
按任意鍵關閉此視窗…
```

```
Microsoft Visual Studio 偵錯主控台
請輸入水果 : Orange
謝謝提醒,已經加入水果清單, 新水果清單如下 :
Apple, Banana, Watermelon, Orange,
D:\C#\ch11\ch11_6\ch11_6\bin\Debug\net6.0\ch11_6.exe
按任意鍵關閉此視窗…
```

11-3-9　刪除元素 Clear( )/Remove( )/RemoveAt( )/RemoveRange( )

刪除元素下列方法：

Clear( )

清除所有元素，假設物件是 arrList，可以用 arrList.Clear( ) 呼叫，執行後此物件依舊存在，只是不再有元素，未來如果有需要可以用 Add( ) 方法增加元素。

Remove( )

刪除第一個相符的元素，假設物件是 arrList，其語法如下：

```
arrList.Remove(item);                // item是要刪除的元素
```

方案 ch11_7.sln：這個 ArrayList 物件有 2 個 BMW 字串，最後只刪除第 1 次出現的 BMW 字串。

```
// ch11_7
using System.Collections;

ArrayList cars = new() { "Benz", "BMW", "Nissan", "BMW" };
cars.Remove("BMW");
Console.WriteLine("新的汽車列表如下 : ");
foreach (var car in cars)
    Console.Write(car + ", ");
```

執行結果

```
Microsoft Visual Studio 偵錯主控台
新的汽車列表如下 :
Benz, Nissan, BMW,
D:\C#\ch11\ch11_7\ch11_7\bin\Debug\net6.0\ch11_7.exe
按任意鍵關閉此視窗…
```

RemoveAt( )

刪除指定索引的元素，假設物件是 arrList，其語法如下：

```
arrList.Remove(index);                    // index是要刪除的元素索引
```

方案 ch11_8.sln：刪除索引 5 元素的應用。

```
// ch11_8
using System.Collections;

ArrayList xList = new ArrayList();
for (int i = 0; i < 10; i++)     // 建立 xList
    xList.Add(i);
Console.WriteLine("輸出所建立的 xList");
foreach (int i in xList)          // 輸出 xList
    Console.Write(i + " ");
xList.RemoveAt(5);                // 刪除索引5元素
Console.WriteLine();
Console.WriteLine("輸出刪除索引5後的 xList");
foreach (var x in xList)         // 輸出新xList
    Console.Write(x + " ");
```

執行結果

```
Microsoft Visual Studio 偵錯主控台
輸出所建立的 xList
0 1 2 3 4 5 6 7 8 9
輸出刪除索引5後的 xList
0 1 2 3 4 6 7 8 9
D:\C#\ch11\ch11_8\ch11_8\bin\Debug\net6.0\ch11_8.exe
按任意鍵關閉此視窗…
```

RemoveRange( )

刪除指定範圍的元素，假設物件是 arrList，其語法如下：

arrList.RemoveRange(index, length);

上述 index 是要刪除元素的起始索引，length 是刪除的元素個數，此外，如果刪除元素數量超出範圍，系統會以錯誤產生。

方案 ch11_9.sln：刪除索引 5，長度是 3 的實例。

```
// ch11_9
using System.Collections;

ArrayList xList = new ArrayList();
for (int i = 0; i < 10; i++)     // 建立 xList
    xList.Add(i);
Console.WriteLine("輸出所建立的 xList");
foreach (int i in xList)         // 輸出 xList
    Console.Write(i + " ");
xList.RemoveRange(5,3);          // 刪除索引5元素,長度是3
Console.WriteLine();
Console.WriteLine("輸出刪除索引5, 長度是3的 xList");
foreach (var x in xList)         // 輸出新xList
    Console.Write(x + " ");
```

執行結果

```
Microsoft Visual Studio 偵錯主控台
輸出所建立的 xList
0 1 2 3 4 5 6 7 8 9
輸出刪除索引5, 長度是3的 xList
0 1 2 3 4 8 9
D:\C#\ch11\ch11_9\ch11_9\bin\Debug\net6.0\ch11_9.exe
按任意鍵關閉此視窗…
```

11-3-10　回傳元素出現的位置 IndexOf( )/LastIndexOf( )

這 2 個方法與 String 類別的方法名稱相同，用法也相同，可以參考 10-5-7 節，語法如下：

```
int idx = arrList.IndexOf(item);            // 回傳元素第一次出現的索引
int lidx = arrList.LastIndexOf(item);       // 回傳元素最後一次出現的索引
```

如果找不到此元素則回傳 -1。

方案 ch11_10.sln：回傳元素出現位置的實例。

```
// ch11_10
using System.Collections;

ArrayList cars = new() { "Benz", "BMW", "Nissan", "BMW", "Lexus"};
int idx = cars.IndexOf("BMW");
Console.WriteLine($"第 1 次出現 BMW 的索引是 : {idx}");
int lidx = cars.LastIndexOf("BMW");
Console.WriteLine($"最後 1 次出現 BMW 的索引是 : {lidx}");
```

執行結果

```
Microsoft Visual Studio 偵錯主控台
第 1 次出現 BMW 的索引是 : 1
最後 1 次出現 BMW 的索引是 : 3

D:\C#\ch11\ch11_10\ch11_10\bin\Debug\net6.0\ch11_10.exe
按任意鍵關閉此視窗…
```

11-3-11 元素重新排列 Sort( )/Reverse( )

這 2 個方法與陣列的方法名稱相同，用法也相同，可以參考 9-6-8 節，語法如下：

```
arrList.Sort( );          // 從小到大排序
arrList.Reverse( );       // 反轉排列
```

方案 ch11_11.sln：將系列數字從小到大排序，然後反轉排列可以產生從大到小排序。

```
// ch11_11
using System.Collections;

ArrayList numbers = new() { 10, 8, 11, 3, 9 };
numbers.Sort();
Console.Write("從小排到大 : ");
foreach(object num in numbers)
    Console.Write(num + " ");
Console.WriteLine();
numbers.Reverse();
Console.Write("從大排到小 : ");
foreach (object num in numbers)
    Console.Write(num + " ");
```

執行結果

```
Microsoft Visual Studio 偵錯主控台
從小排到大 : 3 8 9 10 11
從大排到小 : 11 10 9 8 3
D:\C#\ch11\ch11_11\ch11_11\bin\Debug\net6.0\ch11_11.exe
按任意鍵關閉此視窗…
```

11-4 哈希表 Hashtable

Hashtable 是在 System.Colletions 命名空間下的一種集合，主要是可以處理非序列的資料結構，它的元素是用 " 鍵 / 值 " 方式配對儲存，在操作時是用鍵 (key) 取得值 (value) 的內容，在真實的應用中我們是可以將字典資料結構當作正式的字典使用，查詢鍵時，就可以列出相對應的值內容。

註 在 Python 語言，這類資料結構稱字典 (Dictionary)。

11-4-1　建立 HashTable 物件

使用 new 關鍵字建立 Hashtable 物件，例如：要建立 ht 物件，語法如下：

```
Hashtable ht = new Hashtable( );
```

上述是建立 HashTable 物件 ht，暫時沒有元素，未來可以增加元素。

11-4-2　Hashtable 的屬性

Hashtable 的常用屬性如下：

Count：獲得 HashTable 物件鍵 / 值配對的個數。

IsFixedSize：如果是 true 表示有固定大小，否則是 false。

IsReadOnly：如果是 true 表示是唯讀，否則是 false。

Item[Object]：由鍵獲得指定的值。

Keys：取得含有已經定義物件中的所有索引鍵。

Values：取得含有已經定義物件中的所有值。

11-4-3　Hashtable 的方法

Hashtable 的常用方法如下：

Add( )：將索引鍵 / 值配對元素加入 Hashtable 物件，可以參考 11-4-4 節。

Contains( )/ConatinsKey( )：回傳鍵是否存在，可以參考 11-4-8 節。

ContainsValues( )：回傳值是否存在，可以參考 11-4-8 節。

Clear( )：清除哈希表所有元素，可以參考 11-4-9 節。

Remove( )：刪除指定鍵的元素，可以參考 11-4-9 節。

ToString( )：將目前物件轉成字串。

11-4-4 增加元素 Add( )

方法 Add( ) 可以在 Hashtable 物件增加鍵 / **值**配對元素內容，其語法如下：

```
ht.Add(Object key, Object value);
```

上述建立 ht 物件完成後，可以使用 ht[key] 設定或是取得鍵值。

方案 ch11_12.sln：建立春夏秋冬四季的哈希表，同時設定配對內容。

```
// ch11_12
using System.Collections;

Hashtable ht = new Hashtable();
ht.Add("Spring", "春季");
ht.Add("Summer", "夏季");
ht.Add("Autumn", "秋季");
ht.Add("Winter", "冬季");
Console.WriteLine($"哈希表長度 : {ht.Count}");
Console.WriteLine("設定前");
Console.WriteLine($"ht[\"Spring\"] = {ht["Spring"]}");
ht["Spring"] = "春天";
Console.WriteLine("修改後");
Console.WriteLine($"ht[\"Spring\"] = {ht["Spring"]}");
```

執行結果

```
Microsoft Visual Studio 偵錯主控台
哈希表長度 : 4
設定前
ht["Spring"] = 春季
修改後
ht["Spring"] = 春天

D:\C#\ch11\ch11_12\ch11_12\bin\Debug\net6.0\ch11_12.exe
按任意鍵關閉此視窗…
```

建立哈希表時也可以將整數當作鍵 (Key)，可以參考下列實例。

方案 ch11_12_1.sln：用整數當作 Key 的實例。

```
// ch11_12_1

using System.Collections;
Hashtable ht = new Hashtable();
ht.Add(1, "Orange");
ht.Add(2, "Apple");
Console.WriteLine($"ht[1] = {ht[1]}");
Console.WriteLine($"ht[2] = {ht[2]}");
```

執行結果

```
Microsoft Visual Studio 偵錯主控台
ht[1] = Orange
ht[2] = Apple

D:\C#\ch11\ch11_12_1\ch11_12_1\bin\Debug\net6.0\ch11_12_1.exe
按任意鍵關閉此視窗…
```

11-4-5　最初化哈希表

最初化哈希表語法如下：

```
Hashtable ht = new( ) {{key1, value1},
        …
        {key n, value n}}
```

方案 ch11_12_2.sln：最初化哈希表的應用。

```
// ch11_12_2

using System.Collections;

Hashtable ht = new() { {"星期日", "Sunday"},
                       {"星期一", "Monday" } };
Console.WriteLine($"ht[\"星期日\"] : {ht["星期日"]}");
Console.WriteLine($"ht[\"星期一\"] : {ht["星期一"]}");
```

執行結果

```
Microsoft Visual Studio 偵錯主控台
ht["星期日"] : Sunday
ht["星期一"] : Monday

D:\C#\ch11\ch11_12_2\ch11_12_2\bin\Debug\net6.0\ch11_12_2.exe
按任意鍵關閉此視窗…
```

11-4-6　遍歷哈希表

遍歷哈希表需使用 DictonaryEntry Object 結構，基本用法如下：

```
foreach (DictionaryEntry de in ht)
{
    Console.WriteLine(de.Key);          // 輸出hb物件的鍵
    Console.WriteLine(de.Value);        // 輸出hb物件的值
}
```

方案 ch11_13.sln：建立水果的哈希表，鍵是水果英文名稱，值是水果一斤的價格，然後輸出。

```
// ch11_13
using System.Collections;

Hashtable ht = new Hashtable();
ht.Add("Apple", 50);
ht.Add("Orange", 30);
ht.Add("Grapes", 80);
Console.WriteLine("輸出水果價目表");
foreach (DictionaryEntry de in ht)
    Console.WriteLine($"{de.Key, 7} : {de.Value}");
```

執行結果

```
Microsoft Visual Studio 偵錯主控台
輸出水果價目表
  Apple : 50
 Orange : 30
 Grapes : 80

D:\C#\ch11\ch11_13\ch11_13\bin\Debug\net6.0\ch11_13.exe
按任意鍵關閉此視窗…
```

11-4-7　遍歷鍵 / 遍歷值

遍歷鍵可以使用 Keys 屬性，其語法如下：

```
foreach (Object key in ht.Keys)
    Console.WriteLine(key);
```

遍歷值可以使用 Values 屬性，其語法如下：

```
foreach (Object value in ht.Values)
    Console.WriteLine(value);
```

方案 ch11_14.sln：重新設計 ch11_12.sln，分別輸出鍵和值。

```
// ch11_14
using System.Collections;

Hashtable ht = new Hashtable();
ht.Add("Spring", "春季");
ht.Add("Summer", "夏季");
ht.Add("Autumn", "秋季");
ht.Add("Winter", "冬季");
foreach (Object key in ht.Keys)
    Console.WriteLine($"Keys   : {key}");        // 輸出鍵
foreach (Object value in ht.Values)
    Console.WriteLine($"Values : {value}");      // 輸出值
```

執行結果

```
Microsoft Visual Studio 偵錯主控台
Keys   : Autumn
Keys   : Summer
Keys   : Winter
Keys   : Spring
Values : 秋季
Values : 夏季
Values : 冬季
Values : 春季

D:\C#\ch11\ch11_14\ch11_14\bin\Debug\net6.0\ch11_14.exe
按任意鍵關閉此視窗…
```

11-4-8　查詢鍵 / 值 Contains( )/ContainsKey( )/ContainsValue( )

Contains( ) 和 ContainsKey( ) 用法相同，皆是回傳此哈希表物件是否包含此鍵，如果是回傳 true，如果否回傳 false，其語法如下：

```
bool rtn = ht.Contains(key)            // ContainsKey( )用法一樣
```

ContainsValue( ) 會回傳此哈希表物件是否包含此值，如果是回傳 true，如果否回傳 false，其語法如下：

```
bool rtn = ht.ContainsValue(value)
```

方案 ch11_15.sln：成績查詢，請輸入學生姓名，如果系統有這個學生會輸出學生成績，如果系統沒有這個學生則輸出查無此學生資料。

```
// ch11_15
using System.Collections;

Hashtable ht = new Hashtable();
ht.Add("洪錦魁", 92);
ht.Add("洪冰儒", 88);
Console.Write("請輸入姓名 : ");
Object name = Console.ReadLine();
if (ht.Contains(name))
    Console.WriteLine($"{name} 成績是 : {ht[name]}");
else
    Console.WriteLine("查無此學生資料");
```

執行結果

```
Microsoft Visual Studio 偵錯主控台
請輸入姓名 : 洪冰儒
洪冰儒 成績是 : 88

D:\C#\ch11\ch11_15\ch11_15\bin\Deb
按任意鍵關閉此視窗…
```

```
Microsoft Visual Studio 偵錯主控台
請輸入姓名 : JK Hung
查無此學生資料

D:\C#\ch11\ch11_15\ch11_15\bin\Deb
按任意鍵關閉此視窗…
```

11-4-9 清除哈希表的元素 Clear( )/Remove( )

清除哈希表的元素有 2 個，分別如下：

```
ht.Clear( );            // 執行後所有鍵/值配對元素會被清除
ht.Remove(key);         // 執行後指定key的元素會被清除
```

方案 ch11_16.sln：使用 Clear( ) 清除哈希表元素的應用。

```
// ch11_16
using System.Collections;

Hashtable ht = new Hashtable();
ht.Add(1, "One");
ht.Add(2, "Two");
Console.WriteLine("刪除前");
Console.WriteLine($"HashTable 長度 : {ht.Count}");
ht.Clear();
Console.WriteLine("刪除後");
Console.WriteLine($"HashTable 長度 : {ht.Count}");
```

執行結果

```
Microsoft Visual Studio 偵錯主控台

刪除前
HashTable 長度 : 2
刪除後
HashTable 長度 : 0

D:\C#\ch11\ch11_16\ch11_16\bin\Debug\net6.0\ch11_16.exe
按任意鍵關閉此視窗…
```

方案 ch11_17.sln：輸入要刪除的鍵，如果存在就刪除，如果不存在則告知此鍵不存在。

```
// ch11_17
using System.Collections;

Hashtable ht = new Hashtable();
ht.Add("One", 1);
ht.Add("Two", 2);
ht.Add("Three", 3);
Console.WriteLine("最初哈希表");
foreach (DictionaryEntry de in ht)              // 輸出刪除前的哈希表
    Console.WriteLine($"{de.Key} : {de.Value}");
Console.Write("請輸入要刪除的資料 : ");
Object key = Console.ReadLine();                // 讀取要刪除的key
if (ht.Contains(key))
    ht.Remove(key);
else
    Console.WriteLine("輸入鍵值不存在");
Console.WriteLine("最後哈希表");
foreach (DictionaryEntry de in ht)              // 輸出刪除後的哈希表
    Console.WriteLine($"{de.Key} : {de.Value}");
```

執行結果

```
Microsoft Visual Studio 偵錯主控台
最初哈希表
Three : 3
One : 1
Two : 2
請輸入要刪除的資料 : Five
輸入鍵值不存在
最後哈希表
Three : 3
One : 1
Two : 2

D:\C#\ch11\ch11_17\ch11_17\bin\Deb
按任意鍵關閉此視窗…
```

```
Microsoft Visual Studio 偵錯主控台
最初哈希表
Three : 3
Two : 2
One : 1
請輸入要刪除的資料 : Two
最後哈希表
Three : 3
One : 1

D:\C#\ch11\ch11_17\ch11_17\bin\Deb
按任意鍵關閉此視窗…
```

11-5 專題 – 星座密碼 / 依照鍵排序

11-5-1 設計星座密碼

方案 ch11_18.sln：星座字典的設計，這個程式會要求輸入星座，如果所輸入的星座正確則輸出此星座的時間區間和本月運勢，如果所輸入的星座錯誤，則輸出星座輸入錯誤。

```
// ch11_18
using System.Collections;

Hashtable ht = new Hashtable();
ht.Add("水瓶座", "1月20日 - 2月18日, 需警惕小人");
ht.Add("雙魚座", "2月19日 - 3月20日, 凌亂中找立足");
ht.Add("白羊座", "3月21日 - 4月19日, 運勢比較低迷");
ht.Add("金牛座", "4月20日 - 5月20日, 財運較佳");
ht.Add("雙子座", "5月21日 - 6月21日, 運勢好可錦上添花");
ht.Add("巨蟹座", "6月22日 - 7月22日, 不可鬆懈大意");
ht.Add("獅子座", "7月23日 - 8月22日, 會有成就感");
ht.Add("處女座", "8月23日 - 9月22日, 會有挫折感");
ht.Add("天秤座", "9月23日 - 10月23日, 運勢給力");
ht.Add("天蠍座", "10月24日 - 11月22日, 中規中矩");
ht.Add("射手座", "11月23日 - 12月21日, 可羨煞眾人");
ht.Add("魔羯座", "12月22日 - 1月19日, 需保有謙虛");
Console.Write("請輸入星座 : ");
Object season = Console.ReadLine();
if (ht.Contains(season))
    Console.WriteLine($"{season} 本月運勢 : {ht[season]}");
else
    Console.WriteLine("星座輸入錯誤");
```

執行結果

```
Microsoft Visual Studio 偵錯主控台
請輸入星座 : 獅子座
獅子座 本月運勢 : 7月23日 - 8月22日, 會有成就感

D:\C#\ch11\ch11_18\ch11_18\bin\Debug\net6.0\ch11_18.exe
按任意鍵關閉此視窗…
```

11-5-2 Hashtable 依照鍵排序

方案 ch11_19.sln：建立哈希表，然後依照鍵值排序。

```
// ch11_19
using System.Collections;

Hashtable ht = new Hashtable();
ht.Add("D", "牛肉麵");
ht.Add("A", "大滷麵");
ht.Add("E", "陽春麵");
ht.Add("C", "肉絲麵");
ht.Add("B", "豬排麵");

ArrayList arr = new ArrayList(ht.Keys);      // 建立 arr 物件
arr.Sort();
for (int i = 0; i < arr.Count; i++)
    Console.WriteLine($"{arr[i]} : {ht[arr[i]]}");
```

執行結果

```
Microsoft Visual Studio 偵錯主控台
A : 大滷麵
B : 豬排麵
C : 肉絲麵
D : 牛肉麵
E : 陽春麵

D:\C#\ch11\ch11_19\ch11_19\bin\Debug\net6.0\ch11_19.exe
按任意鍵關閉此視窗…
```

習題實作題

方案 ex11_1.sln：請擴充 ch11_3.sln，請輸出總得分和平均得分。(11-3 節)

```
Microsoft Visual Studio 偵錯主控台
James 前 5 場統計
得分總計 : 154
得分平均 : 30.8

D:\C#\ex\ex11_1\ex11_1\bin\Debug\net6.0\ex11_1.exe
按任意鍵關閉此視窗…
```

方案 ex11_2.sln：請輸入 5 個考試成績，然後執行下列工作：(11-3 節)

(A)：列出分數物件。

(B)：高分往低分排列。

(C)：低分往高分排列。

(D)：列出最高分。

(E)：列出總分。

```
Microsoft Visual Studio 偵錯主控台
請輸入第 1 個分數 : 87
請輸入第 2 個分數 : 90
請輸入第 3 個分數 : 76
請輸入第 4 個分數 : 85
請輸入第 5 個分數 : 92
分數列表         : 87 90 76 85 92
低分往高分排列 : 76 85 87 90 92
高分往低分排列 : 92 90 87 85 76
最高分           : 92
總分             : 430

D:\C#\ex\ex11_2\ex11_2\bin\Debug\net6.0\ex11_2.exe
按任意鍵關閉此視窗…
```

方案 ex11_3.sln：請建立星期資訊的英漢哈希表，相當於輸入英文的星期資訊可以列出星期的中文，如果輸入不是星期英文則列出輸入錯誤。這個程式的另一個特色是，不論輸入大小寫均可以處理。(11-5 節)

```
Microsoft Visual Studio 偵錯主控台
請輸入星期幾的英文 : Sunday
星期天

D:\C#\ex\ex11_3\ex11_3\bin\Debug\n
按任意鍵關閉此視窗…
```

```
Microsoft Visual Studio 偵錯主控台
請輸入星期幾的英文 : SUNDAY
星期天

D:\C#\ex\ex11_3\ex11_3\bin\Debug\n
按任意鍵關閉此視窗…
```

```
Microsoft Visual Studio 偵錯主控台
請輸入星期幾的英文 : sunday
星期天

D:\C#\ex\ex11_3\ex11_3\bin\Debug\n
按任意鍵關閉此視窗…
```

```
Microsoft Visual Studio 偵錯主控台
請輸入星期幾的英文 : June
輸入錯誤

D:\C#\ex\ex11_3\ex11_3\bin\Debug\n
按任意鍵關閉此視窗…
```

方案 ex11_4.sln：有一個哈希表內含 5 種水果的每斤售價，Watermelon 每斤 15 元、Banana 每斤 20 元、Pineapple 每斤 25 元、Orange 每斤 12 元、Apple 每斤 18 元，請依水果名稱從小到大排序列印。(11-5 節)

```
Microsoft Visual Studio 偵錯主控台
Apple : 18
Banana : 20
Orange : 12
Pineapple : 25
Watermelon : 15

D:\C#\ex\ex11_4\ex11_4\bin\Debug\net6.0\ex11_4.exe
按任意鍵關閉此視窗…
```

方案 ex11_5.sln：有一個哈希表內含 5 種水果的每斤售價，Watermelon 每斤 15 元、Banana 每斤 20 元、Pineapple 每斤 25 元、Orange 每斤 12 元、Apple 每斤 18 元，請依水果名稱從大到小排序列印。(11-5 節)

```
Microsoft Visual Studio 偵錯主控台
Watermelon : 15
Pineapple : 25
Orange : 12
Banana : 20
Apple : 18

D:\C#\ex\ex11_5\ex11_5\bin\Debug\net6.0\ex11_5.exe
按任意鍵關閉此視窗…
```

方案 ex11_6.sln：有一個哈希表內含 5 種麵的售價，牛肉麵 160 元、肉絲麵 120 元、大滷麵 100 元、陽春麵 60 元、麻醬麵 80 元，請依售價從小到大排序列印。(11-5 節)

```
Microsoft Visual Studio 偵錯主控台
陽春麵 : 60
麻醬麵 : 80
大滷麵 : 100
肉絲麵 : 120
牛肉麵 : 180

D:\C#\ex\ex11_6\ex11_6\bin\Debug\net6.0\ex11_6.exe
按任意鍵關閉此視窗…
```

第 12 章

函數的應用

12-1 函數的體驗

12-2 函數的主體

12-3 函數的回傳值 return

12-4 一個程式有多個函數的應用

12-5 遞迴函數的呼叫

12-6 陣列資料的傳遞

12-7 命令列的輸入

12-8 全域變數與區域變數

12-9 Expression-Bodied Method

12-10 dynamic 函數與參數

12-11 專題 – 抽獎程式 / 遞迴 / 陣列與遞迴 / 歐幾里德演算

所謂的**函數** (function)，其實就是一系列指令敘述所組合而成，它的目的有兩個。

1：當我們在設計一個大型程式時，若是能將這個程式依功能，將其分割成較小功能，然後依這些小功能要求撰寫函數，如此，不僅使程式簡單化，同時也使得最後偵錯變得容易。而這些小的函數，就是建構模組化設計大型應用程式的基石。

2：在一個程式中，也許會發生某些指令，被重覆的書寫在程式各個不同地方，若是我們能將這些重覆的指令撰寫成一個函數，需要時再加以呼叫，如此，不僅減少編輯程式時間，同時更可使程式精簡、清晰、明瞭。

下面是呼叫函數的基本流程圖：

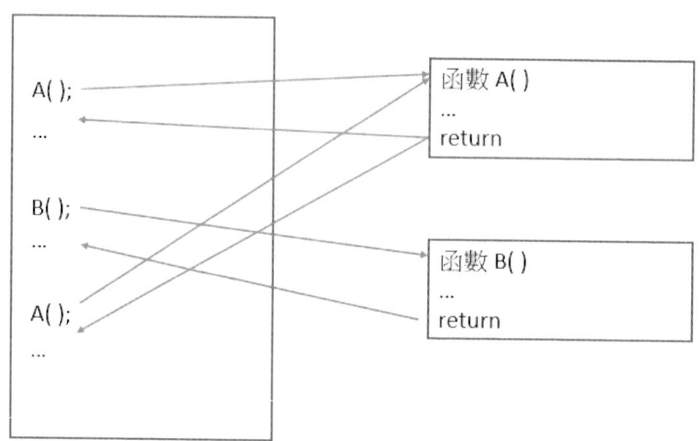

當一個程式在呼叫函數時，C# 語言會自動跳到被呼叫的函數上執行工作，執行完後，C# 語言會回到原先程式執行位置，然後繼續執行下一道指令。學習函數的重點如下：

1：認識函數的基本架構。

2：函數的宣告。

3：設計函數的主體，包含參數 (有的人稱此為引數) 的使用、回傳值。

註 在物件導向的程式觀念中，各類別內的函數 (function) 稱方法 (method)，C# 是物件導向程式語言，筆者將在下一章正式介紹物件導向程式設計的觀念，這一章將暫時稱此為函數。

12-1 函數的體驗

在上層語句程式設計觀念中，函數可以放在呼叫指令之前或是之後皆可以。

12-1-1　基礎觀念

這一節將使用簡單的實例，讓讀者體驗使用函數。

方案 ch12_1.sln：函數的體驗。

```
1  // ch12_1
2  void Output()
3  {
4      Console.WriteLine("output");
5  }
6  Output();
7  Console.WriteLine("ch12_1.cs");
8  Output();
```

執行結果

```
Microsoft Visual Studio 偵錯主控台

output
ch12_1.cs
output

D:\C#\ch12\ch12_1\ch12_1\bin\Debug\net6.0\ch12_1.exe
按任意鍵關閉此視窗…
```

註 C# 程式設計師習慣將函數 (方法) 名稱的第一個英文字母用大寫。

程式第 6 行呼叫 Output( ) 函數後，會執行第 2 行至 5 行的 Output( ) 函數，執行完後，即回到下一個指令位置，然後執行第 7 行的 Console.WriteLine( ) 函數，第 8 行是再呼叫 Output( ) 函數一次。上述是將第 2 ~ 5 行的函數 void Output( ) 放在第 6 或是 8 行呼叫指令 Output( ) 之前，若是放在呼叫指令之後也可以，讀者可以參考 ch12_1_1.sln。

```
// ch12_1_1
Output();
Console.WriteLine("ch12_1.cs");
Output();
void Output()
{
    Console.WriteLine("output");
}
```

12-1-2　轉換成 Program.Main 樣式程式

在 2-5-5 節有介紹可以將程式轉成 Program.Main 樣式，這個方案 ch12_1.sln 如果轉成此樣式，可以看到下列結果。

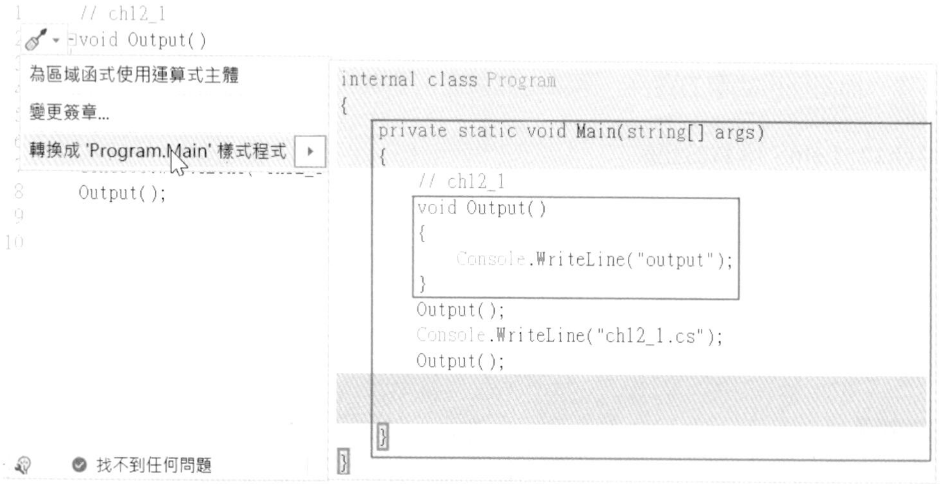

```
// ch12_1
void Output()
```

為區域函式使用運算式主體
變更簽章...
轉換成 'Program.Main' 樣式程式

```
Output();
```

找不到任何問題

```
internal class Program
{
    private static void Main(string[] args)
    {
        // ch12_1
        void Output()
        {
            Console.WriteLine("output");
        }
        Output();
        Console.WriteLine("ch12_1.cs");
        Output();
    }
}
```

12-2　函數的主體

12-2-1　函數宣告

函數 (或稱方法宣告) 的語法如下：

```
函數型態  函數名稱(資料型態 參數1,資料型態 參數 2, …,資料型態 參數n)
{
    …
}
```

上述函數型態代表函數的傳回值資料型態，可以是 C# 語言中任一個資料型態。另外，有時候某個程式在呼叫函數時，並不期待這個函數值傳回任何參數， 此時，你可以將這個函數宣告成 void 類型。

例如：ch12_1.sln 為例，函數宣告是 void Output( )，void 代表沒有回傳值。

12-2-2　函數有傳遞參數的設計

方案 ch12_2.sln：比較大小的函數設計。這個程式在執行時，會要求你輸入兩個整數，主程式會將這兩個參數傳入函數 Larger( ) 判別大小，然後告訴你較大值，要是兩數相等，則告訴你兩數相等。

```
// ch12_2
void Larger(int a, int b)
{
    if (a < b)
        Console.WriteLine($"較大值是 {b}");
    else if (a > b)
        Console.WriteLine($"較大值是 {a}");
    else
        Console.WriteLine("兩數值相等");
}

Console.Write("請輸入數值 1 : ");
int i = Convert.ToInt32(Console.ReadLine());
Console.Write("請輸入數值 2 : ");
int j = Convert.ToInt32(Console.ReadLine());
Larger(i, j);
```

執行結果

```
Microsoft Visual
請輸入數值 1 : 8
請輸入數值 2 : 5
較大值是 8

D:\C#\ch12\ch12_2\
按任意鍵關閉此視窗
```

```
Microsoft Visual
請輸入數值 1 : 5
請輸入數值 2 : 9
較大值是 9

D:\C#\ch12\ch12_2\
按任意鍵關閉此視窗
```

```
Microsoft Visual
請輸入數值 1 : 7
請輸入數值 2 : 7
兩數值相等

D:\C#\ch12\ch12_2\
按任意鍵關閉此視窗
```

上述函數內含參數設計方式如下：

```
void Large(int a, int b)
{
    …
}
```

上述當接收 Larger( ) 函數被呼叫後，會將所接收的參數複製一份，存到函數所使用的記憶體內，此例是 a 和 b，當函數 Larger( ) 執行結束後，此函數變數 a 和 b 所佔用的記憶體會被釋回給系統。此外，原先變數 i 和 j，並不會因為呼叫 Larger( ) 函數，程式的主控權移交給 Larger( ) 函數而影響自己的內容。

對於 ch12_2.sln 實例的函數 Larger( ) 型態是 void，也就是沒有回傳值，程式設計時如果沒有回傳值的情況，在函數末端增加 return 也是可以的，讀者可以參考 ch12_2_1.sln 的第 10 行。

```
// ch12_2_1
void Larger(int a, int b)
{
    if (a < b)
        Console.WriteLine($"較大值是 {b}");
    else if (a > b)
        Console.WriteLine($"較大值是 {a}");
    else
        Console.WriteLine("兩數值相等");
    return;
}

Console.Write("請輸入數值 1 : ");
int i = Convert.ToInt32(Console.ReadLine());
Console.Write("請輸入數值 2 : ");
int j = Convert.ToInt32(Console.ReadLine());
Larger(i, j);
```

12-2-3 函數有不一樣型態的參數設計

C# 語言允許函數可以有多個參數，也允許參數有不同資料型態，可以參考下列實例。

方案 ch12_3.sln：傳遞 2 個不同型態參數的應用，這個程式會讀取的字元，和阿拉伯數字，阿拉伯數字是指次數，然後將字元依阿拉伯數字重複輸出。

```
// ch12_3
using System;

void PrintChar(int loop, char ch)
{
    for (int i = 0; i < loop; i++)
        Console.Write($"{ch}");
    Console.WriteLine();
}
Console.Write("請輸入重複次數 : ");
int times = Convert.ToInt32(Console.ReadLine());
Console.Write("請輸入字元      : ");
char mychar = Convert.ToChar(Console.Read());
PrintChar(times, mychar);
```

執行結果

```
Microsoft Visual Studio 偵錯主控台
請輸入重複次數 : 5
請輸入字元     : A
AAAAA

D:\C#\ch12\ch12_3\ch12_3\bin\Debug\net6.0\ch12_3.exe
按任意鍵關閉此視窗…
```

12-3 函數的回傳值 return

12-3-1 回傳值是整數的應用

在前面的所有程式範例，宣告函數型態是 void，函數都不必回傳任何值，因此在函數結束時，我們是用右大括號 " } " 代表函數結束。

但畢竟在真實的程式設計中，沒有回傳值的函數仍是少數，一般函數設計，經常都會要求函數能傳回某些值給呼叫敘述，此時我們可用 return 達成這個任務。其實 return 除了可以把函數內的值傳回呼叫程式之外，同時具有讓函數結束，返回呼叫程式的功能。有回傳值的函數設計時，可以在函數右大括號 " } " 的前一列使用 return，如下所示：

return 回傳值;

方案 ch12_4.sln：設計加法函數，然後回傳加法結果。

```
// ch12_4
int Add(int a, int b)
{
    int sum = a + b;
    return sum;
}

Console.Write("請輸入數值 1 : ");
int x = Convert.ToInt32(Console.ReadLine());
Console.Write("請輸入數值 2 : ");
int y = Convert.ToInt32(Console.ReadLine());
int total = Add(x, y);
Console.WriteLine($"{x} + {y} = {total}");
```

執行結果

```
Microsoft Visual Studio 偵錯主控台
請輸入數值 1 : 8
請輸入數值 2 : 7
8 + 7 = 15

D:\C#\ch12\ch12_4\ch12_4\bin\Debug\net6.0\ch12_4.exe
按任意鍵關閉此視窗…
```

上述函數是比較正規的寫法，許多程式設計師，有時會將簡單的運算式直接當作回傳值。讀者可以參考 ch12_4_1.sln，如下所示：

```
1  // ch12_4_1
2  int Add(int a, int b)
3  {
4      return a + b;
5  }
6
7  Console.Write("請輸入數值 1 : ");
8  int x = Convert.ToInt32(Console.ReadLine());
9  Console.Write("請輸入數值 2 : ");
10 int y = Convert.ToInt32(Console.ReadLine());
11 int total = Add(x, y);
12 Console.WriteLine($"{x} + {y} = {total}");
```

上述第 4 行取代了原先的第 4 ~ 5 行。

12-3-2　回傳值是浮點數的應用

6-7-3 節筆者有說明 C# 語言內建函數 Math.Pow( ) 的用法，現在我們簡化設計該函數，所簡化的部分是讓次方數限制是整數。

方案 ch12_5.sln：設計次方的函數 Mypow( )，這個函數會要求輸入底數 (浮點數)，然後要求輸入次方數 (整數)，最後回傳結果。

```
1  // ch12_5
2  double Mypow(double b, int n)
3  {
4      double rtn = 1.0;
5      for (int i = 0; i < n; i++)
6          rtn *= b;
7      return rtn;
8  }
9
10 Console.Write("請輸入底數    : ");
11 double x = Convert.ToDouble(Console.ReadLine());
12 Console.Write("請輸入次方數 : ");
13 int y = Convert.ToInt32(Console.ReadLine());
14 Console.WriteLine($"{x} 的 {y} 次方 = {Mypow(x, y):F5}");
```

執行結果

```
Microsoft Visual Studio 偵錯主控台
請輸入底數    : 1.1
請輸入次方數 : 3
1.1 的 3 次方 = 1.33100

D:\C#\ch12\ch12_5\ch12_5\bin\Debug
按任意鍵關閉此視窗…
```

```
Microsoft Visual Studio 偵錯主控台
請輸入底數    : 2.0
請輸入次方數 : 5
2 的 5 次方 = 32.00000

D:\C#\ch12\ch12_5\ch12_5\bin\Debug
按任意鍵關閉此視窗…
```

上述實例的另一個特色是第 14 行，將 Mypow( ) 當作是 Console.WriteLine( ) 方法的參數。

12-3-3　回傳值是字元的應用

方案 ch12_6.sln：請輸入分數，這個程式會回應 A、B、C、D、F 等級，如果輸入 0 則程式結束。

```
// ch12_6
char Grade(int sc)
{
    char rtn;
    if (sc >= 90)
        rtn = 'A';
    else if (sc >= 80)
        rtn = 'B';
    else if (sc >= 70)
        rtn = 'C';
    else if (sc >= 60)
        rtn = 'D';
    else
        rtn = 'F';
    return rtn;
}

int score;
Console.WriteLine("輸入 0 則程式結束!");
while (true)
{
    Console.Write("請輸入分數 : ");
    score = Convert.ToInt32(Console.ReadLine());
    if (score == 0)
        break;
    Console.WriteLine($"最後成績是 = {Grade(score)}");
    Console.WriteLine("----------");
}
```

執行結果

```
Microsoft Visual Studio 偵錯主控台
輸入 0 則程式結束!
請輸入分數 : 95
最後成績是 = A
----------
請輸入分數 : 88
最後成績是 = B
----------
請輸入分數 : 55
最後成績是 = F
----------
請輸入分數 : 0

D:\C#\ch12\ch12_6\ch12_6\bin\Debug\net6.0\ch12_6.exe
按任意鍵關閉此視窗…
```

12-3-4　return 扮演讓程式提早結束

設計複雜的程式時，return 也有扮演讓程式提早結束的功能，例如：可以參考 ch12_12.sln 程式，第 4 行當 i < 1 時，會執行第 5 行的 return 0，然後程式不會往下執行，所以不會執行第 8 和 9 行。

12-4　一個程式有多個函數的應用

12-4-1　簡單的呼叫

方案 ch12_7.sln：加法與乘法函數的設計，如果輸入 1 表示選擇加法，如果輸入 2 表示選擇乘法，如果輸入其他值會輸出計算方式選擇錯誤。選擇好計算方式後，可以輸入兩個數值，然後執行計算。

```
// ch12_7
int Add(int a, int b)
{
    return a + b;
}
int Mul(int c, int d)
{
    return c * d;
}
Console.WriteLine("請輸入 1 或 2 選擇計算方式");
Console.WriteLine("1 : 加法運算");
Console.WriteLine("2 : 乘法運算");
Console.Write("==> ");
int index = Convert.ToInt32(Console.ReadLine());
Console.Write("請輸入數值 1 : ");
int x = Convert.ToInt32(Console.ReadLine());
Console.Write("請輸入數值 2 : ");
int y = Convert.ToInt32(Console.ReadLine());
if (index == 1)
    Console.WriteLine($"{x} + {y} = {Add(x, y)}");
else if (index == 2)
    Console.WriteLine($"{x} * {y} = {Mul(x, y)}");
else
    Console.WriteLine("計算方式選擇錯誤");
```

執行結果

```
Microsoft Visual Studio 偵
請輸入 1 或 2 選擇計算方式
1 : 加法運算
2 : 乘法運算
==> 1
請輸入數值 1 : 5
請輸入數值 2 : 9
5 + 9 = 14

D:\C#\ch12\ch12_7\ch12_7\b
按任意鍵關閉此視窗…
```

```
Microsoft Visual Studio 偵
請輸入 1 或 2 選擇計算方式
1 : 加法運算
2 : 乘法運算
==> 2
請輸入數值 1 : 6
請輸入數值 2 : 9
6 * 9 = 54

D:\C#\ch12\ch12_7\ch12_7\b
按任意鍵關閉此視窗…
```

```
Microsoft Visual Studio 偵
請輸入 1 或 2 選擇計算方式
1 : 加法運算
2 : 乘法運算
==> 3
請輸入數值 1 : 3
請輸入數值 2 : 5
計算方式選擇錯誤

D:\C#\ch12\ch12_7\ch12_7\b
按任意鍵關閉此視窗…
```

12-4-2　函數間的呼叫

一個函數也可以呼叫另外一個函數，這一節將使用 4-6-1 節和 8-9-4 節所述使用萊布尼茲公式計算圓周率做解說。在 8-9-4 節筆者所列出的萊布尼茲計算圓周率公式如下：

$$4\sum_{i=1}^{n}\frac{(-1)^{i+1}}{2i-1}$$

如果 i + 1是奇數, 則分子是 -1
如果 i + 1是偶數, 則分子是 1

方案 ch12_8.sln：依萊布尼茲公式計算圓周率，這個程式會計算到 i = 10 萬，其中每當 i 是萬次時，列出圓周率。

```
1  // ch12_8
2  double Mypow(int b, int n)
3  {
4      double val = 1.0;
5      for (int i = 1; i <= n; i++)
6          val *= b;
7      return val;
8  }
9  double PI(int n)
10 {
11     double pi = 0.0;
12     for (int i = 1; i <= n; i++)
13         pi += 4 * (Mypow(-1, (i + 1)) / (2 * i - 1));
14     return pi;
15 }
16 int loop = 100000;
17 
18 for (int i = 1; i <= loop; i++)
19     if (i % 10000 == 0)
20         Console.WriteLine($"當 i = {i,6}時, PI = {PI(i):F19}");
```

執行結果

```
Microsoft Visual Studio 偵錯主控台
當 i =  10000時, PI = 3.1414926535900344895
當 i =  20000時, PI = 3.1415426535898247629
當 i =  30000時, PI = 3.1415593202564617847
當 i =  40000時, PI = 3.1415676535897985033
當 i =  50000時, PI = 3.1415726535897814387
當 i =  60000時, PI = 3.1415759869231019152
當 i =  70000時, PI = 3.1415783678754820585
當 i =  80000時, PI = 3.1415801535897496244
當 i =  90000時, PI = 3.1415815424786237564
當 i = 100000時, PI = 3.1415826535897197758

D:\C#\ch12\ch12_8\ch12_8\bin\Debug\net6.0\ch12_8.exe
按任意鍵關閉此視窗…
```

上述程式有 3 個重點，第 1 個是第 18 ~ 20 行的 for 迴圈，這個迴圈每當 i 是 1 萬或是 1 萬的倍數，會執行呼叫計算 PI 的函數，然後列印 PI 值。

第 2 個重點是第 9 ~ 15 行的 PI( ) 函數，這個函數主要是第 19 列使用萊布尼茲公式計算圓周率，但是這個程式需要呼叫 Mypow( ) 函數。

第 3 個重點是第 2 ~ 8 行的 Mypow( ) 函數，這個函數會基本上是計算下列值。

$$(-1)^{i+1}$$

如果執行上述程式，因為每次皆要執行第 5 ~ 6 行的迴圈，會花費許多時間，因此速度變得比較慢，我們也可以簡化設計，直接設定當 i 是奇數時設定回傳 val = 1.0，當 i 是偶數時回傳 val =-1，這樣整個程式會比較數順暢，這將是讀者的習題 ex12_5.sln。

註 這邊說的 i，在 PI( ) 函數呼叫 Mypow( ) 時是用 (i+1) 呼叫。

12-4-3　函數是另一個函數的參數

設計比較複雜的程式時，有時候會將一個函數當作另一個函數的參數。

方案 ch12_9.sln：這個程式會呼叫下列函數：

CommentWeather(weather( ));

其中 weather( ) 函數是整數函數，由此可以讀取現在溫度。然後此溫度當作 CommentWeather( ) 函數的參數，最後輸出溫度評論。

```
// ch12_9
int Weather()
{
    Console.Write("請輸入現在溫度 : ");
    int temperature = Convert.ToInt32(Console.ReadLine());
    return temperature;
}
void CommentWeather(int t)
{
    if (t >= 26)
        Console.WriteLine("現在天氣很熱");
    else if (t > 15)
        Console.WriteLine("這是舒適的溫度");
    else if (t > 5)
        Console.WriteLine("天氣有一點冷");
    else
        Console.WriteLine("酷寒的天氣");
}

CommentWeather(Weather());
```

執行結果

```
Microsoft Visual Studio 偵錯主控台
請輸入現在溫度 : 27
現在天氣很熱

D:\C#\ch12\ch12_9\ch12_9\bin\Debug
按任意鍵關閉此視窗…
```

```
Microsoft Visual Studio 偵錯主控台
請輸入現在溫度 : 20
這是舒適的溫度

D:\C#\ch12\ch12_9\ch12_9\bin\Debug
按任意鍵關閉此視窗…
```

```
Microsoft Visual Studio 偵錯主控台
請輸入現在溫度 : 10
天氣有一點冷

D:\C#\ch12\ch12_9\ch12_9\bin\Debug
按任意鍵關閉此視窗…
```

```
Microsoft Visual Studio 偵錯主控台
請輸入現在溫度 : 0
酷寒的天氣

D:\C#\ch12\ch12_9\ch12_9\bin\Debug
按任意鍵關閉此視窗…
```

12-5 遞迴函數的呼叫

坦白說遞迴觀念很簡單，但是不容易學習，本節將從最簡單說起。一個函數本身，可以呼叫本身的動作，稱遞迴的呼叫，遞迴函數呼叫有下列特性。

1： 遞迴函數在每次處理時，都會使問題的範圍縮小。

2： 必須有一個終止條件來結束遞迴函數。

遞迴函數可以使本身程式變得很簡潔，但是設計這類程式如果一不小心。很容易便掉入無限遞迴的陷阱中，所以使用這類函數時，一定要特別小心。

12-5-1 從掉入無限遞迴說起

如前所述一個函數可以呼叫自己，這個工作稱遞迴，設計遞迴最容易掉入無限遞迴的陷阱。

方案 ch12_10.sln：設計一個遞迴函數，因為這個函數沒有終止條件，所以變成一個無限迴圈，這個程式會一直輸出 5, 4, 3, … 。為了讓讀者看到輸出結果，這個程式會每隔 1 秒輸出一次數字。

```
// ch12_10
int Recur(int i)
{
    Console.Write($"{i} ");
    Thread.Sleep(1000);      // 休息 1 秒
    return Recur(i - 1);
}

Recur(5);
```

執行結果

```
D:\C#\ch12\ch12_10\ch12_10\bin\Debug\net6.0\ch12_10.exe
5 4 3 2 1 0 -1 -2
```

上述第 6 行雖然是用 Recur(i-1)，讓數字範圍縮小，但是最大的問題是沒有終止條件，所以造成了無限遞迴。為此，我們在設計遞迴時需要使用 if 條件敘述，註明終止條件。

方案 ch12_11.sln：這是最簡單的遞迴函數，列出 5, 4, … 1 的數列結果，這個問題很清楚了，結束條件是 1，所以可以在 Recur( ) 函數內撰寫結束條件。

```
1   // ch12_11
2   int Recur(int i)
3   {
4       Console.Write($"{i} ");
5       Thread.Sleep(1000);
6       if (i <= 1)                    // 結束條件
7           return 0;
8       else
9           return Recur(i - 1);       // 每次呼叫讓自己減 1
10  }
11
12  Recur(5);
```

執行結果

```
Microsoft Visual Studio 偵錯主控台
5 4 3 2 1
D:\C#\ch12\ch12_11\ch12_11\bin\Debug\net6.0\ch12_11.exe
按任意鍵關閉此視窗…
```

上述當第 9 行 Recur(i-1)，當參數是 i-1 是 1 時，會執行 return 0，所以遞迴條件就結束了。

方案 ch12_12.sln：設計遞迴函數輸出 1, 2, …, 5 的結果。

```
// ch12_12
int Recur(int i)
{
    if (i < 1)                // 結束條件
        return 0;
    else
        Recur(i - 1);         // 每次呼叫讓自己減 1
    Console.Write($"{i} ");
    return 0;
}

Recur(5);
```

執行結果

```
Microsoft Visual Studio 偵錯主控台
1 2 3 4 5
D:\C#\ch12\ch12_12\ch12_12\bin\Debug\net6.0\ch12_12.exe
按任意鍵關閉此視窗…
```

C# 語言或是說一般有提供遞迴功能的程式語言，是採用堆疊方式儲存遞迴期間尚未執行的指令，所以上述程式在每一次遞迴期間皆會將第 8 行先儲存在堆疊，一直到遞迴結束，再一一取出堆疊的資料執行。

這個程式第 1 次進入 Recur( ) 函數時，因為 i 等於 5，所以會先執行第 7 行 Recur(i-1)，這時會將尚未執行的第 8 行 Console.Write( ) 推入 (push) 堆疊。第 2 次進入 Recur( ) 函數時，因為 i 等於 4，所以會先執行第 7 行 Recur(i-1)，這時會將尚未執行的第 8 ~ 9 行 Console.Write( ) 和 return 0 推入堆疊。其他依此類推，所以可以得到下列圖形。

第1次遞迴 i = 5	第2次遞迴 i = 4	第3次遞迴 i = 3	第4次遞迴 i = 2	第5次遞迴 i = 1
				Write($“{i=1}”)
			Write($“{i=2}”)	Write($“{i=2}”)
		Write($“{i=3}”)	Write($“{i=3}”)	Write($“{i=3}”)
	Write($“{i=4}”)	Write($“{i=4}”)	Write($“{i=4}”)	Write($“{i=4}”)
Write($“{i=5}”)	Write($“{i=5}”)	Write($“{i=5}”)	Write($“{i=5}”)	Write($“{i=5}”)

註　上述省略顯示 return 0。

這個程式第 6 次進入 Recur( ) 函數時，i 等於 0，因為 i < 1 時會執行第 7 列 return 0，這時函數會終止。接著函數會將儲存在堆疊的指令一一取出執行，執行時是採用後進先出，也就是從上往下取出執行，整個圖例說明如下。

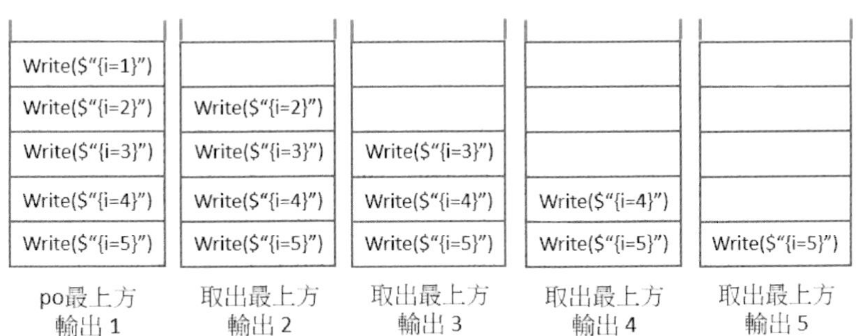

註1　上圖取出英文是 pop。

註2　C# 語言編譯程式實際是使用堆疊處理遞迴問題，這是一種先進後出的資料結構。

上述由左到右，所以可以得到 1, 2, …, 5 的輸出。下一個實例是計算累加總和，比上述實例稍微複雜，讀者可以逐步推導，累加的基本觀念如下：

$$sum(n) = \underbrace{1 + 2 + \ldots + (n-1)}_{sum(n-1)} + n = n + sum(n-1)$$

將上述公式轉成遞迴公式觀念如下：

$$sum(n) = \begin{cases} 1 & n = 1 \\ n+sum(n-1) & n >= 1 \end{cases}$$

方案 ch12_13.sln：使用遞迴函數計算 1 + 2 + … + 5 之總和。

```
// ch12_13
int Sum(int n)
{
    if (n <= 1)              // 結束條件
        return 1;
    else
        return n + Sum(n - 1);
}

Console.WriteLine($"total = {Sum(5)}");
```

執行結果

```
Microsoft Visual Studio 偵錯主控台
total = 15

D:\C#\ch12\ch12_13\ch12_13\bin\Debug\net6.0\ch12_13.exe
按任意鍵關閉此視窗…
```

12-5-2　非遞迴設計階乘數函數

這一節將以階乘數作解說，**階乘數** (factorial) 觀念是由法國數學家克里斯蒂安 · 克蘭普 (Christian Kramp, 1760-1826) 法國數學家所發表，他是學醫但是卻同時對數學感興趣，發表許多數學文章。

在數學中，正整數的階乘 (factorial) 是所有小於及等於該數的正整數的積，假設 n 的階乘，表達式如下：

n!

同時也定義 0 和 1 的階乘是 1。

0! = 1

1! = 1

實例 1：列出 5 的階乘的結果。

5! = 5 * 4 * 3 * 2 * 1 = 120

我們可以使用下列定義階乘公式。

$$\text{factorial}(n) = \begin{cases} 1 & n = 0 \\ 1*2* \ldots n & n >= 1 \end{cases}$$

方案 ch12_14.sln：設計非遞迴式的階乘函數，計算當 n = 5 的值。

```
// ch12_14
int Factorial(int n)
{
    int fact = 1;
    int i;
    for (i = 1; i <= n; i++)
    {
        fact *= i;
        Console.WriteLine($"{i}! = {fact}");
    }
    return fact;
}

Console.WriteLine($"Factorial(5) = {Factorial(5)}");
```

執行結果

```
Microsoft Visual Studio 偵錯主控台
1! = 1
2! = 2
3! = 6
4! = 24
5! = 120
factorial(5) = 120

D:\C#\ch12\ch12_14\ch12_14\bin\Debug\net6.0\ch12_14.exe
按任意鍵關閉此視窗…
```

12-5-3　從一般函數進化到遞迴函數

如果針對階乘數 n >= 1 的情況，我們可以將階乘數用下列公式表示：

$$factorial(n) = \underbrace{1*2* \ldots *(n-1)}_{factorial(n-1)}*n=n*factorial(n-1)$$

有了上述觀念後，可以將階乘公式改成下列公式。

$$factorial(n) = \begin{cases} 1 & n = 0 \\ n*factorial(n-1) & n >= 1 \end{cases}$$

上述每一步驟傳遞 fcatorial(n-1)，會將問題變小，這就是遞迴式的觀念。

方案 ch12_15.sln：設計遞迴式的階乘函數。

```
// ch12_15
int Factriol(int n)
{
    int fact;

    if (n == 0)                              // 終止條件
        fact = 1;
    else
        fact = n * Factriol(n - 1);          // 遞迴呼叫
    return fact;
}

int x = 3;
Console.WriteLine($"{x}!  =  {Factriol(x)}");
x = 5;
Console.WriteLine($"{x}!  =  {Factriol(x)}");
```

執行結果

```
Microsoft Visual Studio 偵錯主控台
3!  =  6
5!  =  120

D:\C#\ch12\ch12_15\ch12_15\bin\Debug\net6.0\ch12_15.exe
按任意鍵關閉此視窗…
```

上述程式筆者介紹了遞迴式呼叫 (Recursive call) 計算階乘問題，上述程式中雖然沒有很明顯的說明記憶體儲存中間數據，不過實際上是有使用記憶體，筆者將詳細解說，下列是遞迴式呼叫的過程。

3的階乘遞推過程　　3的階乘迴歸過程

在編譯程式是使用堆疊 (stack) 處理上述遞迴式呼叫，這是一種後進先出 (last in first out) 的資料結構，下列是編譯程式實際使用堆疊方式使用記憶體的情形。

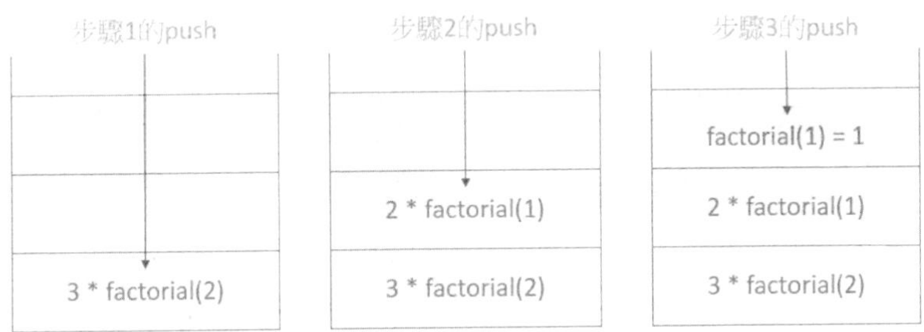

階乘計算使用堆疊(stack)的說明，這是由左到右進入堆疊push操作過程

在計算機術語又將資料放入堆疊稱堆入 (push)。上述 3 的階乘，編譯程式實際迴歸處理過程，其實就是將數據從堆疊中取出，此動作在計算機術語稱取出 (pop)，整個觀念如下：

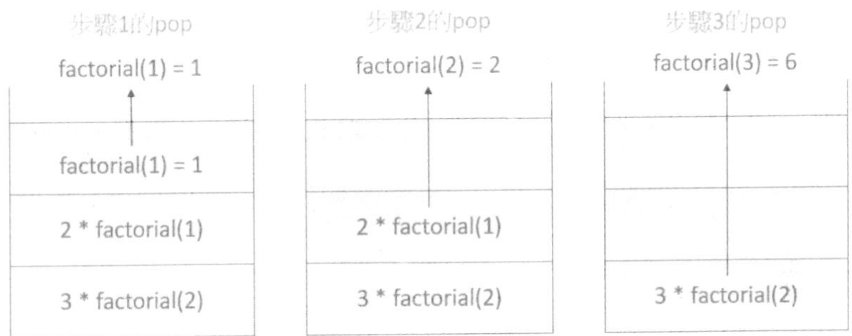

階乘計算使用堆疊(stack)的說明，這是由左到右離開堆疊的pop過程

階乘數的觀念，最常應用的是業務員旅行問題。業務員旅行是演算法裡面一個非常著名的問題，許多人在思考業務員如何從拜訪不同的城市中，找出最短的拜訪路徑，下列將逐步分析。

❑ 2 個城市

假設有新竹、竹東，2 個城市，拜訪方式有 2 個選擇。

❑ 3 個城市

假設現在多了一個城市竹北，從竹北出發，從 2 個城市可以知道有 2 條路徑。從新竹或竹東出發也可以有 2 條路徑，所以可以有 6 條拜訪方式。

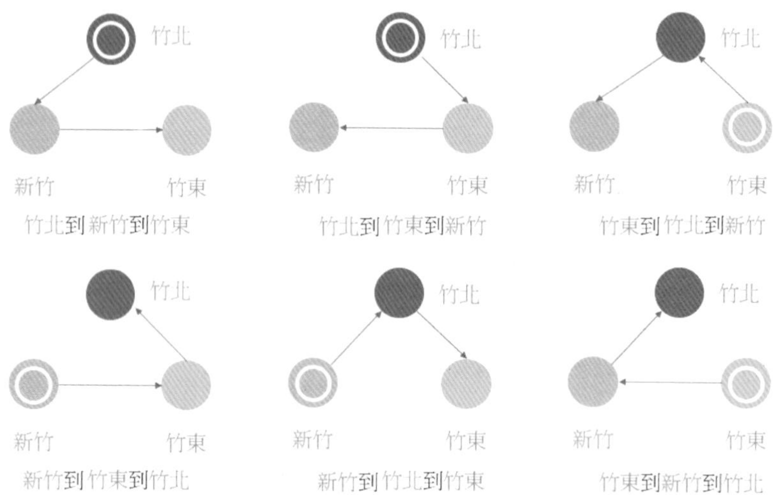

如果再細想，2 個城市的拜訪路徑有 2 種，3 個城市的拜訪路徑有 6 種，其實符合階乘公式：

2! = 1 * 2 = 2
3! = 1 * 2 * 3 = 6

❑ 4 個城市

比 3 個城市多了一個城市，所以拜訪路徑選擇總數如下：

4! = 1 * 2 * 3 * 4 = 24

總共有 24 條拜訪路徑，如果有 5 個或 6 個城市要拜訪，拜訪路徑選擇總數如下：

5! = 1 * 2 * 3 * 4 * 5 = 120
6! = 1 * 2 * 3 * 4 * 5 * 6 = 720

相當於假設拜訪 N 個城市，業務員旅行的演算法時間複雜度是 N!，N 值越大拜訪路徑就越多，而且以階乘方式成長。假設當拜訪城市達到 30 個，假設超級電腦每秒可以處理 10 兆個路徑，若想計算每種可能路徑需要 8411 億年，讀者可能會覺得不可思議，其實筆者也覺得不可思議。

12-5-4 遞迴後記

坦白說遞迴函數設計對初學者比較不容易懂，但是遞迴觀念在計算機領域是非常重要，且有很廣泛的應用，幾個經典演算法，例如：河內塔 (Tower of Hanoi)、八皇后問題、遍歷二元樹、VLSI 設計皆會使用，所以徹底瞭解遞迴設計是一門很重要的課題。

12-6 陣列資料的傳遞

12-6-1 傳遞資料的基礎觀念

一般變數在呼叫函數的傳遞過程是使用傳值的觀念，在傳值的時候，可以很順利將資料傳遞給目標函數，然後可以利用 return，回傳資料，整個觀念如下：

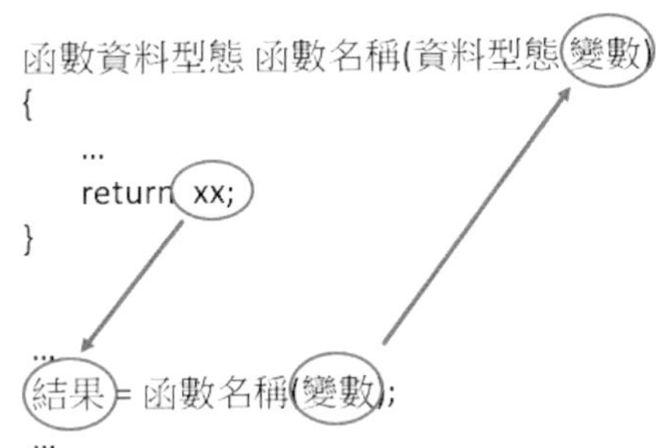

從上圖可以看到呼叫方可以利用參數傳遞資料給目標函數，目標函數則使用 return 回傳資料給原始函數，如下所示：

```
return xx;
```

目前流行的 Python 語言，return 可以一次回傳多個值如下：

```
return xx, yy
```

如果使用 C# 語言想要回傳多個數值，就我們目前所學的確沒有太便利，不過下一小節會說明 C# 語言的處理方式。

12-6-2 陣列的傳遞

第 9 章筆者說明了陣列的觀念，如果想要傳遞多筆變數資料可以將多筆變數以陣列方式表達即可。主程式在呼叫函數時，將整個陣列傳遞給函數的基礎觀念如下：

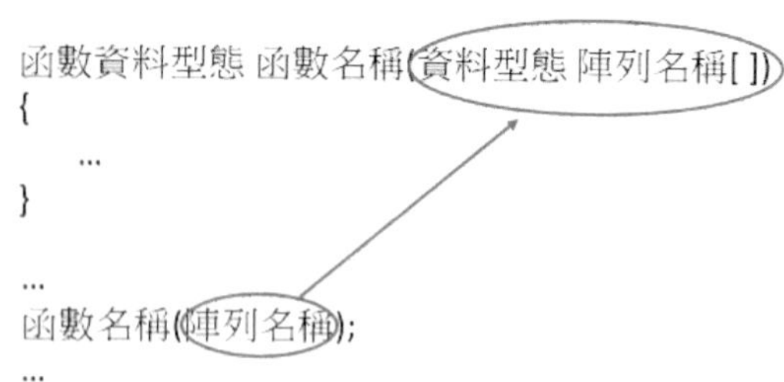

C# 語言在傳遞陣列時和傳遞一般變數不同。一般變數在呼叫函數的傳遞過程是使用傳值呼叫 (call by value) 的觀念，也就是採用將變數內容複製到函數所屬變數記憶體內，在傳值的時候，可以很順利將資料傳遞給目標函數，但是無法取得回傳結果。

在函數呼叫傳遞陣列時是使用傳遞陣列位址呼叫 (call by address)，這種方式的好處是可以有比較好的效率。假設一個陣列很大，例如有 1000 多筆資料，如果採用傳值方式處理，會需要較多的記憶體空間，同時也會耗用 CPU 時間。如果採用拷貝位址，則可以很簡單處理。傳遞陣列到函數後，這時可以在函數處理陣列內容，更新此陣列內容後，未來回到呼叫位置，可以從陣列位址獲得新的結果。

方案 ch12_16.sln：設計 Display( ) 函數可以輸出陣列內容，主程式則是將陣列名稱傳給輸出函數 display( )。

```
// ch12_16
void Display(int[] num)
{
    for (int i = 0; i < num.Length; i++)
        Console.WriteLine($"{num[i]}");
}

int[] data = { 5, 6, 7, 8, 9 };
Console.WriteLine("輸出陣列內容");
Display(data);
```

執行結果

```
Microsoft Visual Studio 偵錯主控台
輸出陣列內容
5
6
7
8
9

D:\C#\ch12\ch12_16\ch12_16\bin\Debug\net6.0\ch12_16.exe
按任意鍵關閉此視窗…
```

12-6-3 函數呼叫 - 資料交換使用 ref 參數

假設我現在要設計函數將 x 和 y 的資料交換函數 Swap( )，在沒有位址觀念前，可能會設計下列程式，而獲得失敗的結果。

方案 ch12_17.sln：設計資料交換函數 Swap( )，而獲得失敗的結果。

```
1  // ch12_17
2  void Swap(int x, int y)
3  {
4      int tmp;
5      tmp = x;
6      x = y;
7      y = tmp;
8  }
9  int x = 5;
10 int y = 1;
11 Console.WriteLine("執行對調前");
12 Console.WriteLine($"x = {x} \t y = {y}");
13 Swap(x, y);
14 Console.WriteLine("執行對調後");
15 Console.WriteLine($"x = {x} \t y = {y}");
```

執行結果

```
Microsoft Visual Studio 偵錯主控台
執行對調前
x = 5    y = 1
執行對調後
x = 5    y = 1

D:\C#\ch12\ch12_17\ch12_17\bin\Debug\net6.0\ch12_17.exe
按任意鍵關閉此視窗…
```

上述因為第 13 行呼叫函數 Swap(x, y) 時，是使用傳值呼叫 (call by value)，所以產生交換失敗的結果。

為了改良上述問題可以使用傳遞變數位址方式呼叫 Swap( ) 函數，這時需使用 ref 參數，如下所示：

```
Swap(ref x, ref y);                // 關鍵字ref 可以傳遞變數x和y的位址
```

所設計的 swap( ) 函數也須改由 ref 接收位址參數，如下所示：

```
Swap(ref int x, ref int y)
{
    …
}
```

方案 ch12_18.sln：正確地交換函數 Swap( ) 設計。

```
// ch12_18
void Swap(ref int x, ref int y)
{
    int tmp;
    tmp = x;
    x = y;
    y = tmp;
}
int x = 5;
int y = 1;
Console.WriteLine("執行對調前");
Console.WriteLine($"x = {x} \t y = {y}");
Swap(ref x, ref y);
Console.WriteLine("執行對調後");
Console.WriteLine($"x = {x} \t y = {y}");
```

執行結果

```
Microsoft Visual Studio 偵錯主控台
執行對調前
x = 5    y = 1
執行對調後
x = 1    y = 5

D:\C#\ch12\ch12_18\ch12_18\bin\Debug\net6.0\ch12_18.exe
按任意鍵關閉此視窗…
```

12-6-4　函數呼叫 - 回傳資料用關鍵字 out

函數呼叫在變數名稱使用 ref 關鍵字時，可以傳遞位址資訊，但是需要初始化變數值，細節可以參考前一小節。同樣是函數呼叫，如果將 ref 關鍵字改為 out 也可以傳遞位址資訊，這時可以不需要初始化變數值，未來函數可以使用此未初始化的變數，將數值回傳。

方案 ch12_19.sln：輸入字串，這個程式會回應有多少個字元 'A'。

```
// ch12_19
void CountA(string str, out int counter)
{
    counter = 0;
    for (int i = 0; i < str.Length; i++)
        if (str[i] == 'A')
            counter += 1;
}

int num;
Console.Write("請輸入字串 : ");
string mystr = Console.ReadLine();
CountA(mystr, out num);
Console.WriteLine($"A 字元的數量 = {num}");
```

執行結果

```
Microsoft Visual Studio 偵錯主控台
請輸入字串 : ABCDAAA
A 字元的數量 = 4

D:\C#\ch12\ch12_19\ch12_19\bin\Deb
按任意鍵關閉此視窗…
```

```
Microsoft Visual Studio 偵錯主控台
請輸入字串 : KKKRRR
A 字元的數量 = 0

D:\C#\ch12\ch12_19\ch12_19\bin\Deb
按任意鍵關閉此視窗…
```

12-6-5 函數呼叫 – 唯讀關鍵字 in

如果在函數宣告中增加 in 關鍵字，則這個關鍵字是唯讀關鍵字，這類關鍵字內容在函數內將具有唯讀屬性，假設有一個程式片段與函數如下：

```
void InArgMethod( in int num, … )
{
    …                                   // num變數只能引用，不可變更其值
}
…
int readOnlyNumber = 30;                // 定義變數readOnlyNumber
InArgMethod( readOnlyNumber, … );       // 呼叫InArgMethod函數
```

上述定義 InArgMethod( ) 函數時，參數列可以知道第 1 個整數參數 num 已經定義為唯讀，在此函數內 num 內容只能引用不可更改，唯讀變數一般是應用在需要特別保護的情況。

方案 ch12_20.sln：計算匯率，這個程式會要求輸入 VIP 等級，以及美金金額，這個程式會依據 VIP 等級輸出可以兌換新台幣金額。

```
// ch12_20
void UsaToNt(int money, in double rate, out double rtn)
{
    rtn = money * rate;
}
double dollars;
Console.Write("請輸入 VIP 等級 : ");
string vip = Console.ReadLine();
Console.Write("請輸入美金金額  : ");
int money = Convert.ToInt32(Console.ReadLine());
double rate = 30;                       // 匯率標準
if (vip == "AAA")
    rate = 30 * 0.95;                   // AAA客戶可換匯率
else if (vip == "AA")
    rate = 30 * 0.93;                   // AA 客戶可換匯率
else
    rate = 30 * 0.9;                    // 其他客戶可換匯率
UsaToNt(money, rate, out dollars);
Console.WriteLine($"{vip} 客戶 {money} 可以換匯 : {dollars}");
```

執行結果

```
Microsoft Visual Studio 偵錯主控台
請輸入 VIP 等級 : AAA
請輸入美金金額 : 100
AAA 客戶 100 可以換匯 : 2850

D:\C#\ch12\ch12_20\ch12_20\bin\
按任意鍵關閉此視窗…
```

```
Microsoft Visual Studio 偵錯
請輸入 VIP 等級 : AA
請輸入美金金額 : 100
AA 客戶 100 可以換匯 : 2790

D:\C#\ch12\ch12_20\ch12_20\b
按任意鍵關閉此視窗…
```

```
Microsoft Visual Studio 偵錯
請輸入 VIP 等級 : A
請輸入美金金額 : 100
A 客戶 100 可以換匯 : 2700

D:\C#\ch12\ch12_20\ch12_20\b
按任意鍵關閉此視窗…
```

在這個程式，為了安全理由不希望 VIP 換匯優待被更動，所以在 UsAToNT( ) 函數內將 rate 設為唯獨變數。

12-6-6　函數呼叫 – 可變動數量參數 params

設計函數時若是在參數列放置 params，表示設定可變數量的參數，不過只限定是一維陣列，宣告時需留意後面不可以有其他參數。

方案 ch12_20_1.sln：params 參數的實例。

```
// ch12_20_1
void UseParams1(params int[] arr)
{
    for (int i = 0; i < arr.Length; i++)
    {
        Console.Write(arr[i] + " ");
    }
    Console.WriteLine();
}

void UseParams2(params object[] arr)
{
    for (int i = 0; i < arr.Length; i++)
    {
        Console.Write(arr[i] + " ");
    }
    Console.WriteLine();
}

UseParams1(1, 10, 20, 30, 40);
UseParams1(5, 15);
UseParams1();                   // 沒有參數則顯示空白行
UseParams2(1, 'a', "test", "明志工專");
UseParams2("明志科技大學", "University of Mississippi");
```

執行結果

```
Microsoft Visual Studio 偵錯主控台
1 10 20 30 40
5 15

1 a test 明志工專
明志科技大學 University of Mississippi

D:\C#\ch12\ch12_20_1\ch12_20_1\bin\Debug\net6.0\ch12_20_1.exe
按任意鍵關閉此視窗…
```

方案 ch12_20_2.sln：計算不同陣列數量的總和。

```
// ch12_20_2
void MySum(params int[] values)
{
    Console.WriteLine(values.Sum().ToString());
}

MySum(1, 2, 3, 4, 5);
MySum(6, 7);
MySum(8, 9, 10);
```

執行結果

```
Microsoft Visual Studio 偵錯主控台
15
13
27

D:\C#\ch12\ch12_20_2\ch12_20_2\bin\Debug\net6.0\ch12_20_2.exe
按任意鍵關閉此視窗…
```

12-6-7 傳遞二維陣列資料

主程式在呼叫函數時，傳遞二維陣列時，可以只傳遞陣列名稱，然後由二維陣列的 GetLength( ) 屬性獲得列 (row) 數和行 (column) 數。假設所傳遞的二維陣列是 sc，觀念如下：

sc.GetLength(0)：可以取得列 (row) 數。

sc.GetLength(1)：可以取得行 (col) 數。

方案 ch12_21.sln：基本二維陣列資料傳送的應用。本程式的函數會將二維陣列各列 (row) 的前三個元素的平均值，平均分數取整數，放在最後一個元素位置。

```
// ch12_21
void Average(int[,] sc)
{
    int rows = sc.GetLength(0);          // 列數
    int cols = sc.GetLength(1);          // 行數
    int sum;
    for (int i = 0; i < rows; i++)
    {
        sum = 0;                         // 每一列的總分
        for (int j = 0; j < cols; j++)
            sum += sc[i, j];
        sc[i, cols-1] = sum / 3;         // 平均值放入各列最右
    }
}

int[,] num = {{ 88, 79, 91, 0 },
              { 86, 84, 90, 0 },
```

```
                  { 77, 65, 70, 0 }};

Average(num);
for (int i = 0; i < 3; i++)                    // 列印新的陣列
{
    for (int j = 0; j < 4; j++)
        Console.Write($"{num[i, j],5}");
    Console.WriteLine();
}
```

執行結果

```
Microsoft Visual Studio 偵錯主控台
   88    79    91    86
   86    84    90    86
   77    65    70    70

D:\C#\ch12\ch12_21\ch12_21\bin\Debug\net6.0\ch12_21.exe
按任意鍵關閉此視窗…
```

12-6-8　匿名陣列 (Anonymous Array)

在執行呼叫方法時，有時候要傳遞的是一個陣列，可是這個陣列可能使用一次以後就不需要再使用，如果我們為此陣列重新宣告然後配置記憶體空間，似乎有點浪費系統資源，此時可以考慮使用**匿名陣列**方式處理。匿名陣列的完整意義是，一個可以讓我們動態配置有初值但是沒有名稱的陣列。

方案 ch12_21_1.sln：以普通宣告陣列方式，然後呼叫 add( ) 方法，參數是陣列，執行陣列數值的加總運算。

```
// ch12_21_1
int add(int[] nums)
{
    int sum = 0;
    foreach (int n in nums)
        sum+= n;
    return sum;
}
int[] data = { 1, 2, 3, 4, 5 };
Console.WriteLine(add(data));
```

執行結果

```
Microsoft Visual Studio 偵錯主控台
15

D:\C#\ch12\ch12_21_1\ch12_21_1\bin\Debug\net6.0\ch12_21_1.exe
按任意鍵關閉此視窗…
```

在上述實例中，很明顯所宣告的陣列 data 可能用完就不再需要了，此時可以考慮不要宣告陣列，直接用匿名陣列方式處理，將匿名陣列當作參數傳遞。對上述程式的

data 陣列而言，如果處理成匿名陣列其內容如下：

new int[ ] {1, 2, 3, 4, 5};

方案 ch12_21_2.sln：以匿名陣列方式重新設計 ch12_21_1.sln。

```
// ch12_21_2
int add(int[] nums)
{
    int sum = 0;
    foreach (int n in nums)
        sum += n;
    return sum;
}
//int[] data = { 1, 2, 3, 4, 5 };
Console.WriteLine(add(new int[] {1,2,3,4,5}));
```

執行結果 與 ch12_21_1.sln 相同。

12-7 命令列的輸入

所謂的命令列，指的是當執行某個程式時所敲入的一系列命令。

在先前所有的程式範例中，我們一律透過 C# 的標準輸入函數讀取鍵盤輸入的參數。其實也可以在執行這個程式時，直接將所要輸入的參數放在命令列中。

這本書在指導讀者學習 C# 時，主要是使用 C# 9.0 以後的新語法**最上層語句** (Top-level statement)，這可以讓學習變得容易，有關命令列的輸入筆者則分成 Main( ) 方法和最上層語句方法作解說。

12-7-1 Main( ) 方法

方案 ch12_22.sln：命令列輸入使用 Main( ) 方法，首先請在建立 ch12_22.sln 方案時，不要使用最上層語句，如下所示：

請按右下方的建立鈕，可以在 Visual Studio 視窗看到下列有 Main( ) 方法的 Program.cs 程式。

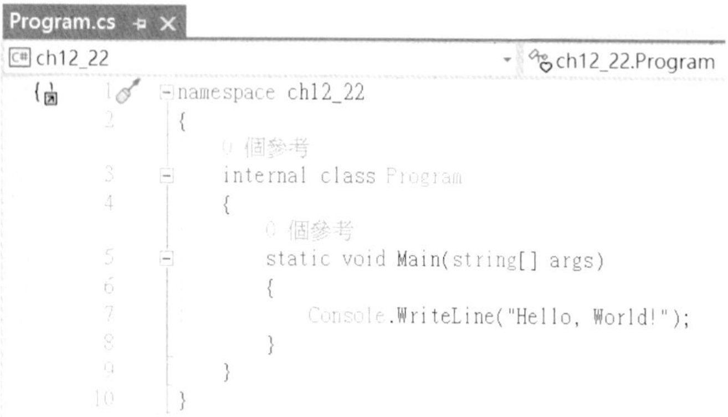

Program.cs　ch12_22　ch12_22.Program

```
namespace ch12_22
{
    0 個參考
    internal class Program
    {
        0 個參考
        static void Main(string[] args)
        {
            Console.WriteLine("Hello, World!");
        }
    }
}
```

請設計程式如下：

```
// ch12_22
namespace ch12_22
{
    internal class Program
    {
        static void Main(string[] args)
        {
            Console.WriteLine($"命令列長度 = {args.Length}");
            if (args.Length > 0)
            {
                Console.WriteLine("命令列輸入參數如下 :");
                for (int i = 0; i < args.Length; i++)
                    Console.WriteLine($"args[{i}] = {args[i]}");
            }
            else
                Console.WriteLine("命令列沒有輸入");
        }
    }
}
```

執行結果　當執行偵錯 / 啟動但不偵錯時，可以得到下列結果。

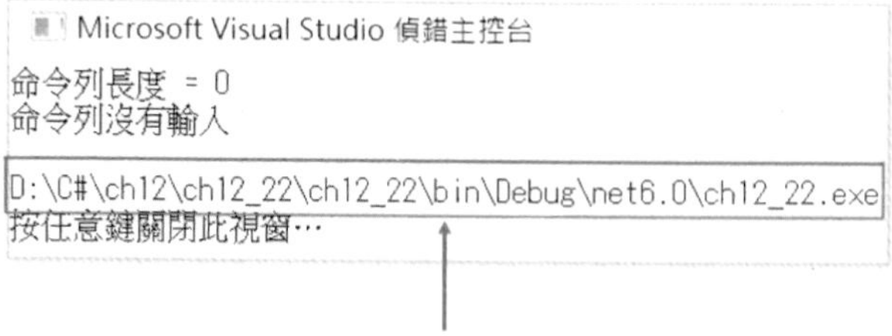

```
Microsoft Visual Studio 偵錯主控台
命令列長度 = 0
命令列沒有輸入

D:\C#\ch12\ch12_22\ch12_22\bin\Debug\net6.0\ch12_22.exe
按任意鍵關閉此視窗…
```

標記執行偵錯/啟動但不偵錯建立了一個可執行檔案 ch12_22.exe

從上述執行結果可以看到在 ~ch12_22\bin\Debug\net6.0 資料夾內有可執行檔 ch12_22.exe，我們可以啟動 Visual Studio 所提供的 Developer Command Prompt 或是 Windows 系統的命令提示字元，進入 DOS 環境，然後進入 ch12_22.exe 所在的資料夾，然後輸入命令列字串，就可以達到命令列輸入的效果。

```
D:\C#\ch12\ch12_22\ch12_22\bin\Debug\net6.0>ch12_22 echo Hello! World
命令列長度 = 3
命令列輸入參數如下 :
args[0] = echo
args[1] = Hello!
args[2] = World
```

從上述執行結果可以看到，在命令列輸入指令時，這些指令會透過 Main( ) 的 args 字串陣列傳遞給程式，所以可以使用第 12 ~ 13 行輸出指令內容。

12-7-2　最上層語句方法

方案 ch12_23.sln：使用最上層語句建立命令列的輸入。

```
// ch12_23
Console.WriteLine($"命令列長度 = {args.Length}");
if (args.Length > 0)
{
    for (int i = 0; i < args.Length; i++)
        Console.WriteLine($"args[{i}] = {args[i]}");
}
else
    Console.WriteLine("命令列沒有輸入");
```

執行結果　下列是在 Visual Studio 使用**偵錯 / 啟動但不偵錯**的執行結果。

```
Microsoft Visual Studio 偵錯主控台

命令列長度 = 0
命令列沒有輸入

D:\C#\ch12\ch12_23\ch12_23\bin\Debug\net6.0\ch12_23.exe
按任意鍵關閉此視窗…
```

下列是進入 ~ch12_22\bin\Debug\net6.0 資料夾的執行畫面。

```
D:\C#\ch12\ch12_23\ch12_23\bin\Debug\net6.0>ch12_23 echo Hello! World
命令列長度 = 3
args[0] = echo
args[1] = Hello!
args[2] = World
```

從上述執行結果可以看到，在命令列輸入指令時，最上層語句雖然沒有看到 Main( )，但是 Main( ) 仍然是隱性的存在，所以所輸入的指令依舊可以透過 args 字串陣列傳遞給程式，所以可以使用 5 ~ 6 行輸出指令內容。

12-8 全域變數與區域變數

一般程式語言可以將變數依照執行時的生命週期，和影響範圍，將變數分為 2 類。

1： **區域變數 (local variable)**：生命週期只在此區段內的執行期間，同時只影響此區段。

2： **全域變數 (global variable)**：生命週期在程式執行期間，同時可影響全部程式。

C# 語言在最上層語句下，所有定義的變數皆是**區域變數**，但是如果我們在程式最前面設定變數時，後方建立的函數也可以調用此變數，此時變數可以影響整個程式，有類似全域變數的效果。

方案 ch12_23_1.sln：測試區域變數 data 有全域變數的效果。

```
1  // ch12_23_1
2  int data = 10;
3  Console.WriteLine($"在GlobalLocal外 data = {data}");
4  void GlobalLocal()
5  {
6      Console.WriteLine($"在GlobalLocal內 data = {data}");
7      data += 1;
8      Console.WriteLine($"在GlobalLocal內 data = {data}");
9  }
10 GlobalLocal();
11 Console.WriteLine($"在GlobalLocal外 data = {data}");
```

執行結果

```
Microsoft Visual Studio 偵錯主控台
在GlobalLocal外 data = 10
在GlobalLocal內 data = 10
在GlobalLocal內 data = 11
在GlobalLocal外 data = 11

D:\C#\ch12\ch12_23_1\ch12_23_1\bin\Debug\net6.0\ch12_23_1.exe
按任意鍵關閉此視窗…
```

從上述可以看到程式第 2 行定義了 data 變數，這個變數也可以在 GlobalLocal( ) 函數內使用，同時計算結果也會影響函數外第 11 列的結果。如果在函數 GlobalLocal( ) 內定義相同名稱的變數 data，將獲得這 2 個 data 區域變數是不一樣的變數。

方案 ch12_23_2.sln：測試 2 個 data 變數不會互相影響。

```
// ch12_23_2
int data = 10;
Console.WriteLine($"在GlobalLocal外 data = {data}");
void GlobalLocal()
{
    int data = 100;
    Console.WriteLine($"在GlobalLocal內 data = {data}");
    data += 1;
    Console.WriteLine($"在GlobalLocal內 data = {data}");
}
GlobalLocal();
data += 1;
Console.WriteLine($"在GlobalLocal外 data = {data}");
```

執行結果

```
Microsoft Visual Studio 偵錯主控台
在GlobalLocal外 data = 10
在GlobalLocal內 data = 100
在GlobalLocal內 data = 101
在GlobalLocal外 data = 11

D:\C#\ch12\ch12_23_2\ch12_23_2\bin\Debug\net6.0\ch12_23_2.exe
按任意鍵關閉此視窗…
```

從上述執行結果可以看到 GlobalLocal( ) 函數內外定義的 data 變數，彼此是 2 個不同的變數，沒有互相影響。

12-9 Expression-Bodied Method

Expression-Bodied Method 中文可以翻譯為表達式主體方法，是指一個函數如果只有一行內容，可以將函數用下列方式表達。

ReturnType funcName(arg1, … argn) => expression;

方案 ch12_23_3.sln：加法運算使用 Expression-Bodied Method。

```
// ch12_23_3
int Add(int x, int y) => x + y;
int a = 5;
int b = 8;
Console.WriteLine($"{a} + {b} = {Add(a, b)}");
```

執行結果

```
Microsoft Visual Studio 偵錯主控台
5 + 8 = 13

D:\C#\ch12\ch12_23_3\ch12_23_3\bin\Debug\net6.0\ch12_23_3.exe
按任意鍵關閉此視窗…
```

12-10 dynamic 函數與參數

在 3-10 節筆者介紹了 dynamic 資料類型，同時解釋這種資料類型，在程式編譯階段 (compile time) 不做資料檢查，在程式執行階段 (run time) 才做資料檢查。假設我們執行專案要設計整數 int 和雙倍精度浮點數 double 加法運算，一般人最直覺的方式是設計 2 個函數分別執行此工作。

方案 ch12_23_4.sln：設計整數 int 和雙倍精度浮點數 double 加法運算。

```
// ch12_23_4
int AddInt(int a, int b)
{
    return a + b;
}
double AddDouble(double a, double b)
{
    return a + b;
}
Console.WriteLine($"3   + 5   = {AddInt(3, 5)}");
Console.WriteLine($"3.2 + 5.3 = {AddDouble(3.2, 5.3)}");
```

執行結果

```
Microsoft Visual Studio 偵錯主控台
3   + 5   = 8
3.2 + 5.3 = 8.5

D:\C#\ch12\ch12_23_4\ch12_23_4\bin\Debug\net6.0\ch12_23_4.exe
按任意鍵關閉此視窗…
```

對於 C# 的高手而言，可以設計一個方法，例如：AddDynamic( )，然後將此方法與方法內的參數宣告為 dynamic，然後可以用一個函數處理上述加法運算。

方案 ch12_23_5.sln：使用 dynamic 重新設計 ch12_23_4.sln。

```
// ch12_23_5
dynamic AddDynamic(dynamic a, dynamic b)
{
    return a + b;
}
Console.WriteLine($"3   + 5   = {AddDynamic(3, 5)}");
Console.WriteLine($"3.2 + 5.3 = {AddDynamic(3.2, 5.3)}");
```

執行結果 與 ch12_23_4.sln 相同。

12-11 專題 – 抽獎程式 / 遞迴 / 陣列與遞迴 / 歐幾里德演算

12-11-1　設計質數測試函數

在習題 ex8_3.c 筆者已經敘述質數測試的邏輯，基本觀念如下：

❑ 2 是質數。

❑ n 不可以被 2 至 n-1 的數字整除。

方案 ch12_24.sln：輸入大於 1 的整數，本程式會輸出此數是否質數。

```
// ch12_24
bool isPrime(int n)
{
    for (int i = 2; i < n; i++)
        if (n % i == 0)
            return false;
    return true;
}

Console.Write("請輸入大於 1 的整數做測試 = ");
int num = Convert.ToInt32(Console.ReadLine());
if (isPrime(num))
    Console.WriteLine($"{num} 是質數");
else
    Console.WriteLine($"{num} 不是質數");
```

執行結果

```
Microsoft Visual Studio 偵錯主控台
請輸入大於 1 的整數做測試 = 2
2 是質數

D:\C#\ch12\ch12_24\ch12_24\bin\Deb
按任意鍵關閉此視窗…
```

```
Microsoft Visual Studio 偵錯主控台
請輸入大於 1 的整數做測試 = 12
12 不是質數

D:\C#\ch12\ch12_24\ch12_24\bin\Deb
按任意鍵關閉此視窗…
```

```
Microsoft Visual Studio 偵錯主控台
請輸入大於 1 的整數做測試 = 23
23 是質數

D:\C#\ch12\ch12_24\ch12_24\bin\Deb
按任意鍵關閉此視窗…
```

```
Microsoft Visual Studio 偵錯主控台
請輸入大於 1 的整數做測試 = 49
49 不是質數

D:\C#\ch12\ch12_24\ch12_24\bin\Deb
按任意鍵關閉此視窗…
```

12-11-2　抽獎程式設計

方案 ch12_25.sln：設計抽獎程式，這個程式的獎號與獎品可以參考程式第 12 到 29 行，如果抽中 6 至 10 號獎項則回應謝謝光臨。

```
// ch12_25
int lottery()
{
    Random rnd = new Random();
    int r = rnd.Next(1,11);
    return r;
}
int n = lottery();
Console.WriteLine($"您抽中獎號是 : {n}");
switch (n)
{
    case 1:
        Console.WriteLine("汽車一輛");
        break;
    case 2:
        Console.WriteLine("80吋液晶電視一台");
        break;
    case 3:
        Console.WriteLine("iPhone 14 Pro 一台");
        break;
    case 4:
        Console.WriteLine("現金三萬元");
        break;
    case 5:
        Console.WriteLine("現金一萬元");
        break;
    default:
        Console.WriteLine("謝謝光臨");
        break;
}
```

執行結果

```
Microsoft Visual Studio 偵錯主控台
您抽中獎號是 : 2
80吋液晶電視一台

D:\C#\ch12\ch12_25\ch12_25\bin\Deb
按任意鍵關閉此視窗…
```

```
Microsoft Visual Studio 偵錯主控台
您抽中獎號是 : 5
現金一萬元

D:\C#\ch12\ch12_25\ch12_25\bin\Deb
按任意鍵關閉此視窗…
```

```
Microsoft Visual Studio 偵錯主控台
您抽中獎號是 : 1
汽車一輛

D:\C#\ch12\ch12_25\ch12_25\bin\Deb
按任意鍵關閉此視窗…
```

```
Microsoft Visual Studio 偵錯主控台
您抽中獎號是 : 6
謝謝光臨

D:\C#\ch12\ch12_25\ch12_25\bin\Deb
按任意鍵關閉此視窗…
```

12-11-3　使用遞迴方式設計 Fibonacci 數列

9-9-1 節筆者已經說明了費式數列，我們可以將該數列改寫成下列適合遞迴函數觀念的公式。

$$\text{Fib}(n)=\begin{cases} 1 & n = 1\text{或}2 \\ \text{Fib}(n-1)+\text{Fib}(n-2) & n >= 3 \end{cases}$$

上述費式數列上述相當於下列公式：

Fib[0] = 0　　　　// 使用遞迴設計時，為了簡化設計可以忽略此

Fib[1] = 1

Fib[2] = 1

Fib[n] = Fib[n-1] + Fib[n-2]，for n> = 2

方案 ch12_26.sln：使用遞迴函數計算 1 – 5 的費式數列值。

```
// ch12_26
int Fib(int n)
{
    if (n == 1 || n == 2)
        return 1;
    else
        return (Fib(n - 1) + Fib(n - 2));
}

int max = 10;        // 計算前10個費氏數列
Console.WriteLine("費氏數列 1 - 10 如下 : ");
for (int i = 1; i <= max; i++)
    Console.WriteLine($"Fib[{i}] = {Fib(i)}");
```

執行結果

```
Microsoft Visual Studio 偵錯主控台
費氏數列 1 - 10 如下 :
Fib[1] = 1
Fib[2] = 1
Fib[3] = 2
Fib[4] = 3
Fib[5] = 5
Fib[6] = 8
Fib[7] = 13
Fib[8] = 21
Fib[9] = 34
Fib[10] = 55

D:\C#\ch12\ch12_26\ch12_26\bin\Debug\net6.0\ch12_26.exe
按任意鍵關閉此視窗…
```

上述程式執行結果的遞迴流程說明圖可以參考下圖。

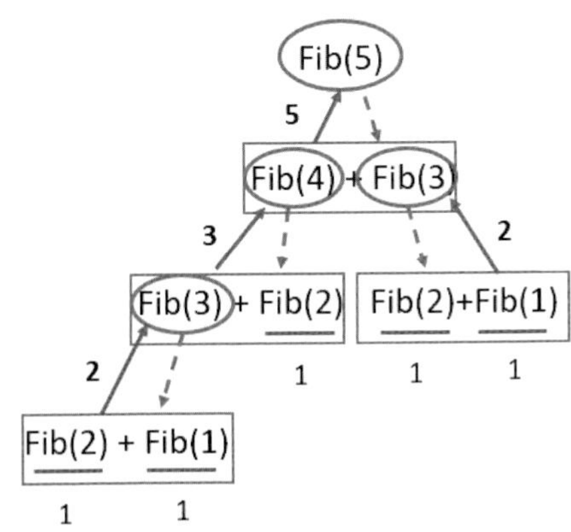

12-11-4　設計歐幾里德演算法函數

有關歐幾里德演算法可以參考 8-9-3 節，下列是設計此演算法的函數。

方案 ch12_27.sln：設計最大公約數 gcd 函數，然後輸入 2 筆數字做測試。

```
// ch12_27
int Gcd(int x, int y)
{
    int tmp;
    while (y != 0)
    {
        tmp = x % y;
        x = y;
        y = tmp;
    }
    return x;
}

Console.Write("請輸入正整數 1 : ");
int x = Convert.ToInt32(Console.ReadLine());
Console.Write("請輸入正整數 2 : ");
int y = Convert.ToInt32(Console.ReadLine());
int gc = Gcd(x, y);
Console.WriteLine($"最大公約數是 {gc}");
```

執行結果

```
Microsoft Visual Studio 偵錯主控台
請輸入正整數 1 : 16
請輸入正整數 2 : 40
最大公約數是 8

D:\C#\ch12\ch12_27\ch12_27\bin\Deb
按任意鍵關閉此視窗…
```

```
Microsoft Visual Studio 偵錯主控台
請輸入正整數 1 : 99
請輸入正整數 2 : 33
最大公約數是 33

D:\C#\ch12\ch12_27\ch12_27\bin\Deb
按任意鍵關閉此視窗…
```

習題實作題

方案 ch12_1.sln：重新設計 ch12_2.sln，然後告訴你較小值，要是兩數相等，則告訴你兩數相等。(12-2 節)

```
Microsoft Visual Studio 偵錯主控台
請輸入數值 1 : 9
請輸入數值 2 : 3
較小值是 3

D:\C#\ex\ex12_1\ex12_1\bin\Debug\n
按任意鍵關閉此視窗…
```

```
Microsoft Visual Studio 偵錯主控台
請輸入數值 1 : 5
請輸入數值 2 : 5
兩數值相等

D:\C#\ex\ex12_1\ex12_1\bin\Debug\n
按任意鍵關閉此視窗…
```

方案 ex12_2.sln：改良 ch12_2.sln，將函數改為 int Max(int x, int y)，回傳較大值。(12-3 節)

```
Microsoft Visual Studio 偵錯主控台
請輸入數值 1 : 43
請輸入數值 2 : 88
較大值 = 88

D:\C#\ex\ex12_2\ex12_2\bin\Debug\n
按任意鍵關閉此視窗…
```

```
Microsoft Visual Studio 偵錯主控台
請輸入數值 1 : 35
請輸入數值 2 : 35
較大值 = 35

D:\C#\ex\ex12_2\ex12_2\bin\Debug\n
按任意鍵關閉此視窗…
```

方案 ex12_3.sln：參考前一方案，設計 int Min(int x, int y) 函數，回傳較小值。(12-3 節)

```
Microsoft Visual Studio 偵錯主控台
請輸入數值 1 : 46
請輸入數值 2 : 25
較小值 = 25

D:\C#\ex\ex12_3\ex12_3\bin\Debug\n
按任意鍵關閉此視窗…
```

```
Microsoft Visual Studio 偵錯主控台
請輸入數值 1 : 50
請輸入數值 2 : 50
較小值 = 50

D:\C#\ex\ex12_3\ex12_3\bin\Debug\n
按任意鍵關閉此視窗…
```

方案 ex12_4.sln：設計絕對值函數，回傳絕對值。(12-3 節)

```
Microsoft Visual Studio 偵錯主控台
請輸入一個數值 : -50
絕對值 = 50

D:\C#\ex\ex12_4\ex12_4\bin\Debug\n
按任意鍵關閉此視窗…
```

```
Microsoft Visual Studio 偵錯主控台
請輸入一個數值 : 76
絕對值 = 76

D:\C#\ex\ex12_4\ex12_4\bin\Debug\n
按任意鍵關閉此視窗…
```

方案 ex12_5.sln：重新設計 ch12_8.sln 的 Mypow( ) 函數，重點是讓傳入值是偶數則回傳 1，如果傳入值是奇數則回傳-1，這樣整個程式就會很順暢。(12-4 節)

```
Microsoft Visual Studio 偵錯主控台
當 i =  10000時, PI = 3.14149265359004344895
當 i =  20000時, PI = 3.1415426535898247629
當 i =  30000時, PI = 3.1415593202564617847
當 i =  40000時, PI = 3.1415676535897985033
當 i =  50000時, PI = 3.1415726535897814387
當 i =  60000時, PI = 3.1415759869231019152
當 i =  70000時, PI = 3.1415783678754820585
當 i =  80000時, PI = 3.1415801535897496244
當 i =  90000時, PI = 3.1415815424786237564
當 i = 100000時, PI = 3.1415826535897197758

D:\C#\ex\ex12_5\ex12_5\bin\Debug\net6.0\ex12_5.exe
按任意鍵關閉此視窗…
```

方案 ex12_6.sln：使用遞迴設計，設計次方的函數 int Power(b, n)，b 是底數，n 是指數，請計算 2 的 5 次方的值，次方公式函數的非遞迴觀念如下：(12-5 節)

$$b^n = \begin{cases} 1 & n = 0 \\ \underbrace{b*b* \ldots b}_{\text{乘法執行 n 次}} & n >= 1 \end{cases}$$

次方公式的遞迴觀念如下：

$$b^n = \begin{cases} 1 & n = 0 \\ b*(b^{n-1}) & n >= 1 \end{cases}$$

套上 Power( ) 函數，整個遞迴公式觀念如下

$$Power(b,n) = \begin{cases} 1 & n = 0 \\ b*Power(b,n-1) & n >= 1 \end{cases}$$

```
Microsoft Visual Studio 偵錯主控台
2 的 5 次方 = 32

D:\C#\ex\ex12_6\ex12_6\bin\Debug\net6.0\ex12_6.exe
按任意鍵關閉此視窗…
```

方案 ex12_7.sln：請設計遞迴式函數計算下列數列的和。(12-5 節)

f(i) = 1 + 1/2 + 1/3 + … + 1/n

請輸入 n，然後列出 n = 1 … n 的結果。

```
Microsoft Visual Studio 偵錯主控台
請輸入整數 : 5
f(1) = 1.0000000000
f(2) = 1.5000000000
f(3) = 1.8333333333
f(4) = 2.0833333333
f(5) = 2.2833333333

D:\C#\ex\ex12_7\ex12_7\bin\Debug\net6.0\ex12_7.exe
按任意鍵關閉此視窗…
```

方案 ex12_8.sln：請設計遞迴式函數計算下列數列的和。(12-5 節)

f(i) = 1/2 + 2/3 + … + n/(n+1)

請輸入 n，然後列出 n = 1 … n 的結果。

```
Microsoft Visual Studio 偵錯主控台
請輸入整數 : 5
f(1) = 0.50000
f(2) = 1.16667
f(3) = 1.91667
f(4) = 2.71667
f(5) = 3.55000

D:\C#\ex\ex12_8\ex12_8\bin\Debug\net6.0\ex12_8.exe
按任意鍵關閉此視窗…
```

方案 ex12_9.sln：計算陣列的總和函數設計。這個程式會要求你輸入陣列元素，然後將這陣列元素傳給函數，經函數運算後，會將總和回傳呼叫位置。(12-6 節)

```
Microsoft Visual Studio 偵錯主控台
請輸入數值 1 : 5
請輸入數值 2 : 6
請輸入數值 3 : 70
請輸入數值 4 : 55
請輸入數值 5 : 21
總和是 : 157

D:\C#\ex\ex12_9\ex12_9\bin\Debug\n
按任意鍵關閉此視窗…
```

```
Microsoft Visual Studio 偵錯主控台
請輸入數值 1 : 22
請輸入數值 2 : 33
請輸入數值 3 : 44
請輸入數值 4 : 55
請輸入數值 5 : 66
總和是 : 220

D:\C#\ex\ex12_9\ex12_9\bin\Debug\n
按任意鍵關閉此視窗…
```

方案 ex12_10.sln：計算陣列的平均值函數設計。這個程式會要求你輸入陣列元素，然後將這些元素傳給函數，經函數運算後，會將平均值傳回呼叫程式。(12-6 節)

```
Microsoft Visual Studio 偵錯主控台
請輸入數值 1 : 5
請輸入數值 2 : 6
請輸入數值 3 : 70
請輸入數值 4 : 55
請輸入數值 5 : 21
平均是 : 31.4

D:\C#\ex\ex12_10\ex12_10\bin\Debug\n
按任意鍵關閉此視窗…
```

```
Microsoft Visual Studio 偵錯主控台
請輸入數值 1 : 22
請輸入數值 2 : 33
請輸入數值 3 : 44
請輸入數值 4 : 55
請輸入數值 5 : 66
平均是 : 44

D:\C#\ex\ex12_10\ex12_10\bin\Debug\n
按任意鍵關閉此視窗…
```

方案 ex12_11.sln：求陣列最小值的程式設計。這個程式會要求你輸入陣列元素，然後將這些元素傳給函數，經函數運算後，會將最小值傳回呼叫程式。(12-6 節)

```
Microsoft Visual Studio 偵錯主控台
請輸入數值 1 : 88
請輸入數值 2 : 72
請輸入數值 3 : 49
請輸入數值 4 : 25
請輸入數值 5 : 101
最小值是 : 25

D:\C#\ex\ex12_11\ex12_11\bin\Debug\n
按任意鍵關閉此視窗…
```

```
Microsoft Visual Studio 偵錯主控台
請輸入數值 1 : 71
請輸入數值 2 : 10
請輸入數值 3 : 22
請輸入數值 4 : 33
請輸入數值 5 : 99
最小值是 : 10

D:\C#\ex\ex12_11\ex12_11\bin\Debug\n
按任意鍵關閉此視窗…
```

方案 ex12_12.sln：求陣列最大值的程式設計。這個程式會要求你輸入陣列元素，然後將這些元素傳給函數，經函數運算後，會將最大值傳回呼叫程式。(12-6 節)

```
Microsoft Visual Studio 偵錯主控台
請輸入數值 1 : 88
請輸入數值 2 : 72
請輸入數值 3 : 49
請輸入數值 4 : 25
請輸入數值 5 : 101
最大值是 : 101

D:\C#\ex\ex12_12\ex12_12\bin\Debug\n
按任意鍵關閉此視窗…
```

```
Microsoft Visual Studio 偵錯主控台
請輸入數值 1 : 71
請輸入數值 2 : 10
請輸入數值 3 : 22
請輸入數值 4 : 33
請輸入數值 5 : 65
最大值是 : 71

D:\C#\ex\ex12_12\ex12_12\bin\Debug\n
按任意鍵關閉此視窗…
```

方案 ex12_13.sln：請設計一個函數 Palindrome(n)，這個函數可以讀取輸入字串，然後反向輸出。 (12-11 節)

```
Microsoft Visual Studio 偵錯主控台
請輸入含 5 個字元的字串
abcde
edcba
D:\C#\ex\ex12_13\ex12_13\bin\Debug\n
按任意鍵關閉此視窗…
```

```
Microsoft Visual Studio 偵錯主控台
請輸入含 5 個字元的字串
kabjJ
Jjbak
D:\C#\ex\ex12_13\ex12_13\bin\Debug\n
按任意鍵關閉此視窗…
```

方案 ex12_14.sln：使用遞迴式函數設計歐幾里德演算法。(12-11 節)

```
Microsoft Visual Studio 偵錯主控台
請輸入正整數 1 : 8
請輸入正整數 2 : 12
最大公約數是 4
最小公倍數是 24

D:\C#\ex\ex12_14\ex12_14\bin\Debug\n
按任意鍵關閉此視窗…
```

```
Microsoft Visual Studio 偵錯主控台
請輸入正整數 1 : 16
請輸入正整數 2 : 40
最大公約數是 8
最小公倍數是 80

D:\C#\ex\ex12_14\ex12_14\bin\Debug\n
按任意鍵關閉此視窗…
```

方案 ex12_15.sln：請設計程式輸出 1 至 100 間所有的質數。(12-11 節)

```
Microsoft Visual Studio 偵錯主控台
列出 1 至 100 之間的所有質數
2       3       5       7       11
13      17      19      23      29
31      37      41      43      47
53      59      61      67      71
73      79      83      89      97
1 至 100 之間共有 25 個質數

D:\C#\ex\ex12_15\ex12_15\bin\Debug\net6.0\ex12_15.exe
按任意鍵關閉此視窗…
```

方案 ex12_16.sln：有一個陣列資料 {3, 4, 2, 5, 7}，請使用遞迴方式，由大的索引值到小的索引值，輸出陣列資料。(12-11 節)

```
Microsoft Visual Studio 偵錯主控台
7
5
2
4
3

D:\C#\ex\ex12_16\ex12_16\bin\Debug\net6.0\ex12_16.exe
按任意鍵關閉此視窗…
```

方案 ex12_17.sln：有一個陣列資料 {3, 4, 2, 5, 7}，請使用遞迴方式，由小的索引值到大的索引值，輸出陣列資料。(12-11 節)

```
Microsoft Visual Studio 偵錯主控台
3
4
2
5
7

D:\C#\ex\ex12_17\ex12_17\bin\Debug\net6.0\ex12_17.exe
按任意鍵關閉此視窗…
```

方案 ex12_18.sln：有一個陣列資料 {3, 4, 2, 5, 7}，請使用遞迴方式加總陣列資料。(12-11 節)

```
Microsoft Visual Studio 偵錯主控台
total = 21

D:\C#\ex\ex12_18\ex12_18\bin\Debug\net6.0\ex12_18.exe
按任意鍵關閉此視窗…
```

方案 ex12_19.sln：使用遞迴函數重新設計 Pow( ) 函數，也就是可以回傳特定數的某次方值，請分別輸入底數和指數做測試。(12-11 節)

```
Microsoft Visual Studio 偵錯主控台
請輸入底數 : 2
請輸入指數 : 5
2 的 5 次方 = 32

D:\C#\ex\ex12_19\ex12_19\bin\Debug\n
按任意鍵關閉此視窗…
```

```
Microsoft Visual Studio 偵錯主控台
請輸入底數 : 3
請輸入指數 : 4
3 的 4 次方 = 81

D:\C#\ex\ex12_19\ex12_19\bin\Debug\n
按任意鍵關閉此視窗…
```

方案 ex12_20.sln：程式實例 ch9_26.sln 是一個改良的泡沫排序法，這一節將依該實例觀念，使用函數方式設計泡沫排序函數。(12-11 節)

```
Microsoft Visual Studio 偵錯主控台
排序前 :
19      6       7       5       9
排序後 :
5       6       7       9       19

D:\C#\ex\ex12_20\ex12_20\bin\Debug\net6.0\ex12_20.exe
按任意鍵關閉此視窗…
```

第 13 章

C# 結構 struct 資料

C# 語言除了提供使用者基本資料型態之外，使用者還可透過一些功能，例如：結構 (struct)，建立屬於自己的資料型態，結構 (struct) 資料是值的資料型態。結構常應用在小數據值，例如：座標點、組織小資料、或是資料結構。C# 語言編譯程式會將這個自建的結構資料型態，視為是一般資料型態，也可以為此資料建立變數、陣列或是當作參數傳遞給函數，這將是本章的重點。

註 C# 是物件導向程式語言，因為 C# 是起緣於 C/C++ 語言，所以本書也介紹了源於 C/C++ 的結構 (struct) 基礎觀念，不過讀者瞭解結構基本用法即可，建議未來使用類別 (class) 處理物件導向觀念的相關應用。

13-1 結構資料型態

13-1-1 基本觀念

C# 語言提供一個 struct 關鍵字，可以將相關的資料組織起來，成為一組新的複合資料型態，此資料型態稱**資料錄** (record)，這些相關的資料可以是不同類型，未來我們可以使用一個變數存取所定義的相關欄位資料。因為所使用的關鍵字是 struct，因此我們依據其中文譯名稱其為結構 (struct) 資料型態。宣告 struct 的語法如下：

```
存取修飾詞　struct　結構名稱
{
    存取修飾詞　資料型態　資料名稱 1;  ┐
    ...                              ├ 結構成員
    存取修飾詞　資料型態　資料名稱 n;  ┘
};
```

上述**存取修飾詞**是指欄位 (field) 資料的存取權限，C# 常見的結構存取權限有 public、private 和 internal，public 表示程式可以完全存取，internal 表示可以供同一專案程式存取。13-8 節會介紹 private 修飾詞，這時會限制存取。下一小節會完整解說存取修飾詞。

例如：我們可以將學生的名字、性別、成績組成一個結構的資料型態。下面是宣告結構 student，此結構內有 3 筆資料，分別是姓名 name、性別 gender、分數 score 等 3 個資料成員，它的宣告方式與記憶體圖形說明。

```
struct Student
{
    public string name;
    public char gender;
    public int score;
};
```


struct 結構宣告　　　　結構的記憶體內容

註1 結構 struct Student 省略宣告，預設是 internal 宣告。

註2 上述結構內的資料宣告 name、gender、score 若是省略 public 宣告，會被視為是 private 宣告。

註3 上述 3 筆成員資料 name、gender 和 score 又稱是結構 Student 的欄位 (field)。

在上面的結構宣告中的使用 struct，這是系統關鍵字，告訴 C# 語言編譯程式，程式定義了一個結構的資料，結構資料名稱是 Student(建議開頭字母用大寫)，結構的內容有字串 name(姓名)，字元 gender(性別) 和整數 score(分數)。

13-1-2 存取修飾詞

C# 是物件導向的程式語言，資料是有分級的存取限制，可以有下列修飾詞。

private：成員的資料預設是此資料型態，只有類別或是結構本身才可以存取。

public：這類資料可以讓類別或是結構的物件存取。

internal：可以供 C# 同一個專案的程式存取。

protected：可以讓類別或是其子類別存取。

protected internal：相同專案的程式可以存取，其他專案若是有繼承此類別也可以存取。

未來介紹類別觀念，會有更進一步的存取修飾詞相關應用與解說。

13-2 宣告結構變數

在最上層語句的 C# 程式語言環境，宣告結構變數需在最上層語句的下方，讀者可以參考 2-2-1 節的敘述。

13-2-1　宣告結構變數方法

建立好結構後，下一步是宣告結構變數，宣告方式如下：

```
結構名稱 結構變數 1, 結構變數 2, …, 結構變數 n;
```

或是

```
結構名稱 結構變數 1;
…
結構名稱 結構變數 n;
```

在最上層語句若是以 13-1 節所建立的結構 struct Student 為例，假設想要宣告 stu1 和 stu2 變數，宣告方式如下：

```
Student stu1, stu2;
...
...
...
struct Student
{
    public string name;
    public char gender;
    public int score;
};
```

```
Student stu1;
Student stu2;
...
...
struct Student
{
    public string name;
    public char gender;
    public int score;
};
```

13-2-3　使用結構成員

從前面實例可以看到結構 struct 變數，如果想要存取結構成員的內容，其語法如下：

```
結構變數.成員名稱;
```

結構變數和成員名稱之間是 "." 。

13-3 建立結構資料

自建結構資料可以分成用程式讀取鍵盤輸入，或是初始化資料，本節將分成兩小節說明。

13-3-1　讀取資料

方案 ch13_1.sln：從鍵盤輸入建立結構資料，然後輸出。

```
1  // ch13_1
2  Student stu;
3  Console.Write("請輸入姓名      : ");
4  stu.name = Console.ReadLine();
5  Console.Write("請輸入手機號碼 : ");
6  stu.phone = Console.ReadLine();
7  Console.Write("請輸入數學成績 : ");
8  stu.math = Convert.ToInt32(Console.ReadLine());
9  Console.WriteLine($"Hi {stu.name} 歡迎你");
10 Console.WriteLine($"手機號碼 : {stu.phone}");
11 Console.WriteLine($"數學成績 : {stu.math}");
12 struct Student
13 {
14     public string name;
15     public string phone;
16     public int math;
17 };
```

最上層語句（第 2 ~ 11 行）

執行結果

```
Microsoft Visual Studio 偵錯主控台
請輸入姓名      : 洪錦魁
請輸入手機號碼 : 0999123456
請輸入數學成績 : 98
Hi 洪錦魁 歡迎你
手機號碼 : 0999123456
數學成績 : 98

D:\C#\ch13\ch13_1\ch13_1\bin\Debug\net6.0\ch13_1.exe
按任意鍵關閉此視窗…
```

在 2-2-1 節筆者介紹了 .NET 6.0 為了簡單化 C# 的程式設計，預設是使用**最上層語句**的觀念，對於 ch13_1.sln 而言，第 2 ~ 11 行就是所謂的**最上層語句**，在該節筆者敘述 C# 的程式結構，最上層語句必須在結構、類別、自訂型別或命名空間之前，上述第 12 ~ 17 行就是結構。

13-3-2　初始化結構資料

初始化結構資料可以使用大括號，{ 和 } 包夾，大括號中間依據成員函數宣告的順序填入資料即可。初始化時字串資料需用雙引號，字元資料可以用單引號，數值資料可以直接輸入數值。

此外，也可以使用 var 關鍵字宣告結構物件，當使用 new 關鍵字實體化此物件時，可以省略結構名稱，細節可以參考下列方案。

方案 ch13_2.sln：使用結構名稱和 var 關鍵字初始化結構資料，然後輸出。

```
1  // ch13_2
2  Student stu1 = new Student
3  {
4      name = "洪錦魁",
5      phone = "0999123456",
6      math = 98
7  };
8  var stu2 = new
9  {
10     name = "洪星宇",
11     phone = "0999999999",
12     math = 99
13 };
14 Console.WriteLine($"Hi {stu1.name} 歡迎你");
15 Console.WriteLine($"手機號碼 : {stu2.phone}");
16 Console.WriteLine($"數學成績 : {stu2.math}");
17 Console.WriteLine($"Hi {stu2.name} 歡迎你");
18 Console.WriteLine($"手機號碼 : {stu2.phone}");
19 Console.WriteLine($"數學成績 : {stu2.math}");
20 struct Student
21 {
22     public string name;
23     public string phone;
24     public int math;
25 };
```

執行結果

```
Microsoft Visual Studio 偵錯主控台
Hi 洪錦魁 歡迎你
手機號碼 : 0999999999
數學成績 : 99
Hi 洪星宇 歡迎你
手機號碼 : 0999999999
數學成績 : 99

D:\C#\ch13\ch13_2\ch13_2\bin\Debug\net6.0\ch13_2.exe
按任意鍵關閉此視窗…
```

讀者應該比較第 2 和第 8 行宣告 Student 物件 stu1 和 stu2 以及這兩個物件實體化的方式。

13-4 設定結構物件的內容給另一個結構物件

如果有兩個相同結構的物件，假設分別是 family 和 seven，可以使用賦值 = 號，將一個物件的內容設定給另一個物件。

方案 ch13_3.sln：建立一個 fruit 結構，這個結構有 family 和 seven 兩個物件，其中先設定 family 的物件內容，然後將 family 物件內容設定給 seven 物件。

```
1  // ch13_3
2  Fruit family;              // 宣告 family 物件
3  family.name = "香蕉";
4  family.price = 35;
5  family.origin = "高雄";
6  Console.WriteLine("全家 family 超商品項表");
7  Console.WriteLine($"品名 : {family.name}");
8  Console.WriteLine($"價格 : {family.price}");
9  Console.WriteLine($"產地 : {family.origin}");
10 Fruit seven;               // 宣告 seven 物件
11 seven = family;            // 設定結構內容相等
12 Console.WriteLine("小七 seven 超商品項表");
13 Console.WriteLine($"品名 : {seven.name}");
14 Console.WriteLine($"價格 : {seven.price}");
15 Console.WriteLine($"產地 : {seven.origin}");
16 struct Fruit
17 {
18     public string name;
19     public int price;
20     public string origin;
21 };
```

執行結果

```
Microsoft Visual Studio 偵錯主控台
全家 family 超商品項表
品名 : 香蕉
價格 : 35
產地 : 高雄
小七 seven 超商品項表
品名 : 香蕉
價格 : 35
產地 : 高雄

D:\C#\ch13\ch13_3\ch13_3\bin\Debug\net6.0\ch13_3.exe
按任意鍵關閉此視窗…
```

上述程式最關鍵的是第 11 行，藉由 "=" 號，就可以將已經設定的 family 物件內容全部轉給 seven 物件。

13-5 巢狀的結構

所謂的**巢狀結構** (nested struct) 就是結構內某個資料型態是一個結構，如下圖所示：

```
struct 結構 A
{
    ...
};
struct 結構 B
{
    public  資料型態  資料名稱 1;
    ...
    結構 A  變數名稱;
};
```

方案 ch13_4.sln：使用結構資料建立數學成績表，這個程式的 student 結構內有 score 結構。

```
// ch13_4
Student stu;
stu.name = "洪錦魁";
stu.math.sc = 92;
stu.math.grade = 'A';
Console.WriteLine($"姓名     : {stu.name}");
Console.WriteLine($"數學分數 : {stu.math.sc}");
Console.WriteLine($"數學成績 : {stu.math.grade}");

struct Score                    // 內層結構
{
    public int sc;              // 分數
    public char grade;          // 成績
};
struct Student                  // 外層結構
{
    public string name;         // 名字
    public Score math;          // 數學成績
}
```

執行結果

```
Microsoft Visual Studio 偵錯主控台
姓名     : 洪錦魁
數學分數 : 92
數學成績 : A

D:\C#\ch13\ch13_4\ch13_4\bin\Debug\net6.0\ch13_4.exe
按任意鍵關閉此視窗…
```

上述程式有 2 個重點：

1：設定結構內有結構的宣告方式，讀者可以參考第 18 行。

2：設定結構內有結構的資料方式，讀者可以參考第 4 ~ 5 行。

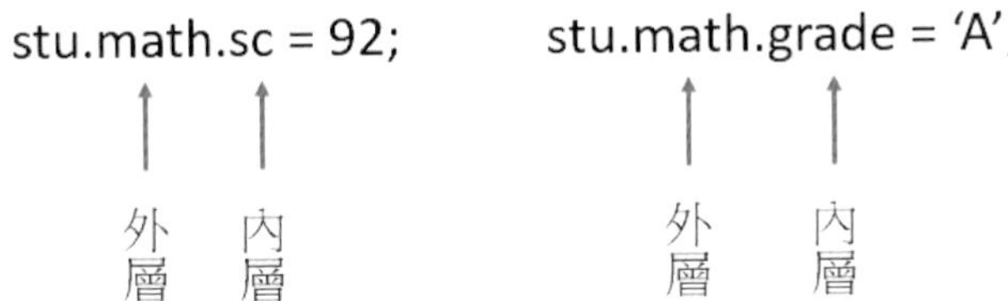

13-6 C# 結構 struct 的特色

C# 的結構和 C/C++ 仍是有差異，C# 的結構的特色如下：

結構內可以有方法 (也可稱函數)。

結構成員可以宣告為 public 或 private，但是不能宣告為 abstract、virtual 或 protected。

使用 new 建立結構物件，未來此物件可以調用結構內的方法。

使用 new 建立結構物件，未來可以存取結構內的 private 欄位。

可以有自動定義的建構 (Constructor) 方法。

下列是筆者建立 Books 結構的實體。

```
struct Books
{
    private string title;        // 書籍名稱
    private string author;       // 作者
    private int price;           // 售價
    public void SetValues(string t, string a, int p)
    {
        title = t;               // 設定書名
        author = a;              // 設定作者
        price = p;               // 設定售價
    }
    public void Display()
    {
        Console.WriteLine($"書名 : {title}");
        Console.WriteLine($"作者 : {author}");
        Console.WriteLine($"售價 : {price}");
    }
};
```

上述筆者建立了 Books 結構，此結構資料欄位是 private，表示由 New 實體化的物件才可以存取此資料欄的欄位。這個結構同時定義了 public void 的方法 SetValues( ) 和 Display( )，這些方法也必需是使用 new 實體化的物件才可以呼叫引用。

註1 如果沒有使用 new 實體化物件，必須先設定初值才可以。

註2 前一章我們介紹了函數設計，函數應用到結構或是未來要介紹的類別 (class) 稱方法 (method)，用法則相同。

實體化結構 Books 的物件與我們先前介紹實體化 Array、ArrayList、… 等觀念相同，下列是實體化 book 物件的方法。

```
Books book = new Books( );              // 實體化book物件
```

有了上述實體化的 book 物件後，可以使用下列方式呼叫 Books 結構內的方法，如下所示：

```
book.SetValues("C# 王者歸來", "洪錦魁", 980);
```

註 第 13 和 19 行必需要將方法宣告為 public，程式第 4 和 6 行才可以呼叫引用。

方案 ch13_5.sln：建立實體化結構物件，然後輸出。

```
1  // ch13_5
2  Books book = new Books();
3  // 建立 book 物件資料
4  book.SetValues("C# 王者歸來", "洪錦魁", 980);
5  // 輸出資料
6  book.Display();
7
8  struct Books
9  {
10     private string title;        // 書籍名稱
11     private string author;       // 作者
12     private int price;           // 售價
13     public void SetValues(string t, string a, int p)
14     {
15         title = t;               // 設定書名
16         author = a;              // 設定作者
17         price = p;               // 設定售價
18     }
19     public void Display()
20     {
21         Console.WriteLine($"書名 : {title}");
22         Console.WriteLine($"作者 : {author}");
23         Console.WriteLine($"售價 : {price}");
24     }
25 };
```

執行結果

```
Microsoft Visual Studio 偵錯主控台
書名 : C# 王者歸來
作者 : 洪錦魁
售價 : 980

D:\C#\ch13\ch13_5\ch13_5\bin\Debug\net6.0\ch13_5.exe
按任意鍵關閉此視窗…
```

從上述可以看到結構方法雖然好用，但是若是和物件導向程式使用的類別相比較，則有下列差異：

類別 (class) 是**參考**類型，結構 (struct) 是**值**類型。

類別 (class) 支援繼承特性，結構 (struct) 不支援繼承特性。

類別可以更有彈性宣告建構 (Constructor) 方法物件。

13-7 new 建立結構物件

從前面敘述可以看到可以用 new 或是沒有 new 建立結構物件，這兩個方法建立結構物件另一個差異如下：

使用 new：不用設定初值，可以輸出結構成員欄位的預設值。

不使用 new：不設定初值，輸出結構成員會有錯誤。

方案 ch13_6.sln：不使用 new 建立物件，程式編譯錯誤。

```
// ch13_6
Coordinate point;
Console.WriteLine("設定初值前輸出 point 座標");
Console.WriteLine($"x = {point.x}");     // 輸出 point.x 座標, 編譯錯誤
Console.WriteLine($"y = {point.y}");     // 輸出 point.y 座標, 編譯錯誤
Console.WriteLine("設定初值後輸出 point 座標");
point.x = 5;                             // 設定 point.x 座標
point.y = 10;                            // 設定 point.y 座標
Console.WriteLine($"x = {point.x}");     // 輸出 point.x 座標
Console.WriteLine($"y = {point.y}");     // 輸出 point.y 座標

struct Coordinate
{
    public int x;
    public int y;
}
```

執行結果

⊗	CS0170	使用可能未指派的欄位 'x'	ch13_6	Program.cs	4	作用中
⊗	CS0170	使用可能未指派的欄位 'y'	ch13_6	Program.cs	5	作用中

上述只要使用 new 宣告 point 物件就可以順利執行程式。

方案 ch13_7.sln：使用 new 宣告 point 重新設計 ch13_6.sln。

```
// ch13_7
Coordinate point = new Coordinate();
Console.WriteLine("設定初值前輸出 point 座標");
Console.WriteLine($"x = {point.x}");    // 輸出 point.x 座標, 編譯錯誤
Console.WriteLine($"y = {point.y}");    // 輸出 point.y 座標, 編譯錯誤
Console.WriteLine("設定初值後輸出 point 座標");
point.x = 5;                            // 設定 point.x 座標
point.y = 10;                           // 設定 point.y 座標
Console.WriteLine($"x = {point.x}");    // 輸出 point.x 座標
Console.WriteLine($"y = {point.y}");    // 輸出 point.y 座標

struct Coordinate
{
    public int x;
    public int y;
}
```

執行結果

```
Microsoft Visual Studio 偵錯主控台
設定初值前輸出 point 座標
x = 0
y = 0
設定初值後輸出 point 座標
x = 5
y = 10

D:\C#\ch13\ch13_7\ch13_7\bin\Debug\net6.0\ch13_7.exe
按任意鍵關閉此視窗…
```

13-8 結構資料與陣列

假設我們建立了員工資料的結構，員工資料結構一定是有許多員工，這時可以將結構資料與陣列相結合，假設結構名稱是 Employee，此時的結構陣列宣告如下：

Employee[ ] em = new Employee[3];

上述是建立含有 3 筆資料的陣列 em。

方案 ch13_8.sln：建立結構陣列與輸出。

```
// ch13_8
Employee[] em = new Employee[3];       // 建立含 3 個元素的結構陣列
em[0].SetValues(1001, "洪錦魁", 48);
em[1].SetValues(1023, "洪冰儒", 25);
em[2].SetValues(1089, "洪雨星", 23);
// 顯示結構陣列數據
```

```
foreach (var e in em)
    e.Display();

public struct Employee
{
    public int Id;                       // 員工 ID
    public string Name;                  // 員工姓名
    public int Age;                      // 員工年齡

    // 建立員工資料方法
    public void SetValues(int id, string name, int age)
    {
        Id = id;
        Name = name;
        Age = age;
    }
    // 顯示結構數據
    public void Display()
    {
        Console.WriteLine("員工資料");
        Console.WriteLine($"編號 : {Id}\t姓名 : {Name}\t年齡 : {Age}");
    }
}
```

執行結果

```
Microsoft Visual Studio 偵錯主控台
員工資料
編號 : 1001      姓名 : 洪錦魁    年齡 : 48
員工資料
編號 : 1023      姓名 : 洪冰儒    年齡 : 25
員工資料
編號 : 1089      姓名 : 洪雨星    年齡 : 23

D:\C#\ch13\ch13_8\ch13_8\bin\Debug\net6.0\ch13_8.exe
按任意鍵關閉此視窗…
```

13-9 struct 的建構 (Constructor) 方法

一個結構可以在內部建立與結構相同名稱的方法，這個方法就是稱**建構** (Constructor) 方法又稱**建構子**，這個建構方法可以實體化結構物件的初值，有了建構方法，此建構方法必須為所有成員設定初值，設定初值是使用 this 關鍵字。

方案 ch13_9.sln：建構方法的實例。

```
// ch13_9
Coordinate point = new Coordinate(5, 10);
Console.WriteLine($"x = {point.x}");
Console.WriteLine($"y = {point.y}");

struct Coordinate
{
```

```
 8      public int x;
 9      public int y;
10      public Coordinate(int x, int y)      // Constructor
11      {
12          this.x = x;                      // 設定初值 x 座標
13          this.y = y;                      // 設定初值 y 座標
14      }
15  }
```

執行結果

```
Microsoft Visual Studio 偵錯主控台
x = 5
y = 10

D:\C#\ch13\ch13_9\ch13_9\bin\Debug\net6.0\ch13_9.exe
按任意鍵關閉此視窗…
```

程式第 2 行建立 point 物件時，會將 Coordinate(5, 10) 的參數 5 和 10 分別傳給第 10 行的建構方法，然後此建構方法使用 this 關鍵字設定 x 和 y 的初值。

13-10 資料封裝 - 結構的 set 和 get

在結構的應用中，如果要設定結構 private 成員資料，需使用該結構含有參數的 public 方法。結構方法的 set 特性可以讓我們直接更新結構的 private 成員資料，結構的 get 特性可以讓我們直接取得結構的 private 成員資料。在物件導向觀念中這稱作是資料封裝 (Encapsulation)，可以保護結構的 private 資料，不被外部程式直接存取。

方案 ch13_10.sln：結構內含 set 與 get 的應用，這是設定學生編號與姓名的應用。

```
// ch13_10
Student stu = new Student();
stu.ID = 651014;                                  // 啟動 set 設定學號
stu.Name = "洪錦魁";                              // 啟動 set 設定姓名
Console.WriteLine($"學生學號 : {stu.ID}");         // 啟動 get 獲得學號
Console.WriteLine($"學生姓名 : {stu.Name}");       // 啟動 get 獲得姓名
struct Student
{
    private int id;                               // 學號
    private string name;                          // 姓名
    public int ID
    {
        get { return id; }                        // 回傳學號
        set { id = value; }                       // 設定學號
    }
    public string Name
    {
        get { return name; }                      // 回傳姓名
        set { name = value; }                     // 設定姓名
    }
}
```

執行結果

```
Microsoft Visual Studio 偵錯主控台
學生學號 : 651014
學生姓名 : 洪錦魁

D:\C#\ch13\ch13_10\ch13_10\bin\Debug\net6.0\ch13_10.exe
按任意鍵關閉此視窗…
```

上述執行第3行stu.ID = 651014時和第4行stu.Name = "洪錦魁"時，因為有賦值，會自動啟動 set。當執行第 5 行的 stu.ID 和第 6 行 stu.Name，因為沒有賦值，會自動啟動 get。上述有關 ID 和 Name 方法內的 get 和 set 又可以簡化，可以參考下列實例。

上述 ID 和 Name 表面上是方法，但是主要目的是可以存取欄位的內容，在 C# 程式設計中，我們稱此為**屬性** (Property)。

方案 ch13_11.sln：get 和 set 的簡化。

```
1  // ch13_11
2  Student stu = new Student();
3  stu.ID = 651014;                               // 啟動 set 設定學號
4  stu.Name = "洪錦魁";                           // 啟動 set 設定姓名
5  Console.WriteLine($"學生學號 : {stu.ID}");     // 啟動 get 獲得學號
6  Console.WriteLine($"學生姓名 : {stu.Name}");   // 啟動 get 獲得姓名
7  struct Student
8  {
9      private int id;                            // 學號
10     private string name;                       // 姓名
11     public int ID { get; set; }
12     public string Name { get; set; }
13 }
```

執行結果 與 ch13_10.sln 相同。

上述第 11 行的 get 和 set 並沒有程式碼，這時 C# 編譯程式會自動定義私有欄位執行此 get 和 set 工作，所以上述第 9 ~ 10 行的定義已經是多餘的。這時可以簡化上述 ch13_11.sln，如下列方案 ch13_11_1.sln。

方案 ch13_11_1.sln：繼續簡化設計 ch13_11.sln，這個程式是 C# 自動實作屬性。

```
// ch13_11_1
Student stu = new Student { ID = 651014, Name = "洪錦魁" };
Console.WriteLine($"學生學號 : {stu.ID}");      // 啟動 get 獲得學號
Console.WriteLine($"學生姓名 : {stu.Name}");    // 啟動 get 獲得姓名
struct Student
{
    public int ID { get; set; }
    public string Name { get; set; }
}
```

執行結果 與 ch13_10.sln 相同。

13-11 readonly 欄位

從 C# 9.0 開始結構或是結構資料與方法增加了 readonly(唯讀) 觀念，如果結構設定 readonly 後，除了建構函數 (Construtor) 所設定資料外，則此結構的所有成員資料只能讀取，無法更改內容。

此外，因為已經設定唯讀，所以可以將 set 取消，另外因為要讓建構函數在建立物件時可以初始化成員資料，所以可以用關鍵字 "init;" 取代 "set"。

方案 ch13_12.sln：使用 readonly 定義結構，然後只能使用建構函數設定座標軸 x 和 y 值。

```
// ch13_12
var p1 = new Coords(2, 5);
Console.WriteLine($"({p1.X}, {p1.Y})");  // 輸出 : (2, 5)

public readonly struct Coords
{
    public Coords(double x, double y)
    {
        X = x;
        Y = y;
    }

    public double X { get; init; }
    public double Y { get; init; }
}
```

執行結果

```
Microsoft Visual Studio 偵錯主控台
(2, 5)

D:\C#\ch13\ch13_12\ch13_12\bin\Debug\net6.0\ch13_12.exe
按任意鍵關閉此視窗…
```

13-12 with 關鍵字

關鍵字 with 可以複製結構實體的特定欄位資料，然後予以修改，這個功能可以用在建立新的實體物件時，執行初始值設定時修改成員內容。

方案 ch13_13.sln：在 readonly 結構下建立 p2 和 p3 物件時，使用 p1 的值副本修改成員的內容當作新物件的初值。

```
1  // ch13_13
2  var p1 = new Coords(2, 5);
3  Console.WriteLine($"({p1.X}, {p1.Y})");     // 輸出 : (2, 5)
4  var p2 = p1 with { X = 3 };
5  Console.WriteLine($"({p2.X}, {p2.Y})");     // 輸出 : (3, 5)
6  var p3 = p1 with { X = 5, Y = 10 };
7  Console.WriteLine($"({p3.X}, {p3.Y})");     // 輸出 : (5, 10)
8  public readonly struct Coords
9  {
10     public Coords(double x, double y)
11     {
12         X = x;
13         Y = y;
14     }
15
16     public double X { get; init; }
17     public double Y { get; init; }
18 }
```

執行結果

```
Microsoft Visual Studio 偵錯主控台
(2, 5)
(3, 5)
(5, 10)

D:\C#\ch13\ch13_13\ch13_13\bin\Debug\net6.0\ch13_13.exe
按任意鍵關閉此視窗…
```

上述第 4 行的 with 是 p3 點使用 p1 點的資料但是將 X 設為 3，第 6 行的 with 是 p3 點使用 p1 點的資料但是將 X 設為 5 和 Y 設為 10。

13-13 專題 – 找出最高分姓名和分數 / 輸出學生資料

13-13-1　找出最高分姓名和分數

方案 ch13_14.sln：列出最高分的學生和分數。

```
// ch13_14
int len = 5;                              // 學生人數
int Max(Student[] st)                     // 求最高分的索引編號
{
    int max = int.MinValue;
    int index = 0;                        // 最高分的索引
    for (int i = 0; i < len; i++)
        if (max < st[i].score)
        {
            max = st[i].score;
            index = i;
        }
    return index;
}

```

```
Student[] stu = new Student[len];      // 建立含 5 個元素的結構陣列
stu[0].SetValues("洪錦魁", 90);
stu[1].SetValues("洪冰儒", 95);
stu[2].SetValues("洪雨星", 88);
stu[3].SetValues("洪冰雨", 80);
stu[4].SetValues("洪星宇", 83);
int idx = Max(stu);
Console.WriteLine($"最高分學生姓名 : {stu[idx].name}");
Console.WriteLine($"最高分學生分數 : {stu[idx].score}");

public struct Student
{
    public string name;                 // 姓名
    public int score;                   // 分數

    // 建立學生分數
    public void SetValues(string n, int s)
    {
        name = n;
        score = s;
    }
}
```

執行結果

```
Microsoft Visual Studio 偵錯主控台
最高分學生姓名 : 洪冰儒
最高分學生分數 : 95

D:\C#\ch13\ch13_14\ch13_14\bin\Debug\net6.0\ch13_14.exe
按任意鍵關閉此視窗…
```

13-13-2　平面座標系統

結構 struct 的應用範圍有許多，例如：也可以建立座標系統的 struct 結構，觀念可以參考下列實例。

方案 ch13_15.sln：計算兩點的距離。

```
// ch13_15
double Distance(POINT p1, POINT p2)
{
    double d = Math.Pow(Math.Pow(p1.X - p2.X, 2) +
                        Math.Pow(p1.Y - p2.Y, 2), 0.5);
    return d;
}
var a = new POINT(1, 1);
var b = new POINT(3, 5);
double dist = Distance(a, b);
Console.WriteLine($"distance = {dist:F3}");

struct POINT
{
    public POINT(double x, double y)
    {
```

```
        X = x;
        Y = y;
    }

    public double X { get; init; }
    public double Y { get; init; }
}
```

執行結果

```
Microsoft Visual Studio 偵錯主控台
distance = 4.472

D:\C#\ch13\ch13_15\ch13_15\bin\Debug\net6.0\ch13_15.exe
按任意鍵關閉此視窗…
```

習題實作題

方案 ex13_1.sln：有一個 struct Score 定義如下。(13-3 節)

```
struct Score
{
    public string name;
    public int math;
    public int english;
    public int computer;
}
```

請建立一筆資料然後輸出。

```
Microsoft Visual Studio 偵錯主控台
成績表姓名 : 洪錦魁
數學 : 80
英文 : 85
電算 : 90
平均 : 85.00

D:\C#\ex\ex13_1\ex13_1\bin\Debug\net6.0\ex13_1.exe
按任意鍵關閉此視窗…
```

方案 ex13_2.sln：有一個 struct Score 定義如下。(13-8 節)

```
struct Score          // 定義結構資料名稱
{
    public int math;        // 數學
    public int english;     // 英文
    public int computer;    // 電腦
    public void setScores(int m, int e, int c)
    {
        math = m;
        english = e;
        computer = c;
    }
}
```

下列是陣列與初始值設定。

```
Score[] test = new Score[5];
test[0].setScores(74, 80, 66);
test[1].setScores(72, 90, 77);
test[2].setScores(77, 65, 60);
test[3].setScores(65, 58, 74);
test[4].setScores(81, 79, 68);
```

請計算各科平均值然後輸出。

```
Microsoft Visual Studio 偵錯主控台
數學平均 ==> 73.80
英文平均 ==> 74.40
電腦平均 ==> 69.00

D:\C#\ex\ex13_2\ex13_2\bin\Debug\net6.0\ex13_2.exe
按任意鍵關閉此視窗…
```

方案 ex13_3.sln：計算兩個時間差，建立時間系統的 struct 結構，如下所示：(13-13 節)

```
struct TIME
{
    public int hours;       // 時
    public int mins;        // 分
    public int secs;        // 秒
};
```

這個程式會要求輸入起始時間和結束時間，然後輸出時間差。

```
Microsoft Visual Studio 偵錯主控台
請輸入起始時間
起始時間 (時) : 8
起始時間 (分) : 10
起始時間 (秒) : 20
請輸入結束時間
結束時間 (時): 9
結束時間 (分): 20
結束時間 (秒): 10
時間差值 = 1:9:50

D:\C#\ex\ex13_3\ex13_3\bin\Debug\net6.0\ex13_3.exe
按任意鍵關閉此視窗…
```

第 14 章

列舉 enum

關鍵字 enum，可以翻譯為**列舉**，其實是英文 enumeration 的縮寫，許多程式語言皆有這個功能，例如：Python、VBA、C 或 C++… 等。它的功能主要是使用有意義的名稱來取代一組數字，這樣可以讓程式比較簡潔，同時更容易閱讀。例如：WeekDays.Sunday 會比數字 0 更容易了解與閱讀。

14-1 定義列舉 enum 的資料型態宣告變數

列舉 enum 的定義和結構 struct 類似，如下所示：

```
存取修飾詞  enum  列舉名稱
{
    列舉元素 1,    \
    ...             這是有意義的名稱取代一組數字
    列舉元素 n     / 預設數字編號從 0 開始
}
```

註 enum 的修飾詞預設是 public，也只能設為 public，一般皆省略。

需留意的是列舉 enum 元素間是用 "," (逗號) 隔開，最後一筆不需要逗號。此外，也可以將上述定義的列舉元素用一行表示。

```
enum  列舉名稱
{
    列舉元素 1 , ..., 列舉元素 n
}
```

或是

```
enum  列舉名稱
{   列舉元素 1 , ..., 列舉元素 n   }
```

假設使用英文字串代表每個整數，整數從 0 開始，缺點是程式碼比較多，如果要定義代表星期資訊的列舉名稱 WeekDays，可以用下列方式。

```
enum WeekDays
{
        Sunday,              // 0
        Monday,              // 1
        Tuesday,             // 2
        Wednesday,           // 3
```

```
        Thursday,                //4
        Friday,                  //5
        Saturday                 //6
    }
```

上述使用了簡單的列舉 enum WeekDays，方便易懂，就代替了需要個別定義星期字串。使用列舉 enum，我們需要注意下列 3 點：

1：上述定義了 Sunday … Saturday 等列舉 enum 元素，這些元素就變成了常數，不可以對它們賦值，但是可以將它們的值賦給其它變數。

2：不可以定義與列舉 enum 元素相同名稱的變數。

3：要輸出數字需使用 int，執行顯性轉換。

方案 ch14_1.sln：輸出列舉的預設數值，同時驗證筆者所述列舉元素第 1 個字串代表 0，第 2 個字串代表 1，其它以此類推。

```
// ch14_1
Console.WriteLine($"Sunday    : {(int) WeekDays.Sunday}");
Console.WriteLine($"Monday    : {(int) WeekDays.Monday}");
Console.WriteLine($"Tuesday   : {(int) WeekDays.Tuesday}");
Console.WriteLine($"Wednesday : {(int) WeekDays.Wednesday}");
Console.WriteLine($"Thursday  : {(int) WeekDays.Thursday}");
Console.WriteLine($"Friday    : {(int) WeekDays.Friday}");
Console.WriteLine($"Saturday  : {(int) WeekDays.Saturday}");

enum WeekDays
{
    Sunday,
    Monday,
    Tuesday,
    Wednesday,
    Thursday,
    Friday,
    Saturday
}
```

執行結果

```
Microsoft Visual Studio 偵錯主控台
Sunday    : 0
Monday    : 1
Tuesday   : 2
Wednesday : 3
Thursday  : 4
Friday    : 5
Saturday  : 6

D:\C#\ch14\ch14_1\ch14_1\bin\Debug\net6.0\ch14_1.exe
按任意鍵關閉此視窗…
```

由於列舉 enum 元素是連續的整數，所以也可以使用 for 迴圈列出列舉 enum 元素的預設值。

方案 ch14_2.sln：使用 for 迴圈，列出列舉 enum 元素的預設值。

```
// ch14_2
for (WeekDays i = WeekDays.Sunday; i <= WeekDays.Saturday; i++)
{
    Console.WriteLine($"{i,-9} : {(int) i}");
}
enum WeekDays
{
    Sunday,
    Monday,
    Tuesday,
    Wednesday,
    Thursday,
    Friday,
    Saturday
}
```

執行結果

```
Microsoft Visual Studio 偵錯主控台
Sunday    : 0
Monday    : 1
Tuesday   : 2
Wednesday : 3
Thursday  : 4
Friday    : 5
Saturday  : 6

D:\C#\ch14\ch14_2\ch14_2\bin\Debug\net6.0\ch14_2.exe
按任意鍵關閉此視窗…
```

14-2 定義列舉 enum 元素的整數值

使用列舉 enum 元素時，不需要一定從 0 開始，可以從 1 開始。此外也不需要一定是連續的，使用時可以重新定義列舉 enum 元素的值。

14-2-1　定義 enum 從元素 1 開始編號

下列是定義列舉 enum 元素從 1 開始編號。

```
enum Season
{ Spring = 1, Summer, Autumn, Winter }
```

方案 ch14_3.sln：定義 Season 季節的列舉 enum，從 1 開始。

```
// ch14_3
Console.WriteLine("enum 從 1 開始");
for (Season i = Season.Spring; i <= Season.Winter; i++)
    Console.WriteLine($"{i} : {(int) i}");

enum Season
{ Spring=1, Summer, Autumn, Winter }
```

執行結果

```
Microsoft Visual Studio 偵錯主控台
enum 從 1 開始
Spring : 1
Summer : 2
Autumn : 3
Winter : 4

D:\C#\ch14\ch14_3\ch14_3\bin\Debug\net6.0\ch14_3.exe
按任意鍵關閉此視窗…
```

14-2-2　定義列舉 enum 元素數值不連續

下列是定義列舉 enum 元素數值不連續。

```
enum Season
{ Spring = 10, Summer = 20, Autumn = 30, Winter = 40 }
```

我們可以使用 foreach 遍歷上述列舉內容，不過在講解遍歷上述列舉內容前，筆者先講解 typeof( ) 函數，這個函數可以獲得 System.Enum 類型。

方案 ch14_4.sln：輸出自定義列舉 Season 的 System.Enum 類型。

```
1  // ch14_4
2  var memberType = typeof(Season);
3  Console.WriteLine(memberType.Name);          // 取得 System.Enum
4  Console.WriteLine(typeof(Season));           // 取得 System.Enum
5
6  enum Season
7  { Spring = 10, Summer = 20, Autumn = 30, Winter = 40 }
```

執行結果

```
Microsoft Visual Studio 偵錯主控台
Season
Season

D:\C#\ch14\ch14_4\ch14_4\bin\Debug\net6.0\ch14_4.exe
按任意鍵關閉此視窗…
```

上述程式第 3 行只是讓讀者了解可以從 Name 屬性獲得 System.Enum 的資料類型，其實當我們定義了列舉 Enum Season 後，在 System.Enum 內就建立了 Season 資料類型。

如果我們想要取得列舉 Enum Season 內的元素，這時還需要使用 GetValues( ) 方法，此函數的語法如下：

public static Array GetValues(Type enumType);

上述參數 enumType 是列舉類型，此時可以放置 type(Season) 當作參數，這個方法可以使用 Enum 引用，細節可以參考下列實例。

方案 ch14_5.sln：輸出 enum Season 元素和所代表的數字內容。

```
1   // ch14_5
2   Console.WriteLine("輸出列舉元素名稱");
3   foreach (Season i in Enum.GetValues(typeof(Season)))
4       Console.WriteLine(i);
5
6   Console.WriteLine("輸出列舉元素值");
7   foreach (int i in Enum.GetValues(typeof(Season)))
8       Console.WriteLine(i);
9
10  enum Season
11  { Spring = 10, Summer = 20, Autumn = 30, Winter = 40 }
```

執行結果

```
Microsoft Visual Studio 偵錯主控台
輸出列舉元素名稱
Spring
Summer
Autumn
Winter
輸出列舉元素值
10
20
30
40

D:\C#\ch14\ch14_5\ch14_5\bin\Debug\net6.0\ch14_5.exe
按任意鍵關閉此視窗…
```

上述第 3 行，取得列舉 Enum Season 的元素名稱也可以使用 Enum 的 GetNames( ) 方法，此方法的語法如下：

public static Array GetNames(Type enumType);

方案 ch14_5_1.sln：使用 Enum 的 GetNames( ) 方法重新設計 ch14_5.sln。

```
// ch14_4
var memberType = typeof(Season);
Console.WriteLine(memberType.Name);           // 取得 System.Enum
Console.WriteLine(typeof(Season));            // 取得 System.Enum

enum Season
{ Spring = 10, Summer = 20, Autumn = 30, Winter = 40 }
```

執行結果 與 ch14_5.sln 相同。

方案 ch14_6.sln：將元素名稱和數值組織起來。

```
// ch14_6
Console.WriteLine("輸出列舉元素名稱和數值");
foreach (Season i in Enum.GetValues(typeof(Season)))
    Console.WriteLine($"{i} : {(int) i}");

enum Season
{ Spring = 10, Summer = 20, Autumn = 30, Winter = 40 }
```

執行結果

```
Microsoft Visual Studio 偵錯主控台
輸出列舉元素名稱和數值
Spring : 10
Summer : 20
Autumn : 30
Winter : 40

D:\C#\ch14\ch14_6\ch14_6\bin\Debug\net6.0\ch14_6.exe
按任意鍵關閉此視窗…
```

14-2-3 不規則定義列舉 enum 元素值

定義列舉 enum 元素值也可以是不規則，可以參考下列定義：

enum Color
{ Red, Green, Blue = 30, Yellow}

方案 ch14_7.sln：上述 Red 代表 0，Green 代表 1，Blue 代表 30，Yellow 代表 31。

```
// ch14_7
Console.WriteLine("輸出列舉元素名稱和數值");
foreach (Color i in Enum.GetValues(typeof(Color)))
    Console.WriteLine($"{i, -6} : {(int) i}");

enum Color
{ Red, Green, Blue = 30, Yellow }
```

執行結果

```
Microsoft Visual Studio 偵錯主控台
輸出列舉元素名稱和數值
Red    : 0
Green  : 1
Blue   : 30
Yellow : 31

D:\C#\ch14\ch14_7\ch14_7\bin\Debug\net6.0\ch14_7.exe
按任意鍵關閉此視窗…
```

14-3 列舉的轉換

其實前一小節筆者已經有說明 enum 元素名稱轉換成數值，也可以將數值轉換成元素名稱，下列將用一個更完整的實例作解說。

方案 ch14_8.sln：宣告列舉變數，然後將元素名稱轉數值或是將數值轉成元素名稱。

```
// ch14_8
Season x = Season.Summer;
Console.WriteLine($"整數 {x} 元素名稱是 {(int) x}");

var y = (Season) 2;
Console.WriteLine(y);        // 輸出 Autumn

var z = (Season) 5;          // 超出範圍
Console.WriteLine(z);        // 輸出原數值 5

enum Season
{ Spring, Summer, Autumn, Winter }
```

執行結果

```
Microsoft Visual Studio 偵錯主控台
整數 Summer 元素名稱是 1
Autumn
5

D:\C#\ch14\ch14_8\ch14_8\bin\Debug\net6.0\ch14_8.exe
按任意鍵關閉此視窗…
```

14-4 專題 - 列舉 enum 使用目的 / 百貨公司折扣

14-4-1 enum 使用目的

我們在程式設計時，假設要選擇喜歡的顏色，如果要記住 1 代表紅色 (Red)，2 代表綠色 (Green)，3 代表藍色 (Blue)，坦白說時間一久一定會忘記當初的數字設定，但是如果用 enum 處理，未來可以由 Red、Green 和 Blue 辨識顏色，這樣時間再久也一定記得。

方案 ch14_9.sln：請輸入你喜歡的顏色。

```
// ch14_9
Console.Write("請選擇喜歡的顏色 1:Red, 2:Green, 3:Blue = ");
Color mycolor = (Color) Convert.ToInt32(Console.ReadLine());
switch (mycolor)
{
```

```
    case Color.Red:
        Console.WriteLine("你喜歡紅色");
        break;
    case Color.Green:
        Console.WriteLine("你喜歡綠色");
        break;
    case Color.Blue:
        Console.WriteLine("你喜歡藍色");
        break;
    default:
        Console.WriteLine("輸入錯誤");
        break;
}

enum Color
{
    Red = 1, Green, Blue
}
```

執行結果

```
Microsoft Visual Studio 偵錯主控台
請選擇喜歡的顏色 1:Red, 2:Green, 3:Blue = 2
你喜歡綠色

D:\C#\ch14\ch14_9\ch14_9\bin\Debug\net6.0\ch14_9.exe
按任意鍵關閉此視窗…
```

上述使用了簡單的數字輸入，就可以判別所喜歡的顏色。

14-4-2 百貨公司折扣

在百貨公司結帳時，常會因為所使用的卡別給予不同的折扣，這些折扣可能會在不同促銷季節而調整，如果要讓結帳小姐記註折扣，可能會有困難，這時可以使用列舉 enum 元素，記錄卡別，然後後台設定各卡別的折扣，就可以讓規則簡化許多。

方案 ch14_10.sln：百貨公司常針對消費者的卡別做折扣，假設折扣規則如下：

白金卡 (Platinum)：7 折

金卡 (Gold)：8 折

銀卡 (Silver)：9 折

這個程式會要求輸入消費金額和卡別，然後輸出結帳金額。

```
// ch14_10
Console.Write("請輸入卡別 1:Platinum, 2:Gold, 3:Silver = ");
Card mycard = (Card) Convert.ToInt32(Console.ReadLine());
Console.Write("請輸入消費金額 = ");
int money = Convert.ToInt32(Console.ReadLine());
switch (mycard)
{
```

```
8          case Card.Platinum:
9              Console.WriteLine($"結帳金額        = {money * 0.7:F2}");
10             break;
11         case Card.Gold:
12             Console.WriteLine($"結帳金額        = {money * 0.8:F2}");
13             break;
14         case Card.Silver:
15             Console.WriteLine($"結帳金額        = {money * 0.9:F2}");
16             break;
17         default:
18             Console.WriteLine($"結帳金額        = {money:F2}");
19             break;
20     }
21
22     enum Card
23     {
24         Platinum = 1, Gold, Silver
25     }
```

執行結果

```
Microsoft Visual Studio 偵錯主控台
請輸入卡別 1:Platinum, 2:Gold, 3:Silver = 1
請輸入消費金額 = 50000
結帳金額       = 35000.00

D:\C#\ch14\ch14_10\ch14_10\bin\Debug\net6.0\ch14_10.exe
按任意鍵關閉此視窗…
```

這個程式第 22 ~ 25 行使用 enum Card 定義了卡別的等級，第 3 行可以讀取卡別，第 5 行讀取消費金額，然後第 6 ~ 20 行會依據卡別和消費金額計算結帳金額。

習題實作題

方案 ex14_1.sln：請建立下列 enum Level。(14-1 節)

```
enum Level
{
    Low, Medium, High
}
```

不使用迴圈，然後輸出每個 enum Level 元素值。

```
Microsoft Visual Studio 偵錯主控台
Level  : 0
Medium : 1
High   : 2

D:\C#\ex\ex14_1\ex14_1\bin\Debug\net6.0\ex14_1.exe
按任意鍵關閉此視窗…
```

方案 ex14_2.sln：請建立下列 enum Level。(14-2 節)

```
enum Month
{ January = 1, March = 3, May = 5, July = 7, September = 9 }
```

使用迴圈，然後輸出每個 enum Level 元素值。

```
Microsoft Visual Studio 偵錯主控台
輸出列舉 Month 元素名稱和數值
January   : 1
March     : 3
May       : 5
July      : 7
September : 9

D:\C#\ex\ex14_2\ex14_2\bin\Debug\net6.0\ex14_2.exe
按任意鍵關閉此視窗…
```

方案 ex14_3.sln：這個程式會依據輸入，回應機器運作狀態。(14-4 節)

方案 ex14_4.sln：水果銷售實例，假設香蕉 Banana 一斤 50 元，蘋果 Apple 一斤 60 元，草莓 Strawberry 一斤 80 元，請設計系統要求選擇水果，然後要求輸入重量，最後輸出結帳金額。(14-4 節)

```
Microsoft Visual Studio 偵錯主控台
請輸入水果 1:Banana, 2:Apple, 3:Strawberry = 2
請輸入重量 = 5
結帳金額   = 300.00

D:\C#\ex\ex14_4\ex14_4\bin\Debug\net6.0\ex14_4.
按任意鍵關閉此視窗…
```

```
Microsoft Visual Studio 偵錯主控台
請輸入水果 1:Banana, 2:Apple, 3:Strawberry = 3
請輸入重量 = 3
結帳金額   = 240.00

D:\C#\ex\ex14_4\ex14_4\bin\Debug\net6.0\ex14_4.
按任意鍵關閉此視窗…
```

方案 ex14_5.sln：電影售票系統設計，單張票售價是 300 元，這個程式會要求輸入身份選項，不同身份售價不同，規則如下：(14-4 節)

1：Child：打 2 折。

2：Police：打 5 折。

3：Adult：不打折。

4：Elder：打 2 折。

5：Exit：程式結束，列出結帳金額。

6：其他輸入會列出選項錯誤。

一個人可能會買多種票，所以這是一個迴圈設計，必須選 5，程式才會結束。

```
Microsoft Visual Studio 偵錯主控台
請輸入身份 1:Child, 2:Police, 3:Adult, 4:Elder, 5:Exit = 2
請輸入張數 = 2
請輸入身份 1:Child, 2:Police, 3:Adult, 4:Elder, 5:Exit = 3
請輸入張數 = 2
請輸入身份 1:Child, 2:Police, 3:Adult, 4:Elder, 5:Exit = 1
請輸入張數 = 1
請輸入身份 1:Child, 2:Police, 3:Adult, 4:Elder, 5:Exit = 4
請輸入張數 = 4
請輸入身份 1:Child, 2:Police, 3:Adult, 4:Elder, 5:Exit = 5
結帳金額 = 1200

D:\C#\ex\ex14_5\ex14_5\bin\Debug\net6.0\ex14_5.exe (處理序
按任意鍵關閉此視窗…
```

第 15 章

日期和時間

C# 有關日期與時間的類別是 DateTime，這是屬於 System 命名空間的類別，可以由這個類別取得日期、時間 … 等相關資訊，這一章也將講解另一個類別 TimeSpan，這個類別也是屬於 System 命名空間，主要是呈現時間間隔，

15-1 DateTime 的建構方法與屬性

有許多方法可以建立時間與日期 (DateTime) 物件，本節將講解常用的方法，C# 的 DateTime 日期範圍是西元 0001 年 1 月 1 日 0 時 0 分 0 秒到 9999 年 12 月 31 日 11 點 59 分 59 秒。

15-1-1 建立 DateTime 物件

DateTime 類別的使用非常有彈性，可以使用下列建構方法建立時間物件。

```
DateTime( );
DateTime(year, month, day);
DateTime(year, month, day, hour, minute, second);
DataTime(year, month, day, hour, minute, second, milliseconds);
```

上述如果省略日期設定，系統內定是 0000 年 0 月 0 日，如果省略時間系統內定是 12:00:00。

方案 ch15_1.sln：建立時間與日期物件，然後輸出。

```
// ch15_1
DateTime dt0 = new DateTime();
DateTime dt1 = new DateTime(2022, 11, 28);                 // 只有日期
DateTime dt2 = new DateTime(2022, 11, 28, 8, 12, 23);      // 日期與時間
DateTime dt3 = new DateTime(2022, 11, 28, 8, 12, 23, 300); // 含毫秒
Console.WriteLine(dt0);
Console.WriteLine(dt1);
Console.WriteLine(dt2);
Console.WriteLine(dt3);
```

執行結果

```
Microsoft Visual Studio 偵錯主控台
0001/1/1 上午 12:00:00
2022/11/28 上午 12:00:00
2022/11/28 上午 08:12:23
2022/11/28 上午 08:12:23

D:\C#\ch15\ch15_1\ch15_1\bin\Debug\net6.0\ch15_1.exe
按任意鍵關閉此視窗…
```

註 上述時間 12:00:00 是指午夜，也可以說是 00:00:00。

15-1-2 取得 DateTime 物件屬性

有了 DateTime 物件後，可以有下列時間與日期相關資訊的屬性可以引用：

Date：顯示日期，時間則是上午 12:00:00，也可以說是午夜 00:00:00。

Year：年，可以參考 15-1-3 節。

Month：月，可以參考 15-1-3 節。

Day：日，可以參考 15-1-3 節。

Hour：時，可以參考 15-1-3 節。

Minute：分，可以參考 15-1-3 節。

Second：秒，可以參考 15-1-3 節。

MilliSecond：毫秒，可以參考 15-1-3 節。

TimeOfDay：此物件的時間 (含 Ticks)，可以參考 15-1-4 節。

DayOfWeek：此物件的星期幾，可以參考 15-1-4 節。

DayOfYear：此物件是今年第幾天，可以參考 15-1-4 節。

Now：目前系統的日期與時間，可以參考 15-1-5 節。

UtcNow：UTC 格林威治時間，可以參考 15-1-5 節。

Today：目前系統的日期，時間是 00:00:00，可以參考 15-1-5 節。

Ticks：10000000Ticks 等於 1 秒，回傳此物件的刻度 (Ticks) 數目，可以參考 15-1-6 節。

15-1-3 基礎屬性的認識

方案 ch15_2.sln：輸出 DateTime 物件的基礎屬性。

```
// ch15_2
DateTime dt = new DateTime(2022, 11, 28, 8, 12, 23, 300);  // 含毫秒
Console.WriteLine($"日期 : {dt.Date}");
Console.WriteLine($"年份 : {dt.Year}");
Console.WriteLine($"月份 : {dt.Month}");
Console.WriteLine($"日   : {dt.Day}");
Console.WriteLine($"時   : {dt.Hour}");
Console.WriteLine($"分   : {dt.Minute}");
Console.WriteLine($"秒   : {dt.Second}");
Console.WriteLine($"毫秒 : {dt.Millisecond}");
```

執行結果

```
Microsoft Visual Studio 偵錯主控台
日期 : 2022/11/28 上午 12:00:00
年份 : 2022
月份 : 11
日   : 28
時   : 8
分   : 12
秒   : 23
毫秒 : 300

D:\C#\ch15\ch15_2\ch15_2\bin\Debug\net6.0\ch15_2.exe
按任意鍵關閉此視窗…
```

15-1-4　TimeOfDay/DayOfWeek/DayOfYear

方案 ch15_3.sln：認識 TimeOfDay/DayOfWeek/DayOfYear 屬性。

```
// ch15_3
DateTime dt = new DateTime(2022, 11, 28, 8, 12, 23, 300);  // 含毫秒
Console.WriteLine($"時間   : {dt.TimeOfDay}");
Console.WriteLine($"星期幾 : {dt.DayOfWeek}");
Console.WriteLine($"第幾天 : {dt.DayOfYear}");
```

執行結果

```
Microsoft Visual Studio 偵錯主控台
時間   : 08:12:23.3000000
星期幾 : Monday
第幾天 : 332

D:\C#\ch15\ch15_3\ch15_3\bin\Debug\net6.0\ch15_3.exe
按任意鍵關閉此視窗…
```

15-1-5　Now/UtcNow

回傳目前系統與格林威治日期與時間。

方案 ch15_4.sln：目前系統與格林威治日期與時間。

```
// ch15_4
DateTime dt1 = DateTime.Now;
DateTime dt2 = DateTime.UtcNow;
DateTime dt3 = DateTime.Today;
Console.WriteLine($"目前系統日期和時間       : {dt1.Date} {dt1.TimeOfDay}");
Console.WriteLine($"目前格林威治日期與時間 : {dt2.Date} {dt2.TimeOfDay}");
Console.WriteLine($"今天系統日期             : {dt3.Date} {dt3.TimeOfDay}");
```

執行結果

```
Microsoft Visual Studio 偵錯主控台
目前系統日期和時間     : 2022/11/28 上午 12:00:00 08:00:46.9491321
目前格林威治日期與時間 : 2022/11/28 上午 12:00:00 00:00:46.9584170
今天系統日期           : 2022/11/28 上午 12:00:00 00:00:00

D:\C#\ch15\ch15_4\ch15_4\bin\Debug\net6.0\ch15_4.exe (處理序 23736)
按任意鍵關閉此視窗…
```

從上述看到時間單位 Ticks 部分有落差，這表示執行兩道指令之間所需的系統時間。

15-1-6　刻度數 Ticks

方案 ch15_5.sln：先輸出字串，然後隔 10 秒後輸出下一個字串。

```
// ch15_5
var startick = DateTime.Now.Ticks;
long endtick;
Console.WriteLine("Hello, World!");
Console.WriteLine("等待 10秒");
while (true)                            // 迴圈執行 10 秒
{
    endtick = DateTime.Now.Ticks;
    if ((endtick - startick) / 10000000 > 10)
        break;
}
Console.WriteLine("Hello, World!");
```

執行結果

```
Microsoft Visual Studio 偵錯主控台
Hello, World!
等待 10秒
Hello, World!

D:\C#\ch15\ch15_5\ch15_5\bin\Debug\net6.0\ch15_5.exe
按任意鍵關閉此視窗…
```

15-2 ToString( ) 方法與輸出日期與時間格式

6-1-5 節已經有格式化日期與時間格式的說明，我們可以將日期與時間格式搭配 DateTime 的 ToString( ) 方法，參數是日期字串，此字串規則可以參考下列內容。

自訂格式 "yyyyy"

"y"：年份，從 0 到 99。

"yy"：年份，從 00 到 99。

"yyy"：年份，至少 3 位數。

"yyyy"：年份，用 4 位數表示年份。

"yyyyy"：年份，用 5 位數表示年份。

自訂格式 "MMMM"

"M"：月份，從 1 到 12。

"MM"：月份，從 01 到 12。

"MMM"：月份縮寫名稱。

"MMMM"：月份完整名稱。

自訂格式 "dddd"

- "d"：表示月份的天數 1 ~ 31，單一位數日期沒有前置 0。
- "dd"：表示月份的天數 1 ~ 31，單一位數日期有前置 0。
- "ddd"：代表縮寫的星期。
- "dddd"：代表完整的星期。

自訂格式 "hh"

- "h"：1 ~ 12 代表小時，單一位數時沒有前置 0。
- "hh"：01 ~ 12 代表小時，單一位數時有前置 0。
- "H"：0 ~ 23 代表小時，單一位數時沒有前置 0。
- "HH"：00 ~ 23 代表小時，單一位數時有前置 0。

自訂格式 "mm"

- "m"：0 ~ 59 代表分鐘，單一位數時沒有前置 0。
- "mm"：00 ~ 59 代表分鐘，單一位數時有前置 0。

自訂格式 "ss"

- "s"：0 ~ 59 代表秒數，單一位數時沒有前置 0。
- "ss"：00 ~ 59 代表秒數，單一位數時有前置 0。

自訂格式 "t"

- "t"：AM/PM(上午 / 下午) 指示的第一個字元 (A 或 P)。
- "tt"：AM/PM(上午 / 下午) 指示的完整字串 (AM 或 PM)。

日期分隔符號 "/"

方案 ch15_6.sln：輸出日期與時間格式的應用。

```
// ch15_6
DateTime dt = DateTime.Now;
Console.WriteLine("yyyy MM dd             : " + dt.ToString("yyyy MM dd"));
Console.WriteLine("yyyy/MM/dd             : " + dt.ToString("yyyy/MM/dd"));
Console.WriteLine("yyyy MM dd ddd         : " + dt.ToString("yyyy MM dd ddd"));
Console.WriteLine("yyyy MM dd dddd        : " + dt.ToString("yyyy MM dd dddd"));
Console.WriteLine("yyyy MM dd h:mm:ss     : " + dt.ToString("yyyy MM dd h:mm:ss"));
Console.WriteLine("yyyy MM dd hh:mm:ss    : " + dt.ToString("yyyy MM dd hh:mm:ss"));
Console.WriteLine("yyyy MM dd H:mm:ss     : " + dt.ToString("yyyy MM dd H:mm:ss"));
Console.WriteLine("yyyy MM dd HH:mm:ss    : " + dt.ToString("yyyy MM dd HH:mm:ss"));
Console.WriteLine("yyyy MM dd h:mm:ss t   : " + dt.ToString("yyyy MM dd h:mm:ss t"));
Console.WriteLine("yyyy MM dd h:mm:ss tt : " + dt.ToString("yyyy MM dd h:mm:ss tt"));
```

執行結果

```
Microsoft Visual Studio 偵錯主控台
yyyy MM dd             : 2023 01 26
yyyy/MM/dd             : 2023/01/26
yyyy MM dd ddd         : 2023 01 26 週四
yyyy MM dd dddd        : 2023 01 26 星期四
yyyy MM dd h:mm:ss     : 2023 01 26 10:31:42
yyyy MM dd hh:mm:ss    : 2023 01 26 10:31:42
yyyy MM dd H:mm:ss     : 2023 01 26 10:31:42
yyyy MM dd HH:mm:ss    : 2023 01 26 10:31:42
yyyy MM dd h:mm:ss t   : 2023 01 26 10:31:42 上
yyyy MM dd h:mm:ss tt : 2023 01 26 10:31:42 上午

D:\C#\ch15\ch15_6\ch15_6\bin\Debug\net6.0\ch15_6.exe
按任意鍵關閉此視窗…
```

上述日期與時間格式化的觀念也可以和 6-1-5 節觀念組合使用，可以參考下列實例。

方案 ch15_7.sln：日期與時間格式化的應用。

```
// ch15_7
DateTime dt = DateTime.Now;
Console.WriteLine($"{dt:D}" + " " + dt.ToString("hh:mm:ss"));
```

執行結果

```
Microsoft Visual Studio 偵錯主控台
2022年11月28日 04:18:53

D:\C#\ch15\ch15_7\ch15_7\bin\Debug\net6.0\ch15_7.exe
按任意鍵關閉此視窗…
```

15-3 DateTime 的方法

下列是常用的 DateTime 方法：

Add( )：加上 TimeSpan 的值，將在 15-6 節解說。

AddYears( )：加上年，可以參考 15-3-1 節。

AddMonths( )：加上月，可以參考 15-3-1 節。

AddDays( )：加上日，可以參考 15-3-1 節。

AddHours( )：加上小時，可以參考 15-3-1 節。

AddMinutes( )：加上分鐘，可以參考 15-3-1 節。

AddSeconds( )：加上秒數，可以參考 15-3-1 節。

AddMilliseconds( )：加上毫秒，可以參考 15-3-1 節。

AddTicks( )：加上 Ticks 數，可以參考 15-3-1 節。

Compare( )：日期比較，可以參考 15-3-2 節。

CompareTo( )：日期比較，可以參考 15-3-2 節。

DaysInMonth( )：指定月份的天數，可以參考 15-3-3 節。

IsLeapYear( )：是否閏年，可以參考 15-3-4 節。

Subtract( )：日期減法，減法結果是 TimeSpan 的值，將在 15-6 節解說。

ToLongDateString( )：轉成長日期字串，可以參考 15-3-5 節。

ToLongTimeString( )：轉成長時間字串，可以參考 15-3-5 節。

ToShortDateString( )：轉成短日期字串，可以參考 15-3-5 節。

ToShortTimeString( )：轉成短時間字串，可以參考 15-3-5 節。

Parse( ) 和 TryParse( )：剖析日期與時間字串，轉為相等的 DateTime 格式。TryParse( ) 也是剖析日期與時間字串，轉為相等的 DateTime 格式，但是有回傳布林值 bool，如果成功回傳 true，如果失敗回傳 false。可以參考 15-3-6 節。

15-3-1 日期加法相關函數的應用

本節有關加法相關函數的語法如下：

```
public DateTime AddYear(int value);                 // value是年數可以是正或負
public DateTime AddMonth(int value);                // value是月數可以是正或負
public DateTime AddDays(double value);              // value是天數可以是正或負
public DateTime AddHours(double value);             // value是小時可以是正或負
public DateTime AddMinutes(double value);           // value是分鐘可以是正或負
public DateTime AddSeconds(double value);           // value是秒數可以是正或負
public DateTime AddMilliseconds(double value);      // value是毫秒可以是正或負
public DateTime AddTicks(long value);               // value是Ticks可以是正或負
```

方案 ch15_8.sln：日期加法相關函數的應用。

```
// ch15_8
DateTime dt = DateTime.Now;
Console.WriteLine($"原長日期格式      : {dt:F}");
Console.WriteLine($"AddYears(1)       : {dt.AddYears(1):F}");
Console.WriteLine($"AddMonths(1)      : {dt.AddMonths(1):F}");
Console.WriteLine($"AddDays(1)        : {dt.AddDays(1):F}");
Console.WriteLine($"AddHours(1)       : {dt.AddHours(1):F}");
Console.WriteLine($"AddMinutes(1)     : {dt.AddMinutes(1):F}");
Console.WriteLine($"AddSeconds(1)     : {dt.AddSeconds(1):F}");
Console.WriteLine($"原日期不變        : {dt:F}");
```

執行結果

```
Microsoft Visual Studio 偵錯主控台
原長日期格式      : 2022年11月28日 下午 05:30:29
AddYears(1)       : 2023年11月28日 下午 05:30:29
AddMonths(1)      : 2022年12月28日 下午 05:30:29
AddDays(1)        : 2022年11月29日 下午 05:30:29
AddHours(1)       : 2022年11月28日 下午 06:30:29
AddMinutes(1)     : 2022年11月28日 下午 05:31:29
AddSeconds(1)     : 2022年11月28日 下午 05:30:30
原日期不變        : 2022年11月28日 下午 05:30:29

D:\C#\ch15\ch15_8\ch15_8\bin\Debug\net6.0\ch15_8.exe
按任意鍵關閉此視窗…
```

15-3-2 日期比較相關函數的應用

本節有關日期比較相關函數的語法如下：

```
public DateTime Compare(DateTime t1, DateTime t2 );
```

將日期與時間格式 t1 與 t2 做比較，回傳格式觀念如下：

t1 早於 t2 回傳小於 0。

t1 等於 t2 回傳 0。

t1 晚於 t2 回傳大於 0。

public DateTime CompareTo(DateTime t2);

上述 CompareTo 需由 DateTime 物件啟動，例如：由 t1 啟動，則語法如下：

t1.CompareTo(t2);　　　　　　　// 回傳值與Compare( )相同

方案 ch15_9.sln：Compare( ) 和 CompareTo( ) 日期比較的應用。

```
// ch15_9
DateTime dt1 = new DateTime(2022, 11, 28, 0, 0, 0);
DateTime dt2 = new DateTime(2023, 8, 1, 9, 0, 0);
int result = DateTime.Compare(dt1, dt2);
string relationship;                          // 比較關係變數

if (result < 0)
    relationship = "早於";
else if (result == 0)
    relationship = "等於";
else
    relationship = "晚於";
Console.WriteLine($"{dt1} {relationship} {dt2}");

result = dt2.CompareTo(dt1);                  // dt2 比較 dt1
if (result < 0)
    relationship = "早於";
else if (result == 0)
    relationship = "等於";
else
    relationship = "晚於";
Console.WriteLine($"{dt2} {relationship} {dt1}");
```

執行結果

```
Microsoft Visual Studio 偵錯主控台
2022/11/28 上午 12:00:00 早於 2023/8/1 上午 09:00:00
2023/8/1 上午 09:00:00 晚於 2022/11/28 上午 12:00:00

D:\C#\ch15\ch15_9\ch15_9\bin\Debug\net6.0\ch15_9.exe
按任意鍵關閉此視窗…
```

15-3-3　月份的天數 DaysInMonth( )

方法 DaysInMonth( ) 可以回傳月份的天數，此方法的語法如下：

public static int DaysInMonth(int year, int month);

方案 ch15_10.sln：回傳 2022 年 10 月和 2023 年 2 月的天數。

```
// ch15_10
const int October = 10;
const int Feb = 2;

int daysInOct = DateTime.DaysInMonth(2022, October);
Console.WriteLine($"2022年10月天數 : {daysInOct}");

int daysInFeb = DateTime.DaysInMonth(2023, Feb);
Console.WriteLine($"2023年 2月天數 : {daysInFeb}");
```

執行結果

```
Microsoft Visual Studio 偵錯主控台
2022年10月天數 : 31
2023年 2月天數 : 28

D:\C#\ch15\ch15_10\ch15_10\bin\Debug\net6.0\ch15_10.exe
按任意鍵關閉此視窗…
```

15-3-4　是否閏年 IsLeapYear( )

方法 IsLeapYear( ) 可以回傳是否閏年，此方法的語法如下：

public static book IsLeapYear(int year);

上述 year 是 4 位數的年份。

方案 ch15_11.sln：列出 2000 年至 2025 年之間的閏年。

```
// ch15_11
for (int year = 2000; year <= 2025; year++)
{
    if (DateTime.IsLeapYear(year))
    {
        Console.WriteLine($"{year} 年是閏年");
    }
}
```

執行結果

```
Microsoft Visual Studio 偵錯主控台
2000 年是閏年
2004 年是閏年
2008 年是閏年
2012 年是閏年
2016 年是閏年
2020 年是閏年
2024 年是閏年

D:\C#\ch15\ch15_11\ch15_11\bin\Debug\net6.0\ch15_11.exe
按任意鍵關閉此視窗…
```

15-3-5 長短日期與時間格式和字串

有關轉換日期與時間轉成成長 / 短日期字串，或是長短時間字串的方法語法如下：

public string ToLongDateString( ); // 轉成長日期字串。

public string ToLongTimeString( ); // 轉成長時間字串。

public string ToShortDateString( ); // 轉成短日期字串。

public string ToShortTimeString( ); // 轉成短時間字串。

方案 ch15_12.sln：將目前日期與時間轉換成長 / 短日期字串，或是長短時間字串。

```
// ch15_12
DateTime dt = DateTime.Now;
Console.WriteLine($"長日期字串 : {dt.ToLongDateString()}");
Console.WriteLine($"長時間字串 : {dt.ToLongTimeString()}");
Console.WriteLine($"短日期字串 : {dt.ToShortDateString()}");
Console.WriteLine($"短時間字串 : {dt.ToShortTimeString()}");
```

執行結果

```
Microsoft Visual Studio 偵錯主控台
長日期字串 : 2022年11月29日
長時間字串 : 上午 07:06:57
短日期字串 : 2022/11/29
短時間字串 : 上午 07:06

D:\C#\ch15\ch15_12\ch15_12\bin\Debug\net6.0\ch15_12.exe
按任意鍵關閉此視窗…
```

15-3-6 將時間與日期字串剖析 DateTime 格式 Parse( ) 和 TryParse( )

常用的 Parse( ) 方法語法如下：

public static DateTime.Parse(string s);

上述 s 是要剖析的日期或時間字串，可以是下列格式：

- 含日期與時間的字串。
- 有日期但沒有時間的字串，會假設是午夜 12:00。
- 只有年份和月份，沒有日期，會假設該月份的第一天。
- 有月份和日期，沒有年份，會假設是目前年份。
- 有時間但是沒有日期，會假設目前日期。

- ❑ 有小時和 AM/PM，沒有日期，會假設目前日期，時間則是沒有分鐘和秒數。
- ❑ 包含日期和時間以及移位資訊。

註 如果日期與時間字串錯誤，程式會中斷。

TryPase( ) 功能相同，但是有回傳值，如果轉換成功回傳 true，如果轉換失敗回傳 false，此方法的語法如下：

```
bool DateTime.TryParse(str, out DateTime dt);
```

上述第 1 個參數 str 是要剖析的字串，如果剖析成功則日期與時間串存入第 2 個參數 dt，同時回傳 true。如果轉換失敗，則回傳 false。

方案 ch15_13.sln：系列日期與時間字串剖析。

```
// ch15_13
string[] dateInfo = { "08/28/2023 09:20:12",
                      "06/18/2023",
                      "9/2024",
                      "10/08",
                      "09:30:45",
                      "8 PM",
                      "08/28/2023 09:20:12 -5:00"};

Console.WriteLine($"現在日期與時間 {DateTime.Now:F}");

foreach (var item in dateInfo)
{
    Console.WriteLine($"{item,26} : {DateTime.Parse(item)}");
}
```

執行結果

```
Microsoft Visual Studio 偵錯主控台
現在日期與時間 2022年11月29日 上午 07:39:28
       08/28/2023 09:20:12 : 2023/8/28 上午 09:20:12
                06/18/2023 : 2023/6/18 上午 12:00:00
                    9/2024 : 2024/9/1 上午 12:00:00
                     10/08 : 2022/10/8 上午 12:00:00
                  09:30:45 : 2022/11/29 上午 09:30:45
                      8 PM : 2022/11/29 下午 08:00:00
 08/28/2023 09:20:12 -5:00 : 2023/8/28 下午 10:20:12

D:\C#\ch15\ch15_13\ch15_13\bin\Debug\net6.0\ch15_13.exe
按任意鍵關閉此視窗…
```

方案 ch15_13_1.sln：使用 TryParse( ) 方法取代 Parse( )，同時增加一筆非 DateTime 格式的字串。

```
// ch15_13_1
string[] dateInfo = { "08/28/2023 09:20:12",
                      "06/18/2023",
                      "9/2024",
                      "test09/13/2025",
                      "10/08",
                      "09:30:45",
                      "8 PM",
                      "08/28/2023 09:20:12 -5:00"};

Console.WriteLine($"現在日期與時間 {DateTime.Now:F}");
DateTime dt;                 // 未來要回傳 DateTime 格式
foreach (var item in dateInfo)
{
    if (DateTime.TryParse(item, out dt))
        Console.WriteLine($"{item,26} : {dt}");
    else
        Console.WriteLine($"{item,26} : 轉換失敗");
}
```

執行結果

```
Microsoft Visual Studio 偵錯主控台
現在日期與時間 2022年11月29日 下午 09:09:26
       08/28/2023 09:20:12 : 2023/8/28 上午 09:20:12
                06/18/2023 : 2023/6/18 上午 12:00:00
                    9/2024 : 2024/9/1 上午 12:00:00
            test09/13/2025 : 轉換失敗
                     10/08 : 2022/10/8 上午 12:00:00
                  09:30:45 : 2022/11/29 上午 09:30:45
                      8 PM : 2022/11/29 下午 08:00:00
 08/28/2023 09:20:12 -5:00 : 2023/8/28 下午 10:20:12

D:\C#\ch15\ch15_13_1\ch15_13_1\bin\Debug\net6.0\ch15_13_1.exe
按任意鍵關閉此視窗…
```

如果使用 Parse( ) 轉換失敗，程式會異常終止，所以一般比較常使用 TryParse( )，因為可以避免程式異常終止。

15-4 文化特性 CultureInfo 類別

C# 有提供文化特性 (Culture) 的資訊，這些資訊會影響書寫系統、日曆格式、字串排序以及日期和數字格式。10-5-3 節有做簡單介紹，這一節將針對日期與時間格式做說明。

註 CurtureInfo 類別是屬於 System.Globalization 命名空間。

15-4-1 取得目前作業系統的文化名稱

CuttureInfo 有下列屬性可以獲得目前作業系統的文化名稱。

CurrentCulture.Name

CurrentCulture.EnglishName

CurrentCulture.DisplayName

方案 ch15_14.sln：列出目前系統的文化名稱。

```
// ch15_14
using System.Globalization;
Console.WriteLine($"Name        : {CultureInfo.CurrentCulture.Name}");
Console.WriteLine($"EnglishName : {CultureInfo.CurrentCulture.EnglishName}");
Console.WriteLine($"DisplayName : {CultureInfo.CurrentCulture.DisplayName}");
Console.WriteLine($"TextInfo    : {CultureInfo.CurrentCulture.TextInfo}");
```

執行結果

```
Microsoft Visual Studio 偵錯主控台
Name        : zh-TW
EnglishName : Chinese (Taiwan)
DisplayName : 中文 (台灣)
TextInfo    : TextInfo - zh-TW

D:\C#\ch15\ch15_15\ch15_15\bin\Debug\net6.0\ch15_15.exe
按任意鍵關閉此視窗…
```

15-4-2 日期與時間格式

在特定文化格式下，使用 DateTimeFormat 類別，搭配下列屬性，可以取得特定日期與時間格式：

LongDatePattern：長日期格式。

LongTimePattern：長時間格式。

ShortDatePattern：短日期格式。

ShortTimePattern：短時間格式。

方案 ch15_15.sln：擴充 ch15_12.sln，輸出日期與時間格式和字串。

```
// ch15_15
using System.Globalization;

DateTime dt = DateTime.Now;
Console.WriteLine($"目前文化名稱 : {CultureInfo.CurrentCulture.Name}");
var pattern = CultureInfo.CurrentCulture.DateTimeFormat;

```

```
Console.WriteLine($"長日期格式 : {pattern.LongDatePattern}");
Console.WriteLine($"長日期字串 : {dt.ToLongDateString()}\n");

Console.WriteLine($"長時間格式 : {pattern.LongTimePattern}");
Console.WriteLine($"長時間字串 : {dt.ToLongTimeString()}\n");

Console.WriteLine($"短日期格式 : {pattern.ShortDatePattern}");
Console.WriteLine($"短日期字串 : {dt.ToShortDateString()}\n");

Console.WriteLine($"短時間格式 : {pattern.ShortTimePattern}");
Console.WriteLine($"短時間字串 : {dt.ToShortTimeString()}");
```

執行結果

```
Microsoft Visual Studio 偵錯主控台
目前文化名稱 : zh-TW
長日期格式 : yyyy'年'M'月'd'日'
長日期字串 : 2022年11月29日

長時間格式 : tt hh:mm:ss
長時間字串 : 上午 09:26:11

短日期格式 : yyyy/M/d
短日期字串 : 2022/11/29

短時間格式 : tt hh:mm
短時間字串 : 上午 09:26

D:\C#\ch15\ch15_15\ch15_15\bin\Debug\net6.0\ch15_15.exe
按任意鍵關閉此視窗…
```

15-5 TimeSpan 建構方法與屬性

TimeSpan 是屬於 System 類別，主要是用來處理時間的間隔。

15-5-1 TimeSpan 的建構方法

DateTime 類別的使用非常有彈性，可以使用下列建構方法建立時間物件。

public TimeSpan(long ticks);

public TimeSpan(int hours, int minutes, int seconds);

public TimeSpan(int days, int hours, int minutes, int seconds);

public TimeSpan(int days, int hours, int minutes, int seconds, int milliseconds);

15-5-2 TimeSpan 的屬性

TimeSpan 的屬性如下：

Days：天數。

Hours：小時數。

Minutes：分鐘數。

Seconds：秒數。

MilliMinutes：毫秒。

Ticks： 10000000Ticks 等於 1 秒，刻度 (Ticks) 數目。

TotalDays：顯示完整全部的天數，也會顯示值 (小時、分鐘、秒、毫秒)。

TotalHours：顯示完整全部小時數，也會顯示值 (分鐘、秒、毫秒)。

TotalMinutes：顯示完整全部分鐘數，也會顯示值 (秒、毫秒)。

TotalSeconds：顯示完整全部秒數，也會顯示值 (毫秒)。

TotalMilliseconds：顯示完整全部毫秒數。

方案 ch15_16.sln：建立 TimeSpan 物件同時輸出 TotoalDays 和相關屬性。

```
// ch15_16
TimeSpan interval = new TimeSpan(5, 10, 40, 35, 350);
Console.WriteLine($"TimeSpan interval     : {interval}");
Console.WriteLine($"        TotalDays     : {interval.TotalDays}");
Console.WriteLine($"        Days          : {interval.Days,-3}");
Console.WriteLine($"        Hours         : {interval.Hours,-3}");
Console.WriteLine($"        Minutes       : {interval.Minutes,-3}");
Console.WriteLine($"        Seconds       : {interval.Seconds,-3}");
Console.WriteLine($"        Milliseconds : {interval.Milliseconds,-3}");
```

執行結果

```
Microsoft Visual Studio 偵錯主控台
TimeSpan interval     : 5.10:40:35.3500000
        TotalDays     : 5.444853587962963
        Days          : 5
        Hours         : 10
        Minutes       : 40
        Seconds       : 35
        Milliseconds : 350

D:\C#\ch15\ch15_16\ch15_16\bin\Debug\net6.0\ch15_16.exe
按任意鍵關閉此視窗…
```

方案 ch15_17.sln：建立 TimeSpan 物件同時輸出 TotoalHours 和相關屬性。

```
// ch15_17
TimeSpan interval = new TimeSpan(1, 10, 40, 35, 350);
Console.WriteLine($"TimeSpan interval     : {interval}");
Console.WriteLine($"        TotalHours    : {interval.TotalHours}");
Console.WriteLine($"        Hours         : {interval.Hours,-3}");
Console.WriteLine($"        Minutes       : {interval.Minutes,-3}");
Console.WriteLine($"        Seconds       : {interval.Seconds,-3}");
Console.WriteLine($"        Milliseconds : {interval.Milliseconds,-3}");
```

執行結果

```
Microsoft Visual Studio 偵錯主控台
TimeSpan interval     : 1.10:40:35.3500000
         TotalHours   : 34.6764861111111
         Hours        : 10
         Minutes      : 40
         Seconds      : 35
         Milliseconds : 350

D:\C#\ch15\ch15_17\ch15_17\bin\Debug\net6.0\ch15_17.exe
按任意鍵關閉此視窗…
```

方案 ch15_18.sln：建立 TimeSpan 物件同時輸出 TotoalMinutes 和相關屬性。

```
// ch15_18
TimeSpan interval = new TimeSpan(1, 10, 40, 35, 350);
Console.WriteLine($"TimeSpan interval     : {interval}");
Console.WriteLine($"         TotalMinutes : {interval.TotalMinutes}");
Console.WriteLine($"         Minutes      : {interval.Minutes,-3}");
Console.WriteLine($"         Seconds      : {interval.Seconds,-3}");
Console.WriteLine($"         Milliseconds : {interval.Milliseconds,-3}");
```

執行結果

```
Microsoft Visual Studio 偵錯主控台
TimeSpan interval     : 1.10:40:35.3500000
         TotalMinutes : 2080.5891666666666
         Minutes      : 40
         Seconds      : 35
         Milliseconds : 350

D:\C#\ch15\ch15_18\ch15_18\bin\Debug\net6.0\ch15_18.exe
按任意鍵關閉此視窗…
```

方案 ch15_19.sln：建立 TimeSpan 物件同時輸出 TotoalMinutes 和相關屬性。

```
// ch15_19
TimeSpan interval = new TimeSpan(1, 10, 40, 35, 350);
Console.WriteLine($"TimeSpan interval     : {interval}");
Console.WriteLine($"         TotalSeconds : {interval.TotalSeconds}");
Console.WriteLine($"         Seconds      : {interval.Seconds,-3}");
Console.WriteLine($"         Milliseconds : {interval.Milliseconds,-3}");
```

執行結果

```
Microsoft Visual Studio 偵錯主控台
TimeSpan interval     : 1.10:40:35.3500000
         TotalSeconds : 124835.35
         Seconds      : 35
         Milliseconds : 350

D:\C#\ch15\ch15_19\ch15_19\bin\Debug\net6.0\ch15_19.exe
按任意鍵關閉此視窗…
```

15-6 DateTime 和 TimeSpan 的混合應用

15-3 節有介紹 DateTime 類別的 Add( ) 方法與 Subtract( ) 方法，此方法的語法如下：

public DateTime Add(TimeSpan value);

public DateTime Subtrack(TimeSpan value);

方案 15_20.sln：計算未來日期與時間。

```
// ch15_20
DateTime currentTime = DateTime.Now;
Console.WriteLine($"現在時間 : {currentTime}");
TimeSpan duration = new System.TimeSpan(3, 0, 0, 0);
Console.WriteLine($"3 天後時間                        : {currentTime.Add(duration)}");
duration = new System.TimeSpan(3, 0, 0, 0);
Console.WriteLine($"3 天 10 小時 5 小時 5分鐘後時間 : {currentTime.Add(duration)}");
```

執行結果

```
Microsoft Visual Studio 偵錯主控台
現在時間 : 2022/11/29 下午 04:10:35
3 天後時間                      : 2022/12/2 下午 04:10:35
3 天 10 小時 5 小時 5分鐘後時間 : 2022/12/2 下午 04:10:35

D:\C#\ch15\ch15_20\ch15_20\bin\Debug\net6.0\ch15_20.exe (處理序 23168)
按任意鍵關閉此視窗…
```

方案 15_21.sln：計算過去日期與時間。

```
// ch15_21
DateTime currentTime = DateTime.Now;
Console.WriteLine($"現在時間 : {currentTime}");
TimeSpan before = new System.TimeSpan(3, 0, 0, 0);
Console.WriteLine($"3 天前時間                        : {currentTime.Add(before)}");
before = new System.TimeSpan(3, 0, 0, 0);
Console.WriteLine($"3 天 10 小時 5 小時 5分鐘前時間 : {currentTime.Add(before)}");
```

執行結果

```
Microsoft Visual Studio 偵錯主控台
現在時間 : 2022/11/29 下午 04:17:00
3 天前時間                      : 2022/12/2 下午 04:17:00
3 天 10 小時 5 小時 5分鐘前時間 : 2022/12/2 下午 04:17:00

D:\C#\ch15\ch15_21\ch15_21\bin\Debug\net6.0\ch15_21.exe (處理序 25384)
按任意鍵關閉此視窗…
```

15-7 TimeSpan 類別常用的方法

TimeSpan 類別常用地方法如下：

Add( )：加法，回傳新的 TimeSpan，可以參考 15-7-1 節。

Subtract( )：減法，回傳新的 TimeSpan，可以參考 15-7-2 節。

Parse( ) 和 TryParse( )：剖析時間間隔字串，轉為相等的 TimeSpan 字串。TryParse( ) 也是剖析日期與時間字串，轉為相等的 TimeSpan 格式，但是有回傳布林值 bool，如果成功回傳 true，如果失敗回傳 false。可以參考 15-7-3 節。

15-7-1 時間間隔加法 Add( )

時間間隔加法 Add( ) 的語法如下：

public TimeSpan Add(TimeSpan ts);

方案 ch15_22.sln：時間間隔加法的應用。

```
// ch15_22
TimeSpan ts1 = new TimeSpan(10, 20, 30);
var ts2 = new TimeSpan(2, 5, 40);
Console.WriteLine($"{ts1.Add(ts2)}");
```

執行結果

```
Microsoft Visual Studio 偵錯主控台
12:26:10

D:\C#\ch15\ch15_22\ch15_22\bin\Debug\net6.0\ch15_22.exe
按任意鍵關閉此視窗…
```

15-7-2 時間間隔減法 Subtract( )

時間間隔減法 Subtract( ) 的語法如下：

public TimeSpan Subtract(TimeSpan ts);

方案 ch15_23.sln：時間間隔減法的應用。

```
// ch15_23
TimeSpan ts1 = new TimeSpan(10, 20, 30);
var ts2 = new TimeSpan(2, 30, 40);
Console.WriteLine($"{ts1.Subtract(ts2)}");
```

執行結果

```
Microsoft Visual Studio 偵錯主控台
07:49:50

D:\C#\ch15\ch15_23\ch15_23\bin\Debug\net6.0\ch15_23.exe
按任意鍵關閉此視窗…
```

15-7-3 剖析字串為時間間隔 Parse( ) 和 TryParse( )

常用的 Parse( ) 方法語法如下：

```
public static TimeSpan Parse(string s);
```

上述 s 是要剖析的日期或時間字串，可以是下列格式：

```
[ws][-]{d|[d.]hh.mm[:ss[.ff]]}[ws]
```

- ws：這是選項，表示空白。
- -：這是選項，表示負號。
- d：天數，範圍是 0 到 10675799。
- .：文化特性，分隔天數與小時。
- hh：小時，範圍是 0 到 23。
- :：文化特性，時間分隔符號。
- mm：分鐘，範圍是 0 到 59。
- ss：秒鐘，範圍是從 0 到 59。
- .：文化特性，區分秒數與小數點秒數。
- ff：小數點秒數。

TryPase( ) 功能相同，但是有回傳值，如果轉換成功回傳 true，如果轉換失敗回傳 false，此方法的語法如下：

```
bool TimeSpan.TryParse(str, TimeSpan ts);
```

上述第 1 個參數 str 是要剖析的字串，如果剖析成功則日期與時間串存入第 2 個參數 ts，同時回傳 true。如果轉換失敗，則回傳 false。

方案 ch15_24.sln：剖析字串成為 TimeSpan 的時間格式。

```
// ch15_24
using System.Globalization;

string[] values = { "5", "5:22", "5:22:14", "5:22:14:45",
                    "5.22:14:45", "5:22:14:45.3448", "5:10:14:45" };
foreach (string value in values)
{
    TimeSpan ts = TimeSpan.Parse(value);
    Console.WriteLine($"{value,18} : {ts.ToString()}");
}
```

執行結果

```
Microsoft Visual Studio 偵錯主控台
        5.00:00:00 : 5.00:00:00
          05:22:00 : 05:22:00
          05:22:14 : 05:22:14
        5.22:14:45 : 5.22:14:45
        5.22:14:45 : 5.22:14:45
5.22:14:45.3448000 : 5.22:14:45.3448000
        5.10:14:45 : 5.10:14:45

D:\C#\ch15\ch15_24\ch15_24\bin\Debug\net6.0\ch15_24.exe
按任意鍵關閉此視窗…
```

方案 ch15_24_1.sln：使用 TryParse( ) 方法取代 Parse( ) 方法，重新設計 ch15_24.sln，同時增加非時間間隔的字串。

```
// ch15_24_1
using System.Globalization;

string[] values = { "5", "5:22", "5:22:14", "5:22:14:45", "test2.22:14:45",
                    "5.22:14:45", "5:22:14:45.3448", "5:10:14:45" };
TimeSpan ts;
foreach (string value in values)
{
    if (TimeSpan.TryParse(value, out ts))
        Console.WriteLine($"{value,18} : {ts.ToString()}");
    else
        Console.WriteLine($"{value,18} : 轉換失敗");
}
```

執行結果

```
Microsoft Visual Studio 偵錯主控台
                 5 : 5.00:00:00
              5:22 : 05:22:00
           5:22:14 : 05:22:14
        5:22:14:45 : 5.22:14:45
    test2.22:14:45 : 轉換失敗
        5.22:14:45 : 5.22:14:45
   5:22:14:45.3448 : 5.22:14:45.3448000
        5:10:14:45 : 5.10:14:45

D:\C#\ch15\ch15_24_1\ch15_24_1\bin\Debug\net6.0\ch15_24_1.exe
按任意鍵關閉此視窗…
```

如果使用 Parse( ) 轉換失敗，程式會異常終止，所以一般比較常使用 TryParse( )，因為可以避免程式異常終止。

15-8 專題 – var 與算術運算子 / 設計休息秒數函數 / 時鐘

15-8-1 var 與運算子應用在 DateTime 和 TimeSpan 類別

方案 ch15_25.sln：將 var 與運算子應用在 DateTime 和 TimeSpan 類別。

```
// ch15_25
var dt1 = new DateTime(2022, 11, 29);
var dt2 = new DateTime(2022, 12, 31, 23, 10, 20);
var ts = new TimeSpan(5, 19, 25, 30);

Console.WriteLine($"dt2 + ts   : {dt2 + ts}");        // 相加
Console.WriteLine($"dt2 - dt1  : {dt2 - dt1}");       // 相減
Console.WriteLine($"dt2 - ts   : {dt2 - ts}");        // 相減
Console.WriteLine($"dt1 > dt2  : {dt1 > dt2}");       // 大於
Console.WriteLine($"dt1 < dt2  : {dt1 < dt2}");       // 小於
Console.WriteLine($"dt1 == dt2 : {dt1 == dt2}");      // 等於
Console.WriteLine($"dt1 != dt2 : {dt1 != dt2}");      // 不等於
Console.WriteLine($"dt1 >= dt2 : {dt1 >= dt2}");      // 大於或等於
Console.WriteLine($"dt1 <= dt2 : {dt1 <= dt2}");      // 小於或等於
```

執行結果

```
Microsoft Visual Studio 偵錯主控台
dt2 + ts   : 2023/1/6 下午 06:35:50
dt2 - dt1  : 32.23:10:20
dt2 - ts   : 2022/12/26 上午 03:44:50
dt1 > dt2  : False
dt1 < dt2  : True
dt1 == dt2 : False
dt1 != dt2 : True
dt1 >= dt2 : False
dt1 <= dt2 : True

D:\C#\ch15\ch15_25\ch15_25\bin\Debug\net6.0\ch15_25.exe
按任意鍵關閉此視窗…
```

15-8-2 設計休息秒數函數

8-8 節有介紹程式休息的方法，這一節將使用 DateTime 類別設計這個方法。

方案 ch15_26.sln：設計休息秒數函數，然後輸入秒數，程式會依據所輸入休息秒數輸出 Hello, World! 字串。

```
// ch15_26
void timesleep(int seconds)
{
    var startick = DateTime.Now.Ticks;
    long endtick;
    while (true)                                // 迴圈執行 seconds 秒
    {
        endtick = DateTime.Now.Ticks;
        if ((endtick - startick) / 10000000 > seconds)
            break;
    }
}
Console.Write("請輸入休息秒數 : ");
int second = Convert.ToInt32(Console.ReadLine());
for (int i = 0; i < 5; i++)
{
    timesleep(second);
    Console.WriteLine($"休息 {second} 秒, Hello, World!");
}
```

執行結果

```
Microsoft Visual Studio 偵錯主控台
請輸入休息秒數 : 1
休息 1 秒, Hello, World!
休息 1 秒, Hello, World!
休息 1 秒, Hello, World!
休息 1 秒, Hello, World!
休息 1 秒, Hello, World!

D:\C#\ch15\ch15_26\ch15_26\bin\Debug\net6.0\ch15_26.exe
按任意鍵關閉此視窗…
```

15-8-3　設計時鐘

方案 ch15_27.sln：設計時鐘，這個程式會利用在固定位置輸出現在時間，產生時鐘效果，同時按 Ctrl + C 可以終止程式。

```
1 // ch15_27
2 DateTime dt;
3 while (true)
4 {
5     Console.CursorVisible = false;
6     Console.SetCursorPosition(0, 0);
7     dt = DateTime.Now;
8     Console.WriteLine(dt.ToString("yyyy MM dd hh:mm:ss"));
9 }
```

執行結果

```
D:\C#\ch15\ch15_27\bin\Debug\net6.0\ch15_27.exe
2023 01 26 10:25:54
```

上述第 5 行 Console.CursorVisible = false; 是設定游標屬性為 false，可以隱藏游標，這樣螢幕不會因為太密集輸出，造成閃爍效果。

習題實作題

方案 ex15_1.sln：輸出今天日期，星期幾和是今年的第幾天。**註**：讀者寫這個習題時，日期將和筆者的答案不相同。(15-1 節)

```
Microsoft Visual Studio 偵錯主控台
今天是2022年11月29日
Tuesday
2022年的第333天

D:\C#\ex\ex15_1\ex15_1\bin\Debug\net6.0\ex15_1.exe
按任意鍵關閉此視窗…
```

方案 ex15_2.sln：輸出今天日期，要求輸入天數，然後輸出幾天後的日期。(15-3 節)

```
Microsoft Visual Studio 偵錯主控台
今天是2022年11月29日
請輸入天數 : 10
10 天後是 2022年12月9日

D:\C#\ex\ex15_2\ex15_2\bin\Debug\net6.0\ex15_2.exe
按任意鍵關閉此視窗…
```

方案 ex15_3.sln：輸出今天日期，要求輸入天數，然後輸出幾天前的日期。(15-3 節)

```
Microsoft Visual Studio 偵錯主控台
今天是2022年11月29日
請輸入天數 : 31
31 天前是 2022年10月29日

D:\C#\ex\ex15_3\ex15_3\bin\Debug\net6.0\ex15_3.exe
按任意鍵關閉此視窗…
```

方案 ex15_4.sln：輸字 DateTime 字串測試，如果輸入正確則輸出此 DateTime 格式，如果輸入錯誤則輸出 "DateTime 格式錯誤 "。每次結束要求輸入 (Y 或 y) 則程式繼續，輸入 n 或 N 或其他字元則程式結束。(15-3 節)

```
Microsoft Visual Studio 偵錯主控台
請輸入DateTime字串 : 2025/9/8
2025/9/8 : 2025/9/8 上午 12:00:00
是否繼續(y/n) ? y
請輸入DateTime字串 : 9/8/2025
9/8/2025 : 2025/9/8 上午 12:00:00
是否繼續(y/n) ? y
請輸入DateTime字串 : 2025-9:8.5
2025-9:8.5 : DateTime格式錯誤
是否繼續(y/n) ? n

D:\C#\ex\ex15_4\ex15_4\bin\Debug\net6.0\ex15_4.exe
按任意鍵關閉此視窗…
```

方案 ex15_5.sln：輸出現在時間，然後要求輸入天數、小時數、分鐘數和秒數，此程式會輸出經過這些時間的正確時間。(15-6 節)

```
Microsoft Visual Studio 偵錯主控台
現在時間 : 2022/11/30 上午 12:22:43
請輸入天數   : 2
請輸入小時數 : 5
請輸入分鐘數 : 40
請輸入秒數   : 30
2 天 5 小時 40 分鐘 30 秒後時間是 : 2022/12/2 上午 06:03:13

D:\C#\ex\ex15_5\ex15_5\bin\Debug\net6.0\ex15_5.exe (處理序 20412)
按任意鍵關閉此視窗…
```

方案 ex15_6.sln：猜 1 ~ 10 之間的數字，最後列出所花費的時間。(15-8 節)

```
Microsoft Visual Studio 偵錯主控台
輸入欲猜數字 : 5
請猜大一點!
輸入欲猜數字 : 8
請猜小一點!
輸入欲猜數字 : 7
花費時間 00:00:08.4610999

D:\C#\ex\ex15_6\ex15_6\bin\Debug\net6.0\ex15_6.exe
按任意鍵關閉此視窗…
```

第 16 章

類別與物件

C# 的基本資料型態，可參考 3-3 節，這一章所介紹的是可自行定義的資料型態稱**類別** (class) **資料**型態，從物件導向的觀點而言，這也是 C# 語言最核心的部分。

當我們了解類別基礎觀念後，其實就進入**物件導向程式設計** (Object Oriented Programming，簡稱 OOP) 的殿堂了，和過去結構性程式語言相比較，物件導向程式設計的優點如下：

- ❑ 可以更快、更容易設計與執行程式。
- ❑ 整個程式結構更清晰易懂。
- ❑ 程式碼可以不再重複、同時更容易維護、和修改。
- ❑ 可以用較少的程式碼、節省開發的時間。

在物件導向程式設計中，最重要的 4 個特色是**封裝** (Encapsulation)、**繼承** (Inheritance)、**抽象** (Abstraction)、**多型** (Polymorphism)。

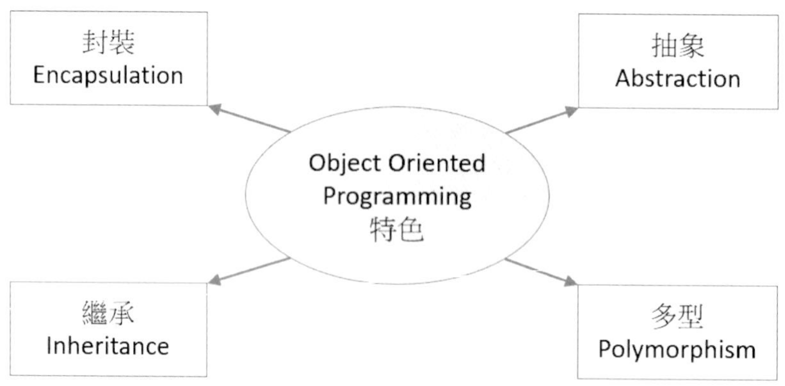

未來章節筆者將一步一步引導讀者 C# 語言最重要的特色**物件導向程式設計**。

16-1 認識物件與類別

C# 其實是一種**物件導向程式** (Object Oriented Programming)，強調的是以**物件** (object) 為中心思考與解決問題。在我們生活的周遭，可以很容易將一些事物使用**物件**來思考。例如：貓、狗、銀行、車子 … 等。

用**狗**做實例，它的**特性**有名字、年齡、顏色 … 等，它的**行為**有睡覺、跑、叫、搖尾巴 … 等。

用**銀行**做實例，它的**特性**有銀行名字、存款者名字、存款金額 … 等，它的**行為**有存款、提款、買外幣、賣外幣 … 等。

當我們使用 C# 設計程式的時候，**物件**的**特性**是稱**欄位** (fields)，**物件**的**行為**就是所謂的**方法** (method)。下一章會介紹**屬性** (property)，可以達到資料封裝保護欄位資料的效果，我們可以用下圖表達。

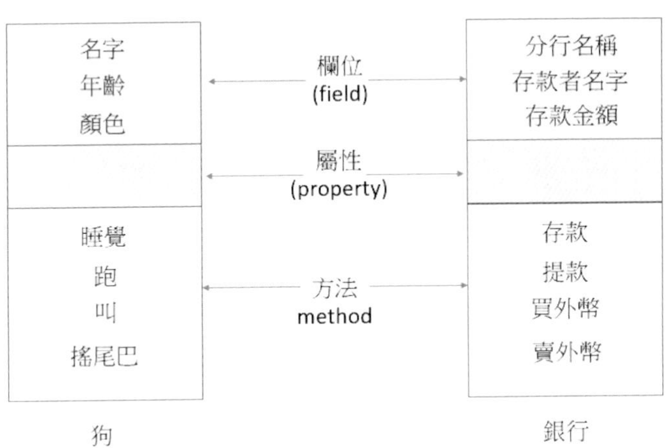

註 屬性也有名稱，通常會用類似欄位的名稱。

我們可以將類別 (class) 想成是建立物件的模組，當以物件導向思考問題時，我們必須將物件的欄位與方法組織起來，所組織的結果就稱為是**類別** (class)。可以用下圖表達。

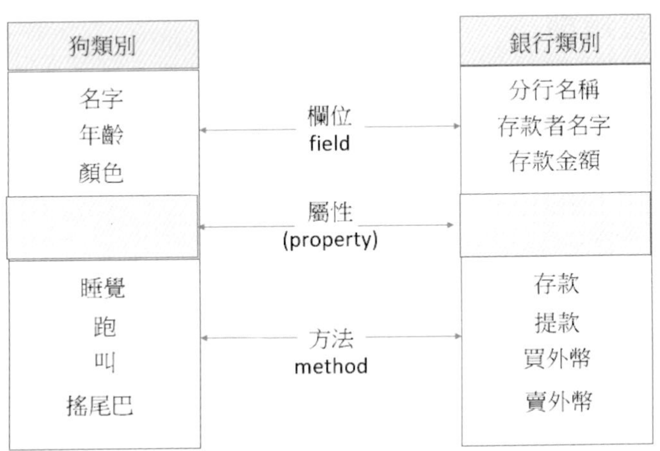

在程式設計時，為了要使用上述類別，我們需要真正定義**實體** (instance)，我們也將此**實體**稱作**物件** (object)。未來我們可以使用此**物件**存取欄位 (field)、屬性 (property) 與操作方法 (method)，可以用下圖表達。

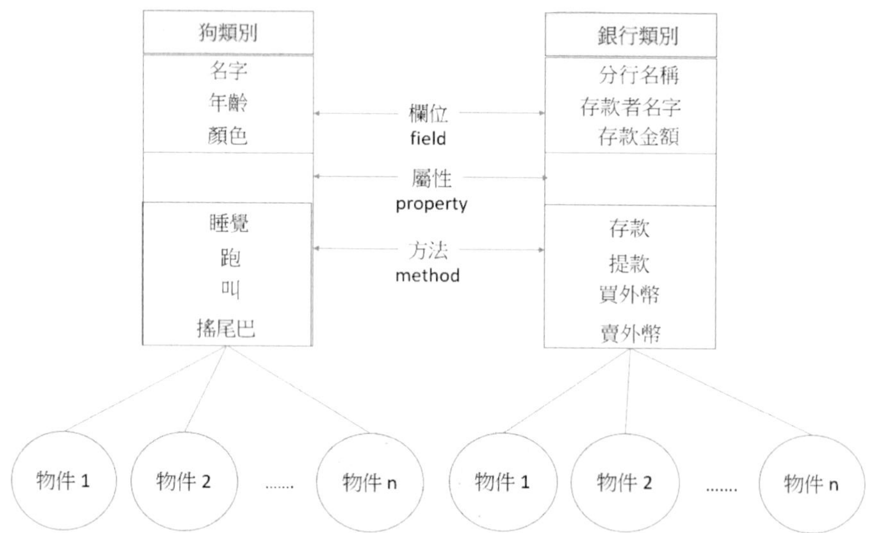

16-2 定義類別與物件

有了上述基本觀念後，下一步筆者將教導如何使用 C# 語言定義類別與物件。

16-2-1 定義類別

定義類別需使用關鍵字 class，其語法如下：

```
存取修飾詞 class 類別名稱
{
        敘述區塊;                    // 包含成員欄位、… 、方法
}
```

註 在類別內部所謂的敘述區塊，可以有欄位 (fields)、方法 (methods)、屬性 (properties)、事件 (events) 和委託 (delegates)，這一章將講解欄位和方法，第 17 章將講解屬性等。

存取修飾詞和結構 struct 觀念相同，可以是下列選項：

- private：成員欄位和方法的資料預設是 private，只有類別的方法才可以存取。
- public：這類資料可以讓類別物件存取。
- internal：可以供 C# 同一個專案的程式存取。
- protected：可以讓類別或是其子類別存取。
- protected internal：相同專案的程式可以存取，其他專案若是有繼承此類別也可以存取。

註 宣告類別名稱時如果省略存取修飾詞，則預設是 internal。

類別名稱的命名規則需遵守變數的命名規則，但是第一個字母**建議**用大寫其餘則不限制，通常會是小寫，例如：Dog。類別名稱通常由一個到多個有意義的英文單字組成，如果是由多個單字組成通常每個單字的第一個字母也建議是大寫，其餘則是小寫，例如：TaipeiBank。

下列是定義狗 Dog 類別的實例，筆者先簡化定義方法 (method)：

```
public class Dog
{                                          // 類別名稱Dog，D建議用大寫
        public string name;                // 欄位：名字
        public string color;               // 欄位：顏色
        public int age;                    // 欄位：年齡
        public void sleeping( ) {          // 方法：在睡覺
        }
        public void barking( ) {           // 方法：在叫
        }
}
```

註：宣告成員欄位或是方法時，如果省略存取修飾詞，預設是 private。

下列是定義 TaipeiBank 類別的實例，筆者先簡化定義方法 (method)：

```
public class TaipeiBank
{
        public string branchtitle;         // 欄位：分行名稱
        public string user;                // 欄位：用戶名稱
```

```
        public int balance;                         // 欄位：存款餘額
        public void Saving( ) {                     // 方法：存款
        }
        public void Withdraw( ) {                   // 方法：提款
        }
}
```

16-2-2　宣告與建立類別物件

類別定義完成後，接著我們必須**宣告**與**建立**這個類別的物件，可以使用下列方法：

```
Dog myDog;                  // 宣告Dog物件
myDog = new Dog( );         // 配置myDog物件空間
```

在類別宣告變數時中我們稱此為**建構方法** (constructor)(有的文章也稱為**構造方法**或**建構元**或**建構子**)，下一章筆者還會講解這個知識。另外也可以，一道敘述同時執行宣告和建立類別物件，這個動作稱建立物件實體。

```
Dog myDog = new Dog( );     // 同時執行宣告和建立Dog類別物件myDog
```

16-3　類別的基本實例

16-3-1　建立類別的欄位

類別**欄位** (fields)，記載著類別的特色，使用時我們必須為**欄位**建立**變數** (variables)，然後才可以存取它們，這個變數又可以稱是屬於此**類別**的**成員變數** (member variables)，下列是定義欄位的實例。

```
public class Dog
{
        public string name;                         // 欄位：名字
        public string color;                        // 欄位：顏色
        public int age;                             // 欄位：年齡
}
```

註1 在最上層語句 (Top-level statement) 的 C# 觀念中，最上層語句必須寫在類別宣告前。

註2 上述宣告欄位時如果沒有加上 public 修飾詞，則是 private。

16-3-2 存取類別的成員

存取類別成員變數語法如下：

物件變數.成員變數

方案 ch16_1.sln：建立類別的成員變數，然後列印成員變數內容。

```
// ch16_1
Dog mydog = new Dog();
mydog.name = "Lily";
mydog.color = "White";
mydog.age = 5;
Console.WriteLine($"我的狗名字是 : {mydog.name}");
Console.WriteLine($"我的狗顏色是 : {mydog.color}");
Console.WriteLine($"我的狗年齡是 : {mydog.age}");

class Dog
{
    public string name;         // 名字
    public string color;        // 顏色
    public int age;             // 年齡
}
```

執行結果

```
Microsoft Visual Studio 偵錯主控台
我的狗名字是 : Lily
我的狗顏色是 : White
我的狗年齡是 : 5

D:\C#\ch16\ch16_1\ch16_1\bin\Debug\net6.0\ch16_1.exe
按任意鍵關閉此視窗…
```

如果讀者在 Visual Studio 環境，將上述 ch16_1.sln 轉換成 Program.Main 樣式程式，可以看到下列畫面。

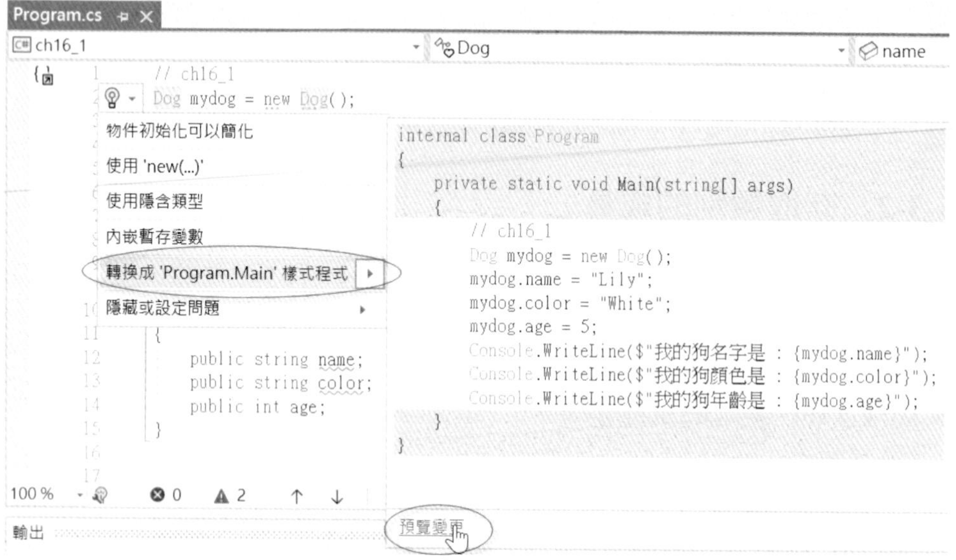

執行**預覽變更**，可以看到整個程式概觀如下：

預覽程式碼變更:

```
internal class Program
{
    private static void Main(string[] args)
    {
        // ch16_1
        Dog mydog = new Dog();
        mydog.name = "Lily";
        mydog.color = "White";
        mydog.age = 5;
        Console.WriteLine($"我的狗名字是 : {mydog.name}");
        Console.WriteLine($"我的狗顏色是 : {mydog.color}");
        Console.WriteLine($"我的狗年齡是 : {mydog.age}");
    }
}

class Dog
{
    public string name;        // 名字
    public string color;       // 顏色
    public int age;            // 年齡
}
```

行: 1　字元: 23

16-3-3 不要使用最上層語句建立含類別的方案

如果讀者不想使用最上層語句，重新設計 ch16_1.sln，則請在建立此方案時，勾選**不要使用最上層語句**。

設計類別若是不使用最上層語句時，整個方案的命名空間除了原始的 Program 類別外，不會有新設計的類別，則整個命名空間結構將如下圖。

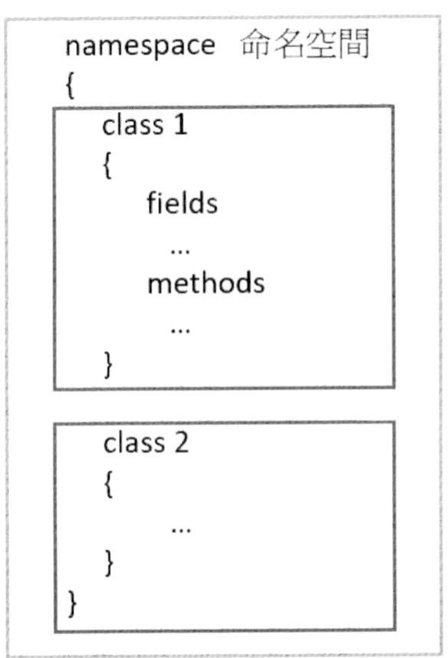

了解上圖後，讀者可以參考下列方式建立類別和在 Main( ) 內輸入程式碼。

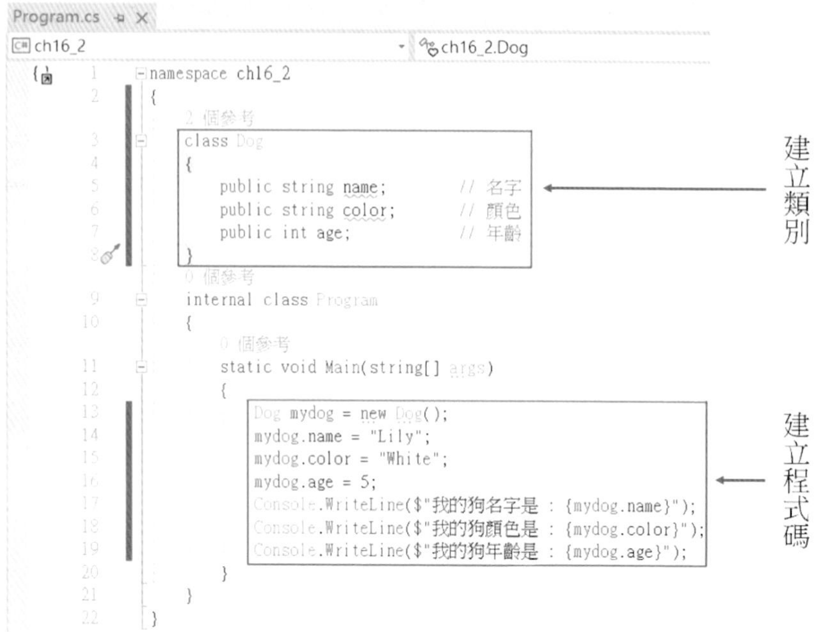

執行結果則和 ch16_1.sln 相同，如下所示：

```
Microsoft Visual Studio 偵錯主控台
我的狗名字是 : Lily
我的狗顏色是 : White
我的狗年齡是 : 5

D:\C#\ch16\ch16_2\ch16_2\bin\Debug\net6.0\ch16_2.exe
按任意鍵關閉此視窗…
```

16-3-4　命名空間、最上層語句與插入類別

設計含有類別的程式時也可以使用最上層語句，讓最上層語句簡單化，然後單獨讓類別存在另一個命名空間中，這時請設計下列最上層語句的方案 ch16_3.sln，Program.cs 的內容可以參考 ch16_1.sln 的 Program.cs。

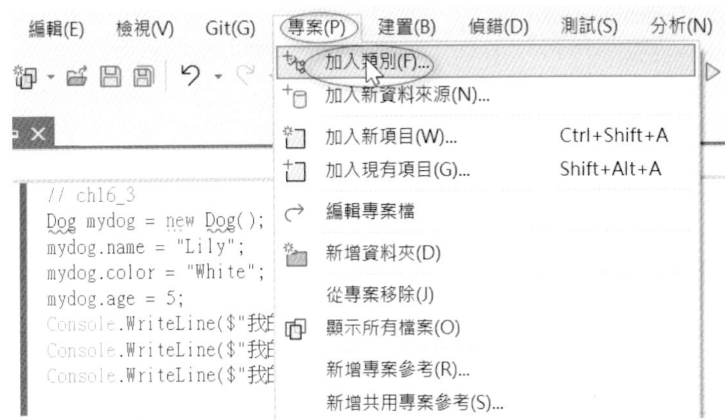

然後請執行**專案 / 加入類別**，將看到下列畫面。

請選擇**類別**，然後按右下方的**新增**鈕，將看到下列畫面。

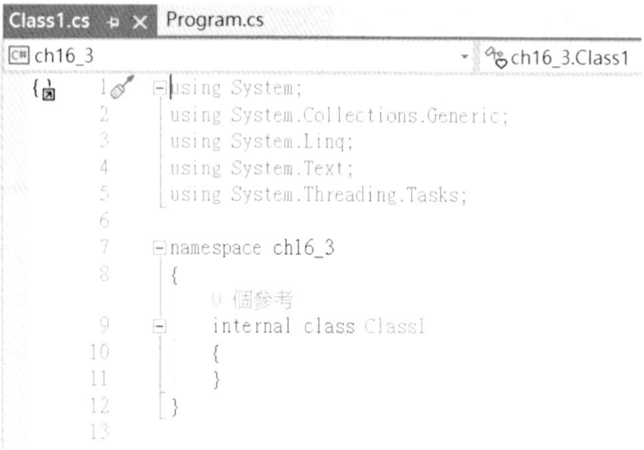

Class1.cs　Program.cs
ch16_3　ch16_3.Class1

```
using System;
using System.Collections.Generic;
using System.Linq;
using System.Text;
using System.Threading.Tasks;

namespace ch16_3
{
    0 個參考
    internal class Class1
    {
    }
}
```

這時會建立 Class1.cs，由於這只是要增加類別 class Dog，所以可以刪除所有預設的 using 宣告，筆者將此類別的命名空間改為 **mych16_3**，然後增加類別 class Dog 的內容，所以整個內容將如下所示：

Class1.cs　Program.cs
ch16_3　mych16_3.Dog

```
namespace mych16_3
{
    0 個參考
    class Dog
    {
        public string name;         // 名字
        public string color;        // 顏色
        public int age;             // 年齡
    }
}
```

請回到 Program.cs，因為類別 Dog 不在目前命名空間，是在 mych16_3 命名空間，所以必須導入此命名空間，請在程式碼前方增加 **"using mych16_3;"** 命名空間，如下所示：

Class1.cs　Program.cs*
ch16_3

```
// ch16_3
using mych16_3;
Dog mydog = new Dog();
mydog.name = "Lily";
mydog.color = "White";
mydog.age = 5;
Console.WriteLine($"我的狗名字是 : {mydog.name}");
Console.WriteLine($"我的狗顏色是 : {mydog.color}");
Console.WriteLine($"我的狗年齡是 : {mydog.age}");
```

上述導入命名空間 mych16_3 後，我們才可以在第 3 行，引用此命名空間的 Dog 類別，請執行此程式，最後可以得到完全一樣的結果。

```
Microsoft Visual Studio 偵錯主控台
我的狗名字是 : Lily
我的狗顏色是 : White
我的狗年齡是 : 5

D:\C#\ch16\ch16_3\ch16_3\bin\Debug\net6.0\ch16_3.exe
按任意鍵關閉此視窗…
```

16-4 實值類型與參照類型

第 3 章筆者介紹了 C# 語言的資料類型，有說明實值資料類型，主要是宣告變數後系統會為每一個變數設定一個獨立的記憶體空間，所以不同變數之間不會互相影響，下列是實例說明。

方案 ch16_4.sln：使用整數 int 變數觀察實值類型資料的變化。

```
1 // ch16_4
2 int a = 10;
3 int b = a;
4 Console.WriteLine($"執行前 a = {a}\t b = {b}");
5 b = 20;
6 Console.WriteLine($"更改 b 值");
7 Console.WriteLine($"執行後 a = {a}\t b = {b}");
```

執行結果

```
Microsoft Visual Studio 偵錯主控台
執行前 a = 10     b = 10
更改 b 值
執行後 a = 10     b = 20

D:\C#\ch16\ch16_4\ch16_4\bin\Debug\net6.0\ch16_4.exe
按任意鍵關閉此視窗…
```

從上述可以看到當第 5 行更改 b 值，a 值因為有不同的記憶體空間所以 a 值沒有受影響，可以參考下列記憶體圖形說明：

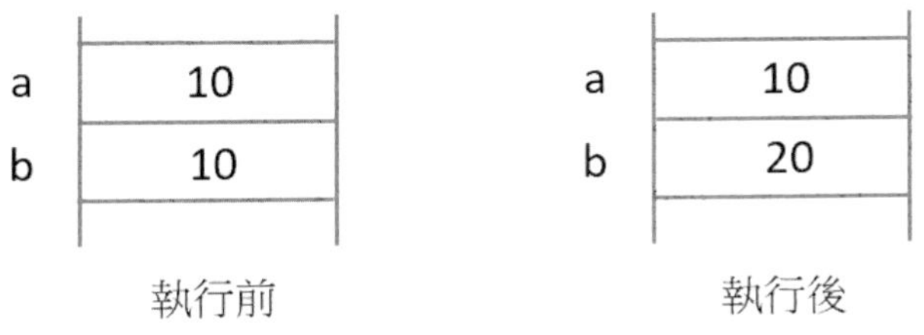

結構也是實值類型的資料，我們可以參考下列實例。

方案 ch16_5.sln：使用結構 struct 變數觀察實值類型資料的變化。

```
1   // ch16_5
2   Student stu1 = new Student { Name = "JK Hung" };
3   Student stu2 = stu1;
4   Console.WriteLine($"修改前 stu1姓名 = {stu1.Name}\t stu2姓名 = {stu2.Name}");
5   stu2.Name = "KK Tom";
6   Console.WriteLine("更改 stu2 姓名");
7   Console.WriteLine($"修改後 stu1姓名 = {stu1.Name}\t stu2姓名 = {stu2.Name}");
8   struct Student
9   {
10      public string Name { get; set; }
11  }
```

執行結果

```
Microsoft Visual Studio 偵錯主控台
修改前 stu1姓名 = JK Hung        stu2姓名 = JK Hung
更改 stu2 姓名
修改後 stu1姓名 = JK Hung        stu2姓名 = KK Tom

D:\C#\ch16\ch16_5\ch16_5\bin\Debug\net6.0\ch16_5.exe
按任意鍵關閉此視窗…
```

從上述可以看到當我們在第 5 行更改 stu 的姓名為 KK Tom 時，stu1 的姓名沒有更改，因為結構 struct 是實值資料類型，不同變數物件有不同的記憶體空間。類別 class 是參照類型，我們可以參考下列實例。

方案 ch16_6.sln：驗證類別是參照類型。

```
// ch16_6
Student stu1 = new Student();
stu1.Name = "JK Hung";
Student stu2 = stu1;
Console.WriteLine($"修改前 stu1姓名 = {stu1.Name}\t stu2姓名 = {stu2.Name}");
stu2.Name = "KK Tom";
Console.WriteLine("更改 stu2 姓名");
Console.WriteLine($"修改後 stu1姓名 = {stu1.Name}\t stu2姓名 = {stu2.Name}");
class Student
{
    public string Name;
}
```

執行結果

```
Microsoft Visual Studio 偵錯主控台
修改前 stu1姓名 = JK Hung        stu2姓名 = JK Hung
更改 stu2 姓名
修改後 stu1姓名 = KK Tom         stu2姓名 = KK Tom

D:\C#\ch16\ch16_6\ch16_6\bin\Debug\net6.0\ch16_6.exe
按任意鍵關閉此視窗…
```

上述第 6 行是修改 stu2.Name 的值，結果第 8 行可以看到 stu1.Name 的值也同步修訂，這是因為類別 class 是參照類型，變數 stu1 和 stu2 經過第 4 行設定後，是指向相同的記憶體，可以參考下列記憶體圖形，所以更改 stu2.Name 可以得到 stu1.Name 同步修訂。

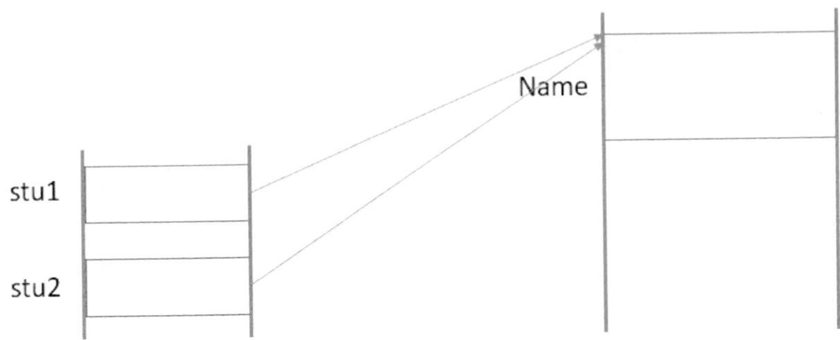

其實類別的**封裝** (Encapsulation) 觀念和結構 (struct) 相同，若是將 ch16_5.sln 第 8 行的 struct 改為 class，也可以驗證類別 class 變數是參照資料的事實，讀者可以參考 ch16_6_1.sln。

```
1  // ch16_6_1
2  Student stu1 = new Student { Name = "JK Hung" };
3  Student stu2 = stu1;
4  Console.WriteLine($"修改前 stu1姓名 = {stu1.Name}\t stu2姓名 = {stu2.Name}");
5  stu2.Name = "KK Tom";
6  Console.WriteLine("更改 stu2 姓名");
7  Console.WriteLine($"修改後 stu1姓名 = {stu1.Name}\t stu2姓名 = {stu2.Name}");
8  class Student
9  {
10     public string Name { get; set; }
11 }
```

16-5 類別的方法

類別的**方法** (method) 其實就是**物件的行為**，在一些非物件導向的程式設計中這個**方法** (method) 又稱為**函數** (function)，讀者可以參考第 12 章，它的基本語法如下：

```
存取修飾詞 傳回值類型 方法名稱( [參數列表] )
{
        方法敘述區塊;                    // 方法的主體功能
}
```

上述存取修飾詞與 16-2-1 節觀念相同，預設是 private。

如果這個方法沒有傳回值，則傳回值類型是 void。如果有傳回值，則可依傳回值資料型態設定，例如：傳回值是整數可以設定 int，這個觀念可以擴充到其它 C# 的資料型態。至於**參數列表**可以解析為**參數** 1 … **參數** n，我們將資訊用參數傳入**方法** (method) 中。呼叫**方法**的語法如下：

物件變數.方法

方案 ch16_7.sln：基本上是 ch16_1.sln 的擴充，類別 Dog 內含屬性與方法的應用。

```
// ch16_7
Dog myDog = new Dog();          // 建立物件
myDog.name = "Lily";
myDog.color = "White";
myDog.age = 5;
Console.WriteLine($"我的狗名字是 : {myDog.name}");
Console.WriteLine($"我的狗顏色是 : {myDog.color}");
Console.WriteLine($"我的狗年齡是 : {myDog.age}");
myDog.Barking();                // 呼叫方法 Barking

class Dog
{
    public string name;         // 名字
    public string color;        // 顏色
    public int age;             // 年齡
    public void Barking()
    {
        Console.WriteLine("我的狗在叫");
    }
}
```

執行結果

```
Microsoft Visual Studio 偵錯主控台
我的狗名字是 : Lily
我的狗顏色是 : White
我的狗年齡是 : 5
我的狗在叫

D:\C#\ch16\ch16_7\ch16_7\bin\Debug\net6.0\ch16_7.exe
按任意鍵關閉此視窗…
```

16-6 類別含多個物件的應用

如果一個類別只能有一個物件，那對實際的程式幫助不大，所幸 C# 是允許類別有多個物件，這也將是本章的主題。

16-6-1　類別含多個物件的應用

其實只要在宣告時，用相同方式建立不一樣的物件即可。

方案 ch16_8.sln：一個類別含 2 個物件的應用。

```
1  // ch16_8
2  Dog myDog = new Dog();          // 建立物件
3  myDog.name = "Lily";
4  Console.Write($"我的狗名字是 : {myDog.name} ");
5  myDog.Barking();                // 呼叫方法 Barking
6
7  Dog TomDog = new Dog();         // 建立TomDog物件
8  TomDog.name = "Hali";
9  Console.Write($"Tom的狗名字是 : {TomDog.name} ");
10 myDog.Sleeping();               // 呼叫方法 Sleeping
11
12 class Dog
13 {
14     public string name;         // 名字
15     public string color;        // 顏色
16     public int age;             // 年齡
17     public void Barking()
18     {
19         Console.WriteLine("我的狗在叫");
20     }
21     public void Sleeping()
22     {
23         Console.WriteLine("正在睡覺");
24     }
25 }
```

執行結果

```
Microsoft Visual Studio 偵錯主控台
我的狗名字是 : Lily 我的狗在叫
Tom的狗名字是 : Hali 正在睡覺

D:\C#\ch16\ch16_8\ch16_8\bin\Debug\net6.0\ch16_8.exe
按任意鍵關閉此視窗…
```

從上述讀者可以看到第 2 和 7 行分別建立 myDog 和 TomDog 物件，這是 2 個獨立的物件，因此雖然使用相同的屬性和方法，但是彼此是獨立的。然後第 3 ~ 5 行是建立 myDog 的欄位、列印、呼叫方法 Barking( )。第 8 ~ 10 行是建立 TomDog 的屬性、列印、呼叫方法 Sleeping( )。

16-6-2　建立類別的物件陣列

如果我們建立了一間銀行的類別，用戶可能幾百萬或更多，使用 16-6-1 節方式為每一個客戶建立物件變數是一個不可能的事務，碰上這類情形我們可以用陣列方式處理。

方案 ch16_9.sln：建立類別物件陣列的應用，此物件陣列有 5 個元素。

```
1  // ch16_9
2  TaipeiBank[] shilin = new TaipeiBank[5];      // 宣告類別陣列
3
4  for (int i = 0; i < shilin.Length; i++)
5  {
6      shilin[i] = new TaipeiBank();              // 建立帳號物件
7      shilin[i].account = 10000001 + i;          // 建立帳號
8      shilin[i].balance = 0;                     // 建立餘額
9  }
10 foreach (TaipeiBank bank in shilin)
11     bank.PrintInfo();
12
13 class TaipeiBank
14 {
15     public int account;                        // 帳號
16     public int balance;                        // 存款餘額
17     public void PrintInfo()                    // 輸出帳號和餘額
18     {
19         Console.WriteLine($"帳戶 : {account}, 餘額 : {balance}");
20     }
21 }
```

執行結果

```
Microsoft Visual Studio 偵錯主控台
帳戶 : 10000001, 餘額 : 0
帳戶 : 10000002, 餘額 : 0
帳戶 : 10000003, 餘額 : 0
帳戶 : 10000004, 餘額 : 0
帳戶 : 10000005, 餘額 : 0

D:\C#\ch16\ch16_9\ch16_9\bin\Debug\net6.0\ch16_9.exe
按任意鍵關閉此視窗…
```

上述程式有 2 個新觀念，首先在類別內 PrintInfo( ) 方法內引用此類別的欄位時，例如：第 19 行內的 account 和 balance 欄位，同時可以直接呼叫**欄位名稱**。這個 PrintInfo( ) 方法可以列印帳戶和餘額。

至於第 2 行筆者宣告了 TaipeiBank 類別的陣列，由於**每一個陣列元素**皆是一個**類別**，所以在第 6 行必須建立此物件，然後第 7 和 8 行才可以設定此物件的帳號和最初化存款金額。第 10 和 11 行是 foreach 迴圈可以列印帳號訊息。

16-7 再談方法 (method)

在前面各節的類別實例中，所有的方法皆是簡單沒有傳遞任何參數或是沒有任何傳回值，這一節筆者將講解更多方法的應用。

16-7-1　基本參數的傳送

在設計類別的方法時，也可以增加傳遞資料給方法。

方案 ch16_10.sln：使用銀行存款了解基本參數傳送的方法與意義。

```
1  // ch16_10
2  TaipeiBank A = new TaipeiBank();               // 宣告類別物件 A
3  
4  A.account = 10000001;                          // 設定帳號
5  A.balance = 0;                                 // 設定最初存款
6  A.PrintInfo();                                 // 存款前輸出
7  A.SaveMoney(100);                              // 存款 100
8  A.PrintInfo();                                 // 存款後輸出
9  
10 class TaipeiBank
11 {
12     public int account;                        // 帳號
13     public int balance;                        // 存款餘額
14     public void SaveMoney(int save)            // 存款
15     {
16         balance += save;
17     }
18 
19     public void PrintInfo()                    // 輸出帳號和餘額
20     {
21         Console.WriteLine($"帳戶 : {account}, 餘額 : {balance}");
22     }
23 }
```

執行結果

```
Microsoft Visual Studio 偵錯主控台
帳戶 : 10000001, 餘額 : 0
帳戶 : 10000001, 餘額 : 100

D:\C#\ch16\ch16_10\ch16_10\bin\Debug\net6.0\ch16_10.exe
按任意鍵關閉此視窗…
```

上述第 6 行是列印存款前的帳戶餘額，第 7 行是存款 100 元，這時 A.SaveMoney(100) 會將 100 傳給類別內的 SaveMoney(int save) 方法，程式第 16 行會執行將此 100 與原先的餘額加總。第 8 行是列印存款後的帳戶餘額。上述是傳遞**整數**參數，其實讀者可以將它擴充，可以傳遞任何 C# 合法的資料型態。

我們也可以在建立類別物件時，直接設定類別的初值，可以參考下列實例。

方案 ch16_11.sln：使用直接設定類別的初值，重新設計 ch16_10.sln。

```
1  // ch16_11
2  TaipeiBank A = new TaipeiBank { account = 10000001, balance = 0 };
3
4  A.PrintInfo();                                  // 存款前輸出
5  A.SaveMoney(100);                               // 存款 100
6  A.PrintInfo();                                  // 存款後輸出
7
8  class TaipeiBank
9  {
10     public int account;                         // 帳號
11     public int balance;                         // 存款餘額
12     public void SaveMoney(int save)             // 存款
13     {
14         balance += save;
15     }
16
17     public void PrintInfo()                     // 輸出帳號和餘額
18     {
19         Console.WriteLine($"帳戶 : {account}, 餘額 : {balance}");
20     }
21 }
```

執行結果 與 ch16_10.sln 相同。

請讀者參考上述第 2 行。

16-7-2 認識形參 (Formal Parameter) 與實參 (Actual Parameter)

有時候看一些網路文章或是中文簡體書籍，有些作者會將所傳遞的參數或是方法內的參數做更細的描述。

通常是將方法內定義的參數稱**形參**，以實例 ch16_11.sln 為例，指的是第 12 行的 save。將最上層語句 (main( )) 內的參數稱**實參**，以實例 ch16_11.sln 為例，指的是第 5 行的 100。在此筆者統稱**參數** (Parameter)。

16-7-3 方法的傳回值

在 C# 也可以讓**方法傳回**執行結果，此時語法格式如下：

```
public 傳回值類型 方法名稱( [參數列表] )
{
        方法敘述區塊;                    // 方法的主體功能
        return 傳回值;                   // 傳回值可以是變數或運算式
}
```

方案 ch16_12.sln：重新設計程式實例 ch16_11.sln，這個程式主要是增加 saveMoney( ) 方法的傳回值，傳回值是布林值 true 或 false。如果我們執行存款時，存款金額一定是正值，但是程式實例 ch16_11.sln 若是輸入負值時，程式仍可運作此時存款金額會變少，這就是語意上的錯誤，所以這個程式會對存款金額做檢查，如果是大於 0 則執行存款，同時存款完成後列出**存款成功**可參考第 6 行。如果存款金額是負值，將不執行存款，然後列出**存款失敗**可參考第 9 行。

```
1  // ch16_12
2  TaipeiBank A = new TaipeiBank { account = 10000001, balance = 0 };
3
4  A.PrintInfo();                               // 存款前輸出
5  int money = 100;
6  Console.WriteLine($"存款 {money} {(A.SaveMoney(money) ? "成功":"失敗")}");
7  A.PrintInfo();                               // 存款後輸出
8  money = -100;
9  Console.WriteLine($"存款 {money} {(A.SaveMoney(money) ? "成功":"失敗")}");
10 A.PrintInfo();                               // 存款後輸出
11
12 class TaipeiBank
13 {
14     public int account;                      // 帳號
15     public int balance;                      // 存款餘額
16     public bool SaveMoney(int save)          // 存款
17     {
18         if (save > 0)                        // 存款金額大於 0
19         {
20             balance += save;
21             return true;                     // 回傳 true
22         }
23         else                                 // 存款金額小於或等於 0
24             return false;                    // 回傳 false
25     }
26
27     public void PrintInfo()                  // 輸出帳號和餘額
28     {
29         Console.WriteLine($"帳戶 : {account}, 餘額 : {balance}");
30     }
31 }
```

執行結果

```
Microsoft Visual Studio 偵錯主控台
帳戶 : 10000001, 餘額 : 0
存款 100 成功
帳戶 : 10000001, 餘額 : 100
存款 -100 失敗
帳戶 : 10000001, 餘額 : 100

D:\C#\ch16\ch16_12\ch16_12\bin\Debug\net6.0\ch16_12.exe
按任意鍵關閉此視窗…
```

16-8 變數的有效範圍

設計 C# 程式時，可以隨時在使用前宣告變數，可是每個變數並不是永遠可以使用，通常我們將這個變數可以使用的區間稱為**變數的有效範圍**，這也是本節的主題。

16-8-1　for 迴圈的索引變數

下列是一個常見的 for 迴圈設計：

```
for ( int i = 1; i < n; i++ )
{
        xxxx;
}
```

對上述迴圈而言，索引用途的整數變數 i 的有效範圍就是在這個迴圈，如果離開迴圈繼續使用變數 i 就會產生錯誤。

方案 ch16_13.sln：這個程式第 6 行嘗試在 for 迴圈外使用迴圈內宣告的索引變數 i，結果產生錯誤。

```
1  // ch16_13
2  int sum = 0;
3  for (int i = 1; i <= 10; i++)
4      sum += i;
5  Console.WriteLine(sum);
6  Console.WriteLine(i);
7
```

16-8-2　區域變數 (Local Variable)

其實在程式區塊內宣告的變數皆算是**區域變數**，所謂的程式區塊可能是一個**方法**內的敘述，或者是**大括號 "{" 和 "}" 間**的區塊，這時所設定的變數只限定在此區塊內有效。

方案 ch16_14.sln：在大括號 "{" 和 "}" 區域外使用變數產生錯誤的實例，第 7 行設定的 y 變數只能在第 6 ~ 9 行間的區塊使用，由於第 10 行列印 y 時，已經超出 y 的區域範圍，所以產生錯誤。

```
// ch16_14
using System.Runtime.CompilerServices;

int x = 100;
Console.WriteLine($"x = {x}");
{
    int y = 10;
    Console.WriteLine($"y = {y}");
}
Console.WriteLine($"y = {y}");
```

在設計 C# 程式時，外層區塊宣告的變數可以供內層區塊使用。

方案 ch16_15.sln：外層區塊宣告的變數供內層區塊使用的實例，程式第 2 行宣告變數 x，在內層區塊第 6 行仍可使用。

```
1  // ch16_15
2  int x = 10;
3  Console.WriteLine($"區塊外變數 區塊外輸出 x = {x}");
4  {
5      int y = 20;
6      Console.WriteLine($"區塊外變數 區塊內輸出 x = {x}");
7      Console.WriteLine($"區塊內變數 區塊內輸出 y = {y}");
8  }
```

執行結果

```
Microsoft Visual Studio 偵錯主控台
區塊外變數 區塊外輸出 x = 10
區塊外變數 區塊內輸出 x = 10
區塊內變數 區塊內輸出 y = 20

D:\C#\ch16\ch16_15\ch16_15\bin\Debug\net6.0\ch16_15.exe
按任意鍵關閉此視窗…
```

如果前面已經宣告變數時，不可以在內圈重新宣告相同的變數。其實我們可以解釋為當一個變數仍在有效範圍時，不可以宣告相同名稱的變數。

方案 ch16_16.sln：這個程式第 5 行重複宣告第 2 行已經宣告的變數 x，且此變數仍在有效範圍內使用，所以產生錯誤。

```
1  // ch16_16
2  int x = 10;
3  Console.WriteLine($"區塊外變數 區塊外輸出 x = {x}");
4  {
5      int x = 15;
6      int y = 20;
7      Console.WriteLine($"區塊內變數 區塊內輸出 y = {y}");
8  }
```

16-8-3　類別內成員變數與方法變數有相同的名稱

在程式設計時，有時候會發生方法內的**區域變數**與類別的**欄位變數**(或是稱**成員變數**)有相同的名稱，這時候在方法內的變數有較高優先使用，這種現象稱**名稱遮蔽** (Shadowing of Name)。

方案 ch16_17.sln：名稱遮蔽的基本現象，這個程式的 ShadowingTest 類別有一個成員變數 x，在方法 PrintInfo( ) 內也有區域變數 x，依照名稱遮蔽原則，所以第 10 行列印結果是上層語句 A.printInfo(20) 傳來的 20。如果想要列印目前物件的成員變數可以使用 this 關鍵字，這個關鍵字可以獲得目前物件的成員變數的內容，它的使用方式如下：

this.成員變數

所以程式第 11 行會列印第 7 行成員變數設定的 10。

```
1  // ch16_17.sln
2  ShadowTest A = new ShadowTest();
3  A.PrintInfo(20);
4
5  class ShadowTest
6  {
7      int x = 10;
8      public void PrintInfo(int x)
9      {
10         Console.WriteLine($"區域變數 x = {x}");
11         Console.WriteLine($"成員欄位 x = {this.x}");
12     }
13 }
```

執行結果

```
Microsoft Visual Studio 偵錯主控台
區域變數 x = 20
成員欄位 x = 10

D:\C#\ch16\ch16_17\ch16_17\bin\Debug\net6.0\ch16_17.exe
按任意鍵關閉此視窗…
```

16-9　部分類別 Partial class

C# 有提供部分類別 (partial class) 的觀念，所謂的部分類別是將類別的功能分開宣告，需告時要加上 Partial class，如下所示：

存取修飾詞 partial class 類別名稱

```
{
    xxx;
}
存取修飾詞 partial class 類別名稱
{
    yyy;
}
```

上述兩個部分類別有相同的名稱，但是內容不同，上述類別可以在一個檔案內，也可以在不同的檔案 (例如：Class1.cs 和 Class2.cs)，C# 編譯程式在編譯時會將 partial 類別組織起來成為一個完整的類別，下列是在相同檔案的實例。

方案 ch16_17_1.sln：部分類別的實例。

```
// ch16_17_1
XYaxis coords = new XYaxis(3, 5);        // 定義平面座標 (3, 5)
coords.PrintXYaxis();
public partial class XYaxis
{
    private int x;
    private int y;
    public XYaxis(int x, int y)          // constructor
    {
        this.x = x;
        this.y = y;
    }
}
public partial class XYaxis
{
    public void PrintXYaxis()
    {
        Console.WriteLine($"座標(x, y) : {x}, {y}");
    }
}
```

執行結果

```
Microsoft Visual Studio 偵錯主控台
座標(x, y) : 3, 5

D:\C#\ch16\ch16_17_1\ch16_17_1\bin\Debug\net6.0\ch16_17_1.exe
按任意鍵關閉此視窗…
```

16-10 專題–矩形面積 / 員工資料 / 運算式主體方法

16-10-1 計算面積

方案 ch16_18.sln：設計矩形類別 Rect，然後設定物件同時輸出這 2 個物件的面積。

```
// ch16_18
Rect rect1 = new Rect();          // 宣告 rect1, 類型是 Rect
Rect rect2 = new Rect();          // 宣告 rect2, 類型是 Rect
double area = 0.0;                // 面積

// rect1 描述
rect1.height = 5.0;
rect1.width = 10.0;

// rect2 描述
rect2.height = 10.0;
rect2.width = 20.0;

// rect1 面積
area = rect1.height * rect1.width;
Console.WriteLine($"rect1 面積 = {area}");

// rect2 面積
area = rect2.height * rect2.width;
Console.WriteLine($"rect2 面積 = {area}");

class Rect
{
    public double height;    // 高度
    public double width;     // 寬度
}
```

執行結果

```
Microsoft Visual Studio 偵錯主控台
rect1 面積 = 50
rect2 面積 = 200

D:\C#\ch16\ch16_18\ch16_18\bin\Debug\net6.0\ch16_18.exe
按任意鍵關閉此視窗…
```

16-10-2 建立和輸出員工資料

方案 ch16_19.sln：建立員工資料然後輸出。

```
// ch16_19
Employee e1 = new Employee();
Employee e2 = new Employee();
e1.Create(1001, "洪錦魁", 98000);
e2.Create(1005, "洪星宇", 68000);
e1.Display();
e2.Display();

```

```
public class Employee
{
    public int id;
    public string name;
    public int salary;
    public void Create(int i, string n, int s)
    {
        id = i;
        name = n;
        salary = s;
    }
    public void Display()
    {
        Console.WriteLine($"{id} : {name} {salary}");
    }
}
```

執行結果

```
Microsoft Visual Studio 偵錯主控台
1001 : 洪錦魁 98000
1005 : 洪星宇 68000

D:\C#\ch16\ch16_19\ch16_19\bin\Debug\net6.0\ch16_19.exe
按任意鍵關閉此視窗…
```

16-10-3　Expression-Bodied Method 當作類別的方法

12-9 節筆者介紹了 Expression-Bodied Method 運算式主體方法，其實該方法也可以應用在類別的方法，可以參考下列實例。

方案 ch16_20.sln：設計 SmallMath 類別，此類別的方法使用 Expression-Bodied Method 方式設計。

```
// ch16_20
int a = 10;
int b = 20;
SmallMath A = new SmallMath();
Console.WriteLine($"{a} + {b} = {A.Add(a, b)}");
Console.WriteLine($"{a} - {b} = {A.Sub(a, b)}");

class SmallMath
{
    public int Add(int x, int y) => x + y;
    public int Sub(int x, int y) => x - y;
}
```

執行結果

```
Microsoft Visual Studio 偵錯主控台
10 + 20 = 30
10 - 20 = -10

D:\C#\ch16\ch16_20\ch16_20\bin\Debug\net6.0\ch16_20.exe
按任意鍵關閉此視窗…
```

16-10-4　匿名類別

匿名類別 (Anonymous class) 是 C# 提供一個便利的方法，將一組唯讀屬性的數據封裝成一個物件，不需要事先明確的定義類型，類型名稱會由編譯程式產生，同時屬性也會由編譯程式依據數據類型做推斷。

方案 ch16_21.sln：建立匿名類別與輸出。

```
// ch16_21
var Student = new { Id = 101, FirstName = "Jiin-Kwei", LastName = "Hung" };
Console.WriteLine(Student.Id);
Console.WriteLine(Student.FirstName);
Console.WriteLine(Student.LastName);
```

執行結果

```
Microsoft Visual Studio 偵錯主控台
101
Jiin-Kwei
Hung

D:\C#\ch16\ch16_21\ch16_21\bin\Debug\net6.0\ch16_21.exe
按任意鍵關閉此視窗…
```

匿名類別也可以是巢狀的匿名類別，可以參考下列實例。

方案 ch16_22.sln：巢狀匿名類別的建立與輸出。

```
// ch16_22
var Student = new
{
    Id = 101,
    FirstName = "Jiin-Kwei",
    LastName = "Hung",
    Address = new { City = "Chicago", Country = "USA" }
};
Console.Write(Student.Address.City + " ");
Console.WriteLine(Student.Address.Country);
```

執行結果

```
Microsoft Visual Studio 偵錯主控台
Chicago USA

D:\C#\ch16\ch16_22\ch16_22\bin\Debug\net6.0\ch16_22.exe
按任意鍵關閉此視窗…
```

匿名類別也可以使用陣列建立與輸出。

方案 ch16_23.sln：建立匿名類別陣列與輸出。

```
// ch16_23
var Students = new[] {
            new { Id = 101, FirstName = "Kevin", LastName = "Hung" },
            new { Id = 102, FirstName = "John", LastName = "Hung" },
            new { Id = 103, FirstName = "Ivan", LastName = "Hung" }
    };

foreach (var s in Students)
    Console.WriteLine($"{s.Id} : {s.FirstName} {s.LastName}");
```

執行結果

```
Microsoft Visual Studio 偵錯主控台
101 : Kevin Hung
102 : John Hung
103 : Ivan Hung

D:\C#\ch16\ch16_23\ch16_23\bin\Debug\net6.0\ch16_23.exe
按任意鍵關閉此視窗…
```

匿名類別常用在 C# 的 LING 查詢運算式，使用 select 關鍵字，然後可以回傳物件的子集合。

習題實作題

方案 ex16_1.sln：請參考 ch16_7.sln，增加設計方法 public void eating( )，內容是 " 我的狗在吃東西 "，然後在上層語句中呼叫此方法。(16-5 節)

```
Microsoft Visual Studio 偵錯主控台
我的狗名字是 : Lily
我的狗顏色是 : White
我的狗年齡是 : 5
我的狗在叫
我的狗在吃東西

D:\C#\ex\ex16_1\ex16_1\bin\Debug\net6.0\ex16_1.exe
按任意鍵關閉此視窗…
```

方案 ex16_2.sln：請重新設計 ch16_12.sln，將存款方法改為如下：(16-7 節)

```
public void SaveMoney(int save);
```

然後 SaveMoney 方法可以執行存款，同時輸出是成功或是失敗。此程式先存款 100 結果輸出存款 100 成功，然後再存款-100 結果輸出存款-100 失敗。

```
Microsoft Visual Studio 偵錯主控台
帳戶 : 10000001, 餘額 : 0
存款 100 成功
帳戶 : 10000001, 餘額 : 100
存款 -100 失敗
帳戶 : 10000001, 餘額 : 100

D:\C#\ex\ex16_2\ex16_2\bin\Debug\net6.0\ex16_2.exe
按任意鍵關閉此視窗…
```

方案 ex16_3.sln：擴充設計 ex16_2.sln，增加 WithdrawMoney( )，這是提款方法，讓程式可以執行提款功能，同時執行提款時要檢查提款金額必須小於或等於存款金額。此例請先存款 100 元，然後分別提款 90 元和 20 元，最後程式必須列出提款成功或提款失敗。(16-7 節)

```
Microsoft Visual Studio 偵錯主控台
帳戶 : 10000001, 餘額 : 0
存款 100 成功
帳戶 : 10000001, 餘額 : 100
提款 90 成功
帳戶 : 10000001, 餘額 : 10
提款 20 失敗
帳戶 : 10000001, 餘額 : 10

D:\C#\ex\ex16_3\ex16_3\bin\Debug\net6.0\ex16_3.exe
按任意鍵關閉此視窗…
```

方案 ex16_4.sln：更新設計 ch16_18.sln，將類別 class 名稱由 Rect 改為 Box，相當於計算體積，所以必須增加 public double length;，請將 length 改為 2.0，其他數據與 ch16_18.sln 相同，請輸出結果。(16-9 節)

```
Microsoft Visual Studio 偵錯主控台
box1 體積 = 100
box2 體積 = 400

D:\C#\ex\ex16_4\ex16_4\bin\Debug\net6.0\ex16_4.exe
按任意鍵關閉此視窗…
```

方案 ex16_5.sln：擴充設計 ch16_19.sln，類別增加設計地址，同時輸出增加欄位名稱。(16-9 節)

```
Microsoft Visual Studio 偵錯主控台
編號  姓名    薪資  地址
1001  洪錦魁 98000 台北市基隆路一段100號
1005  洪星宇 68000 台北市中山北路一段98號

D:\C#\ex\ex16_5\ex16_5\bin\Debug\net6.0\ex16_5.exe
按任意鍵關閉此視窗…
```

方案 ex16_6.sln：擴充設計 ch16_20.sln，增加求餘數 Mod 方法和乘法 Mul 方法。(16-9 節)

```
Microsoft Visual Studio 偵錯主控台
8 + 5 = 13
8 - 5 = 3
8 % 5 = 3
8 * 5 = 40

D:\C#\ex\ex16_6\ex16_6\bin\Debug\net6.0\ex16_6.exe
按任意鍵關閉此視窗…
```

第 17 章

物件的建構、屬性與封裝

17-1 建構方法 (Constructor)

17-2 重載 (Overload) 定義

17-3 類別成員的訪問權限 – 封裝 (Encapsulation)

17-4 屬性 (Property) 成員

17-5 類別的唯讀和常數欄位

17-6 靜態 static 關鍵字

17-7 索引子 (indexer)

17-8 專題 – 數學 / 銀行存款與提款 /NBA 人數統計 / 星期索引

前一章筆者講解了**類別**最基礎的知識，每當我們建立好**類別**，在上層語句中宣告類別物件以及配置記憶體完成後，接著就是自行定義類別的初值。例如：可參考程式實例方案 ch16_10.sln，第 5 行可以看到需為所開的帳戶設定帳戶最初的餘額是 0。

```
1  // ch16_10
2  TaipeiBank A = new TaipeiBank();              // 宣告類別物件 A
3
4  A.account = 10000001;                         // 設定帳號
5  A.balance = 0;                                // 設定最初存款
```

其實上述不是好方法，一個好的程式當我們宣告類別的物件配置記憶體空間後，其實類別應該就可以**自行完成初始化的工作**，這樣可以減少人為初始化所可能引導的疏失，這將是本章的第一個主題，接著筆者會講解物件**封裝** (encapsulation) 的知識。

17-1 建構方法 (Constructor)

所謂的**建構方法** (Constructor)，Constructor 有人翻譯為**構造方法**，就是設計類別物件建立完成後，自行完成的初始化工作，如果我們沒有為欄位資料設定初值，系統會依欄位資料特性設定初值，例如：int、… double 資料是 0，bool 是 flase，可以參考 3-10 節。例如：當我們為 TaipeiBank 類別建立物件後，初始化的工作應該是將該物件的存款餘額設為 0。

請參考程式實例 ch16_10.sln 的第 2 行內容：

TaipeiBank A = new TaipeiBank( );

上述類別名稱是 TaipeiBank，當我們使用 new 運算子然後接 TaipeiBank( )，注意有 "( )" 存在，其實這是呼叫**建構方法** (Constructor)，類別中預設的**建構方法名稱**應該與**類別名稱**相同。讀者可能會想，我們在設計 TaipeiBank 類別時沒有建立 TaipeiBank( ) 方法，程式為何沒有錯誤？為何會如此？

17-1-1　預設的建構方法

如果我們在設計類別時，沒有設計與類別相同名稱的建構方法，C# 編譯會自動協助建立這個預設的建構方法。

方案 ch17_1.sln：簡單說明建構方法與系統預設的初值。

```
// ch17_1
TaipeiBank A = new TaipeiBank();
A.PrintInfo();

public class TaipeiBank
{
    int account;
    int balance;
    public void PrintInfo()
    {
        Console.WriteLine($"帳號({account}) 目前餘額 : {balance}");
    }
}
```

執行結果

```
Microsoft Visual Studio 偵錯主控台
帳號(0) 目前餘額 : 0

D:\C#\ch17\ch17_1\ch17_1\bin\Debug\net6.0\ch17_1.exe
按任意鍵關閉此視窗…
```

上述程式沒有建構方法，其實 C# 在編譯時會自動為上述程式建立一個預設的建構方法。

方案 ch17_2.sln：C# 編譯程式為 ch17_1.sln 建立一個預設的建構方法，其實第 9 ~ 11 行就是 C# 編譯程式建立的預設建構方法。

```
1  // ch17_2
2  TaipeiBank A = new TaipeiBank();
3  A.PrintInfo();
4
5  public class TaipeiBank
6  {
7      int account;
8      int balance;
9      public TaipeiBank()
10     {
11     }
12     public void PrintInfo()
13     {
14         Console.WriteLine($"帳號({account}) 目前餘額 : {balance}");
15     }
16 }
```

執行結果 與 ch17_1.sln 相同。

17-1-2　自建建構方法

所謂的自建建構方法就是在建立類別時，建立一個和類別相同名稱的方法，這個方法還有幾個特色。

1：存取修飾詞是 public。

2：沒有資料型態。

3：沒有傳回值。

4：可以有多個建構方法。

另外，當 C# 編譯程式看到類別內有自建建構方法後，它就不會再建預設的建構方法了。

❑　無參數的建構方法

就如同標題說明，在建構方法中是沒有任何參數。

方案 ch17_3.sln：建立 BankTaipei 類別時增加設計預設建構方法，這個程式主要是建立好物件 A 後，同時列印 A 物件的存款餘額。

```
// ch17_3
TaipeiBank A = new TaipeiBank();
A.PrintInfo();

public class TaipeiBank
{
    int account;
    int balance;
    public TaipeiBank()
    {
        account = 0;
        balance = 0;
    }
    public void PrintInfo()
    {
        Console.WriteLine($"帳號({account}) 目前餘額 : {balance}");
    }
}
```

執行結果

```
Microsoft Visual Studio 偵錯主控台
帳號(0) 目前餘額 : 0

D:\C#\ch17\ch17_3\ch17_3\bin\Debug\net6.0\ch17_3.exe
按任意鍵關閉此視窗…
```

❑ 有參數的建構方法

所謂的有參數的建構方法是，當我們在宣告與建立物件時需傳遞參數，此時這些參數會傳送給建構方法。

方案 ch17_4.sln：在建構方法設定薪資，同時使用 this 關鍵字。

```
1  // ch17_4
2  Salary A = new Salary(30000);
3  A.PrintInfo();
4
5  class Salary
6  {
7      int paid;
8      public Salary(int paid)         // constructor 方法
9      {
10         this.paid = paid;           // 最初化初值
11     }
12     public void PrintInfo()
13     {
14         Console.WriteLine($"薪資是 = {paid}");
15     }
16 }
```

執行結果

```
Microsoft Visual Studio 偵錯主控台
薪資是 = 30000

D:\C#\ch17\ch17_4\ch17_4\bin\Debug\net6.0\ch17_4.exe
按任意鍵關閉此視窗…
```

上述第 8 ~ 11 行是建構方法，為了區隔傳入參數 paid，筆者第 10 行用 this.paid 代表欄位成員。

❑ 使用運算式主體方法設計建構方法

我們也可以將運算式主體方法的觀念應用在建構方法，這樣可以簡化設計。

方案 ch17_5.sln：使用運算式主體方法重新設計 ch17_4.sln。

```
// ch17_5
Salary A = new Salary(30000);
A.PrintInfo();

class Salary
{
    int paid;
    public Salary(int paid) => this.paid = paid;
    public void PrintInfo()
    {
        Console.WriteLine($"薪資是 = {paid}");
    }
}
```

執行結果 與 ch17_4.sln 相同。

17-1-3　再談 this 關鍵字

在 16-8-3 節筆者在設計一般方法時有提到**名稱遮蔽** (Shadowing of Name) 觀念，當類別內的方法所定義的區域變數與類別的成員欄位變數相同時，方法會以區域變數優先。在這個環境下，如果確定要存取類別的成員欄位變數時，可以使用 this 關鍵字，如下：

```
this.成員欄位變數
```

以上觀念也可以應用在建構方法。若是以 ch17_5.sln 第 8 行為實例，如果使用下列方法，程式也可以執行。

```
public Salary(int money)-> paid = money;          // 可參考ch17_5_1.sln
```

其實上述將區域變數設為 money，從程式設計觀點看最大缺點是程式不容易閱讀，如果我們將區域變數設為 paid，整個設計如下所示：

```
public Salary(int paid)-> paid = paid;          // 可參考ch17_5_2.sln
```

程式變的比較容易閱讀，但是上述會發生**名稱遮蔽** (Shadowing of Name) 現象造成設定失敗，結果是 0 的錯誤，在這時就可以使用 this 關鍵字，如下所示：

```
public Salary(int paid)-> this.paid = paid;
```

所以用 this 關鍵字，除了語法正確，也有區域變數與成員變數的名稱，整個程式應該更容易閱讀。

17-1-4　析構方法 (Destructor)

如果讀者設計 .NET Framework，在類別觀念中可以設計**析構 (Destructor) 方法**，假設類別名稱是 Person，則析構方法的名稱是 Person( )，析構方法的名稱則是 ~Person( )，也就是在建構方法名稱前加上 "~" 符號，即是析構方法。在 C++ 的程式觀念中，一個類別如果不使用可以使用析構方法將此類別摧毀，然後回收記憶體空間，但是如果程式設計師忘記，則會造成記憶體的浪費。

在 Java 和 C# 的程式觀念中，有記憶體自動回收機制，我們不必設計析構方法，自動回收機制會自行處理。

方案 ch17_6.sln：請建立 .NET Framework 的方案，如下所示：

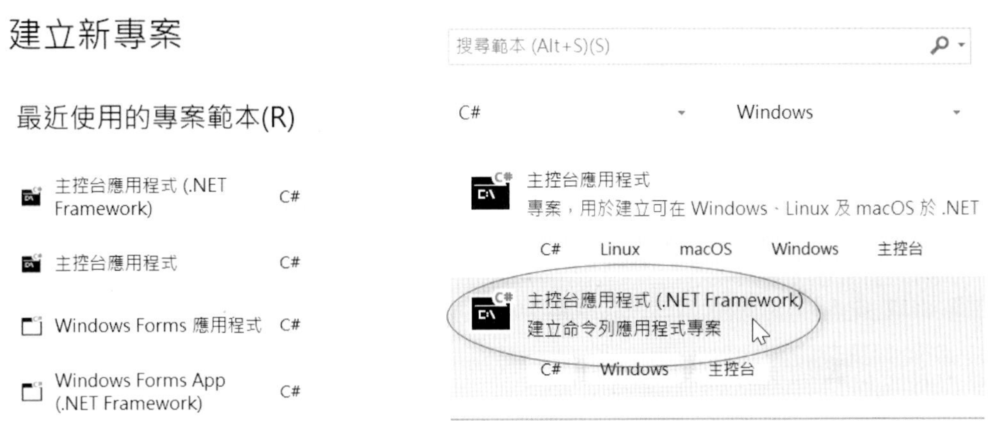

請按右下方的下一步鈕，接著步驟則是一樣，下列是此程式實例。

```
using System;
namespace ch17_6
{
    class Person
    {
        public string name;
        public void getName()
        {
            Console.WriteLine($"姓名 : {name}");
        }
        ~Person()        // Destructor
        {
            Console.WriteLine("呼叫 Destructor");
        }
    }
    internal class Program
    {
        static void Main(string[] args)
        {
            Person p = new Person();
            p.name = "洪錦魁";
            p.getName();
        }
    }
}
```

執行結果 上述筆者刪除了許多不需要的 using 敘述。

```
C:\WINDOWS\system32\cmd.exe
姓名 : 洪錦魁
呼叫 Destructor
請按任意鍵繼續 . . .
```

從上述可以看到相當於程式執行結束前，.NET Framework 會自動呼叫 ~Person( )，所以可以看到輸出 " 呼叫 Destructor"。

但是在 .NET 6.0 下，程式結束前不會呼叫 ~Person( )，所以將看不到上述 " 呼叫 Destructor" 訊息，讀者可以參考 ch17_6_1.sln。

方案 ch17_6_1.sln：使用 .NET 6.0 重新設計 ch17_6.sln。

```
// ch17_6_1
Person p = new Person();
p.name = "洪錦魁";
p.getName();

class Person
{
    public string name;
    public void getName()
    {
        Console.WriteLine($"姓名 : {name}");
    }
    ~Person()        // Destructor
    {
        Console.WriteLine("呼叫 Destructor");
    }
}
```

執行結果

```
Microsoft Visual Studio 偵錯主控台
姓名 : 洪錦魁

D:\C#\ch17\ch17_6_1\ch17_6_1\bin\Debug\net6.0\ch17_6_1.exe
按任意鍵關閉此視窗…
```

使用析構方法 (Destructor) 需注意下列事項：

- 析構方法不可以在 struct 內定義，只能在 class 內使用。
- 一個類別只能有一個析構方法。
- 析構方法不能有存取修飾詞或參數。
- 析構方法不可以被繼承或重載。
- 析構方法不可以被調用。

17-2 重載 (Overload) 定義

Overload 可以翻譯為**重載**或**多載**或是稱**多重定義**，主要的觀念是同時有多個名稱相同的**方法**，然後 C# 編譯程式會依據所傳遞的**參數數量**或是**資料型態**，選擇符合的建構方法處理。

17-2-1 從 Console.WriteLine( ) 看重載定義

其實**重載**的用法也可以應用在一般類別內的方法。在正式用實例講解前，請先思考我們使用許多次的 Console.WriteLine( ) 方法，讀者應該發現不論我們傳入什麼類型的資料，皆可以列印適當的執行結果。

方案 ch17_7.sln：認識 Console.WriteLine( ) 的重載 (或稱多重定義)。

```
// ch17_7
char ch = 'A';
int num = 100;
double pi = 3.14159;
bool bo = true;
string str = "C#";
Console.WriteLine(ch);
Console.WriteLine(num);
Console.WriteLine(pi);
Console.WriteLine(bo);
Console.WriteLine(str);
```

執行結果

```
Microsoft Visual Studio 偵錯主控台
A
100
3.14159
True
C#

D:\C#\ch17\ch17_7\ch17_7\bin\Debug\net6.0\ch17_7.exe
按任意鍵關閉此視窗…
```

其實以上就是因為 Console.WriteLine( ) 是一個**重載**的方法，才可以不論我們輸入那一類型的資料皆可以順利列印，下列是上述實例的圖形說明。

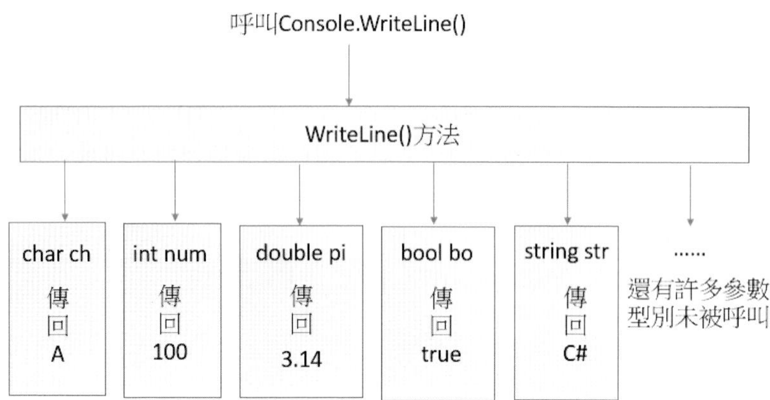

上述**重載**方法是可以增加程式的**可讀性**，也增加**程式設計師**與**使用者**的**便利性**，如果我們沒有這個功能，就上述實例而言，我們必須設計 **5 種不同名稱**的列印方法，造成冗長的程式設計負荷與使用者需熟記多種方法的負荷。

17-2-2　重載應用到建構方法

方案 ch17_8.sln：將重載應用在建構方法，這個程式的建構方法有 3 個，分別可以處理含有一個整數參數代表年齡、一個字串參數代表姓名、二個參數分別是整數代表年齡、字串代表姓名。建立物件完成後，隨即列印結果。

```
// ch17_8
MyClass A = new MyClass(20);
A.PrintInfo();
MyClass B = new MyClass("John");
B.PrintInfo();
MyClass C = new MyClass(25, "Lin");
C.PrintInfo();

public class MyClass
{
    public int age;
    string name;
    public MyClass(int age) => this.age = age;
    public MyClass(string name) => this.name = name;
    public MyClass(int age, string name)
    {
        this.age = age;
        this.name = name;
    }
    public void PrintInfo()
    {
        Console.WriteLine($"{this.name,-5}:{this.age}");
    }
}
```

執行結果

```
Microsoft Visual Studio 偵錯主控台
     :20
John :0
Lin  :25

D:\C#\ch17\ch17_8\ch17_8\bin\Debug\net6.0\ch17_8.exe
按任意鍵關閉此視窗…
```

下列是本程式的圖形說明。

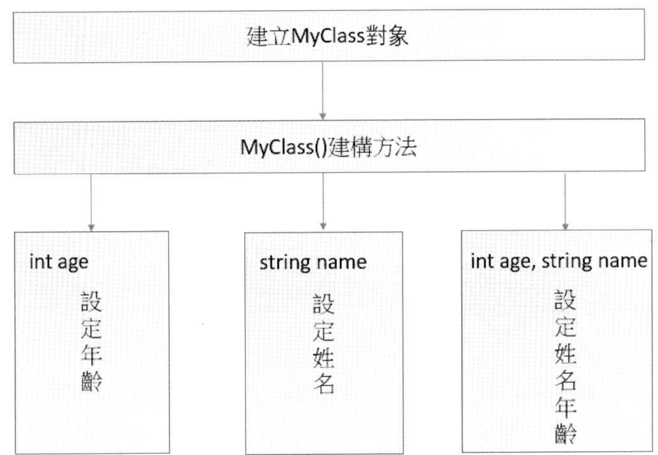

在上述執行結果中，如果沒有為 MyClass 類別物件的屬性建立初值，會使用 C# 預設初值的觀念，可以參考 3-11 節，編譯程式會為**字串變數**建立 null 為初值，為**整數變數**建立 0 為初值，所以當我們只有一個參數時，可以看到第 3 行會列印 name 的初值是 null，第 5 行會列印 age 的初值是 0。

其實建議程式設計時，可以增加一個不含參數的建構方法，這個方法可以設定沒有參數時的預設值，這樣未來程式可以有比較多的彈性。

方案 ch17_9.sln：重新設計 ch17_8.sln，主要是增加沒有參數的預設值，可參考第 9 ~ 13 行，讓整個程式使用上更有彈性。

```
1  // ch17_9
2  MyClass A = new MyClass();
3  A.PrintInfo();
4
5  public class MyClass
6  {
7      public int age;
8      string name;
9      public MyClass()
10     {
```

```
            this.age = 50;
            this.name = "Curry";
        }
        public MyClass(int age) => this.age = age;
        public MyClass(string name) => this.name = name;
        public MyClass(int age, string name)
        {
            this.age = age;
            this.name = name;
        }
        public void PrintInfo()
        {
            Console.WriteLine($"{this.name,-5}:{this.age}");
        }
    }
```

執行結果

```
Microsoft Visual Studio 偵錯主控台
Curry:50

D:\C#\ch17\ch17_9\ch17_9\bin\Debug\net6.0\ch17_9.exe
按任意鍵關閉此視窗…
```

17-2-3　重載應用在一般方法

方案 ch17_10.sln：將重載的觀念應用在類別內的一般方法，這個實例有 3 個相同名稱的方法 Math，可以分別接受 1-3 個整數參數，如果只有 1 個整數參數 x 等於該參數，如果有 2 個整數參數 x 等於 2 個參數的積，如果有 3 個整數參數 x 等於 3 個參數的積。

```
// ch17_10
MyMath A = new MyMath();
A.Math(10);
A.PrintInfo();
A.Math(10, 10);
A.PrintInfo();
A.Math(10, 10, 10);
A.PrintInfo();

public class MyMath
{
    public int x;
    public void Math(int a) => this.x = a;
    public void Math(int a, int b) => this.x = a * b;
    public void Math(int a, int b, int c) => this.x = a * b * c;
    public void PrintInfo() => Console.WriteLine($"x = {this.x}");
}
```

執行結果

```
Microsoft Visual Studio 偵錯主控台
x = 10
x = 100
x = 1000

D:\C#\ch17\ch17_10\ch17_10\bin\Debug\net6.0\ch17_10.exe
按任意鍵關閉此視窗…
```

下列是本程式的說明圖形：

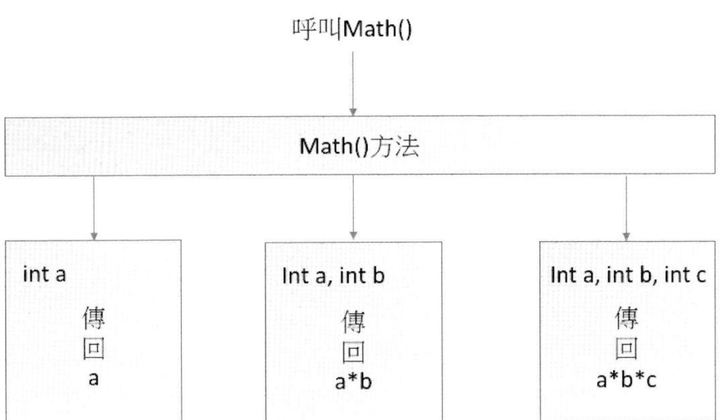

17-2-4　認識方法簽章

在物件導向程式設計的專業術語中有一個名詞是**方法簽章** (Method Signature)，這個簽章的意義如下：

方法簽章(Method Signature) = **方法名稱** + **參數類型**(Parameter types)

其實 C# 編譯程式碰上**重載定義** (Overload) 時就是由上述方法簽章判斷方法的唯一性，進而可以使用正確的方法執行想要的結果。若是以 ch17_10.sln 為實例，有下列 3 個 math( ) 方法，所謂的**方法簽章**指的是方法名稱 **Math** 和系列參數 **int**。

```
public void Math(int a)
public void Math(int a, int b)
public void Math(int a, int b, int c)
```

特別須留意的是，方法的**傳回值型態**和方法內**參數名稱**並不是**方法簽章**的一部份，所以不能設計一個方法內容相同只是**傳回值型態不同**的**方法**當作程式的一部份，這種作法在編譯時會有錯誤產生。另外也不可以設計方法內容相同只是**參數名稱不同的方法**當作程式的一部份，這種作法在編譯時也會有錯誤產生。例如：如果已經有上述方法了，下列是錯誤的額外重載定義。

```
void Math(int x, int y)          // 錯誤是：只是參數不同名稱
int Math(int a)                  // 錯誤是：只是傳回值型態不同
```

17-3 類別成員的訪問權限 – 封裝 (Encapsulation)

17-3-1　基礎觀念

學習類別至今可以看到我們可以從最上層語句直接引用所設計類別內的**成員變數** (屬性) 和**方法**，像這種類別內的**成員變數**可以讓外部引用的稱**公有** (public) 屬性，而可以讓外部引用的方法稱**公有方法**。任何類別的屬性與方法可供外部隨意存取，這個設計觀念最大的風險是會有資訊安全的疑慮。

方案 ch17_11.sln：這是一個簡單的 Bank 類別，這個類別建立物件完成後，會將存款金額 (balance) 設為 0，但是可以在最上層語句隨意設定 balance，即可以獲得目前的存款餘額。

```
// ch17_11
Bank A = new Bank("Hung");
A.GetBalance();
A.balance = 1000;
A.GetBalance();

public class Bank
{
    public int balance;
    public string name;
    public Bank(string name)
    {
        this.name = name;
        this.balance = 0;
    }
    public void GetBalance()
    {
        Console.WriteLine($"{name} 目前存款餘額 {this.balance}");
    }
}
```

執行結果

```
Microsoft Visual Studio 偵錯主控台
Hung 目前存款餘額 0
Hung 目前存款餘額 1000

D:\C#\ch17\ch17_11\ch17_11\bin\Debug\net6.0\ch17_11.exe
按任意鍵關閉此視窗…
```

上述程式設計最大的風險是可以由 Bank 類別外的最上層語句可以隨意改變存款餘額，如此造成資訊上的不安全。觀念可以參考下圖：

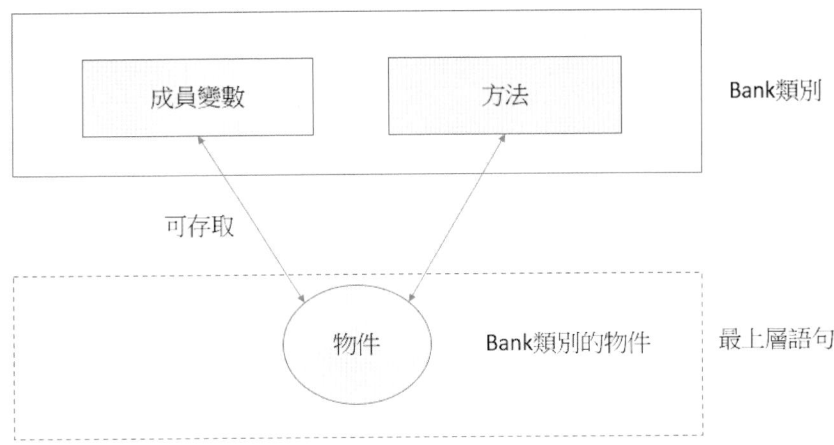

為了確保類別內的成員變數 (屬性值) 的安全，其實有必要限制外部無法直接存取類別內的**成員變數** (屬性值)。這個觀念其實就是將類別的成員變數隱藏起來，未來如果想要存取被隱藏的成員變數時，須使用此類別的**方法**，外部無法得知類別內是如何運作，這個觀念就是所謂的**封裝** (Encapsulation)，有時候也可以稱**資訊隱藏** (Information Hiding)。此時程式設計觀念應如下所示：

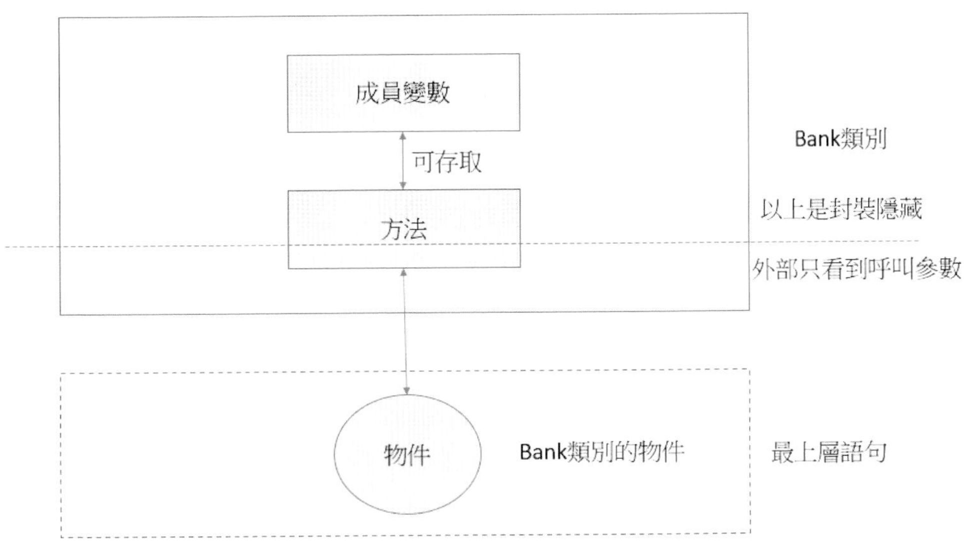

17-3-2　類別成員的存取控制

至今筆者所設計類別內的方法大都是沒有加上 **public 存取修飾符** (Access Modifier)，其實可以將存取控制分成 6 個等級。

位置	public	protected internel	protected	internal	private protected	private
類別內	Y	Y	Y	Y	Y	Y
衍生類 (相同專案)	Y	Y	Y	Y	Y	N
非衍生類 (相同專案)	Y	Y	N	Y	N	N
衍生類 (不同專案)	Y	Y	Y	N	N	N
非衍生類 (不同專案)	Y	N	N	N	N	N

上述列表指出類別成員有關存取修飾符的權限，下列將分別說明。

- public：可解釋為公開，如果我們將類別的成員變數或方法設為 public 時，本身類別 (Class)、子類別 (Subclass) 或其他類別 (World) 皆可以存取。
- protected internal：可解釋為保護，如果我們將類別的成員變數或方法設為 protected internal 時，本身類別 (Class) 或衍生類別 (Subclass) 可以存取，相同專案的非衍生類別也可以存取。
- protected：可解釋為保護，如果我們將類別的成員變數或方法設為 protected 時，本身類別 (Class) 或衍生類別 (Subclass) 可以存取，衍生類別的不同專案也可以存取。
- private protected：本身類別 (Class)、相同專案的衍生類別可以存取。
- private：可解釋為私有，如果我們將類別的成員變數或方法設為 private 時，除了本身類別 (Class) 可以存取。衍生類別 (Subclass) 或其他類別皆不可以存取。

17-3-3　設計具有封裝效果的程式

繼續用 Bank 的實例說明，程式設計時若是想要類別內的成員變數 (屬性) 是安全的，無法由外部隨意存取，必須將成員變數設計為 private，其實成員變數預設就是 private。為了要可以存取這些 private 的成員變數，我們必須在 Bank 類別內設計可以供最上層語句設定與取得存款金額的程式。

方案 ch17_12.sln：將 Bank 類別資料 balance 設為 private，然後最上層語句無法存取，需使用 public 類別的 void SetBalance( ) 方法和 int GetBalance( ) 方法，設定與取得存款餘額。

```
1  // ch17_12
2  Bank A = new Bank();
3  A.SetBalance(1000);
4  Console.WriteLine(A.GetBalance());
5  
6  public class Bank
7  {
8      private int balance;            // 預設也是 private, 所以也可以省略 private
9      public void SetBalance(int balance)
10     {
11         this.balance = balance;     // 設定存款餘額
12     }
13     public int GetBalance()
14     {
15         return balance;             // 回傳存款金額
16     }
17 }
```

執行結果

```
Microsoft Visual Studio 偵錯主控台
1000

D:\C#\ch17\ch17_12\ch17_12\bin\Debug\net6.0\ch17_12.exe
按任意鍵關閉此視窗…
```

上述程式為了區隔傳遞參數的 balance 與類別定義的 balance，筆者使用 this 關鍵字，讀者可以參考第 11 行，C# 程式設計師有時會喜歡使用底線 + 變數名稱定義類別內的成員欄位變數，讀者可以參考下列實例。

方案 ch17_13.sln：使用底線定義成員函數變數。

```
// ch17_13
Bank A = new Bank();
A.SetBalance(1000);
Console.WriteLine(A.GetBalance());

public class Bank
{
    private int _balance;            // 預設也是 private, 所以也可以省略 private
    public void SetBalance(int balance)
    {
        _balance = balance;          // 設定存款餘額
    }
    public int GetBalance()
    {
        return _balance;             // 回傳存款金額
    }
}
```

執行結果　與 ch17_12.sln 相同。

17-4 屬性 (Property) 成員

17-4-1 基本觀念

17-3-3 節我們設計了具有封裝效果的程式，我們使用了 public void SetBalance( ) 和 public int GetBalance( ) 方法可以設定與取得 private _balance 欄位變數。C# 程式語言提供了屬性 (property) 成員的概念，所謂的屬性 (property) 就是一個機制可以讀取與寫入類別私有欄位的值。

在這個機制下，使用 set 設定 private 欄位變數，使用 get 取得欄位變數，此屬性成員的語法格式如下：

```
public 資料類型 屬性名稱
{
   get { return 資料欄位; }
   set { 資料欄位 = value; }
}
```

註 屬性名稱第一個英文字母建議大寫。

方案 ch17_14.sln：使用屬性觀念重新設計 ch17_13.sln。

```
1  // ch17_14
2  Bank A = new Bank();
3  A.Balance = 1000;
4  Console.WriteLine(A.Balance);
5
6  public class Bank
7  {
8      private int _balance;    // 預設也是 private，所以也可以省略 private
9      public int Balance       // 定義 Balance 屬性 (property)
10     {
11         get { return _balance; }
12         set { _balance = value; }
13     }
14 }
```

執行結果 與 ch17_13.sln 相同。

上述第 3 行有 A.Balance = 1000; 因為有等號會觸發 Balance 屬性的 set( ) 方法。第 4 行的 A.Balance，沒有等號會觸發 Balance 屬性的 get( ) 方法。

17-4-2　運算式主體方法應用到屬性 (property)

方案 ch17_15.sln：將運算式主體方法應用到屬性，重新設計 ch17_14.sln，讀者需留意第 11 ~ 12 行。

```
1  // ch17_15
2  Bank A = new Bank();
3  A.Balance = 1000;
4  Console.WriteLine(A.Balance);
5
6  public class Bank
7  {
8      private int _balance;    // 預設也是 private, 所以也可以省略 private
9      public int Balance       // 定義 Balance 屬性 (property)
10     {
11         get => _balance;
12         set => _balance = value;
13     }
14 }
```

執行結果 與 ch17_14.sln 相同。

17-4-3　自動實作屬性

從前一小節可以看到 get 和 set，我們可以使用自動實作屬性 (Auto-implemented property) 觀念，省略欄位變數宣告，以及省略 get 和 set 內容，可以參考下列實例。

方案 ch17_16.sln：採用自動實作屬性，重新設計 ch17_15.sln。

```
// ch17_16
Bank A = new Bank();
A.Balance = 1000;
Console.WriteLine(A.Balance);

public class Bank
{
    public int Balance       // 定義 Balance 屬性 (property)
    { get; set; }
}
```

執行結果 與 ch17_15.sln 相同。

上述類別沒有成員欄位，程式編譯時會由編譯程式自動產生私有成員欄位。

17-4-4　自動屬性初值設定

程式設計時也可以用運算式主體觀念自動為屬性設定初值，可以參考下列實例。

方案 ch17_17.sln：自動屬性初值的設定，讀者可以留意第 10 ~ 11 行。

```
1  // ch17_17
2  Student A = new Student();
3  A.PrintInfo();
4  A.Score = 80;
5  A.Name = "Jiin-Kwei";
6  A.PrintInfo();
7
8  public class Student
9  {
10     public int Score { get; set; } = 60;
11     public string Name { get; set; } = "Hung";
12     public void PrintInfo() => Console.WriteLine($"{Name} : {Score}");
13 }
```

執行結果

```
Microsoft Visual Studio 偵錯主控台
Hung : 60
Jiin-Kwei : 80

D:\C#\ch17\ch17_17\ch17_17\bin\Debug\net6.0\ch17_17.exe
按任意鍵關閉此視窗…
```

上述第 3 行沒有設定屬性，此時使用自動設定的初值輸出。第 6 行則使用第 4 ~ 5 行所設定的屬性輸出。

17-4-5　屬性初值最初化

其實在 C# 3.0 開始就有提供**物件最初化** (Object Initializer Syntax) 的觀念，這個觀念可以應用在實體化類別物件時同時設定屬性的初值。

方案 ch17_7_1.sln：物件最初化觀念應用在類別物件的屬性初值設定。

```
// ch17_17_1
Student A = new Student()
{
    Score = 60,
    Name = "Jiin-Kwei"
};
A.PrintInfo();

public class Student
{
    public int Score { get; set; }
    public string Name { get; set; }
    public void PrintInfo() => Console.WriteLine($"{Name} : {Score}");
}
```

執行結果

```
Microsoft Visual Studio 偵錯主控台
Jiin-Kwei : 60

D:\C#\ch17\ch17_17_1\ch17_17_1\bin\Debug\net6.0\ch17_17_1.exe
按任意鍵關閉此視窗…
```

17-4-6 為屬性增加邏輯判斷

在使用 set 建立屬性時，也可以增加 if 條件設定，可以參考下列實例。

方案 ch17_18.sln：建立 Job 類別，這個程式會要求 Name 屬性必須大於 3 個字母，如果不符合規定，則定義 Name 是 "NA"。

```
// ch17_18
Job A = new Job();
A.Name = "JK Hung";
A.Occupation = "老師";
A.PrintInfo();
Job B = new Job();
B.Name = "JK";
B.Occupation = "教授";
B.PrintInfo();

class Job
{
    private string _name;
    private string _occupation;
    public string Name
    {
        get { return _name; }
        set
        {
            //Console.WriteLine(value);
            if (value.Length > 3)
                _name = value;
            else
                _name = "NA";
        }
    }
    public string Occupation
    {
        get { return _occupation; }
        set { _occupation = value; }
    }
    public void PrintInfo()
    {
        Console.WriteLine($"{Name} 是 {Occupation}");
    }
}
```

執行結果

```
Microsoft Visual Studio 偵錯主控台
JK Hung 是 老師
NA 是 教授

D:\C#\ch17\ch17_18\ch17_18\bin\Debug\net6.0\ch17_18.exe
按任意鍵關閉此視窗…
```

17-5 類別的唯讀和常數欄位

使用 C# 時，如果欄位內容不想更改，可以使用 const 和 readonly 關鍵字，const 是將欄位設為常數，3-13 節有相關的應用。readonly 是將欄位設為唯讀，13-11 節有相關的應用。

17-5-1 const 應用在類別欄位

一般會將不會改變的值在編譯階段使用 const，設為常數值。

方案 ch17_19.sln：圓面積的計算。

```
// ch17_19
Circle A = new Circle(10);
Console.WriteLine($"Area = {A.Area()}");

class Circle
{
    const double pi = 3.14159;
    double _r;

    public Circle(double r) => _r = r;
    public double Area()
    {
        return pi * _r * _r;
    }
}
```

執行結果

```
Microsoft Visual Studio 偵錯主控台
Area = 314.159

D:\C#\ch17\ch17_19\ch17_19\bin\Debug\net6.0\ch17_19.exe
按任意鍵關閉此視窗…
```

17-5-2　唯讀 readonly

如果類別的欄位變數內容是唯讀 readonly，則在建立此欄位變數內容時有下列規則。

1： 只能使用建構 (Constructor) 方法或是最初化方式設定其值。

2： 程式執行過程其值不可更改。

3： 只能有 get，不可以有 set。

方案 ch17_20.sln：類別內欄位變數內容是 readonly 的應用。

```
// ch17_20
Point3D p1 = new Point3D(1, 2, 3);    // OK
Console.WriteLine($"p1: x={p1._x}, y={p1._y}, z={p1._z}");
Point3D p2 = new Point3D();
p2._x = 30;
Console.WriteLine($"p2: x={p2._x}, y={p2._y}, z={p2._z}");

public class Point3D
{
    public int _x;
    public readonly int _y = 10;      // readonly設定最初值
    public readonly int _z;           // readonly設定沒有最初值

    public Point3D() => _z = 20;

    public Point3D(int x, int y, int z)
    {
        _x = x;
        _y = y;
        _z = z;
    }
}
```

執行結果

```
Microsoft Visual Studio 偵錯主控台
p1: x=1, y=2, z=3
p2: x=30, y=10, z=20

D:\C#\ch17\ch17_20\ch17_20\bin\Debug\net6.0\ch17_20.exe
按任意鍵關閉此視窗…
```

設計類別時，如果要設定欄位是 readonly，在屬性設定時不可以有 set 設定，也可以達到 readonly 的目的。

方案 ch17_21.sln：不含 set 的設定。

```
1  // ch17_21
2  User A = new User("JK Hung", "老師");
3  A.PrintInfo();
4
5  class User
6  {
7      private string _name;
8      private string _occupation;
9      public User(string name, string occupation)
10     {
11         _name = name;
12         _occupation = occupation;
13     }
14     public string Name
15     {
16         get { return _name; }
17     }
18     public string Occupation
19     {
20         get { return _occupation; }
21     }
22     public void PrintInfo()
23     {
24         Console.WriteLine($"{Name} 是 {Occupation}");
25     }
26 }
```

執行結果

```
Microsoft Visual Studio 偵錯主控台
JK Hung 是 老師

D:\C#\ch17\ch17_21\ch17_21\bin\Debug\net6.0\ch17_21.exe
按任意鍵關閉此視窗…
```

上述程式第 14 ~ 17 行的 Name 屬性和第 18 ~ 21 行的 Occupation 屬性皆是只有 get，沒有 set，這表示 _name 和 _occupation 欄位是 readonly 屬性，因為無法更改內容。

17-6 靜態 static 關鍵字

C# 語言的 static 與 Java 的 static 相比較限制比較多，例如：無法由實體物件引用。static 可以解釋為靜態，可以將它應用在類別、欄位、方法等。如果是靜態成員，此成員屬於類別本身，而不是特定的物件，C# 編譯程式會為此類別的靜態成員建立一個固定的記憶體空間。下列是 static 關鍵字應用在類別的欄位與方法宣告，可以參考 17-6-1 節和 17-6-2 節：

```
class 類別名稱
{
```

    存取修飾詞 static 資料類型 欄位名稱;
    …
    存取修飾詞 static 資料類型 方法名稱;
}

或是定義靜態類別，可以參考 17-6-3 節，如下所示：

class static 類別名稱
{
    存取修飾詞 static 資料類型 欄位名稱;
    …
    存取修飾詞 static 資料類型 方法名稱;
}

17-6-1 類別含有靜態 static 欄位

當類別含有靜態 static 欄位時，表示此 static 欄位是此類別所有物件共用的記憶體空間，使用 new 建立的物件無法直接引用此靜態欄位，需要透過類別的方法間接引用。

方案 ch17_22.sln：一家公司的業績是由所有業務員的業績加總得到，這個程式會分別輸入 2 個業務員的業績，然後程式會輸出公司的業績。

```
// ch17_22
Revenue p1 = new Revenue();
Console.Write("請輸入業務員 p1 的業績 : ");
int rev = Convert.ToInt32(Console.ReadLine());
p1.Money += rev;        // 業務員 p1 業績
p1.PrintInfo();
Revenue p2 = new Revenue();
Console.Write("請輸入業務員 p2 的業績 : ");
rev = Convert.ToInt32(Console.ReadLine());
p2.Money += rev;        // 業務員 p2 業績
p2.PrintInfo();

public class Revenue
{
    public static int _money;
    public int Money
    {
        get => _money;
        set => _money = value;
    }
    public void PrintInfo()
    {
        Console.WriteLine($"深智總業績 : {_money}");
    }
}
```

執行結果

```
Microsoft Visual Studio 偵錯主控台
請輸入業務員 p1 的業績 : 10000
深智總業績 : 10000
請輸入業務員 p2 的業績 : 25000
深智總業績 : 35000

D:\C#\ch17\ch17_22\ch17_22\bin\Debug\net6.0\ch17_22.exe
按任意鍵關閉此視窗…
```

上述第 15 行將 _money 宣告為 static 靜態欄位後，未來的類別物件將共用此記憶體，所以不同業務員的業績，經過第 5 和 10 行的加總，將會共用相同的記憶體，所以輸入個別業務員的業績相當於可以獲得公司的總業績。

17-6-2　類別含有靜態方法

關鍵字 static 可以應用在方法，當在類別內宣告靜態 static 方法後，此靜態方法只能讓類別名稱引用，無法使用 new 所建立的類別物件引用此靜態方法，然後此靜態方法可以存取或操作類別的靜態變數。

方案 ch17_23.sln：輸入新學生姓名、座號和原先學生人數，然後輸出學生累加的人數。

```
// ch17_23
Console.Write("請輸入新學生姓名 : ");
string name = Console.ReadLine();
Console.Write("請輸入新學生座號 : ");
string id = Console.ReadLine();

Student e = new Student(name, id);
Console.Write("請輸入原先學生人數 : ");
string n = Console.ReadLine();
Student.studentCounter = Int32.Parse(n);            // 轉換字串為整數
Student.AddStudent();

Console.WriteLine($"Name: {e.name}");
Console.WriteLine($"ID:   {e.id}");
Console.WriteLine($"學生總人數 : {Student.studentCounter}");

public class Student
{
    public string id;                               // 學生座號
    public string name;                             // 學生姓名
    public static int studentCounter;               // 學生人數
    public Student(string name, string id)
    {
        this.name = name;
        this.id = id;
    }
    public static int AddStudent()                  // 累加學生人數
    {
        return ++studentCounter;
    }
}
```

執行結果

```
Microsoft Visual Studio 偵錯主控台
請輸入新學生姓名 : Jiin-Kwei Hung
請輸入新學生座號 : 651014
請輸入原先學生人數 : 28
Name: Jiin-Kwei Hung
ID:   651014
學生總人數 : 29

D:\C#\ch17\ch17_23\ch17_23\bin\Debug\net6.0\ch17_23.exe
按任意鍵關閉此視窗…
```

上述程式的重點是，在最上層語句第 10 行使用類別名稱，設定靜態欄位資訊。

Student.studentCounter = Int32.Parse(n);

第 15 行是使用類別名稱，取得靜態欄位的資訊。

Student.studentcounter

在最上層語句的第 11 行，使用類別名稱加上靜態方法，操作靜態變數，此操作其實就是累加學生人數。

Student.AddStudent( );

17-6-3　靜態類別 static class

所謂的靜態 static 類別就是一個類別只能有靜態欄位、或是靜態方法，此靜態類別不可以有物件，同時無法被繼承。操作靜態欄位或是方法，須使用靜態類別名稱。

方案 ch17_24.sln：公里與英里互相轉換的應用。

```
// ch17_24
Console.WriteLine("請選擇距離轉換方式");
Console.WriteLine("1. 英里轉公里");
Console.WriteLine("2. 公里轉英里");
Console.Write("\n==> ");
string selection = Console.ReadLine();
switch (selection)
{
    case "1":
        Console.Write("請輸入英里 : ");
        double K = Converter.MileToKm(Console.ReadLine());
        Console.WriteLine($"公里 : {K:F2}");
        break;
    case "2":
        Console.Write("請輸入公里 : ");
        double M = Converter.KmToMile(Console.ReadLine());
        Console.WriteLine($"英里 : {M:F2}");
        break;
    default:
```

```
            Console.WriteLine("輸入錯誤 !!!");
            break;
    }
    public static class Converter
    {
        public static double MileToKm(string mi)      // 英里轉公里
        {
            double mile = Double.Parse(mi);
            double km = mile * 1.609;
            return km;
        }
        public static double KmToMile(string k)      // 公里轉英里
        {
            double km = Double.Parse(k);
            double mile = km / 1.609;
            return mile;
        }
    }
```

執行結果

```
Microsoft Visual Studio 偵錯主控台
請選擇距離轉換方式
1. 英里轉公里
2. 公里轉英里

==> 1
請輸入英里 : 10
公里 : 16.09

D:\C#\ch17\ch17_24\ch17_24\bin\Deb
按任意鍵關閉此視窗…
```

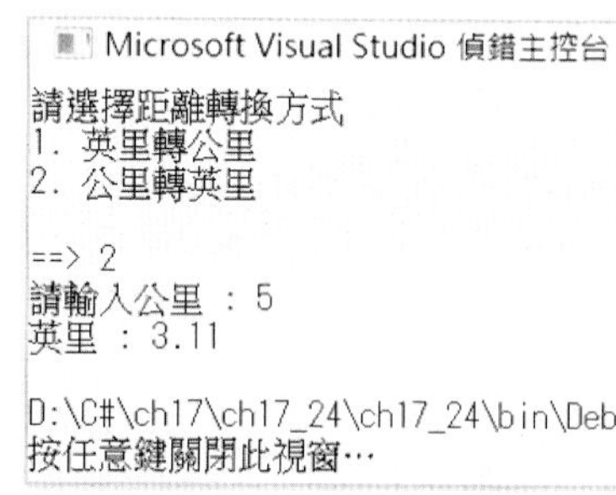

17-6-4　靜態建構方法 (static constructor)

靜態建構方法主要是初始化靜態欄位，不論建立多少個物件此靜態建構方法只能執行一次，這個方法可以在建立第一個實體物件前先被執行。使用靜態建構方法時，需注意下列兩點：

- ❑ 靜態建構方法不能有存取修飾詞或參數。
- ❑ 程式不可以呼叫靜態建構方法。

方案 ch17_25.sln：靜態建構方法的應用，從這個實例可以看到建立 2 次 MyTest 類別物件，只有第一次的建立類別物件時有啟動靜態建構方法。

```
// ch17_25

MyTest A = new MyTest();
A.PrintInfo();
Console.WriteLine("測試");
MyTest B = new MyTest();
B.PrintInfo();

```

```
class MyTest
{
    static int price;
    static MyTest()         // static constructor
    {
        Console.WriteLine("Static Constructor");
        price += 10;
    }
    public MyTest()         // 一般constructor
    {
        Console.WriteLine("一般Constructor");
        price += 5;
    }
    public void PrintInfo()
    {
        Console.WriteLine(price);
    }
}
```

執行結果

```
Microsoft Visual Studio 偵錯主控台
Static Constructor
一般Constructor
15
測試
一般Constructor
20

D:\C#\ch17\ch17_25\ch17_25\bin\Debug\net6.0\ch17_25.exe
按任意鍵關閉此視窗…
```

17-6-5 Extension Method

Extension Method 是擴展方法，相當於我們可以在現有的資料體系下增加方法，例如：有一段指令如下：

```
int x = 5;
bool result = x.IsLarger(10);          // 是否x值大於0
```

如果讀者現在設計上述程式會有編譯錯誤，但是我們可以為 int 整數增加 IsLarger( ) 這個方法，增加後整數 int 就可以有這個功能，當有這個功能後，如果我們輸入 x. 時，在 Visual Studio 智慧感知 (intellisense) 功能下，可以看到出現 IsLarger( ) 方法選項。

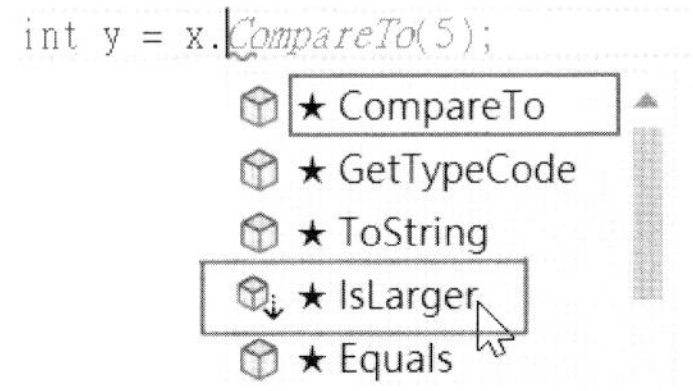

下列是設計這個擴展方法的程式實例。

方案 ch17_25_2.sln：建立 IsLarger( ) 方法，下列是 program.cs 程式內容。

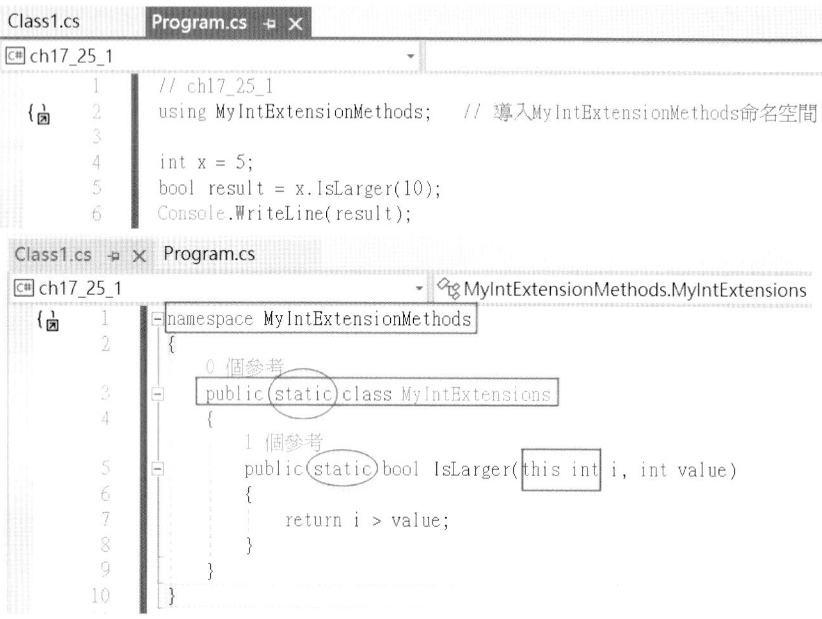


```
// ch17_25_1
using MyIntExtensionMethods;    // 導入MyIntExtensionMethods命名空間

int x = 5;
bool result = x.IsLarger(10);
Console.WriteLine(result);
```

```
namespace MyIntExtensionMethods
{
    public static class MyIntExtensions
    {
        public static bool IsLarger(this int i, int value)
        {
            return i > value;
        }
    }
}
```

執行結果

```
Microsoft Visual Studio 偵錯主控台
False

D:\C#\ch17\ch17_25_1\ch17_25_1\bin\Debug\net6.0\ch17_25_1.exe
若要在偵錯停止時自動關閉主控台，請啟用 [工具] -> [選項] -> [偵
按任意鍵關閉此視窗…
```

為了要有擴展方法 IsLarger( )，必須要建立 MyIntExtensionMethods 命名空間，這個名稱可以自行命名。筆者是用增加類別方式建立 MyIntExtensionMethods 命名空間，此命名空間有 MyIntExtensions 類別，這個類別名稱也可以自行命名。

擴展方法必須是靜態類別的特殊靜態方法，因為 IsLarger( ) 這個方法是用在整數，所以第一個參數需要是 int，同時 int 左邊必須是 this 關鍵字，經過上述設定未來整數 int 就可以呼叫此方法了。

17-7 索引子 (indexer)

C# 的索引子允許類別 (class) 或結構 (struct) 的像陣列一樣編制索引，然後類似陣列方式存取內部元素。假設有一個類別擁有陣列元素 score，如下所示：

```
public class Score
{
    int[ ] sc = new int[5] {80, 77, 96, 68, 91};
}
```

如果要使用索引子的觀念，需要 this、get、set、value 關鍵字搭配，實質要將上述 Score 類別設計如下：

```
public class Score
{
    int[] sc = new int[5] { 80, 77, 96, 68, 91 };
    public int length => sc.Length;      // 注意是屬性設定
    public int this[int index]
    {
        get => sc[index];
        set => sc[index] = value;
    }
}
```

讀者需留意，上述筆者使用 this[int index]，當使用關鍵字 this 代表是這個類別，所以一個類別只能有一個索引子，相當於只能有一組資料，有了上述 Score 類別定義，未來就可以使用所宣告的物件，使用索引方式存取 sc 陣列的內容。

方案 ch17_25_2.sln：定義 Score 類別內容以陣列方式顯示，然後使用索引子觀念存取此陣列內容。

```
// ch17_25_2
var myscore = new Score();
// 使用indexers觀念輸出
for (int i = 0; i < myscore.length; i++)
{
    Console.WriteLine($"Score {i} = {myscore[i]}");
}
myscore[1] = 58;          // 重新定義索引 1 內容
myscore[3] = 60;          // 重新定義索引 3 內容
Console.WriteLine("重新設定索引 1 和 3分數");
for (int i = 0; i < myscore.length; i++)
{
    Console.WriteLine($"Score {i} = {myscore[i]}");
}

```

```
public class Score
{
    int[] sc = new int[5] { 80, 77, 96, 68, 91 };
    public int length => sc.Length;      // 注意是屬性設定
    public int this[int index]
    {
        get => sc[index];
        set => sc[index] = value;
    }
}
```

執行結果

```
Microsoft Visual Studio 偵錯主控台
Score 0 = 80
Score 1 = 77
Score 2 = 96
Score 3 = 68
Score 4 = 91
重新設定索引 1 和 3分數
Score 0 = 80
Score 1 = 58
Score 2 = 96
Score 3 = 60
Score 4 = 91

D:\C#\ch17\ch17_25_2\ch17_25_2\bin\Debug\net6.0\ch17_25_2.exe
按任意鍵關閉此視窗…
```

使用屬性存取內部資料或是使用索引子存取內部資料意義如下：

屬性	索引子
單一存取資料成員	索引存取內部集合元素
透過名稱存取	使用陣列標記，外加索引存取集合元素
使用 get 沒有參數	使用 get 擁有與索引子相同型式參數清單
使用 set 有隱含參數	擁有 set 參數和與索引子相同型式參數清單
支援縮短語法與自動實作	支援取得索引子使用運算式主體方法

17-8 專題 – 數學 / 銀行存款與提款 /NBA 人數統計 / 星期索引

17-8-1 建構方法與數學類別的應用

方案 ch17_26.sln：建立 SmallMath 類別，這個類別有 Add( ) 方法可以執行兩個參數的加法運算，Mul( ) 方法可以執行兩個參數的乘法運算。參數 x 和 y 皆是由建構方法設定。

```
// ch17_26
SmallMath A = new SmallMath(5, 10);
A.Add();
A.Mul();

public class SmallMath
{
    public int x, y;
    public SmallMath(int x, int y)
    {
        this.x = x;
        this.y = y;
    }
    public void Add()
    {
        Console.WriteLine("加法結果" + (x + y));
    }
    public void Mul()
    {
        Console.WriteLine("乘法結果" + (x * y));
    }
}
```

執行結果

```
Microsoft Visual Studio 偵錯主控台
加法結果15
乘法結果50

D:\C#\ch17\ch17_26\ch17_26\bin\Debug\net6.0\ch17_26.exe
按任意鍵關閉此視窗…
```

17-8-2　銀行存款與提款

方案 ch17_27.sln：擴充 ch17_12.sln，增加存款與提款功能。

```
// ch17_27
Bank A = new Bank("Hung");
A.GetBalance();
A.SaveMoney(1000);
A.GetBalance();
A.WithdrawMoney(500);
A.GetBalance();

public class Bank
{
    string name;            // 開戶者名稱
    int balance;            // 存款餘額
    public Bank(string name)
    {
        this.name = name;
        this.balance = 0;
    }
    public void SaveMoney(int money) => this.balance += money;
    public void WithdrawMoney(int money) => this.balance -= money;
    public void GetBalance()
```

```
        {
            Console.WriteLine($"{name} 目前餘額 {balance}");
        }
}
```

執行結果

```
Microsoft Visual Studio 偵錯主控台
Hung 目前餘額 0
Hung 目前餘額 1000
Hung 目前餘額 500

D:\C#\ch17\ch17_27\ch17_27\bin\Debug\net6.0\ch17_27.exe
按任意鍵關閉此視窗…
```

17-8-3　將 static 應用在 NBA 球員人數統計

方案 ch17_28.sln：這個程式的 static 成員變數 counter 在第 11 行設定，另外還設定了人員 id 和人員姓名 name，每次建立 NBAteam 物件時，會執行第 14 行的建構方法，更新人數總計同時將當時人數總計設定給 id，也當作是 id 編號。

```
1   // ch17_28
2   NBATeam t1 = new NBATeam();
3   t1.name = "Durant";
4   t1.PrintInfo();
5   NBATeam t2 = new NBATeam();
6   t2.name = "Curry";
7   t2.PrintInfo();
8
9   public class NBATeam
10  {
11      public static int counter = 0;       // 共享人數
12      public int id;                       // 人員id
13      public string name;                  // 人員姓名
14      public NBATeam() => id = ++counter;
15      public void PrintInfo()
16      {
17          Console.WriteLine($"id: {id},\t name: {name}");
18          Console.WriteLine($"共有 {counter} 名成員");
19      }
20  }
```

執行結果

```
Microsoft Visual Studio 偵錯主控台
id: 1,    name: Durant
共有 1 名成員
id: 2,    name: Curry
共有 2 名成員

D:\C#\ch17\ch17_28\ch17_28\bin\Debug\net6.0\ch17_28.exe
按任意鍵關閉此視窗…
```

17-8-4　星期資訊轉成索引

方案 ch17_29.sln：將 WeekDayCollection 類別內的星期資訊轉成索引。

```
1  // ch17_29
2  WeekDayCollection week = new WeekDayCollection();
3  Console.WriteLine(week["Sun"]);
4  Console.WriteLine(week["Sat"]);
5  Console.WriteLine(week["Error"]);
6
7  class WeekDayCollection
8  {
9      string[] days = { "Sun", "Mon", "Tues", "Wed", "Thurs", "Fri", "Sat" };
10
11     // 運算式表達主體方法定義 indexer
12     public int this[string day] => GetDayIndex(day);
13
14     private int GetDayIndex(string day)
15     {
16         for (int j = 0; j < days.Length; j++)
17         {
18             if (days[j] == day)
19             {
20                 return j;
21             }
22         }
23         return -1;
24     }
25 }
```

執行結果

```
Microsoft Visual Studio 偵錯主控台
0
6
-1

D:\C#\ch17\ch17_29\ch17_29\bin\Debug\net6.0\ch17_29.exe
按任意鍵關閉此視窗…
```

從上述可以得到 Sun 回傳 0，Sat 回傳 6，如果索引參數不是第 9 行定義的星期資訊，則回傳 -1。

習題實作題

方案 ex17_1.sln：請參考 ch17_26.sln，增加減法 Sub( )、除法 Div( ) 與求於數 Mod( ) 方法。(17-1 節)

```
Microsoft Visual Studio 偵錯主控台
加法結果15
乘法結果50
減法結果-5
除法結果0.5
餘數結果5

D:\C#\ex\ex17_1\ex17_1\bin\Debug\net6.0\ex17_1.exe
按任意鍵關閉此視窗…
```

方案 ex17_2.sln：建立建構方法，其中一個建構方法參數只有一個月薪 monthSalary，另一個建構方法有 2 個參數，分別是 daySalary(日薪) 和 workOfDay(工作天數)，最後程式可以輸出每個人的月收入，員工 A 與 B 的最上層語句如下：(17-2 節)

```
DeepMind A = new DeepMind(50000);
DeepMind B = new DeepMind(2300, 20);
```

可以得到下列結果。

```
Microsoft Visual Studio 偵錯主控台
A 月薪是 : 50000
B 月薪是 : 46000

D:\C#\ex\ex17_2\ex17_2\bin\Debug\net6.0\ex17_2.exe
按任意鍵關閉此視窗…
```

方案 ex17_3.sln：擴充 ch17_27.sln，程式必須執行存款和提款金額的檢查，如果存款金額是小於或等於 0，輸出下列錯誤：(17-3 節)

```
Error! 存款金額必須大於 0 元
```

如果提款金額大於存款金額，輸出下列錯誤：

```
Error! 提款金額大於存款金額
```

下方左圖是測試程式碼，下方右圖是執行結果。

```
// ex17_3
Bank A = new Bank("Hung");
A.GetBalance();
A.SaveMoney(-500);
A.SaveMoney(1000);
A.GetBalance();
A.WithdrawMoney(3000);
A.WithdrawMoney(500);
A.GetBalance();
```

```
Microsoft Visual Studio 偵錯主控台
Hung 目前餘額 0
Error! 存款金額必須大於 0 元
Hung 目前餘額 1000
Error! 提款金額大於存款金額
Hung 目前餘額 500

D:\C#\ex\ex17_3\ex17_3\bin\Debug\n
按任意鍵關閉此視窗…
```

方案 ex17_4.sln：設計靜態類別程式，可以選擇將攝氏溫度轉成華氏溫度，或是將華氏溫度轉成攝氏溫度，下列是示範輸出。(17-6 節)

方案 ex17_5.sln：只更改設計 WeekDayCollection 類別，重新設計 ex17_29.sln，輸出改為字串，可以得到下列結果。

```
Microsoft Visual Studio 偵錯主控台
星期索引是0
星期索引是6
Error 索引錯誤

D:\C#\ex\ex17_5\ex17_5\bin\Debug\net6.0\ex17_5.exe
按任意鍵關閉此視窗…
```

第 18 章
繼承 (Inhertance) 與 多型 (Polymorphism)

前面章筆者陸續介紹了 C# 所提供的類別，例如：String、StringBuilder、ArrayList、HashTable、DateTime、… 等，如果我們熟悉這些類別的方法可以很輕鬆地呼叫使用，這樣可以節省程式開發的時間。

在真實的程式設計中，我們可能會設計許多類別，部分類別的**欄位**、**屬性**與**方法**可能會重複，這時如果我們可以有**機制**可以將重複的部分只寫一次，其他類別可以直接引用這個重複的部分，這樣可以讓整個 C# 設計變的簡潔易懂，這個**機制**就是本章的主題繼承 (Inheritance)。

本章另一個重要主題是**多型** (Polymorphism)，在這裡筆者會將重載 (Overload)、覆寫 (Override) 做一個完整觀念解說，同時講解實踐多型的方法與觀念。

18-1 繼承 (Inheritance)

在物件導向程式設計中**類別**是可以**繼承**的，其中被繼承的類別稱**父類別**或**超類** (parent class 或 Superclass) 或**基底類別** (base class)，繼承的類別稱**子類別** (child class 或 Subclass) 或**衍生類別** (derived class)。類別繼承的最大優點是許多父類別的欄位、屬性與方法，在子類別中不用重新設計，可以直接引用，另外子類別也可以有自己的欄位、屬性與方法。

18-1-1　從 3 個簡單的 C# 程式談起

方案 ch18_1.sln：這是一個 Animal 類別，這個類別的**欄位**是 name，代表動物的名字。然後有 2 個方法，分別是 Eat( ) 和 Sleep( )，這 2 個方法會分別列出 "name 正在吃食物 " 和 "name 正在睡覺 "。

```
// ch18_1
Animal animal = new Animal("Lily");
animal.Eat();
animal.Sleep();

public class Animal
{
    string name;
    public Animal (string name) => this.name = name;
    public void Eat()
    {
        Console.WriteLine($"{name} 正在吃食物");
    }
    public void Sleep()
    {
        Console.WriteLine($"{name} 正在睡覺");
    }
}
```

執行結果

```
Microsoft Visual Studio 偵錯主控台
Lily 正在吃食物
Lily 正在睡覺

D:\C#\ch18\ch18_1\ch18_1\bin\Debug\net6.0\ch18_1.exe
按任意鍵關閉此視窗…
```

方案 ch18_2.sln：這是一個 Dog 類別，這個類別的**欄位**是 name，代表動物的名字。然後有 3 個方法，分別是 Eat( )、Sleep( ) 和 Barking( )，這 3 個方法會分別列出 "name 正在吃食物 "、"name 正在睡覺 " 和 "name 正在叫 "。

```
// ch18_2
Dog dog = new Dog("Haly");
dog.Eat();
dog.Sleep();
dog.Barking();

public class Dog
{
    string name;
    public Dog(string name) => this.name = name;
    public void Eat()
    {
        Console.WriteLine($"{name} 正在吃食物");
    }
    public void Sleep()
    {
        Console.WriteLine($"{name} 正在睡覺");
    }
    public void Barking()
    {
        Console.WriteLine($"{name} 正在叫");
    }
}
```

執行結果

```
Microsoft Visual Studio 偵錯主控台
Haly 正在吃食物
Haly 正在睡覺
Haly 正在叫

D:\C#\ch18\ch18_2\ch18_2\bin\Debug\net6.0\ch18_2.exe
按任意鍵關閉此視窗…
```

方案 ch18_3.sln：這是一個 Bird 類別，這個類別的**欄**位是 name，代表動物的名字。然後有 3 個方法，分別是 Eat( )、Sleep( ) 和 Flying( )，這 3 個方法會分別列出 "name 正在吃食物 "、"name 正在睡覺 " 和 "name 正在飛 "。

```
// ch18_3
Bird bird = new Bird("CiCi");
bird.Eat();
bird.Sleep();
bird.Flying();

public class Bird
{
    string name;
    public Bird(string name) => this.name = name;
    public void Eat()
    {
        Console.WriteLine($"{name} 正在吃食物");
    }
    public void Sleep()
    {
        Console.WriteLine($"{name} 正在睡覺");
    }
    public void Flying()
    {
        Console.WriteLine($"{name} 正在飛");
    }
}
```

執行結果

```
Microsoft Visual Studio 偵錯主控台
CiCi 正在吃食物
CiCi 正在睡覺
CiCi 正在飛

D:\C#\ch18\ch18_3\ch18_3\bin\Debug\net6.0\ch18_3.exe
按任意鍵關閉此視窗…
```

我們可以使用下圖，列出上述 3 個主要類別的成員變數與方法。

Animal類別	Dog類別	Bird類別
欄位 : name 方法 : Eat() 方法 : Sleep()	欄位 : name 方法 : Eat() 方法 : Sleep() 方法 : Barking()	欄位 : name 方法 : Eat() 方法 : Sleep() 方法 : Flying()

其實**狗** Dog 類別和**鳥** Bird 類皆是**動物**，由上圖關係可以看出**狗** Dog 類別、**鳥** Bird 類與**動物** Animal 類別皆有相同的欄位 name，同時有相同的方法 Eat( ) 和 Sleep( )，然後狗 Dog 類別有屬於自己的方法 Barking( )，鳥 Bird 類別有屬於自己的方法 Flying( )。

如果我們將上述 3 個程式寫成一個程式，則將創造一個冗長的程式碼，可是如果我們利用 C# 物件導向的**繼承** (inheritance) 觀念，整個程式將簡化許多。

18-1-2 繼承的語法

C# 的繼承需使用關鍵字符號 ":" ，語法如下：

```
存取修飾詞 class 子類別名稱 : 父類別名稱
{
        // 子類別欄位、屬性與方法
}
```

若是用 Animal 類別和 Dog 類別關係看，Animal 類別是 Dog 類別的父類別，也可稱 Dog 類別是 Animal 類別的子類別，Dog 類別可以繼承 Animal 類別，可以用下列方式設計 Dog 類別。

```
public class Dog : Animal
{
        // Dog類別欄位、屬性與方法
}
```

方案 ch18_4.sln：將方案 ch18_1.sln 和 ch18_2.sln 做簡化省略屬性，組成一個程式，以體會子類別 Dog 繼承父類別 Animal 的方法。

```
// ch18_4
Dog dog = new Dog();
dog.Eat();
dog.Sleep();
dog.Barking();

public class Animal
{
    public void Eat()
    {
        Console.WriteLine("正在吃食物");
    }
    public void Sleep()
    {
        Console.WriteLine("正在睡覺");
    }
}
public class Dog:Animal
{
    public void Barking()
    {
        Console.WriteLine("正在叫");
    }
}
```

執行結果

```
Microsoft Visual Studio 偵錯主控台
正在吃食物
正在睡覺
正在叫

D:\C#\ch18\ch18_4\ch18_4\bin\Debug\net6.0\ch18_4.exe
按任意鍵關閉此視窗…
```

上述由於 Dog 類別繼承了 Animal 類別，所以 dog 物件可以正常使用父類別 Animal 的 eat( ) 和 sleep( ) 方法，這樣 Dog 類別就可以省略覆寫 eat( ) 和 sleep( ) 方法，達到重用程式碼、精簡程式、也減少錯誤發生，下列是上述程式的圖形。

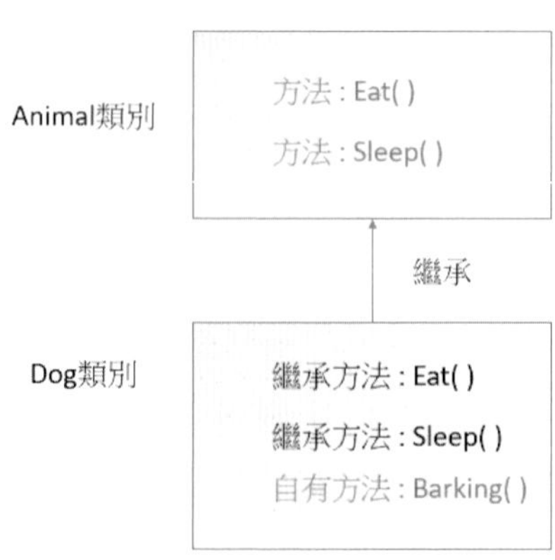

上述 Dog 類別繼承了 Animal 類別，我們可以稱**單一繼承** (Single Inheritance)。

18-1-3 觀察父類別建構方法的啟動

正常的類別一定有欄位，當我們宣告建立子類別物件時，可以利用子類別本身的建構方法初始化自己的欄位。至於所繼承的父類別欄位，則是由父類別自身的建構方法初始化父類別本身的欄位。其實我們建立一個子類別的物件時，C# 在呼叫子類別的建構方法前會先呼叫父類別的建構方法。其實這個觀念很簡單，子類別繼承了父類別的內容，所以子類別在建立本身物件前，一定要先初始化所繼承父類別的內容，下列程式實例將驗證這個觀念。

方案 ch18_5.sln：建立一個 Dog 類別的物件，觀察在啟動本身的建構方法前，父類別 Animal 的建構方法會先被啟動。

```
// ch18_5
Dog dog = new Dog();
dog.Eat();
dog.Sleep();
dog.Barking();

public class Animal
{
    public Animal() => Console.WriteLine("執行Animal建構方法 ...");
    public void Eat()
    {
        Console.WriteLine("正在吃食物");
    }
    public void Sleep()
    {
        Console.WriteLine("正在睡覺");
    }
}
public class Dog : Animal
{
    public Dog() => Console.WriteLine("執行Dog建構方法 ...");
    public void Barking()
    {
        Console.WriteLine("正在叫");
    }
}
```

執行結果

```
Microsoft Visual Studio 偵錯主控台
執行Animal建構方法 ...
執行Dog建構方法 ...
正在吃食物
正在睡覺
正在叫

D:\C#\ch18\ch18_5\ch18_5\bin\Debug\net6.0\ch18_5.exe
按任意鍵關閉此視窗…
```

上述程式在第 2 行宣告 Dog 類別的 dog 物件時，會先啟動父類別的建構方法，所以輸出第一行字串 " 執行 Animal 建構方法 … "，然後輸出第二行字串 " 執行 Dog 建構方法 …"。

18-1-4　父類別屬性是 public 子類別初始化父類別屬性

現在我們擴充方案 ch18_5.sln，擴充了父類別的屬性 name，同時將 name 宣告為 public，由於子類別可以繼承父類別所有 public 屬性，所以這時可以由子類別的建構方法初始化父類別的屬性 name。

方案 ch18_6.sln：這個程式基本上是組合了 ch18_1.sln 和 ch18_2.sln，但是將父類別 Animal 的屬性 name 宣告為 public。

```
// ch18_6
Dog dog = new("Haly");
dog.Eat();
dog.Sleep();
dog.Barking();

public class Animal
{
    public string name;
    public void Eat()
    {
        Console.WriteLine($"{name} 正在吃食物");
    }
    public void Sleep()
    {
        Console.WriteLine($"{name} 正在睡覺");
    }
}
public class Dog : Animal
{
    public Dog(string name)
    {
        this.name = name;          // 建構方法使用父類別的name屬性
    }
    public void Barking()
    {
        Console.WriteLine($"{name} 正在叫");
    }
}
```

執行結果

```
Microsoft Visual Studio 偵錯主控台
Haly 正在吃食物
Haly 正在睡覺
Haly 正在叫

D:\C#\ch18\ch18_6\ch18_6\bin\Debug\net6.0\ch18_6.exe
按任意鍵關閉此視窗…
```

18-1-5　父類別屬性是 private 呼叫父類建構方法 – 關鍵字 this

在 C# 物件導向觀念中，如果父類別屬性是 private，此時是無法使用前一節的觀念在子類別的建構方法內初始化父類別屬性，也就是說父類別屬性的初始化工作交由父類別處理。在方案 ch18_6.sln 的第 2 行內容如下：

```
Dog dog = new Dog("Haly");
```

我們宣告子類別的物件 dog 時，同時將此物件 dog 的名字 Haly 傳給子類別 Dog 的建構方法，然後需將所接收到的參數 (此例子是 name)，呼叫父類別的建構方法傳遞給父類別，這樣未來就可以利用父類別的方法間接繼承父類別的 private 屬性，但是請記住子類別是無法直接繼承父類別的 private 屬性。子類別建構方法呼叫父類別的建構方法，並不是直接呼叫建構方法名稱，而是需使用關鍵字 base，此實例的呼叫方方法如下：

```
public Dog(string name) : base(name)
{
    // 如果有需要可以增加Dog類別建構方法的內容
}
```

註 base 關鍵字與 this 類似，this 代表這個類別，base 代表父類別。

上述 base(name) 可以啟動父類別建構方法，name 是所傳遞的參數，若是延續先前實例，整個設計的觀念圖形如下，程式碼可參考 ch18_7.sln：

方案 ch18_7.sln：這個程式第 9 行首先會將父類別 Animal 的 name 宣告為 private(不加存取修飾預設是 private)，然後第 10 ~ 13 行是 Animal 的建構方法。子類別的建構方

法程式第 25 行是將所接收到的 name 字串，利用 base(name)，呼叫父類別的建構方法，這樣就可以執行父類別欄位初始化工作。

```
1  // ch18_7
2  Dog dog = new("Haly");
3  dog.Eat();
4  dog.Sleep();
5  dog.Barking();
6
7  public class Animal
8  {
9      string name;                  // 預設是 private
10     public Animal(string name)
11     {
12         this.name = name;
13     }
14     public void Eat()
15     {
16         Console.WriteLine($"{name} 正在吃食物");
17     }
18     public void Sleep()
19     {
20         Console.WriteLine($"{name} 正在睡覺");
21     }
22 }
23 public class Dog : Animal
24 {
25     public Dog(string name) : base(name)
26     {
27     }
28     public void Barking()
29     {
30         Console.WriteLine($"正在叫");
31     }
32 }
```

執行結果

```
Microsoft Visual Studio 偵錯主控台
Haly 正在吃食物
Haly 正在睡覺
正在叫

D:\C#\ch18\ch18_7\ch18_7\bin\Debug\net6.0\ch18_7.exe
按任意鍵關閉此視窗…
```

讀者可能會覺得奇怪，為何上述執行結果的第 3 行輸出，只輸出 " 正在叫 "，沒有輸出 "Haly 正在叫 "。原因是第 30 行內容如下：

```
Console.WriteLine($"正在叫");
```

讀者可能會覺得奇怪，為什麼程式碼不是如下：

```
Console.WriteLine($"{name} 正在叫");
```

如果我們寫了上面一行的程式碼，將會有錯誤產生。

這是因為 name 在父類別是宣告為 private，第 30 行是子類別的 Barking( ) 方法，依據類別成員的存取控制可以知道，當宣告為 private 時，**子類別是無法存取父類別的 private 屬性的**。筆者將錯誤的實例放在 ch18_7_1.sln，讀者可以試著開啟此方案，就可以看到上述錯誤。

18-1-6　存取修飾符 protected

在介紹物件導向程式設計至今，我們尚未介紹過存取控制 protected，這是介於 public 和 private 之間的存取權限，當一個類別的屬性或方法宣告為 protected 存取修飾符時，在這個存取權限下，**這個類別、衍生類別 (相同專案或不同專案)** 皆可以使用或繼承此類別的屬性或方法。

方案 ch18_8.sln：將 Animal 的 name 屬性宣告為 protected，這時程式第 30 行就可以繼承父類別的成員變數 name 了。

```
1  // ch18_8
2  Dog dog = new("Haly");
3  dog.Eat();
4  dog.Sleep();
5  dog.Barking();
6
7  public class Animal
8  {
9      protected string name;                    // 宣告 protected
10     public Animal(string name)
11     {
12         this.name = name;
13     }
14     public void Eat()
15     {
16         Console.WriteLine($"{name} 正在吃食物");
17     }
18     public void Sleep()
19     {
20         Console.WriteLine($"{name} 正在睡覺");
21     }
22 }
23 public class Dog : Animal
24 {
25     public Dog(string name) : base(name)
26     {
27     }
28     public void Barking()
29     {
30         Console.WriteLine($"{name} 正在叫");
31     }
32 }
```

執行結果

```
Microsoft Visual Studio 偵錯主控台
Haly 正在吃食物
Haly 正在睡覺
Haly 正在叫

D:\C#\ch18\ch18_8\ch18_8\bin\Debug\net6.0\ch18_8.exe
按任意鍵關閉此視窗…
```

當我們將父類別的屬性宣告為 protected 存取控制時，其實我們也可以在子類別的建構方法內直接設定父類別的 protected 屬性內容了。

程式實例 ch18_9.java：這個程式主要是省略父類別的建構方法，然後在子類別的建構方法內設定父類別的屬性可參考第 23 行。

```
1  // ch18_9
2  Dog dog = new("Haly");
3  dog.Eat();
4  dog.Sleep();
5  dog.Barking();
6
7  public class Animal
8  {
9      protected string name;
10     public void Eat()
11     {
12         Console.WriteLine($"{name} 正在吃食物");
13     }
14     public void Sleep()
15     {
16         Console.WriteLine($"{name} 正在睡覺");
17     }
18 }
19 public class Dog : Animal
20 {
21     public Dog(string name)
22     {
23         this.name = name;        // 使用父類別的protected name欄位
24     }
25     public void Barking()
26     {
27         Console.WriteLine($"{name} 正在叫");
28     }
29 }
```

執行結果

```
Microsoft Visual Studio 偵錯主控台
Haly 正在吃食物
Haly 正在睡覺
Haly 正在叫

D:\C#\ch18\ch18_9\ch18_9\bin\Debug\net6.0\ch18_9.exe
按任意鍵關閉此視窗…
```

在前一小節筆者有介紹可以使用 base 關鍵字啟動父類別的建構方法，其實也可以用 base 調用父類別的欄位、屬性與方法，如下所示：

base.欄位;
base.屬性;
base.方法;

方案 ch18_9_1.sln：重新設計 ch18_9.sln，第 23 行用 base.name 取代 this.name。

```
23        base.name = name;        // 使用父類別的protected name欄位
```

執行結果 與 ch18_9.sln 相同。

18-1-7 將欄位改為屬性觀念

前面實例，筆者是用欄位觀念定義 name，其實 C# 是可以使用屬性觀念重新設計，上述 Animal 類別，可以參考下列實例。

方案 ch18_10.sln：使用屬性觀念重新設計 ch18_9.sln。

註 屬性名稱第一個字母建議是大寫，同時避免有 null 值，所以預設是 string.Empty。

```
// ch18_10
Dog dog = new("Haly");
dog.Eat();
dog.Sleep();
dog.Barking();

public class Animal
{
    protected string Name { get; set; } = string.Empty;
    public void Eat()
    {
        Console.WriteLine($"{Name} 正在吃食物");
    }
    public void Sleep()
    {
        Console.WriteLine($"{Name} 正在睡覺");
    }
}
public class Dog : Animal
{
    public Dog(string name)
    {
        base.Name = name;        // 父類別的protected Name屬性
    }
    public void Barking()
    {
        Console.WriteLine($"{Name} 正在叫");
    }
}
```

執行結果 與 ch18_10.sln 相同。

第 23 行我們中規中距使用 base.Name = name，設定父類別的 Name 屬性，在 C# 中因為 protected 存取修飾詞的繼承關係，將第 23 行改為 Name = name，程式也可以得到相同結果，筆者將這個觀念儲存在方案 ch18_10_1.sln。

```
19 public class Dog : Animal
20 {
21     public Dog(string name)
22     {
23         Name = name;          // 父類別的protected Name屬性
24     }
25     public void Barking()
26     {
27         Console.WriteLine($"{Name} 正在叫");
28     }
29 }
```

18-1-8　分層繼承 – Hierarchical Inheritance

一個類別可以有多個子類別的，若是以 18-1-1 節的 3 個程式實例為例，我們可以規劃下列的繼承關係。

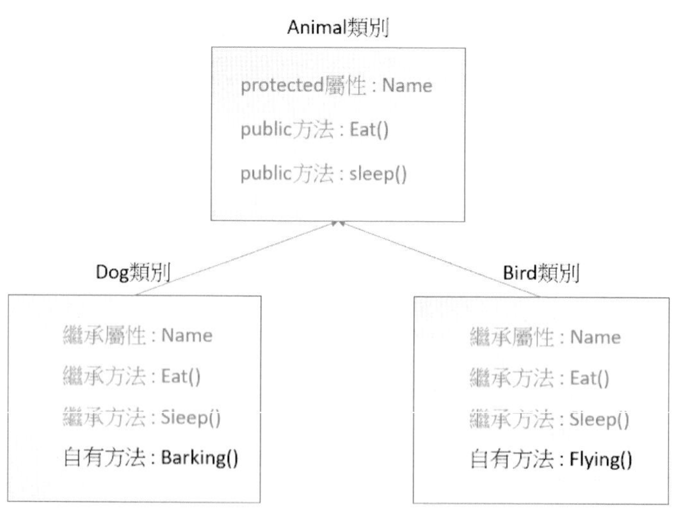

上述繼承關係又稱**分層繼承** (Hierarchical Inheritance)。

方案 ch18_11.sln：將 ch18_1.sln、ch18_2.sln、ch18_3.sln 等 3 個程式，利用繼承的特性，濃縮成一個程式。

註 筆者將欄位改為屬性。

```
// ch18_11
Dog dog = new("Haly");
dog.Eat();
dog.Sleep();
dog.Barking();
Bird bird = new("CiCi");
bird.Eat();
bird.Sleep();
bird.Flying();
public class Animal
{
    protected string Name { get; set; } = string.Empty;
    public void Eat()
    {
        Console.WriteLine($"{Name} 正在吃食物");
    }
    public void Sleep()
    {
        Console.WriteLine($"{Name} 正在睡覺");
    }
}
public class Dog : Animal          // Dog 類別
{
    public Dog(string name)
    {
        Name = name;               // 繼承Animal類別的protected Name屬性
    }
    public void Barking()          // Bird 類別的自有方法
    {
        Console.WriteLine($"{Name} 正在叫");
    }
}
public class Bird : Animal         // Bird 類別
{
    public Bird(string name)
    {
        Name = name;               // 繼承Animal類別的protected Name屬性
    }
    public void Flying()           // Bird 類別的自有方法
    {
        Console.WriteLine($"{Name} 正在飛");
    }
}
```

執行結果

```
Microsoft Visual Studio 偵錯主控台
Haly 正在吃食物
Haly 正在睡覺
Haly 正在叫
CiCi 正在吃食物
CiCi 正在睡覺
CiCi 正在飛

D:\C#\ch18\ch18_11\ch18_11\bin\Debug\net6.0\ch18_11.exe
按任意鍵關閉此視窗…
```

讀者應該發現程式縮短了許多，同時在規劃大型 Java 應用程式時，如果可以盡量用繼承類別不僅可以避免錯誤，維持封裝隱藏特性，同時可以縮短程式開發時間。

18-1-9 多層次繼承 (Multi-Level Inheritance)

在程式設計時，我們也許會碰上一個子類別底下衍生了另一個子類別，這就是所謂的**多層次繼承** (Multi-Level Inheritance)，下列是參考圖例。

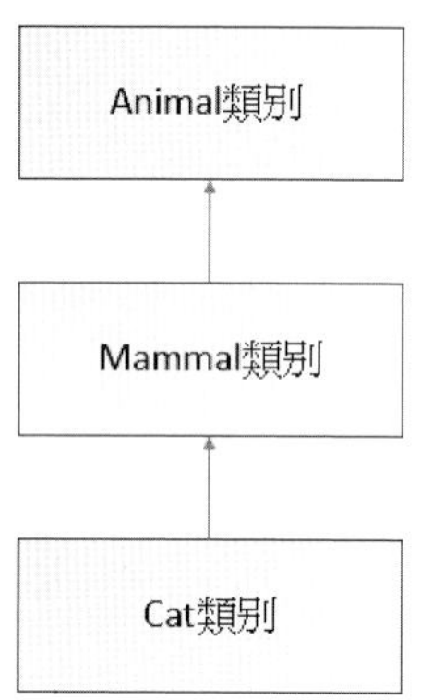

從上圖可以看到哺乳 Mammal 類別繼承了動物 Animal 類別，貓 Cat 類別繼承了 Mammal 類別，在這種多層次繼承下，Cat 類別可以繼承 Mammal 和 Animal 所有類別的內容。下列程式將說明 Cat 類別如何存取 Animal 和 Mammal 類別的內容。

方案 ch18_12.sln：多層次繼承的應用，在這個程式中 Animal 類別內含有 protected 屬性 Name，和 public 方法 eat( )。Mammal 類別內含有 protected 屬性 FavoriteFood，和 Like( )。Cat 類別自己有一個 public 方法 Jumping( )，同時繼承了 Animal 和 Mammal 類別的內容。

```
// ch18_12
Cat cat = new Cat("Lucy", "fish");
cat.Eat();
cat.Like();
cat.Jumping();

public class Animal
{
```

```
9       protected string Name { get; set; } = string.Empty;
10      public void Eat()
11      {
12          Console.WriteLine($"{Name} 正在吃食物");
13      }
14  }
15  public class Mammal : Animal      // Mammal 類別
16  {
17      protected string FavoriteFood { get; set; } = string.Empty;
18      public Mammal(string name)
19      {
20          Name = name;              // 繼承Animal類別的protected Name屬性
21      }
22      public void Like()            // Mammal 類別的自有方法
23      {
24          Console.WriteLine($"{Name} 喜歡吃 {FavoriteFood}");
25      }
26  }
27  public class Cat : Mammal         // Cat 類別
28  {
29      public Cat(string name, string favoriteFood) : base(name)
30      {
31          FavoriteFood = favoriteFood;
32      }
33      public void Jumping()         // Bird 類別的自有方法
34      {
35          Console.WriteLine($"{Name} 正在跳");
36      }
37  }
```

執行結果

```
Microsoft Visual Studio 偵錯主控台
Lucy 正在吃食物
Lucy 喜歡吃 fish
Lucy 正在跳

D:\C#\ch18\ch18_12\ch18_12\bin\Debug\net6.0\ch18_12.exe
按任意鍵關閉此視窗…
```

讀者需特別留意程式第 29 ~ 32 行的 Cat 建構方法，這個建構方法如下所示：

```
public Cat(string name, string favoriteFood) : base(name)
{
    FavoriteFood = favoriteFood;                // 第31行
}
```

請記住，base(name) 是將第 1 個參數 name，調用父類別處理 name，第 31 行則因為直接繼承的關係，所以直接設定父類別 Mammal 的 FavoriteFood 屬性。

18-1-10　繼承類型總結與陷阱

C# 的繼承類型可分成下列：

❑ 單一繼承 (Single Inheritance)

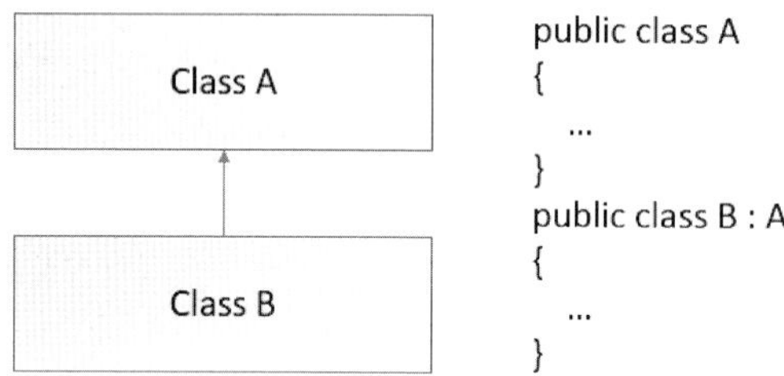
Class A
Class B
public class A
{
...
}
public class B : A
{
...
}

❑ 分層繼承 (Hierarchical Inheritance)

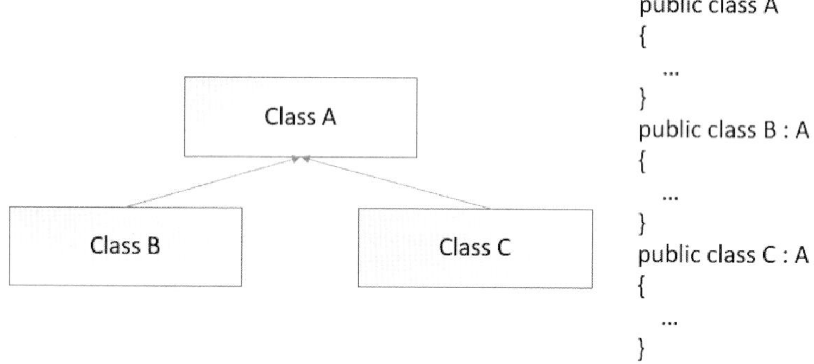
public class A
{
...
}
public class B : A
{
...
}
public class C : A
{
...
}
Class A
Class B
Class C

❑ 多層次繼承 (Multi-Level Inheritance)

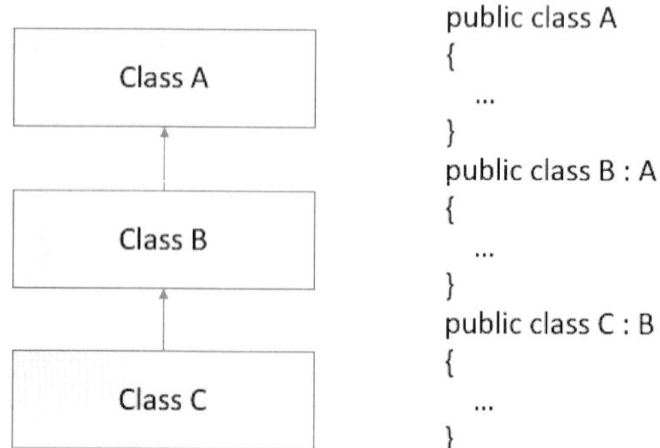
Class A
Class B
Class C
public class A
{
...
}
public class B : A
{
...
}
public class C : B
{
...
}

- ~~多重繼承 (Multiple Inheritance)~~--- 目前沒有支援

特別留意的是目前 C# 為了簡化語言同時減少複雜性，現在並沒有支援**多重繼承** (Multiple Inheritance)，所謂的**多重繼承**觀念圖形如下：

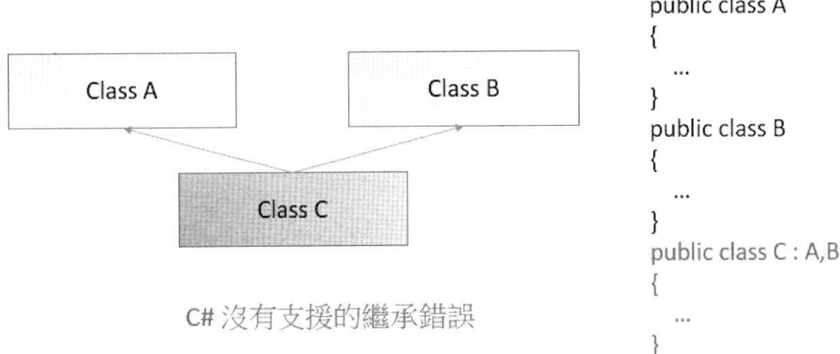
Class A
Class B
Class C
public class A
{
...
}
public class B
{
...
}
public class C : A,B
{
...
}
C# 沒有支援的繼承錯誤

不過在物件導向程式設計語言中，部分程式語言是有支援多重繼承，例如：Python 或 C++。

18-1-11　父類別與子類別有相同的成員變數名稱

程式設計時有時會碰上父類別內的**屬性** (也可稱**成員變數**) 與子類別的屬性有相同的名稱，這時 2 個成員變數是各自獨立的，在子類別的成員變數顯示的是子類別成員變數的內容，在父類別的成員變數顯示的是父類別成員變數的內容。

方案 ch18_13.sln：子類別的成員變數名稱與父類別成員變數名稱相同的應用，由這個程式可以驗證 Father 類別和 Child 類別的成員變數名稱 x，儘管名稱相同，但是各自有不同的內容空間。

```
// ch18_13
Father father = new Father();
Child child = new Child();
Console.WriteLine($"輸出 Father x = {father.x}");
Console.WriteLine($"輸出 Child  x = {child.x}");

public class Father
{
    public int x = 50;
}
public class Child : Father
{
    public int x = 100;
}
```

執行結果

```
Microsoft Visual Studio 偵錯主控台
輸出 Father x = 50
輸出 Child  x = 100

D:\C#\ch18\ch18_13\ch18_13\bin\Debug\net6.0\ch18_13.exe
按任意鍵關閉此視窗…
```

另外，當子類別的成員變數名稱與父類別成員變數名稱相同時，子類別若是想存取父類別的成員變數，可以使用 base 關鍵字，方法如下：

```
base.x                // 假設父類別成員變數名稱是x
```

方案 ch18_14.sln：父類別 Father 與子類別 Child 有相同的成員變數名稱，在子類別同時列印此相同名稱的成員變數，此時的重點是程式第 14 行，在此我們使用 "base.x"，列印了父類別的成員變數 x。

```
1  // ch18_14
2  Child child = new Child();
3  child.PrintInfo();
4
5  public class Father
6  {
7      public int x = 50;
8  }
9  public class Child : Father
10 {
11     public int x = 100;
12     public void PrintInfo()
13     {
14         Console.WriteLine($"輸出 Father x = {base.x}");
15         Console.WriteLine($"輸出 Child  x = {x}");
16     }
17 }
```

執行結果

```
Microsoft Visual Studio 偵錯主控台
輸出 Father x = 50
輸出 Child  x = 100

D:\C#\ch18\ch18_14\ch18_14\bin\Debug\net6.0\ch18_14.exe
按任意鍵關閉此視窗…
```

18-2 IS-A 和 HAS-A 關係

物件導向程式設計一個很大的優點是程式碼可以重新使用，一個方法是使用 18-1 節所敘述的繼承實例，其實**繼承**就是 **IS-A 關係**，將在 18-2-1 節說明。另一個方法是使用 **HAS-A 關係**的觀念，在 HAS-A 觀念中又可以分為**聚合** (Aggregation) 和**組合** (Composition)，將分別在 18-2-2 和 18-2-3 節說明。

18-2-1 IS-A 關係與 is

IS-A 其實是 "is a kind of" 的簡化說法，代表**父子間的繼承關係**。假設有下列的類別定義：

```
class Animal {                    // 定義Animal類別
    …
}
class Fish : Animal {             // 定義Fish類別繼承Animal
    …
}
class Bird : Animal {             // 定義Bird類別繼承Animal
    …
}
class Eagle : Bird{               // 定義Eagle類別繼承Bird
    …
}
```

從上述定義可以獲得下列結論：

- Animal 類別是 Fish 的父類別。
- Animal 類別是 Bird 的父類別。
- Fish 類別和 Bird 類別是 Animal 的子類別。
- Eagle 類別是 Bird 類別的子類別和 Animal 類別的孫類別。

如果我們現在用 IS-A 關係，可以這樣解釋：

- Fish is a kind of Animal(魚**是一種** (IS-A) **動物**)
- Bird is a kind of Animal(鳥**是一種** (IS-A) **動物**)

- ❑ Eagle is a kind of Bird(老鷹是一種 (IS-A) 鳥)
- ❑ Eagle is a kind of Animal(所以：老鷹是一種 (IS-A) 動物)

在 C# 語言中關鍵字 is 主要是可以測試某個物件是不是屬於特定類別，如果是則傳回 true，否則傳回 false。語法如下：

objectX is ClassName

方案 ch18_15.sln：IS-A 關係與 is 關鍵字的應用。

```
// ch18_15
Animal animal = new Animal();
Fish fish = new Fish();
Bird bird = new Bird();
Eagle eagle = new Eagle();
Console.WriteLine($"Fish is Animal  : {fish is Animal}");
Console.WriteLine($"Bird is Animal  : {bird is Animal}");
Console.WriteLine($"Eagle is Animal : {eagle is Bird}");
Console.WriteLine($"Eagle is Animal : {eagle is Animal}");

public class Animal
{}
public class Fish : Animal
{}
public class Bird : Animal
{}
public class Eagle : Bird
{}
```

執行結果

```
Microsoft Visual Studio 偵錯主控台
Fish is Animal  : True
Bird is Animal  : True
Eagle is Animal : True
Eagle is Animal : True

D:\C#\ch18\ch18_15\ch18_15\bin\Debug\net6.0\ch18_15.exe
按任意鍵關閉此視窗…
```

18-2-2　HAS-A 關係 – 聚合

聚合 (Aggregation) 的 HAS-A 關係主要是決定某一類別是否 HAS-A(has a) 某一事件，例如：A 類別的**成員其實是由另一個類別所組成**，此時我們可以稱 "**A HAS-A B**(或 A has a B)"，這也是一種物件導向設計讓程式碼精簡的方法，同時可以減少錯誤。可以參考下列實例：

```
public class Speed {
…
}
```

```
public class Car {
        private Speed sp;        // Car類別的成員變數sp是Speed類別物件
}
```

以上述程式碼而言，簡單的說我們可以在 Car 類別中操作 Speed 類別，例如：我們可以直接引用 Speed 類別關於車速的方法，所以不用另外設計 SportCar 類別，在 SportCar 類別中處理有關車速的方法，如果上述程式還有其它相關的類別程序需要用到 Speed 類別的的方法時，也可以直接引用。

方案 ch18_16.sln：一個簡單聚合 (Aggregation) 的 Has-A 關係實例。

```
// ch18_16
Circle circle = new Circle();
double area = circle.GetArea(10);    // 計算半徑 10 的面積
Console.WriteLine($"圓面積是 : {area:F2}");

public class MyMath                            // 處理圓半徑的平方
{
    public double Square(double x)
    {
        return x * x;
    }
}
public class Circle
{
    public MyMath math;                 // aggregation
    public double GetArea(double radius)
    {
        math = new MyMath();            // 建立MyMath物件
        double rSquare = math.Square(radius);
        return rSquare * Math.PI;       // 回傳面積
    }
}
```

執行結果

```
Microsoft Visual Studio 偵錯主控台
圓面積是 : 314.16

D:\C#\ch18\ch18_16\ch18_16\bin\Debug\net6.0\ch18_16.exe
按任意鍵關閉此視窗…
```

其實上述實例可以說 Circle HAVE-A MyMath 關係，我們可以用下列圖形說明上述實例，：

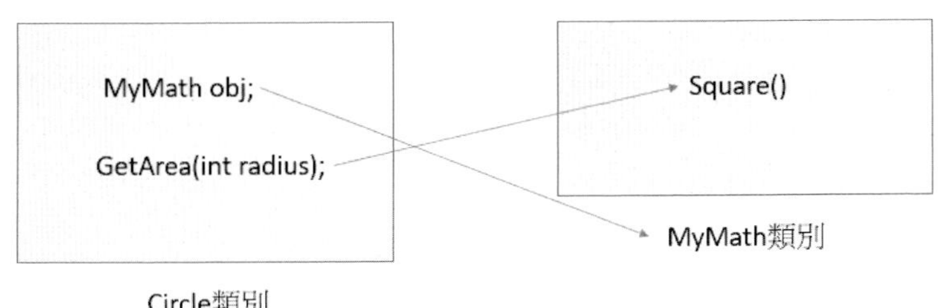

對上述實例而言，第 15 行宣告 MyMath 類別是 Circle 類別的成員變數，在這種情形未來就可以在 Circle 類別或相關子類別引用 MyMath 類別的內容，這樣子就可以達到精簡程式碼的目的，因為程式碼可以重複使用。程式第 18 行是宣告 MyMath 類別物件 math，有了這個 math 物件第 19 行就可以透過此物件呼叫 MyMath 類別的 Square( ) 方法傳回平方值 (此程式代表圓半徑的平方)，然後第 20 行可以傳回圓面積 (PI 乘圓半徑平方)。

其實在 C# 程式設計時，如果類別間沒有 IS-A 關係時，HAS-A 關係的聚合是一個很好將程式碼重複使用達到精簡程式碼的目的。

方案 ch18_17.sln：員工資料建立的應用，在這個程式有一個 HomeTown 類別，這個類別含有員工地址家鄉城市資訊。Employee 則是員工類別，這個員工類別有一個成員變數是 HomeTown 類別物件，所以我們可以說關係是 **Employee** HAVE-A **HomeTown**。這個程式會先建立員工資料，然後列印。

```
// ch18_17
HomeTown homwtown = new HomeTown("徐州", "江蘇", "中國");
Employee em = new Employee(10, 29, 'F', "周佳", homwtown);
em.PrintInfo();

public class HomeTown                              // 員工家鄉
{
    public string city;                            // 城市
    public string state;                           // 省
    public string country;                         // 國別
    public HomeTown(string city, string state, string country)
    {
        this.city = city;                          // 城市
        this.state = state;                        // 省
        this.country = country;                    // 國別
    }
}
public class Employee                              // 員工 Employee 類別
{
    int id;                                        // 員工編號
    int age;                                       // 員工年齡
    char gender;                                   // 員工性別
    string name;                                   // 員工姓名
    HomeTown hometown;                             // Aggregation家鄉城市
    public Employee(int id, int age, char gender, string name, HomeTown hometown)
    {
        this.id = id;
        this.age = age;
        this.gender = gender;
        this.name = name;
        this.hometown = hometown;
    }
    public void PrintInfo()                        // 列印員工資料
    {
```

```
35            Console.WriteLine($"員工編號:{id}\t員工年齡:{age}" +
36                              $"\t員工性別:{gender}\t員工姓名:{name}");
37            Console.WriteLine($"城市:{hometown.city}\t省份:{hometown.state}" +
38                              $"\t國別:{hometown.country}");
39        }
40    }
```

執行結果

```
Microsoft Visual Studio 偵錯主控台
員工編號:10      員工年齡:29      員工性別:F       員工姓名:周佳
城市:徐州        省份:江蘇        國別:中國

D:\C#\ch18\ch18_17\ch18_17\bin\Debug\net6.0\ch18_17.exe (處理序
按任意鍵關閉此視窗…
```

上述程式第 2 行是初始化 **HomeTown 類別**家鄉資訊，設定好了後 hometown 物件就會有家鄉資訊的參照。程式第 3 行是初始化 Employee 類別員工資訊，需留意 hometown 物件被當作參數傳遞，設定好了後 em 物件就可以呼叫 PrintInfo( ) 方法列印員工資訊。

18-2-3 HAS-A 關係 – 組合

組合 (Composition) 其實是一種**特殊的聚合** (Aggregation)，基本觀念是可以引用其它類別物件成員變數或方法達到重複使用程式碼精簡程式的目的。

接下來我們用 Car 類別的實例說明 IS-A 關係和 HAS-A 關係的組合。

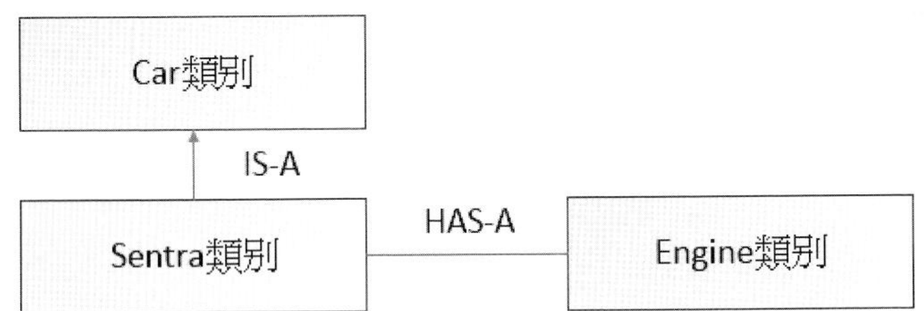

方案 ch18_18.sln：這個程式包含 3 個類別，Car 類別定義了車子最高速度 maxSpeed 和顏色 color，然後可以分別用 setMaxSpeed( ) 和 setColor( ) 方法設定它們的最高速度和顏色，printCarInfo( ) 方法則是可以列印出車子最高時速和車子顏色。Sentra 類別是 Car 類別的子類別，所以 Sentra 物件可以呼叫 Car 的方法，可參考第 3 ~ 5 行。Sentra 類別的方法 SentraShow( ) 在第 31 行宣告了 Engine 類別物件，這也是 HAS-A 關係組合 (Composition) 的關鍵，因為宣告後他就可以呼叫 Engine 類別的方法，可參考第 32 ~ 34 行。

```
// ch18_18
Sentra sentra = new Sentra();
sentra.SetMaxSpeed(220);           // 使用繼承 Car SetMaxSpeed()方法
sentra.SetColor("藍色");           // 使用繼承 Car SetColor()方法
sentra.PrintCarInfo();             // 使用繼承 Car PrintCarInfo()方法
sentra.SentraShow();               // Composition 展示引擎運作

public class Car
{
    int maxSpeed;
    string color;
    // 設定車子最高速度
    public void SetMaxSpeed(int maxSpeed) => this.maxSpeed = maxSpeed;
    // 設定車子顏色
    public void SetColor(string color) => this.color = color;
    public void PrintCarInfo()
    {
        Console.WriteLine($"車子最高時速:{maxSpeed}\n車子外觀顏色:{color}");
    }
}
public class Engine                            // 建立 Engine 類別與方法
{
    public void Starting() => Console.WriteLine("引擎啟動");
    public void Running() => Console.WriteLine("引擎運轉");
    public void Stopping() => Console.WriteLine("引擎停止");
}
class Sentra : Car                             // 繼承 Car 類別
{
    public void SentraShow()
    {
        Engine engine = new Engine();          // Composition
        engine.Starting();                     // 引擎啟動
        engine.Running();                      // 引擎運轉
        engine.Stopping();                     // 引擎停止
    }
}
```

執行結果

```
Microsoft Visual Studio 偵錯主控台
車子最高時速:220
車子外觀顏色:藍色
引擎啟動
引擎運轉
引擎停止

D:\C#\ch18\ch18_18\ch18_18\bin\Debug\net6.0\ch18_18.exe
按任意鍵關閉此視窗…
```

組合 (Composition) 它的限制比較多，它的組件不能單獨存在，以上述實例而言，相當於 Sentra 類別和 Engine 類別不能單獨存在。

18-3 C# 程式碼太長的處理

在程式設計時，如果覺得程式碼太長可以將各類別獨立成一個檔案，每個檔案的名稱必須是類別名稱，副檔名是 cs，同時每個獨立檔案的類別要宣告為 namespace。**註**：讀者可以參考 16-3-4 節方式處理。

方案 ch18_19.sln：以 ch18_17.sln 為實例，將此程式分成 Program.cs. 、Class1.cs 、Class2.cs，下列 3 個程式內容：

註 Class1.cs 與 Class2.cs 是 Visual Studio 的預設名稱，其實讀者也可以執行檔案 / 另存 Class1.cs，將預設名稱更改。

Program.cs

```
// ch18_19
using ch18_19a;
using ch18_19b;
HomeTown homwtown = new HomeTown("徐州", "江蘇", "中國");
Employee em = new Employee(10, 29, 'F', "周佳", homwtown);
em.PrintInfo();
```

Class1.cs

```
namespace ch18_19a
{
    public class HomeTown                              // 員工家鄉
    {
        public string city;                            // 城市
        public string state;                           // 省
        public string country;                         // 國別
        public HomeTown(string city, string state, string country)
        {
            this.city = city;                          // 城市
            this.state = state;                        // 省
            this.country = country;                    // 國別
        }
    }
}
```

Class2.cs

```
using ch18_19a;
namespace ch18_19b
{
    public class Employee                              // 員工 Employee 類別
    {
        int id;                                        // 員工編號
```

```
        int age;                                    // 員工年齡
        char gender;                                // 員工性別
        string name;                                // 員工姓名
        HomeTown hometown;                          // Aggregation家鄉城市
        public Employee(int id, int age, char gender, string name, HomeTown hometown)
        {
            this.id = id;
            this.age = age;
            this.gender = gender;
            this.name = name;
            this.hometown = hometown;
        }
        public void PrintInfo()                     // 列印員工資料
        {
            Console.WriteLine($"員工編號:{id}\t員工年齡:{age}" +
                              $"\t員工性別:{gender}\t員工姓名:{name}");
            Console.WriteLine($"城市:{hometown.city}\t省份:{hometown.state}" +
                              $"\t國別:{hometown.country}");
        }
    }
}
```

執行結果

```
Microsoft Visual Studio 偵錯主控台
員工編號:10    員工年齡:29    員工性別:F    員工姓名:周佳
城市:徐州      省份:江蘇      國別:中國

D:\C#\ch18\ch18_19\ch18_19\bin\Debug\net6.0\ch18_19.exe (處理序
按任意鍵關閉此視窗…
```

下列是整體 Visual Studio 的畫面。

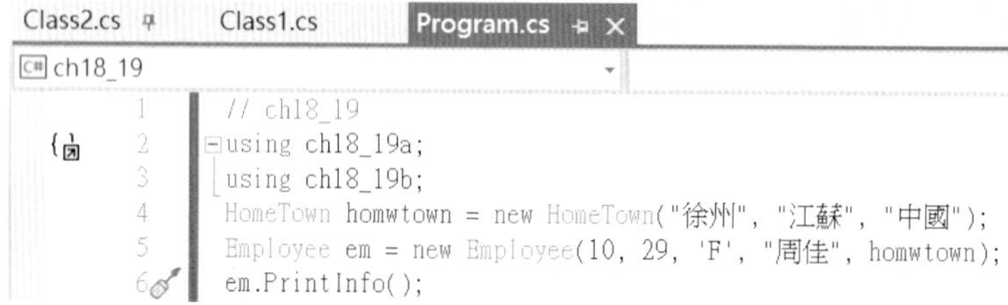

上述當我們在編譯 ch18_19.sln 專案時，由於程式內有需要 HomeTown 和 Employee 類別物件 (第 4 和 5 行)，這是在 Program.cs 內沒有的，所以 C# 編譯程式會依據 using ch18_19a 和 using ch18_19b 命名空間去找尋，HomeTown 和 Employee 類別，然後一起編譯這些檔案。以此例而言是 Class1.cs 和 Class2.cs，這是編譯程式期間所需要的檔案，最後執行然後列出結果。

以上只是當程式變得更大更複雜時，筆者先簡介的 C# 程式類別分割的方法與觀念。

在結束本節前，筆者還想說明將一個檔案的類別分拆成多個檔案的**重要優點**，當我們將 HomeTown 和 Employee 類別獨立後，未來所有其他程式可以隨時呼叫使用它們，相當於可以達成**資源共享**的目的，這個觀念特別是對於大型應用程式開發非常重要，在一個程式開發團隊中，每一個人需要開發一些類別，然後彼此可以分享，這樣可以增加程式開發的效率。這個就好像我們學習 C# 時，很多時候是學習呼叫許多 C# 類別的方法，然後將這些方法應用在自己的程式內，其實這些 C# 類別的方法是許多**前輩的 C# 程式設計師**或**微軟公司的 C# 研發單位**開發的，然後讓所有 C# 學習者共享與使用，使用者可以不用重新開發這些類別的方法，只要會用即可，這可以增加學習效率。

18-4 多型 (Polymorphism)

在 C# 語言**多型** (Polymorphism) 是一個觀念主要是說一個方法具有多功能用途，其實**多型** (Polymorphism) 字意的由來是 2 個希臘文文字 **"poly"** 意義是 " 許多 "，**"morphs"** 意義是 " 形式 "。所以中文譯為**多型**。C# 程式語言有 2 種**多型** (Polymorphism)：

- **靜態多型** (Static Polymorphism) 又稱**編譯時期** (compile time) **多型**。
- **動態多型** (Dynamic Polymorphism) 又稱**執行時期** (runtime) **多型**。

本節將針對我們擁有的知識說明**多型**，未來筆者講解更多 C# 知識 (**抽象類別** Abstract Class 和**介面** Interface) 時，還會介紹更完整的**多型**知識。

18-4-1　編譯時期多型 (Compile Time Polymorphism)

在 17-2 節筆者有介紹了**方法** (method) 的**重載** (Overload) ，從該章節可以知道我們可以設計相同名稱的**方法**，然後由**方法**內的**參數類型**、**參數數量**、**參數順序**的區別，決定是呼叫那一個**方法**，這個決定是在 C# 程式編譯期間處理，所以又稱作**編譯時期多型** (Compile Time Polymorphism)。

典型的實例讀者可以參考程式實例 ch17_8.sln。

在繼承的觀念中，我們也可以設計父類別與子類別有相同的方法名稱，然後方法內參數不一樣，這樣呼叫物件可以由參數判斷是呼叫哪一個方法，這個觀念稱重載父類別的方法。

方案 ch18_19_1.sln：這個程式的父類別 Animal 的 Moving( ) 方法不需要參數，子類別 Cat 的 Moving( ) 方法需要字串 string msg 參數，然後由 Cat 的物件呼叫。

```
1  // ch18_19_1
2  Cat cat = new Cat();
3  cat.Moving("Cat is moving.");
4  cat.Moving();
5
6  public class Animal
7  {
8      public void Moving()
9      {
10         Console.WriteLine("動物可以活動");
11     }
12 }
13 public class Cat : Animal
14 {
15     public void Moving(string msg)
16     {
17         Console.WriteLine(msg);
18     }
19 }
```

執行結果

```
Microsoft Visual Studio 偵錯主控台
Cat is moving.
動物可以活動

D:\C#\ch18\ch18_19_1\ch18_19_1\bin\Debug\net6.0\ch18_19_1.exe
按任意鍵關閉此視窗…
```

上述第 3 行的 cat 物件呼叫的是子類別的 Moving( )，所以輸出 Cat is moving. 內容。第 4 行的 cat 物件，由於沒有參數，呼叫的是父類別的 Moving( )，所以輸出動物可以活動。

18-4-2　覆寫 (Override)

所謂的**覆寫** (Override) 是在子類別中遵守下列規則重新定義父類別的方法，這樣可以擴充父類別的功能。

- ❑ 名稱不變、傳回值型態不變、參數列表不變。
- ❑ 存取權限不可比父類別低，例如：父類別是 public，子類別不可是 protected。
- ❑ 建構方法不能**覆寫**。
- ❑ static 方法不能**覆寫**。

方案 ch18_20.sln：覆寫應用，子類別與父類別有相同的名稱與參數。

```
1  // ch18_20
2  Animal ani = new Animal();
3  Cat cat = new Cat();
4  ani.Moving();
5  cat.Moving();
6
7  public class Animal
8  {
9      public void Moving()
10     {
11         Console.WriteLine("動物可以活動");
12     }
13 }
14 public class Cat : Animal
15 {
16     public void Moving()
17     {
18         Console.WriteLine("貓可以走路和跳");
19     }
20 }
```

執行結果

```
Microsoft Visual Studio 偵錯主控台
動物可以活動
貓可以走路和跳

D:\C#\ch18\ch18_20\ch18_20\bin\Debug\net6.0\ch18_20.exe
按任意鍵關閉此視窗…
```

上述程式父類別有 Moving( ) 方法，子類別有相同的方法 Moving( )，雖然第 4 與 5 行呼叫時可以執行各自的方法，可以如果點選 Visual Studio 視窗左下方的錯誤清單欄位，可以看到警告訊息，建議使用 new 關鍵字，如下所示：

上述警告訊息主要是告知，如果要隱藏繼承的成員，請使用 new 關鍵字，讀者可以參考下一小節說明。

18-4-3　new 關鍵字

關鍵字 new 主要是用在如果子類別的成員與父類別成員名稱相同時，可以用此關鍵字隱藏父類別的成員。

方案 ch18_21.sln：使用 new 重新定義父類別的方法，重新設計 ch18_20.sln。

```
// ch18_21
Animal ani = new Animal();
Cat cat = new Cat();
ani.Moving();
cat.Moving();

public class Animal
{
    public void Moving()
    {
        Console.WriteLine("動物可以活動");
    }
}
public class Cat : Animal
{
    new public void Moving()
    {
        Console.WriteLine("貓可以走路和跳");
    }
}
```

執行結果 與 ch18_20.sln 相同。

上述執行後就不會有警告訊息。

方案 ch18_22.sln：現在修改父類別，在父類別增加 Action( ) 方法，在此方法內呼叫 Moving( ) 方法，然後觀察結果。

```
// ch18_22
Cat cat = new Cat();
cat.Action();

public class Animal
{
    public void Action()
    {
        Console.WriteLine("Animal 類別的 Action");
        Moving();
    }
    public void Moving()
    {
        Console.WriteLine("動物可以活動");
    }
}
public class Cat : Animal
{

    new public void Moving()
    {
        Console.WriteLine("貓可以走路和跳");
    }
}
```

執行結果

```
Microsoft Visual Studio 偵錯主控台
Animal 類別的 Action
動物可以活動

D:\C#\ch18\ch18_22\ch18_22\bin\Debug\net6.0\ch18_22.exe
按任意鍵關閉此視窗…
```

上述比較意外的是，我們建立了子物件，同時使用 new 要隱藏父類別的 Moving( ) 方法，但是子物件 cat 在第 10 行呼叫 Moving( ) 方法時，仍是呼叫父類別的 Moving( ) 方法。

18-4-4 覆寫使用 virtual 和 override

C# 語言定義是如果父類別要定義方法讓子類別可以覆寫，則父類別所定義的方法要加上 virtual，子類別要覆寫此方法時，需要加上 override，細節可以參考下列實例。

方案 ch18_23.sln：virtual 定義父類別的 Moving( ) 方法，然後 Override 覆寫子類別的 Moving( ) 方法的基本應用。

```
// ch18_23
Cat cat = new Cat();
cat.Action();

public class Animal
{
    public void Action()
    {
        Console.WriteLine("Animal 類別的 Action");
        Moving();
    }
    public virtual void Moving()
    {
        Console.WriteLine("動物可以活動");
    }
}
public class Cat : Animal
{
    public override void Moving()
    {
        Console.WriteLine("貓可以走路和跳");
    }
}
```

執行結果

```
Microsoft Visual Studio 偵錯主控台
Animal 類別的 Action
貓可以走路和跳

D:\C#\ch18\ch18_23\ch18_23\bin\Debug\net6.0\ch18_23.exe
按任意鍵關閉此視窗…
```

18-4-5　執行時期多型 (Runtime Polymorphism)

這一節的內容是邁向高手才會用到觀念，筆者也將用實例說明。**執行時期多型** (Runtime Polymorphism) 或稱**動態多型** (Dynamic Polymorphism) 是指**呼叫方法**時是在程式**執行時期** (runtime) 解析對**覆寫** (Override) 方法的調用過程，解析的方式是看**變數所參考的類別物件**。

在正式實例解說**執行時期多型** (Runtime Polymorphism) 前筆者想先介紹一個名詞 **Upcasting**，可以翻譯為**向上轉型**，基本觀念是一個本質是**子類別**，但是將它當作**父類別**來看待，然後將**父類別的參考指向子類別物件**。為何要這樣？主要是父類別能存取的成員方法，子類別都有，甚至子類別經過了覆寫 (Override) 後，有比父類別更好更豐富的方法。

例如：有 2 個類別如下：

```
class Parent { }
class Child : Parent { }
```

當我們用下列方式宣告時，就是 Upcasting。

```
Parent A = new Child( );                    // Upcasting
```

執行時期多型存在的 3 個必要條件如下：

- 有**繼承**關係。
- 子類別有**重新定義** (Override) 方法。
- 父類別**變數物件參考**到子類別物件。

當使用**執行時期多型**時，C# 會先檢查父類別有沒有該**方法**，如果沒有則會有錯誤產生程式終止，如果有則會調用變數物件參考子類別同名的方法，多型好處是若是設計大型程式可以很方便擴展，同時可以對所有的類別覆寫的方法進行調用。

方案 ch18_24.sln：執行時期多型的應用。

```
1  // ch18_24
2  School A = new School();
3  School B = new Department();
4  A.Demo();          // 呼叫父類別的 Demo
5  B.Demo();          // 呼叫子類別的 Demo
6
7  public class School
8  {
9      public virtual void Demo()
10     {
11         Console.WriteLine("明志科大");
12     }
13 }
14 public class Department : School
15 {
16     public override void Demo()
17     {
18         Console.WriteLine("明志科大機械系");
19     }
20 }
```

執行結果

```
Microsoft Visual Studio 偵錯主控台
明志科大
明志科大機械系

D:\C#\ch18\ch18_24\ch18_24\bin\Debug\net6.0\ch18_24.exe
按任意鍵關閉此視窗…
```

對於程式第 3 行所宣告的是父類別 School 物件 B 變數，但是這個 B 變數所參考的內容是子類別 Department，這時 Department 子類別物件被 B 變數 Upcasting 了，C# 在執行時期 (runtime) 會依據 B 變數所參考的物件執行 demo( ) 方法，所以程式第 5 行所列印的是 " 明志科大機械系 "。

本章最後筆者要講述的是，執行時期多形 (polymorphism) 的 Upcasting 觀念不能用在屬性的成員變數，可參考下列實例。

方案 ch18_25.sln：方法可以重新定義，但是成員變數內容將不適用。

```
// ch18_25
Bank A = new FirstBank();
Console.WriteLine(A.balance);
public class Bank
{
    public int balance = 10000;
}
public class FirstBank : Bank
{
    public int balance = 50000;
}
```

執行結果

```
Microsoft Visual Studio 偵錯主控台
10000

D:\C#\ch18\ch18_25\ch18_25\bin\Debug\net6.0\ch18_25.exe
按任意鍵關閉此視窗…
```

從上述執行結果可以看到，儘管物件 A 的參照指向 FirstBank 類別物件，但是 A.balance 的內容仍是 Bank 類別的 balance 內容。

18-5 靜態綁定 (Static Binding) 與動態綁定 (Dynamic Binding)

認識名詞**靜態綁定** (static binding) 與**動態綁定** (dynamic binding)，將**呼叫方法** (method call) 與**方法本身** (method body) 的連結稱作**綁定** (Binding)，有 2 種綁定型態：

- **靜態綁定** (static binding) 有時候也稱**早期綁定** (early binding)，主要是指在編譯 (compile) 期間綁定 (Binding) 產生，所以**重載** (Overload) 方法皆算是**靜態綁定**。
- **動態綁定** (dynamic binding) 有時候也稱**晚期綁定** (late binding) 主要是指在執行 (runtime) 期間綁定 (Binding) 產生，所以**覆寫** (Override) 方法皆算是**動態綁定**。

18-6 巢狀類別 (Nested classes)

為了資料安全的理由，程式設計時有時會將一個類別設計為另一個類別的成員，這也是本節的主題。

所謂的**巢狀類別** (Nested classes) 是指一個類別可以有另一個類別當作它的成員，有時我們將擁有內部類別的類別稱**外部類別** (Outer class)，依附在一個類別內的類別稱**內部類別** (Inner class)。

假設外部類別稱 OuterClass，內部類別稱 InnerClass，則語法如下：

```
class OuterClass
{
        class InnerClass
        {
            xxx;                        // InnerClass內部程式碼
        }
}
```

至今我們所設計的類別存取型態大部分是 public，一個在內部的類別我們可以將它宣告為 private，這樣就可以限制外部的類別存取。

方案 ch18_26.sln：一個簡單內部類別的應用。

```
// ch18_26
School school = new School();
school.Display();

public class School                        // outer class
{
    private class Motto                    // Inner class
    {
        public void PrintInfo()
        {
            Console.WriteLine("勤勞樸實");
        }
    }
    public void Display()
    {
        Motto motto = new Motto();         // 建立 Inner class 物件
        motto.PrintInfo();                 // 呼叫 Inner class 的方法
    }
}
```

執行結果

```
Microsoft Visual Studio 偵錯主控台
勤勞樸實

D:\C#\ch18\ch18_26\ch18_26\bin\Debug\net6.0\ch18_26.exe
按任意鍵關閉此視窗…
```

18-7 sealed 類別

關鍵字 sealed 中文意義是密封，在 C# 中的意義是經過此關鍵字修飾的類別與方法不可以被繼承 (inherit) 或是覆寫 (override)。如果所設計的類別不想被濫用繼承造成類別結構混亂，則可以使用此功能，此外，不用考慮繼承的問題，相當程度可以讓程式設計效率提高。

18-7-1　sealed 應用在類別

方案 ch18_26_1.sln：下列是錯誤實例，因為 Animal 類別宣告為 sealed 類別，所以第 10 行 Dog 類別無法繼承。

```
1  // ch18_26_1
2  Dog d = new Dog();
3  d.Eating();
4  d.Running();
5
6  sealed public class Animal
7  {
8      public void Eating() { Console.WriteLine("正在吃 ..."); }
9  }
10 public class Dog : Animal
11 {
12     public void Running() { Console.WriteLine("正在跑 ..."); }
13 }
```

執行結果　編譯錯誤。

18-7-2　sealed 應用在方法

在 C# 的語法中不是每個方法皆可以設為 sealed(密封) 方法，條件是必需對基底類別 (base class) 的特定方法，已經提供具體覆寫方法才可以設為 sealed 方法，因此 sealed 應用在方法時必須和 override 一起使用。

方案 ch18_26_2.sln：下列是錯誤實例，因為第 14 行 Sound( ) 方法宣告為 sealed 方法，所以第 22 行無法覆寫。

```
1  // ch18_26_2
2  Hali d1 = new Hali();                          // 建立 Hali 物件
3
4  class Animal
5  {
6      public virtual void Sound()
7      {
8          Console.WriteLine("動物聲音");
```

```
    }
}

class Dog : Animal
{
    sealed public override void Sound()      // sealed 方法
    {
        Console.WriteLine("狗在吠");
    }
}

class Hali : Dog
{
    public override void Sound()              // 嘗試覆寫產生錯誤
    {
        Console.WriteLine("Hali在吠");
    }
}
```

執行結果 編譯錯誤。

18-8 專題 – 薪資計算 / 面積計算 / 多型實例 / 覆寫 ToString( )

18-8-1　薪資計算

方案 ch18_27.sln：薪資是由底薪、獎金所組成，這個程式會組合這兩部分然後輸出結果。

```
// ch18_27
Software hung = new Software();
Console.WriteLine($"薪資 : {hung.salary + hung.bonus}");

public class DeepMind
{
    public float salary = 50000;     // 定義底薪
}
public class Software : DeepMind
{
    public float bonus = 10000;      // 定義獎金
}
```

執行結果

```
Microsoft Visual Studio 偵錯主控台
薪資 : 60000

D:\C#\ch18\ch18_27\ch18_27\bin\Debug\net6.0\ch18_27.exe
按任意鍵關閉此視窗…
```

18-8-2　面積計算

方案 ch18_28.sln：設計 Shape 類別，然後設計 Shape 的子類別 Rectangle，設定寬度和高度，然後可以輸出面積。

```
// ch18_28
Rectangle Rect = new Rectangle();
Rect.SetWidth(8);
Rect.SetHeight(12);
// 輸出面積
Console.WriteLine($"矩形面積 : {Rect.GetArea()}");
class Shape
{
    protected int width;                // 寬
    protected int height;               // 高
    public void SetWidth(int w)         // 設定寬
    {
        width = w;
    }
    public void SetHeight(int h)        // 設定高
    {
        height = h;
    }
}
class Rectangle : Shape
{
    public int GetArea()                // 計算面積
    {
        return (width * height);
    }
}
```

執行結果

```
Microsoft Visual Studio 偵錯主控台
矩形面積 : 96

D:\C#\ch18\ch18_28\ch18_28\bin\Debug\net6.0\ch18_28.exe
按任意鍵關閉此視窗…
```

18-8-3　多型的應用

方案 ch18_29.sln：建立 Animal 類別，然後建立 Dog 和 Cat 類別皆是繼承 Animal 類別，Animal 類別的 Walk( ) 是 virtual，Dog 和 Cat 的 Walk( ) 是覆寫 Animal 的 Walk( )，將第 3 行是將父類別參考指向子類別 Dog，第 4 行是將父類別參考指向子類別 Cat，然後個別呼叫 Walk( )，觀察輸出結果。

```
1  // ch18_29
2  Animal animal = new Animal();    // 建立 Animal 物件
3  Animal dog = new Dog();          // 建立 dog 物件
4  Animal cat = new Cat();          // 建立 cat 物件
5  animal.walk();
```

```
dog.walk();
cat.walk();

public class Animal
{
    public virtual void walk()
    {
        Console.WriteLine("Animal is walking");
    }
}
public class Dog : Animal
{
    public override void walk()
    {
        Console.WriteLine("Dog is walking");
    }
}
public class Cat : Animal
{
    public override void walk()
    {
        Console.WriteLine("Cat is walking");
    }
}
```

執行結果

```
Microsoft Visual Studio 偵錯主控台
Animal is walking
Dog is walking
Cat is walking

D:\C#\ch18\ch18_29\ch18_29\bin\Debug\net6.0\ch18_29.exe
按任意鍵關閉此視窗…
```

18-8-4 覆寫 ToString( )

前面章節筆者有介紹 ToString( ) 方法，這是將物件轉成字串的方法。例如整數 int 有 ToString( ) 方法可以將變數轉成字串，可以參考下列實例。

方案 ch18_30.sln：使用 ToString( ) 方法將整數轉成字串。

```
// ch18_30
int x = 50;
string strX = x.ToString();
Console.WriteLine(strX);            // 字串輸出 50
```

執行結果

```
Microsoft Visual Studio 偵錯主控台
50

D:\C#\ch18\ch18_30\ch18_30\bin\Debug\net6.0\ch18_30.exe
按任意鍵關閉此視窗…
```

接下來筆者想講解建立類別物件然後輸出此物件，看看所得到的結果。

方案 ch18_31.sln：建立 Person 類別與物件 person1(2)，然後輸出 person1(2) 物件，和格式化輸出 Name 和 Age 屬性，同時觀察執行結果。

```
1  //ch18_31
2  Person person1 = new Person { Name = "洪星宇", Age = 10 };
3  Person person2 = new Person { Name = "洪冰雨", Age = 15 };
4  Console.WriteLine(person1);
5  Console.WriteLine($"姓名:{person1.Name}  年齡:{person1.Age}");
6  Console.WriteLine(person2);
7  Console.WriteLine($"姓名:{person2.Name}  年齡:{person2.Age}");
8
9  class Person
10 {
11     public string Name { get; set; }
12     public char Gender { get; set; }
13     public int Age { get; set; }
14 }
```

執行結果

```
Microsoft Visual Studio 偵錯主控台
Person
姓名:洪星宇  年齡:10
Person
姓名:洪冰雨  年齡:15

D:\C#\ch18\ch18_31\ch18_31\bin\Debug\net6.0\ch18_31.exe
按任意鍵關閉此視窗…
```

上述第 4 和 6 行雖然是設定輸出 person1 和 person2，但是輸出的是 Person 類別。其實每個類別皆是隱性繼承 Object 類別，因此可以覆寫 (Override)ToString( ) 方法，讓物件可以依照我們的格式輸出。

方案 ch18_32.sln：覆寫 (Override)ToString( ) 方法，重新設計 ch18_31.sln，這次省略原先第 5 和 7 行的輸出。

```
//ch18_32
Person person1 = new Person { Name = "洪星宇", Age = 10 };
Person person2 = new Person { Name = "洪冰雨", Age = 15 };
Console.WriteLine(person1);
Console.WriteLine(person2);

class Person
{
    public string Name { get; set; }
    public char Gender { get; set; }
    public int Age { get; set; }
    public override string ToString()
    {
        return "姓名:" + Name + "  年齡:" + Age;
    }
}
```

執行結果

```
Microsoft Visual Studio 偵錯主控台
姓名:洪星宇   年齡:10
姓名:洪冰雨   年齡:15

D:\C#\ch18\ch18_32\ch18_32\bin\Debug\net6.0\ch18_32.exe
按任意鍵關閉此視窗…
```

從上述執行結果可以看到，第 4 和 5 行輸出 person1 和 person2 實質上是輸出 person1(2) 物件的內容。

習題實作題

方案 ex18_1.sln：讀者可以參考方案 ch18_20.sln，獎金採用底薪的 10%，但是最上層語句改為下列內容。(18-1 節)

```
// ex18_1
string name1 = "John";
Software x = new Software(name1, 50000);
double income = x.Bonus() + x.BaseSalary;
Console.WriteLine($"{name1} 的總薪資是 {income}");
string name2 = "Tomy";
x = new Software(name2);
income = x.Bonus() + x.BaseSalary;
Console.WriteLine($"{name2} 的總薪資是 {income}");
```

請設計 DeepMind 和 Software 類別，可以得到下列結果。

```
Microsoft Visual Studio 偵錯主控台
John 的總薪資是 55000
Tomy 的總薪資是 33000

D:\C#\ex\ex18_1\ex18_1\bin\Debug\net6.0\ex18_1.exe
按任意鍵關閉此視窗…
```

方案 ex18_2.sln：簡化 ch18_21.sln 的設計，Shape 類別的成員只有 Width 和 Height 屬性，最上層語句改為下列內容。(18-1 節)

```
// ex18_2
Rectangle Rect = new Rectangle(8, 12);
// 輸出面積
Console.WriteLine($"矩形面積 : {Rect.GetArea()}");
```

然後可以得到下列輸出矩形面積和矩形周長的結果。

```
Microsoft Visual Studio 偵錯主控台
矩形面積 : 96

D:\C#\ex\ex18_2\ex18_2\bin\Debug\net6.0\ex18_2.exe
按任意鍵關閉此視窗…
```

方案 ex18_3.sln：擴充 ex18_2.sln，增加可以輸出矩形周長。(18-1 節)

```
Microsoft Visual Studio 偵錯主控台
矩形面積 : 96
矩形周長 : 40

D:\C#\ex\ex18_3\ex18_3\bin\Debug\net6.0\ex18_3.exe
按任意鍵關閉此視窗…
```

方案 ex18_4.sln：更改 ex18_2.sln，最後輸出圓形面積與周長，下列是最上層語句的內容。(18-1 節)

```
// ex18_4
Circle circle = new Circle(10.0);
// 輸出圓面積和圓周長
Console.WriteLine($"圓形面積 : {circle.GetArea()}");
Console.WriteLine($"圓形周長 : {circle.GetCircumference()}");
```

下列是執行結果。

```
Microsoft Visual Studio 偵錯主控台
圓形面積 : 314.1592653589793
圓形周長 : 62.83185307179586

D:\C#\ex\ex18_4\ex18_4\bin\Debug\net6.0\ex18_4.exe
按任意鍵關閉此視窗…
```

方案 ex18_5.sln：請改寫程式實例 ch14_16.java，改成計算圓柱體積，所以程式必須增加圓柱高度。(18-2 節)

```
Microsoft Visual Studio 偵錯主控台
圓柱體積是 : 1570.80

D:\C#\ex\ex18_5\ex18_5\bin\Debug\net6.0\ex18_5.exe
按任意鍵關閉此視窗…
```

方案 ex18_6.sln：請擴充程式實例 ch14_17.java，Employee 類別增加 int salary 薪資，HomeTown 類別增加 string street 街道名稱和 int Num 門牌號碼，請分別建立 2 筆資料然後列印。

```
Microsoft Visual Studio 偵錯主控台
員工編號:10      員工年齡:29      員工薪資:50000  員工性別:F      員工姓名:周佳
號碼:20號        街道:中央路      城市:徐州        省份:江蘇        國別:中國
員工編號:18      員工年齡:38      員工薪資:60000  員工性別:M      員工姓名:劉濤
號碼:15號        街道:土城路      城市:杭州        省份:浙江        國別:中國

D:\C#\ex\ex18_6\ex18_6\bin\Debug\net6.0\ex18_6.exe (處理序 7444) 已結束，出現
按任意鍵關閉此視窗…
```

方案 ex18_7.sln：請擴充 ch18_32.sln，增加性別 (Gender) 設定。

```
Microsoft Visual Studio 偵錯主控台
姓名:洪星宇   性別:M   年齡:10
姓名:洪冰雨   性別:F   年齡:15

D:\C#\ex\ex18_7\ex18_7\bin\Debug\net6.0\ex18_7.exe
按任意鍵關閉此視窗…
```

第 19 章

抽象類別 (Abstract Class)

在 C# 使用 abstract 關鍵字宣告的類別 (class) 稱**抽象類別**，在這個類別中它可以有**抽象方法** (abstract method) 也可以有**實體方法** (method，就像前幾章我們所設計的方法一樣)。本章筆者將講解如何建立抽象類別，為何使用抽象類別，以及抽象類別的語法規則。

C# 的抽象觀念很重要的理念是隱藏工作細節，對於使用者而言，僅知道如何使用這些功能。例如："+" 符號可以執行數值的加法，也可以執行字串的相加 (結合)，可是我們不知道內部程式如何設計這個 "+" 符號的功能。

19-1 使用抽象類別的場合

我們先看一個程式實例。

方案 19_1.sln：有一個 Shape 類別內含計算繪製外型的 Draw( ) 方法，Circle 類別和 Rectangle 類別則是繼承 Shape 類別，然後這 2 個子類別會執行外型繪製。

```
// ch19_1
Rectangle rectangle = new Rectangle();  // 定義 rectangle
Circle circle = new Circle();           // 定義 circle
rectangle.Draw();
circle.Draw();

public class Shape
{
    public virtual void Draw() { }      // 純定義
}
public class Rectangle : Shape          // 定義 Rectangle 類別
{
    public override void Draw()         // 繪製矩形
    {
        Console.WriteLine("繪製矩形");
    }
}
public class Circle : Shape             // 定義 Circle 類別
{
    public override void Draw()         // 繪製圓
    {
        Console.WriteLine("繪製圓形");
    }
}
```

執行結果

```
Microsoft Visual Studio 偵錯主控台
繪製矩形
繪製圓形

D:\C#\ch19\ch19_1\ch19_1\bin\Debug\net6.0\ch19_1.exe
按任意鍵關閉此視窗…
```

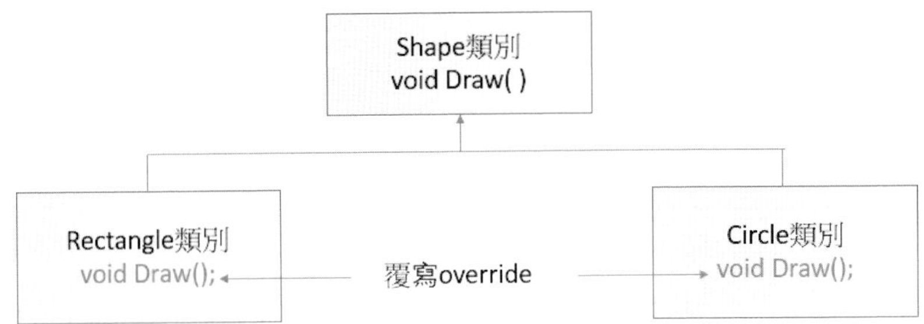

對於上述 Shape 類別而言它定義了繪製外型的方法 Draw( )，但是它不是具體的物件所以無法提供如何實際繪製外型，Rectangle 類別和 Circle 類別繼承了 Shape 類別，這 2 個類別針對了自己的外型特色**覆寫** (override) 繪製外型的 Draw( ) 方法，由上述觀念可知 Shape 類別的存在主要是讓整個程式定義更加完整，它本身不處理任何工作，真正的工作交由子類別完成，其實這就是一個適合使用**抽象類別** (abstract class) 的場合。

我們擴充上述觀念再看一個類似但是稍微複雜的實例。

方案 ch19_2.sln：有一個 Shape 類別內含計算面積的 Area( ) 方法，Circle 類別和 Rectangle 類別則是繼承 Shape 類別，然後這 2 個子類別會執行面積計算。

```
// ch19_2
Rectangle rectangle = new Rectangle(2, 3);  // 定義 rectangle
Circle circle = new Circle(2);              // 定義 circle
Console.WriteLine(rectangle.Area());
Console.WriteLine(circle.Area());

public class Shape
{
    public virtual double Area()            // 純定義計算面積
    {
        return 0.0;
    }
}
public class Rectangle : Shape              // 定義 Rectangle 類別
{
    protected double Height { get; set; }   // 高
    protected double Width { get; set; }    // 寬
    public Rectangle(double height, double width)
    {
        Height = height;
        Width = width;
    }
    public override double Area()           // 計算矩形面積
    {
        return Height * Width;
    }
}
```

```
public class Circle : Shape                      // 定義 Circle 類別
{
    protected Double R { get; set; }             // 半徑
    public Circle(double r)
    {
        R = r;
    }
    public override double Area()                // 計算圓面積
    {
        return Math.PI * R * R;
    }
}
```

執行結果

```
Microsoft Visual Studio 偵錯主控台
6
12.566370614359172

D:\C#\ch19\ch19_2\ch19_2\bin\Debug\net6.0\ch19_2.exe
按任意鍵關閉此視窗…
```

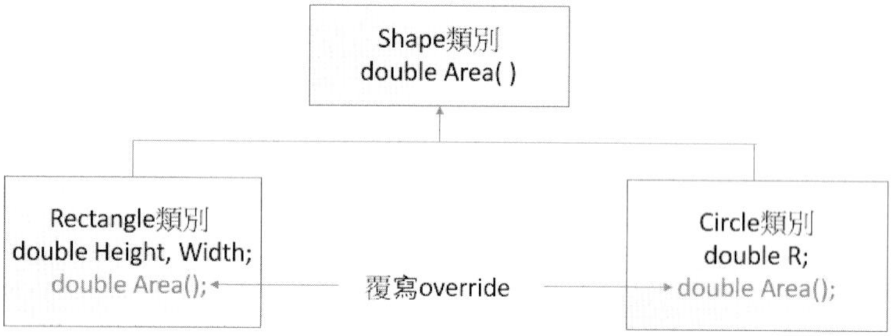

Shape類別
double Area( )

Rectangle類別
double Height, Width;
double Area();

覆寫override

Circle類別
double R;
double Area();

對於上述 Shape 類別而言它定義了計算面積的方法 Area( )，但是它不是具體的物件所以無法提供如何實際的計算面積，Rectangle 類別和 Circle 類別繼承了 Shape 類別，這 2 個類別針對了自己的外型特色覆寫 (override) 計算面積的 Area( ) 方法，由上述觀念可知 Shape 類別的存在主要是讓整個程式定義更加完整，它本身不處理任何工作，真正的工作交由子類別完成，其實這就是一個適合使用**抽象類別** (abstract class) 的場合。

19-2 抽象類別基本觀念

抽象類別的定義基本上是在定義類別名稱的 class 左邊加上 abstract 關鍵字，若以 ch19_1.sln 為例，定義方式如下：

```
存取修飾詞 abstract class Shape
{
        xxx;
}
```

因為是抽象類別，本身所定義的方法是交由子類別重新定義，抽象類別可以想成是一個模板，然後由子類別依自己的情況對此模板擴展和建構，然後由子類別物件執行，所以抽象類別是不能建立物件，若是嘗試建立抽象類別的物件，在編譯階段會有錯誤產生。

方案 ch19_3.sln：修定 ch19_1.sln，第 2 行嘗試建立抽象類別物件，產生編譯錯誤的實例。

```
1   // ch19_3
2   Shape shape = new Shape();                    // 建立抽象物件產生錯誤
3
4   abstract class Shape
5   {
6       abstract public void Draw();              // 純定義
7   }
8   class Rectangle : Shape                       // 定義 Rectangle 類別
9   {
10      public override void Draw()               // 繪製矩形
11      {
12          Console.WriteLine("繪製矩形");
13      }
14  }
15  class Circle : Shape                          // 定義 Circle 類別
16  {
17      public override void Draw()               // 繪製圓
18      {
19          Console.WriteLine("繪製圓形");
20      }
21  }
```

執行結果

錯誤清單...

整個方案　|　1 錯誤　|　0 警告　|　0 / 4 訊息　|　組建 + IntelliSense

程式碼	說明	專案
CS0144	無法建立抽象類型或介面 'Shape' 的執行個體	ch20_3

上述程式錯誤主要在第 2 行，錯誤原因是為抽象類別 Shape 宣告一個物件。**註**：上述方案有關抽象方法的定義會在下一節解釋。

19-3 抽象方法的基本觀念

在前一節的 ch19_3.sln 的抽象類別看到第 6 行是 Shape 類別的 Draw( ) 方法，這個方法基本上沒有執行任何具體工作，存在的主要功能是讓未來繼承的子類別可以覆寫 (override)，對於這種特性的方法我們可以將它定義為**抽象方法** (abstract method)，設計抽象方法的基本觀念如下：

- ❑ 抽象方法**沒有實體內容** (no body)。
- ❑ 抽象方法宣告需用 ";" 結尾。
- ❑ 抽象方法必須被子類別覆寫 (override) 此方法，所以必須是 public。
- ❑ 如果類別內有抽象方法，這個類別必須被宣告為抽象類別

在定義抽象方法時，需留意**傳回值型態**必須一致與**如果有方法內有參數**則此**參數**必須保持。宣告抽象方法非常簡單，不需定義主體，若是以 ch19_3.sln 的 Shape 類別的 Draw( ) 為例，可用下列方式定義抽象方法。

```
public abstract void draw( );
```

定義抽象方法格式如下：

```
存取修飾詞 abstract 方法類型 方法名稱( );
```

方案 ch19_4.sln：設計我的第一個正確的抽象類別程式，現在我們以抽象類別觀念，重新設計 ch19_1.sln。

```
// ch19_4
Rectangle rectangle = new Rectangle();  // 定義 rectangle
Circle circle = new Circle();           // 定義 circle
rectangle.Draw();
circle.Draw();
abstract class Shape
{
    abstract public void Draw();        // 純定義
}
class Rectangle : Shape                 // 定義 Rectangle 類別
{
    public override void Draw()         // 繪製矩形
    {
        Console.WriteLine("繪製矩形");
    }
}
class Circle : Shape                    // 定義 Circle 類別
{
    public override void Draw()         // 繪製圓
    {
        Console.WriteLine("繪製圓形");
    }
}
```

執行結果

```
Microsoft Visual Studio 偵錯主控台
繪製矩形
繪製圓形

D:\C#\ch19\ch19_4\ch19_4\bin\Debug\net6.0\ch19_4.exe
按任意鍵關閉此視窗…
```

對讀者而言需要學會第 6 ~ 9 行抽象類別的宣告方式，同時要學會第 8 行抽象方法的宣告方式，至於子類別的實作抽象方法和前一章覆寫繼承的方法相同。

在設計抽象方法時，必須留意傳回值型態，可參考下列實例。

方案 ch19_5.sln：用抽象類別與抽象方法觀念重新設計方案 ch19_2.sln，下列只是列出 Shape 類別的設計，其它程式碼則完全相同。

```
public abstract class Shape
{
    public abstract double Area();          // 純定義計算面積
}
```

執行結果　與 ch19_2.sln 相同。

上述程式的重點是必須保持抽象方法的**傳回值型態**必須保持一致，此例是 double。

19-4　抽象類別與抽象方法觀念整理

從以上前幾節內容，筆者將抽象類別與抽象方法觀念整理如下：

- ❑ 一個抽象類別如果沒有子類別去繼承，是沒有功能的。
- ❑ 抽象類別的**抽象方法**必須有**子類別覆寫此方法**，如果沒有子類別重新定義會有編譯錯誤。
- ❑ 如果抽象類別的抽象方法沒有子類別重新定義覆寫此方法，那麼這個**子類別也將是一個抽象類別**。
- ❑ 如果我們宣告了抽象方法，**一定**要為此方法宣告抽象類別，在普通類別是不會存在抽象方法的。但是，如果我們宣告了抽象類別，**不一定**要在此類別內宣告抽象方法，也就是說**抽象類別**可以有**抽象方法**和**普通方法**，可參考下列實例。

方案 ch19_6.sln：抽象類別可以有**抽象方法**和**普通方法**的實例應用。

```
// ch19_6
Bmw bmw = new Bmw();
bmw.Refuel();
bmw.Run();

abstract class Car
{
    public abstract void Run();             // 抽象方法
```

```
9          public void Refuel()
10         {
11             Console.WriteLine("汽車加油");        // 一般方法
12         }
13     }
14     class Bmw : Car
15     {
16         public override void Run()          // 覆寫 Run 方法
17         {
18             Console.WriteLine("安全駕駛中 ...");
19         }
20     }
```

執行結果

```
Microsoft Visual Studio 偵錯主控台
汽車加油
安全駕駛中 ...

D:\C#\ch19\ch19_6\ch19_6\bin\Debug\net6.0\ch19_6.exe
按任意鍵關閉此視窗…
```

在上述實例 Car 是一個抽象類別，在此類別內定義了抽象方法 Run( ) 和普通方法 Refuel( )，程式第 3 和 4 行分別呼叫這 2 個方法，結果可以正常執行。

方案 ch19_7.sln：重新設計 ch19_6.sln，將 Bmw 也設為抽象類別，此抽象類別有一般方法 Color( ) 可以輸出車子顏色，然後底下再增設 Type750 孫類別，由此孫類別完成重新定義抽象方法 Run( )。

```
// ch19_7
Bmw bmw = new Type750();
bmw.Refuel();
bmw.Color();
bmw.Run();

abstract class Car                                  // 抽象類別
{
    public abstract void Run();                     // 抽象方法
    public void Refuel()
    {
        Console.WriteLine("汽車加油");              // 一般方法
    }
}
abstract class Bmw : Car                            // 抽象類別繼承 Car
{
    public void Color()                             // 一般方法
    {
        Console.WriteLine("車子是銀灰色");
    }
}
class Type750 : Bmw                                 // 抽象類別繼承 Bmw
{
    public override void Run()                      // 覆寫 Run 方法
    {
        Console.WriteLine("安全駕駛中 ...");
    }
}
```

執行結果

```
Microsoft Visual Studio 偵錯主控台
汽車加油
車子是銀灰色
安全駕駛中 ...

D:\C#\ch19\ch19_7\ch19_7\bin\Debug\net6.0\ch19_7.exe
按任意鍵關閉此視窗…
```

19-5 抽象類別的建構方法

設計 C# 程式時也可將**建構方法** (constructor) 或**屬性** (成員變數) 的觀念應用在抽象類別。

方案 ch19_8.sln：增加建構方法重新設計 ch19_6.sln。

```
// ch19_8
Bmw bmw = new Bmw();
bmw.Refuel();
bmw.Run();

abstract class Car
{
    public Car()                                // 建構方法
    {
        Console.WriteLine("有車子了");
    }
    public abstract void Run();                 // 抽象方法
    public void Refuel()
    {
        Console.WriteLine("汽車加油");          // 一般方法
    }
}
class Bmw : Car
{
    public override void Run()                  // 覆寫 Run 方法
    {
        Console.WriteLine("安全駕駛中 ...");
    }
}
```

執行結果

```
Microsoft Visual Studio 偵錯主控台
有車子了
汽車加油
安全駕駛中 ...

D:\C#\ch19\ch19_8\ch19_8\bin\Debug\net6.0\ch19_8.exe
按任意鍵關閉此視窗…
```

上述當程式執行第 2 行建立 Bmw 類別物件 bmw 時，會執行建構方法，第 1 行的輸出 " 有車子了 " 就是建構方法的輸出。

方案 ch19_8_1.sln：適度修訂 ch19_8.sln，執行屬性 (Property) 的覆寫。

```
1  // ch19_8_1
2  Bmw bmw = new Bmw("Peter");
3  bmw.Refuel();
4  bmw.Run();
5  public abstract class Car
6  {
7      public abstract string Name                     // 抽象屬性
8      { get; }                                        // 相當於 readonly
9      public abstract void Run();                     // 抽象方法
10     public void Refuel()
11     {
12         Console.WriteLine($"{Name} 汽車加油");      // 一般方法
13     }
14 }
15 public class Bmw : Car
16 {
17     private string name;                            // 定義姓名
18     public Bmw(string _name)                        // 建構方法
19     {
20         this.name = _name;
21     }
22     public override void Run()                      // 覆寫 Run 方法
23     {
24         Console.WriteLine("安全駕駛中 ...");
25     }
26     public override string Name                     // 覆寫 Name 屬性
27     {
28         get { return this.name + "旅行"; }
29     }
30 }
```

執行結果

```
Microsoft Visual Studio 偵錯主控台
Peter旅行 汽車加油
安全駕駛中 ...

D:\C#\ch19\ch19_8_1\ch19_8_1\bin\Debug\net6.0\ch19_8_1.exe
按任意鍵關閉此視窗…
```

上述第 7 和 8 行定義了抽象屬性，因為不想更動所以是只有 get，這相當於是唯讀 read-only。繼承的子類別 Bmw 有 name 欄位，實際覆寫 Name 屬性時是使用第 26 ~ 29 行，增加 " 旅行 " 字串。所以第 12 行的輸出可以看到先有 "Peter 旅行 " 字串。

19-6 執行期多型應用到抽象類別

我們無法為抽象類別宣告物件，但是可以使用 18-4-6 節所介紹**向上轉型** (Upcasting) 觀念，使用抽象類別宣告物件指向子類別物件，由於所宣告的物件參考是子類別的物件，所以可以正常執行工作，其實這就是多型的觀念。其實目前常常可以看到有些 C# 程式設計師使用這個觀念執行抽象類別物件宣告。

方案 ch19_9.sln：使用向上轉型 (Upcasting) 觀念重新設計 ch19_6.sln。

```
Car bmw = new Bmw();                          // Upcasting
```

執行結果 與 ch19_6.sln 相同。

19-7 專題 – 數學計算 / 正方形面積計算 / 多型應用

19-7-1 數學計算

筆者曾經在 19-3 節敘述定義抽象方法時，如果方法內有參數則此參數需保持，接下來將舉一個抽象方法內有參數的應用。

方案 ch19_10.sln：這是一個加法與乘法運算的抽象類別與抽象方法實例，MyMath 是抽象類別，此類別有 2 個抽象方法，筆者定義了方法傳回值是 int 的型態，同時 2 個方法皆有需傳遞的參數，在定義子類別 MyTest 時，則重新定義了 Add( ) 和 Mul( ) 方法。

```
// ch19_10
MyTest obj = new MyTest();
obj.Output();
Console.WriteLine($"加法結果 : {obj.Add(3, 5)}");
Console.WriteLine($"乘法結果 : {obj.Mul(3, 5)}");
public abstract class MyMath                          // 抽象類別
{
    public abstract int Add(int n1, int n2);          // 抽象Add()方法
    public abstract int Mul(int n1, int n2);          // 抽象Mul()方法
    public void Output()                              // 實體普通方法
    {
        Console.WriteLine("我的計算器");
    }
}
public class MyTest : MyMath                          // 繼承MyMath
{
    public override int Add(int num1, int num2)       // 覆寫Add()
    {
        return num1 + num2;
    }
```

```
    public override int Mul(int num1, int num2)      // 覆寫Mul()
    {
        return num1 * num2;
    }
}
```

執行結果

```
Microsoft Visual Studio 偵錯主控台
我的計算器
加法結果 : 8
乘法結果 : 15

D:\C#\ch19\ch19_10\ch19_10\bin\Debug\net6.0\ch19_10.exe
按任意鍵關閉此視窗…
```

19-7-2　正方形面積計算

方案 ch19_11.sln：正方形面積計算實例，這個程式會使用輸出物件方式，然後列出結果。

```
// ch19_11
Square square = new Square("正方形實例", 10);
Console.WriteLine(square);

public abstract class Shape
{
    public Shape(string shapeName)                  // constructor
    {
        Name = shapeName;                           // 取得外形名稱
    }
    public string Name                              // 屬性 - 外形名稱
    { get; set; }
    public abstract double Area                     // 計算面積抽象方法
    { get; }
    public override string ToString()               // 覆寫輸出 Shape 物件字串
    {
        return $"{Name} 面積 = {Area}";
    }
}
public class Square : Shape                         // Square 繼承 Shape
{
    private int side;                               // 正方形 Square 邊長
    public Square(string square, int side) : base(square)
    {
        this.side = side;                           // 取得正方形邊長
    }
    public override double Area
    {
        get { return side * side; }                 // 覆寫計算面積
    }
}
```

執行結果

```
Microsoft Visual Studio 偵錯主控台
正方形實例 面積 = 100

D:\C#\ch19\ch19_11\ch19_11\bin\Debug\net6.0\ch19_11.exe
按任意鍵關閉此視窗…
```

19-7-3 多型應用 - 陣列觀念擴充計算不同外形面積程式

方案 ch19_12.sln：擴充 ch19_11.sln，增加 Circle 類別繼承 Shape 類別，這個程式的特色是使用陣列處理 Square 和 Circle 類別，同時是使用多型的觀念，這個程式最重要是前 10 行，讀者需學會 Upcasting 向上轉型觀念，同時使用陣列觀念處理不同外形的類別。

```
1  // ch19_12
2  Shape[] shapes =                                      // 陣列 Upcasting
3  {
4      new Square("正方形實例", 10),
5      new Circle("圓形實例", 10)
6  };
7  foreach (Shape s in shapes)                           // 遍歷 shapes 陣列
8  {
9      Console.WriteLine(s);
10 }
11
12 public abstract class Shape
13 {
14     public Shape(string shapeName)                    // constructor
15     {
16         Name = shapeName;                             // 取得外形名稱
17     }
18     public string Name                                // 屬性 - 外形名稱
19     { get; set; }
20     public abstract double Area                       // 計算面積抽象方法
21     { get; }
22     public override string ToString()                 // 覆寫輸出 Shape 物件字串
23     {
24         return $"{Name} 面積 = {Area}";
25     }
26 }
27 public class Square : Shape                           // Square 繼承 Shape
28 {
29     private int side;                                 // 正方形 Square 邊長
30     public Square(string square, int side) : base(square)
31     {
32         this.side = side;                             // 取得正方形邊長
33     }
34     public override double Area
35     {
36         get { return side * side; }                   // 覆寫計算面積
37     }
38 }
39 public class Circle : Shape                           // Circle 繼承 Shape
40 {
```

```
    private int r;                              // 圓形 Circle 半徑
    public Circle(string circle, int r) : base(circle)
    {
        this.r = r;                             // 取得圓形半徑
    }
    public override double Area
    {
        get { return  Math.PI * r * r; }  // 覆寫計算面積
    }
}
```

執行結果

```
Microsoft Visual Studio 偵錯主控台
正方形實例 面積 = 100
圓形實例 面積 = 314.1592653589793

D:\C#\ch19\ch19_12\ch19_12\bin\Debug\net6.0\ch19_12.exe
按任意鍵關閉此視窗…
```

習題實作題

方案 ex19_1.sln：請擴充設計 ch19_5.sln，增加計算圓周長和矩形周長的方法，註：圓半徑請使用 10 做測試。(19-3 節)

```
Microsoft Visual Studio 偵錯主控台
矩形面積 : 6
矩形周長 : 10
圓形面積 : 314.1592653589793
圓形周長 : 62.83185307179586

D:\C#\ex\ex19_1\ex19_1\bin\Debug\net6.0\ex19_1.exe
按任意鍵關閉此視窗…
```

方案 ex19_2.sln：請擴充設計 ch19_5.sln，Circle 類別增加子類別 Cylinder(圓柱)，Circle 類別變為抽象類別，同時增加定義 Volumn( ) 抽象方法，這是計算圓柱體積，所以 Cylinder 類別需要覆寫 Volumn( )。假設此圓柱半徑是 10，高度是 10。(19-3 節)

```
Microsoft Visual Studio 偵錯主控台
矩形面積 : 6
圓柱面積 : 314.1592653589793
圓柱體積 : 3141.5926535897934

D:\C#\ex\ex19_2\ex19_2\bin\Debug\net6.0\ex19_2.exe
按任意鍵關閉此視窗…
```

方案 ex19_3.sln：請修改 ch19_8_1.sln，最後可以輸出下列結果。(19-5 節)

```
Microsoft Visual Studio 偵錯主控台
Peter目前正在旅行 汽車加油
Peter目前正在旅行 安全駕駛中 ...

D:\C#\ex\ex19_3\ex19_3\bin\Debug\net6.0\ex19_3.exe
按任意鍵關閉此視窗…
```

方案 ex19_4.sln：請擴充設計 ch19_10.sln，增加定義抽象方法 Sub( ) 減法、Mod( ) 求餘數和 Div( ) 整數除法，同時將所有參數第一個改為 10，第 2 個改為 3。(19-7 節)

```
Microsoft Visual Studio 偵錯主控台
我的計算器
加法結果 : 13
減法結果 : 7
乘法結果 : 30
餘數結果 : 1
整數除法 : 3

D:\C#\ex\ex19_4\ex19_4\bin\Debug\net6.0\ex19_4.exe
按任意鍵關閉此視窗…
```

方案 ex19_5.sln：請修訂設計 ch19_10.sln，改為 3 個參數的抽象方法。

```
abstract int add(int n1, int n2, int n3);
abstract int mul(int n1, int n2, int n3);
```

上述分別可以執行 3 個數字相加 (n1+n2+n3) 與相乘 (n1*n2*n2)，請用 2, 3 和 5 等數字做測試。(19-7 節)

```
Microsoft Visual Studio 偵錯主控台
我的計算器
連續加法結果 : 10
連續乘法結果 : 30

D:\C#\ex\ex19_5\ex19_5\bin\Debug\net6.0\ex19_5.exe
按任意鍵關閉此視窗…
```

方案 ex19_6.sln：請修改 ch19_12.sln，請在 Shape 類別下增加 Rectangle 子類別，請在原第 4 和 5 列間增加下列指令。(19-7 節)

```
new Rectangle("矩形實例", 6, 8),
```

最後可以得到下列結果。

```
Microsoft Visual Studio 偵錯主控台
正方形實例 面積 = 100
矩形實例 面積 = 48
圓形實例 面積 = 314.1592653589793

D:\C#\ex\ex19_6\ex19_6\bin\Debug\net6.0\ex19_6.exe
按任意鍵關閉此視窗…
```

方案 ex19_7.sln：請修改 ex19_6.sln，請改為 Cube(正立方體)、RectangleCube(矩形立方體) 和 Cylinder(圓柱體)，然後改為計算體積，下列是呼叫方法。(19-7 節)

```
Shape[] shapes =
{
    new Cube("正立方體實例", 10),
    new RectangleCube("立體矩形實例", 6, 8, 2),
    new Cylinder("立體圓柱實例", 10, 10)
};
```

最後可以得到下列結果。

```
Microsoft Visual Studio 偵錯主控台
正立方體實例 體積 = 1000
立體矩形實例 體積 = 96
立體圓柱實例 體積 = 3141.5926535897934

D:\C#\ex\ex19_7\ex19_7\bin\Debug\net6.0\ex19_7.exe
按任意鍵關閉此視窗…
```

第 20 章

介面 (Interface)

前一章筆者講解了抽象類別，當普通類別繼承了抽象類別後，其實就形成了 IS-A 關係。例如：我們宣告鳥抽象 Bird 類別，可以定義飛行抽象 Flying( ) 方法，現在我們建立一個老鷹 Eagle 類別繼承 Bird 類別，然後可以讓老鷹類別覆寫 (override) 飛行 Flying( ) 方法，在這種關係下我們可以說老鷹是一種鳥，所以我們說這是 IS-A 關係。

本章所要說明的介面 (Interface) 就比較像是 " 有同類的行為 "，例如：鳥會飛行，飛機也會飛行，然而這是 2 個完全不同的物種，只因為飛行，如果讓鳥類別去繼承飛機類別或是讓飛機類別去繼承鳥類別，皆是不恰當的。這時就可以使用本章所介紹的介面 (Interface) 解決這方面的問題，我們可以設計飛行 Fly 介面 (Interface)，然後在這個介面內定義 Flying( ) 抽象方法，所定義的抽象方法讓飛機類別和鳥類別去實作 (implements)，這也是介面 (Interface) 的基本觀念。

20-1 認識介面 Interface

20-1-1 基本觀念

介面 (Interface) 外觀和類別 (class) 相似但是它不是類別，C# 介面定義是 Interface，特色如下：

- 介面可以像類別一樣擁有方法 (methods)、屬性 (property)、索引子 (indexes) 和事件 (event)，這些方法和屬性只是抽象定義，沒有主體內容。**註**：C# 8.0 以後有支援可以有主體內容。
- 每個介面的屬性和方法只是定義，一定有類別實作屬性或方法，實作也可想成是覆寫 (override)，但是省略 override 關鍵字。
- 早期 C# 語言介面不可以有欄位 (field)，**註**：C# 8.0 以後則支援 static 欄位。
- 介面成員特色是 public 和 abstract，因為是預設，所以程式設計時不用再註明是 public 和 abstract。**註**：C# 8.0 以後有關介面存取修飾詞放寬了，也可以有 private、protected、internal、static、sealed、partial、virtual，但是預設是 public。
- 每個介面一定有類別實作 (implement) 其方法，實作方式和繼承一樣是使用 ":" 符號。註：一個類別實作 (implement) 介面 (interface)，也可以稱一個類別繼承 (inherit) 一個介面 (interface)。

- 介面不可以有建構方法 (Constructor)。
- 不可以為介面建立物件 (object)。**註**：C# 8.0 後可以使用 Upcasting 宣告物件，讀者可以參考 20-1-2 節的實例。

程式定義介面時習慣會將第 1 個英文字母用大寫 I，這是為了可以快速區隔是介面 (Interface)，例如下列是介面定義 IAnimal 左邊第 1 個英文字母是 I：

```
interface IAnimal             // 第1個英文字母用大寫I
{
    void Action( );           // 自動是public和abstract
}
```

方案 ch20_1.sln：最基本的類別實作 (implement) 介面的實例。

```
// ch20_1
Dog dog = new Dog();          // 建立 dog 物件
dog.Action();
interface IAnimal             // 介面 IAnimal
{
    void Action();            // interface 的 Action 方法
}
class Dog : IAnimal           // 繼承介面 IAnimal
{
    public void Action()      // 不含 override
    {
        Console.WriteLine("狗 : 在跑步");
    }
}
```

執行結果

```
Microsoft Visual Studio 偵錯主控台
狗 : 在跑步

D:\C#\ch20\ch20_1\ch20_1\bin\Debug\net6.0\ch20_1.exe
按任意鍵關閉此視窗…
```

20-1-2 使用 Upcasting 觀念實作介面

18-4-6 節筆者有介紹 Upcasting 觀念，可以翻譯為**向上轉型**，基本觀念是一個本質是**子類別**，但是將它當作**父類別**來看待，然後將**父類別的參考指向子類別物件**。這個觀念也可以應用在介面，可以參考下列實例。

方案 ch20_2.sln：使用 Upcasting 觀念重新設計 ch20_1.sln。

```
// ch20_2
IAnimal dog = new Dog();        // Upcasting
dog.Action();
interface IAnimal               // 介面 IAnimal
{
    void Action();              // interface 的 Action 方法
}
class Dog : IAnimal             // 繼承介面 IAnimal
{
    public void Action()        // 不含 override
    {
        Console.WriteLine("狗 : 在跑步");
    }
}
```

執行結果　與 ch20_1.sln 相同。

使用 Upcasting 的限制是只可以呼叫介面有定義的方法，如果呼叫類別內非介面定義的方法會產生編譯錯誤 (Compile Error!)，可以參考下列實例。

方案 ch20_2_1.sln：這是擴充 ch20_2.sln，嘗試呼叫非介面方法 Life 有錯誤產生，可以參考第 4 行。

```
1  // ch20_2_1
2  IAnimal dog = new Dog();        // Upcasting
3  dog.Action();
4  dog.Life();                     // error
5  interface IAnimal               // 介面 IAnimal
6  {
7      void Action();              // interface 的 Action 方法
8  }
9  class Dog : IAnimal             // 繼承介面 IAnimal
10 {
11     public void Action()        // 不含 override
12     {
13         Console.WriteLine("狗 : 在跑步");
14     }
15     public void Life()          // Dog 自有方法
16     {
17         Console.WriteLine("主人的寵物");
18     }
19 }
```

執行結果　程式編譯錯誤。

方案 ch20_3.sln：修訂 ch20_2_1.sln，將 dog 改為是 Dog 類別的物件，則程式可以正常運作。

```
// ch20_3
Dog dog = new Dog();            // 建立Dog類別物件 dog
dog.Action();
dog.Life();
interface IAnimal               // 介面 IAnimal
{
    void Action();              // interface 的 Action 方法
}
class Dog : IAnimal             // 繼承介面 IAnimal
{
    public void Action()        // 不含 override
    {
        Console.WriteLine("狗 : 在跑步");
    }
    public void Life()          // Dog 自有方法
    {
        Console.WriteLine("主人的寵物");
    }
}
```

執行結果

```
Microsoft Visual Studio 偵錯主控台
狗 : 在跑步
主人的寵物

D:\C#\ch20\ch20_3\ch20_3\bin\Debug\net6.0\ch20_3.exe
按任意鍵關閉此視窗…
```

20-1-3　為什麼用介面

每個物件導向程式語言皆有介面功能，這個功能主要優點如下：

- 安全理由，只顯示呼叫方法名稱與參數，隱藏繼承類別的細節。
- C# 不支援多重繼承 (multiple inheritance)，一個類別只能有一個父類別，但是 C# 有支援可以繼承多個介面，使用上更具彈性。

20-2 介面實例

這一節會用多個實例講解介面在不同狀況的應用。

20-2-1　兩個類別實作一個介面

方案 ch20_4.sln：建立一個 Fly 介面，此介面有 Flying( ) 方法，然後建立 Bird 和 Airplane 類別實作 Fly 介面的 Flying( ) 方法。

```
// ch20_4
IFly bird = new Bird();            // Upcasting
bird.Flying();
IFly airplane = new Airplane();  // Upcasting
airplane.Flying();

interface IFly
{
    void Flying();
}
class Bird : IFly
{
    public void Flying()
    {
        Console.WriteLine("Flying:鳥在飛");
    }
}
class Airplane : IFly
{
    public void Flying()
    {
        Console.WriteLine("Flying:飛機在飛");
    }
}
```

執行結果

```
Microsoft Visual Studio 偵錯主控台
Flying:鳥在飛
Flying:飛機在飛

D:\C#\ch20\ch20_4\ch20_4\bin\Debug\net6.0\ch20_4.exe
按任意鍵關閉此視窗…
```

可以用下列圖形說明上述程式實例。

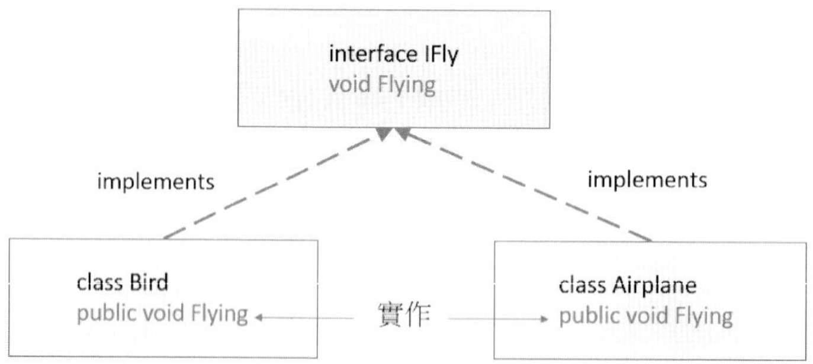

另外在宣告物件時，筆者是用**向上轉型** (upcasting) 方式宣告物件，當然讀者也可以使用下列方式分別宣告 Bird 和 Airplane 類別物件。

```
Bird fly1 = new Bird( );
Airplane fly2 = new Airplane( )；
```

20-2-2　多層次繼承與實作

一個介面可以繼承另一個介面，使用的方法也是 ":"，細節可以參考下列實例。

方案 ch20_5.sln：設計介面 IGrandfather，此介面有 GrandfatherMethod( ) 方法。然後設計介面 IFather，此介面有 FatherMethod，同時此介面是繼承 IGrandfather。然後設計 John 類別，此類別實作 IFather，同時覆寫 GrandfatherMethod( ) 和 FatherMethod( ) 方法。

```
// ch20_5
John john = new John();
john.GrandfatherMethod();
john.FatherMethod();

interface IGrandfather                    // 祖父介面
{
    void GrandfatherMethod();
}
interface IFather : IGrandfather          // 父介面繼承祖父介面
{
    void FatherMethod();
}
class John : IFather                      // John類別實作父介面
{
    public void GrandfatherMethod() // 實作祖父方法
    {
        Console.WriteLine("呼叫 GrandFatherMethod");
    }
    public void FatherMethod()      // 實作父方法
    {
        Console.WriteLine("呼叫 FatherMethod");
    }
}
```

執行結果

```
Microsoft Visual Studio 偵錯主控台
呼叫 GrandFatherMethod
呼叫 FatherMethod

D:\C#\ch20\ch20_5\ch20_5\bin\Debug\net6.0\ch20_5.exe
按任意鍵關閉此視窗…
```

可以用下列圖形說明上述程式實例。

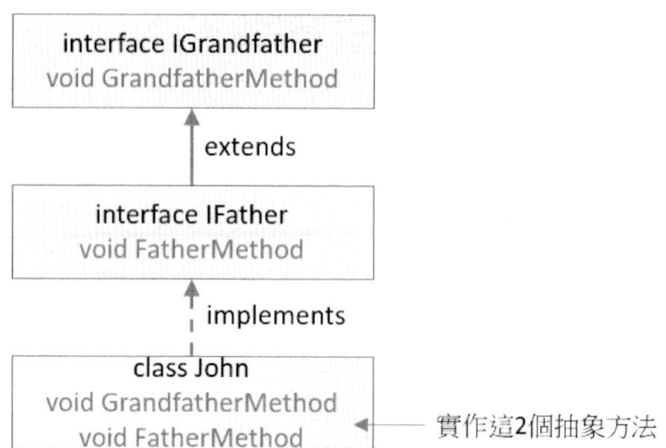

20-2-3　介面方法內含參數

至今所有實作的介面方法皆是未含參數，這一節主要是建立內含參數的方法，讓讀者可以實際體驗。

方案 ch20_6.sln：設計 IShape 介面，此介面有定義計算面積的方法 Area( )，然後設計 Rectangle 類別實作 IShape 介面與其方法 Area( )。

```
// ch20_6
Rectangle rectangle = new Rectangle();
rectangle.Area(5, 10);
interface IShape                    // 定義介面 IShape
{
    void Area(int a, int b);        // 定義計算面積

}
class Rectangle : IShape            // 實作 IShape
{
    public void Area(int a, int b)  // 計算面積
    {
        int area = a * b;
        Console.WriteLine($"矩形面積 : {area}");
    }
}
```

執行結果

```
Microsoft Visual Studio 偵錯主控台
矩形面積 : 50

D:\C#\ch20\ch20_6\ch20_6\bin\Debug\net6.0\ch20_6.exe
按任意鍵關閉此視窗…
```

20-3 顯式實作 (Explicit Implementation)

一個類別如果需要設計多個方法實作多個介面方法，使用顯示實作可以讓整個程式比較容易閱讀與了解，顯示實作的語法如下：

<InterfaceName>.<MemberName>

使用顯式實作也是有限制，非 Upcasting 的物件無法呼叫實作的介面定義的方法，讀者可以參考下列第 9 和 10 列的呼叫。

方案 ch20_7.sln：顯示實作的實例，讀者可以留意第 7、9 和 10 列的呼叫，如果省略前方的 "//" 會有編譯錯誤產生。

```
1  // ch20_7
2  IComputer com = new Software();      // Upcasting
3  Software soft = new Software();      // Software類別的soft物件
4
5  com.Office();
6  com.Programming("OK");
7  //com.Web("NO");                     // 編譯錯誤
8
9  //soft.Office();                     // 編譯錯誤
10 //soft.WriteFile("NO");              // 編譯錯誤
11 soft.Web("OK");
12
13 interface IComputer
14 {
15     void Office();
16     void Programming(string text);
17 }
18 class Software : IComputer
19 {
20     void IComputer.Office()                        // 顯式實作
21     {
22         Console.WriteLine("適用一般職員");
23     }
24     void IComputer.Programming(string text)        // 顯式實作
25     {
26         Console.WriteLine("適用程式設計師");
27     }
28     public void Web(string text)
29     {
30         Console.WriteLine("適用網頁設計");
31     }
32 }
```

執行結果

```
Microsoft Visual Studio 偵錯主控台

適用一般職員
適用程式設計師
適用網頁設計

D:\C#\ch20\ch20_7\ch20_7\bin\Debug\net6.0\ch20_7.exe
按任意鍵關閉此視窗…
```

20-4 介面屬性實作

前面幾節重點是說明介面方法的實作 (implement)，這一小節筆者將用實例解說屬性 (Property) 說明的實作。

方案 ch20_8.sln：ICoord 介面屬性 (Property)X、Y 和 Distance 的實作，設計一個 Point 類別，此 Point 類別實作了 X、Y 和 Distance 屬性。

```
1  // ch20_8
2  ICoord p = new Point(6, 8);      // Upcasting
3  Console.WriteLine($"(x, y)點位置  x = {p.X}, y = {p.Y}");
4  Console.WriteLine($"與(0, 0)距離  dist = {p.Distance}");
5  interface ICoord                 // 介面
6  {
7      int X { get; set; }          // 屬性 X
8      int Y { get; set; }          // 屬性 Y
9      double Distance { get; }     // 屬性 - 與(0, 0)的距離
10 }
11 class Point : ICoord             // 實作ICoord
12 {
13     public Point(int x, int y)  // Constructor
14     {
15         X = x;
16         Y = y;
17     }
18     public int X { get; set; }  // 實作屬性 X
19     public int Y { get; set; }  // 實作屬性 Y
20     public double Distance =>   // 實作屬性 Distance
21         Math.Sqrt(X * X + Y * Y);
22 }
```

執行結果

```
Microsoft Visual Studio 偵錯主控台
(x, y)點位置  x = 6, y = 8
與(0, 0)距離  dist = 10

D:\C#\ch20\ch20_8\ch20_8\bin\Debug\net6.0\ch20_8.exe
按任意鍵關閉此視窗…
```

上述程式當第 2 行使用 Upcasting 建立物件 p 後，隨即會將 (6, 8) 使用 Point 建構方法建立 X、Y 和 Distance 屬性，程式第 2 和 3 行則是分別輸出這些屬性。

20-5 多重繼承與實作

所謂的多重繼承是指一個類別可以繼承與實作多個介面，C# 語言的**類別是不支援**多重繼承 (multiple inheritance) 類別。不過在**介面的實作**中是可以使用**多重繼承介面**，

所謂的多重繼承介面的觀念可參考下圖，目前一個類別可以實作多個介面，一個介面可以繼承多個介面。

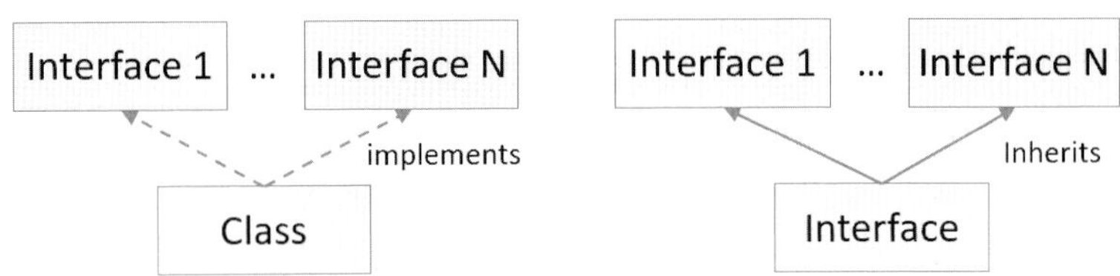

基本程式設計觀念與前面個小節介面的繼承與實作觀念相同，當一個類別繼承實作多個介面時，需要實作這些介面的所有抽象方法。當一個介面繼承多個介面時，繼承此介面的類別需要實作此介面以及它所有被繼承介面的抽象方法。

假設 A 類別同時繼承 B 與 C 介面，整個語法如下：

```
interface IB {
        void b();                          // 抽象方法b( )
}
interface IC {
        void c;                            // 抽象方法c( )
}
class A implements IB, IC {    // 請留意語法
        // 實作b和c;
}
```

相當於被繼承或實作的多個介面之間與要有逗號隔開，至於其他規則則是相同。

方案 ch20_9.sln：擴充 ch20_6.sln，增加 IColor 介面，這個介面定義顏色。

```
// ch20_9
Rectangle rectangle = new Rectangle();
rectangle.Area(5, 10);
rectangle.Color();
interface IShape                    // 定義介面 IShape
{
    void Area(int a, int b);        // 定義計算面積

}
interface IColor                    // 定義色彩
{
    void Color();
}
class Rectangle : IShape, IColor    // 實作 IShape 和 IColor
{
```

```
    public void Area(int a, int b)  // 計算面積
    {
        int area = a * b;
        Console.WriteLine($"矩形面積 : {area}");
    }
    public void Color()             // 定義色彩
    {
        Console.WriteLine("矩形色彩 : 藍色");
    }
}
```

執行結果

```
Microsoft Visual Studio 偵錯主控台
矩形面積 : 50
矩形色彩 : 藍色

D:\C#\ch20\ch20_9\ch20_9\bin\Debug\net6.0\ch20_9.exe
按任意鍵關閉此視窗…
```

上述程式的介面與類別觀念圖形如下：

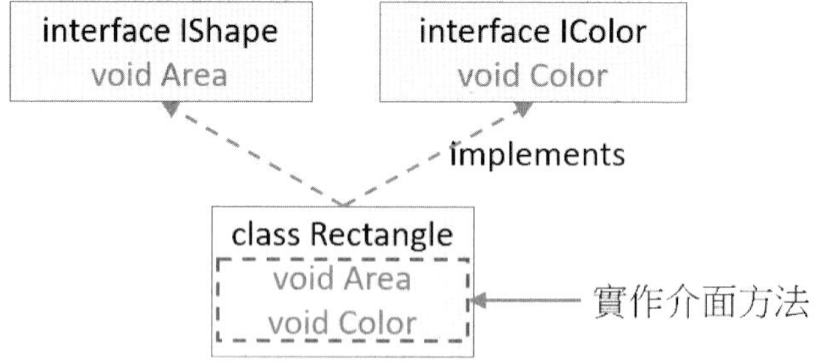

方案 ch20_10.sln：一個介面 IFly 繼承了 IBird 和 IAirplane 介面的應用，InfoFly 類別將實作 IFly 介面的 PediaFly 抽象方法和它所繼承的 IAirplane 介面的 AirplaneFly 抽象方法和 IBird 介面的 BirdFly 方法。

```
// ch20_10
InfoFly infofly = new InfoFly();
infofly.BirdFly();
infofly.AirplaneFly();
infofly.PediaFly();
interface IBird                       // 定義介面 IBird
{
    void BirdFly();
}
interface IAirplane                   // 定義介面 IAirplane
{
    void AirplaneFly();
}
interface IFly : IBird, IAirplane     // 介面IFly繼承IBird和IAirplane
```

```
{
    void PediaFly();
}
class InfoFly : IFly                    // 定義類別 InfoFly 實作 IFly
{
    public void BirdFly()               // 實作 BirdFly
    {
        Console.WriteLine("鳥用翅膀飛");
    }
    public void AirplaneFly()           // 實作 AirplaneFly
    {
        Console.WriteLine("飛機用引擎飛");
    }
    public void PediaFly()              // 實作 PediaFly
    {
        Console.WriteLine("飛行百科");
    }
}
```

執行結果

```
Microsoft Visual Studio 偵錯主控台
鳥用翅膀飛
飛機用引擎飛
飛行百科

D:\C#\ch20\ch20_10\ch20_10\bin\Debug\net6.0\ch20_10.exe
按任意鍵關閉此視窗…
```

上述程式的介面與類別觀念圖形如下：

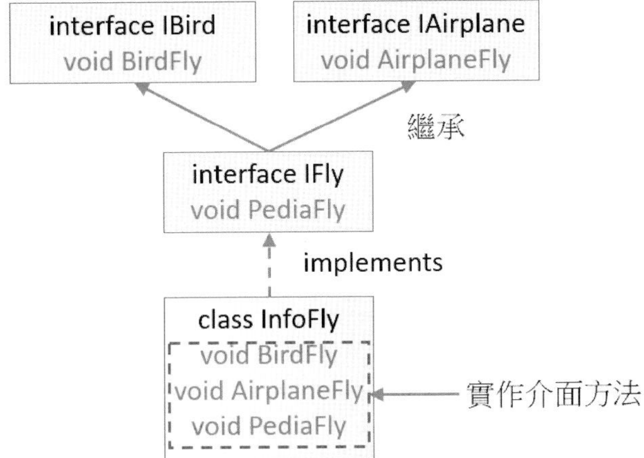

20-6 虛擬介面方法 (Virtual interface method)

前面幾節所介紹的介面方法均是抽象方法，這些方法需要在繼承的類別內實作，從 C# 8.0 起支援**虛擬介面方法** (Virtual interface method) 的觀念，這個方法又稱**預設** (default) **方法**，虛擬介面方法可以有完整的實體內容，同時此方法不需要在類別內實作。

使用時需要留意，類別並沒有繼承介面的虛擬介面方法，所以類別物件無法呼叫虛擬介面方法。

方案 ch20_11.sln：虛擬方法的說明，這個程式的重點是類別物件無法呼叫虛擬方法，所以第 10 行若是拿掉 "//" 會有錯誤產生。

```
1  // ch20_11
2  IComputer com = new Software();      // Upcasting
3  com.Office();
4  com.Programming("OK");
5  com.Life();
6
7  Software soft = new Software();     // Software類別的soft物件
8  soft.Office();
9  soft.Programming("OK");
10 //soft.Life();                      // 編譯錯誤
11
12 interface IComputer
13 {
14     void Office();                  // 定義 Office
15     void Programming(string text);  // 定義 Programming
16     void Life()                     // virtual 方法
17     {
18         Console.WriteLine("已經是生活必需品");
19     }
20 }
21 class Software : IComputer
22 {
23     public void Office()                       // 實作 Office
24     {
25         Console.WriteLine("適用一般職員");
26     }
27     public void Programming(string text)      // 實作 Programming
28     {
29         Console.WriteLine("適用程式設計師");
30     }
31 }
```

執行結果

```
Microsoft Visual Studio 偵錯主控台
適用一般職員
適用程式設計師
已經是生活必需品
適用一般職員
適用程式設計師

D:\C#\ch20\ch20_11\ch20_11\bin\Debug\net6.0\ch20_11.exe
按任意鍵關閉此視窗…
```

20-7 專題 – 相同抽象方法 / 交易記錄 / 交通工具

20-7-1 介面有相同的抽象方法

介面可以多重繼承的另一個原因是不會產生模糊的現象，例如：即使碰上 2 個介面有相同抽象類別名稱，程式也可以執行。

方案 ch20_12.sln：Bird 和 Airplane 介面有同樣名稱的抽象方法 Flying( )，InfoFly 類別實作了 Bird 和 Airplane 介面，此時物件呼叫 Flying( ) 方法時不會有衝突與模糊，因為所執行的 Flying( ) 方法是 Fly 類別覆寫的方法。

```
// ch20_12
Fly fly = new Fly();
fly.Flying();
interface IBird                     // 定義介面 IBird
{
    void Flying();
}
interface IAirplane                 // 定義介面 IAirplane
{
    void Flying();
}
class Fly : IBird, IAirplane        // Fly繼承IBird和IAirplane
{
    public void Flying()
    {
        Console.WriteLine("正在飛行");
    }
}
```

執行結果

```
Microsoft Visual Studio 偵錯主控台
正在飛行

D:\C#\ch20\ch20_12\ch20_12\bin\Debug\net6.0\ch20_12.exe
按任意鍵關閉此視窗…
```

上述程式的介面與類別觀念圖形如下：

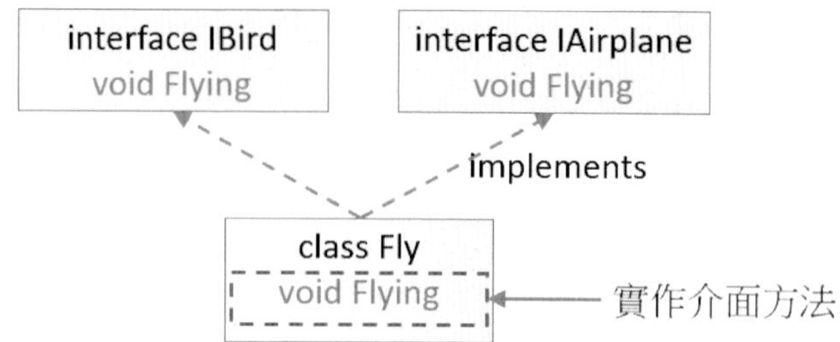

20-7-2　交易記錄

方案 ch20_13.sln：設計交易記錄，這個程式會設計一個 ITransactions 介面，此介面定義 ShowTransaction( ) 方法，然後設計 Transaction 類別實作此介面的方法，此外，這個類別有設定 Account(帳號)、DateInfo(交易時間)、Money(交易金額) 屬性，這些屬性使用建構方法設定。同時類別內有實作 Transaction( ) 方法，此方法會輸出交易記錄。

```
// ch20_13
Transaction t1 = new Transaction("001-3001", "8/10/2022", 88800.00);
Transaction t2 = new Transaction("001-3002", "9/10/2022", 91200.00);
t1.ShowTransaction();
t2.ShowTransaction();
interface ITransactions                                  // 交易介面
{
    void ShowTransaction();                              // 顯示交易資訊
}
public class Transaction : ITransactions
{
    private string Account { get; set; }
    private string DateInfo { get; set; }
    private double Money { get; set; }
    public Transaction(string c, string d, double a)
    {
        Account = c;
        DateInfo = d;
        Money = a;
    }
    public void ShowTransaction()
    {
        Console.WriteLine($"帳號:{Account}\t日期:{DateInfo}\t金額:{Money}");
    }
}
```

執行結果

```
Microsoft Visual Studio 偵錯主控台
帳號:001-3001    日期:8/10/2022   金額:88800
帳號:001-3002    日期:9/10/2022   金額:91200

D:\C#\ch20\ch20_13\ch20_13\bin\Debug\net6.0\ch20_13.exe
按任意鍵關閉此視窗…
```

20-7-3　將虛擬介面方法應用在交通工具實作

方案 ch20_14.sln：介面是交通工具 IVehicle，這個交通工具介面目前有取得品牌 Getbrand( ) 與車輛 Run( ) 方法，同時在 Vehicle 介面內設計虛擬介面方法 AlarmOn( ) 和 AlarmOff( ) 方法。最後，這個程式會設計 Car 類別繼承與實作 IVehicle 介面，因為有虛擬介面方法，所以需要使用 Upcasting 物件。

```
// ch20_14
IVehicle car = new Car("Nissan");
Console.WriteLine(car.GetBrand());
Console.WriteLine(car.Run());
Console.WriteLine(car.AlarmOn());
Console.WriteLine(car.AlarmOff());
interface IVehicle                          // 定義 IVehicle 介面
{
    string GetBrand();                      // 定義取得車輛品牌
    string Run();                           // 定義安全駕駛中 ...
    string AlarmOn()                        // 預設方法 開起警告燈
    {
        return "開啟警告燈";
    }
    string AlarmOff()                       // 預設方法 關閉警告燈
    {
        return "關閉警告燈";
    }
}
class Car : IVehicle
{
    private string _brand;
    public Car(string brand)                // Constructor 設定品牌
    {
        _brand = brand;
    }
    public string GetBrand()                // 取得車輛品牌
    {
        return _brand;
    }
    public string Run()                     // 實作 安全駕駛
    {
        return "安全駕駛中 ...";
    }
}
```

執行結果

```
Microsoft Visual Studio 偵錯主控台
Nissan
安全駕駛中 ...
開啟警告燈
關閉警告燈

D:\C#\ch20\ch20_14\ch20_14\bin\Debug\net6.0\ch20_14.exe
按任意鍵關閉此視窗…
```

習題實作題

方案 ex20_1.sln：建立一個介面 IDrawable，此介面有 Draw( ) 方法，請建立 Square 類別和 Circle 類別實作 IDrawable 介面，Square 類別的 Draw( ) 方法可以輸出 " 繪製正方形 "，Circle 類別的 Draw( ) 方法可以輸出 " 繪製圓形 "，請為 Circle 和 Square 類別建立實體物件 circle 和 square，然後輸出。(20-1 節)

```
Microsoft Visual Studio 偵錯主控台
繪製正方形
繪製圓形

D:\C#\ex\ex20_1\ex20_1\bin\Debug\net6.0\ex20_1.exe
按任意鍵關閉此視窗…
```

方案 ex20_2.sln：擴充設計 ch20_6.sln，改為設計立方體的體積，請將第 6 行的 Area( ) 定義改為 Volumn( )，呼叫方式如下：(20-2 節)

```
rectangle.Volumn(5, 10, 2);
```

其他修改細節可以自行定義。

```
Microsoft Visual Studio 偵錯主控台
立方體的體積 : 100

D:\C#\ex\ex20_2\ex20_2\bin\Debug\net6.0\ex20_2.exe
按任意鍵關閉此視窗…
```

方案 ex20_3.sln：設計 3 個介面，分別是 IPhone、IVolumn、IPlugLine，這 3 個介面分別定義下列 6 個抽象方法。(20-5 節)

```
void TurnOn( );          // IPhone介面
void TurnOff( );         // IPhone介面
void VolumnUp( );        // IVolumn介面
void VolumnDown( );      // IVolumn介面
void PlugIn( );          // IPlugLine介面
void PlugOff( );         // IPlugLine介面
```

然後分別呼叫上述方法，可以得到下列結果。

```
Microsoft Visual Studio 偵錯主控台
開機
關機
放大音量
縮小音量
插電源線
拉電源線

D:\C#\ex\ex20_3\ex20_3\bin\Debug\net6.0\ex20_3.exe
按任意鍵關閉此視窗…
```

方案 ex20_4.sln：擴充設計 ch20_9.sln，在 IShape 介面內增加下列抽象方法：(20-5 節)

```
void Perimeter(int a, int b);
```

然後使用下列呼叫。

```
rectangle.Perimeter(5, 10);
```

可以得到下列結果。

```
Microsoft Visual Studio 偵錯主控台
矩形面積 ： 50
矩形周長 ： 30
矩形色彩 ： 藍色

D:\C#\ex\ex20_4\ex20_4\bin\Debug\net6.0\ex20_4.exe
按任意鍵關閉此視窗…
```

方案 ex20_5.sln：請擴充設計 ch20_14.sln，在 IVehicle 介面中增加下列抽象方法：(20-7 節)

String starting( )：可以輸出 " 車輛啟動系統檢查中 … "。

String ending( )：可以輸出 " 車輛停駐完成，車輛保全啟動中 … "。

當然你必須在主程式中呼叫以上功能。

(20-7 節)

```
Microsoft Visual Studio 偵錯主控台
Nissan
安全駕駛中 ...
開啟警告燈
關閉警告燈
車輛啟動系統檢查中 ...
車輛停駐完成，車輛保全啟動中 ...

D:\C#\ex\ex20_5\ex20_5\bin\Debug\net6.0\ex20_5.exe
按任意鍵關閉此視窗…
```

第 21 章

認識泛型 (Generics)

筆者在第 11 章介紹了 .NET 的傳統集合後，也不再做更進一步介紹，因為 C# 官方建議若是要更進一步使用其他集合，請用泛型集合，。

這一章筆者先介紹泛型，當讀者有泛型的知識後，就可以更進一步認識泛型的集合，然後筆者會進一步帶領讀者學習 C# 浩瀚的世界，然後踏入無限寬廣的應用。

21-1 從重載 (Overload) 定義說起

17-2 節筆者介紹了重載 (Overload) 的觀念，我們認識了 Console.WriteLine( ) 方法，在此方法內可以放入任何型態的資料，此 Console.WriteLine 皆可以輸出，使用上非常的方便。一個方法的參數如何可以接受不同類型的資料，究竟這是如何設計的？

21-1-1　交換函數 Swap( )

方案 ch12_18.sln 筆者設計了一個交換函數，該函數可以執行整數資料交換，假設筆者要求讀者設計可以執行 double 資料交換、字元 char 資料交換或是字串交換，讀者可以思考要如何處理？

最直覺的方法是設計 2 個函數，此函數參數需分別處理整數和字元資料。

方案 ch21_1.sln：設計函數執行整數 5 和 6 交換，字元 'a' 和 'b' 交換，最直覺的方法是設計 2 個函數，分別接收整數和字元然後交換。

```
// ch21_1
void SwapInt(ref int x, ref int y)
{
    int tmp;
    tmp = x;
    x = y;
    y = tmp;
}
void SwapChar(ref char x, ref char y)
{
    char tmp;
    tmp = x;
    x = y;
    y = tmp;
}
int x1 = 5;
int x2 = 1;
Console.WriteLine($"對調前  x1 = {x1} \t  x2 = {x2}");
SwapInt(ref x1, ref x2);
Console.WriteLine($"對調後  x1 = {x1} \t  y2 = {x2}");
char ch1 = 'a';
```

```
char ch2 = 'b';
Console.WriteLine($"對調前 ch1 = {ch1} \t ch2 = {ch2}");
SwapChar(ref ch1, ref ch2);
Console.WriteLine($"對調後 ch1 = {ch1} \t ch2 = {ch2}");
```

執行結果

```
Microsoft Visual Studio 偵錯主控台

對調前  x1 = 5    x2 = 1
對調後  x1 = 1    y2 = 5
對調前 ch1 = a   ch2 = b
對調後 ch1 = b   ch2 = a

D:\C#\ch21\ch21_1\ch21_1\bin\Debug\net6.0\ch21_1.exe
按任意鍵關閉此視窗…
```

註 上述 SwapInt( ) 和 SwapChar( )，不在類別內，筆者稱此為函數 (function)，不過有的人稱此為方法 (method)。在特定類別內的函數，則稱方法 (method)。

上述程式可以執行，但是需要設計 2 個函數，從程式設計觀點比較不方便。

21-1-2　Object 資料類型

如果現在要求讀者只能設計一個函數，要完成整數或是字元資料的交換，讀者可以思考要如何處理？

3-9 節筆者介紹了 object 資料類型，這個資料類型可以儲存所有 C# 的資料，所以整個設計如下：

方案 ch21_2.sln：設計資料交換函數，參數是使用 object 資料類型。

```
// ch21_2
void SwapObj(ref object x, ref object y)
{
    object tmp;
    tmp = x;
    x = y;
    y = tmp;
}

object x1 = 5;
object x2 = 1;
Console.WriteLine($"對調前  x1 = {x1} \t  x2 = {x2}");
SwapObj(ref x1, ref x2);
Console.WriteLine($"對調後  x1 = {x1} \t  y2 = {x2}");
object ch1 = 'a';
object ch2 = 'b';
Console.WriteLine($"對調前 ch1 = {ch1} \t ch2 = {ch2}");
SwapObj(ref ch1, ref ch2);
Console.WriteLine($"對調後 ch1 = {ch1} \t ch2 = {ch2}");
```

執行結果

```
Microsoft Visual Studio 偵錯主控台
對調前  x1 = 5    x2 = 1
對調後  x1 = 1    y2 = 5
對調前 ch1 = a   ch2 = b
對調後 ch1 = b   ch2 = a

D:\C#\ch21\ch21_2\ch21_2\bin\Debug\net6.0\ch21_2.exe
按任意鍵關閉此視窗…
```

上述方法的確可行，可是會有裝箱 (Boxing，3-9-3 節) 和拆箱 (UnBoxing，3-9-4 節) 問題，程式執行效率不好，為了有更有效率處理上述問題，因此計算機領域有了泛型 (Generic) 的觀念產生。

21-2 認識泛型

21-2-1 基礎應用

泛型的觀念是用**通用型態**代表所有可能的資料型態，習慣上用**尖括號** "< >" 內放置 T，如下：

```
<T>
```

然後我們可以針對這個通用型態設計相關資料類型的變數，將泛型應用到函數 (或是稱方法)，基礎語法如下：

```
存取運算子 函數類型 函數名稱<T>(T 參數名稱)
{
    …
}
```

程式設計的術語稱上述是泛型函數 (Generic functions)，上述方法名稱後面加上 <T>，是標記這是泛型函數，有了這個定義後，函數的型別參數 (Type parameters) 就可以使用泛型參數，可以參考下列實例。

方案 ch21_3.sln：使用泛型觀念重新設計 ch21_2.sln。

```
1  // ch21_3
2  void Swap<T>(ref T x, ref T y)
3  {
4      T tmp;
5      tmp = x;
6      x = y;
7      y = tmp;
8  }
9
10 int x1 = 5;
11 int x2 = 1;
12 Console.WriteLine($"對調前  x1 = {x1} \t  x2 = {x2}");
13 Swap<int>(ref x1, ref x2);            // <int> 可以省略
14 Console.WriteLine($"對調後  x1 = {x1} \t  y2 = {x2}");
15 char ch1 = 'a';
16 char ch2 = 'b';
17 Console.WriteLine($"對調前 ch1 = {ch1} \t ch2 = {ch2}");
18 Swap(ref ch1, ref ch2);               // 省略 <char>
19 Console.WriteLine($"對調後 ch1 = {ch1} \t ch2 = {ch2}");
```

執行結果

```
Microsoft Visual Studio 偵錯主控台
對調前  x1 = 5    x2 = 1
對調後  x1 = 1    y2 = 5
對調前 ch1 = a   ch2 = b
對調後 ch1 = b   ch2 = a

D:\C#\ch21\ch21_3\ch21_3\bin\Debug\net6.0\ch21_3.exe
按任意鍵關閉此視窗…
```

從上述第 13 行可以看到呼叫 Swap( )<int> 函數如下：

```
Swap<int>(ref x1, ref x2);
```

這表示告訴編譯程式參數使用 int 類型呼叫此第 2 行的 Swap( )<T> 函數。第 13 行其中 <int> 可以省略，所以也可以用下列方式呼叫 Swap<T>( )：

```
Swap(ref x1, ref x2);
```

這時編譯程式會由所傳遞的參數推斷呼叫 Swap( )<T> 方法的資料類型。第 18 行所傳遞的是 char 資料類型，就是採用省略 <char> 方式呼叫，如下：

```
Swap(ref ch1, ref ch2);
```

編譯程式會由參數類型推斷呼叫 Swap( )<T> 的方法。

設計泛型函數時，我們使用角括號 < >，內含大寫英文字 T，當作泛型資料型態，T 有 Type 的意思，所以程式設計師喜歡用 T 當作泛型的資料型態，其實我們也可以用其它字母取代，下列是常見的泛型英文字母：

E：Element

K：Key

N：Number

V：Value

當然也可以使用其他英文字母，在本書 ch21_3_1.sln，筆者使用 U 當作泛型資料型態的定義，執行結果與 ch21_3.sln 相同，如下所示 (列出部分程式內容)：

```
// ch21_3_1
void Swap<U>(ref U x, ref U y)
{
    U tmp;
    tmp = x;
    x = y;
    y = tmp;
}
```

從上述實例我們可以體會到泛型有一個最大的優點是，可以重複使用代碼，提高程式撰寫的效率。

21-2-2　泛型函數 – 參數是陣列

方案 ch21_4.sln：設計泛型函數，所傳遞的參數是泛型陣列，這個函數可以輸出陣列內容，此程式實例會用整數陣列與字串陣列做測試。

```
// ch21_4
void PrintArray<T>(T[] arr)
{
    foreach (var item in arr)
    {
        Console.WriteLine(item);
    }
}

int[] x = { 5, 7, 9 };
PrintArray(x);
string[] str = { "C#", "Python", "Java" };
PrintArray(str);
```

執行結果

```
Microsoft Visual Studio 偵錯主控台
5
7
9
C#
Python
Java

D:\C#\ch21\ch21_4\ch21_4\bin\Debug\net6.0\ch21_4.exe
按任意鍵關閉此視窗…
```

21-3 泛型類別

泛型類別的定義如下：

```
存取修飾詞 class 泛型名稱<T>
{
    // 欄位、屬性和方法
}
```

如果有 2 個泛型資料類型，則此類別的定義如下：

```
存取修飾詞 class 泛型名稱<T, U>
{
    // 欄位、屬性和方法
}
```

21-4 泛型類別 – 欄位與屬性

21-4-1 定義泛型類別 – 內含一個欄位

最簡單的泛型類別，假設只有一個型別參數是定義欄位，定義如下：

```
存取修飾詞 class 泛型名稱<T>
{
    存取修飾詞 T 欄位名稱;
}
```

例如，有一個泛型類別與物件的程式法如下：

```
DataBank<int> x = new DataBank<int>( );
   ...
public class DataBank<T>
{
   public T db;
}
```

在程式編譯階段，泛型 T 將會被 int 取代，這時 db 欄位將是整數變數 db。

方案 ch21_5.sln：定義泛型類別，設定整數然後輸出，讀者可以從程式線條認識整個泛型的流程。

```
1  // ch21_5
2  DataBank<int> x = new DataBank<int>();
3  x.db = 5;
4  Console.WriteLine($"x = {x.db}");
5
6  public class DataBank<T>
7  {
8      public T db;
9  }
```

執行結果

```
Microsoft Visual Studio 偵錯主控台
x = 5

D:\C#\ch21\ch21_5\ch21_5\bin\Debug\net6.0\ch21_5.exe
按任意鍵關閉此視窗…
```

有時候在設計程式時，第 8 行程式設計師喜歡用下列方式設計：

```
public T? db;
```

上述是 Microsoft 公司建議需宣告 db 欄位可以為 Null，讓程式可以有比較大的彈性，整個設計可以參考 ch21_5_1.sln，這對程式執行結果沒有影響。

```
// ch21_5_1
DataBank<int> x = new DataBank<int>();
x.db = 5;
Console.WriteLine($"x = {x.db}");

public class DataBank<T>
{
    public T? db;
}
```

方案 ch21_6.sln：泛型類別主要是可以應用在處理不同類型的資料，這個實例是定義泛型類別，設定整數與字串資料然後輸出。

```
// ch21_6
DataBank<int> x = new DataBank<int>();
x.db = 5;
Console.WriteLine($"x = {x.db}");
DataBank<string> str = new DataBank<string>();
str.db = "C#";
Console.WriteLine($"str = {str.db}");

public class DataBank<T>
{
    public T? db;
}
```

執行結果

```
Microsoft Visual Studio 偵錯主控台
x = 5
str = C#

D:\C#\ch21\ch21_6\ch21_6\bin\Debug\net6.0\ch21_6.exe
按任意鍵關閉此視窗…
```

21-4-2　定義泛型類別 – 內含一個屬性

其實在物件導向的程式設計觀念下，為了資料的安全，是鼓勵程式設計師在類別內多多使用屬性觀念，可以參考下列實例。

方案 ch21_7.sln：使用屬性觀念重新設計 ch21_6.sln。

```
// ch21_7
DataBank<int> x = new DataBank<int>();
x.Db = 5;
Console.WriteLine($"x = {x.Db}");
DataBank<string> str = new DataBank<string>();
str.Db = "C#";
Console.WriteLine($"str = {str.Db}");

public class DataBank<T>
{
    public T? Db { get; set; }      // Db 屬性
}
```

執行結果 與 ch21_6.sln 相同。

21-4-3　定義泛型類別含多種資料類型

前一小節我們介紹了泛型類別內含一種泛型資料類型，我們可以將泛型類別擴充到含多筆泛型資料類型，例如：字典資料，就是配對存在的泛型資料類型，讀者可以參考下列實例。

方案 ch21_8.sln：使用泛型建立字典類型的資料。

```
1  // ch21_8
2  DataPair<string, int> noodle = new DataPair<string, int>();
3  noodle.Key = "牛肉麵";
4  noodle.Value = 180;
5  Console.WriteLine($"{noodle.Key} : {noodle.Value}");
6
7  DataPair<string, string> season = new DataPair<string, string>();
8  season.Key = "春天";
9  season.Value = "Spring";
10 Console.WriteLine($"{season.Key} : {season.Value}");
11
12 public class DataPair<TKey, TValue>
13 {
14     public TKey? Key { get; set; }
15     public TValue? Value { get; set; }
16 }
```

執行結果

```
Microsoft Visual Studio 偵錯主控台
牛肉麵 : 180
春天 : Spring

D:\C#\ch21\ch21_8\ch21_8\bin\Debug\net6.0\ch21_8.exe
按任意鍵關閉此視窗…
```

有的 C# 程式設計師會將第 2 ~ 4 行 (或 7 ~ 9 行) 宣告與建立類別物件 noodle(dict) 時，採用下列撰寫方式，讀者可以參考 ch21_8_1.sln。

```
// ch21_8_1
DataPair<string, int> noodle = new DataPair<string, int>
{
    Key = "牛肉麵",
    Value = 180
};
Console.WriteLine($"{noodle.Key} : {noodle.Value}");

DataPair<string, string> season = new DataPair<string, string>
{
    Key = "春天",
    Value = "Spring"
};
Console.WriteLine($"{season.Key} : {season.Value}");

public class DataPair<TKey, TValue>
{
    public TKey? Key { get; set; }
    public TValue? Value { get; set; }
}
```

21-4-4　泛型內含陣列欄位

假設泛型內含陣列 DataBank，此陣列名稱是 arr，陣列大小是 5，則類別宣告方式如下：

```
public class DataBank<T>
{
    public T[ ] arr = new T[5];
}
```

方案 ch21_9.sln：宣告含陣列欄位的泛型，設定陣列元素和輸出。

```
// ch21_9
DataBank<int> data = new DataBank<int>();
data.arr[0] = 5;
data.arr[1] = 10;
data.arr[3] = 20;
foreach (var item in data.arr)
    Console.WriteLine(item);

public class DataBank<T>
{
    public T[] arr = new T[5];
}
```

執行結果

```
Microsoft Visual Studio 偵錯主控台
5
10
0
20
0

D:\C#\ch21\ch21_9\ch21_9\bin\Debug\net6.0\ch21_9.exe
按任意鍵關閉此視窗…
```

上述我們沒有設定 data.arr[2] 和 data.arr[4] 的值，因為陣列是整數，系統使用整數觀念的預設值 0，所以可以得到上述結果。

方案 ch21_10.sln：擴充設計 ch21_9.sln，增加字串資料做測試，同時輸出索引值對照。

```
// ch21_10
DataBank<int> data = new DataBank<int>();
data.arr[0] = 5;
data.arr[1] = 10;
data.arr[3] = 20;
Console.WriteLine("以下是整數陣列");
for (int i = 0; i < data.arr.Length; i++)
    Console.WriteLine($"arr[{i}] = {data.arr[i]}");

DataBank<string> str = new DataBank<string>();
str.arr[0] = "C#";
str.arr[1] = "C++";
str.arr[4] = "Java";
Console.WriteLine("以下是字串陣列");
for (int i = 0; i < str.arr.Length; i++)
    Console.WriteLine($"arr[{i}] = {str.arr[i]}");

public class DataBank<T>
```

```
{
    public T[] arr = new T[5];
}
```

執行結果

```
Microsoft Visual Studio 偵錯主控台
以下是整數陣列
arr[0] = 5
arr[1] = 10
arr[2] = 0
arr[3] = 20
arr[4] = 0
以下是字串陣列
arr[0] = C#
arr[1] = C++
arr[2] =
arr[3] =
arr[4] = Java

D:\C#\ch21\ch21_10\ch21_10\bin\Debug\net6.0\ch21_10.exe
按任意鍵關閉此視窗…
```

對於字串陣列而言，從上述索引 2 和 3 執行結果可以看到，如果沒有設定產生的就是空字串。

21-5 泛型類別 - 方法

21-5-1　泛型方法參數是泛型

泛型類別內可以設計泛型方法，下列將以實例解說。

方案 ch21_11.sln：在泛型類別內使用泛型方法 AddItem( )，建立泛型陣列 arr[ ]。

```
// ch21_11
DataBank<int> x = new DataBank<int>();
x.AddItem(5);
x.AddItem(6);
x.AddItem(7);
x.PrintInfo();
public class DataBank<T>
{
    private T[] arr = new T[5];
    static int index = 0;                     // 靜態索引變數
    public void AddItem(T item)               // 泛型方法，建立陣列元素
    {
        arr[index++] = item;
    }
    public void PrintInfo()                   // 輸出泛型陣列
    {
        for (int i = 0; i < arr.Length; i++)
            Console.WriteLine($"arr[{i}] = {arr[i]}");
    }
}
```

執行結果

```
Microsoft Visual Studio 偵錯主控台
arr[0] = 5
arr[1] = 6
arr[2] = 7
arr[3] = 0
arr[4] = 0

D:\C#\ch21\ch21_11\ch21_11\bin\Debug\net6.0\ch21_11.exe
按任意鍵關閉此視窗…
```

讀者需留意的是，在 ch21_3.sln 第 2 行建立泛型函數時，內容如下：

void Swap<T>(ref T x, ref T y)

上述 Swap 右邊的 <T> 不可以省略，因為這是註名 Swap<T>( ) 是泛型函數，所傳遞的是泛型 <T>，如果省略 <T> 會造成編譯程式無法識別 Swap( ) 函數的參數 ref T x 和 ref T y 的 T，造成編譯錯誤。

對於 ch21_11.sln 程式而言，宣告泛型類別時上述實例第 11 行，泛型方法內容如下：

public void AddItem(T item)

因為第 7 行宣告類別時已經定義了泛型 <T>，同時第 9 行也定義了泛型 T 是陣列，所以 AddItem 右邊不用 <T>，編譯程式可以辨識參數 T item 的資料類型。

21-5-2 泛型方法內參數有一般參數

泛型方法內可以有泛型參數與一般參數並存，可以參考下列實例。

方案 ch21_12.sln：更新 ch21_11.sln，建立泛型陣列時，第 1 個參數是索引，第 2 個參數是泛型。

```
1  // ch21_12
2  DataBank<int> x = new DataBank<int>();
3  x.AddItem(0, 5);
4  x.AddItem(2, 6);
5  x.AddItem(4, 7);
6  x.PrintInfo();
7  public class DataBank<T>
8  {
9      private T[] arr = new T[5];
10     public void AddItem(int index, T item)   // 泛型方法，建立陣列元素
11     {
12         arr[index] = item;
13     }
```

```
14      public void PrintInfo()                        // 輸出泛型陣列
15      {
16          for (int i = 0; i < arr.Length; i++)
17              Console.WriteLine($"arr[{i}] = {arr[i]}");
18      }
19  }
```

執行結果

```
Microsoft Visual Studio 偵錯主控台
arr[0] = 5
arr[1] = 0
arr[2] = 6
arr[3] = 0
arr[4] = 7

D:\C#\ch21\ch21_12\ch21_12\bin\Debug\net6.0\ch21_12.exe
按任意鍵關閉此視窗…
```

上述第 10 行泛型方法的宣告如下：

public void AddItem(int index, T item)

第 1 個參數 int index 是索引，第 2 個參數 T item 是泛型。

21-5-3　泛型方法的資料類型是泛型

如果我們設計的泛型方法需要回傳泛型資料時，可以將泛型方法的資料類型設為泛型，可以參考下列實例。

方案 ch21_13.sln：設定泛型方法回傳資料是泛型。

```
// ch21_13
DataBank<int> x = new DataBank<int>();
x.AddItem(0, 5);
x.AddItem(2, 6);
x.AddItem(4, 7);
for (int i = 0; i < 5; i++)
    Console.WriteLine($"arr[{i}] = {x.GetArr(i)}");

public class DataBank<T>
{
    private T[] arr = new T[5];
    public void AddItem(int index, T item)  // 泛型方法，建立陣列元素
    {
        arr[index] = item;
    }
    public T GetArr(int index)              // 回傳泛型陣列特定內容
    {
        if (index >= 0 && index < arr.Length)
            return arr[index];
        else
            return default(T);              // 如果超出索引回傳泛型預設 T
    }
}
```

執行結果

```
Microsoft Visual Studio 偵錯主控台
arr[0] = 5
arr[1] = 0
arr[2] = 6
arr[3] = 0
arr[4] = 7

D:\C#\ch21\ch21_13\ch21_13\bin\Debug\net6.0\ch21_13.exe
按任意鍵關閉此視窗…
```

上述程式第 7 行，泛型類別物件 x 呼叫泛型方法 GetArr( )，所回傳的資料就是泛型，所以第 16 行設定泛型方法 GetArr( ) 的資料類型是泛型 T。

方案 ch21_13_1.sln：重新設計 ch21_13.sln，增加測試輸出超出泛型索引的結果，同時設定泛型的類型增加 ?，這是為了可能有 Null 的參考回傳。

```
1  // ch21_13_1
2  DataBank<int> x = new DataBank<int>();
3  x.AddItem(0, 5);
4  x.AddItem(2, 6);
5  x.AddItem(4, 7);
6  for (int i = 0; i < 5; i++)
7      Console.WriteLine($"arr[{i}] = {x.GetArr(i)}");
8  Console.WriteLine($"arr[100] = {x.GetArr(100)}");
9  public class DataBank<T>
10 {
11     private T[] arr = new T[5];
12     public void AddItem(int index, T item)  // 泛型方法，建立陣列元素
13     {
14         arr[index] = item;
15     }
16     public T? GetArr(int index)             // 回傳泛型陣列特定內容
17     {
18         if (index >= 0 && index < arr.Length)
19             return arr[index];
20         else
21             return default(T);              // 如果超出索引回傳泛型預設 T
22     }
23 }
```

執行結果

```
Microsoft Visual Studio 偵錯主控台
arr[0] = 5
arr[1] = 0
arr[2] = 6
arr[3] = 0
arr[4] = 7
arr[100] = 0

D:\C#\ch21\ch21_13_1\ch21_13_1\bin\Debug\net6.0\ch21_13_1.exe
按任意鍵關閉此視窗…
```

21-6 一般類別含有泛型方法

C# 也允許一般類別內含有泛型方法，前面筆者介紹了在類別外建立泛型函數，在泛型類別內建立泛型方法，其實也可以在一般類別內建立泛型方法，可以參考下列實例。

方案 ch21_14.sln：在一般類別 MyTest 內建立泛型方法。

```
// ch21_14
MyTest obj = new MyTest();
obj.PrintInfo<int>(50);                  // 由 <int> 推斷資料類型是 int
obj.PrintInfo(60);                       // 由參數 60 推斷資料類型是 int
obj.PrintInfo<string>("Hello C#");       // 由 <string> 推斷資料類型是 string
obj.PrintInfo("Going to C# World!");     // 由參數 Go .. 推斷資料類型是 string
public class MyTest
{
    public void PrintInfo<T>(T data)
    {
        Console.WriteLine(data);
    }
}
```

執行結果

```
Microsoft Visual Studio 偵錯主控台
50
60
Hello C#
Going to C# World!

D:\C#\ch21\ch21_14\ch21_14\bin\Debug\net6.0\ch21_14.exe
按任意鍵關閉此視窗…
```

21-7 泛型方法重載

這一節將將分成 2 小節，一般類別有泛型方法重載 (overload) 與泛型類別有泛型方法重載 (overload) 做說明。

21-7-1　一般類別含有泛型方法重載

方案 ch21_15.sln：在一般類別建立泛型方法重載。

```
// ch21_15
MyTest obj = new MyTest();
obj.Data("Going to C# World");
obj.Data<string>("王者歸來");
obj.Data(50);
obj.Data<int>(100);                // 使用Data<T>
```

```
7
8  public class MyTest
9  {
10     public void Data<T>(T t)
11     {
12         Console.WriteLine($"使用Data<T> : {t.GetType().Name} : {t}");
13     }
14     public void Data(int a)
15     {
16         Console.WriteLine($"使用Data    : {a.GetType().Name} : {a}");
17     }
18 }
```

執行結果

```
Microsoft Visual Studio 偵錯主控台
使用Data<T> : String : Going to C# World
使用Data<T> : String : 王者歸來
使用Data    : Int32 : 50
使用Data<T> : Int32 : 100

D:\C#\ch21\ch21_15\ch21_15\bin\Debug\net6.0\ch21_15.exe
按任意鍵關閉此視窗…
```

上述需要留意的是第 6 行 obj.Data<int>(100)，參數是整數，但是因為已經有 <int> 定義，所以呼叫的是 Data<T> 方法。

21-7-2 泛型類別含有泛型方法重載

方案 ch21_16.sln：泛型內含有泛型方法重載。

```
// ch21_16
MyTest<int> xInt = new MyTest<int>();
xInt.Data(10);
xInt.Data("10");                // 使用Data(string)
MyTest<string> xString = new MyTest<string>();
xString.Data("Going to C#");

public class MyTest<T>
{
    public void Data(T item)
    {
        Console.WriteLine($"使用Data T : {item}");
    }
    public void Data(string item)
    {
        Console.WriteLine($"使用DAta string : {item}");
    }
}
```

執行結果

```
Microsoft Visual Studio 偵錯主控台
使用Data T : 10
使用DAta string : 10
使用DAta string : Going to C#

D:\C#\ch21\ch21_16\ch21_16\bin\Debug\net6.0\ch21_16.exe
按任意鍵關閉此視窗…
```

上述必需留意的是第 4 行，雖然使用 xInt 物件，這是整數泛型，但是參數實際上是字串，這會呼叫第 14 行的字串 Data(string item) 方法。

21-8 專題 – 建立與輸出陣列 / 模擬堆疊

21-8-1　建立陣列與輸出陣列

方案 ch21_17.sln：使用泛型類別建立陣列與輸出陣列，這個程式會建立整數陣列，同時利用字元特性建立羅馬數字陣列。

```
// ch21_17
// 建構方法 - 整數陣列
GenericArray<int> intArray = new GenericArray<int>(5);
for (int c = 0; c < 5; c++)                // 實際建立整數陣列
{
    intArray.SetArray(c, c * 10);
}
for (int c = 0; c < 5; c++)                // 輸出整數陣列
{
    Console.Write(intArray.GetArray(c) + " ");
}
Console.WriteLine();
// 建構方法 - 字元陣列
GenericArray<char> charArray = new GenericArray<char>(5);
for (int c = 0; c < 5; c++)                // 實際建立羅馬數字陣列
{
    charArray.SetArray(c, (char)(c + 0x2160));
}
for (int c = 0; c < 5; c++)                // 輸出羅馬數字字元陣列
{
    Console.Write(charArray.GetArray(c) + " ");
}

public class GenericArray<T>
{
    private T[] array;
    public GenericArray(int size)
    {
        array = new T[size + 1];
    }
    public T GetArray(int index)
    {
        return array[index];
    }
    public void SetArray(int index, T value)
    {
        array[index] = value;
    }
}
```

執行結果

```
Microsoft Visual Studio 偵錯主控台
0 10 20 30 40
 Ⅰ Ⅱ Ⅲ Ⅳ Ⅴ
D:\C#\ch21\ch21_17\ch21_17\bin\Debug\net6.0\ch21_17.exe
按任意鍵關閉此視窗…
```

21-8-2　模擬堆疊操作

方案 ch21_18.sln：堆疊是一種先進後出的資料結構，這個程式會建立堆疊，然後分別書入 5、6 和 7 數字，然後將數字分別用先進後出方式輸出。

```
// ch21_18
MyStack<int> st = new MyStack<int>(10);
st.Push(5);
st.Push(6);
st.Push(7);
Console.WriteLine($" Pop資料 {st.Pop()} 成功");
Console.WriteLine($" Pop資料 {st.Pop()} 成功");
Console.WriteLine($" Pop資料 {st.Pop()} 成功");

public class MyStack<T>
{
    T[] stack;
    int index;
    public MyStack(int size)
    {
        index = 0;
        stack = new T[size];
    }
    public void Push(T num)
    {
        stack[index++] = num;
        Console.WriteLine($"Push資料 {num} 成功");
    }
    public T Pop()
    {
        return stack[--index];
    }
}
```

執行結果

```
Microsoft Visual Studio 偵錯主控台
Push資料 5 成功
Push資料 6 成功
Push資料 7 成功
 Pop資料 7 成功
 Pop資料 6 成功
 Pop資料 5 成功

D:\C#\ch21\ch21_18\ch21_18\bin\Debug\net6.0\ch21_18.exe
按任意鍵關閉此視窗…
```

習題實作題

方案 ex21_1.sln：設計 void Max<T>(ref T _x, ref T _y) 泛型函數，這個函數可以比較 _x 和 _y，然後將較大值放在 _x，利用這個特性，我們程式可以列出較大值。**註：**可以使用 dynamic 關鍵字，可以參考 12-10 節)。(21-2 節)

```
Microsoft Visual Studio 偵錯主控台
3 與 5 的較大值是 5
3.5 與 2.5 的較大值是 3.5
a 與 d 的較大值是 d

D:\C#\ex\ex21_1\ex21_1\bin\Debug\net6.0\ex21_1.exe
按任意鍵關閉此視窗…
```

方案 ex21_2.sln：重新設計 ch21_9.sln，改為輸出最大值。(21-4 節)

```
Microsoft Visual Studio 偵錯主控台
最大值是 : 20

D:\C#\ex\ex21_2\ex21_2\bin\Debug\net6.0\ex21_2.exe
按任意鍵關閉此視窗…
```

方案 ex21_3.sln：重新設計 ch21_13.sln，改為輸出最大值索引和最大值。(21-5 節)

```
Microsoft Visual Studio 偵錯主控台
最大值索引 : 4, 最大值 : 7

D:\C#\ex\ex21_3\ex21_3\bin\Debug\net6.0\ex21_3.exe
按任意鍵關閉此視窗…
```

方案 ex21_4.sln：請參考 ch21_17.sln，輸出羅馬數字 1 ~ 10。(21-8 節)

```
Microsoft Visual Studio 偵錯主控台
Ⅰ Ⅱ Ⅲ Ⅳ Ⅴ Ⅵ Ⅶ Ⅷ Ⅸ Ⅹ
D:\C#\ex\ex21_4\ex21_4\bin\Debug\net6.0\ex21_4.exe
按任意鍵關閉此視窗…
```

方案 ex21_5.sln：重新設計 ch21_18.sln，使用春天、夏天、秋天和冬天代替數字。(21-8 節)

```
Microsoft Visual Studio 偵錯主控台
Push資料 春天 成功
Push資料 夏天 成功
Push資料 秋天 成功
Push資料 冬天 成功
 Pop資料 冬天 成功
 Pop資料 秋天 成功
 Pop資料 夏天 成功
 Pop資料 春天 成功

D:\C#\ex\ex21_5\ex21_5\bin\Debug\net6.0\ex21_5.exe
按任意鍵關閉此視窗…
```

第 22 章

泛型集合

11-1 節筆者有介紹 .NET 的集合，該章主要是介紹 System.Collections 類別的傳統集合，這一章則是介紹 System.Collections.Generic 類別的泛型集合，由於泛型對於資料的使用比較有彈性，因此 Microsoft 公司也建議使用者未來應該多多利用泛型集合，取代原先的傳統集合。

22-1 System.Collections.Generic

在 System.Collections.Generic 命名空間內常用的集合類別如下，這些集合類別主要是敘述計算機科學領域，與資料結構有關的知識，當讀者了解這些集合，可以將工作上的資料依據特性，應用這些類別組織起來，方便未來存取。

List：串列。

Stack：堆疊。

Queue：佇列。

LinkedList：鏈結串列。

SortedSet：排序集合。

Dictionary：字典。

SortedList：排序串列。

SortedDictionary：排序字典。

22-2 List 串列

9-6 節筆者介紹過 Array，11-3 節有介紹 ArrayList，這一節是說明泛型的 List 類別，其實 List 是泛型版本的 ArrayList，皆是陣列結構的資料，資料是在連續的記憶體空間，不過在資料元素的應用上更具彈性。

22-2-1 建立 List 物件

如果只是建立 List 物件，可以使用下列語法：

```
List<T> 物件名稱 = new List<T>( );
```

如果建立 List 物件，同時要設定此物件的容量，可以增加 Int32 參數，可以參考下列語法。

```
List<T> 物件名稱 = new List<T>(Int32);
```

如果要建立 List 物件，同時含有初值，可以使用下列語法。

```
List<int> 物件名稱 = new List<int> { 系列初值 }
```

方案 ch22_1.sln：建立整數和字串的 List 物件，然後輸出。

```
1  // ch22_1
2  List<int> sc = new List<int> { 5, 7, 9 };
3  foreach (var s in sc)
4      Console.Write($"{s}  ");
5  Console.WriteLine();                      // 換行輸出
6  List<string> book = new List<string> { "Python", "C#" };
7  foreach (var b in book)
8      Console.Write($"{b}  ");
9  Console.WriteLine();                      // 換行輸出
10 var cities = new List<string> { "Taipei", null, "Tainan" };
11 foreach (var c in cities)
12     Console.Write($"{c}  ");
```

執行結果

```
Microsoft Visual Studio 偵錯主控台
5  7  9
Python  C#
Taipei    Tainan
D:\C#\ch22\ch22_1\ch22_1\bin\Debug\net6.0\ch22_1.exe
按任意鍵關閉此視窗…
```

上述請讀者留意第 6 和 10 行的宣告方式，此外第 10 行筆者故意使用 null 當作資料也是可以的。如果要建立 List 物件，同時將指定項目複製至此物件，可以使用下列語法。

```
List<T> 物件名稱 = new List<T>(IEnumerable<T>);
```

註1 上述 IEnumerable 是源自 System.Collections 命名空間的介面，這個介面的定義是指元素可以被迭代。所以在此 IEnumerable<T> 是指可以迭代的資料類型，均可以當作指定項目複製到 List 物件名稱內。

註2 在 11-3-1 節有介紹 ICollection，這是一個介面，這個介面是繼承 IEnumerable，這類集合的內容是可以編輯修改。

方案 ch22_2.sln：建立 List 物件，同時將可以列舉的資料複製至此物件，此例：可以列舉的資料是指 books 字串陣列。

```
// ch22_2
string[] books = { "C 王者歸來",
                   "演算法圖解邏輯思維 + Python實作",
                   "C# 王者歸來" };

List<string> mybooks = new List<string>(books);
foreach (string m in mybooks)
{
    Console.WriteLine(m);
}
```

執行結果

```
Microsoft Visual Studio 偵錯主控台
C 王者歸來
演算法圖解邏輯思維 + Python實作
C# 王者歸來

D:\C#\ch22\ch22_2\ch22_2\bin\Debug\net6.0\ch22_2.exe
按任意鍵關閉此視窗…
```

22-2-2　List 的屬性

List 的常用屬性如下：

Capacity：設定或是取得 List 物件的元素個數的容量。

Count：獲得 List 物件的元素個數。

方案 ch22_3.sln：認識 Capacity 和 Count 屬性。

```
// ch22_3
List<string> mylist = new List<string>();
Console.WriteLine("輸出空List變數的Capacity和Count屬性");
Console.WriteLine(mylist.Capacity);
Console.WriteLine(mylist.Count);

Console.WriteLine("輸出有資料List變數的Capacity和Count屬性");
string[] books = { "C 王者歸來",
                   "演算法圖解邏輯思維 + Python實作",
                   "C# 王者歸來" };
List<string> mybooks = new List<string>(books);
Console.WriteLine(mybooks.Capacity);
Console.WriteLine(mybooks.Count);
```

執行結果

```
Microsoft Visual Studio 偵錯主控台
輸出空List變數的Capacity和Count屬性
0
0
輸出有資料List變數的Capacity和Count屬性
3
3

D:\C#\ch22\ch22_3\ch22_3\bin\Debug\net6.0\ch22_3.exe
按任意鍵關閉此視窗…
```

22-2-3 List 方法

List 的常用方法如下：

List<T>.Add(T)：在物件末端增加元素。

List<T>.Insert(Int32, T)：在物件指定索引位置插入元素。

List<T>.Contains(T)：回傳元素是否存在，如果存在回傳 true，反之回傳 false。

List<T>.Clear( )：清除所有元素。

List<T>.Remove(T)：刪除第一個相符的元素。

List<T>.RemoveAt(Int32)：刪除指定索引的元素。

List<T>.RemoveRange(Int32, Int32)：刪除指定範圍的元素。

List<T>.IndexOf(T)：回傳元素第一次出現索引。

List<T>.LastIndexOf(T)：回傳最後出現字串的索引位置。

List<T>.Sort( )：元素排序。

List<T>.Reverse( )：元素反轉排列。

上述方法的使用說明可以參考 11-3-3 節。

方案 ch22_4.sln：使用 Add( )、Sort( ) 和 Reverse( ) 方法的應用。

```
// ch22_4
List<int> number = new List<int>();
number.Add(10);
number.Add(20);
number.Add(5);
Console.WriteLine("依據建立順序輸出");
foreach (int n in number)
{
    Console.Write(n + " ");
}
```

```
Console.WriteLine("\n依據反向排列輸出");
number.Reverse();
foreach (int n in number)
{
    Console.Write(n + " ");
}
Console.WriteLine("\n依據排序輸出");
number.Sort();
foreach (int n in number)
{
    Console.Write(n + " ");
}
```

執行結果

```
Microsoft Visual Studio 偵錯主控台
依據建立順序輸出
10 20 5
依據反向排列輸出
5 20 10
依據排序輸出
5 10 20
D:\C#\ch22\ch22_4\ch22_4\bin\Debug\net6.0\ch22_4.exe
按任意鍵關閉此視窗…
```

22-3 Stack 堆疊

堆疊 (stack) 也是一個線性的資料結構，特色是由下往上堆放資料，如下所示：

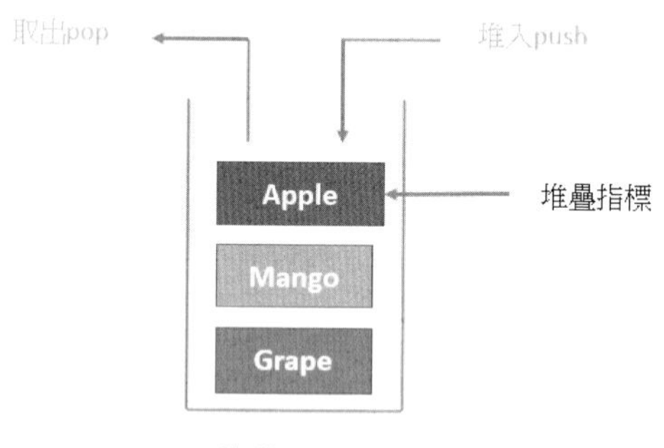

堆疊 Stack

將資料插入**堆疊**的動作稱**堆入** (push)，動作是由**下往上**堆放。將資料從堆疊中讀取的動作稱**取出** (pop)，動作是由**上往下**讀取，資料經讀取後同時從堆疊中移除。由於每一筆資料皆同一端進入與離開**堆疊**，整個過程有**先進後出** (first in last out) 的特徵，在這個資料結構下有一個堆疊指標恆指向堆疊最上方位置。

22-3-1 建立 Stack 物件

如果只是建立 Stack 物件，可以使用下列語法：

Stack<T> 物件名稱 = new Stack<T>( );

如果建立 Stack 物件，同時要設定此物件的容量，可以增加 Int32 參數，可以參考下列語法。

Stack<T> 物件名稱 = new Stack<T>(Int32);

如果要建立 Stack 物件，同時將指定項目複製至此物件，可以使用下列語法。

Stack<T> 物件名稱 = new Stack<T>(IEnumerable<T>);

方案 ch22_5.sln：建立元素是字串的 Stack 物件，然後輸出。

```
// ch22_5
string[] str = new string[] { "one", "five", "ten" };
Stack<string> number = new Stack<string>(str);
foreach (var n in number)                    // 後進先出
    Console.Write($"{n}  ");
```

執行結果

```
Microsoft Visual Studio 偵錯主控台
ten  five  one
D:\C#\ch22\ch22_5\ch22_5\bin\Debug\net6.0\ch22_5.exe
按任意鍵關閉此視窗…
```

22-3-2 Stack 的屬性

Stack 的屬性如下：

Count：獲得 Stack 物件的元素個數。

方案 ch22_6.sln：建立 Stack 物件然後輸出元素個數。

```
// ch22_6
string[] books = { "C 王者歸來",
                   "演算法圖解邏輯思維 + Python實作",
                   "C# 王者歸來" };

Stack<string> mybooks = new Stack<string>(books);
Console.WriteLine($"堆疊元素數量 : {mybooks.Count}");
```

執行結果

```
Microsoft Visual Studio 偵錯主控台
堆疊元素數量 : 3

D:\C#\ch22\ch22_6\ch22_6\bin\Debug\net6.0\ch22_6.exe
按任意鍵關閉此視窗…
```

22-3-3　Stack 方法

Stack 的常用方法如下：

Stack<T>.Push(T)：在堆疊頂端增加元素。

Stack<T>.Pop( )：讀取和移除堆疊頂端元素。

Stack<T>.Peek( )：讀取堆疊頂端元素，但是不移除此元素。

Stack<T>.Contains(T)：回傳元素是否存在，如果存在回傳 true，反之回傳 false。

Stack<T>.Clear( )：清除所有元素。

Stack<T>.ToArray(T)：將堆疊複製到陣列。

Stack<T>.Copyto(T[ ] array, int arrayIndex)：複製堆疊到陣列指定索引位置。

方案 ch22_7.sln：建立堆疊資料，然測試 Push( ) 和 Pop( ) 方法。

```
// ch22_7
Stack<string> numbers = new Stack<string>();
numbers.Push("one");
numbers.Push("two");
numbers.Push("three");
Console.WriteLine($"堆疊元素數量           : {numbers.Count}");
Console.WriteLine($"Peek()  資料           : {numbers.Peek()}");
Console.WriteLine($"Peek()後堆疊元素數量   : {numbers.Count}");
Console.WriteLine($"Pop()   資料           : {numbers.Pop()}");
Console.WriteLine($"Pop()後堆疊元素數量    : {numbers.Count}");
Console.WriteLine($"Pop()   資料           : {numbers.Pop()}");
```

執行結果

```
Microsoft Visual Studio 偵錯主控台
堆疊元素數量          : 3
Peek()  資料          : three
Peek()後堆疊元素數量  : 3
Pop()   資料          : three
Pop()後堆疊元素數量   : 2
Pop()   資料          : two

D:\C#\ch22\ch22_7\ch22_7\bin\Debug\net6.0\ch22_7.exe
按任意鍵關閉此視窗…
```

方案 ch22_8.sln：測試 ToArray( ) 和 CopyTo( ) 方法，因為 numberArray 陣列是從索引 3 開始放置堆疊資料，所以索引 0、1、2 皆是空白。

```
// ch22_8
Stack<string> numbers = new Stack<string>();
numbers.Push("one");
numbers.Push("two");
numbers.Push("three");
var numberArray1 = numbers.ToArray();        // ToArray()
```

```
foreach (var n in numberArray1)                // 輸出字串陣列 1
    Console.Write(n + " ");
Console.WriteLine();
string[] numberArray2 = new string[numbers.Count * 2];
numbers.CopyTo(numberArray2, numbers.Count);     // CopyTo()
foreach (var n in numberArray2)                // 輸出字串陣列 2
    Console.Write(n + " ");
```

執行結果

```
Microsoft Visual Studio 偵錯主控台
three two one
   three two one
D:\C#\ch22\ch22_8\ch22_8\bin\Debug\net6.0\ch22_8.exe
按任意鍵關閉此視窗…
```

22-4 Queue 佇列

佇列 (queue) 也是一個線性的資料結構，特色是從一端**插入資料至佇列**，**插入資料至佇列**動作稱 enqueue。從**佇列**另一端**讀取** (或稱**取出**) 資料，**讀取佇列資料**稱 dequeue，資料讀取後就將資料從佇列中移除。由於每一筆資料皆從一端進入佇列，從另一端離開佇列，整個過程有**先進先出** (first in first out) 的特徵。

佇列(queue)

佇列執行過程讀者可以想像，當進入麥當勞點餐時，櫃檯端接受不同客戶點餐，先點的餐點會先被處理，供客戶享用，同時此已供應的餐點就會從點餐流程中移除。

點餐流程

22-4-1 建立 Queue 物件

如果只是建立 Queue 物件，可以使用下列語法：

Queue<T> 物件名稱 = new Queue<T>( );

如果建立 Queue 物件，同時要設定此物件的容量，可以增加 Int32 參數，可以參考下列語法。

Queue<T> 物件名稱 = new Queue<T>(Int32);

如果要建立 Queue 物件，同時將指定項目複製至此物件，可以使用下列語法。

Queue<T> 物件名稱 = new Queue<T>(IEnumerable<T>);

方案 ch22_9.sln：建立元素是字串的 Queue 物件，然後輸出。

```
// ch22_9
string[] str = new string[] { "one", "five", "ten" };
Queue<string> number = new Queue<string>(str);
foreach (var n in number)                    // 先進先出
    Console.Write($"{n}  ");
```

執行結果

```
Microsoft Visual Studio 偵錯主控台
one  five  ten
D:\C#\ch22\ch22_9\ch22_9\bin\Debug\net6.0\ch22_9.exe
按任意鍵關閉此視窗…
```

22-4-2　Queue 的屬性

Queue 的屬性如下：

Count：獲得 Queue 物件的元素個數。

方案 ch22_10.sln：建立 Queue 物件然後輸出元素個數。

```
// ch22_10
string[] books = { "C 王者歸來",
                   "演算法圖解邏輯思維 + Python實作",
                   "C# 王者歸來" };

Queue<string> mybooks = new Queue<string>(books);
Console.WriteLine($"Queue元素數量 : {mybooks.Count}");
```

執行結果

```
Microsoft Visual Studio 偵錯主控台
Queue元素數量 : 3

D:\C#\ch22\ch22_10\ch22_10\bin\Debug\net6.0\ch22_10.exe
按任意鍵關閉此視窗…
```

22-4-3 Queue 方法

Queue 的常用方法如下：

Queue<T>.Enqueue(T)：在佇列增加元素。

Queue<T>.Dequeue( )：讀取和移除佇列前端元素。

Queue<T>.Peek( )：讀取佇列前端元素，但是不移除此元素。

Queue<T>.Contains(T)：回傳元素是否存在，如果存在回傳 true，反之回傳 false。

Queue<T>.Clear( )：清除所有元素。

Queue<T>.ToArray(T)：將佇列複製到陣列。

Queue<T>.Copyto(T[ ] array, int arrayIndex)：複製佇列到陣列指定索引位置。

方案 ch22_11.sln：建立佇列資料，然測試 Enqueue( ) 和 Dequeue( ) 方法。

```
// ch22_11
Queue<string> numbers = new Queue<string>();
numbers.Enqueue("one");
numbers.Enqueue("two");
numbers.Enqueue("three");
Console.WriteLine($"佇列元素數量              : {numbers.Count}");
Console.WriteLine($"Peek()   資料             : {numbers.Peek()}");
Console.WriteLine($"Peek()後佇列元素數量      : {numbers.Count}");
Console.WriteLine($"Dequeue()    資料         : {numbers.Dequeue()}");
Console.WriteLine($"Dequeue()後佇列元素數量 : {numbers.Count}");
Console.WriteLine($"Dequeue()    資料         : {numbers.Dequeue()}");
```

執行結果

```
Microsoft Visual Studio 偵錯主控台
佇列元素數量             : 3
Peek()   資料            : one
Peek()後佇列元素數量     : 3
Dequeue()    資料        : one
Dequeue()後佇列元素數量 : 2
Dequeue()    資料        : two

D:\C#\ch22\ch22_11\ch22_11\bin\Debug\net6.0\ch22_11.exe
按任意鍵關閉此視窗…
```

方案 ch22_12.sln：測試 Contains( ) 方法。

```
// ch22_12
Queue<int> queue = new Queue<int>();
queue.Enqueue(1);
queue.Enqueue(2);
queue.Enqueue(3);

Console.WriteLine($"queue.Contains(2) : {queue.Contains(2)}");
Console.WriteLine($"queue.Contains(4) : {queue.Contains(4)}");
```

執行結果

```
Microsoft Visual Studio 偵錯主控台
queue.Contains(2) : True
queue.Contains(4) : False

D:\C#\ch22\ch22_12\ch22_12\bin\Debug\net6.0\ch22_12.exe
按任意鍵關閉此視窗…
```

22-5 LinkedList 鏈結串列

鏈結串列 (linked list) 表面上看是一串的數據，但是串列內的數據可能是散佈在記憶體的各個地方。更明確的說，**鏈結串列**與**陣列**最大不同是，**陣列資料元素**是在記憶體的連續空間，**鏈結串列資料**元素是散佈在記憶體各個地方。

此外，鏈結串列 (LinkedList) 與 List 最大差異是，鏈結串列可以從頭部或是從尾部加入與刪除元素。

22-5-1 建立 LinkedList 物件

如果只是建立 LinkedList 物件，可以使用下列語法：

```
LinkedList<T> 物件名稱 = new LinkedList<T>( );
```

如果建立 LinkedList 物件，同時要設定此物件的容量，可以增加 Int32 參數，可以參考下列語法。

```
LinkedList<T> 物件名稱 = new LinkedList<T>(Int32);
```

如果要建立 List 物件，同時含有初值，可以使用下列語法。

```
List<T> 物件名稱 = new List<T>(IEnumerable<T>);
```

方案 ch22_13.sln：建立元素是字串的 LinkedList 物件，然後輸出。

```
// ch22_13
string[] str = new string[] { "one", "five", "ten" };
LinkedList<string> number = new LinkedList<string>(str);
foreach (var n in number)                    // 先進先出
    Console.Write($"{n}  ");
```

執行結果

```
Microsoft Visual Studio 偵錯主控台
one  five  ten
D:\C#\ch22\ch22_13\ch22_13\bin\Debug\net6.0\ch22_13.exe
按任意鍵關閉此視窗…
```

22-5-2 LinkedList 的屬性

LinkedList 的常用屬性如下：

Count：獲得 LinkedList 物件的元素個數。

First：LinkedList 物件的最前面節點，需加上 Value 屬性才可以顯示內容。

Last：LinkedList 物件的最後面節點，需加上 Value 屬性才可以顯示內容。

方案 ch22_14.sln：認識 Count、First 和 Last 屬性。

```
// ch22_14
string[] books = { "C 王者歸來",
                   "演算法圖解邏輯思維 + Python實作",
                   "C#  王者歸來" };

LinkedList<string> mybooks = new LinkedList<string>(books);
Console.WriteLine($"LinkedList元素數量      : {mybooks.Count}");
Console.WriteLine($"LInkedList第 1 個元素 : {mybooks.First.Value}");
Console.WriteLine($"LInkedList最後元素      : {mybooks.Last.Value}");
```

執行結果

```
Microsoft Visual Studio 偵錯主控台
LinkedList元素數量    : 3
LInkedList第 1 個元素 : C 王者歸來
LInkedList最後元素    : C# 王者歸來

D:\C#\ch22\ch22_14\ch22_14\bin\Debug\net6.0\ch22_14.exe
按任意鍵關閉此視窗…
```

22-5-3 LinkedList 方法

LinkedList 的常用方法如下：

LinkedList<T>.AddFirst(LinkedListNode <T>)：在物件前端增加節點。

LinkedList<T>.AddAfter(LinkedListNode <T>, LinkedListNode <T>)：在現有節點後增加節點。

LinkedList<T>.AddBefore(LinkedListNode <T>, LinkedListNode <T>)：在現有節點前增加節點。

LinkedList<T>.AddLast(LinkedListNode <T>)：在物件末端增加節點。

LinkedList<T>.Contains(T)：回傳節點元素是否存在。

LinkedList<T>.Clear( )：清除所有節點。

LinkedList<T>.Remove(LinkedListNode <T>)：刪除第一個相符的節點。

LinkedList<T>.RemoveFirst( )：刪除最前端的節點。

LinkedList<T>.RemoveLast( )：刪除最後面的節點。

方案 ch22_15.sln：建立與輸出鏈結串列，然後列出最前方節點與最後方節點元素，接著將最後節點移到最前方，然後再輸出鏈結串列。

```
// ch22_15
LinkedList<String> lList = new LinkedList<String>();
lList.AddLast("red");
lList.AddLast("green");
lList.AddLast("blue");
Console.WriteLine("輸出 LinkedList ");
foreach (string str in lList)
    Console.Write(str + " ");
Console.WriteLine($"\nIList最前方節點元素 : {lList.First.Value}");
Console.WriteLine($"IList最後方節點元素 : {lList.Last.Value}");
// 最後節點移到最前面
LinkedListNode<string> mark = lList.Last;    // 最後節點
lList.RemoveLast();                          // 移除最後節點
lList.AddFirst(mark);                        // 加到最前方
Console.WriteLine("最後節點移到最前面, 重新輸出 LinkedList");
foreach (string str in lList)
    Console.Write(str + " ");
```

執行結果

```
Microsoft Visual Studio 偵錯主控台
輸出 LinkedList
red green blue
IList最前方節點元素 : red
IList最後方節點元素 : blue
最後節點移到最前面, 重新輸出 LinkedList
blue red green
D:\C#\ch22\ch22_15\ch22_15\bin\Debug\net6.0\ch22_15.exe
按任意鍵關閉此視窗…
```

22-6 SortedSet 集合

這是一個保持排序、資料不重複出現的集合。

22-6-1　建立 SortedSet 物件

如果只是建立 SortedSet 物件，可以使用下列語法：

SortedSet<T> 物件名稱 = new SortedSet<T>( );

如果建立 SortedSet 物件，同時要設定此物件的容量，可以增加 Int32 參數，可以參考下列語法。

SortedSet<T> 物件名稱 = new SortedSet<T>(Int32);

如果要建立物件，同時含有初值，可以使用下列語法。

SortedSet<int> 物件名稱 = new SortedSet<int> { 系列初值 }

方案 ch22_16.sln：建立整數和字串的 SortedSet 物件，然後輸出，因為資料不重複，所以第 2 行有 2 筆 7，最後輸出只有 1 筆 7。第 6 行有 2 筆 "C#"，最後輸出只有 1 筆 "C#"。

```
1  // ch22_16
2  SortedSet<int> sc = new SortedSet<int> { 8, 7, 9, 7, 5};
3  foreach (var s in sc)
4      Console.Write($"{s}  ");
5  Console.WriteLine();                     // 換行輸出
6  SortedSet<string> book = new SortedSet<string> { "Python", "C#", "C#" };
7  foreach (var b in book)
8      Console.Write($"{b}  ");
```

執行結果

```
Microsoft Visual Studio 偵錯主控台
5  7  8  9
C#  Python
D:\C#\ch22\ch22_16\ch22_16\bin\Debug\net6.0\ch22_16.exe
按任意鍵關閉此視窗…
```

如果要建立 SortedSet 物件，同時將指定項目複製至此物件，可以使用下列語法。

SortedSet<T> 物件名稱 = new SortedSet<T>(IEnumerable<T>);

SortedSet<T> 物件名稱 = new SortedSet<T>(IComparer<T>);

註 上述 IComparer 是源自 System.Collections 命名空間的介面，這個介面的定義是可以使用 Compare(T obj1, T obj2) 作比較。所以在此 IComparer<T> 是指可以比較的資料類型，均可以當作指定項目複製到 SortedSet 物件名稱內。

方案 ch22_17.sln：建立 SortedSet 物件，同時將可以列舉的資料複製至此物件，此例：可以列舉的資料是指 program 字串陣列。**註**：其實字串也是可以比較的資料類型。

```
// ch22_17
string[] program = { "Java", "Python", "C#" };

SortedSet<string> programs = new SortedSet<string>(program);
foreach (string p in programs)
{
    Console.WriteLine(p);
}
```

執行結果

```
Microsoft Visual Studio 偵錯主控台
C#
Java
Python

D:\C#\ch22\ch22_17\ch22_17\bin\Debug\net6.0\ch22_17.exe
按任意鍵關閉此視窗…
```

22-6-2　SortedSet 的屬性

SortedSet 的常用屬性如下：

Count：獲得 SortedSet 物件的元素個數。

Max：元素的最大值。

Min：元素的最小值。

方案 ch22_18.sln：認識 Count、Max 和 Min 屬性。

```
// ch22_18
int[] number = { 9, 7, 3, 7, 9 };

SortedSet<int> num = new SortedSet<int>(number);
Console.WriteLine($"元素數量    : {num.Count}");
Console.WriteLine($"元素最大值 : {num.Max}");
Console.WriteLine($"元素最小值 : {num.Min}");
```

執行結果

```
Microsoft Visual Studio 偵錯主控台
元素數量    : 3
元素最大值 : 9
元素最小值 : 3

D:\C#\ch22\ch22_18\ch22_18\bin\Debug\net6.0\ch22_18.exe
按任意鍵關閉此視窗…
```

22-6-3　SortedSet 方法

SortedSet 的常用方法如下：

SortedSet<T>.Add(T)：將元素加入，同時回傳是否加入成功。

SortedSet<T>.Contains(T)：回傳元素是否存在。

SortedSet<T>.IntersectWith(IEnumerable<T>)：與另一個 SortedSet 物件作交集。

SortedSet<T>.UnionWith(IEnumerable<T>)：與另一個 SortedSet 物件作聯集。

SortedSet<T>.Remove(T)：刪除指定元素。

SortedSet<T>.Clear( )：清除所有元素。

SortedSet<T>.IsSubsetOf(IEnumerable<T>)：是否指定 SortedSet 物件的子集合。

SortedSet<T>.IsSupersetOf(IEnumerable<T>)：是否指定 SortedSet 物件的父集合。

SortedSet<T>.Reverse( )：元素反向排列。

方案 ch22_19.sln：以問答方式建立 SortedSet 物件。

```
// ch22_19
int n;                                        // 讀取輸入數字
string yesno = "Y";                           // 是否繼續讀取字串
SortedSet<int> num = new SortedSet<int> ();
Console.WriteLine("建立 SortedSet");
while (yesno == "y" || yesno == "Y")
{
    Console.Write("請輸入數字 : ");
    n = Convert.ToInt32(Console.ReadLine());
    if (num.Add(n))                           // 如果不存在則繼續
        Console.WriteLine($"加入數字 : {n} 成功");
    Console.Write("是否繼續 ?(y/n)");
    yesno = Console.ReadLine();
}
Console.WriteLine("你所建立的 SortedSet 如下 : ");
foreach (var x in num)
    Console.Write(x + " ");
```

執行結果

```
Microsoft Visual Studio 偵錯主控台
建立 SortedSet
請輸入數字 : 5
加入數字 : 5 成功
是否繼續 ?(y/n)y
請輸入數字 : 9
加入數字 : 9 成功
是否繼續 ?(y/n)y
請輸入數字 : 3
加入數字 : 3 成功
是否繼續 ?(y/n)n
你所建立的 SortedSet 如下 :
3 5 9
D:\C#\ch22\ch22_19\ch22_19\bin\Debug\net6.0\ch22_19.exe
按任意鍵關閉此視窗…
```

22-7 Dictionary 集合

這是一個字典格式的集合，每個字典元素是由 <TKey, TValue> 組成，可以想成 < 鍵，值 > 配對元素，其中鍵 (Key) 是唯一不可以是 null，值則是可以重複或是 null。

註 11-4 節筆者介紹了哈希表，其實字典 Dictionary 的格式就是哈希表。

22-7-1　建立 Dictionary 物件

如果只是建立 Dictionary 物件，可以使用下列語法：

Dictionary<TKey, TValue> 物件名稱 = new Dictionary<TKey, TValue>( );

如果建立 Dictionary 物件，同時要設定此物件的容量，可以增加 Int32 參數，可以參考下列語法。

Dictionary<TKey, TValue> 物件名稱 = new Dictionary<TKey, TValue>(Int32);

如果要建立物件，同時含有初值，可以使用下列語法。

Dictionary<TKey, TValue> 物件名稱 = new Dictionary<TKey, TValue> { 系列初值 }

方案 ch22_20.sln：建立鍵 (Key) 是整數和字串的 Dictionary 物件，值 (Value) 則是字串，然後輸出，宣告時第 2 行採用標準宣告，第 10 行採用 var 簡化宣告。輸出時第 8 行筆者使用中規中矩的宣告 n，第 17 行則使用簡化 var 方式宣告 n，當輸出時 n.Key 表示輸出元素的鍵 (Key)，n.Value 表示輸出元素的值 (Value)。

```
1  // ch22_20
2  Dictionary<int, string> number = new Dictionary<int, string>()
3  {
4      {1, "one"},
5      {2, "two"},
6      {3, "three"}
7  };
8  foreach (KeyValuePair<int, string> n in number)
9      Console.WriteLine($"Key:{n.Key}, Value:{n.Value}");
10 var season = new Dictionary<string, string>()
11 {
12     {"春季", "Spring"},
13     {"夏季", "Summer"},
14     {"秋季", "Autumn"},
15     {"冬季", "Winter"}
16 };
17 foreach (var n in season)
18     Console.WriteLine($"Key:{n.Key}, Value:{n.Value}");
```

執行結果

```
Microsoft Visual Studio 偵錯主控台
Key:1, Value:one
Key:2, Value:two
Key:3, Value:three
Key:春季, Value:Spring
Key:夏季, Value:Summer
Key:秋季, Value:Autumn
Key:冬季, Value:Winter

D:\C#\ch22\ch22_20\ch22_20\bin\Debug\net6.0\ch22_20.exe
按任意鍵關閉此視窗…
```

22-7-2 Dictionary 的屬性

Dictionary 的常用屬性如下：

Count：獲得 Dictionary 物件的元素個數。

Keys：獲得鍵 (Key) 集合，對一個字典變數，此變數的 Keys 屬性就包含了所有鍵 (Key) 的內容，我們可以使用 foreach 遍歷此鍵的內容。

Values：獲得值 (Value) 集合，對一個字典變數，此變數的 Values 屬性就包含了所有值 (Value) 的內容，我們可以使用 foreach 遍歷此值的內容。

方案 ch22_21.sln：獲得 Dictionary 物件的 Keys 屬性，**註**：其實參考方案 ch22_20.sln 的第 8 ~ 9 行，使用 n.Key 方式也可以獲得所有的鍵 (Key)。

```
1  // ch22_21
2  Dictionary<int, string> number = new Dictionary<int, string>()
3  {
4      {1, "one"},
5      {2, "two"},
6      {3, "three"}
7  };
8  Dictionary<int, string>.KeyCollection numberKeys = number.Keys;
9  foreach (int n in numberKeys)
10     Console.WriteLine($"Key:{n}");
11 var season = new Dictionary<string, string>()
12 {
13     {"春季", "Spring"},
14     {"夏季", "Summer"},
15     {"秋季", "Autumn"},
16     {"冬季", "Winter"}
17 };
18 Dictionary<string, string>.KeyCollection seasonKeys = season.Keys;
19 foreach (string n in seasonKeys)
20     Console.WriteLine($"Key:{n}");
```

執行結果

```
Microsoft Visual Studio 偵錯主控台
Key:1
Key:2
Key:3
Key:春季
Key:夏季
Key:秋季
Key:冬季

D:\C#\ch22\ch22_21\ch22_21\bin\Debug\net6.0\ch22_21.exe
按任意鍵關閉此視窗…
```

上述讀者需要留意的是第 8 行宣告鍵值的變數 numberKeys，如下：

```
Dictionary<int, string>.KeyCollection numberKeys = number.Keys;
```

第 18 行宣告鍵值的變數 seasonKeys，如下：

Dictionary<string, string>.KeyCollection seasonKeys = season.Keys;

其實上述第 8 和 18 行宣告是可以省略，在第 9 和 19 行的 foreach 內，直接可以遍歷 number.Keys 和 season.Keys 即可。

方案 ch22_21_1.sln：簡化方式設計 ch22_21.sln。

```
1  // ch22_21_1
2  Dictionary<int, string> number = new Dictionary<int, string>()
3  {
4      {1, "one"},
5      {2, "two"},
6      {3, "three"}
7  };
8  // Dictionary<int, string>.KeyCollection numberKeys = number.Keys;
9  foreach (int n in number.Keys)
10     Console.WriteLine($"Key:{n}");
11 var season = new Dictionary<string, string>()
12 {
13     {"春季", "Spring"},
14     {"夏季", "Summer"},
15     {"秋季", "Autumn"},
16     {"冬季", "Winter"}
17 };
18 // Dictionary<string, string>.KeyCollection seasonKeys = season.Keys;
19 foreach (string n in season.Keys)
20     Console.WriteLine($"Key:{n}");
```

執行結果 與 ch22_21.sln 相同。

方案 ch22_22.sln：獲得 Dictionary 物件的 Values 屬性，註：其實參考方案 ch22_20.sln 的第 8 ~ 9 行，使用 n.Value 方式也可以獲得所有的值 (Value)。

```
// ch22_22
Dictionary<int, string> number = new Dictionary<int, string>()
{
    {1, "one"},
    {2, "two"},
    {3, "three"}
};
Dictionary<int, string>.ValueCollection numberValues = number.Values;
foreach (string n in numberValues)
    Console.WriteLine($"Value:{n}");
var season = new Dictionary<string, string>()
{
    {"春季", "Spring"},
    {"夏季", "Summer"},
    {"秋季", "Autumn"},
    {"冬季", "Winter"}
};
Dictionary<string, string>.ValueCollection seasonValues = season.Values;
foreach (string n in seasonValues)
    Console.WriteLine($"Value:{n}");
```

執行結果

```
Microsoft Visual Studio 偵錯主控台
Value:one
Value:two
Value:three
Value:Spring
Value:Summer
Value:Autumn
Value:Winter

D:\C#\ch22\ch22_22\ch22_22\bin\Debug\net6.0\ch22_22.exe
按任意鍵關閉此視窗…
```

上述讀者需要留意的是第 8 行宣告鍵值的變數 numberValues，如下：

Dictionary<int, string>.ValueCollection numberValues = number.Values;

第 18 行宣告鍵值的變數 seasonValues，如下：

Dictionary<string, string>.KeyCollection seasonValues = season.Values;

其實上述第 8 和 18 行宣告是可以省略，在第 9 和 19 行的 foreach 內，直接可以遍歷 number.Values 和 season.Values 即可。

方案 ch22_22_1.sln：簡化方式設計 ch22_22.sln。

```
1  // ch22_22_1
2  Dictionary<int, string> number = new Dictionary<int, string>()
3  {
4      {1, "one"},
5      {2, "two"},
6      {3, "three"}
7  };
8  //Dictionary<int, string>.ValueCollection numberValues = number.Values;
9  foreach (string n in number.Values)
10     Console.WriteLine($"Value:{n}");
11 var season = new Dictionary<string, string>()
12 {
13     {"春季", "Spring"},
14     {"夏季", "Summer"},
15     {"秋季", "Autumn"},
16     {"冬季", "Winter"}
17 };
18 //Dictionary<string, string>.ValueCollection seasonValues = season.Values;
19 foreach (string n in season.Values)
20     Console.WriteLine($"Value:{n}");
```

執行結果 與 ch22_22.sln 相同。

22-7-3　Dictionary 方法

Dictionary 的常用方法如下：

Dictionary<TKey, TValue>.Add(TKey, TValue)：將鍵值配對元素加入。

Dictionary<TKey, TValue>.Clear( )：刪除字典元素。

Dictionary<TKey, TValue>.ContainsKey(TKey)：回傳鍵是否存在。

Dictionary<TKey, TValue>.Contains(TValue)：回傳值是否存在。

Dictionary<TKey, TValue>.Remove(TKey)：將含特定鍵刪除。

Dictionary<TKey, TValue>.TryGetValue(TKey, TValue)：取得指定鍵的值。

除了上述方法，也可以使用下列方式取得與設定字典配對值。

字典變數[Key] = xx;

方案 ch22_23.sln：建立 Dictionary 物件。

```
// ch22_23
Dictionary<int, string> number = new Dictionary<int, string>();
number.Add(1, "One");             // 使用 Add() 方法
number.Add(2, "Two");
number.Add(3, "Three");
Console.WriteLine($"number[1] : {number[1]}");
Console.WriteLine($"number[2] : {number[2]}");
Console.WriteLine($"number[3] : {number[3]}");
Dictionary<string, string> season = new Dictionary<string, string>();
season.Add("春季", "Spring");    // 使用 Add() 方法
season.Add("夏季", "Summer");
Console.WriteLine($"season[春季] : {season["春季"]}");
Console.WriteLine($"season[夏季] : {season["夏季"]}");
```

執行結果

```
Microsoft Visual Studio 偵錯主控台
number[1] : One
number[2] : Two
number[3] : Three
season[春季] : Spring
season[夏季] : Summer

D:\C#\ch22\ch22_23\ch22_23\bin\Debug\net6.0\ch22_23.exe
按任意鍵關閉此視窗…
```

方案 ch22_24.sln：使用直接設定方式建立字典內容。

```
// ch22_24
Dictionary<int, string> number = new Dictionary<int, string>();
number.Add(1, "One");                // 使用 Add() 方法
```

```
4  number.Add(2, "Two");
5  number[3] = "three";                 // 直接設定
6  Console.WriteLine($"number[1] : {number[1]}");
7  Console.WriteLine($"number[2] : {number[2]}");
8  Console.WriteLine($"number[3] : {number[3]}");
9  Dictionary<string, string> season = new Dictionary<string, string>();
10 season.Add("春季", "Spring");         // 使用 Add() 方法
11 season["夏季"] = "Summer";            // 直接設定
12 Console.WriteLine($"season[春季] : {season["春季"]}");
13 Console.WriteLine($"season[夏季] : {season["夏季"]}");
```

執行結果

```
Microsoft Visual Studio 偵錯主控台
number[1] : One
number[2] : Two
number[3] : three
season[春季] : Spring
season[夏季] : Summer

D:\C#\ch22\ch22_24\ch22_24\bin\Debug\net6.0\ch22_24.exe
按任意鍵關閉此視窗…
```

讀者需留意第 5 和 11 行字典內容的設定。

22-8 SortedList 集合

這是一個保持排序、資料不重複出現的排序串列集合。每個元素是由 <TKey, TValue> 組成，與字典 (Dictionary) 物件相同，相當於建立此集合後，此集合會自動依據鍵 (Key) 做排序。

22-8-1 建立 SortedList 物件

如果只是建立 SortedList 物件，可以使用下列語法：

```
SortedList<TKey, TValue> 物件名稱 = new SortedList<TKey, TValue>( );
```

如果建立 SortedList 物件，同時要設定此物件的容量，可以增加 Int32 參數，可以參考下列語法。

```
SortedList<TKey, TValue> 物件名稱 = new SortedList<TKey, TValue>(Int32);
```

如果要建立物件，同時含有初值，可以使用下列語法。

```
SortedList<TKey, TValue> 物件名稱 = new SortedList<TKey, TValue> { 系列初值 }
```

方案 ch22_25.sln：重新設計 ch22_20.sln，但是有對鍵值做修改，讀者可以發現輸出時會依鍵值排序輸出。

```
// ch22_25
SortedList<int, string> number = new SortedList<int, string>()
{
    {9, "nine" },
    {1, "one"},
    {6, "six" },
    {3, "three"}
};
foreach (KeyValuePair<int, string> n in number)
    Console.WriteLine($"Key:{n.Key}, Value:{n.Value}");
var season = new SortedList<string, string>()
{
    {"Spring", "春季"},
    {"Summer", "夏季"},
    {"Autumn", "秋季"},
    {"Winter", "冬季"}
};
foreach (var n in season)
    Console.WriteLine($"Key:{n.Key}, Value:{n.Value}");
```

執行結果

```
Microsoft Visual Studio 偵錯主控台
Key:1, Value:one
Key:3, Value:three
Key:6, Value:six
Key:9, Value:nine
Key:Autumn, Value:秋季
Key:Spring, Value:春季
Key:Summer, Value:夏季
Key:Winter, Value:冬季

D:\C#\ch22\ch22_25\ch22_25\bin\Debug\net6.0\ch22_25.exe
按任意鍵關閉此視窗…
```

如果要建立 SortedList 物件，同時將指定項目複製至此物件，可以使用下列語法。

SortedList<TKey, TValue> 物件名稱 = new SortedList<TKey, TValue>(IDictionary);

註 上述 IDictionary 是源自 System.Collections 命名空間的介面，這個介面的功能是指元素以 < 鍵 , 值 > 組成，可以想成元素是字典資料。上述 IDictionary 是指字典的資料類型，可以當作指定項目複製到 SortedList 物件名稱內。

方案 ch22_26.sln：建立 SortedList 物件，同時將字典資料複製至此物件。

```
// ch22_26
var season = new SortedList<string, string>()
{
    {"Spring", "春季"},
    {"Summer", "夏季"},
```

```
    {"Autumn", "秋季"},
    {"Winter", "冬季"}
};
SortedList<string, string> sortS = new SortedList<string, string>(season);
foreach (var s in sortS)
    Console.WriteLine($"Key:{s.Key}, Value:{s.Value}");
```

執行結果

```
Microsoft Visual Studio 偵錯主控台
Key:Autumn, Value:秋季
Key:Spring, Value:春季
Key:Summer, Value:夏季
Key:Winter, Value:冬季

D:\C#\ch22\ch22_26\ch22_26\bin\Debug\net6.0\ch22_26.exe
按任意鍵關閉此視窗…
```

22-8-2 SortedList 的屬性

SortedList 的常用屬性如下：

Capacity：SortedList 物件的元素容量。

Count：獲得 SortedList 物件的元素個數。

Keys：獲得鍵 (Key) 集合，對一個 SortedList 變數，此變數的 Keys 屬性就包含了所有鍵 (Key) 的內容，我們可以使用 foreach 遍歷此鍵的內容。

Values：獲得值 (Value) 集合，對一個 SortedList 變數，此變數的 Values 屬性就包含了所有值 (Value) 的內容，我們可以使用 foreach 遍歷此值的內容。

方案 ch22_27;.sln：輸出 SortedList 的元素個數，同時輸出所有鍵與值。

```
// ch22_27
SortedList<int, string> number = new SortedList<int, string>()
{
    {9, "nine" },
    {1, "one"},
    {6, "six" },
    {3, "three"}
};
Console.WriteLine($"元素個數 : {number.Count}");
Console.WriteLine("元素鍵的內容如下 : ");
foreach (int n in number.Keys)
    Console.WriteLine($"Key:{n}");
Console.WriteLine("元素值的內容如下 : ");
foreach (string n in number.Values)
    Console.WriteLine($"Value:{n}");
```

執行結果

```
Microsoft Visual Studio 偵錯主控台
元素個數 : 4
元素鍵的內容如下 :
Key:1
Key:3
Key:6
Key:9
元素值的內容如下 :
Value:one
Value:three
Value:six
Value:nine

D:\C#\ch22\ch22_27\ch22_27\bin\Debug\net6.0\ch22_27.exe
按任意鍵關閉此視窗…
```

22-8-3 SortedList 方法

SortedList 的常用方法如下：

SortedList<TKey, TValue>.Add(TKey, TValue)：將鍵值配對元素加入。

SortedList<TKey, TValue>.Clear( )：刪除 SortedList 物件的所有元素。

SortedList<TKey, TValue>.ContainsKey(TKey)：回傳鍵是否存在。

SortedList<TKey, TValue>.Contains(TValue)：回傳值是否存在。

SortedList<TKey, TValue>.Remove(TKey)：將含特定鍵刪除。

SortedList<TKey, TValue>.GetKeyAtIndex(Int32)：取得特定索引的鍵。

SortedList<TKey, TValue>.GetValueAtIndex(Int32)：取得特定索引的值。

SortedList<TKey, TValue>.IndexOfKey(TKey)：取得特定鍵的索引。

SortedList<TKey, TValue>.IndexOfValue(TKey)：取得特定值的索引。

SortedList<TKey, TValue>.TryGetValue(TKey, TValue)：取得指定鍵的值。

除了上述方法，也可以使用下列方式取得與設定 SortedList 配對值。

```
字典變數[Key] = xx;
```

方案 ch22_28.sln：以不同方式建立 SortedList 物件，然後刪除鍵 2，同時將輸出結果做比較。

```
// ch22_28
SortedList<int, string> num = new SortedList<int, string>();
num.Add(3, "Three");
num.Add(1, "One");
num[2] = "Two";           // 用不同方式建立元素
num[5] = "Five";
num[4] = "Four";
foreach (var n in num)
    Console.Write($"{n.Key}:{n.Value, 6},     ");
num.Remove(2);            // 刪除成功
num.Remove(10);           // 鍵不存在，但是程式沒有錯誤
Console.WriteLine("\n刪除元素 2 後");
foreach (var n in num)
    Console.Write($"{n.Key}:{n.Value, 6},     ");
```

執行結果

Microsoft Visual Studio 偵錯主控台

```
1:   One,      2:   Two,      3: Three,      4:  Four,      5:  Five,
刪除元素 2 後
1:   One,      3: Three,      4:  Four,      5:  Five,
D:\C#\ch22\ch22_28\ch22_28\bin\Debug\net6.0\ch22_28.exe (處理序 18048)
按任意鍵關閉此視窗…
```

方案 ch22_29.sln：Contains( ) 和 TryGetValue( ) 函數的應用。

```
// ch22_29
SortedList<int, string> num = new SortedList<int, string>();
num.Add(3, "Three");
num.Add(1, "One");
num[2] = "Two";               // 用不同方式建立元素
num[5] = "Five";
num[4] = "Four";
if (!num.ContainsKey(9))      // 如果不含 Key 是 9
{
    num[9] = "Nine";          // 建立此元素
}
string result;
if (num.TryGetValue(9, out result))
    Console.WriteLine($"9:{result}");
```

執行結果

Microsoft Visual Studio 偵錯主控台

```
9:Nine

D:\C#\ch22\ch22_29\ch22_29\bin\Debug\net6.0\ch22_29.exe
按任意鍵關閉此視窗…
```

22-9 SortedDictionary 集合

這個集合的用法和 22-8 節 SortedDictionary 相同，所不同的是記憶體的使用方式不同，執行速度也是不相同。

SortedList：使用比較少的記憶體空間。

SortedDictionary：執行插入與刪除元素速度比較快。

對讀者而言只要將 22-8 節的程式 SortedList 改為 SortedDictionary 即可。

方案 ch22_30.sln：使用 SortedDictionary 集合重新設計 ch22_27.sln。

```
// ch22_30
SortedDictionary<int, string> number = new SortedDictionary<int, string>()
{
    {9, "nine" },
    {1, "one"},
    {6, "six" },
    {3, "three"}
};
Console.WriteLine($"元素個數 : {number.Count}");
Console.WriteLine("元素鍵的內容如下 : ");
foreach (int n in number.Keys)
    Console.WriteLine($"Key:{n}");
Console.WriteLine("元素值的內容如下 : ");
foreach (string n in number.Values)
    Console.WriteLine($"Value:{n}");
```

執行結果　與 ch22_27.sln 相同。

習題實作題

方案 ex22_1.sln：有 6 個城市 Taipei、Chicago、Singapore、Hsinchu、Tainan 和 Tokyo，請依次建立後輸出，然後反向輸出，最後排序輸出。(22-2 節)

```
Microsoft Visual Studio 偵錯主控台
依據建立順序輸出
Taipei Chicago Singapore Hsinchu Tainan Tokyo
依據反向排列輸出
Tokyo Tainan Hsinchu Singapore Chicago Taipei
依據排序輸出
Chicago Hsinchu Singapore Tainan Taipei Tokyo
D:\C#\ex\ex22_1\ex22_1\bin\Debug\net6.0\ex22_1.exe
按任意鍵關閉此視窗…
```

方案 ex22_2.sln：建立 List 物件，內容是 1、3、5、7 請輸出此物件。然後在索引 2 插入 9，請輸出插入結果。**註**：插入可以使用 Insert( ) 方法，此方法的用法可以參考 11-3-7 節。(22-2 節)

```
Microsoft Visual Studio 偵錯主控台
1  3  5  7  在索引 2 位置插入 9
1  3  9  5  7
D:\C#\ex\ex22_2\ex22_2\bin\Debug\net6.0\ex22_2.exe
按任意鍵關閉此視窗…
```

方案 ex22_3.sln：建立堆疊依次含有 Apple、Mango 和 Grape，然後用迴圈輸出此堆疊資料，每次輸出皆會顯示堆疊剩餘數量，直到堆疊沒有資料。(22-3 節)

```
Microsoft Visual Studio 偵錯主控台
Pop 資料 : Apple
堆疊剩 2 筆資料
Pop 資料 : Mango
堆疊剩 1 筆資料
Pop 資料 : Grape
堆疊剩 0 筆資料

D:\C#\ex\ex22_3\ex22_3\bin\Debug\net6.0\ex22_3.exe
按任意鍵關閉此視窗…
```

方案 ex22_4.sln：建立 Queue 物件，此物件每個元素是一個英文字母，這個 Queue 物件有 6 個元素，分別是 "H"、"e"、"l"、"l"、"o"、"!"，請用 Enqueue( ) 方法建立此物件，完成後請輸出物件元素數量，再請用 Dequeue( ) 方法輸出此物件，最後再列出元素數量。

```
Microsoft Visual Studio 偵錯主控台
Queue元素數量 : 6
輸出Queue元素
H
e
l
l
o
!
Queue元素數量 : 0

D:\C#\ex\ex22_4\ex22_4\bin\Debug\net6.0\ex22_4.exe
按任意鍵關閉此視窗…
```

方案 ex22_5.sln：重新設計 ch22_15.sln，將最前方節點移到最後面。(22-5 節)

```
Microsoft Visual Studio 偵錯主控台
輸出 LinkedList
red green blue
IList最前方節點元素 : red
IList最後方節點元素 : blue
最前節點移到最後面, 重新輸出 LinkedList
green blue red
D:\C#\ex\ex22_5\ex22_5\bin\Debug\net6.0\ex22_5.exe
按任意鍵關閉此視窗…
```

方案 ex22_6.sln：請建立含 9、7、3、1、5 的 SortedSet，然後輸入數字做測試，如果存在則告知此數字已經存在，如果此數字不存在會詢問是否將此數字加入 SortedSet，最後輸出結果。(22-6 節)

```
Microsoft Visual Studio 偵錯主控台
請輸入要偵測數字 : 6
6 不存在, 是否加入 SortedSet ?(y/n)y
最後 SortedSet 如下 :
1 3 5 6 7 9
D:\C#\ex\ex22_6\ex22_6\bin\Debug\net6
按任意鍵關閉此視窗…
```

```
Microsoft Visual Studio 偵錯主控台
請輸入要偵測數字 : 5
5 已經存在
最後 SortedSet 如下 :
1 3 5 7 9
D:\C#\ex\ex22_6\ex22_6\bin\Debug\n
按任意鍵關閉此視窗…
```

方案 ex22_7.sln：使用字典建立與輸出水果價格，可以參考下列輸出，然後更改 orange 價格為 100 元，再重新輸出水果價格。(22-7 節)

```
Microsoft Visual Studio 偵錯主控台
水果價格
 Apple : 80
Orange : 50
 Grape : 60
請輸入 Orange 新價格 : 100
最新水果價格
 Apple : 80
Orange : 100
 Grape : 60

D:\C#\ex\ex22_7\ex22_7\bin\Debug\net6.0\ex22_7.exe
按任意鍵關閉此視窗…
```

方案 ex22_8.sln：請使用 SortedList 集合重新設計 ex22_7.sln，最後可以得到下列結果。(22-8 節)

```
Microsoft Visual Studio 偵錯主控台
水果價格
 Apple : 80
 Grape : 60
Orange : 50
請輸入 Orange 新價格 : 100
最新水果價格
 Apple : 80
 Grape : 60
Orange : 100

D:\C#\ex\ex22_8\ex22_8\bin\Debug\net6.0\ex22_8.exe
按任意鍵關閉此視窗…
```

方案 ex22_9.sln：請使用 SortedDictionary 集合重新設計 ex22_7.sln，最後可以得到與 ex22_8.sln 相同的結果。(22-9 節)

第 23 章

元組 (Tuple)

元組 Tuple 是 C# 4.0 以後的新功能，這是**參照資料類型** (Reference Type)。後來在 C# 7.0 提供改良版本，稱 ValueTuple，這是**值資料類型** (Value Type)。

對於程式設計師而言，其實可以忽略是 C# 4.0 的 Tuple 或是 C# 7.0 以後的版本 ValueTuple，因為在 2023 年的今天，C# 10 或 11 或未來更高階版本，皆可以執行這兩個版本。

23-1 元組的功能

元組 (Tuple) 主要是可以處理不同型態的多數值運算，可以應用在下列場合：

- 代表單一個資料錄，內含不同資料類型。
- 可以將單一元組參數 (內含多個資料) 傳給方法。
- 可以取代 out，回傳的單一元組參數 (內含多個資料)。

註 當今熱門語言 Python 也有元組 (Tuple)，可是彼此功能不相同。

23-2 元組宣告

23-2-1 早期 C# 4.0 的 Tuple

除了可以使用 Tuple 關鍵字，也可以使用我們熟悉的 var 宣告元組，下列是 C# 4.0 時使用 Tuple 宣告含 3 個元素的元組，重點是使用 "< >" **尖括號**宣告元組每個元素的資料類型。

```
Tuple<string, char, int> person = new Tuple<string, char, int>("Hung", 'M', 45);
```

使用 var 關鍵字可以簡化宣告方式如下，Tuple 使用 Create( ) 建立元組內容：

```
var person = Tuple.Create("Hung", 'M', 45);
```

註 這個版本的 Tuple 元組限制最多可以有 8 個元素。

23-2-2　C# 7.0 至今的 Tuple

Tuple. 在 C# 4.0 時期使用 Tuple.Create( ) 方法建立元組，在 C# 7.0 後可以簡化宣告如下：

```
var person = ("Hung", 'M', 45);                    // 建議使用方式
```

或是使用下列顯示方式宣告：

```
(string, char, int) person = ("Hung", 'M', 45);
```

註 ValueTuple 關鍵字依舊可以應用在宣告元組，讀者也可以使用下列方式宣告元組。

```
ValueTuple<string, char, int> person = ("Hung", 'M', 45);
```

23-3 存取元組元素內容

23-3-1　Item 屬性

元組建立後，未來可以使用 Item<elementNumber> 屬性，例如：Item1、Item2 … 等取得屬性內容，

方案 ch23_1.sln：使用 C# 4.0 方式宣告元組 Tuple，然後輸出。

```
// ch23_1
Tuple<string, char, int> person1 =                    // C# 4.0 宣告
    new Tuple<string, char, int>("Hung", 'M', 45);
Console.WriteLine(person1.Item1);
Console.WriteLine(person1.Item2);
Console.WriteLine(person1.Item3);

var person2 = Tuple.Create("Hung", 'M', 45);          // C# 4.0 宣告
Console.WriteLine(person2.Item1);
Console.WriteLine(person2.Item2);
Console.WriteLine(person2.Item3);
```

執行結果

```
Microsoft Visual Studio 偵錯主控台
Hung
M
45
Hung
M
45

D:\C#\ch23\ch23_1\ch23_1\bin\Debug\net6.0\ch23_1.exe
按任意鍵關閉此視窗…
```

方案 ch23_1_1.sln：使用 C# 7.0 方式宣告元組 Tuple，然後輸出。

```
1  // ch23_1_1
2  (string, char, int) person1 = ("Hung", 'M', 45);      // C# 7.0 宣告
3  Console.WriteLine(person1.Item1);
4  Console.WriteLine(person1.Item2);
5  Console.WriteLine(person1.Item3);
6
7  var person2 = ("Hung", 'M', 45);                      // C# 7.0 宣告
8  Console.WriteLine(person2.Item1);
9  Console.WriteLine(person2.Item2);
10 Console.WriteLine(person2.Item3);
11
12 ValueTuple<string, char, int> person3 = ("Hung", 'M', 45);  // C# 7.0
13 Console.WriteLine(person3.Item1);
14 Console.WriteLine(person3.Item2);
15 Console.WriteLine(person3.Item3);
```

執行結果 多一組輸出，第 12 行是讓讀者知道可以使用此建立元組，建議可以使用第 2 或 7 行的方法即可，其他與 ch23_1.sln 相同。

上述筆者使用了 C# 4.0 和 7.0 版本建立元組，未來筆者則傾向使用 C# 7.0 方式宣告和建立元組。

23-3-2　Rest 屬性

儘管目前 C# 7.0 起已經解除了元組內含 8 個元素的限制，但是第 8 個以後的元素 C# 會用巢狀方式處理。元組有提供 Rest 屬性，可以用小括號列出第 8(含) 個以後的元素。

方案 ch23_2.sln：使用 Rest 屬性輸出第 8 個以後的元素，這個程式也測試了 Item8、Item9 和 Item10 屬性。

```
// ch23_2
var number = ("one",2,3,4,5,6,"seven",8,9,10);
Console.WriteLine(number.Item1);
Console.WriteLine(number.Item2);
Console.WriteLine(number.Item8);
Console.WriteLine(number.Item9);
Console.WriteLine(number.Item10);
Console.WriteLine(number.Rest);
```

執行結果

```
Microsoft Visual Studio 偵錯主控台
one
2
8
9
10
(8, 9, 10)

D:\C#\ch23\ch23_2\ch23_2\bin\Debug\net6.0\ch23_2.exe
按任意鍵關閉此視窗…
```

從上述可以看到 number.Rest 獲得的輸出是 (8, 9, 10)，如果要輸出巢狀的內容可以使用 Rest.Item1、Rest.Item2 … 等。

方案 ch23_3.sln：使用 Rest.Item1、Rest.Item2 … 等，輸出巢狀的元組內容。

```
// ch23_3
var number = ("one", 2, 3, 4, 5, 6, "seven", 8, 9, 10);
Console.WriteLine(number.Rest.Item1);
Console.WriteLine(number.Rest.Item2);
Console.WriteLine(number.Rest.Item3);
```

執行結果

```
Microsoft Visual Studio 偵錯主控台
8
9
10

D:\C#\ch23\ch23_3\ch23_3\bin\Debug\net6.0\ch23_3.exe
按任意鍵關閉此視窗…
```

23-4 建立巢狀元組

如果要建立巢狀元組，可以在小括號內部使用 Tuple.Create( ) 方法。

方案 ch23_4.sln：建立巢狀元組，同時輸出做測試。

```
1 // ch23_4
2 var number = ("one", 2, Tuple.Create(3, 4, 5, 6, "seven"), 8, 9, 10);
3 Console.WriteLine(number.Item1);
4 Console.WriteLine(number.Item2);
5 Console.WriteLine(number.Item3);
6 Console.WriteLine(number.Item3.Item1);   // 3
7 Console.WriteLine(number.Item3.Item5);   // seven
8 Console.WriteLine(number.Item4);         // 8
```

執行結果

```
Microsoft Visual Studio 偵錯主控台
one
2
(3, 4, 5, 6, seven)
3
seven
8

D:\C#\ch23\ch23_4\ch23_4\bin\Debug\net6.0\ch23_4.exe
按任意鍵關閉此視窗…
```

上述第 2 行筆者使用 Tuple.Create( ) 方法建立巢狀元組內容，其實也可以省略此方法，可以得到一樣的結果，可以參考 ch23_4_1.sln。

方案 ch23_4_1.sln：省略 Tuple.Create( ) 方法建立巢狀元組。

```
// ch23_4_1
var number = ("one", 2, (3, 4, 5, 6, "seven"), 8, 9, 10);
Console.WriteLine(number.Item1);
Console.WriteLine(number.Item2);
Console.WriteLine(number.Item3);
Console.WriteLine(number.Item3.Item1);  // seven
Console.WriteLine(number.Item3.Item5);  // seven
Console.WriteLine(number.Item4);        // 8
```

執行結果 與 ch23_4.sln 相同。

讀者應該可以體會 ch23_4_1.sln 簡便許多。

23-5 設定元素名稱

元組可以有元素名稱，可以參考下列實例。

(string Name, char Gender, int age) person = ("Hung", 'M', 45);

也可以使用下列方式為元素命名。

var person = (Name:"Hung", Gender:"M", Age:45);

方案 ch23_5.sln：設定元素名稱的應用。

```
// ch23_5
(string Name, char Gender, int Age) person1 = ("Hung", 'M', 45);
Console.WriteLine(person1.Name);
Console.WriteLine(person1.Gender);
Console.WriteLine(person1.Age);

var person2 = (Name:"Hung", Gender:'M', Age:45);
Console.WriteLine(person2.Name);
Console.WriteLine(person2.Gender);
Console.WriteLine(person2.Age);
```

執行結果

```
Microsoft Visual Studio 偵錯主控台
Hung
M
45
Hung
M
45

D:\C#\ch23\ch23_5\ch23_5\bin\Debug\net6.0\ch23_5.exe
按任意鍵關閉此視窗…
```

我們也可以先設定元素內容給變數，然後將此變數設定給元組。

方案 ch23_6.sln：設定變數給元組的應用。

```
// ch23_6
string title = "C# 王者歸來";
int price = 980;
var book = (Title:title, Price:price);
Console.WriteLine($"書名:{book.Title}\t售價:{book.Price}");
```

執行結果

```
Microsoft Visual Studio 偵錯主控台
書名:C# 王者歸來          售價:980

D:\C#\ch23\ch23_6\ch23_6\bin\Debug\net6.0\ch23_6.exe
按任意鍵關閉此視窗…
```

也可以直接在元組內將值設定給變數，然後解析元組變數，這個動作稱元組解構 (Tuple deconstruction)，可以參考下列實例。

方案 ch23_7.sln：元組解構，將元組解構成變數輸出。

```
// ch23_7
var (Title, Price) = ("C# 王者歸來", 980);
Console.WriteLine((Title, Price));
Console.WriteLine($"書名:{Title}\t售價:{Price}");
```

執行結果

```
Microsoft Visual Studio 偵錯主控台
(C# 王者歸來, 980)
書名:C# 王者歸來          售價:980

D:\C#\ch23\ch23_7\ch23_7\bin\Debug\net6.0\ch23_7.exe
按任意鍵關閉此視窗…
```

23-6 元組賦值設定

元組可以透過等號執行賦值設定，可以參考下列實例。

方案 ch23_8.sln：使用等號執行賦值設定。

```
// ch23_8
(int, double) x1 = (5, 3.14159);
(double First, double Second) x2 = (2.0, 1.0);
x2 = x1;
Console.WriteLine($"x2: {x2.First} 和 {x2.Second}");

(double A, double B) x3 = (5.5, 6.2);
x3 = x2;
Console.WriteLine($"x3: {x3.A} 和 {x3.B}");
```

執行結果

```
Microsoft Visual Studio 偵錯主控台
x2: 5 和 3.14159
x3: 5 和 3.14159

D:\C#\ch23\ch23_8\ch23_8\bin\Debug\net6.0\ch23_8.exe
按任意鍵關閉此視窗…
```

23-7 將元組應用到 == 和 != 符號

等號 (==) 或不等號 (!=) 也可以應用到元組的比較，即使資料名稱與類型不相同也可以比較，在比較時只看資料位置。

方案 ch23_9.sln：元組比較的實例。

```
// ch23_9
(int a, byte b) x = (3, 6);
(long a, int b) y = (3, 6);
Console.WriteLine(x == y);       // True
Console.WriteLine(x != y);       // False

var x1 = (A: 9, B: 6);
var x2 = (B: 9, A: 6);
Console.WriteLine(x1 == x2);     // True
Console.WriteLine(x1 != x2);     // False
```

執行結果

```
Microsoft Visual Studio 偵錯主控台
True
False
True
False

D:\C#\ch23\ch23_9\ch23_9\bin\Debug\net6.0\ch23_9.exe
按任意鍵關閉此視窗…
```

23-8 元組當作方法的參數傳遞

元組也可以當作方法的參數，可以參考下列實例。

方案 ch23_10.sln：元組當作方法的參數傳遞。

```
// ch23_10
void ShowInfo((string Name, int Age, string Occupation) u)
{
    Console.WriteLine($"{u.Name} 今年 {u.Age} 歲是 {u.Occupation}");
```

```
}
ShowInfo(("洪錦魁", 45, "電腦書籍作家"));
ShowInfo(("洪冰儒", 30, "工程師"));
ShowInfo(("洪冰雨", 15, "學生"));
```

執行結果

```
Microsoft Visual Studio 偵錯主控台
洪錦魁 今年 45 歲是 電腦書籍作家
洪冰儒 今年 30 歲是 工程師
洪冰雨 今年 15 歲是 學生

D:\C#\ch23\ch23_10\ch23_10\bin\Debug\net6.0\ch23_10.exe
按任意鍵關閉此視窗…
```

23-9 元組當作方法的回傳值

元組也可以當作方法的回傳值，可以參考下列實例。

方案 ch23_11.sln：元組當作方法回傳值的應用。

```
// ch23_11
var u = GetData();
Console.WriteLine($"{u.Name} 今年 {u.Age} 歲是 {u.Occupation}");

(string Name, int Age, string Occupation) GetData()
{
    return ("洪錦魁", 45, "電腦書籍作家");
}
```

執行結果

```
Microsoft Visual Studio 偵錯主控台
洪錦魁 今年 45 歲是 電腦書籍作家

D:\C#\ch23\ch23_11\ch23_11\bin\Debug\net6.0\ch23_11.exe
按任意鍵關閉此視窗…
```

23-10 專題 – 到學校的距離 / 資料交換 / 計算極值

23-10-1 到學校的距離

方案 ch23_12.sln：輸出到學校的距離。

```
// ch23_12
var t = ("學校", 4.8);
(string destination, double distance) = t;
Console.WriteLine($"到 {destination} 的距離是 {distance} 公里");
```

執行結果

```
Microsoft Visual Studio 偵錯主控台
到 學校 的距離是 4.8 公里

D:\C#\ch23\ch23_12\ch23_12\bin\Debug\net6.0\ch23_12.exe
按任意鍵關閉此視窗…
```

上述第 3 行也可以在小括號外加上 var，然後省略括號內的資料類型宣告，這相當於讓編譯程式隱性推測資料類型，可以參考下列實例。

方案 ch23_12_1.sln：增加 var 讓編譯程式隱性推測元組資料類型。

```
// ch23_12_1
var t = ("學校", 4.8);
var (destination, distance) = t;
Console.WriteLine($"到 {destination} 的距離是 {distance} 公里");
```

執行結果　與 ch23_12.sln 相同。

23-10-2　資料交換程式設計

方案 ch12_18.sln 筆者使用 ref 參數設計了 Swap( ) 執行資料交換，方案 ch21_2.sln 筆者用泛型觀念也設計了 SwapObj( ) 執行資料交換，其實也可以使用元組設計資料交換程式。

方案 ch23_12.sln：資料交換程式設計。

```
// ch23_13
(int x, int y) Swap((int x, int y) data)
{
    int tmp = data.x;
    data.x = data.y;
    data.y = tmp;
    return (data);
}
var (x, y) = (3, 8);
Console.WriteLine("資料交換前");
Console.WriteLine($"x = {x}, y = {y}");
Console.WriteLine("資料交換後");
var s = Swap((x, y));
Console.WriteLine($"x = {s.x}, y = {s.y}");
```

執行結果

```
Microsoft Visual Studio 偵錯主控台
資料交換前
x = 3, y = 8
資料交換後
x = 8, y = 3

D:\C#\ch23\ch23_13\ch23_13\bin\Debug\net6.0\ch23_13.exe
按任意鍵關閉此視窗…
```

其實如果讀者 C# 元組觀念認識的徹底，可以使用下列方式執行資料對調。

方案 ch23_14.sln：高手的資料交換。

```
// ch23_14
var (x, y) = (3, 8);
Console.WriteLine("資料交換前");
Console.WriteLine($"x = {x}, y = {y}");
(x, y) = (y, x);
Console.WriteLine("資料交換後");
Console.WriteLine($"x = {x}, y = {y}");
```

執行結果

```
Microsoft Visual Studio 偵錯主控台
資料交換前
x = 3, y = 8
資料交換後
x = 8, y = 3

D:\C#\ch23\ch23_14\ch23_14\bin\Debug\net6.0\ch23_14.exe
按任意鍵關閉此視窗…
```

23-10-3 計算最大值與最小值

方案 ch23_15.sln：輸出最大值與最小值。

```
// ch23_15
(int min, int max) FindMinMax(int[] input)
{
    var min = int.MaxValue;
    var max = int.MinValue;
    foreach (var i in input)
    {
        if (i < min)
            min = i;
        if (i > max)
            max = i;
    }
    return (min, max);
}
int[] xarr = new[] { 12, 0, 76, 50 };
var (min, max) = FindMinMax(xarr);
Console.WriteLine($"最大值 : {max}");
Console.WriteLine($"最小值 : {min}");
```

執行結果

```
Microsoft Visual Studio 偵錯主控台
最大值 : 76
最小值 : 0

D:\C#\ch23\ch23_15\ch23_15\bin\Debug\net6.0\ch23_15.exe
按任意鍵關閉此視窗…
```

習題實作題

方案 ex23_1.sln：請參考 23-10 節使用元組建立員工資料，然後輸出。(23-8 節)

```
Microsoft Visual Studio 偵錯主控台
洪錦魁-男性-總經理-0918353100
洪冰儒-男性-工程師-0952101010
洪冰雨-女性-財務部-0928833000
晨星發-女性-業務部-0928833110
張家敏-女性-業務部-0928833222

D:\C#\ex\ex23_1\ex23_1\bin\Debug\net6.0\ex23_1.exe
按任意鍵關閉此視窗…
```

方案 ex23_2.sln：請參考 ch23_12.sln，必須從螢幕輸入地點和距離，然後組成元組，然後再輸出，下列是輸出的指令。(23-10 節)

```
Console.WriteLine($"到 {t.place} 的距離是 {t.dist} 公里");
```

下列是執行結果。

```
Microsoft Visual Studio 偵錯主控台
請輸入地點 : 台北車站
請輸入距離 : 5.5
到 台北車站 的距離是 5.5 公里

D:\C#\ex\ex23_2\ex23_2\bin\Debug\net6.0\ex23_2.exe
按任意鍵關閉此視窗…
```

方案 ex23_3.sln：請參考 ch23_13.sln 或是 ch23_14.sln，要交換的數字資料 x 和 y 是從螢幕輸入，可以得到下列結果。(23-10 節)

```
Microsoft Visual Studio 偵錯主控台
請輸入數字 1 : 30
請輸入數字 2 : 60
資料交換前
x = 30, y = 60
資料交換後
x = 60, y = 30

D:\C#\ex\ex23_3\ex23_3\bin\Debug\net6.0\ex23_3.exe
按任意鍵關閉此視窗…
```

方案 ex23_4.sln：請參考 ch23_13.sln 或是 ch23_14.sln，要交換的字串資料 x 和 y 是從螢幕輸入，可以得到下列結果。(23-10 節)

```
Microsoft Visual Studio 偵錯主控台
請輸入字串 1 : abc
請輸入字串 2 : def
資料交換前
字串 1 = abc, 字串 2 = def
資料交換後
字串 1 = def, 字串 2 = abc

D:\C#\ex\ex23_4\ex23_4\bin\Debug\net6.0\ex23_4.exe
按任意鍵關閉此視窗…
```

方案 ex23_5.sln：請參考 ch23_15.sln，增加輸出總計。(23-10 節)

```
Microsoft Visual Studio 偵錯主控台
最大值 : 76
最小值 : 0
總計   : 138

D:\C#\ex\ex23_5\ex23_5\bin\Debug\net6.0\ex23_5.exe
按任意鍵關閉此視窗…
```

第 24 章

程式除錯與異常處理

24-1 程式異常

有時也可以將**程式錯誤** (error) 稱作**程式異常** (exception)，相信每一位寫程式的人一定會常常碰上程式錯誤，過去碰上這類情況程式將終止執行，同時出現錯誤訊息，錯誤訊息內容通常是顯示 Unhandled exception.，然後列出異常報告。C# 提供功能可以讓我們**捕捉異常**和**撰寫異常處理程序**，當發生異常被我們捕捉時會去執行異常處理程序，然後程式可以繼續執行。

24-1-1 一個除數為 0 的錯誤

本節將以一個除數為 0 的錯誤開始說明。

方案 ch24_1.sln：建立一個除法運算的函數，這個函數將接受 2 個參數，然後執行第一個參數除以第二個參數。**註**：double? 多了 "?" 表示可以回傳 null。

```
1  // ch24_1
2  double? Division(int x, int y)
3  {
4      return x / y;
5  }
6  Console.WriteLine(Division(9, 3));       // 輸出 9 / 3
7  Console.WriteLine(Division(3, 0));       // 輸出 3 / 0
8  Console.WriteLine(Division(4, 2));       // 輸出 4 / 2
```

執行結果

```
Microsoft Visual Studio 偵錯主控台

3
Unhandled exception. System.DivideByZeroException: Attempted to divide by zero
   at Program.<<Main>$>g__division|0_0(Int32 x, Int32 y) in D:\C#\ch24\ch24_1\
   at Program.<Main>$(String[] args) in D:\C#\ch24\ch24_1\ch24_1\Program.cs:li

D:\C#\ch24\ch24_1\ch24_1\bin\Debug\net6.0\ch24_1.exe (處理序 16460) 已結束，出
按任意鍵關閉此視窗…
```

上述程式在執行第 6 行時，一切還是正常。但是到了執行第 7 行時，因為第 2 個參數是 0，導致發生 DivideByZeroException 也就是嘗試除以 0 的錯誤，所以整個程式就執行終止了。其實對於上述程式而言，若是程式可以執行第 8 行，是可以正常得到執行結果的，可是程式第 7 行已經造成程式終止了，所以無法執行第 8 行。

24-1-2 撰寫異常處理程序 try - catch

這一小節筆者將講解如何捕捉異常與設計異常處理程序，發生異常被捕捉時程式會執行異常處理程序，然後跳開異常位置，再繼續往下執行。這時要使用 try – catch 指令，它的語法格式如下：

```
try
{
        系列工作指令          // 預先設想可能引發錯誤異常的指令
}
catch ( ExceptionName)
{
        異常處理程序          // 通常是指出異常原因方便修正
}
```

上述會執行 try 下面的區塊指令，如果正常則跳離 catch 部分，如果指令有錯誤異常，則檢查此異常是否是 ExceptionName 所指的錯誤，如果是代表異常被捕捉了，這時會執行 catch 下面區塊的異常處理指令。

方案 ch24_2.sln：重新設計 ch24_1.sln，增加異常處理程序。

```
1  // ch24_2
2  double? Division(int x, int y)
3  {
4      try
5      {
6          return x / y;
7      }
8      catch (DivideByZeroException)
9      {
10         Console.WriteLine("除數不可為 0");
11         return null;
12     }
13 }
14 Console.WriteLine(Division(9, 3));       // 輸出 9 / 3
15 Console.WriteLine(Division(3, 0));       // 輸出 3 / 0
16 Console.WriteLine(Division(4, 2));       // 輸出 4 / 2
```

執行結果

```
Microsoft Visual Studio 偵錯主控台
3
除數不可為 0
        ← 其實這個就是輸出 null
2

D:\C#\ch24\ch24_2\ch24_2\bin\Debug\net6.0\ch24_2.exe
按任意鍵關閉此視窗…
```

上述程式執行第 14 行時，會將參數 (9, 3) 帶入 Division( ) 函數，由於執行 try 的指令的 "x / y" 沒有問題，所以可以執行 "return x / y"，這時 C# 將跳過 catch 的指令。當程式執行第 15 行時，會將參數 (3, 0) 帶入 Division( ) 函數，由於執行 try 的指令的 "x / y" 產生了除數為 0 的 DivideByZeroException 異常，這時 C# 會找尋是否有處理這類異常的 catch DivideByZeroException 存在，如果有就表示此異常被捕捉，就去執行相關的錯誤處理程序，此例是執行第 10 ~ 11 行，輸出 " 除數不可為 0" 的錯誤，同時因為 Division( ) 函數是 double?，所以必須要有回傳值，此例回傳 null。函數回返然後印出結果 null，None 是一個物件表示結果不存在，所以輸出空白行，最後返回程式第 16 行，繼續執行相關指令。

從上述可以看到，程式增加了 try – catch 後，若是異常被 catch 捕捉，出現的異常訊息比較友善了，同時不會有程式中斷的情況發生。

特別需留意的是在 try – catch 的使用中，如果在 try 後面的**指令**產生異常時，這個異常不是我們設計的 catch **異常物件**，表示異常沒被捕捉到，這時程式依舊會像 ch24_1.sln 一樣，直接出現錯誤訊息，然後程式終止。

方案 ch24_3.sln：程式第 8 行改為捕捉 IndexOutOfRangeException 錯誤，因為捕捉錯誤，造成程式異常。

```
1   // ch24_3
2   double? Division(int x, int y)
3   {
4       try
5       {
6           return x / y;
7       }
8       catch (IndexOutOfRangeException)
9       {
10          Console.WriteLine("除數不可為 0");
11          return null;
12      }
13  }
14  Console.WriteLine(Division(9, 3));      // 輸出 9 / 3
15  Console.WriteLine(Division(3, 0));      // 輸出 3 / 0
16  Console.WriteLine(Division(4, 2));      // 輸出 4 / 2
```

執行結果

```
Microsoft Visual Studio 偵錯主控台
3
Unhandled exception. System.DivideByZeroException: A
   at Program.<<Main>$>g__division|0_0(Int32 x, Int3
   at Program.<Main>$(String[] args) in D:\C#\ch24\c

D:\C#\ch24\ch24_3\ch24_3\bin\Debug\net6.0\ch24_3.exe
按任意鍵關閉此視窗…
```

24-1-3　try - catch - finally

C# 在 try – catch 中又增加了 finally 區塊，不論是否捕捉到錯誤 C# 皆會執行此 finally 區塊的內容。

```
try
{
    系列工作指令          // 預先設想可能引發錯誤異常的指令
}
catch ( ExceptionName)
{
    異常處理程序          // 通常是指出異常原因方便修正
}
finally
{
    一定要執行的內容
}
```

方案 ch24_4.sln：使用 try – catch – finally 重新設計 ch24_2.sln。

```
// ch24_4
double? Division(int x, int y)
{
    try
    {
        return x / y;
    }
    catch (DivideByZeroException)
    {
        Console.WriteLine("除數不可為 0");
        return null;
    }
    finally
    {
        Console.WriteLine("Division()測試結束");
    }
}
Console.WriteLine(Division(9, 3));      // 輸出 9 / 3
Console.WriteLine(Division(3, 0));      // 輸出 3 / 0
Console.WriteLine(Division(4, 2));      // 輸出 4 / 2
```

執行結果

```
Microsoft Visual Studio 偵錯主控台
Division()測試結束
3
除數不可為 0
Division()測試結束

Division()測試結束
2

D:\C#\ch24\ch24_4\ch24_4\bin\Debug\net6.0\ch24_4.exe
按任意鍵關閉此視窗…
```

上述 try-catch-finally 內一定會執行 finally 區塊的內容，所以一定會先執行第 15 行的輸出 "Division( ) 測試結束 " 字串，然後才結束 Division( ) 函數。

24-2 C# 的異常訊息

在先前所有實例，當發生異常同時被捕捉時皆是使用我們自建的異常處理程序，Python 也支援發生異常時使用系統內建的異常處理訊息。此時語法格式如下：

```
try
{
    系列工作指令                          // 預先設想可能引發錯誤異常的指令
}
catch ( ExceptionName e)
{
    Console.WriteLine(e.Message)          // 輸出系統異常說明文字
}
```

上述 e.Message 是系統內建的異常處理訊息，e 可以是任意字元，筆者此處使用 e 是因為代表 error 的內涵。註：也常看到程式設計師使用 ex。

方案 ch24_5.sln：重新設計 ch24_2.sln，使用 C# 內建的錯誤訊息。

```
// ch24_5
double? Division(int x, int y)
{
    try
    {
        return x / y;
    }
    catch (DivideByZeroException e)
    {
        Console.WriteLine(e.Message);
        return null;
    }
}
Console.WriteLine(Division(9, 3));      // 輸出 9 / 3
Console.WriteLine(Division(3, 0));      // 輸出 3 / 0
Console.WriteLine(Division(4, 2));      // 輸出 4 / 2
```

執行結果

```
Microsoft Visual Studio 偵錯主控台
3
Attempted to divide by zero.

2

D:\C#\ch24\ch24_5\ch24_5\bin\Debug\net6.0\ch24_5.exe
按任意鍵關閉此視窗…
```

24-3 設計多組異常處理程序

在程式設計時，有太多不可預期的異常發生，所以我們需要瞭解設計程式時可能需要同時設計多個異常處理程序。

24-3-1 常見的異常物件

異常物件名稱	說明
ArgumentException	非空參數傳遞給方法
ArgumentNullException	空參數傳遞給方法
ArgumentOutOfRangeException	參數超出有效範圍
DivideByZeroException	整數除以 0
FileNotFoundException	檔案不存在
FormatException	格式錯誤，例如：字串轉整數格式錯誤
IndexOutOfRangeException	索引超出範圍
IndexOperationException	物件狀態是無效的
KeyNotFoundException	鍵 (Key) 不存在
NotSupportedException	方法或操作目前沒有支援
NullReferenceException	程式存取空物件
OverflowException	代數運算或轉換發生溢位
OutOfMemoryException	記憶體不足
StackOverflowException	堆疊溢位
TimeoutException	配置操作的時間區段結束

24-3-2 設計捕捉多個異常

在 try- catch 的使用中，可以設計多個 catch 捕捉多種異常，此時語法如下：

```
try
{
        系列工作指令    // 預先設想可能引發錯誤異常的指令
}
catch ( ExceptionName e1)
{
        Console.WriteLine(e1.Message)    // 輸出系統異常說明文字
}
catch ( ExceptionName e2)
{
```

```
        Console.WriteLine(e2.Message)    // 輸出系統異常說明文字
    }
```

當然也可以視情況設計更多異常處理程序。

方案 ch24_6.sln：重新設計 ch24_5.sln 設計捕捉 2 個異常物件，可參考第 8 和 13 列。

```
1  // ch24_6
2  double? Division(int x, int y)
3  {
4      try
5      {
6          return x / y;
7      }
8      catch (DivideByZeroException e1)
9      {
10         Console.WriteLine(e1.Message);
11         return null;
12     }
13     catch (ArgumentOutOfRangeException e2)
14     {
15         Console.WriteLine(e2.Message);
16         return null;
17     }
18 }
19 Console.WriteLine(Division(9, 3));      // 輸出 9 / 3
20 Console.WriteLine(Division(3, 0));      // 輸出 3 / 0
21 Console.WriteLine(Division(4, 2));      // 輸出 4 / 2
```

執行結果　與 ch24_5.sln 相同。

上述第 13 ~ 17 行就是第 2 組捕捉錯誤訊息使用。

24-4 捕捉所有異常

24-4-1　再談 try - catch

程式設計許多異常是我們不可預期的，很難一次設想周到，C# 提供語法讓我們可以一次捕捉所有異常，此時 try – catch 語法如下：

```
try
{
    系列工作指令    // 預先設想可能引發錯誤異常的指令
}
catch
{
```

```
        異常處理程序    // 輸出系統異常說明文字
    }
```

上述 catch 右邊沒有任何異常物件名稱，表示如果發生異常會自動執行此區塊指令。

方案 ch24_7.sln：重新設計 ch24_2.sln，設計可以捕捉所有程式的異常。

```
// ch24_7
double? Division(int x, int y)
{
    try
    {
        return x / y;
    }
    catch
    {
        Console.WriteLine("異常發生");
        return null;
    }
}
Console.WriteLine(Division(9, 3));       // 輸出 9 / 3
Console.WriteLine(Division(3, 0));       // 輸出 3 / 0
Console.WriteLine(Division(4, 2));       // 輸出 4 / 2
```

執行結果

```
Microsoft Visual Studio 偵錯主控台
3
異常發生

2

D:\C#\ch24\ch24_7\ch24_7\bin\Debug\net6.0\ch24_7.exe
按任意鍵關閉此視窗…
```

24-4-2 Exception

在 try – catch 語法中，如果在 catch 右邊的小括號放 "Exception e"，也可以捕捉所有的異常，此時語法如下：

```
try
{
        系列工作指令    // 預先設想可能引發錯誤異常的指令
}
catch (Exception e)
{
        異常處理程序    // 輸出系統異常說明文字
}
```

方案 ch24_8.sln：重新設計 ch24_7.sln，使用 Exception 捕捉所有的異常。

```
// ch24_8
double? Division(int x, int y)
{
    try
    {
        return x / y;
    }
    catch (Exception e)
    {
        Console.WriteLine(e.Message);
        return null;
    }
}
Console.WriteLine(Division(9, 3));      // 輸出 9 / 3
Console.WriteLine(Division(3, 0));      // 輸出 3 / 0
Console.WriteLine(Division(4, 2));      // 輸出 4 / 2
```

執行結果

```
Microsoft Visual Studio 偵錯主控台
3
Attempted to divide by zero.

2

D:\C#\ch24\ch24_8\ch24_8\bin\Debug\net6.0\ch24_8.exe
按任意鍵關閉此視窗…
```

24-5 丟出異常

前面所介紹的異常皆是 C# 編譯程式發現異常時，自行丟出異常物件，如果我們不處理程式就終止執行，如果我們使用 try – catch 處理程式可以在異常中回復執行。這一節要探討的是，我們設計程式時如果發生某些狀況，我們自己將它定義為異常然後丟出異常訊息，程式停止正常往下執行，同時讓程式跳到自己設計的 catch 去執行。它的語法如下：

```
throw new Exception('msg')          # 呼叫Exception，msg是傳遞錯誤訊息
```

這時的 try – catch 語法如下：

```
try
{
        系列工作指令    // 預先設想可能引發錯誤異常的指令
}
```

```
catch (Exception e)
{
        異常處理程序    // 輸出系統異常說明文字
}
```

方案 ch24_9.sln：設計程式要求輸入年齡，如果年齡不滿 18 歲，則程式輸出異常，同時輸出警語：不到購買彩卷的年齡。

```
// ch24_9
void CheckAge(int age)
{
    if (age < 18)
    {
        throw new Exception("不到購買彩卷的年齡");
    }
    else
    {
        Console.WriteLine("歡迎購買彩卷");
    }
}
Console.Write("請輸入年齡 : ");
int age = Convert.ToInt32(Console.ReadLine());
try
{
    CheckAge(age);
}
catch (Exception e)
{
    Console.WriteLine($"年齡檢查異常 : {e.Message}");
}
```

執行結果

```
Microsoft Visual Studio 偵錯主控台
請輸入年齡 : 18
歡迎購買彩卷

D:\C#\ch24\ch24_9\ch24_9\bin\Debug
按任意鍵關閉此視窗…
```

```
Microsoft Visual Studio 偵錯主控台
請輸入年齡 : 15
年齡檢查異常 : 不到購買彩卷的年齡

D:\C#\ch24\ch24_9\ch24_9\bin\Debug
按任意鍵關閉此視窗…
```

24-6 建立自己的異常名稱

前一節拋出異常時使用的是 Exception( )，其實我們可以建立異常名稱，要建立異常名稱可以建立此名稱的類別，然後讓此名稱繼承 Exception 類別，細節可以參考下列實例。

方案 ch24_10.sln：設計 AgeTooLowException 異常名稱取代 Exception，然後重新設計 ch24_9.sln，當輸入年齡小於 18 歲時，拋出 AgeTooLowException 異常。

```
1   // ch24_10
2   void CheckAge(int age)
3   {
4       if (age < 18)
5       {
6           throw new AgeTooLowException("不到購買彩卷的年齡");
7       }
8       else
9       {
10          Console.WriteLine("歡迎購買彩卷");
11      }
12  }
13  Console.Write("請輸入年齡 : ");
14  int age = Convert.ToInt32(Console.ReadLine());
15  try
16  {
17      CheckAge(age);
18  }
19  catch (AgeTooLowException e)
20  {
21      Console.WriteLine($"年齡檢查異常 : {e.Message}");
22  }
23
24  public class AgeTooLowException : Exception
25  {
26      public AgeTooLowException(string message) : base(message)
27      {
28      }
29  }
```

執行結果 與方案 ch24_9.sln 相同。

上述程式的重點是第 24 ~ 29 列，設計 AgeTooLowException 類別，此類別繼承 Exception。

24-7 程式除錯的典故

通常我們又將程式除錯稱 Debug，De 是除去的意思，bug 是指小蟲，其實這是有典故的。1944 年 IBM 和哈佛大學聯合開發了 Mark I 電腦，此電腦重 5 噸，有 8 英呎高，51 英呎長，內部線路加總長是 500 英哩，沒有中斷使用了 15 年，下列是此電腦圖片。

本圖片轉載自 http://www.computersciencelab.com

在當時有一位女性程式設計師 Grace Hopper，發現了第一個電腦蟲 (bug)，一隻死的蛾 (moth) 的雙翅卡在繼電器 (relay)，促使資料讀取失敗，下列是當時 Grace Hopper 記錄此事件的資料。

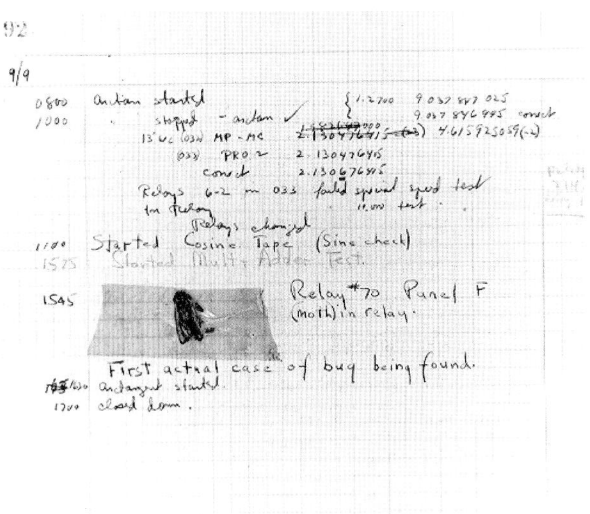

92

9/9

0800 Antan started
1000 stopped - antan ✓ {1.2700 9.037 847 025
9.037 846 995 correct
13" UC (033) MP - MC 2.130476415 (-3) 4.615925059(-2)
(033) PRO 2 2.130476415
correct 2.130676415
Relays 6-2 in 033 failed special speed test
in relay 11.00 test.
Relays changed
1100 Started Cosine Tape (Sine check)
1525 Started Mult + Adder Test.
1545 Relay #70 Panel F
(moth) in relay.
First actual case of bug being found.
1630 Antangent started.
1700 closed down.

本圖片轉載自 http://www.computersciencelab.com

當時 Grace Hopper 寫下了下列兩句話。

Relay #70 Panel F (moth) in relay.

First actual case of bug being found.

大意是編號 70 的繼電器出問題 (因為蛾)，這是真實電腦上所發現的第一隻蟲。自此，電腦界認定用 debug 描述「找出及刪除程式錯誤」應歸功於 Grace Hopper。

24-8 專題 – 參數是 null 的異常 / 銀行密碼長度測試 / 溫度異常

24-8-1　函數的參數是 null 時將產生異常

方案 ch24_11.sln：使用 3 個字串做測試，如果是 null 將產生異常。

```
1  // ch24_11
2  static void ProcessString(string s)
3  {
4      if (s == null)
5      {
6          throw new Exception($"{nameof(s)} 參數不可為 null");
7      }
8      else
9          Console.WriteLine(s);
10 }
11
12 string[] strs = { "Love Taiwan", null, "明志工專" };
13 foreach (string str in strs)
14 {
15     try
16     {
17         ProcessString(str);
18     }
19     catch (Exception e)
20     {
21         Console.WriteLine($"參數錯誤 : {e.Message}");
22     }
23 }
```

執行結果

```
Microsoft Visual Studio 偵錯主控台
Love Taiwan
參數錯誤 : s 參數不可為 null
明志工專

D:\C#\ch24\ch24_11\ch24_11\bin\Debug\net6.0\ch24_11.exe
按任意鍵關閉此視窗…
```

上述第 6 列使用 nameof( ) 函數，這個函數會回傳變數名稱。

24-8-2 銀行密碼長度測試

方案 ch24_12.sln：銀行的密碼一般來說要求長度必須大於 4 個字元，這個程式會檢查密碼長度，如果不大於 4 個字元則輸出密碼長度錯誤。

```
// ch24_12
static void ProcessString(string s)
{
    if (s.Length < 5)
    {
        throw new Exception($"密碼長度必須大於 4 個字元");
    }
    else
        Console.WriteLine("密碼長度測試成功");
}

string[] strs = { "aaabbb", "aaa", "aabbcc" };
foreach (string str in strs)
{
    try
    {
        ProcessString(str);
    }
    catch (Exception e)
    {
        Console.WriteLine($"密碼長度錯誤 : {e.Message}");
    }
}
```

執行結果

```
Microsoft Visual Studio 偵錯主控台
密碼長度測試成功
密碼長度錯誤 : 密碼長度必須大於 4 個字元
密碼長度測試成功

D:\C#\ch24\ch24_12\ch24_12\bin\Debug\net6.0\ch24_12.exe
按任意鍵關閉此視窗…
```

24-8-3 溫度異常

方案 ch24_13.sln：溫度異常測試，當輸入現在溫度小於 10 度時，輸出今天氣溫太低比賽取消訊息。這個程式另一個特色是，建立 TempTooLowException 異常類別，可以參考 24 ~ 29 行。

```
1  // ch24_13
2  void CheckTemperature(int t)
3  {
4      if (t < 10)
5      {
6          throw new TempTooLowException("今天氣溫太低");
7      }
8      else
9      {
```

```
            Console.WriteLine("今天天氣適宜比賽");
        }
    }
    Console.Write("請輸入現在天氣溫度 : ");
    int temp = Convert.ToInt32(Console.ReadLine());
    try
    {
        CheckTemperature(temp);
    }
    catch (TempTooLowException e)
    {
        Console.WriteLine($"天氣異常 : {e.Message} 比賽取消");
    }

    public class TempTooLowException : Exception
    {
        public TempTooLowException(string message) : base(message)
        {
        }
    }
```

執行結果

```
Microsoft Visual Studio 偵錯主控台
請輸入現在天氣溫度 : 15
今天天氣適宜比賽

D:\C#\ch24\ch24_13\ch24_13\bin\Deb
按任意鍵關閉此視窗…
```

```
Microsoft Visual Studio 偵錯主控台
請輸入現在天氣溫度 : 8
天氣異常 : 今天天氣溫太低 比賽取消

D:\C#\ch24\ch24_13\ch24_13\bin\Deb
按任意鍵關閉此視窗…
```

習題實作題

方案 ex24_1.sln：修改 ch24_2.sln，將除數與被除數改為螢幕輸入，如果除數是 0 將輸出異常發生 : 除數不可為 0。(24-1 節)

```
Microsoft Visual Studio 偵錯主控台
請輸入除數   : 100
請輸入被除數 : 50
2

D:\C#\ex\ex24_1\ex24_1\bin\Debug\net6.0\ex24_1.exe
按任意鍵關閉此視窗…
```

```
Microsoft Visual Studio 偵錯主控台
請輸入除數   : 10
請輸入被除數 : 0
異常發生 : 除數不可為 0

D:\C#\ex\ex24_1\ex24_1\bin\Debug\net6.0\ex24_1.exe
按任意鍵關閉此視窗…
```

方案 ex24_2.sln：擴充設計 ch14_12.sln，設計密碼長度大於 8 個字元也會發生異常，下列是測試字串。(24-8 節)

```
string[] strs = { "aaabbb", "aaa", "aabbcc12345" };
```

下列是執行結果。

```
Microsoft Visual Studio 偵錯主控台
密碼長度測試成功
密碼長度錯誤 : 密碼長度必須大於 4 個字元
密碼長度錯誤 : 密碼長度必須小於 9 個字元

D:\C#\ex\ex24_2\ex24_2\bin\Debug\net6.0\ex24_2.exe
按任意鍵關閉此視窗…
```

方案 ex24_3.sln：重新設計 ex24_2.sln，將密碼改為在螢幕測試。(24-8 節)

```
Microsoft Visual Studio 偵錯主控台
請輸入密碼 : abc
密碼長度錯誤 : 密碼長度必須大於 4 個字元

D:\C#\ex\ex24_3\ex24_3\bin\Debug\net6.0\e
按任意鍵關閉此視窗…
```

```
Microsoft Visual Stud
請輸入密碼 : abcdedf
密碼長度測試成功

D:\C#\ex\ex24_3\ex24_3
按任意鍵關閉此視窗…
```

```
Microsoft Visual Studio 偵錯主控台
請輸入密碼 : abc12345678
密碼長度錯誤 : 密碼長度必須小於 9 個字元

D:\C#\ex\ex24_3\ex24_3\bin\Debug\net6.0\e
按任意鍵關閉此視窗…
```

方案 ex24_4.sln：建立 PwdLengthException 異常類別重新處理 ex24_3.sln。(24-8 節)

```
Microsoft Visual Studio 偵錯主控台
請輸入密碼 : abc1
密碼長度錯誤 : 密碼長度必須大於 4 個字元

D:\C#\ex\ex24_4\ex24_4\bin\Debug\net6.0\
按任意鍵關閉此視窗…
```

```
Microsoft Visual Stud
請輸入密碼 : abcdefd
密碼長度測試成功

D:\C#\ex\ex24_4\ex24_4
按任意鍵關閉此視窗…
```

```
Microsoft Visual Studio 偵錯主控台
請輸入密碼 : abc12345678
密碼長度錯誤 : 密碼長度必須小於 9 個字元

D:\C#\ex\ex24_4\ex24_4\bin\Debug\net6.0\e
按任意鍵關閉此視窗…
```

方案 ex24_5.sln：擴充設計 ch24_13.sln，當溫度小於 10 度或是大於 35 度，皆會產生 TemperatureException 異常類別。(24-8 節)

```
Microsoft Visual Studio 偵錯主控台
請輸入現在天氣溫度 : 5
天氣異常 : 今天氣溫太低 比賽取消

D:\C#\ex\ex24_5\ex24_5\bin\Debug\n
按任意鍵關閉此視窗…
```

```
Microsoft Visual Studio
請輸入現在天氣溫度 : 20
今天天氣適宜比賽

D:\C#\ex\ex24_5\ex24_5\b
按任意鍵關閉此視窗…
```

```
Microsoft Visual Studio 偵錯主控台
請輸入現在天氣溫度 : 38
天氣異常 : 今天氣溫太高 比賽取消

D:\C#\ex\ex24_5\ex24_5\bin\Debug\n
按任意鍵關閉此視窗…
```

第 25 章
正則表達式 Regular Expression

正則表達式 (Regular Expression) 的發明人是美國數學家、邏輯學家**史提芬克萊尼** (Stephen Kleene)，**正則表達式** (Regular Expression) 主要功能是執行模式的比對與搜尋，使用正則表達式處理這類問題，讀者會發現整個工作變得更簡潔容易。

25-1 正則表達式基礎

正則表達式的方法是屬 System.Text.RegularExpressions 命名空間，所以程式前方要加上下列指令。

using System.Text.RegularExpressions;

25-1-1 認識 Regex.IsMatch( ) 方法

方法 IsMatch( ) 最常用的語法如下：

public static bool IsMatch(string input, string pattern, options);

上述 input 是要比對的原始字串，pattern 是搜尋規則運算式的字串，options 則是比對的選項，如果 input 字串內有符合 pattern 格式，IsMatch( ) 會回傳 true，否則回傳 false。

註1 pattern 內容，是一種字串規則的運算式，又稱**正則表達式**。

註2 最常用的 options 是 RegexOptions.IgnoreCase 表示忽略大小寫。

25-1-2 正則表達式基礎

正則表達式是一種文字模式的表達方法，在這個方法中使用 \d 表示 0-9 的數字字元。由逸出字元的觀念可知，將 \d 表達式當字串放入字串內需增加 '\'，所以整個正則表達式的使用方式是 "\\d"。

方案 ch25_1.sln：用正則表達式的字串 "\\d"，判斷輸入是否內含 0-9 的數字。

```
// ch25_1
using System.Text.RegularExpressions;

Console.Write("請輸入任意字串 : ");
string pattern = "\\d";
string str = Console.ReadLine();
bool check = Regex.IsMatch(str, pattern);
```

```
8  if (check)
9      Console.WriteLine($"{str} 有內含 0 - 9 數字");
10 else
11     Console.WriteLine($"{str} 沒有含 0 - 9 數字");
```

執行結果

```
Microsoft Visual Studio
請輸入任意字串 : 9ab
9ab 有內含 0 - 9數字

D:\C#\ch25\ch25_1\ch25_1
按任意鍵關閉此視窗…
```

```
Microsoft Visual Studio
請輸入任意字串 : a0c
a0c 有內含 0 - 9數字

D:\C#\ch25\ch25_1\ch25_1
按任意鍵關閉此視窗…
```

```
Microsoft Visual Studio
請輸入任意字串 : abc
abc 沒有含 0 - 9數字

D:\C#\ch25\ch25_1\ch25_1
按任意鍵關閉此視窗…
```

上述程式的正則表達式的字串 pattern 是在第 5 行設定，輸入會以字串方式讀入並儲存在 str 字串物件，經過第 7 行的 Regex.IsMatch(str, pattern) 方法處理後，如果輸入有內含 0 ~ 9 間的數字，則傳回 true，否則傳回 false。

註 逸出字元的觀念使用 "\\d"，參考 3-7-2 節的 @ 符號，也可以使用 @"\d" 取代，讀者可以參考 ch25_1_1.sln 的 第 5 行。

```
5  string pattern = @"\d";
```

在 ch25_1.sln 第 5 行，我們用 "\\d" 代表一個數字，以這個觀念我們可以使用 4 個 "\\d" 處理 4 個數字。

方案 ch25_2.sln：判斷輸入的數字是不是有內含 4 個連續 0 ~ 9 的數字。

```
// ch25_2
using System.Text.RegularExpressions;

string pattern = "\\d\\d\\d\\d";
Console.Write("請輸入任意字串 : ");
string str = Console.ReadLine();
bool check = Regex.IsMatch(str, pattern);
if (check)
    Console.WriteLine($"{str} 有內含 4 個 0 - 9 數字");
else
    Console.WriteLine($"{str} 沒有含 4 個 0 - 9 數字");
```

執行結果

```
Microsoft Visual Studio 偵錯主控
請輸入任意字串 : a1234kk
a1234kk 有內含 4 個 0 - 9 數字

D:\C#\ch25\ch25_2\ch25_2\bin\D
按任意鍵關閉此視窗…
```

```
Microsoft Visual Studio 偵錯主控
請輸入任意字串 : abcdef99
abcdef99 沒有含 4 個 0 - 9 數字

D:\C#\ch25\ch25_2\ch25_2\bin\Deb
按任意鍵關閉此視窗…
```

```
Microsoft Visual Studio 偵錯主控
請輸入任意字串 : aaa9876
aaa9876 有內含 4 個 0 - 9 數字

D:\C#\ch25\ch25_2\ch25_2\bin\Deb
按任意鍵關閉此視窗…
```

擴充上述實例觀念我們可以將手機號碼 xxxx-xxx-xxx 改用下列正則表達式的字串式表示：

```
"\\d\\d\\d\\d-\\d\\d\\d-\\d\\d\\d"
```

方案 ch25_3.sln：偵測字串是否含台灣手機號碼的判斷。

```
// ch25_3
using System.Text.RegularExpressions;

string str1 = "I love C#";
string str2 = "0952-909-123";
string str3 = "1111-111111";
string pattern = "\\d\\d\\d\\d-\\d\\d\\d-\\d\\d\\d";
Console.WriteLine($"{str1,12} 是手機號碼:{Regex.IsMatch(str1,pattern)}");
Console.WriteLine($"{str2,12} 是手機號碼:{Regex.IsMatch(str2, pattern)}");
Console.WriteLine($"{str3,12} 是手機號碼:{Regex.IsMatch(str3, pattern)}");
```

執行結果

```
Microsoft Visual Studio 偵錯主控台
   I love C# 是手機號碼:False
0952-909-123 是手機號碼:True
 1111-111111 是手機號碼:False

D:\C#\ch25\ch25_3\ch25_3\bin\Debug\net6.0\ch25_3.exe
按任意鍵關閉此視窗…
```

25-1-3　使用大括號 { } 重複出現字串的處理

下列是我們目前搜尋正則表達式的字串：

"\\d\\d\\d\\d-\\d\\d\\d-\\d\\d\\d"

其中可以看到 "\d" 重複出現，對於重複出現的字串可以用大括號內部加上重複次數方式表達，所以上述可以用下列方式表達。

"\\d{4}-\\d{3}-\\d{3}"

方案 ch25_4.sln：用正則表達式處理重複出現的字串，重新設計 ch25_3.sln。

```
// ch25_4
using System.Text.RegularExpressions;

string str1 = "I love C#";
string str2 = "0952-909-123";
string str3 = "1111-111111";
string pattern = "\\d{4}-\\d{3}-\\d{3}";
Console.WriteLine($"{str1,12} 是手機號碼:{Regex.IsMatch(str1, pattern)}");
Console.WriteLine($"{str2,12} 是手機號碼:{Regex.IsMatch(str2, pattern)}");
Console.WriteLine($"{str3,12} 是手機號碼:{Regex.IsMatch(str3, pattern)}");
```

執行結果　與 ch25_3.sln 相同。

25-1-4 處理市區電話字串方式

先前我們所用的實例是手機號碼，試想想看如果我們改用市區電話號碼的比對，假設有一個台北市的電話號碼區域是 02，號碼是 28350000，說明如下：

```
02-28350000                # 可用xx-xxxxxxxx表達
```

此時正則表達式的字串可以用下列方式表示。

```
"\\d{2}-\\d{8}"
```

方案 ch25_5.sln：用正則表達式 "\\d{2}-\\d{8}"，判斷字串是不是台北市的電話號碼。

```
// ch25_5
using System.Text.RegularExpressions;

string str1 = "I love C#";
string str2 = "02-28350000";
string str3 = "1111-111111";
string pattern = "\\d{2}-\\d{8}";
Console.WriteLine($"{str1,11} 是台北市區號碼:{Regex.IsMatch(str1, pattern)}");
Console.WriteLine($"{str2,11} 是台北市區號碼:{Regex.IsMatch(str2, pattern)}");
Console.WriteLine($"{str3,11} 是台北市區號碼:{Regex.IsMatch(str3, pattern)}");
```

執行結果

```
Microsoft Visual Studio 偵錯主控台
  I love C# 是台北市區號碼:False
02-28350000 是台北市區號碼:True
1111-111111 是台北市區號碼:False

D:\C#\ch25\ch25_5\ch25_5\bin\Debug\net6.0\ch25_5.exe
按任意鍵關閉此視窗…
```

25-1-5 用括號分組

所謂括號分組是用小括號隔開群組，一方面可以讓正則表達式更加清晰易懂，另一方面可以將分組的正則表達式執行更進一步的處理，可以用下列方式重新規劃程式實例 ch25_4.sln 的表達式。

```
"\\d{4}(-\\d{3}){2}"
```

上述是用小括號分組 "-\\d{3}"，此分組需重複 2 次。

方案 ch25_6.sln：重新設計 ch25_4.sln，用括號分組正則表達式的 pattern 字串內容。

```
1  // ch25_6
2  using System.Text.RegularExpressions;
3
4  string str1 = "I love C#";
5  string str2 = "0952-909-123";
6  string str3 = "1111-111111";
7  string pattern = "\\d{4}(-\\d{3}){2}";
8  Console.WriteLine($"{str1,12} 是手機號碼:{Regex.IsMatch(str1, pattern)}");
9  Console.WriteLine($"{str2,12} 是手機號碼:{Regex.IsMatch(str2, pattern)}");
10 Console.WriteLine($"{str3,12} 是手機號碼:{Regex.IsMatch(str3, pattern)}");
```

執行結果 與 ch25_4.sln 相同。

其實上述程式的重點是第 7 行，在這裡筆者列出如何使用小括號分組正則表達式的字串內容。上述我們可以獲得在需要 4 個 0-9 數字字元後，需有連續 2 個 "-ddd"，d 是 0-9 的數字字元，正則表達式才會認可是相同的比對。

25-1-6　用小括號處理區域號碼

在一般電話號碼的使用中，常看到區域號碼是用小括號包夾，如下所示：

(02)-26669999

在處理小括號時，如果字串是含此小括號，正則表達式處理方式是加上 "\\" 字串，例如："\\(和 \\)"，可參考下列實例。

方案 ch25_7.sln：在區域號碼中加上括號，重新處裡 ch25_5.sln。

```
// ch25_7
using System.Text.RegularExpressions;

string str1 = "02-28350000";
string str2 = "(02)-28350000";
string str3 = "1111-111111";
string pattern = "\\(\\d{2}\\)-\\d{8}";
Console.WriteLine($"{str1,13} 是台北市區號碼:{Regex.IsMatch(str1, pattern)}");
Console.WriteLine($"{str2,13} 是台北市區號碼:{Regex.IsMatch(str2, pattern)}");
Console.WriteLine($"{str3,13} 是台北市區號碼:{Regex.IsMatch(str3, pattern)}");
```

執行結果

```
Microsoft Visual Studio 偵錯主控台

  02-28350000 是台北市區號碼:False
(02)-28350000 是台北市區號碼:True
  1111-111111 是台北市區號碼:False

D:\C#\ch25\ch25_7\ch25_7\bin\Debug\net6.0\ch25_7.exe
按任意鍵關閉此視窗…
```

上述我們可以獲得區域號碼有加上括號，正則表達式才會認可是相同的比對，甚至 str1 其實也是正確的區域號碼，但是這個程式限制區域號碼需加上括號，所以 str1 比對的結果傳回是 false。

25-1-7 使用管道 |

|(pipe) 在正則表示法稱**管道**，使用管道我們可以同時搜尋比對多個字串，例如：如果想要搜尋 Mary 和 Tom 字串，可以使用下列表示。

```
pattern = "Mary|Tom"                    // 注意管道"|"旁不可留空白
```

方案 ch25_8.sln：重新設計 ch25_6.sln 和 ch25_7.sln，讓含括號的區域號碼與不含括號的區域號碼皆可被視為是正確的電話號碼。

```
1  // ch25_8
2  using System.Text.RegularExpressions;
3
4  string str1 = "02-28350000";
5  string str2 = "(02)-28350000";
6  string str3 = "1111-111111";
7  string pattern = "\\(\\d{2}\\)-\\d{8}|\\d{2}-\\d{8}";
8  Console.WriteLine($"{str1,13} 是台北市區號碼:{Regex.IsMatch(str1, pattern)}");
9  Console.WriteLine($"{str2,13} 是台北市區號碼:{Regex.IsMatch(str2, pattern)}");
10 Console.WriteLine($"{str3,13} 是台北市區號碼:{Regex.IsMatch(str3, pattern)}");
```

執行結果

```
Microsoft Visual Studio 偵錯主控台
  02-28350000 是台北市區號碼:True
(02)-28350000 是台北市區號碼:True
  1111-111111 是台北市區號碼:False

D:\C#\ch25\ch25_8\ch25_8\bin\Debug\net6.0\ch25_8.exe
按任意鍵關閉此視窗…
```

上述程式的重點是第 7 行，由上述執行結果可以得到第 8 行區域號碼沒有括號傳回 true，第 9 行區域號碼有括號也傳回 true。

25-1-8 使用 ? 問號做搜尋

在正則表達式中若是某些括號內的字串或正則表達式是可有可無 (如果有，最多一次)，執行搜尋時皆算成功，例如：na 字串可有可無，表達方式是 (na)?。

方案 ch25_9.sln：使用 ? 搜尋的實例，這個程式會測試 3 個字串。

```
// ch25_9
using System.Text.RegularExpressions;

string str1 = "Johnson";
string str2 = "Johnnason";
string str3 = "John";
string pattern = "John((na)?son)";        // na 可有可無
Console.WriteLine($"{str1,10} : {Regex.IsMatch(str1, pattern)}");
Console.WriteLine($"{str2,10} : {Regex.IsMatch(str2, pattern)}");
Console.WriteLine($"{str3,10} : {Regex.IsMatch(str3, pattern)}");
```

執行結果

```
Microsoft Visual Studio 偵錯主控台
   Johnson : True
 Johnnason : True
      John : False

D:\C#\ch25\ch25_9\ch25_9\bin\Debug\net6.0\ch25_9.exe
按任意鍵關閉此視窗…
```

25-1-9　使用 * 號做搜尋

在正則表達式中若是某些字串可從 0 到多次，執行搜尋時皆算成功，例如：na 字串可從 0 到多次，正則表達式是 (na)*。

方案 ch25_10：這個程式的重點是第 7 行的正則表達式，其中字串 na 的出現次數可以是從 0 次到多次。

```
1  // ch25_10
2  using System.Text.RegularExpressions;
3
4  string str1 = "Johnson";
5  string str2 = "Johnnason";
6  string str3 = "Johnnananason";
7  string pattern = "John((na)*son)";        // na 由 0 到多皆可
8  Console.WriteLine($"{str1,13} : {Regex.IsMatch(str1, pattern)}");
9  Console.WriteLine($"{str2,13} : {Regex.IsMatch(str2, pattern)}");
10 Console.WriteLine($"{str3,13} : {Regex.IsMatch(str3, pattern)}");
```

執行結果

```
Microsoft Visual Studio 偵錯主控台
      Johnson : True
    Johnnason : True
Johnnananason : True

D:\C#\ch25\ch25_10\ch25_10\bin\Debug\net6.0\ch25_10.exe
按任意鍵關閉此視窗…
```

25-1-10 使用 + 號做搜尋

在正則表達式中若是某些字串可從 1 到多次，執行搜尋時皆算成功，例如：na 字串可從 1 到多次，正則表達式是 (na)+。

方案 ch25_11：這個程式的重點是第 7 行的正則表達式，其中字串 na 的出現次數可以是從 1 次到多次。由於第 4 行的 str1 字串 Johnson 不含 na，所以第 8 行傳回 false。

```
1  // ch25_11
2  using System.Text.RegularExpressions;
3
4  string str1 = "Johnson";
5  string str2 = "Johnnason";
6  string str3 = "Johnnananason";
7  string pattern = "John((na)+son)";       // na由 1 到多皆可
8  Console.WriteLine($"{str1,13} : {Regex.IsMatch(str1, pattern)}");
9  Console.WriteLine($"{str2,13} : {Regex.IsMatch(str2, pattern)}");
10 Console.WriteLine($"{str3,13} : {Regex.IsMatch(str3, pattern)}");
```

執行結果

```
Microsoft Visual Studio 偵錯主控台
      Johnson : False
    Johnnason : True
Johnnananason : True

D:\C#\ch25\ch25_11\ch25_11\bin\Debug\net6.0\ch25_11.exe
按任意鍵關閉此視窗…
```

25-1-11 大小寫忽略 RegexOptions.IgnoreCase

使用 Regex.IsMatch( ) 還可以使用第 3 個參數 RegexOptions.IgnoreCase，如果加上此參數，可以忽略大小寫。

方案 ch25_12.sln：重新設計 ch25_11.sln，但是將 pattern 改為 "john((na)+son)"，相當於第一個字母是小寫 "j"。

```
// ch25_12
using System.Text.RegularExpressions;

string str1 = "Johnson";
string str2 = "Johnnason";
string str3 = "Johnnananason";
string pattern = "john((na)+son)";       // na由 1 到多皆可
Console.WriteLine($"{str1,13} : {Regex.IsMatch(str1, pattern)}");
Console.WriteLine($"{str2,13} : {Regex.IsMatch(str2, pattern)}");
Console.WriteLine($"{str3,13} : {Regex.IsMatch(str3, pattern)}");
```

執行結果

```
Microsoft Visual Studio 偵錯主控台
      Johnson : False
    Johnnason : False
Johnnnananason : False

D:\C#\ch25\ch25_12\ch25_12\bin\Debug\net6.0\ch25_12.exe
按任意鍵關閉此視窗…
```

若是和 ch25_11.sln 比較可以發現，pattern 的第 1 個字母設為 "j"，因此造成 str2 和 str2 的比對失敗，下面實例增加 RegexOptions.IgnoreCase 參數可以忽略大小寫，可以改良此結果。

方案 ch25_13.sln：增加 RegexOptions.IgnoreCase 參數，重新設計 ch25_12.sln。

```
// ch25_13
using System.Text.RegularExpressions;

string str1 = "Johnson";
string str2 = "Johnnason";
string str3 = "Johnnananason";
string pattern = "john((na)+son)";        // na由 1 到多皆可
Console.WriteLine($"{str1,13} : " +
    $"{Regex.IsMatch(str1, pattern, RegexOptions.IgnoreCase)}");
Console.WriteLine($"{str2,13} : " +
    $"{Regex.IsMatch(str2, pattern, RegexOptions.IgnoreCase)}");
Console.WriteLine($"{str3,13} : " +
    $"{Regex.IsMatch(str3, pattern, RegexOptions.IgnoreCase)}");
```

執行結果

```
Microsoft Visual Studio 偵錯主控台
      Johnson : False
    Johnnason : True
Johnnananason : True

D:\C#\ch25\ch25_13\ch25_13\bin\Debug\net6.0\ch25_13.exe
按任意鍵關閉此視窗…
```

25-1-12　正則表達式量次的表

下表是前述各節有關正則表達式量次的符號表。

正則表達式	說明
X?	X 出現 0 次至 1 次
X*	X 出現 0 次至多次
X+	X 出現 1 次至多次
X{n}	X 出現 n 次
X{n,}	X 出現 n 次至多次
X{,m}	X 出現 0 次至 m 次
X{n,m}	X 出現 n 次至 m 次

25-2 正則表達式的特殊字元

為了不讓一開始學習正則表達式太複雜，在前面小節筆者只介紹了 \d，同時穿插介紹一些字串的搜尋。我們知道 \d 代表的是數字字元，也就是從 0 ~ 9 的阿拉伯數字，如果使用管道 | 的觀念，\d 相當於是下列正則表達式：

(0|1|2|3|4|5|6|7|8|9)

這一節將針對正則表達式的特殊字元做一個完整的說明。

25-2-1　特殊字元表

字元	使用說明
.	任何字元皆可
\d	0-9 之間的整數字元
\D	除了 0-9 之間的整數字元以外的其他字元
\s	空白、定位、Tab 鍵、換行、換頁字元
\S	除了空白、定位、Tab 鍵、換行、換頁字元以外的其他字元
\w	數字、字母和底線 _ 字元，[A-Za-z0-9_]
\W	除了數字、字母和底線 _ 字元，[a-Za-Z0-9_]，以外的其他字元
\b	邊界字元，例如：\b[M] 或 [M]\b，找尋 M 開頭或結束的字元
$	必須是字串結尾符合，例如：ab$，表示結尾要 ab
^	必須是開頭符合，例如：^ab，表示開頭要 ab

下列是一些使用上述表格觀念的正則表達式的實例說明。

```
pattern = "\\w+"          // 意義是不限長度的數字、字母和底線字元當作符合搜尋
pattern = "John\\w*"      // John開頭後面接0-多個數字、字母和底線字元
```

方案 ch25_14.sln：測試正則表達式 "\\w+"。

```
// ch25_14
using System.Text.RegularExpressions;

string str1 = "98a_d";
string str2 = "@#$%^";
string pattern = "\\w+";
Console.WriteLine($"{str1} : {Regex.IsMatch(str1, pattern)}");
Console.WriteLine($"{str2} : {Regex.IsMatch(str2, pattern)}");
```

執行結果

```
Microsoft Visual Studio 偵錯主控台

98a_d : True
@#$%^ : False

D:\C#\ch25\ch25_14\ch25_14\bin\Debug\net6.0\ch25_14.exe
按任意鍵關閉此視窗…
```

方案 ch25_14_1.sln：Regex.IsMatch( ) 的比對是只要字串內容有符合，就回傳 true，可以參考下列 ch25_14_1.sln，筆者將 str 字串設為 "@#$%^6"，將回傳 true，因為 6 符合。

```
// ch25_14_1
using System.Text.RegularExpressions;

string str1 = "98a_d";
string str2 = "@#$%^6";
string pattern = "\\w+";
Console.WriteLine($"{str1, 6} : {Regex.IsMatch(str1, pattern)}");
Console.WriteLine($"{str2, 6} : {Regex.IsMatch(str2, pattern)}");
```

執行結果

```
Microsoft Visual Studio 偵錯主控台

 98a_d : True
@#$%^6 : True

D:\C#\ch25\ch25_14_1\ch25_14_1\bin\Debug\net6.0\ch25_14_1.exe
按任意鍵關閉此視窗…
```

pattern = "\\d+"：表示不限長度的數字。

pattern = "\\s"：表示空格。

pattern = "\\w+"：表示不限長度的數字、字母和底線字元連續字元。

方案 ch25_15.sln：測試正則表達式 "\\d+\\s+\\w+"。

```
// ch25_15
using System.Text.RegularExpressions;

string str1 = "1 cats";
string str2 = "32 dogs";
string str3 = "a pigs";
string pattern = "\\d+\\s+\\w+";
Console.WriteLine($"{str1} : {Regex.IsMatch(str1, pattern)}");
Console.WriteLine($"{str2} : {Regex.IsMatch(str2, pattern)}");
Console.WriteLine($"{str3} : {Regex.IsMatch(str3, pattern)}");
```

執行結果

```
Microsoft Visual Studio 偵錯主控台

1 cats : True
32 dogs : True
a pigs : False

D:\C#\ch25\ch25_15\ch25_15\bin\Debug\net6.0\ch25_15.exe
按任意鍵關閉此視窗…
```

25-2-2　單一字元使用萬用字元 "."

萬用字元 (wildcard)"." 表示可以搜尋除了換行字元以外的所有字元，但是只限定一個字元。

方案 ch25_16.sln：測試正則表達式 ".at"。

```
// ch25_16
using System.Text.RegularExpressions;

string str1 = "cat";
string str2 = "hat";
string str3 = "flat";            // lat 符合
string str4 = "at";              // false
string str5 = " at";
string pattern = ".at";
Console.WriteLine($"cat  : {Regex.IsMatch(str1, pattern)}");
Console.WriteLine($"hat  : {Regex.IsMatch(str2, pattern)}");
Console.WriteLine($"flat : {Regex.IsMatch(str3, pattern)}");
Console.WriteLine($"at   : {Regex.IsMatch(str4, pattern)}");
Console.WriteLine($" at  : {Regex.IsMatch(str5, pattern)}");
```

執行結果

```
Microsoft Visual Studio 偵錯主控台
cat  : True
hat  : True
flat : True
at   : False
 at  : True

D:\C#\ch25\ch25_16\ch25_16\bin\Debug\net6.0\ch25_16.exe
按任意鍵關閉此視窗…
```

25-2-3　字元分類

Python 可以使用中括號來設定字元區間，可參考下列範例。

[a-z]：代表 a-z 的小寫字元。

[A-Z]：代表 A-Z 的大寫字元。

[aeiouAEIOU]：代表英文發音的母音字元。

[2-5]：代表 2-5 的數字。

方案 ch25_17.sln：測試正則表達式 "[A-Z]" 和 "[2-5]"。

```
// ch25_17
using System.Text.RegularExpressions;

string str1 = "c";
```

```
string str2 = "K";
string str3 = "1";
string str4 = "3";
string pattern1 = "[A-Z]";
Console.WriteLine($"c : {Regex.IsMatch(str1, pattern1)}");
Console.WriteLine($"K : {Regex.IsMatch(str2, pattern1)}");
string pattern2 = "[2-5]";
Console.WriteLine($"1 : {Regex.IsMatch(str3, pattern2)}");
Console.WriteLine($"3 : {Regex.IsMatch(str4, pattern2)}");
```

執行結果

```
Microsoft Visual Studio 偵錯主控台
c : False
K : True
1 : False
3 : True

D:\C#\ch25\ch25_17\ch25_17\bin\Debug\net6.0\ch25_17.exe
按任意鍵關閉此視窗…
```

25-2-4　字元分類的 ^ 字元

在前一節字元的處理中，如果在中括號內的左方加上 ^ 字元，意義是搜尋不在這些字元內的所有字元。

方案 ch25_18.sln：測試正則表達式 "[^A-Z]" 和 "[^2-5]"。

```
// ch25_18
using System.Text.RegularExpressions;

string str1 = "c";
string str2 = "K";
string str3 = "1";
string str4 = "3";
string pattern1 = "[^A-Z]";
Console.WriteLine($"c : {Regex.IsMatch(str1, pattern1)}");
Console.WriteLine($"K : {Regex.IsMatch(str2, pattern1)}");
string pattern2 = "[^2-5]";
Console.WriteLine($"1 : {Regex.IsMatch(str3, pattern2)}");
Console.WriteLine($"3 : {Regex.IsMatch(str4, pattern2)}");
```

執行結果

```
Microsoft Visual Studio 偵錯主控台
c : True
K : False
1 : True
3 : False

D:\C#\ch25\ch25_18\ch25_18\bin\Debug\net6.0\ch25_18.exe
按任意鍵關閉此視窗…
```

25-2-5 所有字元使用萬用字元 ".*"

若是將萬用字元 "." 與 "*" 組合，可以搜尋所有字元，意義是搜尋 0 到多個萬用字元 (換行字元除外)。

方案 ch25_19.sln：測試正則表達式 ".*"。

```
// ch25_19
using System.Text.RegularExpressions;

string str1 = "cd%@_";
string str2 = "K***p";
string pattern = ".*";
Console.WriteLine($"{str1} : {Regex.IsMatch(str1, pattern)}");
Console.WriteLine($"{str2} : {Regex.IsMatch(str2, pattern)}");
```

執行結果

```
Microsoft Visual Studio 偵錯主控台
cd%@_ : True
K***p : True

D:\C#\ch25\ch25_19\ch25_19\bin\Debug\net6.0\ch25_19.exe
按任意鍵關閉此視窗…
```

25-2-6 特殊字元 $

字元 "$" 是設定正則表達式的尾端，表示必需匹配，例如："-\\d{3}$"，表示尾端必需是 "-" 符號加上 3 個阿拉伯數字才算符合。

方案 ch25_19_1.sln：正則表達式末端加上 $ 符號，瞭解對手機號碼匹配的影響。

```
// ch25_19_1
using System.Text.RegularExpressions;

string str = "0952-909-123456";
string pattern1 = "\\d{4}-\\d{3}-\\d{3}";
Console.WriteLine($"{str} 是手機號碼:{Regex.IsMatch(str, pattern1)}");
string pattern2 = "\\d{4}-\\d{3}-\\d{3}$";        // 增加 $
Console.WriteLine($"{str} 是手機號碼:{Regex.IsMatch(str, pattern2)}");
```

執行結果

```
Microsoft Visual Studio 偵錯主控台
0952-909-123456 是手機號碼:True
0952-909-123456 是手機號碼:False

D:\C#\ch25\ch25_19_1\ch25_19_1\bin\Debug\net6.0\ch25_19_1.exe
按任意鍵關閉此視窗…
```

上述第 5 行的正則表達式末端沒有 $ 符號，因為 0952-909-123 是符合條件，變成整個字串 0952-909-123456 符合條件，所以第 6 行輸出 True。第 7 行的正則表達式末端有 $ 符號，表示最右端要符合 "-ddd"，d 是阿拉伯數字，也就是剛好有 3 位阿拉伯數字才算符合，str 字串沒有匹配，所以第 8 行輸出 False。

25-2-7　特殊字元 ^

這是設定正則表達式的尾端必需匹配，例如："^\\d{4}-"，表示開頭必需是 4 個阿拉伯數字再加上 "-" 才算符合。

方案 ch25_19_2.sln：正則表達式開頭加上 ^ 符號，瞭解對手機號碼匹配的影響。

```
1  // ch25_19_2
2  using System.Text.RegularExpressions;
3
4  string str = "09520-909-123";
5  string pattern1 = "\\d{4}-\\d{3}-\\d{3}";
6  Console.WriteLine($"{str} 是手機號碼:{Regex.IsMatch(str, pattern1)}");
7  string pattern2 = "^\\d{4}-\\d{3}-\\d{3}";          // 開頭增加 ^
8  Console.WriteLine($"{str} 是手機號碼:{Regex.IsMatch(str, pattern2)}");
```

執行結果

```
Microsoft Visual Studio 偵錯主控台
09520-909-123 是手機號碼:True
09520-909-123 是手機號碼:False

D:\C#\ch25\ch25_19_2\ch25_19_2\bin\Debug\net6.0\ch25_19_2.exe
按任意鍵關閉此視窗…
```

上述第 5 行的正則表達式開始沒有 ^ 符號，因為 9520-909-123 是符合條件，變成整個字串 09520-909-123 符合條件，所以第 6 行輸出 True。第 7 行的正則表達式前端有 ^ 符號，表示最前端要符合 "dddd"，d 是阿拉伯數字，也就是有 4 位阿拉伯數字加上 "-" 才算符合，因為字串是有 5 個阿拉伯數字加上 "-'，所以沒有匹配。

25-3　IsMatch( ) 方法的萬用程式與功能擴充

其實我們也可以使用現有知識設計一個 IsMatch( ) 方法的萬用程式，也就是讀者可以用輸入方式先輸入正則表達式，筆者將此放在 pattern 字串物件，然後讀者可以輸入任意字串，此程式可以回應是否符合正則表達式。

方案 ch25_20.sln：設計比對正則表示法的萬用程式，這個程式會要求輸入正則表達式，然後要求輸入任意字串，最後告知所輸入的任意字串是否符合正則表達式。

```
// ch25_20
using System.Text.RegularExpressions;

bool MyMatch(string s, string pat)
{
    return (Regex.IsMatch(s, pat));
}

Console.Write("請輸入正則表達式字串 : ");
string pattern = Console.ReadLine();
Console.Write("請輸入測試字串         : ");
string str = Console.ReadLine();
Console.WriteLine($"比對結果 : {MyMatch(str, pattern)}");
```

執行結果

```
Microsoft Visual Studio 偵錯主控台
請輸入正則表達式字串 : [0-7]
請輸入測試字串       : 8ab
比對結果 : False

D:\C#\ch25\ch25_20\ch25_20\bin\Deb
按任意鍵關閉此視窗…
```

```
Microsoft Visual Studio 偵錯主控台
請輸入正則表達式字串 : [0-7]
請輸入測試字串       : 1p9
比對結果 : True

D:\C#\ch25\ch25_20\ch25_20\bin\Deb
按任意鍵關閉此視窗…
```

25-4 找出第一個符合搜尋的內容 Regex.Match( )

這個方法是在 System.Text.RegularExpressions 命名空間，可以在字串內找出第一次出現符合搜尋的內容，以及此內容的索引位置。如果要找出後續的內容可以使用回傳物件，呼叫 NextMatch( ) 方法，可以參考 25-4-2 節。

25-4-1 搜尋第一次出現的內容

Regex.Match( ) 的語法如下：

```
public static Match = public static Match(string input, string pattern, options);
```

上述 input 是要搜尋的字串，pattern 是搜尋規則的正則表達式，options 則是比對的選項，如果 input 字串內有符合 pattern 格式，會回傳到 Match 物件，假設 Match 物件名稱是 match，在 Match 物件內有下列屬性可以應用。

match.Success：如果有搜尋到成功，回傳 true，否則是 false。

match.Value：搜尋成功的內容。

match.Index：搜尋成功內容的索引。

方案 ch25_21.sln：在字串內找出第一次出現的手機號碼，和此號碼所在的索引位置。

```
// ch25_21
using System.Text.RegularExpressions;

string str = "請參加教師節晚宴, 可用 0933-122-123 " +
             "或是 0933-133-456 聯繫我";
string pattern = "\\d{4}-\\d{3}-\\d{3}";
Match match = Regex.Match(str, pattern);
if (match.Success)
    Console.WriteLine($"{match.Value}, {match.Index}");
```

執行結果

```
Microsoft Visual Studio 偵錯主控台
0933-122-123, 13

D:\C#\ch25\ch25_21\ch25_21\bin\Debug\net6.0\ch25_21.exe
按任意鍵關閉此視窗…
```

上述找到了手機號碼 0933-122-123，0 的索引是 13。

25-4-2　Match 物件的 NextMatch( ) 方法

方案 ch25_21.sln 在找手機號碼時，回傳的物件是 match，這個物件可以呼叫 NextMatch( ) 方法，如果有找到下一個手機號碼，可以回傳 true，此觀念就可以設計程式找出所有字串內符合正則表達式規則的手機號碼。

方案 ch25_22.sln：擴充 ch25_21.sln，搜尋所有手機號碼。

```
// ch25_22
using System.Text.RegularExpressions;

string str = "請參加教師節晚宴, 可用 0933-122-123 " +
             "或是 0933-133-456 聯繫我";
string pattern = "\\d{4}-\\d{3}-\\d{3}";
Match match = Regex.Match(str, pattern);
while (match.Success)
{
    Console.WriteLine($"手機號碼:{match.Value}, 索引位置:{match.Index}");
    match = match.NextMatch();
}
```

執行結果

```
Microsoft Visual Studio 偵錯主控台
手機號碼:0933-122-123, 索引位置:13
手機號碼:0933-133-456, 索引位置:29

D:\C#\ch25\ch25_22\ch25_22\bin\Debug\net6.0\ch25_22.exe
按任意鍵關閉此視窗…
```

25-5 找出所有符合搜尋的內容 Regex.Matches( )

這個 Regex.Matches( ) 方法是在 System.Text.RegularExpressions 命名空間，可以在字串內找出所有出現的符合搜尋內容，此方法的語法如下：

public static MatchCollection = public static Matches(string input, string pattern, options);

上述 input 是要搜尋的字串，pattern 是搜尋規則的正則表達式，options 則是比對的選項，如果 input 字串內有符合 pattern 格式，會回傳到 MatchCollection 物件，假設 MatchCollection 物件名稱是 match。可以宣告 Match 物件遍歷 match，這時有下列屬性可以應用。

match.Success：如果搜尋成功，回傳 true，否則是 false。

match.Value：搜尋成功的內容。

match.Index：搜尋成功內容的索引。

方案 ch25_23.sln：使用 2 個呼叫 Regex.Matches( ) 方法重新設計 ch25_22.sln。

```
// ch25_23
using System.Text.RegularExpressions;

string str = "請參加教師節晚宴, 可用 0933-122-123 " +
             "或是 0933-133-456 聯繫我";
string pattern = "\\d{4}-\\d{3}-\\d{3}";
// 方法 1
MatchCollection match = Regex.Matches(str, pattern);
foreach (Match m in match)
    Console.WriteLine($"手機號碼:{m.Value}, 索引位置:{m.Index}");
// 方法 2
foreach (Match m in Regex.Matches(str, pattern))
    Console.WriteLine($"手機號碼:{m.Value}, 索引位置:{m.Index}");
```

執行結果

```
Microsoft Visual Studio 偵錯主控台
手機號碼:0933-122-123, 索引位置:13
手機號碼:0933-133-456, 索引位置:29
手機號碼:0933-122-123, 索引位置:13
手機號碼:0933-133-456, 索引位置:29

D:\C#\ch25\ch25_23\ch25_23\bin\Debug\net6.0\ch25_23.exe
按任意鍵關閉此視窗…
```

在使用 Regex.Matches( ) 方法搜尋正則表達式字串格式時，如果搜尋到，這些字串格式是以陣列方式儲存，如果使用的 MatchCollection 物件是 match，要取得所搜尋的字串內容可以使用 match[index] 方式，如下所示：

match[index].Success：如果搜尋成功，回傳 true，否則是 false。

match[index].Value：搜尋成功的內容。

match[index].Index：搜尋成功內容的索引。

方案 ch25_23_1.sln：重新設計 ch25_22.sln。

```
// ch25_23_1
using System.Text.RegularExpressions;

string str = "請參加教師節晚宴, 可用 0933-122-123 " +
             "或是 0933-133-456 聯繫我";
string pattern = "\\d{4}-\\d{3}-\\d{3}";
// 方法 1
MatchCollection match = Regex.Matches(str, pattern);
for (int i = 0; i < match.Count; i++)
    Console.WriteLine($"手機號碼:{match[i].Value}, 索引位置:{match[i].Index}");
```

執行結果 與 ch25_22.sln 相同。

25-6 字串修改 Regex.Replace( )

在 System.Text.RegularExpressions 命名空間有 Regex.Replace( ) 方法，可以執行字串的修改，語法如下：

public static string Regex.Replace(string input, string pattern, string replacement)

上述 input 是要搜尋的原始字串，pattern 是搜尋規則的正則表達式，replacement 是要取代的新字串。

方案 ch25_24.sln：有一個句子字母間有太多空白，設計程式可以在字母間只有一個空白字元。

```
// ch25_24
using System.Text.RegularExpressions;

string input = "This is    C#     language     book     " +
               "by JK       Hung.";
string pattern = "\\s+";          // 空白部分
string replacement = " ";         // 只空 1 格
string result = Regex.Replace(input, pattern, replacement);
Console.WriteLine($"原始字串: {input}");
Console.WriteLine($"結果字串: {result}");
```

執行結果

```
Microsoft Visual Studio 偵錯主控台
原始字串: This is    C#     language     book     by JK       Hung.
結果字串: This is C# language book by JK Hung.

D:\C#\ch25\ch25_24\ch25_24\bin\Debug\net6.0\ch25_24.exe (處理序
按任意鍵關閉此視窗…
```

方案 ch25_24_1.sln：路徑字元 "\" 改為 "/"。

```
// ch25_24_1
using System.Text.RegularExpressions;

string src = @"C:\C#\ch25\ch25_24_1";
string dst = Regex.Replace(src, @"\\", "/");

Console.WriteLine($"原始路徑: {src}");
Console.WriteLine($"結果路徑: {dst}");
```

執行結果

```
Microsoft Visual Studio 偵錯主控台
原始路徑: C:\C#\ch25\ch25_24_1
結果路徑: C:/C#/ch25/ch25_24_1

D:\C#\ch25\ch25_24_1\ch25_24_1\bin\Debug\net6.0\ch25_24_1.exe
按任意鍵關閉此視窗…
```

25-7 正則表達式的分割 Regex.Split( )

這個功能可以將輸入字串分割成子字串陣列，此方法的語法如下：

public string[ ] Split(string input, string pattern, options);

參數 input 是要分割的字串，pattern 是要分割的正則表達式字串，回傳是陣列。

方案 ch25_24_2.sln：字串內含系列水果分割應用，分割的正則表達式字串使用 "-"。

```
// ch25_24_2
using System.Text.RegularExpressions;

string pattern = "-";
string[] fruits = Regex.Split("Apple--Orange-Grape", pattern);
foreach (string match in fruits)
{
    Console.WriteLine($"'{match}'");
}
```

執行結果

```
Microsoft Visual Studio 偵錯主控台
'Apple'
''
'Orange'
'Grape'

D:\C#\ch25\ch25_24_2\ch25_24_2\bin\Debug\net6.0\ch25_24_2.exe
按任意鍵關閉此視窗…
```

如果分割時正則表達式分割字串增加小括號，則分割時出現分割符號也會回傳當作字串陣列的一部分。

方案 ch25_24_3.sln：使用 "/" 當作正則表達式分割字串。

```
// ch25_24_3
using System.Text.RegularExpressions;

string input = @"10/15/2023";
string pattern1 = @"/";                         // 沒有小括號
foreach (string result in Regex.Split(input, pattern1))
{
    Console.WriteLine($"'{result}'");
}
Console.WriteLine();
string pattern2 = @"(/)";                       // 增加小括號
foreach (string result in Regex.Split(input, pattern2))
{
    Console.WriteLine($"'{result}'");
}
```

執行結果

```
Microsoft Visual Studio 偵錯主控台
'10'
'15'
'2023'

'10'
'/'
'15'
'/'
'2023'

D:\C#\ch25\ch25_24_3\ch25_24_3\bin\Debug\net6.0\ch25_24_3.exe
按任意鍵關閉此視窗…
```

上述分割的正則表達式字串比較簡單，下列是使用系列阿拉伯數字當作分割字串。

方案 ch25_24_4.sln：使用系列阿拉伯數字當作分割字串。

```
// ch25_24_4
using System.Text.RegularExpressions;

string pattern = @"\d+";
string input = "749FGHA45BCDEI23MNJ7089PQKL912";
foreach (string result in Regex.Split(input, pattern))
    Console.WriteLine($"'{result}'");
```

執行結果

```
Microsoft Visual Studio 偵錯主控台
''
'FGHA'
'BCDEI'
'MNJ'
'PQKL'
''

D:\C#\ch25\ch25_24_4\ch25_24_4\bin\Debug\net6.0\ch25_24_4.exe
按任意鍵關閉此視窗…
```

25-8 專題 – 國際品牌 / 隱藏號碼 / 刪除稱謂 / 網址測試 / 資訊加密

25-8-1 搜尋 A 開頭的國際品牌

方案 ch25_25.sln：搜尋 A 開頭的國際品牌產品。

```
1  // ch25_25
2  using System.Text.RegularExpressions;
3
4  string pattern = @"\b[A]\w+";    // \b 是邊界字元，告知第 1 個字元是 A
5  string brands = "Acer NB, iPhone, Asus PC, Samgsung TV";
6  MatchCollection matchedAuthors = Regex.Matches(brands, pattern);
7  // 輸出所有 A 開頭的品牌
8  for (int count = 0; count < matchedAuthors.Count; count++)
9      Console.WriteLine(matchedAuthors[count].Value);
```

執行結果

```
Microsoft Visual Studio 偵錯主控台
Acer
Asus

D:\C#\ch25\ch25_25\ch25_25\bin\Debug\net6.0\ch25_25.exe
按任意鍵關閉此視窗…
```

註 上述第 4 行字元 "\b[A]"，表示最左邊的字元是 A，也就是起始字元必需是 A。這個實例若是省略 "\b"，可以得到一樣的結果，不過若是將 iPhone 改為 iPhAone，則 Aone 會被視為是符合此條件。所以 "\b" 字元在此是必需的，這是當作邊界字元 (boundary character)，特別強調是邊界的起始字元。有時候，也會將 \b 應用在邊界的結束字元，例如：假設正則表達式最右邊是 "[s]\b"，表示結束字元是 s。

25-8-2 電話號碼的隱藏

方案 ch25_26.sln：搜尋字串內的電話號碼，同時隱藏 0930 開頭的後續號碼。

```
// ch25_26
using System.Text.RegularExpressions;

string input = "請用 0930-919-919 或是 0952-001-001通知我";
string pattern = @"0930(-\d{3}){2}";
string replacement = "0930-***-***";
string result = Regex.Replace(input, pattern, replacement);
Console.WriteLine($"原始字串: {input}");
Console.WriteLine($"結果字串: {result}");
```

執行結果

```
Microsoft Visual Studio 偵錯主控台
原始字串: 請用 0930-919-919 或是 0952-001-001通知我
結果字串: 請用 0930-***-*** 或是 0952-001-001通知我

D:\C#\ch25\ch25_26\ch25_26\bin\Debug\net6.0\ch25_26.exe
按任意鍵關閉此視窗…
```

25-8-3　刪除英文稱呼

方案 ch25_27.sln：英文稱呼常會用 Mr.、Mrs.、Ms.、Miss 等，這個程式會使用正則表達式觀念刪除這些稱謂。

```
// ch25_27
using System.Text.RegularExpressions;

string pattern = @"(Mr. |Mrs. |Miss |Ms. )";
string[] names = { "Mr. Henry Kevin", "Ms. Tracy GaGa",
                   "George Adams", "Ms. Jame Norris",
                   "Ms. Linda Tsai", "Miss Christy"};
foreach (string name in names)
    Console.WriteLine(Regex.Replace(name, pattern, String.Empty));
```

執行結果

```
Microsoft Visual Studio 偵錯主控台
Henry Kevin
Tracy GaGa
George Adams
Jame Norris
Linda Tsai
Christy

D:\C#\ch25\ch25_27\ch25_27\bin\Debug\net6.0\ch25_27.exe
按任意鍵關閉此視窗…
```

25-8-4　測試網址是否正確

方案 ch25_28.sln：設計網址判斷程式，這個程式可以將正則表達式分成下列幾段判斷：

^www.：開頭必須是 www。

[a-zA-Z0-0]{3,20}.：字元必須是 a ~ z、A ~ Z、0 ~ 9，長度必須是 3 ~ 20 之間。

(com|org|edu)：必須是這 3 單位，**註**：目前實務上有更多單位。

([\.])?："." 可有可無。

([a-zA-Z]{2,4})?：這是國別可有可無。

這個程式會將符合要求的網址輸出。

```
// ch25_28
using System.Text.RegularExpressions;

string[] wwwmsg = { "www.deepmind.com.tw",
                    "www.dd.kk",
                    "www.deepmind.com",
                    "aaa.bbb.com",
                    "www.mcut.edu.tw" };
string pattern = @"^www.[a-zA-Z0-9]{3,20}.(com|org|edu)([\.])?([a-zA-Z]{2,4})?";
foreach (string str in wwwmsg)
{
    if (Regex.IsMatch(str, pattern))
        Console.WriteLine(str);
}
```

執行結果

```
Microsoft Visual Studio 偵錯主控台
www.deepmind.com.tw
www.deepmind.com
www.mcut.edu.tw

D:\C#\ch25\ch25_28\ch25_28\bin\Debug\net6.0\ch25_28.exe
按任意鍵關閉此視窗…
```

25-8-5 資訊加密

方案 ch25_29.sln：字串取代的應用，程式第 8 行會將全部比對成功的字串用 "C*A **" 取代。

```
1  // ch25_29
2  using System.Text.RegularExpressions;
3
4  string src = "CIA Mark told CIA Linda that secret USB " +
5               "had given to CIA Peter";
6  string pattern = "CIA \\w*";
7  string replace = "C*A ***";
8  string dst = Regex.Replace(src, pattern, replace);
9  Console.WriteLine($"原始字串: {src}");
10 Console.WriteLine($"結果字串: {dst}");
```

執行結果

```
Microsoft Visual Studio 偵錯主控台
原始字串: CIA Mark told CIA Linda that secret USB had given to CIA Peter
結果字串: C*A *** told C*A *** that secret USB had given to C*A ***

D:\C#\ch25\ch25_29\ch25_29\bin\Debug\net6.0\ch25_29.exe (處理序 21708) 已
按任意鍵關閉此視窗…
```

第 6 行正則表達式是 CIA 加上空格後的一個單字，第 7 行則定義是取代的字串。

習題實作題

方案 ex25_1.sln：有一系列檔案如下，請將 jpg 和 png 檔案篩選出來。(25-2 節)

data1.txt, data2.jpg, data3.png, data4.py, data5.cs, data6.jpg, d7.jpgpng, d8.pngjpg

```
Microsoft Visual Studio 偵錯主控台
data2.jpg
data3.png
data6.jpg

D:\C#\ex\ex25_1\ex25_1\bin\Debug\net6.0\ex25_1.exe
按任意鍵關閉此視窗…
```

方案 ex25_2.sln：驗證 ch25_19_1.sln 匹配的字串，如果正則表達式沒有在結尾加上 "?" 符號，0952-909-123 是匹配的字串，請用 Regex.Match( ) 驗證和輸出此字串。(25-4 節)

```
Microsoft Visual Studio 偵錯主控台
0952-909-123

D:\C#\ex\ex25_2\ex25_2\bin\Debug\net6.0\ex25_2.exe
按任意鍵關閉此視窗…
```

方案 ex25_3.sln：驗證 ch25_19_2.sln 匹配的字串，如果正則表達式沒有在開始加上 "?" 符號，9520-909-123 是匹配的字串，請用 Regex.Match( ) 驗證和輸出此字串。(25-4 節)

```
Microsoft Visual Studio 偵錯主控台
9520-909-123

D:\C#\ex\ex25_3\ex25_3\bin\Debug\net6.0\ex25_3.exe
按任意鍵關閉此視窗…
```

方案 ex25_4.sln：有一串列，可以參考下列輸出，找出 A 或 B 開頭的水果單字，可以忽略大小寫。(25-5 節)

```
Microsoft Visual Studio 偵錯主控台
原始系列水果字串 : Apple blackberry watermelon Banana Grapes Orange almond
Apple
blackberry
Banana
almond

D:\C#\ex\ex25_4\ex25_4\bin\Debug\net6.0\ex25_4.exe (處理序 10756) 已結束，出
按任意鍵關閉此視窗…
```

方案 ex25_5.sln：有一串列，可以參考下列輸出，找出 m 開頭與 e 結尾的單字。(25-5 節)

```
Microsoft Visual Studio 偵錯主控台
m開頭e結尾的單字
原始字串 : make maze and build magazine, finally manage it
make
maze
magazine
manage

D:\C#\ex\ex25_5\ex25_5\bin\Debug\net6.0\ex25_5.exe (處理序
按任意鍵關閉此視窗…
```

方案 ex25_6.sln：修改設計 ch25_24.sln，刪除中文字間的空白。(25-6 節)

```
Microsoft Visual Studio 偵錯主控台
原始字串: C#    最強入門    邁向頂尖高手   之路 王 者 歸來作者        洪    錦  魁
結果字串: C#最強入門邁向頂尖高手之路王者歸來作者洪錦魁

D:\C#\ex\ex25_6\ex25_6\bin\Debug\net6.0\ex25_6.exe (處理序 21532) 已結束，出現
按任意鍵關閉此視窗…
```

方案 ex25_7.sln：擴充設計 ch25_25.sln，增加輸出品牌內容。(25-8 節)

```
Microsoft Visual Studio 偵錯主控台
Acer NB
Asus PC

D:\C#\ex\ex25_7\ex25_7\bin\Debug\net6.0\ex25_7.exe
按任意鍵關閉此視窗…
```

第 26 章

委派 (Delegate)

委派 (Delegate) 在 C# 進階程式設計扮演一個非常重要的角色，認識了委派讀者才可以了解第 27 章的 Lambda 表達式，然後第 28 章的事件 (event)，這一章和先前章節一樣會從簡單程式開始，一步一步引導讀者學習。

26-1 認識委派 (Delegate)

其實 C# 的委派是一種對方法的引用，類似於 C/C++ 的函數指標 (Function Pointer)，但是 C# 的委派與 C 不同在於是物件導向，安全性較佳。所謂的委派從程式設計端的觀點來看，就是將一個方法 (method)(或稱函數) 當作參數，傳遞給另一個方法 (method)。

簡單的說就是一個方法的參數是方法。

過去我們設計方法 (或稱函數) 時，所傳遞的參數有 int、double、string … 類別物件等。如果所設計的方法比較複雜，會傳遞多個不同類型的參數，這時在方法內會有 if 的條件判斷，然後在不同的 if 條件區塊內完成這些參數的工作。

這一章將介紹另一個方法，我們將 if 條件區塊內完成的工作放在一個方法內，然後將此方法當作參數傳遞，這就是所謂的委派。

26-2 委派操作

委派操作有 4 個步驟：

1：宣告委派，這是類型宣告，所以最上層語句必需在此委派宣告前面。

2：設計目標方法。

3：建立委派物件實例與將此實例綁定目標方法，也可以稱參考方法 (reference the method)。

4：調用 (invoke) 委派。

26-2-1 宣告委派

宣告委派的關鍵字是 delegate，語法如下：

```
[存取修飾詞] delegate 資料類型 委派名稱(系列參數);
```

上述 [存取修飾詞] 是選項，其他是必需的，下列是宣告委派 NumOperation( ) 的實例。

```
public delegate int NumOperation(int x, int y);
```

註 委派宣告必需是在最上層語句 (top-level) 後面，在最上層語句設計中一般來說委派皆是放在程式後方，但是在類別宣告前面。

26-2-2　設定目標方法

可以建立目標方法，下列是實例。

```
public static int Add(int a, int b)
{
    return a + b;
}
public static int Sub(int a, int b)
{
    return a- b;
}
```

所設計的目標方法與委派必須符合下列條件：

1：有相同的資料類型，此例：NumOperation( ) 委派資料類型是 int，Add( ) 和 Sub( ) 資料類型也皆是 int。

2：目標方法與委派宣告有相同的方法簽章 (Method Singature)，也就是參數數目與類型需要相同。Add( ) 和 Sub( ) 方法所傳遞的參數皆是 (int, int)，這也是和 NumOperation( )。

26-2-3　建立委派物件實例與設定目標方法 – 常見用法

我們可以使用 new 關鍵字建立委派物件，設定目標方法，例如：前一小節我們建立了 2 個目標方法，當我們建立委派物件時需要設定此物件的方法，下列是實例。

```
NumOperation opAdd = new NumOpertion(Add);
NumOperation opSub = new NumOpertion(Sub);
```

上述 opAdd 設定目標方法是 Add，opSub 設定目標方法是 Sub。當委派物件 opAdd 經過委派設定目標是 Add 方法後，這個 opAdd 物件就有和 Add 方法相同的能力。註：opSub 的觀念相同。

26-2-4　建立委派物件實例與設定目標方法 – 簡化用法

也可以將建立委派物件實例簡化如下：

```
NumOperation opAdd = Add;
NumOperation opSub = Sub;
```

有的程式設計師會分段撰寫，先建立委派物件，再綁定方法實例化，如下：

```
NumOperation opAdd, opSub;
opAdd = Add;
opSub = Sub;
```

26-2-5　調用委派

可以使用 Invoke( ) 或是直接使用 ( ) 調用委派，下列是實例。

```
opAdd.Invoke(5, 2);
```

或是

```
opAdd(5, 2);
```

26-2-6　簡單的委派實例

因為最上層語句必須在類型宣告前方，所以委派是在程式下方宣告。

方案 ch26_1.sln：簡單委派的實例，筆者分別使用完整與簡化宣告委派目標物件，同時調用時也使用 Invoke( ) 和簡化 ( ) 方法。

```
// ch26_1
static int Add(int a, int b)
{
    return a + b;
}
static int Sub(int a, int b)
{
```

```
8      return a - b;
9  }
10
11 NumOperation opAdd = new NumOperation(Add);    // 建立物件與目標是Add
12 NumOperation opSub = Sub;                      // 建立物件與目標是Sub
13 // 使用委派物件調用方法
14 Console.WriteLine($"Delegate Add 結果 {opAdd.Invoke(5, 2)}");
15 Console.WriteLine($"Delegate Sub 結果 {opSub(5, 2)}");
16
17 delegate int NumOperation(int x, int y);       // 宣告委派
```

執行結果

```
Microsoft Visual Studio 偵錯主控台
Delegate Add 結果 7
Delegate Sub 結果 3

D:\C#\ch26\ch26_1\ch26_1\bin\Debug\net6.0\ch26_1.exe
按任意鍵關閉此視窗…
```

註 26-2-1 節有說明，委派必須是放在最上層語句後面，所以此例委派是放在第 17 行。

讀者可以留意第 11 和 12 行建立委派目標物件的方法，第 11 行 Add 方法是委派 NumOperation( )的參數，第 12 行是簡化寫法，Sub 方法是委派 NumOpertion( )的參數。另外第 14 和 15 行也使用兩種方式傳遞參數調用委派。

方案 ch26_1_1.sln：重新設計 ch26_1.sln 先宣告委派物件，再綁定方法的寫法。

```
1  // ch26_1_1
2  static int Add(int a, int b)
3  {
4      return a + b;
5  }
6  static int Sub(int a, int b)
7  {
8      return a - b;
9  }
10
11 NumOperation opAdd, opSub;               // 建立委派物件 opAdd 和 opSub
12 opAdd = Add;                             // 設定 opAdd 委派目標方法是 Add
13 opSub = Sub;                             // 設定 opSub 委派目標方法是 Sub
14 // 使用委派物件調用方法
15 Console.WriteLine($"Delegate Add 結果 {opAdd.Invoke(5, 2)}");
16 Console.WriteLine($"Delegate Sub 結果 {opSub(5, 2)}");
17
18 delegate int NumOperation(int x, int y);     // 宣告委派
```

執行結果 與 ch26_1.sln 相同。

上個程式的重點是第 11 ~ 13 行，在物件導向觀念中，委派的目標方法大多是在類別內宣告，可以參考下列實例。

方案 ch26_2.sln：使用 MyDelegate 類別建立方法，然後讓最上層語句設定委派物件目標方法，再予以調用，這個程式多設計了回傳靜態變數的方法。

```
// ch26_2
NumOperation opAdd = MyDelegate.Add;           // 建立物件與目標是Add
NumOperation opSub = MyDelegate.Sub;           // 建立物件與目標是Sub
// 使用委派物件調用方法
opAdd(5, 2);
Console.WriteLine($"Delegate Add 結果 {MyDelegate.getNum()}");
opSub(5, 2);
Console.WriteLine($"Delegate Sub 結果 {MyDelegate.getNum()}");

delegate int NumOperation(int x, int y);     // 宣告委派
public class MyDelegate
{
    static int result = 0;                    // 靜態變數
    public static int Add(int a, int b)       // 加法
    {
        result = a + b;
        return result;
    }
    public static int Sub(int a, int b)       // 減法
    {
        result = a - b;
        return result;
    }
    public static int getNum()                // 回傳靜態變數
    {
        return result;
    }
}
```

執行結果　與 ch26_1.sln 相同。

26-2-7　調整委派指向

當宣告委派後同時會綁定此委派的目標，也就是將委派目標封裝在物件內，但是程式執行過程我們仍是可以將委派指向其他目標方法。

方案 ch26_3.sln：將委派指向其他方法。

```
// ch26_3
SampleMethod sm = new SampleMethod();      // 建立類別 SampleMethod 物件
MyDelegate obj = sm.InstanceMethod;        // 目標是 InstanceMethod 方法的委派
obj();                                     // 執行 obj()

obj = SampleMethod.StaticMethod;           // 將委派指向 StaticMethod 方法
obj();                                     // 執行 obj()

delegate void MyDelegate();                // 宣告委派
public class SampleMethod
{
    public void InstanceMethod()
```

```
13        {
14            Console.WriteLine("我是 InstanceMethod 方法");
15        }
16        public static void StaticMethod()
17        {
18            Console.WriteLine("我是 StaticMethod 方法");
19        }
20    }
```

執行結果

```
Microsoft Visual Studio 偵錯主控台
我是 InstanceMethod 方法
我是 StaticMethod 方法

D:\C#\ch26\ch26_3\ch26_3\bin\Debug\net6.0\ch26_3.exe
按任意鍵關閉此視窗…
```

上述程式第 2 行先建立類別物件，第 3 行是建立委派物件 obj，同時委派目標是指向 InstanceMethod( )，這是非靜態方法，需使用類別物件 sm 才可以委派，程式第 4 行是執行委派 obj( )，可以得到第 1 行的輸出。程式第 6 行是將委派指向 SampleMethod 類別的靜態 static 方法 StaticMethod( )，程式第 7 行是執行委派 obj( )，可以得到第 2 行的輸出。

26-3 委派當作方法的參數

委派也可以當作方法的參數，可以參考下列實例。

方案 ch26_4.sln：委派當作方法的參數。

```
// ch26_4
static void InvokeDelegate(MyDelegate delegateObj)
{
    delegateObj("認識 C# delegate 委派物件當作方法的參數");
}

MyDelegate objA = JobA.MethodA;           // 建立委派物件與目標
InvokeDelegate(objA);                     // 呼叫 InvokeDelegate()方法
MyDelegate objB = JobB.MethodB;           // 建立委派物件與目標
InvokeDelegate(objB);                     // 呼叫 InvokeDelegate()方法

public delegate void MyDelegate(string message);     // 宣告委派
public class JobA                         // 類別 JobA
{
    public static void MethodA(string msg)
    {
        Console.WriteLine($"調用 MethodA : {msg}");
    }
}
```

```
20  public class JobB                          // 類別 JobB
21  {
22      public static void MethodB(string msg)
23      {
24          Console.WriteLine($"調用 MethodB : {msg}");
25      }
26  }
```

執行結果

```
Microsoft Visual Studio 偵錯主控台
調用 MethodA : 認識 C# delegate 委派物件當作方法的參數
調用 MethodB : 認識 C# delegate 委派物件當作方法的參數

D:\C#\ch26\ch26_4\ch26_4\bin\Debug\net6.0\ch26_4.exe (
按任意鍵關閉此視窗…
```

上述程式第 7 行宣告委派物件 objA 時，就已經將 JobA.MethodA 的方法封裝在此 objA 物件內了。同樣第 9 行宣告委派物件 objB 時，就已經將 JobB.MethodB 的方法封裝在此 objB 物件內了。所以第 8 行和第 10 行物件 objA 和 objB 分別調用 InvokeDelegate( )，可以得到不同的內容。

26-4 多播委派 (Multicast Delegate)

委派可以指向多個方法，這個觀念稱多播委派，在這個觀念下可以用 "+" 或是 "+=" 將方法加到調用列表，使用 "-" 或是 "-=" 則是將特定方法刪除。

方案 ch26_5.sln：使用 2 個委派，然後用 "+" 建立多播委派，然後用 "-" 移除多播委派中的一個委派，分別呼叫這些委派同時觀察執行結果。

```
// ch26_5
MultiDelegate hiDel, byeDel, multiDel, subHiDel;

hiDel = Greeting.Hi;                    // 設定委派 hiDel 參考方法是 Hi
byeDel = Greeting.Goodbye;              // 設定委派 byeDel 參考方法是 Goodbye

// 2 個委派相加, 建立多撥委派 (Multicast Delegate)
multiDel = hiDel + byeDel;
// 從多撥委派 (Multicast Delegate) 中移除 hiDel 委派
subHiDel = multiDel - hiDel;

Console.WriteLine("啟動 delegate hiDel:");
hiDel("Person A");
Console.WriteLine("啟動 delegate byeDel:");
byeDel("Person B");
Console.WriteLine("啟動 delegate multiDel:");
multiDel("Person C");
Console.WriteLine("啟動 delegate subHiDel:");
subHiDel("Person D");
```

```

delegate void MultiDelegate(string s);            // 宣告委派
public class Greeting
{
    // Define two methods that have the same signature as CustomDel.
    public static void Hi(string name)            // 定義 Hi()方法
    {
        Console.WriteLine($"  早安, {name}!");
    }
    public static void Goodbye(string name)       // 定義 Goodbye()方法
    {
        Console.WriteLine($"  再見, {name}!");
    }
}
```

執行結果

```
Microsoft Visual Studio 偵錯主控台
啟動 delegate hiDel:
  早安, Person A!
啟動 delegate byeDel:
  再見, Person B!
啟動 delegate multiDel:
  早安, Person C!
  再見, Person C!
啟動 delegate subHiDel:
  再見, Person D!

D:\C#\ch26\ch26_5\ch26_5\bin\Debug\net6.0\ch26_5.exe
按任意鍵關閉此視窗…
```

26-5 泛型委派 (Generic Delegate)

本書 21 章筆者介紹了泛型 (Generic)，也可以將泛型應用到委派，定義泛型委派，這時設定委派物件的目標方法時需指定資料類型。

方案 ch26_6.sln：宣告泛型委派，然後分別使用 int 和 string 資料類型實體化此泛型委派物件。

```
// ch26_6
Add<int> sum = MyAdd.Sum;              // 宣告泛型委派物件和目標方法
Console.WriteLine(sum(3, 6));

Add<string> cat = MyAdd.Concat;    // 宣告泛型委派物件和目標方法
Console.WriteLine(cat("C# ", "是物件導向程式語言"));

public delegate T Add<T>(T x, T y);          // 宣告泛型委派 Add
public class MyAdd
{
    // 參數是 int
    public static int Sum(int a, int b)
```

```
    {
        return a + b;
    }
    // 參數是 string
    public static string Concat(string str1, string str2)
    {
        return str1 + str2;
    }
}
```

執行結果

```
Microsoft Visual Studio 偵錯主控台
9
C# 是物件導向程式語言

D:\C#\ch26\ch26_6\ch26_6\bin\Debug\net6.0\ch26_6.exe
按任意鍵關閉此視窗…
```

26-6 匿名方法 (Anonymous Method)

26-6-1　基礎匿名方法

第 12 章筆者介紹函數 (也可想成方法)，每個方法皆有一個名稱，C# 從 2.0 起就提供一種沒有名稱的方法稱匿名方法 (Anonymous Method)。匿名方法是使用 delegate 關鍵字定義，然後再為此委派的物件設計方法的內容，整個語法定義如下：

```
delegate( 參數列 )
{
    xxxx;            // 相關程式碼
};
```

方案 ch26_7.sln：建立含一個參數的匿名方法。

```
// ch26_7
ComputerLang program = delegate(string lang)     // 含一個參數的匿名方法
{
    Console.WriteLine($"我最愛的程式語言 : {lang}");
};
program("C#");

public delegate void ComputerLang(string x);     // 宣告委派
```

執行結果

```
Microsoft Visual Studio 偵錯主控台
我最愛的程式語言 : C#

D:\C#\ch26\ch26_7\ch26_7\bin\Debug\net6.0\ch26_7.exe
按任意鍵關閉此視窗…
```

26-6-2 匿名方法引用外部的變數

匿名方法內可以引用外部的變數，可以參考下列實例。

方案 ch26_8.sln：匿名方法引用外部變數 bonus，所以實際成績是 sc 加上 bonus 的結果。

```
// ch26_8
int bonus = 10;
FinalScore score = delegate (int sc) {
    sc += bonus;                          // bonus是外部變數
    Console.WriteLine($"最後成績 : {sc}");
};
score(80);

public delegate void FinalScore(int value);
```

執行結果

```
Microsoft Visual Studio 偵錯主控台
最後成績 : 90

D:\C#\ch26\ch26_8\ch26_8\bin\Debug\net6.0\ch26_8.exe
按任意鍵關閉此視窗…
```

26-6-3 匿名方法當作參數傳送

匿名方法也可以當作另一個方法的參數傳送。

方案 ch26_9.sln：匿名方法當作參數傳送的實例。

```
// ch26_9
static void MyPet(ShowPet pet, string color)
{
    color = " 棕色" + color;
    pet(color);
}
MyPet(delegate (string color)
{
    Console.WriteLine($"我的寵物是 {color}");
}
," + 淺灰色");

public delegate void ShowPet(string x);
```

這是匿名方法當作參數

執行結果

```
Microsoft Visual Studio 偵錯主控台
我的寵物是  棕色 + 淺灰色

D:\C#\ch26\ch26_9\ch26_9\bin\Debug\net6.0\ch26_9.exe
按任意鍵關閉此視窗…
```

26-7 Func 委派

C# 有內建泛型的委派 Func 和 Action，程式設計師可以很輕易使用省去自行定義委派，讓工作更便利。這一節將介紹 Func，Func 是被定義在 System 命名空間 (namespace) 內，可以有 0 到多個輸入參數和 1 個輸出參數，在系列參數中最後 1 個參數被視為是輸出參數。此定義如下：

```
namespace System
{
    Public delegate Tresult Func<in T, Tresult>(T arg);
}
```

方案 ch26_10.sln：這是一個一般委派，將字串改為大寫的實例。

```
// ch26_10
static string UpperString(string inputString)
{
    return inputString.ToUpper();
}
ConvertMethod convertBrand = UpperString;    // 實體化委派和指定參考方法
string brand = "bmw";
Console.WriteLine(convertBrand(brand));

delegate string ConvertMethod(string str);  // 宣告委派
```

執行結果

```
Microsoft Visual Studio 偵錯主控台
BMW

D:\C#\ch26\ch26_10\ch26_10\bin\Debug\net6.0\ch26_10.exe
按任意鍵關閉此視窗…
```

方案 ch26_11.sln：將 ch26_10.sln 改為 Func 委派重新設計。

```
// ch26_11
static string UpperString(string inputString)
{
    return inputString.ToUpper();
}
Func <string, string> convertBrand = UpperString;  // Func委派
string brand = "bmw";
Console.WriteLine(convertBrand(brand));
```

執行結果 與 ch26_10.sln 相同。

從上述可以看到我們省略了宣告委派。

26-8 Action 委派

Action 委派觀念和 Func 委派相同，也是在 System 命名空間 (namespace) 內定義，其實功能也相同，主要是沒有回傳值，也就是說資料型態是 void。

方案 ch26_12.sln：使用 Action 設計 Add( ) 和 Sub( ) 委派。

```
// ch26_12
static void Add(int x, int y)
{
    Console.WriteLine($"{x} + {y} = {x + y}");
}
static void Sub(int x, int y)
{
    Console.WriteLine($"{x} - {y} = {x - y}");
}

Action<int, int> Math;          // Action委派
Math = Add;
Math(4, 3);     // Add(4, 3)
Math = Sub;
Math(4, 3);     // Sub(4, 3)
```

執行結果

```
Microsoft Visual Studio 偵錯主控台
4 + 3 = 7
4 - 3 = 1

D:\C#\ch26\ch26_12\ch26_12\bin\Debug\net6.0\ch26_12.exe
按任意鍵關閉此視窗…
```

26-9 Predicate 委派

Predicate 委派類似 Func 和 Action 委派，不過這個方法的內容是一個標準，然後回傳參數是否符合這個標準。Predicate 委派必須有一個參數和是 bool 資料類型。整個方法簽章如下：

```
public delegate bool Predicate<in T>(P obj);
```

方案 ch26_13.sln：請設計傳統 delegate 委派執行，檢查輸入字串長度是不是大於 10 個字元。

```
// ch26_13
static bool myfun(string str)
{
```

```
    if (str.Length > 10)
    {
        return true;
    }
    else
    {
        return false;
    }
}
Console.Write("請輸入任意字串 : ");
string mystr = Console.ReadLine();  // 讀取字串
my_delegate strObj = myfun;         // 宣告委派物件與指定方法
Console.WriteLine($"字串長度大於 10 : {strObj(mystr)}");

public delegate bool my_delegate(string mystring);
```

執行結果

```
Microsoft Visual Studio 偵錯主控台
請輸入任意字串 : C#
字串長度大於 10 : False

D:\C#\ch26\ch26_13\ch26_13\bin\Deb
按任意鍵關閉此視窗…
```

```
Microsoft Visual Studio 偵錯主控台
請輸入任意字串 : I love C# very much
字串長度大於 10 : True

D:\C#\ch26\ch26_13\ch26_13\bin\Debug\
按任意鍵關閉此視窗…
```

方案 ch26_14.sln：請使用 Predicate delegate 委派重新設計 ch26_13.sln。

```
// ch26_14
static bool myfun(string str)
{
    if (str.Length > 10)
    {
        return true;
    }
    else
    {
        return false;
    }
}
Console.Write("請輸入任意字串 : ");
string mystr = Console.ReadLine();  // 讀取字串
Predicate<string> strObj = myfun;
Console.WriteLine($"字串長度大於 10 : {strObj(mystr)}");
```

執行結果 與 ch26_13.sln 相同。

如果要更近一步學習，讀者可以思考應如何使用匿名 (Anonymous method) 方法搭配 Predicate delegate 設計上述實例，這將是讀者的習題。

習題實作題

方案 ex26_1.sln：請參考 ch26_2.sln，增加設計 Mul 乘法和 Mod 餘數方法的委派，一樣使用 (5, 2) 去調用。(26-2 節)

```
Microsoft Visual Studio 偵錯主控台
Delegate Add 結果 7
Delegate Sub 結果 3
Delegate Mul 結果 10
Delegate Mod 結果 1

D:\C#\ex\ex26_1\ex26_1\bin\Debug\net6.0\ex26_1.exe
按任意鍵關閉此視窗…
```

方案 ex26_2.sln：請參考 ch26_2.sln，調整 Add( ) 和 Sub( ) 方法為一個 int 參數，Add(int a) 方法是將 static 變數 result 加 a，Sub(int a) 方法是將 static 變數 result 減 a，同樣使用 opAdd(5) 和 opSub(2) 去調用。(26-2 節)

```
Microsoft Visual Studio 偵錯主控台
Delegate Add 結果 5
Delegate Sub 結果 3

D:\C#\ex\ex26_2\ex26_2\bin\Debug\net6.0\ex26_2.exe
按任意鍵關閉此視窗…
```

方案 ex26_3.sln：請參考 ex26_2.sln，但是將 Sub(int a) 方法改為 Mul(int a)，這個方法會將 static 變數 result 乘以 a，請設計 opAdd( ) 和 opMul( )，最後設計 op 如下：

```
op = opAdd;
op += opMul;
```

然後輸出 op(5) 的結果。(26-4 節)

```
Microsoft Visual Studio 偵錯主控台
Delegate opAdd + opMul 結果 25

D:\C#\ex\ex26_3\ex26_3\bin\Debug\net6.0\ex26_3.exe
按任意鍵關閉此視窗…
```

方案 ex26_4.sln：請擴充設計 ch26_6.sln，增加 double Fsum(double a, double b) 方法的加法運算，請使用 (3.5, 6.6) 去測試。(26-5 節)

```
Microsoft Visual Studio 偵錯主控台
9
C# 是物件導向程式語言
10.1

D:\C#\ex\ex26_4\ex26_4\bin\Debug\net6.0\ex26_4.exe
按任意鍵關閉此視窗…
```

方案 ex26_5.sln：請將 ch26_7.sln 改為螢幕輸入，然後將輸出改為全部大寫。(26-6 節)

```
Microsoft Visual Studio 偵錯主控台
請輸入你最喜歡的程式語言 : python
我最愛的程式語言 : PYTHON

D:\C#\ex\ex26_5\ex26_5\bin\Debug\net6.0\ex26_5.exe
按任意鍵關閉此視窗…
```

方案 ex26_6.sln：請參考 26_11.sln，將單一車子品牌改為陣列品牌，然後全部改為大寫。(26-7 節)

```
Microsoft Visual Studio 偵錯主控台
BMW
BENZ
NISSAN

D:\C#\ex\ex26_6\ex26_6\bin\Debug\net6.0\ex26_6.exe
按任意鍵關閉此視窗…
```

方案 ex26_7.sln：請參考 ch26_12.sln，將 x 和 y 數字由螢幕輸入，同時增加 Mul(乘法計算)。(26-8 節)

```
Microsoft Visual Studio 偵錯主控台
請輸入第 1 個數字 : 8
請輸入第 1 個數字 : 3
8 + 3 = 11
8 - 3 = 5
8 * 3 = 24

D:\C#\ex\ex26_7\ex26_7\bin\Debug\net6.0\ex26_7.exe
按任意鍵關閉此視窗…
```

方案 ex26_8.sln：請使用匿名 (Anonymous method) 方法搭配 Predicate delegate 的觀念重新設計 ch26_14.sln，但是改為所輸入的字元數小於 10 回應 true，否則回應 false。(26-9 節)

```
Microsoft Visual Studio 偵錯主控台
請輸入任意字串 : abc
字串長度小於 10 : True

D:\C#\ex\ex26_8\ex26_8\bin\Debug\n
按任意鍵關閉此視窗…
```

```
Microsoft Visual Studio 偵錯主控台
請輸入任意字串 : I love C# very much
字串長度小於 10 : False

D:\C#\ex\ex26_8\ex26_8\bin\Debug\net6
按任意鍵關閉此視窗…
```

第 27 章

Lambda 表達式

Lamdba 表達式是 C# 3.0 起開始支援的工具，其實這是委派 delegate 的更進一步應用，這是一種匿名的方法，然而使用上更具有彈性。

27-1 Lambda 表達式定義

Lambda 表達式的核心是運算子 "=>"，這個運算子又稱 Lambda 運算子 (operator)，由這個運算子區隔輸入參數和 Lambda 主體。

輸入參數 => Lambda主體

Lambda 有 2 種表達方式：

1： **運算式** (Expression) 的 Lambda，觀念如下：

(input- parameters) => expression

實例：x => x + 2

2： **陳述式** (Statement) 的 Lambda，觀念如下：

(input- parameters) => { <sequence-of-statements> }

實例：x => { Console.WriteLine(x + 2); }

註 以陳述式的 Lambda 與運算式的 Lambda，最大差異在於，可能會有 2 ~ 3 行主體內容。

27-2 Lambda 基礎語法

27-2-1　沒有輸入參數的 Lambda

如果 Lambda 沒有輸入參數，輸入參數區可以使用空的小括號 ( )，這時語法如下：

( ) => expression;

27-2-2　有 1 個輸入參數的 Lambda

如果 Lambda 表達式只有 1 個輸入參數，可以省略小括號，這時語法如下：

```
parameter => expression;
```

27-2-3　有多個參數的 Lambda

如果 Lambda 表達式有多個輸入參數，假設有 3 個參數，這時語法如下：

```
(p1, p2, p3) => expression;
```

27-3 Lambda 基礎實例

27-3-1　從最基礎說起 – 運算式的 Lambda

這一節將從最基礎的 Lambda 說起。

方案 ch27_1.sln：從傳統觀念設計計算平方的 Lambda 表達式。

```
1  // ch27_1
2  var square = (int x) => x * x;
3  Console.WriteLine(square(5));
```

執行結果

```
Microsoft Visual Studio 偵錯主控台
25

D:\C#\ch27\ch27_1\ch27_1\bin\Debug\net6.0\ch27_1.exe
按任意鍵關閉此視窗…
```

上述程式框起來的部分就是運算式 (Expression) Lambda 表達式，所以整個程式可以說是宣告了一個變數 square，這個變數是匿名的方法，相當於 Lambda 表達式。

```
(int x) => x * x;
```

程式 var 宣告的 square 不是一般值的變數，這是一個 var 宣告的 Lambda 表達式變數，此變數有回傳值，由第 3 行所輸入的參數 5，代入 square( ) 後決定最後回傳的值，所以 square( ) 其實是一個參考方法。同時所輸入的參數必須是整數 int，回傳的是該 x 值的平方。

上述程式的 Lambda 表達式並沒有明確指出回傳值的資料類型，Lambda 表達式可以明確的設定回傳值的資料類型，可以參考下列實例。

方案 ch27_2.sln：重新設計 ch27_1.sln，明確指定 Lambda 表達式的資料類型。

```
// ch27_2
var square = int (int x) => x * x;
Console.WriteLine(square(5));
```

執行結果 與 ch27_1.sln 相同。

27-3-2 陳述式的 Lambda

方案 ch27_1.sln 是運算式 (Expression) 的 Lambda 表達式，可以參考下列實例改為陳述式 (Statement) 的 Lambda 表達式。

方案 ch27_3.sln：將 ch27_1.sln 改為陳述式的 Lambda 表達式重新設計。

```
// ch27_3
var square = (int x) =>
{
    return x * x;
};
Console.WriteLine(square(5));
```

執行結果 與 ch27_1.sln。

27-4 Lambda 就是委派指定參考的匿名方法

其實 Lambda 就是一個匿名的方法，委派指定參考的方法的實例。先不考慮 Lambda，筆者先用委派 delegate 設計 ch27_1.sln。

方案 ch27_4.sln：使用委派 delegate 搭配匿名方法設計 ch27_1.sln。

```
// ch27_4
MySquare square = delegate (int x) { return x * x; }; // 匿名方法
Console.WriteLine(square(5));

delegate int MySquare(int i);                          // 宣告委派
```

執行結果 與 ch27_1.sln 相同。

方案 ch27_5.sln：使用委派 delegate，搭配 Lambda 表達式重新設計 ch27_1.sln。

```
1  // ch27_5
2  MySquare square = int (int x) => x * x;   // Lambda方法
3  Console.WriteLine(square(5));
4
5  delegate int MySquare(int i);             // 宣告委派
```

執行結果 與 ch27_1.sln 相同。

如果將 ch27_4.sln 和 ch27_5.sln 做比較，可以發現 ch27_4.sln 第 2 行的 delegate 的匿名方法內容如下：

MySquare square = delegate (int x) { return x * x; };

上述程式碼對 ch27_5.sln 的 Lambda 表達式而言，相當於第 2 行的內容。

MySquare square = int (int x) => x * x;

其實可以省略 Lambda 表達式如下，可以參考 ch27_5_1.sln：

MySquare square = x => x * x;

這也是為何說 Lambda 表達式就是委派指定參考的匿名方法，當然另外要留意的是，第 2 行 Lambda 的參數與回傳值需要和第 5 行宣告委派 MySquare( ) 相同。

27-5 Lambda 運算式轉換成 delegate 委派類型

26-7 節和 26-8 節分別介紹了 C# 內建的泛型委派 Func 和 Action，所有的 Lambda 皆可以轉換成委派類型，轉換方式由參數和回傳值決定委派類型。如果有回傳值的 Lambda 表達式，使用 Func 委派。如果沒有回傳值的 Lambda 表達式，是使用 Action 委派。

27-5-1 Lambda 轉成 Func 委派

下列是 0 ~ 2 個參數的 Lambda 轉換成 Func 委派的說明和實例。

- ❑ 0 個輸入參數，基本類型 Func<Tresult>

Func<string> myfun = ( ) => "Hello! C#";　　　　// 回傳字串

上述 Func<string> 因為沒有輸入參數，所以角括號內的 string 代表是回傳值類型。

- 1 個輸入參數，基本類型 Func<T, Tresult>

```
Func<int, int> myfun = x => x * x;                    // 回傳平方
```

在上述因為 Func<int, int> 角括號的第 1 個 int 已經告知輸入參數是整數，所以 Lambda 可以不必特別標記 x 變數是整數，另外角括號的第 2 個 int 是回傳值資料類型。

- 2 個輸入參數，基本類型 Func<T1, T2, Tresult>

```
Func<int, int, bool> myfun = (x, y) => x == y;        // 比較是否相同
```

上述 Func<int, int, bool> 角括號內的前 2 個 int 代表輸入資料是整數，回傳值資料類型是布林值。

方案 ch27_6.sln：0 ~ 2 個輸入參數的測試。

```
1  // ch27_6
2  // 0 個輸入參數
3  Func<string> rtnString = () => "Hello! C#";      // 回傳字串
4  Console.WriteLine(rtnString());
5
6  // 1 個輸入參數
7  Func<int, int> cube = x => x * x * x;            // 回傳立方
8  Console.WriteLine(cube(5));
9
10 // 1 個輸入參數
11 Func<int, int, bool> equal = (x, y) => x == y;  // 回傳比較結果
12 Console.WriteLine(equal(5, 7));
```

執行結果

```
Microsoft Visual Studio 偵錯主控台
Hello! C#
125
False

D:\C#\ch27\ch27_6\ch27_6\bin\Debug\net6.0\ch27_6.exe
按任意鍵關閉此視窗…
```

其實 Lambda 表達式和 Func 委派組合，可以讓整個程式設計簡潔許多，例如：第 11 行，如果使用一般語法設計需要 4 行，如下：

```
bool Equal(int x, int y)
{
    return x == y;
}
```

但是現在使用 1 行就完成了過去要 4 行的程式碼。

註 從 C# 9.0 開始可以使用底線 (_) 捨棄沒有使用的輸入參數，捨棄參數對於事件處理程式會有幫助。

```
Func<int, int, int> constant = (_, _) => 50;          // 回傳常數值 50
```

27-5-2 Lambda 轉成 Action 委派

下列是 0 ~ 2 個參數的 Lambda 轉換成 Action 委派的說明和實例，**註**：提醒 Action 委派是 void 的回傳類型。

- 0 個輸入參數，基本類型 Action

```
Action myfun = ( ) => Console.WriteLine("Hello! C#");    // 輸出字串
```

- 1 個輸入參數，基本類型 Action<T>

```
Action<int> myfun = x => Console.WriteLine(x * x);        // 輸出平方
```

方案 ch27_7.sln：Lambda 轉成 Action 委派的實例。

```
// ch27_7
// 0 個輸入參數
Action noinput = () => Console.WriteLine("Action Lambda沒有輸入參數");
noinput();

// 1 個輸入參數
Action<string> greet = name =>
{
    string greeting = $"頂尖科大 {name}!";
    Console.WriteLine(greeting);
};
greet("明志工專");
```

執行結果

```
Microsoft Visual Studio 偵錯主控台
Action Lambda沒有輸入參數
頂尖科大 明志工專!

D:\C#\ch27\ch27_7\ch27_7\bin\Debug\net6.0\ch27_7.exe
按任意鍵關閉此視窗…
```

27-6 外在變數對 Lambda 表達式的影響

Lambda 表達式可以參考區域變數的內容，這些被參考的變數稱**外部變數** (outer variables)，Lambda 參考到外部變數時稱**捕獲變數** (captured variables)，當 Lambda 表達式捕獲到變數時，此時 Lambda 表達式稱**閉包** (closure)，必須特別留意的是，外在變數並不是在捕獲時計算值，而是在實際調用時才會計算值。

方案 ch27_8.sln：測試 delta 變數對 Lambda 表達式的影響。

```
1 // ch27_8
2 int delta = 10;
3 Func<int, int> mul = (int x) => x * delta;
4 delta = 5;
5 var result = mul(5);
6 Console.WriteLine(result);
```

執行結果

```
Microsoft Visual Studio 偵錯主控台
25

D:\C#\ch27\ch27_8\ch27_8\bin\Debug\net6.0\ch27_8.exe
按任意鍵關閉此視窗…
```

上述第 3 行宣告 Lambda 表達式時 delta 值是 10，但是第 4 行 delta 值改為 5，第 5 行實際調用 mul(5) 時，因為 delta 是 5，所以代入公式 "x * delta"，可以得到公式 "5 * 5"，最後結果是 25。

方案 ch27_9.sln：Lambda 表達式也可以時時更新捕獲變數的值，讀者可以參考本實例的輸出。

```
// ch27_9
int outerVariable = 1;
Func<int> lambda = () => outerVariable++;
Console.WriteLine(lambda());
Console.WriteLine(lambda());
Console.WriteLine(lambda());
Console.WriteLine(outerVariable);
```

執行結果

```
Microsoft Visual Studio 偵錯主控台
1
2
3
4

D:\C#\ch27\ch27_9\ch27_9\bin\Debug\net6.0\ch27_9.exe
按任意鍵關閉此視窗…
```

註 上述程式是在執行 lambda 後 outerVariable 才加 1。

27-7 專題 – 隨機數 / 圓面積 / 基礎數學 / 建立帳號

27-7-1 建立產生隨機數的 Lambda 表達式

方案 ch27_10.sln：建立產生 1 – 6(含) 的隨機數。

```
// ch27_10
Func<int> getRandom = () => new Random().Next(1, 7);
int rnd = getRandom();
Console.WriteLine(rnd);
```

執行結果

```
Microsoft Visual Studio 偵錯主控台
2

D:\C#\ch27\ch27_10\ch27_10\bin\Debug\net6.0\ch27_10.exe
按任意鍵關閉此視窗…
```

27-7-2 建立計算圓面積的 Lambda 表達式

方案 ch27_11.sln：設計圓面積計算的 Lambda 表達式。

```
1 Func<int, double> area = r => Math.PI * r * r;
2 double circleArea = area(10);
3 Console.WriteLine(circleArea);
```

執行結果

```
Microsoft Visual Studio 偵錯主控台
314.1592653589793

D:\C#\ch27\ch27_11\ch27_11\bin\Debug\net6.0\ch27_11.exe
按任意鍵關閉此視窗…
```

上述程式第 1 行的 Func<int, double>，int 是輸入參數資料類型，double 是輸出面積資料類型。

27-7-3 基礎數學運算的 Lambda 表達式

方案 ch27_12.sln：設計加法與減法的 Lambda 表達式。

```
// ch27_12
Func<int, int, int> add = (a, b) => a + b;
Func<int, int, int> sub = (a, b) => a - b;
Console.WriteLine($"add(5, 3) = {add(5, 3)}");
Console.WriteLine($"sub(5, 3) = {sub(5, 3)}");
```

執行結果

```
Microsoft Visual Studio 偵錯主控台
add(5, 3) = 8
sub(5, 3) = 2

D:\C#\ch27\ch27_12\ch27_12\bin\Debug\net6.0\ch27_12.exe
按任意鍵關閉此視窗…
```

27-3-4　建立帳號長度測試

方案 ch27_13.sln：建立帳號測試，如果帳號長度超過 8 個字元就輸出建立帳號失敗，否則輸出建立帳號成功。

```
// ch27_13
Func<int, string, bool> isTooLong = (int len, string s) => s.Length > len;
Console.Write("請建立帳號 : ");
string account = Console.ReadLine();
if (isTooLong(8, account))
    Console.WriteLine("帳號長度超過規定, 建立帳號失敗");
else
    Console.WriteLine("建立帳號成功");
```

執行結果

```
Microsoft Visual Studio 偵錯主控台
請建立帳號 : jiik
建立帳號成功

D:\C#\ch27\ch27_13\ch27_13\bin\Debu
按任意鍵關閉此視窗…
```

```
Microsoft Visual Studio 偵錯主控台
請建立帳號 : jiinkweihung
帳號長度超過規定, 建立帳號失敗

D:\C#\ch27\ch27_13\ch27_13\bin\Deb
按任意鍵關閉此視窗…
```

27-3-5　Lambda 應用在篩選資料

方案 ch27_14.sln：從陣列內篩選含 "C#" 資料的應用。

```
// ch27_14
string[] books = new string[]
{
    "C#最強入門", "C#最強實戰", "Python最強入門"
};
string[] lists = Array.FindAll(books, s => (s.IndexOf("C#") >= 0));
foreach (string book in lists)
    Console.WriteLine(book);
```

執行結果

```
Microsoft Visual Studio 偵錯主控台
C#最強入門
C#最強實戰

D:\C#\ch27\ch27_14\bin\Debug\net6.0\ch27_14.exe
按任意鍵關閉此視窗…
```

習題實作題

方案 ex27_1.sln：建立 Lambda 的 Func 委派，可以回傳 1 – 99 的隨機數，請產生 5 組輸出。註：有關隨機函數類別 Random 請參考 8-7 節。(27-5 節)

```
Microsoft Visual Studio 偵錯主控台
43      90      7       28      29
D:\C#\ex\ex27_1\ex27_1\bin\Debug\net6.0\ex27_1.exe
按任意鍵關閉此視窗…
```

方案 ex27_2.sln：建立 Lambda 的 Func 委派，可以計算矩形面積，請輸入矩形的長和寬，然後輸出面積。(27-5 節)

```
Microsoft Visual Studio 偵錯主控台
請輸入矩形寬 : 10
請輸入矩形高 : 20
矩形寬:10, 矩形高:20, 矩形面積 = 200

D:\C#\ex\ex27_2\ex27_2\bin\Debug\net6.0\ex27_2.exe
按任意鍵關閉此視窗…
```

方案 ex27_3.sln：建立 2 個 Lambda 的 Func 委派，可以分別計算圓柱底盤面積和圓柱體積，請輸入圓柱的半徑和高度測試。(27-5 節)

```
Microsoft Visual Studio 偵錯主控台
請輸入圓柱半徑 : 10
請輸入圓柱高度 : 2
圓柱底盤圓面積 = 314.1592653589793
圓柱體積       = 628.3185307179587

D:\C#\ex\ex27_3\ex27_3\bin\Debug\net6.0\ex27_3.exe
按任意鍵關閉此視窗…
```

方案 ex27_4.sln：建立 Lambda 的 Action 委派，請輸入姓名，程式會輸出歡迎訊息。(27-5 節)

```
Microsoft Visual Studio 偵錯主控台
請輸入姓名 : 洪錦魁
早安 : 洪錦魁!
歡迎進入深智數位網頁

D:\C#\ex\ex27_7\ex27_7\bin\Debug\net6.0\ex27_7.exe
按任意鍵關閉此視窗…
```

方案 ex27_5.sln：擴充 ch27_12.sln，增加乘法 (mul)、除法 (div) 和餘數 (mod) 運算，其中除法運算必須可以處理 double 資料類型。(27-7 節)

```
Microsoft Visual Studio 偵錯主控台
add(5, 3) = 8
sub(5, 3) = 2
mul(5, 3) = 15
div(5, 3) = 1.6666666666666667
mod(5, 3) = 2

D:\C#\ex\ex27_5\ex27_5\bin\Debug\net6.0\ex27_5.exe
按任意鍵關閉此視窗…
```

方案 ex27_6.sln：擴充 ch27_13.sln，除了有 ch27_13.sln 功能外，需增加如果帳號小於 4 個字元，會輸出帳號長度太短，建立帳號失敗訊息。(27-7 節)

```
Microsoft Visual Studio 偵錯主控台
請建立帳號 : jin
帳號長度太短，建立帳號失敗

D:\C#\ex\ex27_6\ex27_6\bin\Debug\net6.0\ex27_6.exe
按任意鍵關閉此視窗…
```

第 28 章

事件 (Event)

28-1　認識事件

28-2　第一個 C# 事件與處理程式

28-3　C# 內建事件處理程式委派

28-4　傳遞事件資料

28-5　傳送自定義時間資料

28-6　專題 – 超出臨界值設定觸發事件

使用者操作電腦時，滑鼠移動、點選滑鼠、按特定鍵、按視窗特定鈕、收到提示訊息 … 等，皆算是一個**事件** (event)，這一章先講解 C# 處理事件的基本原理，奠定未來讀者學習設計進階應用程式的基礎。

28-1 認識事件

簡單的說**事件** (event) 就是一件事情發生，然後有一個感應通知 (notify) 外界此事情發生了。

我們設計程式時會針對不同的狀況設計成一個事件，然後會針對此事件設計**處理程式** (Handler)，同時將事件與處理程式綁在一起，這樣事件發生時，會觸發我們設計的處理程式去處理這個事件。

上述圖是一個簡單的概念，在真實的程式設計環境，引發事件的稱**發布者** (Publisher)，收到事件通知的稱**訂閱者** (Subscriber)，一個事件可能有多個訂閱者，有興趣處理事件的訂閱者，需要註冊事件，然後定義當事件發生時要處理的程式，也就是設計處理程式 (Handler) 可以回應事件。

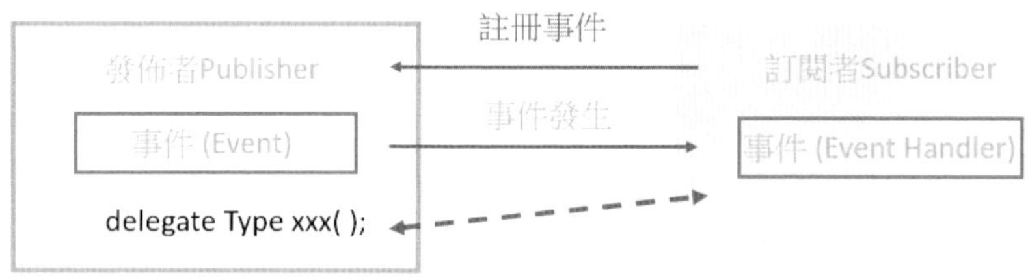

Event Handler和delegate有相同的方法簽章(signature)

C# 是將事件封裝在委派 (delegate)，此委派定義方法簽章，也就是方法的參數類型和回傳資料類型，所以設計事件處理程式時，需遵照方法簽章的要求。

28-2 第一個 C# 事件與處理程式

28-2-1　宣告一個事件

宣告一個事件可以分成 2 個步驟：

1：宣告一個委派 delegate。

2：使用關鍵字 event 和步驟 1 的委派，宣告事件名稱。

下列是一個實例：

```
public delegate void Notify( );              // 宣告委派
public class Publisher                       // 發布者 Publisher 類別
{
        public event Notify EventA;          // 宣告事件名稱
        …
}
```

28-2-2　設計事件觸發位置

事件觸發位置通常是在 Publisher 類別內設定方法，在筆者的第 1 個實例，採用下列方式設計。

```
public class Publisher                       // 發布者 Publisher 類別
{
        public event Notify EventA;          // 宣告事件名稱
        …
        Public void EventAHappened( )
        {
                // 若是沒有註冊事件，可以避免觸發null錯誤，所以下列有 ?
                EventA?.Invoke( );           // 事件名稱?.Invoke可觸發事件管理程式
        }
}
```

28-2-3　註冊事件

在過去的 C# 語法，Main( ) 方法是 C# 程式入口點，這是在一個類別內，這個類別就是訂閱者 (Subscriber) 類別。最上層語句的設計則省略了訂閱者 (Subscriber) 類別，所以最上層語句就扮演訂閱者 (Subscriber) 的角色。這個部分設計的重點如下：

```
Stativ void EventAHandler( )                    // EventA事件管理程式
{
        …
}
…
Publisher obj = new Publisher( );               // 實體化Publisher 物件
Obj.EventA += EventAHandler;                    // 註冊事件管理程式
```

28-2-4　第 1 個事件實例

為了簡單化，這一章的第 1 個方案會先假設委派沒有傳遞任何參數。

方案 ch28_1.sln：我的第 1 個事件程式，從這個程式讀者可以認識宣告事件、註冊事件管理程式、觸發事件過程、執行事件管理程式。

```
// ch28_1
// 最上層語句扮演 Subscriber
static void EventAHandler()           // EventA 事件處理程式
{
    Console.WriteLine("EventA 事件處理完成");
}

Publisher obj = new Publisher();      // 實體化 Publisher 物件 obj
obj.EventA += EventAHandler;          // 註冊事件處理程式
obj.StartEventA();                    // 開始 EventA
// ---------- 以上是 Subscriber ----------

public delegate void Notify();        // publisher發佈者宣告委派 delegate

// ---------- 以下是 Publisher ----------
public class Publisher                // 扮演 Publisher
{
    public event Notify EventA;       // 宣告事件EventA
    public void StartEventA()
    {
        Console.WriteLine("EventA 事件觸發");
        // 執行工作
        EventAHappened();             // EventA 發生了
    }
    protected virtual void EventAHappened()
    {
        EventA?.Invoke();             // 觸發EventA 事件處理程式
    }
}
```

執行結果

```
Microsoft Visual Studio 偵錯主控台
EventA 事件觸發
EventA 事件處理完成

D:\C#\ch28\ch28_1\ch28_1\bin\Debug\net6.0\ch28_1.exe
按任意鍵關閉此視窗…
```

上述程式基本上分成 3 塊，上半部是訂閱者 (Subscriber)，中間是 Publisher 發布者宣告委派 delegate，最下方是發布者 (Publisher)。這個程式的執行過程如下：

1：第13行宣告委派Notify( )
2：第8行實體化 Publisher物件
委派Notify與事件EventA宣告完成
3：第9行註冊EventA處理程式EventHandler
4：第10行開始obj.StartEventA( )
5：第19行StartEventA( )
第21行輸出EventA 事件觸發
第23行EventAHappened( )
6：第25行開始EventAHappened( )
第27行觸發EventA事件處理程式
7：第3行開始EventAHandler( )
第5行輸出EventA事件處理完成

28-3 C# 內建事件處理程式委派

C# 有內建適合大多數事件的 EventHandler 和 EventHandler<TEventArgs> 委派，通常任何事件均需要傳遞 2 個參數，分別是事件來源和事件資料，EventHandler 可以對不包含事件資料的所有事件執行委託。如果需要傳遞資料給事件處理程式，則使用 EventHandler<TEventArgs> 執行委託。

方案 ch28_2.sln：使用 C# 內建的 EventHandler 委派，取代委派 delegate，重新設計 ch28_1.sln，這個實例仍是沒有傳遞任何資料 (EventArgs.Empty)。

```
1  // ch28_2
2  // 最上層語句扮演 Subscriber
3  static void EventAHandler(object sender, EventArgs e) // EventA 事件處理程式
4  {
5      Console.WriteLine("EventA 事件處理完成");
6  }
7
8  Publisher obj = new Publisher();                // 實體化 Publisher 物件 obj
9  obj.EventA += EventAHandler;                    // 註冊事件處理程式
10 obj.StartEventA();                              // 開始 EventA
11 // ---------- 以上是 Subscriber ----------
12
13 // ---------- 以下是 Publisher ----------
14 public class Publisher                          // 扮演 Publisher
15 {
16     public event EventHandler EventA;           // 宣告事件EventA
17     public void StartEventA()
18     {
19         Console.WriteLine("EventA 事件觸發");
20         // 執行工作
21         EventAHappened(EventArgs.Empty);    // EventA 發生了，沒有數據
22     }
23     protected virtual void EventAHappened(EventArgs e)
24     {
25         EventA?.Invoke(this, e);            // 觸發EventA 事件處理程式
26     }
27 }
```

執行結果 與 ch28_1.sln 相同。

上述程式使用了 C# 的內建 EventHandler 取代了自行宣告委派 delegate，讓程式變得更單純，因為上述程式假設沒有傳遞任何事件資料，所以執行第 21 行呼叫 EventAHappened( ) 方法時參數是 EventArgs.Empty，當執行第 23 行時參數 EventArgs e 的 e 是空的，第 25 行觸發 EventA 事件處理程式時，參數 this 是扮演傳遞者 (sender) 的角色。然後執行第 3 行 EventAHandler( )，第 1 個參數就是 this，第 2 個參數是空值 e，最後程式輸出 "EventA 事件處理完成 "。

28-4 傳遞事件資料

大多數的事件會向訂閱者 (Subscriber) 傳送資料，EventArgs 是所有事件資料的基底類別 (Base class)，C# 也包含許多內建事件的類別，此外，你也可以透過衍生 EventArgs 類別自行定義資料類別。

方案 ch28_3.sln：重新設計 ch28_2.sln，傳遞 true 訊息給事件處理程式，然後事件處理程式輸出成功字樣。

```
1  // ch28_3
2  // 最上層語句扮演 Subscriber
3  static void EventAHandler(object sender, bool IsSuccess) // EventA 事件處理程式
4  {
5      Console.WriteLine("EventA 事件處理 " + (IsSuccess ? "成功" : "失敗"));
6  }
7
8  Publisher obj = new Publisher();                  // 實體化 Publisher 物件 obj
9  obj.EventA += EventAHandler;                      // 註冊事件處理程式
10 obj.StartEventA();                                // 開始 EventA
11 // ---------- 以上是 Subscriber ----------
12
13 // ---------- 以下是 Publisher ----------
14 public class Publisher                            // 扮演 Publisher
15 {
16     public event EventHandler<bool> EventA;       // 宣告事件EventA
17     public void StartEventA()
18     {
19         Console.WriteLine("EventA 事件觸發");
20         // 執行工作
21         EventAHappened(true);                     // EventA 發生了，傳送 true
22     }
23     protected virtual void EventAHappened(bool IsSuccess)
24     {
25         EventA?.Invoke(this, IsSuccess);           // 觸發EventA 事件處理程式
26     }
27 }
```

執行結果

```
Microsoft Visual Studio 偵錯主控台
EventA 事件觸發
EventA 事件處理 成功

D:\C#\ch28\ch28_3\ch28_3\bin\Debug\net6.0\ch28_3.exe
按任意鍵關閉此視窗…
```

上述程式第 21 行筆者傳送 true 給 EventAHappened( )，透過觸發 EventA 事件處理程式，第 3 行的參數 IsSuccess 是 true，所以最後可以得到 " 成功 " 字樣。

28-5 傳送自定義時間資料

這一節筆者要傳送多個資料給事件處理程式，這時就需要定義類別，同時這個類別需要繼承 EventArgs 基底類別，如下所示：

```
class DataEventArgs : EventArgs
{
```

```
        public bool IsSuccess { get; set; }
        public DateTime HappenTime { get; set; }
    }
```

下列事實主要是講解如何傳遞上述類別資料。

方案 ch28_4.sln：傳遞 true 與 DateTime.Now 時間資料，時間是指當下 EventA 完成時間資料。

```
// ch28_4
// 最上層語句扮演 Subscriber
static void EventAHandler(object sender, DataEventArgs e) // EventA 事件處理程式
{
    Console.WriteLine("EventA 事件處理 " + (e.IsSuccess ? "成功" : "失敗"));
    Console.WriteLine("EventA 完成時間 " + (e.HappenTime.ToLongDateString()));
}

Publisher obj = new Publisher();                    // 實體化 Publisher 物件 obj
obj.EventA += EventAHandler;                        // 註冊事件處理程式
obj.StartEventA();                                  // 開始 EventA
// ---------- 以上是 Subscriber ----------

public class DataEventArgs : EventArgs              // 類別定義要傳送的資料
{
    public bool IsSuccess { get; set; }             // true或是false
    public DateTime HappenTime { get; set; }        // 時間資料
}

// ---------- 以下是 Publisher ----------
public class Publisher                                      // 扮演 Publisher
{
    public event EventHandler<DataEventArgs> EventA;        // 宣告事件EventA
    public void StartEventA()
    {
        var msg = new DataEventArgs();
        Console.WriteLine("EventA 事件觸發");
        msg.IsSuccess = true;                       // 傳送 true
        msg.HappenTime = DateTime.Now;              // 傳送現在時間
        EventAHappened(msg);                        // EventA 發生了, 傳送 msg
    }
    protected virtual void EventAHappened(DataEventArgs e)
    {
        EventA?.Invoke(this, e);                    // 觸發EventA 事件處理程式
    }
}
```

執行結果

```
Microsoft Visual Studio 偵錯主控台
EventA 事件觸發
EventA 事件處理 成功
EventA 完成時間 2022年12月28日

D:\C#\ch28\ch28_4\ch28_4\bin\Debug\net6.0\ch28_4.exe
按任意鍵關閉此視窗…
```

上述是傳送類別資料的實例，讀者可以從程式的箭頭了解資料傳送方式。

28-6 專題 – 超出臨界值設定觸發事件

方案 ch28_5.sln：重新設計 ch28_3.sln，設定臨界值是 50，當監測值大於 50 時，會觸發超出臨界值事件。

```
// ch28_5
// 最上層語句扮演 Subscriber
static void EventAHandler(object sender, bool IsOverCriticalValue) // 超出臨界值事件處理
{
    Console.WriteLine("超出臨界值事件處理 " + (IsOverCriticalValue ? "成功" : "失敗"));
}
Publisher obj = new Publisher(50);                  // 實體化 Publisher 物件 obj,臨界值 = 50
obj.EventA += EventAHandler;                        // 註冊事件處理程式
for (int i = 1; i <= 10; i++)
{
    obj.StartEventA(i);                             // 開始 EventA
}
// ---------- 以上是 Subscriber ----------

// ---------- 以下是 Publisher ----------
public class Publisher                              // 扮演 Publisher
{
    public int CriticalValue;                       // 臨界值
    public static int MonitorValue = 0;             // 監測值
    public event EventHandler<bool> EventA;         // 宣告事件EventA
    public Publisher(int criticalValue)             // 建構方法設定臨界值標準
    {
        CriticalValue = criticalValue;
    }

    public void StartEventA(int x)
    {
        MonitorValue += x;
        if (MonitorValue > CriticalValue)           // 如果監測值大於臨界值
        {
            Console.WriteLine("監測值超過臨界值事件觸發");
            EventAHappened(true);                   // 通知觸發程式傳送 true
        }
        else
            Console.WriteLine($"監測值 {MonitorValue} 在安全範圍");
    }
    protected virtual void EventAHappened(bool IsOverCriticalValue)
    {
        EventA?.Invoke(this, IsOverCriticalValue); // 觸發超出臨界值事件處理程式
    }
}
```

執行結果

```
Microsoft Visual Studio 偵錯主控台
監測值 1 在安全範圍
監測值 3 在安全範圍
監測值 6 在安全範圍
監測值 10 在安全範圍
監測值 15 在安全範圍
監測值 21 在安全範圍
監測值 28 在安全範圍
監測值 36 在安全範圍
監測值 45 在安全範圍
監測值超過臨界值事件觸發
超出臨界值事件處理 成功

D:\C#\ch28\ch28_5\ch28_5\bin\Debug\net6.0\ch28_5.exe
按任意鍵關閉此視窗…
```

第 7 行實體化物件時會同時設定臨界值是 50，第 9 ~ 12 列的回圈會傳送數值給 StartEventA( ) 方法，然後由此方法做監測 MonitorValue 數值的變化。

習題實作題

方案 ex28_1.sln：重新設計 ch28_5.sln，將程式調整為監測值最初是 25，當發生監測值大於臨界值時觸發事件處理程式，此時會將監測值減去 20，同時輸出調整結果。(28-5 節)

```
Microsoft Visual Studio 偵錯主控台
監測值 1 在安全範圍
監測值 3 在安全範圍
監測值 6 在安全範圍
監測值 10 在安全範圍
監測值 15 在安全範圍
監測值 21 在安全範圍
超過臨界值事件觸發
超出臨界值事件處理完成, 舊監測值=28,新監測值=8
監測值 16 在安全範圍
監測值 25 在安全範圍
超過臨界值事件觸發
超出臨界值事件處理完成, 舊監測值=35,新監測值=15

D:\C#\ex\ex28_1\ex28_1\bin\Debug\net6.0\ex28_1.exe
按任意鍵關閉此視窗…
```

方案 ex28_2.sln：擴充設計 ex28_1.sln，可以參考 ch28_4.sln，傳遞資料給臨界值事件處理程式時，需增加事件處理時間。

```
Microsoft Visual Studio 偵錯主控台
監測值 1 在安全範圍
監測值 3 在安全範圍
監測值 6 在安全範圍
監測值 10 在安全範圍
監測值 15 在安全範圍
監測值 21 在安全範圍
超過臨界值事件觸發
超出臨界值事件2022/12/28 下午 02:56:16處理完成, 舊監測值=28,新監測值=8
監測值 16 在安全範圍
監測值 25 在安全範圍
超過臨界值事件觸發
超出臨界值事件2022/12/28 下午 02:56:16處理完成, 舊監測值=35,新監測值=15

D:\C#\ex\ex28_2\ex28_2\bin\Debug\net6.0\ex28_2.exe (處理序 14916) 已結束
按任意鍵關閉此視窗…
```

第 29 章

基礎 Windows 視窗設計

前面 28 章內容是講解 C# 的基礎知識，這一章將講解使用 C# 設計 Windows 視窗應用程式最基礎的表單 (Form) 設計，同時解說如何使用工具箱在表單內設計控制項。Visual Studio 是一個整合式的開發環境，要開發 Windows 視窗應用程式可以使用 Windows Forms 應用程式，筆者將一步一步做解說。Visual Studio 提供 2 種表單設計，一是 .NET 6.0(或 5.0) 起的設計，另一是 .NET Framework 4.8，這兩者的專案範本如下，兩者觀念相同，介面類似，本書則以 .NET 6.0 為主要撰寫依據：

1：.NET 6.0(或 5.0)- Windows Forms 應用程式。

2：.NET Framework 4.8 – Windows Forms App(.NET Framework)

註1 英文 Form 可以翻譯為**表單**，也可以稱**視窗**。

註2 先前所述的主控台應用程式是以文字碼的程式設計為主，視窗設計則是以表單為主的程式碼設計。

29-1 建立新的專案

要建立 Windows 視窗應用程式一樣是從建立新的專案開始，在 Visual Studio 視窗環境可以執行**檔案 / 新增 / 專案**。

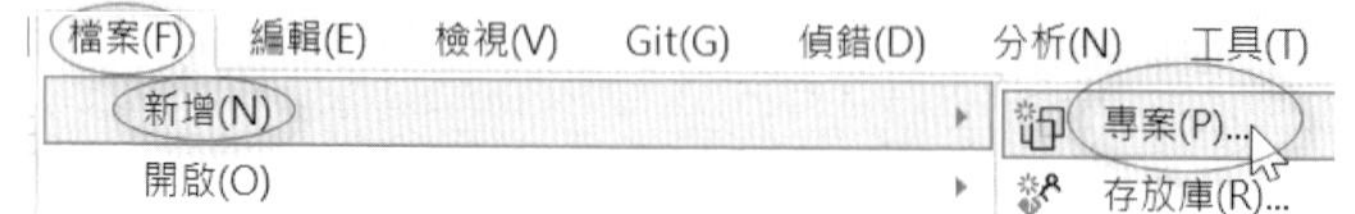

註 也可以參考 1-9-2 節。

或是進入 Visual Studio 時可以看到下列視窗。

請直接點選**建立新的專案**，在專案範本請選擇 **Windows Forms 應用程式**，在右半部選擇 **C#**、**Windows** 和**桌面**，如下所示：

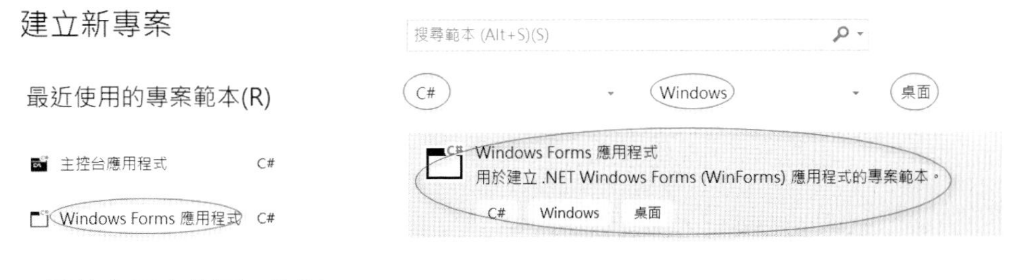

請按右下方的**下一步**鈕。

設定新的專案

Windows Forms 應用程式 C# Windows 桌面

專案名稱(J)

ch29_1

位置(L)

D:\C#\ch29

解決方案名稱(M)

ch29_1

將解決方案與專案置於相同目錄中(D)

請將專案名稱設為 ch29_1.sln，如上所示，然後請按右下方的**下一步**鈕，將看到下列資訊。

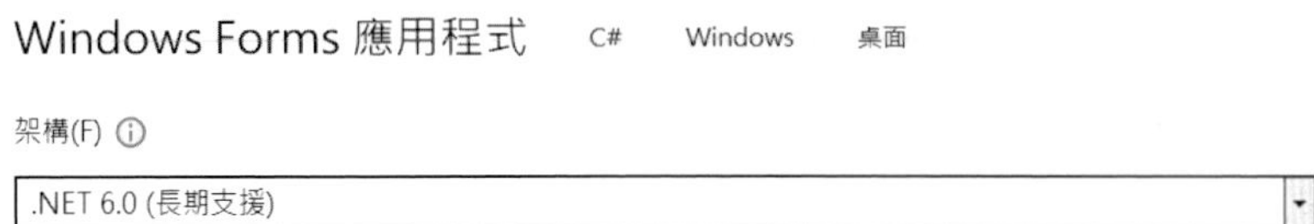

請按右下方的**建立**鈕，可以進入下列 Visual Studio 視窗。

29-2 認識 Visual Studio 視窗環境

29-2-1　認識 Visual Studio 視窗

前一小節在建立專案時，方案名稱和專案名稱皆是 ch29_1，所以可以在方案總管視窗看到方案名稱是 ch29_1 和專案名稱也是 ch29_1。

上述 Visual Studio 視窗幾個重要區塊如下：

1：**主要視窗區域**：目前顯示 Form1 表單物件，相當於我們將視窗方塊稱表單物件。**註**：在主控台應用程式環境，這是**程式設計區**。

2：**方案總管視窗**：顯示方案名稱 ch29_1，一個方案可以有多個專案，目前這個方案只有一個專案，專案名稱是 ch29_1。在專案名稱下方可以看到下列檔案：

Form1.cs：這是 Windows Forms 的 C# 檔案。

C# Form1.Designer.cs：表單控制項屬性設定會存放在此檔案。

Form1.resx：資源檔案存放的位置，有外部圖像或檔案時，可在此看到。

C# Programs.cs：這是方案的入口點程式。

上述檔案皆是系統自動產生，未來筆者會介紹這些檔案的功能。

3：**屬性視窗**：顯示或是可以編輯目前所選物件的屬性。

上述解說是基本環境認識，未來還會更進一步解說。

29-2-2　切換程式設計區內容

程式設計區基本上是顯示專案視窗所選的內容，預設是顯示專案 ch29_1 的內容，因為預設是建立 Windows Forms 應用程式，目前顯示的是 Form1 表單內容。如果在方案總管視窗點選不同選項，可以顯示不同的內容，例如：點選 Form1.Designer.cs 可以看到下列 C# 程式內容。

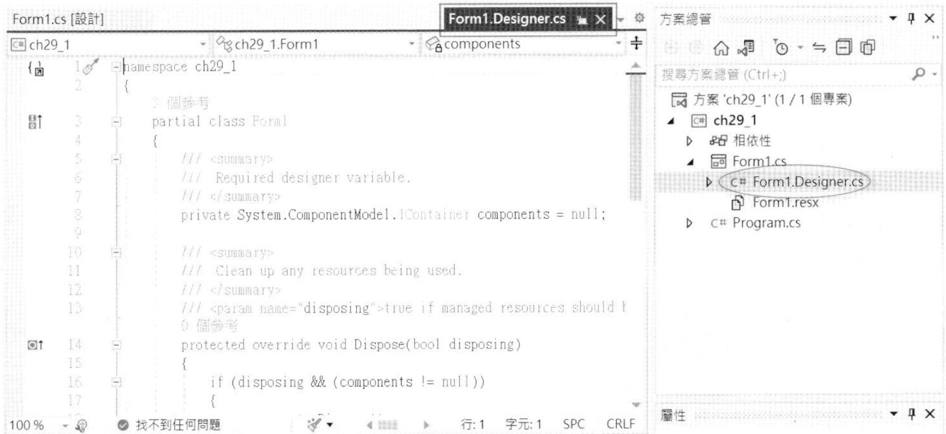

如果點選 ch29_1 專案內的 Program.cs 可以看到下列 C# 程式內容。

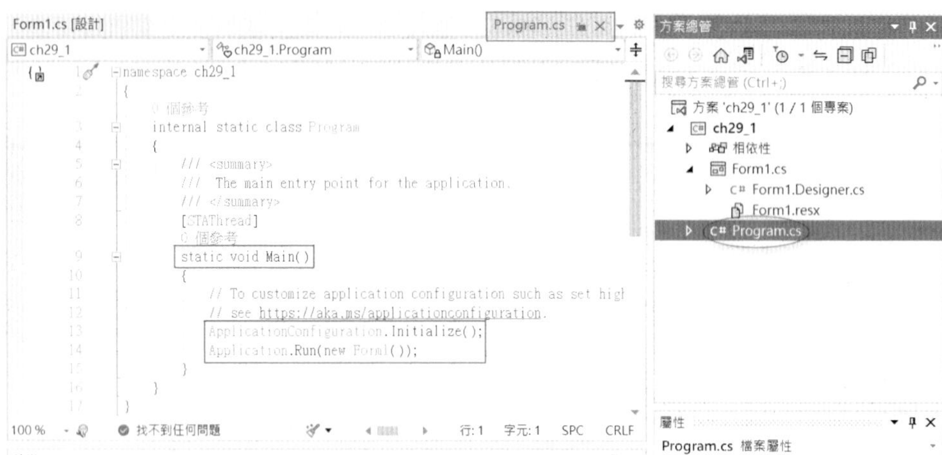

從上述專案可以看到許多檔案，但是在上述 Program.cs 程式可以看到 static void Main( )，這就是此專案 ch29_1 的入口點。

29-2-3　執行方案 ch29_1

讀者可以類似執行主控台應用程式方式，執行**偵錯 / 啟動但不偵錯**就可以執行方案 ch29_1，可以得到下列本書的第一個應用程式結果。

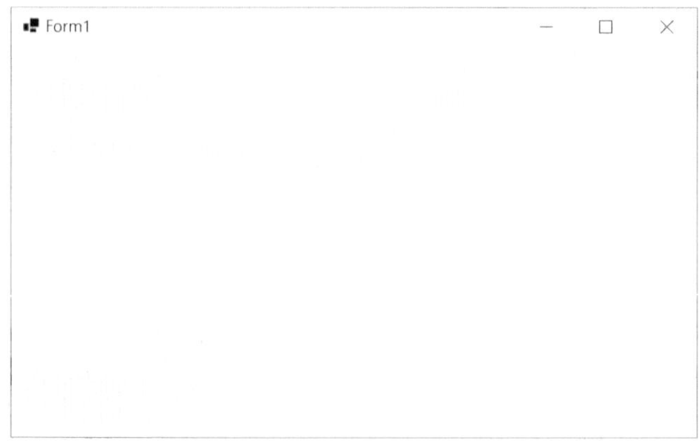

註 建立使用**偵錯 / 啟動但不偵錯**指令執行程式，可以節省偵錯的時間。

29-3 檢視 ch29_1 資料夾

29-3-1　檢視方案資料夾

在方案 ch29_1 內可以看到下列資料夾內容。

Data (D:) › C# › ch29 › ch29_1 ›
名稱
ch29_1 ← 專案資料夾
ch29_1.sln ← 方案檔案

未來可以點選 ch29_1.sln 開啟此方案。

29-3-2　檢視專案資料夾

點選進入 ~h29_1/ch29_1 可以看到下列資料夾內容。

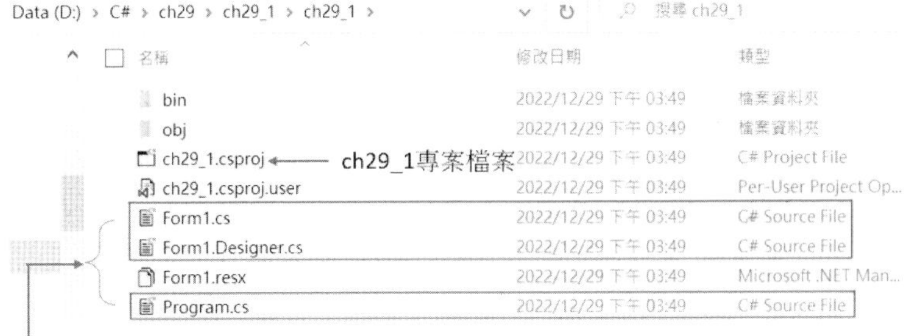

上述框起來的是 C# 檔案。

29-3-3　檢視可執行檔案資料夾

檢視 ~ch29_1/ch29_1/bin/Debug/net6.0-windows 資料夾，可以看到下列資料夾內容。

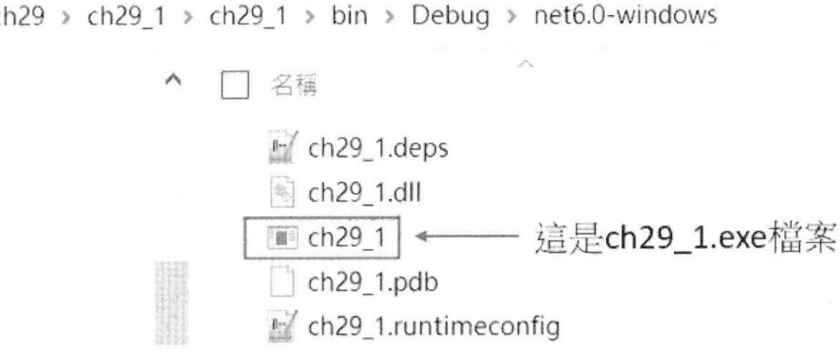

上述資料夾內的 ch29_1 檔案，全名是 ch29_1.exe，點選此檔案就可以執行方案 ch29_1。

註 未來如果載入圖片，想要省去完整路徑，改為直接寫檔案名稱，需將圖片檔案放在與可執行檔案相同的資料夾。

29-4 認識主要視窗區域

進入 Windows Forms 應用程式環境後，可以看到 Forms 表單，Forms 表單有下列 2 種模式：

1：**表單設計模式**，預設顯示 Form1.cs[設計]，這也是我們看到的內容。

2：**表單程式碼設計模式**，預設顯示 Form1.cs。

當然在主要視窗區域也可以顯示方案的其他檔案內容，下列將分成 3 個小節說明。

29-4-1 從表單設計模式到表單程式碼模式

表單設計模式到表單程式碼模式，其步驟如下：

1：將滑鼠游標放在 Form1 表單內。

2：按一下滑鼠右鍵，執行**檢視程式碼**。

3：可以得到在主視窗區域看到 Form1.cs 程式碼內容，這也是設計表單時的 C# 程式碼。

Form1.cs　Form1.cs [設計]

test　test.Form1　Form1()

```
namespace test
{
    3 個參考
    public partial class Form1 : Form
    {
        1 個參考
        public Form1()
        {
            InitializeComponent();
        }
    }
}
```

這時可以在主視窗區域看到多了 Form1.cs 標籤，這也是 Form1 的程式碼內容。

29-4-2　從表單程式碼設計模式切換回表單設計模式

目前主要視窗顯示表單程式碼模式，如果想要切換回顯示表單設計模式，可以執行下列任一種方法。

方法 1：點選主要視窗的 Form1.cs[設計] 標籤。

方法 2：連按方案總管的 Form1.cs 兩下。

方法 3：執行**檢視 / 設計工具**。

29-4-3　主要視窗顯示更多程式內容

一個方案是由多個專案所組成，每個專案又有多個程式檔案，點選方案總管視窗的其他專案程式，可以顯示所點選的程式，讀者可以參考 29-2-2 節。

29-4-4　關閉主要主要視窗的標籤內容

主要視窗會顯示專案的內容，在顯示的標籤右邊可以看到 × 圖示，點此圖示可以關閉該標籤內容。例如：目前顯示 Form1.cs，點選此圖示右邊的 × 圖示，可以關閉 Form1.cs 內容。

執行後可以看到關閉 Form1.cs 了。

29-5 工具箱

Visual Studio 預設是不顯示工具箱，這一節將講解工具箱相關知識。

29-5-1　顯示工具箱

執行**檢視 / 工具箱**可以顯示工具箱，如下所示：

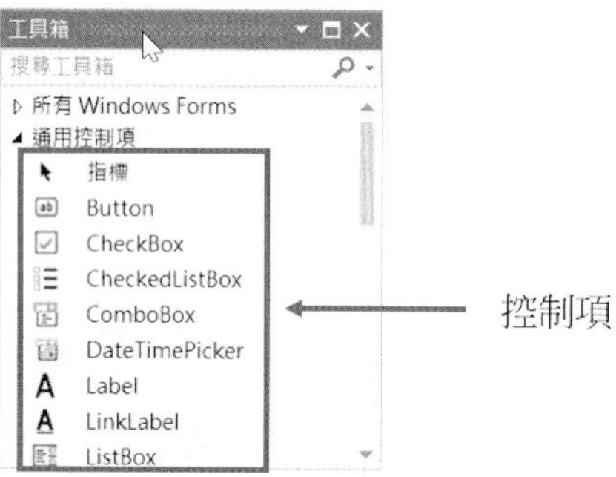

工具箱內將顯示所有控制項的內容，所謂的控制項就是設計 Windows Form 時的視窗元件，這也是 Windows 視窗設計的重點。原則上工具箱是浮動視窗，可以用滑鼠拖曳到適當的位置。

29-5-2　固定工具箱位置

當拖曳工具箱時，可以看到下列畫面。

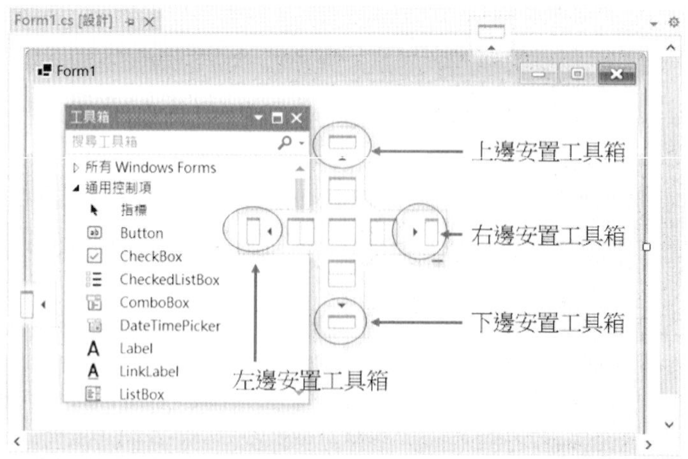

下列是將工具箱拖曳至 圖示的結果，這相當於將工具箱放在左邊位置，下列是結果畫面。

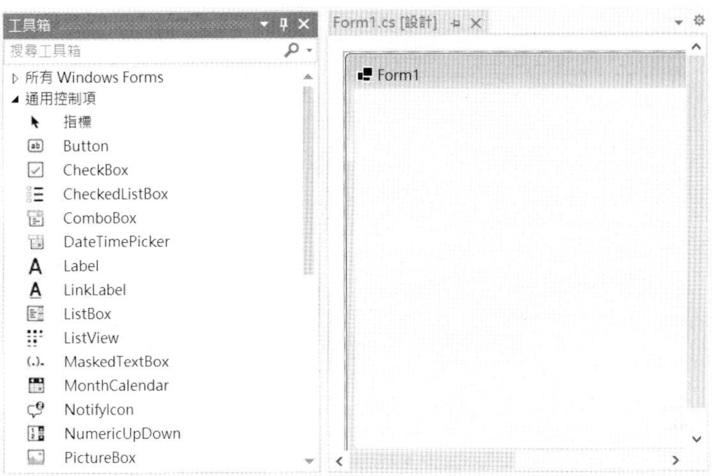

上述工具箱固定放置，優點是可以方便使用工具箱的控制項。

29-5-3 浮動工具箱

當工具箱是固定時，拖曳工具箱標題區，可以將工具箱改為浮動顯示。

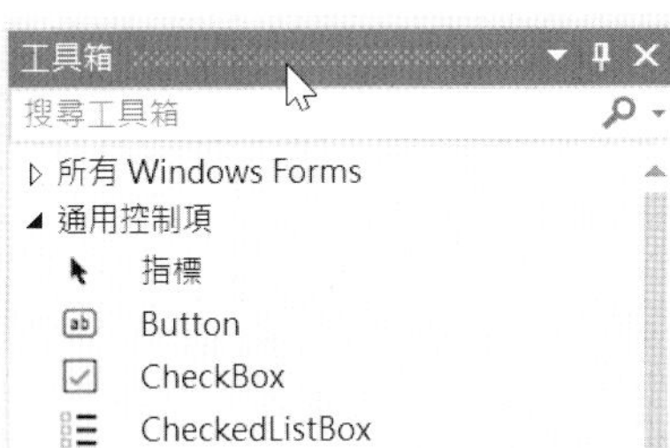

讀者可以拖曳上述工具箱標題即可體會。

29-6 新增或刪除表單

一個專案可能有許多表單，這一節將講解新增與刪除表單的知識。

29-6-1　新增表單

執行**專案 / 新增表單**。

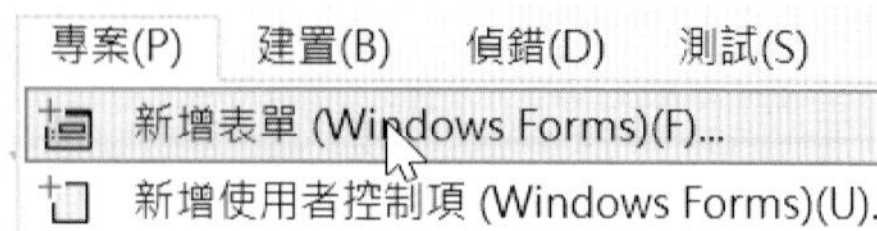

可以看到**新增項目**視窗，請選擇**表單**。

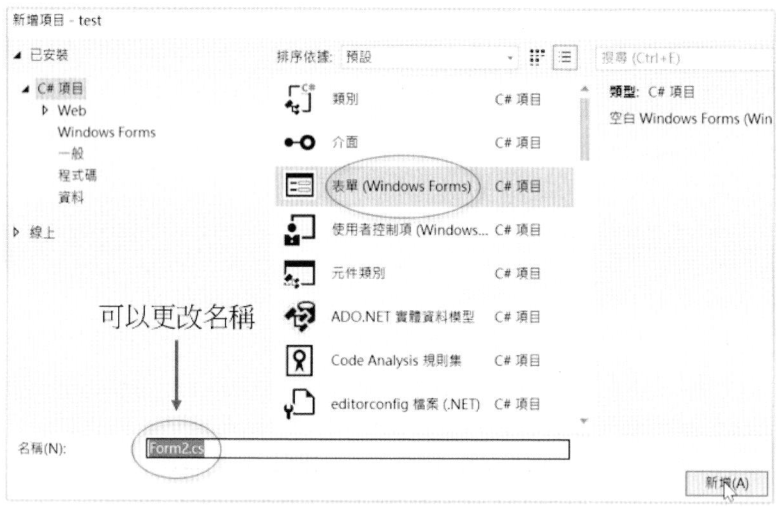

左下方可以更改名稱，此例使用預設，請選擇表單 (Windows Forms)，然後點選右下方的**新增**鈕，就可以新增表單了。

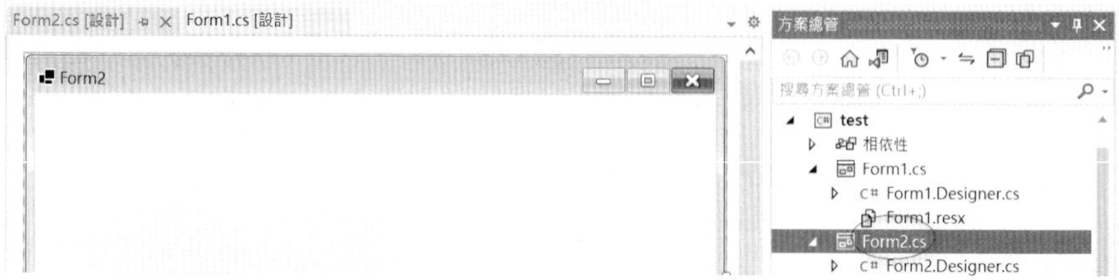

29-6-2　刪除表單

如果想要刪除表單 Form2.cs[設計]，可以將滑鼠游標移到方案總管視窗的 Form2.cs，按一下滑鼠右鍵，執行**刪除**指令。

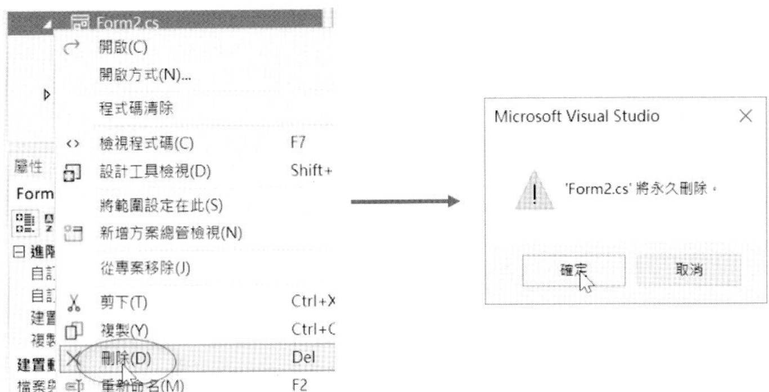

將出現詢問是否永久刪除 Form2.cs，請按**確定**鈕，就可以刪除 Form2.cs[設計] 表單。

29-7 表單屬性

屬性視窗可以設定表單或是控制項目的屬性。

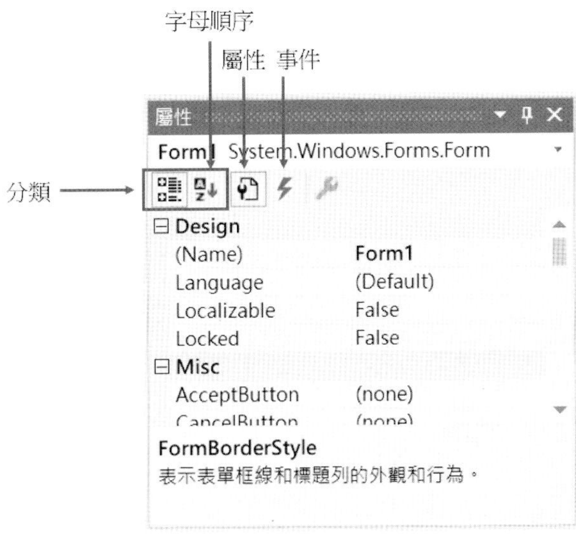

上述屬性視窗可以看到下列兩大類資料。

1：屬性，是指所選取表單或控制項的屬性，此例是表單。

2：事件，是指所選取表單或控制項的事件 (event)，此例是表單事件。

當選擇顯示屬性或事件後，可以點選應該如何顯示項目，有 分類顯示方法，這是預設顯示方法。也可以選擇依照 英文字母順序顯示。

表單或是控制項的屬性可以使用屬性視窗或是程式碼設定，當使用程式碼設定時，基本語法如下：

```
ControlName.Property = xx;
```

這一章講解的表單，讀者可以想成基底類別，設定表單的屬性時，同一類別存取屬性，語法如下：

```
this.Property = xx;
```

也可以省略 this，直接使用下列語法設定，本書程式設計大都採用省略 this 關鍵字設定屬性，不過讀者看許多別人設計的程式時，要知道 this 是省略這個觀念。

```
Property = xx;
```

程式細節可以參考方案 ch29_5.sln，或是可以複習 17-1-2 節。

29-7-1　表單設計屬性

- ❑ (Name)

  表單控制項名稱，預設是 Form1。

- ❑ Language

  (Default)，這是 Windows 作業系統的地區及語言設定。

- ❑ Locked

  是否可以移動或是調整控制項大小，預設是 False，表示不鎖定。

29-7-2　表單雜項 Misc

- ❑ AcceptButton

  取得或設定使用者按下 Enter 時，所按下表單的按鈕，預設是 (none)。

- ❑ CancelButton

  取得或設定使用者按下 Esc 時，所按下表單的按鈕，預設是 (none)。

❑　KeyPreview

指出表單是否在傳送至焦點所在的控制項前接收按鍵事件，預設是 False。

29-7-3　表單外觀屬性

這一節起將講解與常用表單 (Form) 屬性設定，下列筆者有教導更改屬性，為了方便精準學習，每次進入下一個屬性主題時，會改回預設的設定。

❑　BackColor

表單背景色彩，預設是 Control。

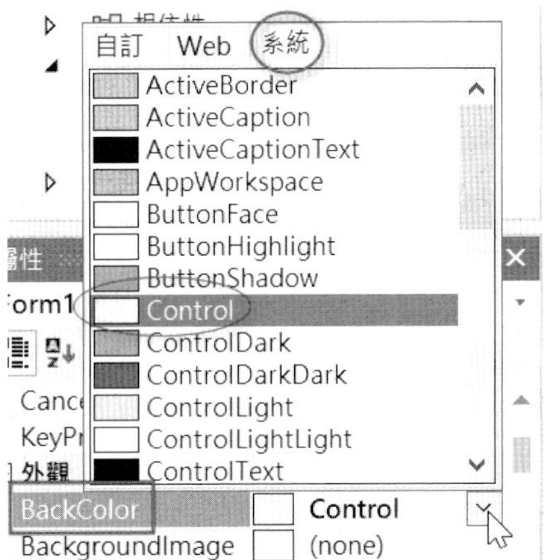

上述預設是系統標籤，可以從系列色彩中選擇一種色彩，下列是實例，下圖是選擇 ControlLight 的表單畫面。

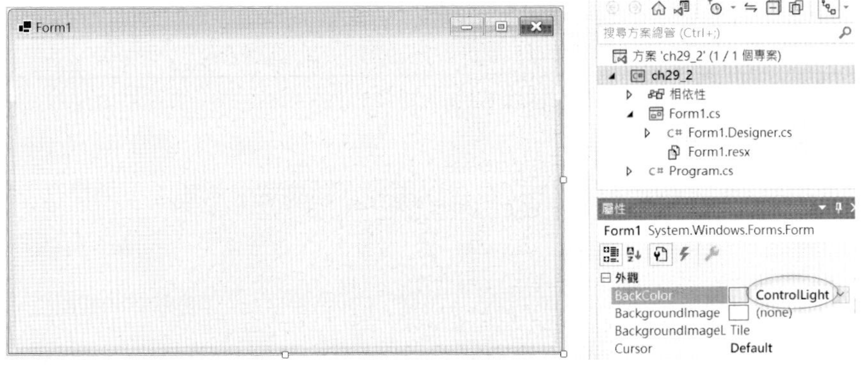

如果點選**自定**標籤，可以從調色盤中選擇一種色彩。

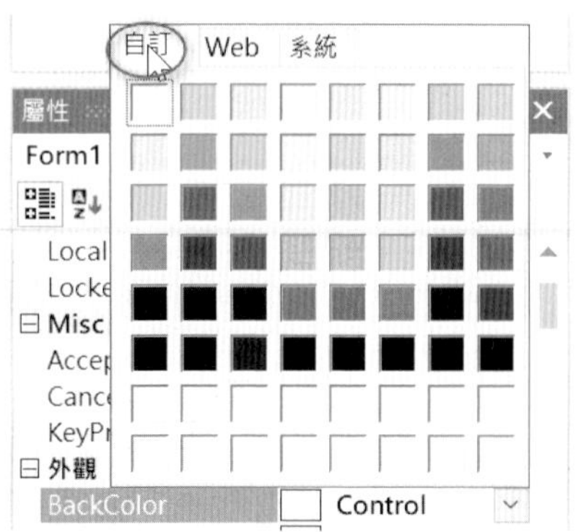

如果使用程式碼，可以用 FromArgb( ) 方法設定顏色，語法和實例如下所示：

```
BackColor = Color.FromArgb(int red, int green, int blue);
BackColor = Color.FromArgb(int alpha, int red, int green, int blue);  // alpha是透明度
BackColor = Color.FromArgb(0, 255, 0);                                // 前景是綠色
```

上述不論是 alpha、red、green、blue 值皆是在 0 ~ 255 間，alpha 是代表透明度，0 是透明，255 是不透明。有關 FromArgb( ) 方法 red、green、blue 的數值色彩組成可以參考附錄 E。此外，上述 Color 其實是列舉 (enum) 結構，完整 C# 觀念如下：

```
BackColor = Color.成員;
```

成員除了是上述 FromArgb( ) 方法所組的色彩，也可以是色彩的英文單字，讀者可以參考附錄 E。例如：讀者也可以使用下列方式設定背景是黃色。

```
BackColor = Color.Yellow;
```

❑　BackgroundImage

表單背景圖案，預設是 None。

除了可以在屬性視窗選擇圖片，也可以用程式碼設定。例如：下列是在 Form1.cs 程式設定圖片的實例。

```
BackgroundImage = Image.FromFile("C:\\C#\\ch29\\ch29_2\\southpole.jpg");
```

註 如果省略路徑也可以，不過需將圖片檔案放在 ch29_2.exe 相同目錄。

❑ Cursor

表單執行時的滑鼠游標，預設是，這是 Default 選項，可以參考下圖。

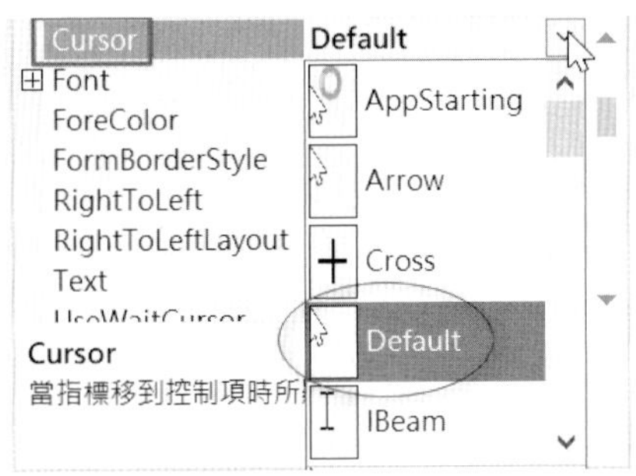

下列是設定游標是 IBeam 的實例。

```
Cursor = Cursors.IBeam;
```

❑ Font

表單內字型和大小，預設是 Microsoft JhengHei UI(微軟正黑體)，大小是 9 點，如果更改此設定，會直接影響未來在此表單建立控制項的字型，筆者建議是不更改此設定，未來可以針對所建立的控制項更改即可，下列是設定字型語法與實例。

```
Font = new Font(FontFamily, Single, FontStyle);          // 語法
Font = new Font("Arial", 12, FontStyle.Bold);
```

有關 FontFamily 讀者可以參考 C:\Windows\Fonts 資料夾，字型大小可以自行設定，字型樣式可以使用 FontStyle.Bold(粗體)、FontStyle.Italic(斜體)、FontStyle.Regular(正常字體)、FontStyle.Strikeout(刪除線)、Fontstyle.Underline(底線)。

❑ ForeColor

表單前景色彩，預設是 ControlText，也就是黑色。

如果使用程式碼，可以用 FromArgb( ) 方法設定顏色，語法和實例如下所示：

```
ForeColor = Color.FromArgb(int red, int green, int blue);
ForeColor = Color.FromArgb(int alpha, int red, int green, int blue);    // alpha是透明度
ForeColor = Color.FromArgb(0, 255, 0);                                  // 前景是綠色
```

- FormBorderStyle

表單的框線樣式，預設是 Sizeable 表示可以調整大小，如果選 None，表單會變成沒有邊框和標題。

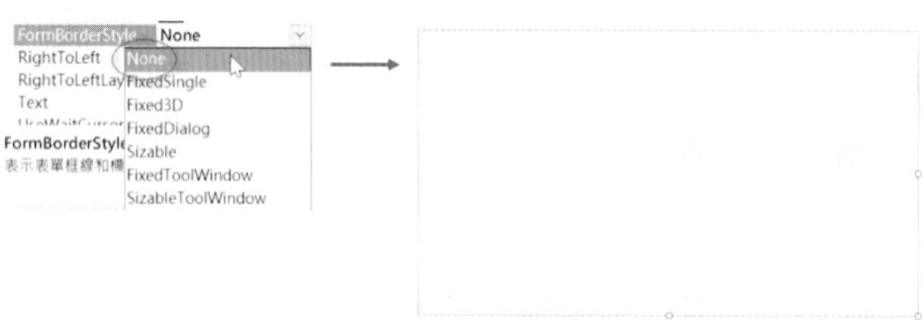

選項與程式碼意義如下：

屬性	值	意義
FormBorderStyle.None	0	沒有邊框
FormBorderStyle.FixedSingle	1	固定單線邊框
FormBorderStyle.Fixed3D	2	固定立體邊框
FormBorderStyle.FixedDialog	3	固定對話方塊式的粗邊框
FormBorderStyle.Sizeable	4	這是預設，可調整大小的邊框
FormBorderStyle.FixedToolWindow	5	不可調整大小的工具視窗
FormBorderStyle.SizeableToolWindow	6	可調整大小的工具視窗

- Text

表單標題，預設是 Form1，下列是改為洪錦魁的結果。

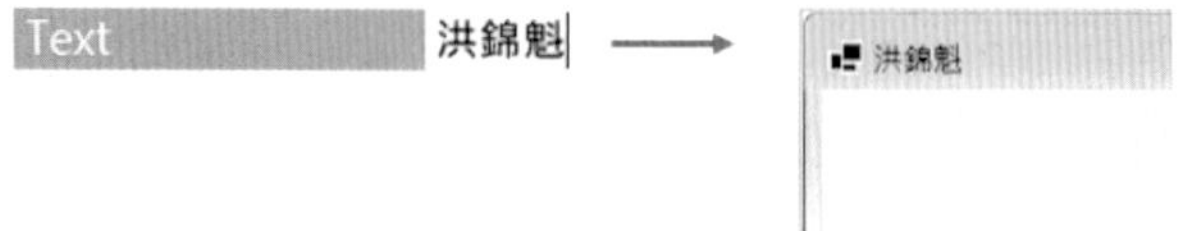

下列是使用程式碼設定與實例。

```
Text = "洪錦魁";
```

❑ UseWaitCursor

是否將 ◯ 等待游標用於目前表單和所有子控制項，預設是 False。

方案 ch29_2.sln：請使用屬性視窗，設計背景圖案是 southpole.jpg、Cursor 是 IBeam、視窗標題是洪錦魁。請參考 29-1 節使用預設環境建立方案 ch29_2.sln，然後分成下列 3 個項目，7 個步驟處理此方案。

1：請點選 BackgroundImage，然後點選右邊的 ... 圖示。

2：出現**選取資源**對話方塊，請點選**匯入**鈕。

3：出現**開啟**對話方塊，請選擇 C#/ch29_2/southpole.jpg，然後按**開啟**鈕。

4：上述請按**確定**鈕，可以得到下列匯入圖片的結果。

5：請點選 Cursor，然後點選右邊的 ⌄ 圖示，然後選擇 IBeam。

Cursor　IBeam

6：請連按兩下 Text 右邊的 Form1，然後將 Form1 改為洪錦魁。

7：按一下 Visual Studio 工具列的 全部儲存鈕。

執行結果　執行**偵錯 / 啟動但不偵錯**，可以得到下列結果。

29-7-4 表單行為

- ❑ AllowDrop

指出表單可否接受使用者拖曳放上資料，預設是 False。

- ❑ Enabled

表單可否和使用者互動，預設是 True。

- ❑ ImeMode

指出表單被選取時，輸入法狀態設定，預設是 NoControl，表示不設定。

29-7-5 表單配置

- ❑ AutoScroll

表單是否含卷軸，預設是 False。

- ❑ Location

螢幕左上角是 (0, 0)，往右是 x 軸 (水平) 遞增，往下是 y 軸 (垂直) 遞增，可以點選 Location 左邊的田圖示，然後設定表單 (x, y) 位置。

⊟ Location	0, 0
X	0
Y	0

下列是程式碼設定實例。

```
Location = new Point(100, 200);        // Point是座標資料
```

- ❑ MaximumSize

表單大小 (Width 和 Height) 的上限。

- ❑ MinimumSize

表單大小 (Width 和 Height) 的上限。

- ❑ Size

預設表單的寬和高，預設寬是 822，高是 506。

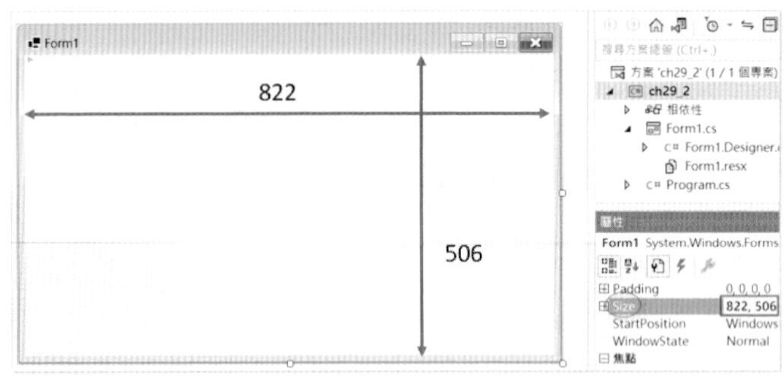

點選 Size 左邊的 ⊞ 圖示，可以看到 Width 和 Height 欄位，在此也可以更改表單的寬和高。

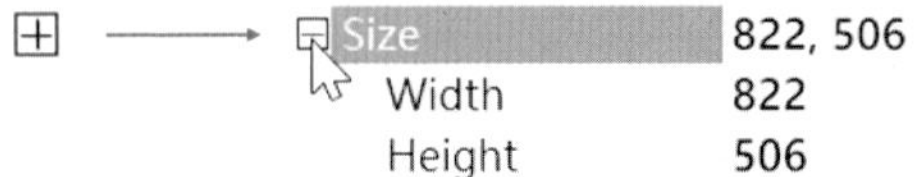

程式碼也可以設定，下列是實例。

```
Size = new Size(822, 506);                // Size是(int, int)或是Size(Point)結構
```

- StartPosition

表單在執行初開始的位置，預設是 WindowsDefaultLocation，左上角視窗是 (0, 0) 位置，也可以有下列選擇：

Manual：選擇手動

CenterScreen：視窗中間

CenterParent：父視窗中間

WindowsDefaultBound：預設邊界位置

- WindowState

有 3 個列舉選項可以參考下表。

屬性	值	意義
FormWindowState.Maximized	2	最大化視窗
FormWindowState.Minimized	1	最小化視窗
FormWindowState.Normal	0	預設視窗大小

方案 ch29_3.sln：設計表單寬 Width 是 300，高 Height 是 100，執行時候在螢幕中間。請參考 29-1 節使用預設環境建立方案 ch29_3.sln，然後分成下列 2 個項目，4 個步驟處理此方案。

1：請點選屬性視窗 Size 左邊的田圖示。

2：請在 Width 欄位輸入 300，在 Height 欄位輸入 100。

⊟ Size	300, 100
Width	300
Height	100

3：請點選屬性視窗 StartPosition 右邊的 圖示，然後選擇 CenterScreen。

4：按一下 Visual Studio 工具列的 **全部儲存**鈕。

執行結果　執行**偵錯 / 啟動但不偵錯**，可以在螢幕中央得到下列結果。

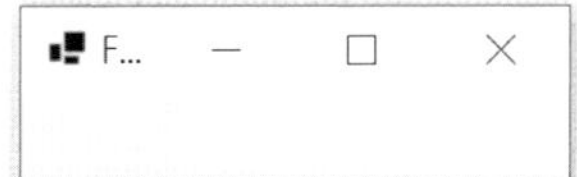

29-7-6　表視窗樣式屬性

❑ ControlBox

表單是否顯示控制圖示，預設是 True，下列是控制圖示。

❑ MaximizeBox

是否顯示 最大化鈕，預設是 True。

❑ MinimizeBox

是否顯示 最小化鈕，預設是 True。

❑ HelpButton

是否顯示 輔助說明鈕，預設是 False。**註**：要啟動此功能必須 MaximizeBox 和 MinimizeBox 屬性皆是 False，此設定才會生效。

❑ Icon

圖示，圖示檔案的副檔名是 ico，

❑ ShowInTaskbar

表單是否在 Windows 下方的工作列中，預設是 True。

❑ TopMost

是否要將此表單設成最上層表單，預設是 False。

29-8 表單事件

這一節介紹開啟表單事件的程式法方法，這個觀念未來可以應用到其他控制項。

29-8-1 開啟表單事件的方法

Windows 系統是一個事件驅動的作業系統，表單在 C# 語言是 Form 類別，這個類別或是未來要介紹的控制元件類別內部存在大量的事件，程式設計師就是使用這些類別和事件設計 Windows 視窗程式。類別是在屬性視窗內，請同時讓 Visual Studio 顯示表單 **Form1.cs[設計]** 和此表單的程式 **Form1.cs**。

註 沒有開啟 Form1.cs 也可以，筆者主要是讓讀者了解 Visual Studio 會瞬間在 Form1.cs 內插入 Form1_Load( ) 方法。

然後點選屬性視窗的 ⚡ 圖示，切換到**表單標籤**如下所示：

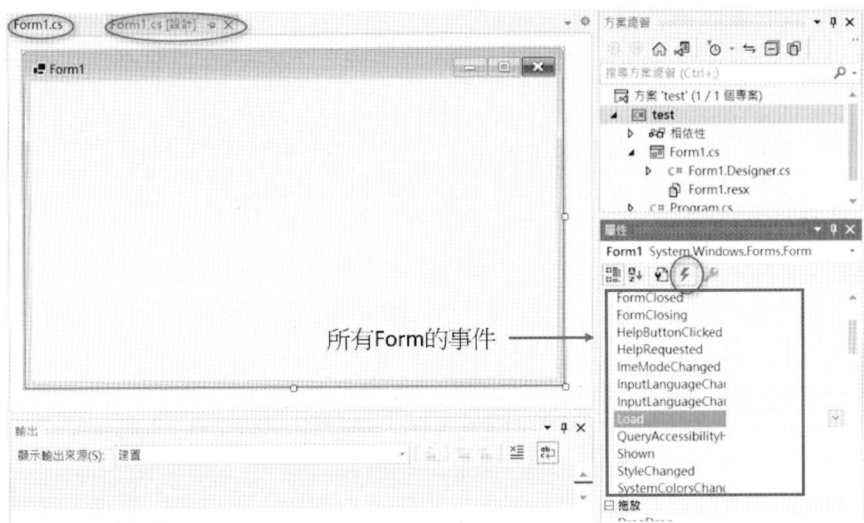

現在屬性視窗可以看到一系列的表單事件，對任一個事件連按兩下，可以自動將這個事件的方法插入 Form1.cs 程式碼內，例如：筆者連按兩下 Load 事件，可以在 Form1.cs 看到此事件的方法 Form1_Load( )，如下所示：

```
namespace test
{
    3 個參考
    public partial class Form1 : Form
    {
        1 個參考
        public Form1()
        {
            InitializeComponent();
        }

        1 個參考
        private void Form1_Load(object sender, EventArgs e)
        {

        }
    }
}
```

註 如果沒有事先載入 Form1.cs，插入 Form1_Load( ) 方法後，Form1.cs 也會被載入。

從上述可以看到事件方法的結構如下：

```
private void Form1_事件名稱(object sender, EventArgs e)
{
        xxx;            // 事件處理程式內容
}
```

我們可以在上述 Form1_Load( ) 內插入適當的程式碼，這個程式碼就是事件處理程式的內容，就可以完成 Load 事件驅動工作，所以對程式設計師而言，要了解每個控制項有哪些事件，然後針對每個事件設計適當的程式碼，這就是 Windows 視窗設計的核心。

在 Form1_Load( ) 方法內可以看到 object sender 和 EventArgs e 參數，object sender 主要是可以判斷是經由哪一個控制項產生此事件，更詳細的實作解說將在 30-2-6 節說明。EventArgs e 主要是紀錄產生此事件的額外訊息，最常看到的應用是紀錄當我們使用滑鼠按下按鈕產生事件時，可以由 EventArgs e 參數獲得是按下哪一個滑鼠鍵，以及當時的滑鼠座標，更詳細的實作解說將在 30-13 節。或是有鍵盤按鍵發生時，偵測所按的鍵，可以參考 30-14 節。

29-8-2　常見的表單事件

從 Visual Studio 視窗可以看到表單事件有許多，下列將舉幾個最常用的事件作說明。

❑　Load

啟動表單程式時，會自動產生此事件，一般來說可以用此事件分配系統資源，或是一些給使用者提示訊息。

❑　Click

按一下表單可以產生此事件。

❑　FormClosing

關閉表單時可以觸發此事件。

這一節是對事件做基礎介紹，下一章當讀者學會更多控制項知識後，筆者會介紹更多事件，例如：滑鼠事件、鍵盤事件等。

29-8-3 快速學習輸出對話方塊

為了可以講解實例，這一節將快速講解輸出對話方塊的方法，語法如下：

```
MessageBox.Show("輸出字串");
```

方案 ch29_4.sln – Form1.cs：方案啟動時會輸出 " 歡迎進入深智系統 "。

```
namespace ch29_4
{
    public partial class Form1 : Form
    {
        public Form1()
        {
            InitializeComponent();
        }

        private void Form1_Load(object sender, EventArgs e)
        {
            MessageBox.Show("歡迎進入深智系統");
        }
    }
}
```

執行結果 程式執行時會先看到下列對話方塊。

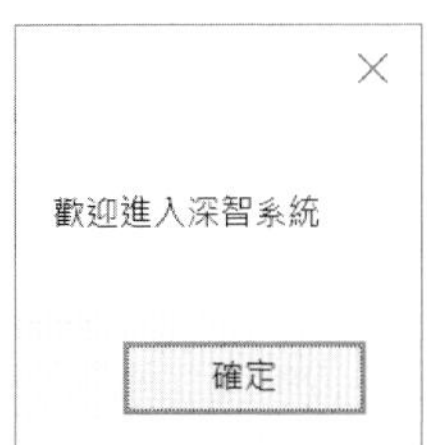

29-9 解析 Windows Forms 視窗專案程式

前一小節的專案 ch29_4，是由 3 個 C# 程式檔案所組成，檔案名稱如下：

```
Form1.cs
Form1.Designer.cs            // Visual Studio自動產生
Program.cs                   // Visual Studio自動產生
```

這一節將解析這 3 個檔案內容。

29-9-1　解析 Form1.cs 和 Form1.Designer.cs

上述 Form1.cs 的第 1 行看到 namespace ch29_4，表示這個程式是在 ch29_4 命名空間內，同時第 3 行看到下列程式碼：

```
partial class Form1:Form
{
    InitializeComponent( );          // 最初化控制項
    xxx;
}
```

上述 InitializeComponent( ) 是 Visual Studio 自行產生，主要是最初化控制項。

上述 partial class 的觀念可以參考 16-9 節，這是部分類別。另一個部分類別是在 Form1.Designer.cs 內，可以參考下列畫面。

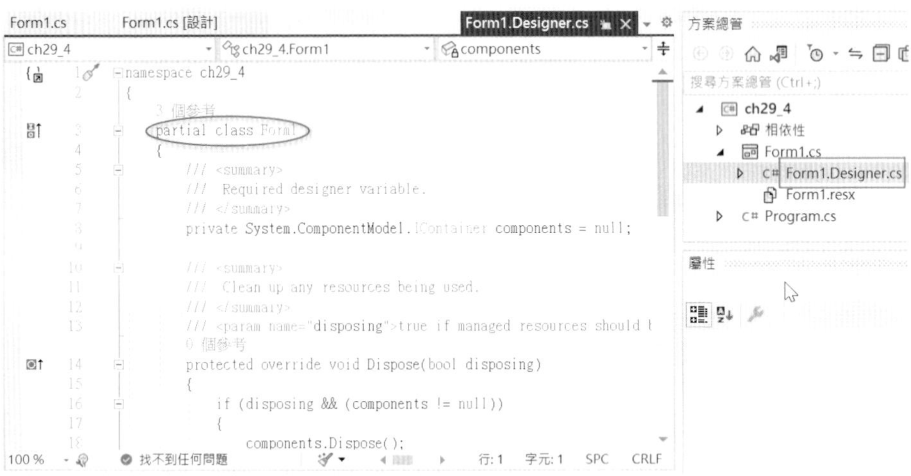

這個 Form1.Designer.cs 是由 Visual Studio 自動產生，主要是存放 Form 與未來更多控制項的相關設定，從上述第 1 行可以看到 namespace ch29_4，表示命名空間也是 ch29_4，這表示方案的 Form1.cs 和 Form1.Designer.cs 有相同的命名空間。第 3 行看到 partial class Form1，這也是部分類別，所以可以知道方案 ch29_4 的表單 Form1 類別是分散在 2 個檔案內。

現在請看 Form1.Designer.cs 檔案，可以在第 23 行看到下列程式碼。

```
Windows Form Deisgner generated code
```

滑鼠游標移到此處，可以看到隱藏顯示，Visual Studio 自動建立的程式碼，名稱是 private void InitializeComponent( ) 方法。

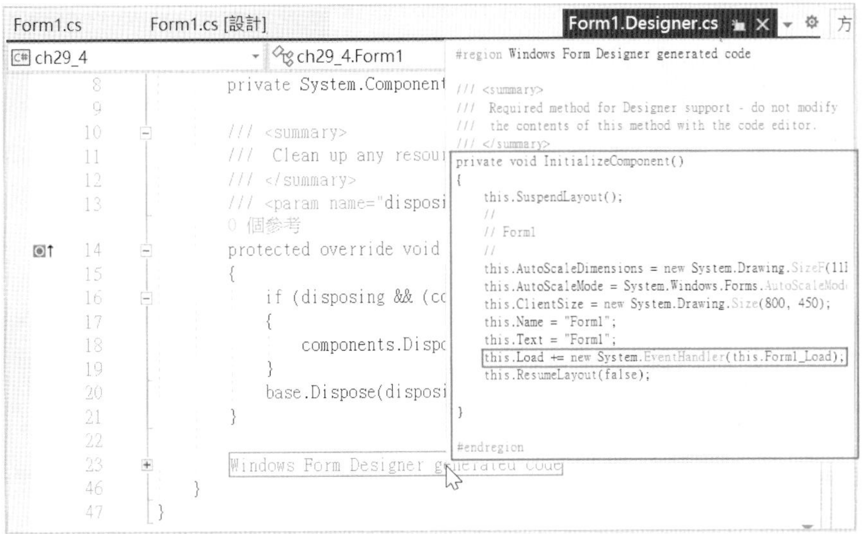

```
Form1.cs    Form1.cs [設計]    Form1.Designer.cs
ch29_4    ch29_4.Form1
 8         private System.Component
 9
10         /// <summary>
11         ///  Clean up any resou
12         /// </summary>
13         /// <param name="disposi
           0 個參考
14         protected override void
15         {
16             if (disposing && (cc
17             {
18                 components.Dispo
19             }
20             base.Dispose(disposi
21         }
22
23         Windows Form Designer generated code
46     }
47 }

#region Windows Form Designer generated code

/// <summary>
///  Required method for Designer support - do not modify
///  the contents of this method with the code editor.
/// </summary>
private void InitializeComponent()
{
    this.SuspendLayout();
    //
    // Form1
    //
    this.AutoScaleDimensions = new System.Drawing.SizeF(11
    this.AutoScaleMode = System.Windows.Forms.AutoScaleMod
    this.ClientSize = new System.Drawing.Size(800, 450);
    this.Name = "Form1";
    this.Text = "Form1";
    this.Load += new System.EventHandler(this.Form1_Load);
    this.ResumeLayout(false);

}

#endregion
```

上述自動產生的程式碼是表單屬性設定和 Load 事件設定。

29-9-2　解析 Program.cs

過去我們在主控台應用程式，是使用 Program.cs 設計所有程式內容，在 Windows Froms 應用程式中，例如：方案 ch29_4，雖然我們不用在此設計任何內容，Program.cs 還是存在，其內容如下：

```
namespace ch29_4
{
    internal static class Program
    {
        /// <summary>
        ///  The main entry point for the application.
        /// </summary>
        [STAThread]
        static void Main()
        {
            // To customize application configuration such
            // see https://aka.ms/applicationconfiguration.
            ApplicationConfiguration.Initialize();
            Application.Run(new Form1());
        }
    }
}
```

程式第 8 行 [STAThread] 完整寫法應該是 STAThreadAttribute，指示應用程式是單執行緒。

從上述可以看到命名空間仍是 ch29_4，特別需要注意的是，因為 Windows Forms 應用程式是由多個檔案分割類別 (partial class) 所組成，因此目前 Windows Forms 的程式範本並不存在最上層語句 (Top-level statement)。在此 Program.cs 程式可以看到第 9 行有 Main( )，這也是整個專案 ch29_4 的入口點，因為 Program.cs 也是由 Visual Studio 自動產生，所以有的人會忽略此程式的存在。這個程式目前的 2 道指令如下：

```
ApplicationConfiguration.Initialize( );
Application.Run(new Form1( ));
```

上述 ApplicationConfiguration.Initialize( ); 是 C# 範本應用程式啟動程式，第 2 道指令 Application.Run(new Form1( )); 是啟動表單目前執行緒 Form1 應用程式的訊息迴圈。

29-10 在表單內建立與佈局控制項

29-10-1 建立控制項的方法

工具箱內控制項建立的規則大致一樣，有 2 種方式。

方法 1

是使用拖曳方式，步驟如下：

1：選取工具箱的控制項。

2：將滑鼠游標移到表單適當位置，此時每個控制項有不同的滑鼠游標外形。

3：按一下即可以建立預設大小的控制項。

方法 2

連按工具箱的控制項圖示兩下。

29-10-2　使用方法 1 建立 Button 控制項實例

這一節使用方法 1 建立 Button 控制項，請點選 Button，將滑鼠游標移到要建立 Button 控制項的位置。

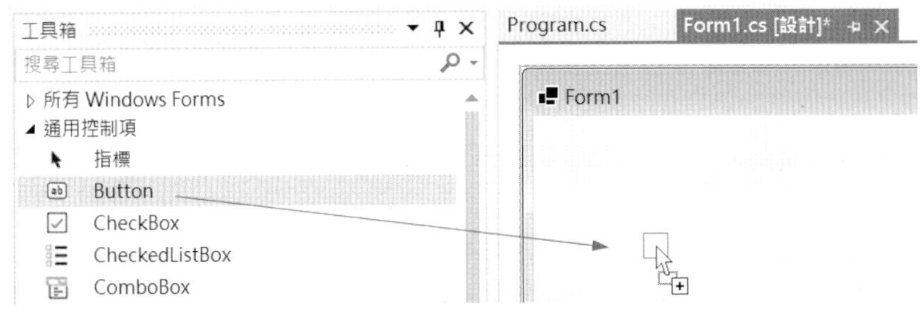

按一下，可以在滑鼠游標位置建立 Button 控制項，可參考下方左圖：

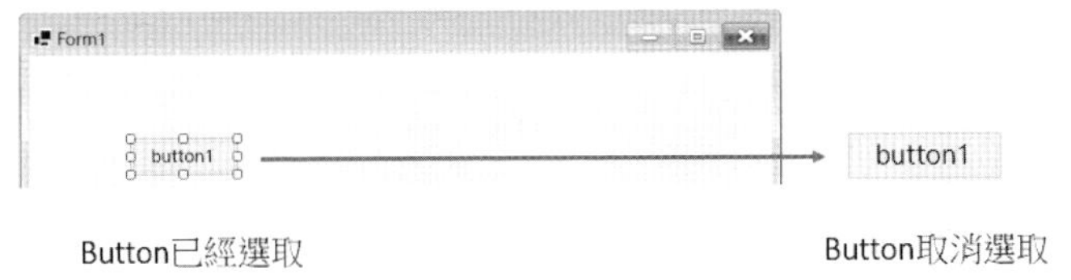

Button已經選取　　　　Button取消選取

上述可以看到控制項上、下、左、右有小方框，這表示此控制項被選取。將滑鼠游標移到其他位置，按一下，就可以取消選取，這時控制項就沒有小方框了，可以參考上方右圖。

29-10-3　使用方法 2 建立 Label 控制項

請不要選取 Button，當連按兩下特定控制項，可以在表單左上角建立此控制項，下列是連按兩下 Labal 的結果。

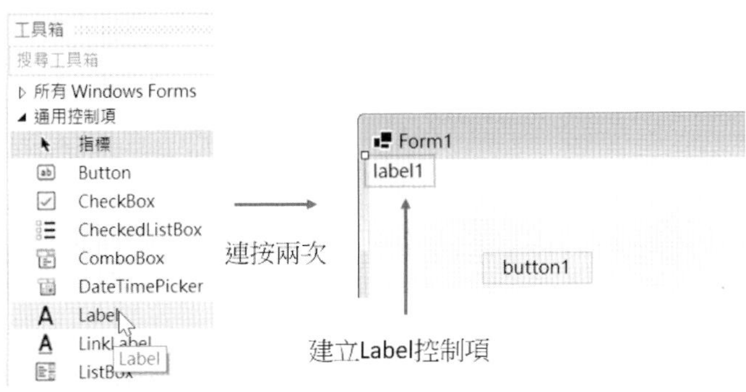

29-10-4　控制項的大小調整

當選取一個控制項後，將滑鼠游標移到四周小方框，可以看到滑鼠游標變雙向箭頭，此時可以拖曳更改控制項的大小。

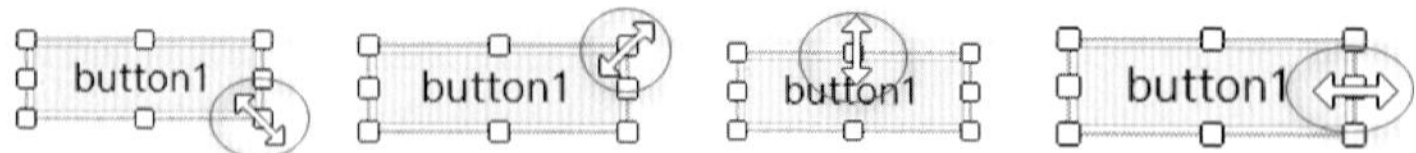

29-10-5　控制項位置的調整

將滑鼠游標移到控制項，滑鼠游標會變成雙向箭頭，這時拖曳滑鼠也可以拖曳控制項，使用者可以將控制項拖曳到適當的位置。

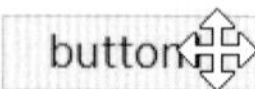

29-10-6　建立多個相同的控制項

原則上第 1 個建立的控制項編號是 1，第 2 個是 2，可以依此類推。例如，現在建立第 2 個控制項，可以得到下列結果。

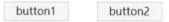

原先編號 1 的 Button 已經有了，名稱是 button1。當建立新的 Button 時，新的 Button 是編號是 2，所以名稱是 button2。

29-10-7　刪除與復原刪除控制項

當選取控制項後，若是按鍵盤的 Del 鍵或是執行**編輯 / 剪下**，可以刪除此控制項。

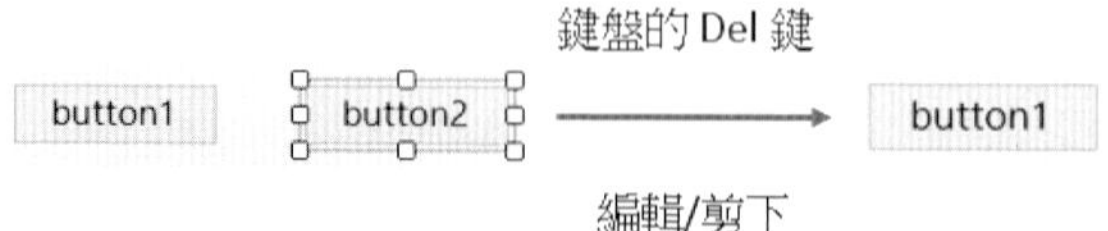

控制項剪下後，如果想復原，可以執行**編輯 / 復原**。下一章開始，會介紹控制項更多完整的應用。

29-10-8　對齊表單中央

Visual Studio 環境可以使用**格式 / 對齊表單中央 / 水平**指令，讓控制項**水平置中**對齊。

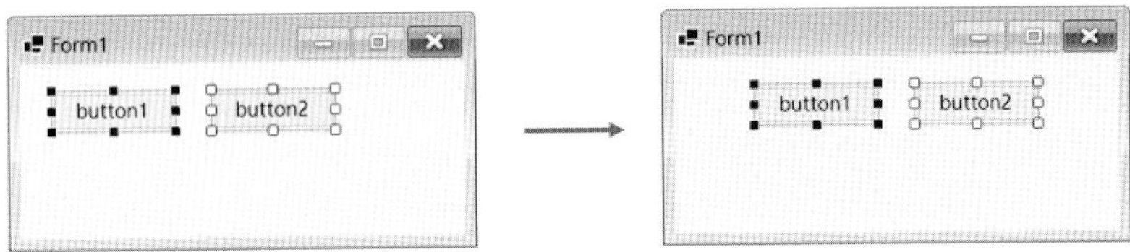

可以使用**格式 / 對齊表單中央 / 垂直**指令，讓控制項**垂直**置中對齊。

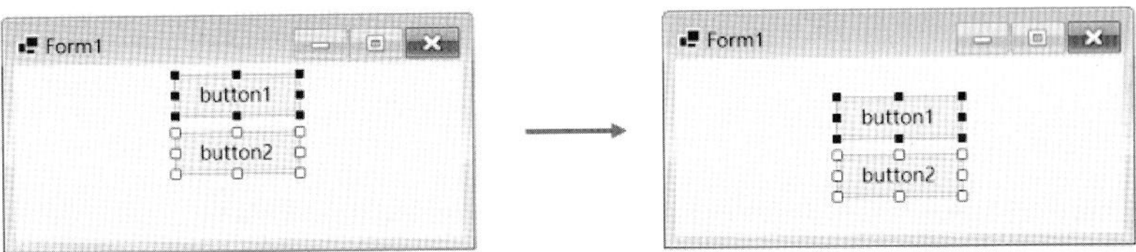

29-10-9　調整水平間距

格式 / 對齊 / 水平間距內有**設成相等**、**增加**、**減少**和**移除**指令，如下所示：

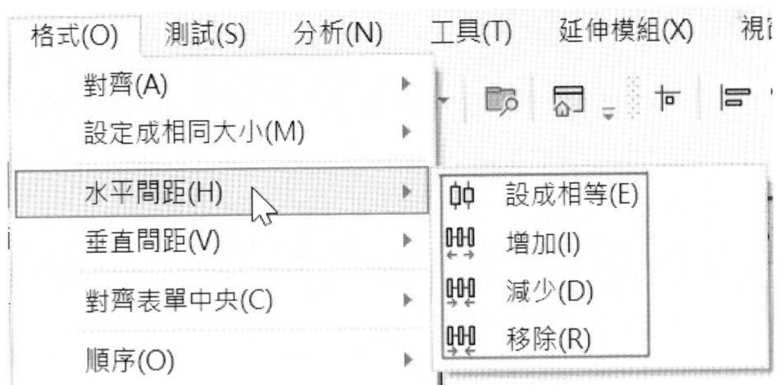

下列是使用**設成相等**，設定有相同水平間距的實例。

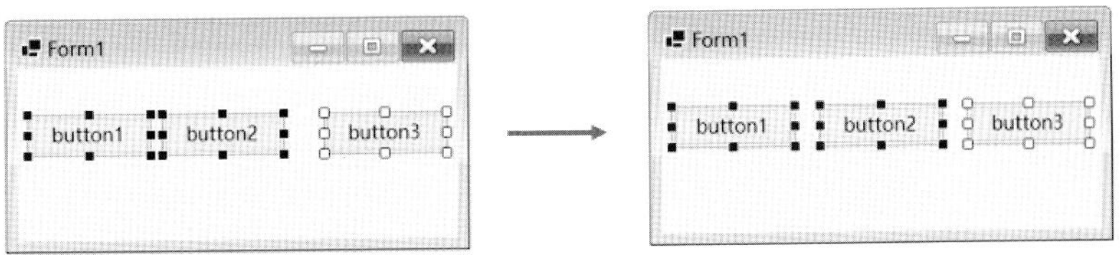

29-10-10　調整垂直間距

格式 / 對齊 / 垂直間距內有設成相等、增加、減少和移除指令，如下所示：

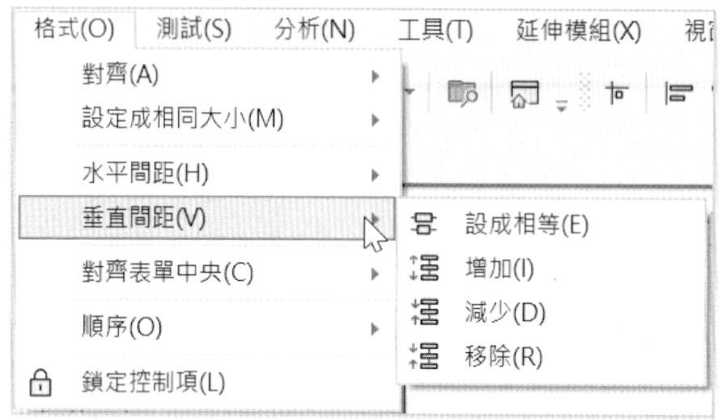

下列是使用設成相等，設定有相同水平間距的實例。

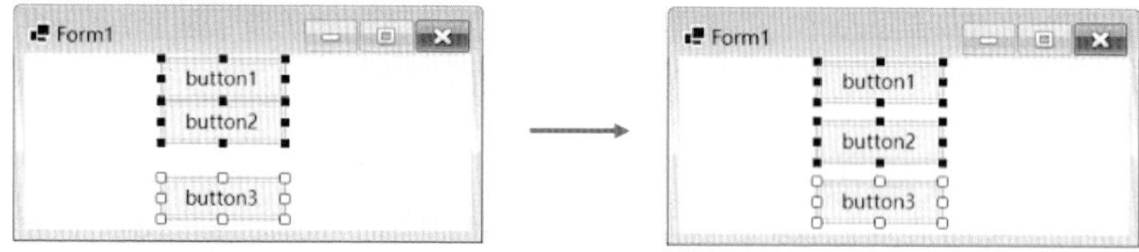

29-10-11　多個控制項的對齊

當建立多個控制項，可以使用格式 / 對齊指令執行控制項之間的對齊。

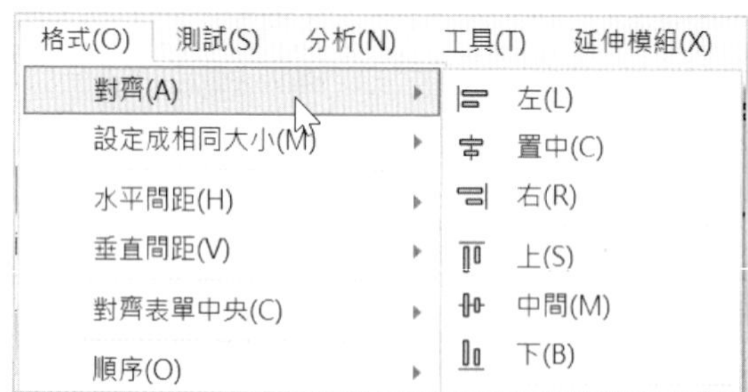

從上述功能表可以執行多個控制項左 (靠左)、置中、右 (靠右)、上 (靠上)、中間、下 (靠下) 對齊。

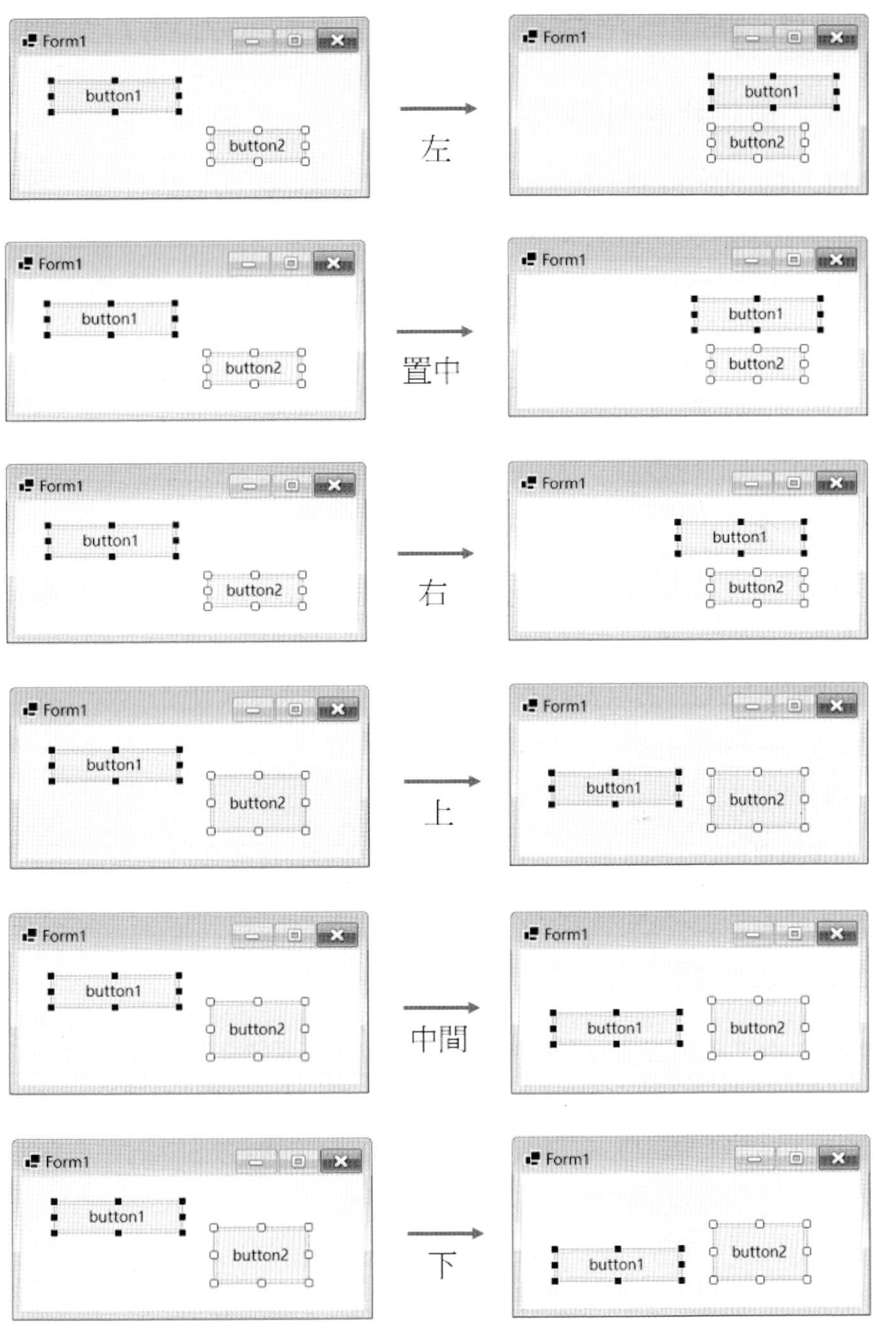
Form1
button1
button2
左
置中
右
上
中間
下

29-11 專題－用程式設計屬性 / 對話方塊 / 多個表單

29-11-1　用程式設計屬性

方案 ch29_5.sln - Form1.cs（表單程式是 Form1.cs，未來將不再註明）：使用程式碼重新設計 ch29_2.sln。

```
1  namespace ch29_5
2  {
3      public partial class Form1 : Form
4      {
5          public Form1()
6          {
7              InitializeComponent();
8              BackgroundImage = Image.FromFile("D:\\C#\\ch29\\ch29_5\\southpole.jpg");
9              Cursor = Cursors.IBeam;
10         }
11     }
12 }
```

執行結果　與 ch29_2.sln 相同。

因為是同一類別的屬性資料，所以上述程式第 8 和 9 行，也可以使用增加 this 方式設定屬性值。

```
this.BackgroundImage = …;            // 第8列
this.Cursor = Cursors.IBeam;         // 第9列
```

若是讀者忘記了 this 觀念，可以參考 17-1-2 節的方案 ch17_4.sln，未來實例觀念一樣。

29-11-2　啟動視窗有對話方塊

方案 ch29_6.sln：啟動視窗有對話方塊，輸出 "C# 王者歸來 "，同時表單大小是寬 600，高 200，表單底色是黃色。

```
namespace ch29_6
{
    public partial class Form1 : Form
    {
        public Form1()
        {
            InitializeComponent();
            BackColor = Color.FromArgb(255, 255, 0);     // 建立黃色背景
            Size = new Size(600, 200);                   // 表單 600 x 200
        }

        private void Form1_Load(object sender, EventArgs e)
        {
```

```
                MessageBox.Show("C# 王者歸來");          // 輸出對話方塊
            }
        }
}
```

執行結果

29-11-3　建立多個表單

Form 是表單類別，我們也可以用下列方式建立新的表單。

Form myForm = new Form( );

要顯示所建立的表單可以用 Show( ) 方法，例如：下列是顯示 myForm。

myForm.Show( );

方案 ch29_7.sln：建立 2 個表單的實作，第 2 個表單是使用 Form 類別建立，然後顯示這 2 個表單。

```
namespace ch29_7
{
    public partial class Form1 : Form
    {
        public Form1()
        {
            InitializeComponent();
            Form myForm = new Form();            // 建立新的表單
            myForm.Size = new Size(500, 200);    // 設定表單大小
            myForm.Text = "洪錦魁建立的 Form";   // 表單標題
            myForm.Show();                       // 顯示表單
        }
    }
}
```

執行結果

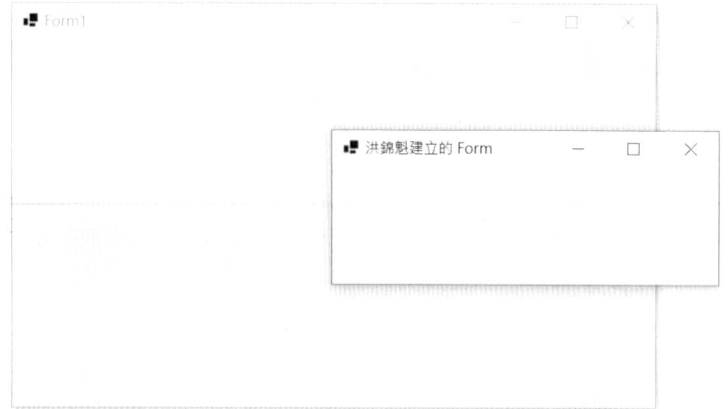

習題實作題

方案 ex29_1.sln：使用程式碼重新設計 ch29_2.sln，但是將滑鼠游標改為手形 (Hand)。(29-7 節)

方案 ex29_2.sln：建立大小是 (600, 200) 的表單，程式設計後會出現對話方塊顯示 "C# 最強入門 "，然後出現 Aqua 背景色的表單，滑鼠按一下 Form1 可以將 Aqua 底色改為 YellowGreen 背景色。註：按一下表單內部會產生 Click 事件。(29-8 節)

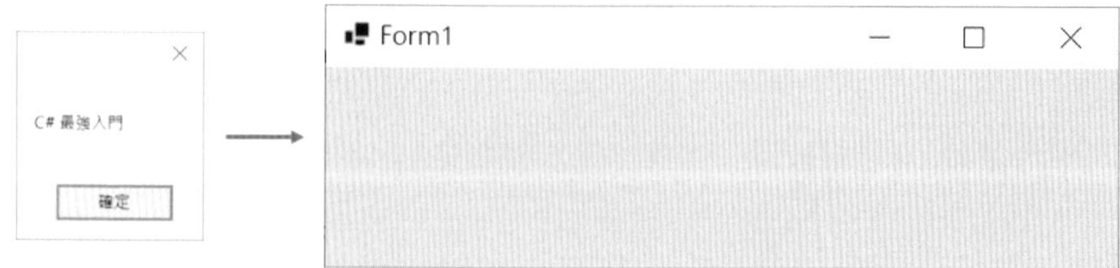

上述按一下 Form1 表單，可以看到背景色改為 YellowGreen。

方案 ex29_3.sln：建立大小是 (600, 200) 的表單，程式執行後會出現對話方塊顯示 " 歡迎進入深智購物網 "，結束使用表單後，按此表單右上方的關閉鈕，會出現對話方塊顯示 " 歡迎使用深智購物網 "。**註**：按此表單右上方的關閉鈕，會產生 Form1_FormClosing( ) 事件。(29-8 節)

方案 ex29_4.sln：設計含輔助說明鈕的表單，此表單背景色是 (255, 255, 192)，在此表單建立一個 Text 是 " 顯示 " 的 Button 控制項，大小是 (145, 49)。同時表單內有 MonthCalendar 控制項，大小是 (305, 235)。(29-10 節)

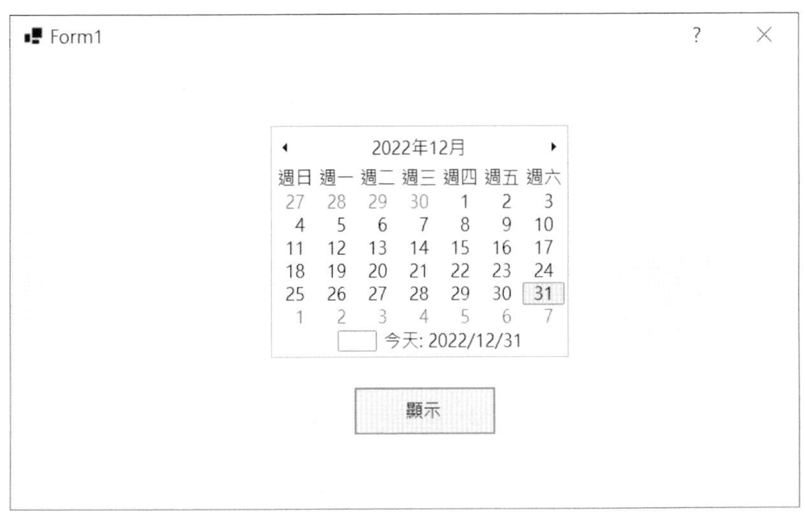

方案 ex29_5.sln：增加 this 關鍵字重新設計 ch29_5.sln，執行結果與 ch29_5.sln 相同。(29-11 節)

第 30 章

基礎控制項設計

30-1 控制項設定知識的複習

30-2 Button 功能鈕

30-3 Label 標籤

30-4 TextBox 文字方塊

30-5 MessageBox 訊息方塊

30-6 RadioButton 選項鈕

30-7 CheckBox 核取方塊

30-8 容器 - GroupBox 群組方塊

30-9 容器 – Pane 面板控制

30-10 ListBox 清單

30-11 ComboBox 下拉式方塊

30-12 CheckedListBox 核取方塊清單

30-13 滑鼠事件

30-14 鍵盤事件

這一章將針對 Windows 視窗設計基礎的控制項做解說，在前一章介紹設計表單時，重點是表單 Form，這一節則是在表單內建立系列基礎的控制項。

30-1 控制項設定知識的複習

第 29 章我們設定表單屬性時，公式如下：

```
PropertyName = xx;                                  // xx是設定表單屬性內容
```

例如：29-7-3 節，設定表單標題是洪錦魁如下：

```
Text = "洪錦魁";
```

或是

```
this.Text = "洪錦魁";
```

在設定控制項的屬性時，必須指出是哪一個控制項，所以設定控制項屬性公式應該如下，ControlName 則是控制項的名字 (Name) 屬性：

```
ControlName.PropertyName = xx;             // xx是設定控制項屬性內容
```

30-2 Button 功能鈕

Button 我們可以翻譯為**功能鈕**或**按鈕**，ab Button，這個控制項可以建立**功能鈕**。點選此控制項後，將滑鼠游標移到表單區可以看到 ab 圖示，可以用此圖示拖曳建立不同大小的功能鈕。或是連按 ab Button 圖示兩下，可以建立預設大小的功能鈕，這個觀念可以應用在其他控制項。功能鈕的預設名稱 (Name) 是 button1，阿拉伯數字 1 是功能鈕的編號。這是表單最常見的功能，按此鈕可以執行指定的工作。

30-2-1 Button 常用屬性

Button 許多屬性是和表單相同，和表單一樣可以在屬性視窗設定，或是使用程式碼設定，下列是幾個常用的屬性。

Button 屬性名稱	說明
Enabled	目前功能鈕是否有效，預設是有效，下列是有效與無效的 button 樣式與設定。 button1.Enabled = true; button1 button1.Enabled = false; button1
FlatStyle	功能鈕樣式，預設是 Standard(立體)，可以選擇 Flat(平面)、Popup(平面，滑鼠經過時轉為立體)、System(使用作業系統樣式)
Image	功能鈕上可以有圖案。
ImageAlign	功能鈕圖案位置，有 9 個位置井形可選擇，預設是 MiddleCenter。
TabIndex	表單按 Tab 鍵時，控制焦點 (focus) 停駐順序，預設是 0。
TabStop	表單案 Tab 鍵時，控制焦點是否可以停駐，預設是 true。
Text	功能鈕標題，預設是 button1，數字 1 會遞增。
TextAlign	功能鈕標題對齊方式，有 9 個位置井形可選擇，預設是 MiddleCenter。
Visible	功能鈕是否顯示，預設是 true。

上述功能鈕圖案或是標題 9 個井字對齊方式英文如下：

TopLeft	TopMiddle	TopRight
MiddleLeft	MiddleCenter	MiddleRight
BottomLeft	BottomMiddle	BottomRight

下列是設定標題在左上角的實例，這個觀念可以應用在其他控制項。

```
button1.TextAlign = ContentAlignment.TopLeft;
```

30-2-2 Button 常用事件

Button 控制項最常用的事件是按一下此功能鈕，這個動作會產生 Click 事件。Visual Studio 設計事件處理程式 (方法或稱函數)，不可自行在 Form1.cs 內建立事件處理程式，而是必須在屬性視窗選擇所要建立的事件，然後連按兩下該事件，這時會自動產生事件處理程式。例如：如果要建立 Click 事件處理程式，請將滑鼠游標移到屬性視窗的 Click，再連按兩下。

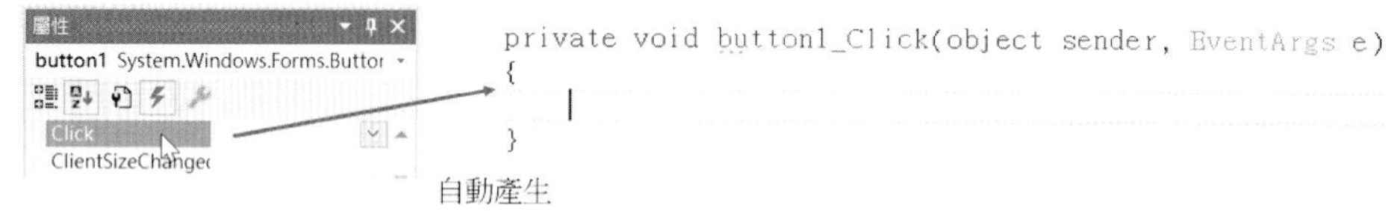

未來如果這個事件管理程式不再需要，想要刪除，也必需回到屬性視窗，選取該事件管理程式，按滑鼠右鍵，再執行**刪除**指令，程式碼會被自動清除。

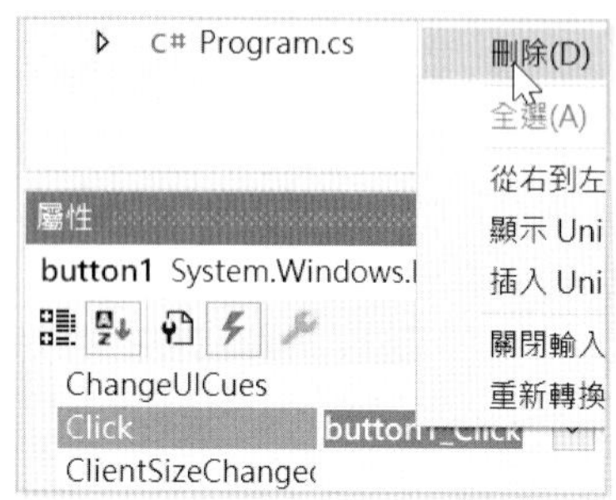

30-2-3　Button 專案實例

方案 ch30_1.sln：設計當按下 Button 後，會更改表單背景顏色，控制項表單與功能鈕屬性如下。**註**：所設計的程式是 Form1.cs，這個觀念可以應用在其他方案。

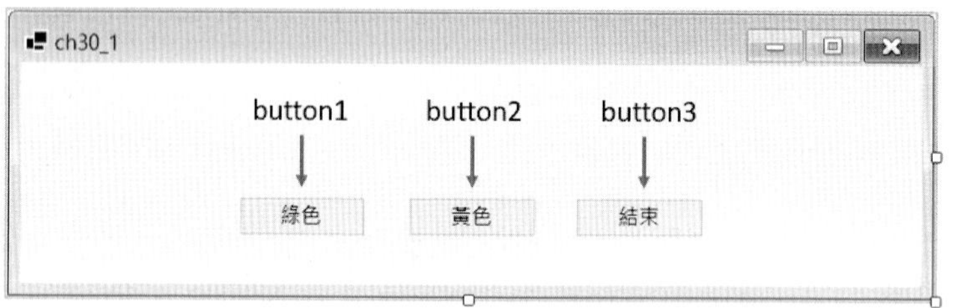

控制項	名稱	標題 (Text)	大小 (Size)	位置 (Location)
Form	Form1	ch30_1	(822, 250)	(0, 0)
Button	button1	綠色	(112, 34)	(196, 117)
Button	button2	黃色	(112, 34)	(347, 117)
Button	button3	結束	(112, 34)	(494, 117)

```
namespace ch30_1
{
    public partial class Form1 : Form
    {
        public Form1()
        {
            InitializeComponent();
        }

        private void button1_Click(object sender, EventArgs e)
        {
            BackColor = Color.Green;     // 設定綠色背景
        }

        private void button2_Click(object sender, EventArgs e)
        {
            BackColor= Color.Yellow;     // 設定黃色背景
        }

        private void button3_Click(object sender, EventArgs e)
        {
            Application.Exit();          // 程式結束
        }
    }
}
```

執行結果 首先讀者可以按 Tab 鍵，這時可以看到藍色框在 Button 間移動，有這個藍色框的 Button 稱**焦點控制項**，如果我們按鍵盤的 Enter 鍵，就是執行此控制項的程式。當然視窗程式的重點是，用滑鼠控制點選不同的功能鈕，下列是顯示黃色背景的表單。

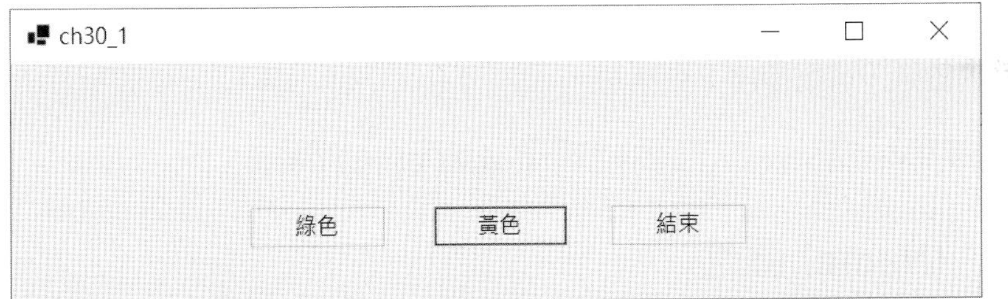

若是按**結束**鈕，會執行 Application.Exit( ) 可以讓方案執行結束，Application 是表單物件程式，Exit( ) 則是執行結束。

30-2-4　新增快速鍵

上述我們建立 Button 時，是使用按一下 (Click) 方式更改表單背景顏色，也可以使用 Alt 快速鍵方式更改表單背景顏色，使用 "&" 外加上英文字母，可以讓接在 "&" 符號後的字母含底線，未來可以使用 Alt + 該字母，執行快速鍵功能。

方案 ch30_1_1.sln：修訂 ch30_1.sln，將 Button 的 Text 屬性改為下列。

綠色：&Green　　黃色：&Yellow　　結束：E&xit

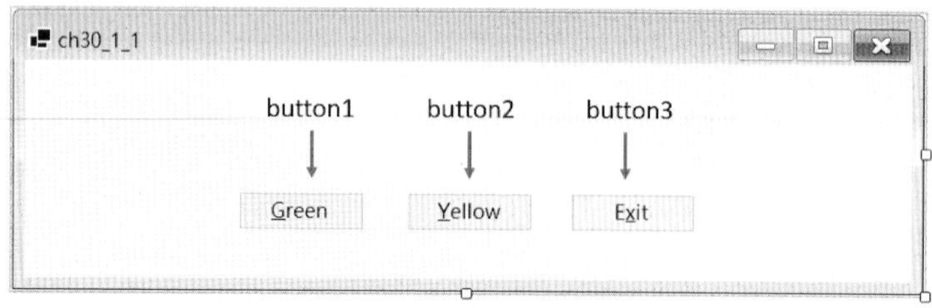

註 程式內容與 ch30_1.sln 相同。

執行結果 筆者測試需要先按一下 Alt 鍵，按鈕才會顯示快速鍵的底線。

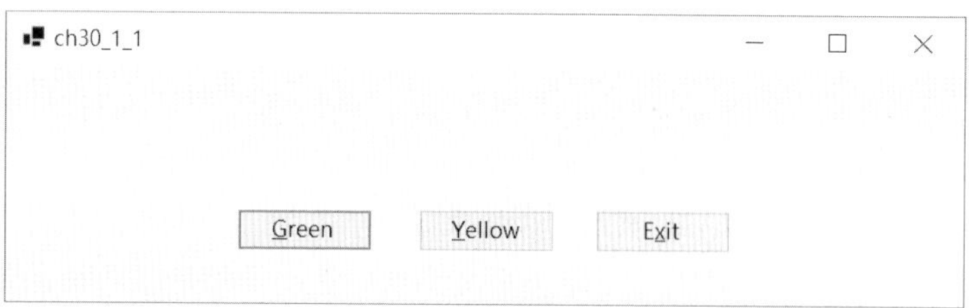

然後上述程式可以用 Alt + G 建立綠色背景，其他快速鍵也可以執行。**註**：如果要使用程式碼設定，可以使用下列語法。

```
button1.Text = "&Green";                    // 設定Green的功能鈕
```

30-2-5　(Name) 屬性

現在我們設計了 3 個按鈕，使用預設的 button1、button2 和 button3 名稱 (Name)，短時間我們可以記得這些按鈕名稱和功能，但實時間一久難免會忘記，這時可以使用 (Name) 屬性為功能鈕建立容易記住的名稱，例如：綠色鈕使用 btnGreen，結束鈕使用 btnExit 等。

方案 ch30_1_2.sln：擴充設計 ch30_1.sln，為功能鈕取容易記住的變數名稱，同時將 Button 的 Text 屬性改為下列。

綠色：&Green　　黃色：&Yellow　　結束：E&xit

Button 的 (Name) 屬性更改如下：

button1：btnGreen　button2：btnYellow　button3：btnExit

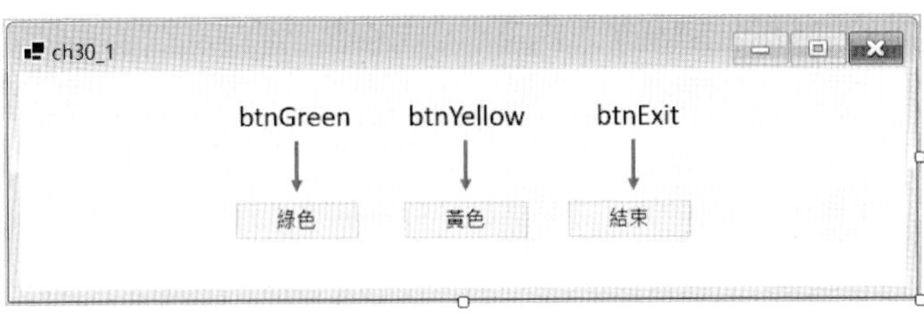


```
namespace ch30_1_2
{
    public partial class Form1 : Form
    {
        public Form1()
        {
            InitializeComponent();
        }

        private void btnGreen_Click(object sender, EventArgs e)
        {
            BackColor = Color.Green;     // 背景綠色
        }

        private void btnYellow_Click(object sender, EventArgs e)
        {
            BackColor= Color.Yellow;     // 背景黃色
        }

        private void btnExit_Click(object sender, EventArgs e)
        {
            Application.Exit();          // 程式結束
        }
    }
}
```

執行結果

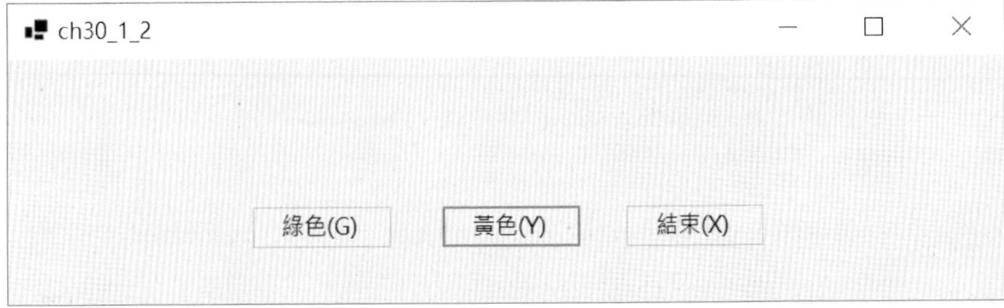

從上述實例可以看到當將原先 Button1 的 (Name) 改為 btnGreen 之後，看到了 btnGreen_Click( ) 方法時，比較容易和綠色功能鈕聯想在一起，程式的可讀性就提高了。

30-2-6　認識事件處理程式的參數 object sender

前面實例是很簡單的程式，讀者可能會好奇當按下綠色、黃色或是結束按鈕時，事件處理程式的參數 sender 到底是什麼？

註 e 參數解說將在 30-13 節和 30-14 節。

其實 sender 代表的是按鈕，在此例當按下綠色鈕 sender 就是 btnGreen，按下黃色鈕 sender 就是 btnYellow，按下結束鈕 sender 就是 btnExit。例如：我們可以用下列程式碼測試是否按綠色鈕：

```
if (sender.Equals(btnGreen))
   MessageBox.Show("綠色鈕 – btnGreen");
```

讀者也可以直接用 sender.ToString( ) 獲得 sender 資訊。

方案 ch30_1_3.sln：擴充 ch30_1_2.sln，當按下任一鈕，皆會出現對話方案輸出按鈕的名稱。

```
namespace ch30_1_3
{
    public partial class Form1 : Form
    {
        public Form1()
        {
            InitializeComponent();
        }

        private void btnGreen_Click(object sender, EventArgs e)
        {
            if (sender.Equals(btnGreen))
                MessageBox.Show("綠色鈕 - btnGreen");
            BackColor = Color.Green;     // 背景綠色
        }

        private void btnYellow_Click(object sender, EventArgs e)
        {
            if (sender.Equals(btnYellow))
                MessageBox.Show("黃色鈕 - btnYellow");
            BackColor = Color.Yellow;     // 背景黃色
        }

        private void btnExit_Click(object sender, EventArgs e)
        {
```

```
                if (sender.Equals(btnExit))
                    MessageBox.Show("結束鈕 - btnExit");
                Application.Exit();         // 程式結束
            }
        }
    }
```

執行結果 下列是分別按綠色鈕、黃色鈕和結束鈕所看到的對話方塊。

30-2-7 執行系統應用程式

.NET 的 System.Diagonstics.Process.Start(path) 方法可以執行電腦副檔名是 .exe 的應用程式，例如：小作家、小算盤 … 等，甚至也可以是我們自己設計的 C# 程式，參數 path 就是應用程式的檔案路徑。

方案 ch30_1_4.sln：在表單內建立桌面工具應用程式，小算盤 (calc.exe)、記事本 (notepad.exe) 和小畫家 (mspaint.exe)，這些檔案皆是在 C:\Windows\System32 資料夾內。

```
namespace ch30_1_4
{
    public partial class Form1 : Form
    {
        public Form1()
        {
            InitializeComponent();
        }
        private void btnCalc_Click(object sender, EventArgs e)
        {
            string calc = @"C:\Windows\system32\calc.exe";
            System.Diagnostics.Process.Start(calc);
        }
        private void btnNotepad_Click(object sender, EventArgs e)
        {
            string notepad = @"C:\Windows\system32\notepad.exe";
            System.Diagnostics.Process.Start(notepad);
        }
        private void btnMspaint_Click(object sender, EventArgs e)
        {
            string mspaint = @"C:\Windows\system32\mspaint.exe";
            System.Diagnostics.Process.Start(mspaint);
        }
    }
}
```

執行結果 下列是按記事本鈕的示範輸出，讀者可以測試按其他 2 個鈕。

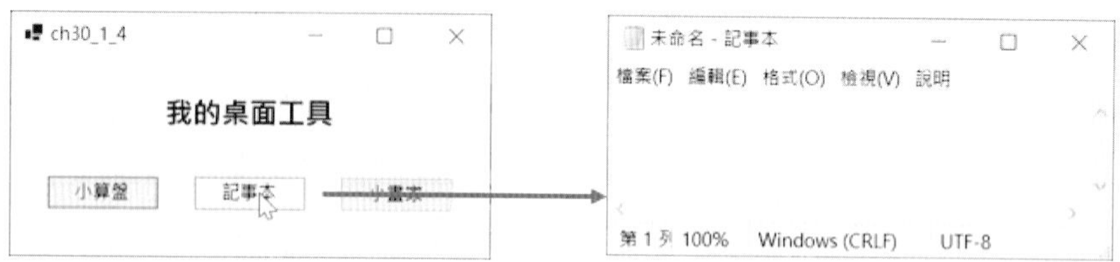

30-3 Label 標籤

Label 可以翻譯為**標籤**，A Label，這個控制項常用在顯示提示訊息，或是顯示程式的輸出結果。點選此控制項後，將滑鼠游標移到表單區可以看到 A 圖示，可以用此圖示拖曳建立標籤，標籤的預設名稱 (Name) 是 label1，阿拉伯數字 1 是標籤的編號。

30-3-1 Label 常用屬性

Label 許多屬性是和表單相同，和表單一樣可以在屬性視窗設定，或是使用程式碼設定，下列是幾個常用的屬性。

Label 屬性名稱	說明
AutoSize	是否依照字型大小自動調整標籤大小，預設是 true，如果想要可以拖曳調整大小，則請設定此為 false，如下所示： label1.AutoSize = false;
BorderStyle	預設是 None 沒有框線，也可以選擇 FixedSingle 固定單一線，或是 Fixed3D 固定立體線，下列是設定 3D 線的實例。 Label1.BorderStyle = Fixed3D;
Image	標籤區可以有圖案。
ImageAlign	圖案對齊方式，有 9 個位置井形可選擇，可以參考 Button。
Text	標籤顯示的文字，預設是 label1，數字 1 會遞增。
TextAlign	標籤文字對齊方式，有 9 個位置井形可選擇，可以參考 Button。

30-3-2 Label 常用事件

Label 控制項一般是用來顯示使用者的提示訊息，或是輸出指定的結果，所以是被動呈現資料。不過這個控制項也有提供一系列事件，例如：按一下此標籤區域，也會產生 Click 事件，如果你想設計一些與眾不同的效果，也可以設計按一下標籤可以產生 Click 事件的應用。

30-3-3 Label 專案實例

方案 ch30_2.sln：設計當按下 Button 後，會更改標籤文字，控制項表單、功能鈕與標籤屬性如下。

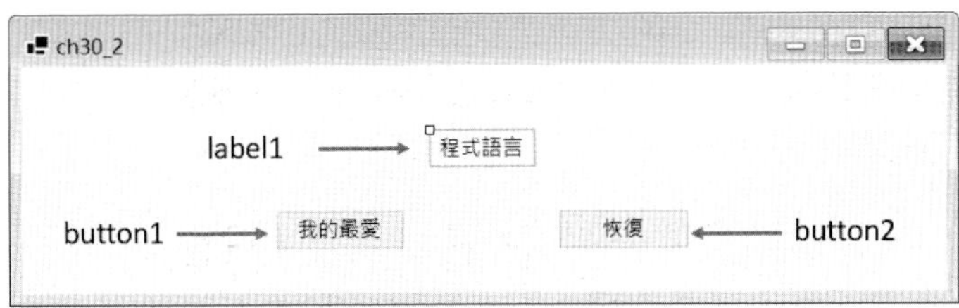

控制項	名稱	標題 (Text)	大小 (Size)	位置 (Location)
Form	Form1	ch30_1	(822, 250)	(0, 0)
Button	button1	我的最愛	(112, 34)	(220, 123)
Button	button2	恢復	(112, 34)	(464, 123)
Label	label1	程式語言	(112, 34)	(358, 59)

```
namespace ch30_2
{
    public partial class Form1 : Form
    {
        public Form1()
        {
            InitializeComponent();
        }

        private void button1_Click(object sender, EventArgs e)
        {
            label1.Text = "C#  語言";        // 設定最愛程式語言
        }

        private void button2_Click(object sender, EventArgs e)
        {
            label1.Text = "程式語言";        // 復原文字
        }
    }
}
```

執行結果 下列是程式執行時的畫面，按恢復鈕可以復原顯示 " 程式語言 "。

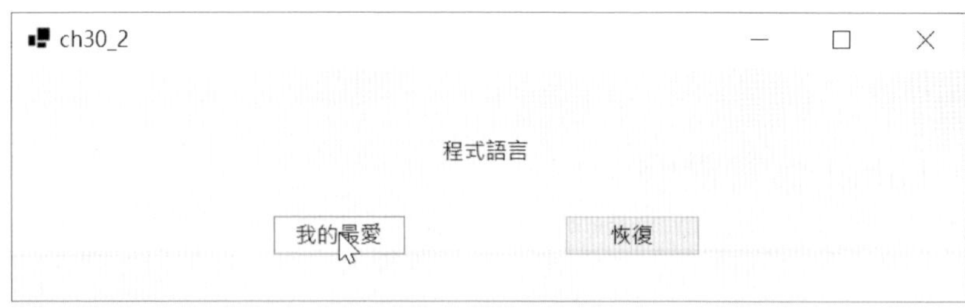

點選**我的最愛**鈕，可以得到標籤顯示 "C# 語言 "。

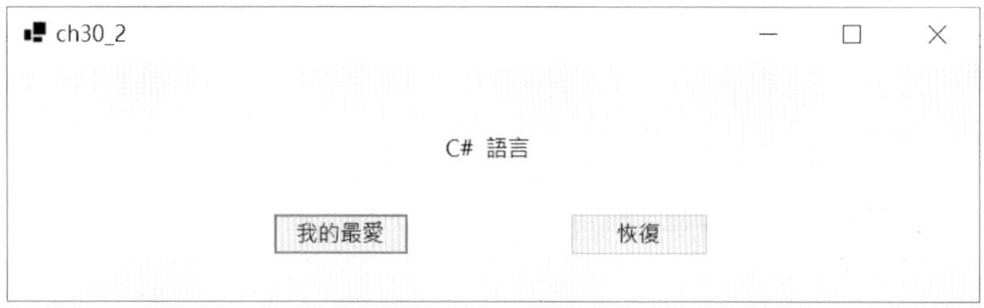

方案 ch30_3.sln – Form1.cs：設計當按下 Button 後，會在水平與上下置中位置，填上微軟正黑體、大小是 20、粗體和斜體的標籤文字，控制項表單、功能鈕與標籤屬性如下，這個程式的特色是將標籤的 AutoSize 設為 False，同時設定標籤的框線是 Fixed3D。

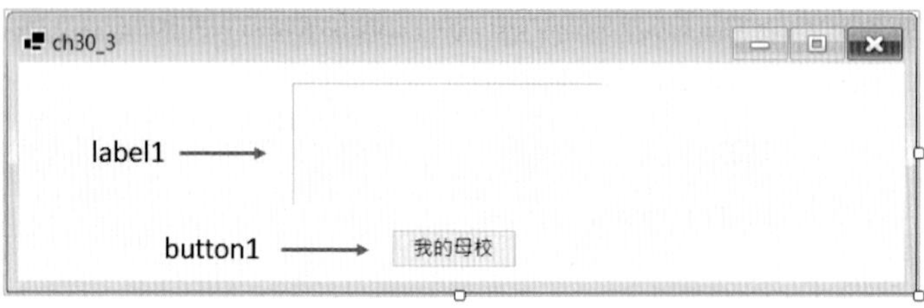

控制項	名稱	標題 (Text)	大小 (Size)	Location	AutoSize	BorderStyle
Form	Form1	ch30_3	(822, 250)	(0, 0)		
Button	button1	我的母校	(112, 34)	(339, 148)		
Label	label1		(279, 110)	(249, 18)	False	Fixed3D

同時有粗體和斜體特性

```
1  namespace ch30_3
2  {
3      public partial class Form1 : Form
4      {
5          public Form1()
6          {
7              InitializeComponent();
8          }
9
10         private void button1_Click(object sender, EventArgs e)
11         {
12             label1.Font = new Font("微軟正黑體", 20, FontStyle.Bold | FontStyle.Italic);
13             label1.TextAlign = ContentAlignment.MiddleCenter;    // 水平與上下置中
14             label1.Text = "明志工專";
15         }
16     }
17 }
```

執行結果 下列是程式執行時的畫面。

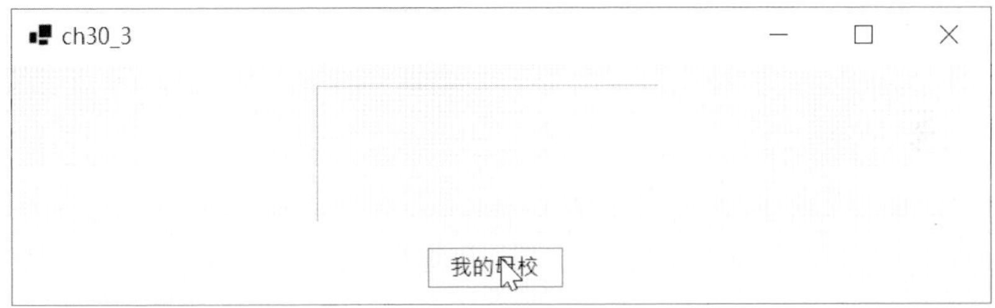

點選**我的母校**鈕，可以得到標籤顯示 " 明志工專 "。

請讀者留意第 12 行，如何讓文字同時具有粗體和斜體特性。

30-4 TextBox 文字方塊

TextBox 可以翻譯為**文字方塊**，abl TextBox ，前一小節筆者介紹了 Label 主要是顯示訊息，TextBox 除了可以顯是訊息，也可以讓使用者編輯或是輸入文字訊息。點選此 TextBox 控制項後，將滑鼠游標移到表單區可以看到 圖示，可以用此圖示拖曳建立文字方塊，文字方塊的預設名稱 (Name) 是 textBox1，阿拉伯數字 1 是文字方塊的編號。

30-4-1　TextBox 常用屬性

TextBox 許多屬性是和標籤 (Label) 相同，和其他控制項一樣可以在屬性視窗設定，或是使用程式碼設定，下列是幾個常用的屬性。

TextBox 屬性名稱	說明
MaxLength	設定文字方塊最大長度，預設是 32767，下列是改為 12。 textBox1.MaxLength = 12;
MultiLine	是否多行顯示文字，預設是 False，可用下列改為 True。 textBox1.MultiLine = True;
PasswordChar	如果是密碼欄位，可以在此輸入 "*" 字元，未來輸入文字時會由 "*" 取代輸入文字。
ReadOnly	內容唯讀預設是 False，可用下列將文字方塊內容改成唯讀。 textBox1.ReadOnly = True;
ScrollBars	如果是多行文字，可以由此設定捲軸，有下列選項。 None：這是預設，沒有捲軸。 Horizontal：設定水平捲軸。 Vertical：設定垂直捲軸。 Both：有水平和垂直捲軸。 也可用下列程式碼更改。 textBox1.ScrollBars = Vertical;　// 設定垂直捲軸
SelectedText	所選取的字串。
Text	文字方塊的內容，這是字串。
TextAlign	文字對齊方式，預設是靠左 (Left)，也可選 Right 和 Center。
UseSystemPasswordChar	預設是 False，若是設為 True，則密碼使用系統預設字元。
WordWrap	如果是多行文字，可以設定是否自動換行，預設是 True。

30-4-2　TextBox 常用事件

TextBox 控制項可以顯示訊息，或是輸出訊息，常用的事件有下列 3 項。

1：　Enter 事件

當文字方塊取得焦點停駐會有 Enter 事件發生。

2：　Leave 事件

當焦點停駐離開文字方塊會有 Leave 事件發生。

3：　TextChanged 事件

當文字方塊內容有更改時會有 TextChanged 事件發生。

30-4-3　TextBox 顯示文字的實例

方案 ch30_4.sln：建立可以輸入帳號和密碼的文字方塊，這個程式碼使用預設。

控制項	名稱	標題 (Text)	大小 (Size)	位置 (Location)
Form	Form1	ch30_4	(822, 250)	(0, 0)
Label	label1	帳號：	(60, 23)	(295, 52)
Label	label2	密碼：	(60, 23)	(295, 116)
TextBox	textBox1		(150, 30)	(409, 49)
TextBox	textBox2		(150, 30)	(409, 109)

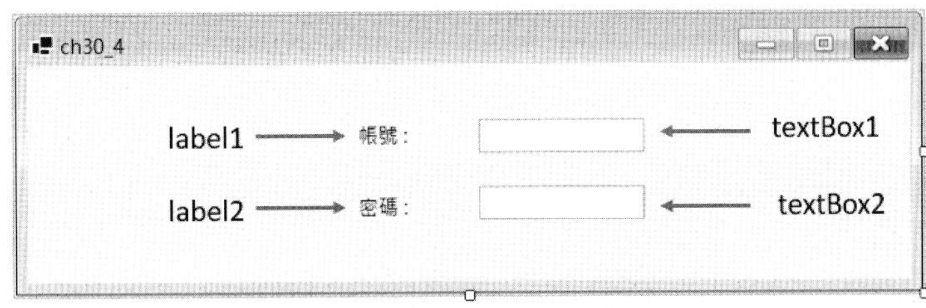

執行結果　下列是筆者在文字方塊輸入帳號和密碼的實例。

方案 ch30_5.sln：設計輸入程式時，密碼使用 "*" 顯示，這個程式控制項所有屬性與 ch30_4.sln 相同。

```
namespace ch30_5
{
    public partial class Form1 : Form
    {
        public Form1()
        {
            InitializeComponent();
            textBox2.PasswordChar = '*';      // 密碼字元
        }
    }
}
```

執行結果

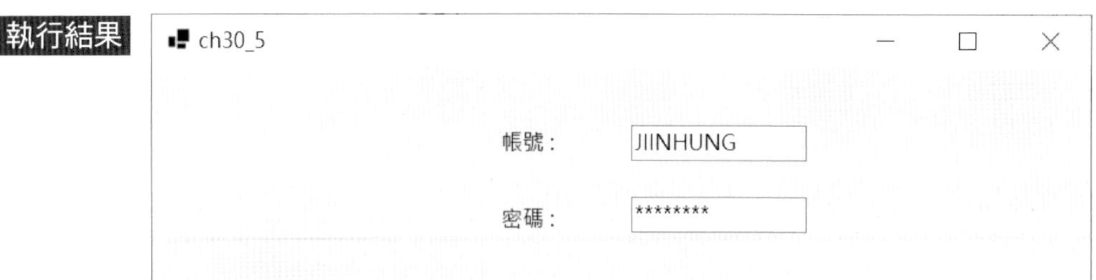

方案 ch30_5_1.sln：重新設計 ch30_5.sln，設定 UseSystemPasswordChar 屬性為 True，所以密碼欄位將使用系統預設的字元顯示。

```
namespace ch30_5_1
{
    public partial class Form1 : Form
    {
        public Form1()
        {
            InitializeComponent();
            textBox2.UseSystemPasswordChar = true;
        }
    }
}
```

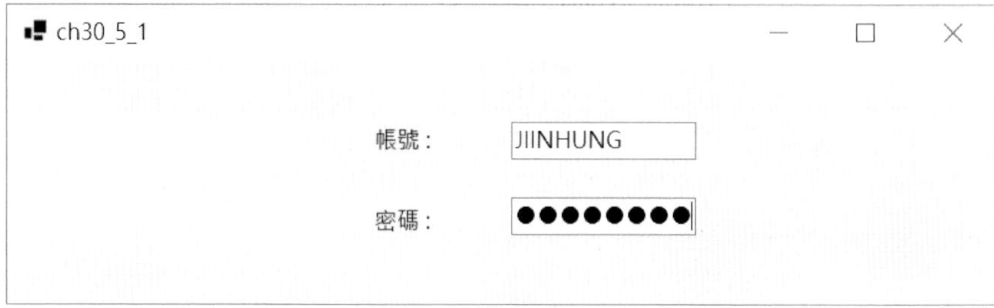

方案 ch30_6.sln：隨意建立 Size 是 (612, 30)，Location 在 (96, 25) 的文字方塊，然後在程式碼內調整為多行，同時設定文字方塊的高度是 120，最後放置唐朝李商隱的詩。

```
namespace ch30_6
{
    public partial class Form1 : Form
    {
        public Form1()
        {
            InitializeComponent();
            textBox1.Multiline = true;        // 設定多行
            textBox1.Height = 120;            // 設定高度
            textBox1.Text = "李商隱" +
                "\r\n昨夜星辰昨夜風，畫樓西畔桂堂東。" +
                "\r\n身無綵鳳雙飛翼，心有靈犀一點通。" +
                "\r\n隔座送鉤春酒暖，分曹射覆蠟燈紅。" +
```

```
                "\r\n嗟餘聽鼓應官去，走馬蘭臺類轉蓬。";
        }
    }
}
```

執行結果

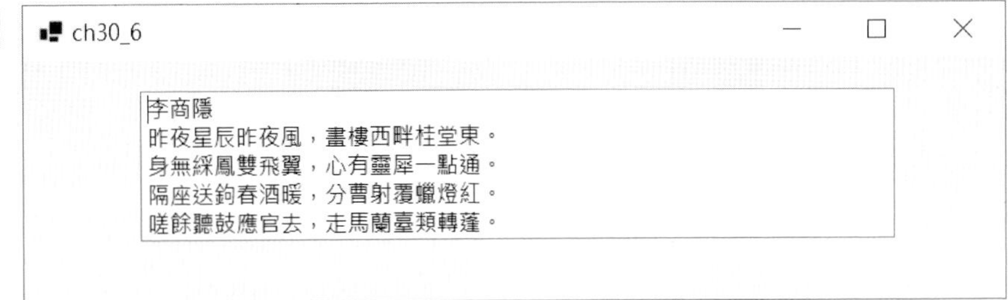
ch30_6
李商隱
昨夜星辰昨夜風，畫樓西畔桂堂東。
身無綵鳳雙飛翼，心有靈犀一點通。
隔座送鉤春酒暖，分曹射覆蠟燈紅。
嗟餘聽鼓應官去，走馬蘭臺類轉蓬。

30-4-4 數值轉換的應用

方案 ch30_7.sln：輸入攝氏溫度然後轉成華氏溫度，這個程式剛執行時要將焦點放在攝氏溫度輸入區，按**攝氏轉華氏**鈕後，在華氏溫度文字方塊輸出華氏溫度，然後重新將焦點放在攝氏溫度輸入區。

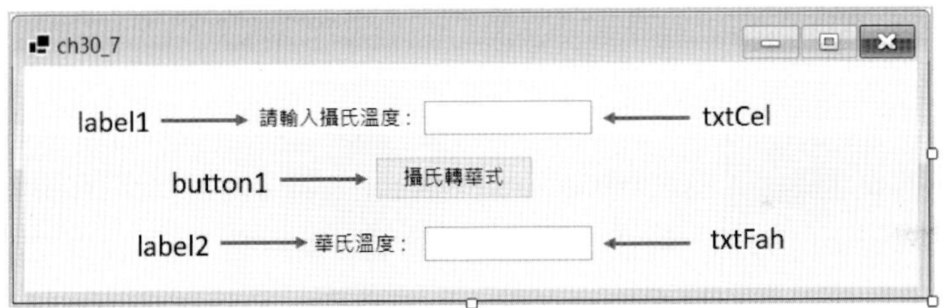
ch30_7
label1
請輸入攝氏溫度：
txtCel
button1
攝氏轉華式
label2
華氏溫度：
txtFah

控制項	名稱	標題 (Text)	大小 (Size)	位置 (Location)
Form	Form1	ch30_7	(822, 250)	(0, 0)
Label	label1	請輸入攝氏溫度：	(145, 23)	(207, 36)
Label	label2	華氏溫度：	(96, 23)	(256, 147)
Button	button1	攝氏轉華氏	(140, 38)	(315, 82)
TextBox	txtCel		(150, 30)	(358, 33)
TextBox	txtFah		(150, 30)	(358, 144)

```
1  namespace ch30_7
2  {
3      public partial class Form1 : Form
4      {
5          public Form1()
6          {
7              InitializeComponent();
8              txtCel.TabIndex = 0;     // 攝氏溫度文字方塊為焦點控制項
9          }
10
11         private void button1_Click(object sender, EventArgs e)
12         {
13             double cel = Convert.ToDouble(txtCel.Text); // 讀取攝氏溫度
14             double fah = cel * (9 / 5.0) + 32;          // 轉成華氏溫度
15             txtFah.Text = fah.ToString();               // 轉成字串輸出
16             txtCel.Focus();          // 攝氏溫度文字方塊重新取得焦點
17         }
18     }
19 }
```

執行結果

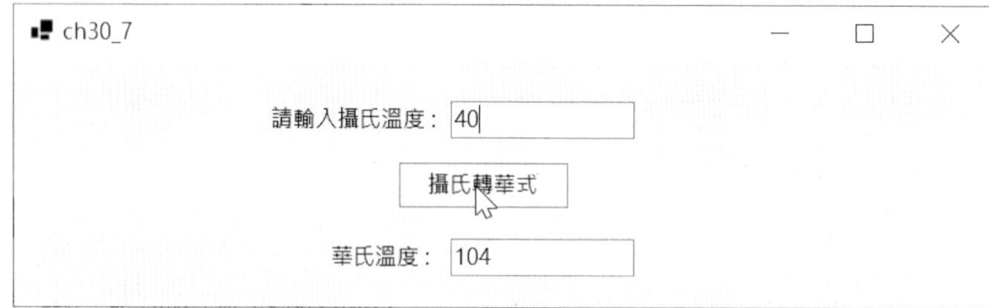

上述程式第 8 行使用了設定 txtCel.TabIndex = 0，這可以讓此文字方塊先取得焦點，第 16 行使用了 Focus( ) 方法，這個方法也可以取得焦點，因為是 txtCel 文字方塊調用，所以 txtCel 文字方塊在執行轉換後可以重新取得焦點，所以我們可以重新輸入攝氏溫度做轉換。

方案 ch30_8.sln：擴充設計 ch30_7.sln，增加清除鈕，此鈕 Location 是 (604, 144)，(Name) 是 btnClear( )，可以刪除輸入資料。

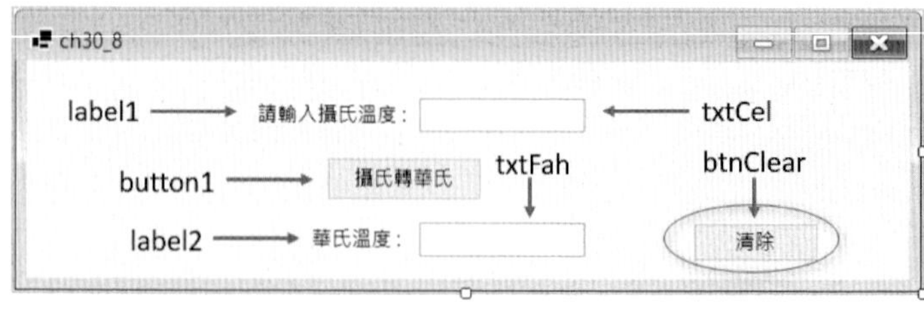

```
1  namespace ch30_8
2  {
3      public partial class Form1 : Form
4      {
5          public Form1()
6          {
7              InitializeComponent();
8              txtCel.TabIndex = 0;     // 攝氏溫度文字方塊為焦點控制項
9          }
10
11         private void button1_Click(object sender, EventArgs e)
12         {
13             double cel = Convert.ToDouble(txtCel.Text); // 讀取攝氏溫度
14             double fah = cel * (9 / 5.0) + 32;          // 轉成華氏溫度
15             txtFah.Text = fah.ToString();               // 轉成字串輸出
16             txtCel.Focus();          // 攝氏溫度文字方塊重新取得焦點
17         }
18
19         private void btnClear_Click(object sender, EventArgs e)
20         {
21             txtCel.Clear();          // 清除攝氏溫度文字方塊內容
22             txtFah.Text = "";        // 清除華氏溫度文字方塊內容
23             txtCel.Focus();          // 攝氏溫度文字方塊重新取得焦點
24         }
25     }
26 }
```

執行結果

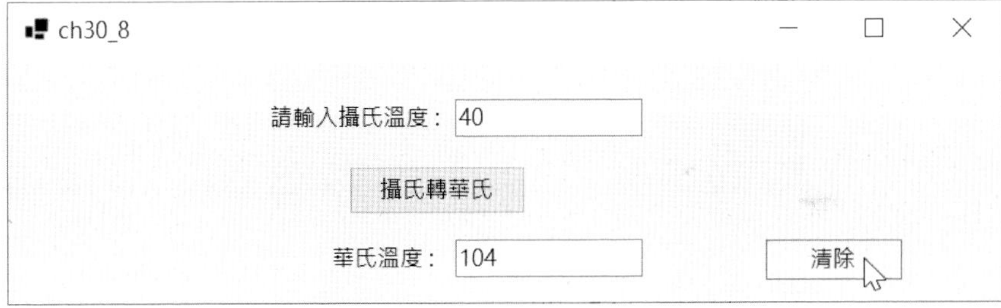

上述第 21 行使用 Clear( ) 方法清除 txtCel 文字方塊內容，第 22 行則直接設定 txtFah 文字方塊是空字串。

30-4-5 異常發生

如果我們現在執行 ch30_7.sln，資料輸入錯誤，如下所示：

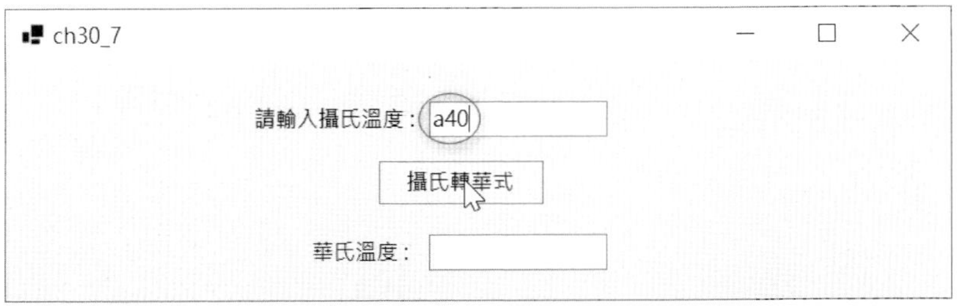

上述輸入溫度為 "a40"，按**攝氏轉華氏**鈕，將獲得下列結果。

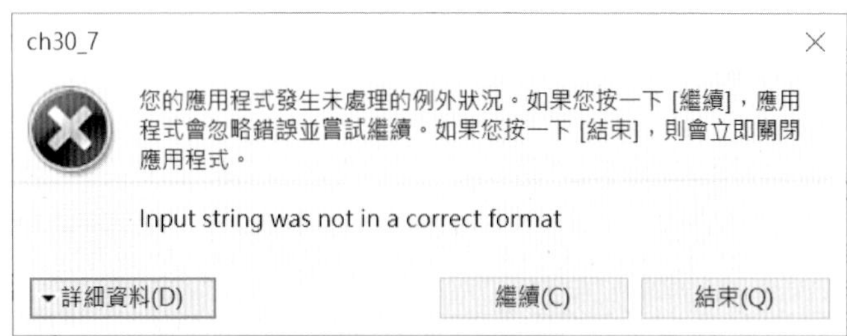

這是系統錯誤異常訊息，讀者可以複習第 24 章，設計自己的異常處理程式。

方案 ch30_9.sln：重新設計 ch30_7.sln，設計屬於自己的異常處理程式。

```
namespace ch30_9
{
    public partial class Form1 : Form
    {
        public Form1()
        {
            InitializeComponent();
            txtCel.TabIndex = 0;     // 攝氏溫度文字方塊為焦點控制項
        }

        private void button1_Click(object sender, EventArgs e)
        {
            try
            {
                double cel  = Convert.ToDouble(txtCel.Text); // 讀取攝氏溫度
                double fah = cel * (9 / 5.0) + 32;           // 轉成華氏溫度
                txtFah.Text = fah.ToString();                // 轉成字串輸出
                txtCel.Focus();           // 攝氏溫度文字方塊重新取得焦點
            }
            catch
            {
                MessageBox.Show("輸入溫度錯誤 !!");
                txtCel.Clear();           // 清除攝氏溫度文字方塊
                txtFah.Clear();           // 清除華氏溫度文字方塊
                txtCel.Focus();           // 攝氏溫度文字方塊取得焦點
            }
        }
    }
}
```

執行結果

30-4-6 TextChanged 事件實例

方案 ex30_10.sln：結帳系統設計，當 TextBox 的內容變更時會產生 TextChanged 事件，我們可以利用此特性建立結帳系統，這個程式的特色是輸入錯誤會提示輸入錯誤，然後可以重新輸入。

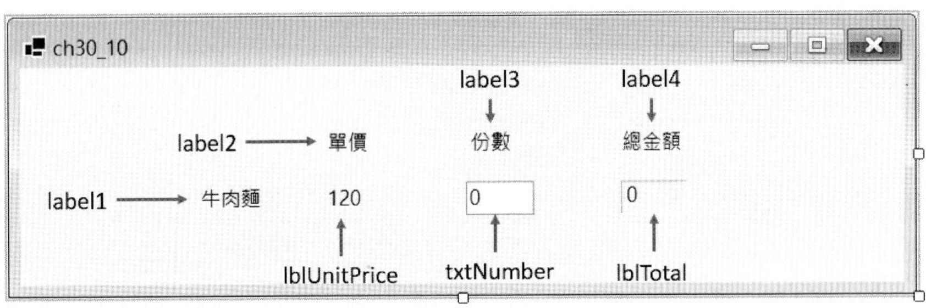

控制項	名稱	標題 (Text)	大小 (Size)	位置 (Location)
Form	Form1	ch30_10	(822, 250)	(0, 0)
Label	label1	牛肉麵	(64, 23)	(160, 106)
Label	label2	單價	(46, 23)	(275, 57)
Label	label3	份數	(46, 23)	(403, 57
Label	label4	總金額	(64, 23)	(539, 57)
Label	lblUnitPrice	120	(40, 23)	(275, 106)
Label	lblTotal	0	(61, 30)	(542, 103)
TextBox	txtNumber	0	(61, 30)	(403, 103)

```
namespace ch30_10
{
    public partial class Form1 : Form
    {
        public Form1()
        {
            InitializeComponent();
            txtNumber.Focus();                    // 設定 txtNumber 取得焦點
        }

        private void txtNumber_TextChanged(object sender, EventArgs e)
        {
            try
            {
                int unitPrice = Convert.ToInt32(lblUnitPrice.Text);       // 單價
                int total = unitPrice * Convert.ToInt32(txtNumber.Text); // 總價
                lblTotal.Text = total.ToString();                         // 輸出
            }
```

```
            catch
            {
                MessageBox.Show("輸入錯誤");
                txtNumber.Text = "";         // 清除份數內容
                lblTotal.Text = "";          // 清除總金額內容
            }
        }
    }
}
```

執行結果

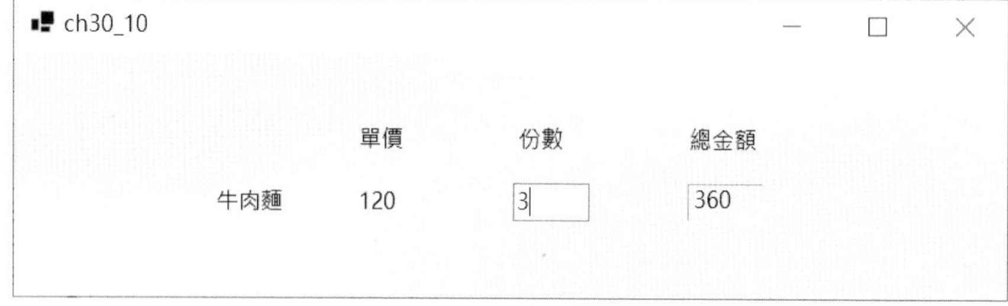

30-4-7　選取文件實例

方案 ch30_11.sln：選取文件內容的實例，這個程式會將所選取的字串在下方顯示。

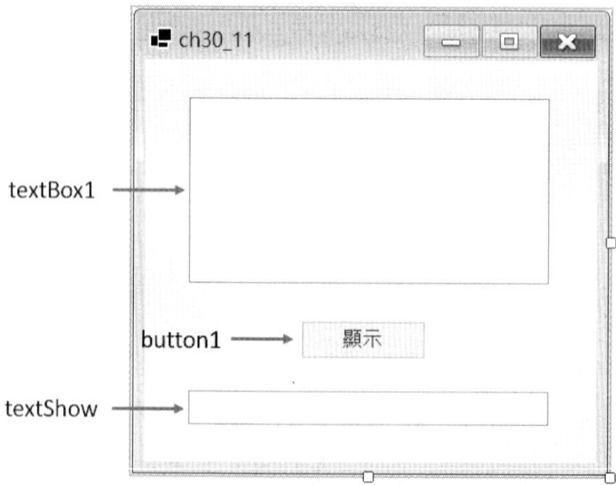

控制項	名稱 (Name)	標題 (Text)	大小 (Size)	位置 (Location)	Multiline
Form	Form1	ch30_11	(429, 414)	(0, 0)	
TextBox	textBox1		(324, 265)	(40, 34)	True
TextBox	txtShow		(324, 30)	(40, 295)	False
Button	button1	顯示	(112, 34)	(142, 232)	

```
namespace ch30_11
{
    public partial class Form1 : Form
    {
        public Form1()
        {
            InitializeComponent();
            textBox1.Text = "李商隱" +
                "\r\n昨夜星辰昨夜風，畫樓西畔桂堂東。" +
                "\r\n身無綵鳳雙飛翼，心有靈犀一點通。" +
                "\r\n隔座送鉤春酒暖，分曹射覆蠟燈紅。" +
                "\r\n嗟餘聽鼓應官去，走馬蘭臺類轉蓬。";
        }

        private void button1_Click(object sender, EventArgs e)
        {
            txtShow.Text = textBox1.SelectedText;
        }
    }
}
```

執行結果

執行上述程式時，讀者可以選取上方文字方塊內容，如果按**顯示鈕**，就可以將所選內容 (textBox1.SelectedText) 在下方文字方塊顯示。

30-5 MessageBox 訊息方塊

29-8-3 節起筆者已經使用多次 MessageBox( ) 方法建立**訊息方塊** (也可稱**對話方塊**)，所使用的是最基礎的語法，這一節將對此方塊做一個完整的說明。

MessageBox( ) 方法的語法如下：

result = Message(message, Caption, MessageBoxButtons, MessageBoxIcon,
　　MessageBoxDefaultButton, MessageBoxOptions]);

上述除了 message 是要告訴使用者訊息，要有此項此方法才有意義，其他則是選項，所有參數與回傳值的意義如下：

❑ Caption

訊息方塊的標題。

❑ MessageBoxButtons

MessageBox 的按鈕樣式，這是列舉 (enum) 格式，有下列選項。

MessageBoxButtons 列舉常數	數值	說明
OK	0	顯示 確定 鈕。
OKCancel	1	顯示 確定 和 取消 鈕
AbortRetryIgnore	2	顯示 中止(A) 、 重試(R) 和 略過(I) 鈕。
YesNoCancel	3	顯示 是(Y) 、 否(N) 和 取消 鈕。
YesNo	4	顯示 是(Y) 和 否(N) 按鈕。
RetryCancel	5	顯示 重試(R) 和 取消 鈕。
CancelTryContinue	6	顯示 取消 、 重試(R) 和 繼續(C) 鈕。

❑ MessageBoxIcon

訊息方塊的圖示，這是列舉 (enum) 格式，有下列選項。

MessageBoxIcon 列舉常數	數值	說明
None	0	訊息方塊沒有任何符號。
Error 或 Stop 或 Hand	16	訊息方塊有 ✕ 符號。
Question	32	訊息方塊有 ? 符號。
Exclamation 或 Warning	48	訊息方塊有 ! 符號。
Information	64	訊息方塊有 i 符號。

❑ MessageBoxDefaultButton

訊息方塊第幾個按鈕是預設按鈕，這是列舉 (enum) 格式，有下列選項。

MessageBoxDefaultButton 列舉常數	數值	說明
Button1	0	第 1 個按鈕是預設按鈕。
Button2	256	第 2 個按鈕是預設按鈕。
Button3	512	第 3 個按鈕是預設按鈕。
Button4	768	說明按鈕是預設按鈕。

- MessageBoxOptions

訊息方塊使用的選項，這是列舉 (enum) 格式，有下列選項。

MessageBoxOptions 列舉常數	數值	說明
DefaultDesktopOnly	131072	訊息方塊顯示在使用桌面上。
RightAlign	524288	訊息方塊靠右對齊
RtlReading	1048176	訊息方塊從右到左顯示
ServiceNotification	2097152	訊息方塊顯示在使用桌面上，呼叫者通知使用者發生事件的服務。

MessageBox 的回傳值 DigalogResult，也是使用列舉 (enum) 回傳，代表訊息方塊各種按鈕回傳的結果。

DialogResult 列舉常數	數值	說明
None	0	訊息方塊回傳 Nothing，對話方塊繼續執行。
OK	1	訊息方塊按 確定 鈕。
Cancel	2	訊息方塊按 取消 鈕。
Abort	3	訊息方塊按 中止(A) 鈕。
Retry	4	訊息方塊按 重試(R) 鈕。
Ignore	5	訊息方塊按 略過(I) 鈕。
Yes	6	訊息方塊按 是(Y) 鈕。
No	7	訊息方塊按 否(N) 鈕。
TryAgain	10	訊息方塊按 重試(R) 鈕。
Continue	11	訊息方塊按 繼續(C) 鈕。

方案 ch30_12.sln：這個程式如果按關閉鈕，會出現訊息方塊，詢問是否真的要結束此表單，按是鈕可以關閉表單，如果按否鈕可以取消關閉表單。

```
namespace ch30_12
{
    public partial class Form1 : Form
    {
        public Form1()
        {
            InitializeComponent();
        }

        private void Form1_FormClosing(object sender, FormClosingEventArgs e)
        {
            string message = "是否關閉表單";
            string caption = "關閉表單提醒";
            var result = MessageBox.Show(message, caption,
                                         MessageBoxButtons.YesNo,
                                         MessageBoxIcon.Question);

            if (result == DialogResult.No)      // 如果按 否 紐
            {
                e.Cancel = true;                // 取消關閉表單
            }
        }
    }
}
```

執行結果

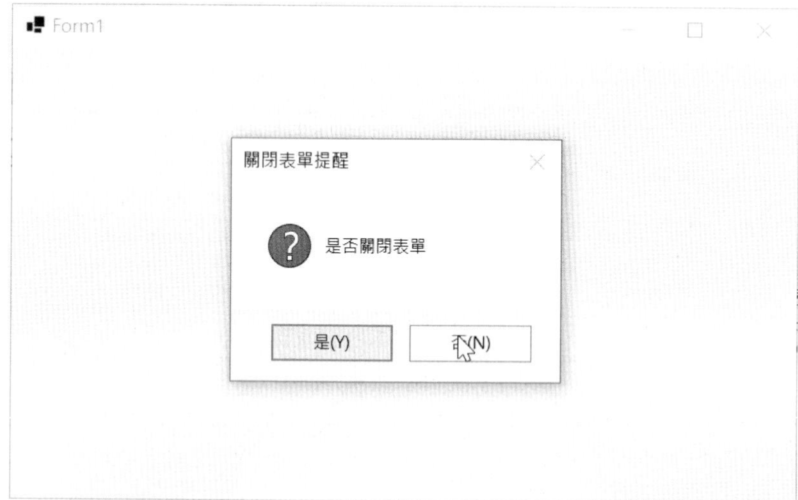

30-6 RadioButton 選項鈕

RadioButton 可以翻譯為**選項鈕**，◉ RadioButton ，**選項鈕** Radio Buttons 名稱的由來是無線電的按鈕，在收音機時代可以用無線電的按鈕選擇特定頻道。選項鈕最大的特色可以用滑鼠按一下方式選取此選項，同時一次只能有一個選項被選取，例如：在填寫學歷欄時，如果一系列選項是要求輸入學歷，你可能會看到一系列選項，例如：**高中**、**大學**、**碩士**、**博士**，此時你只能選擇一個項目。

30-6-1 RadioButton 常用屬性

RadioButton 和其他控制項一樣可以在屬性視窗設定，或是使用程式碼設定，下列是幾個常用的屬性。

RadioButton 屬性名稱	說明
Appearance	選項鈕的外觀，預設是 Normal 外觀 ○ radioButton1 。 也可以選 Button 外觀 radioButton1 。
CheckAlign	選項鈕對齊方式，有 9 個位置井形可選擇，可以參考 Button。
Checked	屬性值是否選取，預設是 False，如果是 True 表示選取。
Enabled	預設是 True 表示可以選取。若設為 False 表示無法選取，這時呈現淺灰色。
Text	選項鈕的內容，如果想用快速鍵選取，可以用 "&" 加上英文字元，這時英文字元會含底線。

30-6-2 RadioButton 常用事件

RadioButton 控制項主要是在系列選項中只能選擇某一項目，常用的事件有下列 2 項。

1： CheckedChanged 事件

當點選某項目造成所選的項目 Checked 屬性值有更改時，會有 CheckedChanged 事件發生。

2： Click 事件

當點選某選項時會有 Click 事件。

某個項目 Checked 屬性值如果已經被選取，當再點一次時，因為選項不會改變，這時不會有 CheckedChanged 事件，只會有 Click 事件。

30-6-3　選項鈕的基礎實例

方案 ch30_13.sln：選擇男生或女生，程式剛執行時選項鈕內 TabIndex 比較小的會被當作預選項目，然後 label2 會顯示所選項目。

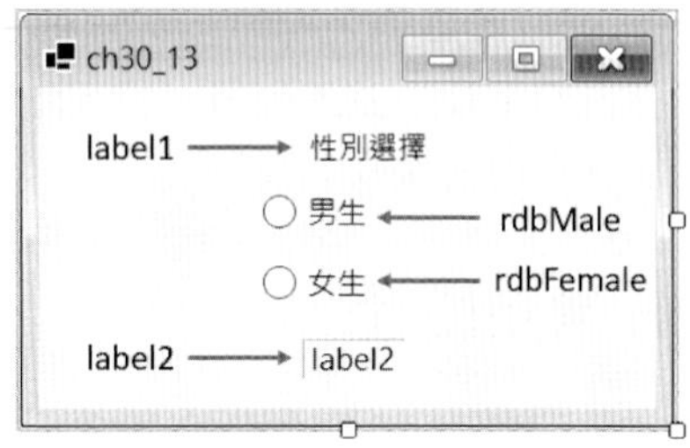

控制項	名稱 (Name)	標題 (Text)	大小 (Size)	位置 (Location)	BorderStyle
Form	Form1	ch30_14	(400, 250)	(0, 0)	
Label	label1	性別選擇	(82, 23)	(161, 25)	None
Label	label2	label2	(63, 25)	(161, 152)	Fix3D
控制項	名稱 (Name)	標題 (Text)	大小 (Size)	位置 (Location)	TabIndex
RadioButton	rdbMale	男生	(71, 27)	(137, 62)	0
RadioButton	rdbFemale	女生	(71, 27)	(137, 105)	1

註 上述 RadioButton 的 TabIndex 分別是 0 和 1。

```
namespace ch30_13
{
    public partial class Form1 : Form
    {
        public Form1()
        {
            InitializeComponent();
        }
        public void rdbClick()
        {
            if (this.rdbMale.Checked)
            {
                label2.Text = "你是男生";
            }
            if (rdbFemale.Checked)
            {
                label2.Text = "妳是女生";
            }
        }
        private void rdbMale_Click(object sender, EventArgs e)
        {
            rdbClick();
        }

        private void rdbFemale_Click(object sender, EventArgs e)
        {
            rdbClick();
        }
    }
}
```

執行結果

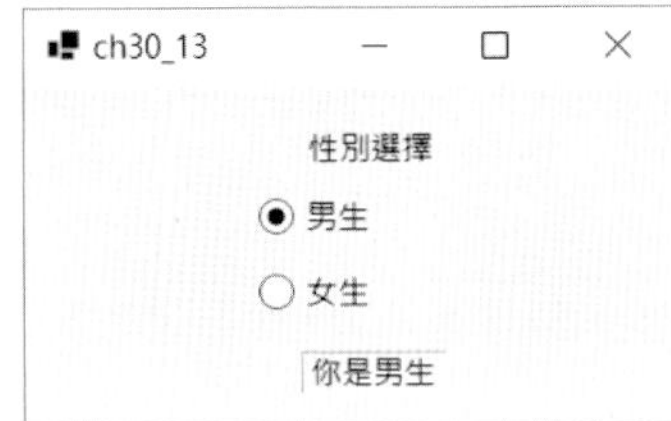

上述程式原理是當選項鈕有 Click 事件發生，會由該事件去調用 rdbClick( ) 方法，此方法可以知道哪一個選項鈕是 True，然後下方輸出所選項目。程式執行初，會先用比較小的 TabIdex 當作被選取，所以會先顯示 " **你是男生** "。

註 上述程式主要是教讀者認識 this.rdbMale.Checked 和 rdbFemale.Checked 的用法，也可以省略 this，寫成 rdbMale.Checked。未來如果設計複雜的程式，可以用這種方式偵測哪一個選項被選定。如果程式功能只是顯示基本 " 你是男生 " 或 " 妳是女生 " 訊息，可以省略 void rdbClick( ) 方法，可以參考實例 ch31_13_1.sln，重點程式碼如下。

```
        private void rdbMale_Click(object sender, EventArgs e)
        {
            label2.Text = "你是男生";
        }

        private void rdbFemale_Click(object sender, EventArgs e)
        {
            label2.Text = "妳是女生";
        }
```

方案 ch30_14.sln：使用 CheckedChanged 事件取代 Click 事件，同時將選項鈕的 Appearance 屬性改為 Button，重新設計 ch30_13.sln。

```
namespace ch30_14
{
    public partial class Form1 : Form
    {
        public Form1()
        {
            InitializeComponent();
        }
        public void rdbClick()
        {
            if (rdbMale.Checked)
            {
                label2.Text = "你是男生";
            }
            if (rdbFemale.Checked)
            {
                label2.Text = "妳是女生";
            }
```

```
        }
        private void rdbMale_CheckedChanged(object sender, EventArgs e)
        {
            rdbClick();
        }

        private void rdbFemale_CheckedChanged(object sender, EventArgs e)
        {
            rdbClick();
        }
    }
}
```

執行結果

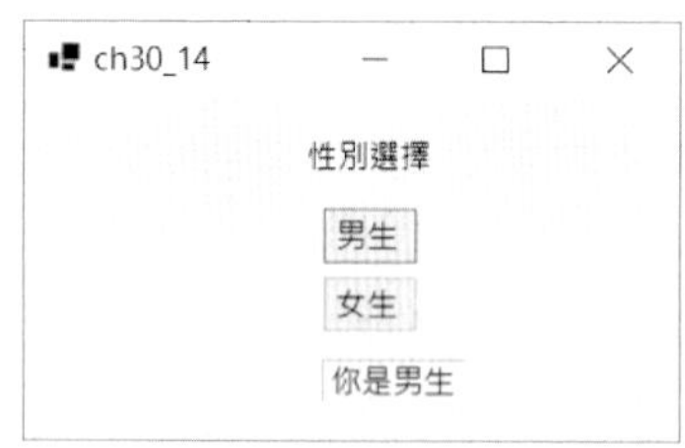

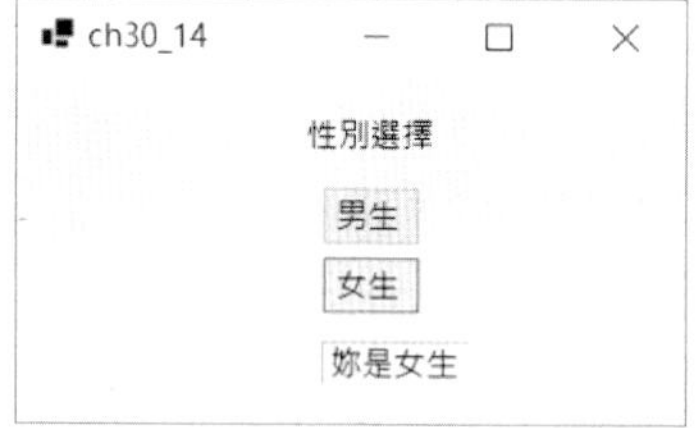

讀者從上述程式可以認識當選項鈕以 Button 外觀顯示時的樣貌，同時當選項鈕內容改變時會產生 CheckedChanged 事件，與按一下鈕產生 Click 事件，設計原理是一樣的，當有 Click 或是 CheckedChanged 事件產生時，重新檢視選項內容，然後輸出。

30-7 CheckBox 核取方塊

CheckBox 可以翻譯為**核取方塊**，☑ CheckBox 。核取方塊在螢幕上是一個方框，它與選項鈕最大的差異在它是複選。在設計核取方塊時，最常見的方式是讓核取方塊以文字方式存在。

30-7-1 CheckBox 常用屬性

CheckBox 和其他控制項一樣可以在屬性視窗設定，或是使用程式碼設定，下列是幾個常用的屬性。

CheckBox 屬性名稱	說明
Appearance	選項鈕的外觀，預設是 Normal 外觀 ☐ checkBox1 。 也可以選 Button 外觀 checkBox1 。
AutoCheck	預設是 True，核取方塊會自動檢查是否勾選。如果設為 False，則不會自動檢查，需要使用程式設定是勾選。

CheckBox 屬性名稱	說明
CheckAlign	選項鈕對齊方式，有 9 個位置井形可選擇，可以參考 Button。
Checked	是否選取，預設是 False，如果是 True 表示選取。
Enabled	預設是 True 表示可以選取。若設為 False 表示無法選取，這時呈現淺灰色。
ThreeState	預設是 False，表示核取方塊只有 True 或是 False。如果選擇 True，則除了有 True 或是 False。還有 Indeterminate。表示未定狀態，這是一種灰階目前無法使用，通常比較少使用。

30-7-2　CheckBox 常用事件

CheckBox 控制項主要是在系列選項中複選多個項目，常用的事件有下列 2 項。

1：　CheckedChanged 事件

當點選某項目造成所選的項目的屬性值有更改時會有 CheckedChanged 事件發生。

2：　Click 事件

當點選某選項時會有 Click 事件，每點一次項目會造成屬性值改變，如果屬性值是 True 會變為 False，如果屬性值是 False 會變為 True。

30-7-3　核取方塊的基礎實例

方案 ch30_15.sln：使用核取方塊點選喜歡的運動，按**確定**鈕後，可以用訊息方塊列出所喜歡的運動。

控制項	名稱 (Name)	標題 (Text)	大小 (Size)	位置 (Location)

Form	Form1	ch30_15	(400, 270)	(0, 0)
Label	label1	請選擇喜歡的運動	(154, 23)	(112, 10)
CheckBox	chkFootball	美式足球	(108, 27)	(115, 48)
CheckBox	chkBasketball	籃球	(72, 27)	(115, 81)
CheckBox	chkBaseball	棒球	(72, 27)	(115, 114)
Button	button1	確定	(112, 34)	(127, 156)

```
namespace ch30_15
{
    public partial class Form1 : Form
    {
        public Form1()
        {
            InitializeComponent();
        }

        private void button1_Click(object sender, EventArgs e)
        {
            string msg = "";
            if (chkFootball.Checked == true)
            {
                msg = "  美式足球";
            }
            if (chkBasketball.Checked == true)
            {
                msg = msg + "  籃球";
            }
            if (chkBaseball.Checked == true)
            {
                msg = msg + "  棒球";
            }

            if (msg.Length > 0)
            {
                MessageBox.Show("你喜歡的運動是" + msg, "ch30_15");
            }
            else
            {
                MessageBox.Show("上述運動你不喜歡 ?", "ch30_15");
            }
        }
    }
}
```

執行結果

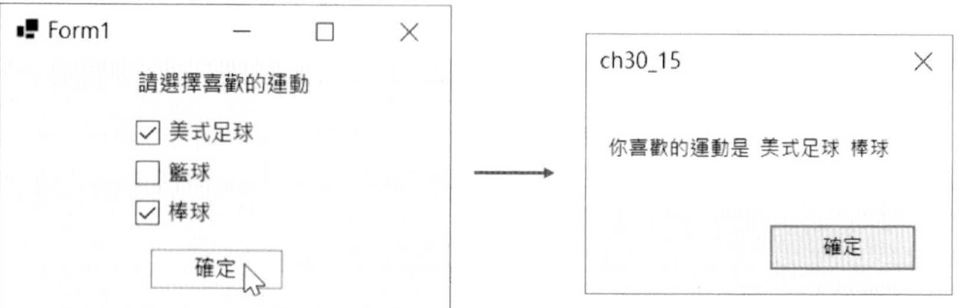

30-8 容器 - GroupBox 群組方塊

30-6 節筆者介紹了選項鈕 RadioButton，選項鈕特性是一次只能選取一個選項，假設現在要設計性別選項和學歷選項兩組選項，因為每一個組別必需有一項被選取，這時會產生問題。碰上這類問題，可以使用**容器** GroupBox 群組方塊 GroupBox，將每一個組別放在一個群組方塊，這時會產生區隔效果，每一個組別可以有一項被選取。此外，一個表單如果有多個控制項，使用容器將功能相同控制項歸類，也可以讓表單有美觀的效果。

建立 GroupBox 時需留意，建立 GoupBox 後，將所建立的選項鈕拖曳至 GroupBox 內，當拖曳 Groupbox 時，GroupBox 內的選項鈕可以隨著移動，表示在 GroupBox 內建立選項鈕成功。

使用 GroupBox 容器時，常使用的屬性是 Text，這可以設定容器的標題。

方案 ch30_16.sln：容器 GroupBox 分組選項鈕的應用，在這個實例中，讀者可以選擇不同組別的選項，按**確定鈕**後可以輸出選項。

控制項	名稱 (Name)	標題 (Text)	大小 (Size)	位置 (Location)
Form	Form1	ch30_16	(600, 360)	(0, 0)
Label	label1	個人資料調查表	(136, 23)	(222, 36)
GroupBox	groupBox1	性別	(145, 150)	(94, 73)
GroupBox	groupBox2	婚姻狀態	(145, 150)	(344, 73)
RadioButton	rdbMale	男性	(71, 27)	(26, 45)
RadioButton	rdbFemale	女性	(71, 27)	(26, 92)

控制項	名稱 (Name)	標題 (Text)	大小 (Size)	位置 (Location)
RadioButton	rdbMarried	已婚	(71, 27)	(37, 45)
RadioButton	rdbUnmarried	未婚	(71, 27)	(37, 92)
Button	button1	確定	(112, 34)	(233, 251)

```
namespace ch30_16
{
    public partial class Form1 : Form
    {
        public Form1()
        {
            InitializeComponent();
            rdbMale.Checked = true;      // 預選 男性
            rdbMarried.Checked = true;   // 預選 已婚
        }

        private void button1_Click(object sender, EventArgs e)
        {
            string msgSex = string.Empty;
            string msgMarried = string.Empty;
            if (rdbMale.Checked)
            {
                msgSex = "男性";
            }
            if (rdbFemale.Checked)
            {
                msgSex = "女性";
            }
            if (rdbMarried.Checked)
            {
                msgMarried = "已婚";
            }
            if (rdbUnmarried.Checked)
            {
                msgMarried = "未婚";
            }
            MessageBox.Show("你是" + msgSex + msgMarried, "ch30_16");
        }
    }
}
```

執行結果

30-9 容器 – Pane 面板控制

Pane 面板控制的用法和 GroupBox 一樣，不過外型不一樣。使用 Pane 容器 Panel 時，沒有屬性 Text，比較常使用的是 BorderStyle，可以設定面板的框線外型，這個屬性可以參考 30-3-1 節。

方案 ch30_17.sln：使用容器 Pane 重新設計 ch30_16.sln，在這個實例中，讀者可以選擇不同組別的選項，按確定鈕後可以輸出選項。

註 表單與控制項除了 Pane 取代 GroupBox，同時將 BorderStyle 設為 Fixed3D，其他控制項則是一樣，程式內容也沒有修改。

執行結果

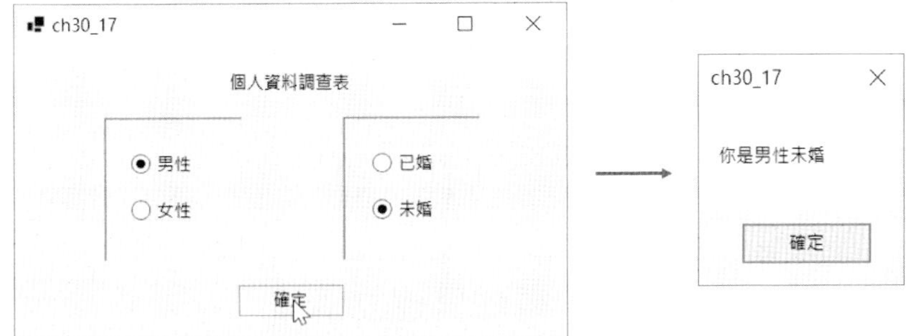

30-10 ListBox 清單

ListBox 可以翻譯為**清單**， ListBox ，程式設計時可以將相同屬性的項目資料放在一個清單內，可以單選或是複選。如果項目資料太多時，ListBox 會自動產生捲軸，這樣可以避免清單外框佔據太大的空間。

30-10-1 ListBox 常用屬性

ListBox 和其他控制項一樣可以在屬性視窗設定，或是使用程式碼設定，下列是幾個常用的屬性。

ListBox 屬性名稱	說明
Items	這個屬性是存放所有項目資料的集合，點選此屬性右邊的圖示 ... ，後可以看到字串集合編輯器，在這裡可以輸入字串 (可想成項目)。
MutiColumn	ListBox 可以多欄位顯示，預設是 False，表示 1 個欄位。如果更改此欄位屬性為 True，表示使用多欄位顯示。
SelectedIndex	被選取清單項目的索引，索引值從 0 開始計數。
SelectedIndices	當清單是多重選取時，可以由此屬性取得所有被選取的索引，此外，也可以使用 SelectedIndices.Count 獲得被選項目數量。
SelectedItem	清單項目被選取的項目名稱。
SelectedItems	當清單是多重選取時，可以由此屬性取得所有被選取的項目，此外，也可以使用 SelectedItems.Count 獲得被選項目數量。
SelectionMode	預設是 One，表示只能選取一個項目，可以有下列選項： None：不能選取。 MultiSimple：簡單多重選取，按一下未選項目可以選取，某項目選取後再按一此項目可以取消選取。 MultiExtended：可以使用 Shift 做連續項目區間選取和單獨複選項目時要同時按 Ctrl 鍵。
Sorted	是否將清單項目排序，預設是 False，表示不排序。
TopIndex	如果設為 0，可以將清單選項捲動到最上方，適用在有捲軸清單。

30-10-2 使用字串集合編輯器建立清單

方案 ch30_18.sln：使用字串編輯器建立清單，表單名稱是 ch30_18。

首先請使用 ListBox 工具在表單內建立清單，結果如下所示：

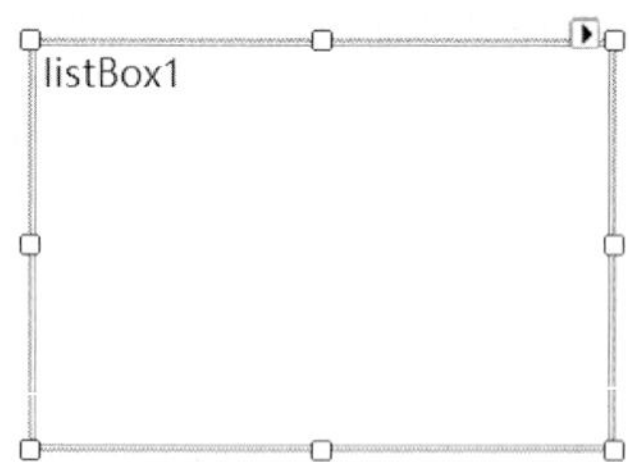

然後請點選屬性視窗 Items 屬性右邊的 ... 圖示，就可以建立字串集合編輯器。

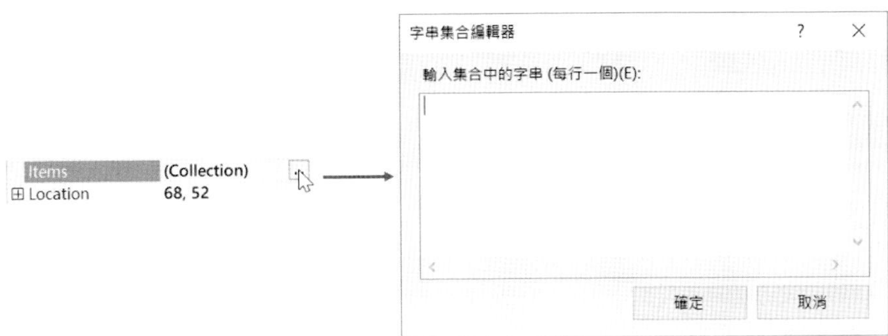

上述每一行請輸入一個項目資料，下列是筆者輸入實例，輸入完按**確定鈕**後，清單就算建立完成。

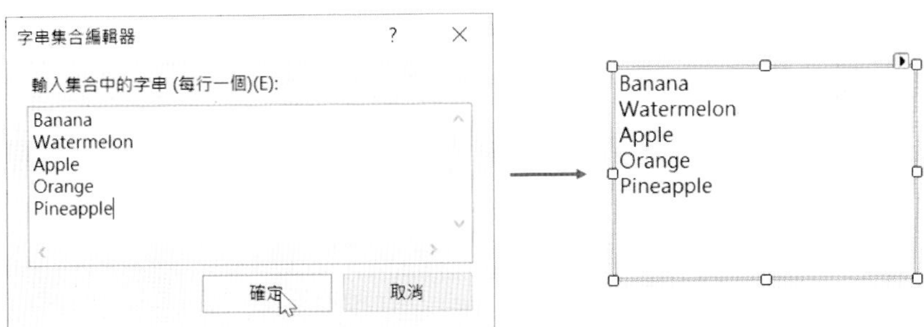

執行結果 下列是點選不同項目的清單畫面。

註 當 SelectionMode 是 One 時，開始選取後，某項目被選取後，點選此項目無法取消選取，如果點選其他項原先被選取的會被取消選取，因為會保持一個項目被選取。

方案 ch30_19.sln：擴充 ch30_18.sln 實例，清單 listBox1 的 SelectionMode 屬性改為 MultiSimple 清單內容則是一樣，同時 Sorted 屬性改為 True。

執行結果 因為沒有程式，筆者簡化程序，可以得到清單項目已經自動排序，下列結果。

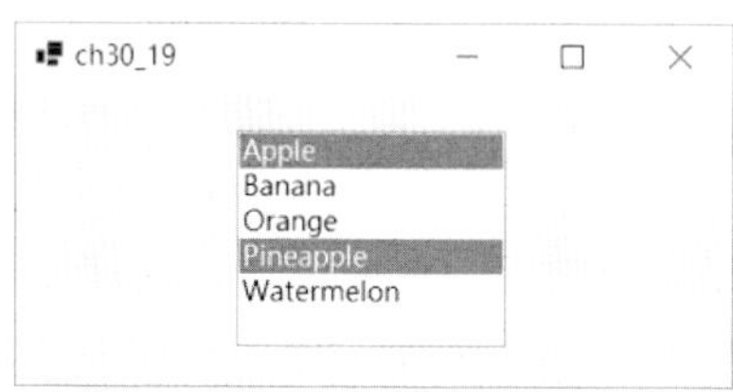

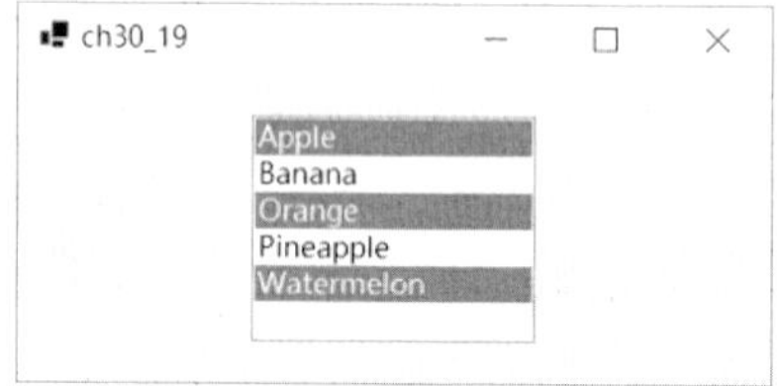

30-10-3　ListBox 常用的方法

在本書第 11 章或是 22 章，有介紹許多一般集合或是泛型集合，這些章節有說明 Add( )、Insert( ) 方法、… 等，可以參考 11-3-3 節，這些方法可以用來建立清單項目或是更多操作，此時語法如下：

```
listBox1.Items.Add(項目);                        // 增加清單
listBox1.Items.AddRange(項目陣列);               // 增加項目陣列
listBox1.Items.Insert(index, 項目);              // 在特定索引插入項目
listBox1.Items.Clear( );                         // 清除清單項目
listBox1.Items.Remove(項目);                     // 刪除特定項目
listBox1.Items.RemoveAt(index);                  // 刪除特定索引的項目
bool rtn = listBox1.Items.Contains(項目);        // 是否清單包含此項目
```

另外，為了方便可以先建立字串陣列，再使用迴圈，整個建立清單就會變得很容易。

方案 ch30_20.sln：使用程式觀念重新設計 ch30_19.sln。

```
namespace ch30_20
{
    public partial class Form1 : Form
    {
        public Form1()
        {
            InitializeComponent();
        }
        private void Form1_Load(object sender, EventArgs e)
        {
            InitializeMyListBox();
        }
```

```
13          private void InitializeMyListBox()
14          {
15              string[] fruits = {"Banana", "Watermelon",
16                                 "Apple", "Orange", "Pineapple"};
17              // 可以複選
18              listBox1.SelectionMode = SelectionMode.MultiSimple;
19              listBox1.Sorted = true;          // 排序
20              // 將水果串列加入listBox1
21              for (int i = 0; i < fruits.Length; i++)
22                  listBox1.Items.Add(fruits[i]);
23          }
24      }
25  }
```

執行結果 與 ch30_19.sln 相同。

上述程式還有一個特色是有 From1_Load 事件，當方案程式開始執行時會自動啟動 Form1 表單的 Load 事件，這個程式用此事件調用 InitializeMyListBox( ) 方法，這個方法內筆者使用程式建立清單可以複選、排序和迴圈建立清單資料。當然上述第 21 ~ 22 行筆者使用迴圈，迴圈內有 Add( ) 方法可將水果陣列加入清單，更簡潔的方式是使用 AddRange( ) 方法，可以參考下列實例。

方案 ch30_21.sln：使用 Insert( ) 方法插入清單項目的應用，這一個方案基本上是重新設計 ch3_20.sln，但是將水果改為中文名稱，取消排序和複選，同時增加在指定索引位置插入水果，讓水果項目超出 listBox1 的高度，這時可以看到 listBox1 自動出現垂直捲軸。

```
namespace ch30_21
{
    public partial class Form1 : Form
    {
        public Form1()
        {
            InitializeComponent();
        }

        private void Form1_Load(object sender, EventArgs e)
        {
            InitializeMyListBox();
        }
        private void InitializeMyListBox()
        {
            string[] fruits = {"香蕉", "西瓜",
                               "蘋果", "橘子", "鳳梨"};
            // 將水果串列加入listBox1
            for (int i = 0; i < fruits.Length; i++)
                listBox1.Items.Add(fruits[i]);
            listBox1.Items.Insert(1, "芒果");  // 索引 1 插入芒果
            listBox1.Items.Insert(3, "葡萄");  // 索引 3 插入葡萄
            listBox1.Items.Insert(5, "草莓");  // 索引 5 插入草莓
        }
    }
}
```

執行結果

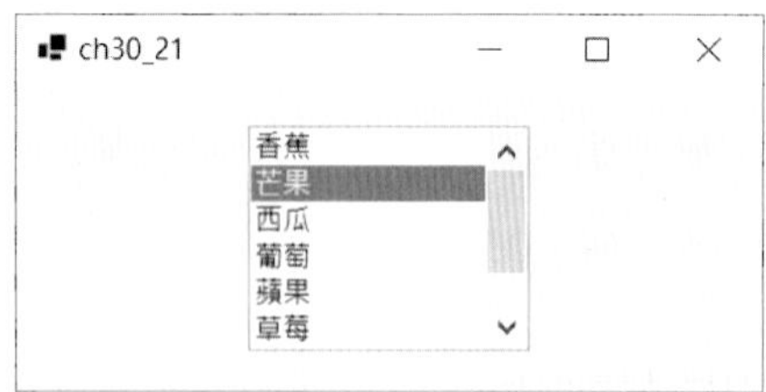

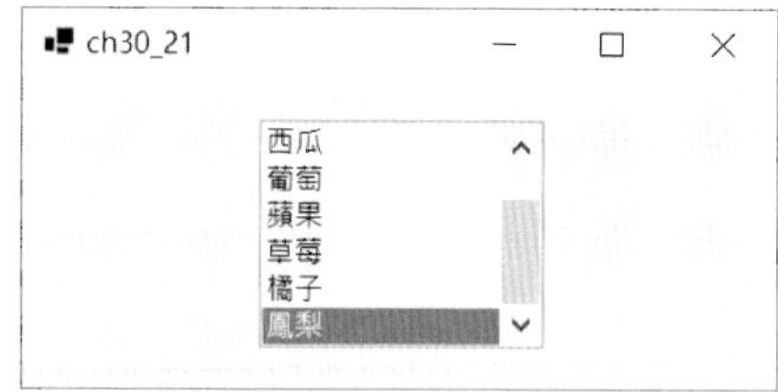

30-10-4　使用程式選取或取消選取項目

下列是常用選取清單的方法：

```
bool rtn = listBox1.GetSelected(index);          // 取得index索引是否選取
listBox1.SetSelected(index, true | false);       // true選取，false取消選取
listBox1.ClearSelected( );                       // 全部取消選取
```

方案 ch30_21_1.sln：複選、反轉選取、取消選取和捲動選項到最上方，本程式執行初會建立含 8 個項目的水果，同時選取索引 3、5、7 的水果。**反轉選取**鈕可以將選取水果改為沒有選取，沒有選取水果改為選取。**取消選取**鈕可以取消所有選取的水果。**捲到上方**鈕可以將清單項目捲動到最上方。

控制項	名稱 (Name)	標題 (Text)	大小 (Size)	位置 (Location)
Form	Form1	ch30_21_1	(500, 250)	(0, 0)
ListBox	listBox1		(180, 142)	(66, 25)
Button	button1	反轉選取	(112, 34)	(303, 25)
Button	button2	取消選取	(112, 34)	(303, 80)
Button	button3	捲到上方	(112, 34)	(303, 133)

```
1  namespace ch30_21_1
2  {
3      public partial class Form1 : Form
4      {
5          public Form1()
6          {
7              InitializeComponent();
8          }
9          private void Form1_Load(object sender, EventArgs e)
10         {
11             InitializeMyListBox();
12         }
13         private void InitializeMyListBox()
14         {
15             string[] fruits = {"香蕉", "西瓜", "蘋果", "橘子",
16                                "鳳梨", "芒果", "葡萄", "草莓"};
17             listBox1.SelectionMode = SelectionMode.MultiExtended; // 複選
18             listBox1.Items.AddRange(fruits);        // 水果加入清單
19             listBox1.SetSelected(3, true);          // 選取索引 3 水果
20             listBox1.SetSelected(5, true);          // 選取索引 5 水果
21             listBox1.SetSelected(7, true);          // 選取索引 7 水果
22         }
23         private void button2_Click(object sender, EventArgs e)
24         {
25             listBox1.ClearSelected();    // 全部取消選取
26         }
27         private void button3_Click(object sender, EventArgs e)
28         {
29             listBox1.TopIndex = 0;       // 捲動到清單最上方
30         }
31         private void button1_Click(object sender, EventArgs e)
32         {
33             for (int i = 0; i < listBox1.Items.Count; i++)
34             {
35                 if (listBox1.GetSelected(i) == true)    // 如果選取
36                     listBox1.SetSelected(i, false);     // 選取改取消選取
37                 else
38                     listBox1.SetSelected(i, true);      // 未選取改選取
39             }
40         }
41     }
42 }
```

執行結果

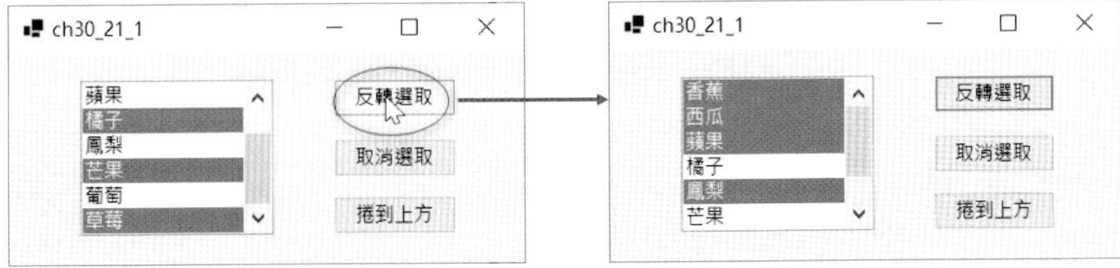

上述程式第 17 行是設定清單為 MultiExtended 模式，在此模式下要單一複選需同時按 Ctrl 鍵，如果按一下時同時按 Shift 可以選取區間項目。另外，第 29 行設定 listBox1 的 TopIndex = 0，可以將清單捲動到最上方。

30-10-5　ListBox 常用事件

ListBox 可以建立清單，在清單中我們可以單選或是複選項目，每次有更動選取後，SelectedIndex 和 SelectedItem 屬性值就會改變，我們可以由這兩個屬性值了解哪些項目被選取。同時由於這兩個屬性值改變，會觸發 SelectedIndexChanged 事件，所以我們可以用這個事件設計相關應用。

註 如果沒有項目被選取，例如：專案剛執行時，SelectedIndex 的值是 -1。

方案 ch30_21_2.sln：使用 SelectedIndexChanged 事件和 SelectedItem 屬性，列出選取的項目。

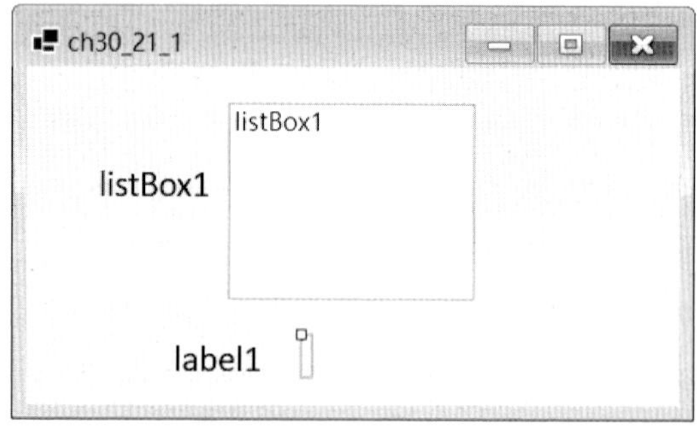

註 因為 label1 沒有 Text，所以可能會看不到，這時可以點選屬性視窗右上方的圖示，就可以顯示。

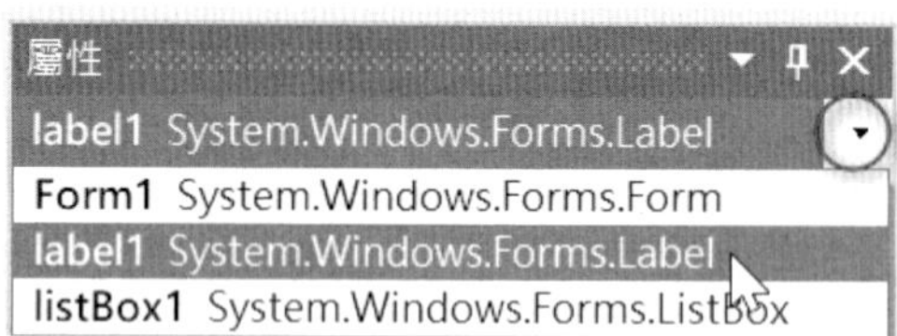

控制項	名稱	標題 (Text)	大小 (Size)	位置 (Location)
Form	Form1	ch30_21_2	(500, 300)	(0, 0)
ListBox	listBox1		(180, 142)	(149, 26)
Label	label1		(0, 23)	(207, 197)

```
namespace ch30_21_2
{
    public partial class Form1 : Form
    {
        public Form1()
        {
            InitializeComponent();
        }

        private void Form1_Load(object sender, EventArgs e)
        {
            InitializeMyListBox();
        }
        private void InitializeMyListBox()
        {
            string[] fruits = {"香蕉", "西瓜",
                               "蘋果", "橘子", "鳳梨"};
            // 將水果串列加入listBox1
            listBox1.Items.AddRange(fruits);
        }

        private void listBox1_SelectedIndexChanged(object sender, EventArgs e)
        {
            if (listBox1.SelectedItem != null)                    // 如果有選取
                label1.Text = listBox1.SelectedItem.ToString();   // 輸出選取項目
        }
    }
}
```

執行結果 下列左邊是程式剛執行的清單，右圖是選取水果後的清單。

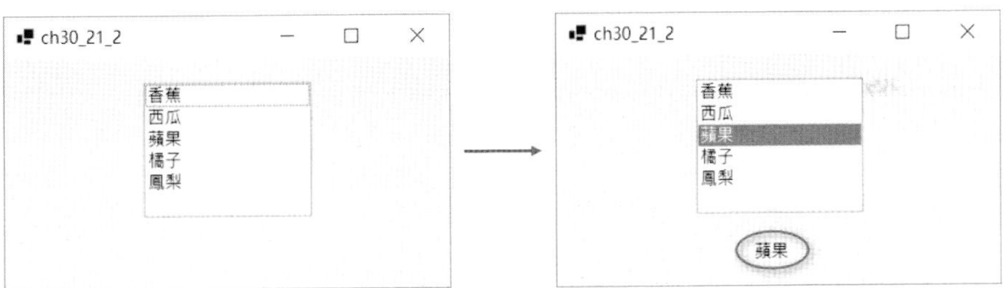

上述點選清單的蘋果，下方會顯示所點選的項目。

30-10-6 綜合應用

方案 ch30_22.sln：文字方塊、功能鈕與清單的綜合應用，如果在文字方塊輸入項目，再按增加鈕，可以將文字方塊項目移到清單。如果在清單選擇項目，按刪除鈕可以刪除該項目。

控制項	名稱 (Name)	標題 (Text)	大小 (Size)	位置 (Location)
Form	Form1	ch30_22	(500, 300)	(0, 0)
TextBox	textBox1		(180, 30)	(71, 25)
ListBox	listBox1		(180, 142)	(71, 74)
Button	button1	增加	(112, 34)	(296, 25)
Button	button2	刪除	(112, 34)	(296, 74)

```
namespace ch30_22
{
    public partial class Form1 : Form
    {
        public Form1()
        {
            InitializeComponent();
        }
        private void btnAdd_Click(object sender, EventArgs e)
        {
            if (textBox1.Text != string.Empty)
            {
                listBox1.Items.Add(textBox1.Text);       // 清單增加項目
                textBox1.Text = string.Empty;            // 清除文字方塊資料
            }
        }

        private void btnDel_Click(object sender, EventArgs e)
        {
            if (listBox1.SelectedIndex != -1)            // 如果有選取項目
                // 刪除選取項目
                listBox1.Items.RemoveAt(listBox1.SelectedIndex);
        }
    }
}
```

執行結果 下列是加入項目，與刪除清單項目的畫面。

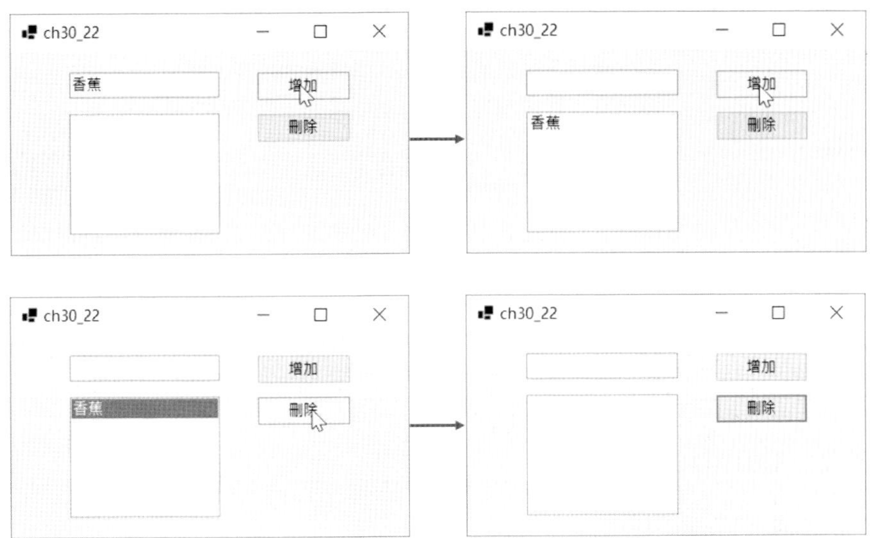

30-11 ComboBox 下拉式方塊

ComboBox 可以翻譯為**下拉式方塊**，ComboBox，也可以稱下拉式清單，這個控制項的基本上是清單 (ListBox) 功能的擴充，兼具文字方塊 (TextBox) 和清單 (ListBox) 功能。下拉式方塊與清單的最大差異是，當未點選時，下拉式方塊像文字方塊，清單部分是隱藏的。當有點選時，所選項目會出現在文字方塊區。此外，下拉式方塊右邊有 鈕，按此鈕可以出現下拉式方塊，可以由此選擇想要的清單項目。

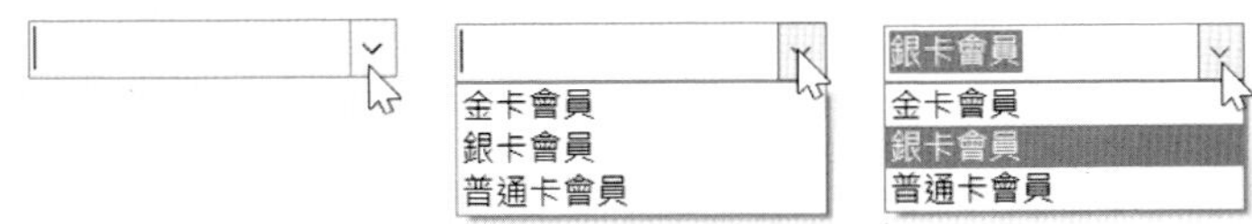

此外，所選擇的項目會在上方的文字方塊區顯示，如果在下拉式方塊找不到項目，也可以在上方的文字方塊區自行建立此項目。

30-11-1 ComboBox 常用屬性

因為 ComboBox 的功能和 ListBox 功能有許多類似，因此也有許多屬性功能是一樣，與其他控制項一樣可以在屬性視窗設定，或是使用程式碼設定，下列是幾個常用的屬性。

ComboBox 屬性名稱	說明
Items	可以建立下拉式清單項目，請參考 30-10-1 節。
DropDownStyle	這是下拉式方塊的外觀與功能格式，有下列 3 種格式： Simple：看起來就像是 TextBox。 DropDownList：只能在下拉式方塊選擇清單項目。 DropDown：這是預設，可從下拉式方塊選擇，也可以手動輸入。
DroppedDown	程式設計階段才可以使用，如果是 True 會主動顯示下拉方塊，預設是 False。
MaxDropDownItems	下拉式方塊顯示的清單項目數量，超出此數量時會有捲軸。
MaxLength	指定下拉式方塊中最大的字元數目。
Text	下拉式方塊上方文字方塊的內容。

30-11-2　ComboBox 事件

設計 ComboBox 時常用的事件有下列 2 種。

1：SelectedIndexChanged 事件：當選取下拉式方塊項目改變時會產生此事件，這時可以用 Text 屬性取得新選取的項目。

2：TextChanged 事件：當選擇項目改變，會產生此事件。另外，如果手動輸入項目時也會產生此事件。

方案 ch30_23.sln：在 ComboBox 選擇清單項目，下方使用標籤列出所選的項目。

控制項	名稱 (Name)	標題 (Text)	大小 (Size)	位置 (Location)
Form	Form1	ch30_23	(400, 250)	(0, 0)
ComboBox	comboBox1		(198, 31)	(90, 26)
Label	label1	尚未選取	(82, 23)	(148, 140)

```
namespace ch30_23
{
    public partial class Form1 : Form
    {
        public Form1()
```

```
6          {
7              InitializeComponent();
8          }
9
10         private void comboBox1_SelectedIndexChanged(object sender, EventArgs e)
11         {
12             label1.Text = comboBox1.Text;
13         }
14
15         private void Form1_Load(object sender, EventArgs e)
16         {
17             string[] cards = {"金卡會員",
18                               "銀卡會員",
19                               "普通卡會員"};
20             comboBox1.Items.AddRange(cards);     // 建立清單項目
21         }
22     }
23 }
```

執行結果

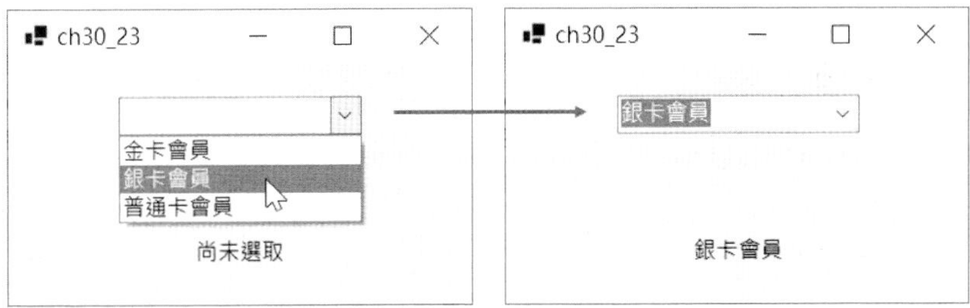

方案 ch30_24.sln：結帳系統，這個程式可以點選 cboCoffee 下拉式方塊的咖啡品項，然後右邊會跳出單價，這個 cboCoffee 無法自行增加品項，所以設計時採用 DropDownList 屬性，可以參考第 17 行的設定。當選擇咖啡品項後，可以選擇 cboNumber 下拉式方塊的數量，這個 cboNumber 是可以自行增加數量，所以設計時採用預設的 DropDown 屬性。按**結帳**鈕，可以結帳。按**清除**鈕，可以復原程式執行初的設定。

控制項	名稱 (Name)	標題 (Text)	大小 (Size)	位置 (Location)
Form	Form1	ch30_24	(560, 330)	(0, 0)
Label	label1	品項	(46, 23)	(77, 39)
Label	label2	單價	(46, 23)	(380, 39)
Label	labUnitPrice	0	(23, 23)	(432, 39)
Label	label5	總金額	(64, 23)	(362, 152)
Label	lblTotal	0	(20, 23)	(432, 152)
Button	button1	結帳	(112, 34)	(127, 201)
Button	button2	清除	(112, 34)	(300, 201)

```
namespace ch30_24
{
    public partial class Form1 : Form
    {
        public Form1()
        {
            InitializeComponent();
        }
        private void Form1_Load(object sender, EventArgs e)
        {
            string[] coffees = {"尚未選擇",
                                "義式咖啡",
                                "美式咖啡",
                                "拿鐵"};
            cboCoffee.Items.AddRange(coffees);      // 建立咖啡項目
            // 咖啡品項無法更改 DropDownList
            cboCoffee.DropDownStyle = ComboBoxStyle.DropDownList;
            cboCoffee.SelectedIndex = 0;            // 顯示索引 0

            for (int i = 0; i <= 5; i++)            // 建立數量項目
                cboNumber.Items.Add(i.ToString());
            cboNumber.SelectedIndex = 0;            // 顯示索引 0
        }
        private void button2_Click(object sender, EventArgs e)
        {
            // 按清除鈕執行
            cboCoffee.SelectedIndex = 0;            // 顯示索引 0
            cboNumber.SelectedIndex = 0;            // 顯示索引 0
            lblUnitPrice.Text = "0";                // 顯示單價
            lblTotal.Text = "0";                    // 顯示總金額
        }
        private void cboCoffee_SelectedIndexChanged(object sender, EventArgs e)
        {
            if (cboCoffee.Text.Equals("義式咖啡"))
                lblUnitPrice.Text = "120";
            else if (cboCoffee.Text.Equals("美式咖啡"))
                lblUnitPrice.Text = "100";
            else if (cboCoffee.Text.Equals("拿鐵"))
                lblUnitPrice.Text = "150";
        }
```

```
        private void button1_Click(object sender, EventArgs e)
        {
            // 結帳
            int n = Convert.ToInt32(cboNumber.Text);     // 單價
            int u = Convert.ToInt32(lblUnitPrice.Text); // 數量
            lblTotal.Text = (n * u).ToString();          // 總價
        }
    }
}
```

執行結果

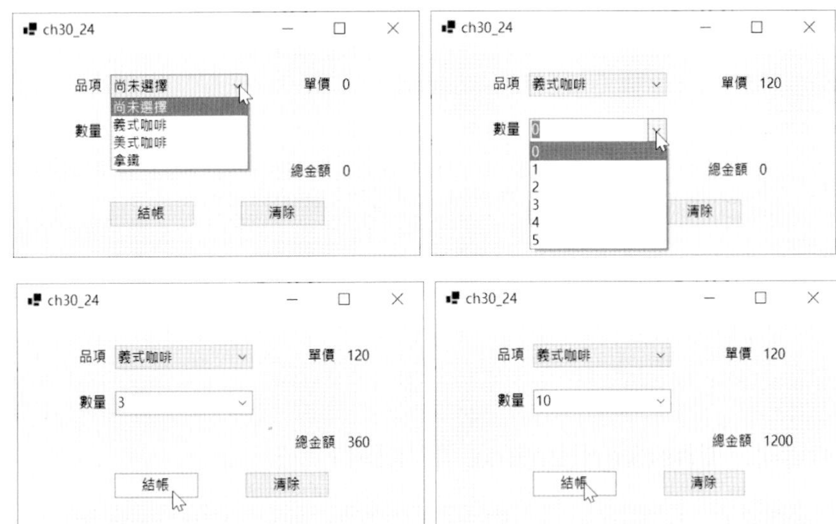

上方右圖是在數量欄位，筆者輸入 10，這是自行增加清單選項的設計。

30-12 CheckedListBox 核取方塊清單

CheckedListBox 可以翻譯為**核取方塊清單**， CheckedListBox，這個控制項基本上也是清單 (ListBox) 功能的擴充，不過每個清單左邊多了核取方塊。

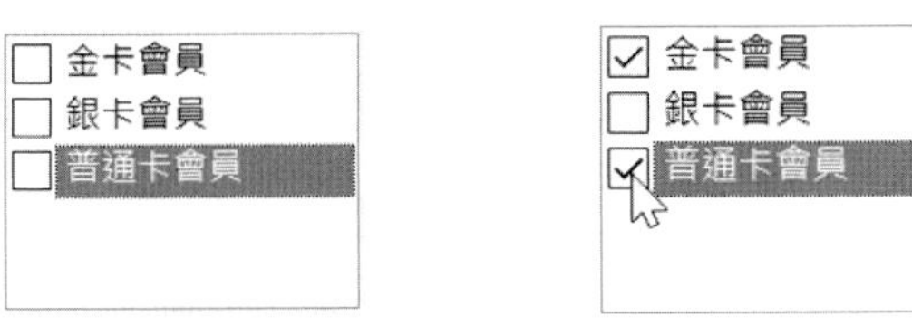

按一下選取項目　　　按兩下勾選項目

比較特別的是，要勾選項目，必需要連點項目兩下，第 1 下是選取項目，第 2 下是執行勾選。

30-12-1　CheckedListBox 常用屬性

因為 CheckedListBox 的功能和 ListBox 功能有許多類似，因此也有許多屬性功能是一樣，與其他控制項一樣可以在屬性視窗設定，或是使用程式碼設定，下列是幾個常用的屬性。

CheckedListBox 屬性	說明
Items	可以建立 CheckedListBox 清單項目。
CheckedItems	已經勾選項目的集合。
CheckedIndices	已經勾選項目索引的集合。
CheckOnClick	預設是 False，表示必須按兩次才可以勾選清單項目。如果改為 True，則按 1 次就可以勾選清單項目。
SelectionMode	預設是 One，表示只能選取 1 個項目。如果想選取多個項目，可以選擇 MultiSimple 或是 MultiExtended，可以參 30-10-1 節。

註　選取項目程式設計時如果只是選取項目，SelectedItems 屬性是所選取項目的集合，SelectedIndices 屬性則是選取項目索引的集合。

30-12-2　CheckedListBox 常用的方法

有關建立 CheckedListBox 核取方塊清單項目的方法可以參考 30-10-2 節，例如：Add( )、AddRange( )、Insert( ) 等，下列是幾個常用的方法：

```
checkedListBox1.SetItemChecked(index, true | false);      // 勾選或不勾選
bool rtn = checkedListBox1.GetItemChecked(index);          // index索引是否選取
```

30-12-3　CheckedListBox 事件

設計 CheckedListBox 時常用的事件有下列 2 種。

1：SelectedIndexChanged 事件：當點選項目改變時會產生此事件，如果第 2 次點選造成勾選或不勾選，也會產生此事件。

2：ItemCheck 事件：當勾選狀態變更時會產生此事件。

方案 ch30_25.sln：筆者王者歸來系列著作勾選，按**輸出鈕**可以輸出到清單，清單下方的總數標籤會列出著作數量。

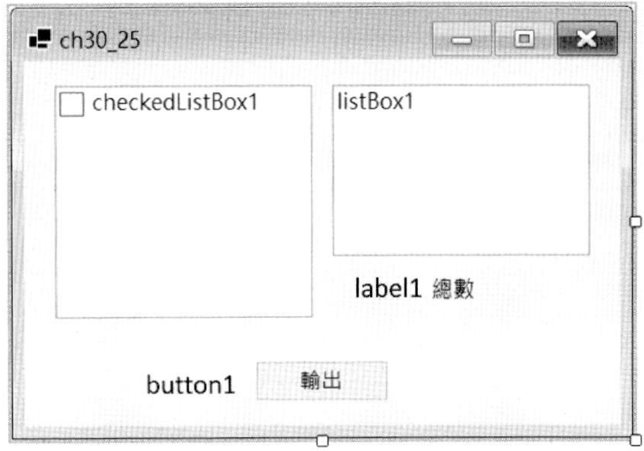

控制項	名稱 (Name)	標題 (Text)	大小 (Size)	位置 (Location)
Form	Form1	ch30_25	(520, 330)	(0, 0)
Label	label1	總數	(46, 23)	(337, 180)
CheckedListBox	checkedListBox1		(215, 193)	(26, 21)
ListBox	listBox1		(215, 142)	(258, 21)
Button	button1	輸出	(112, 34)	(193, 250)

```
namespace ch30_25
{
    public partial class Form1 : Form
    {
        public Form1()
        {
            InitializeComponent();
        }
        private void Form1_Load(object sender, EventArgs e)
        {
            string[] programming = { "C王者歸來",
                                     "C#王者歸來",
                                     "Java王者歸來",
                                     "Python王者歸來",
                                     "C++王者歸來",
                                     "R王者歸來"};
            // 建立CheckedListBox的清單項目
            checkedListBox1.Items.AddRange(programming);
        }
        private void button1_Click(object sender, EventArgs e)
        {
            foreach (var book in checkedListBox1.CheckedItems)
            {
                listBox1.Items.Add(book);    // 勾選項目加入清單
            }
            int count = checkedListBox1.CheckedItems.Count; // 數量
            // 組合輸出標籤的字串
            label1.Text = label1.Text + " " + count.ToString() + "本";
        }
    }
}
```

執行結果

方案 ch25_26.sln：圖書館借書系統，這個程式會建立 2 個 CheckedListBox，勾選左邊 checkedListBox1 的核取方塊後，按**借出**鈕，可以將該項目移到右邊的 checkedListBox2。如果勾選右邊 checkedListBox2 的核取方塊後，按**歸還**鈕，可以將該項目移到左邊的 checkedListBox1。

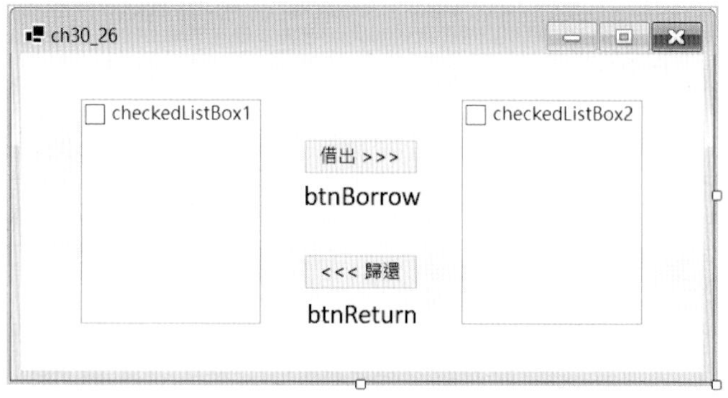

控制項	名稱 (Name)	標題 (Text)	大小 (Size)	位置 (Location)
Form	Form1	ch30_26	(707, 367)	(0, 0)
CheckedListBox	checkedListBox1		(180, 220)	(61, 45)
CheckedListBox	checkedListBox2		(180, 220)	(440, 45)
Button	btnBorrow	借出 >>>	(112, 34)	(284, 84)
Button	btnReturn	<<< 歸還	(112, 34)	(284, 197)

```
namespace ch30_26
{
    public partial class Form1 : Form
    {
        public Form1()
        {
            InitializeComponent();
        }
```

```
        private void Form1_Load(object sender, EventArgs e)
        {
            string[] programming = { "C王者歸來",
                                     "C#王者歸來",
                                     "Java王者歸來",
                                     "Python王者歸來",
                                     "C++王者歸來",
                                     "R王者歸來"};
            // 建立CheckedListBox的清單項目
            checkedListBox1.Items.AddRange(programming);
        }
        private void btnBorrow_Click(object sender, EventArgs e)
        {
            // 勾選項目加入checkedListBox2清單
            // 勾選項目從checkedListBox1清單刪除
            foreach (int i in checkedListBox1.CheckedIndices)
            {
                checkedListBox2.Items.Add((string) checkedListBox1.Items[i]);
                checkedListBox1.Items.Remove(checkedListBox1.Items[i]);
            }
        }
        private void btnReturn_Click(object sender, EventArgs e)
        {
            // 勾選項目加入checkedListBox1清單
            // 勾選項目從checkedListBox2清單刪除
            foreach (int i in checkedListBox2.CheckedIndices)
            {
                checkedListBox1.Items.Add((string)checkedListBox2.Items[i]);
                checkedListBox2.Items.Remove(checkedListBox2.Items[i]);
            }
        }
    }
}
```

執行結果 下列是借書的執行畫面。

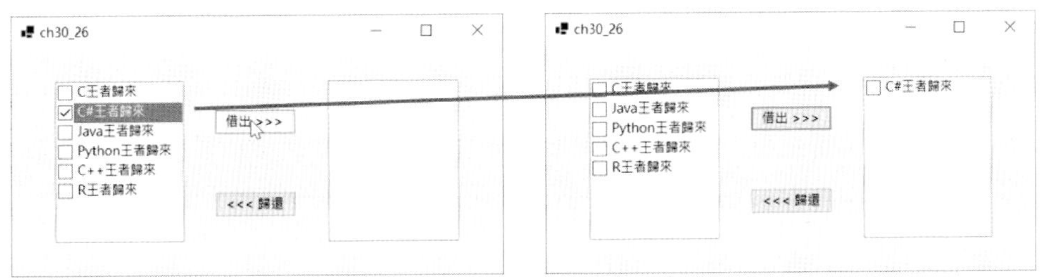

這個程式有錯誤，當勾選多本書時，因為刪除前面索引的書，會造成索引更改，所以要刪除後面勾選索引的書會造成錯誤，如下所示：

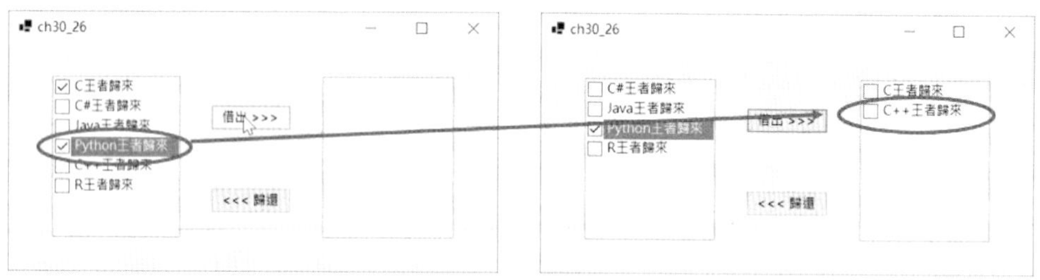

上述勾選索引 3 的 "Python 王者歸來 "，但是卻刪除了索引 4 的 "C++ 王者歸來 "，如何修正上述錯誤將是讀者的習題。

30-13 滑鼠事件

學習至此相信讀者一定學會了 Click 事件，其實這是最常用的滑鼠事件，當我們設計視窗應用程式時，使用滑鼠時其實還會有下列常見的事件：

DoubleClick：連按兩下事件。

MouseDown：按下滑鼠產生此事件。

MouseEnter：當滑鼠游標進入控制項產生此事件。

MouseHover：當滑鼠游標暫停在控制項時產生此事件。

MouseMove：當滑鼠移動會產生此事件。

MouseUp：當放開所按的滑鼠鍵時會產生此事件。

MouseLeave：當滑鼠游標離開控制項時產生次事件。

當有滑鼠事件產生時，相關的滑鼠事件管理程式的第 2 個參數類型會由 EventArgs e 改為是 MouseEventArgs e，由這個參數我們可以獲得滑鼠按鍵的相關訊息。

30-13-1　體會滑鼠事件實例

方案 ch30_27.sln：使用 ListBox 清單記錄滑鼠在 TextBox 的操作事件，如果連按 " 測試滑鼠事件 " 標籤兩下，此標籤會用藍色顯示。

```
namespace ch30_27
{
    public partial class Form1 : Form
    {
        public Form1()
        {
            InitializeComponent();
        }
        private void label1_DoubleClick(object sender, EventArgs e)
        {
            label1.ForeColor = Color.Blue;       // 標籤顏色改為藍色
        }
        private void textBox1_MouseEnter(object sender, EventArgs e)
        {
            listBox1.Items.Add("滑鼠進入TextBox");
        }
        private void textBox1_MouseLeave(object sender, EventArgs e)
        {
            listBox1.Items.Add("滑鼠離開TextBox");
        }
        private void textBox1_Click(object sender, EventArgs e)
        {
            listBox1.Items.Add("滑鼠按一下TextBox");
        }
        private void textBox1_DoubleClick(object sender, EventArgs e)
        {
            listBox1.Items.Add("滑鼠按兩下TextBox");
        }
    }
}
```

執行結果

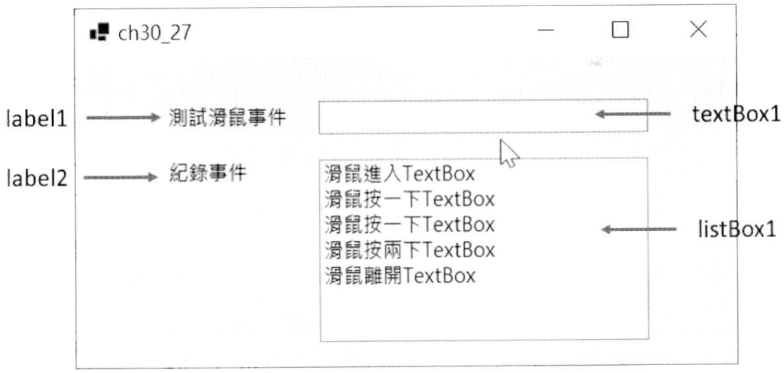

ch30_27

label1 → 測試滑鼠事件 ← textBox1

label2 → 紀錄事件

滑鼠進入TextBox
滑鼠按一下TextBox
滑鼠按一下TextBox
滑鼠按兩下TextBox
滑鼠離開TextBox
← listBox1

30-13-2 事件的 EventArgs e 參數

至今我們已經學會了控制項的基礎知識，也認識了事件處理程式的 sender 參數，事件處理程式的第 2 個參數是 EventArgs e 參數，在滑鼠事件中此參數類型是 MouseEventArgs，這個參數其實是紀錄滑鼠是按哪一個鍵，同時回傳滑鼠游標的座標，e 參數的屬性如下：

X：滑鼠游標的 X 座標。

Y：滑鼠游標的 Y 座標。

Button：可以了解是按滑鼠的哪一個按鈕，C# 是用列舉 (Enum)MouseButtons 處理按鈕值，相關參數值如下：

Left：按滑鼠左邊鍵。

Middle：按滑鼠中間鍵。

Right：按滑鼠右邊鍵。

None：沒有按滑鼠鍵。

方案 ch30_28.sln：建立 TextBox 當作測試，在此控制項按一下，可以在標籤欄位紀錄所按的鍵，同時輸出滑鼠游標在 TextBox 的座標。此 TextBox 的 BorderStyle 屬性是 Fixed3D，Mutiline 屬性是 True。lblEButton 的 AutoSize 屬性是 False，BorderStyle 屬性是 Fixed3D。

```
namespace ch30_28
{
    public partial class Form1 : Form
    {
        public Form1()
        {
            InitializeComponent();
        }
        private void textBox1_MouseUp(object sender, MouseEventArgs e)
        {
            string buttonMsg = string.Empty;
            switch (e.Button)
            {
                case MouseButtons.Left:
                    buttonMsg = "按左鍵";
                    break;
                case MouseButtons.Right:
                    buttonMsg = "按右鍵";
                    break;
                case MouseButtons.Middle:
                    buttonMsg = "按中間鍵";
                    break;
            }
            string loc = "X = " + e.X + ", " + "Y = " + e.Y;
            lblEButton.Text = buttonMsg + loc;
        }
    }
}
```

執行結果

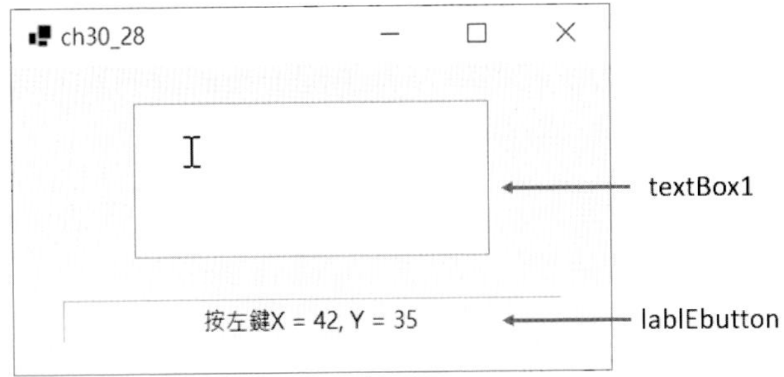

30-14 鍵盤事件

當某一控制項取得焦點時，針對鍵盤有按鍵發生時會產生鍵盤事件。

KeyDown：控制項取得焦點，有鍵盤按下時產生此事件。

KeyUp：控制項取得焦點，放開鍵盤按鍵時產生此事件。

KeyPress：控制項取得焦點時，有按鍵盤產生此事件。

鍵盤事件是先有 KeyDown 事件，然後有 KeyPress 事件，最後是 KeyUp 事件，當有鍵盤事件發生時，對於 KeyDown 和 KeyUp 事件而言，事件管理程式所傳遞的第 2 參數是 KeyEventArgs e。如果是 KeyPress 事件，則傳遞 KeyPressEventArgs e 參數。

30-14-1　KeyDown 和 KeyUp 事件

當有鍵盤按鍵產生時，KeyEventArgs e 的屬性如下：

Alt：回傳是否按 Alt 鍵。

Ctrl：回傳是否按 Ctrl 鍵。

Shift：回傳是否按 Shift 鍵。

KeyCode：回傳所按的鍵，可以由 Keys 列舉常數得知所按的鍵，例如：F1 … F12、D0 … D9(代表數字鍵)、A … Z(英文字母鍵)、Up、Down、Left、Right 代表方向鍵。

方案 ch30_29.sln：設計會動的功能鈕，這個程式可以在功能鈕取得焦點後，若是按 Alt、Ctrl 或是 Shift 鍵時將功能鈕名稱該為標記所按的鍵名稱。同時按 Up、Down、Left 和 Right 可以移動功能鈕，每次移動 10 個像素。

```
namespace ch30_29
{
    public partial class Form1 : Form
    {
        public Form1()
        {
            InitializeComponent();
        }
        private void button1_KeyUp(object sender, KeyEventArgs e)
        {
            switch (e.KeyCode)
            {
                case Keys.Up:
                    button1.Top -= 10;       // 往上移 10 像素
                    break;
                case Keys.Down:
                    button1.Top += 10;       // 往下移 10 像素
                    break;
                case Keys.Left:
                    button1.Left -= 10;      // 往左移 10 像素
                    break;
                case Keys.Right:
                    button1.Left += 10;      // 往右移 10 像素
                    break;
            }
        }
        private void button1_KeyDown(object sender, KeyEventArgs e)
        {
            if (e.Alt)
                button1.Text = "按 Alt 鍵";
            if (e.Shift)
                button1.Text = "按 Shift 鍵";
            if (e.Control)
                button1.Text = "按 Ctrl 鍵";
        }
    }
}
```

執行結果

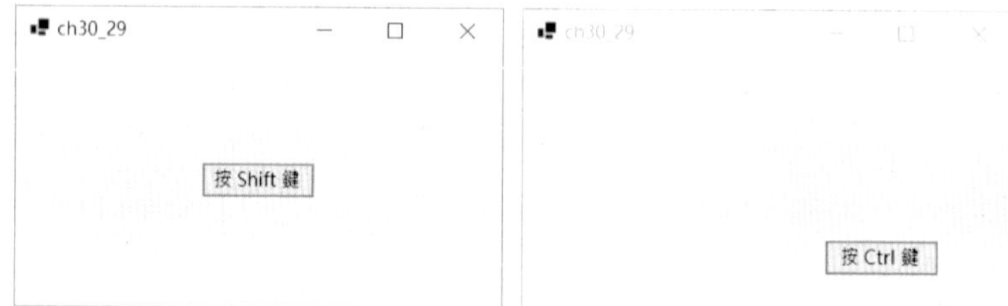

30-14-2 KeyPress 事件

當產生 KeyPress 事件後，事件處理程式產生的參數是 KeyPressEventArgs e，這個 e 的屬性如下：

KeyChar：使用者所按的字元。

Handled：預設是 false，表示不阻擋輸入。如果設為 true 則阻擋輸入。

方案 ch30_30.sln：成績輸入設計，這個程式在分數成績部分只能輸入 0 ~ 9 之間的數字，英文等級只能輸入 A、B、C 和 F。如果輸入錯誤，輸入會被阻擋，同時出現對話方塊告知輸入錯誤發生。

```
namespace ch30_30
{
    public partial class Form1 : Form
    {
        public Form1()
        {
            InitializeComponent();
        }

        private void txtScore_KeyPress(object sender, KeyPressEventArgs e)
        {
            int data = Convert.ToInt32(e.KeyChar);
            if (data == 13 || data == 8)      // Enter 或 Backspace 鍵被按
                return;
            // 0 的 ASCII 碼是 48, 9 的 ASCII 碼是 57
            if (data < 48 || e.KeyChar > 57)
            {
                e.Handled = true;
                MessageBox.Show("輸入錯誤,只能輸入 0 ~ 9數字", "ch30_30");
            }
        }

        private void txtGrade_KeyPress(object sender, KeyPressEventArgs e)
        {
            int data = Convert.ToInt32(e.KeyChar);
            if (data == 13 || data == 8)      // Enter 或 Backspace 鍵被按
                return;
            // A 的 ASCII 碼是 65, F 的 ASCII 碼是 70
            // D 的 ASCII 碼是 68, E 的 ASCII 碼是 69
            if ((data < 65 || e.KeyChar > 70) || (data >= 68 && data <= 69))
            {
                e.Handled = true;
                MessageBox.Show("輸入錯誤,只能輸入 A, B, C, F", "ch30_30");
            }
        }
    }
}
```

執行結果

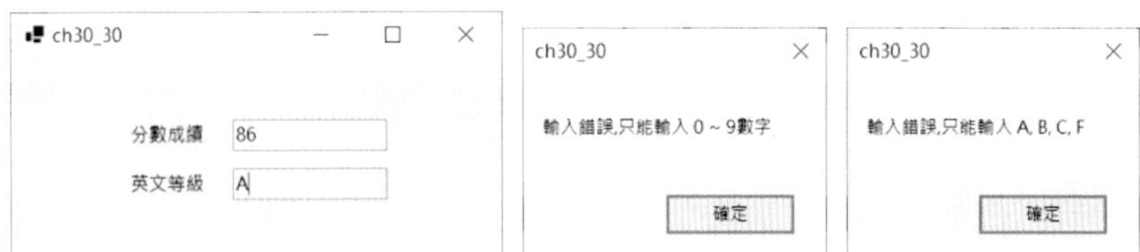

習題實作題

方案 ex30_1.sln：重新設計 ch30_1.sln，增加**復原**按鈕，可以恢復系統設定背景色。(30-2 節)

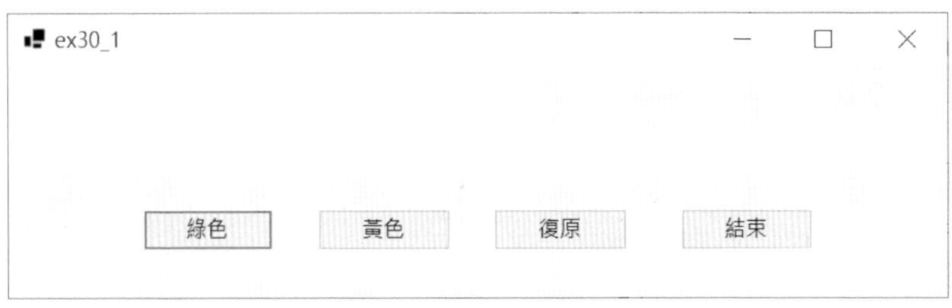

方案 ex30_2.sln：擴充設計 ch30_3.sln，下列是示範輸出畫面。(30-3 節)

方案 ex30_3.sln：銀行帳號系統設計，如果輸入密碼正確，輸出**歡迎進入深智銀行系統**訊息方塊。如果帳號錯誤，輸出**帳號錯誤**。如果帳號正確但是密碼錯誤，輸出**帳號正確密碼錯誤**。帳號是 abcdedgh，密碼是 12345678。下列是正確帳號與密碼畫面。(30-4 節)

下列是帳號與密碼錯誤的畫面。

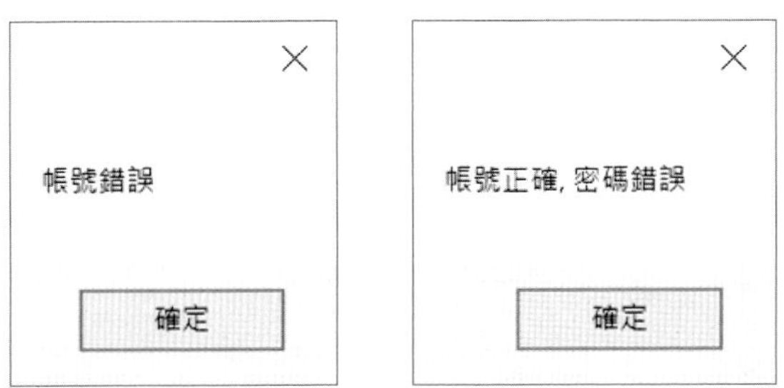

方案 ex30_4.sln：將 ch30_8.sln 改為多一個按鈕，所以有華氏轉攝氏按鈕和攝氏轉華氏按鈕。如果輸入錯誤會指出是哪一個欄位輸入錯誤。(30-4 節)

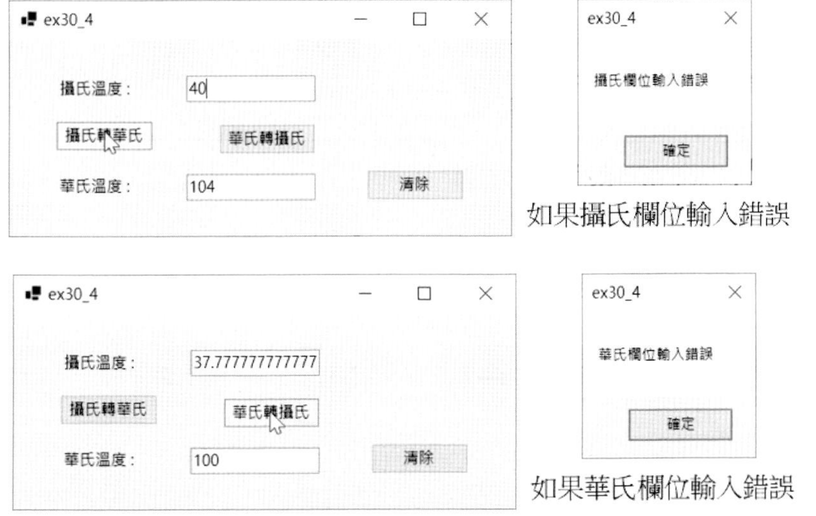

方案 ex30_5.sln：BMI(Body Mass Index) 指數又稱**身高體重指數 (也稱身體質量指數)**，是由比利時的科學家**凱特勒** (Lambert Quetelet) 最先提出，這也是世界衛生組織認可的健康指數，它的計算方式如下：

BMI = 體重(Kg) / 身高^2(公尺)

如果 BMI 在 18.5 – 23.9 之間，表示這是健康的 BMI 值。請輸入自己的身高和體重，然後列出是否在健康的範圍，國際健康組織針對 BMI 指數公布更進一步資料如下：

分類	BMI
體重過輕	BMI < 18.5
正常	18.5 <= BMI and BMI < 24
超重	24 <= BMI and BMI < 28
肥胖	BMI >= 28

如果身高欄位輸入錯誤或是體重欄位輸入錯誤，將列出輸入錯誤，BMI 值將取到小數第 2 位 (可以使用 Math.Round( ) 方法，請參考 6-7-3 節)。(30-4 節)

註 標題欄可以使用 Font 屬性設定字型、字體大小。

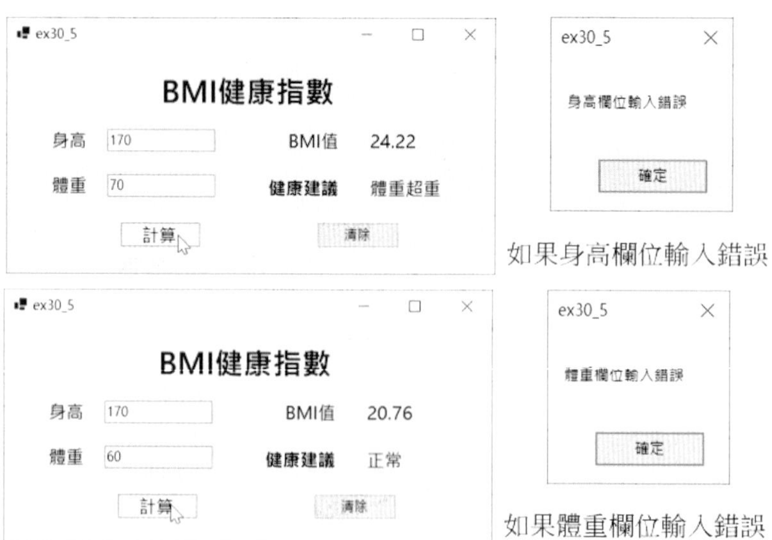

如果身高欄位輸入錯誤

如果體重欄位輸入錯誤

方案 ex30_6.sln：請參考 6-8-5 節的房屋貸款 ch6_25.sln，如果貸款金額、貸款年限或年利率欄位輸入錯誤，將列出輸入錯誤，每月還款金額將取到小數第 2 位。(30-4 節)

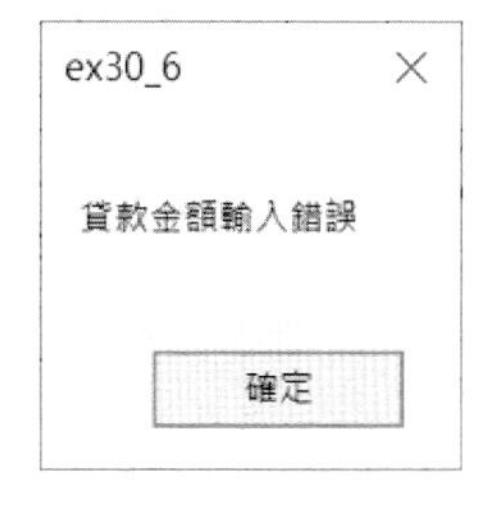

如果貸款金額輸入錯誤

方案 ex30_7.sln：擴充設計 ch30_16.sln，填完資料按**資料輸出**鈕，可以用訊息方塊輸出所填寫的資料。(30-5 節)

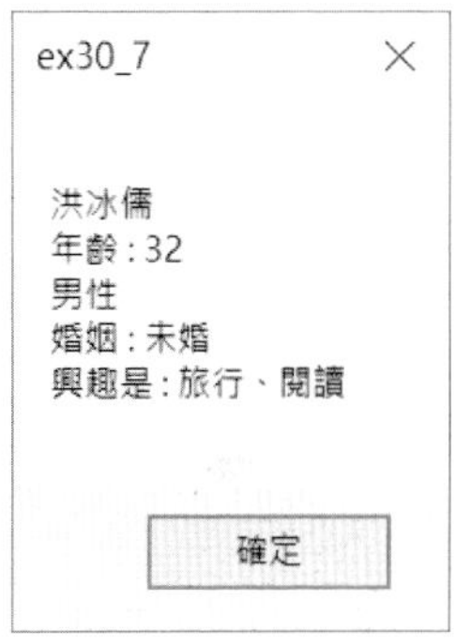

方案 ex30_8.sln：擴充設計 chd30_24.sln，增加會員和折價卷 ComboBox，如下所示：

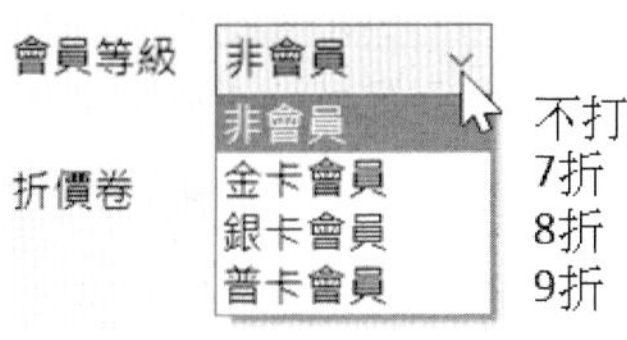

不打折
7折
8折
9折

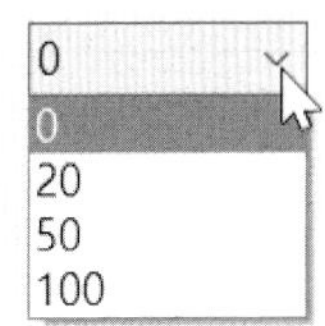

下列分別是程式執行初畫面與示範輸出。(30-11 節)

方案 ex30_9.sln：請修改 ch30_26.sln 的錯誤，以及擴充程式的標題，可以得到下列結果。(30-12 節)

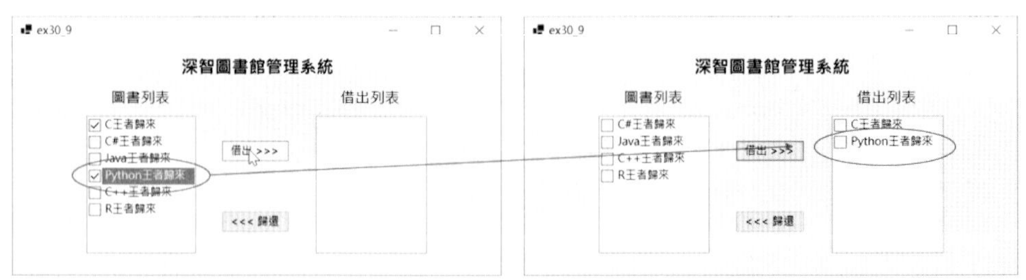

方案 ex30_10.sln：擴充 ch30_28.sln，當滑鼠游標離開 textBox1 時，lblEButton 復原顯示紀錄 e.Button 字串，執行結果畫面基本上和 ch30_28.sln 相同。

第 31 章

靜態影像邁向動態影像設計

這一章將介紹視窗設計時，與影像有關的控制項，同時講解如何將影像應用在功能鈕和標籤，讓整個視窗程式設計更精彩。

31-1 PictureBox 圖片方塊

PictureBox 我們可以翻譯為**圖片方塊**，PictureBox，這個控制項可以建立**圖片方塊**。點選此控制項後，將滑鼠游標移到表單區可以看到圖示，可以用此圖示拖曳建立不同大小的圖片方塊，圖片方塊的預設名稱 (Name) 是 pictureBox1。視窗設計時使用 PictureBox 控制項可以讓畫面更精彩，我們可以在建立表單階段載入影像，也可以在程式設計階段載入影像，甚至也可以使用 PictureBox 設計動態影像。目前 PictureBox 圖片方塊可以接受點陣圖 (.bmp)、中繼檔案 (.wmf)、圖示 (.ico)、JPEG 圖檔 (.jpg 或 .jpeg)、PNG 圖檔 (.png)、GIF 檔案 (.gif) 等。

31-1-1 PictureBox 常用屬性

PictureBox 許多屬性是和表單相同，下列是幾個常用的屬性。

PictureBox 屬性名稱	說明
Image	影像檔案。
SizeMode	影像在圖片方塊的顯示方式，有 5 種顯示方式： Normal：這是預設，影像以正常大小顯示在圖片方塊左上角。 StretchImage：自動將影像放大到和圖片方塊相同。 AutoSize：自動將圖片方塊放大到和影像相同。 CenterImage：影像會在圖片方塊中央。 Zoom：以不超出方塊範圍將影像寬和高用相同比例放大。
Left 和 Top	Left 表示圖片方塊左邊距離表單左邊的距離。 Top 表示圖片方塊上邊距離表單上邊的距離。

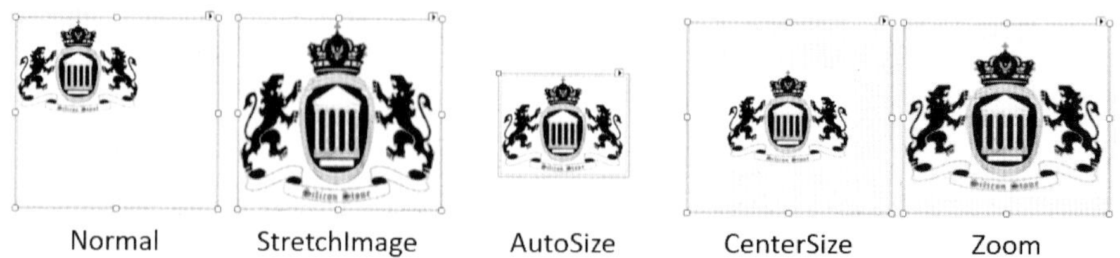

31-1-2　程式設計圖片方塊位置

閱讀至此章節，讀者應該很熟悉 Location 屬性，在設計階段我們可以使用 Location.X 和 Location.Y 代表水平 (X 軸) 和垂直 (Y 軸) 的位置。也可以使用 Point 物件設定圖片方塊座標，如下所示：

```
pictureBox1.Location.X = 20;
pictureBox1.Location.Y = 10;
```

上述可以用下列 Point 物件簡化程式設計。

```
pictureBox1.Location = new Point(20, 10);
```

此外，PictureBox 也有提供 Left 和 Top，上述也可以使用下列表示：

```
pictureBox1.Left = 20;
pictureBox1.Top = 10;
```

31-1-3　程式設計影像大小

當 SizeMode 屬性設定是 AutoSize 時，就可以讓影像和圖片方塊大小相同。前一章相信讀者也熟悉 Size 設定，我們可以使用 Size.Width 和 Size.Height 屬性設定圖片方塊的大小，也可以使用 Size 物件，如下所示：

```
pictureBox1.Size.Width = 200;
pictureBox1.Size.Height = 100;
```

下列是使用 Size 物件設計：

```
pictureBox1.Size = new Size(200, 100);
```

31-1-4　載入與刪除影像

❑　載入影像

可以使用 Image 屬性取得載入影像的物件。

```
pictureBox1.Image = Image.FromFile(影像路徑);
```

或是

```
pictureBox1.Image = new Bitmap(影像路徑);
```

註　為了圖片可攜性，建議將圖片放在未來可執行檔案相同資料夾，這也可以簡化程式，只要寫圖片名稱即可。

❑　刪除影像

pictureBox1.Image = null;

31-1-5　靜態到動態影像實例

方案 ch31_1.sln：載入與刪除影像的實例，這個程式同時可以設定 4 種 SizeMode。

註　讀者閱讀至此應該已經熟悉控制項**標題** (Text)、**名稱** (Name)、**位置** (Location) 與**大小** (Size)，所以不再敘述這方面屬性，讀者可以將程式載入 Visual Studio 查閱。

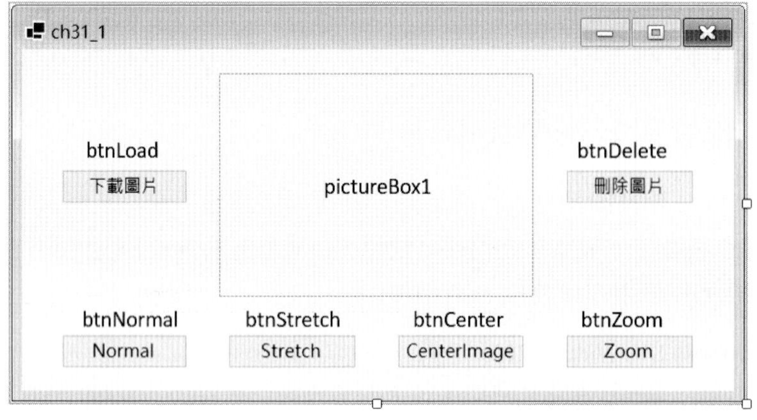


```
namespace ch31_1
{
    public partial class Form1 : Form
    {
        public Form1()
        {
            InitializeComponent();
        }
        private void btnLoad_Click(object sender, EventArgs e)
        {
            pictureBox1.SizeMode =PictureBoxSizeMode.Normal;
            pictureBox1.BorderStyle = BorderStyle.Fixed3D;      // 圖片外框
            pictureBox1.Image = Image.FromFile("sse.gif");      // 圖檔
        }
        private void btnDelete_Click(object sender, EventArgs e)
        {
            pictureBox1.Image = null;                           // 刪除顯示圖片
        }
```

```
19          private void btnNormal_Click(object sender, EventArgs e)
20          {
21              pictureBox1.SizeMode = PictureBoxSizeMode.Normal;    // 顯示模式
22          }
23          private void btnStretch_Click(object sender, EventArgs e)
24          {
25              pictureBox1.SizeMode = PictureBoxSizeMode.StretchImage; // 顯示模式
26          }
27          private void btnCenter_Click(object sender, EventArgs e)
28          {
29              pictureBox1.SizeMode = PictureBoxSizeMode.CenterImage;  // 顯示模式
30          }
31          private void btnZoom_Click(object sender, EventArgs e)
32          {
33              pictureBox1.SizeMode = PictureBoxSizeMode.Zoom;         // 顯示模式
34          }
35      }
36  }
```

執行結果

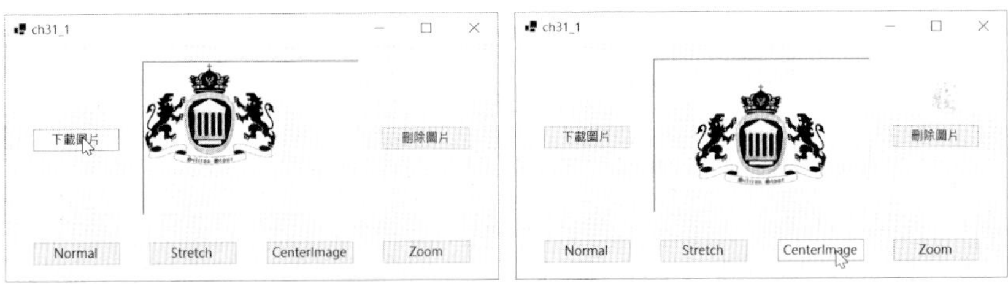

上述程式第 11 行是設定 SizeMode 是 Normal，第 12 行是設定圖片方塊外框是 Fixed3D，第 13 行是顯示圖片 sse.gif，這個圖片沒有設定路徑，所以必須與可執行檔案 ch31_1.exe 放在相同路徑。其他方法則是依據功能鈕，然後設定圖片在圖片方塊顯示的方法。

方案 ch31_2.sln：從壓縮到解壓縮影像實例，這個實例可以使用 comboBox1 選擇影像檔案，點選**上到下**鈕可以從上到下解壓縮影像，點選**左到右**鈕可以從左到右解壓縮影像。此程式的工作原理是當圖片方塊的高度 (Height) 從小逐步變大，或是圖片方塊的寬度 (Width) 從小逐步變大，有類似解壓縮的效果。

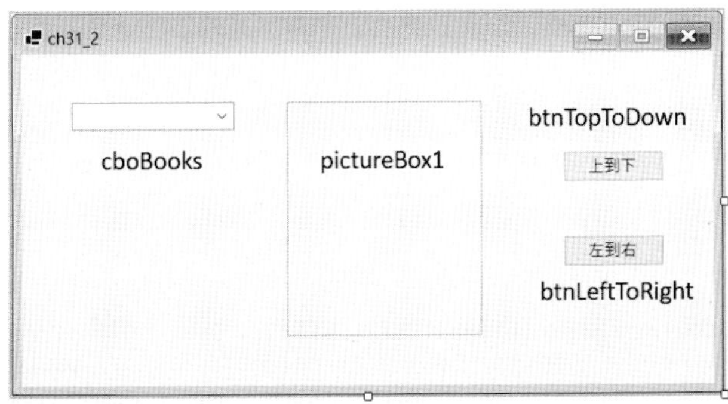

```
namespace ch31_2
{
    public partial class Form1 : Form
    {
        public Form1()
        {
            InitializeComponent();
        }
        private void Form1_Load(object sender, EventArgs e)
        {
            InitialCboBooks();                  // 最初化cboBooks
            // 最初化 pictureBox1
            pictureBox1.SizeMode = PictureBoxSizeMode.StretchImage;
        }
        private void InitialCboBooks()
        {
            string[] books = {"Python王者歸來",
                              "演算法",
                              "C王者歸來"};
            cboBooks.Items.AddRange(books);         // 建立書籍項目
            // 書籍品項無法更改 DropDownList
            cboBooks.DropDownStyle = ComboBoxStyle.DropDownList;
            cboBooks.SelectedIndex = 0;             // 顯示索引 0
        }
        private void cboBooks_SelectedIndexChanged(object sender, EventArgs e)
        {
            if (cboBooks.Text.Equals("Python王者歸來"))
            {
                pictureBox1.Image = Image.FromFile("python.jpg");
            }
            if (cboBooks.Text.Equals("演算法"))
            {
                pictureBox1.Image = Image.FromFile("algorithm.jpg");
            }
            if (cboBooks.Text.Equals("C王者歸來"))
            {
                pictureBox1.Image = Image.FromFile("clang.jpg");
            }
        }
        // 從上到下解壓縮影像
        private void btnTopToDown_Click(object sender, EventArgs e)
        {
            int width = pictureBox1.Size.Width;           // pictureBox1原先寬度
            int height = pictureBox1.Size.Height;         // pictureBox1原先高度
            for (int h = 0; h <= height; h += 10)         // 上到下每次增加 10
            {
                pictureBox1.Size = new Size(width, h);    // 重設pictureBox1高度
                DateTime now = DateTime.Now;              // 記錄目前時間
                do                                        // 設定 100 毫秒
                {
                    Application.DoEvents();               // 系統控制交給作業系統
                } while ((DateTime.Now - now).TotalMilliseconds < 100);
            }
        }
        // 從左到右解壓縮影像
        private void btnLeftToRight_Click(object sender, EventArgs e)
        {
            int width = pictureBox1.Size.Width;           // pictureBox1原先寬度
            int height = pictureBox1.Size.Height;         // pictureBox1原先高度
```

```
60                for (int w = 0; w <= width; w += 10)          // 左到右每次增加 10
61                {
62                    pictureBox1.Size = new Size(w, height); // 重設pictureBox1寬度
63                    DateTime now = DateTime.Now;            // 記錄目前時間
64                    do                                      // 設定 100 毫秒
65                    {
66                        Application.DoEvents();             // 系統控制交給作業系統
67                    } while ((DateTime.Now - now).TotalMilliseconds < 100);
68                }
69            }
70        }
71    }
```

執行結果

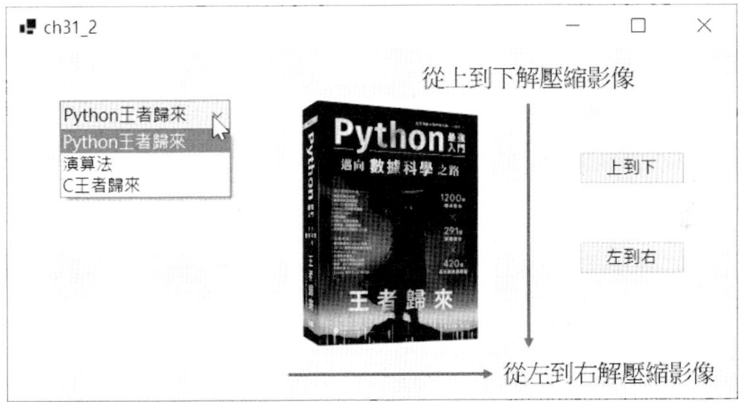

上述程式第 51 和 66 行有 Application.DoEvents( ) 這是將控制權交給作業系統，這個階段作業系統可以執行其他工作。**註**：8-8 節有介紹 Thread.Sleep( ) 方法可以讓程式在指定時間休息，設計比較簡單，使用 Application.DoEvents( ) 好處是作業系統可以在此執行其他工作。

31-2 影像應用在表單背景

29-7-3 節有說明可以使用 Visual Studio 的編輯環境設定表單背景，其實也可以使用 BackgroundImage 屬性設定表單背景，此時語法如下：

```
BackgroundImage = Image.FromFile(影像路徑);
```

或是

```
BackgroundImage = new Bitmap(影像路徑);
```

BackgroundImageLayout 則是可以設定影像在表單的顯示方式，有 5 種顯示方式：

None：這是預設，表示沒有影像。

Tile：當影像比較小時，以方磚方式從左上角開始放置，依次往右再往下。

Center：影像會在圖片方塊中央。

Stretch：自動將影像放大到和表單大小相同。

Zoom：以不超出方塊範圍將影像寬和高用相同比例放大。

方案 ch32_2_1.sln：點選功能鈕可以建立表單背景圖案。

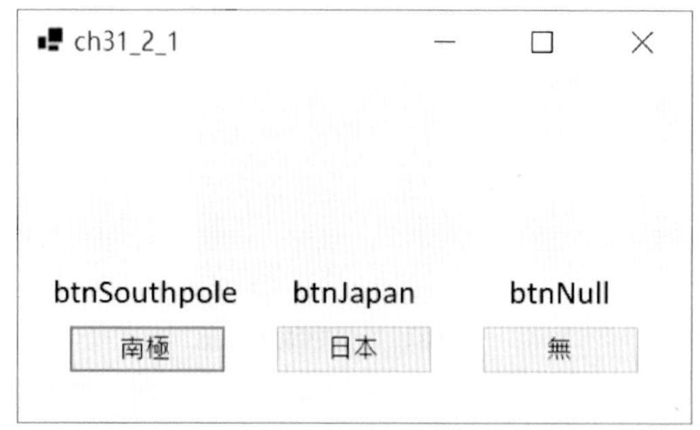


```
namespace ch31_2_1
{
    public partial class Form1 : Form
    {
        public Form1()
        {
            InitializeComponent();
            BackgroundImageLayout = ImageLayout.Stretch;
        }

        private void btnSouthpole_Click(object sender, EventArgs e)
        {
            BackgroundImage = new Bitmap("southpole.jpg");
        }

        private void btnJapan_Click(object sender, EventArgs e)
        {
            BackgroundImage = new Bitmap("japan.jpeg");
        }

        private void btnNull_Click(object sender, EventArgs e)
        {
            BackgroundImage = null;
        }
    }
}
```

執行結果

31-3 影像應用在 Button

影像也可以應用在 Button，這時需要的屬性是 Image，將影像放在 Button 的語法如下：

button1.Image = Image.FromFile(影像路徑);

或是

button1.Image = new Bitmap(影像路徑);

屬性 ImageAlign 可以設定影像在 Button 的位置，這是井字型，有 9 個位置可以設定，預設是 MiddleCenter，9 個屬性位置值可以參考 30-2-1 節。

方案 ch31_2_2.sln：將 sun.gif 影像放在 Button 的應用。

```
namespace ch31_2_2
{
    public partial class Form1 : Form
    {
        public Form1()
        {
            InitializeComponent();
        }

        private void Form1_Load(object sender, EventArgs e)
        {
            button1.Image = new Bitmap("sun.gif");
        }
    }
}
```

執行結果

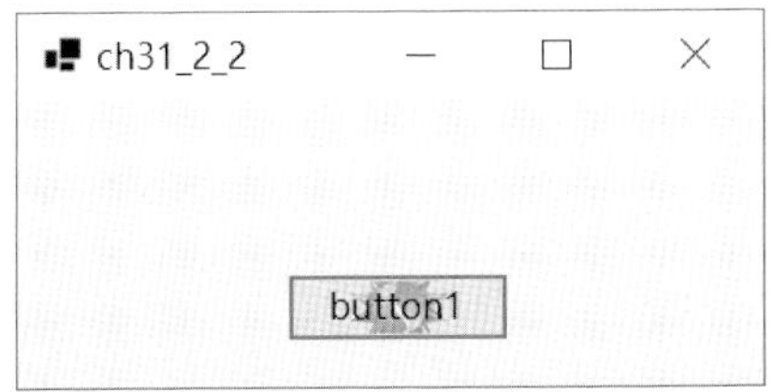

31-4 標籤內含影像

影像也可以應用在 Label，這時需要的屬性是 Image，將影像放在 Label 的語法如下：

label1.Image = Image.FromFile(影像路徑);

或是

label1.Image = new Bitmap(影像路徑);

屬性 ImageAlign 可以設定影像在 Label 標籤的位置，這是井字型，有 9 個位置可以設定，預設是 MiddleCenter，9 個屬性位置值可以參考 30-2-1 節。

方案 ch31_2_3.sln：將 sse.gif 影像放在 Label 標籤的應用，這個程式需點一下標籤才可以顯示標籤內容，主要是讓讀者學會 Click 標籤事件。**註**：AutoSzie 設為 False。

```
namespace ch31_2_3
{
    public partial class Form1 : Form
    {
        public Form1()
        {
            InitializeComponent();
        }

        private void label1_Click(object sender, EventArgs e)
        {
            label1.Text = "SSE國際證照";
            label1.TextAlign = ContentAlignment.TopCenter;
            label1.Image = new Bitmap("sse.gif");
        }
    }
}
```

執行結果

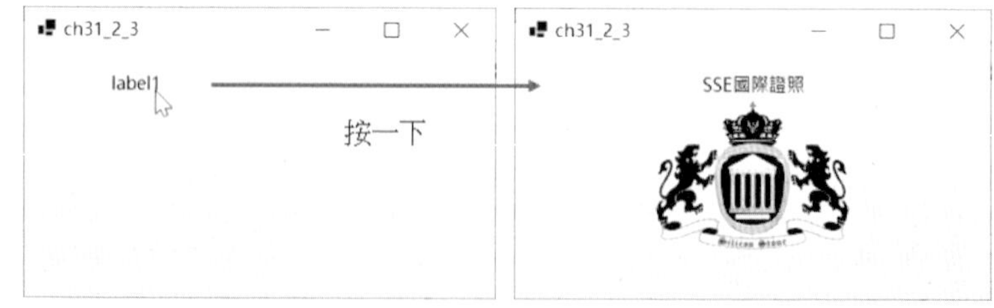

上述筆者沒有特別設定 label1.ImageAlign，因為使用預設 MiddleCenter 屬性。

31-5 ImageList 影像串列

31-5-1 建立控制項與影像串列關聯

Imagelist 可以翻譯為影像串列， ImageList 。這個工具是在工具箱 / 元件選項內，可以參考下方左圖：

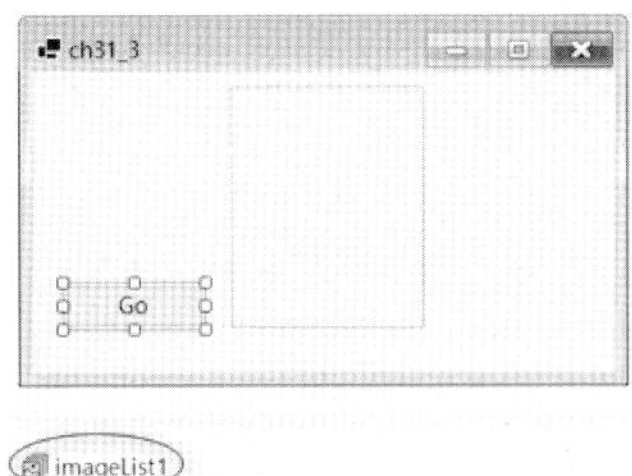

這個不是應用在表單 (Form) 的工具，而是供控制項使用的幕後工具，例如：圖片方塊、功能鈕、標籤、… 等使用。建立 ImageList 物件成功後，此物件也不是在表單內顯示，而是在表單的下方顯示，可以參考上方右圖。程式設計時可以將多張影像同時載入 ImageList 內，然後將控制項與 ImageList 做關聯，假設控制項是 PictureBox 工具，可以用下列方式做關聯：

```
pictureBox1.ImageIndex = imageList1.Images[index]
```

上述相當於讓 pictureBox1 顯示影像串列索引 index 的影像。未來程式設計時，可以讓 pictureBox1 切換顯示不同索引的影像，這可以簡化設計，同時達到設計動畫的目的。

31-5-2 建立影像串列內容

預設影像串列的影像大小 ImageSize 是 16 x 16 像素，建議改為 255x255 像素，當我們要建立影像串列時，可以依照影像大小重新設定影像。下列是筆者繪製，130 x 210 的火柴人系列影像。

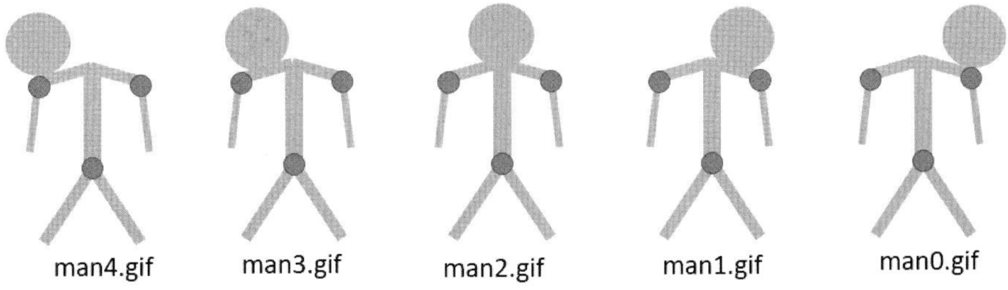

未來可以使用影像集合編輯器，將上述影像檔案載入影像串列 ImageList。

31-5-3　建立動態火柴人

方案 ch31_3.sln：建立動態火柴人，請先建立表單 ch31_3，在此表單內建立 pictureBox1 和 button1，然後建立 imageList1，請點選 imageList1，然後將 ImageSize 改為 140, 230，點選 button1 後可以讓頭像往左移動 10 次，每次可以回到右邊。

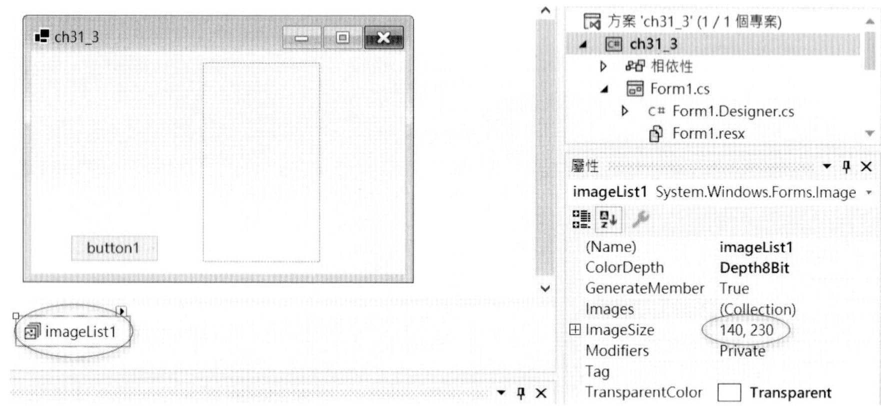

接下來點選 Image (Collection) 右邊的 ... 圖示，可以開啟**影像集合編輯器**，在 ~ch31_3\bin\Debug\net6.0-windows 資料夾內有 man0.gif … man4.gif，請按**新增**鈕新增這些檔案。

建立完成後請按**確定**鈕，接著可以設計下列程式就可以有動畫的火柴人。

```
namespace ch31_3
{
    public partial class Form1 : Form
    {
        public Form1()
        {
            InitializeComponent();
        }
        static int index = 0;
        private void Form1_Load(object sender, EventArgs e)
        {
            pictureBox1.SizeMode = PictureBoxSizeMode.CenterImage;
            pictureBox1.Image = imageList1.Images[index]; // 顯示索引 0 的影像
        }

        private void button1_Click(object sender, EventArgs e)
        {
            for (int loop = 0; loop < 10; loop++)
            {
                index = 0;
                while (index <= 4)
                {
                    pictureBox1.Image = imageList1.Images[index++];
                    DateTime now = DateTime.Now;         // 記錄目前時間
                    do                                   // 設定 100 毫秒
                    {
                        Application.DoEvents();          // 系統控制交給作業系統
                    } while ((DateTime.Now - now).TotalMilliseconds < 200);
                }
            }
        }
    }
}
```

執行結果

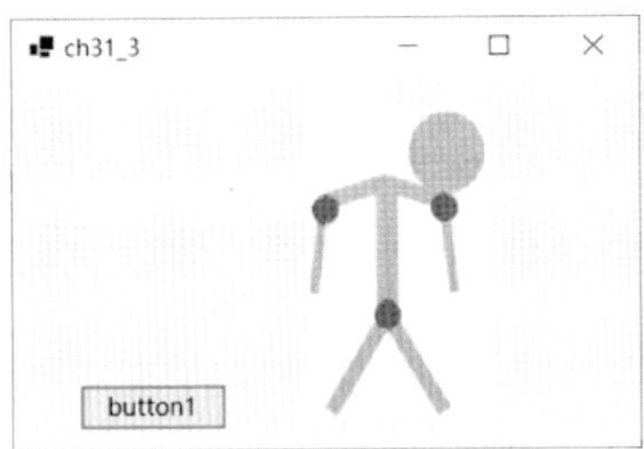

31-6 Timer 計時器控制項

31-6-1 建立控制項與影像串列關聯

Timer 可以翻譯為計時器， Timer。這個工具是在**工具箱 / 元件**選項內，可以參考下方左圖：

這個工具和 ImageList 一樣不是應用在表單 (Form) 的工具，而是供控制項使用的幕後工具，主要是做計時工作，相當於是每隔一段時間，執行特定的工作一次。建立 Timer 物件成功後，此物件也不是在表單內顯示，而是在表單的下方顯示，可以參考上方右圖。

31-6-2 啟動與結束計時功能

啟動計時功能可以使用 Start( ) 方法，結束計時功能可以使用 Stop( ) 方法。

註 建立計時控制項物件後，Enabled 屬性是 false，表示計時器尚未啟動。也可以設定 Enabled 屬性是 true，啟動計時器。

31-6-3 計時器原理

在前面的小節，筆者使用 do 迴圈，讓時間停頓，達到設計動畫的目的。有了計時器控制項，可以使用 Interval 屬性，設定時間間隔觸動計時器的 Tick 事件。若是想要結束觸動 Tick 事件，可以使用 Stop( ) 方法或是將 Enabled 屬性設為 False，使用計時器可以讓程式設計比較簡單。

31-6-4 走馬燈的設計

方案 ch31_4.sln：這個程式若是按左到右鈕，可以讓 "C# 王者歸來 " 從左到右捲動。若是按**暫停**鈕，可以暫停走馬燈運作，這個程式每 0.2 秒 (第 13 行) 觸動一次計時方法 timer1_Tick( )(第 26 ~ 35 行)，每次移動 10 像素 (第 33 行)。**註**：程式畫面有從右到左鈕，這是讀者的習題，讓走馬燈從右到左移動。

```
1  namespace ch31_4
2  {
3      public partial class Form1 : Form
4      {
5          public Form1()
6          {
7              InitializeComponent();
8          }
9          private int xpos, ypos;          // label1座標
10         public string mode;              // label1捲動模式
11         private void Form1_Load(object sender, EventArgs e)
12         {
13             timer1.Interval = 200;       // 每隔 0.2 秒觸動 Tick事件
14         }
15         private void btnLeftToRight_Click(object sender, EventArgs e)
16         {
17             xpos = label1.Location.X;    // 設定 xpos 座標
18             ypos = label1.Location.Y;    // 設定 ypos 座標
19             mode = "左到右";              // 走馬燈捲動模式
20             timer1.Start();              // 開啟計時器
21         }
22         private void btnStop_Click(object sender, EventArgs e)
23         {
24             timer1.Stop();               // 關閉計時器
25         }
26         private void timer1_Tick(object sender, EventArgs e)
27         {
28             if (mode == "左到右")
29             {
30                 if (xpos >= this.ClientSize.Width - label1.Width)   // 超出表單寬度
31                     xpos = 0;                                       // 設定最左邊
32                 label1.Location = new Point(xpos, ypos);            // 標籤位置
33                 xpos += 10;                                         // 每次增加 10
34             }
35         }
36     }
37 }
```

執行結果 下列是標籤字串捲動到不同位置的畫面。

31-7 專題 – 飛舞的蝴蝶

這一節將使用已經介紹的 ImageList 和 Timer 控制項設計飛舞的蝴蝶。

31-7-1 先前準備工作

在 ch31 資料夾有 fly1.png、fly2.png、fly3.png 和 fly4.png，如下所示：

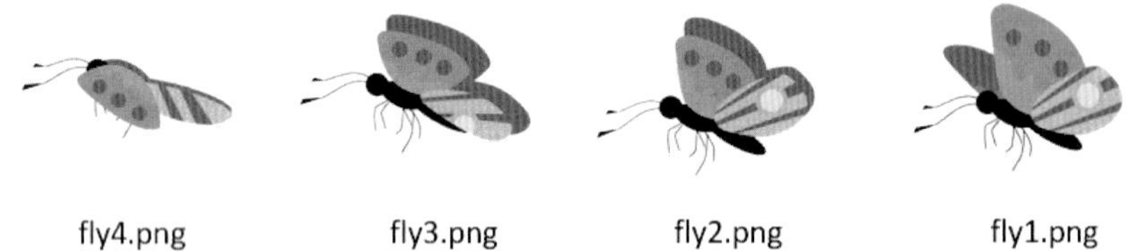

fly4.png fly3.png fly2.png fly1.png

31-7-2 擺翅的蝴蝶

方案 ch31_5.sln：在 31-5-3 節的方案 ch31_3.sln 筆者設計了動態火柴人，參照該實例，將 pictureBox1 的大小改為 255x255，同時用 fly1.png ~ fly4.png 影像，就可以完成擺動翅膀的蝴蝶。註：程式與 ch31_3.sln 相同。

執行結果

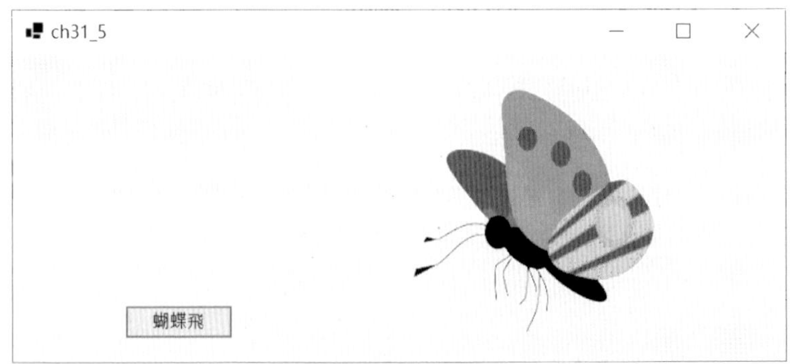

31-7-2 移動的蝴蝶 – 翅膀沒有擺動

方案 ch31_6.sln：31-6-4 節使用計時器 (Timer) 設計走馬燈程式，這一節程式是使用該原理，設計每 0.2 秒蝴蝶往左移動 20 個像素。**註**：這個程式已經將 4 隻蝴蝶載入 imageList1，但是沒有切換蝴蝶，所以只看到蝴蝶方塊移動。

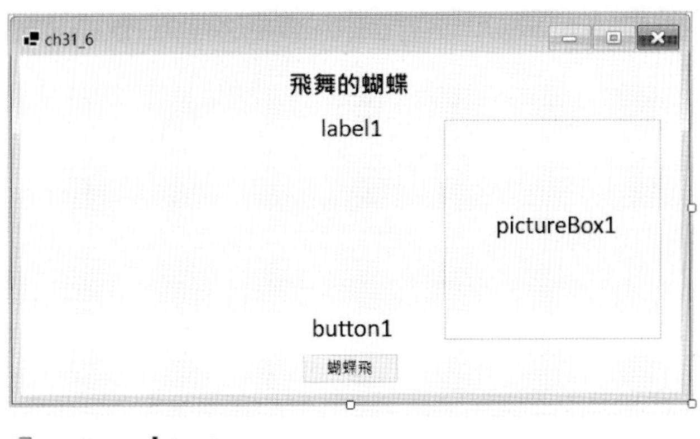


```
namespace ch31_6
{
    public partial class Form1 : Form
    {
        public Form1()
        {
            InitializeComponent();
        }
        static int index = 0;                               // 圖片索引 0
        private int xpos, ypos;                             // 圖片方塊 X 和 Y座標
        private void Form1_Load(object sender, EventArgs e)
        {
            pictureBox1.SizeMode = PictureBoxSizeMode.CenterImage;
            pictureBox1.Image = imageList1.Images[index]; // 顯示索引 0 的影像
            timer1.Interval = 200;                      // 每隔 0.2 秒觸動 Tick事件
        }
        private void timer1_Tick(object sender, EventArgs e)
        {
            if (xpos <= 0)                                  // 超出表單最左位置
                xpos = this.ClientSize.Width - pictureBox1.Width; // 設定最右邊
            pictureBox1.Location = new Point(xpos, ypos);   // 圖片方塊重新定位
            xpos -= 20;                                     // 每次左移 20
        }
        private void button1_Click(object sender, EventArgs e)
        {
            xpos = pictureBox1.Location.X;              // 取得蝴蝶圖片方塊 X 座標
            ypos = pictureBox1.Location.Y;              // 取得蝴蝶圖片方塊 Y 座標
            timer1.Start();                             // 啟動計時器
        }
    }
}
```

執行結果

上述程式設計是每 0.2 秒 (可以參考第 15 行) 蝴蝶向左移動 20 像素 (可以參考第 22 行)。

31-7-3　飛舞的蝴蝶

方案 ch31_7.sln：設計飛舞的蝴蝶，本程式基本上是 ch31_5.sln 和 ch31_6.sln 的組合，也就是翅膀會擺動，同時蝴蝶會向左移動。這個程式使用了 2 個 Timer，一個 Timer 每 0.2 秒控制蝴蝶移動稱 tmrMove(可以參考第 18 ~ 24 行)，另一個 Timer 每 0.1 秒控制翅膀擺動稱 tmrFly(可以參考第 25 ~ 32 行)，當按**蝴蝶飛鈕**，可以看到蝴蝶往左飛，飛到左邊盡頭後會從右邊重新開始。

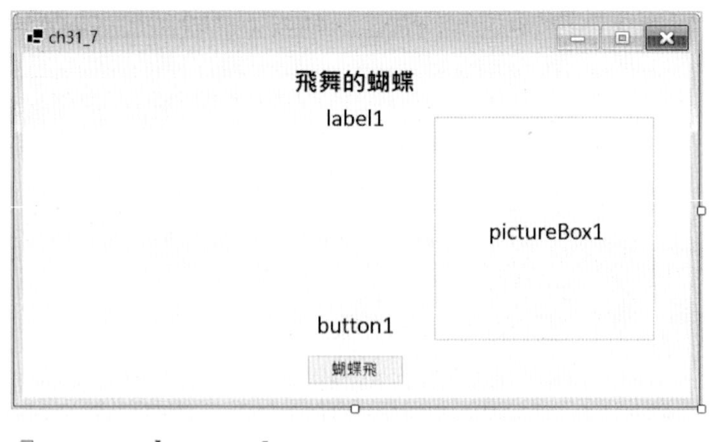

```
namespace ch31_7
{
    public partial class Form1 : Form
    {
        public Form1()
        {
            InitializeComponent();
        }
        static int index = 0;                                  // 圖片索引 0
        private int xpos, ypos;                                // 圖片方塊 X 和 Y座標
        private void button1_Click(object sender, EventArgs e)
        {
            xpos = pictureBox1.Location.X;                     // 取得蝴蝶圖片方塊 X 座標
            ypos = pictureBox1.Location.Y;                     // 取得蝴蝶圖片方塊 Y 座標
            tmrMove.Start();                                   // 啟動往左飛計時器
            tmrFly.Start();                                    // 啟動翅膀擺動計時器
        }
        private void tmrMove_Tick(object sender, EventArgs e)
        {
            if (xpos <= 0)                                         // 超出表單最左位置
                xpos = this.ClientSize.Width - pictureBox1.Width;  // 設定最右邊
            pictureBox1.Location = new Point(xpos, ypos);          // 圖片方塊重新定位
            xpos -= 20;                                            // 每次左移 20
        }
        private void tmrFly_Tick(object sender, EventArgs e)
        {
            pictureBox1.Image = imageList1.Images[index++]; // 設定顯示蝴蝶
            if (index == 3)                                 // 如果蝴蝶索引超過3
                index = 0;                                  // 重置索引
            else
                index++;                                    // 索引加 1
        }
        private void Form1_Load(object sender, EventArgs e)
        {
            pictureBox1.SizeMode = PictureBoxSizeMode.CenterImage;
            pictureBox1.Image = imageList1.Images[index]; // 顯示索引 0 的影像
            tmrMove.Interval = 200;       // 每隔 0.2 秒觸動tmrMove的 Tick事件
            tmrFly.Interval = 100;        // 每隔 0.1 秒觸動tmrFly的 Tick事件
        }
    }
}
```

執行結果

習題實作題

方案 ex31_1.sln：擴充設計 ch31_2.sln，增加設計預覽圖片方塊，也可以使用點選圖片方塊達到切換圖片的目的，下列是切換顯示的畫面和選擇不同畫面的結果，本書圖片檔案在 ch31 資料夾。(31-1 節)

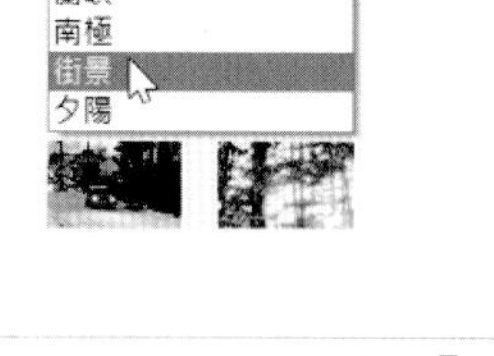

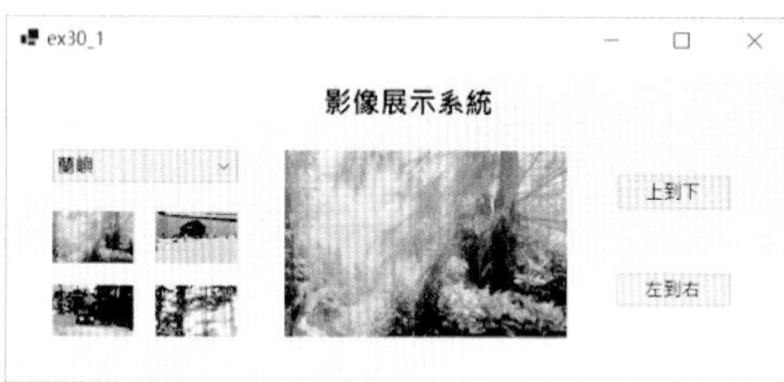

方案 ex31_2.sln：設計按鈕依據按鈕名稱配置圖案 sun.gif，然後按一下按鈕，可以調整 sse.gif 位置，程式開始時圖案是配置在 MiddleCenter。(31-4 節)

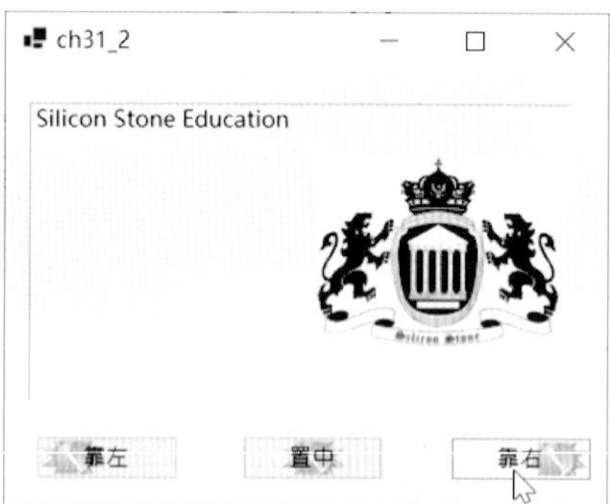

方案 ex31_3.sln：重新設計 ch31_2_3.sln，增加**圖靠右**鈕，按一下此鈕可以讓右邊出現 sse.gif 影像，左邊是文字。按一下**圖靠左**鈕可以讓左邊出現 sse.gif 影像，右邊是文字。(31-4 節)

方案 ex31_4.sln：擴充設計 ch31_4.sln，為**右到左**功能鈕增加功能，可以讓走馬燈字串，往左移動。(31-6 節)

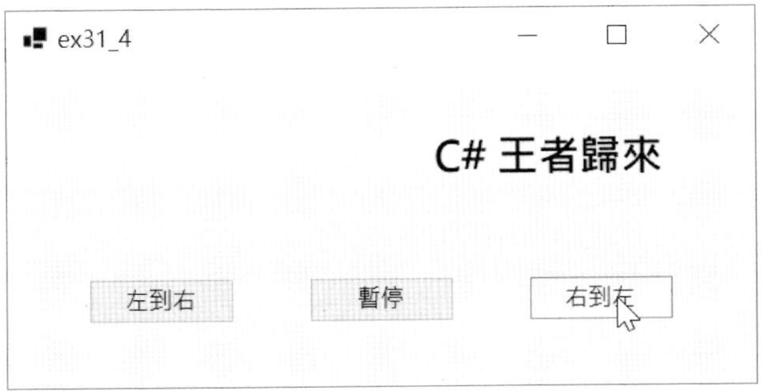

方案 ex31_5.sln：更改設計 ch31_7.sln，在 ch31 資料夾有 butterFly1.png ~ butterFly5.png 等 5 隻蝴蝶，請設計蝴蝶可以向右飛，同時按暫停飛鈕可以暫時停止飛行。(31-7 節)

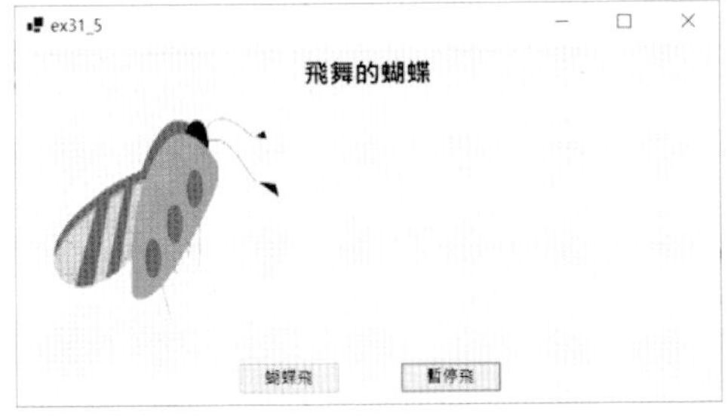

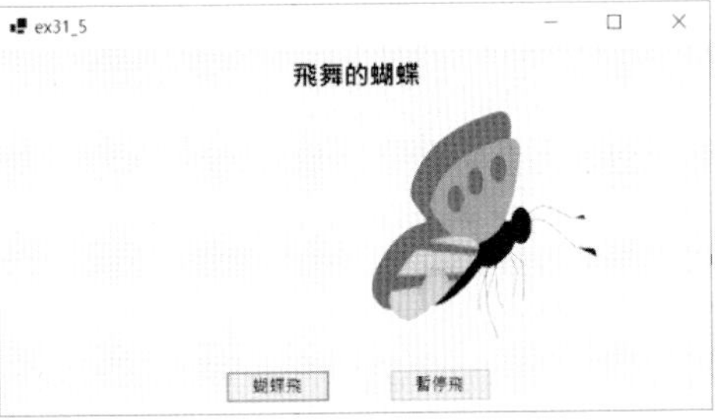

第 32 章

常用的控制項

這一章將針對設計視窗應用程式常用的控制項做解 。

32-1 ToolTip 提示說明

ToolTip 可以翻譯為**提示說明**，ToolTip，當滑鼠游標放在控制項上時，會出現小矩形快顯視窗顯示控制項的簡短說明，這個工具圖示位置可以參考下圖。

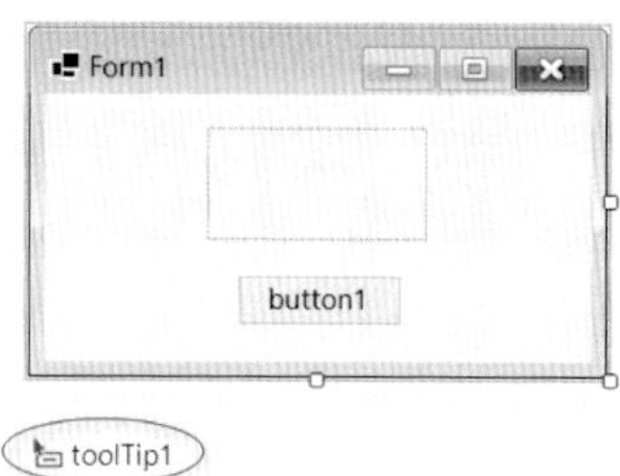

這個不是應用在表單 (Form) 的工具，而是供控制項使用的幕後工具，和 ImageList 一樣建立 ToolTip 物件成功後，此物件也不是在表單內顯示，而是在表單的下方顯示，可以參考上方右圖。

32-1-1　ToolTip 常用屬性

ToolTip 許多屬性是和其他控制項相同，可以在屬性視窗設定，或是使用程式碼設定。當建立 ToolTip 工具後，比較不一樣的是原先表單的控制項會增加 ToolTip 屬性，使用者可以在此輸入該控制項的提示說明。下列是 ToolTip 控制項幾個常用的屬性。

ToolTip 屬性名稱	說明
Active	是否有作用，預設是 true。如果是 false，則此工具沒有作用，如果要設定此為 false，如下所示： toolTip1.Active = false;
AutomaticDelay	設定自動延遲時間顯示 ToolTip 文字。單位是毫秒，1000 等於 1 秒，這個時間單位可以應用在 AutoPopDelay 和 InitialDelay。
AutoPopDelay	可以設定顯示提示說明文字的時間長度。
InitialDelay	設定游標指向控制項時間長度，才會顯示提示說明文字。
IsBalloon	預設是 false，表示提示文字是用小矩形視窗顯示。如果設為 true，提示文字是用氣球樣式視窗顯示。
ReshowDelay	當游標從一個控制項移到另一個控制項，顯示後面提示文字所花費的時間，單位是毫秒數。
ToolTipTitle	提示訊息的標題。

32-1-2　ToolTip 常用方法

使用 SetToolTip( ) 方法可以為特定控制項建立提示說明，語法如下：

toolTip1.SetToolTip(控制項, 提示說明文字);

方案 ch32_1.sln：提示說明文字應用在顯示鈕 (btnShow) 和 pictureBox1 的應用。讀者可以看到有**關閉**鈕，這是讀者的習題。

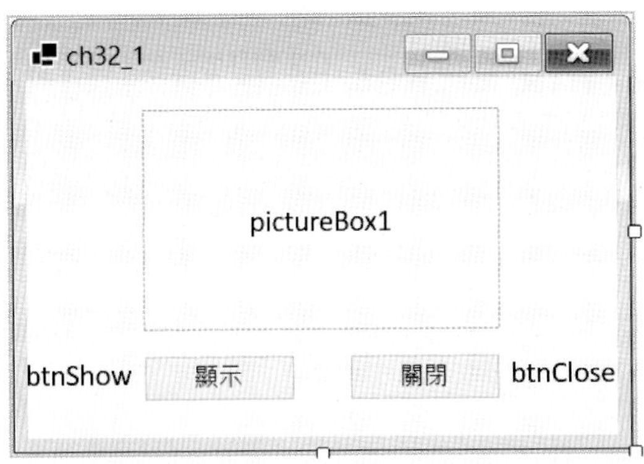

toolTip1

```
namespace ch32_1
{
    public partial class Form1 : Form
    {
        public Form1()
        {
            InitializeComponent();
        }

        private void Form1_Load(object sender, EventArgs e)
        {
            toolTip1.SetToolTip(btnShow, "執行顯示圖片");
            toolTip1.SetToolTip(pictureBox1, "圖片位置");
            toolTip1.ToolTipTitle = "我的提示訊息";
        }

        private void btnShow_Click(object sender, EventArgs e)
        {
            pictureBox1.SizeMode = PictureBoxSizeMode.StretchImage;
            pictureBox1.Image = new Bitmap("school.jpg");
        }
    }
}
```

執行結果

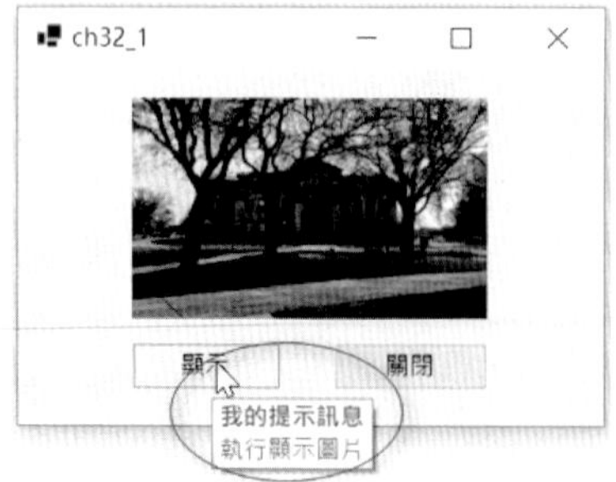

32-2 DateTimePicker 日期和時間挑選器

DateTimePicker 可以翻譯為**日期和時間挑選器**， DateTimePicker ，我們可以利用這個控制項挑選日期，然後執行更多與日期和時間有關的操作，例如：設定行事曆、鬧鐘或是其他操作。

如果沒有挑選更改日期，預設是顯示今天日期。

32-2-1 DateTimePicker 最重要的屬性 Value

DateTimePicker 控制項最重要的屬性是 Value，這個屬性可以設定日期與時間顯示的方式，同時也可以使用這個屬性，配合 15-1-2 節的 DateTime 物件屬性獲得更詳細的日期與時間資訊，下列是常用的日期與時間資訊。

```
int year = dateTimePicker1.Value.Year;           // 回傳年
int month = dateTimePicker1.Value.Month;         // 回傳月
int day = dateTimePicker1.Value.Day;             // 回傳日
int hour = dateTimePicker1.Value.Hour;           // 回傳時
int minute = dateTimePicker1.Value.Minute;       // 回傳分
int second = dateTimePicker1.Value.Second;       // 回傳秒
```

方案 ch32_2.sln：建立 DateTimePicker 控制項，同時顯示年、月、日、時、分和秒。

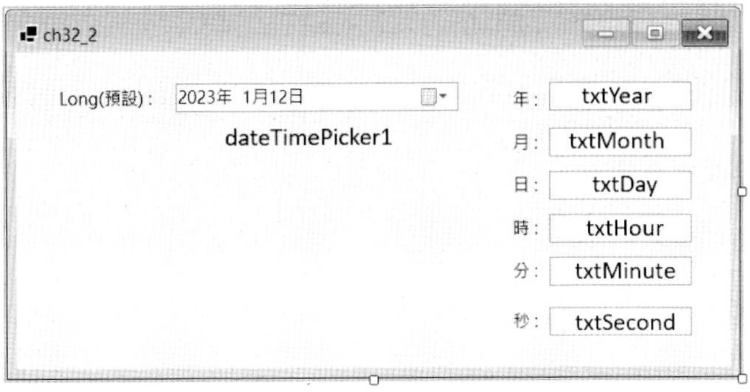


```
namespace ch32_2
{
    public partial class Form1 : Form
    {
        public Form1()
        {
            InitializeComponent();
        }

        private void Form1_Load(object sender, EventArgs e)
        {
            txtYear.Text = dateTimePicker1.Value.Year.ToString();
            txtMonth.Text = dateTimePicker1.Value.Month.ToString();
            txtDay.Text = dateTimePicker1.Value.Day.ToString();
            txtHour.Text = dateTimePicker1.Value.Hour.ToString();
            txtMinute.Text = dateTimePicker1.Value.Minute.ToString();
            txtSecond.Text = dateTimePicker1.Value.Second.ToString();
        }
    }
}
```

執行結果

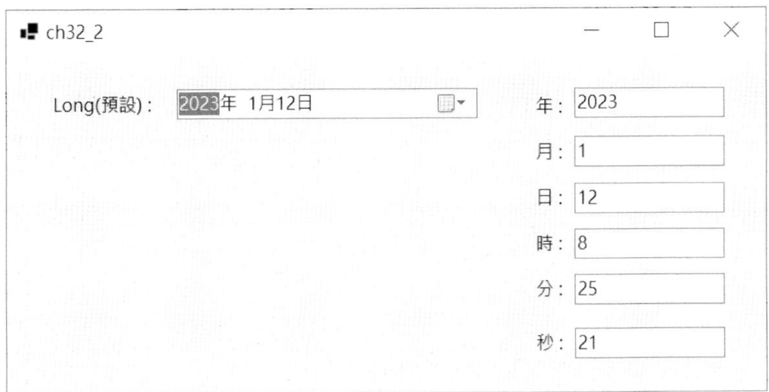

註 這個程式只是讓讀者體會 DateTimePicker 控制項的 Value 屬性，更好的設計是重新挑選日期時，可以同步更新資料，32-2-4 節會擴充此程式。

32-2-2　DateTimePicker 格式化的屬性 Format

DateTimePicker 控制項有 4 種顯示日期和時間的方式：

Long：長日期格式 2023年 1月12日 ，這是預設項。

Short：短日期格式 2023/ 1/12 。

Time：顯示時間 下午 03:55:57 。

Custom：可以自行設定輸出格式，格式設定可以使用 DateTime 物件，可以參考 15-2 節。

例如：下列是設定使用短日期和時間格式輸出 DateTimePicker 的日期和時間。

```
dateTimePicker1.Format = DateTimePickerFormat.Short;          // 短日期格式
dateTimePicker1.Format = DateTimePickerFormat.Time;           // 時間格式
```

方案 ch32_3.sln：建立按鈕設定 DateTimePicker 控制項有不同輸出日期和時間的格式。

```
namespace ch32_3
{
    public partial class Form1 : Form
    {
        public Form1()
        {
            InitializeComponent();
        }

        private void btnShort_Click(object sender, EventArgs e)
        {
            dateTimePicker1.Format = DateTimePickerFormat.Short;
        }

        private void btnLong_Click(object sender, EventArgs e)
        {
            dateTimePicker1.Format = DateTimePickerFormat.Long;
        }

        private void btnTime_Click(object sender, EventArgs e)
```

```
            {
                dateTimePicker1.Format = DateTimePickerFormat.Time;
            }
        }
    }
```

執行結果

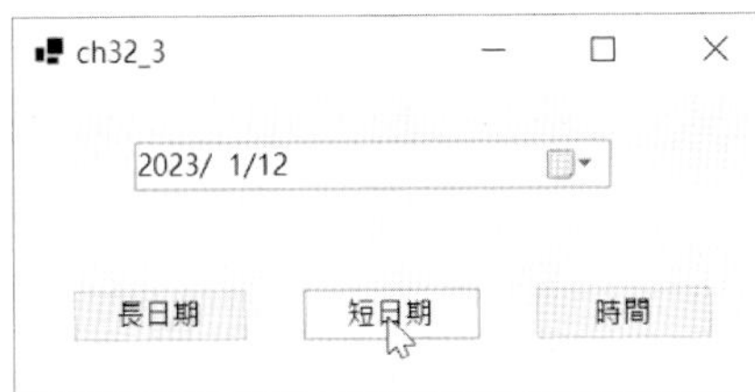

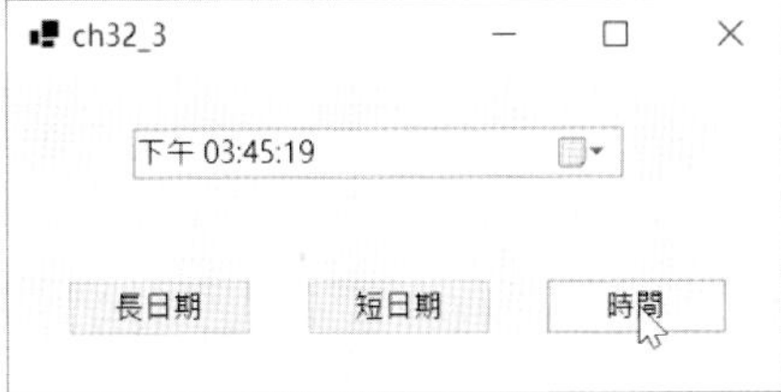

當將 DateTimePicker 物件的 Format 設為 Custom 後，如下所示：

dateTimePicker1.Format = DateTimePickerFormat.Custom;

就可以使用 CustomerFormat 屬性搭配 15-2 節觀念設定日期和時間的顯示方式，設定自己的日期和時間格式，下列是同時顯示日期與時間。

dateTimePicker1.CustomerFormat = "yyyy年MM月dd日hh時mm分ss秒";

方案 ch32_4.sln：設計含有日期與時間格式的 DateTimePicker。

```
namespace ch32_4
{
    public partial class Form1 : Form
    {
        public Form1()
        {
            InitializeComponent();
        }

        private void Form1_Load(object sender, EventArgs e)
        {
            dateTimePicker1.Format = DateTimePickerFormat.Custom;
            dateTimePicker1.CustomFormat = "yyyy年MM月dd日hh時mm分ss秒";
        }
    }
}
```

執行結果

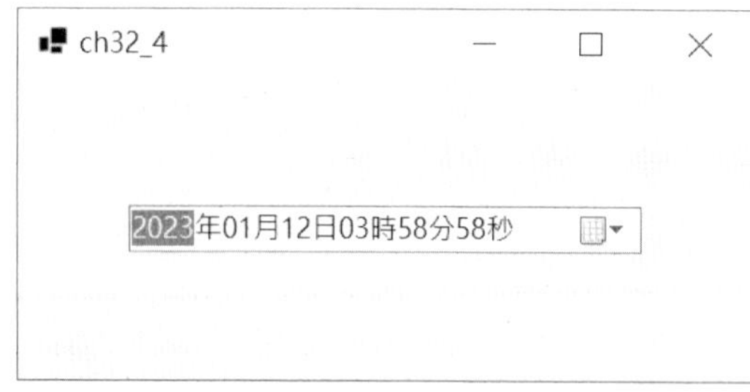

32-2-3　幾個其他常用的屬性

下列是其他常用的屬性。

ShowCheckBox 屬性：預設是 false，如果設為 true 可以顯示核取方塊。

Checked 屬性：當 ShowCheckBox 屬性是 true 時，可以由此了解是否有勾選核取方塊。

ShowUpDown 屬性：預設是 false，讀者可以使用右邊的上下鈕 ⬍ 圖示挑選日期。如果是 true，可以使用上下鈕挑選日期。

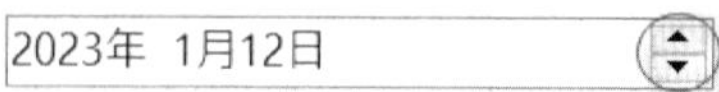

MaxDate 屬性：可以選擇日期的最晚時間，預設是 12/31/9998 12 am。

MinDate 屬性：可以選擇日期的最早時間，預設是 1/1/1753 00:00:00。

32-2-4　常使用的事件

如果控制項的日期和時間改變會產生 ValueChanged 事件。

方案 ch32_4_1.sln：重新設計 ch32_2.sln，當有新挑選日期時，會更新顯示。

```
namespace ch32_4_1
{
    public partial class Form1 : Form
    {
        public Form1()
        {
            InitializeComponent();
        }
        private void dateTimePicker1_ValueChanged(object sender, EventArgs e)
        {
```

```
            ShowDate();           // 顯示日期資訊
        }
        private void ShowDate()
        {
            txtYear.Text = dateTimePicker1.Value.Year.ToString();
            txtMonth.Text = dateTimePicker1.Value.Month.ToString();
            txtDay.Text = dateTimePicker1.Value.Day.ToString();
            txtHour.Text = dateTimePicker1.Value.Hour.ToString();
            txtMinute.Text = dateTimePicker1.Value.Minute.ToString();
            txtSecond.Text = dateTimePicker1.Value.Second.ToString();
        }
        private void Form1_Load(object sender, EventArgs e)
        {
            ShowDate();           // 顯示日期資訊
        }
    }
}
```

執行結果 建議讀者重新挑選日期，體會 ValueChanged 事件。

這個程式在載入和有更新選擇日期時，會更新顯示所選日期資訊。

32-2-5 計時器應用

方案 ch32_5.sln：按一下 10 秒鈕，可以開始計時 10 秒，時間到會產生嗶聲。

```
1  namespace ch32_5
2  {
3      public partial class Form1 : Form
4      {
5          public Form1()
6          {
7              InitializeComponent();
8          }
9          private void Form1_Load(object sender, EventArgs e)
10         {
11             dateTimePicker1.Format = DateTimePickerFormat.Custom;
12             dateTimePicker1.CustomFormat = "yyyy-MM-dd hh:mm:ss";
13         }
14         private void timer1_Tick(object sender, EventArgs e)
15         {
16             if (DateTime.Now > dateTimePicker1.MinDate)
17             {
18                 timer1.Stop();                      // timer1 結束
19                 textBox1.Text = "10秒時間到了";      // 顯示時間到了
20                 System.Media.SystemSounds.Beep.Play();            // 產生嗶聲
21                 MessageBox.Show("時間到", "ch32_5");
22             }
23         }
24         private void button1_Click(object sender, EventArgs e)
25         {
26             dateTimePicker1.Enabled = false;        // Diable DateTimePicker
27             dateTimePicker1.MinDate = DateTime.Now.AddSeconds(10);
28             timer1.Interval = 1000;                 // 每秒觸動一次
29             timer1.Start();                         // 啟動 timer1
30         }
31     }
32 }
```

執行結果

第 20 行的 System.Media.SystemSounds.Beep.Play( ) 會產生嗶聲。

32-3 MonthCalendar 月曆

MonthCalendar 可以翻譯為月曆， MonthCalendar ，我們可以利用這個控制項挑選日期區間，然後執行更多與日期區間有關的操作，例如：使用這個功能設計旅館或民宿的訂閱網站。程式執行時，這個控制項是直接呈現月曆，現在日期會有外框，可以用滑鼠拖曳選擇日期區間，如下所示：

32-3-1　MonthCalendar 的屬性 – 粗體設定日期

下列是設定日期使用粗體的屬性：

❑ AnnuallyBoldedDates 屬性

MonthCalendar 在顯示日期時，除了現在日期是有外框標記，其他日期沒有特別標記，這個屬性可以讓我們特別標記每年重要日期以粗體顯示。例如：可以標記重要人物的生日、公司創立日期、國家慶典 … 等。標記可以使用 DateTime 集合編輯器，也可以使用程式標記。屬性視窗 AnnuallyBoldedDates 右邊有 ... 圖示，點選可以啟動 DateTime 集合編輯器，如下所示：

上述點選後，未來每年同一日期，可以看到該日期以粗體顯示。

如果要在程式設計時標記特別日期，可以使用 AddAnnuallyBoldedDate( ) 方法，完成標記後要使用 UpdateBoldedDates( ) 更新日曆設定，下列是使用程式設定每年 1 日是粗體觀念。

```
monthCalendar1.AddAnnuallyBoldedDate(new DateTime(2023, 1, 1));
monthCalendar1.UpdateBoldedDates(n);                    // 更新設定
```

❑ MonthlyBoldedDates 屬性

這個屬性和 AnnuallyBoldedDates 屬性類似，不過這是應用在設定每個月重要日期以粗體顯示。讀者可以使用屬性視窗的 MonthlyBoldedDates 屬性設定，也可以用程式設定，下列是使用程式設定每個月 10 日是粗體觀念。

```
monthCalendar1.AddMonthlyBoldedDate(new DateTime(2023, 1, 10));
monthCalendar1.UpdateBoldedDates(n);                    // 更新設定
```

❑ BoldedDates 屬性

這個屬性和 AnnuallyBoldedDates 屬性類似，，不過這是應用在設定重要日期以粗體顯示。讀者可以使用屬性視窗的 BoldedDates 屬性設定，也可以用程式設定，下列是使用程式設定 2023 年 1 月 15 日用粗體。

```
monthCalendar1.AddBoldedDate(new DateTime(2023, 1, 15));
monthCalendar1.UpdateBoldedDates(n);                    // 更新設定
```

方案 ch32_6.sln：設定每年 1 日、每個月 10 日、1 月 15 日以粗體顯示日期。

```
namespace ch32_6
{
    public partial class Form1 : Form
    {
        public Form1()
        {
            InitializeComponent();
        }

        private void Form1_Load(object sender, EventArgs e)
        {
            monthCalendar1.AddAnnuallyBoldedDate(new DateTime(2023, 1, 1));
            monthCalendar1.AddMonthlyBoldedDate(new DateTime(2023, 1, 10));
            monthCalendar1.AddBoldedDate(new DateTime(2023, 1, 15));
            monthCalendar1.UpdateBoldedDates();
        }
    }
}
```

執行結果　下列是 2 個不同年份的顯示結果。

32-3-2　MaxDate 和 MinDate 屬性

這 2 個屬性是可以選取日期區間，例如：設計民宿網站，可以要求消費者訂閱入住日期必須在從今天算起 MaxDate(90 天) 和 MinDate(3 天) 之間，可以參考下列程式碼。

```
monthCalendar1.MaxDate = DateTime.Today.AddDay(90);        // 最晚日期
monthCalendar1.MinDate = DateTime.Today.AddDay(3);         // 最早日期
```

當設定此可以選取日期區間後，日曆將只顯示這些可以選取的日期。

方案 ch32_7.sln：設定日曆可以選取的日期最早是 3 天後，最晚是 10 天之間的區間。

```
namespace ch32_7
{
    public partial class Form1 : Form
    {
        public Form1()
        {
            InitializeComponent();
        }
        private void Form1_Load(object sender, EventArgs e)
        {
            monthCalendar1.MaxDate = DateTime.Today.AddDays(10);
            monthCalendar1.MinDate = DateTime.Today.AddDays(3);
        }
    }
}
```

執行結果

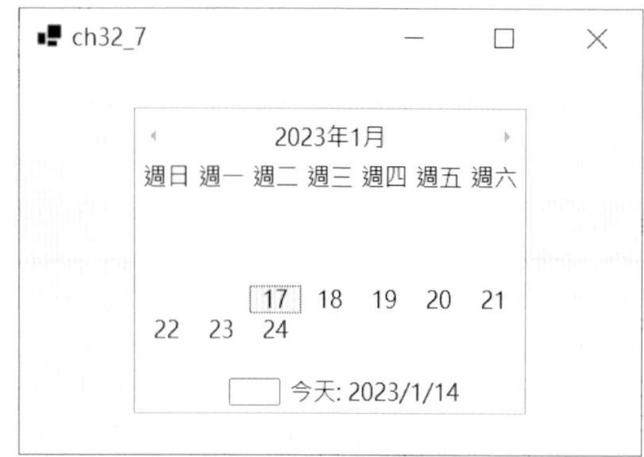

從上述執行結果，讀者可以觀察日曆只有顯示可以選取的區間，反白框起來的是可以選取的第 1 天。

32-3-3　ShowToday 和 ShowTodayCircle 屬性

從 ch32_7.sln 的執行結果可以看到日曆下方顯示今天日期，這可以用 ShowToday 屬性設定，這個屬性可以設定是否顯示今天日期，預設是 true。ShowTodayCircle 屬性可以設定是否今天日期加框，預設是 true。

32-3-4　選取日期相關屬性

與選取日期有關的屬性如下：

❑ MaxSelectionCount 屬性

可以設定最多可以選取的天數，預設是 7 天。

❑ SelectionRange 屬性

可以設定所選取日期的區間，例如：可以使用下列方式設定選取的區間是 2023 年 1 月 15 日至 2023 年 1 月 31 日之間。

```
DateTime dateStart = new DateTime(2023, 1, 15);
DateTime dateEnd = new DateTime(2023, 1, 31);
monthCalendar1.SelectionRange = new SelectionRange(dateStart, dateEnd);
```

不過這個屬性主要是供讀取所選的日期區間，可以使用下列程式碼。

```
DateTime dateStart = monthCalendar1.SelectionRange.Start;  // 開始日期
DateTime dateEnd = monthCalendar1.SelectionRange.Start;   // 結束日期
```

❑ SelectionStart 屬性

可以設定或讀取選取日期區間的起始日期，下列是設定選取區間開始日期是今天。

```
monthCalendar1.SelectionStart = DateTime.Today;
```

下列是讀取選取區間起始日期。

```
DateTime dateStart = monthCalendar1.SelectionStart;
```

❑ SelectionEnd 屬性

可以設定或讀取選取日期區間的結束日期，下列是設定選取區間結束日期是 10 天後。

```
monthCalendar1.SelectionEnd = DateTime.Today.AddTodays(10);
```

下列是讀取選取區間結束日期。

```
DateTime dateEnd = monthCalendar1.SelectionEnd;
```

32-3-5　日曆常用事件

如果日歷控制項所選日期改變會產生 DateChanged 事件。

方案 ch32_8.sln：設計訂房系統，預設是今天日期是入住日期，第 2 天是退房日期，住房天數是 1 天，當勾選日曆日期區間改變時，可以重新顯示這 3 個欄位。

```
namespace ch32_8
{
    public partial class Form1 : Form
    {
        public Form1()
        {
            InitializeComponent();
        }

        private void Form1_Load(object sender, EventArgs e)
        {
            monthCalendar1.MaxDate = DateTime.Today.AddDays(90);  // 最晚可選取時間
            monthCalendar1.MinDate = DateTime.Today;               // 最早可選取時間
            ShowReservedDate();
        }
        private void ShowReservedDate()
        {
            DateTime checkIn = monthCalendar1.SelectionStart;                 // 住房日期
            DateTime checkOut = monthCalendar1.SelectionEnd.AddDays(1); // 退房日期
            textCheckIn.Text = checkIn.ToString("yyyy/MM/dd");          // 輸出住房日期
            textCheckOut.Text = checkOut.ToString("yyyy/MM/dd");        // 輸出退房日期
            TimeSpan timeSpan = checkOut - checkIn;                          // 計算天數
            textDays.Text = timeSpan.Days.ToString();                        // 輸出天數
        }

        private void monthCalendar1_DateChanged(object sender, DateRangeEventArgs e)
        {
            ShowReservedDate();
        }
    }
}
```

執行結果 下列是選取 23 ~ 26 日為住房時間的結果。

32-4 NumericUpDown 控制項

NumericUpDown 可以翻譯為**數字上下鈕**，　NumericUpDown，建立此控制項成功後，可以點選此控制項的上鈕▲圖示減少數值，點選此控制項的下鈕▼圖示增加數值。

32-4-1　NumericUpDown 常用屬性

下列是幾個常用的屬性。

NumericUpDown 屬性	說明
DecimalPlaces	預設是 0，表示是整數。如果想要設有小數，可以在此設定小數的位數。
Value	NumericUpDown 控制項的值，預設是使用最小值，預設是 0。
Maximum	NumericUpDown 控制項的最大值，預設是 100。
Minimum	NumericUpDown 控制項的最小值，預設是 100。
Increment	按上鈕▲和下鈕▼時的差異值，預設是 1。
ReadOnly	設定使用者可否在此輸入數值，ReadOnly 是唯讀，預設是 false 表示可以手動輸入數值，如果設為 true 則無法手動輸入數值。

32-4-2　NumericUpDown 常用方法

UpButton( ) 方法相當於按上鈕▲，可以依 Increment 增加數值。DownButton( ) 方法相當於按下鈕▼，可以依 Increment 減少數值。

方案 ch32_9.sln：NumericUpDown 的體驗，這個程式筆者沒有設計程式碼，純粹使用屬性視窗設定預設、Increment 是 2、DecimalPlaces 是 1 與 Increment 是 0.2 等 3 個 NumericUpDown 控制項。

執行結果　下方左圖是啟動畫面，下方右圖是使用上鈕和下鈕操作的示範輸出。

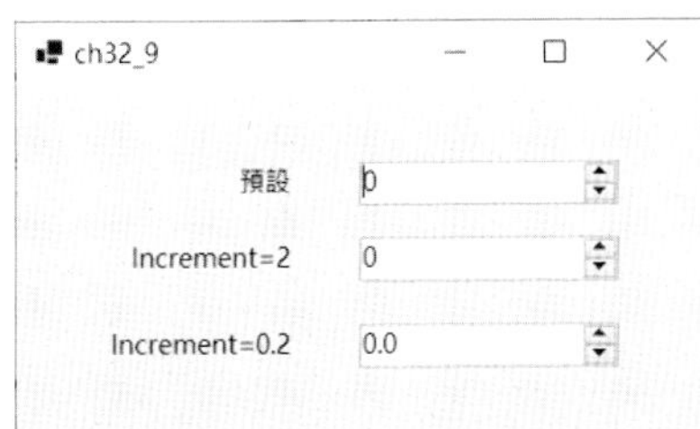

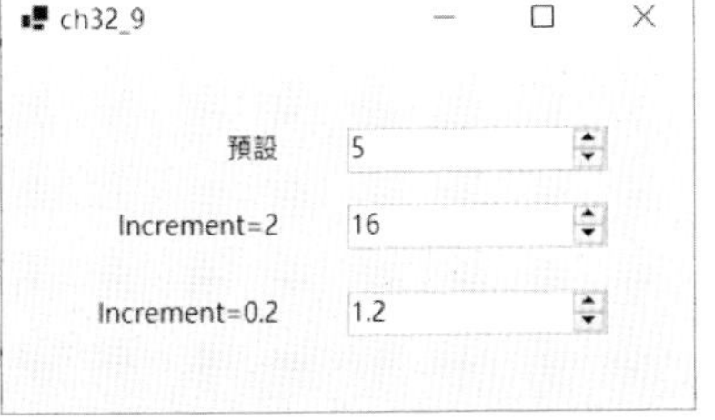

32-4-3　NumericUpDown 常用事件

如果 NumericUpDown 控制項的內容更改時，會產生 ValueChanged 事件。

32-4-4　計時器設計

方案 ch32_10.sln：計時器設計，當按下開始計時鈕，可以開始計時。如果按下計時停止鈕，可以結束計時同時計時結果欄位會顯示秒數。

timer1

```
namespace ch32_10
{
    public partial class Form1 : Form
    {
        public Form1()
        {
            InitializeComponent();
        }
        private void timer1_Tick(object sender, EventArgs e)
        {
            numericUpDown1.UpButton();           // 更新 NumericUpDown
        }
        private void Form1_Load(object sender, EventArgs e)
        {
            timer1.Interval = 1000;              // 每秒更新
        }
        private void btnStart_Click(object sender, EventArgs e)
        {
            timer1.Start();                      // 計時器開始運作
        }
        private void btnStop_Click(object sender, EventArgs e)
        {
            timer1.Stop();                       // 計時器停止運作
            lblResult.Text = numericUpDown1.Value.ToString();
        }
    }
}
```

執行結果

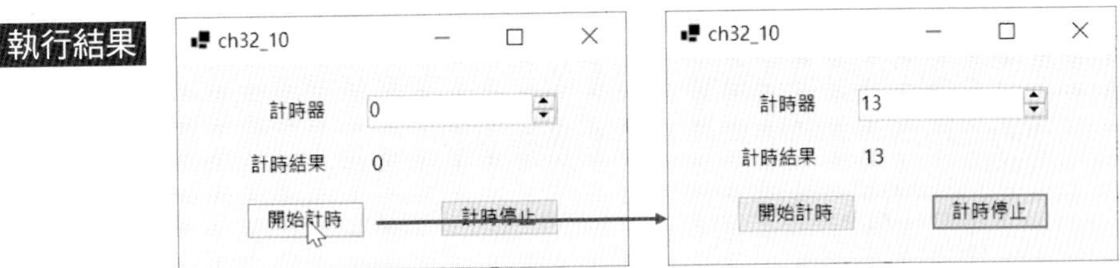

上述程式的缺點是想要重新計時，無法將計時器歸 0，這是讀者的習題。

方案 ch32_11.sln：基礎數學加法運算，這個程式可以使用小數位數欄位挑選 NumberUpDown 的小數位數，如果小數位數是 1 則 Increment 是 0.1，如果小數位數是 2 則 Increment 是 0.01。每當有 NumberUpDown 的 Value 改變時，會自動更新加法結果。

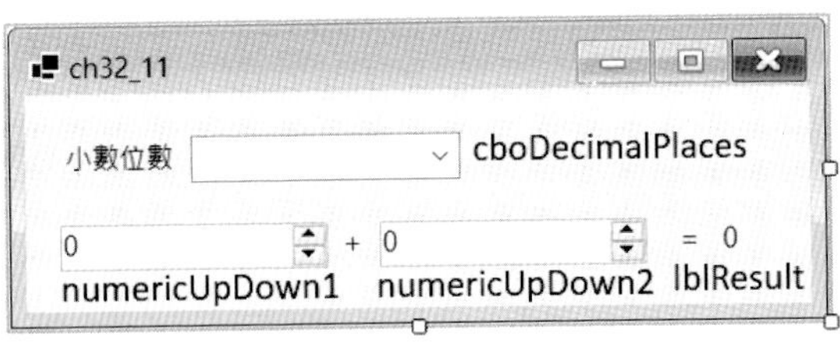


```
namespace ch32_11
{
    public partial class Form1 : Form
    {
        public Form1()
        {
            InitializeComponent();
        }
        private void Form1_Load(object sender, EventArgs e)
        {
            string[] decimalPlaces = {"0",
                                      "1",
                                      "2" };
            cboDecimalPlaces.Items.AddRange(decimalPlaces); // 小數位數項目
            // 小數品項無法手動更改 DropDownList
            cboDecimalPlaces.DropDownStyle = ComboBoxStyle.DropDownList;
            cboDecimalPlaces.SelectedIndex = 0;            // 顯示索引 0
        }
        private void cboDecimalPlaces_SelectedIndexChanged(object sender, EventArgs e)
        {
            if (cboDecimalPlaces.Text.Equals("0"))
            {
                numericUpDown1.DecimalPlaces = 0;
                numericUpDown1.Increment = 1;        // 增減值是 1
                numericUpDown2.DecimalPlaces = 0;
                numericUpDown2.Increment = 1;        // 增減值是 1
            }
            else if (cboDecimalPlaces.Text.Equals("1"))
            {
                numericUpDown1.DecimalPlaces = 1;
```

```
                numericUpDown1.Increment = 0.1M;     // 增減值是 0.1
                numericUpDown2.DecimalPlaces = 1;
                numericUpDown2.Increment = 0.1M;     // 增減值是 0.1
            }
            else if (cboDecimalPlaces.Text.Equals("2"))
            {
                numericUpDown1.DecimalPlaces = 2;
                numericUpDown1.Increment = 0.01M;     // 增減值是 0.01
                numericUpDown2.DecimalPlaces = 2;
                numericUpDown2.Increment = 0.01M;     // 增減值是 0.01
            }
        }
        private void numericUpDown2_ValueChanged(object sender, EventArgs e)
        {
            UpdateResult();                          // 更新結果值
        }
        private void numericUpDown1_ValueChanged(object sender, EventArgs e)
        {
            UpdateResult();                          // 更新結果值
        }
        private void UpdateResult()
        {
            var total = numericUpDown1.Value + numericUpDown2.Value;
            lblResult.Text = total.ToString();
        }
    }
}
```

執行結果

32-5 共用事件

32-5-1 用程式碼處理共用事件

上述 ch32_11.sln 可以看到 numberUpDown1 物件和 numberUpDown2 物件，發生 ValueChanged 事件時，所使用的程式碼是一樣的，這種現象稱共用事件。我們可以使用下列語法，讓 numberUpDown2 物件使用 numberUpDown1 物件的事件，語法如下：

物件.事件 += 事件處理方法;

或是

物件.事件 += new EventHandler(事件處理方法);

若是以 ch32_11.sln，則語法如下：

numberUpDown2.ValueChanged += numberUpDown1_ValueChanged;

或是

numberUpDown2.ValueChanged += new EventHandler(numberUpDown1_ValueChanged);

一般來說建議是使用第 1 種方法，少了 EventHandler( ) 比較簡單。上述程式碼可以寫在 Public Form1( ) 方法內。

方案 ch32_12.sln：重新設計 numberUpDown1_ValueChanged( ) 方法，然後使用共用事件觀念重新設計 ch32_11.sln，下列是 numberUpDown1_ValueChanged( ) 方法。

```
        private void numericUpDown1_ValueChanged(object sender, EventArgs e)
        {
            var total = numericUpDown1.Value + numericUpDown2.Value;
            lblResult.Text = total.ToString();
        }
```

下列是 public Form1( ) 內容。

```
        public Form1()
        {
            InitializeComponent();
            numericUpDown2.ValueChanged += numericUpDown1_ValueChanged;
        }
```

這個程式省略了 numericUpDown2_ValueChanged( ) 和 UpdateResult( )，程式變得比較簡潔，完整程式讀者可以參考所附程式檔案。

32-5-2　屬性視窗處理共用事件

我們也可以使用屬性視窗處理共用事件，若是以 ch32_12.sln 為例，可以選取 numericUpDown2 物件，然後選擇**屬性**視窗**事件**標籤，選擇 ValueChanged 事件右邊的 ⌄ 鈕，再選擇 numericUpDown1_ValueChanged。

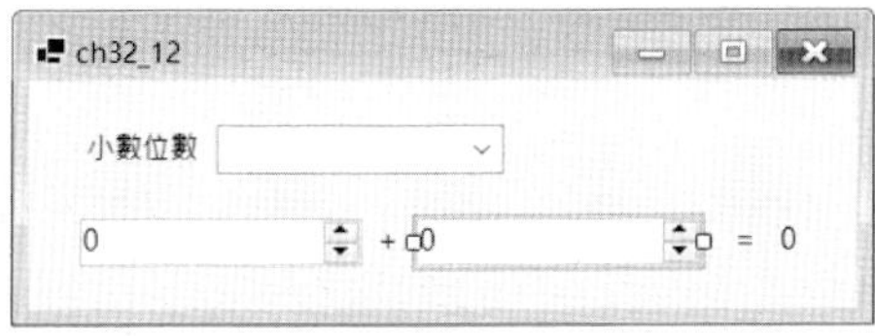

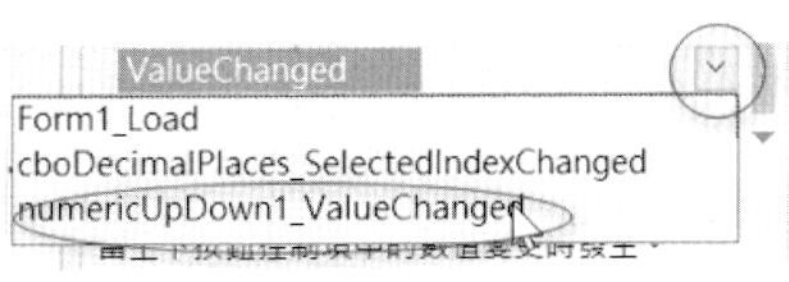

上述執行後就可以讓 numericUpDown2 物件的 ValueChanged 事件發生時，執行 numericUpDown1_ValueChanged 事件。

習題實作題

方案 ex32_1.sln：擴充設計 ch32_1.sln，將滑鼠游標移到關閉鈕可以顯示關閉圖片，同時這個功能可以關閉圖片。(32-1 節)

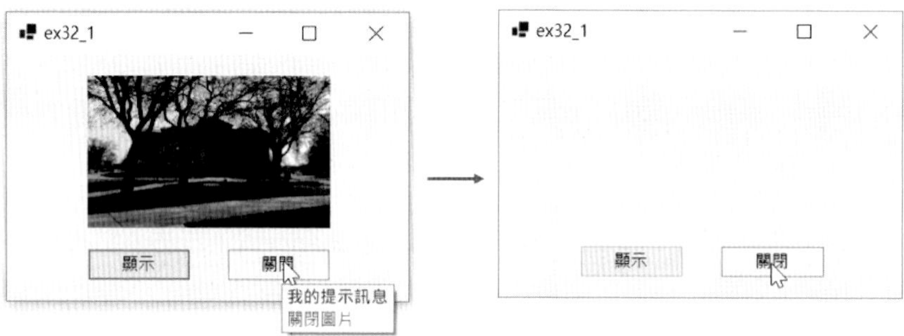

方案 ex32_2.sln：擴充設計 ch32_3.sln，增加自訂日期格式，可以參考下列執行結果。(32-2 節)

方案 ex32_3.sln：擴充設計 ch32_8.sln，假設標準房一天是 3000 元、商務房一天是 4200 元、總裁房一天是 8000 元，當使用選擇住房區間或是選擇房間等級後，系統皆可以自動計算費用總計。

方案 ex32_4.sln：擴充設計 ch32_10.sln，增加設計重置鈕，按重置計時器鈕可以將 NumreicUpDown 的 Value 屬性設為 0，這樣計時器可以重新開始。

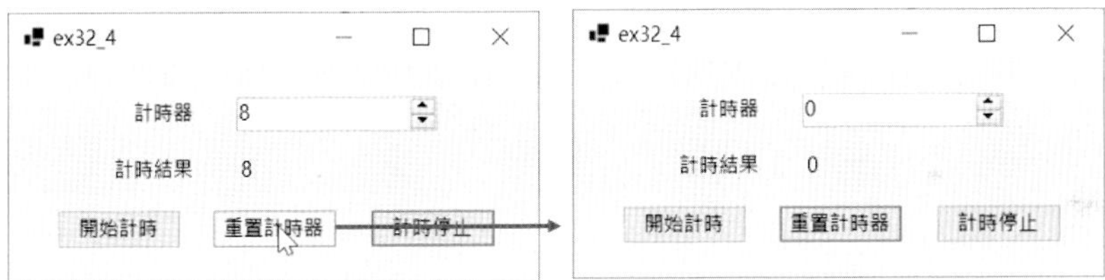

第 33 章

建立功能表和工具列

這一章將講解如何將表單當作是一個視窗，然後為此視窗建立功能表、工具列等相關工具。

33-1 MenuStrip 功能表

使用 C# 所提供工具箱的 MenuStrip 控制項可以非常方便建立功能表，這一節將一步一步解說。若是以 Visual Studio 為例，檔案、編輯、檔案 / 新增、檔案 / 開啟 … 等皆算是功能表。

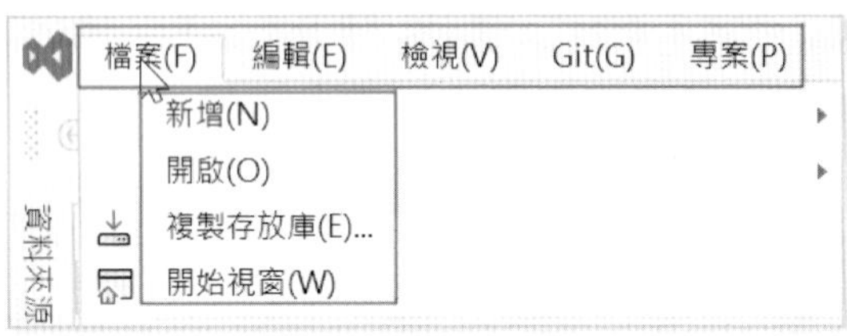

33-1-1　請建立 ch33_1.sln 方案

MenuStrip 控制項是在**功能表與工具列**內，請讀者先建立一個空的 ch33_1.sln 方案，表單 Text 請改為 ch33_1，如下所示：

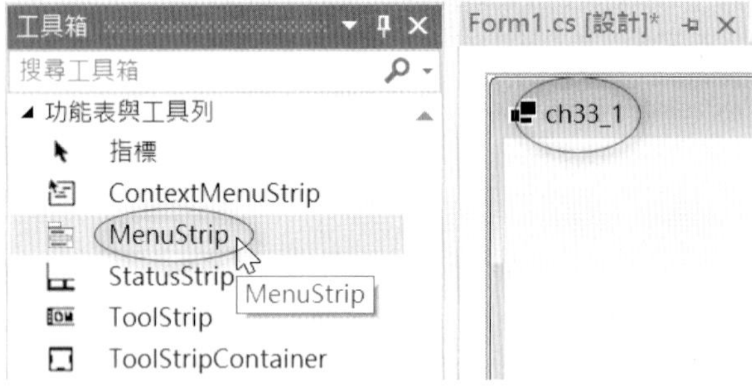

33-1-2　MenuStrip 工具

在工具箱的**功能表與工具列**內部有 MenuStrip，　MenuStrip，這就是 Visual Studio 建立功能表的控制項，這也是背景控制項，因此連按兩下建立此控制項後，控制項是在表單的下方，如下所示：

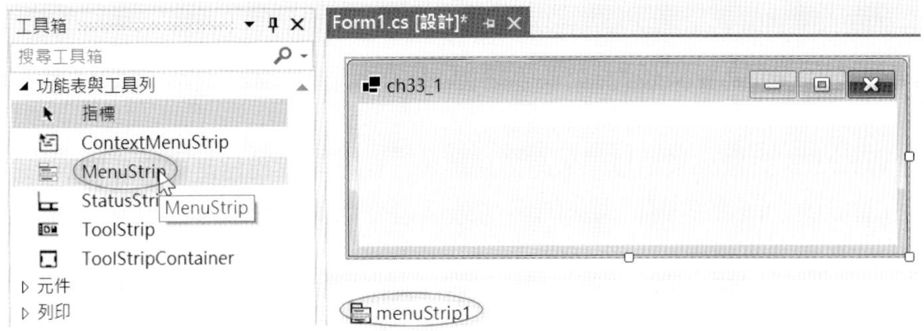

建立 MenuStrip 控制項成功後，預設物件名稱是 menuStrip1。

33-1-3 建立功能表

將滑鼠游標移到 ch33_1 下方功能表位置按一下，或是按一下 menuStrip1，可以在功能表位置出現 Type Here 方塊，就可以在此輸入功能表標題 (Text)。

33-1-4 認識功能表

Windows 系統的功能表項目有 3 種類型，分別是 MenuItem、ComboBox 或是 TextBox，這 3 種類型的參考若是以 Visual Studio 為例，可以看到下列類型：

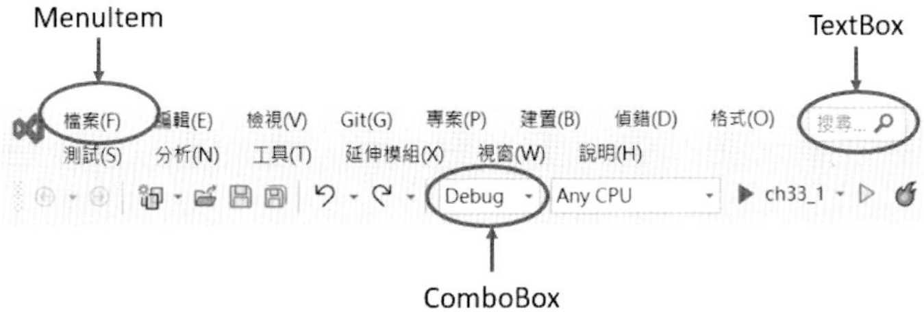

如果點選 Type Here 右邊的 ▾ 圖示，可以建立上述 3 種類型的功能表項目。

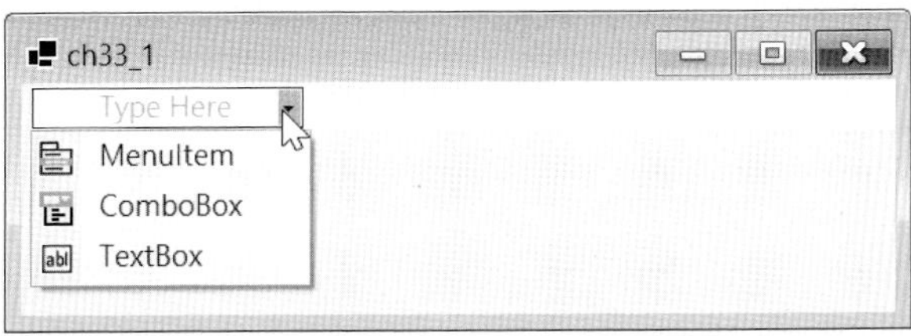

上述 MenuItem 就是文字的功能表項目，我們可以直接輸入功能表項目標題即可。

33-1-5　建立檔案功能表

在 Windows 作業系統中幾乎所有的功能表，第一個標籤皆是**檔案**功能表，例如：Visual Studio 的功能表是 檔案(F)，如果要建立**檔案**功能表，可以在 Type Here 輸入**檔案**，下列是輸入結果。

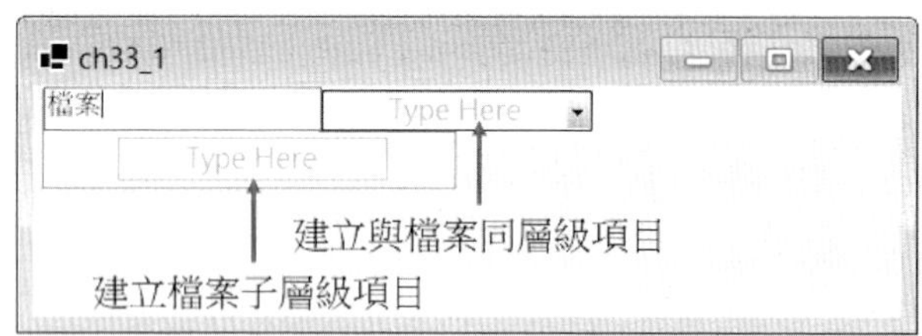

在輸入過程可以看到**檔案**右邊有 Type Here 方框，這是可以建立與**檔案**同層級的功能表項目。**檔案**下邊有 Type Here 方框，這是可以建立**檔案**子層級的功能表項目。

33-1-6　建立檔案同層級的項目

在檔案右邊依次輸入**編輯**、**說明**同層級項目：

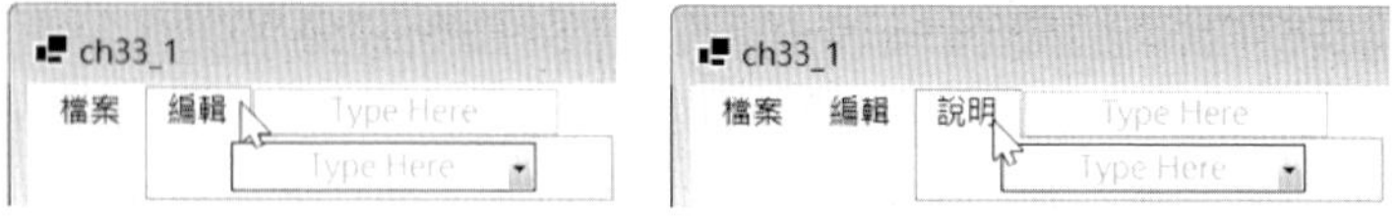

可以得到下列結果。

33-1-7　建立檔案的子層級項目

如果要在檔案下方建立子層級項目，可以按一下檔案，然後會出現子層級空白框，可以在空白框位置一次輸入子層級項目，在輸入子層級項目框的右邊，如果點選 圖示，可以看到下列畫面。

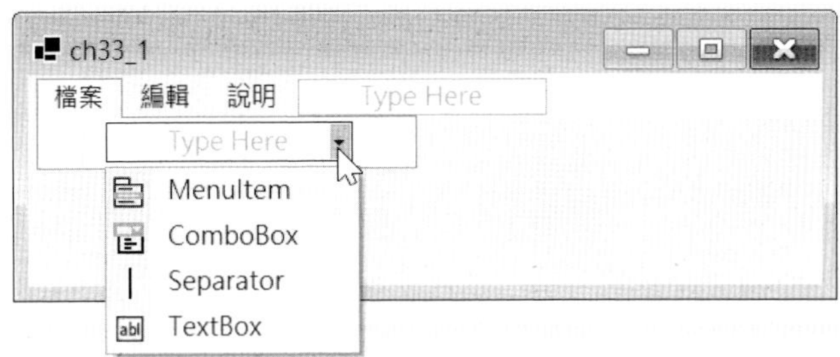

上述多了 Separator 功能，這是在功能表項目間建立分隔線，分隔線主要是將類別相似的功能做區隔，若是以 Visual Studio 視窗的**檔案**功能表為例，分隔線如下：

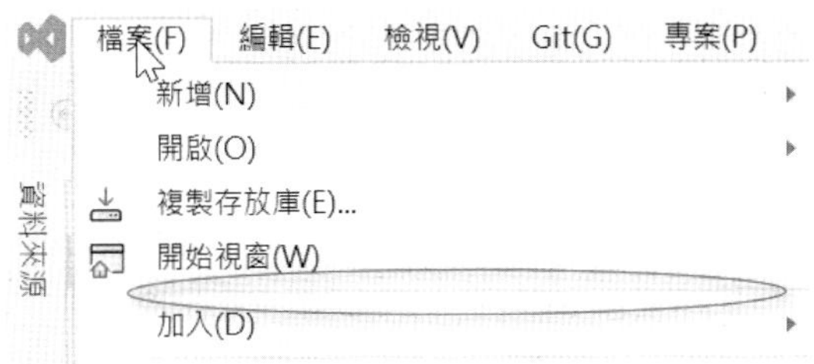

請在檔案功能表的子項目，分別輸入**開新檔案**、**開啟舊檔**、**儲存檔案**、**結束**，可以得到下列結果。

33-1-8　插入項目分隔線

前一小節筆者有介紹**分隔線** (Separator)，當下沒有插入此分隔線，可以使用事後插入分隔線，假設想在**檔案 / 儲存檔案**上方插入分隔線，請選擇**儲存檔案**，按一下滑鼠右鍵，然後執行 Insert/Separator，可以得到下列結果。

儲存檔案項目和**結束**項目，也是屬於性質不相同的項目，也可以插入分隔線，請參考上述實例，可以得到下列結果。

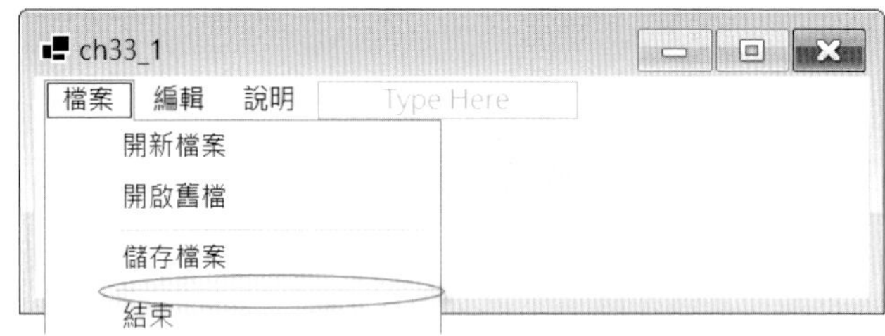

33-1-9　插入、移動和刪除項目

❑　插入

前一小節執行 Insert 時，可以看到 MenuItem，可以執行此插入項目，假設像要在儲存檔案上方插入**另存新檔**，請選擇**儲存檔案**，按一下滑鼠右鍵，然後執行 Insert/MenuItem，可以得到下列結果。

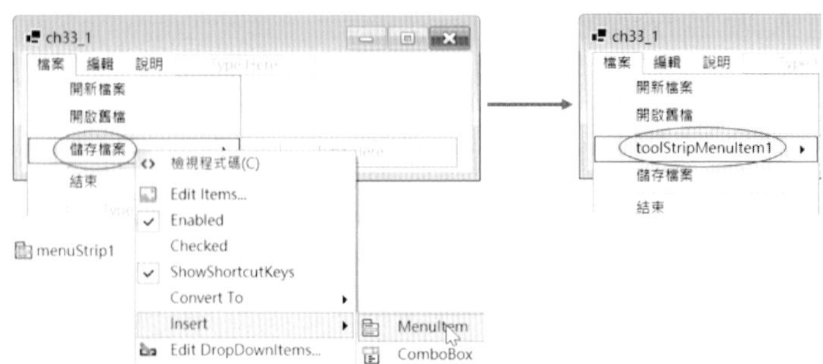

上述插入預設名稱 toolStripMenuItem1，請點選 toolStripMenuItem1，然後改為**另存新檔**，可以得到下列結果。

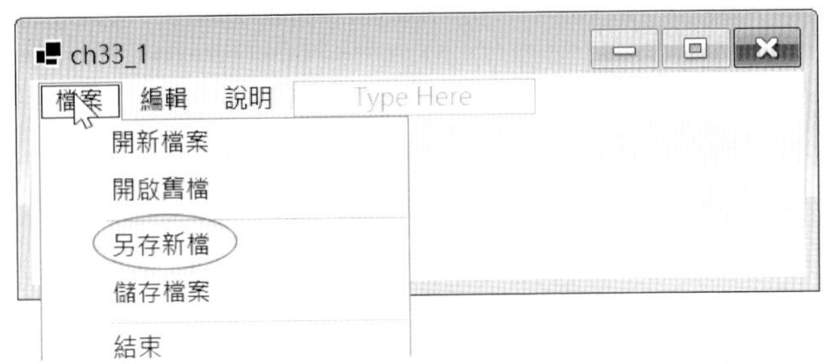

❑ 移動

想要移動項目，可以點選該項目，然後拖曳到指定位置即可。如果想要將**儲存檔案**移到**另存新檔**上方，可以得到下列結果。

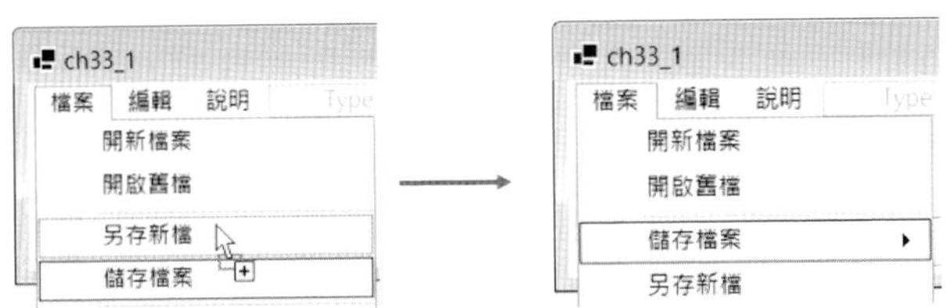

❑ 刪除

想要刪除特定項目，可以將滑鼠游標移到該項目，按一下滑鼠右鍵，再執行**刪除**指令即可。如果想要刪除**另存新檔**，請將滑鼠游標移到該項目，按一下滑鼠右鍵，再執行**刪除**指令，可以得到下方右圖**另存新檔**已被刪除的結果。

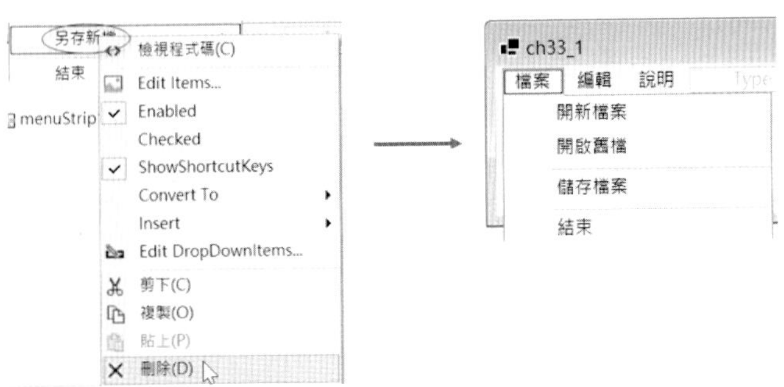

33-1-10　建立更深一層的功能表項目

如果讀者點選 Visual Studio 的**檔案 / 新增**功能表，可以看到更深一層的**專案**、**存放庫** … 等功能表項目。

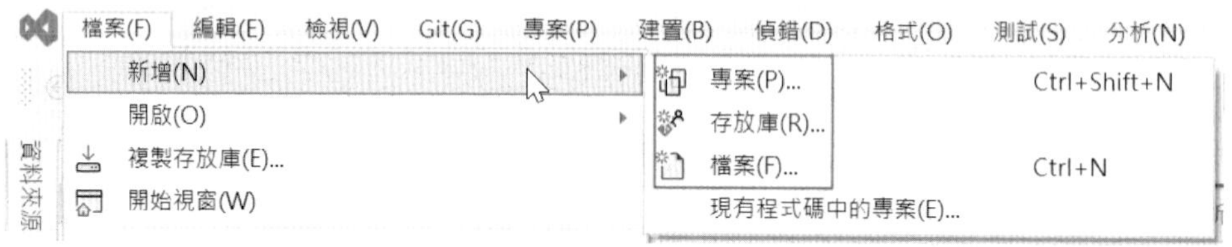

假設我們想在**檔案 / 開啟舊檔**下增加**網路**、**資料夾**等 2 個項目，請將滑鼠游標移到**檔案 / 開啟舊檔**，按一下，就可以在右邊輸入，如下所示：

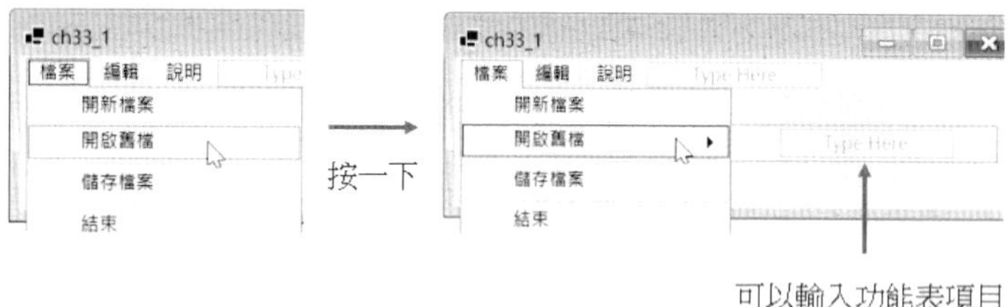

下列是輸入結果。

33-1-11　檢視功能表項目 Name 和 Text

在 Visual Studio 視窗，每個功能表的項目皆是一個控制項，控制項的命名規則是，所輸入的標題就是 Text 屬性。功能表項目的 Name 屬性預設是如下：

項目標題ToolStripMenuItem

目前 ch31_1.sln 已經建立了下列功能表項目，這些項目的控制項 Name 屬性如下：

檔案：檔案 ToolStripMenuItem

檔案 / 開新檔案：開新檔案 ToolStripMenuItem

檔案 / 開啟舊檔：開啟舊檔 ToolStripMenuItem

檔案 / 開啟舊檔 / 網路：網路 ToolStripMenuItem

檔案 / 開啟舊檔 / 資料夾：資料夾 ToolStripMenuItem

檔案 / 儲存檔案：儲存檔案 ToolStripMenuItem

檔案 / 結束：結束 ToolStripMenuItem

編輯：編輯 ToolStripMenuItem

說明：說明 ToolStripMenuItem

讀者可以點選項目標題，然後在屬性視窗驗證，如下所示：

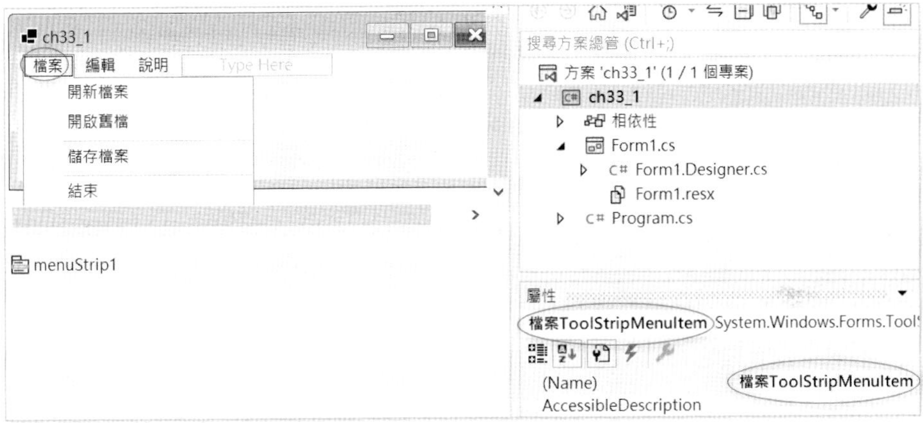

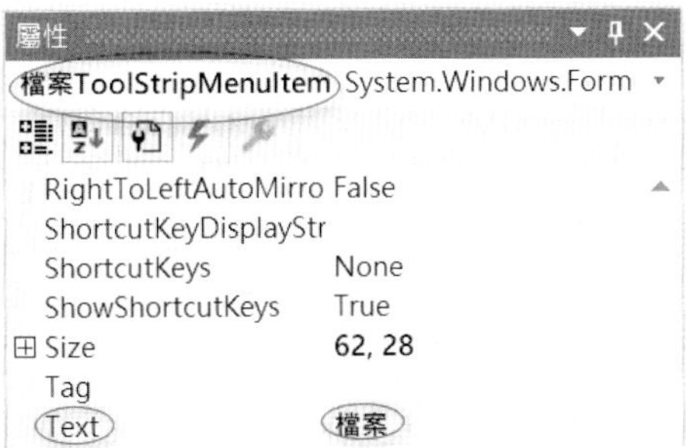

註 上述是預設的 Name 屬性和 Text 屬性，我們可以像操作其他控制項名稱一樣，自行更改上述預設名稱。

33-1-12　Items Collection Editor

❑ 認識 Items Collection Editor

Visual Studio 提供了 Items Collection Editor 視窗，這個視窗可以供檢視、編輯 Form 表單的功能表。從前面各小節我們已經建立了功能表項目了，請按一下 ch33_1 視窗下方的 menuStrip1 控制項，在屬性視窗請點選 Items 右邊的 ... 圖示。

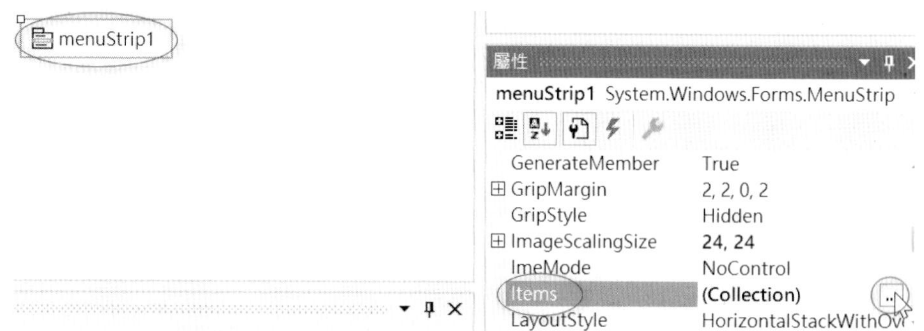

然後可以看到 Items Collection Editor 視窗。

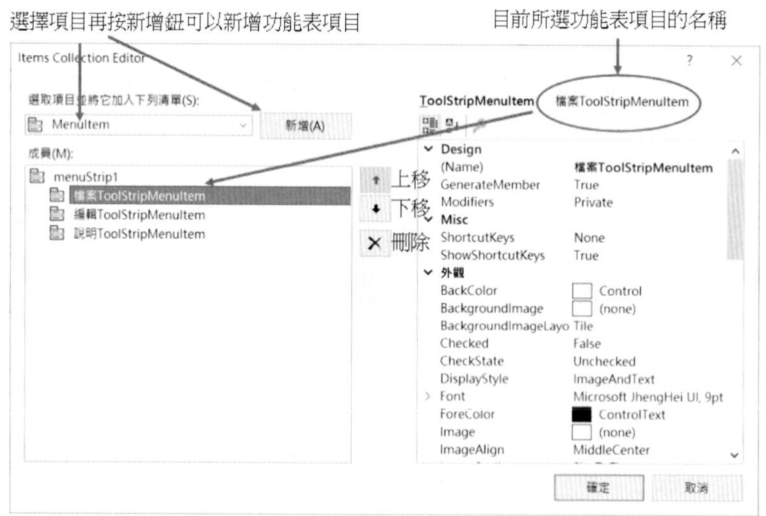

此視窗成員欄位顯示所建立的功能表項目，右邊則是目前所選功能表項目的屬性視窗內容，屬性視窗是依功能顯示，也可以按 鈕，改為依照英文字母排序顯示。中間欄位可以控制所選功能表項目往上移 、下移 、或是刪除 該功能表。

❑ 增加功能表項目

下列是建立功能表的實例，假設目前成員框欄位選擇**檔案** toolStripMenuItem1，請按**新增**鈕。

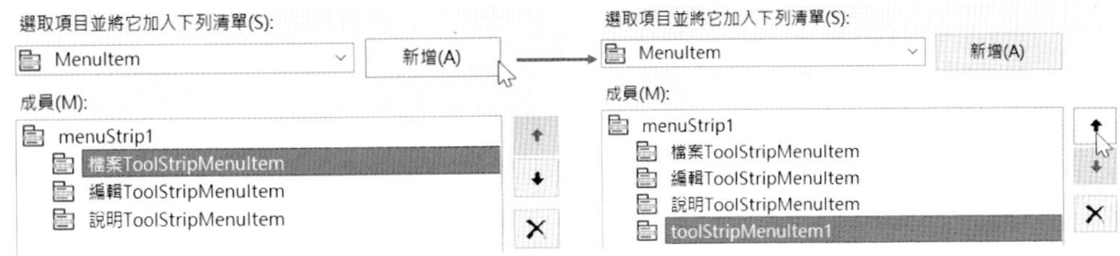

可以看到新增家 toolStripMenuItem1 功能表項目了。

❑ 移動功能表項目

如果想要將 toolStripMenuItem1 功能表項目移到編輯和說明之間，請選擇該項目，可以參考上方右圖，再按上移鈕 🠉 ，可以得到下列結果。

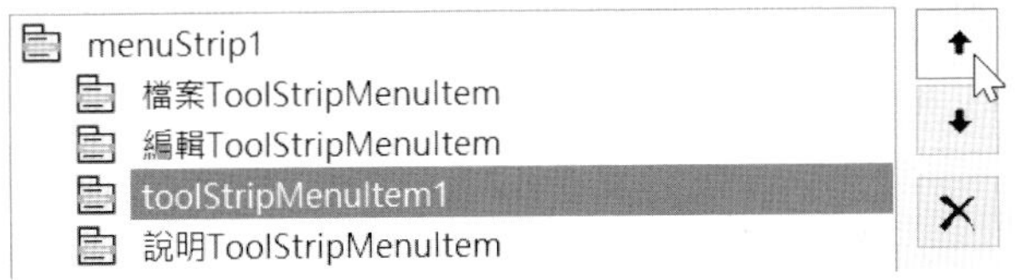

❑ 更改功能表項目屬性 Text 和 Name

上述所建立的功能表項目 Text 屬性仍是預設的 toolStripMenuItem1，我們可以參考更改控制項 Text 屬性方式更改此名稱，下列是將 Text 屬性改為**檢視**，如下所示：

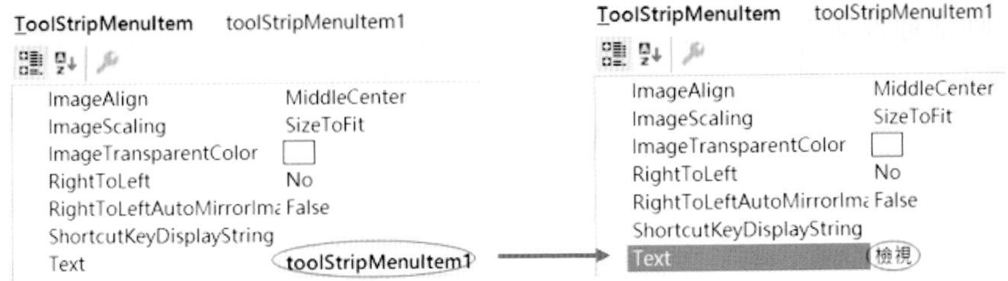

上述更改完成後，成員視窗的功能表項目，仍是顯示 Name 屬性，如下所示：

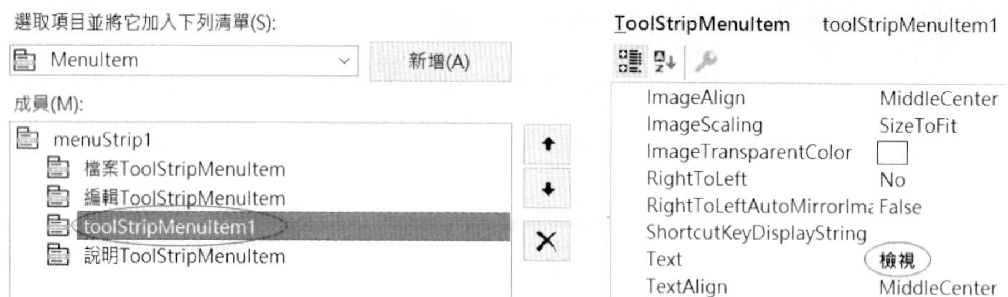

更改 Text 屬性方式可以應用到 Name 屬性或是其他功能表項目，請更改 Name 屬性，就可以同步更改成員欄位的內容。

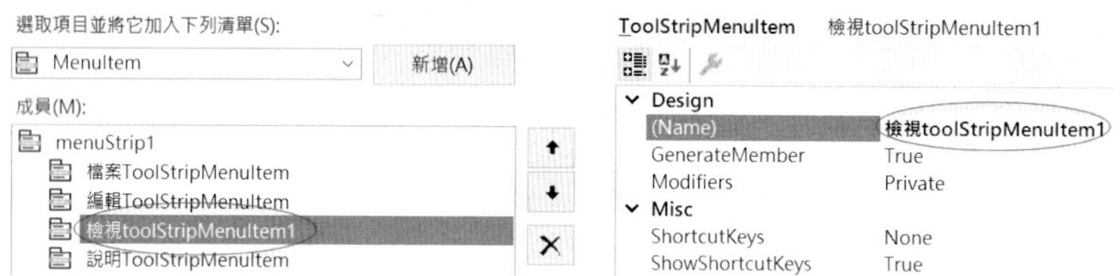

先前說過功能表項目就是一個控制項，所以我們可以依照更改控制項屬性的方式更改功能表項目。在 Items Collection Editor 視窗，按一下**確定**鈕就可以看到表單更改結果。

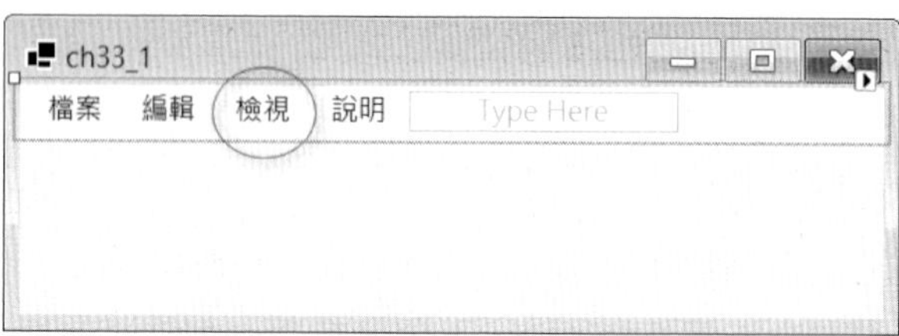

❑ 刪除功能表項目

請參考本小節開始的內容重新開啟 Items Collection Editor 視窗，請選取檢視 toolStripMenuItem1 項目，然後按 ✕ 鈕，就可以刪除功能表項目。

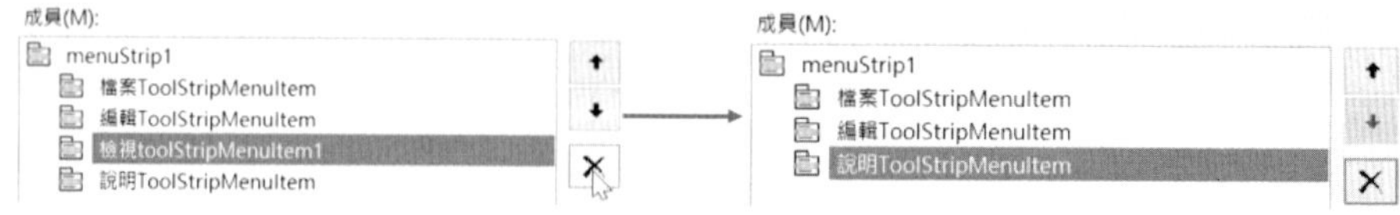

33-1-13 功能表項目的屬性

功能表項目既然就是一個控制項，和其他控制項一樣可以使用屬性視窗設定或是編輯屬性，也可以使用程式碼設定或是編輯屬性，這一節將針對功能表項目常用的屬性做說明。

❑ Enabled 屬性

在使用 Windows 作業系統時，可以看到許多功能項目是淺灰色顯示，這表示當下環境是無法使用該項目，程式設計時可以將當下無法使用的項目設為 false，在 C# 就是將 Enabled 設為 False。預設 Enabled 屬性是 true，如果設為 false，就表示目前無法使用。

有兩個方法可以設定屬性，一個方法是選好項目後使用屬性視窗設定，和設定控制項方法一樣。另一方法是將滑鼠游標移到功能表項目，按一下滑鼠右鍵開啟快顯功能表，可以看到 Enabled 左邊有 ✓ 圖示表示 Enabled 是 true，點選此可以設為 false。

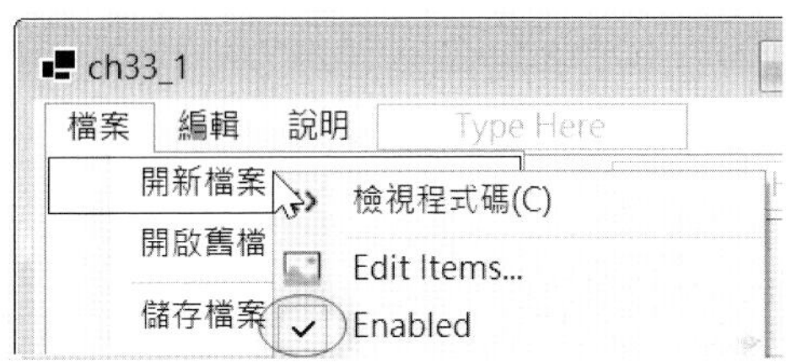

下列是**檔案 / 開新檔案**預設是 true 與 false 的差異，是 false 時表示無法執行。

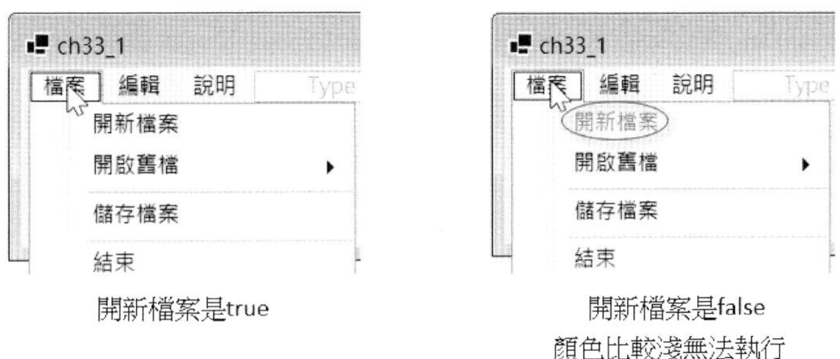

開新檔案是true

開新檔案是false
顏色比較淺無法執行

如果程式設計可以使用下列程式碼設定此為 false。

```
開新檔案ToolStripMenuItem.Enabled = false;
```

❑ Image 屬性

如果開啟 Visual Studio 的功能表可以看到有些功能項目左邊有圖示，如下所示：

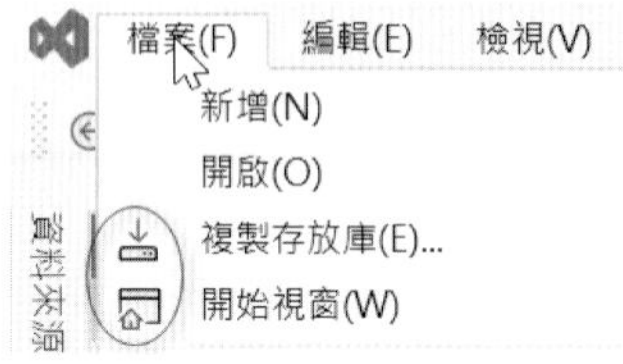

預設所建立的功能項目是沒有圖示，我們可以使用 Image 屬性建立功能表項目的圖示，圖示檔案可以是 .gif、.jpg、.bmp、.png 等檔案，在 ch33_1 資料夾有一個 save.gif 圖示檔案，這個檔案是取材自 Visual Studio，下列是將此圖示應用到**檔案 / 儲存檔案**的實例，請點選**檔案 / 儲存檔案**，請點選屬性視窗 Image 右邊的 ... 圖示，出現選取資源對話方塊，請點選**匯入鈕**，然後選擇 ch33_1 資料夾的 save.gif，可以看到下列**選取資源**對話方塊。

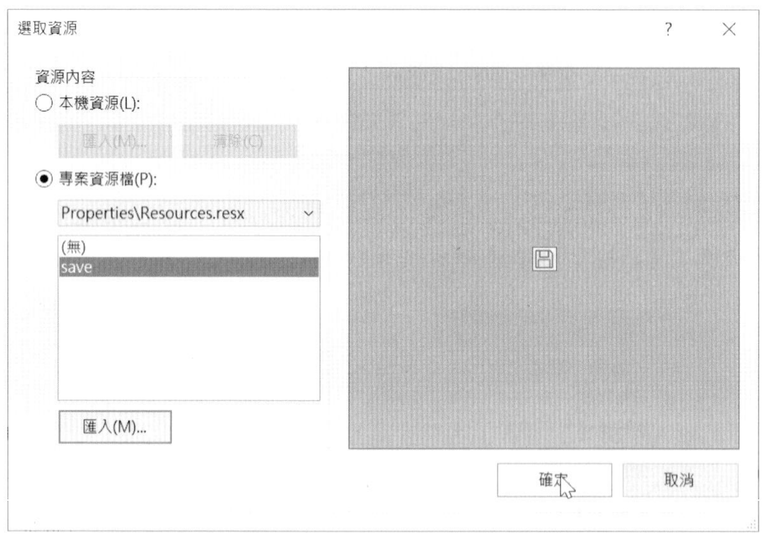

請按**確定**鈕，回到 ch33_1 表單，就可以看到**儲存檔案**指令左邊有圖示了。

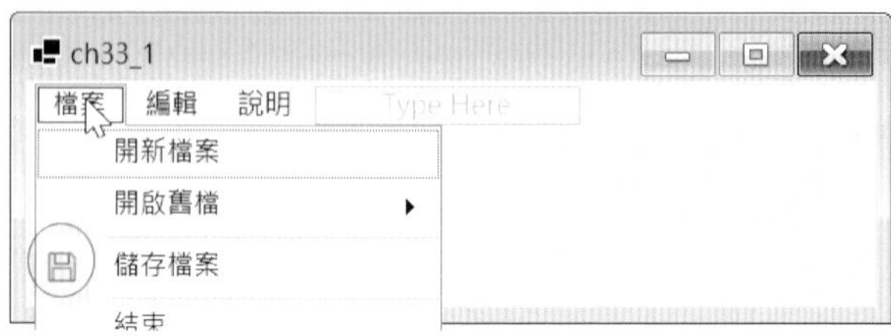

❑ ShowcutKeys 屬性

如果現在開啟 Visual Studio 視窗，可以看到檔案功能表內幾乎每個功能右邊皆有內含英文字母的小括號，例如：檔案 (F)、新增 (N)，… 等。

上述按 Alt + F 可以開啟檔案功能表，按 Ctrl + N 可以執行新增指令，Alt + F 或是 Ctrl + N 這就是所謂的快捷鍵。假設筆者想將所設計的 ch33_1 表單，也是設定 Ctrl + X 可以執行**檔案 / 結束**，可以先選取**檔案 / 結束**，然後按一下屬性視窗 ShortcurKeys 屬性右邊的 ⌄ 圖示，然後選擇 Ctrl 和 X 鍵，如下所示：

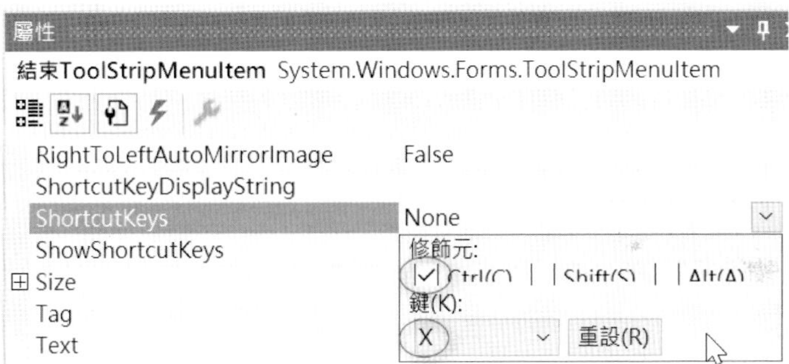

註 上述 Ctrl、Shift 和 Alt 核取方塊可以複選。

可以得到下列結果。

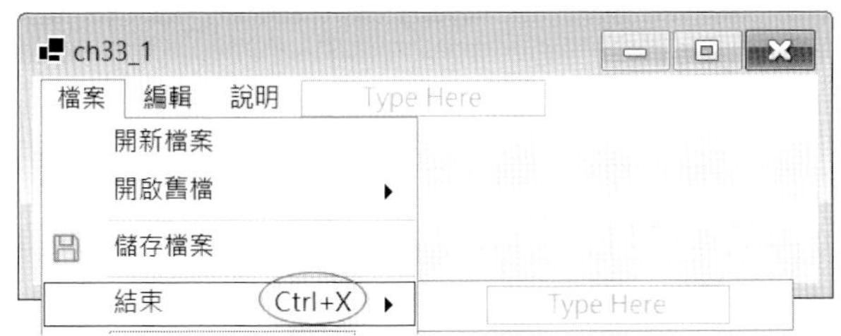

下一步是設定 Text 屬性為 " 結束 (&X)"，就可以得到設定結果。

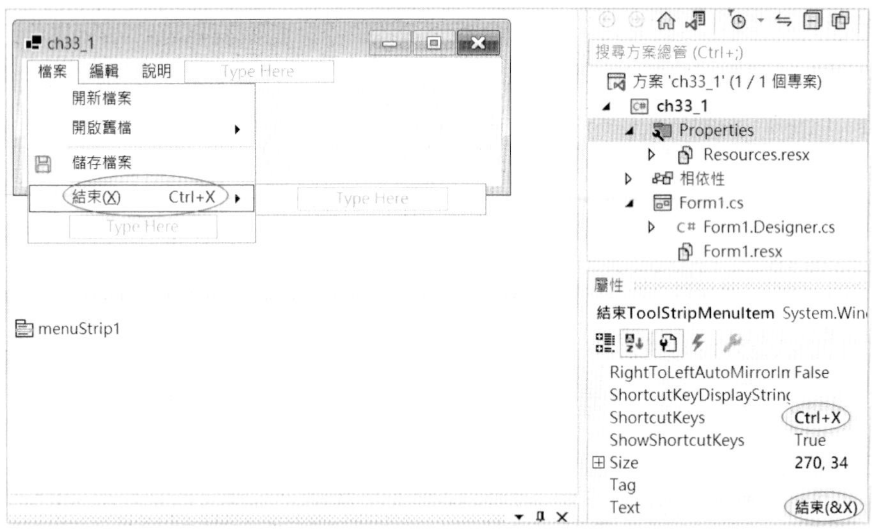

如果要使用程式設定快捷鍵，程式碼如下：

```
結束ToolStripMenuItem.ShortcutKeys = Keys.Control | Keys.X;      // Ctrl+X
結束ToolStripMenuItem.ShortcutKeys = Keys.Alt | Keys.X;          // Alt+X
```

33-1-14　功能表與事件

使用功能表的特定項目功能時，就是一個 Click 事件，我們可以為該功能表項目建立 Click 事件方法。

方案 ch33_2.sln：設計表單含檔案、說明功能表，如下所示：

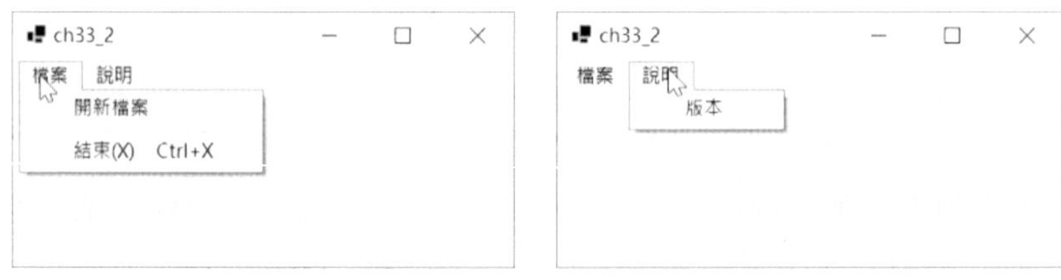

上述執行**檔案 / 開新檔案**和**說明 / 版本**指令皆可以出現對話方塊，執行**檔案 / 結束**或是同時按 Ctrl + X 則程式執行結束。

```
namespace ch33_2
{
    public partial class Form1 : Form
    {
        public Form1()
        {
            InitializeComponent();
        }

        private void 結束ToolStripMenuItem_Click(object sender, EventArgs e)
        {
            Application.Exit();
        }

        private void 開新檔案ToolStripMenuItem_Click(object sender, EventArgs e)
        {
            MessageBox.Show("檔案\\開新檔案", "ch33_2");
        }

        private void 版本ToolStripMenuItem_Click(object sender, EventArgs e)
        {
            MessageBox.Show("2023年1月", "ch33_2");
        }
    }
}
```

執行結果

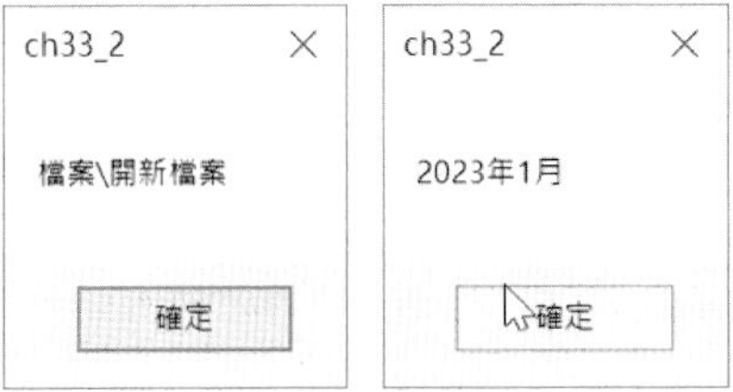

33-2 ContextMenuStrip 快顯功能表

C# 所提供工具箱的 ContextMenuStrip 控制項，可以說是 MenuStrip 控制項的功能的擴充，我們可以為已經建立的功能表項目增加建立建立**快顯**功能表，這一節將一步一步解說。若是以 Office 軟體為例，將滑鼠游標在工作區按一下滑鼠右鍵，可以看到功能表，這些功能表就是**快顯**功能表。

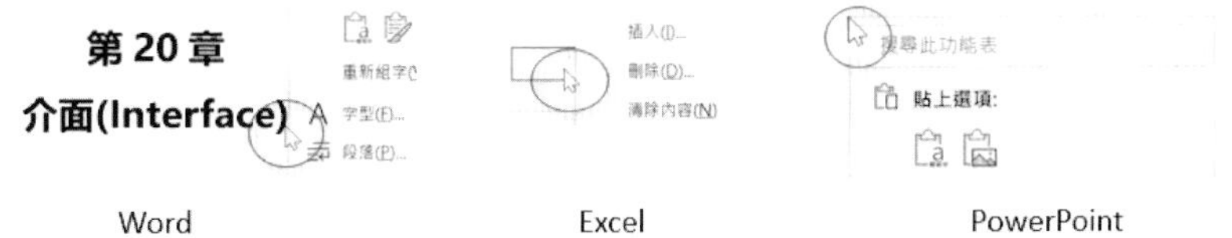

33-2-1　請建立 ch33_3.sln 方案

ContextMenuStrip 控制項是在**功能表與工具列**內，請讀者先建立一個空的 ch33_3.sln 方案，表單 Text 請改為 ch33_3，如下所示：

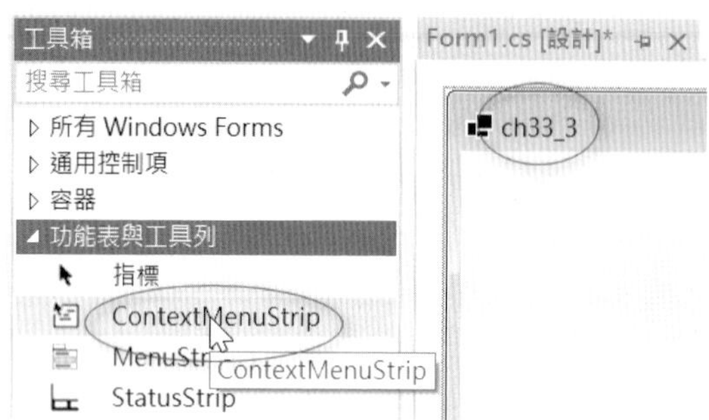

33-2-2　ContextMenuStrip 工具

在工具箱的**功能表與工具列**內部有 ContextMenuStrip， ContextMenuStrip，這就是 Visual Studio 建立**功能表和快顯功能表**的控制項，這也是背景控制項，因此連按兩下建立此控制項後，ContextMenuStrip 控制項是在表單的下方，如下所示：

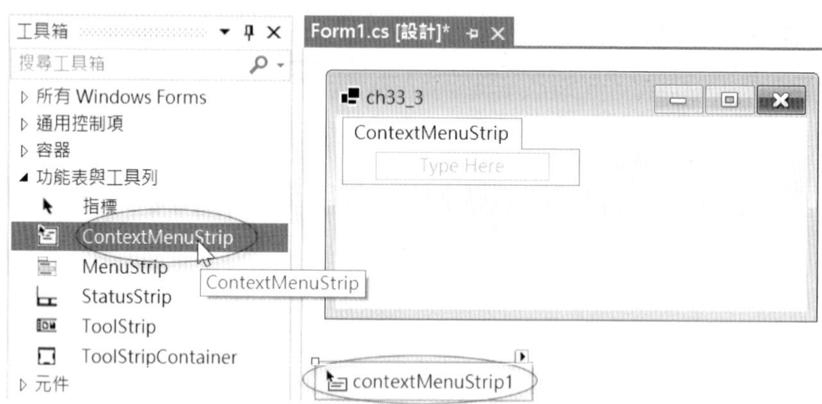

建立 ContextMenuStrip 控制項成功後，物件名稱是 contextMenuStrip1。

33-2-3　建立快顯功能表

請在 ContextMenuStrip 下方的 Type Here 建立快顯功能表項目，建立方式和 MenuStrip 控制項建立功能表的方法相同，下列是建立的結果畫面。

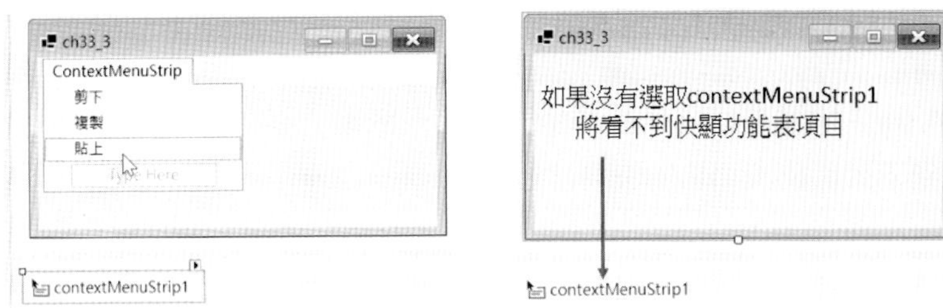

請儲存上述方案，如果現在執行上述方案，在表單內點滑鼠右鍵將看不到任何結果。

33-2-4 將控制項與快顯功能表建立關聯

工具箱的大多數控制項皆有 ContextMenuStrip 屬性，這個屬性預設是 (none)，可以參考下列 Form 表單控制項的圖。

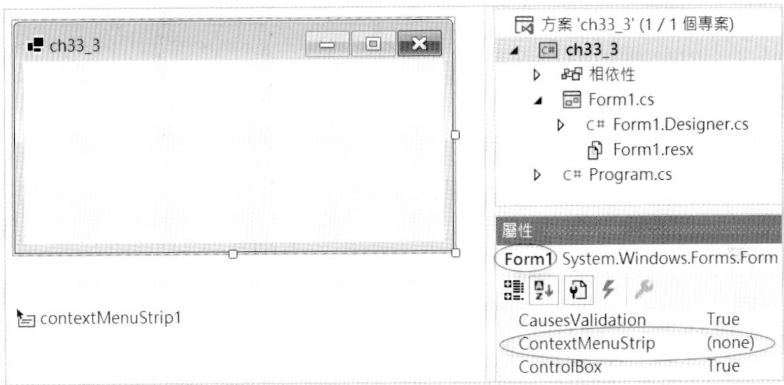

我們可以點選 ContextMenuStrip 屬性右邊的 (none)，就可以出現 ⌄ 圖示，然後選擇 contextMenuStrip1 物件，這樣就可以將表單和 contextMenuStrip1 物件的快顯功能表功能做連結，請儲存這個結果，未來執行 ch33_3.sln 可以得到下方右圖的結果。

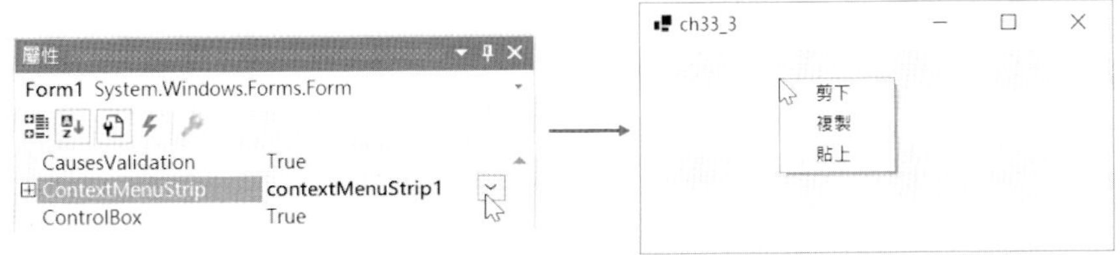

上述是以表單為例，我們可以將此下拉式功能表的觀念應用到標籤(Label)、文字方塊(TextBox)、或是未來會介紹的RichTextBox

33-2-5　快顯功能表的實例

方案 ch33_4.sln：快顯功能表搭配功能表，執行標籤文字的格式化動作，這個程式執行時可以看到下列功能表，功能表物件名稱是 menuStrip1。

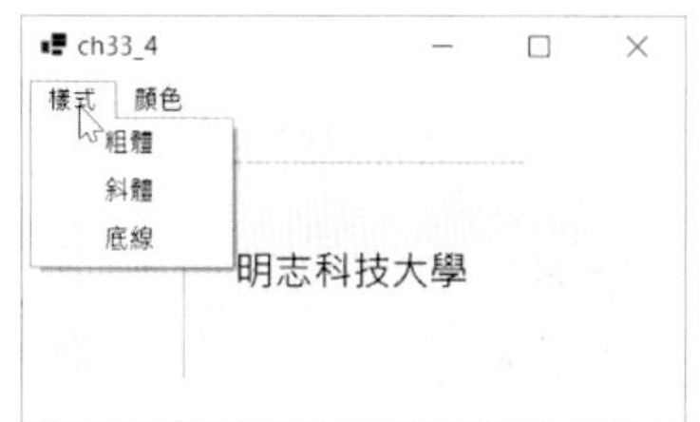

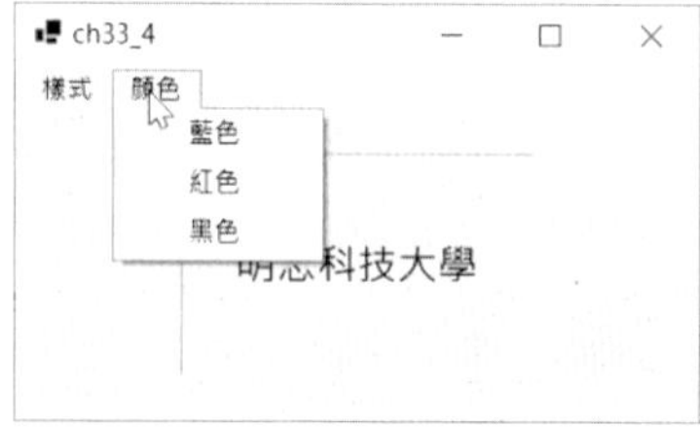

然後將滑鼠游標移到標籤，按一下滑鼠右鍵，可以開啟快顯功能表。

執行粗體功能可以讓標籤內的字串以粗體顯示，再執行一次可以將粗體特性解除，這個觀念可以應用在斜體、和底線。

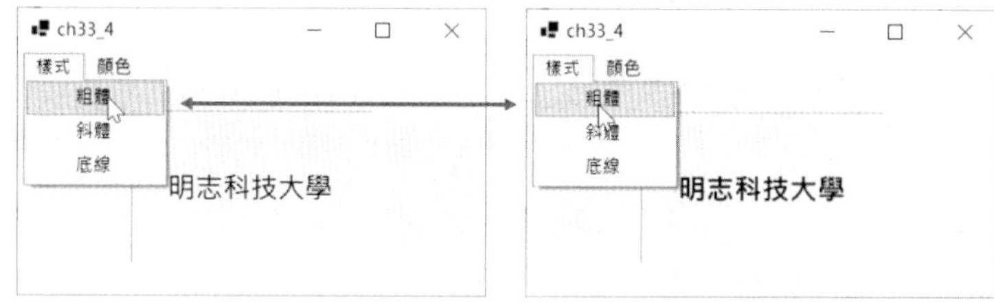

同時標籤文字可以同時有多種特性，例如：下列標籤文字含粗體、斜體和底線：

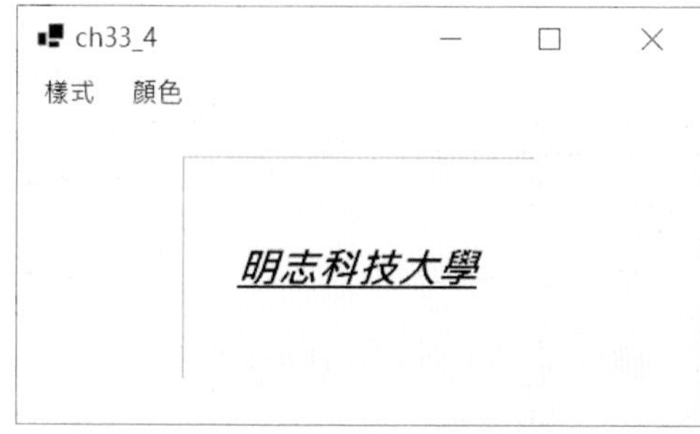

執行顏色功能可以更改標籤文字的顏色，如下所示：

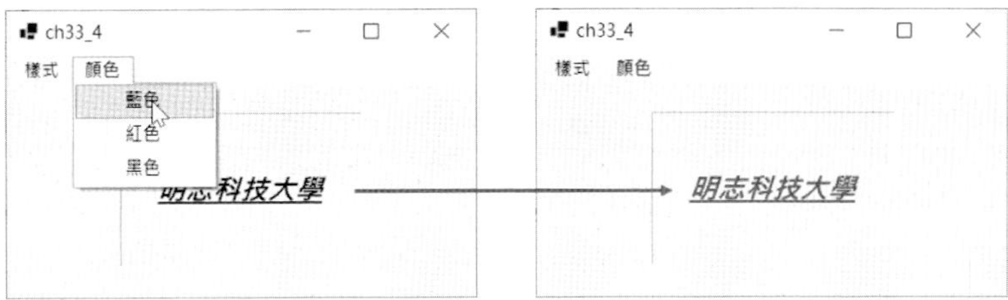

設計這個程式時，讀者可以先為功能表建立 Click 事件處理程式，因為快顯功能表的功能和功能表的事件處理程式相同，所以可以使用共用事件的觀念。若是以**樣式 / 粗體**功能表項目為例，其 Name 如下：

粗體ToolStripMenuItem

快顯功能表的樣式 / 粗體功能表項目的 Name，多了編號 1，如下：

粗體ToolStripMenuItem1

我們可以使用下列程式碼，設定共用事件：

粗體ToolStripMenuItem1.Click += 粗體ToolStripMenuItem_Click;

至於其他 5 個功能表項目的共用事件觀念一樣，下列程式碼的第 9 ~ 14 行就是處理共用事件。

```
1  namespace ch33_4
2  {
3      public partial class Form1 : Form
4      {
5          public Form1()
6          {
7              InitializeComponent();
8              // 建立快顯功能表共用事件
9              粗體ToolStripMenuItem1.Click += 粗體ToolStripMenuItem_Click;
10             斜體ToolStripMenuItem1.Click += 斜體ToolStripMenuItem_Click;
11             底線ToolStripMenuItem1.Click += 底線ToolStripMenuItem_Click;
12             藍色ToolStripMenuItem1.Click += 藍色ToolStripMenuItem_Click;
13             紅色ToolStripMenuItem1.Click += 紅色ToolStripMenuItem_Click;
14             黑色ToolStripMenuItem1.Click += 黑色ToolStripMenuItem_Click;
15         }
16         private void 粗體ToolStripMenuItem_Click(object sender, EventArgs e)
17         {
18             label1.Font = new Font(label1.Font, label1.Font.Style ^ FontStyle.Bold);
19         }
20         private void 斜體ToolStripMenuItem_Click(object sender, EventArgs e)
21         {
22             label1.Font = new Font(label1.Font, label1.Font.Style ^ FontStyle.Italic);
23         }
24         private void 底線ToolStripMenuItem_Click(object sender, EventArgs e)
```

```
25            {
26                label1.Font = new Font(label1.Font, label1.Font.Style ^ FontStyle.Underline);
27            }
28            private void 藍色ToolStripMenuItem_Click(object sender, EventArgs e)
29            {
30                label1.ForeColor = Color.Blue;
31            }
32            private void 紅色ToolStripMenuItem_Click(object sender, EventArgs e)
33            {
34                label1.ForeColor = Color.Red;
35            }
36            private void 黑色ToolStripMenuItem_Click(object sender, EventArgs e)
37            {
38                label1.ForeColor = Color.Black;
39            }
40        }
41    }
```

上述程式第 18 行 Font( ) 方法有關粗體語法如下：

label1.Font.Style ^ FontStyle.Bold

符號 "^" 是一個互斥功能，讀者可以參考 5-2-1 節或 5-5 節，如果原先文字含粗體特性，再執行一次會造成沒有粗體特性。如果原先文字不含粗體特性，執行一次會造成有粗體特性。至於第 22 和 26 行是分別處理斜體和底線，觀念是一樣。

註 你也可以使用屬性視窗處理共用事件，若是以若是以**樣式 / 粗體**功能表項目為例，就是讓 " 粗體 ToolStripMenuItem1" 的 Click 事件，共用 " 粗體 ToolStripMenuItem" 的 Click 事件，細節可以參考 32-5-2 節。

33-3 ToolStrip 工具列

Windows 作業系統的功能表下方會有一系列的工具列，工具箱的 ToolStrip 控制項，主要就是建立視窗下方的工具列，若是以 Visual Studio 視窗為例，工具列內容如下：

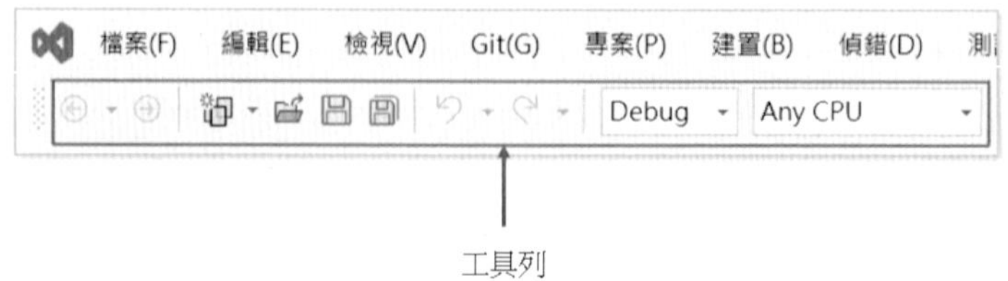

工具列 ToolStrip 和表單 Form 是一個容器控制項，我們可以在表單內建立容器，未來再在此工具列容器內建立工具。

33-3-1 ToolStrip 工具

在工具箱的**功能表與工具列**內部有 ToolStrip，ToolStrip，這就是 Visual Studio 建立**工具列**的控制項，這也是背景控制項，因此連按兩下建立此控制項後，ToolStrip 控制項是在表單的下方，如下所示：

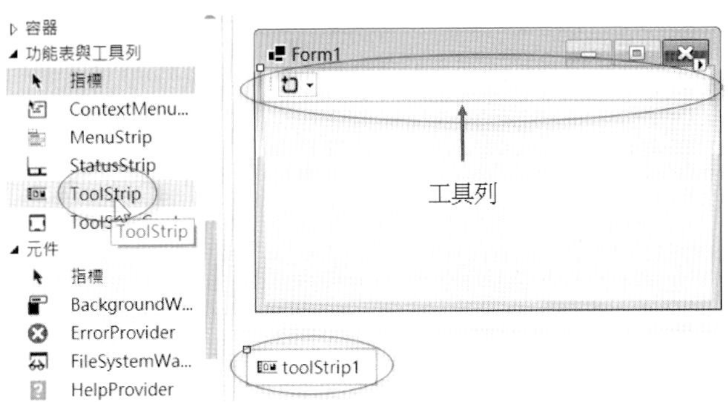

上述工具列內有圖示，點選可以看到系列子工具，可以利用子工具，在工具列內建立控制項。

33-3-2 在工具列內建立控制項

點選圖示右邊的，就可以選擇工具，然後建立控制項，下列是建立**功能鈕**的實例。

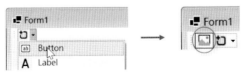

需留意**功能鈕**控制項的圖示是。

33-3-3　控制項的屬性設定

控制項建立完成後，如果點選該控制項，可以在屬性視窗進一步執行該控制項的屬性設定。

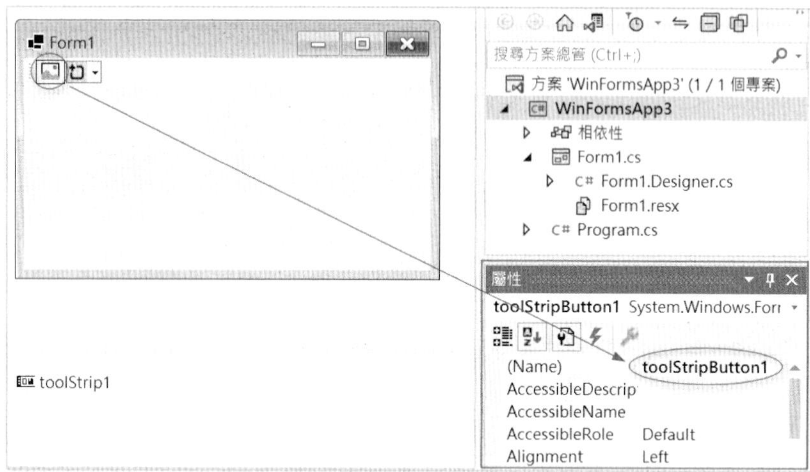

從上圖可以看到所建立的功能鈕控制項 Name 是 toolStripButton1，未來可以在屬性視窗執行更進一步的設定，這個觀念可以應用到其他屬性。此外，使用工具列內的工具控制項時，還會常常使用下列屬性：

- ❑ DisplayType：預設是 Image，表示顯示圖示。也可以選擇 None、Text、ImageAndText。
- ❑ Image：工具控制項的圖示，也可以自行設計圖示。
- ❑ Size：工具寬和高。
- ❑ ToolTipText：設定滑鼠游標移此時顯示的文字。

33-3-4　工具列的屬性

在表單內建立工具後，此工具也有屬性可以設定，請點選此工具項目。

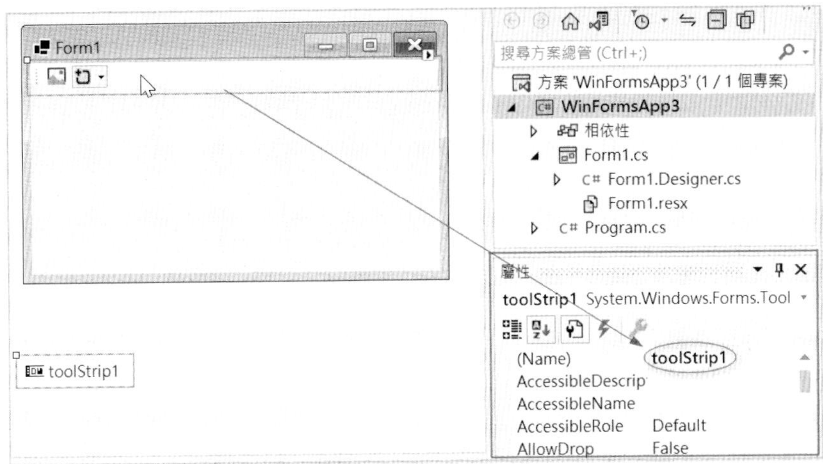

從上圖可以看到工具的 Name 屬性是 toolStrip1，ToolStrip 工具列幾個重要的屬性如下：

- ❑ Dock：可以設定工具列在表單的位置，預設是 Top，也就是在表單的上邊，也可以選擇 Left(左邊)、Right(右邊)、Bottom(下邊)、Fill(填滿) 或是 None(無，表示不存在)。可以使用屬性視窗設定，或是使用程式碼設定，下列是設定在左邊的實例。

```
toolstrip.Dock = DockStyle.Left;
```

- ❑ Items：工具列內所有項目的集合，如果點選 Items 屬性 (Collection) 右邊的 ... 圖示，可以開啟 Items Collection Editor，也可以由此編輯工具。

33-3-5 工具列實例

方案 ch33_5.sln：建立放大和縮小工具，滑鼠游標移至此圖示時會顯示放大或縮小。註：ch33_5 資料夾有 enlarge.gif 和 narrow.gif 圖示檔案。

請先建立 ch33_5.sln 表單，表單 Size 是 400, 200，然後使用 ToolStrip 建立工具列，然後建立 Button，可以參考下方左圖，然後請建立兩次，可以得到下方右圖的結果。

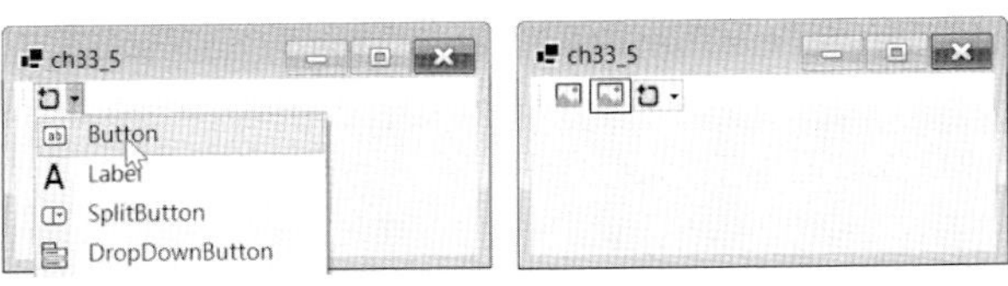

下一步是使用屬性視窗設定 toolStripButton1 的 Image 為 enlarge.gif，請選取第 1 個 Button，點選 Image 右邊的 ... 圖示，出現選取**資源對話**方塊，請選擇本機資源，按**匯入**鈕，然後選擇 ch33_5 資料夾的 enlarge.gif，請按**開啟**鈕，可以將此圖示載入選取資源對話方塊顯示，請按**確定**鈕，可以得到下列結果。

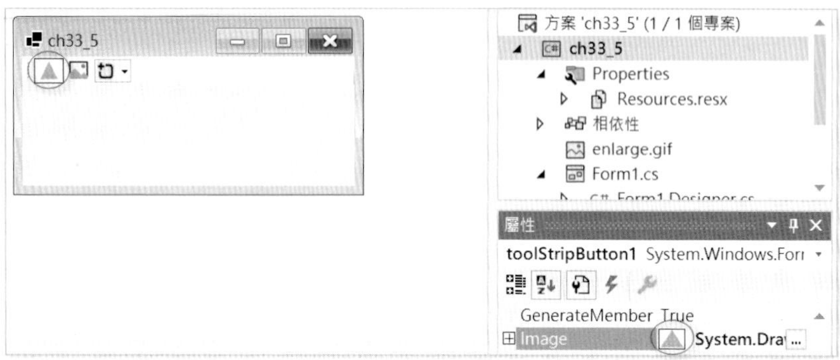

請將上述 toolStripButton1 物件的 ToolTipText 屬性改為 " 放大 "。請參考相同的步驟處裡第 2 個 Button，但是用 narrow.gif 圖檔，同時將 ToolTipText 屬性改為 " 縮小 "，未來執行程式可以得到下列結果。

方案 ch33_6.sln：擴充 ch33_5.sln，放大鈕可以放大標籤字 1 個單位，縮小鈕可以縮小標籤字 1 個單位，同時這個程式使用程式碼設定放大和縮小鈕。

```
1  namespace ch33_6
2  {
3      public partial class Form1 : Form
4      {
5          public Form1()
6          {
7              InitializeComponent();
8          }
9          private void Form1_Load(object sender, EventArgs e)
10         {
11             toolStripButton1.Image = Image.FromFile("enlarge.gif");
12             toolStripButton1.ToolTipText = "放大";
13             toolStripButton2.Image = Image.FromFile("narrow.gif");
14             toolStripButton2.ToolTipText = "縮小";
15         }
16         private void toolStripButton1_Click(object sender, EventArgs e)
17         {
18             float currentSize = label1.Font.SizeInPoints;  // 目前字型大小
19             currentSize += 1;                              // 字型大小加 1
20             label1.Font = new Font(label1.Font.Name, currentSize,
21                 label1.Font.Style);
22         }
23         private void toolStripButton2_Click(object sender, EventArgs e)
24         {
25             float currentSize = label1.Font.SizeInPoints;  // 目前字型大小
26             currentSize -= 1;                              // 字型大小減 1
27             label1.Font = new Font(label1.Font.Name, currentSize,
28                 label1.Font.Style);
29         }
30     }
31 }
```

執行結果 下方左圖是最初執行結果，右圖是按放大鈕多次後的結果。

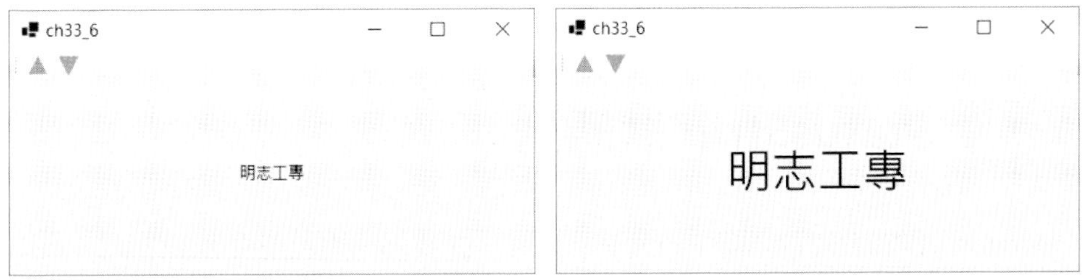

上述程式的重點是第 18 行，使用 label1.Font.SizeInPoints 取得字型大小，這個屬性資料型態是浮點數 float。

33-3-6 Insert Standard Items

當建立工具列後，將滑鼠游標移到工具列，然一下滑鼠右鍵，可以看到 Insert Standard Items 指令，執行此指令可以插入標準工具列如下所示：

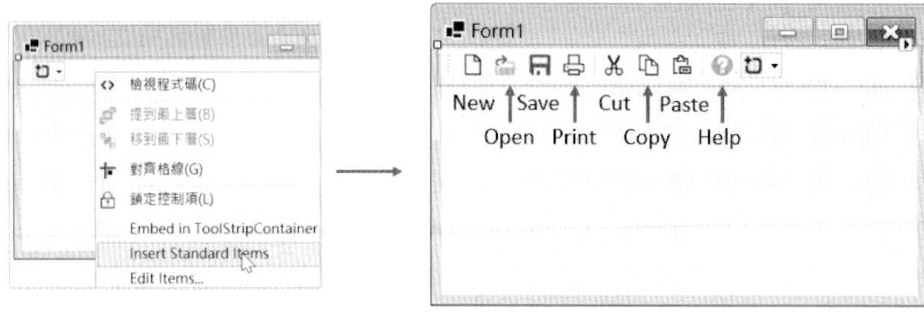

上述從左到右一次建立下列標準工具項。

newToolStripButton：適用開新檔案。

openToolStripButton：適用開啟舊檔案。

saveToolStripButton：適用儲存檔案。

printToolStripButton：適用列印檔案。

cutToolStripButton：適用剪下。

copyToolStripButton：適用複製。

pasteToolStripButton：適用貼上。

helpToolStripButton：適用說明。

上述是工具列的標準工具鈕，如果部分工具鈕不適用，可以選取按下滑鼠右鍵，執行**刪除**指令即可。

33-4 StatusStrip 狀態列

Windows 作業系統的視窗下方會有狀態列，主要是說明目前視窗工作狀態，例如：目前編輯頁數、目前編輯模式、滑鼠游標位置、… 等。工具箱的 StatusStrip 控制項，主要就是建立視窗下方的狀態列，若是以 PowerPoint 為例，狀態列如下：

工具列 StatusStrip 和表單 Form 是一個容器控制項，我們可以在表單內建立容器，未來再在此狀態列容器內建立工具。

33-4-1 StatusStrip 工具

在工具箱的**功能表與工具列**內部有 StatusStrip，StatusStrip，這就是 Visual Studio 建立**狀態列**的控制項，這也是背景控制項，因此連按兩下建立此控制項後，StatusStrip 控制項是在表單的下方，如下所示：

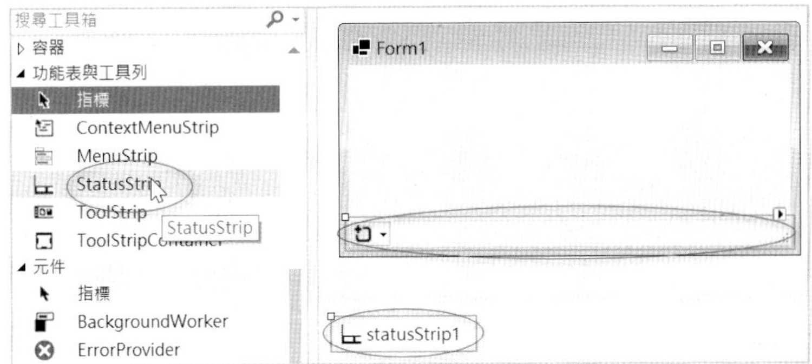

上述狀態列內有圖示，點選可以看到系列子工具，這些子工具內容相較工具列比較少，可以利用子工具，在狀態列內建立控制項。

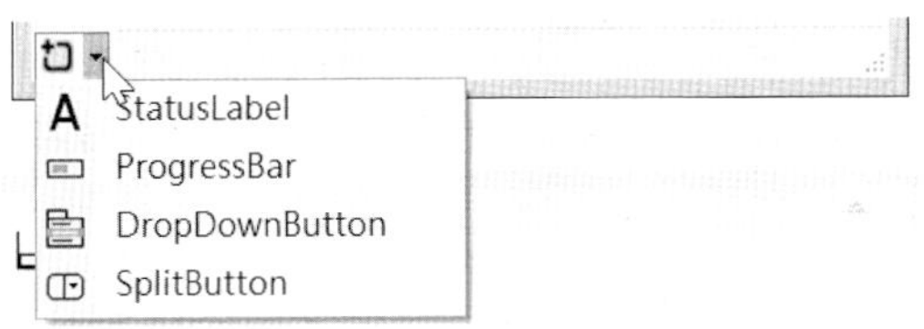

33-4-2 在狀態列內建立控制項

點選圖示右邊的，就可以選擇工具，然後建立控制項，下列是建立 StatusLabel 狀態標籤的實例。

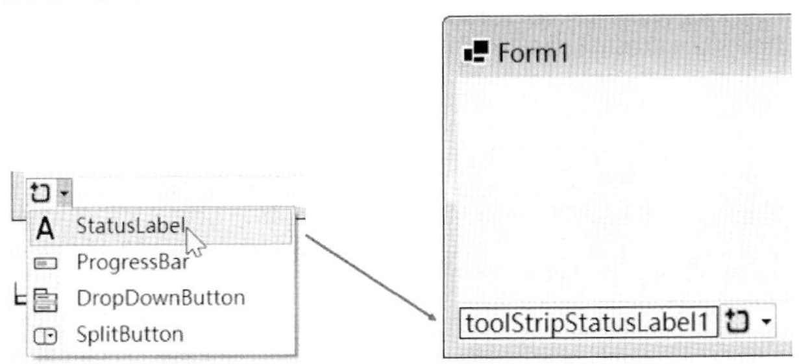

33-4-3　控制項的屬性設定

控制項建立完成後，如果點選該控制項，可以在屬性視窗進一步執行該控制項的屬性設定。

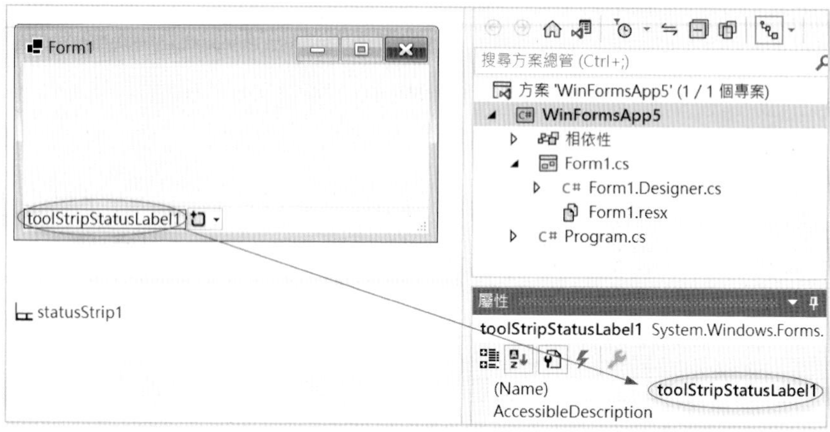

從上圖可以看到所建立的狀態列標籤控制項 Name 是 toolStripStatusLabel1，未來可以在屬性視窗更進一步設定其他屬性。

方案 ch33_7.sln：擴充設計 ch33_6.sln，程式執行初狀態列會顯示**使用中**，按下工具列的鈕時，狀態列會顯示所按的工具。

```
namespace ch33_7
{
    public partial class Form1 : Form
    {
        public Form1()
        {
            InitializeComponent();
        }
        private void Form1_Load(object sender, EventArgs e)
        {
            toolStripButton1.Image = Image.FromFile("enlarge.gif");
```

```
12              toolStripButton1.ToolTipText = "放大";
13              toolStripButton2.Image = Image.FromFile("narrow.gif");
14              toolStripButton2.ToolTipText = "縮小";
15              toolStripStatusLabel1.Text = "使用中";
16          }
17          private void toolStripButton1_Click(object sender, EventArgs e)
18          {
19              float currentSize = label1.Font.SizeInPoints;  // 目前字型大小
20              currentSize += 1;                              // 字型大小加 1
21              label1.Font = new Font(label1.Font.Name, currentSize,
22                  label1.Font.Style);
23              toolStripStatusLabel1.Text = "按放大鈕";
24          }
25          private void toolStripButton2_Click(object sender, EventArgs e)
26          {
27              float currentSize = label1.Font.SizeInPoints;  // 目前字型大小
28              currentSize -= 1;                              // 字型大小減 1
29              label1.Font = new Font(label1.Font.Name, currentSize,
30                  label1.Font.Style);
31              toolStripStatusLabel1.Text = "按縮小鈕";
32          }
33      }
34  }
```

執行結果

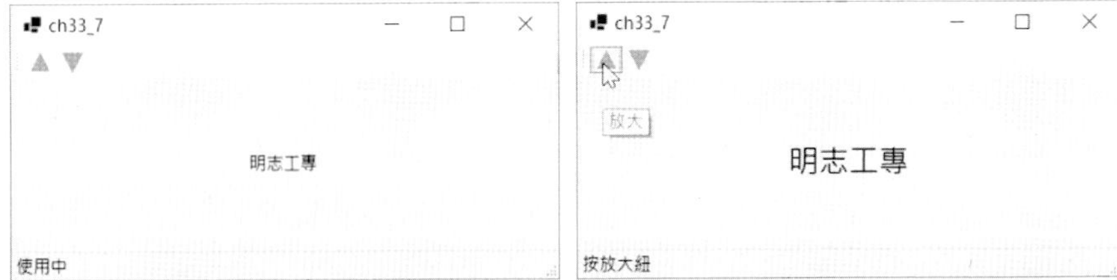

上述第 15、23 和 31 列是新增的內容，主要是發生特定事件，更改狀態列 toolStripStatusLabel1.Text 的內容。

習題實作題

方案 ex33_1.sln：重新設計 ch33_1.sln，增加另存新檔指令，儲存檔案左邊的圖示 save.gif 可以在 ch33 資料夾找到，設定 " 結束 (&X)" 的 (X)，Ctrl+X 快捷鍵皆使用程式碼設定。同時執行每一個功能，皆可以出現對話方塊輸出所執行的功能，執行結束 (&X) 則程式可以結束。(33-1 節)

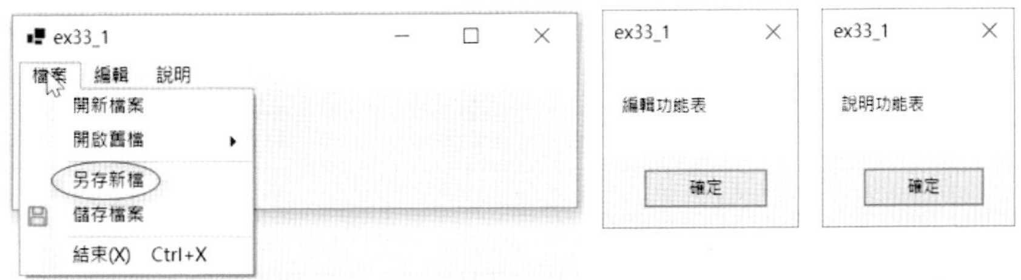

方案 ex33_2.sln：重新設計 ch33_4.sln，增加編輯功能表，此功能表內含放大與縮小功能，同時增加此功能表的快顯功能表。(33-3 節)

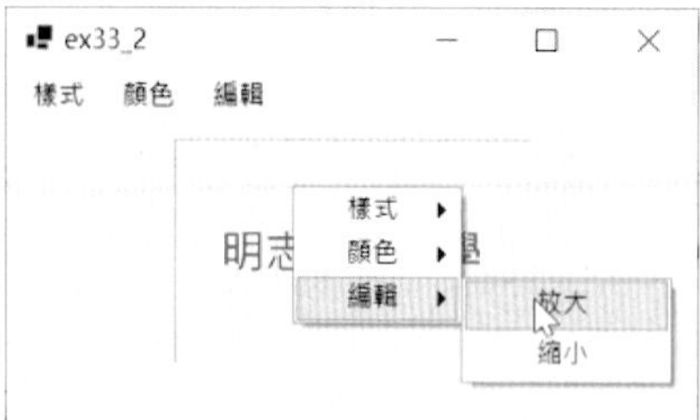

方案 ex33_3.sln：參考 33-3-6 節建立標準工具列，如果按工具列上的鈕可以在狀態列顯示所案的鈕，如果按說明鈕同時會顯示對話方塊。程式剛開始執行時狀態列顯示 No Action，可以參考下方左圖，下方右圖是按 Print 鈕的結果。(33-4 節)

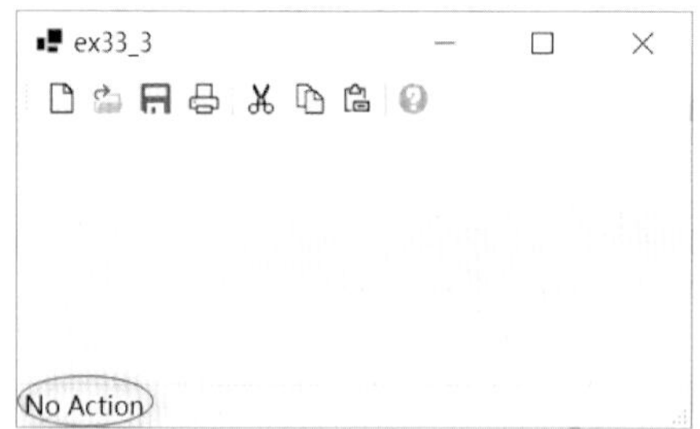

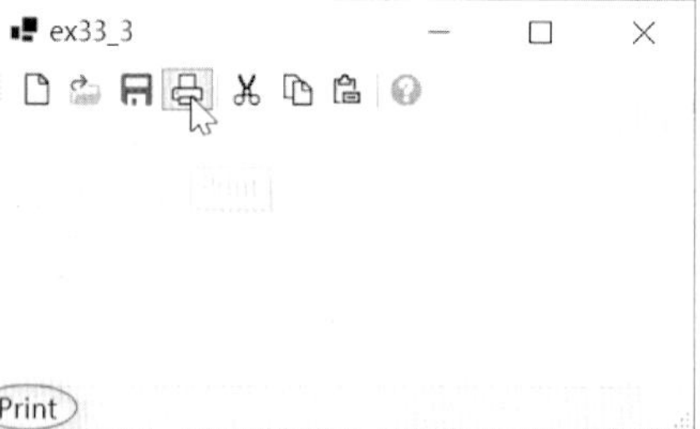

下列是按說明鈕的結果。

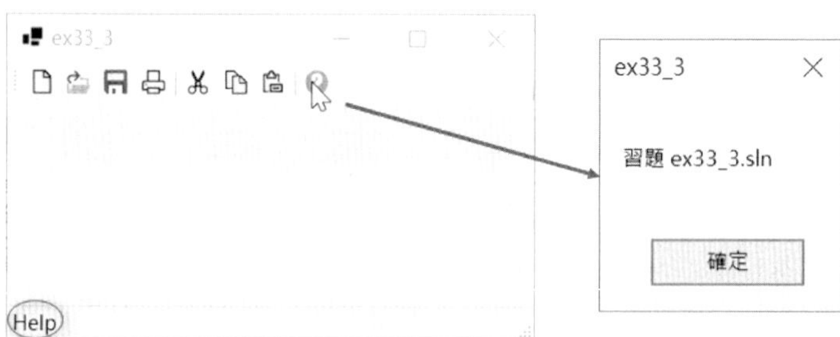

方案 ex33_4.sln：使用狀態列輸出滑鼠在表單按一下的座標位置。

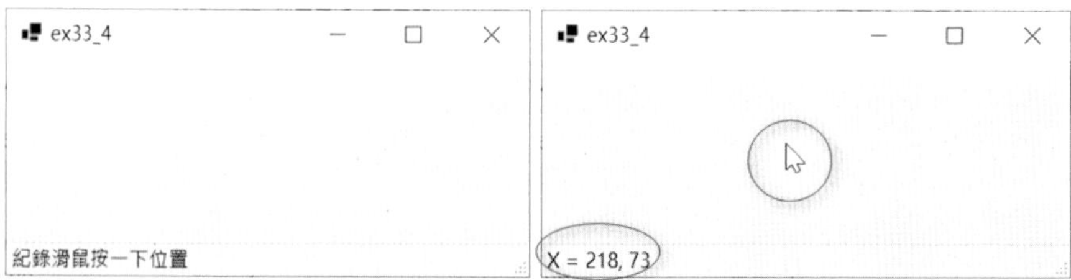

第 34 章

常用對話方塊的應用

這一章將針對工具箱支援常用的對話方塊做說明。

34-1 FontDialog 字型對話方塊

一般文書編輯程式一定有字型對話方塊，在這個對話方塊使用者可以選擇字型、字型樣式、字型大小、刪除線或底線設定，工具箱也提供對話方塊功能讓我們可以很方便使用對話方塊對文字方塊、標籤的文字作字型設定。

34-1-1 FontDialog 工具

在工具箱的**對話方塊**內部有 FontDialog，FontDialog，這就是 Visual Studio 建立**字型對話方塊**的控制項，這也是背景控制項，連按兩下建立此控制項後，FontDialog 控制項是在表單的下方，如下所示：

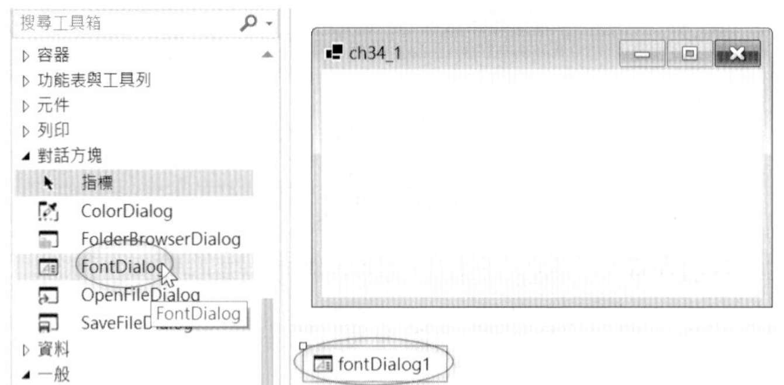

34-1-2 認識預設的 FontDialog 字型對話方塊

字型對話方塊的內容如下：

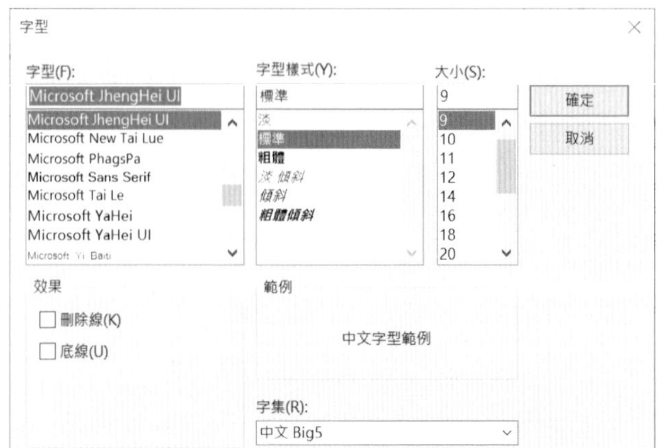

34-1-3 啟動字型對話方塊

ShowDialog( ) 方法可以啟動**字型**對話方塊，按字型對話方塊的**確定**鈕或是**取消**鈕皆可以關閉**字型**對話方塊。

方案 ch34_1.sln：使用字型按鈕啟動字型對話方塊，然後不論是按確定鈕或是取消鈕，皆可以關閉字型對話方塊。

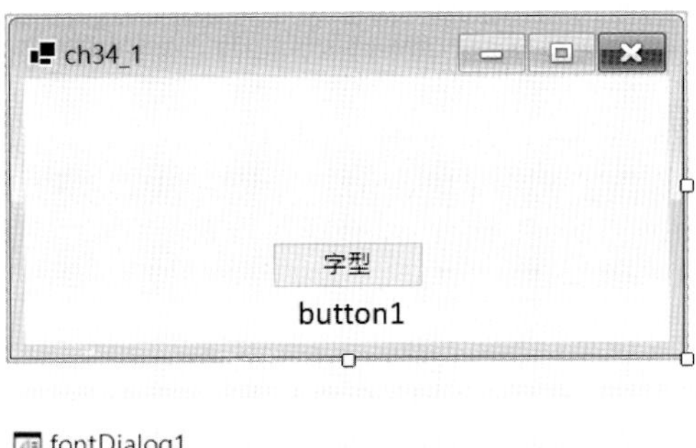


```
namespace ch34_1
{
    public partial class Form1 : Form
    {
        public Form1()
        {
            InitializeComponent();
        }
        private void button1_Click(object sender, EventArgs e)
        {
            fontDialog1.ShowDialog();    // 啟動字型對話方塊
        }
    }
}
```

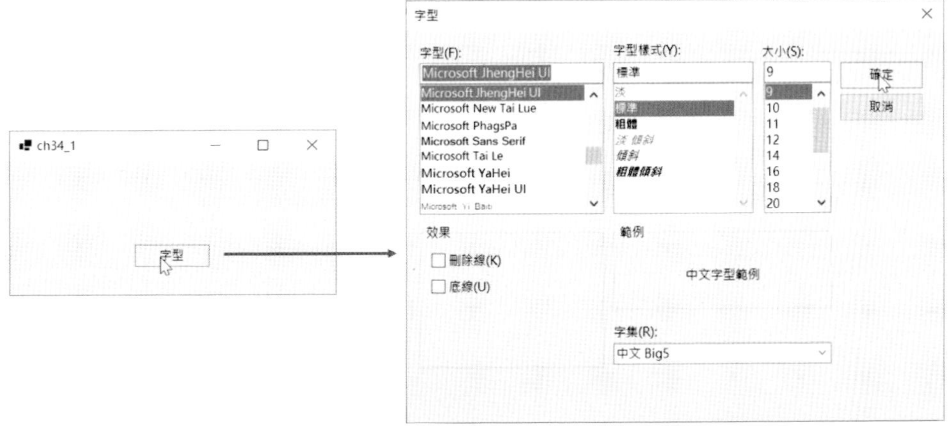

34-1-4　字型對話方塊的回傳值

字型方塊按確定鈕，相當於是回傳 DialogResult.OK，所以可以執行下列設定：

```
if (fontDialog1.ShowDialog( ) == DialogResult.OK)
{
    xxx;      // 如果按確定鈕就執行這個指令
}
```

字型對話方塊的設定結果是 Font 資料類型，有了這個觀念，可以設定下列實例：

```
if (fontDialog1.ShowDialog( ) == DialogResult.OK)
{
    label1.Font = fontDialog1.Font;  // 按確定鈕就設定label1字型是Font
}
```

方案 ch34_2.sln：使用對話方塊設定標籤文字的字型。

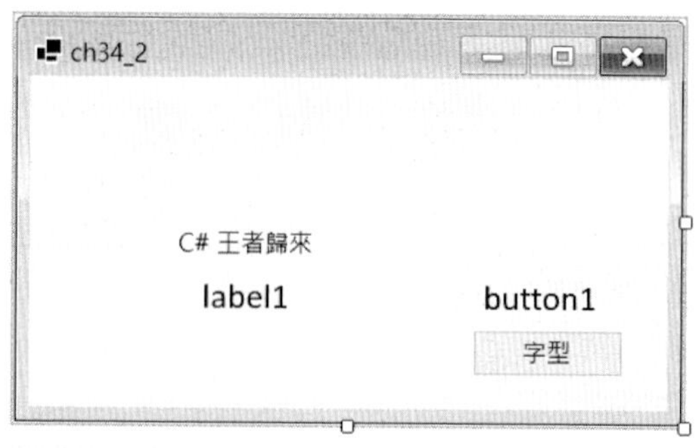

fontDialog1

```
namespace ch34_2
{
    public partial class Form1 : Form
    {
        public Form1()
        {
            InitializeComponent();
        }
        private void button1_Click(object sender, EventArgs e)
        {
            if (fontDialog1.ShowDialog() == DialogResult.OK)
            {
                label1.Font = fontDialog1.Font;  // label1字型
            }
        }
    }
}
```

執行結果 下列是設定粗體、斜體、字型大小是 16 的結果。

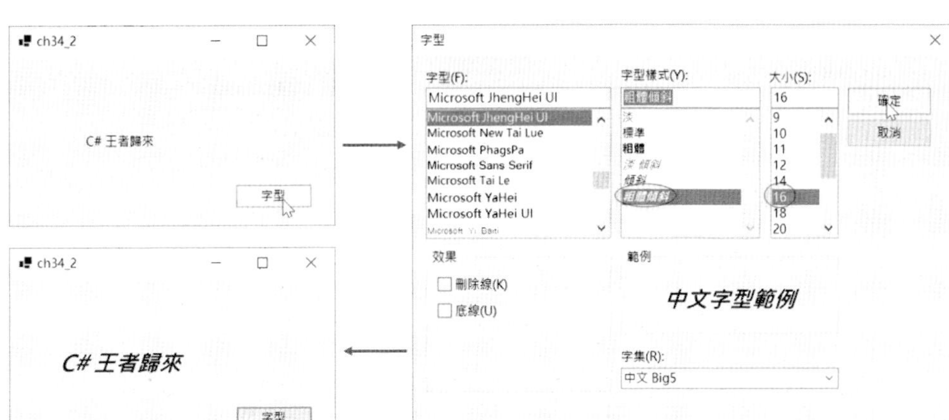

34-1-5 字型對話方塊的 ShowColor 屬性

點選 fontDialog1 控制項後，可以在屬性視窗設定 ShowColor 屬性，這個屬性預設是 false，表示不顯示色彩欄位，如果設為 true 則可以顯示色彩欄位。

方案 ch34_3.sln：擴充 ch34_2.sln，在字型對話方塊內增加色彩欄位，同時可以用此欄位設定色彩。

```
namespace ch34_3
{
    public partial class Form1 : Form
    {
        public Form1()
        {
            InitializeComponent();
            fontDialog1.ShowColor = true;                  // 顯示色彩欄位
        }

        private void button1_Click(object sender, EventArgs e)
        {
            if (fontDialog1.ShowDialog() == DialogResult.OK)
            {
                label1.Font = fontDialog1.Font;            // label1字型
                label1.ForeColor = fontDialog1.Color;      // label1色彩
            }
        }
    }
}
```

執行結果 下列是設定粗體、字型大小是 14、文字是藍色的結果。

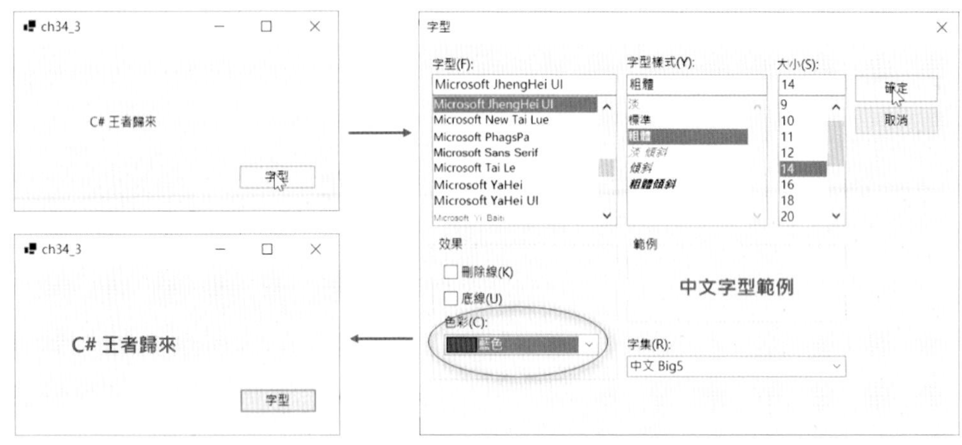

34-2 ColorDialog 色彩對話方塊

一般文書編輯程式一定有色彩對話方塊，在這個對話方塊使用者可以選擇色彩設定，工具箱也提供對話方塊功能讓我們可以很方便使用對話方塊對色彩做設定。

34-2-1 ColorDialog 工具

在工具箱的**對話方塊**內部有 ColorDialog， ColorDialog，這就是 Visual Studio 建立**色彩對話方塊**的控制項，這也是背景控制項，因此連按兩下建立此控制項後，ColorDialog 控制項是在表單的下方，如下所示：

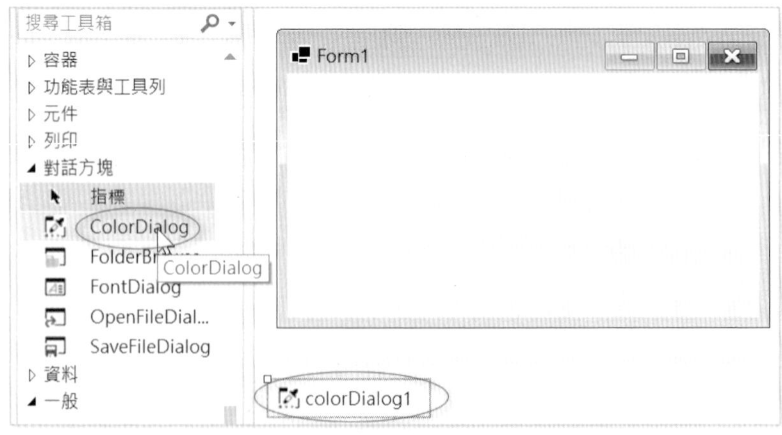

34-2-2 認識預設的 ColorDialog 字型對話方塊

色彩對話方塊的內容如下：

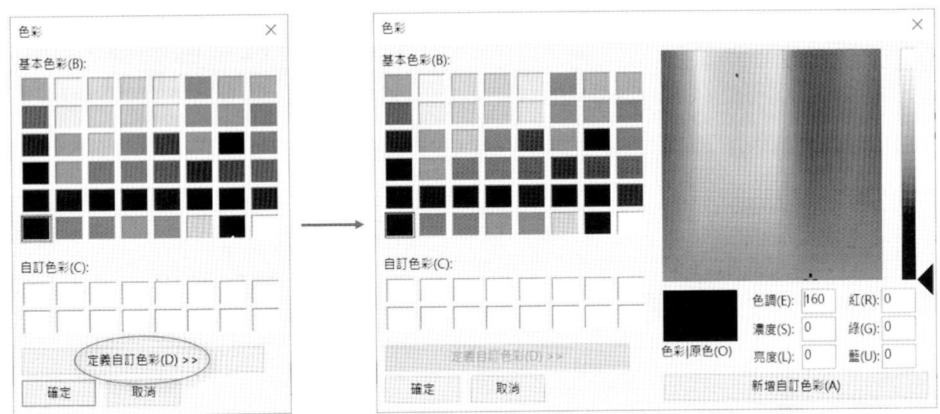

34-2-3 啟動色彩對話方塊

ShowDialog( ) 方法可以啟動色彩對話方塊，按色彩對話方塊的**確定**鈕或是**取消**鈕皆可以關閉色彩對話方塊。

方案 ch34_4.sln：參考 ch34_1.sln，但是改為使用色彩按鈕啟動色彩對話方塊，然後不論是按確定鈕或是取消鈕，皆可以關閉色彩對話方塊。

```
namespace ch34_4
{
    public partial class Form1 : Form
    {
        public Form1()
        {
            InitializeComponent();
        }
        private void button1_Click(object sender, EventArgs e)
        {
            colorDialog1.ShowDialog();        // 啟動色彩對話方塊
        }
    }
}
```

執行結果

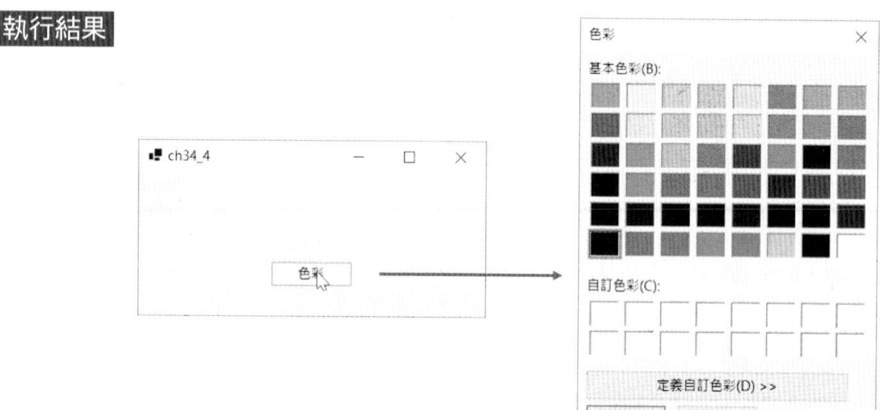

34-2-4　色彩對話方塊的回傳值

色彩方塊按確定鈕，相當於是回傳 DialogResult.OK，所以可以執行下列設定：

```
if (colorDialog1.ShowDialog( ) == DialogResult.OK)
{
    xxx;      // 如果按確定鈕就執行這個指令
}
```

色彩對話方塊的設定結果是 Color 資料類型，有了這個觀念，可以設定下列實例：

```
if (colorDialog1.ShowDialog( ) == DialogResult.OK)
{
    label1.BackColor = colorDialog1.Color; // 按確定鈕設定label1背景色
}
```

方案 ch34_5.sln：重新設計 ch34_2.sln，使用對話方塊設定標籤文字的背景色彩。

```
namespace ch34_5
{
    public partial class Form1 : Form
    {
        public Form1()
        {
            InitializeComponent();
        }

        private void button1_Click(object sender, EventArgs e)
        {
            if (colorDialog1.ShowDialog() == DialogResult.OK)
            {
```

```
14                  label1.BackColor = colorDialog1.Color;  // 背景色彩
15              }
16          }
17      }
18  }
```

執行結果 下列是設定背景色彩是黃色結果。

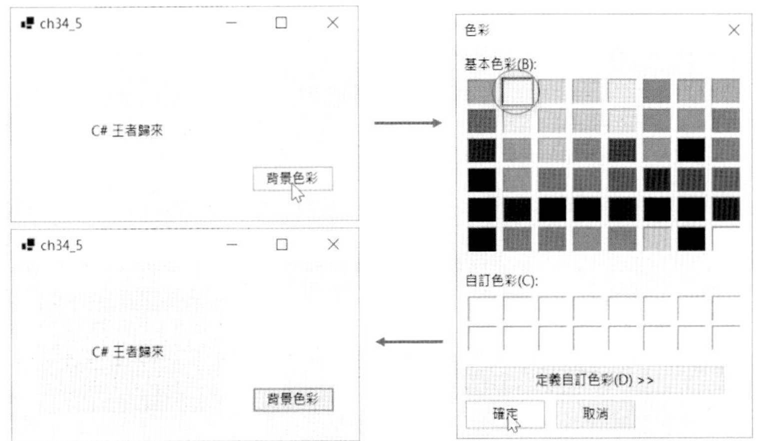

上述實例第 14 行雖然是設定背景色彩，但是也可以設定前景色彩，只要將變數改為 label1.ForeColor 即可。

方案 ch34_6.sln：表單內有 4 個圖片方塊，在圖片方塊按一下可以更改該圖片方塊的背景顏色。

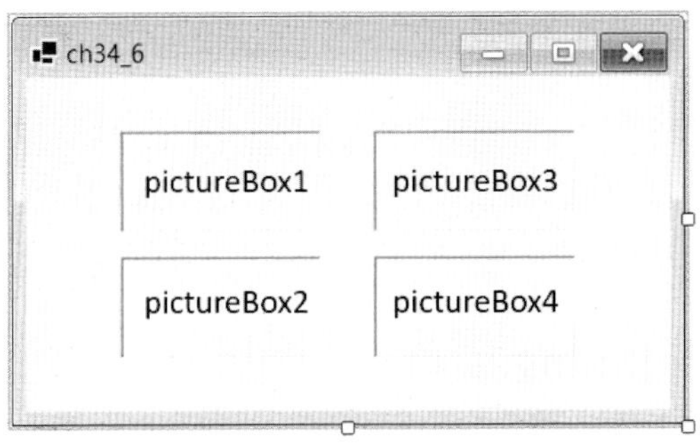

colorDialog1

```
namespace ch34_6
{
    public partial class Form1 : Form
    {
        public Form1()
        {
            InitializeComponent();
            // pictureBox2,pictureBox3,pictureBox4共用pictureBox1事件
            pictureBox2.Click += pictureBox1_Click;
            pictureBox3.Click += pictureBox1_Click;
            pictureBox4.Click += pictureBox1_Click;
        }
        private void pictureBox1_Click(object sender, EventArgs e)
        {
            PictureBox activeBox = (PictureBox) sender;      // 目標圖片方塊
            if (colorDialog1.ShowDialog() == DialogResult.OK)
            {
                activeBox.BackColor = colorDialog1.Color;    // 背景顏色
            }
        }
    }
}
```

執行結果

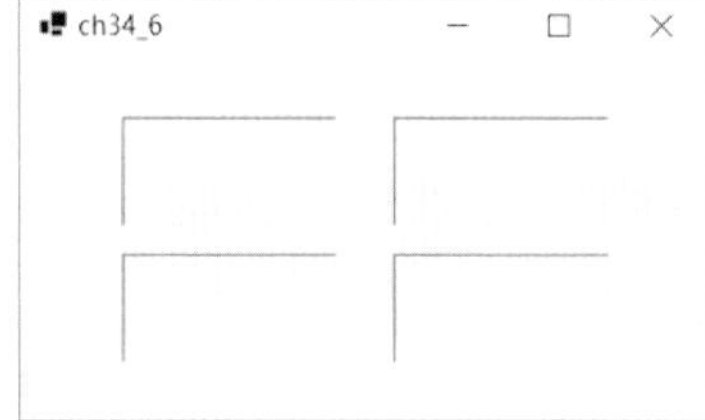

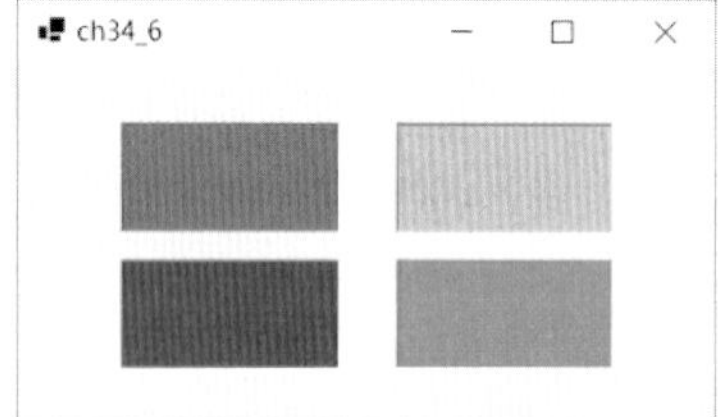

34-3 OpenFileDialog 開啟檔案對話方塊

一般文書編輯程式一定有**開啟檔案**對話方塊，在這個對話方塊使用者可以選擇檔案予以開啟，工具箱也提供檔案對話方塊功能讓我們可以很方便使用對話方塊執行開啟檔案。

34-3-1 OpenFileDialog 工具

在工具箱的**對話方塊**內部有 OpenFileDialog， OpenFileDialog ，這就是 Visual Studio 建立**開啟檔案對話方塊**的控制項，這也是背景控制項，因此連按兩下建立此控制項後，OpenFileDialog 控制項是在表單的下方，如下所示：

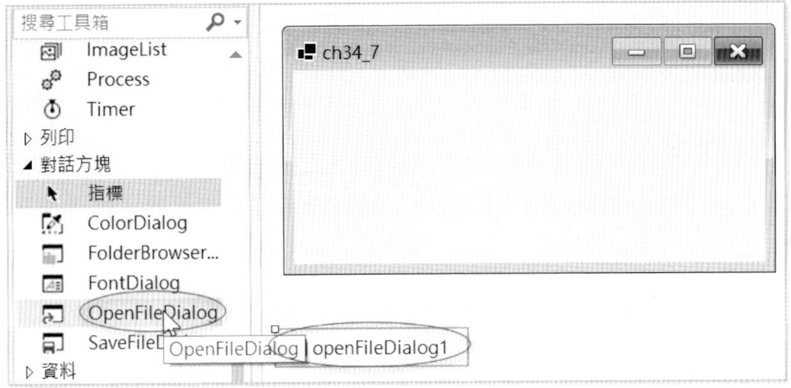

34-3-2 開啟檔案對話方塊的屬性

開啟檔案對話方塊常用屬性如下：

❑ DefaultExt

所選取檔案的延伸檔名 (或稱副檔名)。

❑ FileName

所選取的檔案名稱。

❑ Filter

篩選檔案方塊的檔案類型，其語法如下：

openFileDialog1.Filter = "文字1 | 篩選規則1 | 文字2 | 篩選規則2 …";

下列是篩選文字檔案的實例：

openFileDialog1.Filter = "Text Files(*.txt) | *.txt | 圖檔(*.jpg) | *.jpg";

經過上述設定後，"Text Files(*.txt)" 是索引 1(FileIndex)，" 圖檔 (*.jpg)" 是索引 2(FileIndex)。

❑ FilterIndex

篩選檔案的索引，可參考前面 Filter 敘述，在開啟對話方塊檔案名稱右邊的欄位是敘述此索引顯示的內容。

❑ InitialDirectory

取得或是設定值，進入開啟對話方塊最初的資料夾 (目錄)。

❑ RestoreDirectory

取得或是設定值，如果使用者在搜尋對話方塊前有更改目錄，如果是 true 會將目前目錄還原成先前的目錄。預設是 false，這會沿用先前使用的目錄。

❑ Title

開啟檔案對話方塊預設的名稱是 " 開啟 "，可以使用 Title 屬性更改此屬性。

34-3-3　開啟對話方塊實作

openFileDialog1.ShowDialog( ) 方法可以啟動**開啟**對話方塊，在此對話方塊按**開啟**鈕可以開啟所選的檔案，按**取消**鈕皆可以不開啟檔案同時關閉開啟對話方塊。

方案 ch34_7.sln：參考 ch34_1.sln，但是改為使用色彩按鈕啟動**色彩**對話方塊，然後不論是按確定鈕或是取消鈕，皆可以關閉**色彩**對話方塊。

註 ch34_7/ 圖片資料夾，有本實例可以使用的圖片。

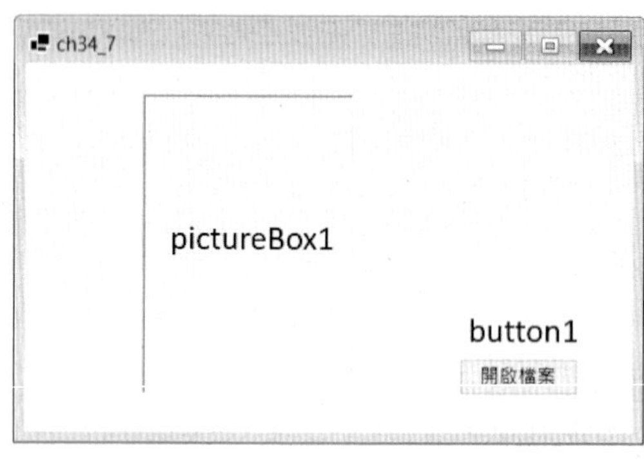

```
namespace ch34_7
{
    public partial class Form1 : Form
    {
        public Form1()
        {
            InitializeComponent();
            pictureBox1.SizeMode = PictureBoxSizeMode.StretchImage;
            openFileDialog1.Title = "開啟我的著作封面";
            openFileDialog1.Filter = "圖檔(*.jpg)|*.jpg";    // 顯示 *.jpg
        }
        private void button1_Click(object sender, EventArgs e)
        {
            if (openFileDialog1.ShowDialog() == DialogResult.OK)
            {
                pictureBox1.Image = Image.FromFile(openFileDialog1.FileName);
            }

        }
    }
}
```

執行結果

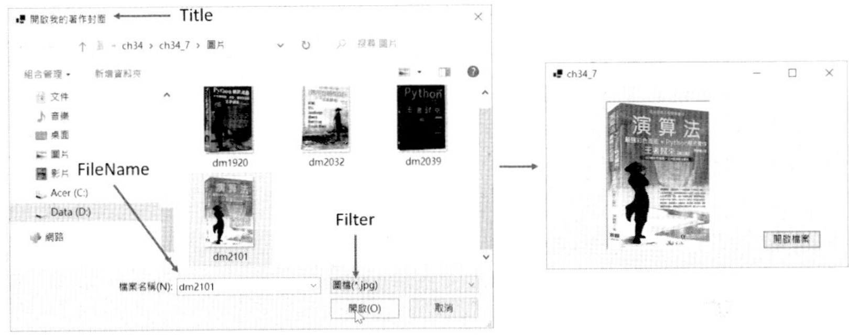

方案 ch34_8.sln：開啟文字檔案 (*.txt) 的實例，這個程式會將 ch34\ch34_8 資料夾的 data34_8.txt 文字檔案，在 textBox1 內開啟。**註**：textBox1 的 Multiline 屬性是 true。

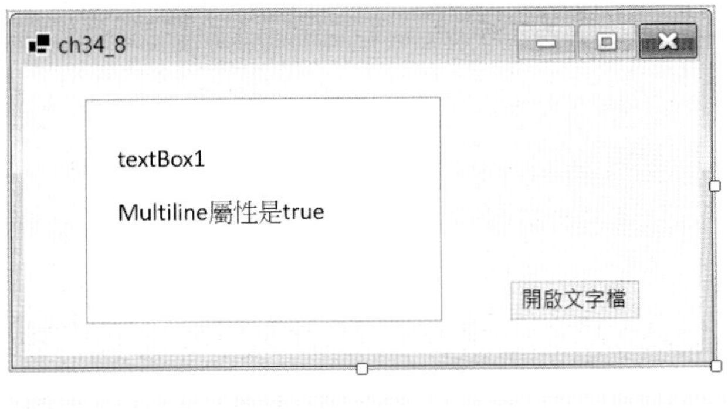

openFileDialog1

```
1  namespace ch34_8
2  {
3      public partial class Form1 : Form
4      {
5          public Form1()
6          {
7              InitializeComponent();
8              openFileDialog1.Filter = "txt files (*.txt)|*.txt|All files (*.*)|*.*";
9              openFileDialog1.FilterIndex = 1;     // 使用txt files(*.txt)
10         }
11         private void button1_Click(object sender, EventArgs e)
12         {
13             var fileContent = string.Empty;
14
15             if (openFileDialog1.ShowDialog() == DialogResult.OK)
16             {
17                 var filename = openFileDialog1.FileName;     // 取得要開啟的檔案
18                 // 建立匯流排StreamReader物件
19                 using (StreamReader reader = new StreamReader(filename))
20                 {
21                     fileContent = reader.ReadToEnd();        // 讀文字檔案
22                 }
23                 textBox1.Text = fileContent;                 // 文字方塊顯示內容
24             }
25         }
26     }
27 }
```

執行結果

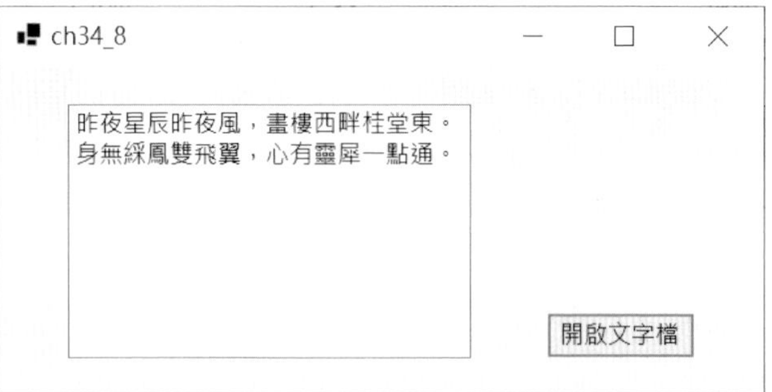
ch34_8
昨夜星辰昨夜風，畫樓西畔桂堂東。
身無綵鳳雙飛翼，心有靈犀一點通。
開啟文字檔

上述程式第 17 ~ 22 行使用了尚未介紹的讀取檔案觀念，第 17 行是取得要開啟的檔案名稱，第 19 行是 using 當作陳述式使用，也可以稱 using 區塊，用這個方法建立 StreamReader 匯流排物件，第 20 ~ 22 行是配合 using 的大括號，未來讀寫資料完成會自動關閉檔案，所以可以省略 Close( ) 關閉檔案第。21 行是使用 StreamReader 類別的 ReadToEnd( ) 方法可以讀取目前讀取位置到檔案末端的內容，在這裡相當於可以讀取全部檔案內容，有關檔案輸入與輸出的觀念，未來第 35-4 節會做更完整的介紹。

34-4 SaveFileDialog 儲存檔案對話方塊

一般文書編輯程式一定有儲存檔案對話方塊，在這個對話方塊使用者可以選擇檔案予以開啟，工具箱也提供檔案對話方塊功能讓我們可以很方便使用對話方塊執行開啟檔案。

在工具箱的**對話方塊**內部有 SaveFileDialog， SaveFileDialog ，這就是 Visual Studio 建立**儲存檔案對話方塊**的控制項，這也是背景控制項，因此連按兩下建立此控制項後，SaveFileDialog 控制項是在表單的下方。

SaveFileDialog 控制項的常用屬性和方法是和 OpenFileDialog 控制項相同，所以本節將直接使用實例解說。

方案 ch34_9.sln：將 textBox1 文字方塊內容儲存的實例，這個程式執行時，可以在 textBox1 內編輯文字。**註**：textBox1 的 Multiline 屬性是 true。

```
namespace ch34_9
{
    public partial class Form1 : Form
    {
        public Form1()
        {
            InitializeComponent();
            saveFileDialog1.Filter = "txt files (*.txt)|*.txt|All files (*.*)|*.*";
            saveFileDialog1.FilterIndex = 1;     // 使用txt files(*.txt)
        }
        private void button1_Click(object sender, EventArgs e)
        {
            if (saveFileDialog1.ShowDialog() == DialogResult.OK)
            {
                string fname = saveFileDialog1.FileName;     // 檔名
                StreamWriter sw = new StreamWriter(fname);  // 建立檔案
                sw.Write(textBox1.Text);                     // 寫入檔案
                sw.Close();                                  // 關閉檔案
            }
        }
    }
}
```

執行結果

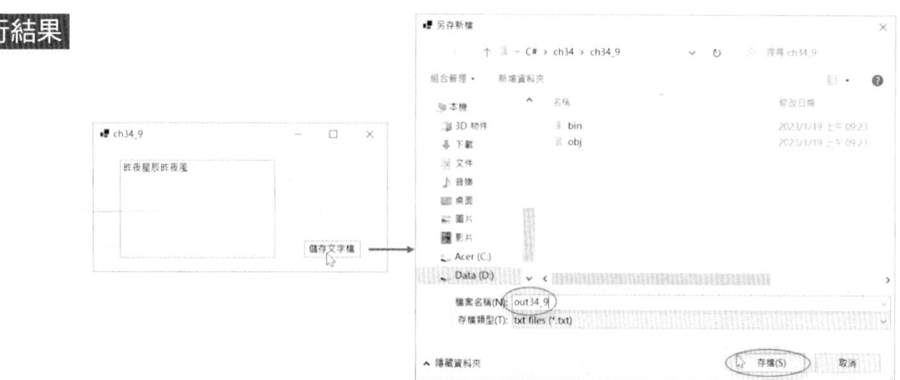

下列是驗證 out34_9.txt 的結果。

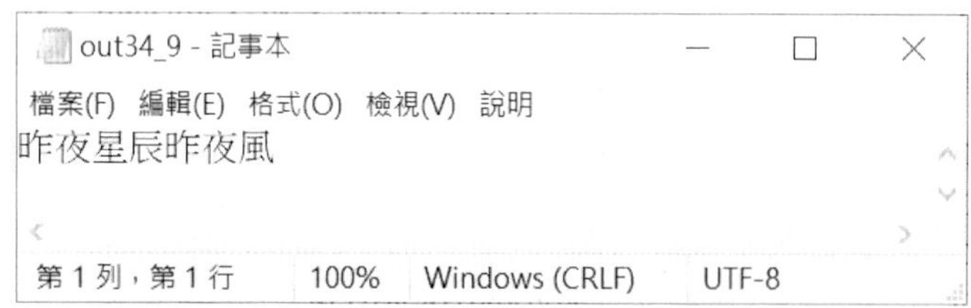

上述第 16 行是使用 StreamWriter(輸出匯流排) 的建構方法建立 sw 物件，然後用此物件呼叫 Write( ) 方法執行資料寫入，第 17 行是關閉檔案，更多細節將在 35-4 節說明。

34-5 RichTextBox 豐富文字方塊

RichTextBox 目前沒有統一的中文翻譯，但是可以翻譯為**豐富文字方塊**， RichTextBox，儘管可以如此翻譯，不過本章還是使用 RichTextBox 稱呼此控制項，這是加強功能的文字方塊 (TextBox)，預設就是用於執行簡單的文件編輯，所以內部有比較多的編輯功能，一般可以連按此圖示兩下，就可以在表單內建立此控制項，然後依需要拖曳控制項四周更改 RictTextBox 的大小。

34-5-1　認識 RTF 檔案格式

先前使用 Label 或是 TextBox 控制項，所編輯的文字是純文字 (txt) 檔案。這一節所介紹的 RichTextFile 控制項主要是可以編輯豐富文字格式 (Rich Text Format) 檔案，又稱 RTF 格式，也有人稱多文字格式，這是 Microsoft 公司開發的跨平台文件格式，大多數的編輯程式皆可以讀取，例如：WordPad 或是 Word。下列是 RTF 代碼基礎語法和實例：

```
{\rtf1\ansi
Hi! How are you?\par
Today is a sunny {\b bold} day.\par
}
```

上述文書處理可以輸出下列結果：

Hi! How are you?
Today is a **sunny** day.

RTF 文件是用 "\rtf" 開始的群組，反斜線 "\" 是 RTF 控制碼開始，"\par" 可以開始新的一行，"\b" 是粗體字，大括號 "{ … }" 定義一個群組，群組可以限制 \b 的作用範圍。

34-5-2 RichTextBox 常用屬性

RichTextBox 許多屬性是和 TextBox 相同，和其他控制項一樣可以在屬性視窗設定，或是使用程式碼設定，下列是不同於 TextBox 的常用屬性。

❑ Dock

預設屬性是 None，表示不佔滿表單的空間，如果設為 Fill，可以佔滿表單空間，特別是設計文書編輯程式時，可以如此設定。可以用屬性視窗方式設定，如下所示：

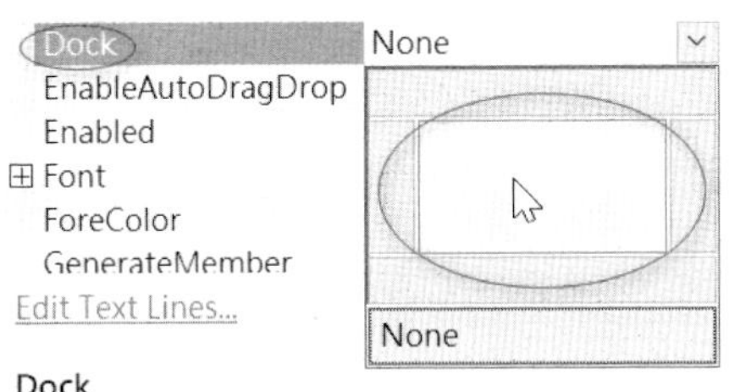

也可以用下列程式碼設定：

```
richTextBox1.Dock = DockStyle.Fill;
```

❑ MultiLine

預設是 true，表示可以編輯多行文件。

❑ ScrollBars

取得或是設定，RichTextBox 要顯示的捲軸類型，有下列 7 種選項：

Both：預設，文字超出寬度時才會顯示水平或是垂直捲軸。

None：不顯示捲軸。

Horizontal：顯示水平捲軸。

Vertical：顯示垂直捲軸。

ForcedHorizontal：如果 WordWrap 屬性是 false 時，一律顯示水平捲軸，如果文字未超過捲軸寬度時，則此捲軸是暗灰色。

ForcedVertical：一律顯示垂直捲軸，如果文字未超過捲軸高度時，則此捲軸是暗灰色。

ForcedBoth：如果 WordWrap 屬性是 false 時，一律顯示垂直 / 水平捲軸，否則只顯示垂直捲軸。如果文字未超過捲軸的寬度和高度時，此捲軸是暗灰色。

❑ SelectionBackColor

取得或是設定，目前選取文字或是插入點的背景色彩。

❑ SelectionBullet

取得或是設定，樣式符號是否套用目前選取文字或是插入點。

❑ SelectionColor

取得或是設定，目前選取文字或是插入點的色彩。

❑ SelectionFont

取得或是設定，目前選取文字或是插入點的字型。

❑ SelectionLength

取得或是設定，目前選取文字的字元數。

❑ WordWrap

可以設定是否自動換行，預設是 true，表示不使用水平捲軸，如果文字超出該行範圍會自動換行。如果是 false，則不會自動換行，文字會向右捲動。

30-5-3　RichTextBox 常用方法

RichTextBox 控制項常用方法如下：

Clear( )：清除 RichTextBox 的內容。

Copy( )：複製功能，可以將目前選取的文字複製到剪貼簿。

Cut( )：剪下功能，可以將目前選取的文字剪下，然後複製到剪貼簿。

Find( )：搜尋功能。

Paste( )：將剪貼簿內容複製到目前插入點位置。

Redo( )：重做上次編輯動作。

SelectAll( )：選取全部 RichTextBox 的內容。

Undo( )：取消上次編輯動作。

30-5-4　讀取和儲存檔案

這裡所謂的讀取檔案也可以稱下載檔案，方法如下：

LoadFile( )：下載 (*.txt)、Unicode 純文件、或是 (*.rtf) 檔案。

SaveFile( )：用 (*.txt)、Unicode 純文件、或是 (*.rtf) 格式儲存檔案。

LoadFile(filename, filetype) 和 SaveFile(filename, filetype) 方法的語法相同，這 2 個方法第 1 個參數是檔案名稱，這個比較容易了解。第 2 個參數可以是下列 3 種可能：

RichTextBoxStreamType.PlainText：這是 txt 的文字檔案。

RichTextBoxStreamType. UnicodePlainText：這是 Unicode 編碼的文字檔案。

RichTextBoxStreamType.RichText 這是 txt 的文字檔案。

34-5-5　SelectionChanged 事件

當選取內容更改時，會產生 SelectionChanged 事件。

方案 ch34_10.sln：RichTextBox 的基礎應用，每當有選取文字時，會用下方的 TextBox 顯示選取的文字。

```
namespace ch34_10
{
    public partial class Form1 : Form
    {
        public Form1()
        {
            InitializeComponent();
        }
        private void richTextBox1_SelectionChanged(object sender, EventArgs e)
        {
            textBox1.Text = richTextBox1.SelectedText;
        }
    }
}
```

執行結果

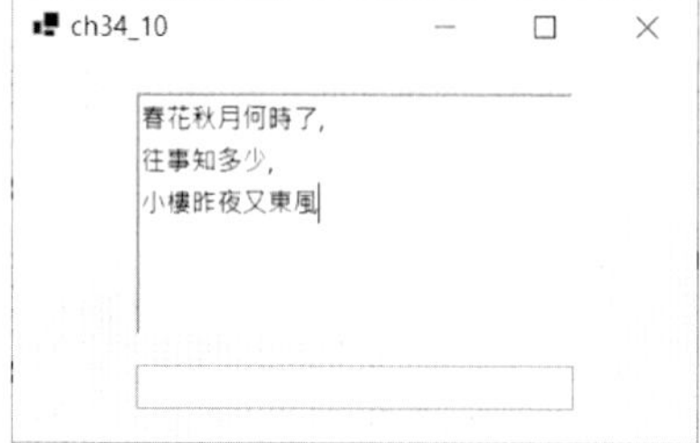

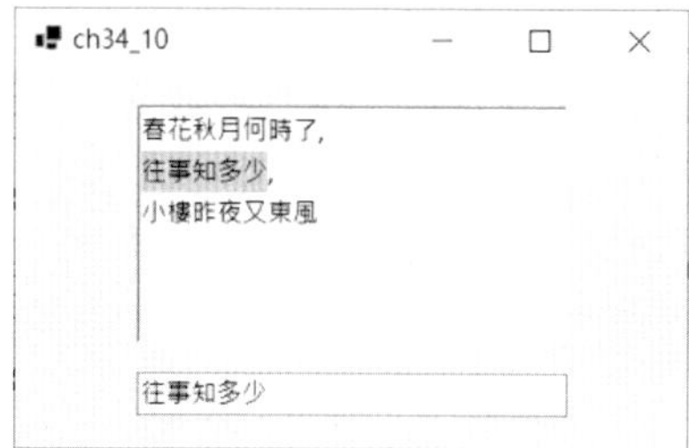

建議讀者可以不斷按 a，觀察 RichTextBox 的變化，下方左圖是 ch34_10.sln 屬性使用預設，可以看到當超出 RichTextBox 範圍時，出現垂直捲軸。下方中間圖是 ch34_10_1.sln 執行初的畫面，有灰色的垂直捲軸，主要是增加指令將 ScrollBars 屬性設為 ForcedVertical 時的畫面，下列是程式碼的設定：

```
            richTextBox1.ScrollBars = RichTextBoxScrollBars.ForcedVertical;
```

下方右圖是不斷按 a 的結果。

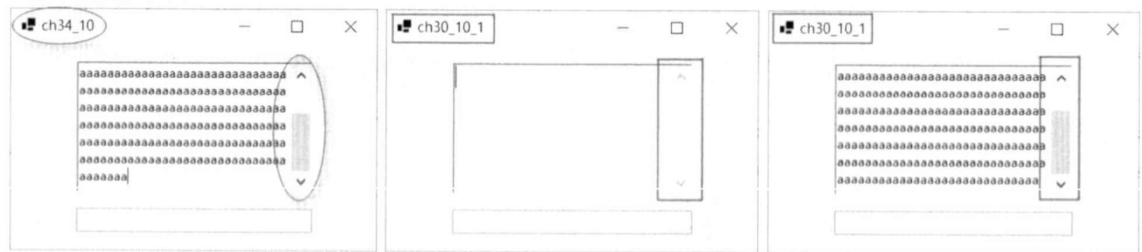

34-5-6　編輯圖文並茂的檔案 - 插入圖片

RichTextBox 也可以允許編輯圖文並茂的檔案，可以使用將圖片載入 Clipboard 剪貼簿，然後貼入 RichTextBox，語法如下：

```
Clipboard.Clear( );                                  // 清除剪貼簿
Bitmap figure = new Bitmap("figure file");           // 建立圖片物件
Clipboard.SetImage(figure);                          // 圖片載入剪貼簿
richTextBox1.Paste( );                               // 貼上
```

方案 ch34_10_2.sln：將 sse.gif 圖片載入 RichTextBox，然後可以編輯文字。

```
namespace ch34_10_2
{
    public partial class Form1 : Form
    {
        public Form1()
        {
            InitializeComponent();
        }
        private void button1_Click(object sender, EventArgs e)
        {
            Clipboard.Clear();                          // 清除剪貼簿
            Bitmap figure = new Bitmap("sse.gif");  // 建立圖片物件
            Clipboard.SetImage(figure);                 // 載入物件到剪貼簿
            richTextBox1.Paste();                       // 剪貼簿物件貼上
        }
    }
}
```

執行結果

34-5-7 RichTextBox 編輯程式的設計

方案 ch34_11.sln：建立編輯功能表，此功能表內有剪下、複製、貼上、復原、重做指令，檔案功能表內則有結束指令。

```
namespace ch34_11
{
    public partial class Form1 : Form
    {
        public Form1()
        {
            InitializeComponent();
        }
        private void 結束ToolStripMenuItem_Click(object sender, EventArgs e)
        {
            Application.Exit();
        }
        private void 剪下ToolStripMenuItem_Click(object sender, EventArgs e)
        {
            richTextBox1.Cut();           // 剪下
        }
        private void 複製ToolStripMenuItem_Click(object sender, EventArgs e)
        {
            richTextBox1.Copy();          // 複製
        }
        private void 貼上ToolStripMenuItem_Click(object sender, EventArgs e)
        {
            richTextBox1.Paste();         // 貼上
        }
        private void 復原ToolStripMenuItem_Click(object sender, EventArgs e)
        {
            richTextBox1.Undo();          // 復原
        }
        private void 重做ToolStripMenuItem_Click(object sender, EventArgs e)
        {
            richTextBox1.Redo();          // 重做
        }
    }
}
```

執行結果

方案 ex34_12.sln：擴充方案 ex34_11.sln 功能，主要是增加設計檔案功能表內有開新檔案、開啟舊檔、另存新檔功能。另外，也增加文字功能表，這個功能表內有字型、文字顏色和背景顏色指令。

```
namespace ch34_12
{
    public partial class Form1 : Form
    {
        public Form1()
        {
            InitializeComponent();
        }
        private void 開新檔案ToolStripMenuItem_Click(object sender, EventArgs e)
        {
            richTextBox1.Clear();              // 刪除內容
        }
        private void 開啟舊檔ToolStripMenuItem_Click(object sender, EventArgs e)
        {
            openFileDialog1.Filter = "rtf files (*.rtf)|*.rtf|All files (*.*)|*.*";
            if (openFileDialog1.ShowDialog() == DialogResult.OK)
            {
                string filename = openFileDialog1.FileName;      // 檔案名稱
                richTextBox1.LoadFile(filename, RichTextBoxStreamType.RichText);
            }
        }
        private void 另存新檔ToolStripMenuItem_Click(object sender, EventArgs e)
        {
            saveFileDialog1.Filter = "rtf files (*.rtf)|*.rtf|All files (*.*)|*.*";
            if (saveFileDialog1.ShowDialog() == DialogResult.OK)
            {
                string filename = saveFileDialog1.FileName;      // 檔案名稱
                richTextBox1.SaveFile(filename, RichTextBoxStreamType.RichText);
            }
        }
        private void 結束ToolStripMenuItem_Click(object sender, EventArgs e)
        {
            Application.Exit();
        }
        private void 剪下ToolStripMenuItem_Click(object sender, EventArgs e)
        {
            richTextBox1.Cut();            // 剪下
        }
        private void 複製ToolStripMenuItem_Click(object sender, EventArgs e)
        {
```

```
                richTextBox1.Copy();          // 複製
            }
            private void 貼上ToolStripMenuItem_Click(object sender, EventArgs e)
            {
                richTextBox1.Paste();         // 貼上
            }
            private void 復原ToolStripMenuItem_Click(object sender, EventArgs e)
            {
                richTextBox1.Undo();          // 復原
            }
            private void 重做ToolStripMenuItem_Click(object sender, EventArgs e)
            {
                richTextBox1.Redo();          // 重做
            }
            private void 字型ToolStripMenuItem_Click(object sender, EventArgs e)
            {
                if (fontDialog1.ShowDialog() == DialogResult.OK)
                {
                    richTextBox1.SelectionFont = fontDialog1.Font;      // 字型設定
                }
            }
            private void 文字顏色ToolStripMenuItem_Click(object sender, EventArgs e)
            {
                if (colorDialog1.ShowDialog() == DialogResult.OK)
                {
                    richTextBox1.SelectionColor = colorDialog1.Color;   // 文字顏色
                }
            }
            private void 背景顏色ToolStripMenuItem_Click(object sender, EventArgs e)
            {
                if (colorDialog1.ShowDialog() == DialogResult.OK)
                {
                    richTextBox1.SelectionBackColor = colorDialog1.Color; //背景色
                }
            }
        }
    }
```

執行結果

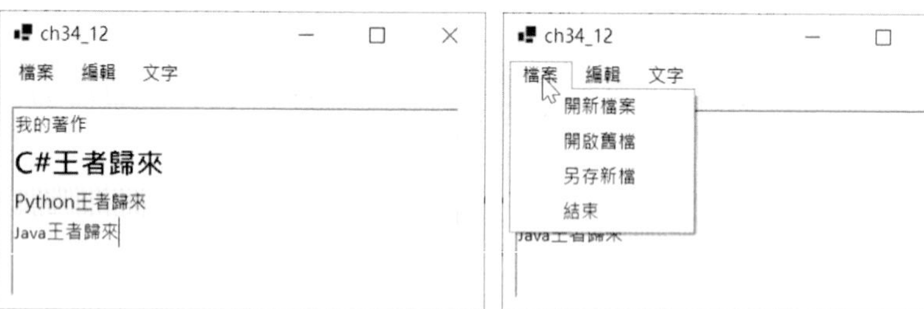

習題實作題

方案 ex34_1.sln：擴充設計 ch34_2.sln，將功能鈕改為使用功能表，格式化標籤文字。(34-1 節)

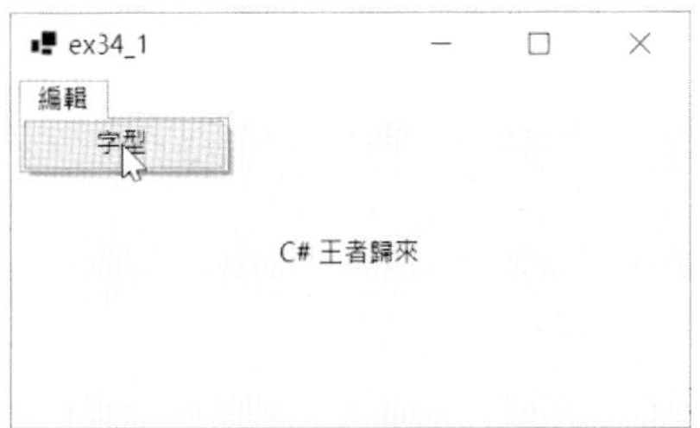

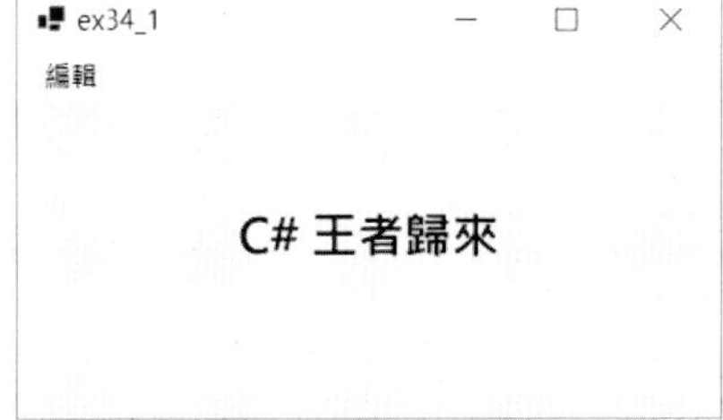

方案 ex34_2.sln：擴充設計 ex34_1.sln，增加文字顏色、背景顏色和結束指令。(34-2 節)

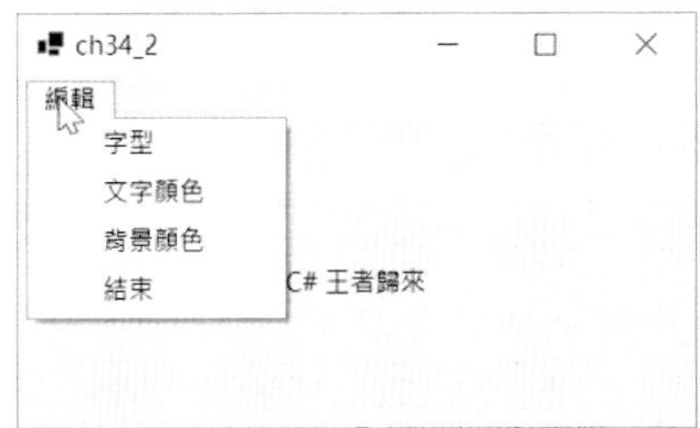

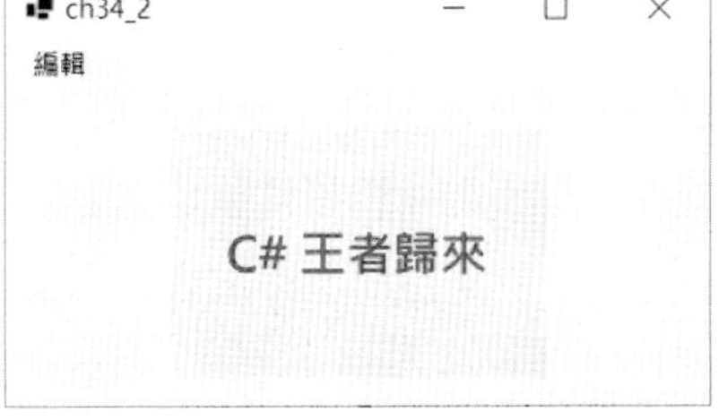

方案 ex34_3.sln：擴充設計 ex34_2.sln，增加檔案功能表，同時在檔案功能表內有開啟檔案和結束功能 (原先編輯 / 結束功能改放此位置)。(34-3 節)

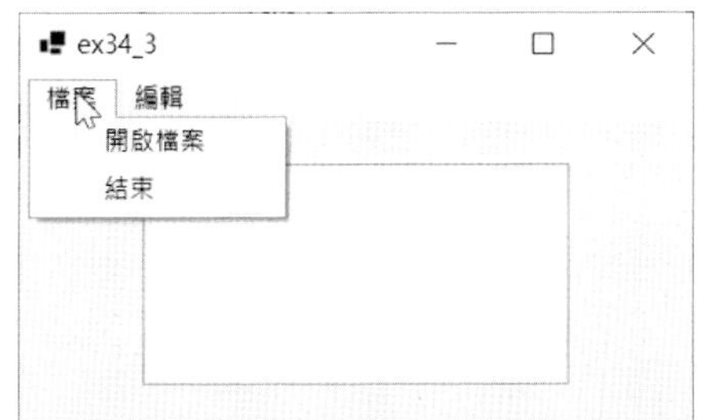

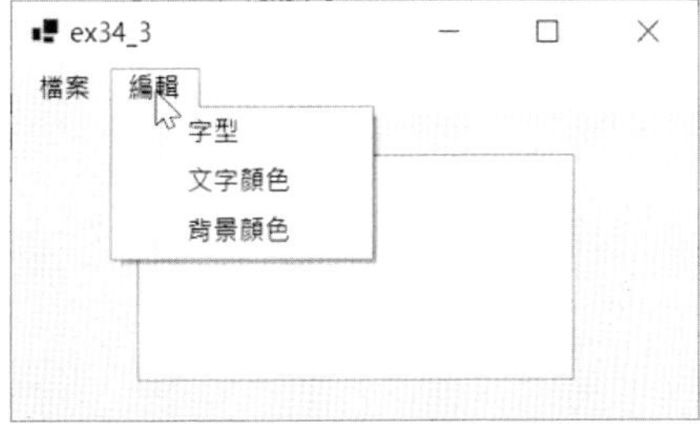

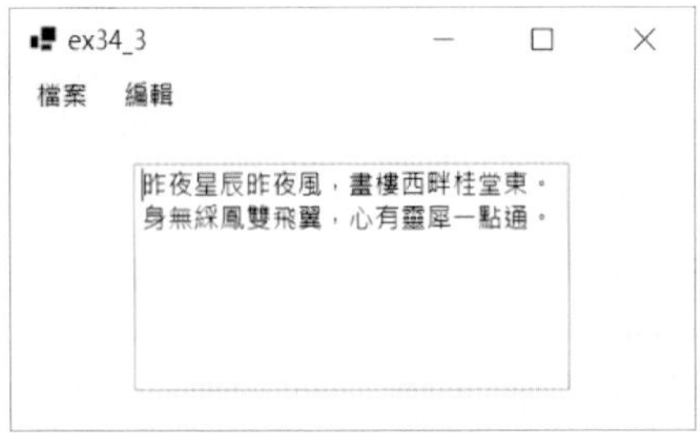

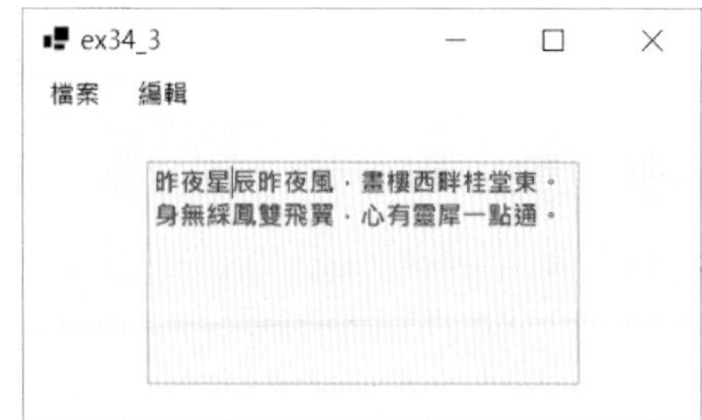

方案 ex34_4.sln：擴充設計 ex34_3.sln，檔案功能表內增加下列功能：(34-4 節)

開新檔案：可以開啟新的文字方塊，供編輯新的文件。

另存新檔：可以儲存無格式化的文字檔案 (.txt)。

註 textBox1 文字方塊的 BorderStyle 是 FixedSingle。

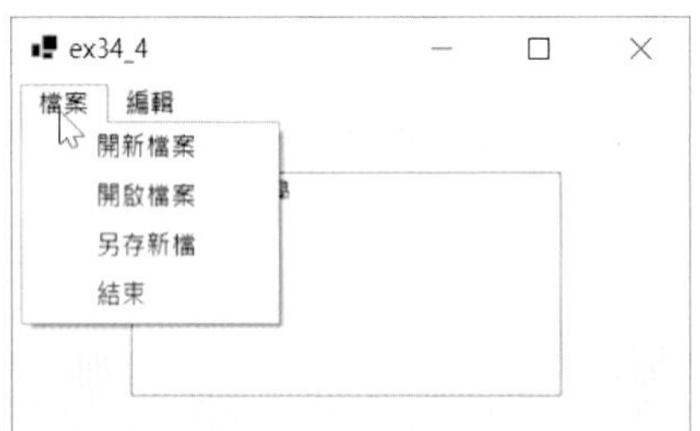

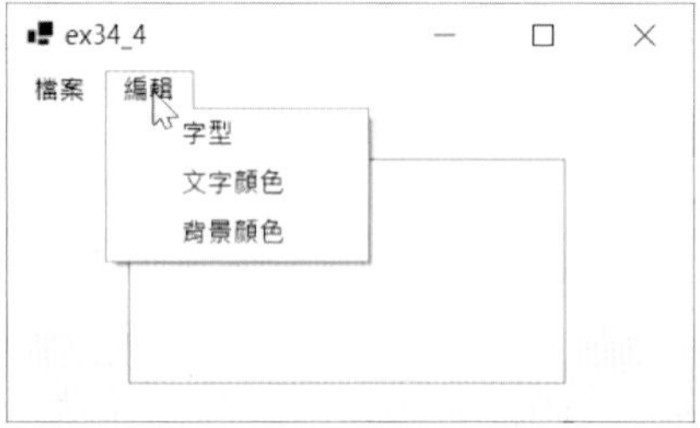

方案 ex34_5.sln：擴充設計 ch34_12.sln，增加 Help 功能表和工具列，此工具列由左至右分別是開新檔案、開啟舊檔、另存新檔、剪下、複製、貼上、說明，這些工具列的功能是共用事件，應該用共用事件觀念處理。

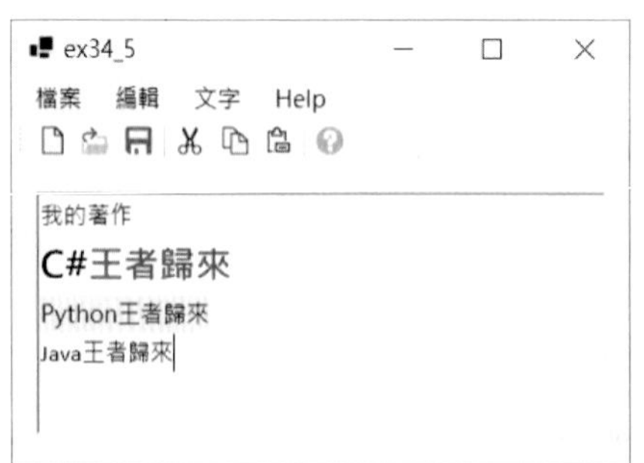

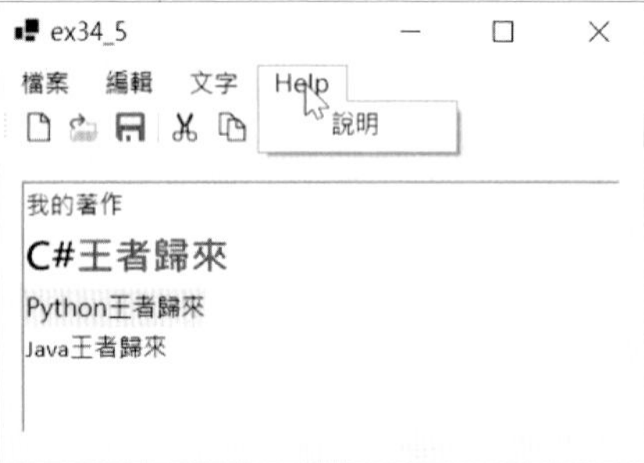

第 35 章

檔案的輸入與輸出

C# 是用串流 (stream) 的觀念處理檔案的讀取 (read) 和寫入 (write)，所謂的串流是指一系列二進位的數據 (bytes)，像流水一樣在通道間流動，所以稱串流 (stream)。

至於 C# 有關檔案與資料夾 (目錄) 的操作，則是一般檔案的觀念處理。

35-1 認識 System.IO 類別

在 .NET 環境是使用 System.IO 命名空間處理檔案的輸入與輸出，下列是常用的類別。

類別	說明
File	File 是一個靜態類別，這個類別提供複製 (copy)、建立 (create)、移動 (move)、刪除 (delete)、開啟檔案 (open)、加密 (encrypt)、解密 (decrypt)、檢查檔案是否存在、將文字資料附加在原文件後面、取得檔案最後存取時間 … 等功能。
FileInfo	FileInfo 類別提供和 File 相同功能的方法，但是需要先建立實體物件，然後可以有更多彈性處理讀取或寫入檔案。
Directory	Directory 是一個靜態類別，這個類別提供建立、移動、刪除、和存取子資料夾的操作。
DirectoryInfo	DirectoryInfo 類別提供和 Directory 相同功能的方法，但是需要先建立實體物件，然後可以有更多彈性處理資料夾操作。
Path	Path 是一個靜態類別，可以處理延伸檔名和路徑的操作。

下列是串流操作常用的類別。

類別	說明
FileStream	使用二進位的 bytes 方式讀取和寫入文字 (.txt)、可執行檔 (.exe)、圖檔 (.jpg) 或其他類型的檔案。
StreamReader	這是一個輔助類別，主要是從 FileStream 讀取二進位的 bytes 資料，讀取後會用特定編碼方法將 bytes 轉換成字串。
StreamWriter	這是輔助類別，主要是將字串轉成二進位的 bytes，然後寫入 FileStream。
BinaryReader	這是輔助類別，主要是讀取原始二進位的 bytes 數據。
BinaryWriter	這是輔助類別，主要是以二進位 bytes 方式寫入數據。

我們可以用下圖，說明串流讀取和寫入檔案過程。也就是 FileStream 從用二進位方式讀取原始資料，StreamReader 會將二進位資料轉成字串傳送給 C# 程式處理。

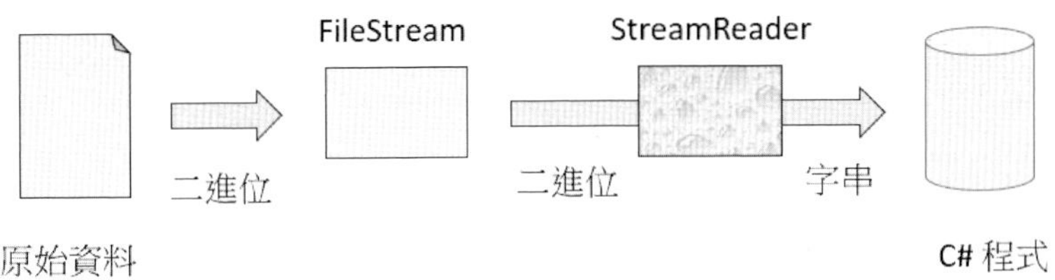

我們可以用下圖，說明串流寫入檔案過程。也就是 StreamWriter 將 C# 的執行結果字串轉成二進位資料，然後傳送給 FileStream， FileStream 會將二進位資料傳送給記憶體以檔案方式儲存。

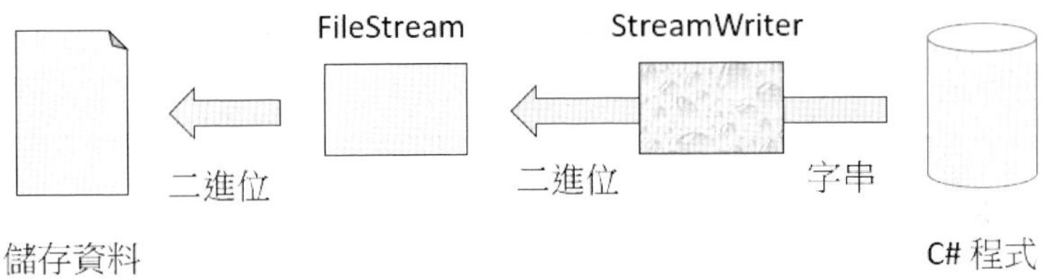

35-2 資料夾的操作

這一節將分成 2 個小節說明 Directory 類別和 DirectoryInfo 類別，有關資料夾的操作。

35-2-1 Directory 類別

使用 Directory 類別常用操作資料夾的方法如下：

名稱	說明
CreateDirectory(String)	如果 String 資料夾不存在，則建立此資料夾。
Delete(String)	刪除空的 String 資料夾。
Delete(String, Boolean)	如果 Boolean 是 true，刪除 String 資料夾與其子資料夾。
Exists(String)	回傳資料夾是否存在。
GetCreationTime(String)	回傳 String 資料夾建立的日期和時間。
GetCurrentDirectory( )	回傳目前應用程式所在資料夾。
GetDirectories(String)	回傳 String 資料夾的子資料夾。
SetCurrentDirectory(String)	設定 String 資料夾為目前工作資料夾。

方案 ch35_1.sln：建立資料夾 out35_1，同時輸出此資料夾建立的日期和時間，以及應用程式的路徑。

```
// ch35_1
string mydir = "out35_1";
Directory.CreateDirectory(mydir);
if (Directory.Exists(mydir))
{
    DateTime dt = Directory.GetCreationTime(mydir);
    Console.WriteLine(dt.ToString());
}
Console.WriteLine($"{Directory.GetCurrentDirectory()}");
```

執行結果

```
Microsoft Visual Studio 偵錯主控台
2023/1/20 上午 10:44:37
D:\C#\ch35\ch35_1\bin\Debug\net6.0

D:\C#\ch35\ch35_1\bin\Debug\net6.0\ch35_1.exe
按任意鍵關閉此視窗…
```

35-2-2 DirectoryInfo 類別

DirectoryInfo 類別需要先用建構方法 (constructor) 宣告建立一個實體資料夾物件，然後才可以用這個物件操作類別的方法。下列是宣告建立 "D:\\myC#\\test" 實體物件 mydir 的實例。

```
DirectoryInfo mydir = new DirectoryInfo("D:\\myC#\\test");
```

或是

```
DirectoryInfo mydir = new DirectoryInfo(@"D:\myC#\test");        // 加@
```

有了上述 mydir 物件，可以使用物件得到下列屬性：

CreatioinTime：建立此資料夾物件的時間。

Exists：此資料夾物件是否存在。

LastAccessTime：上次存取時間。

Name：此物件名稱。

Root：此物件的根目錄名稱。

下列是此資料夾物件常用的方法：

Create( )：建立此物件，例如：mydir.Create( );

Delete( )：刪除空的資料夾物件，例如：mydir.Delete( )

Delete(Boolean)：如果是 true，則刪除含內容的資料夾，例如：mydir.Delete(true);

GetDirectories( )：回傳目前目錄的子目錄，例如：mydir.GetDirectories( );

GetFiles( )：回傳目前目錄的檔案清單，例如：mydir.GetFiles( );

MoveTo(String)：資料夾物件移置 String 路徑。例如：mydir.MoveTo(String);

方案 ch35_2.sln：建立資料夾，同時列出資料夾的屬性。

```
// ch35_2
DirectoryInfo mydir = new DirectoryInfo("D:\\myC#\\test");
mydir.Create();                                    // 建立資料夾
Console.WriteLine($"名稱   : {mydir.Name}");
Console.WriteLine($"日期   : {mydir.CreationTime}");
Console.WriteLine($"存在   : {mydir.Exists}");
Console.WriteLine($"根目錄 : {mydir.Root}");
```

執行結果

```
Microsoft Visual Studio 偵錯主控台
名稱   : test
日期   : 2023/1/20 下午 08:26:03
存在   : True
根目錄 : D:\

D:\C#\ch35\ch35_2\bin\Debug\net6.0\ch35_2.exe
按任意鍵關閉此視窗…
```

方案 ch35_2.sln：建立與刪除資料夾的應用。

```
// ch35_3
string di = @"D:\C#\testch35_3";
DirectoryInfo mydir = new DirectoryInfo(di);
try
{
    if (mydir.Exists)       // 檢查資料夾是否存在
    {
        Console.WriteLine($"{di} 資料夾存在");
        return;
    }
    else
        Console.WriteLine($"{di} 資料夾目前不存在");

    mydir.Create();          // 建立資料夾
    Console.WriteLine($"建立 {di} 資料夾成功");
    mydir.Delete();          // 刪除資料夾
    Console.WriteLine($"刪除 {di} 資夾成功");
}
catch (Exception e)
{
    Console.WriteLine($"執行失敗 : {e.ToString()}");
}
```

執行結果

```
Microsoft Visual Studio 偵錯主控台
D:\C#\testch35_3 資料夾目前不存在
建立 D:\C#\testch35_3 資料夾成功
刪除 D:\C#\testch35_3 資夾成功

D:\C#\ch35\ch35_3\bin\Debug\net6.0\ch35_3.exe
按任意鍵關閉此視窗…
```

上述程式第 3 行是宣告 mydir 資料夾實體物件，從第 6 ~ 12 行可以知道，宣告不等於建立，所以獲得第 12 行**資料夾不存在**的輸出，要等到第 14 行執行 Create( ) 後，整個資料夾才算是建立成功。

35-3 檔案的操作

這一節將分成 2 個小節說明 File 類別和 FileInfo 類別，有關檔案的操作。

35-3-1 File 類別

使用 File 類別常用操作檔案的方法如下：

名稱	說明
AppendAllText( )	開啟檔案，將指定內容附加到該檔案，然後關閉檔案。如果檔案不存在，則建立一個檔案儲存該內容，然後關閉檔案。
AppendText( )	建立串流檔案 (StreamWriter)，將 UTF-8 編碼附加到該文件，然後關閉檔案。如果串流檔案不存在，則建立一個檔案儲存該內容，然後關閉檔案。
Copy( )	複製現存檔案到新檔案。
Create( )	建立檔案，如果檔案已經存在就覆蓋同名的檔案。
CreateText( )	建立檔案供可以寫入 UTF-8 編碼內容。
Decrypt( )	使用 Encrypt 方法解密被加密的文件。
Delete( )	刪除指定的檔案。
Encrypt( )	加密文件。
Exists( )	回傳檔案是否存在。
GetCreationTime( )	回傳檔案建立時間。
GetLastAccessTime( )	回傳檔案最後存取時間。
Move( )	將檔案移到新位置。
Open( )	開啟可讀寫 byte 資料的串流檔案 (FileStream)。

名稱	說明
OpenText( )	開啟可讀寫 UTF-8 編碼資料的串流檔案 (FileStream)。
Peek( )	檢查下一個要讀取的字元，如果是檔案末端會回傳 -1。
Read( )	一次讀取一個字元。
ReadAllBytes( )	開啟二進位檔案，將內容讀入 byte 資料，然後關閉檔案。
ReadAllText( )	開啟檔案，讀取內容，然後關閉檔案。
ReadLine( )	一次讀取一個字元，所讀取的字元不包含換行字元，所以必須自行加上換行字元，"\r\n"。
Replace( )	用新內容取代指定檔案的內容。
Write(String)	將 String 資料寫入，寫入後插入點停在檔案末端，有新的寫入，會繼續在插入點位置寫入。
WriteLine(String)	將 String 資料寫入，寫入後會有換行字元，插入點停在檔案末端，有新的寫入，會在新的行寫入。
WriteAllBytes( )	建立檔案然後寫入二進位內容，如果檔案已經存在則覆蓋內容。
WriteAllText( )	建立檔案然後寫入內容，如果檔案已經存在則覆蓋內容。

方案 ch35_4.sln：File 類別方法的測試。

```
// ch35_4
string file = @"D:\tmp\overWrite.txt";
File.AppendAllText(file, "附加內容");                  // 附加
File.WriteAllText(@"D:\tmp\tmpNew.txt", "覆蓋內容"); // 覆蓋
if (File.Exists(file))                                 // 檔案是否存在
    Console.WriteLine($"{file} 存在");
else
    Console.WriteLine($"{file} 不存在");
File.Copy(file, @"D:\tmp\copyWrite.txt");              // 複製檔案
if (File.Exists(@"D:\tmp\copyWrite.txt"))              // 檔案是否存在
    Console.WriteLine($"{@"D:\tmp\copyWrite.txt"} 存在");
else
    Console.WriteLine($"{@"D:\tmp\copyWrite.txt"} 不存在");
File.Delete(@"D:\tmp\copyWrite.txt");                  // 刪除檔案
if (File.Exists(@"D:\tmp\copyWrite.txt"))              // 檔案是否存在
    Console.WriteLine($"{@"D:\tmp\copyWrite.txt"} 存在");
else
    Console.WriteLine($"{@"D:\tmp\copyWrite.txt"} 不存在");
Console.WriteLine($"{file} 建立時間 : {File.GetCreationTime(file)}");
```

執行結果

```
Microsoft Visual Studio 偵錯主控台
D:\tmp\overWrite.txt 存在
D:\tmp\copyWrite.txt 存在
D:\tmp\copyWrite.txt 不存在
D:\tmp\overWrite.txt 建立時間 : 2023/1/20 下午 09:58:38

D:\C#\ch35\ch35_4\bin\Debug\net6.0\ch35_4.exe (處理序 16
按任意鍵關閉此視窗…
```

35-3-2 FileInfo 類別

FileInfo 類別需要先用建構方法 (constructor) 宣告建立一個實體檔案物件，然後才可以用這個物件操作類別方法。下列是宣告建立 "D:\\fileC#\\file.txt" 實體物件 myfile 的實例。

```
FileInfo myfile = new FileInfo("D:\fileC#\file.txt");
```

或是

```
DirectoryInfo myfile = new DirectoryInfo(@"D:\fileC#\file.txt");      // 加@
```

有了上述 myfile 檔案物件，可以使用物件得到下列屬性：

DirectoryName：資料夾名稱。

Exists：回傳檔案是否存在。

Extension：回傳延伸檔名。

FullName：回傳完整檔案路徑。

CreationTime：建立時間。

Length：回傳檔案長度。

Name：檔案名稱。

下列是此檔案物件常用的方法：

名稱	說明
AppendText( )	使用 FileInfo 物件建立一個 StreamWriter 的寫入物件，將文件內容附加在寫入物件內。如果檔案不存在會建立新的檔案執行寫入，如果檔案存在會將新的資料附加在檔案末端。
Close( )	關閉檔案，也就是關閉 StreamWriter 或是 StreamReader 物件。
CopyTo( )	將現有的檔案內容複製到新檔案。
Create( )	建立一個檔案。
CreateText( )	使用 FileInfo 物件建立一個 StreamWriter 的寫入物件，將文件寫入此物件內。如果檔案不存在會建立新的檔案執行寫入，如果檔案存在原先內容會被清空再執行寫入。
Decrypt( )	解密檔案。
Delete( )	刪除檔案。

名稱	說明
Encrypt( )	加密檔案。
Flush( )	清空匯流排緩衝區內容。
MoveTo( )	移動檔案到新位置。
Open( )	依特定模式開啟檔案。
OpenRead( )	開啟唯讀的 FileStream。
OpenText( )	建立一個 StreamReader 的讀取物件，可以讀取 UTF-8 編碼的文件。
OpenWrite( )	建立一個唯寫 (write-only) 的 FileStream。
Replace( )	用 FileInfo 物件取代指定檔案內容。
ToString( )	回傳檔案路徑。
Write(String)	將 String 資料寫入，寫入後插入點停在檔案末端，有新的寫入，會繼續在插入點位置寫入。
WriteLine(String)	將 String 資料寫入，寫入後會有換行字元，插入點停在檔案末端，有新的寫入，會在新的行寫入。

方案 ch35_5.sln：建立檔案的測試。

```
// ch35_5
string file = @"D:\tmp\tmp35_5.txt";
FileInfo fi = new FileInfo(file);    // 宣告實體物件
fi.Create();                         // 建立檔案
Console.WriteLine($"資料夾   : {fi.DirectoryName}");
Console.WriteLine($"檔名     : {fi.Name}");
Console.WriteLine($"副檔名   : {fi.Extension}");
Console.WriteLine($"建立時間 : {fi.CreationTime}");
Console.WriteLine($"長度     : {fi.Length}");
Console.WriteLine($"存在     : {fi.Exists}");
```

執行結果

```
Microsoft Visual Studio 偵錯主控台
資料夾   : D:\tmp
檔名     : tmp35_5.txt
副檔名   : .txt
建立時間 : 2023/1/20 下午 11:25:07
長度     : 0
存在     : True

D:\C#\ch35\ch35_5\bin\Debug\net6.0\ch35_5.exe
按任意鍵關閉此視窗…
```

35-4 匯流排的輸入與輸出

在 35-3-2 節敘述 FileInfo 類別方法時，內容有出現 StreamReader 和 StreamWriter，這一節將對這 2 個類別做實例解說。

35-4-1　匯流排的輸出

要建立輸出檔案，會有幾個步驟，下列將一一解說：

◆ 步驟 1　用 FileInfo( ) 建構方法建立實體物件

首先要確定輸出檔案的名稱，然後使用 FileInfo( ) 建構方法建立實體物件，下列是建立輸出文字檔案 (txt) 的實例：

```
FileInfo data = new FileInfo(@"D:\tmp\out35_6.txt");
```

◆ 步驟 2　建立 StreamWriter 物件

如果這是新建立的檔案，可以使用下列方式建立輸出匯流排 StreamWriter 的物件。

```
StreamWriter sw = data.CreateText( );                    // 寫入物件
```

或是

```
StreamWriter sw = date.AppendText( );                    // 附加物件
```

◆ 步驟 3　寫入資料

可以用下列方式執行寫入檔案。

```
sw.Write("Welcome to C# World!");
```

或是

```
sw.WriteLine("Welcome to C# World!");
```

◆ 步驟 4　關閉檔案

上述完成後，我們需要使用 Close( ) 將檔案關閉，才完成寫入檔案工作。

方案 ch35_6.sln：匯流排輸出資料到檔案的應用。

```
1  // ch35_6
2  // 按步就班
3  string fn = @"D:\tmp\out35_6.txt";
4  FileInfo data = new FileInfo(fn);
5  StreamWriter sw1 = data.CreateText();
6  sw1.WriteLine("Welcome to C# World!");
7  sw1.WriteLine("C# 王者歸來");
8  sw1.Close();
9
10 // 高手寫法使用 using 指示詞用法
11 string path = @"D:\tmp\out35_6_1.txt";
12 using (StreamWriter sw2 = File.CreateText(path))
13 {
14     sw2.WriteLine("Welcome to C# World!");
15     sw2.WriteLine("C# 王者歸來");
16 }
```

執行結果

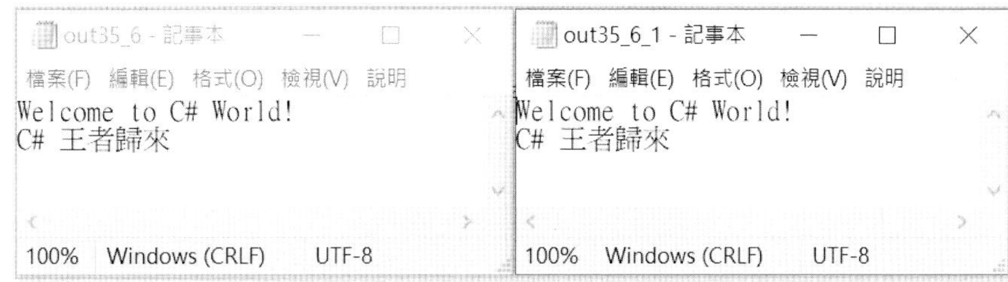

上述程式第 3 ~ 8 行筆者按部就班完成寫入檔案的工作，其實 C# 高手會用 using 陳述式完成上述工作，讀者可以參考第 11 ~ 16 行，這才是本程式的重點，第 12 行使用 using 陳述式 (也可以說是 using 區塊) 後，可以使用一行宣告 StreamWriter 寫入物件，然後可以省略 Close( ) 方法，因為在 using 區塊的大括號區間執行完成，就自動關閉檔案，所以可以省略。

上述第 12 行筆者使用 File.CreateText(path) 建立 sw2 物件，也簡化了原先第 4 ~ 5 行建立 sw1 物件的方式。另外，第 12 行也可以使用 StreamWriter 的建構方法建立 path 的寫入物件，語法如下：

```
StreamWriter sw2 = new StreamWriter(path);
```

讀者可以試著修改上述寫法，這個語法實例放在 ch35_6_1.sln，讀者可以自行參考。

35-4-2　使用匯流排讀取文字檔案

要建立讀取檔案物件，可以參考下列程式碼處理宣告 StreamReader 物件，然後讀取。建立讀取目前工作區的 data.txt，語法如下：

```
string fn = "data.txt";
StreamReader sr = new StreamReader(fn);             // 串流物件
```

或是

```
StreamReader sr = File.OpenText(fn);                // 串流物件
```

然後可以使用下列方法讀取檔案：

Read( )：一次讀取 1 個字元。

ReadLine( )：一次讀取一行資料，所讀取的資料沒有換行字元。

Peek( )：如果讀到檔案末端會回傳 -1。

ReadToEnd( )：從目前串流位置讀到檔案末端，這也是最常用的方法。

方案 ch35_7.sln：讀取文字檔案的應用，這一節所讀取的檔案是在目前工作資料夾的檔案，檔案內容則是 ch35_6.sln 的執行結果。

```
// ch35_7
string fn = "out35_6.txt";
StreamReader sr1 = new StreamReader(fn);
char ch;
string msg = string.Empty;
while (!(sr1.Peek() == -1)) // 如果不是檔案末端則迴圈繼續
{
    ch = (char)sr1.Read();
    msg += ch;
}
Console.WriteLine(msg);
sr1.Close();
// 用ReadLine()讀取
string path = "out35_6_1.txt";
StreamReader sr2 = File.OpenText(path);
string line = string.Empty;
string message = string.Empty;
while (!(sr2.Peek() == -1)) // 如果不是檔案末端則迴圈繼續
{
    line = (string) sr2.ReadLine();
    message += line + "\r\n";
}
Console.WriteLine(message);
sr2.Close();
```

執行結果

```
Microsoft Visual Studio 偵錯主控台
Welcome to C# World!
C# 王者歸來

Welcome to C# World!
C# 王者歸來


D:\C#\ch35\ch35_7\bin\Debug\net6.0\ch35_7.exe
按任意鍵關閉此視窗…
```

上述程式第 2 ~ 12 行是使用讀取字元方式 Read( ) 讀取檔案，第 14 ~ 24 行是用讀取整行方式讀取檔案。這個程式另一個觀察重點是第 3 行使用 StreamReader 建構方法和第 15 行使用 File.OpenText( ) 不同方式宣告 StreamReader 物件。

方案 ch35_8.sln：使用 using 搭配 ReadToEnd( ) 方法讀取檔案的應用，這個實例也是高手使用的方法。

```
// ch35_8
string path = "out35_6.txt";
string msg;
using (StreamReader sr = new StreamReader(path))
{
    msg = sr.ReadToEnd();
}
Console.WriteLine(msg);
```

執行結果 與 ch35_7.sln 相同。

從上述可以看到整個程式實例變的簡潔易懂。

35-5 檔案複製、刪除與移動實作

如果要操作檔案，例如：複製 (CopyTo)、移動 (MoveTo) 必須先為檔案建立 FileInfo 物件，然後才可以用 FileInfo 物件呼叫 CopyTo( ) 或是 MoveTo( ) 方法，執行檔案操作，可以參考下列實例。

方案 ch35_9.sln：檔案複製的應用，讀者須先建立 D:\tmp\data35_9.txt 做測試。

```
// ch35_9
string path1 = @"D:\tmp\data35_9.txt";
string path2 = @"D:\tmp\out35_9.txt";
FileInfo fi1 = new FileInfo(path1);
FileInfo fi2 = new FileInfo(path2);
if (File.Exists(path2))        // 如果存在
{
    fi2.Delete();              // 刪除 path2
}
fi1.CopyTo(path2);
```

執行結果　讀者觀察 D\tmp 資料夾可以看到 data35_9.txt 和 out35_9.txt 檔案。

上述程式第 6 ~ 8 行是如果目的檔案存在，則執行 Delete( ) 先刪除此檔案。

方案 ch35_10.sln：移動檔案的應用，讀者需先建立 D:\tmp\data35_10.txt 做測試。

```
// ch35_10
string path1 = @"D:\tmp\data35_10.txt";
string path2 = @"D:\tmp\out35_10.txt";
FileInfo fi1 = new FileInfo(path1);
FileInfo fi2 = new FileInfo(path2);
if (File.Exists(path2))      // 如果存在
{
    fi2.Delete();            // 刪除 path2
}
fi1.MoveTo(path2);
```

執行結果　讀者觀察 D\tmp 資料夾可以看到 out35_10.txt 檔案。

習題實作題

方案 ex35_1.sln：目錄檢測工具，請輸入目錄然後按搜尋鈕，如果目錄存在會輸出目錄的建立日期，如果目錄不存在會輸出**目錄不存在**訊息，按**清除鈕**可以清除顯示的訊息。(35-1 節)

方案 ex35_2.sln：檔案檢測工具，請輸入檔案名稱，如果檔案存在會輸出檔案的相關訊息，如果檔案不存在會輸出**不存在**訊息，按**清除鈕**可以清除顯示的訊息。(35-3 節)

方案 ex35_3.sln：唐詩三百首瀏覽器，設計可以挑選詩名，然後列出內容，請至少編輯 10 首。(35-4 節)

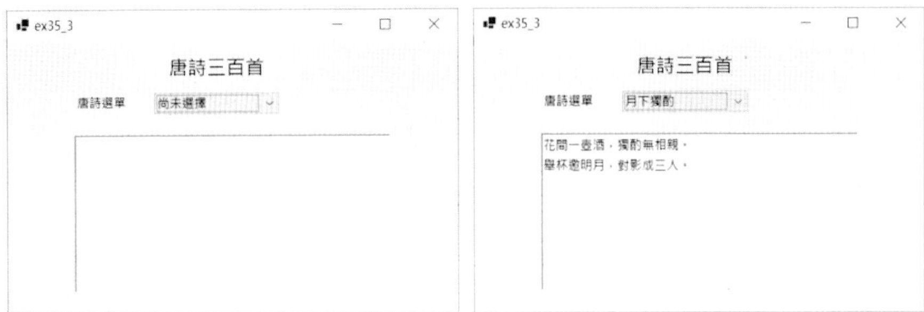

方案 ex35_4.sln：設計檔案複製器，可以輸入來源檔案和目的檔案，按**複製**鈕可以複製檔案，如果按**清除**鈕可以清除來源檔案和目的檔案內容。(35-5 節)

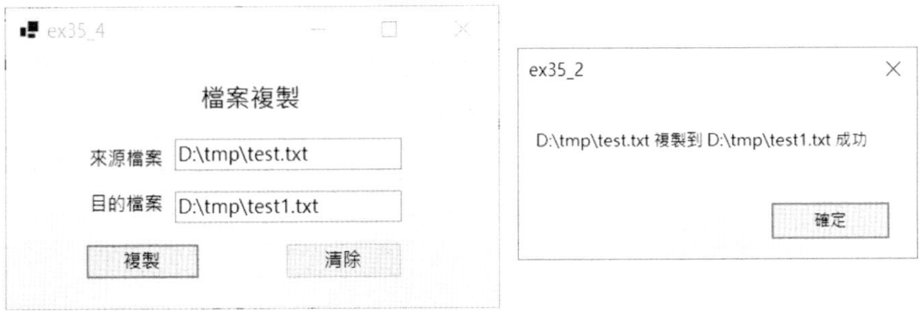

第 36 章

語音與影片

36-1 Console.Beep( )

36-2 SystemSounds 類別

36-3 SoundPlayer 類別 – 播放 wav 檔案

36-4 Windows Media Player – 播放 MP3 檔案

36-5 Windows Media Player – 播放 MP4 檔案

C# 也可以操作語音檔案，這一章將對這方面的應用設計實作與應用。

36-1 Console.Beep( )

36-1-1 認識 Beep( ) 參數

System 命名空間有 Console.Beep( ) 方法可以透過主控台喇叭播放嗶聲，此方法的語法如下：

```
Beep( );                          // 6-4節已有說明
Beep(int32, int32);               // 本節的重點
```

6-4 節已有簡單說明 Beep( )，這一節將對 Beep(int32, int32) 做說明，這個方法的語法如下：

```
Beep(int frequency, int duration);
```

參數 1 是嗶聲的頻率，範圍是從 37 到 32767 Hertz。Duration 是聲音持續時間，單位是毫秒 (1000 毫秒等於 1 秒)。

方案 36_1.sln：按一下可以產生 300 Hertz，持續 3 秒的嗶聲。

```
// ch36_1

Console.Beep(300, 3000);
```

執行結果 讀者可以聽到 3 秒的嗶聲。

36-1-2 認識 Do-Re-Mi 的頻率

音樂 Do-Re .. Do 的頻率，省略小數的整數頻率如下：

Do	Re	Mi	Fa	So	La	Si	Do
261	293	329	349	392	440	493	523

方案 36_2.sln：創造兩隻老虎前半段的音樂。

```
// ch36_2
Console.Beep((int)Music.Do, 500);
Console.Beep((int)Music.Re, 500);
Console.Beep((int)Music.Mi, 500);
Console.Beep((int)Music.Do, 500);
Console.Beep((int)Music.Do, 500);
Console.Beep((int)Music.Re, 500);
Console.Beep((int)Music.Mi, 500);
```

```
Console.Beep((int)Music.Do, 500);

Console.Beep((int)Music.Mi, 500);
Console.Beep((int)Music.Fa, 500);
Console.Beep((int)Music.So, 500);

Console.Beep((int)Music.Mi, 500);
Console.Beep((int)Music.Fa, 500);
Console.Beep((int)Music.So, 500);

public enum Music
{
    Do = 261,
    Re = 293,
    Mi = 329,
    Fa = 349,
    So = 392,
    La = 440,
    Si = 493,
}
```

執行結果 讀者可以聽到兩隻老虎前半段音樂。

36-1-3 建立 Do-Re 電子琴的鍵盤

方案 ch36_3.sln：建立 Do-Re 電子琴的鍵盤。

```
namespace ch36_3
{
    public partial class Form1 : Form
    {
        public Form1()
        {
            InitializeComponent();
        }
        private void btnDo_Click(object sender, EventArgs e)
        {
            int Do = 261;
            Console.Beep(Do, 500);
        }
        private void Re_Click(object sender, EventArgs e)
        {
            int Re = 293;
            Console.Beep(Re, 500);
        }
    }
}
```

執行結果

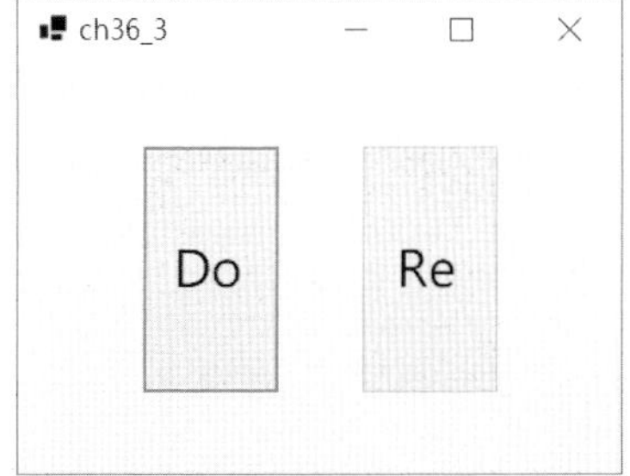

36-2 SystemSounds 類別

SystemSounds 類別有 5 個與 Windows 作業系統有關的音效屬性，Asterisk、Beep、Exclamation、Hand、Question，我們可以使用 Play( ) 方法啟動這些系統聲音。

方案 ch36_4.sln： 測試 SystemSounds 類別 5 個屬性的音效，本程式必須有 using System.Media。

```
using System.Media;
namespace ch36_4
{
    public partial class Form1 : Form
    {
        public Form1()
        {
            InitializeComponent();
        }
        private void btnAsterisk_Click(object sender, EventArgs e)
        {
            SystemSounds.Asterisk.Play();
        }
        private void btnBeep_Click(object sender, EventArgs e)
        {
            SystemSounds.Beep.Play();
        }
        private void btnExclamation_Click(object sender, EventArgs e)
        {
            SystemSounds.Exclamation.Play();
        }
        private void btnHand_Click(object sender, EventArgs e)
        {
            SystemSounds.Hand.Play();
        }
        private void btnQuestion_Click(object sender, EventArgs e)
        {
            SystemSounds.Question.Play();
        }
    }
}
```

執行結果

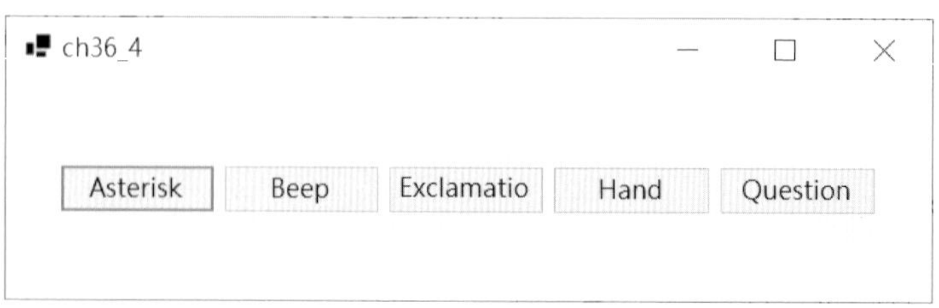

36-3 SoundPlayer 類別 – 播放 wav 檔案

SoundPlayer 類別可以很方便播放 wav 波形聲音檔案，這個類別的使用很容易，可以分成下列步驟播放音效：

```
SoundPlayer player = new SoundPlayer( );        // 建立實體物件
player.SoundLocation = "聲音檔案";              // 實體檔案或是網址檔案連結
player.Load( );                                 // 同步載入.wav檔案
player.Play( );                                 // 非同步播放
```

WAV 檔案的知識：這是 Microsoft 和 IBM 共同開發是用在個人電腦音訊串流的編碼格式，目前主要應用在 Windows 作業系統，這類音訊因為沒有壓縮，所以不會有音訊失真的問題，不過也會造成此類音訊佔用較大的記憶體空間。

36-3-1　Load( ) 和 LoadAsync( ) 解說

有關 Load( ) 方法載入 .wav 檔案時，會使用目前的執行緒載入檔案，直到完全載入檔案為止。使用 Load( ) 在載入大型 .wav 檔案時，會產生延遲，或是其他事件造成遭到封鎖，直到載入完成。因此，載入大型程式時，可以使用 LoadAsync( ) 方法，這是非同步方法載入 .wav 檔案，可以讓呼叫執行緒在不中斷情況下繼續。

36-3-2　Play( ) 和 PlaySync( ) 解說

Play( ) 方法會使用新的執行緒播放音效，也就是非同步播放音效，如果 .wav 檔案尚未載入則會將其載入。不過建議使用 Play( ) 前先用 Load( ) 或 LoadAsync( ) 先將 .wav 檔案載入。

註 如果執行此 Play( ) 前未指定 .wav 檔案或是載入失敗，Play( ) 會播放預設的嗶聲音效。

PlaySync( ) 是使用目前的執行緒播放 .wav 檔案，也就是同步播放。如果執行此 Play( ) 前未指定 .wav 檔案或是載入失敗，Play( ) 會播放預設的嗶聲音效。

方案 ch36_5.sln：設計英文聽力練習程式，請選擇單字，按**播放**鈕可以播放該單字的發音。

```
1  using System.Media;
2  namespace ch36_5
3  {
4      public partial class Form1 : Form
5      {
6          public Form1()
7          {
8              InitializeComponent();
9          }
10         SoundPlayer player = new SoundPlayer();
11         private void Form1_Load(object sender, EventArgs e)
12         {
13             string[] fruits = {"Apple",
14                                "Orange",
15                                "Grape" };
16             cboFruits.Items.AddRange(fruits);      // 建立水果項目
17             // 水果品項無法更改 DropDownList
18             cboFruits.DropDownStyle = ComboBoxStyle.DropDownList;
19             cboFruits.SelectedIndex = 0;           // 顯示索引 0
20         }
21         private void btnPlay_Click(object sender, EventArgs e)
22         {
23             player.SoundLocation = cboFruits.Text + ".wav";
24             player.Load();
25             player.Play();
26         }
27     }
28 }
```

執行結果

上述程式第 10 行宣告 SoundPlayer 類別的 player 物件，然後按下**播放**鈕時，會執行第 21 ~ 26 行的 btnPlay_Click( ) 方法，第 23 行是聲音檔案，第 24 行是下載此聲音檔案，第 25 行是播放聲音檔案。這個程式在 ch36_5.exe 相同資料夾有 apple.wav、orange.wav 和 grape.wav 聲音檔案。

36-3-3　循環播放 PlayLooping( ) 和中止播放 Stop( )

方法 PlayLooping( ) 是用新的執行序循環播放所選的 .wav 檔案，如果要停止播放，需執行 Stop( ) 方法。如果讀者喜歡一首音樂想要循環享受，或是練習聽一段英文的聽力，可以使用此功能。要終止播放需使用 Stop( ) 方法。

方案 ch36_6.sln：循環播放音樂的應用。

```
using System.Media;
namespace ch36_6
{
    public partial class Form1 : Form
    {
        public Form1()
        {
            InitializeComponent();
        }
        SoundPlayer player = new SoundPlayer();
        private void button1_Click(object sender, EventArgs e)
        {
            player.SoundLocation = "pianomusic1.wav";
            player.Load();
            player.PlayLooping();    // 循環播放
        }
        private void button2_Click(object sender, EventArgs e)
        {
            player.Stop();           // 暫停撥放
        }
    }
}
```

執行結果

36-4 Windows Media Player – 播放 MP3 檔案

使用 C# 也可以搭配 Windows Media Player 設計程式可以播放 mp3 音樂檔案或是播放 mp4 影片檔案。

註 筆者測試目前 Windows Form App(.NET Framework) 使用 Window Forms App(.NET Framework) 才有支援，可以參考下圖：

MP3 知識：MP3 的英文是 MPEG-1 或是 MPEG-2 Audio Layer III，這是當今流行的數位音訊編碼。MPEG 的編碼原理是拋棄人類聽覺不重要的部分，完成檔案壓縮的目的。這是 1991 年德國 Fraunhofer-Gesellschaft 協會的一組工程師發明，和執行標準化。

36-4-1　安裝 Windows Media Player 工具

Windows Media Player 並不在 Visual Studio 的工具箱內，必須額外安裝此控制項，首先請執行工具 / **選擇工具箱項目**指令，選擇 COM 元件標籤，勾選 Windows Media Player。

請按**確定**鈕，上述執行後，在工具箱可以自動看到 Windows Media Player 工具。使用者可以連按 2 下 Window Media Player 就可以在表單內建立此工具。

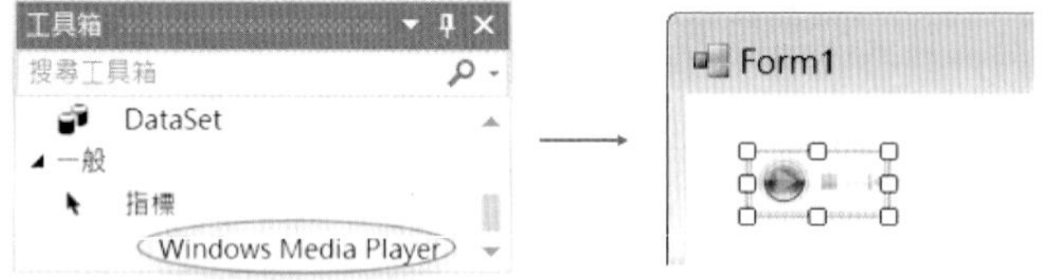

36-4-2　播放 mp3 檔案

首先要宣告 WindowsMediaPlayer 物件，下列是實例。

```
WMPLib.WindowsMediaPlayer wplayer = new WMPLib.WindowsMediaPlayer( );
```

有了上述宣告的 wplayer 物件，未來可以使用下列方法。

play( )：從目前位置播放 mp3 檔案。

pause( )：暫停播放。

stop( )：中止播放。

方案 ch36_7.sln：播放 piano.mp3 檔案的實例。

```
using System;
using System.Collections.Generic;
using System.ComponentModel;
using System.Data;
using System.Drawing;
using System.Linq;
using System.Text;
using System.Threading.Tasks;
using System.Windows.Forms;

namespace ch36_7
{
    public partial class Form1 : Form
    {
        public Form1()
        {
            InitializeComponent();
        }
        WMPLib.WindowsMediaPlayer wplayer = new WMPLib.WindowsMediaPlayer();
        private void button1_Click(object sender, EventArgs e)
        {
            wplayer.URL = "piano1.mp3";
            wplayer.controls.play();                // 撥放
        }
        private void button2_Click(object sender, EventArgs e)
        {
            wplayer.controls.stop();                // 中止
        }
    }
}
```

執行結果

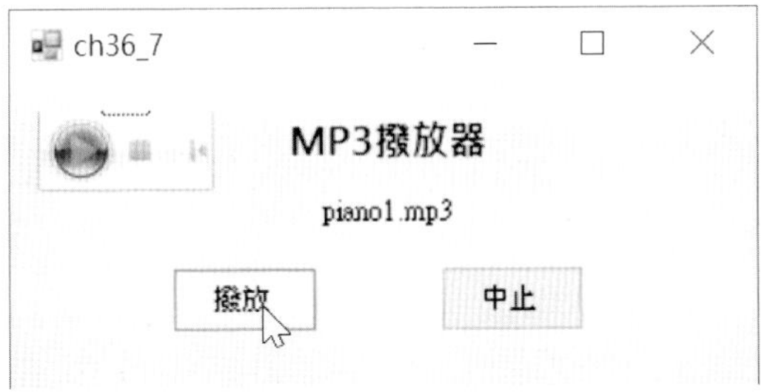

36-5 Windows Media Player – 播放 MP4 檔案

請將 Windows Media Player 工具植入表單，然後可以使用下列指令啟動 mp4 影音檔案。

axWindowsMediaPlayers.URL = "mp4檔案";

MP4 知識：MP4 或稱 MPEG-4 第 14 部分，2001 年發表第 1 版，2003 年發表第 2 版，英文是 MPEG-4 Part 14，這是一種數位流媒體，主要是用於儲存數位音訊和數位影片，

方案 ch36_8.sln：播放 antarctica1.mp4 檔案 (這是筆者一個人到南極旅遊所拍的影片) 的實例。

```
using System;
using System.Collections.Generic;
using System.ComponentModel;
using System.Data;
using System.Drawing;
using System.Linq;
using System.Text;
using System.Threading.Tasks;
using System.Windows.Forms;

namespace ch36_8
{
    public partial class Form1 : Form
    {
        public Form1()
        {
            InitializeComponent();
        }
        private void button1_Click(object sender, EventArgs e)
        {
            axWindowsMediaPlayer1.URL = "antarctica1.mp4";
        }
    }
}
```

執行結果

使用 Windows Media Player 播放 mp4 檔案的缺點是，Windows Media Player 在表單內會變形，所以要小心設定視窗大小。

習題實作題

方案 ex36_1.sln：設計電子琴。(36-1 節)

方案 ex36_2.sln：卡拉 OK 隨你唱，使用者可以選擇音樂，然後按**循環播放鈕**可以循環播放，**播放鈕**可以正常播放，**暫停鈕**可以中止播放。(36-3 節)

方案 ex36_3.sln：擴充設計 ch36_7.sln，增加**暫停鈕**可以暫時停止播放、**繼續鈕**可以從暫停位置復原播放。(36-4 節)

方案 ex36_4.sln：更改設計 ch36_8.sln，表單右下方是**選擇播放檔案鈕**，按一下此鈕可以出現開啟對話方塊，然後可以選擇要播放的檔案。(36-5 節)

第 37 章

LINQ 查詢語言

LINQ 全名是 Language Integrated Query 是 Microsoft 公司開發的整合式查詢語言，目前這項技術已經整合至 C# 語言。

37-1 認識 LINQ

過去我們學習資料庫，例如：SQL、XML 文件、各種 Web 服務 … 等。我們必須針對每一種資料庫學習查詢語言，現在 Microsoft 公司將查詢功能整合，設計了 LINQ，在這個架構下有相同的類別、方法和事件。因此可以使用 LINQ 技術同時應用在下列領域。

- LINQ to Object：簡稱 LINQ to Collection，筆者在第 11 章介紹了集合、第 22 章介紹了泛型集合，只要是屬於 IEnumerable 或是 IEnumerable<T> 的集合皆可以使用 LINQ 技術。
- LINQ to SQL：可以處理 SQL 資料庫的數據。
- LINQ to XML：可以處理 XML 文件、XML 片段、XML 格式的字串。
- LINQ to DataSet：可以處理 DataSet 中的數據。

對於撰寫資料庫查詢語言的程式設計師而言，LINQ 最明顯的特色是使用宣告式查詢語法，透過使用查詢語法，可以用最少的程式碼對資料來源執行排序、篩選或分組。當然最大的特色是，相同的查詢運算語法可以同時應用在 SQL 資料庫、ADO.NET 資料集、XML 文件、以及 .NET 集合。

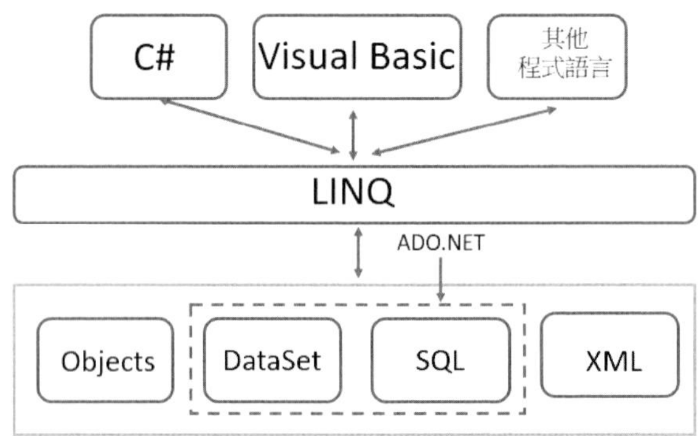

也就是 LINQ 已經是不同程式語言共用技術，可以當作不同程式語言和不同資料庫之間的橋樑。

37-2 LINQ 語法

37-2-1 認識 LINQ 表達式

LINQ 查詢語言有 8 個基本表達式，可以參考下表。

表達式	說明
from	指定查詢操作的資料來源，和變數的範圍。
select	篩選查詢結果的類型和形式。
where	篩選的邏輯條件。
let	在資料查詢過程中，我們可以使用 let 關鍵字建立和儲存子運算式的結果，未來可以使用子運算式的結果做查詢的依據。
orderby	針對查詢結果排序操作。
group … by	對查詢結果分組，每個分組是一個陣列，然後可以用 foreach 輸出分組元素。
into	建立暫時識別碼，用於儲存 group、join、select 子句的執行結果。
join	依據鍵值連接多個序列，返回查詢的結果。

37-2-2 LINQ – from/select/where 實例

使用 LINQ 習慣上會使用隱含型別 var 宣告變數，這可以簡化設計，然後變數真正的資料類型由陳述式右邊的型別決定，也就是在程式編譯時決定型別，右邊推斷的類型可能是 C# 內建類型、匿名類型、使用者定義類型，或是 .NET 類別庫中定義的類型。

方案 ch37_1.sln：from 和 select 的基礎應用，這個程式是篩選 (列出) 所有 arr 陣列的內容，讀者可以注意第 3 行，使用 var 宣告查詢結果變數 query。

```
1  // ch37_1
2  int[] arr = new int[] { 1, 3, 5, 11, 21, 12, 6, 9, 20};
3  var query = from n in arr
4              select n;
5  foreach (var q in query)
6      Console.Write($"{q}, ");
```

執行結果

```
Microsoft Visual Studio 偵錯主控台
1, 3, 5, 11, 21, 12, 6, 9, 20,
D:\C#\ch37\ch37_1\bin\Debug\net6.0\ch37_1.exe
按任意鍵關閉此視窗…
```

where 可以搭配關係運算式執行篩選資料。

方案 ch37_2.sln：擴充 ch37_1.sln，增加 where，篩選小於 10 的陣列內容。

```
// ch37_2
int[] arr = new int[] { 1, 3, 5, 11, 21, 12, 6, 9, 20 };
var query = from n in arr
            where n < 10          // 篩選 n < 10
            select n;
foreach (var q in query)
    Console.Write($"{q}, ");
```

執行結果

```
Microsoft Visual Studio 偵錯主控台
1, 3, 5, 6, 9,
D:\C#\ch37\ch37_2\bin\Debug\net6.0\ch37_2.exe
按任意鍵關閉此視窗…
```

假設現在要求讀者篩選大於 5 小於 15 的資料，這時需要使用 C# 的邏輯運算子 "&&"，這將是讀者的習題。where 可以搭配 bool 的條件式執行篩選資料。

方案 ch37_3.sln：篩選偶數資料。

```
// ch37_3
int[] arr = new int[] { 1, 3, 5, 11, 21, 12, 6, 9, 20 };
var query = from n in arr
            where (n % 2 == 0)      // 篩選偶數
            select n;
foreach (var q in query)
    Console.Write($"{q}, ");
```

執行結果

```
Microsoft Visual Studio 偵錯主控台
12, 6, 20,
D:\C#\ch37\ch37_3\bin\Debug\net6.0\ch37_3.exe
按任意鍵關閉此視窗…
```

我們也可以將類別資料應用在篩選資料。

方案 ch37_4.sln：篩選主修是 CS(Computer Science) 的學生。

```
// ch37_4
var students = new List<Student>() {
                   new Student(){Id = 1, Name="Mary", Major="CS"},
                   new Student(){Id = 2, Name="Tom", Major="EE"},
                   new Student(){Id = 3, Name="Sam", Major="CS"},
                   new Student(){Id = 4, Name="John", Major="CS"}
               };
// 查詢所有主修是 CS 的學生
var query = from s in students
            where s.Major == "CS"
            select s;
// 輸出結果
foreach (var q in query)
    Console.WriteLine($"{q.Id}, {q.Name}");

```

```
public class Student
{
    public int Id { get; set; }
    public string Name { get; set; }
    public string Major { get; set; }
}
```

執行結果

```
Microsoft Visual Studio 偵錯主控台
1, Mary
3, Sam
4, John

D:\C#\ch37\ch37_4\bin\Debug\net6.0\ch37_4.exe
按任意鍵關閉此視窗…
```

37-2-3 LINQ – let 實例

方案 ch37_5.sln：let 關鍵字的應用，這個程式會輸出開頭字母是 "c" ~ "k" 之間的英文單字。

```
// ch37_5
var keywords = new[]
{
    "abstract", "as", "bool", "break", "byte",
    "catch", "char", "delegate", "do", "double",
    "else", "enum", "event", "explicit", "extern",
    "false", "finally", "float", "for", "foreach",
    "if", "lock", "long", "namespace", "new", "null",
    "ref", "return", "short", "sizeof", "switch",
    "this", "throw", "true", "try", "typeof",
    "uint", "ulong", "ushort", "using",
    "virtual", "void", "volatile", "while"
};
var query = from words in keywords
            let firstLetter = words[0]   // 取第 1 個字母
            where firstLetter >= 'c' && firstLetter <= 'd'
            select words;
foreach (var q in query)
    Console.Write($"{q}, ");
```

執行結果

```
Microsoft Visual Studio 偵錯主控台
catch, char, delegate, do, double,
D:\C#\ch37\ch37_5\bin\Debug\net6.0\ch37_5.exe
按任意鍵關閉此視窗…
```

方案 ch37_6.sln：將句子拆解為單字，然後輸出 'a'、'i'、't' 開頭的單字。

```
// ch37_6
string[] news =
{
    "Apple introduced Safety Check.",
    "This robust security setting.",
    "You may stop sharing your information."
};
// 將句子拆成單字陣列,選擇'a', 'i', 't'開頭的單字
var query =
    from sentence in news
    let words = sentence.Split(' ')  // 拆解句子成單字陣列
    from word in words
    let w = word.ToLower()           // 單子轉成全部小寫
    where w[0] == 'a' || w[0] == 'i'
          || w[0] == 't'
    select word;
// 輸出結果
foreach (var v in query)
{
    Console.WriteLine($"{v, 12} 是 a, i, t 開頭單字");
}
```

執行結果

```
Microsoft Visual Studio 偵錯主控台
       Apple 是 a, i, t 開頭單字
  introduced 是 a, i, t 開頭單字
        This 是 a, i, t 開頭單字
information. 是 a, i, t 開頭單字

D:\C#\ch37\ch37_6\bin\Debug\net6.0\ch37_6.exe
按任意鍵關閉此視窗…
```

37-2-4　LINQ – orderby 實例

使用 orderby 可以執行排序，預設是從小到大排序，使用關鍵字可以執行從大到小排序。

方案 ch37_7.sln：orderby 關鍵字的應用，第 3 ~ 8 行是執行從小到大排序，第 11 ~ 14 行是執行從大到小排序。

```
1  // ch37_7
2  int[] arr = new int[] { 8, 3, 5, 11, 21, 12, 6, 9, 20 };
3  var query1 = from n in arr
4               where n < 10           // 篩選 n < 10
5               orderby n              // 預設從小到大排序
6               select n;
7  foreach (var q in query1)
8      Console.Write($"{q}, ");
9
10 Console.WriteLine();                // 跳行輸出
11 var query2 = from n in arr
12              where n < 10           // 篩選 n < 10
13              orderby n descending   // 從大到小排序
```

```
14              select n;
15  foreach (var q in query2)
16      Console.Write($"{q}, ");
```

執行結果

```
Microsoft Visual Studio 偵錯主控台
3, 5, 6, 8, 9,
9, 8, 6, 5, 3,
D:\C#\ch37\ch37_7\bin\Debug\net6.0\ch37_7.exe
按任意鍵關閉此視窗…
```

上述第 13 行也可以改為 orderbydescending

37-2-5 LINQ – group … by 實例

分組是 LINQ 強大的功能之一，可以執行下列分組策略：

- 根據單一屬性。
- 根據屬性的第一個字母。
- 根據數字區間。
- 根據布林值或其他運算式。
- 根據複合索引鍵。

方案 ch37_8.sln：將 10 以下數字分奇數和偶數。

```
// ch37_8
int[] arr = new int[] { 8, 3, 5, 11, 21, 12, 6, 9, 20 };
var query = from n in arr
            where n < 10          // 篩選 n < 10
            group n by n % 2;     // 分組奇數和偶數

foreach(var element in query)    // 元素 element 是分組陣列
{
    foreach(var e in element)    // 列出分組陣列內容
    {
        Console.WriteLine(e);
    }
    Console.WriteLine("===== group組別分隔線 =====");
}
```

執行結果

```
Microsoft Visual Studio 偵錯主控台
8
6
===== group組別分隔線 =====
3
5
9
===== group組別分隔線 =====

D:\C#\ch37\ch37_8\bin\Debug\net6.0\ch37_8.exe
按任意鍵關閉此視窗…
```

37-2-6　LINQ – group … by/into 實例

當執行分組後，分組的鍵值可以用 Key 屬性取得。

方案 ch37_9.sln：將 Student 類別的資料依據科系主修分組。

```
// ch37_9
var students = new List<Student>() {
                  new Student(){Id = 1, Name="Mary", Major="CS"},
                  new Student(){Id = 2, Name="Tom", Major="EE"},
                  new Student(){Id = 3, Name="Sam", Major="CS"},
                  new Student(){Id = 4, Name="John", Major="CS"},
                  new Student(){Id = 5, Name="Kevin", Major="EE"},
                  new Student(){Id = 6, Name="Linda", Major="CS"}
              };
// 依科系分組
var query = from student in students
            group student by student.Major into newGroup
            select newGroup;
// 輸出結果
foreach (var qGroup in query)
{
    Console.WriteLine($"科系 : {qGroup.Key}");   // Key 是分組屬性
    foreach (var student in qGroup)             // 遍歷分組
    {
        Console.WriteLine($"\t{student.Id}, {student.Name}");
    }
}
public class Student
{
    public int Id { get; set; }
    public string Name { get; set; }
    public string Major { get; set; }
}
```

執行結果

```
Microsoft Visual Studio 偵錯主控台
科系 : CS
        1, Mary
        3, Sam
        4, John
        6, Linda
科系 : EE
        2, Tom
        5, Kevin

D:\C#\ch37\ch37_9\bin\Debug\net6.0\ch37_9.exe
按任意鍵關閉此視窗…
```

37-2-7　LINQ – join 實例

關鍵字 join 用於連接數據，基本上需要外部序列 (outer sequence)、內部序列 (inner sequence)、鍵值 (key selector) 和結果選擇，整個語法如下：

from … in 外部序列

join … in 內部序列

on 外部鍵值 equals 內部鍵值

select

方案 ch37_10.sln：join 方法的應用，這個程式會查詢相同元素的內容。

```
// ch37_10
int[] outer = new int[] { 1, 2, 3, 4, 5, 6, 7 };
int[] inner = new int[] { 1, 3, 4, 7 };
var query = from a in outer      // 取得 outer
            join b in inner      // 連接 inner
            on a equals b        // 篩選元素 a = b
            select b;            // 篩選結果
foreach(var item in query)
{
    Console.WriteLine(item);
}
```

執行結果

```
Microsoft Visual Studio 偵錯主控台
1
3
4
7

D:\C#\ch37\ch37_10\bin\Debug\net6.0\ch37_10.exe
按任意鍵關閉此視窗…
```

方案 ch37_10_1.sln：join 方法的應用，這個程式會列出 a 需小於 5，b 需大於 1，同時 a 需等於 b 的結果。

```
// ch37_10_1
int[] outer = new int[] { 1, 2, 3, 4, 5, 6, 7 };
int[] inner = new int[] { 1, 3, 4, 7 };
var query = from a in outer      // 取得 outer
            where a < 5          // 設定 a < 5
            join b in inner      // 連接 inner
            on a equals b        // 篩選元素 a = b
            where b > 1          // 設定 b > 1
            select b;            // 篩選結果
foreach (var item in query)
{
    Console.WriteLine(item);
}
```

執行結果

```
Microsoft Visual Studio 偵錯主控台
3
4

D:\C#\ch37\ch37_10_1\bin\Debug\net6.0\ch37_10_1.exe
按任意鍵關閉此視窗…
```

方案 ch37_10_2.sln：join 方法的應用，這個程式會建立姓名 (Name) 和學院 (College) 的配對。

```
// ch37_10_2
IList<Student> studentList = new List<Student>() {
    new Student() { ID = 1, Name = "Tom", Major = "CS" } ,
    new Student() { ID = 2, Name = "Kevin", Major = "ME" } ,
    new Student() { ID = 3, Name = "Bill",  Major = "History" } ,
    new Student() { ID = 4, Name = "Jonny" , Major = "Language" } ,
    new Student() { ID = 5, Name = "Mike" , Major = "CS" }
};

IList<School> schoolList = new List<School>() {
    new School(){ Major = "CS", College = "Engineering"},
    new School(){ Major = "ME", College = "Engineering"},
    new School(){ Major = "MBA", College = "Business"}
};
var query = from s in studentList           // outer
            join st in schoolList           // inner
            on s.Major equals st.Major      // 篩選科系相同
            select new
            {
                name = s.Name,              // 姓名
                major = s.Major,            // 主修
                college = st.College,       // 學院
            };
foreach (var q in query)
{

    Console.WriteLine($"{q.name, 5}就讀{q.college}學院主修是{q.major}");
}
public class Student
{

    public int ID { get; set; }             // 學生 ID
    public string Name { get; set; }        // 姓名
    public string Major { get; set; }       // 科系
}

public class School
{
    public string Major { get; set; }       // 科系
    public string College { get; set; }     // 學院
}
```

執行結果

```
Microsoft Visual Studio 偵錯主控台
  Tom就讀Engineering學院主修是CS
Kevin就讀Engineering學院主修是ME
 Mike就讀Engineering學院主修是CS

D:\C#\ch37\ch37_10_2\bin\Debug\net6.0\ch37_10_2.exe
按任意鍵關閉此視窗…
```

37-3 LINQ 常用方法

LINQ 查詢語言常用的方法如下表。

方法	說明
Average( )	查詢結果的平均值。
Count( )	查詢結果的筆數。
Max( )	查詢結果的最大值。
Min( )	查詢結果的最小值。
ToList( )	將查詢結果轉成 List 資料類型。

方案 ch37_11.sln：輸出查詢結果的最大值、最小值和總計。

```
// ch37_11
int[] arr = new int[] { 1, 3, 5, 11, 21, 12, 6, 9, 20 };
var query = from n in arr
            where n < 20
            select n;
Console.WriteLine($"最大值 : {query.Max()}");
Console.WriteLine($"最小值 : {query.Min()}");
Console.WriteLine($"加  總 : {query.Sum()}");
```

執行結果

```
Microsoft Visual Studio 偵錯主控台
最大值 : 12
最小值 : 1
加  總 : 47

D:\C#\ch37\ch37_11\bin\Debug\net6.0\ch37_11.exe
按任意鍵關閉此視窗…
```

習題實作題

方案 ex37_1.sln：重新設計 ch37_2.sln，篩選大於 5 小於 15 的數值。(37-2 節)

```
Microsoft Visual Studio 偵錯主控台
11, 12, 6, 9,
D:\C#\ex\ex37_1\bin\Debug\net6.0\ex37_1.exe
按任意鍵關閉此視窗…
```

方案 ex37_2.sln：擴充設計 ch37_4.sln，增加性別欄位，除了 Mary 是女生其他皆是男生，請篩選主修是 CS 的男生。(37-2 節)

```
Microsoft Visual Studio 偵錯主控台
3, Sam
4, John

D:\C#\ex\ex37_2\bin\Debug\net6.0\ex37_2.exe
按任意鍵關閉此視窗…
```

方案 ex37_3.sln：重新設計 ch37_6.sln，篩選開頭字母是 'a' 或是開頭字母大於等於 't' 的單字。(37-2 節)

```
Microsoft Visual Studio 偵錯主控台
      Apple 是 a 或大於等於 t 開頭單字
       This 是 a 或大於等於 t 開頭單字
        You 是 a 或大於等於 t 開頭單字
       your 是 a 或大於等於 t 開頭單字

D:\C#\ex\ex37_3\bin\Debug\net6.0\ex37_3.exe
按任意鍵關閉此視窗…
```

方案 ex37_4.sln：擴充 ch37_8.sln，改為從小到大輸出。(37-2 節)

Microsoft Visual Studio 偵錯主控台
3
5
9
===== group組別分隔線 =====
6
8
===== group組別分隔線 =====
D:\C#\ex\ex37_4\bin\Debug\net6.0\ex37_4.exe
按任意鍵關閉此視窗…

方案 ex37_5.sln：請擴充設計 ch37_9.sln，增加 3 個人，所增加的人可以參考執行結果，下列是執行結果。(37-2 節)

```
Microsoft Visual Studio 偵錯主控台
科系 : CS
        1, Mary
        3, Sam
        4, John
        6, Linda
        8, Tracy
科系 : EE
        2, Tom
        5, Kevin
科系 : ME
        7, Mike
        9, Jimmy

D:\C#\ex\ex37_5\bin\Debug\net6.0\ex37_5.exe
按任意鍵關閉此視窗…
```

方案 ex37_6.sln：重新設計 ch37_11.sln，輸出查詢結果的最大值、最小值和總計。(37-3 節)

```
Microsoft Visual Studio 偵錯主控台
最大值 : 20
最小值 : 6
加　總 : 38

D:\C#\ex\ex37_6\bin\Debug\net6.0\ex37_6.exe
按任意鍵關閉此視窗…
```

第 38 章

大型程式 - 多表單的設計

至今我們所設計的程式皆是一個方案有一個專案，一個專案有一個表單，實務上讀者可能會設計一個方案有多個專案，一個專案有多個表單，這一章將講解一個專案有多個表單的程式設計。

38-1 表單架構

當在 Visual C# 建立表單成功後，讀者將看到下列畫面。

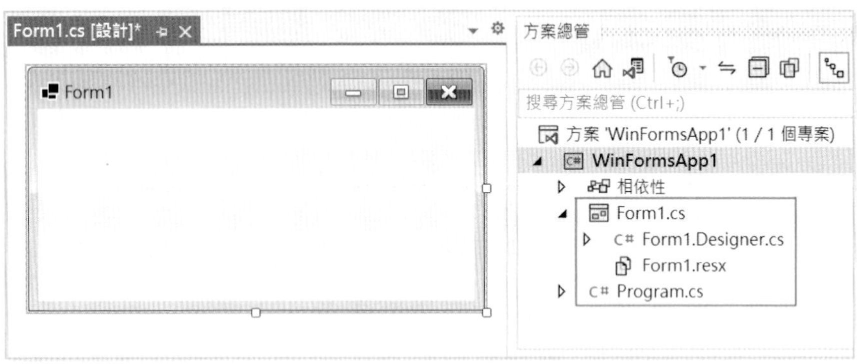

上述建立表單成功後，系統自動建立 4 個檔案，Program.cs、Form1.cs、Form1.Designer.cs 和 Form1.resx，下列將分成 4 小節解說。

38-1-1 Program.cs

這是整個專案的進入點，如果點選此程式，可以看到下列指令。

```
namespace WinFormsApp1
{
    0 個參考
    internal static class Program
    {
        /// <summary>
        ///  The main entry point for the application.
        /// </summary>
        [STAThread]
        0 個參考
        static void Main()
        {
            // To customize application configuration such as
            // see https://aka.ms/applicationconfiguration.
            ApplicationConfiguration.Initialize();
            Application.Run(new Form1());
        }
    }
}
```

如果讀者有使用舊版的 C#，將沒有 ApplicationConfiguration.Initialize( );，第 14 行是 Application.Run(new Form1( ))，從這可以看到 Form1 是最先被執行的表單。

38-1-2 Form1.cs

Form1.cs 是我們先前章節的重點，我們在這裡設計表單控制項的應用程式。

```
namespace WinFormsApp1
{
    public partial class Form1 : Form
    {
        public Form1()
        {
            InitializeComponent();
        }
    }
}
```

38-1-3 Form1.Designer.cs

Form1.cs 和 Form1.Designer.cs 其實是一個類別，Visual Studio 為了方便管理用 partial 關鍵字將視窗類別拆開。

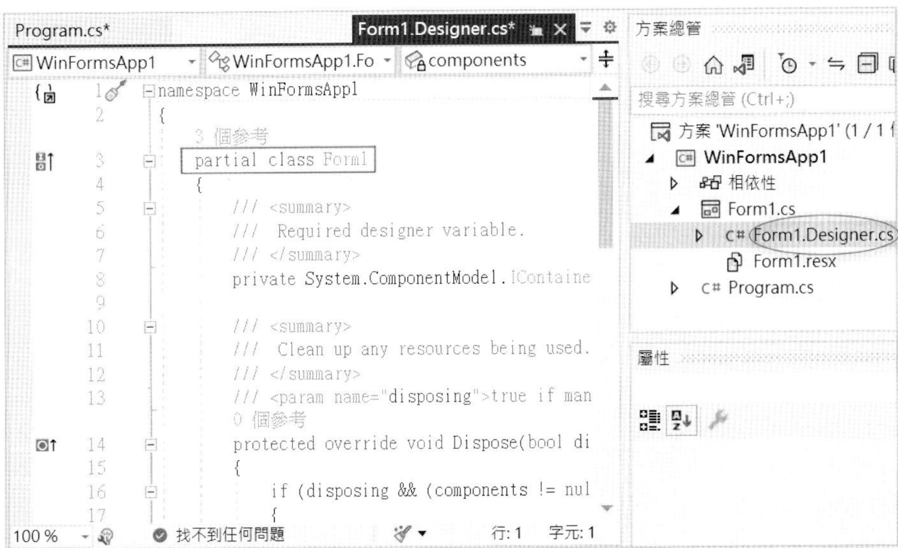

在 Form1.Designer.cs 主要是存放表單的佈局，例如：表單內有哪些控制項，控制項的名稱和屬性，都是存放在這裡，建議不要在此更改程式碼。

註 早期的 Visual Studio 是沒有 Form1.Designer.cs 檔案。

38-1-4　Form1.resx

這個檔案是存放表單的資源，例如：你在程式內增加圖示檔案、或是圖片檔案 … 等，就是存放在這裡。

38-2　建立多表單的專案

38-2-1　增加表單

延續先前畫面，若是要增加表單請執行**專案 / 加入新項目**。然後選擇**表單 (Windows Forms)**。

請按右下方的**新增**鈕，可以得到新增加表單，新增加的表單標題 (Text) 和名稱 (Name) 皆是 Form2。

新增加表單後，基本上會增加 Form2.cs、Form2.Designer.cs 和 Form2.resx 等 3 個檔案，這 3 個檔案的功能和 38-1 節所述內容相同，只不過是應用在 Form2。如果讀者再回頭點選 Program.cs 內容，可以看到此檔案內容沒有變化，所以我們可以知道，Program.cs 是專案程式的進入點，新增加表單與程式的進入點沒有關係。

38-2-2 增加與刪除表單

假設現在再增加一個表單，可以得到下列畫面。

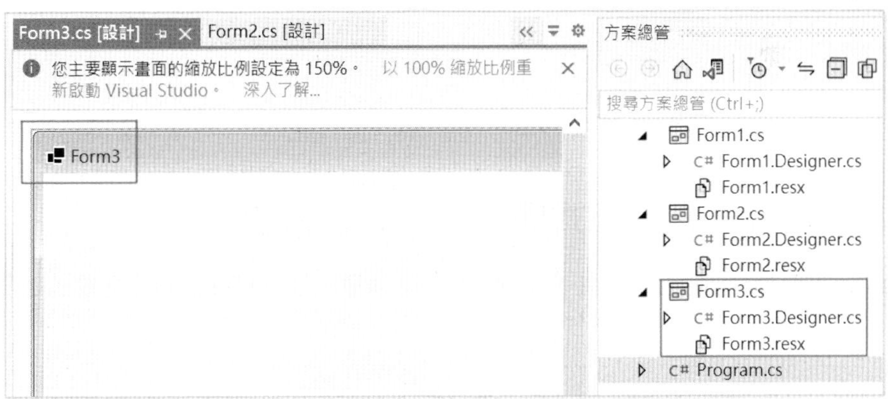

如果要刪除 Form3.cs，請選擇 Form3.cs，按 del 鍵，會出現對話方塊做確認，請按**確定鈕**，可以得到下列結果。

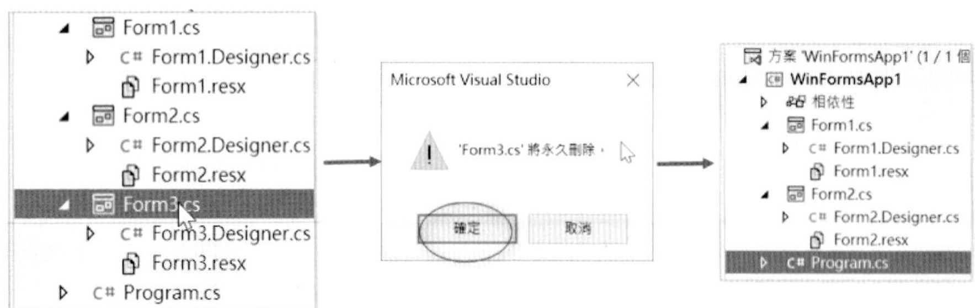

註 雖然我們是刪除 Form3.cs，附隨的 Form3.Designer.cs 和 Form3.resx 也將會一併刪除。

38-2-3　切換顯示表單

現在 Visual Studio 視窗有 2 個表單，Form1 和 Form2，如果要切換顯示表單，可以在方案總管視窗連按兩下要顯示的表單，例如：現在顯示 Form2，請將滑鼠游標移到 Form1.cs，連按兩下，就可以切換到 Form1 表單。

38-2-4　顯示表單或程式碼

Visual Studio **檢視**功能表有下列指令可以切換顯示表單**設計工具**或是**程式碼**。

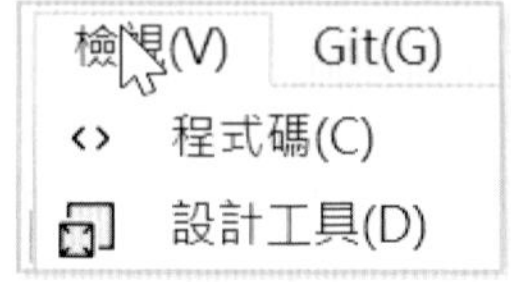

38-3 更改表單的名稱

38-3-1 更改 Text、(Name) 和檔案名稱

在企業一個專案可能由許多人合力撰寫，如果大家都使用預設的名稱，可能會造成名稱衝突，這一節將講解表單名稱的更改，表單名稱預設是 Form1，這時有 3 個地方均是使用 Form1，如下：

屬性Text：Form1
屬性(Name)：Form1
檔案名稱：Form1.cs

下列是將屬性 Text 改為**客戶關係管理**、屬性 (Name) 改為 FrmMain，檔案名稱改為 FrmMain.cs。更改 Text 和 (Name) 屬性可以直接在屬性視窗更改，下列是更改 Text 屬性。

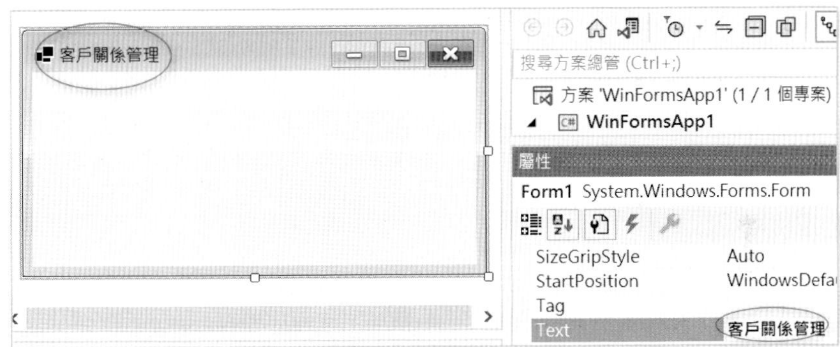

習慣上會將程式進入點的表單檔案名稱改為 FrmMain.cs，Frm 表示表單，Main 表示主程式進入點。請將檔案名稱改為 FrmMain.cs，請將滑鼠移到方案總管視窗的 Form1.cs，按一下滑鼠右鍵，執行**重新命名**指令，會出現下列對話方塊：

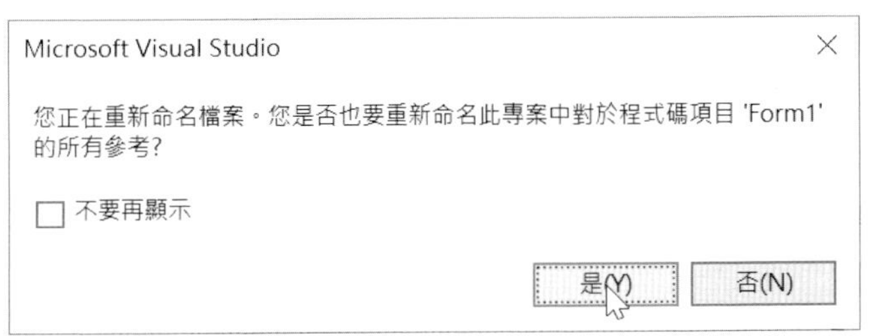

請按**是鈕**，可以得到下列結果。

註 筆者使用過程曾經發生，先更改檔案名稱結果無法撰寫事件 (Click) 方法內容，不知道是不是軟體的問題，所以本章實例是採用先撰寫所有程式，才更改檔案名稱。

習慣上 Name 屬性的名稱會和檔案名稱保持一致，更改 (Name) 屬性也是在屬性視窗更改，下列是執行結果。

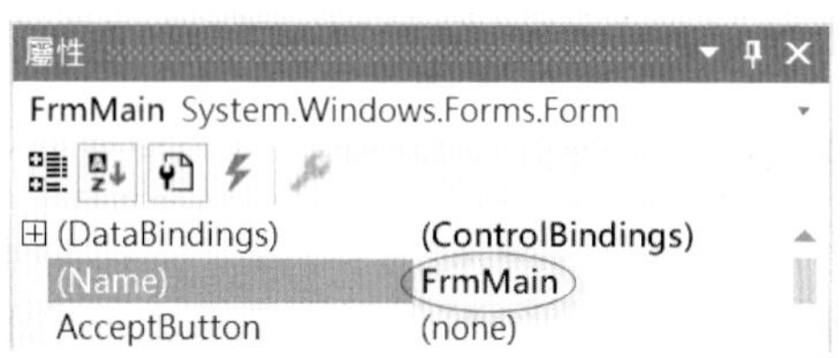

下列是檢視更改結果。

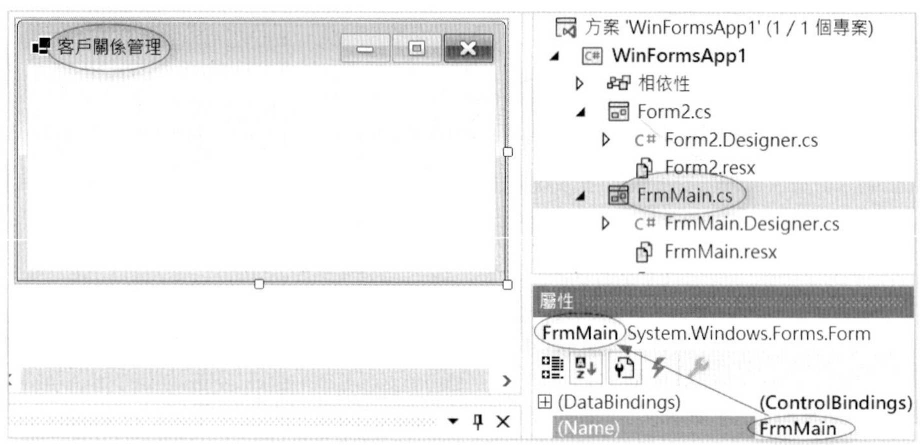

38-3-2　檢視 Program.cs

38-1-1 節有說明專案進入點是 Program.cs，在此檔案第 14 行內容如下：

```
Application.Run(new Form1( ));
```

上一小節我們將檔案名稱 Form1.cs 改為 FrmMain.cs 後，第 14 行內容也同步更改，如下：

```
Application.Run(new FrmMain( ));
```

所以 38-3-1 節更改檔案名稱不會影響後續程式的執行。

38-4　操作多表單的方法

38-4-1　建立表單物件

有一個表單名稱是 From，如果要操作此表單，需為此表單建立物件，假設建立物件名稱是 frm，則語法如下：

```
Form frm = new Form( );
```

38-4-2　顯示表單

常見顯示表單有下列 2 個方法：

Show( )：顯示表單，原表單仍可切換操作。

ShowDialog( )：顯示表單，原表單無法操作。

上述方法需用表單物件啟動，如下所示：

```
frm.Show( );                // 未來原表單可以繼續操作
frm.ShowDialog( );          // 未來原表單無法繼續操作
```

38-4-3　隱藏表單

Hide( ) 方法可以隱藏表單。

38-4-4　簡單多表單實作

方案 ch38_1.sln：多表單的操作實例，這個程式有 2 個表單，如下：

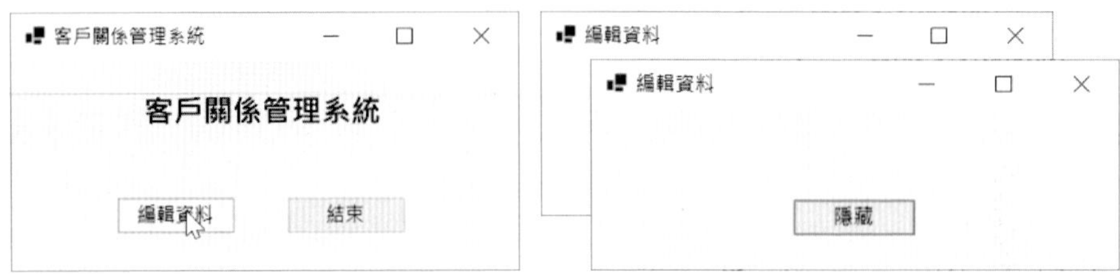

點選**編輯資料鈕**可以開啟編輯資料表單，因為這個程式使用 frm.Show( ) 呼叫編輯資料表單，所以如果持續點選**編輯資料鈕**，可以不斷地開啟表單。在編輯資料表單如果按隱藏鈕，可以隱藏編輯資料表單。

FrmMain.cs

```
namespace ch38_1
{
    public partial class FrmCRM : Form
    {
        public FrmCRM()
        {
            InitializeComponent();
        }

        private void button1_Click(object sender, EventArgs e)
        {
            Form2 frm = new Form2();
            frm.Show();
        }

        private void button2_Click(object sender, EventArgs e)
        {
            Application.Exit();
        }
    }
}
```

Form2.cs

```
namespace ch38_1
{
    public partial class Form2 : Form
    {
        public Form2()
        {
            InitializeComponent();
        }

        private void button1_Click(object sender, EventArgs e)
```

```
            {
                Hide();
            }
        }
    }
```

38-4-5　銀行貸款多表單的實例

方案 ch38_2.sln：銀行貸款多表單的實作，這個實例其實是方案 ex30_6.sln 的擴充，主要是按計算鈕後，多一個 VIP 選單，由這個選單可以重新設定利率如下：

金卡會員：0.96 折

銀卡會員：0.98 折

普卡會員：0.99 折

非會員：不打折

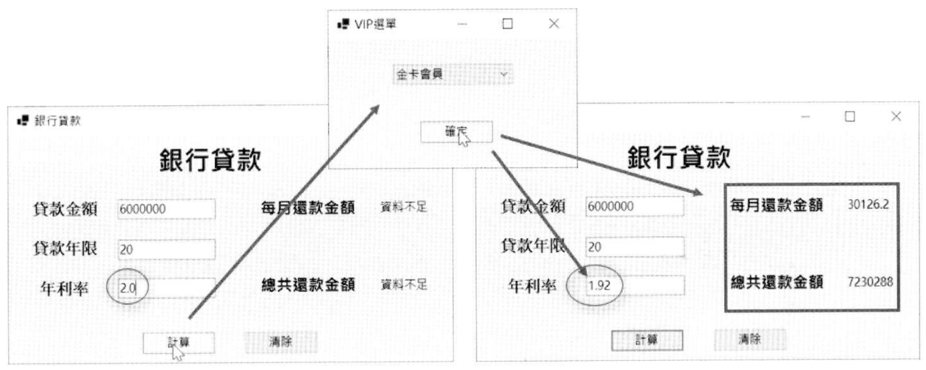

FrmMain.cs

```
namespace ch38_2
{
    public partial class FrmMain : Form
    {
        public FrmMain()
        {
            InitializeComponent();
        }
        private void btnCal_Click(object sender, EventArgs e)
        {
            double loan = 0.0;          // 貸款金額
            double year = 0.0;          // 貸款年限
            double rate = 0.0;          // 年利率
            try
            {
                loan = Convert.ToDouble(txtLoan.Text);
```

```
            }
            catch
            {
                MessageBox.Show("貸款金額輸入錯誤", "ch38_2");
            }
            try
            {
                year = Convert.ToDouble(txtYear.Text);
            }
            catch
            {
                MessageBox.Show("貸款年限輸入錯誤", "ch38_2");
            }
            try
            {
                rate = Convert.ToDouble(txtRate.Text);
            }
            catch
            {
                MessageBox.Show("貸款利率輸入錯誤", "ch38_2");
            }
            // 調整貸款利率
            FrmVIP frm2 = new FrmVIP();                 // 建立VIP表單物件
            frm2.ShowDialog();                          // 開啟VIP表單
            rate *= frm2.vipDiscount;                   // 計算優惠
            txtRate.Text = rate.ToString();             // 調整利率
            double monthrate = rate / (12 * 100);       // 年利率改月利率
            // 計算每月還款金額
            double molecules = loan * monthrate;
            double denominator = 1 - (1 / Math.Pow(1 + monthrate, (year * 12)));
            double monthlyPay = Math.Round(molecules / denominator, 2);
            lblMonth.Text = monthlyPay.ToString();
            // 計算總還款金額
            double totalPay = Math.Round(monthlyPay * year * 12, 2);
            lblTotal.Text = totalPay.ToString();
        }
        private void btnClear_Click(object sender, EventArgs e)
        {
            txtLoan.Text = String.Empty;            // 清除貸款金額
            txtRate.Text = String.Empty;            // 清除貸款利率
            txtYear.Text = String.Empty;            // 清除貸款年限
            lblMonth.Text = String.Empty;           // 清除每月還款金額
            lblTotal.Text = String.Empty;           // 清除總共還款金額
        }
    }
}
```

FrmVIP.cs

```
namespace ch38_2
{
    public partial class FrmVIP : Form
    {
        public FrmVIP()
        {
            InitializeComponent();
        }
        public double vipDiscount = 1.0;
        private void Form2_Load(object sender, EventArgs e)
```

```
21         {
22             // 處理會員品項
23             string[] members = {"非會員",
24                                 "金卡會員",
25                                 "銀卡會員",
26                                 "普卡會員"};
27             cboMember.Items.AddRange(members);        // 建立會員項目
28             // 會員品項無法更改 DropDownList
29             cboMember.DropDownStyle = ComboBoxStyle.DropDownList;
30             cboMember.SelectedIndex = 0;              // 顯示索引 0
31         }
32         private void cboMember_SelectedValueChanged(object sender, EventArgs e)
33         {
34             if (cboMember.Text.Equals("金卡會員"))
35                 vipDiscount *= 0.96;
36             else if (cboMember.Text.Equals("銀卡會員"))
37                 vipDiscount *= 0.98;
38             else if (cboMember.Text.Equals("普卡會員"))
39                 vipDiscount *= 0.99;
40             else if (cboMember.Text.Equals("非會員"))
41                 vipDiscount *= 1;
42         }
43         private void btnConfirm_Click(object sender, EventArgs e)
44         {
45             Dispose();                // 釋回記憶體資源
46         }
47     }
48 }
```

上述 FrmVIP.cs 第 45 行的 Dispose( ) 方法可以釋回記憶體資源。

38-5 建立 MDI 子表單

所謂的 MDI 是 Multi Document Interface，這是在一個表單內有多個表單，一個表單內有多個表單，也可以稱表單此是子表單的容器。建立容器表單的特色是將 IsMdiContainer 屬性設為 true。

38-5-1 新增子表單與表單的鋪陳

建立子表單可以用下列程式碼：

```
Form newMDIChild = new Form( );              // 建立表單物件
newMDIChild.MdiParent = this;                // 當前表單是父表單
newMDIChild.Show( );
```

一個表單內有多個表單時，可以使用 Mdilayout 屬性設定表單的鋪陳方式，此屬性值的選項如下：

Cascade：堆疊鋪陳子表單。

TileHorizontal：水平鋪陳子表單。

TileVertical：垂直鋪陳子表單。

方案 ch38_3.sln：建立含 MDI 子表單的，同時可以選擇子表單的鋪陳方式。按新增子視窗可以增加子視窗，按視窗功能表可以選擇子視窗的鋪陳方式。

```
namespace ch38_3
{
    public partial class Form1 : Form
    {
        public Form1()
        {
            InitializeComponent();
        }
        private void 新增子視窗ToolStripMenuItem_Click(object sender, EventArgs e)
        {
            Form frm2 = new Form();
            frm2.MdiParent = this;
            frm2.Show();
        }
        private void cascadeToolStripMenuItem_Click(object sender, EventArgs e)
        {
            LayoutMdi(MdiLayout.Cascade);
        }
        private void tileHorizontalToolStripMenuItem_Click(object sender, EventArgs e)
        {
            LayoutMdi(MdiLayout.TileHorizontal);
        }
        private void tileVerticalToolStripMenuItem_Click(object sender, EventArgs e)
        {
            LayoutMdi(MdiLayout.TileVertical);
        }
    }
}
```

執行結果

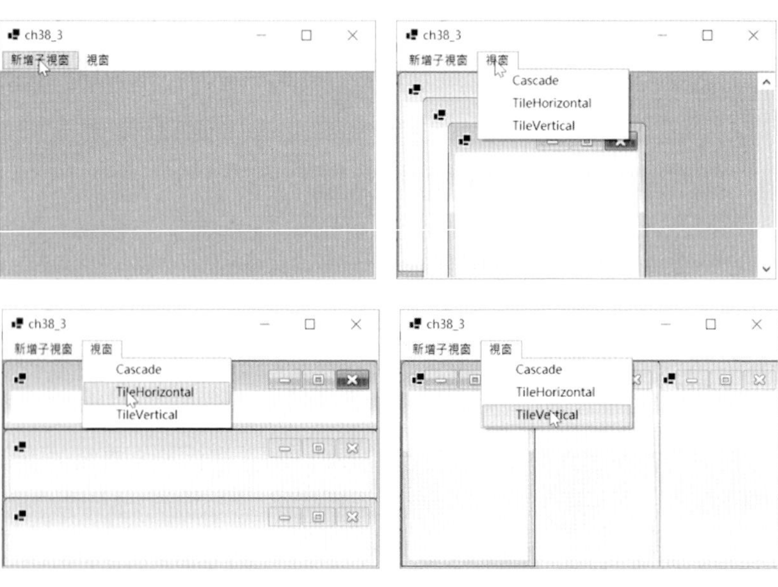

38-5-2 建立含 RichTextBox 控制項的子表單

方案 ch38_4.sln：建立含 RichTextBox 控制項的子表單。

步驟 1：首先建立表單，將此表單的 Text 設為 ch38_4，IsMdiContainer 設為 true、WindowState 設為 Maximized。

步驟 2：建立 menuStrip 控件，控件內容是檔案和新增文件，如下：

步驟 3：執行**專案 / 加入新項目**，選擇**表單**，表單的 Text 設為**文書編輯器**。

步驟 4：將 RichTextBox 控制項拖曳到 Form2 表單，同時設定 Anchor 屬性為 Top、Left 以及屬性 Dock 為 Fill，這樣此 RichTextBox 的大小就可以佔據整個 Form2 空間。

步驟 5：建立檔案 / 新增文件的 Click 事件處理程式如下：

```
Form2 newMDIChild = new Form2( );          // 建立表單物件
newMDIChild.MdiParent = this;              // 當前表單是父表單
newMDIChild.Show( );
```

未來執行此程式，再執行**檔案 / 新增文件**，可以得到下列結果。

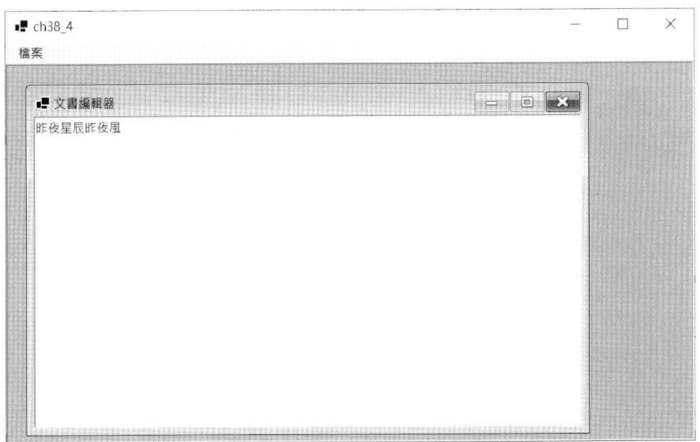

習題實作題

方案 ex38_1.sln：重新設計 ch38_1.sln，將 FrmMain.cs 的第 13 行改為 frm.ShowDialog( )，然後多按幾次編輯資料鈕，或是按結束鈕，體會與 frm.Show( ) 的差異。**註**：當開啟編輯資料表單後，客戶關係管理系統表單就無法操作了。

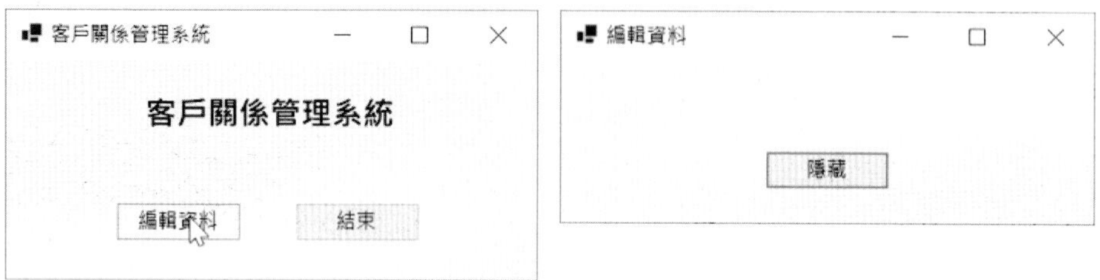

方案 ex38_2.sln：擴充設計 ch38_2.sln，銀行貸款表單增加版本鈕，點選可以增加顯示版本訊息，結束鈕則是讓程式結束。

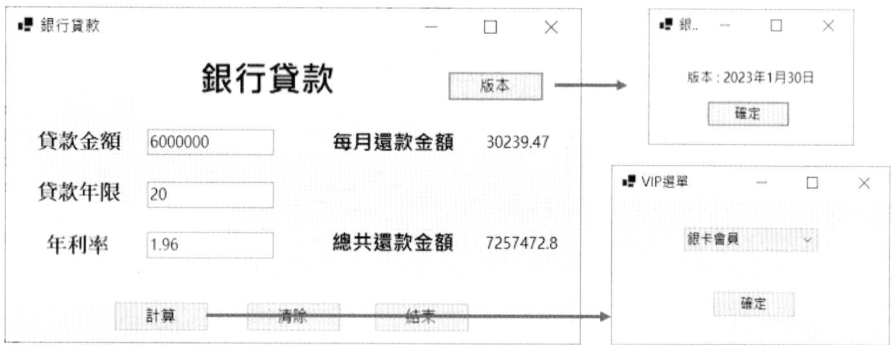

附錄 A：下載、安裝、解除安裝 Visual Studio（電子書）

附錄 B：ASCII 表（電子書）

附錄 C：專有名詞索引表（電子書）

附錄 D：關鍵字與函數索引表

附錄 E：RGB 色彩表（電子書）

附錄 D
關鍵字與函數庫索引表